超材料概论

(第2版)

轩立新　张明习　编著

国防工业出版社
·北京·

内 容 简 介

本书重点介绍了超材料的主要类型、性能特点及应用进展，主要阐述了电磁超材料、光学超材料、信息超材料的基本概念、设计理论、性能机理、计算仿真、试验验证与应用领域等内容，涵盖了超材料设计的多种电磁理论机理和计算分析手段，为超材料的设计与实现提供了理论基础和技术途径。另外，还对超材料在天线设计、隐身设计等领域的应用研究情况作了较全面的介绍。

本书的主要读者对象为从事微波天线、雷达天线罩、滤波器、隐身技术和新材料研究等方向的科技和工程人员，同时也可作为高等院校和科研院所相关专业学生的参考书。

图书在版编目（CIP）数据

超材料概论 / 轩立新，张明习编著 . -- 2版.

北京：国防工业出版社，2025.5. -- ISBN 978-7-118-13616-6

Ⅰ. TB33

中国国家版本馆CIP数据核字第20252KZ238号

※

国防工业出版社出版发行

（北京市海淀区紫竹院南路23号　邮政编码100048）

雅迪云印（天津）科技有限公司印刷

新华书店经售

*

开本 787×1092　1/16　印张 31¾　字数 916千字

2025年5月第2版第1次印刷　印数1—2000册　定价328.00元

（本书如有印装错误，我社负责调换）

国防书店：(010) 88540777　　书店传真：(010) 88540776

发行业务：(010) 88540717　　发行传真：(010) 88540762

第 2 版前言

本书自 2014 年首次出版，十余年间，承蒙各高等院校、科研院所和有关科研人员、工程技术人员、研究生们的关爱，多次受到各方鼓励和催促，希望尽快出版第 2 版。同时，短短十年左右的时间，超材料这一领域经历了前所未有的蓬勃发展，不仅在理论研究上取得了突破性进展，更是在实际中展现了其革命性的应用潜力。因此，这次再版不仅是对原有内容的一次更新与完善，更是对这一领域最新成果的一次系统性整合，旨在为读者提供领域内与时俱进的前沿基础科研和理论成果。

超材料（Metamaterial）是指一类具有天然介质材料所不具备的超常物理性质的人造复合型材料，通过设计可以表现出负折射率、负磁导率、负介电常数等超常物理特性。进入 21 世纪以来，这一概念越来越频繁地出现在各类科学文献中，并迅速发展出跨电磁学、物理学、材料科学等学科的前沿交叉学科和公认的新型功能材料分支。美国国防部 2013—2017 年科技发展"五年计划"中把超材料列为关注的六大颠覆性基础研究领域之首；美国国防高级研究计划局（DARPA）把超材料定义为"强力推进增长领域"，2015 年在超材料领域的投资增长了 75%；美国空军科学研究办公室（AFOSR）把超材料列入"十大关键领域"。在国内，2017 年启动"变革性技术"研究，超材料位列首批研究项目之一，今年中国工程院将超材料领域列入面向新兴和未来产业的新质生产力 16 大重点新材料细分领域之一；同时，崔铁军院士团队等已经将超材料技术在通信、电子器件等领域实现了商业化应用，超材料技术正在向产业化方向发展。

超材料为材料设计领域提供了一种全新的思路，即通过在材料的关键物理尺度上的结构有序设计，来突破某些自然规律的限制，从而获得一些天然材料所不具备的超常物理性质的复合材料或者是复合结构，为新材料设计开发带来新的机遇。超材料设计思想的重大创新，可以实现全新的物理现象，产生具有重大军用和民用价值的新技术、新材料，促进和引领新兴产业发展，已成为国际上最热门的新兴交叉学科之一。

本次修订重写了第一章内容，修订了原第二至六章的内容，同时合并了原第七、八章并进行了修订，新增了第八章"信息超材料"；除了对第 1 版进行全面勘误订正，还根据超材料领域的发展，删除了部分章节中的陈旧内容，同时新增了近年超材料新兴领域的研究内容，具体修改如下：

第一章，基于近年来国内外超材料最新研究进展，对超材料应用前景、国内外研究现状等进行了更新完善；第二章，新增了复合左右手传输线相关的内容；第三章，删除了原有关于电磁超材料的介绍，新增了基于GSTC边界条件的超材料本构关系建模及基于此模型的超材料电磁波调控方法；第四章，新增了太赫兹超材料的应用一节，包括太赫兹超材料通信中的应用及太赫兹超材料在传感中的应用两个部分；第五章，新增了光学超材料的模拟运算和光学超表面的全息成像技术两节；第六章，新增了传输阵与反射阵天线和超表面天线两节；第七章，对超材料隐身的方法进行了更为科学的分类，按照基于变换光学的超材料隐身、吸波超材料隐身和超材料漫反射隐身三种类型分别对超材料隐身技术进行介绍；第八章，新增信息超材料章节，将近几年信息超材料的研究热点包含其中，尤其是信息超表面在无线通信中的典型应用与挑战部分，重点介绍了空时编码信息超表面的新型无线通信架构与实现方法、伪随机序列的空时编码超表面及无磁非互易器件设计等。另外，本书对超材料的定义暂不包含频率选择表面，有关频率选择表面的相关理论可参考国防工业出版社出版的《频率选择表面设计原理》一书。

此次再版，不仅是对超材料技术进步的一次致敬，也是对未来无限可能的一次憧憬。我们期待本书能继续激发更多科研人员与工程师的灵感，促进我国超材料技术研究与发展，助推我国超材料技术研究在国际竞争中赢得一席之地，并在国内的超材料技术研究领域起到抛砖引玉的作用。

在本书第2版编著过程中，中国航空工业集团特种所门薇薇研究员、庞晓宇高工、赵生辉高工、肖敏工程师，同济大学王小毅研究员等提出了许多宝贵意见并参与修订过程，同时得到中国航空工业集团特种所王志强研究员、田俊霞研究员、张文武研究员、孙世宁研究员的大力支持和帮助，他们的贡献使得本书的内容更加丰富、准确、完善；本书在编著过程中参考了大量国内外有关著作和论文，并引用其相关的图表，在此一并表示衷心的感谢。

本书涉及多学科知识，理论丰富，内容新颖，覆盖面广。限于作者自身水平，文中难免存在疏漏与不妥之处，恳请广大读者批评指正。

作　者

2024年8月

目　　录

第一章　概论 ... 1

第一节　引言 ... 1
　　一、基本概念与范畴 ... 1
　　二、超材料类型与特点 ... 1
第二节　超材料的研究现状与发展趋势 ... 4
　　一、研究现状 ... 4
　　二、超材料的应用展望 ... 10
　　三、超材料在国防工业中的应用前景 ... 12
参考文献 ... 13

第二章　左手材料 ... 15

第一节　引言 ... 15
　　一、左手材料的基本概念 ... 15
　　二、左手材料的基本理论及实现方法 ... 15
第二节　左手材料设计与制备技术 ... 18
　　一、左手材料设计的理论依据 ... 18
　　二、左手材料的首次实现 ... 20
　　三、结构型左手材料 ... 21
　　四、铁氧体左手材料 ... 24
　　五、传输线型左手材料 ... 26
　　六、新型平面微带线左手材料设计 ... 27
　　七、小型化平面微带线左手材料设计 ... 30
　　八、互补螺旋谐振环平面微带线左手材料设计 ... 33
　　九、电磁谐振器级左手材料 ... 34
　　十、多频带左手材料设计 ... 45
第三节　复合左右手材料传输线 ... 48
　　一、复合左右手材料传输线的基本概念与原理 ... 48
　　二、LC 电路 CRLH 传输线实现 ... 51
　　三、分布式一维 CRLH 传输线的实现 ... 55
　　四、CRLH 传输线在导波结构中的设计 ... 59
　　五、CRLH 传输线在辐射结构中的设计 ... 62
第四节　左手材料特性与表征技术 ... 68

  一、左手材料的异常电磁特性 ………………………………………… 68
  二、左手材料电磁特性分析与仿真 …………………………………… 71
  三、左手材料覆盖的理想金属圆柱体电磁特性 ……………………… 78
  四、左手材料覆盖的普通介质圆柱体电磁特性 ……………………… 85
  五、左手材料的本构参数模型 ………………………………………… 97
  六、后向波特性验证 …………………………………………………… 110
  七、负折射特性验证 …………………………………………………… 113
 第五节 左手材料的典型应用 ……………………………………………… 114
  一、光子隧道效应 ……………………………………………………… 114
  二、透明材料设计 ……………………………………………………… 116
  三、左手材料在超常媒质的应用 ……………………………………… 120
  四、左手材料的应用展望 ……………………………………………… 124
 参考文献 ……………………………………………………………………… 124

第三章 电磁超材料 …………………………………………………… 128

 第一节 引言 ………………………………………………………………… 128
  一、基本概念 …………………………………………………………… 128
  二、研究进展 …………………………………………………………… 128
  三、电磁性能设计研究 ………………………………………………… 129
  四、电磁超材料中负磁导率对负介电常数的影响 …………………… 132
  五、超材料电磁参数自由空间测试技术 ……………………………… 136
 第二节 电磁超表面的本构参数建模 …………………………………… 139
  一、GSTC 边界条件简介 ……………………………………………… 139
  二、GSTC 边界条件在超表面建模中的应用 ………………………… 145
 第三节 电磁超材料对电磁波的调控 …………………………………… 148
  一、电磁波的波前调控 ………………………………………………… 148
  二、电磁波的极化调控 ………………………………………………… 153
  三、涡旋电磁波的生成 ………………………………………………… 159
  四、聚焦电磁超表面的设计 …………………………………………… 166
 参考文献 ……………………………………………………………………… 172

第四章 太赫兹超材料 ………………………………………………… 174

 第一节 引言 ………………………………………………………………… 174
  一、研究状况 …………………………………………………………… 174
  二、制备方法 …………………………………………………………… 175
  三、传输特性的研究 …………………………………………………… 177
  四、超材料的连续太赫兹波透射特性研究 …………………………… 181
 第二节 太赫兹波段超材料的设计 ……………………………………… 185
  一、结构设计 …………………………………………………………… 185

二、组成材料 ··· 188
　　三、"出"字形THz多频带负折射结构的设计 ··············· 192
　　四、新颖的多频带超材料的仿真设计 ·· 194
　　五、单缝双环结构超材料太赫兹波调制器设计 ······························ 198
第三节　太赫兹超材料的应用 ··· 201
　　一、太赫兹超材料在通信中的应用 ·· 201
　　二、太赫兹超材料在传感中的应用 ·· 203
参考文献 ··· 207

第五章　光学超材料 ··· 209

第一节　线性与非线性光学超材料 ··· 209
　　一、线性光学超材料 ··· 209
　　二、非线性光学超材料 ··· 210
　　三、纳米结构优化设计与制备工艺 ·· 211
　　四、光学超材料的潜在应用及其展望 ·· 213
第二节　光波段超材料 ··· 213
　　一、光波段柔性超材料 ··· 213
　　二、可见光多频超材料及其吸收器 ·· 216
　　三、双渔网结构的绿光波段超材料 ·· 221
　　四、仙人球状 Ag/TiO$_2$/PMMA 可见光波段超材料 ················· 224
　　五、海胆状 Ag/TiO$_2$ 可见光波段超材料 ··································· 226
　　六、激光波段相干超材料 ·· 230
　　七、红外波段超材料简介 ·· 233
第三节　光学超材料器件与系统设计 ··· 233
　　一、超材料金属板透视装置设计 ··· 233
　　二、超材料的正多边形电磁波聚焦器设计 ··································· 237
　　三、超材料的椭圆形电磁波聚焦器设计 ·· 242
　　四、超材料超级透镜 ··· 247
第四节　基于光学超材料的模拟运算 ··· 250
　　一、基于超材料的模拟运算的发展 ·· 250
　　二、基于超材料的希尔伯特运算 ··· 251
　　三、基于超材料的积分与微分运算 ·· 253
　　四、基于超材料的傅里叶变换 ·· 259
第五节　基于光学超表面的全息成像技术 ······································· 262
　　一、基于光学超表面的全息成像原理 ·· 262
　　二、基于光学超表面的全息成像实现 ·· 266
参考文献 ··· 275

第六章　超材料天线 ··· 281

第一节　引言 ··· 281

第二节　左手材料天线 ··· 282
　　　　一、左手材料的小型化微带贴片天线设计与实现 ··················· 282
　　　　二、平面型左手材料的微带环形天线 ································· 285
　　　　三、左手波导的漏波天线设计与实现 ································· 286
　　　　四、零折射喇叭天线的设计与实现 ···································· 291
　　第三节　传输阵与反射阵 ··· 296
　　　　一、超表面传输阵设计 ·· 296
　　　　二、超表面反射阵设计 ·· 305
　　第四节　超表面天线 ··· 312
　　　　一、基于特征模理论的超表面天线设计 ······························ 312
　　　　二、超表面隐身天线设计 ··· 321
　　　　三、超表面高增益天线设计 ·· 330
　　　　四、超表面多频圆极化天线设计 ······································ 338
　　参考文献 ·· 343

第七章　超材料隐身 ·· 350

　　第一节　引言 ·· 350
　　第二节　基于变换光学的超材料隐身 ······································· 352
　　　　一、坐标变换理论 ··· 352
　　　　二、无限长圆柱体隐身特性理论与计算 ······························ 355
　　　　三、无限长棱柱体隐身特性理论与计算 ······························ 359
　　　　四、球形隐身特性理论与计算 ··· 368
　　　　五、椭球体隐身理论与计算 ·· 375
　　第三节　基于吸波超材料的隐身 ··· 380
　　　　一、超材料吸波结构的机理 ·· 380
　　　　二、超材料吸波的特点与分类 ··· 383
　　　　三、基于电阻层的吸波超材料设计 ···································· 384
　　　　四、基于铁磁材料的吸波超材料设计 ································· 391
　　　　五、极化不敏感和宽入射角吸波超材料设计 ························ 397
　　　　六、较宽频带吸波超材料设计 ··· 400
　　第四节　基于超表面的漫反射隐身 ·· 403
　　　　一、超表面漫反射隐身的机理 ··· 403
　　　　二、随机分布多比特宽带漫反射超材料设计 ························ 412
　　　　三、基于水循环算法的宽带漫反射超表面设计 ····················· 419
　　参考文献 ·· 426

第八章　信息超材料 ·· 429

　　第一节　引言 ·· 429
　　第二节　信息超材料在无线通信中的典型应用与挑战 ···················· 432

一、盲点覆盖 …………………………………………………… 432
　　二、多流增速 …………………………………………………… 433
　　三、多址复用 …………………………………………………… 434
　　四、三维定位 …………………………………………………… 434
　　五、物理层安全 ………………………………………………… 435
　　六、频谱感知与共享 …………………………………………… 435
　　七、全双工通信 ………………………………………………… 437
　　八、信息超材料面临的挑战 …………………………………… 437
第三节　基于空时编码超材料的新型无线通信架构 ……………… 438
　　一、无线通信架构 ……………………………………………… 438
　　二、时间调制超材料机理 ……………………………………… 441
　　三、BFSK 调制通信 …………………………………………… 449
　　四、QPSK 调制通信 …………………………………………… 452
　　五、高阶 QAM 调制通信 ……………………………………… 456
第四节　基于伪随机序列的空时编码超材料 ……………………… 461
　　一、目标识别技术 ……………………………………………… 461
　　二、伪装加密技术 ……………………………………………… 467
第五节　无磁非互易器件设计 ……………………………………… 474
　　一、基于空时编码的非互易超材料设计 ……………………… 474
　　二、基于放大器的无磁非互易超材料设计 …………………… 484
参考文献 ……………………………………………………………… 491

第一章 概 论

第一节 引 言

一、基本概念与范畴

"超材料"一词最初由美国得克萨斯州大学奥斯汀分校 Rodger M. Walser 教授提出,用来描述自然界不存在的、人工制造的、三维的、具有周期性结构的复合材料。

清华大学周济教授课题组提出了超材料的 3 个重要特征:①通常是具有新奇人工结构的复合材料;②具有超常的物理性质;③其性质往往仅源于决定于其中的人工结构,而非构成该人工结构的材料自身。

超材料(Metamaterials)目前尚未有一个严格的、权威的定义。根据所报道的文献中所给出的定义,可以归纳如下:超材料主要是指那些根据应用需求,按照人的意志,从原子或分子设计出发,通过严格而复杂的人工设计与加工制成的具有周期性或非周期性人造微结构单元排列的复合型或混杂型材料。这类材料可呈现天然材料所不具备的超常物理性能,即负折射率、负磁导率、负介电常数等奇特性能。超材料并非一种单一材料形态,更不是一种纯净材料形态,而是一种人造复合型材料形态。超材料的出现代表了一种崭新的材料设计理念的产生,标志着人类在认识、改造和利用现有材料的基础上,通过高新技术和尖端设备等手段,按照自己的意志设计制备新型结构材料,在材料科学领域具有重大的历史意义。

国内有专家学者将频率选择表面(Frequency Selective Surfaces, FSS)视为超材料的一种,但是本书暂未将频率选择表面归类为超材料。如果读者需要更多关于 FSS 设计和应用的信息,可以参考国防工业出版社出版的《频率选择表面设计原理》一书。

在推荐性国家标准 GB/T 32005—2015 中,定义超材料是一种特种复合材料或结构,通过对材料关键物理尺寸进行有序结构设计,使其获得常规材料所不具备的超常物理性质。

二、超材料类型与特点

目前广泛研究的超材料主要包括左手材料(Left-Handed Metamaterial, LHM)、复合右/左手传输线(Composite Right Left-Handed Transmission Line, CRLHTL)以及等效材料参数(相对介电常数或相对磁导率)在(0,1)的其他非常规材料等。

1. 左手材料

左手材料是一种最典型的超材料,也是研究最为广泛的超材料。事实上,超材料研究源于左手材料研究，在超材料研究初期，人们将研究焦点集中在介电常数和磁导率同时为负的左手材料的奇特性质及其实现上。左手材料具有等效负介电常数和负磁导率，表现出负相移、负折射效应、逆多普勒效应、完美透镜、逆 Cerenkov 辐射等新物理效应。一般通过将等效介电常数和磁导率为负的结构单元组合实现左手材料，所以具有负介电常数或负磁导率的超材料研究成为左手材料的研究基础。随着研究的不断深入，人们发现具有单负特性（等效介电常数和磁导率其中之一为负）的超材料具有更为广泛的应用前景，并由此将最初的左手材料研究拓展至包括单负超材料、各向异性超材料和手性超材料等更广泛的研究领域。

2. 电磁超材料

随着左手材料研究的深入以及基于超材料的透波隐身技术的发展，迫切需求相对介电常数介于 0~1 的材料，金属线阵列不便于实现 0~1 的相对介电常数，由此出现了无须结构单元之间电连接即可实现小于 1 的介电常数的电谐振器（Electric Resonator）概念。由电谐振器单元构成的超材料被称为电超材料，相应地，由磁谐振器（Magnetic Resonator）结构单元构成的超材料称为磁超材料。基于此，进而提出了基于电谐振器与磁谐振器的左手材料设计思想。自此，电超材料和磁超材料的研究得到了快速发展。电超材料和磁超材料是分别通过电谐振子或磁谐振子单元的谐振实现的超材料，其等效相对介电常数、相对磁导率通常介于 0~1，也可以为负值。

3. 光学超材料

光学超材料包括线性和非线性光学超材料、可见光、红外和激光波段超材料等，特别是光子晶体超材料是未来发展研究重点。

光子晶体（Photonic Crystal）是一种折射率在空间周期变化的新型光学材料，光子晶体的概念最初是由 Yablonovitch 于 1987 年提出的。光子晶体中介质折射率的周期性变化对光的影响与凝聚态物质中周期性势场对电子的影响相类似。在凝聚态半导体材料中电子有能带和能隙的特性，在光子晶体中，光也有光子能带和能隙的特征。具体地说，光子晶体是在高折射率材料的某些位置周期性地出现低折射率（如人工造成的空气空穴）材料，高低折射率材料的交替排列形成周期性结构就可以产生光子带隙（Photonic Band Gap），而周期排列的低折射率位点之间的距离大小不同，导致特定构型的光子晶体只对某特定频率的光产生禁带效应。

最近的理论和实验证实光子晶体还可以表现出负折射性质。Notomi 经过研究发现，经过强烈调制的二维或三维光子晶体在禁带边缘具有光的折射性质，这时光子晶体可以用等效材料来描述。在对等效折射率的描述中，发现光子晶体可以表现出负折射率，这一发现得到了实验的证实。Foteinopoulou 等人对光子晶体的负折射过程进行了数值模拟，发现入射波将在一段时间内被限制在光子晶体的折射表面并被重组，之后波便向负折射方向传播，这一计算结果表明波在负折射过程中并不违反因果率（Causality）。最近，通过实验证实，准周期排列的光子晶体结构也具有负折射性质。

4. 太赫兹波段超材料

太赫兹（THz）辐射的频率为 0.1~10 THz，在电磁波谱中位于微波与红外之间，处于电子学到光子学的过渡区域。有效的太赫兹源和探测器的缺乏导致了太赫兹技术的研究相对于其他波段要落后得多，曾被称为太赫兹空隙（THz Gap）。而基于超快激光的太赫兹时域光谱技术的发展，推动了太赫兹技术的快速发展。太赫兹辐射的光子能量很低，不会对被测物质产生损伤，可进行无损探测；对大多数介电物质是透明的，可进行透射成像；能够同时测量太赫兹电场的振幅和相位，从而进一步直接获得样品的复折射率、复介电常数以及复电导率，并可以实现飞秒级时间分辨率的动力学分析；很多凝聚态体系的声子和其他元激发，以及许多生物大分子的振动和转动能级都处于太赫兹波段，因而，可以通过特征共振对物质进行探测和指纹分辨。

但是，目前太赫兹波段的功能器件相对较少，限制了太赫兹技术的进一步发展。超材料能够对太赫兹波的振幅、相位、偏振以及传播实现灵活多样的控制，从而提供了一种实现太赫兹功能器件的有效途径。另外，太赫兹时域光谱技术能够同时探测电场的振幅和相位，更加全面地测量超材料的电磁响应特性，因此，太赫兹技术和超材料的发展是相辅相成的。

超材料最初的提出是为了实现负折射率，通过基于开口谐振环（SRR）的单元结构设计，可以获得负介电常数和负磁导率。随着研究的深入，超材料单元结构的设计越来越多样化，更多的响应特性及关联参数逐渐被发现，如基本组成材料的性质和结构参数的影响以及传感器的实现；各向异性超材料的偏振依赖性及其对电磁波振幅、相位和偏振态的调制，偏振元件的实现；本征半导体、掺杂半导体、超导材料、绝缘体-金属相变材料、热敏材料和铁电材料的引入而实现的光开关、调制器；不同结构的组合或者多层结构超材料实现的双频、多频和宽频共振响应，吸收体以及类EIT现象的发现；制作工艺提高实现的微机械调制的可重构超材料等。这些都显示了超材料实现太赫兹波控制和太赫兹功能器件的巨大潜力。

另外，还有各向异性超材料、手性超材料和声波超材料等，本书不加介绍。

5. 性能特点

超材料是一种单元尺度远远小于工作波长的人工周期结构，在长波长条件下（波长远大于结构单元尺寸），具有等效介电常数和等效磁导率，这些电磁参数主要依赖于其基本组成单元的谐振特性，从而区别于通常意义上的光子晶体或者人工电磁带隙材料。在光子晶体或者人工电磁带隙材料中，带隙起源于基本单元散射体的多重布拉格散射效应，其周期结构尺度和工作波长在同一数量级，因此，只能看成一种结构而非一种均质材料，不能使用等效介电常数和等效磁导率来表征其基本电磁特性。超材料通常由基本谐振单元（如电谐振器、磁谐振器）构成，通过对单元谐振特性的设计可以在特定频段对超材料的等效电磁参数进行有效控制，如可以使其等效介电常数和等效磁导率接近于零，甚至为负，这些特性使超材料具有广阔的应用前景，在设计和实现上也具有很大的灵活性。概括起来，超材料的基本特征包括：

（1）奇特物理性质。超材料具有负折射率、负磁导率、负介电常数等超越常规材料的奇特物理性质，这些超常性质主要取决于构成超材料的亚波长结构单元。

（2）亚波长结构特征。超材料属于亚波长结构，其单元结构尺寸远小于工作波长，单元结构尺寸越小，其结构特性越趋近于均质材料。事实上，对于微纳单元尺寸的超材料来说，其结构特性与均质材料几乎趋同。

（3）等效介质特征。具有亚波长单元结构的超材料，其物理性质和材料参数可使用等效介质理论描述。例如，可以提取超材料的等效介电常数和等效磁导率，是超材料设计及应用超材料对电磁波进行调控最重要的材料参数。

超材料的特性可应用于功能性器件的开发，如纳米波导、特殊要求的波束引导元件、表面等离子体光子芯片、滤波器、耦合器、调制器和开关、亚波长光学数据存储、新型光源、超衍射极限高分辨成像、纳米光刻蚀术、生物传感器、探测器的应用及军用隐身材料等。

第二节　超材料的研究现状与发展趋势

一、研究现状

1. 国外研究状况

超材料最初称为左手材料（LHM）或负折射材料（NIM），是由苏联理论物理学家 Veselago 在 1968 年最先提出的。他从麦克斯韦方程出发，分析了电磁波在拥有负磁导率和负介电常数材料中传播的情况，对电磁波在其中传输时表现出的电磁特性进行了阐述：电磁波在其中传播时，相速和群速的方向相反，E、H、K 三矢量之间呈现出左手螺旋法则，与电磁波在传统材料中传播的情况正好相反，他定义该种材料为 LHM。当时自然界观察不到这种材料的存在，且存在不可利用性，Veselago 所做的工作仅停留在理论假说上。

此后，随着研究的逐渐深入，众多突破性成果不断涌现。1999 年，英国帝国理工大学的 John Pendry 教授采用由两个开口的薄铜环内外相套而成的微结构胞元，设计出一种具有磁响应的周期结构，即开口谐振环（Split Ring Resonator，SRR）结构（图 1-1）。2001 年，美国加州大学的 Shelby 等人将铜线与开口铜环两种微结构单元组合在一起，并通过结构尺寸上的设计保证介电常数和磁导率出现负值的频段相同，首次将介电常数和磁导率同时表现出负值的材料展现在人们面前，并在美国 Science 杂志上发表了验证左手材料存在的实验性文章。这种新型复合材料的人工实现，极大地丰富了微波、电路、光学、材料学等领域，其表现出的新颖电磁响应特性立刻成为国际物理学界和电磁学界研究的热点。

图 1-1　开口谐振环

超材料研究初期主要集中在左手材料设计及与左手材料相关的负折射效应。左手材料是一种特殊的超材料，其主要特征是介电常数和磁导率同时为负，具有负折射效应、逆多普勒效应等奇异特性。1996—2001 年，人们首次用金属亚波长谐振结构单元实现了负介电常数和负磁导率并对负折射效应进行了实验验证，在国际学术界引起了极大的轰动。人们首次意识到，通过亚波长结构单元构成的人工结构或复合材料，可以根据设计者的意图实现对波的操控。此后至 2005 年，人们的研究焦点主要集中在如何实现负折射效应，通过各种不同的亚波长结构单元实现的左手材料以及通过左右手复合传输线实现的负折射、后向波效应等被陆续报道，并将部分研究成果应用到完美透镜、小型化微波器件、高方向性天线等。

随着研究的深度和广度不断深入，人们发现用于实现左手材料的谐振结构单元具有更为广泛的应用前景。通过调整这些亚波长结构单元的几何参数，可以进行磁导率或介电常数的任意调控，实现远大于1、小于1甚至接近于0、小于0的介电常数或磁导率，而由这些亚波长结构单元构成的人工结构或复合材料统称为超材料。由于其可调控的介电常数和磁导率，超材料为各种新型功能器件的设计提供了更为广泛的材料基础和设计灵活度。2006—2010年，基于介电常数/磁导率渐变的超材料，隐身斗篷、波束聚集器、波形变换器、场旋转器等新型功能器件被陆续提出。更为引人注目的是，这个阶段对超材料在隐身技术、小型化微波器件、天线、天线罩、频率选择表面等方面的应用研究得到了突飞猛进的发展，主要体现在以下5个方面：

（1）在超材料完美隐身斗篷作为一个重要的科学问题被持续深入研究的同时，基于超材料的各种新概念隐身技术被陆续提出，并且更加面向实用化，例如，基于超材料的表面等离激元隐身技术、超材料吸波隐身技术等。

目前，厚度大和带宽窄是制约超材料完美隐身斗篷实际应用的瓶颈问题。由于超材料完美隐身斗篷对材料参数分布具有严格的要求，其实现一般采用多层超材料套层实现材料参数的渐变，即便这样，在理论上也只是实现单频点的完美隐身，并且套层厚度一般与被隐身物体的半径相当，这极大阻碍了其实际应用。但是，作为一个全新的理念，超材料隐身斗篷的透波隐身思想给人们很大启发，开拓了人们的思维。在持续攻克厚度和带宽两个瓶颈问题的同时，人们也提出了其他基于超材料的透波隐身思想以及超材料吸波隐身思想。表面等离激元隐身技术是于2009年提出的新概念隐身思想，目前已通过这种思想解决了透波隐身套厚度大的问题，实现了超薄准完美隐身套。

（2）基于超材料的小型化微波器件、高方向性天线、频扫天线等迅速发展并且相对成熟，部分已经得到实际应用。传统微波器件的尺寸一般受限于其工作波长，例如天线和谐振腔的尺寸一般是介质基板或介质填充物中波长的1/2。将左手材料应用于这些器件，利用左手材料的相位补偿，可有效地减小器件的尺寸，实现小型化微波器件，这方面研究已经比较成熟并且部分已得到实际应用。利用单负超材料的高发射、同相反射等特性，既可实现高方向性，又可减小天线的剖面尺寸。基于复合左右手传输线，可实现宽扫描角度的频扫天线等。

（3）基于金属结构单元超材料的频率选择表面、天线罩已通过理论和实验验证。频率选择表面一般是由周期性金属结构单元或孔隙构成二维表面，其设计需要进行大量复杂的计算和仿真。相比之下，根据超材料理论，通过合理设计和调节单元结构可以得到具有特定电磁参数的人工材料，可以快速高效地完成频率选择表面的设计。将超材料设计原理应用于隐身罩和带通频率选择表面的设计，可设计各种频率选择表面单元结构，例如双通带频率选择表面、极化选择频率选择表面等。

（4）超材料研究进一步向纵深发展，太赫兹、红外、可见光超材料的实现及其在传感器、调制器、吸波结构、隐身等方面的应用研究方兴未艾。在超材料研究初期，由于加工手段的限制，大部分的理论和实验研究工作集中在微波频段。随着加工工艺的不断进步和发展，微纳尺度加工不断成熟，太赫兹、光频等高频材料迅速发展。

(5) 超材料概念在广度上得到了拓展，从最初的电磁波超材料拓展到声波、弹性波，甚至物质波超材料，并且声波超材料及其应用研究已处于起步阶段。由于自然界各种波与电磁波都具有一定的类比性，将电磁波超材料的理论加以推广，可实现声波超材料、弹性波超材料等。

目前，超材料研究重点从基础理论发展至基础理论与应用开发并重，基于超材料的应用专利数量大幅度增长，涉及天线、隐身、微波器件、传感器等多个领域。超材料研究正处于多学科交叉融合阶段，所涉及学科包括电磁学、光学、材料学、力学、物理化学、粒子物理、量子力学等，主要体现在以下4个方面：

(1) 从实现原理上，由最初的等效谐振电路和等效介质理论发展至电磁散射、等离激元振荡、谐振模式杂化效应、量子效应等。

(2) 从物理效应上，由最初的负折射效应发展至量子效应、非线性效应、开关效应等。

(3) 在实现方式上，由最初毫米尺度的金属结构单元和左右手传输线发展至全介质、微米结构、纳米结构等。

(4) 在加工手段上，由最初的平版印刷技术发展至激光直写、电子束曝光、离子束曝光、紫外曝光等微纳米加工技术。

最近美国科学家最新研制出的纳米制造技术，可让自然界中并不存在的"超材料"自我组装而成。由此得到的"超材料"有些具有非比寻常的光学特性，有助于制造能给蛋白质、病毒、DNA（脱氧核糖核酸）等摄像的"超级镜头"以及隐身斗篷；而另外一些则具有独特的磁性，有望在微电子学或数据存储等领域大展拳脚。

迄今为止，科学家们只能利用电子束曝光系统（一种利用电子束在工件面上扫描直接产生图形的装置）等设备在薄层上制造出"超材料"。而现在，康奈尔大学工程学教授乌力·韦斯勒领导的科研团队提出的新方法，则可使用化学方法让嵌段共聚物自我组装成纳米结构的三维"超材料"。

聚合物分子链接在一起会形成固体或半固体材料。而嵌段共聚物则由两个聚合物分子的终端链接在一起形成，当两个聚合物分子的终端完全相同时，它们会链接形成一个相互关联的、具有重复几何形状（如球形、圆柱形或回旋形）的图案，组成这些重复图案的单元可能小至几纳米宽。这些结构形成之后，两个聚合物中的其中一个能被溶解，留下一个三维模型，可将金属（一般是金、银）填充于其中，另一个聚合物随后会逐渐消失，留下一个多孔的金属结构。

该研究小组使用计算机制作出了几种由共聚物自我组装而成的金属回旋物模型，并计算出了当光通过这些材料时的表现。他们得出结论：在可见光和近红外线范围内，这样的材料可能有负折射率；而且，折射率的大小可通过调整这些超材料重复属性的大小来控制，而通过修改自我组装中用到的化学方法，可调整重复属性的大小。

他们假定金属结构由金、银或铝制成并逐一进行了计算实验，结果发现，使用银时才能获得满意的结果。科学家们表示，他们正在让这些能在可见光范围内工作的超材料变成现实。

2. 国内研究现状

我国在超材料研究方面的发展可以追溯到 21 世纪初，起步较晚，但发展迅速。相比于不少国家相对分散的发展模式，我国在超材料领域的发展模式则更加聚焦和有力。

从 2001 年起国内研究者对超材料研究给予了持续密切的关注，在超材料的基础理论、物理效应等及微波超材料应用研究方面基本与国际同步。

复旦大学周磊教授课题组在 21 世纪初期就对超材料开展了研究，并在接下来的时间里主要研究了基于超材料的极化旋转、定向辐射、亚波长成像、反常传输等新效应，开展了表面等离激元超材料研究，受到了国内外的广泛认可。

在这一时期国内多个课题组都针对超材料开展了相关研究，同济大学张冶文教授和李宏强教授课题组对基于传输线的超材料、手性超材料和宽带负折射超材料开展了研究；西北工业大学赵晓鹏教授课题组主要开展了谐振环结构和分形结构超材料以及基于电流变液的可调超材料设计和制备；浙江大学冉立新教授课题组设计了基于 S 形、砖块形等金属结构的超材料和由介质谐振器构成的左手材料，并从理论上详细研究了超材料隐身罩的设计和优化；东南大学崔铁军课题组的研究主要集中在基于超材料的新型微波器件上，设计了地毯套、天线平板透镜、全向电磁吸波结构等新型微波器件；南京大学伍瑞新课题组开展了铁磁材料中的负折射现象研究，陈延峰课题组提出了周期结构的基于压电和压磁特性的左手材料，冯一军课题组主要进行了超材料吸波结构和可调超材料研究，祝世宁课题组主要开展了人工磁超材料的磁等离极化激元的激发与传播研究；浙江大学何赛灵课题组进行了宽带超材料吸波结构和近零超材料中的新物理效应研究；北京理工大学胡更开课题组主要进行了声波超材料和弹性超材料的理论和实验研究；苏州大学赖耘和陈焕阳课题组主要开展了超材料隐身套/幻像、零折射率超材料和弹性超材料研究。

2009 年清华大学周济教授基于 Mie 理论研究了全介质超材料，并提出了基于液晶的可调超材料，率先研制出了非金属基超常电磁介质等新型材料。

同年刘若鹏及其研究团队在 *Science* 上发表了关于超材料的研究成果，提出了一种新型超材料宽频带隐身衣结构。

2016 年 3 月，"十三五"规划纲要明确提出，需要大力发展以超材料为代表的新型功能材料，这标志着推动超材料领域发展已经上升为国家战略。在项目支持方面，超材料已成为我国重点投入方向之一，陆续有"863 计划""973 计划"、国家自然科学基金重大项目和重点项目、"变革性技术"国家重点研发计划项目等重大科学研究项目给予了大力支持，不仅培养了一大批超材料领域的科研人才，而且促进了诸多创新性研究成果的诞生，成果覆盖了多个学科领域，推动了超材料技术应用潜力的发掘，为解决多项"卡脖子"问题提供了可行途径。

3. 超材料研究发展趋势

从早期对超材料各种奇异特性的理论论证和原理性验证，到中期不同频带、不同带宽、不同性能超材料的设计/实现及其在亚波长成像、完美隐身套、小型化微波器件、天线等的实验验证，再到目前超材料与材料学、光学、量子力学、化学、等离子体物理等多学科的交叉融合，超材料的理论和应用研究不断丰富和发展。

（1）超材料理论与电介质物理、金属光学、功能材料等传统材料学科的高度融合。

超材料最基本的特征是其组成单元的尺度远小于工作波长，在此条件下，超材料结构单元才能被近似看成"超粒子"，这些基本"超粒子"如传统的原子或分子一样决定着超材料的材料参数，可用传统材料理论对其进行理解和描述。超材料的结构单元相对于波长的尺度越小，这种近似越好。除了金属结构单元，采用亚波长的纯电介质结构单元也可以实现超材料，这种全介质超材料在属性上更加接近均质材料形态。深亚波长尺度结构单元超材料和全介质超材料的发展使超材料理论与电介质物理、金属光学、功能材料等传统材料学科高度融合，促进超材料由一种材料设计新理念向真实的材料形态发展。

（2）微波超材料朝着"频带宽、损耗低、厚度薄、性能高"的实用化方向不断完善和发展，并在隐身技术、微波器件、天线等领域得到应用。

由于加工制作简单，微波超材料的应用研究目前已具有一定的基础，其关键技术问题在于拓展带宽、降低损耗和色散。通过对大量结构参数渐变的超材料结构单元的优化组合设计实现的宽频带、低损耗、低色散超材料，可用于小型化微波器件、高方向性天线盖板、天线罩、频率选择表面等。宽带宽、高损耗的超材料可用于低频段超薄吸波材料设计，并可与传统吸波材料复合共同构成宽带吸波材料。基于超材料的表面等离激元隐身技术通过表面等离激元的表面传输作用，实现对电磁波的绕射、变向或吸收，可在不改变目标外形的前提下以很小的厚度实现低频段隐身。

（3）超材料的理论和实验研究向太赫兹、红外和可见光等更高频段发展。

随着超材料研究的不断深入，超材料研究不断向由微纳尺度结构单元构成的太赫兹、红外和可见光超材料发展。传统的电子和光子器件在太赫兹频段内无法有效工作，基于太赫兹超材料调制器、传感器、吸波结构等可填补这一空白。纳米尺度结构单元的红外/可见光超材料在光子回路、亚波长成像、红外/可见光隐身、光传感器等方面具有丰富的应用前景，但同时也具有更加复杂和丰富的理论内涵，必须考虑等离激元的激发与传输、谐振模式的混杂效应、量子效应、非线性效应等。国际上，新一代超材料的实现途径开始转向纳米技术、半导体、超导体、全介质等复合手段，主要尺度由微米转向纳米，并有望最终实现原子尺度。由于这类超材料在减小损耗、拓展带宽等方面表现出一定优势，并可以实现尺度小型化，所以是现在及将来超材料设计与实现研究的重点。

（4）超材料研究与表面等离激元研究相互促进，共同发展。

超材料在设计频段内具有负介电常数或负磁导率，在超材料与传统介质界面处可激发各种类表面等离激元模式，既可激发电表面等离激元模式，也可以激发磁表面等离激元模式。借助超材料，可在太赫兹频段、毫米波频段，甚至微波频段下激发表面类等离激元模式。基于表面等离激元与金属结构单元的相互耦合作用，可实现太赫兹、红外等高频段超材料。超材料研究促进了表面等离激元研究，表面等离激元研究也促进了超材料研究的进一步发展，两者相辅相成，相互促进发展。

当前，超材料主要的研究方向集中在：①新型超材料及其功能的设计、性能优化及相关模拟仿真方法；②器件的制造：由于亚波长特征尺寸的限制，在光频波段进行器件制作需要高技术水平；③相互作用的研究：由于超材料的大多数性质都与表面/界面波有关，进一步探索这种近场波与自由空间电磁波的耦合，以及其材料内部的传播性质，需要不断更新理论概念、分析方法和实验测量技术等。

作为具有国家战略意义的新兴产业，超材料的研究开发得到了发达国家政府、学术界、产业界和军事界的高度重视。欧美国家的研究机构与政府先后投入了大量人力、物力与财力开展超材料的研发。在2000年年底，美国国防高级研究计划局（Defense Advanced Research Projects Agency，DARPA）重点提出关于超材料的研究计划，旨在联合美国大学和研究机构的研究优势对超材料技术进行攻关；欧盟联合协调项目（Meta-Materials Organized for radio, millimeterwave, and Photonic Superlattice Engineering，META-MORPHOSE）主要是由24个欧洲大学参与研究新型超材料，目的是通过工程超材料来实现对电磁波的前所未有的控制，从而推动在通信、成像和传感技术等领域的应用。

随着超材料技术不断创新，超材料的可设计复杂度呈指数型增长。自2010年起，超材料研究已遍布与"波"相关的所有领域，包括电磁、声学、力学、热学和量子等领域，并多次入选*Science*杂志评选的年度十大科技进展，被评为21世纪前十年影响人类的十大科技突破之一。由此衍生的相关技术也已深入各行各业，尤其在无线通信、雷达隐身、减振降噪、热能转换、高精度成像、高灵敏传感等多个领域产生了颠覆性效应。

当前，美国波音公司、日本丰田公司、韩国LG电子公司、美国雷声公司等世界级跨国公司正着力推动超材料技术的产业化进程，积极抢占超材料市场份额。

我国相关机构也在积极开展超材料技术的研发工作。陆续有"863计划""973计划"、国家自然科学基金重大项目和重点项目、"变革性技术"国家重点研发计划项目等均在超材料的基础研究方面给予了一定支持。目前，我国在超材料的基础研究领域已积累了一批有影响的研究成果，形成了在国际上有一定影响的研究队伍。其大体上可划分为以清华大学、中国科学院物理研究所等为代表的北方集团，以东南大学、浙江大学、复旦大学、南京大学等为代表的华东集团，以深圳光启高等理工研究院为代表的华南集团。

在过去的20年里，人们已经致力于向复合材料中融入传感功能。领军的国家和地区主要是美国和欧洲，目前这一领域的研究是美国和欧洲国家重点资助的研究主题之一。迄今为止，复合智能超材料领域的一些工作主要集中在各种不同传感器和器件的集成可行性研究上。这些研究包括评价传感器作为复合材料有机组成部分的耐久性，以及量化集成器件中材料的强度和疲劳寿命。但亟待研究的方面太多，例如很少研究在复合材料中嵌入传感器系统网络进行应用，尚未将目前集成传感芯片领域内的成果引入复合智能材料领域进行开发，从而导致材料无法进行复杂的感知功能；同时，国际上对于低能耗微型集成传感芯片的研发也在持续发展中。

超材料于2023年被列入工业和信息化部、国务院国资委联合印发的《前沿材料产业化重点发展指导目录（第一批）》，相关通知指出，"前沿材料代表新材料产业发展的方向与趋势，具有先导性、引领性和颠覆性，是构建新的增长引擎的重要切入点"。从专利地域分布来看，中国在电磁超材料、声学超材料领域创新均较为活跃，专利数量全球第一。总体上来看，国内进行的超材料基础研究水平与国外的差距相对较小，但在实验研究、材料制备与器件化研究的广度和技术水平等方面差距相对较大。

二、超材料的应用展望

在超材料的工程应用中，由于电磁超材料技术性相对成熟，并已经有商业化的产品和器件，目前我国几乎所有超材料企业业务布局重点均在电超磁材料技术中。

中国航空工业集团公司济南特种结构研究所经过多年的创新发展，在超材料研究方面持续攻关，已经具备高性能超材料的设计—制造—表征全链条研发及批量化生产能力。目前基于超材料设计已实现了多项产品的透波及隐身性能提升，申请了近百项相关发明专利，对超材料技术的发展和产业化应用做出了重大贡献。

西安天和防务技术股份有限公司投资成立超材料研发中心，积极开展超材料技术在雷达隐身、缩减雷达散射截面积（RCS）、提高天线及天线罩性能、基于新材料的结合动态调控等技术在航空航天、国防军工领域和智能通信、民用航空等领域的应用研究。目前，多项研究已完成了成果转化。

广东新劲刚新材料科技股份有限公司的电磁波吸收材料产品已实现小批量产，该结构吸波功能材料制品可有效吸收、衰减电磁波能量，同时具备轻质、宽频、高效、高强、高韧等特点，可有效提高应用于特殊领域的设施的突击及生存能力，可广泛应用于飞行器、舰船、车辆及地面、电子等特殊领域，产品已通过前期技术验证。

陕西华秦科技实业股份有限公司自主研发的表面防护技术与隐身材料技术相融合，在具备良好隐身能力的同时，兼备耐受各种恶劣腐蚀环境下的服役能力，拓宽了隐身涂层材料产品的使用环境，延长了武器装备的使用寿命。自2019年其隐身材料率先定型以来，已有多个产品在武器装备上得到应用，并实现了批量化生产和销售。

佳驰电子科技股份有限公司在隐身功能涂层材料、隐身功能结构件以及电子信息领域的电磁兼容材料等方面拥有全面能力。公司围绕电磁功能材料与结构产业发展的产品主流和技术前沿进行研发，已突破EMMS产品的"薄型化"和"超宽带"等关键技术瓶颈，其研制的两代隐身材料已批量应用于我国第三代、第四代战机等重大重点型号工程。

光启技术股份有限公司是全球超材料尖端装备领域的领军企业，公司利用高尖端技术，结合峰值计算能力高达4200万亿次/s的超算中心，实现了超材料的快速优化设计。目前第三代超材料技术的结构件产品已进入批量生产阶段。

南京波平电子科技有限公司可同时生产四个大类数十种吸波材料近10万 m^2，产能居全国前列，是国内电波暗室用吸波材料制造中心。

超材料技术的发展趋势体现在其应用的广泛性、技术的创新性和市场的成长性上。不仅在电磁领域，在光学、声学、热辐射和热传导等领域均展现出巨大的潜力。随着研究的深入和技术的进步，超材料在未来的应用前景将更加广阔，对科学技术和产业发展产生更加深远的影响。

1. 对传统微波器件、天线和天线罩性能的提升研究

随着对超材料认识的逐步深入，微波频段超材料设计、制备的关键技术已取得突破，能够把超材料应用于传统微波器件、天线和天线罩系统的工程化设计中，以克服常规微波器件、天线和天线罩的技术瓶颈和短板，提升其性能并减小其体积和重量，这对提升整体系统的性能具有重要的意义。

2. 新型功能器件与传感器的开发

利用超材料的独特物理性质，能够设计常规材料所无法完成的新型功能器件和传感器，如聚能器件和波束压缩器件、电磁波屏蔽器件、倏逝波放大器件、表面波增强器件、介质探针、在传输中可以使非平面波保持波形不变的波形保持器等。

3. 新型光回路与光学器件的研制

超材料与表面等离激元的融合促进了光频段超材料的迅速发展。由于超材料具有负介电常数或负磁导率，在超材料界面可激发丰富的类表面等离激元模式，所以，光频段超材料在新型光子器件、光传导控制、微光子回路、亚波长成像、高性能太阳能电池板等方面具有重要的应用前景。目前，基于超材料的表面等离激元激发、控制、传输是光频段超材料研究最为活跃的领域，并衍生出具有重要应用价值的纳米激光器、光信息存储器、光传感器等纳米尺度光子元件，这也是国内与国外研究差距较大的领域。

4. 隐身新技术的应用

超材料在隐身技术领域具有潜在的重要应用价值，利用超材料不同的物理性质可以实现不同物理机制的隐身。超材料隐身技术主要包括以下几方面：

1)"隐身斗篷"——完美隐身技术

超材料完美隐身的隐身机理是透波隐身，完全不同于传统吸波材料的电磁波吸收机理，是一种全新机制的隐身技术。2006年6月，J. B. Pendry等以及U. Leonhatdt在美国 Science 杂志上撰文指出，介电常数和磁导率按一定规律分布的超材料可以控制电磁波的行为，比如波线的曲直、电磁场能量的分布等。特别地，用某种经过精心设计的超材料包裹物体，形成所谓的超材料套（Metamaterial Cloaks），当外部电磁波进入该套层后，在超材料的控制下沿套层传输并绕过套内物体，将最终按与在自由空间中传输相同距离所应具有的方向和波形传出超材料套。这样，不管其自身的性质如何，套内物体始终处于与外场隔绝的状态，从观察者的角度来看，超材料套及其套内物体完全是"透明"的，从而实现了真正意义上的隐身，称为"完美隐身"。与传统意义上针对探测雷达的折射式、吸波式或反射式隐身技术不同，超材料隐身套是一种基于透射的新概念隐身技术，具有传统隐身所无法比拟的优点：

（1）透波效率的提高减小了反射，从而降低了雷达散射截面积；

（2）由于是透波，能量在套内的转换率小，从而减少了吸波所造成的二次辐射（如红外辐射）；

（3）由于透射波保持原有方向和波形，基于检测前向波传输的多基雷达技术无法探测到隐身目标，具有反多基雷达侦察的能力。

超材料隐身套的思想一经发表，就立即引起全世界学者的广泛关注，更是激发了美、俄等军事强国的极大兴趣。

2）超材料吸波隐身技术

超材料也可应用于传统的吸波隐身技术中。其吸波机理是：在谐振和反谐振区域，标志材料损耗特性的复介电常数和复磁导率的虚部也达到了峰值，这意味着超材料也会对电磁波表现出强烈的吸收特性，因而基于超材料可以设计出具有强吸波效应的吸收剂。超材料既可以单独作为吸波材料使用，也可以与传统吸波材料复合，从而制备出满足微波隐身"薄、轻、宽、强"要求的新型复合吸波材料。作为结构型的超材料，在作为隐身材料使用时，由于其工作频率、介电常数和磁导率等电磁参数的易调节性，容易实现超材料的吸波层与自由空间的阻抗匹配，从而大幅度减少反射波强度。

3）表面等离激元隐身——准完美隐身技术

表面等离激元隐身技术是一种准完美的透波隐身技术，通过合理设计表面等离激元耦合材料以激发不同模式的表面等离激元，针对不同的应用需求，利用表面等离激元的局域化和表面传播特性，形成表面等离激元并沿表面进行低损传播，实现透波隐身，或者通过表面等离激元控制目标散射，实现变向隐身。

5. 声波超材料成像与声波隐身技术的研究

类似于电磁超材料可实现亚波长成像，声波超材料可用于超声波亚波长成像，以提高成像的分辨率。声波超材料在声波隐身技术中也具有重要的潜在应用前景，主要体现在两个方面：①通过负模量声波超材料实现对低频声波的全反射，实现低频隔声，可应用于发动机等的隔声；②通过参数渐变声波超材料套层实现声波透明，这类似于电磁隐身斗篷。

三、超材料在国防工业中的应用前景

因为超材料具有的特殊电磁性能，其在雷达、隐身、电子对抗等诸多装备技术领域拥有巨大的应用潜力和发展空间；超材料技术是一项在国防领域有着广泛应用前景、影响深远的共性技术，在某些领域更具备战略性重大突破的可能。超材料在国防科技应用方面存在三大特色方向：

1. 超材料特种天线技术

雷达天线是超材料特种技术的主要应用方向之一，应用方式是将超材料替代传统抛物面天线的反射面和设计共形天线等新形态雷达天线。超材料的技术特点主要包括电磁特性和物理特性两个方面。

在电磁特性方面，通过对超材料内部空间各项电磁参数的设计，可实现电波传播方向调整、波束赋形、极化旋转、电磁透明等功能。与传统的抛物面天线相比，超材料天线可以对天线口径场进行精确设计，使天线具有接近理想口径分布时的方向图特性；通过超材料天线的不同设计，其工作频率范围可适应多种雷达工作频段；天线可实现低旁瓣设计；极化设计灵活。

在物理特性方面，与传统的反射面天线相比，超材料天线具有密度小、厚度薄等特点，在同等电性能条件下，可较大幅度地降低雷达天线的重量和口径；从天线形式上看，超材料天线通过微结构电参数设计实现波束赋形，便于采用平板形式或与装载载体共形设计，天线可拼装、折叠，维修性好，同时便于架设和撤收；随着工程化技术的深入研究，超材料天线的刚强度、抗腐蚀、温湿度等特性也逐渐可以满足雷达工作环境的要求。

2. 超材料特种天线罩技术

由于天线罩的存在，电磁波需要穿透天线罩才能被雷达天线所接收。电磁波由于阻抗不同而在它们的分界面上发生反射，从而会造成电磁波能量的损耗。对于雷达天线来说，电磁波穿透天线罩时至少会发生2次反射，严重地影响雷达天线接收的信号的质量。尽管制造天线罩的材料一般都是反射较少的透波材料，但要在增加天线罩的厚度以使其满足耐压性能的同时，无疑会降低天线罩的透波率，从而影响雷达天线接收电磁波。

基于超材料概念开发的天线罩、滤波罩、雷达罩，不仅可以满足系统对机械性能的要求，并且保证了电磁波能量的有效透射率，可以用于雷达天线和通信天线的外罩，以将天线置于其内保护起来，防止恶劣环境对天线工作状态的影响与干扰。

3. 超材料隐身技术

隐身技术是现代军事中具有巨大战术价值和战略威慑作用的一项技术。目前隐身技术主要有两大方向：外形改变和吸波材料。然而外形改变的缺陷是严重损失了飞机等装备的动力学性能，吸波材料的缺陷是应用环境局限性大、维护成本高。

以超材料技术为基础，产生了一种全新的隐身蒙皮技术。隐身蒙皮将电磁隐身性能的超材料技术与具有常规机械、物理性能的蒙皮技术融合为一，充分发挥各自的优势。隐身蒙皮可以完全取代现有装备的蒙皮，在不改变现有装备外形特征和不影响现有装备动力学性能的情况下，使得装备具有隐身性能。

参 考 文 献

[1] Walser R M. Electromagnetic metamaterials [J]. Complex Mediums II: Beyond Linear isotropic Dielectrics, 2001, 4467: 1-15.
[2] 彭华新，周济，崔铁军. 超材料 [M]. 北京：中国铁道出版社有限公司，2020.
[3] 张明习. 频率选择表面设计原理 [M]. 北京：国防工业出版社，2021.
[4] 刘若鹏，等. 电磁超材料术语 [S]. 北京：国家质检总局，2016.
[5] 王总，朱文君，唐玲. 超材料技术发展概览 [J]. 军民两用技术与产品，2012 (7)：27-29.
[6] 王政平，王玥坤. 光学超材料研究进展与发展趋势分析 [J]. 光学与光电技术，2011，9 (4)：10-15.
[7] 周济. 超材料在电子元件中的应用 [J]. 电子元件与材料，2008，27 (9)：1-4.
[8] 李海雄. 左手材料的研究概述 [J]. 电子世界，2013 (3)：171.
[9] 付全红，赵晓鹏. 左手材料设计与制备的研究进展 [J]. 材料导报，2008，22 (6)：95-99.
[10] 周济. 超材料：超越材料性的自然极限 [J]. 四川大学学报，2005，42 (2)：15-16.
[11] 王方. 左手材料的研究与应用 [J]. 新材料产业，2010 (5)：68-72.
[12] 周萧明，蔡小兵，胡更开. 左手材料设计及透明现象研究进展 [J]. 力学进展，2007，37 (4)：517-536.
[13] 周济. 超材料：设计思想、材料体系与应用 [J]. 功能材料，2004，35 (增刊)：125-128.

[14] 易珏. 超材料产业化提速 [J]. 中国经济信息, 2012 (23): 52-53.

[15] Pendry J B, Holden A J, Stewart W J, et al. Extremely low frequency plasmons in metallic mesostructures [J]. Physical Review Letters, 1996, 76 (25): 4773.

[16] Pendry J B. Negative refraction makes a perfect lens [J]. Physical Review Letters, 2000, 85 (18): 3966.

[17] Pendry J B, Holden A J, Robbins D J, et al. Magnetism from conductors and enhanced nonlinear phenomena [J]. IEEE Transactions on Microwave Theory and Techniques, 1999, 47 (11): 2075-2084.

[18] Shelby R A, Smith D R, Schultz S. Experimental verification of a negative index of refraction [J]. Science, 2001, 292 (5514): 77-79.

第二章 左手材料

第一节 引 言

一、左手材料的基本概念

左手材料（LHM）是超材料的一种，是指自然界中不存在的、介电常数和磁导率同时为负值的、具奇特电磁特性的人工设计制备复合材料或复合结构。众所周知，物质的介电常数和磁导率是描述连续介质电磁响应的基本物理量。普通介质的介电常数和磁导率都为正值，电磁波在其中的传播满足"右手定则"，则被称为"右手材料"。仅有极少数物质的介电常数或磁导率两者之一为负值，如金属等离子体、微波铁氧体等物质。左手材料是由苏联物理学家 Mandelshtam 于 1940 年最初提出的。1967 年苏联物理学家 Veselago 从理论上研究了介电常数和磁导率都为负值时物质的电磁学性质，表明电磁波在其中的传播满足"左手定则"，被称为"左手材料"。左手材料具有许多奇异的电磁学性质，如相速度与能量速度方向相反、负折射、反切伦科夫辐射、逆多普勒效应、负光压等。由于在自然界中尚未发现这种介电常数和磁导率都为负值的左手材料，所以在随后的 30 年里对左手材料的研究几乎处于停滞状态。1996 年 Pendry 等经理论研究证明周期性排列的金属杆（Wires）的电响应与金属等离子体类似，其介电常数在电磁波的频率小于等离子体频率时为负值。1999 年 Pendry 等又证明周期性排列的金属开口谐振环（Split Ring Resonator，SRR）的磁导率在谐振频率附近为负值。2001 年 Shelby 等把这两种材料进行组合，首次实现了微波段的负折射，获得了左手材料。左手材料的发现被美国的 *Science* 杂志评为 2003 年度世界十大科技突破之一。2006 年 Pendry 等提出了使用超材料实现对电磁场传播方向进行任意改变的设计理论。随后，Duke 大学的科学家们利用相关理论制造出"隐身斗篷"（Circular Cloaking Device），再次被 *Science* 评选为 2006 年度世界十大科技突破之一。目前，"左手材料"仍是全世界科学技术领域所关注的热点领域之一。

二、左手材料的基本理论及实现方法

单色平面波在各向同性无源媒质中传播时满足麦克斯韦方程：

$$\begin{cases} \boldsymbol{k} \times \boldsymbol{E} = \omega\mu\boldsymbol{H} \\ \boldsymbol{k} \times \boldsymbol{H} = -\omega\varepsilon\boldsymbol{E} \end{cases} \quad (2\text{-}1)$$

在左手材料中，介电常数 ε 和磁导率 μ 同时小于零，$\boldsymbol{E}$、$\boldsymbol{H}$ 与 $\boldsymbol{k}$ 构成"左手关系"，$\boldsymbol{k}$ 与坡印亭矢量 $\boldsymbol{S}=\boldsymbol{E}\times\boldsymbol{H}$ 方向相反。由于 $\boldsymbol{k}$ 代表相速度的方向，$\boldsymbol{S}$ 代表能量速度的方向，所以，在左手材料中，相速度与能量速度方向相反，导致负折射、逆 Cerenkov 辐射

(图2-1)、逆多普勒效应、负光压等奇异的电磁学性质。

（a）Cherenkov效应

（b）逆Cherenkov效应

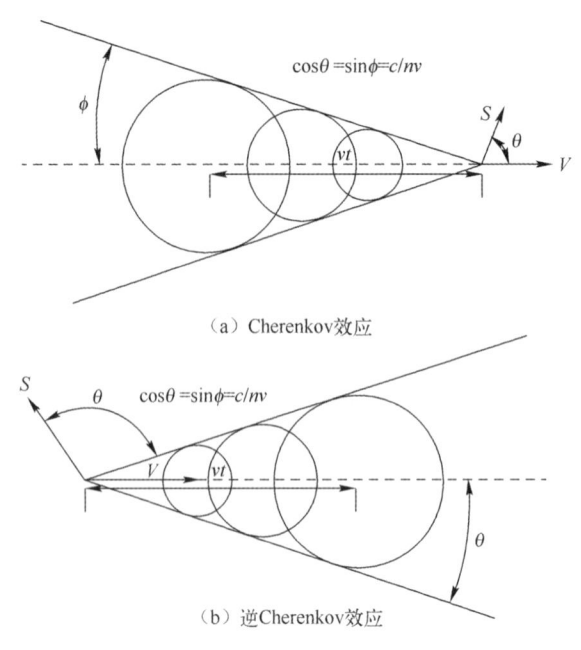

图2-1 逆Cerenkov辐射效应

自然界中物质的电谐振与磁谐振频率分离，不存在介电常数 ε 和磁导率 μ 同时小于零的物质。1996 年 Pendry 等经理论研究证明，周期性排列的金属杆（Wires）的电响应与金属等离子体类似，并能减小电子的有效数密度，极大地增加电子的有效质量，将等离子体频率降到远红外甚至吉赫兹波段。1999 年 Pendry 等又证明周期性排列的金属开口谐振环的磁导率 μ 在谐振频率附近为负值。2001 年 Shelby 等把这两种材料进行组合，采用印制电路板刻蚀技术在 G10 玻璃纤维板的正反面制备了铜 SRRs 和 Wires，并进行了周期性排列，获得了左手材料。他们还将左手材料样品切割成棱镜进行负折射实验，测得的折射角 $\theta=-61°$，相应的折射率 $n=-2.7±0.1$，首次实现了微波段的负折射，有力地证明了左手材料的存在。

而电磁波要在介质中存在，必须满足与介质的电磁常数和电磁波参量相关联的波动方程——Helmholtz 方程：

$$\nabla^2 \times \boldsymbol{E} + k^2 \boldsymbol{E} = 0 \tag{2-2}$$

式中：$k^2 = \omega^2 \varepsilon \mu = \omega^2 \varepsilon_r \varepsilon_r \mu_r \mu$。

若介电常数和磁导率中一个是负数，另一个是正数，则 $k=\omega\sqrt{\varepsilon\mu}$ 为纯虚数，波动方程的解（也就是电磁波的表达式）$E(x,t)=E_0 \mathrm{e}^{ikx} \cdot \mathrm{e}^{-i\omega t}$，就会出现严重的衰减，能量就不会向远处传播。所以介电常数 ε 和磁导率 μ 中一个是正数另一个是负数的介质对电磁波是没有意义的，也就是说麦克斯韦方程组没有波动解。

因为左手材料中的介电常数 ε 和磁导率 μ 都是负数，则 $k=\omega\sqrt{\varepsilon\mu}$ 依然有实数解，所以 ε 和 μ 同时为负数的介质对电磁波是有意义的，是可以存在的。根据 KDB 形式的麦克斯韦方程组对左手介质的描述：

$$k \times E = -\omega\mu H$$
$$k \times H = \omega\varepsilon E$$
$$k \cdot E = 0$$
$$k \cdot H = 0$$

由此可知，在左手介质中，波的相位传播矢量 k、电场强度 E 和磁场强度 H 与常规介质相同，也是相互垂直的。可是不同的是，常规介质的 E、H 和 k 之间满足的是右手螺旋关系，而左手介质中的 E、H 和 k 之间满足的是左手螺旋关系。这也是为什么人们把介电常数和磁导率同时为负数的介质称为左手介质的缘故。

同时，多普勒效应、Cerenkov 辐射、辐射压力、原子自发辐射效率、对倏逝波的作用、光子隧道效应等会发生异常。

因为至今在自然界并没有发现左手介质，目前人们在实验或者工程中用到的左手介质样品都是人为设计的，是一种复合材料。大部分都是在微波印制电路板上刻蚀各种各样不同的周期性的图案来实现等效左手特性的，各个方面还远远没有能够达到人们对左手材料的期望并且确实可以改变人们生产生活的程度。在由结构决定材料性质方面，左手材料既有与传统材料相似的一面，也有截然不同的一面。相似之处主要表现在与晶体的对比上，晶体是由规则分布在空间中的原子或分子组成的，并且晶体表现出来的性质与原子或分子在空间的分布排列状况有非常密切的关系。而左手材料的性质很大一部分取决于各种不同结构在空间的分布。它们都是不同结构在空间有规律的分布来影响物质表现出来的性质的。不同之处在于它们的维度并不在一个等级上，组成晶体的粒子是微观的，构成左手材料的结构是宏观的。由于材料制备、加工技术手段等因素的影响，目前研究中制备出的左手材料样品，与传统的介质最主要区别在于：传统介质的性质不光取决于粒子的分布，而且更主要地取决于粒子本身的性质；而左手介质的性质不光取决于基本单元的空间分布，还取决于基本单元的几何形状。虽然与基本单元的物质组成有一定的关系，但关系并不像传统介质那样密切。于是制造出性能良好的左手材料必须由各国科研工作者付出极大的努力。同时也看出，在左手材料的研究过程中材料构造、设计和加工的重要性。世界上不同国家和地区的科研工作者已经设计出了许多不同形状的基本单元结构，金属开口谐振环和金属棒复合结构是最初提出来的左手材料结构，在此基础上，各种相似的结构不断被提出，这些新提出来的结构都在性质上得到了不同角度的优化，如 R. A. Shelby 提出来的方形环，实验和数值结果同时显示在二维，X 波段上实现了均匀的左手特性，并且介质的损耗也有所降低。Th. Koschny 提出的虽然也是方形环，但是在三维结构上实现了各向同性。S. O. Brien 提出的 C 形环扩展了最初只在微波频段上才能实现的局限，用不同厚度的和几何大小的基本结构在红外频段上实现了左手特性，如螺旋状结构、树枝状结构、树叶状结构、蘑菇形结构、双 S 形结构、双 Z 形结构等，如图 2-2 所示。

总之，左手材料的实现在思想上给予人们巨大的冲击，理论上和应用上都开辟了一个新的研究领域。科学家们预言左手材料将会在移动通信、信息存储、电磁隐身等方面发挥重大的作用。寻找结构简单、损耗低、频带宽、固态的、各向同性、线性的左手材料是各国科技工作者追求的目标。因此，设计出新的结构，对现有结构进行优化以及对其物理特性的研究将会是今后很长时间内研究的主要任务。相信左手材料在不久的将来会在人们的生活中发挥重要作用。

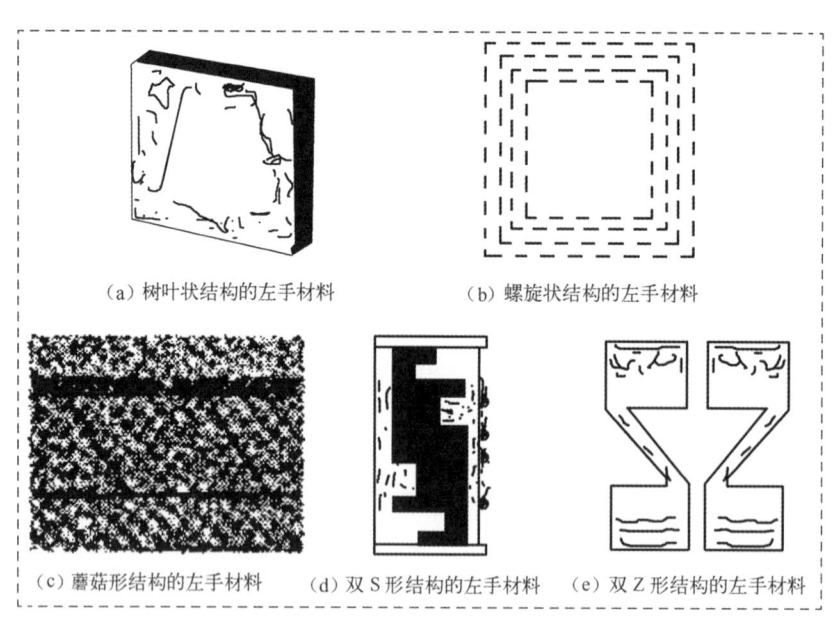

(a) 树叶状结构的左手材料　　(b) 螺旋状结构的左手材料

(c) 蘑菇形结构的左手材料　(d) 双S形结构的左手材料　(e) 双Z形结构的左手材料

图 2-2　S.O.Brien 提出的左手材料

第二节　左手材料设计与制备技术

一、左手材料设计的理论依据

电磁波由谐振的电场和磁场组成，在电磁波与物质的相互作用中，以物质的介电常数 ε 和磁导率 μ 来分别刻画电场和磁场与物质的相互作用过程，于是自然界的物质可以根据 ε 和 μ 的不同取值被区分开来。

考虑波在无损各向同性媒质中传播，此时材料参数 ε 和 μ 可以被看作实数。根据 ε 和 μ 符号的取值，自然界所有可能存在的物质大致可以被分为 4 类，如图 2-3 中的 4 个象限所示。自然界中大部分物质均处于图 2-3 中材料空间的上半区，并且 $\varepsilon>0$ 和 $\mu>0$ 的材料占多数。根据麦克斯韦方程，当一束平面电磁波在该类介质中传播时，波矢量 $k=\omega/c\sqrt{\varepsilon\mu}$ 为实数，因此波可以在该物质中传播。

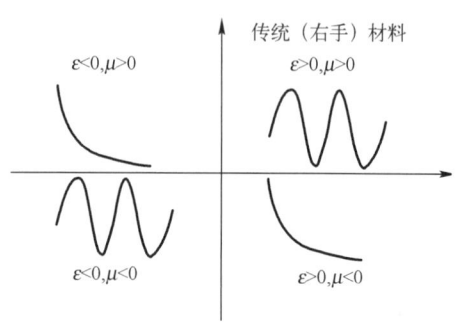

图 2-3　ε 和 μ 构造的材料空间

波在 $\varepsilon<0$ 和 $\mu>0$ 的介质中传播时，波矢量将为虚数 $k=i\omega/c\sqrt{|\varepsilon\mu|}$，波在该介质中传播时场振幅会迅速呈指数衰减，因此波在其中将不能传播。同理，电磁波也不能在 $\varepsilon>0$ 和 $\mu<0$ 的介质中传播，也就是说波无法在单负值材料（具有负介电常数或负磁导率）中传播。

不考虑耗散时，等离子体的介电常数可以简单地表示为

$$\varepsilon = \varepsilon_0 \left(1 - \frac{\omega_{ep}^2}{\omega^2}\right) \tag{2-3}$$

式中：ε_0 为真空中的介电常数；ω_{ep} 为等离子角频率，ω 为入射波角频率。

从式（2-3）可以看出，当入射波频率 ω 低于等离子频率 ω_{ep} 时，等离子体的介电常数为负而磁导率为正，这时可以将其归为图 2-3 中第 2 象限所属的物质。大气的电离层即是一种等离子体，通信信号能够传到很远的地方，就是依赖于电离层对通信波段的电波不具有传输能力，因此被反射回地面。

当物质的介电常数和磁导率同时为负时，即 $\varepsilon<0$ 和 $\mu<0$，可以发现 ε 和 μ 的乘积仍然为正，因此与 $\varepsilon>0$ 和 $\mu>0$ 的物质一样，波可以在该类物质中传播。但与后者不同的是，麦克斯韦旋度方程有所改变，于是引起了物理性质上的根本变化，该类物质就是左手材料。目前，左手材料被归为超材料的一种，后者主要是指由人工合成的具备自然界传统物质所无法具有的物理性质的一类材料。

左手材料的概念是由苏联理论物理学家 Veselago 于 1967 年最先提出来的（原文于 1968 年被翻译成英文）。他把同时具有负介电常数（$\varepsilon<0$）和负磁导率（$\mu<0$）的材料定义为左手材料，因为波在其中传播时，电场 E、磁场 H 和波矢量 k 的方向将互成左手系，而传统材料将互成右手系。这可以通过平面单色波（场量与 $e^{i(k\cdot r-\omega t)}$ 成正比）的麦克斯韦旋度方程加以说明：

$$k \times E = \frac{\omega}{c} \mu H \tag{2-4a}$$

$$k \times H = -\frac{\omega}{c} \varepsilon E \tag{2-4b}$$

当介电常数 ε 和磁导率 μ 均为正时，从式（2-4）可以看出 E、H 和 k 将互成右手系，相反 ε 和 μ 均为负时，这 3 个矢量将互成左手系，由于这一特点，左手材料将产生一些奇特的电磁现象。由于表征能流的坡印亭矢量

$$S = cE \times \frac{H}{4\pi} \tag{2-5}$$

与介电常数和磁导率的符号无关，所以对于传统材料坡印亭矢量 S 和波矢量 k 是同向的，而对于左手材料则是反向的，这就导致了 Snell 定律、多普勒效应以及 Vavilov-Cerenkov 辐射等诸多电磁性质的逆转。

当 ε 和 μ 同时为负值时，折射率 n 将被定义为负值，这时电磁波在左右手材料的界面处将发生负折射现象，被称为 Snell 定律的逆转，如图 2-4 所示。图 2-4（a）描述了一束平面电磁波从传统材料（$n=1$）向另一种不同折射率（n）的传统材料入射（k_i）的情况，其中还产生了反射波（k_r）和透射波（k_t）。Snell 定律给出了如下关系：

$$\sin\theta_r = n\sin\theta_t \tag{2-6}$$

式中：θ_r 为反射角；θ_t 为折射角。

这时透射波的波矢量 k_t 与坡印亭矢量 S 是同向的。当一束电磁波从右手材料向左手材料入射时如图 2-4（b）所示，根据 Snell 定律折射角将为负，透射波将与入射波在界

面法线的同侧，这时透射波的波矢量 k_t 与玻印亭矢量 S 是反向的。

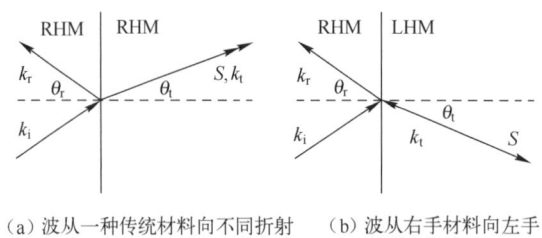

(a) 波从一种传统材料向不同折射率另一种传统材料入射的情况

(b) 波从右手材料向左手材料入射情况

图 2-4　Snell 定律描述的情况

Snell 定律的逆转可以使左手材料具有平板聚焦功能，如图 2-5 所示。在平板的一侧放置一个点源，除了部分能量可能被反射之外，在平板内部会产生折射波，Snell 定律的逆转表明对于一定厚度的平板，在其内部折射波会发生聚焦现象，入射波穿过平板后在另一侧会重新聚焦形成点源的实像，这就是平板聚焦现象。Pendry 提出利用左手材料平板可以制成"完美透镜"（Perfect Lens），由于左手物质可以恢复凋落波（Evanescent Wave）的幅值，故该透镜可以突破传统成像分辨率 λ（λ 为入射波波长）的限制。

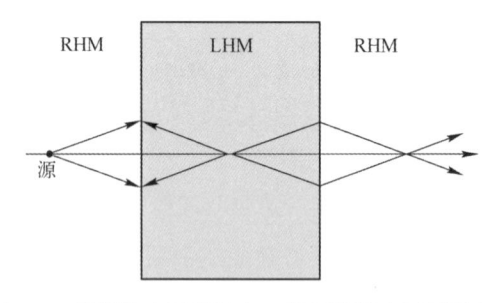

图 2-5　光源从右手材料向一定厚度的左手材料平板入射，在平板内第 1 次聚焦，在透射区第 2 次聚焦

二、左手材料的首次实现

金属由于其内部存在大量的自由电子，因此也具有等离子性质。但金属的等离子效应大约发生在可见光和紫外区，当在远离这一区域的低频段时（如微波频段）耗散作用将破坏等离子效应，因此在低频段金属不具有等离子特性。为了在低频段重现金属的等离子效应，在 1996 年提出了金属线周期排布的结构，如图 2-6（a）所示。并证明该结构可以降低电荷密度，同时电子等效质量由于金属丝的自感效应被增大，从而大大地降低了金属的等离子频率，降低后的等离子频率在微波频段，也就是说，不考虑耗散时在微波频段这种结构的等效介电常数可以用式（2-3）来表示。

Pendry 又在 1999 年设计出了一种具有磁响应的周期结构，其微结构胞元由两个开口的薄铜环内外相套而成，也被称为开口谐振环结构，如图 2-6（b）所示。当一束平面电磁波沿环平面照射并使磁场沿环轴向极化时，在结构共振频率附近，该周期结构的等效磁导率可以为负值。其内在的机理是使时变磁场在环内产生感应电流，感应电流产生的磁偶极矩反过来削弱或增强局部磁场。当入射电磁波的频率与结构的本征频率接近时，这种削弱和增强的作用变得十分显著，甚至起支配作用，因而极大地改变了局部磁场。在谐振频率附近，当入射波频率小于本征频率时磁偶极矩与入射波的磁场方向一致，而当入射波频率大于本征频率时磁偶极矩将与入射波磁场方向相反。Pendry 经过研究发现，这种结构的等效磁导率具有如下简单的形式（不考虑耗散）：

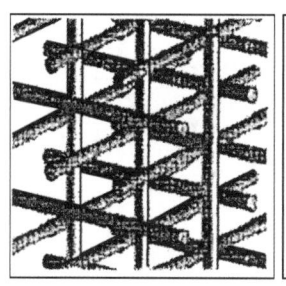

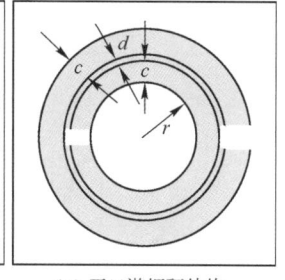

(a) 金属线周期排布结构　　(b) 开口谐振环结构

图 2-6　金属线与开口谐振环结构示意图

$$\mu_{\text{eff}} = \mu_0 \left(1 - \frac{F\omega_{\text{mp}}^2}{\omega^2 - \omega_0^2}\right) \tag{2-7}$$

式中：μ_0 为真空中的磁导率；F、ω_0 和 ω_{mp} 为与材料属性及微结构有关的参数。

2001 年将图 2-6 中的两种结构组合在一起，并通过结构尺寸上的设计保证介电常数和磁导率的负值都出现在同一频段，从复合材料的角度讲，这种结构将表现出负的介电常数和负的磁导率，经过大量计算后。首次制备出了如图 2-7（a）所示的左手材料样品，并通过图 2-7（b）所示的实验装置证实该材料具有负折射性质。此后重复了该实验，再次证实了左手材料负折射性质的存在，此后又有大量的实验结果给予了同样的证实。

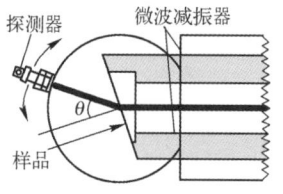

(a) 左手材料样品　　(b) 材料折射实验装置原理图

图 2-7　材料负折射性质原理图

三、结构型左手材料

首次提出的模型是一种典型的结构型左手材料，这种左手材料的负介电常数和负磁导率分别用两种结构来实现。对经典的 SRR 结构进行了进一步研究，提出了类似于 Ω 形状的结构单元，如图 2-8（a）所示，通过理论分析发现这种结构可以同时表现出负介电常数和负磁导率，这时电场沿 Ω 的臂方向极化，磁场沿环轴向极化，这种结构最早是由 Saadoun 等人于 1992 年给出的。对 Ω 形结构进行了实验验证，证实了该结构确实具有负折射性质。设计出了结构更简单的 S 形结构单元，如图 2-8（b）所示，并通过实验证实 S 形单元组成的周期结构也具有负折射性质。之后，将 S 形结构单元组合在一起，设计出了一种新型的结构型左手材料，实验结果表明这种新型结构不仅可以表现出负折射性质，而且其相对带宽（带宽/中心频率）可以是其他结构型左手材料的 2 倍以上。

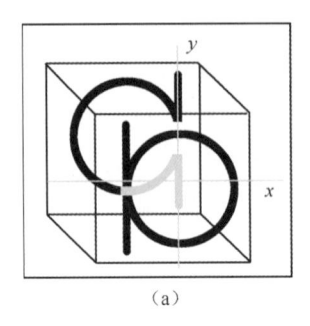

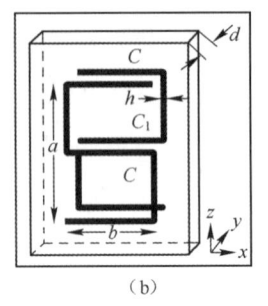

图 2-8 左手材料结构单元

研究人员分别提出了对称和非对称的开口六边形磁谐振结构，实验表明这种结构可以产生负的磁导率。通过实验研究了缺陷（在周期结构中取出一些胞元）对开口六边形结构形成的左手材料透射性能的影响，发现结构缺陷会在产生负折射的透射通带内激发出禁带。

2004 年设计出了具有负折射性质的手性（Chiral）结构，如图 2-9 所示。这种结构由薄铁片呈螺旋状卷制而成，螺旋产生的电感和螺旋片间形成的电容使结构产生共振，受到电磁波激励时沿轴环向流动的电流将产生磁极效应，而沿轴向流动的电流将产生电极效应，这时整个结构具有手性性质，并在共振频率附近表现出负折射特性。手性介质的材料属性可以概括为

$$D = \chi_{EE}E + \chi_{EH}H \quad (2-8)$$
$$B = \chi_{HE}E + \chi_{HH}H \quad (2-9)$$

从式中可以看出，磁场 H 也可以对电位移矢量 D 有贡献，电场 E 对磁感应强度 B 也有影响。指出手性左手材料的优点在于，当入射频率向负折射区移动时，材料属性不会像非手性左手材料那样产生突变，相反随着频率是一个缓变的过程。

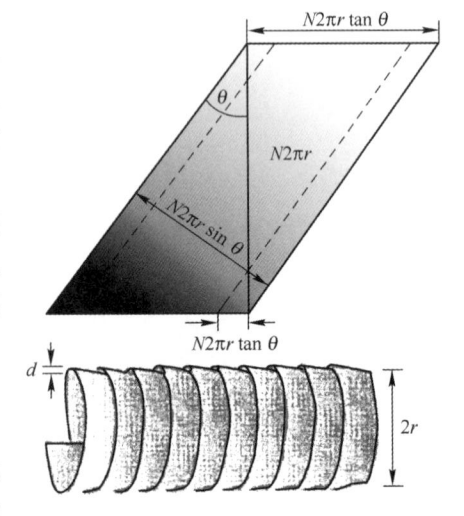

图 2-9 具有手性性质的左手材料结构单元

图 2-10 为具有 H 形结构单元的左手材料，当电磁波入射时，成对的 H 形金属线将同时产生电共振和磁共振效应。电共振的产生是由于金属线中平行的电流在两线的相应末端产生符号相同的电荷积累，磁共振的产生是由于金属线中反平行的电流在两线的末

端产生符号相反的电荷积累,数值模拟和实验均表明这种周期布置的单元结构具有负折射性质。

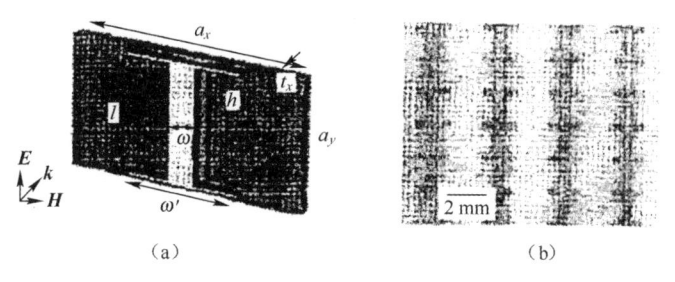

图 2-10 H 形左手材料结构单元

在 SRR 结构的基础上,研究人员设计出了如图 2-11(a)所示的结构,并通过实验证实这种结构具有平面各向同性的负折射性质。

研究人员给出了各向同性左手材料的实现方法,其微结构单元如图 2-11(b)所示。

(a)平面各向同性磁谐振结构单元　(b)各向同性左手材料结构单元

图 2-11 左手材料结构单元图

从上面提到的这些结构可以看出,左手材料的磁性质一般都是由结构的共振效应激发出来的,当微结构与入射的电磁波发生谐振时,会产生很大的磁偶极矩,在谐振频率附近,结构的等效磁导率可以表现出负值,同时基于金属的等离子效应可以使结构表现出负介电常数,这时整个结构就表现出负折射性质。

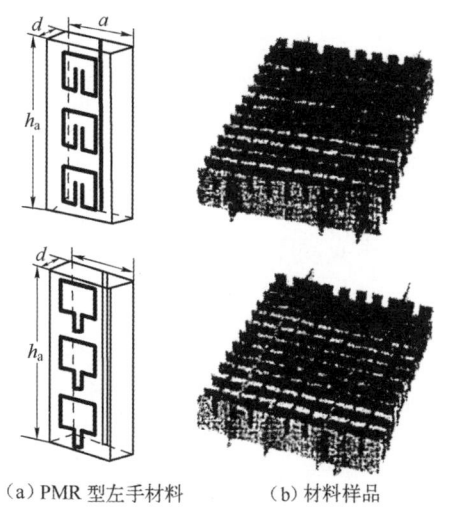

基于 LC 共振电路的原理,设计出了两种左手材料单元结构(Pat-shaped Magnetic Resonator,PMR),如图 2-12 所示。矩形外形的采用,一方面为了方便数值仿真计算和简化材料工艺制备,另一方面,矩形结构置于周期性单元中,其体积百分比可以达到很大,从而可以得到较大的带宽,同时结构边缘的金属线可以抵消环向电流对结构单元整体电磁性质的影响,即可以在一定程度上减弱结构的电磁耦合效应。实验和计算结果均表明这种结构具有负折射性质。

(a)PMR 型左手材料　(b)材料样品

图 2-12 左手材料单元结构

周期排列的螺旋结构也可以表现出负磁导率，螺旋结构制备的左手材料最大的优点就是其等效均匀性非常好，而且通过改变螺旋的螺距可以调节整个结构的共振频率，即可以很容易地改变负折射发生的频带。

制备光波段的左手材料一直都是研究的热点。一种最直接的制备方法就是将上文提到的各种谐振结构在纳米尺度上制备出来，只是由于受到制备工艺的限制，单元结构最好具有简单的构型。

利用微加工方法对微米尺度左手材料的制备进行了尝试并获得了成功，证实在该尺度下左手物质的奇异性质依然存在。在纳米尺度上，国外许多学者都对磁谐振结构在太赫兹波激励下的响应进行了理论和实验的研究，证实纳米尺度的磁谐振结构仍然可以表现出负磁导率，只是这时结构对入射波的响应将变得更加复杂。最近，通过理论研究发现经过尺寸设计的一对亚波长金属线可以同时具有磁谐振和电谐振的性质，利用这种结构制备纳米尺度的负折射材料得到了进一步的理论论证，但实验方面并没有得到预期的结果。最近的实验表明，用成对的金属点构成的纳米周期结构具有负磁导率，通过这种结构有望实现负折射率材料。

四、铁氧体左手材料

外加偏转磁场的铁氧体材料具有各向异性性质，在某特定方向上铁氧体材料的磁导率可以表现为负值。图 2-13 所示为一块铁氧体材料受外加偏转磁场 H_0 的作用，当一束平面波向该介质入射，并且电场 E 沿外加静磁场 H_0 方向极化时，铁氧体材料的磁导率 $\hat{\mu}$ 可以表示为

$$\hat{\mu} = \begin{bmatrix} \mu & i\kappa & 0 \\ -i\kappa & \mu & 0 \\ 0 & 0 & 1 \end{bmatrix} \tag{2-10}$$

式中：$\mu = 1 + \dfrac{\gamma^2 H_0 M_s}{\gamma^2 H_0^2 - \omega^2}$；$\kappa = \dfrac{\gamma M_s \omega}{\gamma^2 H_0^2 - \omega^2}$，$\gamma$ 为旋磁比，M_s 为饱和磁化强度，H_0 为外加偏转静磁场，ω 为入射波角频率。这时沿磁场方向的等效磁导率为

$$\mu_{\text{eff}} = \frac{(\mu^2 - \kappa^2)}{\mu} \tag{2-11}$$

从式（2-10）和式（2-11）可以发现，当入射频率在磁共振频率 γH_0 附近时，等效磁导率 μ_{eff} 可以为负值。

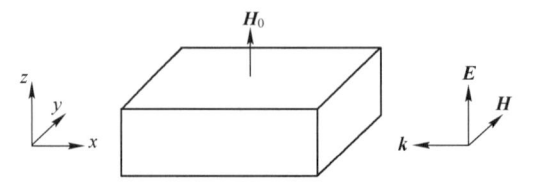

图 2-13 铁氧体材料受外加偏转静磁场 H_0 作用和平面电磁波激励示意图

铁氧体材料可以实现负磁导率早在 Veselago 提出左手材料时就被关注过，然而由于当时找不到处于同样波段下的负介电常数结构，基于铁氧体的左手材料在当时没能被提出来。结合 Pendry 提出的金属线等离子结构，铁氧体左手材料近几年才被设计出来。

利用金属线周期排布结构实现负介电常数，铁氧体受外加偏转静磁场得到负磁导率，Dewar 先后提出了两种模型，如图 2-14 所示。图 2-14（b）所示的模型是将金属线（材料2）填充到铁氧体基体（材料1）中，由于铁氧体材料的介电常数很大，作为该复合材料的基体时将导致金属线结构的等离子频率总小于铁氧体的磁共振频率，因此不能在同一频段同时获得负介电常数和负磁导率，因而无法实现左手性质。此外，由于电场与磁场之间的耦合作用，在铁氧体实现负磁导率的频段内，金属线等离子结构将不能表现出负的介电常数。为了去除这两方面的影响，对图 2-14（b）所示模型做了进一步改进，提出了图 2-14（c）所示的模型，不同之处就是在金属线周围增加了第3相低介电常数的传统介质（材料3），这样不仅使金属线等离子结构表现出负介电常数，而且也大大提高了其等离子频率，从而使该复合结构在同一频段下能同时实现负介电常数和负磁导率。

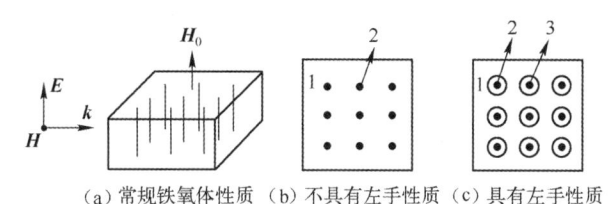

(a) 常规铁氧体性质　(b) 不具有左手性质　(c) 具有左手性质

图 2-14　Dewar 提出的两种铁氧体左手材料

基于铁氧体和金属线实现左手材料的思想，Cai 等人也提出了两种铁氧体左手材料模型，如图 2-15 所示。提出的模型是首先将金属线周期结构（材料2）放入低介电常数传统介质（材料3）中，然后相对波入射方向与铁氧体材料分别作并联和串联组合得到图 2-15 所示的模型。经过有限元模拟证实这两种结构及图 2-14（b）所示的结构都具有负折射性质。

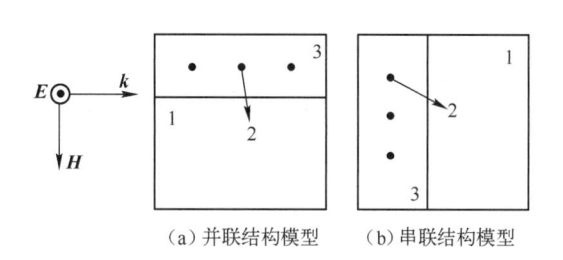

(a) 并联结构模型　(b) 串联结构模型

图 2-15　Cai 等人提出的铁氧体左手材料

此外，研究人员提出了金属薄膜与铁氧体串联的结构模型，在组合方式上十分类似于图 2-15（b）所示的结构，其中金属薄膜用于产生负介电常数，铁氧体材料产生负磁导率，理论表明这种结构也具有负折射性质。另外还从理论上研究了导电铁氧体薄膜制备左手材料的可能性。提出这两种模型的结构尺寸都达到纳米量级，因此在有限元模拟和实验验证方面还存在相当大难度。

研究人员提出了导电铁氧体纳米颗粒均匀分布于绝缘基体中制备左手材料的想法，通过预测该复合材料的动态有效介质发现这种复合材料有可能具有负折射性质。在实验验证过程中，证实这种复合材料在外加静磁场作用下能够体现出负磁导率，并且发现颗粒尺寸达到纳米量级时复合材料的损耗很小，关于实验证实该复合材料具有负折射性质的文章尚未见报道。

五、传输线型左手材料

传输线理论是在高频（VHF/UHF）时用来研究微波传输线和微波网络的理论基础，它将基本电路理论与电磁场理论相结合，具有重要的实用价值。通过对材料等效传输线模型的研究，可以更深刻地揭示材料物理现象的本质，从而对材料进行设计和优化。左手材料的出现打破了人们对材料在传统意义上的认识，同时新研究对象的出现也促使了传输线理论的进一步发展，将传输线理论应用于左手材料设计与制备的思想几乎由3个研究小组同时提出，通过建立CRLH的等效传输线模型，该理论可以对一维、二维甚至三维的CRLH传输线模型进行分析和设计。

栅格传输线左手材料的模型，并实验证实了这种结构具有负折射性质。

传输线理论实际上是一种分布参数的概念，该理论可以用来解释媒质中电磁波的传播特性。根据传输线理论，均匀各向同性介质在波传播方向上可以等效成一维传输线模型，在单位长度的等效传输线电路上，可以定义分布串联阻抗 Z 和分布并联导纳 Y，如图2-16（a）所示，其中阻抗 Z 和导纳 Y 与材料的介电常数 ε 和磁导率 μ 有关，$Z=\mathrm{i}\omega\mu$ 和 $Y=\mathrm{i}\omega\varepsilon$，并且可以定义等效传播常数为 $\gamma=\sqrt{ZY}=\mathrm{i}\omega\sqrt{\omega\mu}$，传统材料的传输线等效电路如图2-16（b）所示。

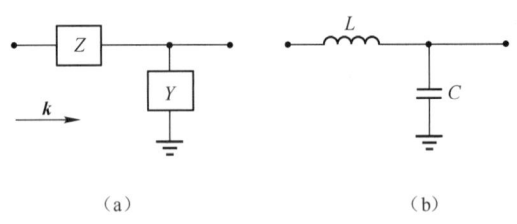

图 2-16　一维传输线等效电路示意图

当左手材料用Lorenz模型来描述时，可以将经典的谐振型左手材料等效为图2-17所示的传输线电路，图2-17中串联支路对应于SRR，并联支路对应于金属线等离子结构。经研究发现当串联支路是容性而并联支路是感性时，即可以实现左手材料，这时其等效电路可以用一个简单的LC电路单元表示，如图2-18所示，该电路单元由等效串联电容 C_s^e 和等效并联电感 L_{sh}^e 组成。在此理论基础上，分别提出了由电路元件构成的传输线型左手材料。

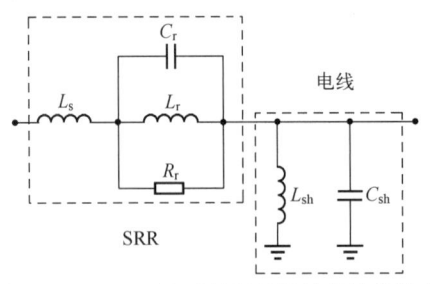

图 2-17　SRR型左手材料的等效传输线模型　　图 2-18　LC电路单元

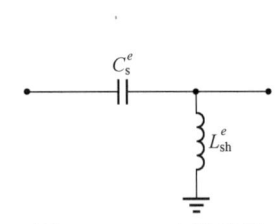

经过进一步分析指出，图2-18所示的等效电路描述的左手传输线模型其实是不能独立存在的。也就是说这样制备出来的传输线型左手材料严格意义上来说是不能称为左手材料的。因为当受到激励时，导线中的电流会在其周围产生高频磁场，那么沿导线各点必然存在串联电感，同时两根导线间的电压会产生高频电场，线间将必然存在并联分布电容，所以正确的传输线等效模型如图2-19所示，称之为左右手复合模型（Composite Right/Lef Hand, CRLH）。

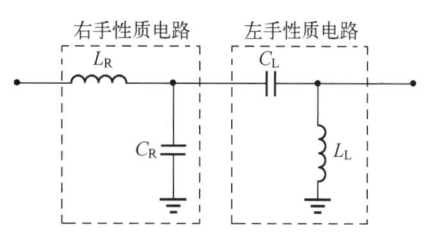

图2-19 左右手复合传输线电路模型

理论上完全均匀的传输线是不存在的，所以目前所提出的传输线模型实际是建立在等效均匀概念的基础上。用简单的LC单元结构构造出了等效均匀的左右手复合传输线模型（Composite Right/Left Hand Transmission Line，CRLHTL）。采用微电容和微电感相互连接来制备左手材料，该结构在LC电路谐振频率附近将具有平面各向同性负折射性质。在此基础上提出了不含负载的传输线栅格板结构，该结构也具有平面各向同性性质。

最近，提出了各向同性传输线型左手材料的实现方法，其思想来源于Kron于1943年提出的电网络材料的概念。在此基础上，Grbic等人提出用电路元件和微带线结合的方法来实现这种左手材料。

传输线型左手材料具有谐振型左手材料所不能比拟的优点，比如构造方式多样，负折射频带较宽等，随着左手材料的研究越来越深入，传输线型左手材料必将有更大的发展和应用。

六、新型平面微带线左手材料设计

设计的微带结构的左手材料如图2-20（a）所示，在边长为d、高为h的正方形介质板（相对介电常数为ε_r）的正中央，有一条宽为d_5的微带线，在微带线两边对称地放置了两个双层结构的开口谐振环。该双层结构的SRR如图2-20（b）所示，它由两个相同尺寸的正方形开口环组成，并开口相对地放置。环的外边长为d_1，内边长为d_3，开口为d_2，两层之间的间距为h_1。介质板下方放置的是一个边长也为d的金属板，如图2-20（c）所示，在金属板的中间与SRR相对应的位置有两个缺口，它们都是边长为d_6的正方形，通过正中央的宽为d_8的缝隙相连通，金属板的厚度为h_2。这种金属结构也称为非理想接地结构（Defected Ground Structures，DGS），是光子带隙结构（PBG）的一种发展形式。

设$\varepsilon_r = 10.2$，$d = 10$ mm，$d_1 = 3.15$ mm，$d_2 = 0.75$ mm，$d_3 = 2.35$ mm，$d_4 = 0.2$ mm，$d_5 = 2$ mm，$d_6 = 2.5$ mm，$d_7 = 1.2$ mm，$d_8 = 0.25$ mm，$h = 0.7874$ mm，$h_1 = 0.535$ mm，$h_2 = 0.1$ mm，在这样的结构参数下，通过计算机仿真得到微带线二端口的S参数幅度和相位随频率的变化曲线，如图2-21所示。从图中可以定性地看出，在4~10 GHz的频段中间，交错着两个通带（4.4~6.3 GHz和7.0~9.7 GHz）和两个阻带（3.9~4.4 GHz和6.3~7.0 GHz）。当然，仅仅通过S参数还无法确定左手材料存在的频段，下面将通过分别观察左手材料的双负特性（即介电常数和磁导率同时为负数的频段）和后向波

特性来确定左手材料存在的频率区域。

(a) 微带线结构的示意图

(b) 具有双层结构的SRR单元的结构示意图

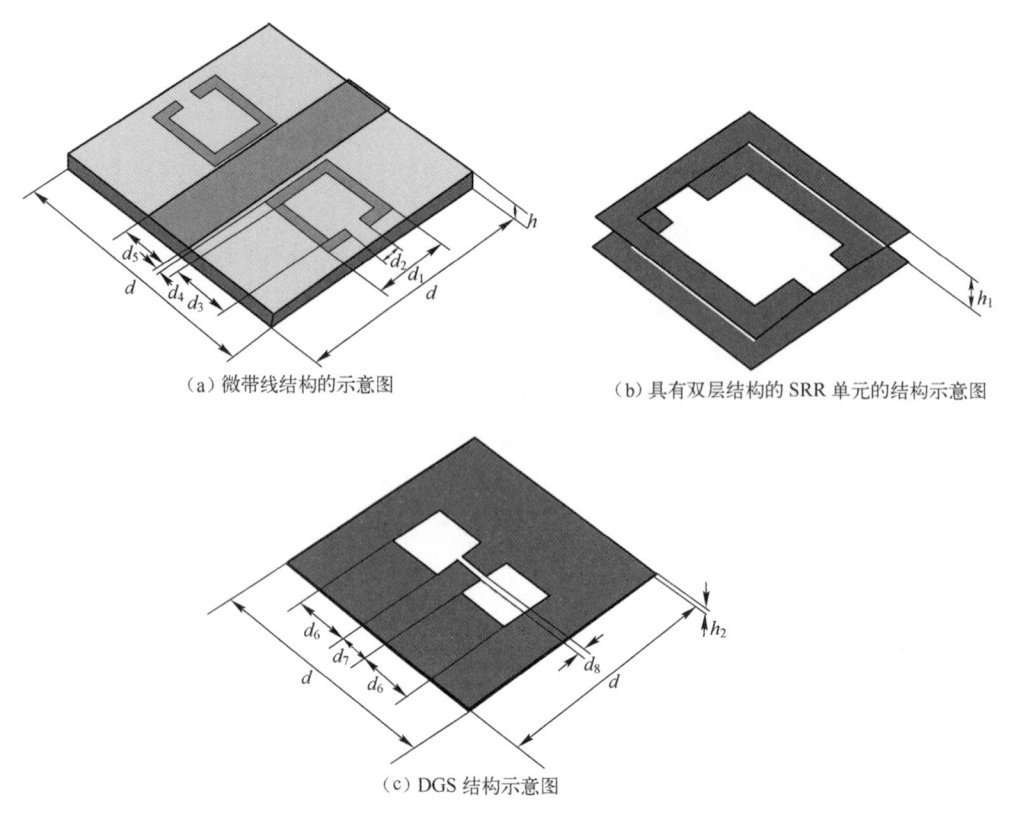

(c) DGS结构示意图

图2-20 带有DCS结构和SRR结构的左手材料微带线的结构示意图

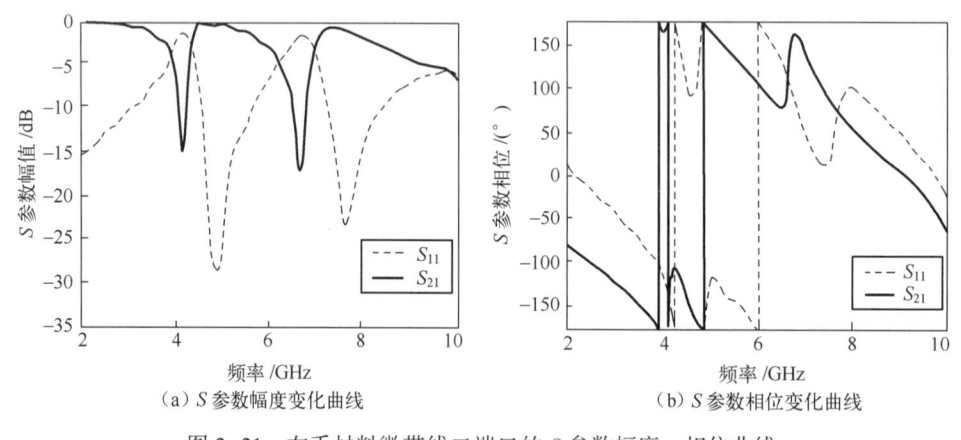

(a) S参数幅度变化曲线

(b) S参数相位变化曲线

图2-21 左手材料微带线二端口的S参数幅度、相位曲线

左手材料微带线的有效介电常数和有效磁导率以及电磁波在其中传播时的波数需要利用NRW方法从上述的S参数中提取。

图2-22、图2-23分别给出了有效介电常数和有效磁导率的频率变化曲线，可以看到有效介电常数为负值的频段为4.90～9.41 GHz，有效磁导率为负值的频段有两个，分别是4.89～6.51 GHz和7.03～8.57 GHz。所以可以看出，在4.90～6.51 GHz和7.03～

8.57GHz两个频段内,有效介电常数和磁导率的实部同时为负值,虚部近似为零,这正是左手材料特有的电磁特性——双负特性。

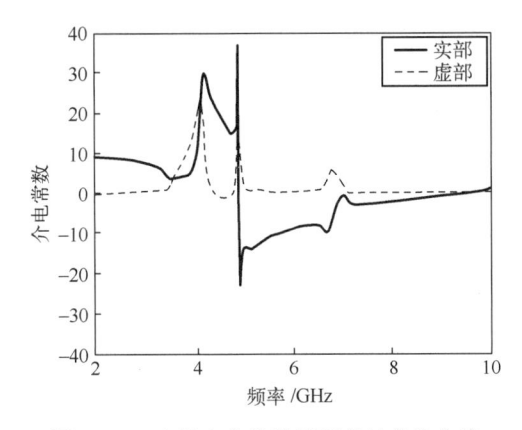

图 2-22 有效介电常数随频率的变化曲线

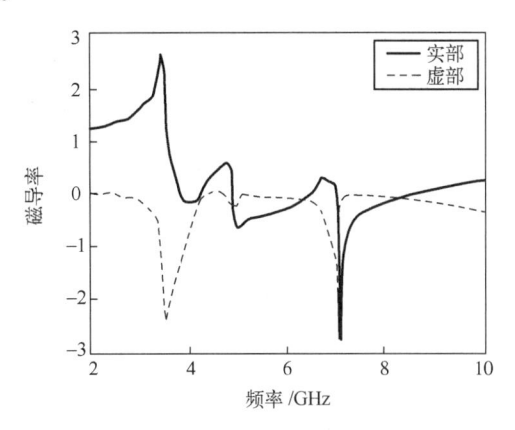

图 2-23 有效磁导率随频率的变化曲线

图 2-24 绘出了左手材料微带线上传播的电磁波的波数随频率的变化曲线,从图中可以看到,在有效介电常数和有效磁导率同时为负值的两个频段 4.90~6.51GHz 和 7.03~8.57GHz 内,波数的实部为负值,虚部几乎为零,这正显现出了左手材料特有的后向波特性。另外在 6.51~7.03GHz 和 8.57~9.4GHz 两个频段内,由于有效介电常数为负值而有效磁导率为正值,导致这个频段的波数的实部虽然也为负数,但是其虚部非常大,说明此时传播的电磁波处于剧烈的衰减状态。

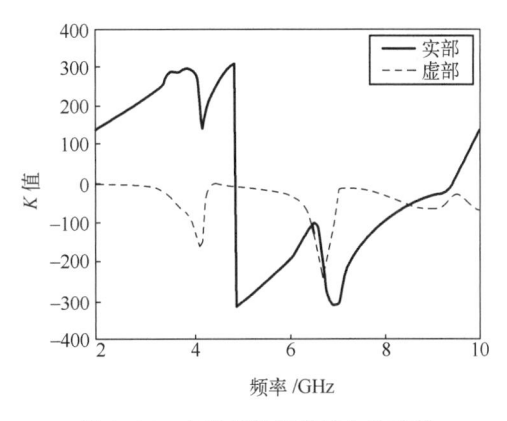

图 2-24 左手材料微带线上的波数随频率的变化曲线

根据 Veselago 的左手材料理论,当介电常数和磁导率同时为负时,将导致波数的实部和折射率为负值,这些推论已经通过利用 NRW 方法从上述 S 参数中提取相应参数的方法得到证实。

通过进一步计算可以得到,该左手材料微带线在 4.90~6.51GHz 和 7.03~8.57GHz 两个频段的相对带宽分别为 28.22% 和 19.74%,总相对带宽为 46.77%,在中心频率处其电尺寸为 0.071,表 2-1 给出了包括文中左手材料微带线在内的几种主要的左手材料的相对带宽和电尺寸的比较,从表中可以看到设计的左手材料微带线的相对带宽较大并且电尺寸较小。

表 2-1 几种主要的左手相对带宽、电尺寸比较

结　　构	CLS/SRR	双 S 结构	SRR/Rod	左手材料微带线
相对带宽	3.2%	46%	12.2%	46.77%
中尺频率电尺寸	0.18	0.12	0.16	0.071

根据预定目标，设计了一种工作在 4.90~6.51 GHz 和 7.03~8.57 GHz 两个频段、相对带宽达到 46.77%、中心频率上结构单元电尺寸为 0.071 的左手材料微带线。分别利用 NRW 方法和波数观察法对左手材料的后向波特性进行了验证，结果表明两种方法得到的结论相吻合，均体现了左手材料的后向波特性，证明了本节提出的左手材料在预定频段的存在。该左手材料微带线单元电尺寸小、频带宽、加工容易、成本低廉，符合平面结构的微波电路与器件上的应用需求。

七、小型化平面微带线左手材料设计

结合 SRR 结构的降频技术和微带 DCS（Defected Ground Structures）结构易于调节、便于加工的优点，利用三维电磁场仿真软件 CST Microwave Studio（MWS）设计出了一种电尺寸仅为 0.04 波长的平面结构的小型化左手材料微带线。首先对左手材料微带线的电波传输特性进行了数值仿真，并结合 NRW（Nicolson-Ross-Weir）方法提取出了该左手材料微带线的有效介电常数和有效磁导率。计算结果表明：在 2.00~2.35 GHz 频段内，该微带线单元的有效介电常数和有效磁导率的实部同时为负值且虚部接近于零，表明该频段是左手材料频段。之后通过绘制左手材料的八单元阵列的磁场分布随相位的变化情况，演示了其后向波效应。仿真和计算结果都表明该小型化左手材料微带线具有良好的传输特性、双负特性和后向波特性，从而证实了左手材料频段的存在。

依据 D. R. Smith 的左手材料设计方法，只要能够分别设计出产生负介电常数和负磁导率的结构单元，之后合理地调节结构参数，使得负介电常数和负磁导率的频段尽量重合，便能获得同时具有负介电常数和负磁导率的左手材料。因此，本节的小型化左手材料的设计思路如下：首先设计一个 DGS 结构产生负介电常数，因为 DGS 是微带平面结构，具有便于激发、便于加工以及带宽较宽等优点；其次利用 SRR 结构的降频技术，使 SRR 结构小型化，并使其谐振频率位于 DGS 的负介电常数频带之间，从而获得负磁导率；最后通过调整 DGS 和 SRR 的结构参数以及基板的介电常数，使负介电常数频段与负磁导率频段尽可能重叠，获得小型化左手材料单元。

根据上述思路，设计的微带结构的左手材料如图 2-25（a）所示。在介电常数 ε_{r1}、边长为 a、高为 H_2 的第一层介质板的正中央，有一条宽为 W 的微带线，在微带线两边对称地放置了两个小型化 SRR 结构。该小型化 SRR 的结构如图 2-25（b）所示，其边长为 b，线宽为 c，内环与外环间的缝隙为 d，开口宽度 0.3 mm。当准 TEM 电磁波沿微带线传播时，磁场环绕着微带线并穿透微带线两边的 SRR 结构，激发 SRR 结构产生环行电流，进而产生串联电容效应，即负磁导率效应。因此，可以通过调整该介质板的介电常数以及 SRR 的结构参数，达到调控 SRR 的负磁导率频段的目标。

在第一层介质板的正下方放置的是相对介电常数为 ε_{r2}、边长为 a、高为 H_1 的第二层介质板，且在第二层介质板的底部蚀刻出微带 DGS 结构。该 DGS 结构如图 2-25（c）所示，在介质板的中间与小型化 SRR 相对应的位置有两个缺口，它们

都是边长为 a_1 的正方形,并通过正中央的宽为 W_2 的缝隙相连通。当准 TEM 电磁波沿微带线传播时,电场被集中在微带线的正下方;与此同时,DGS 结构能够产生沿缝隙方向的强磁流,使微带线与 DGS 之间产生感应电流,进而实现了并联电感效应,即负介电常数效应。类似地,可以通过优化下层介质板的介电常数以及 DGS 的结构参数,实现调控 DGS 负介电常数频段的目的,从而使负介电常数频段与负磁导率频段尽可能重叠。

(a)左手材料微带线单元的结构示意图

(b)微带线两边的小型化 SRR 的结构示意图

(c)微带线底部的 DGS 结构示意图

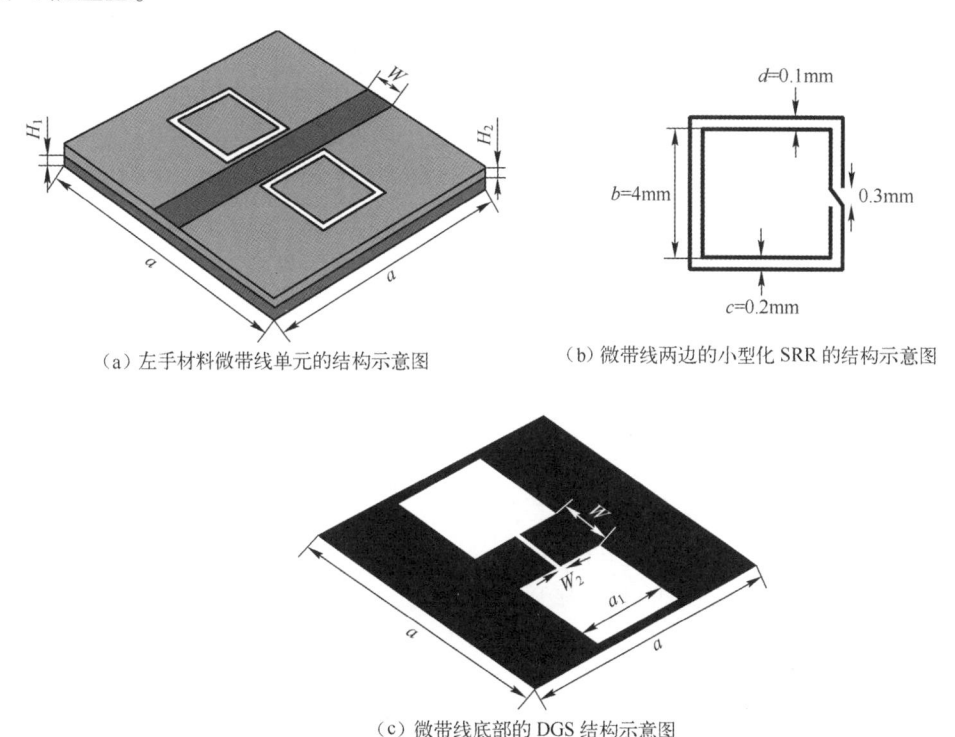

图 2-25 带有小型化 SRR 结构和 DGS 结构的左手材料微带线的结构示意图

在上述结构中,图 2-25(b)所示的 SRR 结构的内环与外环的配置方式是影响左手材料小型化的关键内容之一。

传统 SRR 结构和小型化 SRR 的结构分别如图 2-26(a)和图 2-26(b)所示,可以发现它们的区别在于内环与外环的配置方法方面。传统 SRR 结构的内环与外环上各有一个缺口,且缺口相对放置,由此导致外环电流与内环电流只能通过环间电容耦合。假设内环与外环之间的总耦合电容为 C_0,根据等效电路分析模型可知,外环上半部分的电流需要相继流过上下两个 $C_0/2$ 耦合电容(分别对应环的上半部分和下半部分)才能到达内环的下半部分,因此该 SRR 结构等效于两个 $C_0/2$ 电容的串联效应,即 $C_0/4$。而本节利用的小型化 SRR 的内环与外环之间在开口处直接相连,使环的上半部分等效电容与下半部分的等效电容为并联关系,在相同的结构参数情况下,该小型化 SRR 的等效电容为 C_0。根据谐振频率 $\omega_0^2=1/LC$ 可知,结构参数都相同的情况下,小型化 SRR 的谐振频率约为传统 SRR 的 1/2,也就意味着小型化 SRR 的电尺寸减小了约 50%。

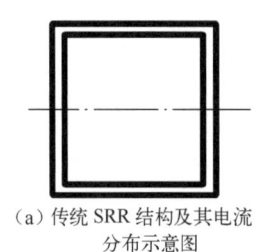

(a) 传统 SRR 结构及其电流分布示意图   (b) 小型化 SRR 结构及其电流分布示意图

图 2-26 传统 SRR 结构与小型化 SRR 结构的电流分布示意图

设 $\varepsilon_{r1} = 2.43$，$\varepsilon_{r2} = 10.2$，$a = 14.00$ mm，$a_1 = 5.00$ mm，$b = 4.00$ mm，$c = 0.20$ mm，$d = 0.10$ mm，$H_1 = 0.56$ mm，$H_2 = 0.49$ mm，$W = 1.53$ mm，$W_1 = 2.40$ mm，$W_2 = 0.06$ mm。在该结构参数下，利用 CST MWS 三维电磁仿真得到微带线二端口的 S 参数幅度随频率的变化曲线，如图 2-27 所示。

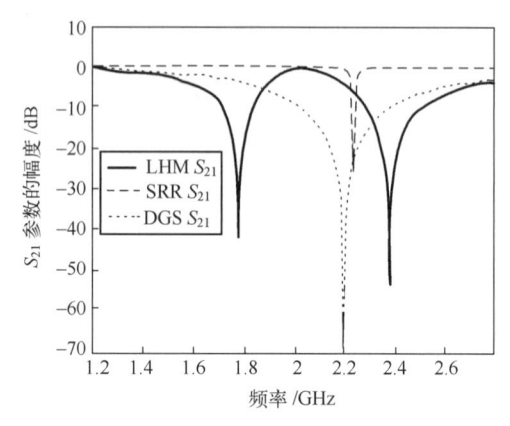

图 2-27 中实线代表左手材料微带线单元的 S_{21} 曲线，虚线代表将 DGS 结构换成普通金属接地板时小型化 SRR 结构的 S_{21} 曲线，点线代表将小型化 SRR 移除后单独的 DGS 结构的 S_{21} 曲线。由此可知，小型化 SRR 结构在 2.24 GHz 附近存在带阻，这是由它的负磁导率效应产生的；移除小型化 SRR 结构以后，单独的 DGS 结构在 2.20 GHz 周围具有宽频带的阻带；若将 DGS 和小型化 SRR 结构结合在一起，则它们在 2.20 GHz 附近的共同的阻带变成了通带，且由于 DGS 与小型化 SRR 结构之间电场耦合的影响，通带的中心频率下降至 2.15 GHz 附近。因此，可以定性地确定 2.15 GHz 附近存在介电常数和磁导率同时为负值的左手材料频段。下文将通过有效电磁参数提取算法获得该左手材料微带线的介电常数和磁导率的变化曲线，从而精确地确定左手材料频段，并利用后向波特性验证该左手材料频段的存在。

图 2-27 左手材料微带线二端口的 S 参数幅度变化曲线

左手材料微带线的有效介电常数和有效磁导率需要利用 NRW 方法从上述的 S 参数中提取。

图 2-28、图 2-29 分别给出了有效介电常数和有效磁导率的频率变化曲线，可以观察到有效介电常数曲线在 1.78 GHz 和 2.38 GHz 存在谐振，并因此产生了两个负介电常数频段；而有效磁导率曲线在 1.78 GHz 存在谐振，并且在谐振频率右侧产生了负磁导率频段。在小于 1.78 GHz 的频段上，介电常数实部为负数，而磁导率实部为正数，因此微带线中的电磁波被迅速衰减，从而导致了 S_{21} 曲线的第一个阻带；大于 2.38 GHz 的频段上，虽然介电常数实部是正数，但是磁导率实部为负数，类似地产生了 S_{21} 曲线的第二个阻带。介于两个谐振频率之间，存在一个介电常数实部和磁导率实部同时为负数且虚部接近于零的频段，即 2.00 ~ 2.38 GHz，表明该频段具有双负特性，是左手材料频段。

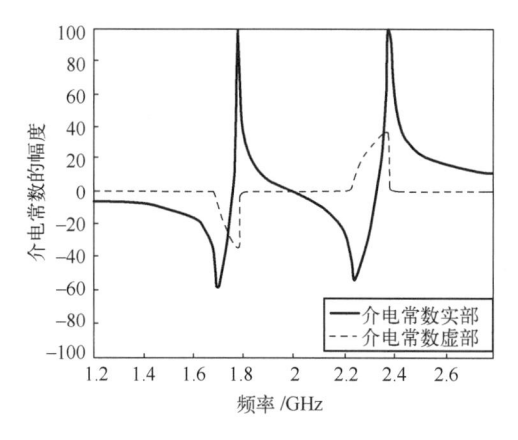

图 2-28 有效介电常数随频率的变化曲线

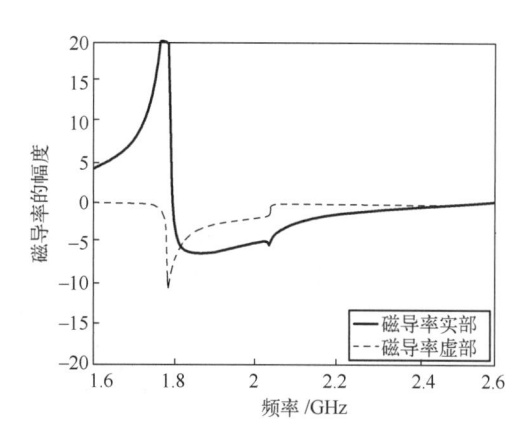

图 2-29 有效磁导率随频率的变化曲线

八、互补螺旋谐振环平面微带线左手材料设计

在平面电路中，通常的谐振型左手材料的细导线阵列和 SRR 环难以合理布局。尤其是细导线阵列，一般的构造方法都是在微带线中设计过孔，这是平面电路设计中最忌讳、最难以加工的结构。因此，人们往往会采用其他方法避免过孔，从而简化加工，如采用虚拟接地、DGS 结构、共面波导等方式。而当变换一种思路，根据巴比涅原理，互补结构具有与其原结构相似的互补特性。例如互补 SRR 则可表现出负介电常数，而缝隙可以看成细导线的互补结构从而通过周期性排列能够表现出负磁导率。

螺旋谐振环由于其更加紧凑的结构和更高的电容效应，有着更低的谐振频率、更小的单元结构，因而在设计左手材料时有着较大的优势。因此，本节采用其互补结构，将其沿着微带带条方向周期性地构造在微带线上，以产生负的介电常数，同时在谐振环之间周期性的隔断，形成细的窄缝，以实现负磁导率，然后通过二者参数的合理选择，从而实现左手通带。通过数值仿真和 NRW（Nicholson-Ross-Weir）方法提取了其有效介电常数和有效磁导率，证明了设计的合理性和正确性。计算结果表明，在 2.85~2.95 GHz 频段，该互补螺旋微带线具有左手通带，在中心频率处其电尺寸为 0.048，单元结构小。

根据 Smith 的 SRR 结构左手材料设计理论，只要能够分别产生出负的介电常数和负的磁导率，之后通过合理布局，使得负的介电常数和负的磁导率频段尽量重合，便能设计出同时具有负介电常数和负磁导率的左手材料。

常规的螺旋谐振环如图 2-30（a）所示，其互补结构如图 2-30（b）所示。不同于传统 SRR 结构的内环与外环上各有一个缺口，该谐振环内环与外环之间在开口处直接相连，在相同的结构参数情况下，其等效电容比 SRR 大 4 倍，因而谐振频率下降了 50%，从而使得单元结构更小。螺旋谐振环及其互补结构的等效电路如图 2-31 所示。

在此基础上，利用该互补螺旋谐振环和缝隙构造的左手材料单元结构如图 2-32 所示。由于互补螺旋谐振环较小的单元结构，使其设计在微带线上不至于导致很宽的微带宽度，这是该设计思想能够实现的关键。微带线的特性阻抗满足 50 Ω。单元结构参数如下：$w_s = 4.6$ mm，$h = 1.57$ mm，$p = 5$ mm，$a = 4.2$ mm，$b = 3.6$ mm，$w = 0.4$ mm，$g = 0.2$ mm。另外，微带缝隙为 0.2 mm。在上述情况下，利用 CST MWS 三维仿真软件对其电磁特性进行了探讨研究。

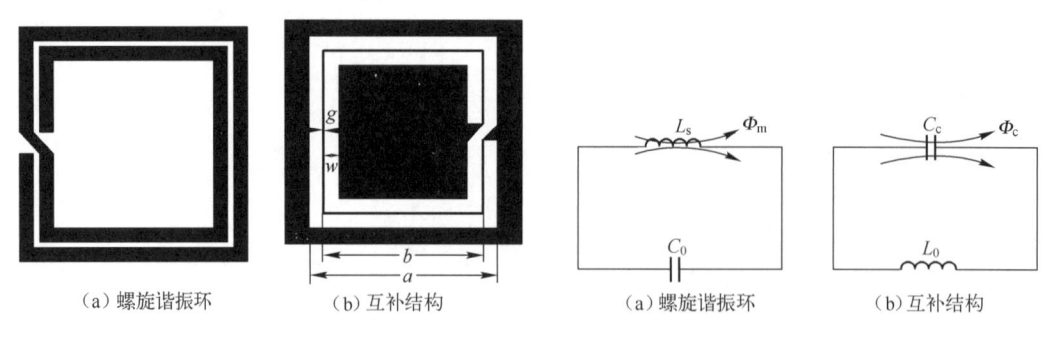

（a）螺旋谐振环　　（b）互补结构

图 2-30　螺旋谐振环及其互补结构

（a）螺旋谐振环　　（b）互补结构

图 2-31　等效电路模型

首先，对只有互补谐振环和微带缝隙的结构分别进行了仿真计算，得到了其带阻特性，如图 2-33 所示。从该图可知，互补螺旋谐振环在 2.90 GHz 左右发生谐振，在此谐振频率附近微带线表现出阻带特性。同样，微带缝隙在 1~4 GHz 的较宽频段，也具有阻带特性，可以预见，若将二者组合在一起，应该实现相应的通带特性，从而实现左手材料。图 2-34、图 2-35 给出了单元结构左手材料的 S 参量曲线，可以看到，在原来的 CSR 的阻带区域内，该单元结构表现出了明显的通带效应，该通带即所要得到的左手通带。当然，仅由 S 参量还无法精确确定其左手材料频段，将通过参数提取算法获得其有效介电常数和有效磁导率。

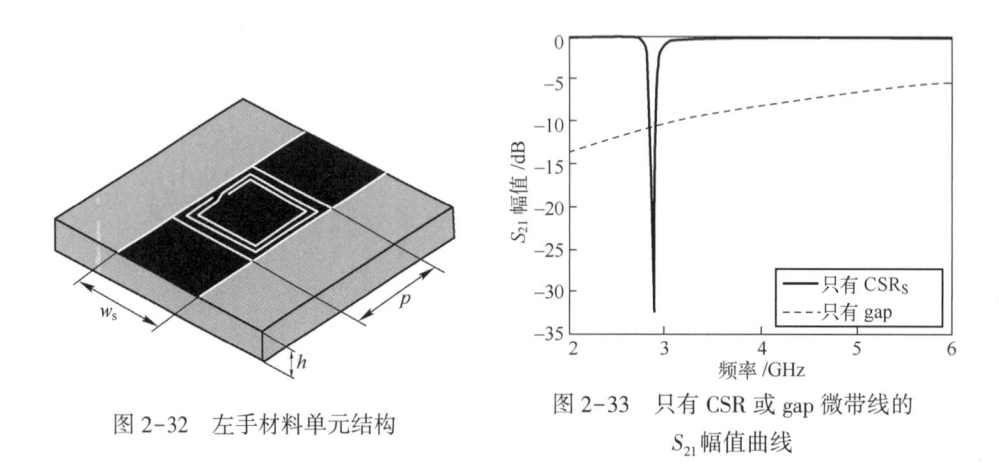

图 2-32　左手材料单元结构

图 2-33　只有 CSR 或 gap 微带线的 S_{21} 幅值曲线

九、电磁谐振器级左手材料

2007 年，Smith 小组提出通过电谐振器和磁谐振器的组合实现左手材料，为设计左手材料提出了一种很好的思路。本部分针对基于电谐振器和磁谐振器的左手材料设计思想，研究了磁谐振器和电谐振器在不同组阵方式下构成的左手材料，通过测试电谐振器和磁谐振器组阵构成的左手材料的传输频谱并提取等效参数，验证了左手材料的双负特性。

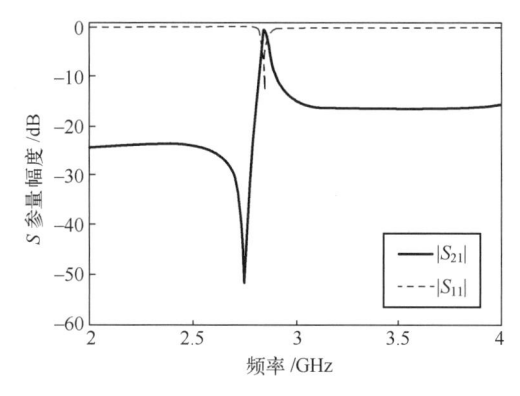

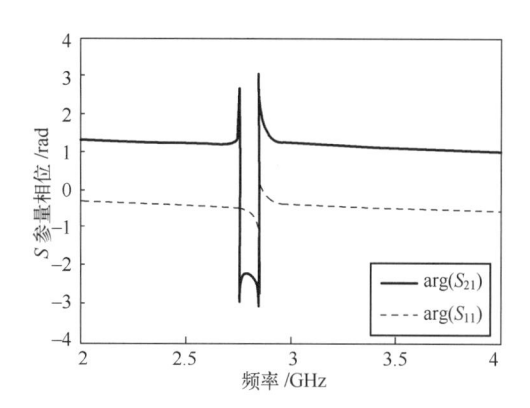

图 2-34　单元左手材料 S 参量幅值　　图 2-35　单元左手材料 S 参量相位

1. 设计原理

电谐振器响应入射电磁波时，在电谐振负区可以实现负介电常数。同样，磁谐振器在响应入射电磁波时，在磁谐振负区能够实现负磁导率。在设计电谐振结构和磁谐振结构时，通过合理调节结构参数可以调节谐振频率的大小，实现对负谐振区域的调节。若电谐振器和磁谐振器的负谐振区域全部或部分重合，在重合频段内就可以实现介电常数和磁导率同时为负的左手材料。

左手材料一般是通过左手材料结构单元的周期阵列实现的，而基于电谐振器和磁谐振器的左手材料的结构单元是由一个电谐振器单元和一个磁谐振器单元组合构成。磁谐振的激发要求入射电磁波的磁场穿过磁谐振器表面，而对于电谐振器，入射电磁波既可以平行入射，也可以垂直入射。这样，电谐振器和磁谐振器就会有多种组合方式，从而构成多种不同的左手材料结构单元。图 2-36 给出电谐振器和磁谐振器通过不同的组合方式构成的左手材料结构单元。由于入射电磁波必须平行于磁谐振器表面入射，所以在图 2-36 中的 4 种组合方式中，磁谐振器总是沿着电磁波传播的方向放置，而电谐振器既可以垂直放置（图 2-36（a）），也可以平行放置（图 2-36（b）、(c)、(d)）。这 4 种组合方式都能够同时保证电谐振和磁谐振的激发，通过调节结构参数的大小，可以在同一频段内同时实现电谐振和磁谐振，从而实现同时为负的介电常数和磁导率。

为实现以上 4 种组合方式，加工了 3 种刻蚀有电谐振器、磁谐振器和交替电磁谐振器的板层。3 种板层使用的基板都是环氧树脂玻璃布层压板（$\varepsilon_r = 4.2$）。将两种板层交叉放置和平行放置可分别实现交叉组合方式和平行组合方式。将这种板层以固定的层间距平行放置或交错放置，可分别实现交替平行组合方式和交替交错组合方式。

2. 电谐振器和磁谐振器交叉组阵构成的左手材料

将磁谐振器和电谐振器交叉组合构成左手材料结构单元，通过调节结构参数来调节谐振频率，当电谐振区域与磁谐振区域全部或部分重合时，在重合频段内可以实现具有双负特性的左手材料。由于入射波必须平行于磁谐振器入射，以保证磁场穿过磁谐振器激发磁谐振,而电谐振器结构又要关于电场方向对称,所以,交叉组合方式对入射电磁波的极化方向要求很严格。

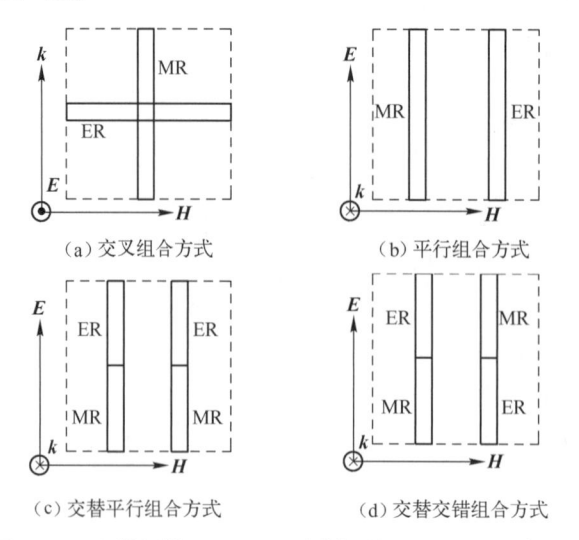

(a) 交叉组合方式

(b) 平行组合方式

(c) 交替平行组合方式

(d) 交替交错组合方式

图 2-36 电谐振器(ER)和磁谐振器(MR)的组合方式

首先通过仿真来验证通过交叉组合电谐振器和磁谐振器设计左手材料。在仿真中,磁谐振器结构单元由厚度 $t=0.5\,\text{mm}$、边长 $a=6\,\text{mm}$ 的正方形基板以及刻蚀在其上的宽度 $\omega=0.4\,\text{mm}$ 的铜线组成。铜线间距 $d=0.2\,\text{mn}$,开口宽度 $c=0.2\,\text{mm}$,铜环边长 $b=4.1\,\text{mm}$,环内外铜线长度 $l=2.2\,\text{mm}$。电谐振器结构单元由厚度 $t=0.5\,\text{mm}$、边长 $a=6\,\text{mm}$ 的正方形基板以及刻蚀在其上的宽度 $\omega=0.4\,\text{mm}$ 的铜线组成。铜线间的间距 $d=0.2\,\text{mm}$,开口宽度 $c=0.4\,\text{mm}$,"工"字形结构的铜线长 $b=3\,\text{mm}$。图 2-37(a)和(b)分别为电谐振器阵列及由仿真得到的传输频谱。沿着电磁波传播方向,相邻单元的间隔为 6 mm。电磁波垂直于电谐振器平面入射,其电场和磁场方向如图 2-37(a)所示。图 2-37(b)为电谐振器阵列传输频谱的仿真结果。由图 2-37(b)可知,电谐振器阵列在 8.7~9.7 GHz 内出现一个较宽的传输禁带,也就是电谐振的负谐振区域。在此频率范围内,等效介电常数为负,等效磁导率为正,电磁波基本被反射,所以电磁波的透射率很小(-50~-40 dB)。

(a) 电谐振器阵列

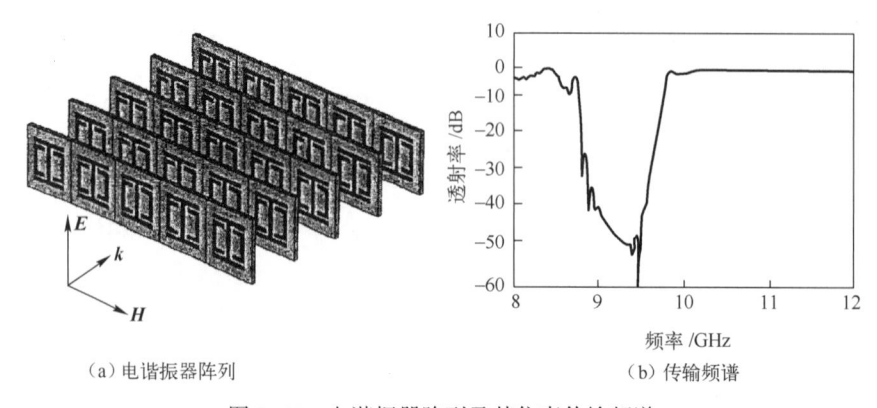

(b) 传输频谱

图 2-37 电谐振器阵列及其仿真传输频谱

图 2-38 给出磁谐振器阵列及其传输频谱。沿着磁场方向相邻单元的间隔为 6 mm。图 2-38（b）为磁谐振器阵列传输频谱的仿真结果。磁谐振器阵列在 8.8~10.3 GHz 内出现一个明显的传输禁带，即磁谐振的负谐振区域。在此频率范围内，等效磁导率为负，等效介电常数为正，电磁波的能量大部分被反射，所以透射率也很小（-65~-55 dB）。

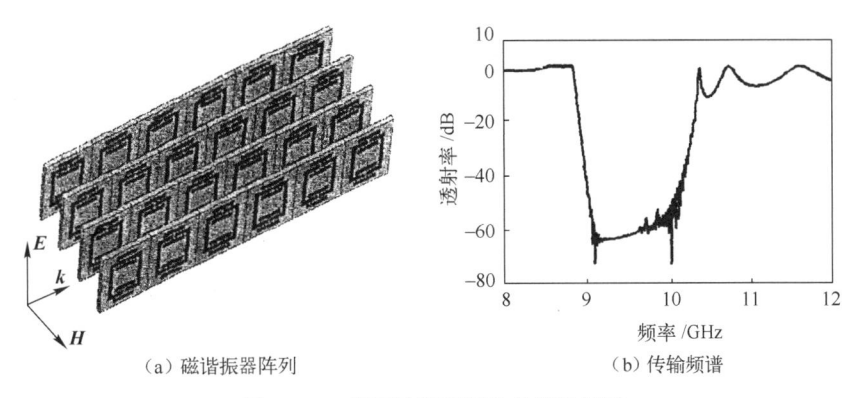

(a) 磁谐振器阵列　　(b) 传输频谱

图 2-38　磁谐振器阵列及其传输频谱

图 2-39（a）和（b）分别给出图 2-37（a）和图 2-38（a）中的两种结构交叉组合构成的左手材料结构及其传输频谱。如图 2-39（b）所示，在电谐振器阵列和磁谐振器阵列负谐振区域的重合部分出现了通带（9.2~9.4 GHz），通带内电磁波的透射率为-10~-7 dB。由于电谐振器和磁谐振器的负谐振区域重合，等效磁导率和等效介电常数都均为负，具有双负特性，因此，电磁波能够透过结构透射率较大。仿真结果验证了由电谐振器和磁谐振器交叉组阵构成的结构可以实现具有双负特性的左手材料。

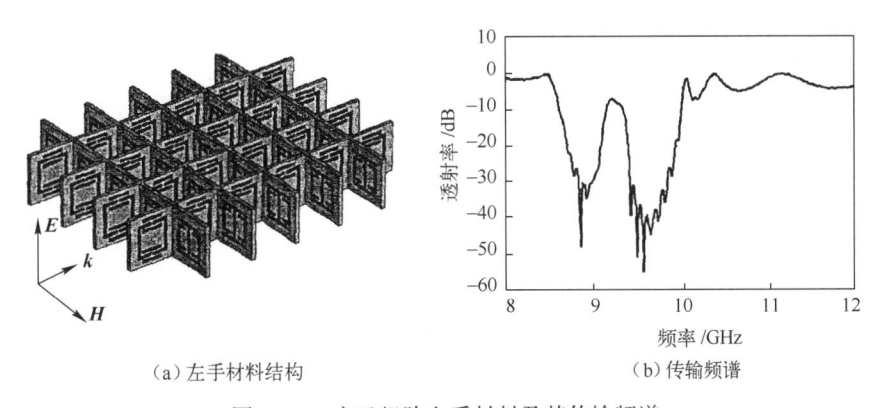

(a) 左手材料结构　　(b) 传输频谱

图 2-39　交叉组阵左手材料及其传输频谱

将磁谐振器和电谐振器交叉组阵，得到的左手材料样品如图 2-40（a）所示，图 2-40（b）给出电谐振器和磁谐振器交叉组阵构成的左手材料的测试传输频谱电谐振器阵列传输禁带（10.45~11.9 GHz）和磁谐振器阵列传输禁带（10.4~11.9 GHz）的重合区域（10.45~11.15 GHz），出现了一个明显的通带（图 2-40（b）

中阴影部分)。与图2-37（b）和图2-38（b）中的两个禁带对比可知，此通带即为左手材料样品的左手通带，其带宽为0.7 GHz。注意，图2-40（b）中的左手带宽比图2-37（b）中负介电常数区域和图2-38（b）中负磁导率区域的重合部分（10.45~11.9 GHz）窄，这是由左手材料中电谐振器和磁谐振器之间的相互作用引起的。

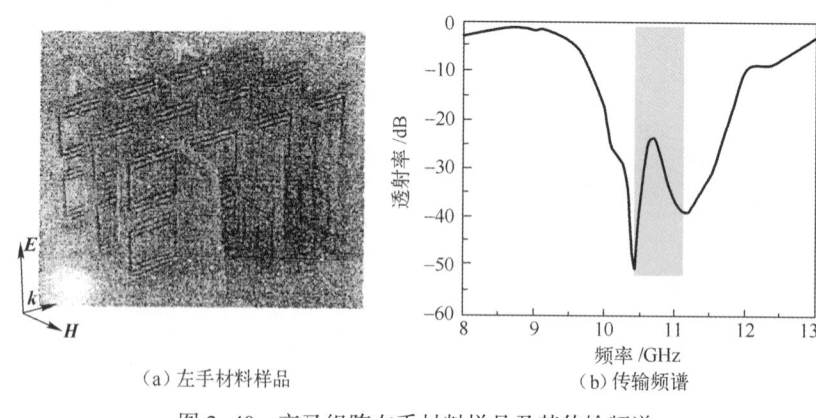

(a) 左手材料样品　　(b) 传输频谱

图2-40　交叉组阵左手材料样品及其传输频谱

通过仿真和实验，验证了电谐振器和磁谐振器交叉组阵构成的左手材料的双负特性。电谐振器的等效介电常数在传输禁带内为负，而磁谐振器的等效磁导率在传输禁带内为负。在两个传输禁带的重合区域内，出现左手通带。另外，实验结果还表明，由于电谐振器和磁谐振器之间的相互影响，左手带宽要比负介电常数区域和负磁导率区域的重合部分窄。

3. 电谐振器和磁谐振器平行组阵构成的左手材料

电谐振器和磁谐振器平行放置构成左手材料结构时，入射电磁波的磁场穿过磁谐振器的表面，而电谐振器关于入射电磁波的电场方向对称。在这种组合方式下，入射电磁波的磁场也穿过电谐振器的表面。

图2-41（a）给出电谐振器和磁谐振器平行组阵构成的左手材料结构单元，它由一个电谐振器和一个磁谐振器平行放置构成。图2-41（b）为仿真传输频谱，在10.6 GHz附近，出现一个透射峰。单独的电谐振器阵列和磁谐振器阵列在此处都出现反射峰，这说明在10.6 GHz附近出现了左手频带。应该注意的是，基于电谐振器和磁谐振器的左手材料的传输频谱与SRR/金属线左手材料的传输频谱不同。后者是基于SRR的磁谐振和金属线的等离子振荡，在等离子体频率以下的频段内等效介电常数都为负，所以，除了SRR的负谐振区域反映为传输通带，其他区域都反映为传输禁带。前者是基于电谐振器和磁谐振器同时发生的谐振，在电谐振和磁谐振的重合频段内，等效磁导率和介电常数都为负，而在双负区域之外的大部分区域，等效磁导率和介电常数都为正，也为传输通带。但是，由于左手通带是由谐振产生的，左手通带内的损耗一般比右手通带的损耗大。相应的，左手通带内的透射率比右手通带的透射率低。由此，可进一步判定10.6 GHz附近的通带为左手通带。

图2-42（a）和（b）分别给出由仿真散射参数提取的等效介电常数和等效磁导率。由图2-42可知，平行组阵左手材料的等效介电常数在10.2~11.3 GHz内为负，这

与单独的电谐振器阵列的负介电常数区域是相同的。等效磁导率在 10.2~11.5 GHz 内为负,相应的,左手频带为 10.2~11.3 GHz,带宽为 1.1 GHz。

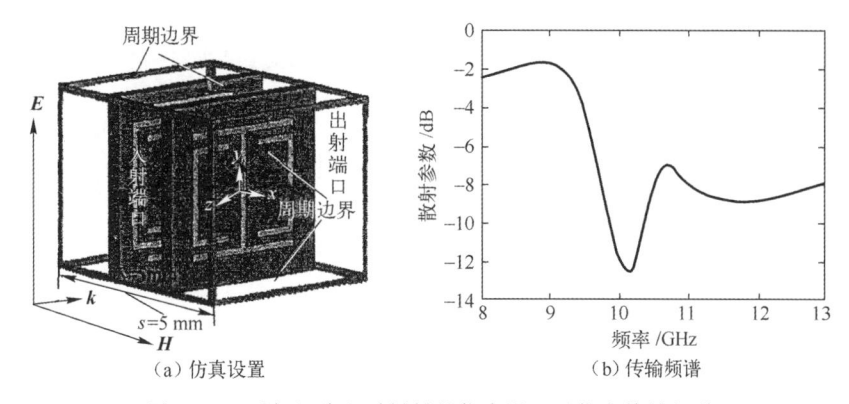

图 2-41 平行组阵左手材料的仿真设置及仿真传输频谱

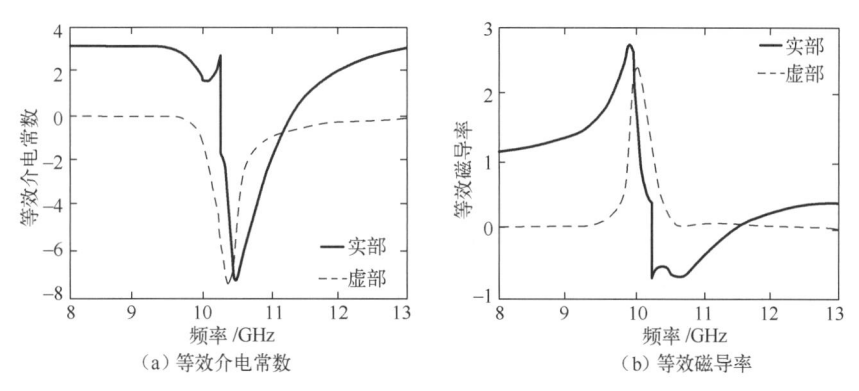

图 2-42 平行组阵左手材料的仿真等效参数

为进一步验证平行组阵左手材料的左手特性,制作了平行组阵左手材料样品并进行了测试。在加工过程中,将磁谐振器板层和电谐振器板层以固定的层间距 $s = 2.5$ mm 平行放置组阵。为了将样品固定并构成周期阵列,将板层嵌入泡沫塑料中。图 2-43 给出测试传输频谱,在 10.5 GHz 附近出现左手通带。

图 2-44(a)、(b)分别给出由测试散射参数提取的等效介电常数和等效磁导率。测试样品的等效介电常数在 10.3~11.5 GHz 内为负,而等效磁导率在 10.3~11.0 GHz 内为负。相应的,测

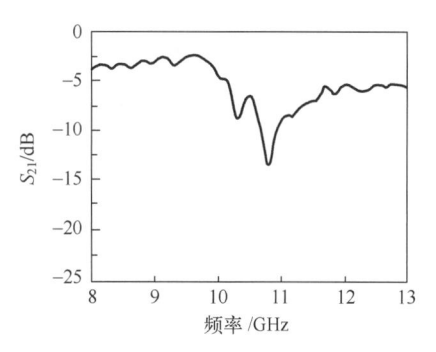

图 2-43 平行组阵左手材料测试传输频谱测试传输频谱

试样品的左手频带为 10.3~11.0 GHz,其带宽为 0.7 GHz。与仿真结果比较,测试样品的负介电常数频段发生了红移,而负磁导率频段发生了蓝移,致使相应的左手频带变窄,这是由加工精度和组阵缺陷导致的。

(a)等效介电常数

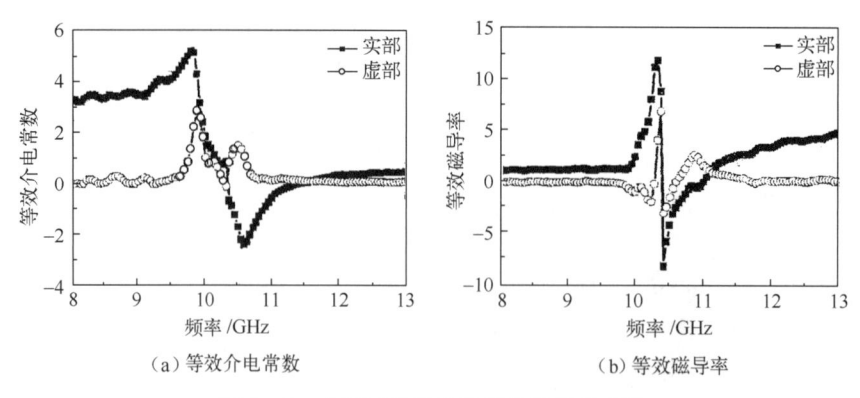

(b)等效磁导率

图 2-44　由测试散射参数提取的等效参数

通过仿真和实验，验证了电谐振器和磁谐振器平行组阵构成的左手材料的双负特性。与交叉组阵方式相比，平行组合方式左手材料可以扩展为二维左手材料，这时需要在两个方向上平行放置电谐振器和磁谐振器。另外，平行组合方式还可以自由调节相邻板层之间的距离，而交叉组合方式相邻板层之间的距离是固定的。

4. 电谐振器和磁谐振器交替平行组阵构成的左手材料

交叉组阵方式和平行组阵方式将只刻蚀有一种谐振器结构的板层组合构成左手材料结构单元，而电谐振器和磁谐振器交替平行组阵方式将刻蚀有交替排布的电谐振器和磁谐振器的板层平行放置组阵构成左手材料结构单元。

图 2-45（a）给出交替平行组阵左手材料结构单元及仿真设置。左手材料结构单元由刻蚀在同一块基板同侧的电谐振器和磁谐振器构成。为同时激发电谐振和磁谐振，入射电磁波平行于基板入射，其磁场穿过电谐振器和磁谐振器的表面。图 2-45（b）给出仿真散射参数 S_{11} 和 S_{21}。由图 2-45（b）可知，在 10.8 GHz 附近出现一个透射峰。由于谐振及基板损耗，透射峰值较小。为验证透射峰是否为左手通带，需要提取等效参数。

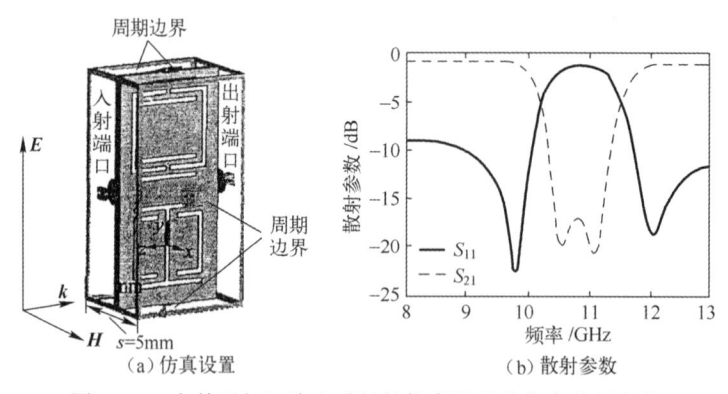

(a)仿真设置

(b)散射参数

图 2-45　交替平行组阵左手材料仿真设置及仿真散射参数

图 2-46（a）和（b）分别为由仿真散射参数提取的等效磁导率和等效介电常数。由图 2-45 可见，交替平行组阵左手材料的等效磁导率在 10.5~11.2 GHz 内为负，而等效介电常数在 10.7~11.6 GHz 内为负。相应的，左手频带为 10.7~11.2 GHz，带宽为 0.5 GHz。

(a) 等效磁导率

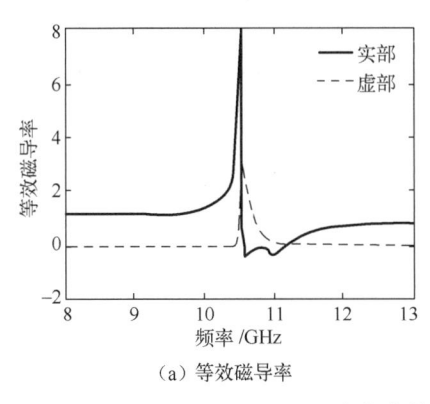

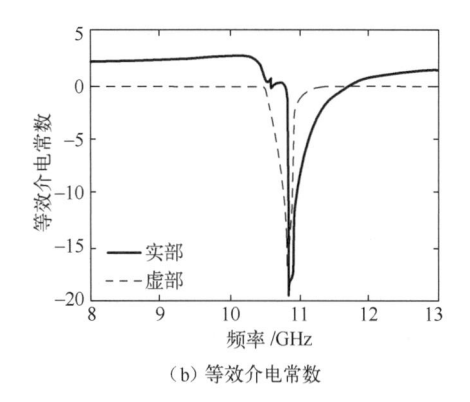

(b) 等效介电常数

图 2-46 由仿真散射参数提取的等效参数

为进一步验证交替平行组阵左手材料的双负特性，制作样品并进行测试。加工时，将刻蚀有电谐振器和磁谐振器的板层以固定的层间距 $s=5\,\text{mm}$ 对应平行放置，相邻板层上的电谐振器（磁谐振器）前后对应。为了将样品固定并构成周期阵列，将板层嵌入泡沫塑料中，图 2-47 为测试传输频谱，在 10.7 GHz 附近有一个传输通带。图 2-48（a）、（b）分别给出由测试散射参数提取的等效磁导率和等效介电常数。由测试结果可知，样品的等效磁导率在 10.5~10.8 GHz 内为负，而等效介电常数在 10.5~11.5 GHz 内为负。所以，测试左手频带为 10.5~10.8 GHz，带宽为 0.3 GHz。

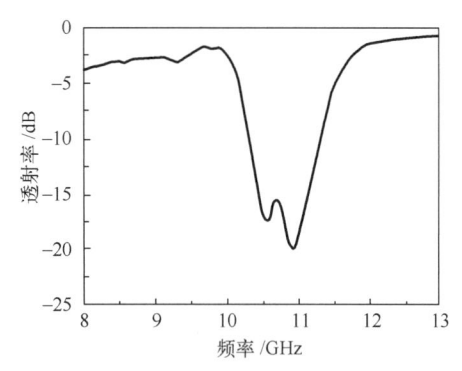

图 2-47 交替平行组阵左手材料测试透射率

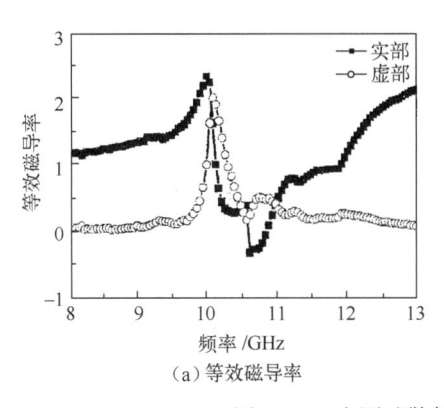

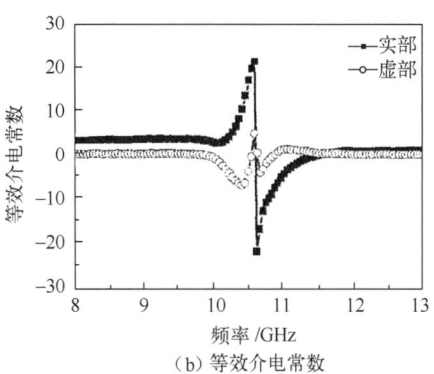

(a) 等效磁导率

(b) 等效介电常数

图 2-48 由测试散射参数提取的等效参数

与交叉组合方式和平行组合方式相比，交替平行组合方式的左手带宽最窄，这主要是因为在这种组合方式下，电谐振器与磁谐振器相互影响，致使电谐振器的谐振频率发生蓝移，而磁谐振器的负磁导率区域也相应变窄，从而导致双负区域变窄，左手带宽也相应变窄。

5. 电谐振器和磁谐振器交替交错组阵构成的左手材料

电谐振器和磁谐振器交替交错组阵方式是将刻蚀有交替电谐振器和磁谐振器的板层平行放置组阵，并使相邻板层上的电谐振器与电谐振器、磁谐振器与磁谐振器交错对应构成左手材料结构单元。

图 2-49 给出交替交错组阵左手材料仿真设置及仿真散射参数。为同时激发电谐振和磁谐振，入射电磁波平行于基板入射，其磁场穿过电谐振器和磁谐振器的表面。与交替平行组合方式不同的是，相邻板层上的电谐振器是交错对应的。图 2-49（b）给出仿真散射参数 S_{11} 和 S_{21}。与其他组合方式的左手材料传输频谱不同，在图 2-49 中，唯一的特征区域是 10.8 GHz 处的反射峰和透射谷值。通过传输频谱判断，似乎不存在左手通带。但是，仔细对比几种组合方式的传输频谱，可以发现图 2-49 中的透射谷值为 −11.5 dB，大于图 2-49（b）中左手频带内的透射峰值，这说明图 2-49 中存在左手透射峰。为验证这一点，可根据仿真散射参数提取交替交错组阵方式下的等效磁导率和等效介电常数，分别如图 2-50（a）和（b）所示。等效磁导率在 10.4~11.1 GHz 内为负，而等效介电常数在 10.4~11.5 GHz 内为负。相应的左手频带为 10.4~11.1 GHz，带宽为 0.7 GHz，大于交替平行组阵方式下的带宽。

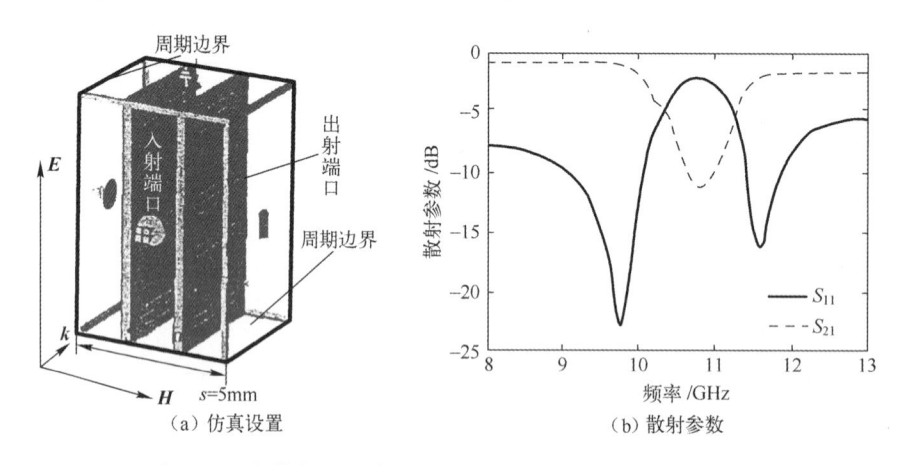

图 2-49 交替交错组阵左手材料的仿真设置及仿真散射参数

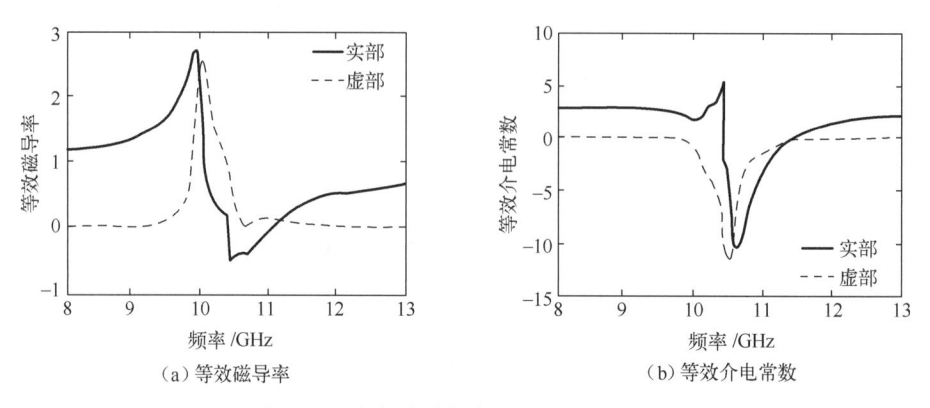

图 2-50 由仿真散射参数提取的等效参数

为进一步验证交替交错组阵左手材料的左手频带，制作测试样品并进行测试。在加工过程中，将刻蚀有电谐振器和磁谐振器的板层以固定的层间距 $s=5\text{ mm}$ 交错平行放置组阵，相邻板层上的电谐振器（磁谐振器）交错对应。为了将样品固定并构成周期阵列，将板层嵌入泡沫塑料中。图2-51为测试得到的传输频谱，测试结果与仿真结果一致，在11.0 GHz附近存在一个传输谷值，但传输率的最小值仍大于 -10 dB。图2-52（a）、（b）分别给出由测试散射参数提取的等效磁导率和等效介电常数。

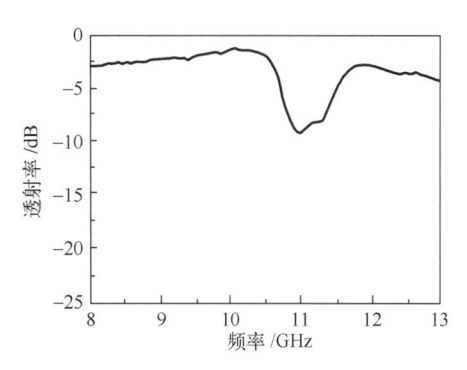

图2-51 交替交错组阵左手材料测试样品及测试透射率

由测试结果可知，测试样品的等效磁导率在 $10.5\sim11.8\text{ GHz}$ 内为负，而等效介电常数在 $10.5\sim11.75\text{ GHz}$ 内为负。所以，测试得到的左手频带为 $10.5\sim11.75\text{ GHz}$，带宽为 1.25 GHz。

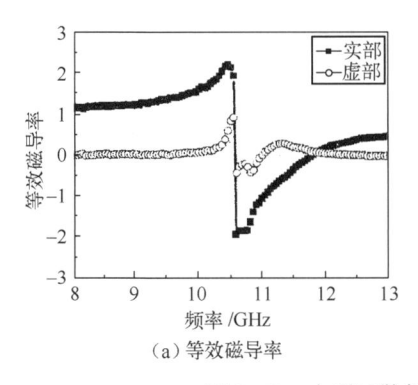

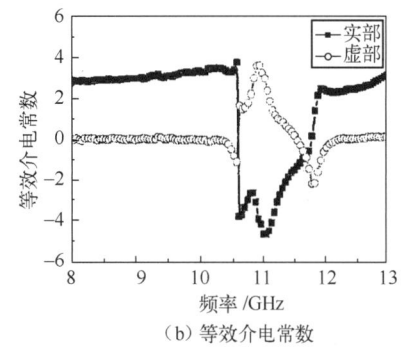

（a）等效磁导率 （b）等效介电常数

图2-52 由测试散射参数提取的等效参数

在交替交错组合方式下，负磁导率区域与负介电常数区域几乎完全重合。交替交错组阵结构的右手区域之外几乎全部都是左手通带，但是由于左手通带是通过谐振实现的，损耗较大，相对于右手通带，左手通带内的传输率较低。

6. 共面电谐振器和磁谐振器的左手材料

根据电谐振器和磁谐振器的设计原理，电谐振器可以等效为镜像对称的双回路，而磁谐振器可以等效为镜像对称的单回路。所以，电谐振器结构一般比磁谐振器结构复杂。为产生强烈的磁谐振，磁谐振器结构要形成面积比较大的回路，这意味磁谐振器一般是中空结构。

基于共面电磁谐振结构单元的左手材料设计原理是：将电谐振器放置在中空结构的磁谐振器中央并刻蚀在基板上，通过调节电谐振器或磁谐振器的结构参数使两者的谐振区域重合，从而构成可以同时实现电谐振和磁谐振的共面左手材料结构单元（图2-53），我们可以称这种左手材料结构单元为共面电磁谐振结

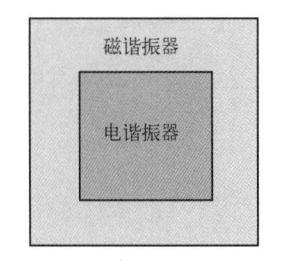

图2-53 基于共面电磁谐振结构单元的左手材料设计思想

构单元。共面电磁谐振结构单元易于分析调节、结构紧凑、便于加工和应用，而且可以扩展为二维或三维左手材料。

为验证基于共面电磁谐振结构单元左手材料的设计思想以及所设计左手材料的双负特性，加工了图 2-54（a）中的共面电磁谐振结构单元。在加工过程中，将共面电谐振器和磁谐振器的金属图案刻蚀在环氧树脂玻璃布层压板（$\varepsilon_r = 4.2$，$t = 0.4\,\text{mm}$）上。金属图案的结构参数为：$a = 5\,\text{mm}$，$b_1 = 4.5\,\text{mm}$，$b_2 = 2.5\,\text{mm}$，$c = 0.2\,\text{mm}$，$d = 0.2\,\text{mm}$，$l = 0.5\,\text{mm}$。将刻有共面电磁谐振结构单元的基板以固定的层间距 $s = 3.3\,\text{mm}$ 平行放置组阵，得到测试样品，为了将样品固定并构成周期阵列，将板层嵌入泡沫塑料中。采用波导测试系统对样品进行测试，得到其散射参数如图 2-54（b）所示，测试散射参数与仿真散射参数一致。注意，在测试散射参数曲线上的 10.0 GHz 处出现一个小扰动，这是由加工精度和组阵错位引起的。

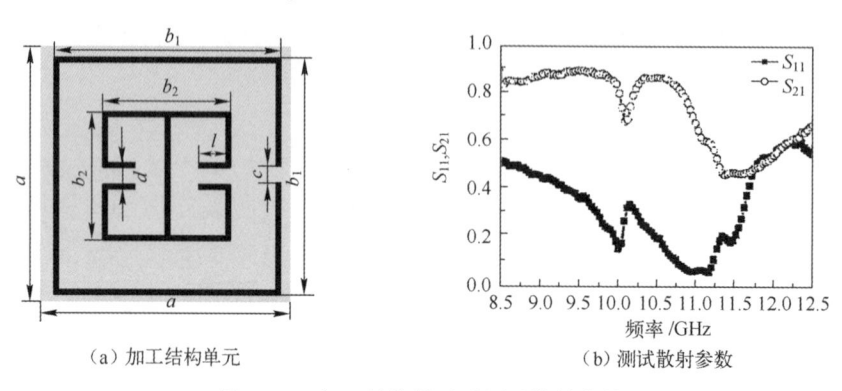

（a）加工结构单元

（b）测试散射参数

图 2-54　加工结构单元及测试散射参数

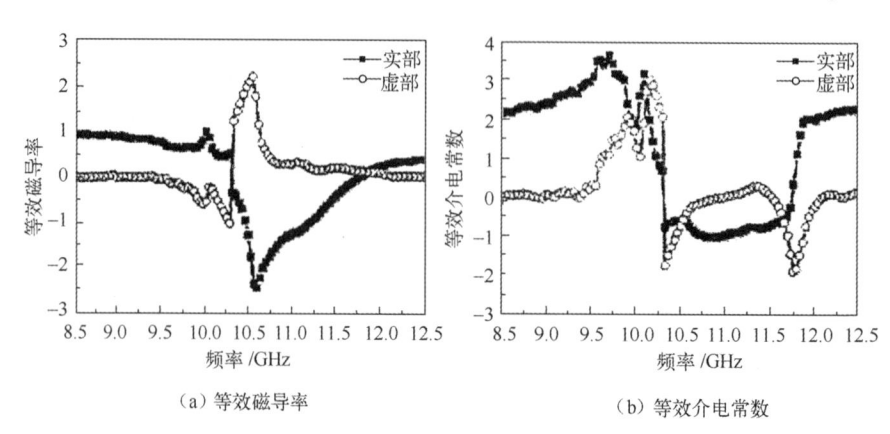

图 2-55（a）、（b）、（c）、（d）分别给出由测试散射参数提取的等效参数。由图 2-55（a）和（b）可知，测试样品的等效磁导率在 10.3~11.7 GHz 内为负，而等效介电常数在 10.3~11.8 GHz 内为负，所以，测试样品的左手频带为 10.3~11.7 GHz，带宽达到 1.4 GHz。与仿真结果相比，测试左手频带比仿真左手频带宽，这可由测试样品的损耗来解释。由于在加工过程中使用的是损耗较高的环氧树脂玻璃，测试样品的损耗比仿真结构的损耗高，损耗会使谐振强度减弱但同时会展宽负谐振区域带宽。在左手频

（a）等效磁导率

（b）等效介电常数

(c) 等效相对阻抗　　　　　　　　(d) 等效折射率

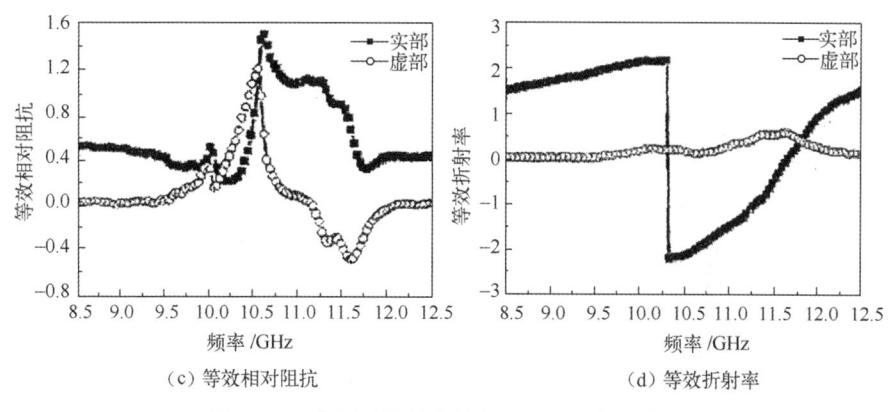

图 2-55　由测试散射参数提取得到的等效参数

带内，左手材料的等效折射率为负，如图 2-55（d）所示，测试样品的折射率在 10.3～11.7 GHz 内为负。测试左手频带内的阻抗变化很平缓，而且左手频带内相对阻抗的值介于 0.8～1.2，与周围介质（空气）实现了良好的阻抗匹配。

十、多频带左手材料设计

目前已有的左手材料一般只有一个左手频带，相比之下，对多频带左手材料研究依然很少。Eleftheriades 基于传输线提出具有两个右手频带和两个左手频带的左手材料，基于左右手传输线提出双带微带线部件，基于 S 形谐振器提出具有两个左手频带的左手材料。

众所周知，一个左手材料结构单元一般只具有一个左手频带，那么 N 个不同的结构单元可以实现 N 个不同的左手频带。如果将 N 个不同的左手材料结构单元以某种方式组合起来，并且组合构成的结构单元尺寸远小于入射电磁波波长，那么，可以用组合结构单元来实现具有多个左手频带的左手材料。最简单的组合方式就是将不同的结构单元平行并排放置。我们以基于共面电磁谐振结构单元的多频带左手材料为例来阐述这种设计思想。图 2-56 给出共面电磁谐振结构单元及其结构参数，将由两个单开口环"背靠背"组合成的电谐振器放置在双开口谐振环磁谐振器的中间空白区域，通过调节两种谐振

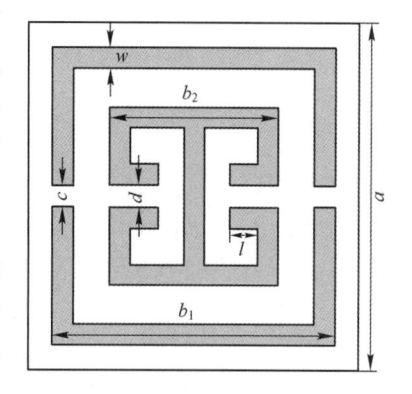

图 2-56　共面电谐磁谐振左手材料结构单元

器的结构参数可以使电谐振和磁谐振区域重合。在此重合区域，等效磁导率和等效介电常数为负，可以实现左手特性。

图 2-57 给出具有两个左手频带的左手材料结构。在这个左手材料结构中，一共使用了两种具有不同结构参数的共面电磁谐振结构单元。在加工过程中，将第一种结构单元刻蚀在基板 1 上（在图 2-57（b）中用浅色部分表示），第二种结构单元刻蚀在基板 2 上（在图 2-57（b）中用深色部分表示），然后将两种基板平行放置并粘合在一起。

刻蚀在基板 1 上的共面电磁谐振结构单元的结构参数为：$a = 3.3$ mm，$b_1 = 2.8$ mm，$b_2 = 1.7$ mm，$c = 0.2$ mm，$d = 0.2$ mm，$l = 0.3$ mm，$\omega = 0.2$ mm；刻蚀在基板 2 上的共面电磁谐振结构单元的结构参数为：$a = 3.3$ mm，$b_1 = 3$ mm，$b_2 = 1.9$ mm，$c = 0.1$ mm，$d = 0.2$ mm，$l = 0.4$ mm，$\omega = 0.2$ mm。

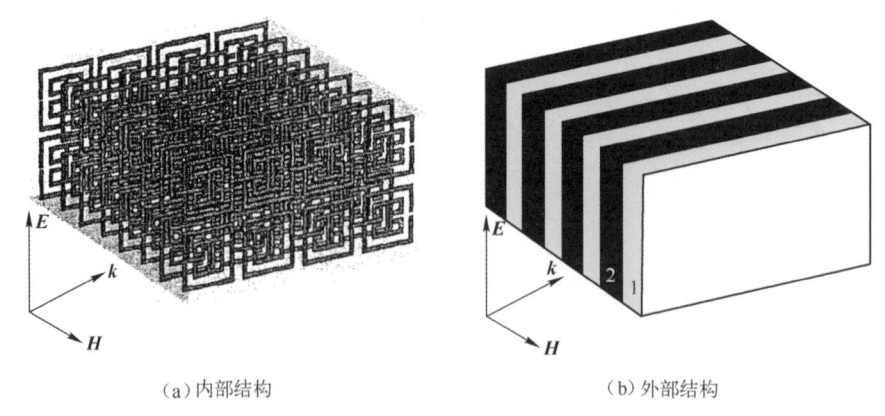

（a）内部结构　　　　　　　　（b）外部结构

图 2-57　基于共面电磁谐振结构单元的双频带左手材料

为了验证图 2-57 中的双频带左手材料的左手特性，首先对其进行仿真。仿真中，金属部分为铜（电导率 $\sigma = 5.8 \times 10^7$ S/m，厚度 $t_1 = 0.017$ mm），基板为 FR-4 环氧树脂玻璃，其相对介电常数为 $\varepsilon_r = 4.9$，厚度 $t = 3$ mm。图 2-58（a）、（b）和（c）分别给出双频带左手材料的仿真散射参数、等效磁导率和等效介电常数。由图 2-58（a）可见，在 7.5~12.5 GHz 内，出现 3 个通带。随着频率的增大，3 个通带的幅值依次减小，第一个通带的幅值最大，第三个通带的幅值最小。这是因为使用的是有耗基板，随着频率的增大，基板损耗也越来越大。这 3 个通带可能是左手通带，也可能是右手通带，需要提取等效参数加以确定。由图 2-58（b）和（c）可知，在 8.6~9.7 GHz 和 11.0~11.5 GHz 内，等效磁导率的实部为负；在 8.7~9.6 GHz 和 10.6~11.5 GHz 两个频段内，等效介电常数实部为负。这样，得到两个左手频带 8.7~9.6 GHz 和 11.0~11.5 GHz，分别对应图 2-58（a）中的第一个通带和第三个通带。在两个左手频带之间（9.7~10.6 GHz），等效磁导率和等效介电常数的实部都为正，对应着图 2-58（a）中的第二通带，此通带为右手通带。

注意，对于我们提出的双频带左手材料，在其两个左手频带之间有一个右手通带，这与基于 S 形谐振器的双频带左手材料明显不同。基于 S 形谐振器的双频带左手材料在其两个左手频带之间是一个禁带。出现这种不同的内在原因是两种双频带左手材料实现多频带特性的原理不同。对于基于 S 形谐振器的双频带左手材料，其等效磁导率只在负磁谐振区域为负，而其等效介电常数在等离子体振荡频率以下都为负，远比负磁导率区域宽。这样，在左手频带之外的区域，等效磁导率为正而等效介电常数为负，所以这两个左手通带之间出现一个禁带。对于基于共面电磁谐振结构单元的双频带左手材料，负磁导率和负介电常数分别是通过磁谐振和电谐振实现的。在左手频带内，等效磁导率和等效介电常数同时为负，而在左手频带之外，等效磁导率和等效介电常数同时为正，所以在两个左手通带之间存在一个右手通带。

(a) 仿真散射参数

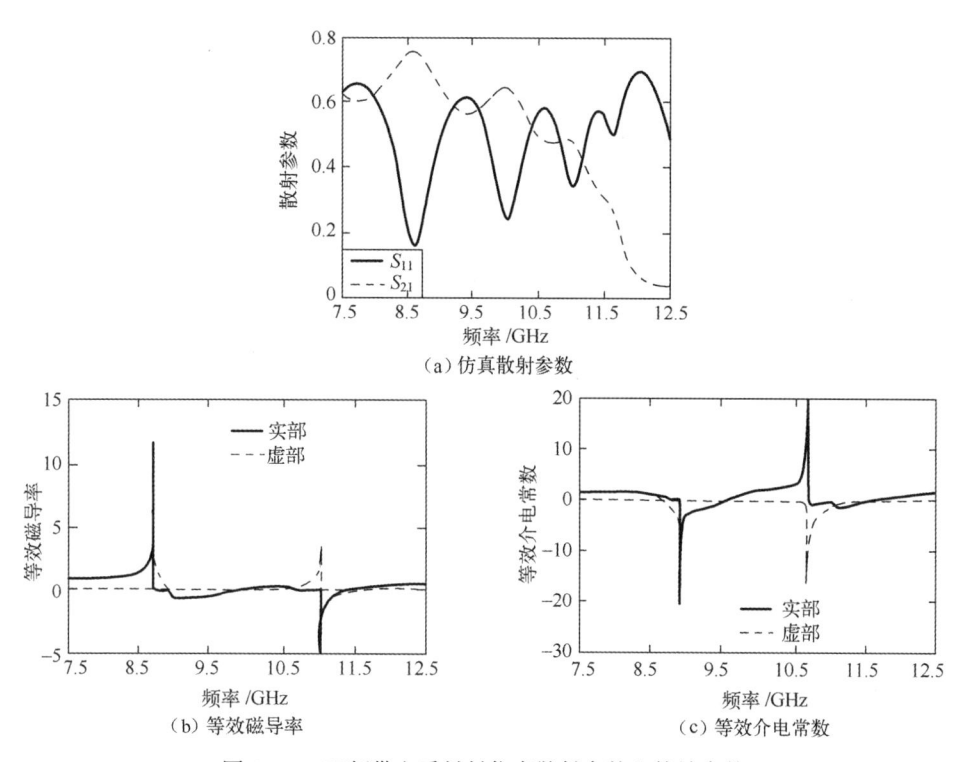

(b) 等效磁导率

(c) 等效介电常数

图 2-58 双频带左手材料仿真散射参数和等效参数

对图 2-57 中的双频带左手材料进行加工并进行了测试。在加工过程中,将铜线构成的共面电磁谐振结构单元的金属图案刻蚀在 FR-4 环氧树脂玻璃基板(ε_r = 4.9,tanδ = 0.025,t = 3 mm)上,然后使用黏合剂将刻蚀有不同结构单元的基板交替平行粘合在一起制作成块材,测试时,将测试样品放置在矩形波导中并填满矩形波导横截面上,使用 Agilent HP8720ES 矢量网络分析仪测试其散射参数,通过测试数据可以得到测试样品的等效参数。图 2-59 给出测试散射参数幅值与入射电磁波频率的关系曲线。与图 2-58 (a) 中的仿真散射参数相比,测试结果与仿真结果吻合得非常好。测试结果也表现出 3 个通带,分别位于 8.6 GHz、10.0 GHz、11.0 GHz 附近。注意,测试结果的 3 个通带的幅值比仿真结果 3 个通带的幅值低,这是因为黏合剂的使用引入了额外的损耗。

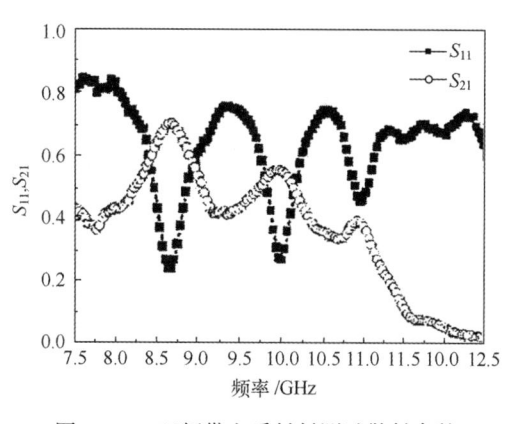

图 2-59 双频带左手材料测试散射参数

图 2-60 (a) 和 (b) 分别给出由实验数据提取的等效磁导率实部和等效介电常数实部。等效磁导率的实部在 7.2~9.9 GHz 和 11.0~13.6 GHz 内为负,而等效介电常数实部在 8.3~9.9 GHz 和 11.0~12.0 GHz 内为负。所以,测试得到的两个左手频带分别

为 8.3~9.9 GHz 和 11.0~12.0 GHz。在两个左手频带之间，等效磁导率和等效介电常数的实部都为正，对应着图 2-59 中的第二个通带。注意，测试左手频带比仿真左手频带宽，这种差别是由于加工精度以及基板和黏合剂带来的损耗造成的。

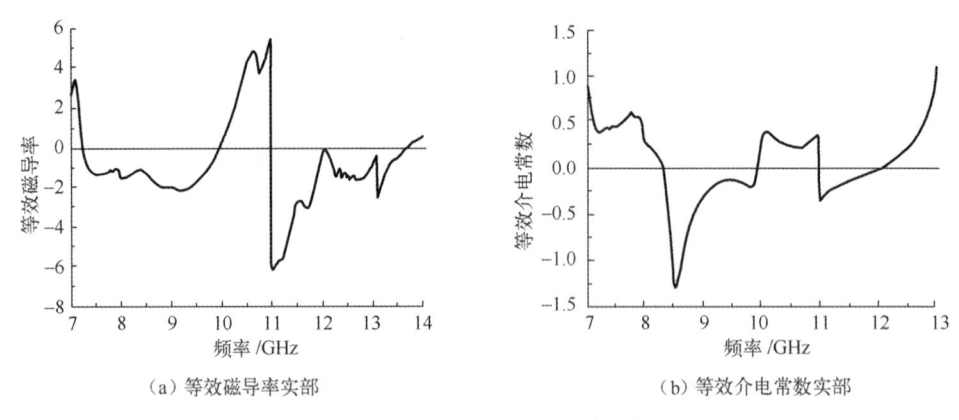

(a) 等效磁导率实部

(b) 等效介电常数实部

图 2-60 由实验数据得到的等效参数

通过仿真和实验，验证了通过不同左手材料结构单元组合构成多频带左手材料的设计思想。多频带左手材料的左手频带数量由其所包含的不同结构单元的数量决定，通过将刻蚀有不同结构单元的基板平行对应粘合，可以加工制作出多频带左手材料。

第三节 复合左右手材料传输线

一、复合左右手材料传输线的基本概念与原理

1. 基本概念

基于电磁场理论，传输线内部的电磁波传播过程会导致分布参数效应的产生。然而完全构建出左手传输线系统并不现实，这是由于始终存在且无法消除的寄生并联电容与串联电感，它们会无可避免地引入右手特性。我们将这类在工作频谱范围内同时展现出左手与右手属性的传输线定义为复合左右手材料（CRLH）传输线。

2. 电报方程

如图 2-61 所示，均匀无耗 CRLH 传输线的等效电路模型由两部分构成：单位长度阻抗 Z' 及单位长度导纳 Y'。具体来说，Z' 包括两个分量，即单位长度串联电感 L'_R 与单位长度串联电容 C'_L；而 Y' 则涵盖单位长度并联电容 C'_R 与单位长度并联电感 L'_L。

$$Z' = j\left(\omega L'_R - \frac{1}{\omega C'_L}\right) \quad (2-12)$$

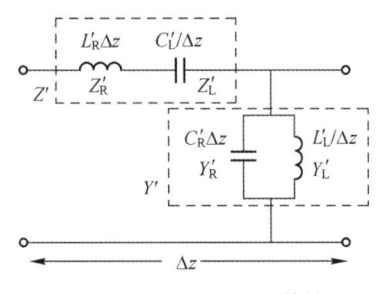

图 2-61 理想 CRLH 传输线等效电路模型

$$Y' = j\left(\omega C'_R - \frac{1}{\omega L'_L}\right) \tag{2-13}$$

根据基尔霍夫电压定律可以得到

$$V(z) = I(z)\left(\frac{1}{j\omega \frac{C'_L}{\Delta z}} + j\omega L'_R \Delta z\right) + V(z+\Delta z) \tag{2-14}$$

将上式各项除以 Δz，则当 Δz 趋近于 0 时，得微分方程：

$$\frac{dV(z)}{dz} = -I(z)\left(\frac{1}{j\omega C'_L} + j\omega L'_R\right) = -j\left(\omega L'_R - \frac{1}{\omega C'_L}\right)I(z) \tag{2-15}$$

代入式（2-12）后，上述等式可以化简为

$$\frac{dV(z)}{dz} = -Z'I(z) \tag{2-16}$$

同理，由基尔霍夫电流定律得到

$$\frac{dI(z)}{dz} = -Y'V(z) \tag{2-17}$$

对于理想 CRLH 传输线，式（2-16）、式（2-17）构成了其标准传输线方程，也称为电报方程。

3. 色散特性

将上述电报方程进行整理，得到标准的微分方程：

$$\frac{d^2 V(z)}{dz^2} - \gamma^2 V(z) = 0 \tag{2-18}$$

$$\frac{d^2 I(z)}{dz^2} - \gamma^2 I(z) = 0 \tag{2-19}$$

其中传播常数为

$$\gamma^2 = -\left(\omega L'_R - \frac{1}{\omega C'_L}\right)\left(\omega C'_R - \frac{1}{\omega L'_L}\right) \tag{2-20}$$

为便于讨论，定义如下变量：

$$\omega'_R = \frac{1}{\sqrt{C'_R L'_R}} (\text{rad} \cdot \text{m})/\text{s} \tag{2-21}$$

$$\omega'_L = \frac{\frac{1}{\sqrt{C'_L L'_L}}}{\text{s}} (\text{rad} \cdot \text{m}) \tag{2-22}$$

$$\kappa = L'_R C'_L + L'_L C'_R (\text{s/rad})^2 \tag{2-23}$$

串联谐振频率 ω_{se}、并联谐振频率 ω_{sh} 分别为

$$\omega_{se} = \frac{1}{\sqrt{C'_L L'_R}} \tag{2-24}$$

$$\omega_{sh} = \frac{1}{\sqrt{C'_R L'_L}} \tag{2-25}$$

49

故微分方程式（2-18）、式（2-19）的行波解为

$$V(z) = V^+(z)\mathrm{e}^{-\gamma z} + V^-(z)\mathrm{e}^{+\gamma z} \tag{2-26}$$

$$I(z) = I^+(z)\mathrm{e}^{-\gamma z} + I^-(z)\mathrm{e}^{+\gamma z} \tag{2-27}$$

其中

$$I^+(z) = \frac{\gamma V^+}{\dfrac{1}{\mathrm{j}\omega C'_\mathrm{L}} + \mathrm{j}\omega L'_\mathrm{R}} \tag{2-28}$$

$$I^-(z) = \frac{\gamma V^-}{\dfrac{1}{\mathrm{j}\omega C'_\mathrm{L}} + \mathrm{j}\omega L'_\mathrm{R}} \tag{2-29}$$

则特性阻抗为

$$Z_\mathrm{c} = \frac{V^+}{I^+} = -\frac{V^-}{I^-} = \sqrt{\frac{\omega L'_\mathrm{R} - \dfrac{1}{\omega C'_\mathrm{L}}}{\omega C'_\mathrm{R} - \dfrac{1}{\omega L'_\mathrm{L}}}} = Z_\mathrm{L}\sqrt{\frac{\left(\dfrac{\omega}{\omega_\mathrm{se}}\right)^2 - 1}{\left(\dfrac{\omega}{\omega_\mathrm{sh}}\right)^2 - 1}} \tag{2-30}$$

其中，$Z_\mathrm{L} = \sqrt{\dfrac{L'_\mathrm{L}}{C'_\mathrm{L}}}$ 为纯左手传输线的特性阻抗。当 $\omega_\mathrm{sh} < \omega_\mathrm{se}$ 时，特性阻抗会有一个零点和极点，分别在串、并联谐振频率处：

$$Z_\mathrm{c}(\omega = \omega_\mathrm{se}) = 0 \tag{2-31}$$

$$Z_\mathrm{c}(\omega = \omega_\mathrm{sh}) = \infty \tag{2-32}$$

在 $\min(\omega_\mathrm{se}, \omega_\mathrm{sh}) \sim \max(\omega_\mathrm{se}, \omega_\mathrm{sh})$ 的频段内，特性阻抗是一个虚数，且是频率的函数，由此可知，此类传输线仅能在特定的工作频段内达成阻抗匹配。

传播常数的表达式为

$$\gamma = \alpha + \mathrm{j}\beta = \mathrm{j}s(\omega)\sqrt{\left(\frac{\omega}{\omega'_\mathrm{R}}\right)^2 + \left(\frac{\omega'_\mathrm{L}}{\omega}\right)^2 - \kappa\omega_\mathrm{L}^2} \tag{2-33}$$

式中：$s(\omega)$ 是符号函数：

$$s(\omega) = \begin{cases} -1, & \omega < \min(\omega_\mathrm{se}, \omega_\mathrm{sh}) \\ +1, & \omega > \max(\omega_\mathrm{se}, \omega_\mathrm{sh}) \end{cases} \tag{2-34}$$

当 $\omega_\mathrm{se} \neq \omega_\mathrm{sh}$ 时，CRLH 传输线的工作特性分以下三种情况：

(1) 当 $\omega > \max(\omega_\mathrm{se}, \omega_\mathrm{sh})$，$\beta > 0$ 时，群速和相速同向，呈现右手特性，相位滞后。
(2) 当 $\omega < \min(\omega_\mathrm{se}, \omega_\mathrm{sh})$，$\beta < 0$ 时，群速和相速反向，呈现左手特性，相位超前。
(3) 当 $\min(\omega_\mathrm{se}, \omega_\mathrm{sh}) < \omega < \max(\omega_\mathrm{se}, \omega_\mathrm{sh})$ 时，电磁波因处于抑制频带无法传播。

当 $\omega_\mathrm{se} = \omega_\mathrm{sh}$ 时，即 $L'_\mathrm{L} C'_\mathrm{R} = L'_\mathrm{R} C'_\mathrm{L}$ 时，CRLH 传输线将呈现独有的、具有广泛应用意义的特性，这种特性被研究学者们定义为平衡情况。当 $\omega \geqslant \omega_\mathrm{se} = \omega_\mathrm{sh}$ 时，传输线呈现右手特性，当 $\omega \leqslant \omega_\mathrm{se} = \omega_\mathrm{sh}$ 时，传输线呈现左手特性，中间的抑制频带将会消失。

二、LC 电路 CRLH 传输线实现

1. LC 网络

在自然界中，理想的 CRLH 传输线是不存在的，但我们可以通过构建梯形结构的 LC 网络电路来实现一种等效均匀的 CRLH 传输线。

CRLH 传输线的 LC 电路单元模型如图 2-62 所示，其中

$$Z = j\left(\omega L_R - \frac{1}{\omega C_L}\right) = j\frac{\left(\frac{\omega}{\omega_{se}}\right)^2 - 1}{\omega C_L} \quad (2-35)$$

$$Y = j\left(\omega C_R - \frac{1}{\omega L_L}\right) = j\frac{\left(\frac{\omega}{\omega_{sh}}\right)^2 - 1}{\omega L_L} \quad (2-36)$$

图 2-62 CRLH 传输线的 LC 电路单元模型

其中，串、并联谐振频率的定义为

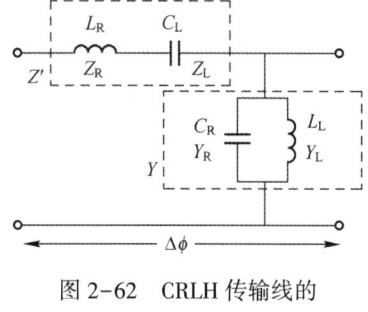

$$\omega_{se} = \frac{1}{\sqrt{L_R C_L}} \quad (2-37)$$

$$\omega_{sh} = \frac{1}{\sqrt{L_L C_R}} \quad (2-38)$$

图 2-63 给出了阶梯网络的电路结构，其中，单元模型的相移为 $\Delta\phi$。电路中单元的长度为 p，当满足 $p < \lambda_g/4$ 的均匀条件时，N 个 LC 单元模型的级联等价于长度为 $l = Np$ 的理想 CRLH 传输线。

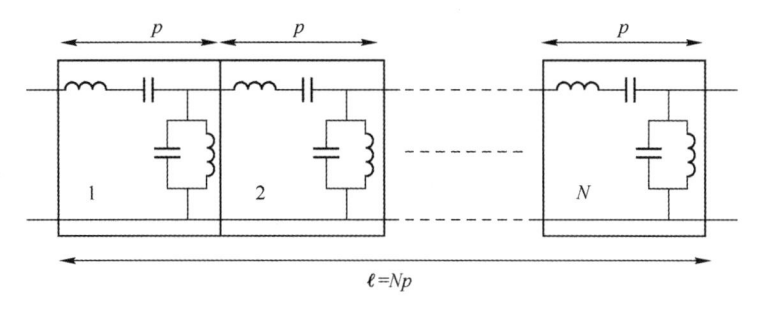

图 2-63 非平衡型阶梯网络的电路结构

在整个频率范围 $\omega \in [0, +\infty)$ 中，CRLH 传输线的特性曲线呈现出类似于带通滤波器的形态。当 $\omega \to 0$ 时，阻抗值 $|Z| \to 1/\omega C_L \to \infty$ 和 $|Y| \to 1/\omega L_L \to \infty$，导致左手传输线表现出高通特性，并在高频段形成一个禁带；当 $\omega \to \infty$ 时，$|Z| \to \omega L_R \to \infty$ 和 $|Y| \to \omega C_R \to \infty$，使得右手传输线呈现低通特性，并在低频段形成一个禁带。如果传输线满足平衡条件，那么这两个禁带将完美匹配，实现了从左手特性到右手特性的完美过渡。

2. 传输矩阵

在进行 LC 网络形式的 CRLH 传输线的理论计算时，我们可以将其视作一个二端口网络，并借助传输矩阵法，即 [ABCD] 法，来进行深入分析[1]。

N 单元梯形网络传输线的传输特性可以通过使用 [$ABCD$] 矩阵或传输矩阵形式进行方便的计算。图 2-64 中所示的二端口网络的 [$ABCD$] 矩阵以如下方式将输入端的电流和电压与输出端的对应量相关联：

$$\begin{bmatrix} V_{\text{in}} \\ I_{\text{in}} \end{bmatrix} = \begin{bmatrix} A & B \\ C & D \end{bmatrix} \begin{bmatrix} V_{\text{out}} \\ I_{\text{out}} \end{bmatrix} \quad (2\text{-}39)$$

或者

$$\begin{bmatrix} V_{\text{out}} \\ I_{\text{out}} \end{bmatrix} = \frac{1}{AD-BC} \begin{bmatrix} D & -B \\ -C & A \end{bmatrix} \begin{bmatrix} V_{\text{in}} \\ I_{\text{in}} \end{bmatrix} \quad (2\text{-}40)$$

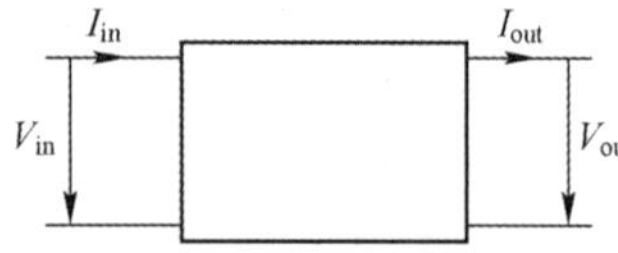

图 2-64 用矩阵表示一个双端口网络

把 A、B、C、D 参数转换为散射参数后，如果二端口是对称的（$S_{11}=S_{22}$），则 $A=D$；如果二端口是互易的（$S_{21}=S_{12}$），则 $D-BC=1$；如果二端口是无损的，则 A，$D \in \mathbb{R}$，B，$C \in \mathbb{I}$。

我们知道，N 个二端口网络级联连接的 [$ABCD$] 矩阵 [$A_N B_N C_N D_N$] 等于各个网络的 [$ABCD$] 矩阵 [$A_k B_k C_k D_k$] 的乘积，即

$$\begin{bmatrix} A_N & B_N \\ C_N & D_N \end{bmatrix} = \prod_{k=1}^{N} \begin{bmatrix} A_k & B_k \\ C_k & D_k \end{bmatrix} \quad (2\text{-}41)$$

如果所有单元都相同，即 [$A_k B_k C_k D_k$] = [$ABCD$]，$\forall k$，则

$$\begin{bmatrix} A_N & B_N \\ C_N & D_N \end{bmatrix} = \begin{bmatrix} A & B \\ C & D \end{bmatrix}^N \quad (2\text{-}42)$$

对于一个非对称二端口网络，由并联导纳 Y 和串联阻抗 Z 构成，其传输矩阵为

$$\begin{bmatrix} A & B \\ C & D \end{bmatrix}_{\text{asym}} = \begin{bmatrix} 1 & Z \\ 0 & 1 \end{bmatrix} \begin{bmatrix} 1 & 0 \\ Y & 1 \end{bmatrix} = \begin{bmatrix} 1+ZY & Z \\ Y & 1 \end{bmatrix} \quad (2\text{-}43)$$

则如图 2-62 所示的 CRLH 传输线单元模型的传输矩阵为

$$\begin{bmatrix} A & B \\ C & D \end{bmatrix}_{\text{asym}}^{\text{CRLH}} = \begin{bmatrix} 1-\chi & \mathrm{j}\dfrac{(\omega/\omega_{\text{se}})^2-1}{\omega C_{\text{L}}} \\ \mathrm{j}\dfrac{(\omega/\omega_{\text{sh}})^2-1}{\omega L_{\text{L}}} & 1 \end{bmatrix} \quad (2\text{-}44)$$

其中，ω_{se} 和 ω_{sh} 如式 (2-37)、式 (2-38) 所示，其他的定义如下：

$$\chi = \left(\frac{\omega}{\omega_{\text{R}}}\right)^2 + \left(\frac{\omega_{\text{L}}}{\omega}\right)^2 - \kappa\omega_{\text{L}}^2 \quad (2\text{-}45)$$

$$\omega_{\text{R}} = \frac{1}{\sqrt{L_{\text{R}}C_{\text{R}}}} \text{rad/s} \quad (2\text{-}46)$$

$$\omega_{\text{L}} = \frac{1}{\sqrt{L_{\text{L}}C_{\text{L}}}} \text{rad/s} \quad (2\text{-}47)$$

$$\kappa = L_{\text{R}}C_{\text{L}} + L_{\text{L}}C_{\text{R}} \text{ (s/rad)}^2 \quad (2\text{-}48)$$

因此在平衡的条件下，可以得到

$$\kappa(\omega_{\text{se}}=\omega_{\text{sh}}) = \frac{2}{(\omega_{\text{R}}\omega_{\text{L}})} \quad (2\text{-}49)$$

$$\chi(\omega_{se}=\omega_{sh}) = \left(\frac{\omega}{\omega_R} - \frac{\omega_L}{\omega}\right)^2 \qquad (2\text{-}50)$$

3. 输入阻抗与截止频率

图 2-65 展示了由相同单元模型构建的周期性梯形网络传输线的示意图。该传输线无限延伸的特性保证了沿线每一节点的输入阻抗维持恒定不变。由此得到

$$Z_{in} = Z + \left[\left(\frac{1}{Y}\right) \| Z_{in}\right] = Z + \frac{Z_{in}/Y}{1/Y + Z_{in}} \qquad (2\text{-}51)$$

$$Z_{in} = \frac{Z \pm \sqrt{Z^2 + 4(Z/Y)}}{2} = \frac{Z}{2}\left[1 \pm \sqrt{1 + \frac{4}{ZY}}\right] = R_{in} + jX_{in} \qquad (2\text{-}52)$$

在满足均匀条件的情况下，将式（2-35）和式（2-36）代入式（2-52）中，可以得到 LC 周期性梯形网络的输入阻抗为

$$Z_{in} = j\left[\frac{(\omega/\omega_{se})^2 - 1}{2\omega C_L}\right]\left\{1 \pm \sqrt{1 - \frac{4(\omega/\omega_L)^2}{[(\omega/\omega_{se})^2 - 1][(\omega/\omega_{sh})^2 - 1]}}\right\} \qquad (2\text{-}53)$$

在满足 $\omega_{se} = \omega_{sh}$ 的平衡条件下，上式化简为

$$Z_{in} = j\frac{1}{2\omega C_L}\left\{\left[\left(\frac{\omega}{\omega_{sh}}\right)^2 - 1\right] \pm \sqrt{\left[\left(\frac{\omega}{\omega_{sh}}\right)^2 - 1\right]^2 - 4\left(\frac{\omega}{\omega_L}\right)^2}\right\} \qquad (2\text{-}54)$$

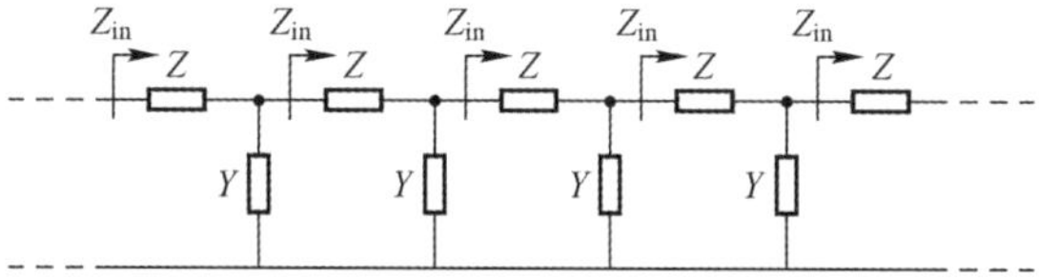

图 2-65 周期性梯形网络传输线

当令式（2-52）中的 R_{in} 为 0 时，输入阻抗为纯电抗，即 $Z_{in} = jX_{in}$，于是端口的反射系数为

$$|\Gamma| = \left|\frac{jX_{in} - Z_c}{jX_{in} + Z_c}\right| = 1 \qquad (2\text{-}55)$$

在当前条件下，电磁波传播面临阻碍，关键在于确保输入阻抗的实部非零以支持传输线内的电磁波传导。同时，为了实现端口处的电磁波无反射传输，必须满足匹配条件，即 $Z_{in} = Z_0$。如图 2-65 所示，在无损耗的情况下，Z 表现为纯虚数，此时 R_{in} 不为零。当 R 的表达式 $1 + 4/(ZY)$ 为负值时，该频段为通带；而当其值为正时，则为禁带。因此，当 R 等于 0 时，其零点对应的 ZY 值为 -4，R 的极点对应 $ZY = 0$。通过观察 R 的符号变化，可以确定有两个截止频率。因此，对于式（2-52）R 会有两个解：

$$\omega^4 - \left[\omega_{se}^2 + \omega_{sh}^2 + 4\left(\frac{\omega_0^2}{\omega_L}\right)^2\right]\omega^2 + \omega_0^4 = 0 \qquad (2\text{-}56)$$

其中

$$\omega_0 = \sqrt{\omega_R \omega_L} = \frac{1}{\sqrt[4]{L_R L_L C_R C_L}} = \sqrt{\omega_{se}\omega_{sh}} \qquad (2\text{-}57)$$

$$\omega=\omega_{\mathrm{cL}}=\omega_0\sqrt{\frac{\left[\kappa+\left(\frac{2}{\omega_\mathrm{L}}\right)^2\right]\omega_0^2-\sqrt{\left[\kappa+\left(\frac{2}{\omega_\mathrm{L}}\right)^2\right]^2\omega_0^4-4}}{2}} \quad (2-58)$$

$$\omega=\omega_{\mathrm{cL}}=\omega_0\sqrt{\frac{\left[\kappa+\left(\frac{2}{\omega_\mathrm{L}}\right)^2\right]\omega_0^2+\sqrt{\left[\kappa+\left(\frac{2}{\omega_\mathrm{L}}\right)^2\right]^2\omega_0^4-4}}{2}} \quad (2-59)$$

式中：$\kappa=L_\mathrm{R}C_\mathrm{L}+L_\mathrm{L}C_\mathrm{R}$。在非平衡条件下，式（2-57）中会得到另外两个极点，分别为 $\omega=\omega_\mathrm{se}$ 和 $\omega=\omega_\mathrm{sh}$，代表了带隙的截止频率。然而，在平衡条件下，这些极点会消失，因此不存在带隙。此时，可以求得相应的截止频率：

$$\omega_{\mathrm{cL}}=\omega_\mathrm{R}\left(1-\sqrt{1+\frac{\omega_\mathrm{L}}{\omega_\mathrm{R}}}\right) \quad (2-60)$$

$$\omega_{\mathrm{cR}}=\omega_\mathrm{R}\left(1+\sqrt{1+\frac{\omega_\mathrm{L}}{\omega_\mathrm{R}}}\right) \quad (2-61)$$

4. 色散特性

我们对图 2-66 中展示的基于传输矩阵的单元模型应用了周期性的边界条件，以更深入地探讨周期性 LC 网络 CRLH 传输线的色散关系。在这种条件下，模型的输出电压、输出电流与输入的对应量之间存在特定的关系：

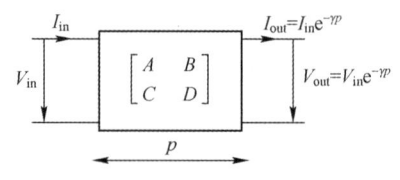

图 2-66 二端口网络（周期性边界条件）

$$\begin{bmatrix} A & B \\ C & D \end{bmatrix}\begin{bmatrix} V_\mathrm{in} \\ I_\mathrm{in} \end{bmatrix}=\psi\begin{bmatrix} V_\mathrm{in} \\ I_\mathrm{in} \end{bmatrix} \quad (2-62)$$

式中：$\psi=\mathrm{e}^{+\gamma p}=\mathrm{e}^{(\alpha+j\beta)p}$，这是一个特征系统，其特征阻抗为 $\psi_n=\mathrm{e}^{+\gamma_n p}$，衰减常数、传播常数分别为

$$\alpha_n(\omega)=\mathrm{Re}[\gamma_n(\omega)] \quad (2-63)$$

$$\beta_n(\omega)=\pm\mathrm{Im}[\gamma_n(\omega)] \quad (2-64)$$

其中，$\gamma_n=\ln[\psi_n(\omega)]/p$。然后通过计算在布里渊区上 β 和 α 的离散解，可以得到色散图。为了推导出一个解析的色散关系，我们将等式的特征系统（2-62）改写为以下均匀线性系统的形式：

$$\begin{bmatrix} A-\mathrm{e}^{\gamma p} & B \\ C & D-\mathrm{e}^{\gamma p} \end{bmatrix}\begin{bmatrix} V_\mathrm{in} \\ I_\mathrm{in} \end{bmatrix}=\begin{bmatrix} 0 \\ 0 \end{bmatrix} \quad (2-65)$$

为了提供一个非零解，它的行列式必须为零，即

$$AD-(A+D)\mathrm{e}^{\gamma p}+\mathrm{e}^{2\gamma p}-B\dot{C}=0 \quad (2-66)$$

因此 T 型网络单元的通用行列式方程为

$$4\sinh^2\left(\frac{\gamma p}{2}\right)-ZY=0 \quad (2-67)$$

由恒等式 $\sinh(x/2)=[\cosh(x)-1]/2$ 和 $ZY=\chi$，化简得

$$\gamma = \frac{1}{p}\operatorname{arcosh}\left(1-\frac{\chi}{2}\right) \tag{2-68}$$

于是，上式可分解为

$$\alpha = \frac{1}{p}\operatorname{arcosh}\left(1-\frac{\chi}{2}\right), \quad \chi<0(\text{禁带}) \tag{2-69}$$

$$\beta = \frac{1}{p}\arccos\left(1-\frac{\chi}{2}\right), \quad \chi>0(\text{通带}) \tag{2-70}$$

对布里渊区 β 值进行求解，得到特征频率 $\omega_n(\beta)$ ($n=1,2$)，即为传输线的色散曲线。在条件 $|\Delta\phi|=|\beta p|\ll 1$ 下，有 $\cos(\beta p)\approx 1-(\beta p)^2/2$，则式（2-70）化简为

$$1-\frac{(\beta p)^2}{2}\approx 1-\frac{\chi}{2} \tag{2-71}$$

则有

$$\beta = \frac{s(\omega)}{p}\sqrt{\left(\frac{\omega}{\omega_R}\right)^2+\left(\frac{\omega_L}{\omega}\right)^2-\kappa\omega_L^2} \tag{2-72}$$

当满足平衡条件 $\omega_{se}=\omega_{sh}$ 时

$$\beta = \frac{1}{p}\left(\frac{\omega}{\omega_R}-\frac{\omega_L}{\omega}\right)^2 \tag{2-73}$$

5. 布洛赫阻抗

LC 网络构成的传输线因其结构不连续，特性阻抗 Z_C 在严格意义上无法唯一定义。然而，若网络具有周期性特征，无论考察任一周期序列中的哪一点，均可发现电压与电流比值在各单元端口维持一个恒定不变的关系。这个常数被称为布洛赫阻抗 Z_B，表达式为

$$Z_B = \frac{V_k}{I_k} = \frac{V_{in}}{I_{in}} = -\frac{B}{A-e^{\gamma p}} = -\frac{D-e^{\gamma p}}{C}(\Omega) \tag{2-74}$$

当 $AD-BC=1$ 时，式（2-66）中的 $e^{\gamma p}$ 为

$$e^{\gamma p} = \frac{(A+D)\pm\sqrt{(A+D)^2-4}}{2} \tag{2-75}$$

将式（2-75）代入式（2-74），可得

$$Z_{B\pm} = \frac{(A-D)\pm\sqrt{(A+D)^2-4}}{2C} \tag{2-76}$$

若单元结构对称，则有 $A=D$，上式化简为

$$Z_{B\pm} = \frac{\pm B}{\sqrt{A^2-1}} = \frac{\pm\sqrt{D^2-1}}{C} \tag{2-77}$$

其中，± 分别表示正向波和后向波。

三、分布式一维 CRLH 传输线的实现

1. 基本概念

在实际构建 CRLH 传输线的过程中，分布器件如交指电容及微带线等发挥着关键作

用。值得一提的是，首个分布式一维 CRLH 传输线的设计是由 Caloz 等人在 2002 年提出的，这一创新为后续的各种应用奠定了坚实基础，如图 2-67 所示。

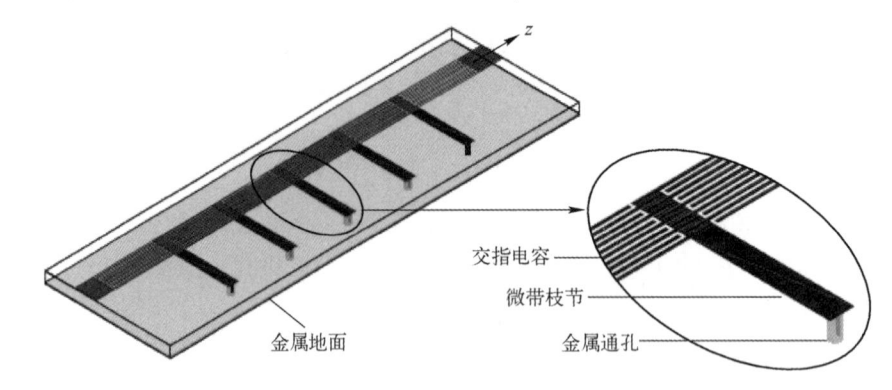

图 2-67 使用交指电容和短截线的微带 CRLH 传输线

其原理为，左手电容 C_L 及电感 L_L 主要通过交指电容结构与短截线的配置来实现，右手部分的电容 C_R 及电感 L_R 的生成，则巧妙利用了这些元件的副效应，其中 L_R 源于沿交指方向流动的电流产生的磁通量，C_R 由微带线与接地板之间存在的平行电压梯度产生，从而构成 CRLH 传输线的基本单元。

图中短截线对应于一段输入阻抗为 $Z_{in}^{si} = jZ_c^{si}\tan(\beta^{si}\ell^{si})$ 的终端短路传输线，其中，Z_c^{si} 代表特征阻抗，β^{si} 代表传播常数，ℓ^{si} 代表短截线的长度。将此表达式与电感器的理想阻抗 $j\omega L_L$ 比较，得到了 L_L 的低频近似表达式：

$$L_L \approx \frac{Z_c^{si}}{\omega}\tan(\beta^{si}l^{si}) \tag{2-78}$$

C_L 的近似表达式根据经验得到：

$$C_L \approx (\varepsilon_r+1)\ell^{ic}\left[(N-3)A_1+A_2\right](pF) \tag{2-79}$$

式中：ℓ^{ic} 代表交指电容的长度；

$$A_1 = 4-409\tanh\left[0.55\left(\frac{h}{w^{ic}}\right)^{0.45}\right]\cdot 10^{-6}(pF/\mu m) \tag{2-80}$$

$$A_2 = 9.92\tanh\left[0.52\left(\frac{h}{w^{ic}}\right)^{0.5}\right]\cdot 10^{-6}(pF/\mu m) \tag{2-81}$$

其中，h 代表基板的高度，w^{ic} 代表微带指的总宽度。

2. 参数提取

为了提取 CRLH 传输线（图 2-67）的参数 L_R、C_R、L_L 和 C_L，我们考虑了图 2-68 所示的单元结构。

该单元结构的等效电路由短截线、交指电容的串联连接构成，如图 2-69（a）所示，而

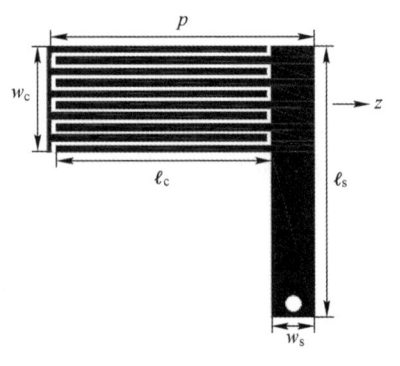

图 2-68 用于参数提取的微带 CRLH 传输线的单元结构

图 2-69（b）则展示了一个辅助 T-Π 型网络，该网络将用于提取参数。

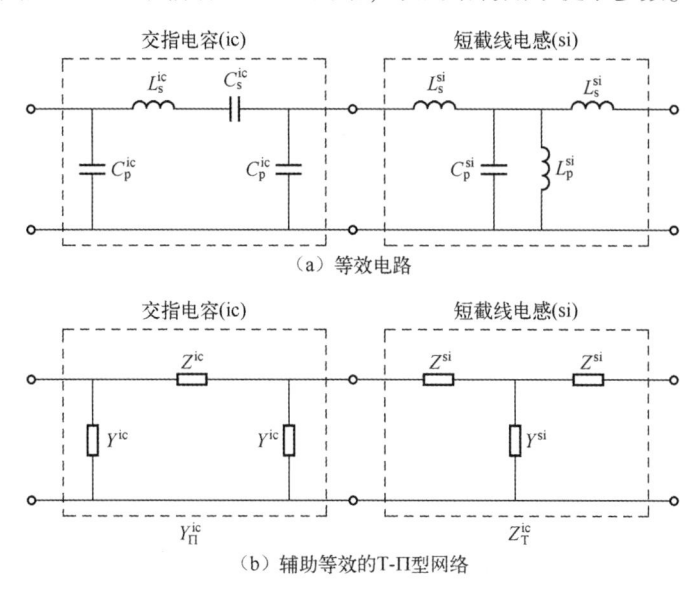

（a）等效电路

（b）辅助等效的 T-Π 型网络

图 2-69 单元结构参数提取的电路模型

首先，利用全波仿真或直接测量手段，独立地量化交指电容与短截线电感的散射特性。为了消除同轴转微带连接可能引入的高阶模影响，需要在每个元件的两端增添微带线片段。由于超材料的显著性质紧密关联于相位调控，核心环节包含对元件实施去嵌入处理，即通过参照面调整或执行 TRL 校准等技术，消除外加微带线导致的额外相位偏移。具体操作中，若这些辅助微带线的尺寸标记为 ℓ_1 和 ℓ_2，则经过去嵌入步骤后获得的传输参数为

$$S_{21}^{\text{de-embedded}} = S_{21}^{\text{sim/meas}} e^{-j\Delta\phi^{\mu\text{strip}}} \tag{2-82}$$

$$\Delta\phi^{\mu\text{strip}} = -k_0\sqrt{\varepsilon_{\text{eff}}}(\ell_1+\ell_2) \tag{2-83}$$

其中，ε_{eff} 是微带线的有效介电常数。如果忽视了去嵌入步骤将导致单元结构分析误差，引入非预期的相位延迟，偏离实际 CRLH 传输线应有的相位行为。

接下来，使用标准转换公式将交指电容和短截线电感的散射参数分别转换为导纳参数和阻抗参数。对应的 T 矩阵和 Π 矩阵，我们分别记为 $[Y_\Pi^{\text{ic}}]$ 和 $[Z_T^{\text{si}}]$，它们与图 2-69 中电路的元件有如下关系：

$$[Y_\Pi^{\text{ic}}] = \begin{bmatrix} Y_{11}^{\text{ic}} & Y_{12}^{\text{ic}} \\ Y_{12}^{\text{ic}} & Y_{22}^{\text{ic}} \end{bmatrix} = \begin{bmatrix} \dfrac{1}{Z^{\text{ic}}+Y^{\text{ic}}} & -\dfrac{1}{Z^{\text{ic}}} \\ -\dfrac{1}{Z^{\text{ic}}} & \dfrac{1}{Z^{\text{ic}}+Y^{\text{ic}}} \end{bmatrix} \tag{2-84}$$

$$[Z_T^{\text{si}}] = \begin{bmatrix} Z_{11}^{\text{si}} & Z_{12}^{\text{si}} \\ Z_{12}^{\text{si}} & Z_{22}^{\text{si}} \end{bmatrix} = \begin{bmatrix} \dfrac{1}{Y^{\text{si}}+Z^{\text{si}}} & -\dfrac{1}{Y^{\text{si}}} \\ -\dfrac{1}{Y^{\text{si}}} & \dfrac{1}{Y^{\text{si}}+Z^{\text{si}}} \end{bmatrix} \tag{2-85}$$

其中

$$Z^{\rm ic} = {\rm j}\left[\omega L_{\rm s}^{\rm ic} - \frac{1}{\omega C_{\rm s}^{\rm ic}}\right] \tag{2-86}$$

$$Y^{\rm ic} = {\rm j}\omega C_{\rm p}^{\rm ic} \tag{2-87}$$

$$Y^{\rm si} = {\rm j}\left[\omega C_{\rm p}^{\rm si} - \frac{1}{\omega L_{\rm p}^{\rm si}}\right] \tag{2-88}$$

$$Z^{\rm si} = {\rm j}\omega L_{\rm s}^{\rm si} \tag{2-89}$$

随后，需要确定图 2-69（a）中的电感 L 和电容 C 参数。这些参数是通过比较图 2-69（a）和图 2-69（b）得出的。单独的电抗 $C_{\rm p}^{\rm ic}$ 和 $L_{\rm s}^{\rm si}$ 的表达式可以直接确定，而计算出现在谐振、反谐振回路中的电抗 $L_{\rm s}^{\rm ic}-C_{\rm s}^{\rm ic}$ 和 $C_{\rm p}^{\rm si}-L_{\rm p}^{\rm si}$ 时，需要对 ω 求导，从而得到确定所有未知数的另一个方程。结果是

$$C_{\rm p}^{\rm ic} = \frac{(Y_{11}^{\rm ic})^{-1} + (Y_{21}^{\rm ic})^{-1}}{{\rm j}\omega} \tag{2-90}$$

$$L_{\rm s}^{\rm ic} = \frac{1}{2{\rm j}\omega}\left[\omega \frac{\partial\left(\frac{1}{Y_{21}^{\rm ic}}\right)}{\partial\omega} - \frac{1}{Y_{21}^{\rm ic}}\right] \tag{2-91}$$

$$C_{\rm s}^{\rm ic} = \frac{2}{{\rm j}\omega}\left[\omega \frac{\partial\left(\frac{1}{Y_{21}^{\rm ic}}\right)}{\partial\omega} + \frac{1}{Y_{21}^{\rm ic}}\right] \tag{2-92}$$

$$L_{\rm s}^{\rm si} = \frac{(Z_{11}^{\rm si})^{-1} + (Z_{21}^{\rm si})^{-1}}{{\rm j}\omega} \tag{2-93}$$

$$C_{\rm p}^{\rm si} = \frac{1}{2{\rm j}\omega}\left[\omega \frac{\partial\left(\frac{1}{Z_{21}^{\rm si}}\right)}{\partial\omega} + \frac{1}{Z_{21}^{\rm si}}\right] \tag{2-94}$$

$$L_{\rm p}^{\rm si} = \frac{2}{{\rm j}\omega}\left[\omega \frac{\partial\left(\frac{1}{Z_{21}^{\rm si}}\right)}{\partial\omega} - \frac{1}{Z_{21}^{\rm si}}\right] \tag{2-95}$$

最后，忽略小电感 $L_{\rm s}^{\rm si}$，得到 4 个 CRLH 传输线参数：

$$L_{\rm R} = L_{\rm s}^{\rm ic} \tag{2-96}$$

$$C_{\rm R} = 2C_{\rm p}^{\rm ic} + C_{\rm p}^{\rm si} \tag{2-97}$$

$$L_{\rm L} = L_{\rm p}^{\rm si} \tag{2-98}$$

$$C_{\rm L} = C_{\rm s}^{\rm ic} \tag{2-99}$$

值得注意的是，该参数提取程序考虑了复数的 S、Y 和 Z 参数。因此，它是一种严格的技术，可同时描述沿结构传播的波的幅度和相位行为。

四、CRLH 传输线在导波结构中的设计

CRLH 传输线的特征在于其波导波长的特殊频率响应，特别是高频区域群速与相速的同向性以及低频区域的反向性，这些特点为微波元件的设计开辟了新途径，使电磁能量高效局限在金属与介质构成的结构内部，促进了其在波导系统中的创新应用。其中，双频器件作为典范案例，凸显了 CRLH 传输线的应用潜力。

双频器件是在两个离散频率点 ω_1、ω_2 上展现相同的功能性，通过分段传输线设计达成相移匹配，即在两个频率下分别实现相移：$\phi_1 = -\beta_1 l$ 和 $\phi_2 = -\beta_2 l$，其中 l 为分段传输线的长度，也是双频器件的关键几何参数。因此，构建双频器件的色散条件需同时符合以下两个方程：

$$\beta(\omega_1) = \beta_1 \quad (2-100)$$

$$\beta(\omega_2) = \beta_2 \quad (2-101)$$

式中：频率 (ω_1, ω_2) 和传播常数 (β_1, β_2) 为任意值。CRLH 传输线具备独特的双频特性，因此可用于将几乎所有基于微波传输线的组件转换为双频组件。这一特性使得在现代无线通信系统中，涵盖两个频带的功能需求可以用更少的电路组件实现，带来了显著的优势。

1. CRLH 传输线的双频特性

图 2-70 展示了 CRLH 传输线的双频工作特性概念图，并对比了传统右手（PRH）传输线的相移特性。PRH 传输线，作为微波器件的基础组件，其传播常数和特征阻抗依据式（2-1）定义，分别为

$$\beta^{\text{PRH}} = \omega \sqrt{L_R' C_R'}, \quad Z_c^{\text{PRH}} = \sqrt{\frac{L_R'}{C_R'}} \quad (2-102)$$

要实现 PRH 传输线与端口阻抗 Z_t 匹配且在频率点 ω_1 下相移匹配，需要满足特定条件 $Z_c^{\text{PRH}} = Z_t$，$\beta^{\text{PRH}}(\omega = \omega_1) = \beta_1$，则

$$L_R' = \frac{Z_t \beta_1}{\omega_1}, \quad C_R' = \frac{\beta_1}{Z_t \omega_1} \quad (2-103)$$

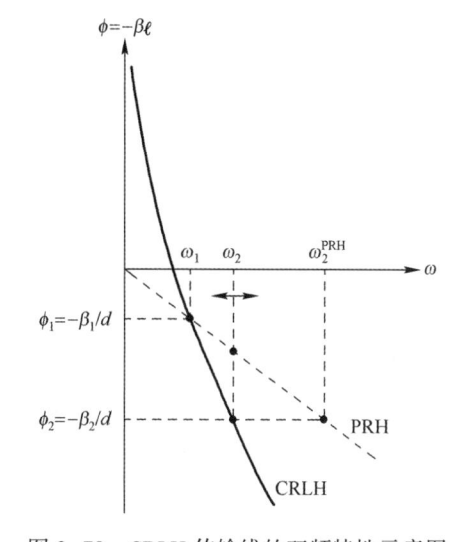

图 2-70 CRLH 传输线的双频特性示意图

因此，PRH 传输线的参数可以通过匹配条件和特定的某一频率点确定。而第二个传播常数 β_2 对应的频率点为

$$\omega_2^{\text{PRH}} = \frac{\beta_2}{\beta_1} \omega_1 \quad (2-104)$$

在实际应用中，要求 ω_2^{PRH} 与第二个频率点 ω_2（图 2-70）相同，但这在 PRH 传输线中是不可能实现的。然而，PRH 传输线本质上为单频工作模式，限制了其在双频应用中的使用。

接下来，我们考虑平衡结构 CRLH 传输线的情况，其传播常数和特性阻抗分别为

$$\beta^{\mathrm{CRLH}} = \omega\sqrt{L_\mathrm{R}'C_\mathrm{R}'} - \frac{1}{\omega\sqrt{L_\mathrm{L}'C_\mathrm{L}'}} \tag{2-105}$$

$$Z_\mathrm{c}^{\mathrm{CRLH}} = \sqrt{\frac{L_\mathrm{R}'}{C_\mathrm{R}'}} = \sqrt{\frac{L_\mathrm{L}'}{C_\mathrm{L}'}} \tag{2-106}$$

若 CRLH 传输线在与端口阻抗 Z_t 匹配的同时，还需满足与频率点 ω_1 的相移 β_1 匹配，需要满足以下两个条件：

$$Z_\mathrm{c}^{\mathrm{CRLH}} = Z_\mathrm{t} \tag{2-107}$$

$$\beta^{\mathrm{CRLH}}(\omega = \omega_1) = \beta_1 \tag{2-108}$$

与式（2-108）结合，形成三个独立的方程，但却包含四个未知变量 L_R'、C_R'、L_L'、C_L'，由于 CRLH 传输线的参数间存在一个自由度，使得在满足第一频点匹配的同时，第二频点的匹配也成为可能，即式（2-101）。因此，CRLH 传输线的参数可以表示为

$$L_\mathrm{R}' = \frac{Z_\mathrm{t}\left[\beta_2 - \beta_1\left(\dfrac{\omega_1}{\omega_2}\right)\right]}{\omega_2\left[1 - \left(\dfrac{\omega_1}{\omega_2}\right)^2\right]} \tag{2-109}$$

$$C_\mathrm{R}' = \frac{\beta_2 - \beta_1\left(\dfrac{\omega_1}{\omega_2}\right)}{Z_\mathrm{t}\omega_2\left[1 - \left(\dfrac{\omega_1}{\omega_2}\right)^2\right]} \tag{2-110}$$

$$L_\mathrm{L}' = \frac{Z_\mathrm{t}\left[1 - \left(\dfrac{\omega_1}{\omega_2}\right)^2\right]}{\omega_1\left[\beta_2\left(\dfrac{\omega_1}{\omega_2}\right) - \beta_1\right]} \tag{2-111}$$

$$C_\mathrm{L}' = \frac{1 - \left(\dfrac{\omega_1}{\omega_2}\right)^2}{Z_\mathrm{t}\omega_1\left[\beta_2\left(\dfrac{\omega_1}{\omega_2}\right) - \beta_1\right]} \tag{2-112}$$

这些参数均仅与 (ω_1, ω_2)-(β_1, β_2) 有关，其色散曲线如图 2-70 所示。

在上述理论探讨中，我们以理想化、均匀的 CRLH 传输线模型为基础进行了分析。然而，在现实应用情景下，构建 CRLH 传输线通常采用 LC 梯形网络结构，该结构通过分布式的微带线布局得以实现与验证。针对这种 LC 网络构成的 CRLH 传输线单元，精确的相移计算式为

$$\Delta\phi = -\arctan\left\{\frac{\dfrac{1}{\omega}\left\{\dfrac{(\omega/\omega_\mathrm{se})^2 - 1}{Z_\mathrm{C}C_\mathrm{L}}\left(1 - \dfrac{\chi}{4}\right) + \dfrac{Z_\mathrm{c}}{\omega L_\mathrm{L}}\left[\left(\dfrac{\omega}{\omega_\mathrm{sh}}\right)^2 - 1\right]\right\}}{2 - \chi}\right\} \tag{2-113}$$

式中

$$\chi = \omega^2 L_R C_R + \frac{1}{\omega^2 L_L C_L} - \frac{L_R C_L + L_L C_R}{L_L C_L} \tag{2-114}$$

若 $|\Delta\phi|=\beta$ 远小于 1，那么 LC 网络形式可以简化为

$$\Delta\phi(\omega\to\omega_0) \approx -\left[\omega\sqrt{L_R C_R} - \frac{1}{\omega\sqrt{L_L C_L}}\right] \tag{2-115}$$

这与理想均匀 CRLH 传输线形式（2-105）等价。由 N 个长度为 p 的结构单元构成的物理长度为 l 的 CRLH 传输线，其总相移为 $\phi = N \cdot \Delta\phi$。根据关系式 $\beta = -\phi/l$，并通过简单的代换得

$$L_R = L_R' \cdot p, \quad L_L = \frac{L_L'}{p} \tag{2-116}$$

$$C_R = C_R' \cdot p, \quad C_L = \frac{C_L'}{p} \tag{2-117}$$

因此，式（2-115）可以简化为式（2-105）的形式。

在实际应用中，还需要考虑构成所需双频相移的 CRLH 传输线 LC 元件的电感和电容值，将关系式 $\beta_i = -\phi_i/(N_p)$ $(i=1,2)$ 和式（2-116）、式（2-117）代入式（2-109）、式（2-112）得双频 CRLH 传输线的参数为

$$L_R = \frac{Z_t\left[\phi_1\left(\dfrac{\omega_1}{\omega_2}\right) - \phi_2\right]}{N\omega_2\left[1 - \left(\dfrac{\omega_1}{\omega_2}\right)^2\right]} \tag{2-118}$$

$$C_R = \frac{\phi_1\left(\dfrac{\omega_1}{\omega_2}\right) - \phi_2}{NZ_t\omega_2\left[1 - \left(\dfrac{\omega_1}{\omega_2}\right)^2\right]} \tag{2-119}$$

$$L_L = \frac{NZ_t\left[1 - \left(\dfrac{\omega_1}{\omega_2}\right)^2\right]}{\omega_1\left[\phi_1 - \phi_2\left(\dfrac{\omega_1}{\omega_2}\right)\right]} \tag{2-120}$$

$$C_L = \frac{N\left[1 - \left(\dfrac{\omega_1}{\omega_2}\right)^2\right]}{Z_t\omega_1\left[\phi_1 - \phi_2\left(\dfrac{\omega_1}{\omega_2}\right)\right]} \tag{2-121}$$

均仅与 (ω_1,ω_2)-(ϕ_1,ϕ_2) 有关，对应的色散曲线如图 2-70 所示。

2. Wilkinson 功率分配器

Wilkinson 功率分配器（WPD 简称功分器），作为一种经典的双频无源电子组件，专为功率的均等分配或合成而设计，属于三端口网络范畴。在确保输出端口良好匹配的条件下，该装置展现出低损耗特性，主要消耗的是反射功率。其突出优势在于，通过在

两个输出或输入分支间植入电阻,实现了所有端口的匹配及两个输出端口间的高隔离性能。理论上讲,Wilkinson 功分器能够适应多种功率分配比例,但实践中,等分(即 3 dB)配置最为常见。

在微带功分器中,得益于其结构上的独特优势,Wilkinson 功分器在毫米波及微波的大功率应用场景中展现出了优异的性能表现。提及双频应用时,如图 2-71 所示的原理框图,传统 WPD 中的 -90° 相位支路被巧妙替换为 CRLH 传输线,以适应不同频率需求:在频点 ω_1,采用相位超前(+90°,对应左手材料特性)的 CRLH 支路;而在频点 ω_2,则使用相位滞后(-90°,体现右手材料特性)的 CRLH 支路,即设定 $\phi_1=\phi(\omega_1)=+\pi/2$、$\phi_2=\phi(\omega_2)=-\pi/2$,并根据式(2-118)、式(2-121)得双频 WPD 的 CRLH 传输线的设计参数为

$$L_R = \frac{Z_t \pi [1+(\omega_1/\omega_2)]}{2N\omega_2 [1-(\omega_1/\omega_2)^2]}$$

$$C_R = \frac{\pi [1+(\omega_1/\omega_2)]}{2N\omega_2 Z_t [1-(\omega_1/\omega_2)^2]}$$

$$L_L = \frac{2NZ_t [1-(\omega_1/\omega_2)^2]}{\pi\omega_1 [1+(\omega_1/\omega_2)]}$$

$$C_L = \frac{2N[1-(\omega_1/\omega_2)^2]}{\pi\omega_1 Z_t [1+(\omega_1/\omega_2)]}$$

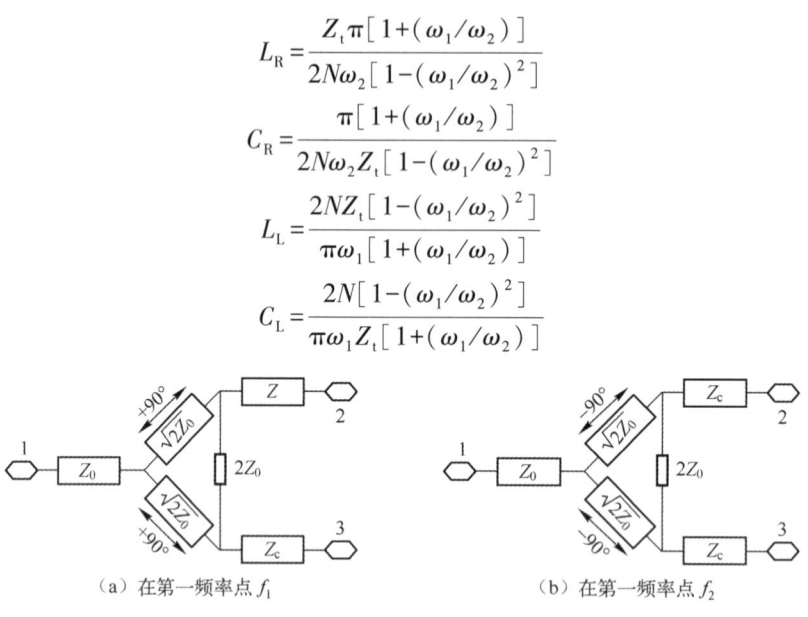

(a)在第一频率点 f_1 (b)在第一频率点 f_2

图 2-71 双频 Wilkinson 功分器的原理图

图 2-72 呈现了双频 Wilkinson 功分器的实物样品及其电路模型,该功分器独特之处在于集成了服务于两个频段(f_1 = 1.0 GHz 与 f_2 = 3.1 GHz)的 SMT 左手与右手传输线。该设计采用了统一的特征阻抗标准,Z_c = 50 Ω,且整个组件紧凑,尺寸精简至 7 mm×10 mm。此外,图 2-73 详细展示了该双频 Wilkinson 功分器样品历经仿真与实际测量后所得的性能结果。

五、CRLH 传输线在辐射结构中的设计

CRLH 传输线在辐射波领域的应用潜力同样显著,特别是在利用由金属与介质构建的单元结构来有效控制电磁能的辐射方面。如果这些单元结构是

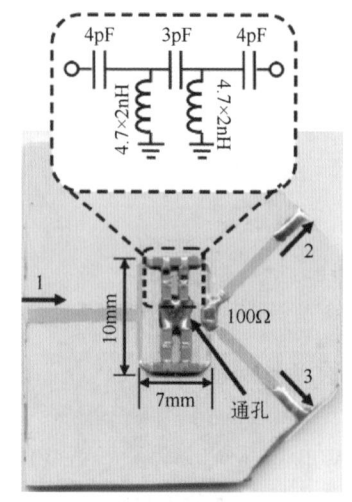

图 2-72 双频 Wilkinson 功分器的样品及其等效电路

开放式的，那么它们的工作模式为快波模式，可以用作天线、反射面等，从而产生独特的辐射效应。近年来，微带漏波天线因其设计简洁、体积紧凑、指向性可调节及耦合便利等优势而成为研究热点。在本节中，我们简要介绍了漏波辐射原理，并探讨了 CRLH 传输线在漏波天线中的典型应用：背射-端射漏波天线。

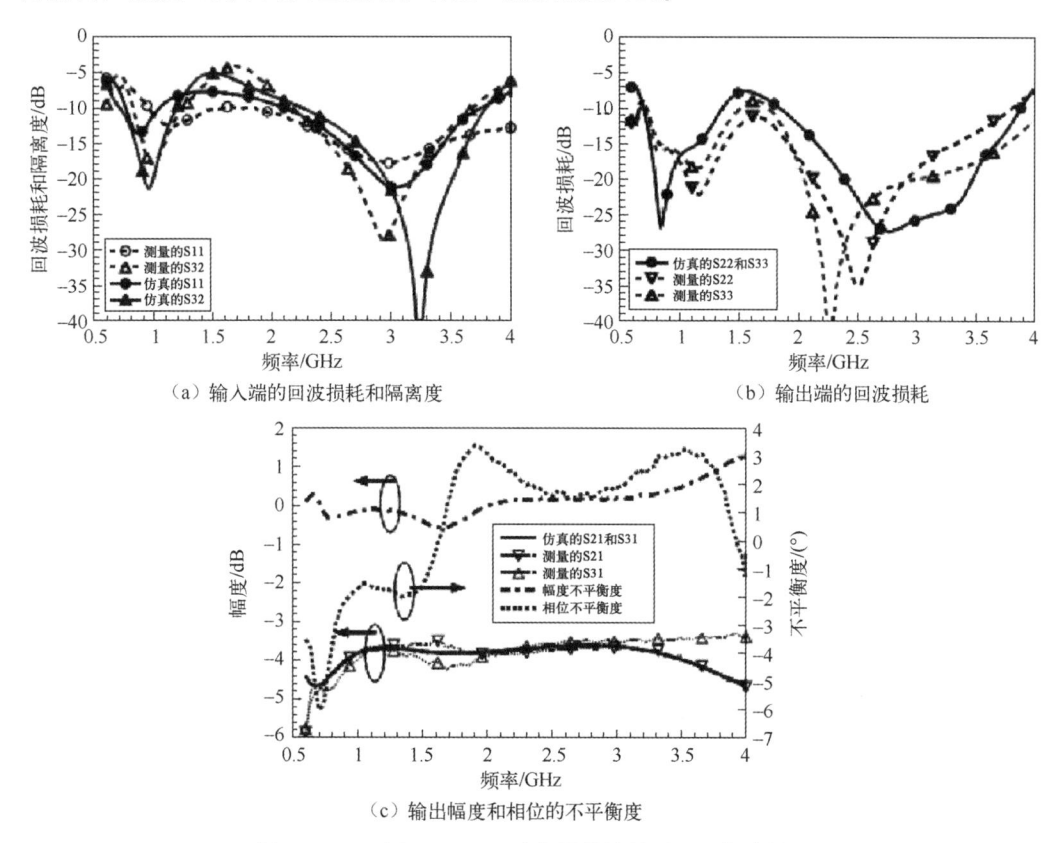

（a）输入端的回波损耗和隔离度

（b）输出端的回波损耗

（c）输出幅度和相位的不平衡度

图 2-73 双频 Wilkinson 功分器特性的测量、仿真结果

1. 漏波辐射原理

当行波沿波导结构推进时，伴随能量以辐射形式逃逸的现象定义了所谓的"漏波"，这是一种特异的传播模式。漏波机制能够在同一结构中支撑单一或多种辐射模式，其在天线工程设计中备受青睐，主要归因于其与天线定向发射能力的内在联系。与依赖谐振机制的传统天线设计形成鲜明对比，漏波天线的运行机理奠基在行波原理之上，摆脱了频率决定尺寸的限制，转而与天线的指向性特征紧密挂钩。如图 2-74 所示，展示了漏波结构的基本原理图，进一步揭示了漏波在自由空间中的传播特性和模式。自由空间中漏波的传播形式

$$\psi(x,z) = \psi_0 e^{-\gamma z} e^{-jk_y y} = (e^{-j\beta z} e^{-\alpha x}) e^{-jk_y y} \quad (2-122)$$

其中沿波导 z 方向电磁波的复传播常数为 $\gamma = \alpha + j\beta$，垂直于 z 方向的传播常数 $k_y = \sqrt{k_0^2 - \beta^2}$，其中 $k_0 = \omega/c_0$ 为自由空间中的波数，存在两种传播情况：如果波速小于光速（$v_p < c_0$，慢波）或 $\beta > k_0$，则 k_y 为虚数（$k_y = j\text{Im}(k_y)$），沿 y 方向指数衰减 $e^{+\text{Im}(k_y)y}$（$\text{Im}(k_y) < 0$）远离交界面；相反，如果波速大于光速（$v_p > c_0$，快波）或 $\beta < k_0$，则 k_y 为实数（$k_y =$

$j\text{Re}(k_y) = q$ ），沿 y 方向传播 $e^{-j\text{Re}(k_y)y} = e^{-jqy}$ 不断向外辐射。因此，通常将慢波（$\beta > k_0$ 或 $\omega < \beta c_0$）称为导波，而将快波（$\beta < k_0$ 或 $\omega > \beta c_0$）称为漏波。辐射区域或辐射锥体指的是色散曲线 $\beta < k_0$ 的区域，如图 2-75 所示。若波导结构色散特性落于辐射区域内，则被认定为漏波结构，是设计漏波天线的理想选择。

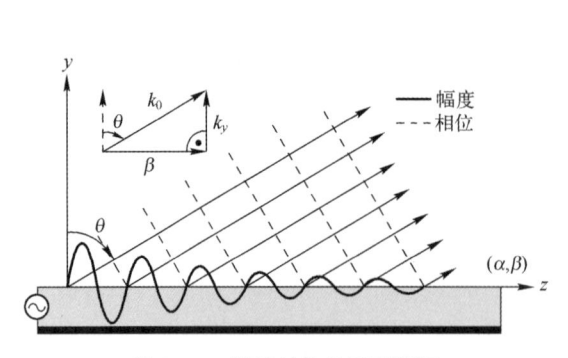

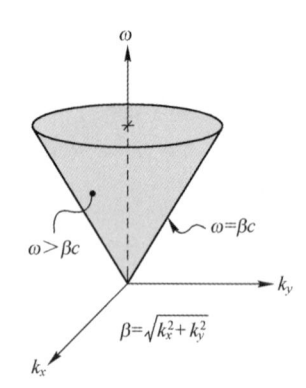

图 2-74 漏波结构的原理框图

图 2-75 二维漏波结构的辐射锥体

如图 2-76 所示，复传播常数 γ 内含了漏波结构的两个关键参数，其中波导传播常数 β 是决定主辐射束方向角的根本因素：

$$\theta_{MB} = \arcsin\left(\frac{\beta}{k_0}\right) \tag{2-123}$$

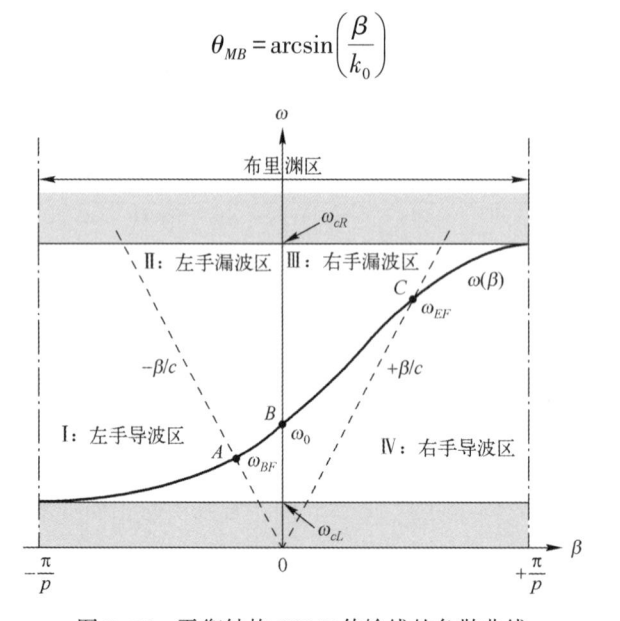

图 2-76 平衡结构 CRLH 传输线的色散曲线

因此，主波束的宽度为

$$\Delta\theta \approx \frac{1}{\left(\dfrac{l}{\lambda_0}\right)\cos(\theta_{MB})} = \frac{1}{\left(\dfrac{l}{\lambda_0}\right)\cos\left[\arcsin\left(\dfrac{\beta}{k_0}\right)\right]} \tag{2-124}$$

式中：l 为结构的长度；λ_0 为自由空间中的波长（$\lambda_0 = 2\pi/k_0$）。如果波导具有色散性质（β 关于 ω 的非线性关系），则 β/k_0 与频率有关，因此其主波束宽度为频率的函数 $\theta_{MB} =$

$\theta_{MB}(\omega)$，则 β/k_0 与频率无关，这种现象称为频率扫描。如果传播常数 $\beta \in [-k_0, k_0]$，则式（2-124）表明漏波辐射可以产生任意角度的辐射，从背射（$\theta_{MB}=-90°$）到端射（$\theta_{MB}=+90°$），且随着频率的不同，主波束的大小亦随之动态调整。值得注意的是，当辐射角度从宽幅（$\theta_{MB}=0$）朝背射或端射变化时，主波束也随之增大。

2. 背射-端射漏波天线

理论上，CRLH 传输线的色散特性落入辐射区，意味着任何开放构型的 CRLH 传输线均可作为漏波天线使用。其过渡频率 ω_0 是快波区域的起点（$\beta(\omega_0)=0$、$v_p(\omega_0)=\infty$）。平衡结构 CRLH 传输线的色散关系遵循公式

$$\beta(\omega) = \frac{1}{p}\left(\omega\sqrt{L_R C_R} - \frac{1}{\omega\sqrt{L_L C_L}}\right) \qquad (2-125)$$

其色散曲线划分出四种区域：左手（LH）导波区（$v_p<c_0, \beta<0$）、右手（RH）导波区（$v_p<c_0, \beta>0$）、LH 漏波区（$v_p>c_0, \beta<0$）、RH 漏波区（$v_p>c_0, \beta>0$）。当 CRLH 传输线结构为非平衡时，在左手特性漏波区域和右手特性漏波区域之间会存在一个禁带区域，其频率范围从 $\min(\omega_{se}, \omega_{sh})$ 到 $\max(\omega_{se}, \omega_{sh})$，导致天线扫描范围内出现"死角"和抑制宽幅辐射等现象，这些都不利于其在实际中的应用。

图 2-77 阐明了 CRLH 传输线漏波天线的工作原理。基于式（2-123），当 $\beta=-k_0$ 时（图 2-76 中 A 点），频率 ω_{BF} 处为背射辐射（$\theta=-90°$）；当 $\beta=0$ 时（图 2-76 中 B 点），频率 ω_0 处为宽边辐射（$\theta=0°$）；当 $\beta=+k_0$ 时（图 2-76 中 C 点），频率 ω_{EF} 处为端射辐射（$\theta=+90°$），因此开放式平衡 CRLH 传输线能实现从背射到端射的频率扫描。这一特性是 CRLH 传输线漏波天线独有的，常规右手传输线漏波结构无法实现。连续的前后向角度扫描能力，使得 CRLH 传输线漏波天线能有效支持宽边辐射，这是由于平衡结构中串并联分支相互抵消，避免了带隙的生成。因为不存在间隙，起始点的群速度不为零（$v_g(\omega_0) \neq 0$），所以当 CRLH 传输线结构的相速度为无穷大时，就会产生宽边辐射。相较于传统设计，CRLH 传输线漏波天线的馈电结构极为简洁高效，仅需一条基础传输线即可实现，极大简化了主模式下的设计复杂度。

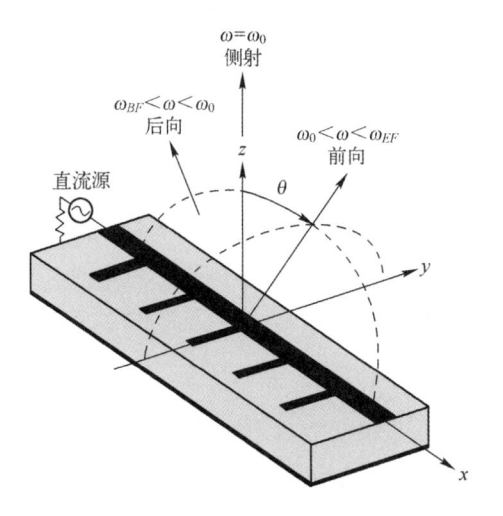

图 2-77 CRLH 传输线漏波天线的工作原理

微带线结构中利用交指电容和短截线电感实现的 CRLH 传输线漏波天线的色散 β 曲线和衰减 α 曲线的测量结果已在图 2-78 展示。图 2-78（a）中点 A、B、C 分别对应图 2-76 中相应的点：$f=f_{EF}$ 时背射辐射（$\theta=-90°$）；$f=f_0$ 时宽边辐射（$\theta=-90°$）；$f=f_{EF}$ 时端射辐射（$\theta=+90°$）。设计中，全空间扫描频率范围已扩展至 3.2～6.2 GHz，宽边过渡频率为 3.9 GHz。三个不同频率点：$f=3.4$ GHz（后向辐射，$\beta<0$）、$f=f_0=3.9$ GHz（宽边辐射，$\beta=0$）和 $f=4.3$ GHz（前向辐射，$\beta>0$），测得 CRLH 传输线漏波天线（图 2-78（a））的方向图如图 2-78（b）所示。扫描角度 $\theta_{MB}(\omega)$ 与频率的关系曲线如图 2-79 所示，实验曲线由测得的主波束角度计算得到，而理论曲线则是根据提取的 LC 参数 $L_R=1.38$ nH、$C_R=0.45$ nH、$L_L=3.75$ nH、$C_L=1.23$ pF，并通过式（2-123）和式（2-125）计算得色散曲线。

（a）色散β曲线和衰减α曲线

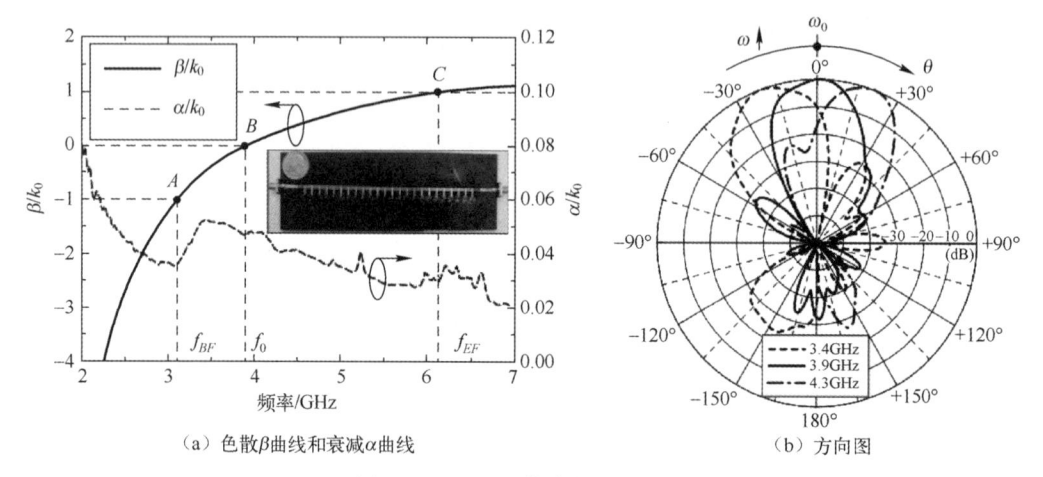

（b）方向图

图 2-78 CRLH 传输线漏波天线

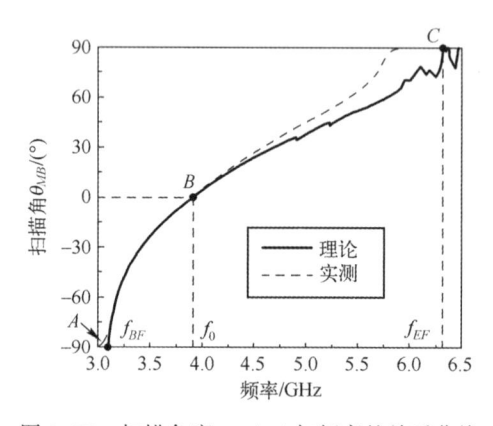

图 2-79 扫描角度 $\theta_{MB}(\omega)$ 与频率的关系曲线

CRLH 传输线漏波天线的全波仿真结果显示在图 2-80 中。图 2-80（a）展示了宽边辐射（$f_0=3.9$ GHz）的增益与单元数目之间的关系，图 2-80（b）则显示了由 24 个 CRLH 传输线单元构成的漏波天线的增益与频率的关系。观察可见，天线物理尺度的扩展初期能有效促进方向性提升，直至达到某一点，继续扩大尺寸导致能量泄漏加剧，增益增长趋势渐趋平缓。CRLH 传输线结构漏波天线也是如此（图 2-80（a）），24 个

CRLH 传输线单元样品的增益约为 7 dB，而 48 个 CRLH 传输线单元的增益为 12 dB。由图 2-80（b）增益与频率之间的关系发现与式（2-124）预期的趋势完全一致，宽边辐射时增益最大，当主波束移向擦地角时增益减小。

（a）（宽边辐射）增益与CRLH传输线单元数目之间的关系

（b）增益与频率之间的关系

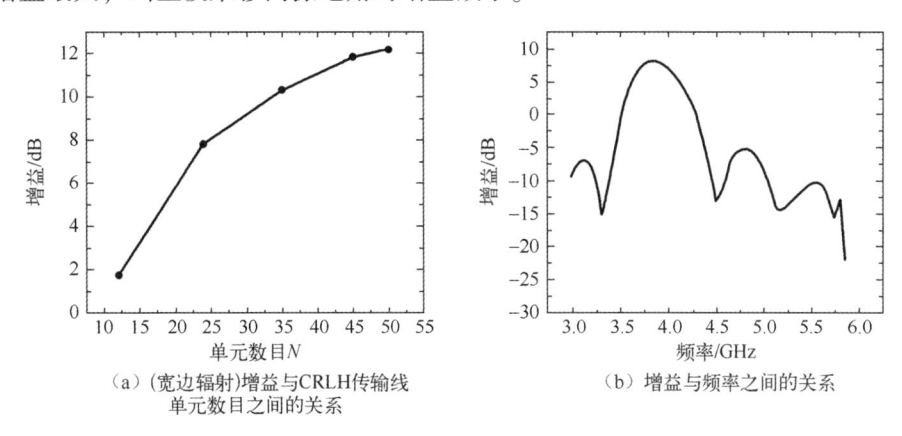

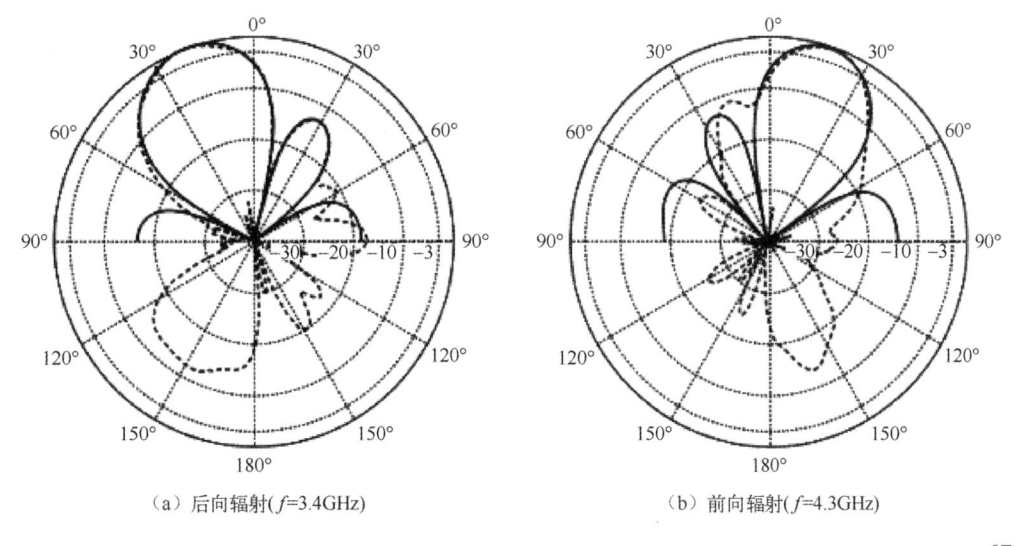

图 2-80 CRLH 传输线漏波天线仿真的增益

一种高效便捷的 CRLH 传输线漏波天线设计途径是采纳阵列因子法，该方法通过将整个漏波结构模拟为一个天线阵列来实现，其中每个 CRLH 传输线单元充当阵列中的一个基本辐射单元。方向图 $R(\theta)$ 可以近似表示为等效的阵列因子 $\mathrm{AF}(\theta)$：

$$R(\theta) = \mathrm{AF}(\theta) = \sum_{i=1}^{N} I_i \mathrm{e}^{\mathrm{j}(i-1)k_0 p \sin\theta + \mathrm{j}\xi_i} \tag{2-126}$$

式中：$\xi_i = (i-1)k_0 p \sin\theta_{MB}$，$\theta_{MB}$ 为主波束角度（式（2-123））；$I_i = I_0 \mathrm{e}^{-\alpha(i-1)p}$ 泄漏因数 $\alpha = -\ln|S_{21}|/l$；N、p 分别为单元数和结构的周期；式（2-126）为通用的漏波结构的设计公式，一旦 α 和 β 确定，在电长度足够大的情况下（$l/\lambda_0 > 1$），就可以很好地估计 $R(\theta)$，从而获得良好的设计效果。CRLH 传输线结构 LC 参数为 $L_R = 2.45$ nH、$C_R = 0.5$ pF、$L_L = 3.38$ nH、$C_L = 0.68$ pF、$R = 1\,\Omega$、$G = 0$ S、$p = 0.61$ mm。图 2-81 展示的仿真与实测方向图对比清晰地验证了二者之间的高度一致性，彰显了设计方法的有效性与准确性。

（a）后向辐射（f=3.4GHz）

（b）前向辐射（f=4.3GHz）

(c) 宽边辐射（f=3.9GHz）

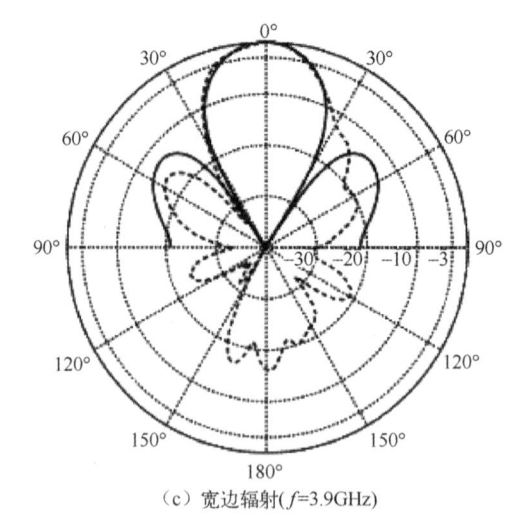

图 2-81　CRLH 传输线漏波天线仿真（实线）与实测（虚线）的方向图比较

第四节　左手材料特性与表征技术

一、左手材料的异常电磁特性

电磁波在材料中传播的行为都是由介电常数 ε 与磁导率 μ 来决定的，在各向同性的均匀材料中，单一频率波的相位常数 k 与角频率 ω 的关系为

$$k^2 = \frac{\omega^2}{c^2} n^2 \tag{2-127}$$

式中：n 为材料折射率。

$$n^2 = \varepsilon \mu \tag{2-128}$$

当材料无损耗时，即 n、ε 和 μ 都为正实数时，可发现在 ε 与 μ 同时变号的条件下，式（2-127）和式（2-128）没有任何改变。1968 年 V. G. Veselago 立刻对这样的结果做出以下几种猜想：①是否当 ε 与 μ 同时变号时物质的性质不受改变；②是否 ε 与 μ 同时为负值这种物理现象可能与某些基本的物理定律抵触，使得还没有一种物质被发现能同时满足 $\varepsilon<0$ 和 $\mu<0$；③是否 ε 与 μ 同时为负值的物质应具有一些特别的电磁特性。从这些猜想出发，Veselago 最终开创了左手材料的理论。本节将针对左手材料的 3 种主要异常电磁特性进行简单介绍，这 3 种异常电磁特性分别是左手特性、后向波特性和负折射特性。

1. 左手特性

从本质上探究 ε、μ 的正负与材料电磁特性的关系，必须讨论 ε、μ 在麦克斯韦方程式中的作用，根据麦克斯韦方程有

$$\nabla \times \boldsymbol{E} = -\frac{\partial \boldsymbol{B}}{\partial t} \tag{2-129a}$$

$$\nabla \times \boldsymbol{H} = \frac{\partial \boldsymbol{D}}{\partial t} \quad (2-129\text{b})$$

$$\boldsymbol{B} = \mu \boldsymbol{H} \quad (2-129\text{c})$$

$$\boldsymbol{D} = \varepsilon \boldsymbol{E} \quad (2-129\text{d})$$

对于单色均匀平面波而言，可将式（2-129）简化为

$$\boldsymbol{k} \times \boldsymbol{E} = \omega \mu \boldsymbol{H} \quad (2-130\text{a})$$

$$\boldsymbol{k} \times \boldsymbol{H} = -\omega \varepsilon \boldsymbol{E} \quad (2-130\text{b})$$

式中：$\boldsymbol{k}$ 为波向量；$\boldsymbol{k}$ 的幅度 k 即为相位常数，其方向指向电波传播方向。

从上述方程可看出，当 $\varepsilon>0$ 且 $\mu>0$ 时，$\boldsymbol{E}$、$\boldsymbol{H}$、$\boldsymbol{k}$ 将形成一组如图 2-82（a）所示的右手系向量组；而相对地，当 $\varepsilon<0$ 和 $\mu<0$ 时，$\boldsymbol{E}$、$\boldsymbol{H}$、$\boldsymbol{k}$ 将构成一组如图 2-82（b）所示的左手系向量组。在这里，可定义一个参数 p 代表材料的正向性：当 $\boldsymbol{E}$、$\boldsymbol{H}$、$\boldsymbol{k}$ 形成一组右手系的向量组时，$p=1$；$\boldsymbol{E}$、$\boldsymbol{H}$、$\boldsymbol{k}$ 形成一组左手系的向量组时，$p=-1$。正向性参数 p 的引入将左手材料和普通材料电磁特性的数学模型统一起来，简化了对左手材料电磁特性的描述方法。

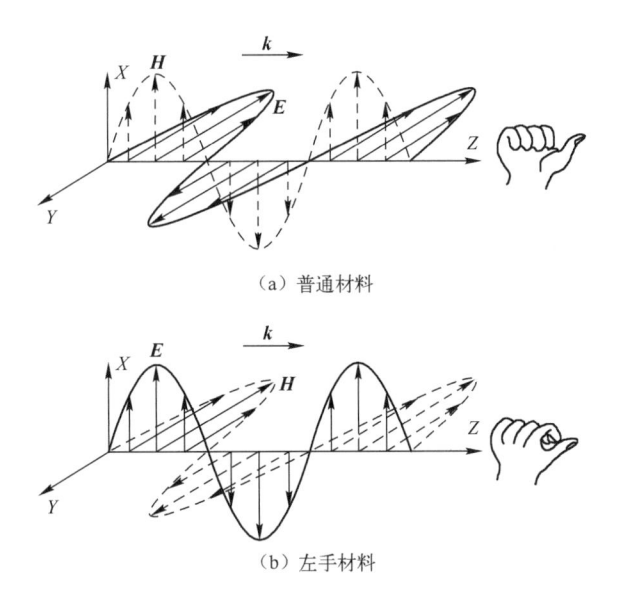

（a）普通材料

（b）左手材料

图 2-82 普通材料满足的右手定则与左手材料满足的左手定则

2. 后向波特性

根据上述讨论，相位常数 k 可以用正向性参数重写为 $k=p\omega\sqrt{\mu\varepsilon}$，相速 v 可以重写为 $v=1/p\sqrt{\mu\varepsilon}$ 或者将其关联到相位常数，写为 $v=\omega/k$，该结果表明具有确定电场极化方向和磁场极化方向的电磁波，其波矢量方向（相位波前的传播方向）在左手材料与普通材料中完全相反，这样的区别恰恰反映了左手材料的后向波特性。另外，需要注意的是，在普通材料中传播的电磁波，其坡印廷矢量 $\boldsymbol{S}$ 方向（能量传播方向）与波矢量方向相同，能量由近及远地传播，这一点使得能量守恒定律得以满足。在这种情况下，一个显而易见的问题就是电磁波在左手材料中的相速方向与普通材料相反，如果此时的能量传播方向仍然与相速方向相同，则会出现能量由无限远处的无源空间向当前的有源空

间传播的荒谬结论,那么这是否意味着左手材料是不可能存在的,因为它违反了基本的能量守恒定律和因果关系。答案是否定的,实际上由 $S=E×H$ 可知,E、H、S 始终满足右手螺旋法则,这一点与材料本构参数的正负无关,因此,在左手材料中坡印廷矢量方向与波矢量方向相反,虽然相位波前由远及近地传播但能量仍然由近及远地传播,使得能量守恒定律得以满足。

另外,由于群速 v_g 的方向与能量的传播方向相同,因此无论是在普通材料还是左手材料中 v_g 的方向都是不变的,这种条件使得左手材料与普通材料的色散关系有所不同。群速 v_g 与相位常数的关系如式(2-131)所示,可以看出,只有在 k 随着 ω 的增加而增加的条件下群速才能为正值,该条件对于左手材料和普通材料都是适用的。不同之处在于,左手材料中 k 为负值,普通材料中 k 为正值,因此左手材料中 k 必然随着 ω 的增加而减小,而普通材料中 k 却随着 ω 的增加而增大。

$$v_g = \frac{\partial \omega}{\partial k} \tag{2-131}$$

3. 负折射特性

无源情况下,一平面电磁波从一种材料入射到另一种材料所需要满足的边界条件为

$$E_{t1} = E_{t2} \tag{2-132a}$$
$$H_{t1} = H_{t2} \tag{2-132b}$$
$$\varepsilon_1 E_{n1} = \varepsilon_2 E_{n2} \tag{2-132c}$$
$$\mu_1 H_{n1} = \mu_2 H_{n2} \tag{2-132d}$$

式中:E_t 为切向电场;H_t 为切向磁场;E_n 为法向电场;H_n 为法向磁场。

由此可知,对于折射关系而言,虽然电场和磁场的切向分量不会受到正向性影响而维持原方向,但其对于法向分量的方向却会受到正向性的影响而改变。故当电磁波从一种材料入射到另一种材料时,虽然电磁场切向分量不发生任何变化,但电磁场法向分量的强度和方向却会分别受到 ε、μ 大小以及符号的影响而改变,从而使电磁波的传播方向发生改变,如图 2-83 所示。图 2-83 比较了电磁波从一种材料入射到另一种材料时发生的正折射与负折射情况。这里考虑到正向性,将 Snell 定律重写为

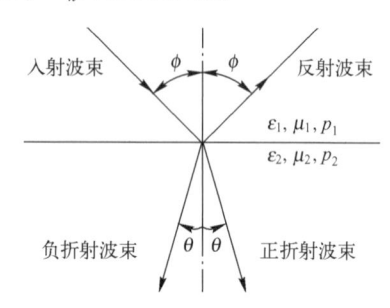

图 2-83 在不同材料交接面处发生的负折射与正折射

$$\frac{\sin\theta}{\sin\phi} = n_{2,1} = \frac{p_2}{p_1}\left|\sqrt{\frac{\varepsilon_2\mu_2}{\varepsilon_1\mu_1}}\right| \tag{2-133}$$

式中:p_1 为入射电磁波所在材料的正向性;p_2 为折射电磁波所在材料的正向性;ϕ 为电磁波的入射角;θ 为电磁波的折射角;$n_{2,1}$ 为折射电磁波所在材料相对于入射电磁波所在材料的折射率。

由此可以看出,当两种材料具有相同的正向性时,无论是普通材料还是左手材料都只能发生正折射效应;而当两种材料具有相反的正向性时,电磁波无论是从左手材料入射到普通材料,还是从普通材料入射到左手材料,都会发生负折射效应。

另外,根据式(2-133)可知,普通的透镜也会由于材料正向性的影响而产生完全不同的物理现象。由图2-84可发现,对于沿平行光轴方向入射的电磁波,若透镜与周围材料正向性相反,凸透镜的会聚作用会产生发散现象,而凹透镜的发散作用则会产生会聚现象。

图2-84 具有不同正向性的透镜的反常折射

更为有趣的是,普通材料中的一个点波源发出的波束仅仅通过一个左手材料平板而不需曲面透镜就可以会聚成像,如图2-85所示,这样的现象在左手材料研究领域被称为"完美聚焦"现象,而上述的左手材料平板则被称为"完美透镜"。实际上,"完美透镜"更深一层的含义是它可以补偿入射其中的电磁波的倏逝波分量,使得传输波和倏逝波都能贡献于"成像",使得"成像"更清晰以及具有更高的分辨率,这样的特性是任何普通透镜都望尘莫及的。

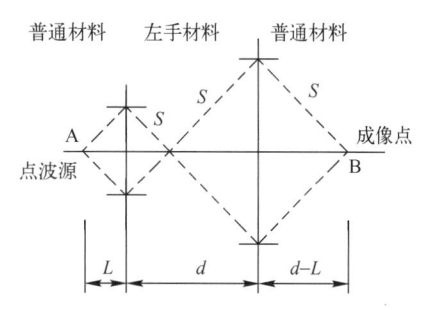

图2-85 左手材料平板的聚焦现象

二、左手材料电磁特性分析与仿真

电磁波在材料中的传播行为由其介电常数(ε)和磁导率(μ)决定,左手材料中,ε和μ同时为负,因此使左手材料具有很多反常电磁特性。

本节将分别从理论和数值仿真结果角度分析左手材料的3个主要电磁特性,即负折射、会聚效应和相位补偿效应。

1. 左手材料的负折射率

对于RHM,当电磁波入射到两种材料分界面时,根据折射定理可以得出:入射波与折射波在法线两侧,且入射角与折射角满足Snell定律。但是对于LHM,由于介电常数和磁导率为负,其折射率为负,因此入射波与折射波在法线同侧。

然而当电磁波入射到右手材料RHM和左手材料LHM的分界面时,波的反射和折射却不再满足上述规律。本节将结合理论与数值仿真结果分析电磁波对左手材料层的入射规律。

1)负折射率理论论证

在左手材料中,$\varepsilon<0$,$\mu<0$,因此$\varepsilon=\varepsilon_r-\varepsilon_0-j\dfrac{\sigma+\omega\varepsilon''}{\omega}$为复介电常数,当损耗较小时可以写成

$$\sqrt{\varepsilon}=\sqrt{\varepsilon_r\varepsilon_0-j\varepsilon''}\approx -j\left(|\varepsilon_r\varepsilon_0|^{1/2}+j\dfrac{\varepsilon''}{2|\varepsilon_r\varepsilon_0|^{1/2}}\right) \qquad (2\text{-}134)$$

$$\sqrt{\mu} = \sqrt{\mu_r\mu_0 - j\mu''} \approx -j\left(|\mu_r\mu_0|^{1/2} + j\frac{\mu''}{2|\mu_r\mu_0|^{1/2}}\right) \tag{2-135}$$

那么波数和波阻抗则可以相应表示为

$$k = \omega\sqrt{\varepsilon}\sqrt{\mu} \approx -\frac{\omega}{c}|\varepsilon_r|^{1/2}|\mu_r|^{1/2}\left[1 + j\frac{1}{2}\left(\frac{\varepsilon''}{|\varepsilon_r|\varepsilon_0} + \frac{\mu''}{|\mu_r|\mu_0}\right)\right] \tag{2-136}$$

$$\eta = \frac{\sqrt{\mu}}{\sqrt{\varepsilon}} \approx \eta_0\frac{|\mu_r|^{1/2}}{|\varepsilon_r|^{1/2}}\left[1 + j\frac{1}{2}\left(\frac{\mu''}{|\mu_r|\mu_0} - \frac{\varepsilon''}{|\varepsilon_r|\varepsilon_0}\right)\right] \tag{2-137}$$

这里，光速 $c = 1/\sqrt{\varepsilon_0\mu_0}$，自由空间波阻抗 $\eta_0 = \sqrt{\mu_0/\varepsilon_0}$。于是，根据 Snell 定律，可以得到折射率

$$n = \frac{kc}{\omega} = \sqrt{\frac{\varepsilon}{\varepsilon_0}}\sqrt{\frac{\mu}{\mu_0}} = -\left[\left(|\varepsilon_r||\mu_r| - \frac{\mu''}{\mu_0}\frac{\varepsilon''}{\varepsilon_0}\right) + j\left(\frac{\varepsilon''|\mu_r|}{\varepsilon_0} + \frac{\mu''|\varepsilon_r|}{\mu_0}\right)\right]^{1/2}$$

$$\approx -|\varepsilon_r|^{1/2}|\mu_r|^{1/2}\left[1 + j\frac{1}{2}\left(\frac{\mu''}{|\mu_r|\mu_0} + \frac{\varepsilon''}{|\varepsilon_r|\varepsilon_0}\right)\right] \tag{2-138}$$

式（2-138）有负的实部，如果考虑到左手材料的无源特性，则虚部也为负。这里，对左手材料的负折射率的推导完全不涉及 Snell 定律在开平方运算后取正负号的问题，而是直接将负的介电常数和磁导率的开方运算用复数形式表现出来，因而其结果折射率为负是无可争议的。

2）负折射率仿真分析

根据 Drude 模型，可以分别定义相对介电常数和相对磁导率为

$$\varepsilon_r(\omega) = \frac{\varepsilon(\omega)}{\varepsilon_0} = 1 - \frac{\omega_{pe}^2}{\omega(\omega + i\Gamma_e)} \tag{2-139}$$

$$\mu_r(\omega) = \frac{\mu(\omega)}{\mu_0} = 1 - \frac{\omega_{pm}^2}{\omega(\omega + i\Gamma_m)} \tag{2-140}$$

根据 Snell 定律，波的反射和折射应遵守以下公式：

$$\theta_r = \theta_i \tag{2-141}$$

$$n_t\sin\theta_t = n_i\sin\theta_i \tag{2-142}$$

$$n = \sqrt{\frac{\varepsilon_i}{\varepsilon_0}} \cdot \sqrt{\frac{\mu_i}{\mu_0}} = \sqrt{\varepsilon_r}\sqrt{\mu_r} \tag{2-143}$$

$$\eta = \sqrt{\frac{\mu}{\varepsilon}} = \eta_0\sqrt{\frac{\mu_r}{\varepsilon_r}} \tag{2-144}$$

为了方便仿真计算，取 $\Gamma_m = \Gamma_e = \Gamma$，$\omega_{pm} = \omega_{pe} = \omega_p$，将式（2-139）和式（2-140）代入式（2-143），可以得到折射率 n 关于频率的函数式：

$$n = \frac{kc}{\omega} = \sqrt{\frac{\varepsilon}{\varepsilon_0}}\sqrt{\frac{\mu}{\mu_0}} = -\left[\left(|\varepsilon_r||\mu_r| - \frac{\mu''}{\mu_0}\frac{\varepsilon''}{\varepsilon_0}\right) + j\left(\frac{\varepsilon''|\mu_r|}{\varepsilon_0} + \frac{\mu''|\varepsilon_r|}{\mu_0}\right)\right]^{1/2}$$

$$\approx -|\varepsilon_r|^{1/2}|\mu_r|^{1/2}\left[1+j\frac{1}{2}\left(\frac{\mu''}{|\mu_r|\mu_0}+\frac{\varepsilon''}{|\varepsilon_r|\varepsilon_0}\right)\right] \tag{2-145}$$

在本节中,取损耗系数为 $\varGamma=1.0\times10^8$,则在特定频率 f_0、折射率 n 下,由式(2-139)可以计算得到 ω_p。这里取 $f_0=30\,\text{GHz}$,分别有 $n=-1$ 时,$\omega_p=2.66573\times10^{11}\,\text{rad/s}$,$\varGamma=3.75\times10^{-4}\omega_p$;而 $n=-6$ 时,$\omega_p=4.98712\times10^{11}\,\text{rad/s}$,$\varGamma=2.01\times10^4\omega_p$。

根据上面确定的相应参数,可以得到折射率关于频率的曲线,如图 2-86 所示。

3) 左手材料的负折射效应

如图 2-87 所示,当波入射材料分界面时,发生反射和折射。图中,用 θ_i、θ_r 和 θ_t 分别表示波的入射角、反射角和折射角,虚线表示法线,右手材料中的折射波用实线箭头表示,左手材料中的折射波用虚线箭头表示。

对于垂直极化波的斜入射,反射率和透射率分别为

$$R=\frac{\eta_t\cos\theta_i-\eta_i\cos\theta_t}{\eta_t\cos\theta_i+\eta_i\cos\theta_t} \tag{2-146}$$

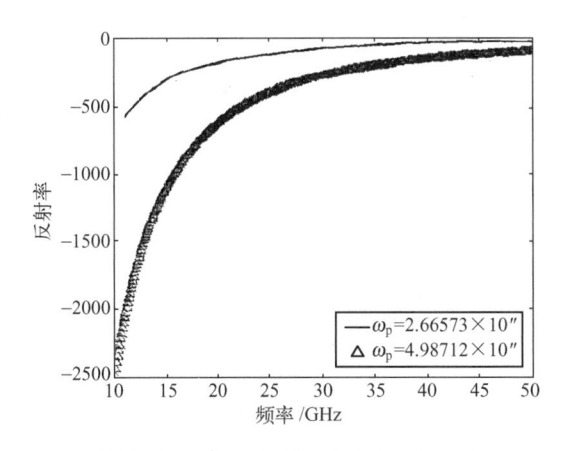

$$T=\frac{2\eta_t\cos\theta_i}{\eta_t\cos\theta_i+\eta_i\cos\theta_t} \tag{2-147}$$

图 2-86 Drude 模型下的折射率曲线

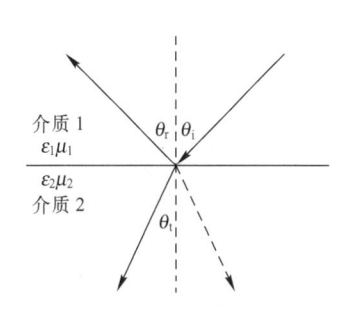

图 2-87 波在两种材料分界面处的反射和折射

频率 $f_0=30\,\text{GHz}$ 时,为了得到左手材料负折射更加直观的视图,建立了如图 2-88 所示的二维左手材料仿真模型。

图 2-88 中,中间灰色夹层为左手材料,设置其损耗系数为 $\varGamma=1.0\times10^8$,取 $\varGamma_m=\varGamma_e=\varGamma$,$\omega_{pm}=\omega_{pe}=\omega_p$,当 $n=-1$ 时,$\omega_p=2.66573\times10^{11}\,\text{rad/s}$,$\varGamma=3.75\times10^{-4}\omega_p$,$\lambda_0=0.001\,\text{m}$,网格空间取在 x-y 平面内 $\Delta x=\Delta y=\lambda_0/100=0.0001\,\text{m}$,根据解的稳定性 Curant 准则,取 Δt 为 0.95 倍 Curant Value,即 22.39 ps;网格尺寸为 x 方向 620 网格,y 方向 830 网格,材料层厚度为 200 网格,四周分别在 10 网格处设置总场-散射场边界,空间四周设置了 10 个网格理想匹配层(PLM)作为吸收边界条件。

波从总场-散射场下边界处入射，在边界中央处取长度为250网格加激励源，激励源形式为连续高斯脉冲，取 $\omega_0 = 0.5\lambda_0$，波源中心距左手材料前边界125网格。

考虑横电波（TE）入射波，其电场分量为 E_z，磁场分量分别为 H_x 和 H_y。需要注意的是，在传统的电磁波定义时，通常取 z 方向为波的传播方向，则 E_z、H_x 和 H_y 构成了横磁波（TM）。而在本节中，由于取入射平面为 x-y 平面，故波传播方向在 x-y 平面内，因而电场 E_z 是垂直于波的传播方向的，所以，E_z、H_x、H_y 三者构成的是横电波（TE）而非横磁波（TM）。

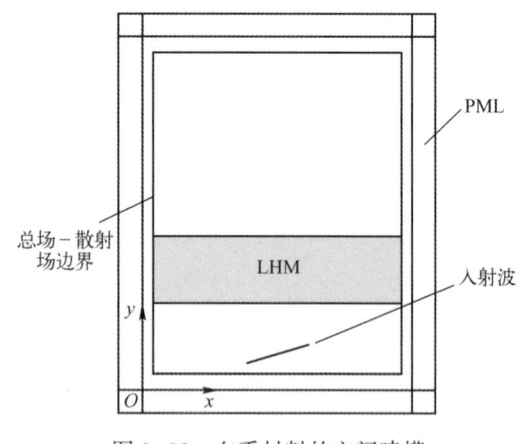

图 2-88 左手材料的空间建模

因为是 TE 波，所以电场垂直于入射平面，是垂直极化波。

当折射率 $n = -1$ 时，左手材料层与自由空间相匹配，因此选择任意入射角，均会有入射波的反射系数和透射系数分别为 $R = 0$、$T = 1$，这里选择 $\theta_i = \arctan(1/3)$，根据 Snell 公式，可以得出折射角为 $\theta_t = -\theta_i$。为了得到相应的右手材料层折射效应的参考图，设右手材料层为 $n = 1$，图 2-89 和图 2-90 所示分别为时间到第 3000 步时，左手材料层和右手材料层的折射效应。

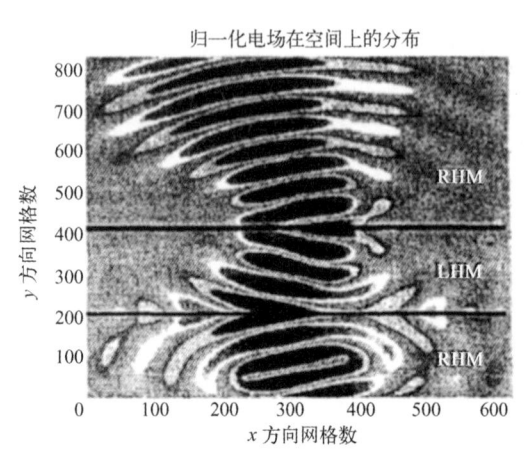

图 2-89 $t = 3000$ 步时，波在左手材料中的折射现象

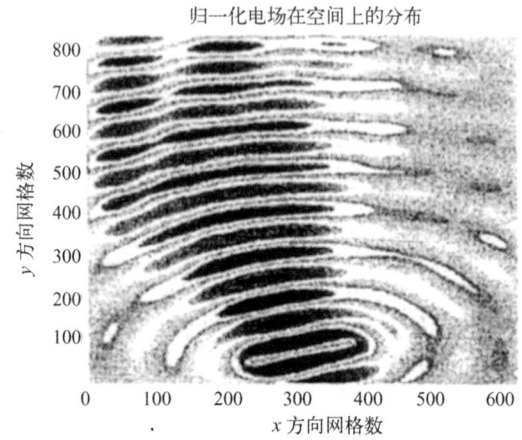

图 2-90 $t = 3000$ 步时，波在右手材料中的透射情况

观察图 2-89 和图 2-90，可以发现，线源产生的斜入射波在到达左手材料平面 200 网格处前，高斯形波束的边缘波矢量已经向传播方向两侧发散，因此在左手材料中不仅发生波束的负折射，而且左手材料层改变了波束的发散状况。

2. 左手材料的平面透镜效应

在物理光学中，会聚透镜通过镜面的凸起，对入射光线产生会聚作用。当平行光以平行透镜轴的方向穿过镜身后将会在透镜后方会聚于轴上的某个点，这样的透镜称为凸透镜，也称为会聚透镜。

而在左手材料中，由于其折射率为负，因此当一束发散波从右手材料通过平板形左手材料层时，会发生会聚效应，当左手材料层足够厚时，将会在左手材料层内形成会聚点，出现聚焦现象。

1) 会聚效应原理

根据 Snell 定律，对于不同的折射率 n，材料的投射角大小不同，当 $n=-1$ 与自由空间匹配时，折射角大小应恰好等于入射角，符号相反，即折射与透射在法线同向。而当 $n<-1$ 时，根据 Snell 定律，折射角大小应该小于入射角。因此，当 n 从 0 取向负无穷方向时，左手材料的会聚作用将变差，图 2-91 体现了这种变化。

在图 2-91 中，当左手材料层厚度大于 1 倍波源到左手材料前界面距离，而小于 2 倍距离时，考虑一束发散波透过到 $n=-1$ 时的左手材料层时波束形状的变化。由于 $n=-1$，根据 Snell 定律，外层波发生负折射，且折射角大小等于入射角，因此波将会在左手材料层内会聚于一点，会聚点位置与波源位置关于左手材料的前界面对称，并且在左手材料层的后面发生二次会聚，如图 2-91（a）所示；若 $n<-1$ 时，保持波源位置与左手材料层厚度不变，则仅波束形状发生改变，而没有会聚点出现。

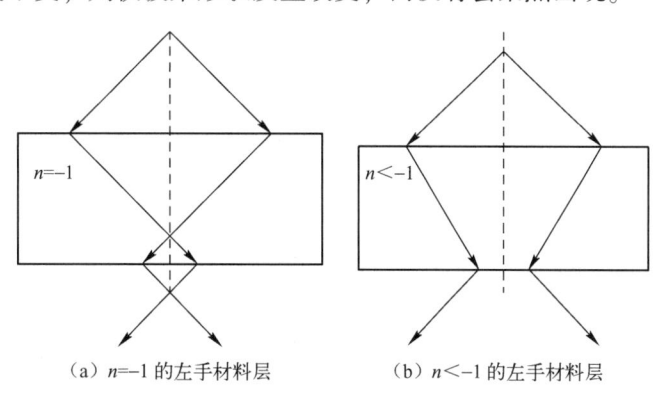

（a）$n=-1$ 的左手材料层　　（b）$n<-1$ 的左手材料层

图 2-91　当左手材料的折射率取值不同时，其会聚作用的变化

2) 会聚效应仿真分析

采用图 2-89 所示的结构，波源取总场-散射场下边界处的一段长度为 200 网格的线源，向左手材料层垂直入射，波源到左手材料分界面的距离等于 $2\lambda_0 = 200$ 网格，以保证波从波源发出到左手材料的分界面处已经充分扩散开，即波的矢量方向已经充分沿着波传播方向散开，分别设置左手材料层厚度等于 200 网格和 300 网格两种情况进行仿真分析。

图 2-92 所示为波在右手材料中的传播，当 $t=3000$ 步时，由于线源产生的发散作用，使入射的高斯波束边缘处的波矢量方向发生改变，成为发散的高斯波束。该图用来说明波束在自由空间中传播的光束变化，即随着波的传播，波束越来越发散，与图 2-91 所示的点源产生的发散光束相似。

如图 2-93 所示，当波在左手材料层中传播，达到稳定状态时，波束形状由发散逐渐变成会聚状，黑色箭头描述了波束形状的变化情况。根据 Snell 定律，当 $n=-1$ 时，如果一束发散的波束射向左手材料层，左手材料层足够厚，则会在左手材料内有一个会聚点，由于波源距左手材料前界面距离与左手材料厚度相同，则根据 Snell 定律得到波束的会聚点应该在 y 方向 410 网格处。图 2-94 为波源所在横截面与左手材料后界面处的归一化电场强度分布图，这幅图说明波在 200 网格厚的左手材料层的后界面又

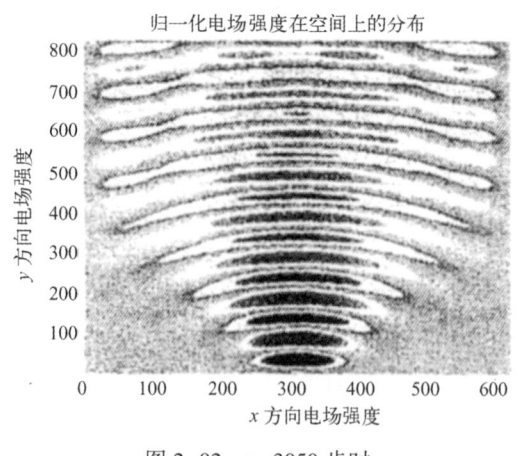

图 2-92 $t=3050$ 步时，波在右手材料中传播

重新恢复成波源处的归一化电场强度分布。而图 2-94 是所选的线源中心处归一化电场强度值沿波的传播方向的分布，说明这个会聚点只能在厚度为 200 网格的左手材料层后界面处产生。

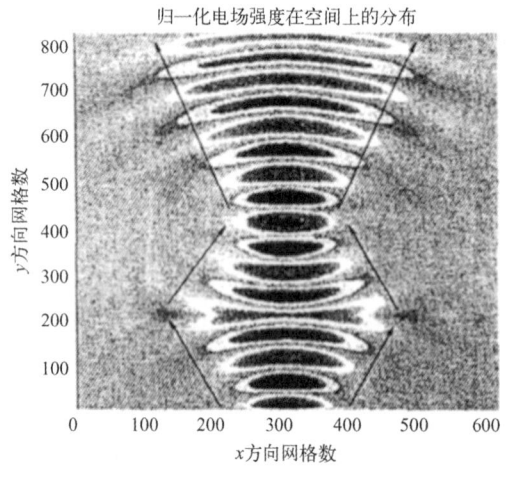

图 2-93 $t=3050$ 步时波在厚度为 200 网格的左手材料层中传播

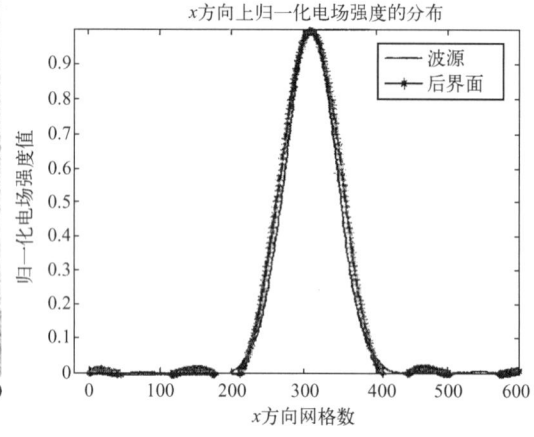

图 2-94 $t=3050$ 步时厚度为 200 网格的左手材料层前后界面处归一化电场强度分布

根据前面的分析，当 $n=-1$，波源距左手材料前界面为 200 网格时，如果左手材料的厚度大于 200 网格，则波可以在左手材料中产生一个会聚点，而在出左手材料后产生第二个会聚点，即二次会聚现象。选择左手材料厚度为 300 网格，则如图 2-95 所示，波在左手材料层中，y 方向上 410 网格处出现了一个会聚点，而在左手材料层后界面之后，出现了第二个会聚点。第一个会聚点与波源关于左手材料层的前界面对称，而第二个会聚点与第一个会聚点关于左手材料层的后界面对称。

观察图 2-95 和图 2-96，发现从波源发出的波在两个会聚点上的形状几乎一致，但是归一化电场强度值有所下降，波束宽度有所变化。这个结果一方面是因为波在传输中的损耗，另一方面是因为波在传播中的扩散和会聚的变化。

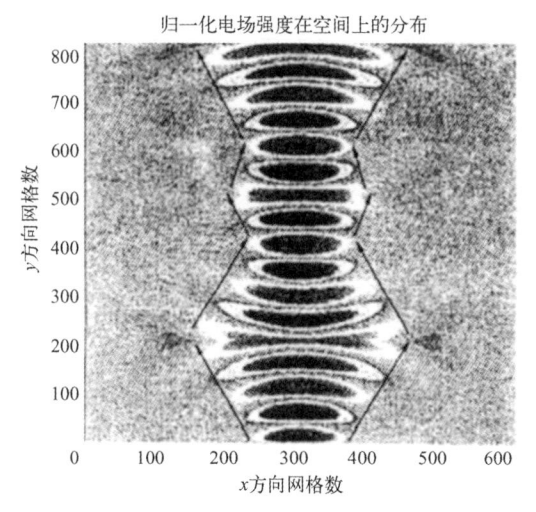

图 2-95 $t=3050$ 步时，波在厚度为 300 网格的左手材料层中传播

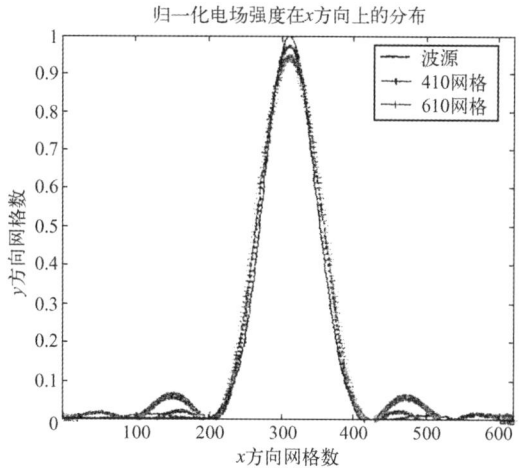

图 2-96 $t=3050$ 步时，厚度为 300 网格的左手材料两个会聚点上归一化电场强度分布

3. 相位补偿效应

1) 相位补偿原理

如图 2-97 所示，当电磁波垂直入射到右手材料与左手材料的交界面上时，会发生反射和折射。

如果材料层左和右两边的材料用 ε_1、μ_1 来表征，材料层用 ε_2、μ_2 来表征，则垂直入射波的反射系数和投射系数可以表示为

$$R = \frac{\eta_2 - \eta_1}{\eta_2 + \eta_1} \cdot \frac{1 - e^{j2k_2 d}}{1 - [(\eta_2 - \eta_1)/(\eta_2 + \eta_1)]^2 e^{-j2k_2 d}} \tag{2-148}$$

$$T = \frac{4\eta_2 \eta_1}{(\eta_2 + \eta_1)^2} \cdot \frac{e^{-j2k_2 d}}{1 - [(\eta_2 - \eta_1)/(\eta_2 + \eta_1)]^2 e^{-j2k_2 d}} \tag{2-149}$$

这里，波数 $k_i = \omega\sqrt{\varepsilon_i}\sqrt{\mu_i}$，波阻抗 $\eta_i = \sqrt{\mu_i/\varepsilon_i}$，$i=1,2$，对于垂直入射波，考虑一个匹配的左手材料层，即有 $\eta_1 = \eta_2$，可以得出 $R=0$ 和 $T = e^{-jk_2 d} = e^{+j|k_2|d}$，因此，这个左手材料层将对左手材料层中传播的电磁波提供一个正的相位；与此相反，当波在右手材料当中传播时，右手材料提供的是一个负的相位。也就是说，当垂直入射平面波从右手材料层传入一个匹配的左手材料层时，左手材料层将提供一个正的相位来补偿其在右手材料层中的负相位偏移，即令 $k_{RHM} d_{RHM} + k_{LHM} d_{LHM} = 0$。

2) 相位补偿效应仿真

考虑将无耗普通右手材料与左手材料层叠置，如图 2-98 所示，右手材料层用 RHM 表示，其折射率为 n_1，厚度为 d_1；RHM 层与 LHM 左手材料层相连，其折射率为 n_2，厚度为 d_2。于是两个夹层的总相移为 $|n_1|k_0 d_1 - |n_2|k_0 d_2$，如果选择 $d_1/d_2 = |n_2|/|n_1|$，则总相移为零。

这里取网格空间为 620×830 网格（$x \times y$），波源距右手材料平面为 200 网格，右手材料和左手材料厚度均为 100 网格，图 2-99、图 2-100 为由右手材料和左手材料构成的 RHM-LHM 材料层对波的相位补偿效应仿真结果。

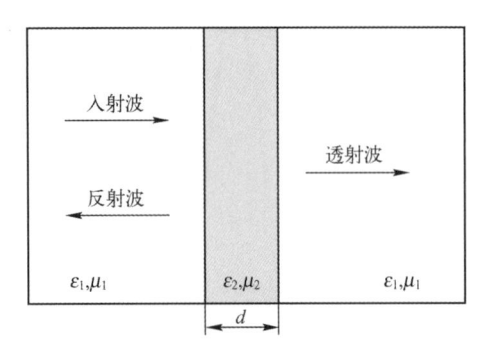

图 2-97 垂直入射波在向材料层传播

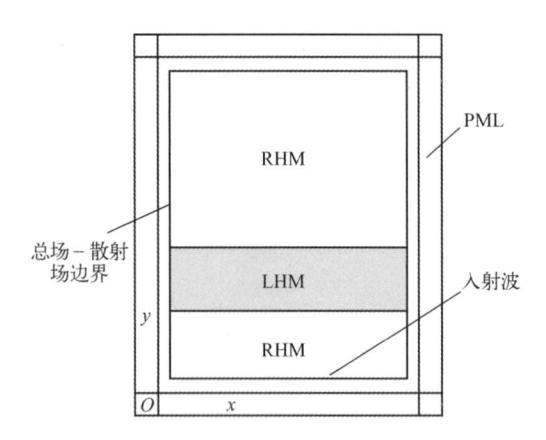

图 2-98 相位补偿效应空间建模

如图 2-98 所示，波从 y 方向 10 网格处的线源发出，到达 210 网格处的 RHM-LHM 层前界面，经过 RHM-LHM 层以后，由于相位补偿效果，电场强度的相位保持不变，因而从二维效果图上来看，波从 RHM-LHM 层后界面处继续以到达前界面的相位传播，其电场强度在 RHM-LHM 材料前后界面处的分布如图 2-100 所示。

图 2-99 $t=7998$ 步时，波在右手材料和左手材料构成的等厚度夹层中的传播

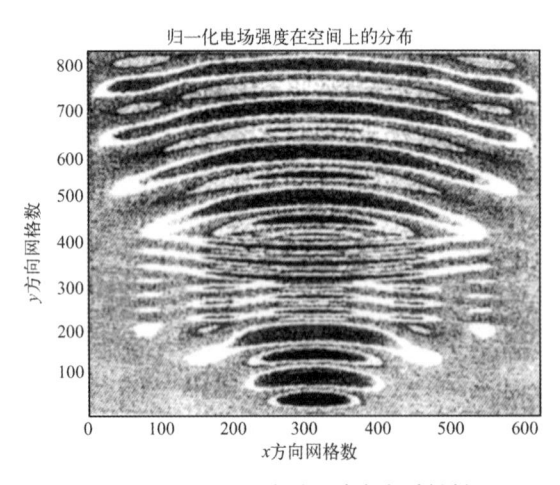

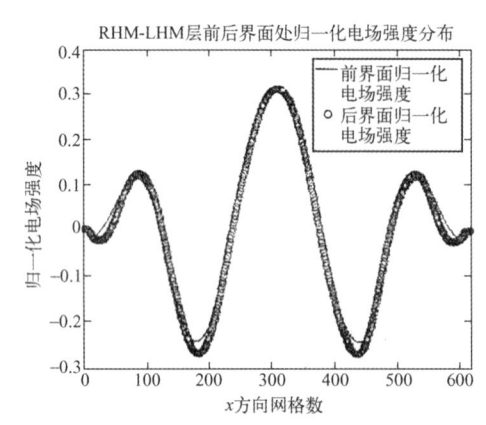

图 2-100 $t=7998$ 步时，在 RHM-LHM 材料夹层前后界面上电场强度分布

左手材料的相位补偿效应在微波器件设计领域的意义非常重大，根据实际需要，可以分别设计出产生正相位效应、零相位和负相位效应的微波器件，而且通过在器件中引入这种结构，可以缩小微波器件的尺寸，因此左手材料更广泛地应用于微波器件的小型化。

三、左手材料覆盖的理想金属圆柱体电磁特性

1. 普适散射模型

现建立具有一般性的被介质（包括普通介质和左手材料）覆盖的理想金属圆柱体的散射模型，而左手材料覆盖的金属圆柱体以及普通介质覆盖的金属圆柱体的散射模型

都被包含在其中，计算具体实例时只需要为其指定具体的本构参数。图2-101给出了线电流源激励下的介质层覆盖的导体圆柱体的结构图。

它包括一个介质覆盖的无限长金属导体圆柱以及与其平行放置的线电流源。内层无限长金属导体圆柱的半径为a，介质层厚度为$b-a$，圆柱外线电流源所在位置的坐标为(p',ϕ')，平行于圆柱放置。模型中任意一点的坐标为(ρ,ϕ)。圆柱外侧自由空间的参数为(ε_0,μ_0)，自由空间介电常数$\varepsilon_0 = 8.854\times10^{-12}(F/m)$，磁导率$\mu_0 = 4\pi\times10^{-7}(H/m)$，波数$k_0 = \omega\sqrt{\mu_0\varepsilon_0} = 2\pi/\lambda_0$，其中$\lambda_0$为自由空间波长。介质层的介电常数为$\varepsilon_c = \varepsilon_r\varepsilon_0$，磁导率为$\mu_c = \mu_r\mu_0$，其中$\varepsilon_r$、$\mu_r$分别为介质层的相对介电常数和相对磁导率。介质层的波数为$k_c = k_0\sqrt{\mu_r\varepsilon_r}$。对于普通介质层，$\varepsilon_r>0$，$\mu_r>0$；对于左手材料层$\varepsilon_r<0$，$\mu_r<0$。假定时间参数为$e^{j\omega t}$，其中$\omega$是角频率，$t$是时间，在文中忽略。

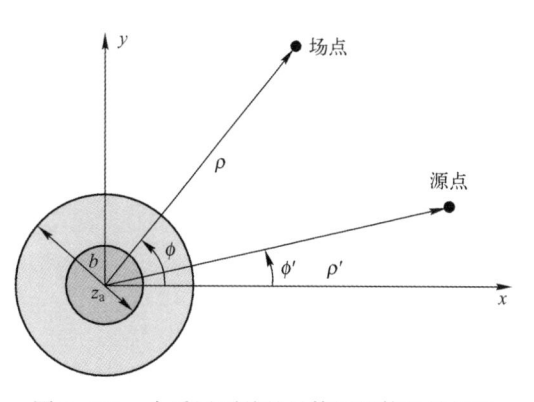

图2-101 介质层覆盖的导体圆柱体的结构图

线电流源产生的入射场为

$$E^i(\rho) = -\hat{z}I_e\frac{\omega\mu_0}{4}H_0^{(2)}(k_0|\rho-\rho'|) \tag{2-150}$$

式中：$H_0^{(2)}(\cdot)$为第二类零阶汉开尔函数。

注意到入射场是由线电流源产生的圆柱波函数给出，为了分析方便，将式（2-150）用坐标原点产生的圆柱波函数表示。利用汉开尔函数的加法定理，线电流源产生的入射场可以表示为

$$E^i(\rho,\phi) = -\hat{z}\frac{I_e\omega\mu_0}{4}\begin{cases}\sum_{n=-\infty}^{\infty}J_n(k_0\rho)H_n^{(2)}(k_0\rho')e^{jn(\phi-\phi')}, & \rho\leqslant\rho' \\ \sum_{n=-\infty}^{\infty}J_n(k_0\rho')H_n^{(2)}(k_0\rho)e^{jn(\phi-\phi')}, & \rho\geqslant\rho'\end{cases} \tag{2-151}$$

式中：$J_n(\cdot)$为n阶贝塞尔函数；$H_n^{(2)}(\cdot)$为第二类n阶汉开尔函数。

类似的，可以得到散射场和透射场分别为

$$E^s(\rho,\phi) = -\hat{z}\frac{I_e\omega\mu_0}{4}\sum_{n=-\infty}^{\infty}w_3H_n^{(2)}(k_0\rho)e^{jn(\phi-\phi')}, \rho\geqslant b \tag{2-152}$$

$$E^t(\rho,\phi) = \hat{z}\frac{I_e\omega\mu_0}{4}\sum_{n=-\infty}^{\infty}(w_1H_n^{(1)}(k_c\rho)+w_2H_n^{(2)}(k_c\rho))e^{jn(\phi-\phi')}, a\leqslant\rho\leqslant b \tag{2-153}$$

式中：w_1、w_2、w_3为未知的扩展系数。

在圆柱外，总场是入射场式（2-151）和散射场式（2-152）之和，在圆柱内侧介质层内，总场是透射场式（2-153）。相应的磁场H_ϕ的入射场、散射场和透射场可以通过法拉第定律得到。根据介质分界面的电磁场切向值相等，金属和介质分界面

的电磁场切向分量为零，等边界条件可以得到式（2-152）和式（2-153）的未知的扩展系数为

$$w_1=\frac{\mathrm{H}_n^{(2)}(k_c a)\mathrm{H}_n^{(2)}(k_0\rho')[-\mathrm{H}_n'^{(2)}(k_0 b)\mathrm{J}_n(k_0 b)+\mathrm{H}_n^{(2)}(k_0 b)\mathrm{J}_n'(k_0 b)]k_0\mu_c}{\{\mathrm{H}_n^{(2)}(k_0 b)[\mathrm{H}_n^{(2)}(k_c a)\mathrm{H}_n'^{(1)}(k_c b)-\mathrm{H}_n^{(1)}(k_c a)\mathrm{H}_n'^{(2)}(k_c b)]k_c\mu_0-\mathrm{H}_n'^{(2)}(k_0 b)[\mathrm{H}_n^{(2)}(k_c a)\mathrm{H}_n^{(1)}(k_c b)-\mathrm{H}_n^{(1)}(k_c a)\mathrm{H}_n^{(2)}(k_c b)]k_0\mu_c\}} \quad (2\text{-}154)$$

$$w_2=\frac{\mathrm{H}_n^{(1)}(k_c a)\mathrm{H}_n^{(2)}(k_0\rho')[-\mathrm{H}_n'^{(2)}(k_0 b)\mathrm{J}_n(k_0 b)+\mathrm{H}_n^{(2)}(k_0 b)\mathrm{J}_n'(k_0 b)]k_0\mu_c}{\{\mathrm{H}_n^{(2)}(k_0 b)[\mathrm{H}_n^{(2)}(k_c a)\mathrm{H}_n'^{(1)}(k_c b)-\mathrm{H}_n^{(1)}(k_c a)\mathrm{H}_n'^{(2)}(k_c b)]k_c\mu_0+\mathrm{H}_n'^{(2)}(k_0 b)[\mathrm{H}_n^{(2)}(k_c a)\mathrm{H}_n^{(1)}(k_c b)-\mathrm{H}_n^{(1)}(k_c a)\mathrm{H}_n^{(2)}(k_c b)]k_0\mu_c\}} \quad (2\text{-}155)$$

$$w_3=\frac{\{\mathrm{H}_n^{(2)}(k_0\rho')[-\mathrm{H}_n'^{(2)}(k_c a)\mathrm{J}_n(k_0 b)\mathrm{H}_n^{(1)}k_c\mu_0+\mathrm{H}_n^{(1)}(k_c a)\mathrm{J}_n(k_0 b)\mathrm{H}_n'^{(2)}(k_c b)k_c\mu_0)]+\mathrm{H}_n^{(2)}(k_0\rho')[\mathrm{H}_n^{(2)}(k_c a)\mathrm{H}_n^{(1)}(k_c b)\mathrm{J}_n'(k_0)bk_0\mu_c-\mathrm{H}_n^{(1)}(k_c a)\mathrm{H}_n^{(2)}(k_c)b\mathrm{J}_n'(k_0 b)k_0\mu_c]\}}{\{\mathrm{H}_n^{(2)}(k_0 b)[\mathrm{H}_n^{(2)}(k_c a)\mathrm{H}_n'^{(1)}(k_c b)-\mathrm{H}_n^{(1)}(k_c a)\mathrm{H}_n'^{(2)}(k_c b)]k_c\mu_0-\mathrm{H}_n'^{(2)}(k_0 b)[\mathrm{H}_n^{(2)}(k_c a)\mathrm{H}_n^{(1)}(k_c b)-\mathrm{H}_n^{(1)}(k_c a)\mathrm{H}_n^{(2)}(k_c b)]k_0\mu_c\}}$$

$$(2\text{-}156)$$

在实际的计算中，为了更为方便地求和，可以将散射电场的求和范围从$[-\infty,\infty]$变换为$[0,\infty]$，则散射电场可以表示为

$$\begin{aligned}E^s(\rho,\phi)&=-\hat{z}\frac{I_e\omega\mu_0}{4}\sum_{n=-\infty}^{n}w_3\mathrm{H}_n^{(2)}(k_0\rho)\mathrm{e}^{jn(\phi-\phi')}\\&=-\hat{z}\frac{I_e\omega\mu_0}{4}\sum_{n=0}^{n}\varepsilon_n w_3\mathrm{H}_n^{(2)}(k_0\rho)\cos[n(\phi-\phi')],\rho\geqslant b\end{aligned} \quad (2\text{-}157)$$

式中：ε_n为诺伊曼常数，$n=0$时，$\varepsilon_n=1$；当$n\neq 0$时，$\varepsilon_n=2$。

同样也可以将透射电场和入射电场的求和范围从$[-\infty,\infty]$变换为$[0,\infty]$。计算电磁场时需要对求和项进行截断。经验表明，当截断数$N_{\max}=k_0\rho'+20$时，电磁场的级数求和可以确保收敛。

通过方向性系数以及辐射阻抗可以了解线电流源激励下的介质覆盖理想金属圆柱体的远场散射特性。利用汉开尔函数的大参量扩展并进行$\mathrm{e}^{(-jk_0\rho)}/\sqrt{\rho}$的归一化，可以得到方向性系数的表达式：

$$D(\phi)=\frac{2\pi|E_f^{\mathrm{tot}}(\phi)|^2}{\int_{\phi=0}^{2\pi}|E_f^{\mathrm{tot}}(\phi)|^2\mathrm{d}\phi}=\frac{2\pi|E_f^i(\phi)+E_f^s(\phi)|^2}{\int_{\phi=0}^{2\pi}|E_f^i(\phi)+E_f^s(\phi)|^2\mathrm{d}\phi}=\frac{2\left|\sum_{n=0}^{N_{\max}}j^n\varepsilon_n\alpha_n\cos[n(\phi-\phi')]\right|^2}{\sum_{n=0}^{N_{\max}}\varepsilon_n^2(3-\varepsilon_n)|a_n|^2} \quad (2\text{-}158)$$

此时，$a_n=\mathrm{J}_n(k_0\rho')+w_3$，而$w_3$由方程（2-156）确定。计算总场的辐射阻抗并对线电流源辐射阻抗进行归一化可得

$$R_{\text{rad}}^{\text{norm}} = \frac{R_{\text{rad}}^{\text{tot}}}{P_{\text{rad}}^i} = \frac{\frac{1}{2\eta_0}\int_{\phi=0}^{2\pi}|E_f^{\text{tot}}(\phi)|^2 \mathrm{d}\phi}{\frac{1}{2\eta_0}\int_{\phi=0}^{2\pi}|E_f^i(\phi)|^2 \mathrm{d}\phi}$$

$$= \frac{\frac{I_e^2 k_0 \eta_0}{16}\sum_{n=0}^{N_{\max}}\varepsilon_n^2(3-\varepsilon_n)|a_n|^2}{\frac{I_e^2 k_0 \eta_0}{8}} = 0.5\sum_{n=0}^{N_{\max}}\varepsilon_n^2(3-\varepsilon_n)|a_n|^2$$

(2-159)

2. 近场散射特性

根据上述的散射模型，针对介质层内和介质层外的总电磁场 $E(\rho,\phi)$ 进行了计算。由于左手材料层具有负折射特性，因此在左手材料层内应该得到与普通介质层不同的场分布情况：对于普通介质层，根本不会存在"焦点"，而在左手材料层中应该存在一个焦点。下面的计算结果证实了左手材料层中焦点区域的存在，相比于其他部分的场，这个焦点区域具有更高的场值。现给出了 $\rho'=6\lambda_0$，$a=\lambda_0$，$b=5\lambda_0$，并且 $\varepsilon_r=1$，$\mu_r=1$ 时，根据上述推导的散射模型式（2-152）~式（2-156）计算出线电流源在普通介质层覆盖的金属圆柱附近产生的电场的特性。

图 2-102 给出了 $\rho'=6\lambda_0$，$a=\lambda_0$，$b=5\lambda_0$，并且 $\varepsilon_r=1$，$\mu_r=2$ 时，线电流源在普通介质层覆盖的金属圆柱附近产生的电场的特性，图 2-103 给出了 $\rho'=6\lambda_0$，$a=\lambda_0$，$b=5\lambda_0$，并且 $\varepsilon_r=-1$，$\mu_r=-2$ 时，线电流源在左手材料层覆盖的金属圆柱附近产生的电场的特性。

比较两图同样可以发现，图 2-102 中没有任何的"焦点"存在，而图 2-103 中则表现出比较明显的聚焦现象，以及两图中都具有比较复杂的干涉波纹。另外，如果比较图 2-101 和图 2-103 则可以发现，虽然二者都显示了左手材料层的聚焦现象，但二者在聚焦以外的其他区域的场分布却有很大差异，为了探究如此差异的产生是否具有规律性，针对整个模型的不同本构参数以及几何参数产生的场分布进行了大量计算。结果表明，此差异是介质层本构参数、介质层厚度以及金属柱半径等多方面因素的综合效果，并不是某一单方面因素引起的。图 2-104 给出了 $\rho'=6\lambda_0$，$a=3\lambda_0$，$b=5\lambda_0$，并且 $\varepsilon_r=-2$，$\mu_r=-1$ 时，线电流源在左手材料层覆盖的金属圆柱附近产生的电场的特性，图 2-105 给出了 $\rho'=6\lambda_0$，$a=3\lambda_0$，$b=5\lambda_0$，并且 $\varepsilon_r=-1$，$\mu_r=-2$ 时，线电流源在左手材料层覆盖的金属圆柱附近产生的电场的特性。比较两图可以看出，图 2-104 和图 2-105 所示场分布比较相似。

3. 远场散射特性

现将利用得到的方向性系数以及归一化辐射阻抗的计算模型，讨论线电流激励下的被介质层覆盖的理想金属圆柱体的远场散射特性。

1）方向性系数

图 2-106 给出了 $\rho'=6\lambda_0$，$a=\lambda_0$，$b=5\lambda_0$，并且 $|\varepsilon_r|=|\mu_r|=1$ 时，分别被普通介质和左手材料覆盖时的方向性系数。图中实线表示普通介质层覆盖时的方向性系数曲线，虚线表示左手材料层覆盖时的方向性系数曲线，而图中的方向性系数是根据 $10\lg[D(\phi)]$ 计算得到的。

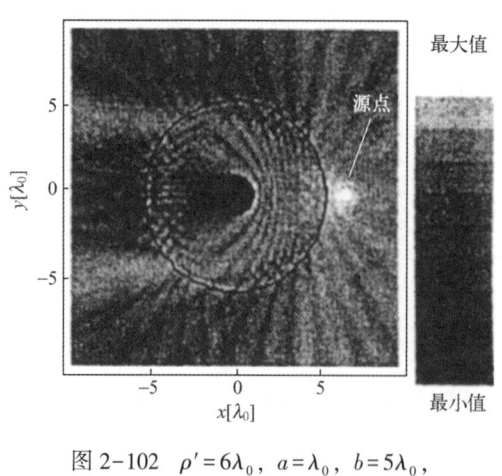

图 2-102　$\rho'=6\lambda_0$，$a=\lambda_0$，$b=5\lambda_0$，并且 $\varepsilon_r=1$，$\mu_r=2$ 时的电场分布

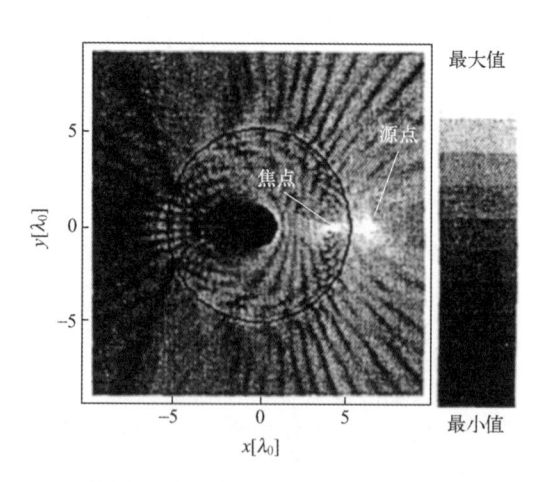

图 2-103　$\rho'=6\lambda_0$，$a=\lambda_0$，$b=5\lambda_0$，并且 $\varepsilon_r=-1$，$\mu_r=-2$ 时的电场分布

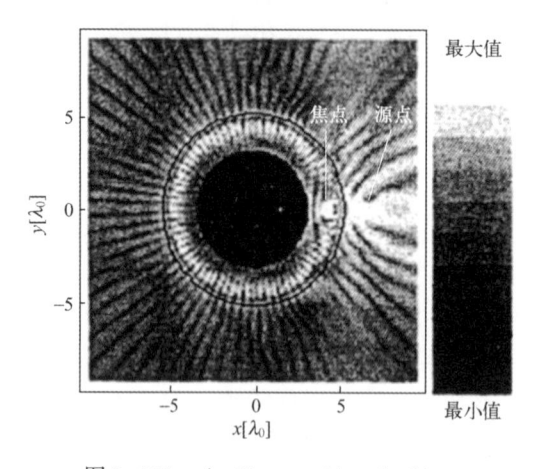

图 2-104　$\rho'=6\lambda_0$，$a=3\lambda_0$，$b=5\lambda_0$，并且 $\varepsilon_r=-2$，$\mu_r=-1$ 时的电场分布

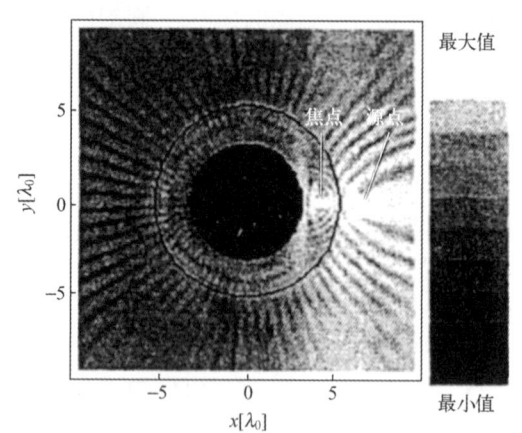

图 2-105　$\rho'=6\lambda_0$，$a=3\lambda_0$，$b=5\lambda_0$，并且 $\varepsilon_r=-1$，$\mu_r=-2$ 时的电场分布

图 2-107 则给出了 $\rho'=6\lambda_0$，$a=3\lambda_0$，$b=5\lambda_0$，并且 $|\varepsilon_r|=|\mu_r|=1$ 时，分别被普通介质和左手材料覆盖时的方向性系数。从图 2-106 与图 2-107 两图中可以看出，二者的方向性系数抖动都比较小，这是由于介质层的外界环境（线电流源所处的环境）被设定为真空，因此根据左手材料理论，无论 $\varepsilon_r=\mu_r=1$，还是 $\varepsilon_r=\mu_r=-1$，电磁波都能够自由无反射地在外界环境与介质层间进出，也正因如此，无论是图 2-106 还是图 2-107 中都不存在由于电磁波在介质层与外界环境的交界面以及介质层与金属圆柱体的交界面上来回反射而形成的复杂干涉波，也就没有引起方向性系数的剧烈抖动。比较两图可以发现：

（1）有向性系数图形中没有明显的主瓣存在，$\phi\in[125°,225°]$ 范围内方向性系数较小，是阴影区域。

（2）在 $\phi\in[125°,225°]$ 范围内左手材料覆盖时的方向性系数要比普通介质覆盖的方向性系数小。该现象被解释为是由于左手材料的聚焦特性引起的，当金属圆柱体被左手材料层覆盖时，线电流源辐射的相当一部分能量被聚焦在一个距离金属圆柱体更近的位置上形成二次辐射源，这相当于把线电流源向金属圆柱体的轴心方向拉近了，而距离金属柱越近的源必然会有越多的辐射场被阻挡在金属柱的前方。

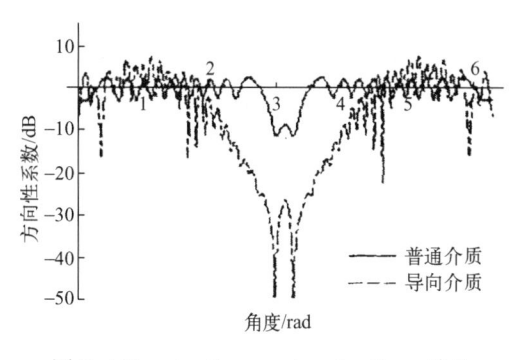

图 2-106 $\rho'=6\lambda_0$，$a=\lambda_0$，$b=5\lambda_0$，并且 $|\varepsilon_r|=|\mu_r|=1$ 时的方向性系数

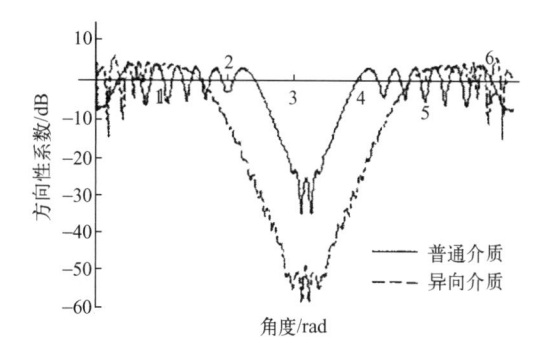

图 2-107 $\rho'=6\lambda_0$，$a=3\lambda_0$，$b=5\lambda_0$，并且 $|\varepsilon_r|=|\mu_r|=1$ 时的方向性系数

（3）随着内径金属圆柱半径的增加，方向性系数的幅度在 $\phi\in[125°,225°]$ 范围内越来越小，这样的现象肯定了上面对左手材料与普通介质覆盖金属柱所产生的方向性系数差异的解释，增大金属柱半径与减小源与金属柱距离都能够更多地阻挡电磁波传播到金属柱的后方，这两种情况的物理解释是一致的。

（4）当观测点渐渐远离 $\phi=180°$ 方向时，方向性系数的抖动逐渐变大，并在线电流源位置和圆柱外半径不变的情况下，内层金属圆柱的半径越小，这种抖动越明显。

实际上，所有的方向性系数的抖动现象都可以从其相应的近场分布中利用惠更斯原理得到合理解释：远场是近场所有波源辐射叠加的综合效果，而近场波源不仅包括入射波源还包括各种形式的反射波源和干涉波源，当近场波源内容——数量、位置分布以及每个波源的电磁特性——越少、越简单、越一致，其引起的远场辐射的方向性系数随辐射角度变化的连续性就越强；反之，当近场波源内容越多、越复杂、越个性化，其引起的远场辐射的方向性系数随辐射角度变化的连续性就会越差。

从近场图形图 2-103 和图 2-105 以及图 2-101 和图 2-104 的两两比较可以看出，当线电流源位置和圆柱外半径不变的情况下，内层金属圆柱的半径越小，近场的干涉图纹越不规律，等效的结果就是近场波源内容越复杂，因而当观测点渐渐远离 $\phi=180°$，相应的远场图形抖动越大。因此近场图形很好地支持了上述对远场图形抖动情况的原因分析。

图 2-108 给出了 $\rho'=6\lambda_0$，$a=\lambda_0$，$b=5\lambda_0$，并且 $|\varepsilon_r|=1$，$|\mu_r|=2$ 时，分别被普通介质和左手材料覆盖时的方向性系数。图 2-109 给出了 $\rho'=6\lambda_0$，$a=3\lambda_0$，$b=5\lambda_0$，并且 $|\varepsilon_r|=1$，$|\mu_r|=2$ 时，分别被普通介质和左手材料覆盖时的方向性系数。与图 2-106 和图 2-107 相比，图 2-108 和图 2-109 所示的方向性系数的抖动以及幅度都明显增加。

图 2-110 给出了 $\rho'=6\lambda_0$，$a=\lambda_0$，$b=5\lambda_0$，并且 $|\varepsilon_r|=2$，$|\mu_r|=1$ 时，分别被普通介质和左手材料覆盖时的方向性系数。图 2-111 给出了 $\rho'=6\lambda_0$，$a=3\lambda_0$，$b=5\lambda_0$，并

且$|\varepsilon_r|=2$,$|\mu_r|=1$时,分别被普通介质和左手材料覆盖时的方向性系数。与图2-105和图2-106相比,图2-109和图2-110所示的方向性系数在$\phi\in[125°,225°]$范围的抖动以及幅度也都明显增加,这与图2-108和图2-109及图2-105和图2-106的比较结果相同,无疑也是由于近场干涉波源造成的。

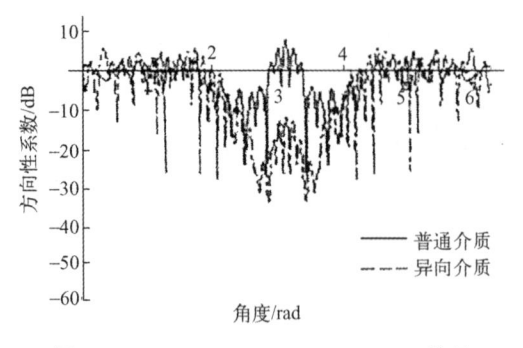

图2-108 $\rho'=6\lambda_0$,$a=\lambda_0$,$b=5\lambda_0$,并且$|\varepsilon_r|=1$,$|\mu_r|=2$时的方向性系数

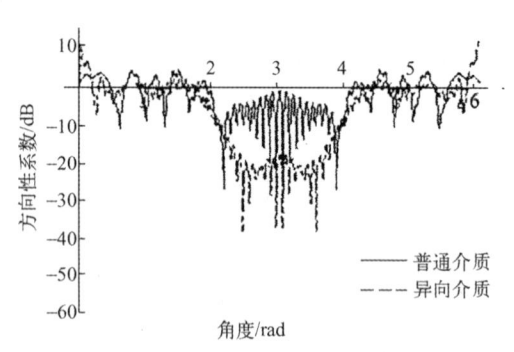

图2-109 $\rho'=6\lambda_0$,$a=3\lambda_0$,$b=5\lambda_0$,并且$|\varepsilon_r|=1$,$|\mu_r|=2$时的方向性系数

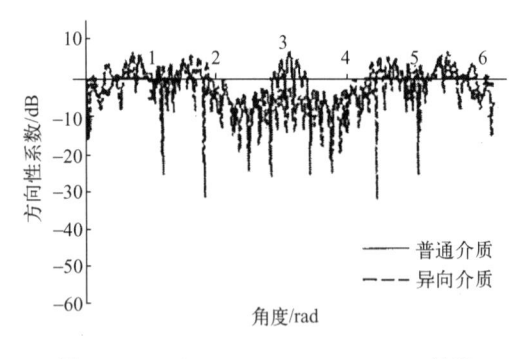

图2-110 $\rho'=6\lambda_0$,$a=\lambda_0$,$b=5\lambda_0$,并且$|\varepsilon_r|=2$,$|\mu_r|=1$时的方向性系数

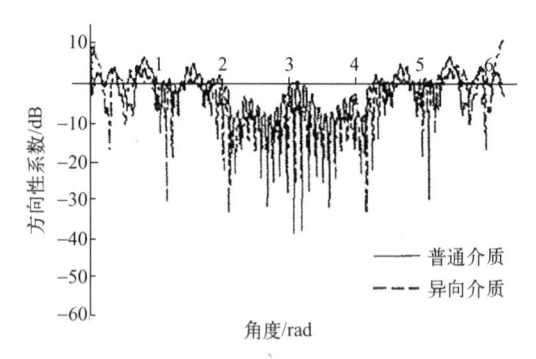

图2-111 $\rho'=6\lambda_0$,$a=3\lambda_0$,$b=5\lambda_0$,并且$|\varepsilon_r|=2$,$|\mu_r|=1$时的方向性系数

图2-112给出了$\rho'=6\lambda_0$,$a=\lambda_0$,$b=3\lambda_0$,并且$|\varepsilon_r|=1$,$|\mu_r|=2$时,分别被普通介质和左手材料覆盖时的方向性系数。图2-113给出了$\rho'=6\lambda_0$,$a=\lambda_0$,$b=3\lambda_0$,并且$|\varepsilon_r|=2$,$|\mu_r|=1$时,分别被普通介质和左手材料覆盖时的方向性系数。将图2-112和图2-107、图2-113和图2-109比较可以看出,在内导体半径不变、线电流源位置不变的情况下,随着介质层厚度的减小,当观测点渐渐远离$\phi=180°$方向时,方向性系数的抖动减小;在$\phi\in[1250,2250]$范围幅值也明显地减小。从相对大小上来分析这种现象产生的原因:内导体半径不变,线电流源位置不变,介质层厚度的减小可以等效为内导体半径增加,外半径不变,线电流源位置不变的情况,因此两种情况从产生机理以及比较结果上也应该一致,而上面的结果恰好说明了这一点。

2) 辐射阻抗

图2-114给出了$a=\lambda_0$,$b\in[\lambda_0,10\lambda_0]$,$\rho'=b+\lambda_0$,$|\varepsilon_r|=1$,$|\mu_r|=2$时,归一化辐射阻抗随介质层厚度的变化曲线。图2-115则给出了$a=\lambda_0$,$b=3\lambda_0$,$|\varepsilon_r|=1$,$|\mu_r|=2$时,归一化辐射阻抗随线电流源与金属圆柱体轴心距离变化而变化的曲线。

两图中细线表示普通介质层覆盖时的变化曲线，粗线表示左手材料层覆盖时的变化曲线。从图2-114、图2-115可以看出，归一化辐射阻抗随着介质层厚度的变化比随着线电流源同圆、柱之间距离的变化要剧烈；左手材料层覆盖时要比普通介质层覆盖时变化剧烈。

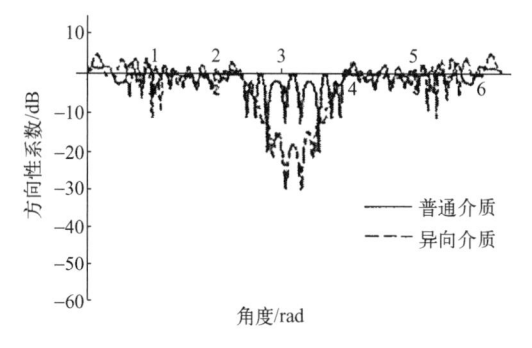

图2-112 $\rho'=6\lambda_0$，$a=\lambda_0$，$b=3\lambda_0$，并且 $|\varepsilon_r|=1$，$|\mu_r|=2$ 时的方向性系数

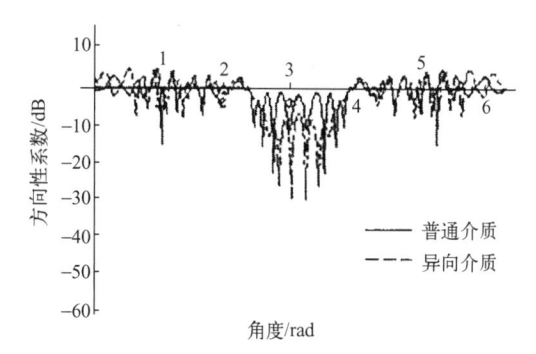

图2-113 $\rho'=6\lambda_0$，$a=\lambda_0$，$b=3\lambda_0$，并且 $|\varepsilon_r|=2$，$|\mu_r|=1$ 时的方向性系数

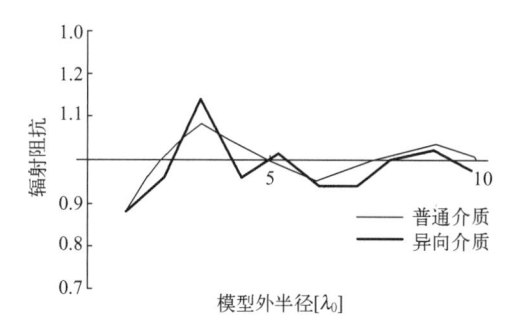

图2-114 $a=\lambda_0$，$b\in[\lambda_0, 10\lambda_0]$，$\rho'=b+\lambda_0$，$|\varepsilon_r|=1$，$|\mu_r|=2$ 时辐射阻抗随介质层厚度的变化曲线

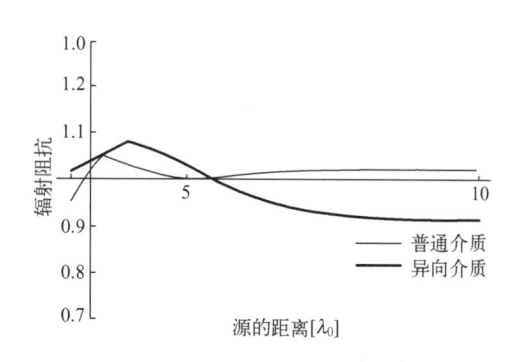

图2-115 $a=\lambda_0$，$b=3\lambda_0$，$|\varepsilon_r|=1$，$|\mu_r|=2$ 时辐射阻抗随线源与圆柱体间距离的变化曲线

四、左手材料覆盖的普通介质圆柱体电磁特性

1. 双层介质圆柱体的普适散射模型

现建立具有一般性的双层介质圆柱体的散射模型，而左手材料覆盖的普通介质圆柱体的散射模型以及普通介质覆盖的左手材料圆柱体的散射模型都被包含在其中，计算具体实例时只需要为其指定具体的本构参数。图2-116给出了线电流源激励下的双层无限长介质圆柱体的结构图。图中，深灰色部分为内层介质圆柱的横截面，浅灰色为覆盖在内层无限长介质圆柱

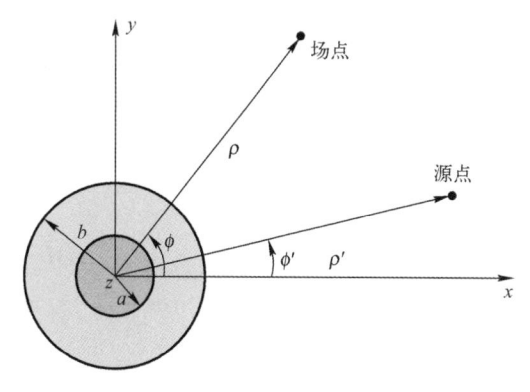

图2-116 介质层覆盖介质圆柱的结构图

85

体外围的具有不同本构参数的介质覆盖层。内层无限长介质圆柱的半径为 a，覆盖介质层厚度为 $b-a$，圆柱外线电流源所在位置的坐标为 (ρ',ϕ')，平行于圆柱放置。模型中任意一点的坐标为 (ρ,ϕ)。覆盖层外侧空间为自由空间。覆盖介质层的介电常数为 $\varepsilon_c=\varepsilon_r\varepsilon_0$，磁导率为 $\mu_c=\mu_r\mu_0$，其中 ε_r、μ_r 分别为介质层的相对介电常数和相对磁导率。介质层的波数为 $k_c=k_0\sqrt{\mu_r\varepsilon_r}$。内层介质柱的介电常数为 $\varepsilon_b=\varepsilon_{r1}\varepsilon_0$，磁导率为 $\mu_b=\mu_{r1}\mu_0$，其中 ε_{r1}、μ_{r1} 分别为内层介质的相对介电常数和相对磁导率。内层介质的波数为 $k_b=k_0\sqrt{\mu_{r1}\varepsilon_{r1}}$。

根据给出的入射场表达式，可以得到各层散射场和透射场分别为

$$E^s(\rho,\phi)=\begin{cases} -\hat{z}\dfrac{I_e\omega\mu_0}{4}\sum_{n=-\infty}^{\infty}w_3 H_n^{(2)}(k_0\rho)e^{jn(\phi-\phi')}, & \rho\geq b \\ -\hat{z}\dfrac{I_e\omega\mu_0}{4}\sum_{n=-\infty}^{\infty}(w_1 J_n(k_c\rho)+w_2 H_n^{(2)}(k_c\rho)e^{jn(\phi-\phi')}, & a\leq\rho\leq b \\ -\hat{z}\dfrac{I_e\omega\mu_0}{4}\sum_{n=-\infty}^{\infty}w_4 J_n(k_b\rho)e^{jn(\phi-\phi')}, & \rho\geq a \end{cases}$$

(2-160)

式中：w_1、w_2、w_3、w_4 为未知的展开系数。

在圆柱外，总场是入射场与散射场的和，在覆盖介质层内，以及介质圆柱内部总场就是式（2-160）。相应的磁场 H_ϕ 的入射场、散射场和透射场可以通过法拉第定律得到。根据介质分界面的电磁场边界条件可以求得未知的展开系数。当令 $AA=J_n(k_c a)$，$BB=H_n^{(2)}(k_c a)$，$CC=J_n(k_0 b)$，$DD=H_n^{(2)}(k_0\rho')$，$EE=H_n^{(2)}(k_0 b)$，$FF=J_n(k_c b)$，$GG=H_n^{(2)}(k_c b)$，$HH=J'_n(k_0 b)$，$II=H'^{(2)}_n(k_0 b)$，$JJ=J'_n(k_c b)$，$KK=H'^{(2)}_n(k_c b)$，$LL=J_n(k_b a)$，$MM=J'_n(k_c a)$，$NN=H'^{(2)}_n(k_c a)$，$OO=J'_n(k_b a)$，可得

$$\begin{aligned}w_1=&k_0\cdot\mu_c\cdot DD\cdot(-II\cdot CC+EE\cdot HH)\\ &(-k_c\cdot\mu_b\cdot LL\cdot NN+k_b\cdot\mu_c\cdot BB\cdot OO)\div\\ &\{-k_0\cdot\mu_c\cdot II\cdot[k_c\cdot LL\cdot(GG\cdot MM-FF\cdot NN)\cdot\mu_b+\\ &(BB\cdot FF-AA\cdot GG)\cdot k_b\cdot OO\cdot mc]+EE\cdot k_c\cdot\mu_0\cdot\\ &[k_c\cdot LL\cdot(KK\cdot MM-JJ\cdot NN)\cdot\mu_b+\\ &(BB\cdot JJ-AA\cdot KK)\cdot k_b\cdot OO\cdot\mu_c]\}\end{aligned}$$

(2-161)

$$\begin{aligned}w_2=&k_0\cdot\mu_c\cdot DD\cdot(-II\cdot CC+EE\cdot HH)\\ &(-k_c\cdot\mu_b\cdot LL\cdot MM+k_b\cdot\mu_c\cdot AA\cdot OO)\div\\ &\{-k_0\cdot\mu_c\cdot II\cdot[k_c\cdot LL\cdot(GG\cdot MM-FF\cdot NN)\cdot\mu_b+\\ &(BB\cdot FF-AA\cdot GG)\cdot k_b\cdot OO\cdot mc]+EE\cdot k_c\cdot\mu_0\cdot\\ &(-KK\cdot k_c\cdot LL\cdot MM\cdot\mu_b+JJ\cdot k_c\cdot LL\cdot\\ &NN\cdot\mu_b-BB\cdot JJ\cdot k_b\cdot OO\cdot mc+\\ &AA\cdot KK\cdot k_b\cdot OO\cdot\mu_c)\}\end{aligned}$$

(2-162)

$$\begin{aligned}w_3 =\ & DD \cdot \{HH \cdot k_0 \cdot \mu_c \cdot [k_c \cdot \mu_b \cdot LL \cdot (GG \cdot MM - FF \cdot NN) + \\ & k_b \cdot \mu_c \cdot OO \cdot (BB \cdot FF - AA \cdot GG)] + k_c \cdot \mu_0 \cdot CC \cdot \\ & (-k_c \cdot \mu_b \cdot KK \cdot LL \cdot MM + k_c \cdot \mu_b \cdot \\ & JJ \cdot LL \cdot NN - k_b \cdot \mu_c \cdot BB \cdot JJ \cdot OO + k_b \cdot \\ & \mu_c \cdot AA \cdot KK \cdot OO)\} \div \{-k_0 \cdot \mu_c \cdot II \cdot \\ & [k_c \cdot \mu_b \cdot LL \cdot (GG \cdot MM - FF \cdot NN) + \\ & k_b \cdot \mu_c \cdot OO \cdot (BB \cdot FF - AA \cdot GG)] + \\ & k_c \cdot \mu_0 \cdot EE \cdot [k_c \cdot \mu_b \cdot LL \cdot (KK \cdot MM - JJ \cdot NN) + \\ & k_b \cdot \mu_c \cdot OO \cdot (BB \cdot JJ - AA \cdot KK)]\}\end{aligned} \quad (2-163)$$

$$\begin{aligned}w_4 =\ & k_0 \cdot k_c \cdot \mu_b \cdot \mu_c \cdot DD \cdot (-II \cdot CC + EE \cdot HH) \\ & (BB \cdot MM - AA \cdot NN) \div \{-k_0 \cdot \mu_c \cdot II \cdot [k_c \cdot \mu_b \cdot LL \cdot \\ & (GG \cdot MM - FF \cdot NN) + k_b \cdot \mu_c \cdot OO \cdot \\ & (BB \cdot FF - AA \cdot GG)] + k_c \cdot \mu_0 \cdot EE \cdot \\ & [k_c \cdot \mu_b \cdot LL \cdot (KK \cdot MM - JJ \cdot NN) + \\ & k_b \cdot \mu_c \cdot OO \cdot (BB \cdot JJ - AA \cdot KK)]\}\end{aligned} \quad (2-164)$$

远场的方向性系数和辐射阻抗可以分别通过式（2-158）和式（2-159）计算得到。

2. 无耗左手材料覆盖的普通介质圆柱体的近场散射特性

根据上述的散射模型讨论无耗左手材料覆盖的普通介质圆柱体的电磁场近场特性。同时，为了不失一般性，讨论的普通介质圆柱体材料被设定为空气，其近似与自由空间具有相同的本构参数。

现给出了 $\rho' = 6\lambda_0$，$a = 2\lambda_0$，$b = 4\lambda_0$ 时，利用推导出的散射模型式（2-160）~式（2-164）计算出的 $\varepsilon_r = -1$、$\mu_r = -1$ 时的无耗左手材料层覆盖的空气圆柱体的近场电场分布。

在无耗左手材料层和空气柱中分别存在一个焦点。并给出了同样结构参数下，利用散射模型式（2-160）~式（2-164）计算出的 $\varepsilon_r = 1$，$\mu_r = 1$ 时的无耗普通介质层覆盖的空气圆柱体的近场电场分布。

由于此时的介质覆盖层实际上与空气柱以及外界环境为同样介质，因此，此时的电场分布与自由空间中的线电流源的近场电场分布图完全一致，当然不会存在任何的焦点，也不会存在任何的折射和反射现象。

实际上，经过大量的计算发现，在线电流源的激励下，对于无耗左手材料层覆盖的空气圆柱体，要么在左手材料层和空气柱内同时出现两个焦点，要么不存在任何的焦点，而不可能出现单焦点的情况。图 2-117 和图 2-118 给出了基于 Snell 定律画出的电波传播的路径图。从图 2-117 中可以看出，如果电磁波在左手材料层中由于负折射特性形成"焦点"的话，那么在内层普通介质柱中也会由于负折射特性形成一个明显的"焦点"；从图 2-118 则可以看出，如果电磁波在左手材料层中没有实现聚焦就遇到内层普通介质柱，那么在内层普通介质柱中也不会出现"焦点"。

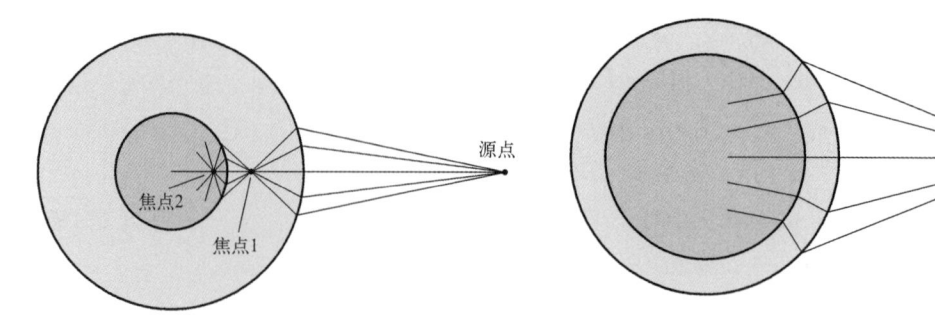

图2-117 左手材料覆盖普通介质圆柱中的两次聚焦

图2-118 左手材料覆盖普通介质圆柱中没有聚焦

3. 无耗左手材料覆盖的普通介质圆柱体的远场散射特性

利用式（2-110）和式（2-111）中得到的方向性系数以及归一化辐射阻抗的计算模型，讨论线电流激励下的被无耗左手材料层覆盖的普通介质圆柱体的运场散射特性。

1）方向性系数

图2-119给出了 $\rho'=6\lambda_0$，$a=2\lambda_0$，$b=4\lambda_0$ 时，分别被 $|\varepsilon_r|=|\mu_r|=1$ 的无耗普通介质和无耗左手材料覆盖时的方向性系数。图中实线表示无耗普通介质层覆盖时的方向性系数曲线，虚线表示无耗左手材料层覆盖时的方向性系数曲线，而图中的方向性系数是根据 $10\lg[D(\phi)]$ 计算得到的。由于这时的普通介质层实际上就是空气，因此其方向性系数为0，就是横坐标轴。图2-120给出了 $\rho'=6\lambda_0$，$a=3\lambda_0$，$b=4\lambda_0$ 时，分别被 $|\varepsilon_r|=|\mu_r|=1$ 的无耗普通介质和无耗左手材料覆盖时的方向性系数。从两图中可以看出，虽然此时左手材料与空气柱和外界环境完全匹配，但是，空气柱仍对线电流源的辐射起到"遮挡"的作用，从而导致了在空气柱后侧方向的方向性系数具有比较低的值，是阴影区域。当观测点渐渐远离 $\phi=180°$，远场图形抖动增大。比较两图可以发现，随着左手材料覆盖层的变薄，空气柱后侧方向的辐射增强。

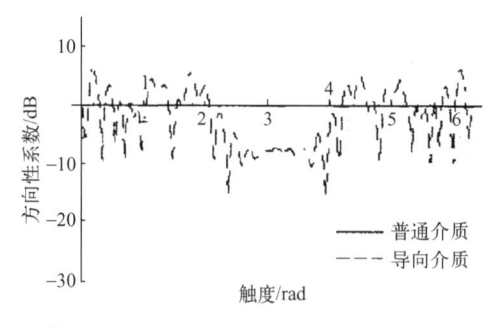

图2-119 $\rho'=6\lambda_0$，$a=2\lambda_0$，$b=4\lambda_0$ 时，覆盖层 $|\varepsilon_r|=|\mu_r|=1$ 时的方向性系数

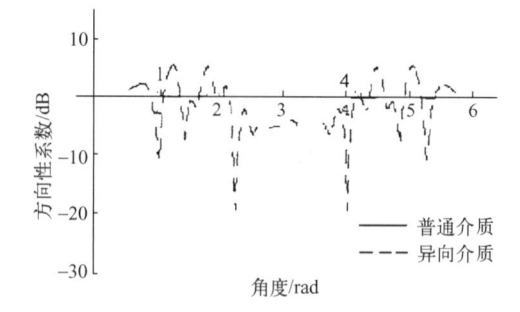

图2-120 $\rho'=6\lambda_0$，$a=3\lambda_0$，$b=4\lambda_0$ 时，覆盖层 $|\varepsilon_r|=|\mu_r|=1$ 时的方向性系数

图2-121给出了 $\rho'=6\lambda_0$，$a=2\lambda_0$，$b=4\lambda_0$ 时，分别被 $|\varepsilon_r|=1$，$|\mu_r|=2$ 的无耗普通介质和无耗左手材料覆盖时的方向性系数。图2-122给出了 $\rho'=6\lambda_0$，$a=3\lambda_0$，$b=4\lambda_0$ 时，分别被 $|\varepsilon_r|=1$，$|\mu_r|=2$ 的无耗普通介质和无耗左手材料覆盖时的方向性系数。图2-123给出了 $\rho'=6\lambda_0$，$a=2\lambda_0$，$b=4\lambda_0$ 时，分别被 $|\varepsilon_r|=2$，$|\mu_r|=1$ 的无耗普

通介质和无耗左手材料覆盖时的方向性系数。图 2-124 给出了 $\rho'=6\lambda_0$，$a=3\lambda_0$，$b=4\lambda_0$ 时，分别被 $|\varepsilon_r|=2$，$|\mu_r|=1$ 的无耗普通介质和无耗左手材料覆盖时的方向性系数。同图 2-118 与图 2-119 相比，图 2-120~图 2-123 中的方向性系数曲线抖动增加，而幅度平均值变化不明显。而比较图 2-121 和图 2-122 以及图 2-123 和图 2-124 则可以发现，随着内层空气圆柱的增加，方向性系数抖动程度减小，幅度平均值变化不明显。

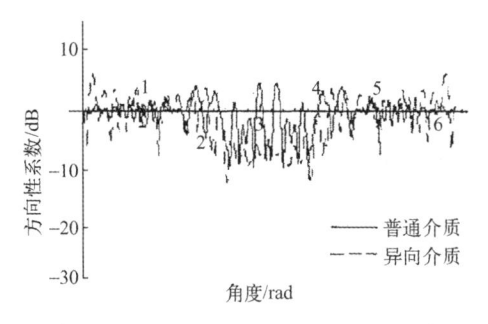

图 2-121 $\rho'=6\lambda_0$，$a=2\lambda_0$，$b=4\lambda_0$ 时，覆盖层 $|\varepsilon_r|=1$，$|\mu_r|=2$ 时的方向性系数

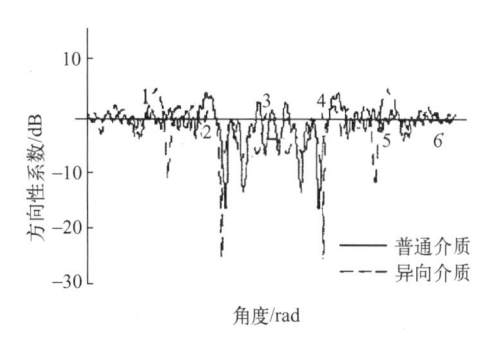

图 2-122 $\rho'=6\lambda_0$，$a=3\lambda_0$，$b=4\lambda_0$ 时，覆盖层 $|\varepsilon_r|=1$，$|\mu_r|=2$ 时的方向性系数

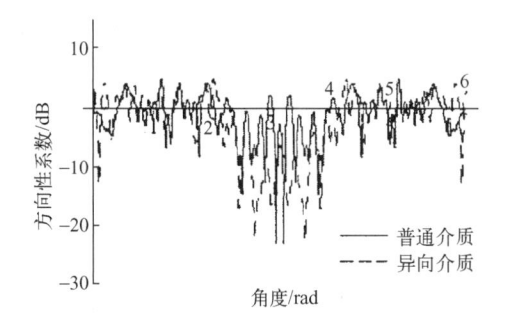

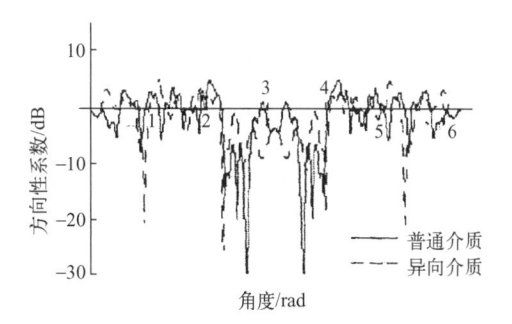

图 2-123 $\rho'=6\lambda_0$，$a=2\lambda_0$，$b=4\lambda_0$ 时，覆盖层 $|\varepsilon_r|=2$，$|\mu_r|=1$ 时的方向性系数

图 2-124 $\rho'=6\lambda_0$，$a=3\lambda_0$，$b=4\lambda_0$ 时，覆盖层 $|\varepsilon_r|=2$，$|\mu_r|=1$ 时的方向性系数

图 2-125 给出了 $\rho'=6\lambda_0$，$a=2\lambda_0$，$b=3\lambda_0$ 时，分别被 $|\varepsilon_r|=1$，$|\mu_r|=2$ 的无耗普通介质和无耗左手材料覆盖时的方向性系数。图 2-126 给出了 $\rho'=6\lambda_0$，$a=2\lambda_0$，$b=3\lambda_0$ 时，分别被 $|\varepsilon_r|=2$，$|\mu_r|=1$ 的无耗普通介质和无耗左手材料覆盖时的方向性系数。将图 2-125 分别与图 2-121 与图 2-123 比较，可以看出在内层介质半径不变、线电流源位置不变的情况下，随着介质层厚度的减小，方向性系数的抖动减小，幅度平均值变化不明显。

2) 辐射阻抗

图 2-127 给出了 $a=\lambda_0$，$b\in[\lambda_0,10\lambda_0]$，$\rho'=b+\lambda_0$，$|\varepsilon_r|=1$，$|\mu_r|=2$ 时，归一化辐射阻抗随无耗左手材料覆盖层厚度的变化曲线。图 2-128 则给出了 $a=\lambda_0$，$b=2\lambda_0$，$\rho'\in[3\lambda_0,10\lambda_0]$，并且 $|\varepsilon_r|=1$，$|\mu_r|=2$ 时，归一化辐射阻抗随金属圆柱体轴心距离变化曲线。两图中细线表示无耗普通介质层覆盖时的变化曲线，粗线表示无耗左手材料层覆盖时的变化曲线。从图 2-127、图 2-128 可以看出，归一化辐射阻抗随着介质层厚

度的变化比随着线电流源同圆柱之间距离的变化要剧烈;左手材料层覆盖时比普通介质层覆盖时变化要剧烈。

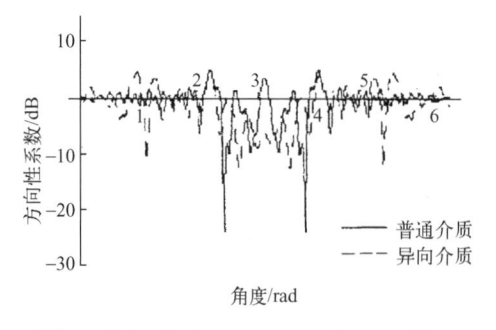

图 2-125　$\rho'=6\lambda_0$，$a=2\lambda_0$，$b=3\lambda_0$ 时，覆盖层 $|\varepsilon_r|=1$，$|\mu_r|=2$ 时的方向性系数

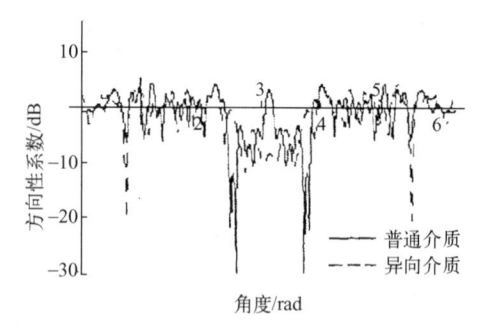

图 2-126　$\rho'=6\lambda_0$，$a=2\lambda_0$，$b=3\lambda_0$ 时，覆盖层 $|\varepsilon_r|=2$，$|\mu_r|=1$ 时的方向性系数

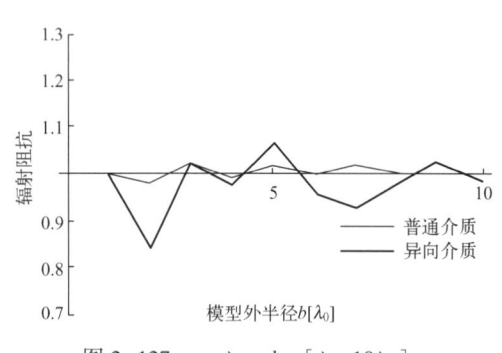

图 2-127　$a=\lambda_0$，$b\in[\lambda_0,10\lambda_0]$，$\rho'=b+\lambda_0$，$|\varepsilon_r|=1$，$|\mu_r|=2$ 时辐射阻抗随介质层厚度的变化曲线

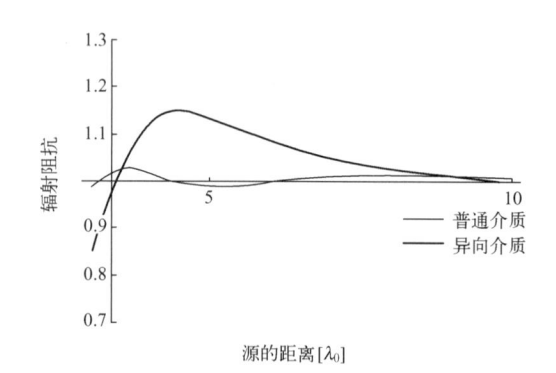

图 2-128　$a=\lambda_0$，$b=2\lambda_0$，$\rho'\in[3\lambda_0,10\lambda_0]$，$|\varepsilon_r|=1$，$|\mu_r|=2$ 时辐射阻抗随线电流源与圆柱体间距离的变化曲线

4. 有耗左手材料覆盖的普通介质圆柱体的近场散射特性

现介绍有耗左手材料覆盖的普通介质圆柱体的电磁场近场特性。同时，为了不失一般性，讨论中的普通介质圆柱体材料被设定为空气，其近似与自由空间具有相同的本构参数。

图 2-129 给出了 $\rho'=6\lambda_0$，$a=2\lambda_0$，$b=4\lambda_0$，$\varepsilon_r=-1-0.2i$，$\mu_r=-1$ 时有耗左手材料层覆盖介质圆柱的近场图形；图 2-130 和图 2-131 给出了介质损耗变为 $\varepsilon_r=-1-0.5i$ 和 $\varepsilon_r=-1-0.8i$ 时的近场图形。图 2-132~图 2-134 给出了相对应的有耗普通介质层覆盖介质圆柱的近场图形。

比较这些图形可以看出，在不存在线电流源的两层圆柱的另一侧，存在由于不连续性产生的一条弧线，实际上这个不连续性在 $r=\rho'$ 的位置都是存在的，只不过与其他部分的场值相比在不存在线电流源的两层圆柱的另一侧，这个不连续性更加明显一些，这是由于源点的存在导致的不连续性的问题。而物理意义上，由于只在 $r=\rho'$，$\phi=\phi'$ 处存在源点，所以计算结果应该仅在 $r=\rho'$，$\phi=\phi'$ 处存在不连续性，而在 $r=\rho'$，$\phi\neq\phi'$ 处也存在不连续性是不符合物理现象的。这是由于基于的算法本身的缺陷产生的，由于这条弧线对总体上的分析不存在影响，因此可以忽略不计。需要注意的是，当介质损耗较小时，例如图 2-129 和图 2-132，这条弧线上的值和其他部分相比不是很明显，需要仔细观察。

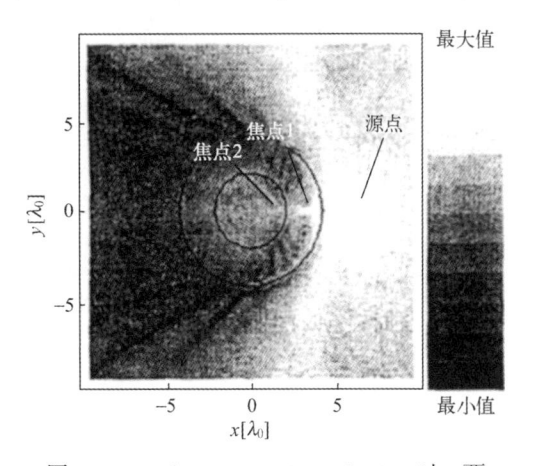

图 2-129　$\rho'=6\lambda_0$，$a=2\lambda_0$，$b=4\lambda_0$ 时，覆盖层 $\varepsilon_r=-1-0.2i$，$\mu_r=-1$ 时的电场分布

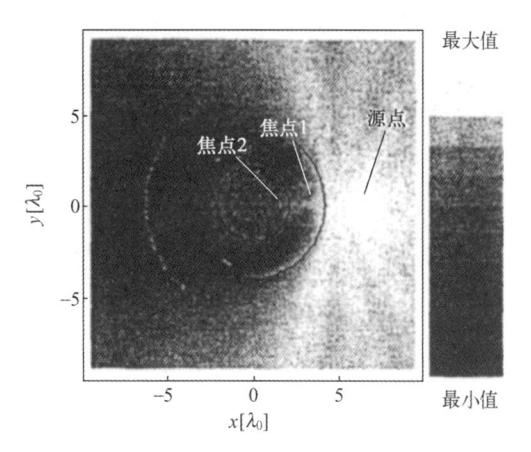

图 2-130　$\rho'=6\lambda_0$，$a=2\lambda_0$，$b=4\lambda_0$ 时，覆盖层 $\varepsilon_r=-1-0.5i$，$\mu_r=-1$ 时的电场分布

将图 2-129 与图 2-132、图 2-130 与图 2-133、图 2-131 与图 2-134 在相同的损耗情况下的左手材料层与普通介质层的模型的近场图形进行比较，可以看出，在聚焦特性上，图 2-129~图 2-131 在介质层中由于负折射特性存在一个焦点，与其他部分的场相比，这个焦点具有较高的值。另外由于入射电场的方向不同以及圆柱本身曲率的作用，这两个焦点不是确切的"点"，也不是线电流源的镜像点，而是小小的区域。而图 2-132~图 2-134 不存在这个焦点。在电场值的幅度上，图 2-129~图 2-131 在介质层中的幅度明显要小于图 2-132~图 2-134 的幅度。这是由于左手材料的负折射特性，电磁波在左手材料层中发生聚焦，而不是像在普通介质层中向球的外径表面发散，因此在左手材料层中电磁波走过的路径要比在普通介质层中多，导致在相同衰减参数的情况下产生的衰减也要多，因而在近场图形上反映出来的效果就是亮度较低。

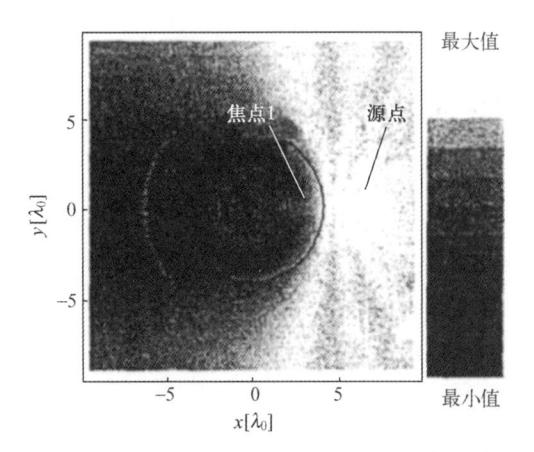

图 2-131　$\rho'=6\lambda_0$，$a=2\lambda_0$，$b=4\lambda_0$ 时，覆盖层 $\varepsilon_r=-1-0.8i$，$\mu_r=-1$ 时的电场分布

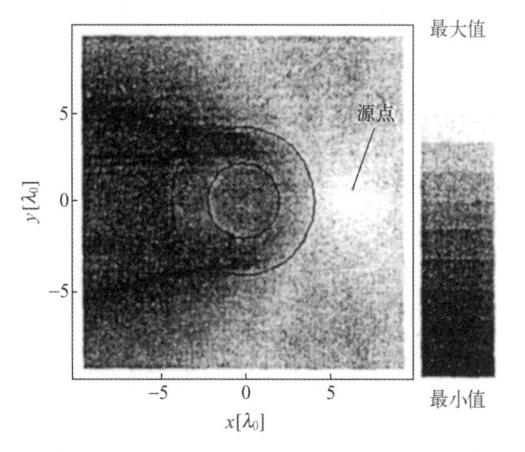

图 2-132　$\rho'=6\lambda_0$，$a=2\lambda_0$，$b=4\lambda_0$ 时，覆盖层 $\varepsilon_r=1-0.5i$，$\mu_r=-1$ 时的电场分布

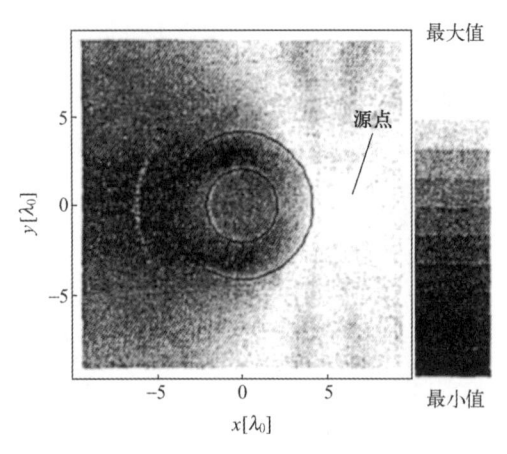

图 2-133　$\rho'=6\lambda_0$，$a=2\lambda_0$，$b=4\lambda_0$ 时，覆盖层 $\varepsilon_r=1-0.5\mathrm{i}$，$\mu_r=-1$ 时的电场分布

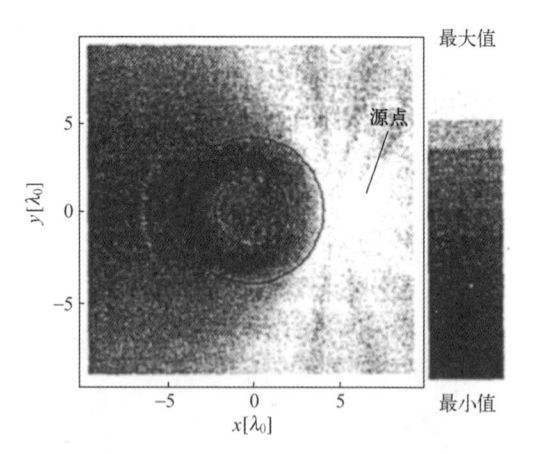

图 2-134　$\rho'=6\lambda_0$，$a=2\lambda_0$，$b=4\lambda_0$ 时，覆盖层 $\varepsilon_r=1-0.8\mathrm{i}$，$\mu_r=-1$ 时的电场分布

作为左手材料层，由于负折射的特性，如果在介质层中发生完全聚焦，在内层空气柱中也会存在一个二次聚焦形成的焦点，其对应的光学原理如图 2-117 所示。但是从图 2-129~图 2-131 来看，由于电磁波的二次聚焦在有耗左手材料内走过较长的距离，因此随着损耗的不断增加，二次"焦点"越来越不清晰，在图 2-131 中几乎已经消失。此外，随着介质损耗的增加，折射率也有所增大，折射角有所减小，因此，在左手材料层中发生第一次聚焦的位置也逐渐远离圆柱外径。聚焦之后的电磁波也远离外径，因此，从图 2-129~图 2-131 的图形中可以看出，随着损耗的增加，圆柱外径附近的相对幅值较大（亮度较高）的区域有所增大。

5. 有耗左手材料覆盖的普通介质圆柱体的远场散射特性

现讨论式（2-158）和式（2-159）中得到的方向性系数以及归一化辐射阻抗的计算模型，讨论线电流激励下的被有耗左手材料层覆盖的普通介质圆柱体的远场散射特性，并与有耗普通介质覆盖空气圆柱的电磁场远场特性进行比较。

1）方向性系数

在所有的方向性系数的图形中，实线表示有耗普通介质层覆盖空气圆柱，虚线表示有耗左手材料层覆盖空气圆柱，利用 $10\lg[D(\phi)]$ 计算方向性系数的幅值。图 2-135~图 2-137 给出了介质损耗变化时有耗左手材料层模型和有耗普通介质层模型的方向性系数。在这种情况下两种介质层模型的方向性系数都没有明显的主瓣存在，由于 $\phi\in[2\mathrm{rad},2\pi-2]$ 区域内的值明显小于 $\phi\in[0\mathrm{rad},2\mathrm{rad}]\cup[2\pi-2,2\pi]$ 区域内的值，因此 $\phi\in[2\mathrm{rad},2\pi-2]$ 是阴影区域。当观测点渐渐远离 $\phi=\pi$ 向时，方向性系数的抖动越来越明显。随着介质损耗的增加，左手材料层的聚焦特性对方向性系数的影响越来越不明显，而损耗起到了主导的作用，因此有耗左手材料层模型和有耗普通介质层模型的方向性系数越来越相近，而左手材料层本身的方向性系数也趋于一致。当介质损耗较小时，左手材料层的聚焦特性起到了主导作用，因此两个模型的方向性系数有较大的不同。在阴影区域的部分，有耗左手材料覆盖的方向性系数平均要比有耗普通介质覆盖的方向性系数略小，这和近场分析的结果吻合。

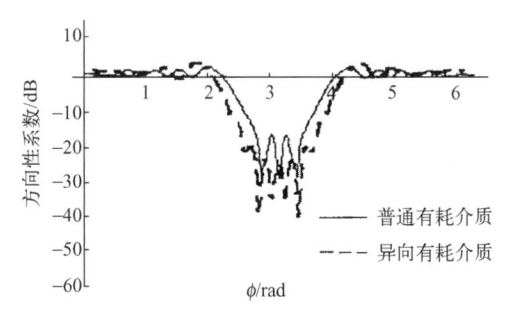

图 2-135 $\rho'=6\lambda_0$, $a=2\lambda_0$, $b=4\lambda_0$ 时，覆盖层 $\varepsilon_r=\pm 1-0.2i$, $\mu_r=\pm 1$ 时的方向性系数

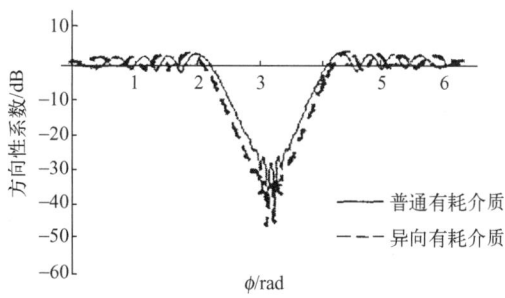

图 2-136 $\rho'=6\lambda_0$, $a=2\lambda_0$, $b=4\lambda_0$ 时，覆盖层 $\varepsilon_r=\pm 1-0.5i$, $\mu_r=\pm 1$ 时的方向性系数

2) 辐射阻抗

图 2-138 给出了变化介质层厚度，固定其他参数时归一化辐射阻抗的变化情况。$a=\lambda_0$, $b\in[\lambda_0,10\lambda_0]$, $\rho'=b+\lambda_0$，相对介电常数和相对磁导率为 $\varepsilon_r=\pm 1-0.5i$, $\mu_r=\pm 1$。图 2-139 给出了变化线电流源与圆柱的距离，固定其他参数时归一化辐射阻抗的变化情况。$a=\lambda_0$, $b=2\lambda_0$, $\rho'\in[3\lambda_0,10\lambda_0]$，相对介电常数和相对磁导率为 $\varepsilon_r=\pm 1-0.5i$, $\mu_r=\pm 1$。其中细线表示有耗普通介质层，粗线表示有耗左手材料层。

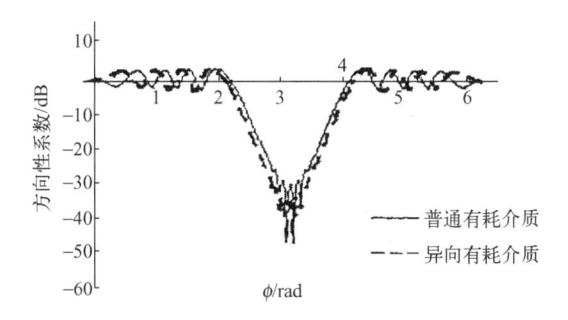

图 2-137 $\rho'=6\lambda_0$, $a=2\lambda_0$, $b=4\lambda_0$ 时，覆盖层 $\varepsilon_r=\pm 1-0.8i$, $\mu_r=\pm 1$ 时的方向性系数

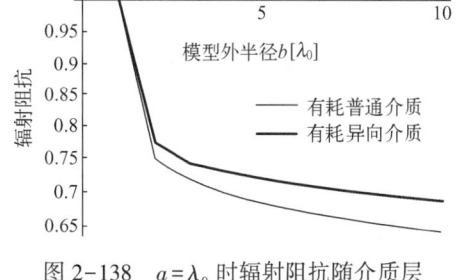

图 2-138 $a=\lambda_0$ 时辐射阻抗随介质层厚度的变化曲线

从图 2-138、图 2-139 可以看出，归一化辐射阻抗幅值的变化趋势对于有耗左手材料层模型和有耗普通介质层模型几乎一致，只是值略有区别；而从前面的讨论得知，无耗左手材料层模型比无耗普通介质层模型变化要剧烈。

6. 左右手复合传输线的精确解析表征

针对典型的交指电容式左手传输线，采用更为精确的等效电路模型和相关参数表达式，研究了各种寄生参数对其特性的影响，

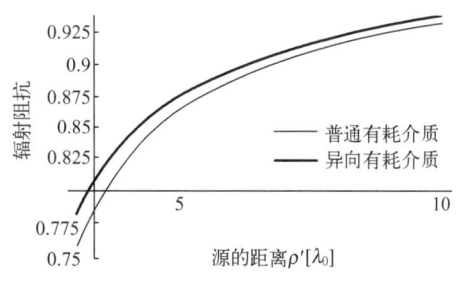

图 2-139 $a=\lambda_0$, $b=2\lambda_0$ 时辐射阻抗随线电流源与圆柱体间距离的变化曲线

除了考虑主要的左手串联电容、并联电感之外，还有右手分布并联电容、串联电感以及高频电阻效应。研究发现，在低频段，当单元尺寸远小于工作波长时（$\lambda/20$），寄生参

数影响较小，等效电路分析结果与全波模拟仿真的结果能够很好地吻合；而在高频段受到有效媒质限制，寄生参数和分布参数效应更加明显，简单的低频段等效电路分析方法必然会增大设计分析误差，这对设计不同频段的左手传输线有着更加实际的指导意义。

1) 左手传输线基本理论

传统的均匀传输线，由于其传播模式满足右手关系，因此可称为右手传输线，其等效电路可看成串联电感和并联电容的组合，如图 2-140 所示。将左手材料等效为串联电容和并联电感的组合，如图 2-141 所示（图中的 L_R、L_L 单位长度电感，C_R、C_L 代表单位长度电容）。可以发现，两种理论刚好形成一种互补关系，由此可以想到利用左手材料传输线理论构造新型传输线——左手传输线的可能。

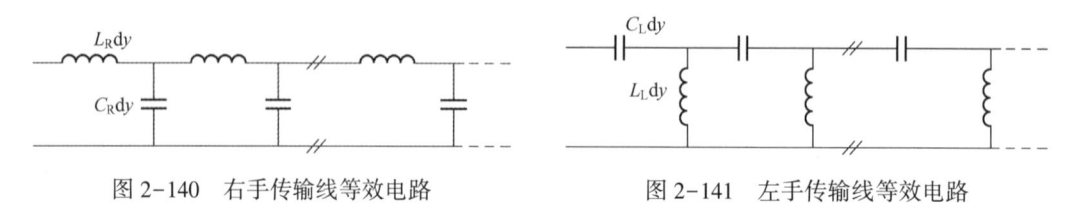

图 2-140　右手传输线等效电路　　　　图 2-141　左手传输线等效电路

将麦克斯韦方程离散化，通过传输线网络得到一维情形的等效传输线电磁参数：

$$\mu(\omega)=\frac{Z(\omega)/\mathrm{d}y}{\mathrm{j}\omega} \tag{2-165}$$

$$\varepsilon(\omega)=\frac{Y(\omega)/\mathrm{d}y}{\mathrm{j}\omega} \tag{2-166}$$

右手传输线中 $Z(\omega)=\mathrm{j}\omega L_R$，$Y(\omega)=\mathrm{j}\omega C_R$，其中 $\mu(\omega)$、$\varepsilon(\omega)$ 分别是磁导率和介电常数，$Z(\omega)$ 和 $Y(\omega)$ 是传输线特征阻抗和导纳，因此

$$\beta_R=\pm\sqrt{-Z(\omega)Y(\omega)}=\omega\sqrt{L_R C_R} \tag{2-167}$$

$$v_{\phi R}=\frac{\omega}{\beta_R}=\frac{1}{\sqrt{L_R C_R}}=\left(\frac{\partial \beta_R}{\partial \omega}\right)^{-1}=v_{gR} \tag{2-168}$$

而左手传输线中

$$\beta_L=-\sqrt{-Z(\omega)Y(\omega)}=-\frac{1}{\omega\sqrt{L_L C_L}} \tag{2-169}$$

$$v_{\phi L}=\frac{\omega}{\beta_L}=-\omega^2\sqrt{L_L C_L}=-\left(\frac{\partial \beta_R}{\partial \omega}\right)^{-1}=v_{gL} \tag{2-170}$$

式中：β_R 和 β_L 为右手传输线和左手传输线的相移常数；v_ϕ 为相速；v_g 为群速。

由方程（2-167）~方程（2-170）可知，左手传输线的相位常数与右手传输线刚好相反，左手传输线中的相速与群速相反，这正是左手传输线具有后向波效应的原因所在，同时不违背能量守恒定律和因果定律。

实际上，左手传输线是一个高通滤波器网络，而普通的右手传输线刚好形成的是一个低通网络。但是在自然界并不存在天然的左手材料或左手传输线，若通过电容电感周期性排列的方式则能设计人造左手传输线，只要满足单元结构远小于工作波长，该结构可以看成均匀的。在微波的低频段，借助该思想，利用集总参数的电容、电感元器件，研究人员已经设计出了性能优良的宽带左手传输线，并对其特性和应用做了大量的研究

分析。在集中参数元件的选择中，利用商用电感、电容元件设计工作相对简单，但是受到器件工作频率上限（一般小于 2 GHz）的限制，在更高频段上的使用便遇到了问题，于是人们利用微带电路设计电容、电感以期制作高性能的左手传输线。

2）左手传输线等效电路模型

主要对微带电路构造的左手传输线做分析研究，利用微带线设计的左手传输线的典型结构如图 2-142 所示。该结构采用交指电容沿着传输线的方内周期排列以当作串联电容，同时在每个交指电容旁边连上一段高阻抗微带线，然后将该微带线终端通过过孔与地连接，形成并联电感结构。

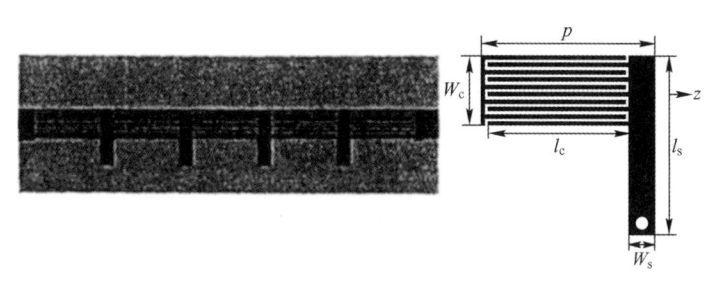

图 2-142 微带左手传输线结构

借助微波集成电路和单片微波集成电路中的集中参数元件设计方法，可以更加有效、准确地分析上面提到的微带左手传输线。实际上，从电容、电感等集中元件的角度去考虑设计左手传输线时，首先必须满足的条件就是结构单元尺寸远小于工作波长，一般小于 $\lambda/20$ 就可以忽略集中元件的分布效应造成的相位和幅值变化。而且更为重要的是，集中参数元件在设计宽带电路时更有优势，这无疑对于设计宽带左手传输线提供了一个很好的思路。可是在微波的高频段，如 C 波段、Ka 波段等，寄生效应更加明显，这给设计集中参数元件带来更多的挑战。因此，性能优良的集中参数元件的分析与设计直接决定了左手传输线的构造质量。

图 2-141 所示的左手传输线结构中的交指电容的等效电路可以表示为图 2-143 所示的模型，而表示电感的等效电路模型如图 2-144 所示，二者合起来的等效电路模型如图 2-145 所示。

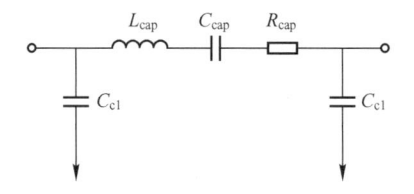

图 2-143 交指电容等效电路 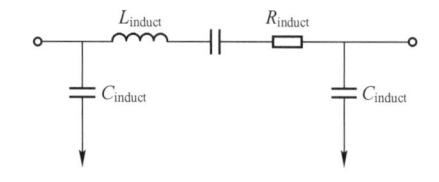　　　图 2-144 电感部分等效电路

图 2-145 中的 $L_R = L_{cap}$，$C_L = C_{cap}$，$R_1 = R_{cap}$，$C_R = 2(C_{c1} + C_{induct})$，$R_2 = R_{induct}$，$L_L = L_{induct}$。这些参数的计算如下：

$$C_L = \frac{10^3 \varepsilon_{re}}{18\pi} \frac{K(k)}{K'(k)} (N-1) l_c (\text{pF}) \tag{2-171}$$

式中：ε_{re} 为微带线的等效介电常数；N 为交指电容带条的个数；l_c 为图 2-142 中的交指

电容带条的长度；$\dfrac{K(k)}{K'(k)}$ 满足

$$\dfrac{K(k)}{K'(k)} = \begin{cases} \dfrac{1}{p}\ln\left\{2\dfrac{1+\sqrt{k}}{1-\sqrt{k}}\right\}, & 0.707 \leq k \leq 1 \\ \dfrac{p}{\ln\left[2\dfrac{1+\sqrt{k'}}{1-\sqrt{k'}}\right]}, & 0 \leq k \leq 0.707 \end{cases} \quad (2-172)$$

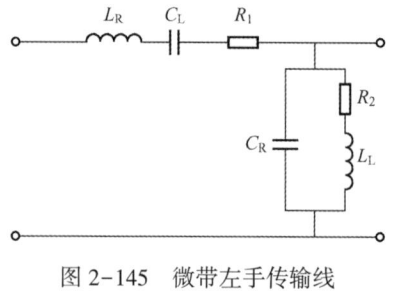

图 2-145 微带左手传输线单元等效电路

式中：$k = \tan^2\left(\dfrac{a\pi}{4b}\right)$，$a = W/2$，$b = (W+S)/2$；$W$ 为交指电容中交指带条的宽度；S 为空隙宽度；$k' = \sqrt{1-k^2}$。

$$L_R = \dfrac{Z_0\sqrt{\varepsilon_{re}}}{c}(l_c + W_s + S) \quad (2-173)$$

$$C_R = 2\left(\dfrac{1}{2}\dfrac{\sqrt{\varepsilon_{re}}}{Z_0 c}l_c + 16.67 \times 10^{-10}(l_s - W_c)\sqrt{\varepsilon_{re}}/Z_L\right) \quad (2-174)$$

$$L_L = 2 \times 10^{-7}(l_s - W_c)\left[\ln\left(\dfrac{l_s - W_c}{W_s + t}\right) + 1.193 + \dfrac{W_s + t}{3(l_s - W_c)}\right] \cdot K_g \quad (2-175)$$

$$R_1 = \dfrac{4}{3}\dfrac{l_c}{WN}R_s \quad (2-176)$$

$$R_2 = \dfrac{KR_s(l_s - W_c)}{2(W_s + t)} \quad (2-177)$$

式中：Z_0 为交指电容金属带条总宽度对应的特性阻抗；t 为微带金属条厚度；Z_L 为电感高阻抗微带线的特性阻抗；W_s、W_c 和 l_s 如图 2-142 所示，而

$$K_g = 0.57 - 0.145\ln\dfrac{W_s}{h}, \dfrac{W_s}{h} > 0.05 \quad (2-178)$$

$$K = 1.4 + 0.217\ln\left(\dfrac{W}{5t}\right), 5 < \dfrac{W}{t} < 100 \quad (2-179)$$

$$R_s = \sqrt{\pi f \mu_0 \rho} \quad (2-180)$$

式中：h 为基板厚度；ρ 为导体的电阻率，同时也为导体电导率的倒数；f 为工作频率。

3）全波仿真结果分析

全波仿真由于其更逼真的模拟实际情况、更好地解决各种复杂的耦合关系、更高的精确度等优点在微波电路的场分析中得到了广泛的应用。因此，为了验证等效电路参数提取的准确性，采用了全波仿真技术与等效电路结果进行了比较分析。选择左手传输线基本参数如下：$W = 0.1\,\mathrm{mm}$，$S = 0.1\,\mathrm{mm}$，$N = 20$，$l_c = 5\,\mathrm{mm}$，$W_s = 0.4\,\mathrm{mm}$，$h = 1.25\,\mathrm{mm}$，$\varepsilon_r = 2.2$，$t = 0.01\,\mathrm{mm}$，$l_s = 10\,\mathrm{mm}$。

对单个单元结构进行了研究，分析结果如图 2-146 所示。从该图可以看到，等效电路的解析方法与全波仿真的 S 参量结果在小于 4.5 GHz 的情况下能够很好地吻合，二者精度几乎在一个量级上。然而在左手传输线的设计上，基于等效电路的解析方法有着

全波仿真无法比拟的优势,它的物理概念更加清晰、效率更高。因此,只要在一定的精确度范围内,此方法将是实际应用中的最佳选择。在高于 4.5 GHz 时全波仿真结果发现,出现了一个谐振点,单元结构的特性与等效电路明显不符,这是由于在较高频段,分布参数效应增大,等效电路模型满足的单元尺寸远小于波长条件不再满足,等效电路分析方法失效,这与本节前面的预测一致。同时,也正是这种限制降低了左手传输线的实际工作带宽。

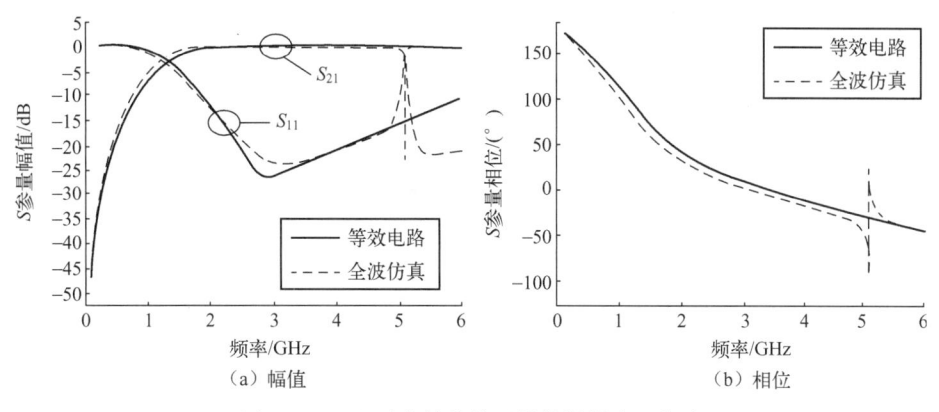

图 2-146 左手传输线单元结构散射参量曲线

五、左手材料的本构参数模型

1. 金属细导线阵列有效介电常数

1996 年,Pendry 等人指出细导线阵列能够在微波波段(8 GHz 左右)展现出等效负介电常数效应,在引起人们关注的同时,为左手材料的构造以及左手材料在微波波段的物理实现解决了一个关键性的问题。在对导线阵列宏观效应的研究中,Pendry 利用电动力学以及等离子体振子理论,通过引入等效电子密度和等效电子质量的概念,得到了其有效介电常数与阵列参数之间的关系模型,利用该模型可以比较准确地预测出阵列的负介电常数效应。然而,由于该模型涉及的物理概念比较深,使用的数学手段也相对复杂,理解起来具有一定的难度。针对这样的问题,本章分别利用本构关系方法和等效传输线方法建立了细导线阵列有效介电常数的解析模型,在得到了与 Pendry 模型完全一致的结果的同时,由于在推导过程涉及的物理概念浅显易懂,所使用数学手段比较简单,使人们能够充分理解细导线阵列负有效介电常数的产生机理及其代表的物理意义。

1)基于等离子体理论的有效介电常数

金属由于其内部电子气的等离子体谐振,对射入其中的电磁波会产生一种特性响应,这种特性响应可以用如下所示的有效相对介电常数方程来描述:

$$\varepsilon_{\text{eff}} = 1 - \frac{\omega_{\text{p}}^2}{\omega^2} \tag{2-181}$$

式中: ε_{eff} 为等离子体的有效相对介电常数; ω_{p} 为等离子体谐振角频率,它可以用金属内部的电子密度 d 和电子质量 m_{e} 表示为

$$\omega_{\text{p}}^2 = \frac{de^2}{\varepsilon_0 m_{\text{e}}} \tag{2-182}$$

从上面的式子可以发现，当 $\omega<\omega_p$ 时，$\varepsilon_{\text{eff}}<0$，这样的负介电常数效应正是左手材料构造要解决的一个关键问题。然而，对于一般金属该谐振频率在光频范围，这一点使得纯粹的金属结构无法对在微波频段实现左手材料起到作用。为了解决这样的问题，1998 年 Pendry 指出细金属导线阵列可以在微波频段表现出具有方程（2-181）所示形式的有效相对介电常数。但不同的是，此时方程（2-182）中 d 要用导线阵列等效的电子密度 d_{eff} 来代替，当 $\Delta z=\Delta y=a$ 时，有

$$d_{\text{eff}}=d\pi r^2/a^2 \tag{2-183}$$

另外，由于导线上的感应电流要在其周围空间产生磁场，该磁场在增强了电子动量的同时，也使得电子表现出大于自身质量上千倍的有效电子质量 m_{eff}，它可以通过求解感应电流产生的感应磁场的矢量位来求得

$$m_{\text{eff}}=\frac{\mu_0 e^2 \pi r^2 d}{2\pi}\ln(a/r) \tag{2-184}$$

将式（2-183）、式（2-184）代入式（2-182），可以得到此时的等离子体谐振角频率

$$\omega_p^2=\frac{n_{\text{eff}}e^2}{\varepsilon_0 m_{\text{eff}}}=\frac{2\pi c_0^2}{a^2\ln(a/r)} \tag{2-185}$$

将式（2-181）和式（2-185）称为 Pendry 模型，在表明 Pendry 对该研究成果贡献的同时，也为方便下文的讨论和比较做铺垫。

2）基于本构关系的有效介电常数模型

根据电磁场理论，对于一般介质而言，当有外界电场作用其上时，在其内部会由于感应电荷的堆积而形成与外来电场方向相反的感应电场来抵抗外来电场在介质内部引起的电场分布上的变化。如图 2-147 所示，图中带箭头的实线表示外来的入射电场 E，带箭头的虚线表示介质内部产生的感应电场 E'，带"+"号的圆圈表示正电荷，带"-"号的圆圈表示负电荷。从图中可以看到，在外界电场的作用下，介质内部的电荷定向堆积成为感应电荷，而感应电荷产生了感应电

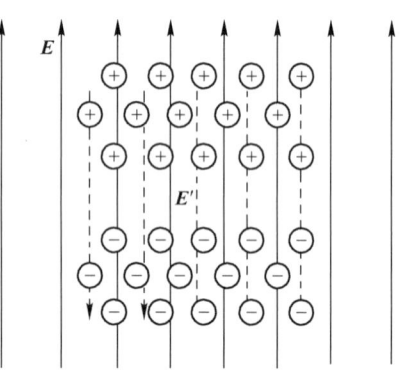

图 2-147 普通介质中的感应电场

场，并且感应电场方向与入射电场的方向相反，从而起到了抑制介质内部电场变化的作用。

而介质的介电常数则描述介质本身阻碍外界电场在其内部引起电场变化的能力的强弱。根据均匀介质中的本构关系，可以得到

$$\varepsilon_r=1+X_e=\frac{1+P}{\varepsilon_0 E}=1+\frac{1}{\varepsilon_0 E}\lim_{\Delta V\to 0}\frac{\sum p_e}{\Delta V} \tag{2-186}$$

式中：X_e 为极化率；P 为极化强度；p_e 为分子电偶极矩；ε_r 为介质的相对介电常数；E 为入射电场强度。

虽然式（2-186）只适用于均匀介质，但是对于金属细导线阵列有效介电常数模型

的建立，在阵列间距远小于工作波长的条件下，式（2-186）仍然能够发挥比较大的作用。如图 2-148 所示，金属细导线阵列在入射电场的作用下，同样会产生感应电荷以及感应电场，但不同的是，其感应电荷在水平方向并不是均匀分布，而是集中分布在金属导线上，但是，当入射波的波长远大于金属导线间距时，可以认为感应电荷是近似均匀地分布在金属导线及其周围空间，进而通过计算入射电场照射下的一个阵列单元中的电偶极矩，应用式（2-186）就可以得到金属细导线阵列的有效介电常数模型。

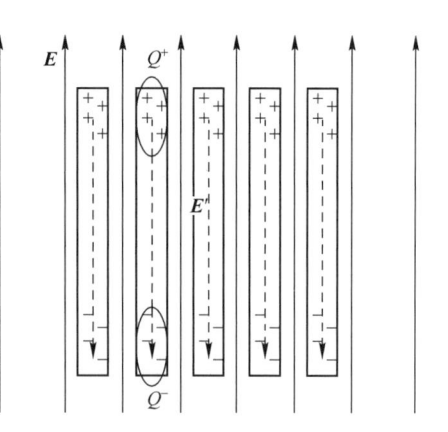

图 2-148 金属细导线阵列中的感应电荷

当外来电场入射到无线长的金属细导线阵列时，在每一根金属细导线单位长度上的感应电压为

$$V = E \tag{2-187}$$

同时每一根金属细导线单位长度上的自感可以表示为

$$L = \mu_0 \frac{\ln(\Delta y/r)}{2\pi} \tag{2-188}$$

式中：Δy 为垂直于电场入射方向的阵列间距；r 为金属细导线的半径。

这样，在每一根金属细导线上的感应电流大小为

$$I = \frac{V}{j\omega L} = \frac{2\pi E}{j\omega\mu_0 \ln(\Delta y/r)} \tag{2-189}$$

因此，在金属细导线单位长度上的电偶极矩和感应电荷为

$$p_e = Q = \frac{-jI}{\omega} = -\frac{2\pi E}{\omega^2 \mu_0 \ln(\Delta y/r)} \tag{2-190}$$

另外，每根金属细导线单位长度上占用的体积为

$$\Delta V = \Delta z \Delta y \tag{2-191}$$

最后，将式（2-190）、式（2-191）代入式（2-186），就得到了金属细导线阵列的有效相对介电常数模型：

$$\varepsilon_{\text{eff}} = \varepsilon_r = 1 - \frac{2\pi}{\omega^2 \varepsilon_0 \mu_0 \Delta z \Delta y \ln(\Delta y/r)} = 1 - \frac{\omega_p^2}{\omega^2} \tag{2-192}$$

式中：ω_p 为金属细导线阵列等效的等离子体角频率。

特别地，当 $\Delta z = \Delta y = a$ 时

$$\omega_p^2 = \frac{2\pi c_0^2}{a^2 \ln(a/r)} \tag{2-193}$$

比较式（2-193）和式（2-185）可以发现二者完全相同，但是推导式（2-193）所涉及的物理概念以及所使用的数学手段却十分简单。

3）等效传输线型有效介电常数模型

为了建立基于传输线理论的有效介电常数模型，两个重要的关系必须首先确定，即

自由空间与均匀传输线间的等效关系以及金属细导线与电路元件间的等效关系。

需要指出的是，初看上去，上述的两个等效关系都很简单：自由空间与均匀传输线间的等效关系似乎早有定论，Caloz 等人在提出传输线型左手材料概念的同时就给出了 $\varepsilon_0=C_0$、$\mu_0=L_0$ 的结论，其中 ε_0、μ_0 分别是自由空间的介电常数和磁导率，L_0、C_0 分别是等效均匀传输线的单位长度上的分布电感和分布电容；而金属细导线与电路元件的等效也无非就是将金属细导线等效成电路中的电感元件。但实际情况要复杂得多：①Caloz 的结论只能在某些特定条件下才能成立，直接应用该结论只能进行定性研究，无法进行定量研究，结果表明，在某些条件下应用 Caloz 的等效条件确实具有简单、方便的优点，但同时还需要对等效电路中其他元件的计算方式进行相应的变换；②不能将金属细导线等效成电感后直接加到等效电路中，因为此时得到的电感是集总参数，但等效传输线方法需要的是分布参数，而这种集总参数到分布参数的转换是需要特殊处理的。

建立自由空间与均匀传输线间的等效关系的基本思路是：①利用有限截面空间中的电场、磁场描述自由空间中的电场、磁场；②利用有限截面空间中的感应电压、电流描述有限空间中的电场、磁场，并最终描述自由空间中的电场、磁场；③利用传输线特性阻抗定义和相移常数相等两个条件确定自由空间本构参数（介电常数 ε_0 和磁导率 μ_0）与传输线分布参数（单位长度上的分布电感 L_0 和分布电容 C_0）间的定量关系。

对于如图 2-149 所示的自由空间中的沿 z 方向传播的均匀平面波，根据电磁场的边界条件，当有一个无限薄并且无限大的理想金属平板被垂直于电场放在图 2-149 所示的场区中时，将对图 2-149 所示的电磁场分布没有任何的影响。同样，根据电磁场中的互耦原理，当有一个无限薄并且无限大的理想磁导体平板被垂直于磁场放在图 2-149 所示的场区中时，也对图 2-149 所示的电磁场分布没有任何的影响。在这种情况下，

图 2-149　自由空间

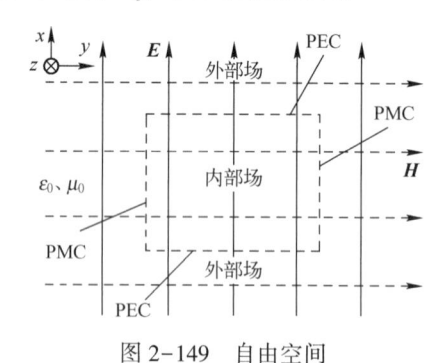

图 2-191 所示的由 z 方向无限长的理想金属导体（Perfectly Electric Conductor，PEC）边界和理想磁导体（Perfectly Magnetic Conductor，PMC）边界包围的具有有限截面的区域内将具有与图 2-149 所示的自由空间完全一致的电磁场分布。

假设图 2-149 中均匀平面波的电磁场表达式为

$$\boldsymbol{E}=\boldsymbol{\alpha}_x E_0 \mathrm{e}^{-\mathrm{j}\beta z} \tag{2-194}$$

$$\boldsymbol{H}=\boldsymbol{\alpha}_y H_0 \mathrm{e}^{-\mathrm{j}\beta z} \tag{2-195}$$

式中：$\boldsymbol{\alpha}_x$ 为 x 方向的单位矢量；$\boldsymbol{\alpha}_y$ 为 y 方向的单位矢量；β 为自由空间中的相位常数；E_0 为电场幅度；H_0 为磁场幅度。

需要指出的是，该电磁场表达同时适用于图 2-149 所示的自由空间和图 2-150 所示的有限截面空间。但对于图 2-149 所示的有限截面空间，则可以通过进一步引入如图 2-151 所示的电压波 U 和电流波 I 表达式来替代式（2-194）、式（2-195）所示的电磁波表达式，并且对于均匀平面波而言，这种替代所需的等量关系是很容易确定的，如式（2-196）和式（2-197）所示。

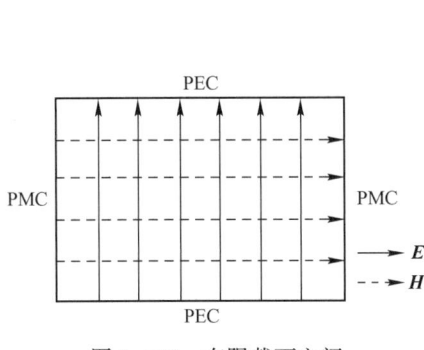

图 2-150 有限截面空间

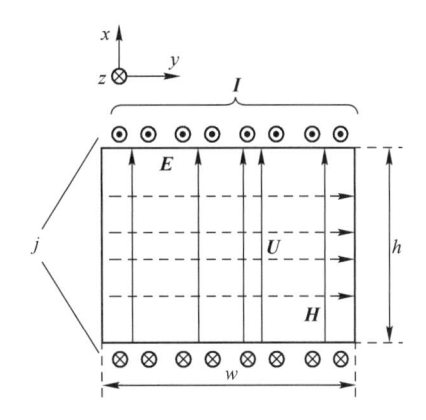

图 2-151 有限空间中的电压波和电流波

$$I = wj = w\boldsymbol{\alpha}_x \times \boldsymbol{H} = \boldsymbol{\alpha}_z w H_0 \mathrm{e}^{-\mathrm{j}\beta z} \tag{2-196}$$

$$U = h\boldsymbol{E} = \boldsymbol{\alpha}_x h E_0 \mathrm{e}^{-\mathrm{j}\beta z} \tag{2-197}$$

式中：w 为两个 PMC 边界间的距离；j 为电流密度，$\boldsymbol{j} = \boldsymbol{\alpha}_x \times \boldsymbol{H}$；$h$ 为两个 PEC 边界间的距离。

由此，则可以进一步得到图 2-151 所代表的均匀传输线的特性阻抗

$$Z_0 = \frac{U}{I} = \frac{h}{w} \frac{E_0}{H_0} = \frac{h}{w} \sqrt{\frac{\mu_0}{\varepsilon_0}} \tag{2-198}$$

同时，对于均匀传输线而言，其特性阻抗还可以用其单位长度上分布电感和分布电容表示为

$$Z_0 = \sqrt{\frac{L_0}{C_0}} \tag{2-199}$$

由式（2-198）和式（2-199）可以得到自由空间与均匀传输线间的一种等效关系，即

$$\frac{h}{w}\sqrt{\frac{\mu_0}{\varepsilon_0}} = \sqrt{\frac{L_0}{C_0}} \tag{2-200}$$

可以看到，对于完全建立自由空间与均匀传输线间的等效关系，只有式（2-200）是不够的。实际上，当自由空间与一种均匀传输线等效时，电磁波在二者中必然具有同样的传输速度或者是相同的相位常数，即

$$\beta = \omega\sqrt{\varepsilon_0 \mu_0} = \omega\sqrt{L_0 C_0} \tag{2-201}$$

由式（2-200）和式（2-201）可以最终得到自由空间与均匀传输线间的等效关系，即

$$L_0 = \frac{h\mu_0}{w}, C_0 = \frac{w\varepsilon_0}{h} \tag{2-202}$$

另外，需要建立金属细导线与电路元件间的定量等效关系。对于图 2-147 所示的金属细导线阵列可以等效为图 2-152 所示的电感阵列，图中的电感为细导线单位长度上的自感，其量值由式（2-188）给出。当阵列间距远远小于入射波长时，图 2-152 所

示阵列中任意位置的电感可以用电感密度来描述：

$$L_s = L\Delta z \Delta y = \mu_0 \frac{\ln(\Delta y/r)}{2\pi}\Delta z \Delta y \quad (2-203)$$

式中：L 为金属细导线单位长度上的自感；L_s 为电感阵列的平均电感密度。

此时，将如图 2-152 所示的电感阵列放入图 2-151 所示的有限截面空间内，则在此空间内由电感阵列引起的在 z 方向单位长度上的并联分布电感为 $L_s h/w$，而当同时考虑自由空间的分布电容和电感效应时，则可以最终得到金属细导线阵列的等效传输线模型，如图 2-153 所示。图 2-153 中，$L_0 dz$ 为图 2-151 所示的宽为 w、高为 h 的有限截面自由空间在微元长度 dz 上的总串联电感，也就是其等效的均匀传输线在微元长度 dz 上的串联分布电感；$C_0 dz$ 为图 2-151 所示的宽为 w、高为 h 的有限截面自由空间在微元长度 dz 上的总并联电容，也就是其等效的均匀传输线在微元长度 dz 上的并联分布电容；$L_s h/w dz$ 则为金属细导线阵列在宽为 w、高为 h、长为 dz 的区域内的总并联电感，也就是其等效的均匀传输线在微元长度 dz 上的并联分布电感。

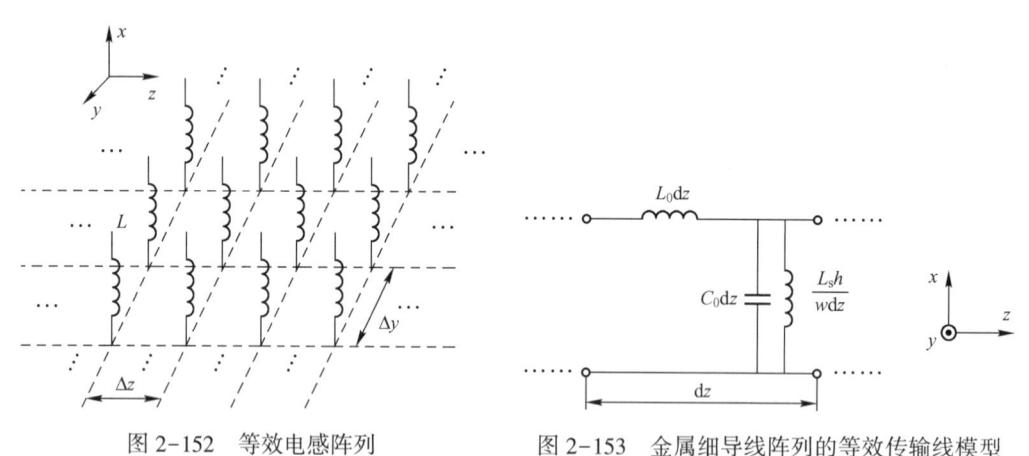

图 2-152 等效电感阵列

图 2-153 金属细导线阵列的等效传输线模型

根据图 2-153 可以得到该传输线单位长度上的并联导纳为

$$G = i\omega \frac{w\varepsilon_0}{h} + \frac{w}{i\omega h L_s} = i\omega \left(\frac{w\varepsilon_0}{h} - \frac{w}{\omega^2 h L_s} \right) \quad (2-204)$$

进而，该传输线单位长度上的并联电容为

$$C_{eff} = \frac{w\varepsilon_0}{h} - \frac{w}{\omega^2 h L_s} \quad (2-205)$$

此时，再根据式（2-202）所示的自由空间与均匀传输线间的等效关系，则可以得到细导线阵列的有效相对介电常数为

$$\varepsilon_{eff} = \frac{hC_{eff}}{w\varepsilon_0} = 1 - \frac{1}{\omega^2 L_s} = 1 - \frac{2\pi}{\omega^2 \mu_0 \ln(\Delta y/r)\Delta z \Delta y} = 1 - \frac{\omega_p^2}{\omega^2} \quad (2-206)$$

式中：ω_p 为金属细导线阵列等效的等离子体角频率。

特别地，当 $\Delta z = \Delta y = a$ 时，有

$$\omega_p^2 = \frac{2\pi c_0^2}{a^2 \ln(a/r)} \quad (2-207)$$

将式（2-206）与式（2-193）所示的基于本构关系法的模型以及式（2-185）所示的 Pendry 模型进行比较可以发现三者完全相同，但是在推导式（2-206）和式（2-193）过程中所涉及的物理概念和使用的数学手段却简单得多。

另外，由上述的推导过程可以看出，由于引入了电感密度的概念，因此在整个推导过程中对 PMC 边界间的距离 w 和 PEC 边界间的距离 h 几乎没有任何约束，在这样的情况下，如果令 $w=h$，则可以由式（2-202）得到 $\varepsilon_0 = C_0$，$\mu_0 = L_0$，而这正是在本节最初提到的 Caloz 等效条件。但需要注意的是，当直接应用 Caloz 等效条件的时候，电感阵列引起的在 z 方向单位长度上的并联分布电感需要相应地变化为 L_s，才能够得到正确的结果。

2. 开口谐振环阵列有效磁导率模型

1999 年，Pendry 带领的研究小组给出了 SRR 阵列的有效磁导率模型，但是其复杂的推导过程使得人们难于理解其描述的物理意义，从而限制了其在左手材料设计和应用中的指导作用。虽然目前有一些基于等效电路方法来建立 SRR 阵列的有效磁导率模型的研究成果，它们在一定程度上弥补了 Pendry 模型的缺陷，但是这些模型通常笼统地将 SRR 本身描述为等效电感与等效电容串联的简单形式，而并没有详细分析 SRR 中各结构部分所起到的作用。针对这样的问题，利用等效传输线方法建立了包含所有结构参数的 SRR 阵列有效磁导率的解析模型，从传输线理论的角度揭示了 SRR 阵列负磁导率效应的激发机理。

对于具有如图 2-154 所示的 SRR 阵列，为了建立其准确的等效传输线模型，必须认真考虑以下 3 个方面：①自由空间的等效传输线分布参数；②SRR 内、外环的自感，内外环间的电容以及内外环间的互感；③SRR 阵列不同单元的内环互感和外环互感。而实际上，SRR 阵列不同单元的内环互感和外环互感可以分别被包含在 SRR 单元内、外环自感的计算中。

当电磁波以图 2-154 所示方式入射到 SRR 阵列上时，根据 Pendry 研究小组的分析，SRR 单元上的电荷、电流的分布情况如图 2-155 所示。图中"⊕"表示正电荷，"⊖"表示负电荷，i 表示电流，可以看到内外环具有完全相反的感应电流，也正是这样的原因迫使电流在内外环间流动，从而使内外环间的电容效应得以表现出来。

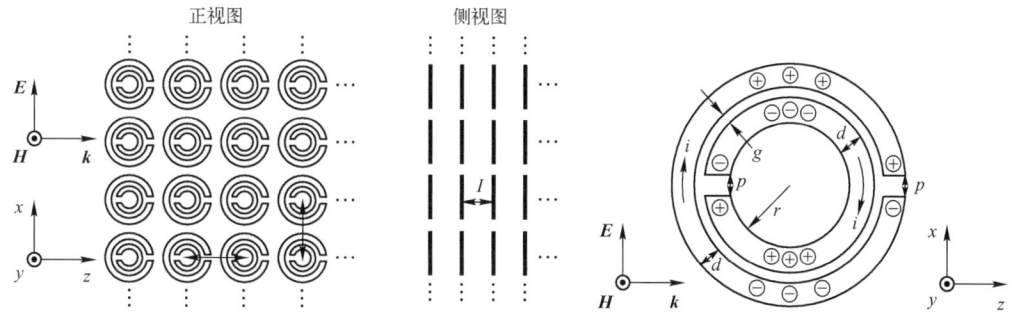

图 2-154　均匀平面波照射下的 SRR 阵列　　图 2-155　SRR 上电流和电荷的分布图

这样的情况下，选取一个 SRR 单元所占的区域作为体积微元，可以得到如图 2-156 所示的 SRR 阵列的等效传输线模型。在图 2-156 中，R_1 为外环电阻，R_{21}、R_{22} 共同代表内环的电阻；L_1 为外环自身引起的电感，L_{21}、L_{22} 共同代表由内环自身引起的电感；C_1 和 C_2 分别描述外环和内环缺口处的电容；C_c 为内环和外环之间的缝隙产生的耦合电容；M 为内外环之间的互感。尤其需要注意的是，图中的 L_0a 和 C_0a 表示在微元体积内自由空间等效的串联电感量和并联电容量。另外，由于将不同 SRR 单元间的互感融合到 SRR 内外环自感的计算中，因此图 2-156 中并没有不同 SRR 单元间的互感参数。

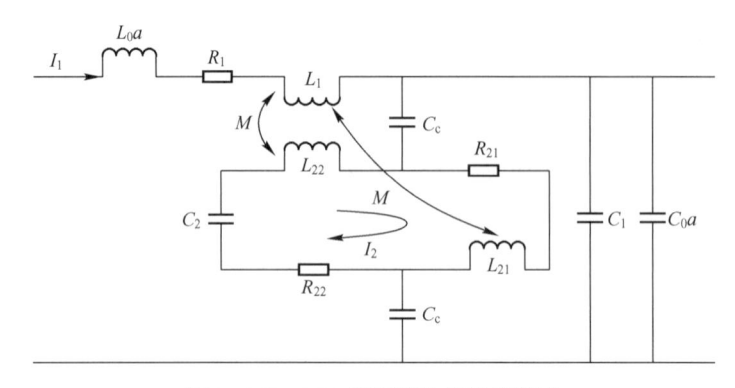

图 2-156　SRR 阵列等效传输线模型

由图 2-156 可以得到该传输线的方程：

$$\begin{cases} -\mathrm{d}V = [I(R_1+\mathrm{j}\omega L_1+\mathrm{j}\omega L_0 a)+I_2\mathrm{j}\omega M] \\ -\mathrm{d}I = \left(\mathrm{j}\omega C_1+\mathrm{j}\omega C_0 a + \cfrac{1}{\cfrac{2}{\mathrm{j}\omega C_c}+\cfrac{R_2+\mathrm{j}\omega L_2+\cfrac{1}{\mathrm{j}\omega C_1}}{(R_{21}+\mathrm{j}\omega l_{21})\left(R_{22}+\mathrm{j}\omega L_{22}+\cfrac{1}{\mathrm{j}\omega C_1}\right)}} \right) V \end{cases} \quad (2-208)$$

式中：V 为微元电路电压；I 为微元电路电流；$\mathrm{d}V$ 为微元电路的电压变化；$\mathrm{d}I$ 为微元电路的电流变化；R_2 为内环总电阻，$R_2 = R_{21}+R_{22} = 2R_{21}$；$L_2$ 为包括阵列间互感的内环总自感，$L_2 = L_{21}+L_{22} = 2L_{21}$；$I_2$ 为 SRR 的内环电流，它满足如下的关系式：

$$\left(\frac{1}{\mathrm{j}\omega C_2}+R_{22}+\mathrm{j}\omega L_{22} \right) I_2 + \frac{\mathrm{j}\omega MI}{2} + \frac{2}{\mathrm{j}\omega C_c}\mathrm{d}I_{11} = V \quad (2-209)$$

式中：$\mathrm{d}I_{11}$ 为通过 C_c 流向内环电路的电流，其表达式为

$$\mathrm{d}I_{11} = \cfrac{\cfrac{1}{\mathrm{j}\omega(C_zA_z+C_1)}}{\cfrac{1}{\mathrm{j}\omega(C_zA_z+C_1)}+\cfrac{2}{\mathrm{j}\omega C_c}+\mathrm{j}\omega L_{21}+R_{21}}\mathrm{d}I \quad (2-210)$$

将式 (2-210) 代入式 (2-209) 后得到电流 I_2 关于电流 I 的表达式，再用该表达式替换方程组 (2-208) 中的 I_2，于是将方程组 (2-206) 化成下列形式：

$$\begin{cases} -\mathrm{d}V = \mathrm{j}\omega \left[I\left(L_0 a + L_1 \times \left(1 - \frac{\mathrm{j}R_1}{\omega(L_x A_x + L_1)} - \frac{k^2}{1-\omega_{\mathrm{p2c}}^2/\omega^2 - \mathrm{j}R_2/\omega L_2}\right)\right) + \\ \qquad\qquad \frac{\mathrm{j}M/L_2 \omega}{1-\omega_2^2/\omega^2 - \mathrm{j}R_{21}/\omega L_{21}} \times \frac{V}{1-2\omega_{\mathrm{p2c}}^2/\omega^2 - \mathrm{j}R_2/\omega L_2} \right] \\ -\mathrm{d}I = \mathrm{j}\omega V \left[C_0 a + C_1 \left(1 + \frac{1}{2(C_z A_z + C_1)/C_c - \omega^2/\omega_{\mathrm{p2c}}^2 + \mathrm{j}\omega(C_z A_z + C_1)R_{21}}\right) \right] \end{cases} \quad (2\text{-}211)$$

$$k^2 = M^2/L_1 L_2 \tag{2-212}$$

$$\omega_2^2 = \frac{1}{L_2 C_2} \tag{2-213}$$

$$\omega_{\mathrm{p2c}}^2 = \frac{1}{L_{21} C_c} \tag{2-214}$$

而图 2-156 中的电路元件参数则可以通过下式进行计算：

$$R_{1(2)} = \frac{2\pi r_{\mathrm{out(in)}} \sigma}{\mathrm{d}t} \tag{2-215}$$

$$L_{1(2)} = \mu_0 r_{\mathrm{out(in)}} \left[\ln\left(\frac{2r_{\mathrm{out(in)}}}{d}\right) + 0.9 + \frac{r_{\mathrm{out(in)}}^2}{20d^2} \right] + \frac{\mu_0 \pi r^2}{2\sqrt{l^2 + r_{\mathrm{out(in)}}^2}} \tag{2-216}$$

$$M = \mu_0 \left(\frac{r_{\mathrm{out}} + r_{\mathrm{in}}}{2}\right) \left[\ln\left(\frac{1}{\rho}\right) - 0.6 + 0.7\rho^2 + \left(0.2 + \frac{1}{12\rho^2}\right)\frac{d^2}{(r_{\mathrm{out}} + r_{\mathrm{in}})^2} \right] \tag{2-217}$$

$$C_{1(2)} = \frac{2.2\varepsilon_0 \mathrm{d}t}{p} \tag{2-218}$$

$$C_c = [0.06 + 3.5 \times 10^{-5}(r_{\mathrm{out}} + r_{\mathrm{in}})] \tag{2-219}$$

式中：d 为 SRR 内外环的宽度；t 为 SRR 金属片的厚度；r_{in} 为 SRR 内环半径；r_{out} 为 SRR 外环半径；p 为 SRR 内外环开口宽度；ρ 为计算系数，$\rho = (2d+g)/(r_{\mathrm{out}} + r_{\mathrm{in}})$；$g$ 为 SRR 内外环间距；l 为 SRR 层间距。

另外，当假设上述微元体积内填充的是某种双各向异性介质时，根据双各向异性介质的本构关系，其对应的电报方程组为

$$\begin{cases} -\mathrm{d}V = \mathrm{j}\omega\left(I\frac{a^2}{l}\mu_0 \mu_{\mathrm{eff}} + \zeta_{\mathrm{eff}} V\right) \\ -\mathrm{d}I = \mathrm{j}\omega(Vl\varepsilon_0 \varepsilon_{\mathrm{eff}} + \xi_{\mathrm{eff}} I_1) \end{cases} \tag{2-220}$$

对比式（2-220）和式（2-211），就可以得到 SRR 阵列的有效相对磁导率模型：

$$\mu_{\mathrm{eff}} = 1 + \frac{lL_1}{a^2}\left[1 - \frac{\mathrm{j}R_1}{\omega(L_x A_x + L_1)} - \frac{k^2}{1 - \frac{\omega_{\mathrm{p2c}}^2}{\omega^2} - \frac{\mathrm{j}R_2}{\omega L_2}} \right] \tag{2-221}$$

为了验证上述有效磁导率解析模型的正确性，采用了两种验证方法：一方面，利用 CST MW STUDIO 三维电磁场仿真软件对 SRR 阵列的传输反射特性（S 参数）进行了数值仿真，并根据 S 参数提取了 SRR 阵列的有效磁导率，通过将其与推导出的有效磁导率解析模型的计算结果进行比较，来验证有效磁导率解析模型的正确性；另一方面，利用 ADS 电路仿真软件对图 2-156 所示的等效电路的 S 参数进行仿真，通过将此电路仿

真结果与前面得到的场仿真结果进行比较来验证图 2-156 等效电路模型的正确性。

图 2-157 给出了 SRR 阵列的 S 参数频率特性曲线，其中图（a）为幅度曲线，图（b）为相位曲线。图 2-158 给出了通过图 2-157 所示的 S 参数提取出来的有效磁导率曲线和解析模型计算出来的有效磁导率曲线，从图中可以看出二者相吻合。图 2-159 给出了利用 ADS 仿真得到的图 2-156 所示的 SRR 阵列等效电路的 S 参数曲线，比较图 2-159 和图 2-157 则可以看出二者无论是幅度曲线还是相位曲线都吻合得非常好。

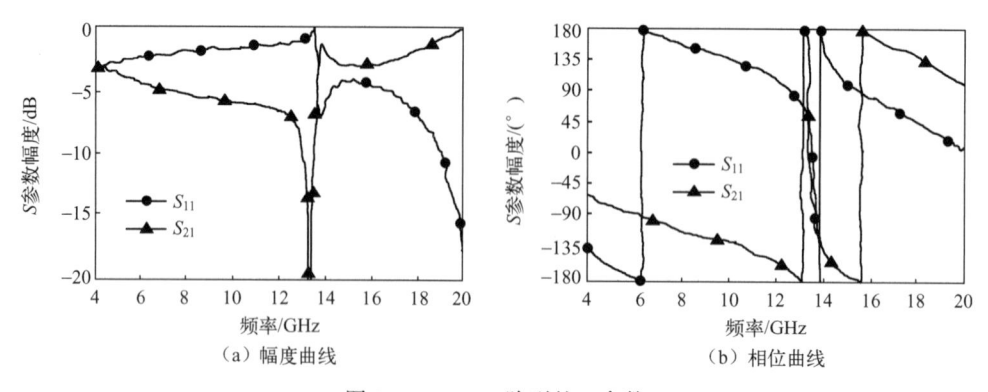

图 2-157 SRR 阵列的 S 参数

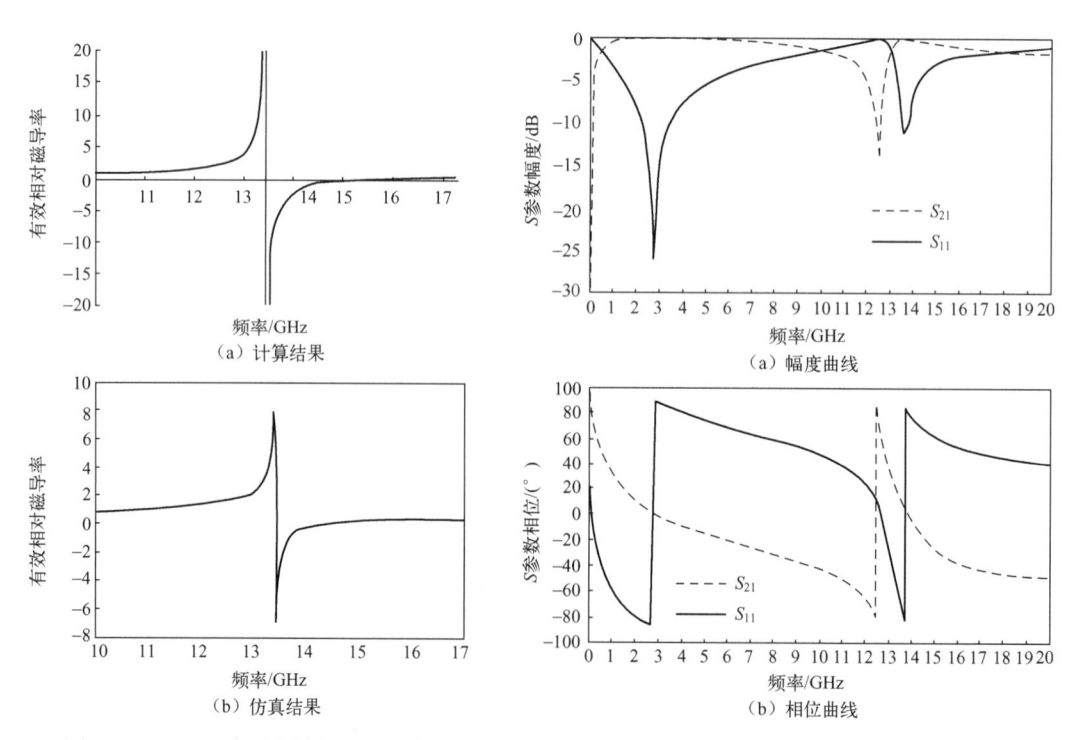

图 2-158 SRR 阵列有效相对磁导率

图 2-159 ADS 仿真得到的 SRR 阵列等效电路 S 参数曲线

3. 左手材料的神经网络建模

基于神经网络具有可以以任意精度逼近任意连续函数，一旦完成对网络的训练，其再次预测时间很短，并且具有一定的精度，能够达到精度与效率较好结合的特性。其中

BP神经网络是应用最为广泛的一种模型,并且具有一个隐层的三层 BP 神经网络能以任意精度逼近任意非线性函数。在此利用 BP 神经网络建立左手材料的等效介电常数及等效磁导率与介质敏感结构参数之间的神经网络模型,并通过实验来验证该神经网络分析方法的可行性及可靠性。

1) 神经网络建模原理

(1) BP 神经网络。BP 神经网络是一种多层前馈型网络,其结构如图 2-160 所示。当一对学习样本提供给网络后,神经元的激活值从输入层经隐层向输出层传播,在输出层神经元得到网络的输入响应。然后按照目标输出与实际误差的方向,从输出层经过各隐层逐层修正连接权值,最后返回输入层,这种算法称为误差逆传播算法,即 BP 算法。BP 神经网络通常包含一个或多个隐层,隐层神经元均采用 S 形传递函数,输出层的神经元采用线性传递函数。BP 神经网络的学习算法如图 2-161 所示。

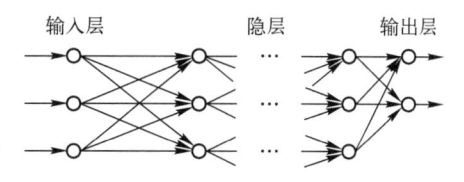

图 2-160 BP 神经网络结构图

(2) 量化共轭梯度法。量化共轭梯度法 (SCG) 是共轭梯度法的改进,该法改变了共轭梯度法在计算搜索步长时的线性搜索方式,避免了共轭梯度法耗时的一维搜索,其计算结构为

$$w_{k+1}=w_k+\alpha_k p_k \quad (2-222)$$

式中:α_k 为搜索步长,

$$\alpha_k=-\frac{\bm{g}_k^{\mathrm{T}} p_k}{\bm{p}_k^{\mathrm{T}} \bm{H}_k p_k} \quad (2-223)$$

式中:$\bm{H}_k$ 为海森矩阵;$\bm{g}_k$ 为当前表现函数的梯度。

令 $s_k=\bm{H}_k p_k$,$\delta_k=\bm{p}_k^{\mathrm{T}} s_k$,$u_k=-\bm{g}_k^{\mathrm{T}} p_k$,则有

$$\alpha_k=\frac{u_k}{\delta_k} \quad (2-224)$$

在 SCG 算法中,s_k 是一个与 λ_k 相关的函数,其中 λ_k 为尺度因子。通过调节尺度因子使得 $\delta_k>0$ 以保证海森矩阵的正定性。最后得到

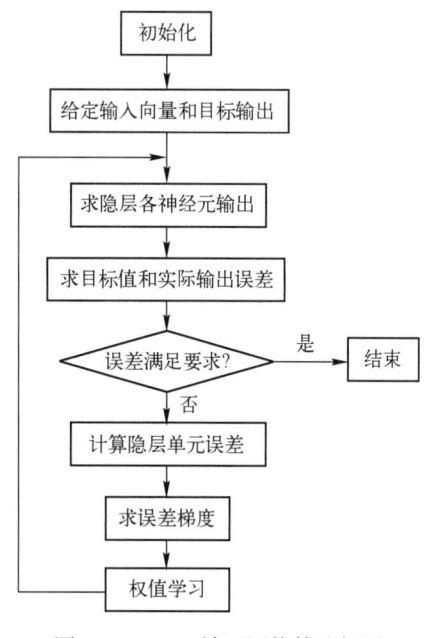

图 2-161 BP 神经网络算法框图

$$\alpha_k=\frac{u_k}{\delta_k}=\frac{u_k}{\bm{p}_k^{\mathrm{T}} s_k+\lambda_k |p_k|^2} \quad (2-225)$$

即通过调整尺度因子可以改变步长的大小,从而加速网络的收敛。

2) 实例分析

(1) 左手材料结构。以图 2-162 所示的左手材料基本结构为一开口谐振环,其主要由 3 部分组成:介质基板、金属谐振环和金属线,金属环和金属线分别位于介质基板的两侧。能够对左手材料电磁特性产生影响的主要因素有基板尺寸 L、厚度 h、基板介电常数、两环间距 s、金属线宽 w、开口宽度 g 以及内外环的内径 r_1、r_2。

(a) 俯视图 (b) 侧视图

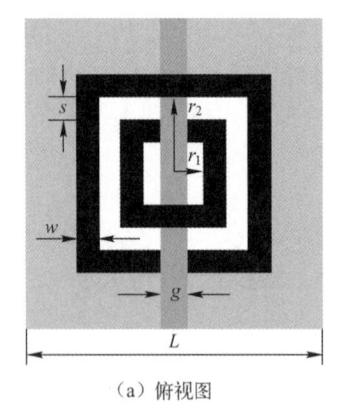

图 2-162　左手材料结构图

左手材料结构中介质基板的介电常数为 2.55，厚度 h 为 0.8 mm。金属环路的物理参数如下：$r_1=2$ mm，$r_2=2.75$ mm，$w=0.25$ mm，$g=0.5$ mm，$s=0.5$ mm。

(2) 建模与分析。以 HFSS 作为仿真工具并选用 BP 神经网络，其建模分析是在限制左手材料的某些参数不变，而只考虑基板尺寸 L 发生变化的条件下进行的。因此，可以将介质基板尺寸 L 作为 BP 神经网络的输入，所对应的相对介电常数和相对磁导率的实部作为 BP 神经网络输出。在建模过程中学习算法为量化共轭梯度法，因此网络的训练函数为 trainscg，隐层神经元函数为 tansig，输出层采用 purelin 函数。

利用数值分析法为 BP 神经网络提供训练所需要的样品数据。介质基板尺寸 L 分别取 4 mm、5 mm、6 mm，对这 3 组数据进行 HFSS 扫频仿真，扫频频率范围为 7~20 GHz，扫频类型为线性计算（Linear Count），其中 count 设置为 201。因为左手材料的介电常数以及磁导率与 S 参数中的 S_{11} 及 S_{21} 相关，因此可以得到 3 组频率与 S 参数（$|S_{11}|$、$|S_{21}|$、φ_{11}、φ_{21}）相对应的数据。根据参数倒逆法的电磁参数提取，可以从上面得到的数据中提取出不同基板尺寸所对应的介电常数以及磁导率。将得到的 2 行 3×201 列的 $[L,f]$ 二维矩阵作为 BP 神经网络的输入，2 行 3×201 列的 $[\mathrm{real}(\varepsilon),\mathrm{real}(\mu)]$ 二维矩阵作为 BP 神经网络的输出，以此建立 BP 神经网络模型。由于 3×201 列所包含的数据较多，容易造成网络的过适配问题，因此，本书采用等差方式对 7~12 GHz 的频率范围进行采样，取 3×41 列数据作为 BP 神经网络的训练样本。训练样本选取之后开始神经网络建模，调整隐层神经元数目、训练目标以及训练次数等参数后就可以对 BP 神经网络进行训练。

3) 结果及分析

对模型采用 HFSS 扫频分析，得到不同尺寸下的 S 参数。根据 S 参数提取出不同尺寸下的介电常数和磁导率作为 BP 神经网络的输出进行建模。

建模完成后对网络进行训练，在训练过程中，需要调整隐层神经元数目使 BP 神经网络具有训练精度高、收敛速度快的特点。本书通过实践发现单隐层神经网络虽然在时间上占有优势，但训练精度明显不如双隐层。表 2-2 列出了单隐层不同神经元数时的训练精度与训练时间的关系，表 2-3 为双隐层采用不同组合神经元数的训练精度及训练时间的关系。

表 2-2 单隐层神经元数目研究

隐层神经元数	训练精度（MSE）	Epochs=10000 的用时/s
20	0.209694	72.544717
30	0.0899694	85.614357
40	0.0418073	111.870513

表 2-3 双隐层神经元数目研究

隐层神经元数	训练精度（MSE）	Epochs=10000 的用时/s
10, 10	0.00232515	103.585361
20, 10	0.00145445	116.398155
20, 20	0.00134263	137.515835
20, 30	0.00167375	143.902636
30, 20	0.00020679	145.535648

从表 2-2 中可以看出，当第一隐层神经元数目为 30，第二隐层神经元数目为 20 时可以获得较好的训练速度以及训练精度，同时发现调整第一隐层神经元数对网络训练精度的增进更加明显于第二隐层的神经元。

将第一、第二隐层神经元数分别设置为 30、20 对网络进行训练，训练过程如图 2-163 所示。从图中可以看出，训练次数 Epochs 设置为 10000 时网络训练精度（均方误差，MSE）达到 0.00020679，停止训练。在 CPU 为 AMD Athlon 64×2 3600+，1 GB DDR2

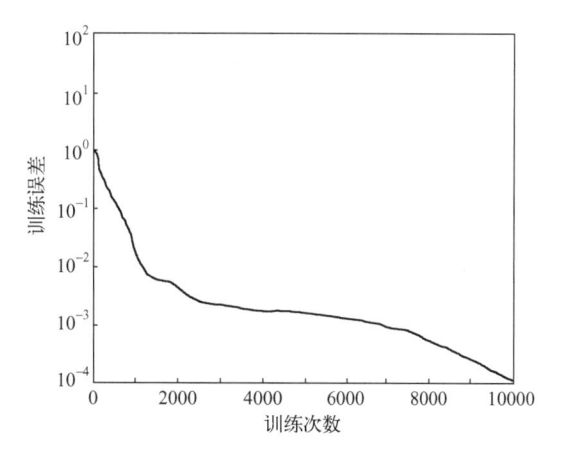

图 2-163 BP 神经网络训练过程

内存的台式机上运行所耗费的时间为 145.535648 s，相对于 HFSS 在同一计算机上进行快速扫频所消耗的数十分钟来说，该时间可以忽略不计。若为了提高精度采用离散扫频，则需要的时间更多。

BP 神经网络一旦建立，采用 9 点取样进行再次预测的时间为 0.022055 s，与利用数值分析法进行 HFSS 扫频仿真后再提取参数所需时间相比较，可以说是微乎其微。将 BP 神经网络的输出与数值分析法所得结果进行比较，以 9 个均匀间隔的频率点进行采样得到基板尺寸 L=6.5 mm 时的介电常数和磁导率实部与频率之间的关系，如图 2-164 所示，其中纵坐标分别为介电常数和磁导率的实部，横坐标均为频率。

可以看出，BP 神经网络的输出与数值分析法所得结果吻合较好，SRR 结构左手材料在基板尺寸 L=6.5 mm 时在 10~10.4 GHz 范围内介电常数及磁导率的实部同时为负，说明 BP 神经网络的输出能够有效地反映该结构尺寸下左手材料的电磁特性，验证了 BP 神经网络应用于左手材料分析中的可靠性。同时，由于 BP 神经网络的输出是介电常数和磁导率的实部,所以在再次预测过程中不需要再从 S 参数中提取出介电常数和磁导率,避免了在提取参数过程中由于厚度谐振等问题所引起的提取错误。只要训练样本的获取过程中提取的参数正确,再次预测时将不再涉及参数提取,从而减少了工作量。

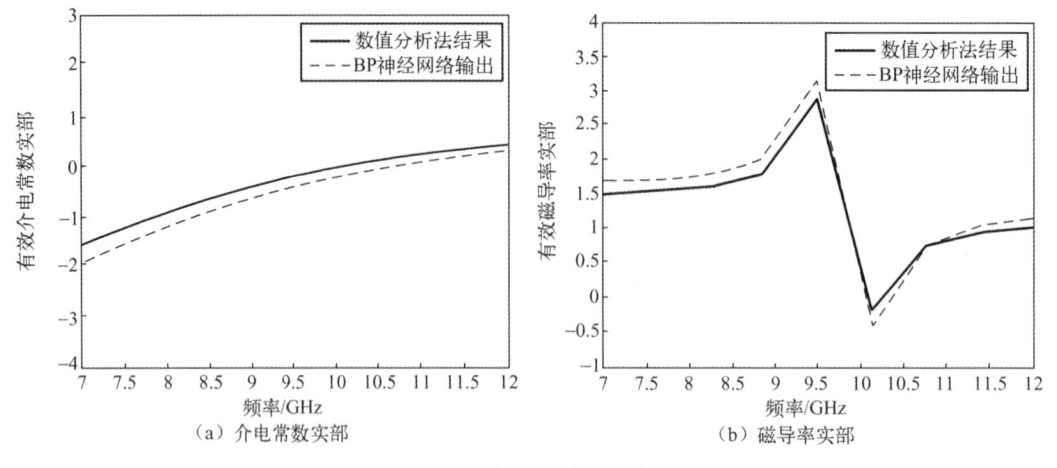

图 2-164 两种分析方法结果的比较

神经网络及其他人工智能建模工具具有处理多元非线性关系的能力,非常适合对复杂模型进行建模,尤其是模型的参数非常敏感的情况下。将 BP 神经网络应用到左手材料的分析当中,分析了左手材料基本单元的内在结构对于电磁性能的影响,验证了 BP 神经网络用于左手材料分析中的快速性及可靠性,研究了不同组合隐层神经元数对实验精度的影响,发现隐层神经元数分别为 30、20 可以获得较好的网络特性。实验结果表明,BP 神经网络所耗时间为 145.535648 s,比传统数值分析法所耗时间明显减少。此外,对于训练精度而言,BP 神经网络的均方误差达到 0.00020679,满足工程设计要求。以上结果说明,BP 神经网络与全波分析软件相比,二者在分析左手材料特性时能够较好吻合,但是计算时间却大为减少,并且有效地克服了再次预测过程中提取参数的不稳定性,为再次预测获得较好电磁性能的左手材料提供一种快速的分析方法。

六、后向波特性验证

采用两种不同的方法——波前跟踪法和时域观察法,来分别验证左手材料的后向波特性。

波前跟踪法的基本原理是:当利用余弦波作为左手材料传输特性仿真模型的激励源时,其激励电场可以表示为

$$E = \cos(kx - \omega t)\boldsymbol{a}_z \tag{2-226}$$

式中:k 为激励源所处环境的相位常数;ω 为激励源工作角频率;$\boldsymbol{a}_z$ 为 z 方向单位矢量。

此时,对于固定的相位 P_{const} 有

$$x = \omega t/k + P_{\text{const}}/k \tag{2-227}$$

式中:ω/k 为波前传播的速度(相速)。

由此可以发现,如果能够记录等值电场随时间和位移的变化曲线,就可以通过计算该曲线的斜率来确定相速。需要注意的是,该方法在实验中很难实现,但可以在时域仿

真中获得。在图 2-106 所示的仿真环境中，设定两个端口间距为 36.00 mm，并将 11 个左手材料单元沿 x 方向被放置在 6.68～31.83 mm 处，而其他位置则为普通介质，同时选择 9.5 GHz 的余弦波作为激励源。在这样的条件下，在其中传播的电场幅度随位移和时间的变化曲线如图 2-165 所示，图中实线表示电场幅度等值线，可以看到在 0～6.68 mm 和 31.83～36.00 mm 范围内，电场幅度等值线的斜率为正值，表明此时相速为正；而在 6.68～31.83 mm 范围内电场等值线的斜率为负值，表明此时相速为负，反映了左手材料的后向波特性。

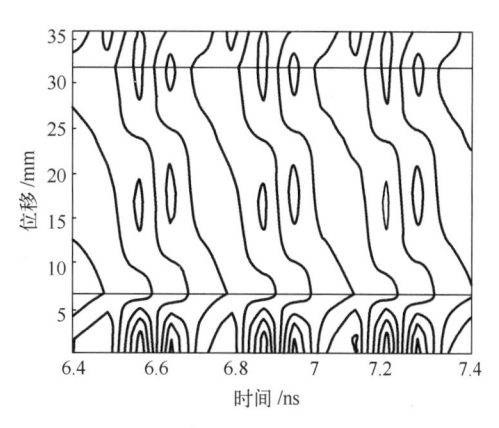

图 2-165 电场等值线的位移时间曲线

实际上，很多商业电磁场仿真软件都提供了显示动态效果的功能，因此完全可以通过直接观察、比较电磁波在左手材料与普通介质中传播的时域动态效果来验证左手材料的后向波特性。在 9.5 GHz 上不同时刻（相位）对应的电场分布，此时，18 个单元被放置在平行板波导的中间位置，两侧为普通介质。随着时间的推移，普通介质中的电磁波波前自左向右地传播，而左手材料中的电磁波波前则恰恰相反地从右往左传播。

为了进一步验证上述左手材料频段，图 2-166 绘制了左手材料的八单元阵列的仿真结构及其后向波效应。图中 8 个左手材料单元顺着微带线方向依次排列，其相邻间距 $\Delta L = 2$ mm；阵列两边是与左手材料微带线基板完全相同的介质板。电磁波由端口 1 入射，朝 $+y$ 方向的端口 2 传播。

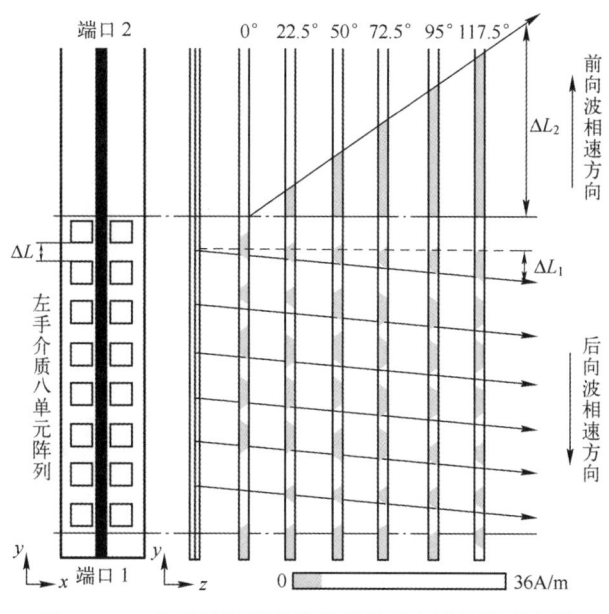

图 2-166 左手材料微带线阵列的后向波特性示意图

为了观察左手材料阵列的后向波效应，图 2-167 演示了 2.23 GHz 时微带线正下方（即 y-z 截面）的磁场随相位变化的分布情况。当相位从 0° 开始，以 22.5° 为步长，依次增加至117.5°时，左手材料阵列中的磁场朝端口1移动，即向波源移动，而左手材料阵列上方的普通介质中的磁场向端口2移动。这说明当电磁波的能量从端口1向端口2沿微带线传播时，普通介质中的相速与能量传播方向一致（即前向波效应），但是左手材料微带线上的相速却与能量传播方向相反，这正是左手材料独特的后向波效应。

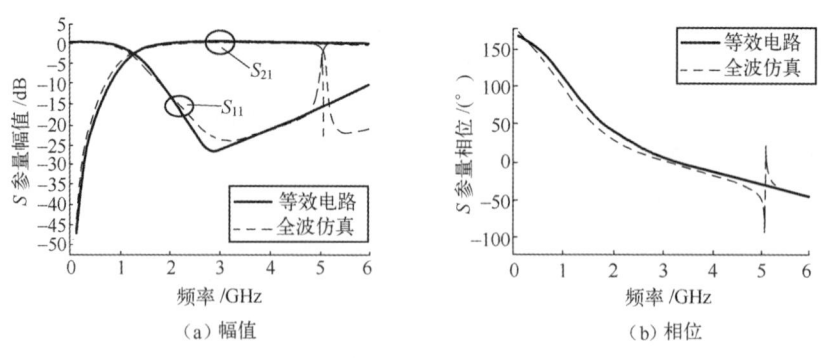

图2-167 左手传输线单元结构散射参量曲线

此外，从图中还可以观察到后向波的相速明显小于前向波的相速。设相速之比为K，图中$\Delta L_2/\Delta L_1 = 10/2 = 5$，则

$$K = v_{前}/v_{后} = (\Delta L_2/5)/(\Delta L_1/6) = 6$$

而K还可以根据有效电磁参数推算得到，公式如下：

$$v_p = 1/(\varepsilon_0 \varepsilon_{eff} \mu_0 \mu_{eff})^{1/2}$$

式中：ε_{eff}和μ_{eff}分别为媒质的有效介电常数和有效磁导率。

2.23 GHz时左手材料的有效介电常数和有效磁导率分别为-54和-1.5，因此

$$K = v_{前}/v_{后} = (\varepsilon_{eff左} \cdot \mu_{eff左})/(\varepsilon_{eff右}/\mu_{eff右})^{1/2} = 5.82$$

上述结果表明：提取的电磁参数与仿真实验结果之间的误差较小，印证了该左手材料单元具有较小的电尺寸。

通过进一步计算可以得到，该左手材料微带线在2.00～2.35 GHz频段的相对带宽分别为16.1%，在中心频率处的电尺寸为0.04波长。表2-4给出了包括文中左手材料微带线在内的几种主要的左手材料的相对带宽和电尺寸的比较，可以看到设计的左手材料微带线不仅相对带宽较大，而且电尺寸远小于0.1波长，达到了有效媒质理论的前提要求。

表2-4 几种主要的左手材料结构相对带宽、电尺寸比较

左手材料结构	相对带宽	中心频率的电尺寸
SRR/Rods	12.2%	0.16
双S结构	46%	0.12
CLS/SRR	3.2%	0.18
小型化SRR/DCS	16.1%	0.04

采用了全波仿真技术与等效电路结果进行了比较分析。选择左手传输线基本参数如下：$W = 0.1$ mm，$S = 0.1$ mm，$N = 20$，$l_c = 5$ mm，$W_s = 0.4$ mm，$h = 1.25$ mm，$\varepsilon_r = 2.2$，

$t = 0.01$ mm，$l_s = 10$ mm。

对单个单元结构进行了研究，分析结果如图 2-167 所示。从该图可以看到，等效电路的解析方法与全波仿真的 S 参量结果在小于 4.5 GHz 的情况下能够很好地吻合，二者精度几乎在一个量级上。然而在左手传输线的设计上，基于等效电路的解析方法有着全波仿真无法比拟的优势，它的物理概念更加清晰、效率更高。因此，只要在一定的精确度范围内，此方法将是实际应用中的最佳选择。在高于 4.5 GHz 时全波仿真结果发现，出现了一个谐振点，单元结构的特性与等效电路明显不符，这是由于在较高频段，分布参数效应增大，等效电路模型满足的单元尺寸远小于波长条件不再满足，等效电路分析方法失效，这与前面的预测一致。同时，也正是这种限制降低了左手传输线的实际工作带宽。

七、负折射特性验证

通过数值仿真的方法研究了左手材料的负折射特性。仿真模型如图 2-168 所示，左手材料单元被以阶梯的形式放置在两块平行的金属平板之间，而这两块金属板间的其他地方则填充介电常数为 2.2 的均匀介质来减小不必要的反射，此时沿 x 方向每放置一个单元，则沿 z 方向放置 4 个，这样就形成了一个具有 48.8° 角的楔形棱镜。另外，平行于 y 轴的 4 个端面均被设置成理想匹配层（Perfectly Matched Layer，PML）边界，这样就可以保证不会由于边界的反射而影响实验的结果。电场极化方向为 y 方向的均匀平面波由标有"1"的端口沿 x 方向入射，它将通过左手材料楔形块，并在楔形块与周围均匀介质的交界面处发生折射与反射，被折射和反射的电磁波将在 PML 边界处被吸收，在这种情况下就可以通过电场能量在空间上的分布来判断由"1"端口入射的电磁波在楔形块的作用下是发生了正折射（入射波束与折射波束位于法线两侧）还是负折射（入射波束与折射波数位于法线同侧）。

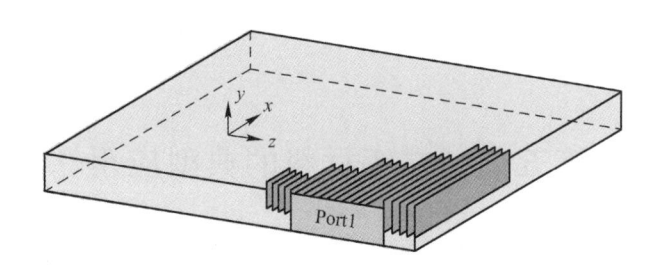

图 2-168 左手材料负折射仿真模型

图 2-169 绘出了在上述的仿真实验中，9.5 GHz 时的电场分布图。其中粗实线用来描述入射波束和主要的折射波束方向，粗虚线表示楔形左手材料的斜面与普通介质的交界面，细虚线则表示此交界面的法线方向。从图中可以看到入射波束被折射到法线的同侧，即出现了负折射现象。图 2-170 则绘出了 10 GHz、10.5 GHz、11 GHz 和 11.5 GHz 4 个频率点上电场幅度随折射角变化曲线，从图中可以看出在这些频率点上，最大折射方向上的折射角均为负值。

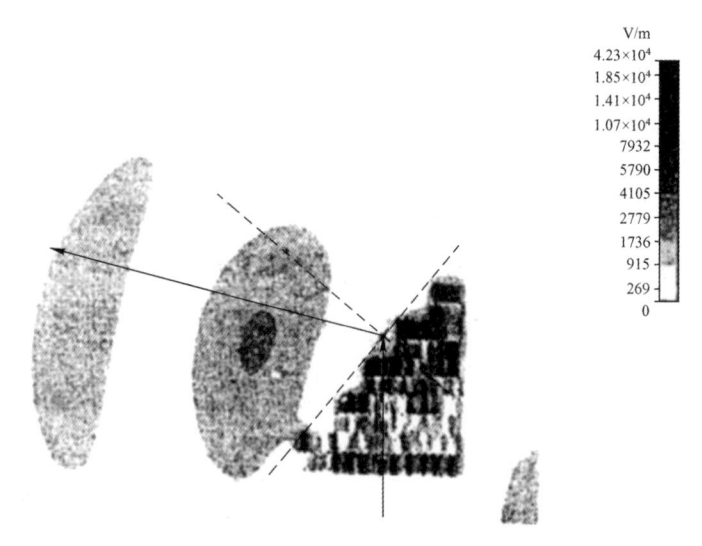

图 2-169　9.5 GHz 时左手材料内部及周围的电场分布

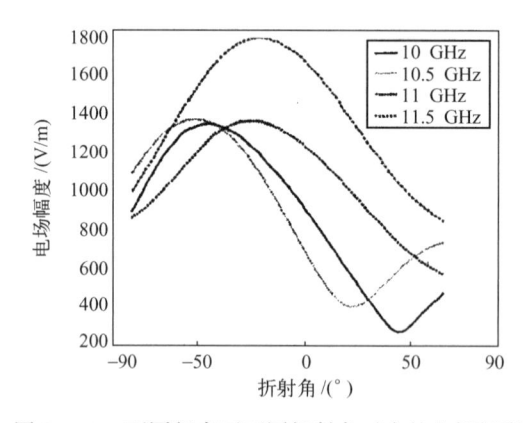

图 2-170　不同频率下不同折射角对应的电场幅度

第五节　左手材料的典型应用

左手材料在许多领域都有着重要的应用,如超分辨率成像、高指向性天线、光子隧道效应以及电磁波透明等。在超分辨率成像方面,最近的研究表明,由于左手材料自身的耗散和透镜表面存在的凋落波对成像质量的影响,左手材料将不能够实现 Pendry 提出的"完美"成像,但其成像分辨率仍然要好于传统透镜。下面着重讨论左手材料在光子隧道效应和电磁/声波透明两个方面的应用。

一、光子隧道效应

当一束电磁波从光密媒质向光疏媒质以大于临界角入射时,会发生全反射现象,临界入射角与入射媒质和透射媒质折射率的比值有关,虽然电磁波不能够进入光疏媒质,但在界面附近仍有电磁场存在并在透射介质中波振幅呈指数衰减,具有这种场特性的波被称为凋落波，然而当在光疏媒质后放置折射率非常大的材料后，电磁波就可以穿过该光疏媒质，这种现象被称为光子隧道效应，研究表明当第3层介质（放置于光疏媒质后的介质）是左手材料时，光子隧道效应仍然会发生，这是由于左手材料具有恢复凋落波幅值的功能，这一现象引起了科学界极大的关注。最近，基于光子隧道效应的全透射条件已经被给出，主要针对叠层板内含有单负值材料或各向异性材料的情况进行了讨论，此外，一些研究人员对电磁波隧穿后光束的平移现象也进行了讨论。

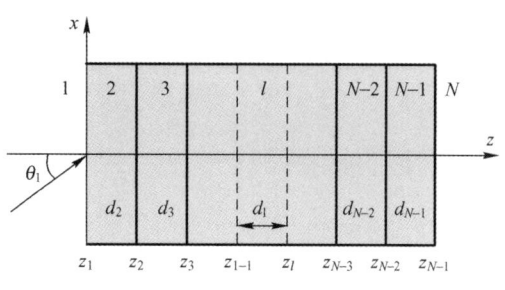

考虑图 2-171 所示的叠层结构（由 $N-2$ 块板构成）与两块半无限大板（l 和 N）相邻，每一层板的相对介电常数和磁导率以及折射率分别表示为 ε_l, μ_l 和 $n_l (l=1,2,\cdots,N)$，这里这些参数均被认为是实常数。当一束单色平面波（即单一频率 ω）以角度 θ_1 向该叠层结构入射时，波在每层板中传播的波矢量为 $\boldsymbol{k}_l = k_x \hat{\boldsymbol{x}} + k_{lz} \hat{\boldsymbol{z}}$，其中 $k_x = (\omega/c) n_1 \sin\theta_1$，$c$ 是真空中的光速。

图 2-171 叠层结构示意图

考虑 $N=4$ 的叠层板系统，并为了得到最大的透射，假设最外侧的两半无限大介质为同种材料。可以证明，光子完全透射条件对于 TE 极化情况为

$$\mu_2 d_2 + \mu_3 d_3 = 0, \quad \alpha_2 d_2 - \alpha_3 d_3 = 0 \tag{2-228a}$$

对于 TM 极化情况为

$$\varepsilon_2 d_2 + \varepsilon_3 d_3 = 0, \quad \alpha_2 d_2 - \alpha_3 d_3 = 0 \tag{2-228b}$$

式中：$\alpha_l = \sqrt{(n_1 \sin\theta_1)^2 - n_l^2}$。

当该两层板均是单负值材料时，式（2-228）与通过等效传输线模型得到的条件一致。从该条件可以看出，两层板中至少有一种是超材料时才可以发生光子隧道完全透射效应，此外该条件与两层板放置的顺序无关。

下面以 TE 极化情况为例进行进一步讨论，首先定义 $\tau = d_3/d_2$，根据式（2-228a），其中一层板的介电常数和磁导率可以表示为

$$\varepsilon_3 = -\frac{\varepsilon_2}{\tau} + \frac{\varepsilon_1 \mu_1 \sin^2\theta_1}{\tau \mu_2}(1-\tau^2) \tag{2-229a}$$

$$\mu_3 = -\frac{\mu_2}{\tau} \tag{2-229b}$$

当另一块板是传统材料（$\varepsilon_2>0$, $\mu_2>0$）时，根据式（2-229b）恒有 $\mu_3<0$，而 ε_3 的符号将取决于整个系统参数的选取，当 $(\sin\theta_1/\sin\theta_t)^2(1-\tau^2) \leq 1$ 时 $\varepsilon_3 \leq 0$，当 $(\sin\theta_1/\sin\theta_t)^2(1-\tau^2) > 1$ 时 $\varepsilon_3 > 0$，其中 $\theta_t = \arcsin(\sqrt{\varepsilon_2\mu_2/\varepsilon_1\mu_1})$ 为波入射到该双层结构时的全反射角。由于首先要保证全反射现象的发生，因此要求 $\theta>\theta_t$，所以 ε_3 的符号将在很大程度上取决于 τ 的取值。上述分析表明左手材料和单负值材料均可以与传统材料搭配来激发光子隧道完全透射效应的发生。当另一块板是单负值材料时（例如 $\varepsilon_2 \leq 0$, $\mu_2>0$）也可以进行同样的分析，在这种情况下，与之搭配的板既可以是单负值材料（$\varepsilon_3>0$, $\mu_3<0$），也可以是左手材料（$\varepsilon_3<0$, $\mu_3<0$），取决于整个系统参数的取值。

两类特殊情况，当 $\tau=1$ 时可以得到 $\varepsilon_2=-\varepsilon_3$ 和 $\mu_2=-\mu_3$，这时对于 TE 和 TM 极化波将同时发生全透射现象，如果其中一块板是传统材料，则与之相搭配的必然是左手材料。当其中一块板是单负值材料时，另一块板必然也是单负值材料。另外一类特殊情况就是考虑单负值叠层板，当波正入射时，可以得到全透射条件为 $\varepsilon_2+\tau\varepsilon_3=0$ 和 $\mu_2+\tau\mu_3=0(\tau\neq1)$，满足该条件的叠层结构将对斜入射波具有一定的截止功能。

当将分别满足式（2-228a）和式（2-228b）的各双层板组合起来时（偶数层），可以证明全透射现象仍然会发生，此外电磁波穿过某一种材料或结构时所经历的相移 ϕ 与透射系数 $\hat{t}$ 之间有关系 $\phi=\arg(\hat{t})$，可以证明全透射现象发生时 $\phi=0°$，这意味着当光子隧道效应完全透射现象发生时，波在传播的过程中将不经历相位的变化。

二、透明材料设计

2005 年 Alù 和 Engheta 提出用超材料作为涂层，可以使球形物体达到透明，这时观察者将"看"不到该物体，该现象引起了国内外学者的广泛关注。该透明机理主要通过缩减涂层球的总散射截面来实现，当一个物体具有非常小的散射截面时，表明该物体的散射场非常小，从而使其很难被探测到。该研究结果向人们揭示了科幻世界的"隐身衣"在现实生活中可能真的实现，但不足的是，该方法只能使颗粒尺寸小于波长的球体透明，而对于光波下的大尺寸物体就不再适用了，为此 Leonhardt 提出通过保角映射方法来实现电大尺寸物体的透明，Pendry 等人一提出通过坐标变换的方法实现电大尺寸物体的透明，其主要机理都是通过对超材料涂层进行设计，使入射的电磁波在被测物体周围发生弯曲，从而实现透明。利用这种原理，Scchurig 等人设计出了具有这种特性的超材料，实验表明该超材料涂层可以使铜柱隐形，下面利用"中性夹杂"的概念来具体讨论电小尺寸物体的电磁波透明现象。

图 2-172 所示为一任意形状的夹杂置于一无限大基体中，夹杂的介电常数和磁导率分别表示为 ε_* 和 μ_*；基体的介电常数和磁导率分别表示为 ε_m 和 μ_m，一束平面波向该夹杂照射。夹杂所示的区域既可以是均匀介质也可以是非均匀介质，对于后者，ε_* 和 μ_* 将代表非均匀介质的等效介电常数和等效磁导率，可以预料，当夹杂的材料参数和背景介质完全相同时，夹杂将不会对外电磁场产生干扰，换句话说，该夹杂将不会被探测到，这就是"中性夹杂"理论的基本思想。当夹杂区表征一均匀介质时，不存在对材料进行设计的问题，而当夹杂区是由非均匀介质构成时，就有许多选择可以使夹杂的等效材料参数与基体相同。Milton 曾对"中性夹杂"理论进行过细致描述，中性夹杂代表一种简单的构型（如同心多层球、共焦点椭球等），当某材料中充满具有渐近尺寸（为了能够填满整个材料）的中性夹杂时，该材料将不会干扰外电场、外磁场或外静力场。虽然"中性夹杂"的概念是在静态或准静态理论中提出来的，但经过研究发现该思想在动态问题中

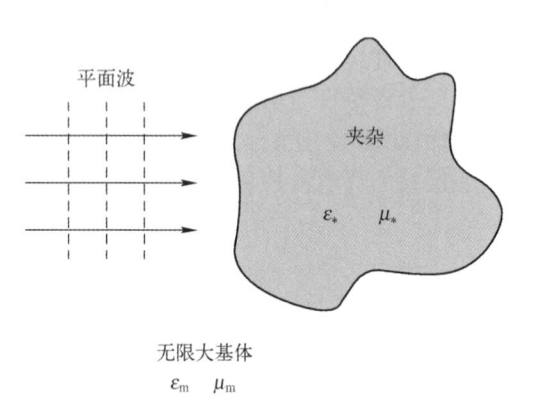

图 2-172 平面波入射夹杂示意图

仍有很大的借鉴意义。

首先考虑双层球散射问题，假设内层球半径为 r_1，外层球半径为 r_2，内层和外层均为非磁性物质，其相对介电常数分别为 ε_1 和 ε_2。当背景介质为空气时，根据"中性夹杂"理论，将具有双层球构型的复合材料的等效介电常数 ε_* 设为空气的介电常数，即 $\varepsilon_* = 1$。在静态条件下，该复合材料的等效介电常数可以通过 MG 方法得到

$$\varepsilon_* = \varepsilon_2 + \frac{3f_1\varepsilon_2(\varepsilon_1-\varepsilon_2)}{3\varepsilon_2+f_2(\varepsilon_1-\varepsilon_2)} \tag{2-230}$$

其中，$f_1 = 1-f_2 = r_1^3/r_2^3$ 为内层球的体积百分比。这时令 $\varepsilon_* = 1$，可以得到透明条件为

$$\frac{(\varepsilon_2-1)(2\varepsilon_2+\varepsilon_1)}{(2\varepsilon_2+1)(\varepsilon_2-\varepsilon_1)} = \frac{r_1^3}{r_2^3} \tag{2-231}$$

该条件与 Alù 和 Engheta 得到的条件相同，对于双层球构型而言，MG 方法给出的预测实际上是各向同性两相复合材料的下限，这表明如果其中任何一相都是传统材料，复合材料的等效介电常数将不可能小于1。然而如果引入超材料，其介电常数或磁导率通常小于1，就有可能使夹杂的等效材料性质与空气相同，基于该思想，可以给出其他构型材料的透明条件，不失一般性，下面的讨论只考虑非磁性物质。

运用"中性夹杂"理论可以得到图 2-173 所示多层球构型的透明条件。基于 MC 理论，l 层球可以被看作一个等效的球放置在第 l 层材料中，这样多层球的等效介电常数 ε_*^l 就可以通过迭代算法得到

$$\varepsilon_*^l = \varepsilon_l + \frac{3(1-f_l)\varepsilon_l(\varepsilon_*^l-\varepsilon_l)}{3\varepsilon_l+f_l(\varepsilon_*^{l-1})-\varepsilon_1} \tag{2-232}$$

其中，$f_l = 1-r_{l-1}^3/r_l^3(l=3,4,\cdots,L)$，$\varepsilon_*^2$ 通过式（2-223）来计算，则多层球的透明条件为 $\varepsilon_*^L = 1$。

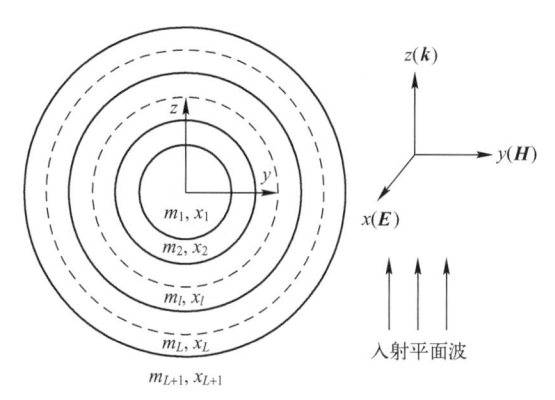

图 2-173 电磁波入射多层球颗粒示意图

对于3层球模型，其透明条件为

$$\frac{[r_2^3(2\varepsilon_3+1)]}{[r_3^3(\varepsilon_3-1)]} = \frac{[2(r_2^3-r_1^3)(\varepsilon_1\varepsilon_3+\varepsilon_2^2)+2(2r_2^3+r_1^3)\varepsilon_2\varepsilon_3+(r_2^3+2r_1^3)\varepsilon_1\varepsilon_2]}{[(r_2^3-r_1^3)(\varepsilon_1\varepsilon_3-2\varepsilon_2^2)+2(2r_2^3+r_1^3)\varepsilon_2\varepsilon_3-(r_2^3+2r_1^3)\varepsilon_1\varepsilon_2]} \tag{2-233}$$

图 2-174 给出了 3 层球横截面上的电场分布，当透明现象没有发生时，球体具有较大的外散射场，如图 2-174（a）所示。通过式（2-233）对 3 层球模型进行设计，可

以使球体对电磁波透明,这时球体外的散射场非常小,如图 2-174(b)所示。

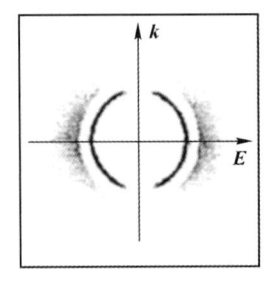

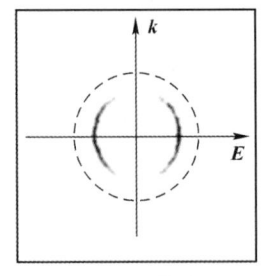

(a)非透明情况　　　(b)透明情况

图 2-174　3 层球模型横截面上的散射电场分布

考虑 3 层球模型的中间一层是理想导体的特殊情况,即 $\varepsilon_2 \to i\infty$,式(2-233)变为

$$r_2^3(2\varepsilon_3+1) = r_3^3(1-\varepsilon_3)$$

可以发现该条件与内层的材料参数没有关系,因此任何材料的透明都可以通过先在其表面镀一层金属,然后再涂一层超材料来实现,这时包覆层超材料的选择只与形状参数有关,而与内部材料的电磁属性没有关系。

同理可以得到共焦点双层椭球的透明条件,在直角坐标系 (x,y,z) 下,椭球的半轴设为 a_l 和 ρa_l($l=1$:内椭球;$l=2$:外椭球),其中 ρ 是椭球的长细比。由于存在形状各向异性,当双层椭球均是各向同性材料时,等效材料性质也将是各向异性的,于是可以引入各向异性的内椭球来抵消整个结构的形状各向异性,内椭球的介电常数张量表示为 $\boldsymbol{\varepsilon}_1 = (\varepsilon_1, \varepsilon_1, \eta\varepsilon_1)$,外层椭球的介电常数为 ε_2,根据静场理论可以得到这种构型构成的复合材料的等效介电常数张量 $\boldsymbol{\varepsilon}_* = (\varepsilon_{11}^*, \varepsilon_{22}^*, \varepsilon_{33}^*)$ 为

$$\varepsilon_{11}^* = \varepsilon_{22}^* = \varepsilon_2 + \frac{f(\varepsilon_1-\varepsilon_2)\varepsilon_2}{\varepsilon_2+P(1-f)(\varepsilon_1-\varepsilon_2)} \tag{2-234a}$$

$$\varepsilon_{33}^* = \varepsilon_2 + \frac{f(\eta\varepsilon_1-\varepsilon_2)\varepsilon_2}{\varepsilon_2(1-2P)(1-f)(\eta\varepsilon_1-\varepsilon_2)} \tag{2-234b}$$

其中,$f=(a_1/a_2)^3$,对于长椭球($\rho \geq 1$)

$$P = \frac{1}{2}\left\{1 + \frac{1}{\rho^2-1} \cdot \left[1 - \frac{1}{2\sqrt{1-1/\rho^2}}\ln\left(\frac{1+\sqrt{1-1/\rho^2}}{1-\sqrt{1-1/\rho^2}}\right)\right]\right\}$$

对于扁椭球($\rho \leq 1$)

$$P = \frac{1}{2}\left\{1 + \frac{1}{\rho^2-1} \cdot \left[1 - \frac{1}{\sqrt{1/\rho^2-1}} \cdot \arctan\left(\sqrt{1/\rho^2-1}\right)\right]\right\}$$

利用条件 $\varepsilon_{11}^* = \varepsilon_{33}^* \equiv 1$,可以得到双层椭球的透明条件为

$$f = \frac{(\varepsilon_2-1)[P\varepsilon_1+(1-P)\varepsilon_2]}{(\varepsilon_2-\varepsilon_1)[P+(1-P)\varepsilon_2]} \tag{2-235a}$$

$$f = \frac{(\varepsilon_2-1)[(1-2P)\eta\varepsilon_1+2P\varepsilon_2]}{(\varepsilon_2-\eta\varepsilon_1)[(1-2P)+2P\varepsilon_2]} \tag{2-235b}$$

当取 $\rho=1$ 和 $\eta=1$ 时,该条件即还原为双层球的透明条件,其中对于球形颗粒有 $P=1/3$。

当颗粒尺寸比较小时,非均匀颗粒可以被等效地看作均匀的,通过设计使其等效介电常数与背景介质一致,就可以使该颗粒达到透明。可以看出该透明现象的实现与颗粒内部的微结构没有太大的关系,而更取决于其整体的有效性质。下面通过一个算例给以验证。考虑图 2-175 中所示的夹杂区域为一般性的复合材料,为了得到其透明条件,首先要精确地确定出复合材料的有效性质。以颗粒增强复合材料为例,在长波假设下,其等效介电常数可以通过 MG 方法近似得到

$$\varepsilon_* = \varepsilon_2 + \frac{3f\varepsilon_2(\varepsilon_1-\varepsilon_2)}{3\varepsilon_2+(1-f)(\varepsilon_1-\varepsilon_2)} \tag{2-236}$$

式中:ε_1 和 ε_2 为颗粒和基体的介电常数;f 为颗粒的体积百分比,则静态的透明条件就可以近似地表示为 $\varepsilon_*=1$。

图 2-175 所示为构造的颗粒复合材料,其中一个夹杂位于坐标系中心,其他的夹杂均位于坐标轴上并且距离中心 $\lambda_0/15$,基体球的半径为 $\lambda_0/10$,夹杂的材料参数为 $\varepsilon_1=-2$ 和 $\mu_1=1$,基体的材料参数为 $\varepsilon_2=2$ 和 $\mu_2=1$,这里通过控制夹杂的半径来实现不同的体积百分比。有限元动态模拟结果如图 2-176 中的黑点所示,利用 MG 方法的理论预测结果如虚线所示,从中可以看出对于真实复合材料,在体积百分比为 $f=8.9\%$ 时散射比较小,用 MG 方法给出的理论预测是在大约 $f=10\%$ 附近,在大于 $f=10\%$ 后,理论预测与真实结果相差比较大,原因之一可能是所用的 MG 方法不适合颗粒体积百分比较大的情况,为此可以考虑一种改进的 MG 方法,当考虑颗粒间的相互作用后,等效介电常数可以预测为

$$\varepsilon_* = \varepsilon_2\left[1+\frac{3f(1+\Gamma^*)}{1-f+3\varepsilon(1+f\Gamma^*)}\right] \tag{2-237}$$

式中:$\varepsilon=\varepsilon_2/(\varepsilon_1-\varepsilon_2)$;$\Gamma^*=f/[4(1+3\varepsilon)^2]$。

用该方法得到的等效球的散射参数如图 2-176 中的实线所示,可以发现与 MG 方法相比有了明显改进,但仍然与真实情况有差距,这可能是由于颗粒之间的多重散射引起的,这时静态的理论预测已经不再适用了。

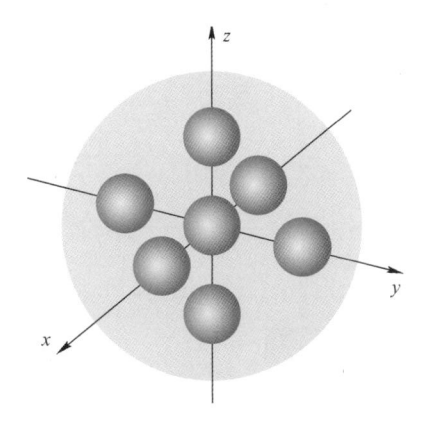

图 2-175 颗粒复合材料示意图 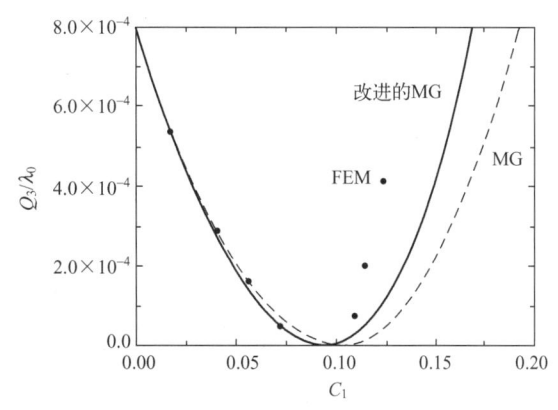   图 2-176 颗粒复合材料的总散射截面

三、左手材料在超常媒质的应用

由于呈现出不同寻常的电磁特性，包括左手材料在内的超常媒质有着十分广泛的应用前景。Pendry 早在 2000 年就提出可以用左手材料平板实现"完美透镜"，分辨率可以达到小于一个波长的精度。用了几个世纪的传统光学透镜的成像原理基于经典的几何光学：透镜的弯曲表面将来自物源的光线聚焦起来成为像点。但是，波动光学因素导致成像具有一定的局限性：没有透镜能将光线聚焦在小于光波长尺寸的区域，而且因为倏逝波无法透过透镜，这部分光学傅里叶分量所包含的关于物源的信息在中途被丢掉了，因此导致所成的像的信息不够全面或者说歪曲了物源的信息。但是用左手材料做透镜，情况就完全不一样了：首先不再需要将它制成曲面的形状，因为前面已经说过，一块左手材料平板就能构成一块透镜；其次由于它能放大倏逝波，可将中途衰减的信息进行幅度补偿。因此，它能将二维像点的所有傅里叶分量全部聚焦，实现"理想成像"。除此之外，2001 年，Lagarkov 通过对表面布置了左手材料的金属圆柱体的电磁特性进行分析，指出上述结构完全可以用来制造反射面天线的反射器部分，从而改变了传统的只有凹面能作为反射器的情况，使得凸面也能作为反射器。这意味着通过合理布置左手材料，甚至可以在飞机、导弹、舰船的凸出部分仍能构造出共形的反射面天线。2002 年，Caloz 带领的研究小组指出，利用左手传输线（一种传输线型结构的左手材料）制成的如图 2-177 所示的前向耦合器，由于左手材料异常的电磁特性，使得传输线路间的耦合强度增大，从而在与普通传输线耦合器具有相同的耦合强度的情况下，耦合器的体积极大减小。图 2-177 中为前向耦合器的结构单元，从图中可以看到，左手前向耦合器由串联的插指电容和并联的短截线电感通过对称周期布置构成。

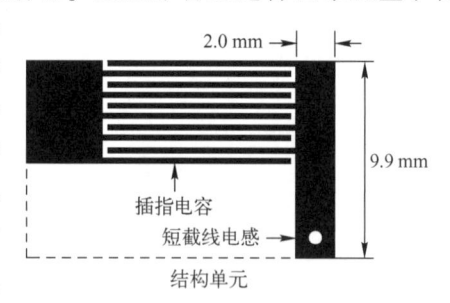

图 2-177　用微带电路实现的左手前向耦合器

而利用左手传输线随频率升高表现出来的左手传输线与普通传输线交替变换的特性，可以制造出一种高效的扫频漏波天线，如图 2-178 所示。该天线与传统的由微带传输线构成的扫频漏波天线相比具有两个明显的优点：①可以工作在基模上，这样馈电方式更简单、效率更高；②具有从后向到前向 180°的连续扫描能力，扫描范围是传统漏波天线的 2 倍。

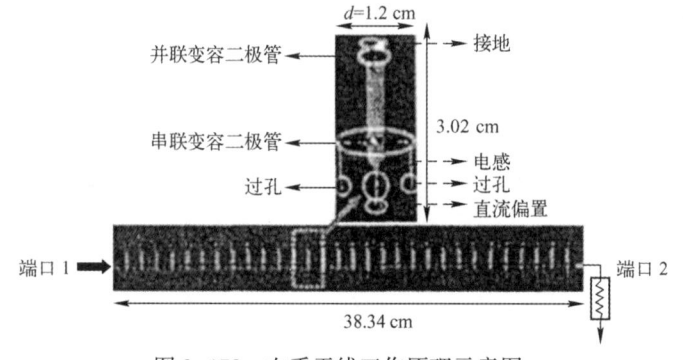

图 2-178　左手天线工作原理示意图

左手材料的另一个应用是谐振器，2002年Engheta提出了一种一维小型化谐振腔结构，如图2-179所示，图中S表示能流密度，k表示相位常数，图中标示出来的上述两个参量的方向恰恰准确描述了左手材料的后向波特性。如此结构可以使谐振腔尺寸做得很薄，其总长度(d_1+d_2)远小于一个波长，因为通过理论推导可知，只要满足$d_1/d_2=|n_2|/|n_1|$条件，上述谐振腔就能够实现谐振。这样的小型化谐振腔最终在2005年被浙江大学冉立新等学者设计加工出来，测试结果与理论预测结果相吻合。

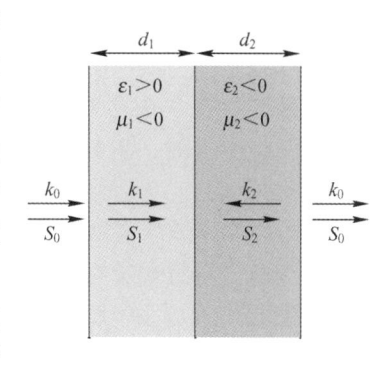

图2-179 Engheta提出的一维小型化谐振腔结构

2003年，Antoniades等人利用左手传输线构造出了一种结构更为紧凑的移相器，这种移相器与普通传输线移相器相比具有4个显著的优点：①尺寸更小，大约相当于普通传输线移相器的几分之一；②在工作频率附近相移几乎是平滑的，从而具有更大的带宽；③可以与尺寸无关地产生相位的超前和滞后；④群延迟更小。2004年，Garcia等人通过向C波段微带耦合带通滤波器中加入SRR结构的方法，有效地抑制了该滤波器的乱真通带。由于SRR很小，所以这种技术不会导致元件占用更大的面积，因此通常的滤波器设计工艺仍然有效。

2005年，Antoniades等人利用左手传输线的后向波特性（相位超前）设计并制造出了一种中心频率为1.5 GHz的结构紧凑的超宽带左手传输线巴伦。其相对带宽达到77%，而相同频段的普通传输线巴伦相对带宽只有11%；其占用面积也只有18.5 cm^2，比同频段的普通传输线巴伦（占用面积为33.5 cm^2）缩小了近一半。

超常媒质在太赫兹波段（0.1~10 THz）也有着广泛的应用前景。太赫兹波是介于毫米波和红外波之间的相当宽范围的电磁辐射区域，太赫兹波又被称为T射线，也叫亚毫米波，它在物理学、材料科学、医学成像、射电天文、宽带和保密通信，尤其是卫星间通信方面具有重大的应用前景。在成像方面，不同波段的电磁波都能用于成像，例如，X射线、毫米波、红外线都可以成像，太赫兹波也可以成像。当然各个波段成像有各自的特点。与X射线成像相比，太赫兹波成像的显著优点是对生物体的辐射损害很小，因为太赫兹波的光子能量是X射线光子能量的百万分之一。另外，太赫兹波还可以作为一种传输信息的载体，可以把声频或视频的信号加入到太赫兹波当中传输，由于太赫兹波的带宽宽、定向性好，所以相对来说，太赫兹波的传输信息容量更大，传输更安全。相对红外而言，太赫兹波的波长更长，它对物体的渗透性就更强了。像日常生活中的衣服、手提箱等，红外线和可见光穿透不过去，而太赫兹波可以穿透过去。这也是它在未来可能会被更多用到安全性检测领域的原因。2003年美国"哥伦比亚"号航天飞机失事后，科学家们受命参与事故分析。他们从美国航天局提供的一块材料着手，利用太赫兹技术检测出材料里有90多个缺陷是对安全有害的，这是目前其他方法做不到的。尽管太赫兹不能代替X射线，但它在某些方面优于X射线。X射线和超声波能发现物体的轮廓和状态，但却无法探测物体的化学性质，无法分辨究竟是爆炸物还是药品。然而太赫兹波却有这种本领，对目前人类发明的上百种爆炸物和地雷，太赫兹波已能识别出其中的 50 多种，这对国际上的反恐斗争具有特别重要的意义。在未来 3~5 年内，太赫兹技术应用最广泛的领域首属安检和反恐。与目前机场的常规安检设备相比，采用太赫兹安检技术的最大优点在于安全性好，因为太赫兹能量小、振动与转动谱可用光学与化学进行探测、辐射量极小，其对人体的辐射能量为 X 射线的一百万分之一，因此不会对人体造成辐射性伤害。

长期以来由于缺乏有效的太赫兹辐射产生和检测方法，以及自然界中很少有材料能够响应该波段，导致太赫兹频段的电磁波未得到充分的研究和富有成效的应用，被称为电磁波谱中的"太赫兹空隙"。同时，相对于微波技术和光电子技术，太赫兹技术进展缓慢，功能化的太赫兹波器件，如滤波器、开关、调制器、移相器以及光束控制器件仍无法得到应用。

普通天然材料更容易响应电磁波中电场分量，特别是在太赫兹波段和可见光波段，对磁场分量的响应少之又少。造成这样不平衡现象的主要原因是：材料中的磁极化起源于分子环流或者是未成对电子的自旋。因此，在一般的磁系统中，磁响应主要发生在非常低的频段，从而导致极少的磁材料能够在太赫兹或更高频段引起磁响应。虽然少数普通天然材料，如铁磁性和反铁磁性材料能够表现出几百吉赫的磁响应，但是这种磁响应是很弱的，而且其带宽非常有限，也限制了太赫兹功能器件的可能应用范围。超常媒质作为人工电磁材料，通过结构单元的尺寸，可以很容易地在太赫兹工作，从而作为一种太赫兹材料被应用于构造太赫兹器件。

图 2-180 显示的是一种人工复合的太赫兹超常媒质材料的结构。利用自排列微加工技术将开口谐振环刻蚀在 400 μm 厚的石英衬底上，SRR 是由一对 3 μm 厚的铜导体开口环组成，内、外环的开口方向相反。多个 SRR 组成周期阵列平面结构，典型的结构几何尺寸为：$L = 36$ μm，$W = 4$ μm，$G = 2$ μm，SRR 单元的周期为 50 μm。这样的周期性结构可以等效为具有磁导率 $\mu_{\text{eff}}(\omega)$ 的介质。SRR 的介质等效磁导率 $\mu_{\text{eff}}(\omega)$ 可由下式描述：

$$\mu_{\text{eff}}(\omega) = 1 - \frac{F\omega^2}{\omega^2 - \omega_0^2 + i\Gamma\omega} = \mu'_{\text{eff}}(\omega) + \mu''_{\text{eff}}(\omega) \tag{2-238}$$

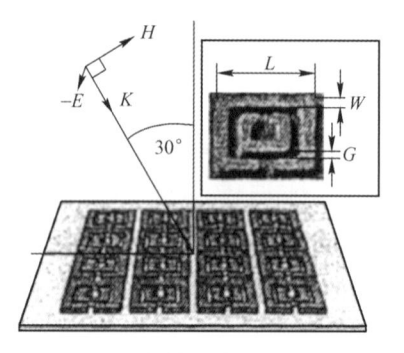

图 2-180 太赫兹波段磁响应左手材料单元与阵列结构

式中：F 为几何因子；ω_0 为共振频率；Γ 为 SRR 的电阻损耗；$\mu'_{\text{eff}}(\omega) + \mu''_{\text{eff}}(\omega)$ 为等效磁导率函数的实部和虚部。

当随时间变化的外磁场作用到该 SRR 结构时，内、外环的开口间隙能使这种结构在比实际物理尺寸更大的波长下产生共振，内、外环的自感以及环间的电容也增强了该结构对太赫兹波共振响应。经过大量模拟和分析可知，在这种结构中能实现磁共振响应，与实验结果符合很好。通过调节 L、W、G 以及 SRR 单元周期，可以得到共振频率在 0.8~1.4 THz 之间变化。而且随着 SRR 的尺寸成比例增加，共振频率发生单调红移，相应地，通过调节 SRR 单元参数，可以调整磁响应的带宽。

图 2-181 是典型的电响应太赫兹超常媒质单元及其阵列结构。首先在 670 μm 厚的

半绝缘砷化镓衬底上蒸镀一层10 nm厚的金属钛作为过渡层，然后利用传统的光刻工艺刻蚀200 nm厚的金属单元结构。图中$A=36$ μm，$G=2$ μm，$D=10$ μm，$W=4$ μm，介质单元周期为50 μm。这种介质单元的设计可以体现出强的电场共振响应，可以减少或削弱磁场响应。从图2-182（a）中模拟结果可以看出，在介质单元中，左半部分和右半部分的电流密度方向相反，从而产生的感应磁场相互抵消；同时，图2-182（b）显示出在开口缝隙处只有电场分布，其强度可以达到入射场强的10^4倍。

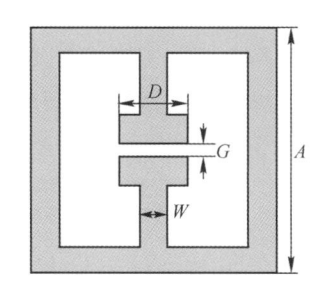

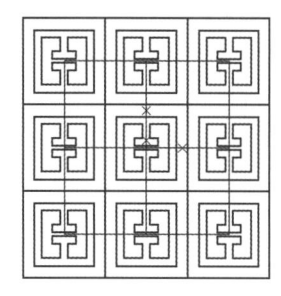

图2-181 电响应左手介质结构

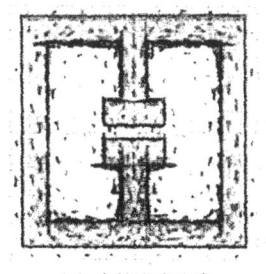

(a) 电流密度分布　　(b) 电场分布

图2-182 左手材料单元中电流密度和电场强度分布

在太赫兹波垂直入射条件下，通过太赫兹时域光谱仪可以测得随时间变化的电场分布以及太赫兹波在左手材料中的透射率，从而可以计算得到复介电函数$\varepsilon(\omega)=\varepsilon'(\omega)+\mathrm{i}\varepsilon''(\omega)$，其实部在0.75 THz附近出现负介电性。

尽管上述结构中，金属单元的厚度只有200 nm，但在0.75 THz处产生负介电常数，而且具有一定的带宽。通过调整介质单元的厚度、增加介质层以及构造多层结构可以提高电场的响应。

通过适当构造超常媒质，可以实现不同太赫兹波段的电磁波的吸收，从而可以用作太赫兹吸收器，以用于热探测。当超常媒质采用半导体衬底材料时，通过控制加在半导体材料两端的电压，可以调制太赫兹波在超常媒质中的透射率，从而可以用作太赫兹波段的调制器，实现相位的调制。另外，超常媒质对于不同偏振态的电磁波具有不同的响应特性，从而可以用于对不同偏振态的电磁波的灵敏探测。

与发展很快的微波频段超常媒质的研究相比，在太赫兹频段的研究还处于探索阶段，但随着纳米技术和人工合成技术的进步，在太赫兹或更高频段得到各向同性的超常媒质已为期不远。

值得注意的是，上述有关左手材料的应用仅仅是部分极具代表性的研究成果，只是冰山的一角，还有为数众多的有关左手材料应用的研究成果限于篇幅没有列出，而且其中也不乏经典之作。这样的情况表明，虽然目前左手材料的应用研究还处于理论和实验阶段，但不可否认的是，左手材料有着巨大的应用潜力和应用价值，也正是这样的原因使它从问世之初便受到世界瞩目，而且在很短的时间内就得到迅猛发展。

四、左手材料的应用展望

微波段左手材料可广泛应用于微波器件，如微波平板聚焦透镜、带通滤波器、调制器、宽带移相器和磁共振成像设备等。将左手材料应用于天线，可以改善天线辐射的方向性，提高增益。左手材料具有对倏逝波放大的特性，可用于集成光路中的光引导元件。利用左手材料制成的透镜可以实现"超级分辨率"。"超级透镜"可以实现纳米尺度的成像和平版印刷技术。左手材料解决了光学分辨率极限的问题，可以大大提高光学存储系统的存储能力。光学超材料能够有效地将光耦合到纳米尺度的器件中，如纳米天线、谐振器、激光器、开关、波导和其他元件，实现在纳米尺度对光进行操纵和控制。"隐形斗篷"是左手材料又一个新的重要应用。利用左手材料可以对电磁波的传播方向进行任意改变，从而实现物体的隐身，具有非常重要的军事意义。目前，左手材料的应用研究尚未成熟。提高左手材料的性能，设计和制备性能稳定、宽频带和低损耗的左手材料是其推广应用的关键。

参 考 文 献

[1] 吴群，孟繁义，傅佳辉. 左手材料理论及其应用 [M]. 北京：国防工业出版社，2010.

[2] 王甲富，屈绍波，徐卓，等. 磁谐振器和电谐振器组成的左手材料的设计 [J]. 物理学报，2008，57：5015-5019.

[3] 王甲富，屈绍波，徐卓，等. 电谐振器和磁谐振器构成的左手材料的实验验证 [J]. 物理学报，2010，59：1851-1854.

[4] 杨一鸣，屈绍波，王甲富，等. 基于介质谐振器原理的左手材料设计 [J]. 物理学报，2011，60：074201.

[5] 杨一鸣，王甲富，屈绍波，等. 基于高介电常数基板和金属结构负折射材料的设计、仿真与验证 [J]. 物理学报，2011，60：054103.

[6] 王甲富，屈绍波，徐卓，等. 磁谐振器和电谐振器组成的左手材料的设计 [J]. 物理学报，2008，57：5015-5019.

[7] 王甲富，屈绍波，徐卓，等. 电谐振器和磁谐振器构成的左手材料的实验验证 [J]. 物理学报，2010，59：1851-1854.

[8] 王甲富，屈绍波，徐卓，等. 磁谐振器和电谐振器组成的左手材料的设计 [J]. 物理学报，2008，57：5015-5019.

[9] 王甲富，屈绍波，徐卓，等. 基于双环开口谐振环对的平面周期结构左手超材料 [J]. 物理学报，2009，58：3324-3329.

[10] Luo H L, Wen S C, Shu W X, et al. Rotational Doppler effect in left-handed materials [J]. Physical Review A, 2008, 78: 033805.

[11] Shadrivov I V, Zharov A A, Kivshar Y S. Giant Goos-Hanchen effect at the reflection from left-handed metamaterials [J]. Applied Physics Letters, 2003, 83: 2713-2715.

[12] Wang J F, Qu S B, Xu Z, et al. A method of analyzing transmission losses in left-handed metamaterials [J]. Chinese Physics Letters, 2009, 26: 084103.

[13] Yannopapas V. Negative index of refraction in artificial chiral materials [J]. Journal of Physics: Condensed Matters, 2006, 18: 6883-6890.

[14] Lai A, Caloz C, Itoh T. Composite right/left-handed transmission line metamaterials [J]. IEEE Microwave Magazine, 2004, 5: 34-50.

[15] Dolling G, Enkrich C, Wegener M, et al. Cut-wire pairs and plate pairs as magnetic atoms for optical metamaterials [J]. Optics Letters, 2005, 30: 3198-3200.

[16] Zhou J F, Zhang L, Tuttle G, et al. Negative index materials using simple short wire pairs [J]. Physical Review B, 2006, 73: 041101 (R).

[17] Kafesaki M, Tsiapa I, Katsarakis N, et al. Left-handed metamaterials: The fishnet structure and its variations [J]. Physical Review B, 2007, 75: 235114.

[18] Guven K, Cakmak A O, Caliskan M D, et al. Bilayer metamaterial: Analysis of left-handed transmission and retrieval of effective medium parameters [J]. Journal of Optics A: Pure Applied Optics, 2007, 9: 361-365.

[19] Holloway C L, Kuester E F, Baker-Jarvis J, et al. A double negative (DNG) composite medium composed of magnetodielectric spherical particles embedded in a matrix [J]. IEEE Transanctions on Antennas and Propagation, 2003, 51: 2596-2603.

[20] Ahmadi A, Mosallaei H. Physical configuration and performance modeling of all-dielectric metamaterials [J]. Physical Review B, 2008, 77: 045104.

[21] Popa B I, Cummer S A. Compact dielectric particles as a building block for low-loss magnetic metamaterials [J]. Physical Review Letters, 2008, 100: 207401.

[22] Peng L, Ran L X, Chen H S, et al. Experimental observation of left-handed behavior in an array of standard dielectric resonators [J]. Physical Review Letters, 2007, 98: 157403.

[23] Zhao Q, Kang L, Du B, et al. Experimental demonstration of isotropic negative permeability in a three-dimensional dielectric composite [J]. Physical Review Letters, 2008, 101: 027402.

[24] Zhao Q, Du B, Kang L, et al. Tunable negative permeability in an isotropic dielectric composite [J]. Applied Physics Letters, 2008, 92(5): 101063.

[25] Houck A A, Brock J B, et al. Experimental observations of a left-handed material that obeys snell's law [J]. Physical Review Letters, 2003, 90: 137401.

[26] Ran R L, Huangfu J, Chen H, et al. Experimental study on several left-handed metamaterials [J]. Progress in Electromagnetics Research, PIER, 2005, 51: 249-279.

[27] Guven K, Aydin K, Ozbay E. Experimental analysis of true left-handed behavior and transmission properties of composite metamaterials [J]. Photonics and Nanostructures: Fundamentals and Applications, 2005, 3: 75-78.

[28] Wang D X, Ran L X, Chen H S, et al. Experimental validation of negative refraction of metamaterial composed of single side paired S-ring resonators [J]. Applied Physics Letters, 2007, 90: 254103.

[29] Vier D, Fredkin D R, Simic A, et al. Experimental confirmation of negative phase change in negative index material planar samples [J]. Applied Physics Letters, 2005, 86: 241908.

[30] Fang N, Lee H, Sun C, et al. Sub-diffraction-limited optical imaging with a silver superlens [J]. Science, 2005, 308: 534-537.

[31] Chen Y, Teng X H, Huang Y, et al. Loss and retardation effect on subwavelength imaging by compensated bilayer of anisotropic metamaterials [J]. Journal of Applied Physics, 2006, 100: 124910.

[32] Lovat G, Burghignoli P, Capolino F, et al. Analysis of directive radiation from a line source in a metamaterial slab with low permittivity [J]. IEEE Transactions on Antennas and Propagation, 2006, 54: 1017-1030.

[33] Bonache J, Martin F, Falcone F, et al. Application of complementary split-ring resonators to the design of compact narrow band-pass structures in microstrip technology [J]. Microwave Optical and Technology Letters, 2005, 46: 508-512.

[34] Li J S, Zou Y Z, He S L. A power divider based on a new kind of composite right/left-handed transmission line unit [J]. Journal of Zhejiang University SCIENCE A, 2006, 7: 1-4.

[35] Bonache J, Gil I, Garcia-Garcia J, et al. Complementary split ring resonators for microstrip diplexer desing [J]. Electronics Letters, 2005, 41: 810-811.

[36] Pendry J B, Schurig D, Smith D R. Controlling electromagnetic fields [J]. Science, 2006, 312: 1780-1782.

[37] Ma H, Qu S B, Xu Z, et al. Material parameter equation for elliptical cylindrical clocks [J]. Physical Review A, 2008, 77: 013825.

[38] Chen H S, Ran L X, Huangfu J T, et al. Left-handed materials composed of only S-shaped resonators [J]. Physical Review E, 2004, 70: 057605.

[39] Chen H S, Ran L X, Huangfu J T, et al. Negative refracoon of a combened double S-shaped metamaterial [J]. Applied Physics Letters, 2003, 86: 151909.

[40] Chen H S, Ran L X, Huangfu J X, et al. Negative refraction and cross polarization effects in metamaterial realized with bianisotropic S-ring resonator [J]. Physical Review B, 2007, 76: 024402.

[41] Zhang F L, Houzet G, Lheurette E, et al. Negative-zero-positive metamaterial with omega-type metal inclusions [J]. Journal of Applied Physics, 2008, 103: 084312.

[42] Lheurette E, Houzet Gr, Carbonell J, et al. Omega-type balanced composite negative refractive index materials [J]. IEEE Transactions on Antennas and Propagation, 2008, 56: 3462-3469.

[43] Chen H S, Ran L X, Huangfu J T, et al. Metamaterial exhibiting left-handed properties over multiple frequency bands [J]. Journal of Applied Physics, 2004, 96: 5338.

[44] Wang J F, Qu S B, Yang Y M, et al. Multiband left-handed metamaterials [J]. Applied Physics Letters, 2009, 95: 014105.

[45] Liu L, Caloz C, Chang C C, et al. Forward coupling phenomena between artificial left-handed transmission lines [J]. Journal of Applied Physics, 2002, 92: 5560-5565.

[46] Engheta N. An idea for thin subwavelength cavity resonators using metamaterials with negative permittivity and permeability [J]. IEEE Antennas and Wireless Propagation Letters, 2002, 1: 10-13.

[47] Antoniades M A, Eleftheriades G V. A broadband Wilkinson balun using microstrip metamaterial lines [J]. IEEE Antennas and Wireless Propagation Letters, 2005, 4: 209-212.

[48] Bonache J, Gil I, Garcia-Garcia J, et al. Novel microstrip bandpass filters based on complementary split-ring resonators [J]. IEEE Transactions on Microwave Theory and Techniques, 2006, 54: 265-271.

[49] Antoniades M A, Eleftheriades G V. Compact linear lead/lag metamaterial phase shifters for broadband applications [J]. IEEE Antennas and Wireless Propagation Letters, 2003, 2: 103-106.

[50] Padilla W J, Yen T J, Fang N, et al. Infrared spectroscopy and ellipsometry of magnetic metamaterials [C]//Progress in Biomedical Optics and Imaging Proceedings of SPIE. San Jose, CA, United States, 2005: 460-469.

[51] Garcia-Vidal F J, Martin-Moreno L, Pendry J B. Surfaces with holes in them: New plasmonic metamaterials [J]. Journal of Optics A: Pure and Applied Optics, 2005, 7: 97-101.

[52] Pendry J B. Negative Refraction Makes a Perfect Lens [J]. Physical Review Letters, 2000, 85: 3966-3969.

[53] Pendry J B, Holden A J, Robbins D J, et al. Magnetism from conductors and enhanced nonlinear phenomena [J]. IEEE Transactions on Microwave Theory and Techniques, 1999, 47: 2075-2084.

[54] Pendry J B, Holden A J, Robbins D J, et al. Low frequency plasmons in thin-wire structures [J]. Journal of Physics Condensed Matter, 1998, 10: 4785-4809.

[55] Pendry J B, Holden A J, Stewart W J, et al. Extremely low frequency plasmons in metallic mesostructures [J]. Physical Review Letters, 1996, 76: 4773-4776.

[56] Wiltshire M C K, Hajnal J V, Pendry J B, et al. Metamaterial endoscope for magnetic field transfer: Near field imaging with magnetic wires [J]. Optics Express, 2003, 11: 709-715.

[57] Pendry J B, Schurig D, Smith D R. Controlling electromagnetic fields [J]. Science, 2006, 312: 1780-1782.

[58] Garcia-Vidal F J, Pendry J B. Collective theory for surface enhanced raman scattering [J]. Physical Review Letters, 1996, 77: 1163-1166.

[59] Pendry J B. Calculating photonic band structure [J]. Journal of Physics Condensed Matter, 1996, 8: 1085-1108.

[60] Ward A J, Pendry J B. Refraction and geometry in maxwell's equations [J]. Journal of Modern Optics, 1996, 43: 773-793.

[61] Smith D R. Vier D C, Kroll N, et al. Direct calculation of permeability and permittivity for a left-handed metamaterial [J]. Applied Physics Letters, 2000, 77: 2246-2248.

[62] Yao H Y, Xu W, Li L W, et al. Propagation property analysis of metamaterial constructed by conductive SRRs and wires using the MCS-based algorithm [J]. IEEE Transactions on Microwave Theory and Techniques, 2005, 53: 1469-1475.

[63] Caloz C, Itoh T. Application of the transmission line theory of left-handed (LH) materials to the realization of a microstrip "LH line" [C]//IEEE Antennas and Propagation Society, AP-S International Symposium (Digest). 2002: 412-415.

[64] Grbic A, Eleftheriades G V. Experimental verification of backward-wave radiation form a negative refractive index metamaterial [J]. Journal of Applied Physics, 2002, 92: 5930-5935.

[65] lyer A K, Kremer P C, Eleftheriades G V. Experimental and theoretical verification of focusing in a large, periodically loaded transmission line negative refractive index metamaterial [J]. Optics Express, 2003, 11: 696-708.

[66] Grbic A, Eleftheriades G V. An isotropic three-dimensional negative-refractive-index transmission-line metamaterial [J]. Journal of Applied Physics, 2005, 98: 1-5.

[67] Cheng C Y, Ziolkowski R W. Tailoring double-negative metamaterial responses to achieve anomalous propagation effects along microstrip transmission lines [J]. IEEE Transactions on Microwave Theory and Techniques, 2003, 51: 2306-2314.

[68] Ziolkowski R W, Kipple A D. Causality and double-negative metamaterials [J]. Physical Review E, 2003, 68: 1-9.

[69] Lagarkov A N, Semenenko V N, Kisel V N, et al. Development and simulation of microwave artificial magnetic composites utilizing nonmagnetic inclusions [J]. Journal of Magnetism and Magnetic Materials, 2003, 258: 161-166.

[70] Hus Y J, Huang Y C, Lih J S, et al. Electromagnetic resonance in deformed split ring resonators of left-handed metamaterials [J]. Journal of Applied Physics, 2004, 96: 646-648.

[71] Alù A, Salandrino A, Engheta N. Negative effective permeability and left-handed materials at optical frequencies [J]. Optics Express, 2006, 14: 1557-1567.

[72] Pozar D M. Microwave engineering: theory and techniques [M]. Hoboken: John Wiley & Sons, 2021.

[73] Collin R E. Foundations for microwave engineering [M]. Hoboken: John Wiley & Sons, 2007.

[74] Caloz C, Itoh T. Application of the transmission line theory of left-handed (LH) materials to the realization of a microstrip "LH line" [C]//IEEE Antennas and Propagation Society International Symposium (IEEE Cat. No. 02CH37313). IEEE, 2002, 2: 412-415.

[75] Caloz C, Itoh T. Transmission line approach of left-handed (LH) materials and microstrip implementation of an artificial LH transmission line [J]. IEEE Transactions on Antennas and Propagation, 2004, 52(5): 1159-1166.

[76] Caloz C, Sanada A, Itoh T. Microwave applications of transmission line based negative refractive index structures [C]//IEEE Asia Pacific Microwave Conference (APMC 2003). Relation, 2003, 2: 1.

[77] Lai A, Caloz C, Itoh T. Transmission line based metamaterials and their microwave applications [J]. IEEE Microwave Magazine, 2004, 5(3): 34-50.

[78] Lin I H, DeVincentis M, Caloz C, et al. Arbitrary dual-band components using composite right/left-handed transmission lines [J]. IEEE Transactions on Microwave Theory and Techniques, 2004, 52(4): 1142-1149.

[79] Wilkinson E J. An N-way hybrid power divider [J]. IRE Transactions on Microwave Theory and Techniques, 1960, 8(1): 116-118.

[80] Oliner A A, Jackson D R, Volakis J L. Leaky-wave antennas [J]. Antenna Engineering Handbook, 2007, 4: 12.

[81] Ishimaru A. Electromagnetic wave propagation, radiation, and scattering: From fundamentals to applications [M]. Hoboken: John Wiley & Sons, 2017.

第三章 电磁超材料

第一节 引 言

一、基本概念

电磁超材料又称新型人工电磁超材料,是一种介电常数与磁导率可为正、零或负数的,具有负折射、逆多普勒、逆 Cerenkov 辐射和倏逝波放大等效应的人工复合材料。

二、研究进展

1967 年,苏联科学家 Veselago 对电磁波在介电常数和磁导率同时为负值的媒质中的传播特点作了理论研究,预测它具有负群速度、负折射率、理想成像、逆多普勒频移、逆 Cerenkov 辐射等奇异的物理性质。20 世纪 80 年代,人们在实验中发现了微波段介电常数和磁导率小于 1 的手征媒质,然而实验结果的正确性受到了怀疑。1996 年和 1999 年,Pendry 等人先后提出用细金属线阵列来实现负介电常数,用开口谐振环阵列来实现负的磁导率,从而实现介电常数和磁导率同时为负值的媒质。2000 年,Smith 等人根据 Pendry 提出的理论模型,设计出了开口谐振环与导线阵列构成的左手材料,并通过棱镜实验验证了这种左手材料具有的负折射率特性。Zhang 等人运用全波仿真方法,以无限长超材料圆柱壳为理论模型,研究了超材料在隐身中的应用。

最近,Smith 等人和 Koschny 等人首先通过对周期性超材料结构单元的数值模拟提取了有效的电磁参数。Chen 等人针对其他的超材料结构提出了一种改进的有效电磁参数提取方法。超材料有效电磁参数提取的主要方法:①应用等效媒质理论将非均匀的超材料近似替代为均匀地满足本构关系 $D=\varepsilon_{\text{eff}}E$ 和 $B=\mu_{\text{eff}}H$ 的媒质;②电子工程中用来反演 S 参数的标准方法被用来提取有效电磁参数。

目前,国内外关于通过实验测试来提取超材料电磁参数的文献还很少。自由空间法是一种非接触和非破坏性的测试方法,利用天线将电磁波辐射到自由空间,再利用天线接收并测试材料对所发射电磁波的反射和透射信号,从而计算出材料的电磁参数。与其他测试方法相比,自由空间法对测试样品没有非常严格的形状和工艺要求,只需厚度均匀且有一定大的测试面积,以避免边缘绕射。在自由空间法测试过程中,电磁波是辐射到自由空间中的,即使采用聚焦天线,也难免产生多余反射而导致结果误差。通常用 TRL 技术校正测试系统和时域门技术修正测试值,可以有效减小误差。

电磁超材料在国际电磁科学领域引起了广泛关注。2001 年,美国 Smith 等物理学家首次制造出在微波波段具有负介电常数和负磁导率的电磁超材料,证实了负折射现象的存在。随着电磁超材料研究的深入,电磁超材料的 Fano 谐振备受关注。谐振现象在自然界中普遍存在，有洛伦兹型和 Fano 型之分。Fano 谐振是 1961 年 Ugo Fano 发现的，具有非对称谱线形状。当满足下面 3 个条件时，Fano 谐振可看作电磁诱导透明现象：①两个发生相互耦合作用的谐振之间失谐频率足够小；②谐振线宽之间的巨大差异；③适当的谐振强度。电磁超材料的 Fano 谐振首次在非对称谐振环阵列中被发现，该人工结构被定义为约束模电磁超材料，在约束模电磁超材料谐振单元之间强烈的相互作用导致 Fano 谐振的出现。破坏谐振单元几何结构的对称性即可调控电磁超材料的电磁响应。利用双层结构电磁超材料内部的相互耦合来激发 Fano 现象，在微波段实现了电磁诱导透明现象（Electromagnetically Induced Transparency，EIT），避免了以往电磁诱导透明研究领域的诸多难题及复杂的实验条件。利用辐射模与暗模之间的 Fano 耦合，使表面等离子体电磁超材料实现 EIT 现象。在全方位偏振自由电磁超材料和高温超导体电磁超材料的实验研究中发现了 Fano 效应。近几年，研究人员开始关注新型人工电磁材料的 Fano 谐振，仿真研究了非对称因素在电磁超材料暗模激发过程中的作用，揭示了暗模激发与电磁诱导透明现象之间的关系；研究了金银异构体的 Fano 干涉，通过金属长度对 Fano 谐振强度进行调谐。约束模电磁超材料表现出的相干行为可成为新型纳米光源的实现方案。电磁超材料中的 Fano 效应必将在未来研究中发挥重要作用。

三、电磁性能设计研究

正是由于超材料具有与传统的天然材料不同的电磁性质，许多现实应用就此产生，例如，负折射率材料、人造磁性、完美透镜、隐身衣等。如果当入射光波的波长 λ 远远大于组成材料的原子尺寸时，那么在光波和材料相互作用时，原子所携带的信息就不再重要。因此，此时我们可以对原子尺寸进行平均，从理论上用均匀介质来等效该介质。对于均匀介质，其光学性能可以用介电系数 ε 和磁导率 μ 来完全表征。介电系数 ε 和磁导率 μ 是描述均匀媒质中电磁场性质的最基本的两个物理量，是表征物质材料对电磁波响应的物理量。由于其色散关系，因此对于不同的结构单元，构造超材料的关键就是对于不同的光谱范围，控制该结构的介电系数 ε 和磁导率 μ 的取值。

1. 性能设计

ε 和 μ 是表征物质材料对电磁波响应的物理量，材料对电磁波的响应完全可以用这两个参数来表征。ε 和 μ 的数值依赖于外场的频率，即 $\varepsilon(\omega)$ 和 $\mu(\omega)$。

1）介电系数 $\varepsilon(\omega)$ 的取值

一般用金属作为人造材料中的结构单元。对于金属，一般考虑 Drude 模型。根据 Drude 模型，介电系数有以下色散关系：

$$\varepsilon_\mathrm{r}(\omega)=\varepsilon_0\left[\frac{\omega_\mathrm{p}^2\gamma}{\omega^3+\omega\gamma^2}\right] \tag{3-1}$$

复介电系数一般表示为

$$\varepsilon(\omega)=\varepsilon_0\left[1-\frac{\omega_\mathrm{p}^2}{\omega^2+\mathrm{i}\omega\gamma}\right] \tag{3-2}$$

式中：ω_p 为等离子体频率，$\omega_\mathrm{p}^2=\dfrac{Ne^{*2}}{m\varepsilon_0}$，$N$ 为单位体积的电子浓度，m 为电子的有效质量；γ 为阻尼系数，其倒数为碰撞周期，也就是粒子的平均寿命。

当不考虑碰撞引起的损失时，相对介电系数为 $\varepsilon_r = 1 - \dfrac{\omega_p^2}{\omega^2}$。当 $\omega > \omega_p$ 时，材料的相对介电系数为正值，此时表现出对光波的透明区。而当 $\omega < \omega_p$ 时，就可以使相对介电系数为负值，此时该材料表现出对光波的反射区（表示吸收的量为介电系数的虚部，此时不考虑吸收）。控制等离子体频率 ω_p 的取值，就可实现不同频率下的人造材料。对于周期性放置的金属线结构，ω_p 的变化主要由以下两点引起：①金属线在周期性结构中所占的比例，比例不同，电荷的平均密度就会发生改变，其因子为 $\pi\gamma^2/\alpha_0^2$（α_0^2 为二维结构单元的面积）；②电子的有效质量 m。上面公式是在不考虑外界磁场的影响下得到的等离子振荡频率，当外界磁场作用到周期性放置的金属线结构时，会产生感应电流，提高电子的动能，即增加电子的有效质量。由此可见，对于金属，只要低于等离子体频率，就可实现 $\varepsilon < 0$。对于某些金属材料，例如银和金，在可见光波段下 ε 就为负值。

2) 磁导率 μ 的取值

μ 是表征磁介质被外界磁场磁化效应大小的物理参数，是描述磁介质性质的宏观函数。磁介质由于内部原子中的电子的绕核运动或电子的自旋，因而在外在磁场的作用下能产生磁化的磁场，表现出磁性。对于大多数天然物质，除了铁磁质外，磁介质的磁化效应都比较弱，即相对磁导率 $\mu_r \approx 1$。因此要实现人造磁性或对磁导率 μ 的不同取值的控制，必须构造人工磁性材料。目前，能产生磁响应的结构单元主要是开口的谐振环（SRR）和开口的金属线（Cut-Wires）。

最著名的结构单元就是1999年Pendry等提出的开口的谐振环。这种结构可产生很大的磁效应，并且能实现负的磁导率。我们以SRR结构单元为模型，从理论上讨论产生磁效应的机理。具体结构如图3-1所示。从结构单元上可以看出，当有外界磁场垂直金属环面入射时，该结构相当于一个LC振荡环路。其固有振荡频率为 $\omega_0 = \dfrac{1}{\sqrt{LC}}$（$L = \mu_0 \pi r^2$；$C = \dfrac{\varepsilon \varepsilon_0 \pi r}{3d}$（$\varepsilon$ 为开口处的相对介电常数）），对于周期性放置的开口金属环阵列，其磁导率的具体形式为

$$\mu_r = 1 - \dfrac{\dfrac{\pi r^2}{a^2}}{1 - \left(\dfrac{3d}{\mu_0 \varepsilon_0 \varepsilon \pi^2 \omega^2 r^3}\right) + i\left(\dfrac{2\sigma}{\mu_0 \omega r}\right)}$$

$$= 1 - \dfrac{fw^2}{w^2 - w_0^2 + i\gamma\omega} \tag{3-3}$$

式中：$f = \pi r^2/a^2$，为开口环在周期性阵列中所占面积比例；$\gamma = \dfrac{2\sigma}{\mu_0 r}$ 为磁损耗。

当不考虑材料自身的磁损耗时：

$$\mu_1 = 1 - \dfrac{f}{1 - \dfrac{\omega_0^2}{\omega^2}} = (1-f)\dfrac{\omega^2 - \left(\dfrac{\omega_0}{\sqrt{1-f}}\right)^2}{\omega^2 - \omega_0^2} \tag{3-4}$$

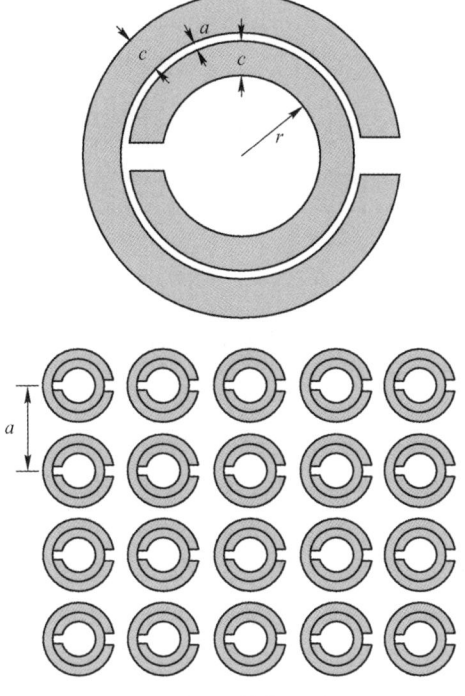

图 3-1 开口谐振环结构及其阵列示意图

当外磁场的振荡频率 ω 的取值接近于该环路的固有振荡频率 ω_0 时，其磁导率将达到一个非常高的取值，此时磁效应非常强烈，这就是所谓的共振效应。如果当外磁场的振荡频率 ω 的取值在 $\omega_0<\omega<\omega_0/\sqrt{1-f}$ 范围时，就可实现 $\mu_r<0$。由此可见，控制该结构的固有振荡频率 ω_0，就可实现不同波段下该结构的磁效应大小。对固有振荡频率 ω_0 的控制可通过以下因子：①SRR 的尺寸 r 的大小。对 r 的调制，可实现对电感 L 大小的控制。r 越小，L 就越小，其共振频率就越大，那么可导致磁效应向高频方向移动。②开口处的电容 C 的大小，电容 C 的取值与开口处的截面积、填充的电介质及开口的大小有关，由此可见减小结构单元的尺寸，就可导致在高频波段的人造磁性材料。但是构造可见光波段的人造磁性材料要比微波段更具有挑战性，即在纳米尺度上构造复杂的金属共振器就目前而言是不可能的。但是，通过等离子效应优化金属共振器可实现可见光波段的人造磁性材料。

对于周期性金属阵列，只要 $\omega<\omega_p$，就可实现 $\varepsilon<0$；对于 SRR 结构单元，只要外场频率位于 $\omega_0<\omega<\omega_0/\sqrt{1-f}$ 范围，就可实现 $\mu<0$。控制结构参数，使得 ω_0 与 ω_p 之间有交叠，就可构造负折射率材料。因此，以周期性金属阵列和 SRR 作为人造材料的结构单元，通过对结构参数的控制，从而达到对介电系数 ε 和磁导率 μ 的控制，可实现某些频率段的我们所需的超材料。

2. 反射与透射性能设计

根据介电系数 ε 及磁导率 μ 的符号，理论上材料可分为 4 类，具体可见介电系数及磁导率 μ 的象限图（图 3-2）。这 4 类材料对电磁波的反射及透射性能与介电系数 ε 及磁导率 μ 的符号有关，具体分析如下。

```
          μ▲
ENG 材料           DPS 材料
(ε<0,μ>0)          (ε>0,μ>0)

  等离子             介质材料
─────────────────────────────► ε
DNG 材料           MNG 材料
(ε<0,μ<0)          (ε>0,μ<0)

自然界不存在的，但已实现 │ 旋转回归线磁性材料
```

图 3-2　物质介电系数 ε 及磁导率 μ 象限图

1) $\varepsilon>0$ 且 $\mu>0$

自然界中绝大多数材料位于象限Ⅰ。此类材料的 ε 和 μ 同时大于零，即所谓的 Double-Positive materials（DPS 材料）。几乎所有常见的材料，例如玻璃和水，在可见光波段都具有正的 ε 和 μ。如果材料在某一波段下 ε 和 μ 的乘积为正值，那么该材料对该光波就表现为透明。正是 ε 与 μ 的乘积为正，那么电磁波在这种材料中传播的波矢量 k 为实数，即该电磁波能在材料中传播，能穿透材料透射出去。因此该象限的材料对光波表现出透明性。

2) $\varepsilon<0,\mu>0$ 或 $\varepsilon>0,\mu<0$

象限Ⅱ材料的 $\varepsilon<0$ 而 $\mu>0$ 或象限Ⅳ中的材料 $\varepsilon>0$ 而 $\mu<0$，这 2 类材料都是所谓的 Single Negative materials（SNC 材料）。对于象限Ⅱ中的材料，等离子体和金属在低于等离子体频率时，就可实现 $\varepsilon<0$，有些金属材料，例如银和金，在可见光波段下 ε 就为负值，而一般的天然材料都能满足 $\mu>0$。对于第四象限材料，就是磁响应（B）相应于磁场（H）有一个 π 的相位变化，主要通过共振来实现。这 2 类材料都属于单负材料，即 ε 与 μ 的乘积为负值。对于单负材料，电磁波不能在其中传播，因为此时 k 为虚数。但是电磁波能或多或少地穿透到材料结构中一段距离，最后沿着材料表面反射出去，这就是所谓的倏逝波。因此，电磁波入射到单负材料表面时，波会全部反射，表现出对电磁波的非透明性。

3) $\varepsilon<0,\mu<0$

负折射率材料（DNG 材料或 NIM 材料）是超材料领域中最为关注的研究对象。天然材料中不可能有负折射率材料存在，由于负折射率材料在光学方面表现出迥异的物理性质，例如能突破传统材料的衍射极限、实现完美成像及对物体实现隐身等，因此有着广阔的应用前景。从上述的理论分析可知，控制结构单元的参数，使得金属材料的等离子频率 $\omega_0<\omega_p<\omega_0/\sqrt{1-f}$，就可实现某一频率范围下的负折射率材料。但对于高频波段的负折射率材料的实现，仍具有很大的挑战性，由于其 ε 与 μ 的乘积为正，负折射率材料应表现出对电磁波的透明性。

四、电磁超材料中负磁导率对负介电常数的影响

为深入了解电磁超材料中物质间相互作用关系，理论分析了金属导体线阵列宏结构嵌入单负磁导率媒质中时其等效介电常数的变化特性。数值计算和电磁仿真方法相结

合，讨论了单负磁导率媒质和单负介电常数媒质的相互作用关系，提出了减小其相互作用的解决方法。仿真结果显示：将金属线阵列直接嵌入单负磁导率媒质中时，电磁超材料传输特性在整个频段内为传输禁带；将金属线裹覆一层绝缘材料后，传输禁带变为传输通带，这表明金属线阵列和单负磁导率媒质之间必须加入一种绝缘材料才能合成双负的电磁超材料。

1. 单负磁导率对单负介电常数的影响

Pendry 在 1996 年提出的自由空间中一维金属线阵列宏结构如图 3-3 所示，其宏观等效介电常数可表示为

$$\varepsilon_{\text{eff}} = 1 - \frac{\omega_p^2}{\omega\left(\omega + \frac{i\varepsilon_0 a^2 \omega_p^2}{\pi r^2 \sigma}\right)} \tag{3-5}$$

其中

$$\omega_p^2 = \frac{2\pi c_0^2}{a^2 \ln\left(\frac{a}{r}\right)} \tag{3-6}$$

式（3-5）中：ω_p 为金属线阵列的等离子频率；ω 为角频率；ε_0 为自由空间介电常数；a 为金属线阵列的周期尺寸；r 为金属线半径；σ 为金属线电导率。

通过 MATLAB 数值计算，可以得出一维金属线阵列等效介电常数随频率变化的特性曲线，如图 3-4 所示，其中 $a=3\,\text{mm}$，$r=0.02\,\text{mm}$。由式（3-5）和式（3-6）可以计算得出等离子频率 $\omega_p=17.82\,\text{GHz}$。由图 3-4 可知，自由空间中一维金属线阵列的等效介电常数在小于其等离子频率时为负值，这说明它可以构成单负介电常数媒质。

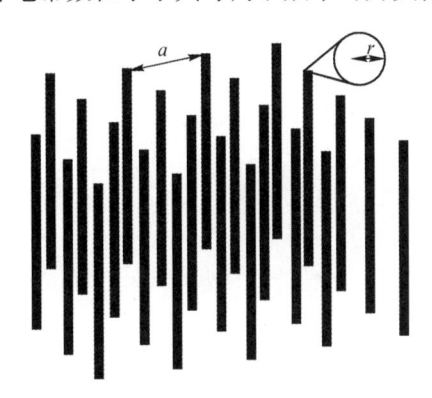

图 3-3 一维金属线阵列宏结构 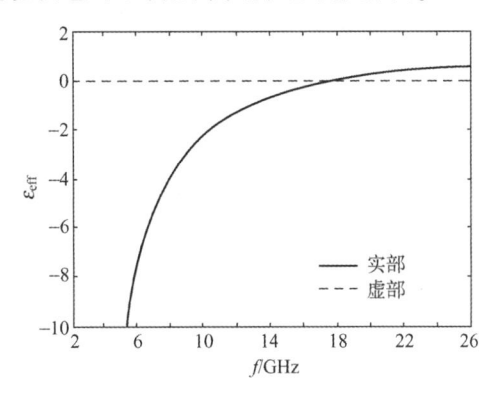　　图 3-4 自由空间中金属线阵列的等效介电常数

但是，当把金属线阵列直接嵌入磁导率为负的媒质中以构成双负材料时，其金属线阵列等效介电常数会受到基体媒质的影响，而失去负值特性。Smith 等人并没有考虑单负磁导率材料和单负介电常数材料直接接触时的相互影响，当用两种单负的媒质合成双负的电磁超材料时，必须考虑两种媒质的相互作用关系。考虑到基体媒质电磁参数作用时的金属线阵列等效介电常数可表示为

$$\varepsilon_{\text{eff}} = \varepsilon_f \left\{ 1 - \frac{\sigma_{\text{eff}}}{\omega\varepsilon_f \left[i + \left(\frac{\mu_f \omega a^2 \sigma_{\text{eff}}}{2\pi}\right)\left(\ln\frac{a}{r} - \frac{3 + \ln 2 - \pi/2}{2}\right)\right]} \right\} \tag{3-7}$$

式中：ε_f 和 μ_f 为基体材料的介电常数和磁导率；σ_{eff} 为金属线阵列的等效电导率，$\sigma_{eff} = \pi r_1^2 \sigma / a^2$。

式（3-7）考虑到了基体材料的电磁参数对金属线阵列等效介电常数的影响。当基体材料的介电常数为一定值时，磁导率的变化对金属线阵列的等效介电常数的影响特性如图 3-5 所示，其中金属线阵列的结构参数与图 3-2 相同，基体材料的介电常数为 ε_0，磁导率取值如图 3-5 所示。

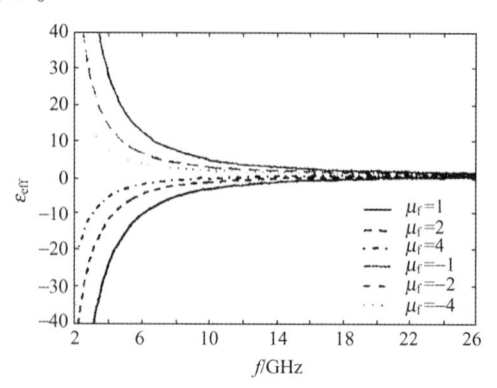

图 3-5 嵌入基体介质材料中的金属线阵列的等效介电常数

由图 3-5 可知，当基体材料磁导率为正数时，金属线阵列的等效介电常数在其等离子频率下都为负值，且当 $\mu_f=1$ 时的等效介电常数与图 3-2 基本吻合，说明式（3-7）和式（3-5）具有相同的等效结果。然而，当基体材料的磁导率为负时，金属线阵列的等效介电常数在整个频段内都变为正值，即没有出现负介电常数现象，从而说明金属线阵列在负磁导率基体媒质中不能表现出负的介电常数特性，即直接将金属线阵列嵌入负磁导率基体媒质中不能合成双负的电磁超材料。这是由于负的磁导率基体媒质将使金属线阵列由原来的感性特性变为容性特性，使金属线阵列丧失存储电磁能量的能力，从而破坏了金属线阵列的等离子振荡特性。

要使金属线阵列继续保持等离子体振荡以合成双负的电磁超材料，必须减小负磁导率基体材料对金属线阵列的作用，可以在金属线外面包裹一层绝缘型介电材料，使金属线阵列能继续保持感性特性。一种简单而有效的方法是将金属线阵列沉积在绝缘型介质基板材料上，再将该介质板嵌入负磁导率基体材料中，让金属线阵列与负磁导率基体材料相互隔离，达到减小相互影响的作用。加入绝缘型介质基板材料后，改进的等效介电常数可近似表示为

$$\varepsilon_{eff} = \varepsilon_f \left\{ 1 - \frac{\sigma_{eff}}{\omega \varepsilon_f \left\{ i + \left(\frac{\omega \alpha^2 \sigma_{eff}}{2\pi} \right) \left[\mu_0 \ln \frac{r_2}{r_1} + \mu_f \left(\ln \frac{a}{r_2} - \frac{3 + \ln 2 - \pi/2}{2} \right) \right] \right\}} \right\} \quad (3-8)$$

式中：r_2 为裹覆在金属线外面介电材料的等效半径。

对比式（3-7）和式（3-8），可以看出，式（3-8）中的 $\mu_0 \ln(r_2/r_1)$ 项对等效介电常数的正负取值起着关键性的作用，即 r_2 的选择至关重要。由式（3-8）可以看出，当满足条件 $\sigma_{eff} \gg \left| \dfrac{2\pi}{\omega a^2 \left[\mu_0 \ln \dfrac{r_2}{r_1} + \mu_f \left(\ln \dfrac{a}{r_2} - 1.602 \right) \right]} \right| \gg 1$ 和 $\mu_0 \ln \dfrac{r_2}{r_1} > -\mu_f \left(\ln \dfrac{a}{r_2} - 1.602 \right)$ 时，

可以得到负的介电常数。因此，可以设置金属线阵列、负磁导率基体材料及绝缘型介电材料的材料参数和结构参数，以得到满足此参数条件，并通过 MATLAB 数值优化得出达到阻抗匹配和损耗最小的参数值，从而得到磁导率和介电常数同时为负的电磁超材料。

2. 电磁仿真验证

为了验证理论分析的正确性，运用基于有限元法的高频电磁仿真软件 HFSS 分别仿真了金属线阵列在自由空间中、在磁导率为负的基体材料中及裹覆有绝缘型介电材料中的电磁波传输特性。仿真模型如图 3-6 所示，其中金属线的半径为 0.02 mm，周期间隔 3 mm，上下边界条件为理想电边界，前后边界条件为主从边界条件，以模拟一个在 y-z 面上的无限大金属线阵列，左右两边为波端口，电磁仿真结果如图 3-7 所示。

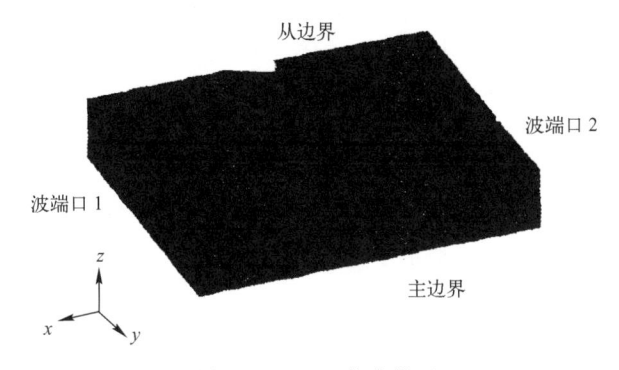

图 3-6 HFSS 仿真模型

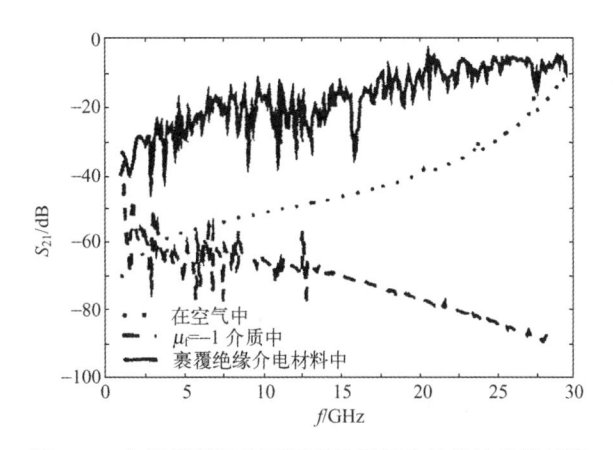

图 3-7 金属阵列嵌入不同基体媒质中的传输参数特性

由图 3-7 可知，当金属线阵列在空气中时，其传输特性随着频率的增加而表现为高通特性，结果与图 3-2 和图 3-3 完全吻合。在此种情况下，金属线阵列等效为一种单负介电常数材料，因此传播矢量 k 为虚数，电磁波在此种媒质中不能传播。当金属线阵列嵌入磁导率为负的媒质中时，其传输特性在整个频段内表现为禁带，由理论分析可知，这是因为负的磁导率基体媒质破坏了金属线阵列的负介电常数特性，因此传播矢量 k 在此种条件下也为虚数，电磁波在此种合成媒质中亦不能传播。当金属线阵列裹覆了一层绝缘型介电材料之后，其传输特性相比于前面两种情况都有了大幅度的提升，最大

135

的提升达到了80 dB。由此可以断定，此时该复合材料的等效介电常数和磁导率同时为负，因此传播矢量 k 为实数，电磁波能在此种材料中传播，从而说明此时可以合成双负的电磁超材料。

自然界中存在的天然材料，如钇铁石榴石（YIG）类亚铁磁材料，当给它外加直流磁场时，其等效磁导率为负值，可直接构成单负磁导率媒质。设计实际的电磁超材料时，即可以将裹覆有一种绝缘型介电材料的金属线阵列嵌入 YIG 类亚铁磁材料中，以直接构成双负的电磁超材料。

五、超材料电磁参数自由空间测试技术

随着近年来超材料技术的迅猛发展，对超材料有效电磁参数的测量精度要求也越来越高。一些研究团队研究了超材料的有效电磁参数的测试技术，提出了利用自由空间法来测试超材料的有效电磁参数。与其他测试方法相比，自由空间法是一种非接触和非破坏性的测试方法，对测试材料样品没有非常严格的形状和工艺要求，只需厚度均匀且具有一定大的测试面积，以避免边沿绕射。同时探讨了在参数反演过程中产生的多值问题和相位模糊问题，并通过理论分析给出了一种有效的解决方案。用自由空间法测量了超材料样品在 8~14 GHz 的有效电磁参数，并和波导法的测试结果进行了比较。结果表明自由空间法测试超材料的电磁参数是正确可靠的，具有实用价值。

1. 测试系统

测试系统由喇叭聚焦透镜天线、矢量网络分析仪和控制计算机组成。该系统放置于测试平台上，计算机在整个测试系统中是控制中心，控制着网络分析仪的自动测试和电磁参数的计算，见图 3-8。

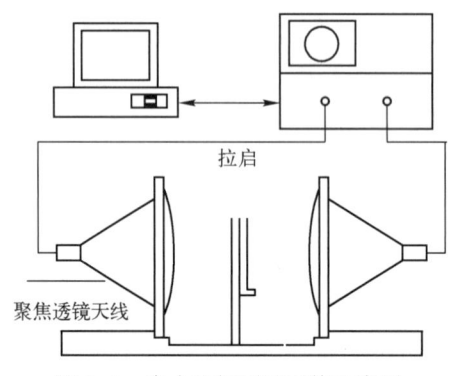

图 3-8 自由空间测试系统示意图

两个天线之间的距离为天线焦距的 2 倍，且固定在水平支架上，其中接收天线可进行位置移动，以适应校准和测试不同厚度样品的需要。在接收天线上安装位置调节装置进行精密调距，其准确度优于 0.01 mm。经精密加工的样品架，置于两个天线的共焦面处，用于支撑和放置被测样品。矢量网络分析仪端口传输线采用同轴线，工作模式为 TEM 波。因被测材料需要线极化平面波，所以应将同轴线的 TEM 波转换为矩形波导的 TE 波，然后经过聚焦透镜天线发射。电磁波到达被测样品表面时，一部分波产生反射，反射波沿着相反路径进入矢量网络分析仪的端口；另一部分波进入被测样品，在被测样品的另一面，部分电磁波穿过交界面形成透射波。透射波被聚焦透镜天线接收，经过模

式转换，进入矢量网络分析仪的端口 2。通过对反射波和透射波的测试，可以测得二端口网络的散射参数 S_{11} 和 S_{21}。

2. 校准

自由空间法主要的误差来源有两种：边缘散射和多次反射。采用点聚焦喇叭透镜收发天线、校准质量很高的 TRL 技术和时域门技术可以大大减少这些不利因素的影响。

TRL 校准技术包含 3 个标准：单端口的短路标准，两端口的直通标准和线标准。短路标准是在发射天线和接收天线的焦平面处分别放置一个金属板，执行短路校准；线标准是增加两个测试端之间的距离，在双倍焦距的基础上增加 1/4 中心波长，然后执行线标准；直通标准是设置两个测试端间的距离为双倍焦距，直接执行直通校准，见图 3-9。

在实际测试中，电磁波的直接传输路径是我们所关心的，在时域响应中，这条路径对应着最短的传输时间，如果将时域门选定在这段时间，就能有效消除多径效应和其他的背景干扰，将此区间的时域响应再返算到频域，就能得到消除多路反射及背景干扰的真实的幅频响应和相频响应，从而得到比较准确的散射参数。

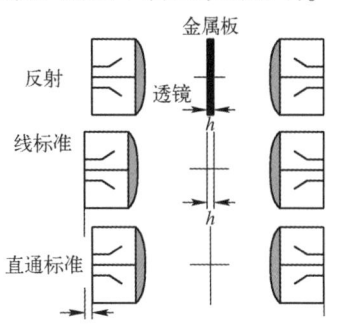

图 3-9 TRL 校准示意图

3. 数据反演

1987 年，伦敦大学电子工程系的 Cullen 等人利用菲涅耳反射定律，提出了一种有效的反演方法，为在自由空间测试材料的电磁参数提供了一种有效途径。1989 年，Ghoduaonkar 等人用透镜天线作为测试的发射和接收源，并给出了天线与测试样品的相对尺寸要求。该方案可将入射电磁波聚焦在样品表面一个波长直径范围内，使投射到样品表面的电磁波范围变小，基本可以忽略样品的边缘散射。

设被测介质材料为各向同性，横向尺寸足够大，厚度为 d 的平板材料，其复电磁参数为

$$\varepsilon_r = \varepsilon_r' - j\varepsilon_r''; \mu_r = \mu_r' - j\mu_r'' \tag{3-9}$$

在自由空间中，设线极化平面波 $\bar{E}_1$ 由自由空间向被测样品垂直入射，相位常数为 k_0，频率为 f，传播方向沿喇叭聚焦透镜天线的轴向。入射波在空气与介质材料的交界面遇到不连续，因此一部分电磁波被反射回去，形成反射波；另一部分电磁波将穿过介质面向前传播，形成透射波。将被测材料作为二端口网络，通过对反射波和透射波的测试，可以得到二端口网络的散射参数 S_{11} 和 S_{21}。根据电磁波在不连续界面上满足的边界条件，可得散射参数：

$$S_{11} = \frac{\varGamma(1-T^2)}{1-\varGamma^2 T^2}, \quad S_{21} = \frac{T(1-\varGamma^2)}{1-\varGamma^2 T^2} \tag{3-10}$$

式中：$\varGamma$ 和 T 分别为介质样品与空气界面的反射系数和传输系数。

$$\varGamma = \frac{Z-1}{Z+1}; \quad T = e^{-\gamma d} \tag{3-11}$$

式中：Z 为介质材料的相对特性阻抗；γ 为波在被测材料中的传播常数。

由式（3-10）和式（3-11）可以求得待测材料的特性阻抗和传播常数为

$$Z = \pm\sqrt{\frac{(S_{11}+1)^2 - S_{21}^2}{(S_{11}-1)^2 - S_{21}^2}} \tag{3-12}$$

$$\gamma = -\frac{1}{d}\ln\left(\pm\frac{S_{21}(Z+1)}{S_{11}(Z-1)-(Z+1)}\right) + j\frac{2n\pi}{d}, \quad (n=0,1,\cdots,L) \tag{3-13}$$

Z 和 γ 与复电磁参数之间的关系为

$$Z = \sqrt{\frac{\mu_{\text{eff}}}{\varepsilon_{\text{eff}}}}, \quad \gamma = jk_0\sqrt{\mu_{\text{eff}}\varepsilon_{\text{eff}}} \tag{3-14}$$

由式（3-14）可以看出，利用式（3-12）、式（3-13）所得到材料的电磁参数不是唯一的，而是存在多组解，这就是参数反演中的多值问题和相位模糊问题。由 Z 和 γ 的物理意义，以及上式中的±号选取应满足 $\mathrm{Re}(Z)>0$ 和 $\mathrm{Im}(\gamma)>0$ 的条件，可以解决多值问题。相位模糊问题产生的实质是三角函数的计算，因此不能通过单纯的计算解决。考虑到电磁波为垂直入射，式（3-13）中的 n 为

$$n = \left[\frac{d}{\lambda}\right] \tag{3-15}$$

式中：λ 为材料内部电磁波的波长；"[ ]"为高斯函数。

可见，n 的取值取决于材料样品的厚度 d。多数情况下采用的方法是选取 d 非常小的样品，使 $d<\lambda$，则 $n=0$。当样品厚度 d 在 1 个波长和 2 个波长之间时，$n=1$，依此类推。

4. 效果

首先采用空气作为标准介质样品进行测试，这是因为空气的介电常数和磁导率是已知的（$\varepsilon_r=1, \mu_r=1$）。在测试系统校准完后，通过精密调距装置增加两聚焦透镜天线的距离，以形成厚度 $d=5$ mm 的被测空气介质样品。在此状态下，测试空气的介电常数和磁导率。由如图 3-10 所示的测试结果可知，在 8~12 GHz，空气的 μ' 和 ε' 均接近于 1，而 μ'' 和 ε'' 均接近于 0，说明实测值与理论值（$\varepsilon_r=1, \mu_r=1$）是吻合的。超材料样品（图 3-11）用方形的 SRR 环印刷在 RT5870 高频板上（覆铜厚 0.017 mm，基板厚 0.381 mm，基板的介电常数 $\varepsilon=2.33$，$\tan\alpha=0.0012$，α 为损耗角）。

图 3-10 空气的有效电磁参数（自由空间法）　　图 3-11 超材料样品示意图

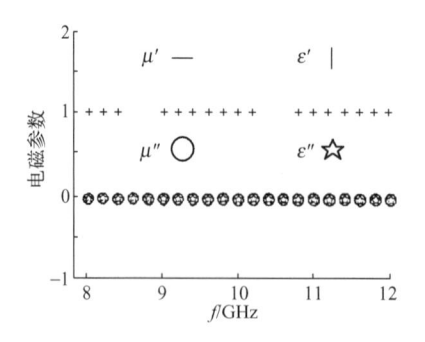

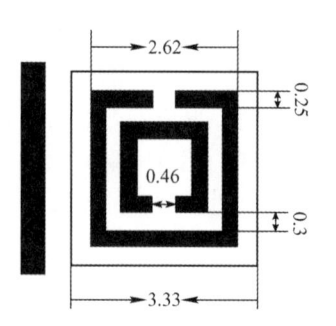

由图 3-12 和图 3-13 可见，自由空间法测得的超材料样品的电磁参数与波导法的测试结果之间的差距基本能稳定地保持在 4% 以内，这说明了利用自由空间法测试超材料电磁参数有比较好的精度，可以满足超材料电磁参数的测试要求。

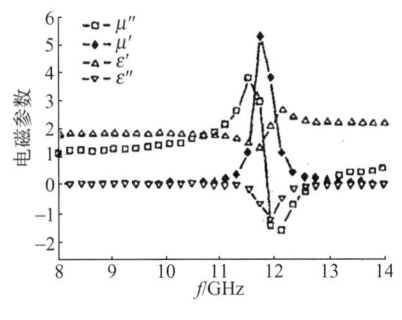

图 3-12 超材料的有效
电磁参数（自由空间法）

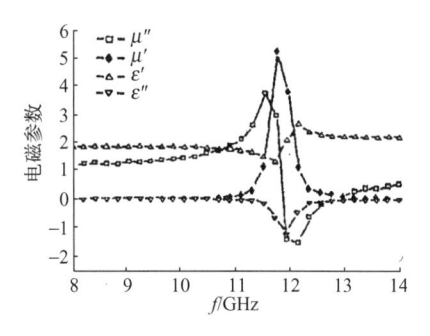

图 3-13 超材料的有效
电磁参数（波导法）

第二节 电磁超表面的本构参数建模

一、GSTC 边界条件简介

电磁波与物质界面的交互作用，可以通过广义薄层转换条件（GSTC）这一边界分析技术来深入研究。GSTC 独特地采纳了狄拉克 δ 函数的微分表述，以此来刻画界面不连续的特性，并转化为等效的极化与阻抗描述，有效地建立了界面微观构造与宏观光电反应之间的关联。在此框架下，即使面对的是厚度远小于波长（$\delta \ll \lambda$）的极端薄层材料，其电磁特性亦能被准确把握，核心在于利用电与磁极化率的概念来指导电磁波在超表面穿透过程中的行为调整。

在电磁学的物质属性讨论范畴内，无论是从基本的构建模块考虑，还是上升到宏观波动现象分析，材料的界定离不开诸如介电常数、磁导率这类经典参数。尤其针对平面波情况，波阻抗作为电场与磁场振幅比例的度量，与折射率一同，成为揭示介质内波传播速度与光速相对关系的关键。值得注意的是，这些属性默认适用于均质介质环境，通过匹配场强与极化密度来建立联系。而对于那些内在结构复杂、展现各向异性的材料，则必须纳入更广泛的耦合效应考量，即磁电与电磁相互作用的张量表达式，才能全面理解其电磁响应机制。

在超薄材料操控与设计中，GSTC 方法脱颖而出，成为实现电磁波灵活调控的强大策略。它不仅能够理论上支撑起将任何预设的入射波形转变为所需的反射与透射模式的设计思路，而且实践上，如图 3-14 所示，已成功应用于构建这类超表面结构，充分证明了其在电磁波导向技术领域的革新潜力。

对位于 $x=0$ 轴，垂直跨越 yoz 平面的超表面，其上电磁场分量的表达式为

$$f(x) = \{f(x)\} + \sum_{k=0}^{N} f_k \delta^k(x) \tag{3-16}$$

这里，$\{f(x)\}$ 描绘了在非零点的连续场行为，而求和项通过狄拉克 δ 函数及其导数，体现了 $x=0$ 处的潜在不连续性，最高至 N 阶导数。实际中，常简化处理，仅关注场值本身的跳跃而非其导数变化。

假设超表面置于两个半空间的分界面上，如图 3-15 所示。

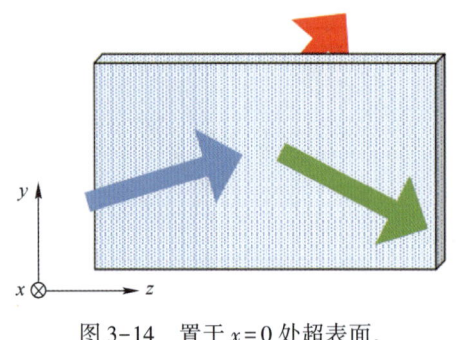

图 3-14　置于 $x=0$ 处超表面、厚度 $\delta \ll \lambda$ 的超表面

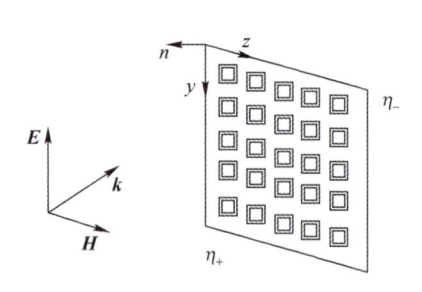

图 3-15　典型超表面的物理构成及问题空间设置

进一步设定超表面作为两个介质半空间的界限（图 3-15），两侧介质特性阻抗分别为 η_+ 和 η_-，它们依据各自介质的介电常数 $\varepsilon_\pm$ 和磁导率 $\mu_\pm$ 确定，表达式为 $\eta_+ = \sqrt{\mu_+/\varepsilon_+}$，$\eta_- = \sqrt{\mu_-/\varepsilon_-}$。当超表面结构单元远小于工作波长时，其宏观均匀性质成为研究焦点，旨在关联宏观场强 (E, H) 与微观（y-z 平面上）的极化量 P 和 M。对于入射波沿切向 $a = (a_y, a_z)$ 的情况，切向波矢量为 k_t，切向场的平均值通过积分表达式获得

$$A(r) = \frac{e^{-jk_t \cdot r}}{S} \int_{r-\frac{a}{2}}^{r+\frac{a}{2}} A_{\text{micro}}(r') e^{+jk_t \cdot r'} d^2 r' \quad (3-17)$$

其中，$r = (y, z)$，$S = a_y a_z$，A 分别表示超表面的空间位置矢量、单元结构的面积、平均场值矢量，用以表示 E 和 H；A_{micro} 表示微观矢量，用以表示电极化密度 P 和磁极化密度 M。针对非均匀分布的超表面结构，尽管式（3-17）理论上要求统计平均，但我们的重点在于利用平均极化密度来消除微观细节对宏观场平均值的影响，而非深入统计处理细节。

由于超表面散射单元的微小尺寸与波长的显著差异，研究中倾向于采用基于超表面的均匀模型及平均电磁参数，而非直接模拟复杂的散射体结构。仿真模型的具体形态展示于图 3-16 中。在实际仿真计算场景中，为了明确超表面边界条件，引入一个假想的薄层（厚度为 d），其内部为电磁极化密度 P 和 M 均匀分布的介质层，且具有固定的介电常数 ε 和磁导率 μ，该薄层横亘于两个半无限介质的边界上。

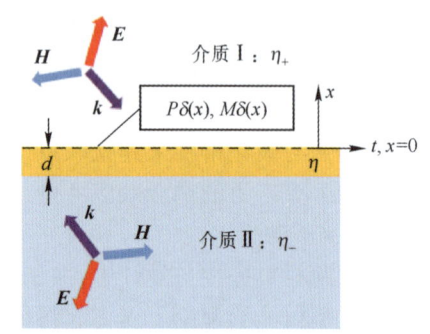

图 3-16　二维均匀超表面仿真模型

实际上，超表面由一个承载着微结构散射体的薄层基底构成，这些微结构分布于薄层表面。在理论探讨中，通常将基底与散射体结构视为具有统一电磁特性的层，这一简化处理有助于深入探讨谐振单元阵列与基底间的近场相互作用，尤其是对于等离子体超表面研究，显得尤为重要。等离子体在这些亚波长尺度的结构中形成热点，这些热点深入薄层内部，它们对电磁波极化状态的改变，实质上反映了基底材质的双各向异性特性。

在理论分析时，假设薄层趋于零厚度（$d \to 0$），这一假设基于实际超表面中，电磁响应主要受控于微结构内部特性，而这些微结构热点对电磁波极化效应的调制，本质上取决于基底材料的电磁参数。

利用麦克斯韦方程组，我们可以深入探究薄层介质的整体电、磁极化特性对两侧电磁场分布的影响，具体表现在：

$$\nabla \times \boldsymbol{E} = -\mathrm{j}\omega\mu\left(\boldsymbol{H}+\frac{\boldsymbol{M}\delta(x)}{\mu}\right) \quad (3-18)$$

$$\nabla \times \boldsymbol{H} = \mathrm{j}\omega\varepsilon\left(\boldsymbol{E}+\frac{\boldsymbol{P}\delta(x)}{\mu}\right) \quad (3-19)$$

在此基础上，将场量 $\boldsymbol{E}$、$\boldsymbol{H}$、$\boldsymbol{P}$ 和 $\boldsymbol{M}$ 分解为切向分量和法向分量：

$$\boldsymbol{E} = \boldsymbol{E}_\mathrm{t} + \boldsymbol{n}E_\mathrm{n}, \quad \boldsymbol{H} = \boldsymbol{H}_\mathrm{t} + \boldsymbol{n}H_\mathrm{n} \quad (3-20)$$

$$\boldsymbol{P} = \boldsymbol{P}_\mathrm{t} + \boldsymbol{n}P_\mathrm{n}, \quad \boldsymbol{M} = \boldsymbol{M}_\mathrm{t} + \boldsymbol{n}M_\mathrm{n} \quad (3-21)$$

进一步地，为了深入分析，我们将利用哈密顿算子 ∇ 的分解形式（考虑其切向和法向分量的总和），并假定法向指向 x 轴正方向，即

$$\nabla = \nabla_\mathrm{t} + \frac{\partial}{\partial x}\boldsymbol{n} \quad (3-22)$$

将式（3-20）~式（3-22）代入式（3-18）和式（3-19）中，最终推导出电极化和磁极化密度的切向分量表达式：

$$\nabla_\mathrm{t} \times \boldsymbol{n}E_\mathrm{n} + \frac{\partial}{\partial x}(\boldsymbol{n} \times \boldsymbol{E}_\mathrm{t}) = -\mathrm{j}\omega\mu\boldsymbol{H}_\mathrm{t} - \mathrm{j}\omega\boldsymbol{M}_\mathrm{t}\delta(x) \quad (3-23)$$

$$\nabla_\mathrm{t} \times \boldsymbol{n}H_\mathrm{n} + \frac{\partial}{\partial x}(\boldsymbol{n} \times \boldsymbol{H}_\mathrm{t}) = \mathrm{j}\omega\varepsilon\boldsymbol{E}_\mathrm{t} + \mathrm{j}\omega\boldsymbol{P}_\mathrm{t}\delta(x) \quad (3-24)$$

相应地，法向分量表达式为

$$\boldsymbol{n}E_\mathrm{n} = \frac{1}{\mathrm{j}\omega\varepsilon}\nabla_\mathrm{t} \times \boldsymbol{H}_\mathrm{t} - \boldsymbol{n}\frac{P_\mathrm{n}\delta(x)}{\varepsilon} \quad (3-25)$$

$$\boldsymbol{n}H_\mathrm{n} = -\frac{1}{\mathrm{j}\omega\mu}\nabla_\mathrm{t} \times \boldsymbol{E}_\mathrm{t} - \boldsymbol{n}\frac{M_\mathrm{n}\delta(x)}{\mu} \quad (3-26)$$

将式（3-25）和式（3-26）分别代入式（3-23）和式（3-24）中可得

$$\frac{\partial}{\partial x}(\boldsymbol{n} \times \boldsymbol{E}_\mathrm{t}) = -\mathrm{j}\omega\mu\boldsymbol{H}_\mathrm{t} - \frac{1}{\mathrm{j}\omega\varepsilon}\nabla_\mathrm{t} \times \nabla_\mathrm{t} \times \boldsymbol{H}_\mathrm{t} - \mathrm{j}\omega\boldsymbol{M}_\mathrm{t}\delta(x) + \nabla_\mathrm{t} \times \boldsymbol{n}\frac{P_\mathrm{n}\delta(x)}{\varepsilon} \quad (3-27)$$

$$\frac{\partial}{\partial x}(\boldsymbol{n} \times \boldsymbol{H}_\mathrm{t}) = \mathrm{j}\omega\varepsilon\boldsymbol{E}_\mathrm{t} + \frac{1}{\mathrm{j}\omega\mu}\nabla_\mathrm{t} \times \nabla_\mathrm{t} \times \boldsymbol{E}_\mathrm{t} + \mathrm{j}\omega\boldsymbol{P}_\mathrm{t}\delta(x) + \nabla_\mathrm{t} \times \boldsymbol{n}\frac{M_\mathrm{n}\delta(x)}{\varepsilon} \quad (3-28)$$

式（3-27）和式（3-28）分别与 $-\boldsymbol{n}$ 进行叉乘可得

$$\frac{\partial}{\partial x}\boldsymbol{E}_\mathrm{t} = -\mathrm{j}\omega\mu\left[\boldsymbol{I}_\mathrm{t} + \frac{\nabla_\mathrm{t}\nabla_\mathrm{t}}{k^2}\right] \cdot (\boldsymbol{n} \times \boldsymbol{H}_\mathrm{t}) + \mathrm{j}\omega(\boldsymbol{n} \times \boldsymbol{M}_\mathrm{t})\delta(x) - \nabla_\mathrm{t}\frac{P_\mathrm{n}\delta(x)}{\varepsilon} \quad (3-29)$$

$$\frac{\partial}{\partial x}(\boldsymbol{n} \times \boldsymbol{H}_\mathrm{t}) = \mathrm{j}\omega\varepsilon\left[\boldsymbol{I}_\mathrm{t} + \frac{(\boldsymbol{n} \times \nabla_\mathrm{t})(\boldsymbol{n} \times \nabla_\mathrm{t})}{k^2}\right] \cdot \boldsymbol{E}_\mathrm{t} + \mathrm{j}\omega\boldsymbol{P}_\mathrm{t}\delta(x) - \nabla_\mathrm{t} \times \boldsymbol{n}\frac{M_\mathrm{n}\delta(x)}{\varepsilon} \quad (3-30)$$

其中，$\boldsymbol{I}_\mathrm{t}$ 是二阶单位矩阵，$k = \omega\sqrt{\mu\varepsilon}$ 为波数，同时，方程中的运算符 $(\boldsymbol{n} \times \nabla_\mathrm{t})(\boldsymbol{n} \times \nabla_\mathrm{t})$ 和 $\nabla_\mathrm{t}\nabla_\mathrm{t}$ 都是二维并矢，且它们的矩阵表达式为

$$\nabla_\mathrm{t}\nabla_\mathrm{t} = \begin{pmatrix} \dfrac{\partial}{\partial y} \\ \dfrac{\partial}{\partial z} \end{pmatrix} \begin{pmatrix} \dfrac{\partial}{\partial y} & \dfrac{\partial}{\partial z} \end{pmatrix} = \begin{pmatrix} \dfrac{\partial}{\partial y}\dfrac{\partial}{\partial y} & \dfrac{\partial}{\partial y}\dfrac{\partial}{\partial z} \\ \dfrac{\partial}{\partial z}\dfrac{\partial}{\partial y} & \dfrac{\partial}{\partial z}\dfrac{\partial}{\partial z} \end{pmatrix} \quad (3-31)$$

$$(\boldsymbol{n}\times\nabla_{t})(\boldsymbol{n}\times\nabla_{t}) = \begin{pmatrix} -\dfrac{\partial}{\partial z} \\ \dfrac{\partial}{\partial y} \end{pmatrix} \begin{pmatrix} -\dfrac{\partial}{\partial z} & \dfrac{\partial}{\partial y} \end{pmatrix} = \begin{pmatrix} \dfrac{\partial}{\partial z}\dfrac{\partial}{\partial z} & -\dfrac{\partial}{\partial z}\dfrac{\partial}{\partial y} \\ -\dfrac{\partial}{\partial y}\dfrac{\partial}{\partial z} & \dfrac{\partial}{\partial y}\dfrac{\partial}{\partial y} \end{pmatrix} \tag{3-32}$$

对于平面波，其传播特性可用指数函数 $\exp(-\mathrm{j}\boldsymbol{k}_t \cdot \boldsymbol{r})$ 描述，意味着 $\nabla_t = -\mathrm{j}\boldsymbol{k}_t$，其中 $\boldsymbol{k}_t$ 为波矢的切向分量。

针对式 (3-29) 与式 (3-30)，通过对薄层的微积分处理，并在极限情况下令薄层厚度 d 趋于零，可以观察到等式左侧关于导数的积分产生了界面处的不连续，而右侧的切向场分量积分因薄层厚度趋近于零而趋向于零，保留了仅在 $x=0$ 超表面位置的狄拉克 δ 函数项。由此，应用 GSTC 方法，可获得以下矢量形式的表达式：

$$\boldsymbol{E}_t^+ - \boldsymbol{E}_t^- = \mathrm{j}\omega\boldsymbol{n}\times\boldsymbol{M}_t - \nabla_t\frac{P_n}{\varepsilon} \tag{3-33}$$

$$\boldsymbol{n}\times\boldsymbol{H}_t^+ - \boldsymbol{n}\times\boldsymbol{H}_t^- = \mathrm{j}\omega\boldsymbol{P}_t + \nabla_t\times\boldsymbol{n}\frac{M_n}{\mu} \tag{3-34}$$

式 (3-33) 和式 (3-34) 揭示了超表面两侧电场和磁场切向分量的不连续性与表面极化密度 $\boldsymbol{P}$、$\boldsymbol{M}$ 之间的直接联系，适用于任何介质分界面。基于此推导，超表面的表面极化能够表征电磁波的反射与透射特性。

设定超表面位于 $x=0$，且置于 yoz 平面，可得界面过渡条件为

$$\Delta\boldsymbol{E}\times\hat{x} = \mathrm{j}\omega\mu_0\boldsymbol{M}_\| - \nabla_\|\left(\frac{P_x}{\varepsilon_0}\right)\times\hat{x} \tag{3-35}$$

$$\hat{x}\times\Delta\boldsymbol{H} = \mathrm{j}\omega\boldsymbol{P}_\| - \hat{x}\times\nabla_\| M_x \tag{3-36}$$

其中，$\nabla_\|$ 中的下标表示表面切向分量。

对于一个假设为无限大且厚度远小于波长（$d\ll\lambda$）的超表面，极化电流密度 $\boldsymbol{J}$、极化磁流密度 $\boldsymbol{J}_m$ 表面、电荷密度 ρ 和表面磁荷密度 ρ_m 仅在 $x=0$ 超表面位置非零，其余位置均为零。结合麦克斯韦方程组，我们有

$$\nabla_\|\cdot\boldsymbol{D}_\| + \frac{\partial D_x}{\partial x}\hat{x} = \rho \tag{3-37}$$

$$\nabla_\|\cdot\boldsymbol{B}_\| + \frac{\partial B_x}{\partial x}\hat{x} = 0 \tag{3-38}$$

利用 $\boldsymbol{D} = \varepsilon\boldsymbol{E} + \boldsymbol{P}\delta(x)$，和 $\boldsymbol{B} = \mu(\boldsymbol{H} + \boldsymbol{M}\delta(x))$ 的本构关系代入上述方程，得到

$$\hat{x}\cdot\Delta\boldsymbol{D} = -\nabla\cdot\boldsymbol{P}_\| \tag{3-39}$$

$$\hat{x}\cdot\Delta\boldsymbol{B} = -\mu_0\nabla\cdot\boldsymbol{M}_\| \tag{3-40}$$

其中，方程等号左侧的差值项表示超表面两侧的场值差，即

$$\Delta\varphi = \varphi_{\mathrm{tr}} - (\varphi_{\mathrm{inc}} + \varphi_{\mathrm{ref}}) \tag{3-41}$$

其中，φ 可以表示 $\boldsymbol{E}$、$\boldsymbol{H}$、$\boldsymbol{D}$、$\boldsymbol{B}$ 中的任意场；下标 tr、inc、ref 分别表示透射波、入射波和反射波。

在研究双各向异性超表面时，极化密度 $\boldsymbol{P}$ 和 $\boldsymbol{M}$ 与作用场 $\boldsymbol{E}_{\mathrm{act}}$、$\boldsymbol{H}_{\mathrm{act}}$ 的关系由下式给出：

$$P = \varepsilon_0 N\alpha_{ee} \cdot E_{act} + \frac{1}{c} N\alpha_{em} \cdot H_{act} \tag{3-42}$$

$$M = N\alpha_{mm} \cdot H_{act} + \frac{1}{\eta_0} N\alpha_{me} \cdot E_{act} \tag{3-43}$$

其中，α_{ee}、α_{em}、α_{mm}、α_{me} 表示散射体的极化密度张量，N 表示单位体积内的散射体数目，c 表示光速，$\eta_0 = \sqrt{\mu_0/\varepsilon_0}$ 为真空本征阻抗。这些方程微观描述了电磁场与散射粒子的相互作用。在实际情境中，由于波长远大于散射体尺寸，可直接采用极化率代替散射粒子的极化密度，从而简化电磁场与超表面极化度之间的数值关系计算，有效规避局部场畸变，准确描述超表面的电磁特性。

为了桥接宏观与微观尺度上的物理描述，我们采用宏观极化率来表征微观极化密度，并引入 E_{act} 作为超表面两侧电磁场的代表量，它由平均电场 E_{av} 减去散射场 E_{sca}（在无散射假设下，E_{sca} 为零）。极化密度 P 与 M 与平均电磁场的关系可由以下方程描述：

$$P = \varepsilon_0 \chi_{ee} \cdot E_{av} + \frac{1}{c} \chi_{em} \cdot H_{av} \tag{3-44}$$

$$M = \chi_{mm} \cdot H_{av} + \frac{1}{\eta_0} \chi_{me} \cdot E_{av} \tag{3-45}$$

其中，χ_{ee}、χ_{mm}、χ_{em}、χ_{me} 为极化张量，描述了电磁场的交互作用机制。

由式（3-19）和式（3-20）我们考虑到 P_x 和 M_x 非零时，方程体系会涉及法向和切向分量，增加了求解的复杂度。然而，设定 $P_x = M_x = 0$ 简化了问题，虽然牺牲了法向极化贡献，但便于初步分析。基于此，代入简化条件到相关方程中，得到

$$\hat{x} \times \Delta H = j\omega\varepsilon_0 \chi_{ee} \cdot E_{av} + jk_0 \chi_{em} \cdot H_{av} \tag{3-46}$$

$$\Delta E \times \hat{x} = j\omega\mu_0 \chi_{mm} \cdot H_{av} + jk_0 \chi_{me} \cdot E_{av} \tag{3-47}$$

其中，$k_0 = \omega\sqrt{\mu_0\varepsilon_0}$ 为真空波数。

为了进一步简化分析，将上述关系矩阵化，仅考虑切向分量：

$$\begin{bmatrix} \Delta H_z \\ \Delta H_y \\ \Delta E_z \\ \Delta E_y \end{bmatrix} = \begin{bmatrix} \tilde{\chi}_{ee}^{yy} & \tilde{\chi}_{ee}^{yz} & \tilde{\chi}_{em}^{yy} & \tilde{\chi}_{em}^{yz} \\ \tilde{\chi}_{ee}^{zy} & \tilde{\chi}_{ee}^{zz} & \tilde{\chi}_{em}^{zy} & \tilde{\chi}_{em}^{zz} \\ \tilde{\chi}_{me}^{yy} & \tilde{\chi}_{me}^{yz} & \tilde{\chi}_{mm}^{yy} & \tilde{\chi}_{mm}^{yz} \\ \tilde{\chi}_{me}^{zy} & \tilde{\chi}_{me}^{zz} & \tilde{\chi}_{mm}^{zy} & \tilde{\chi}_{mm}^{zz} \end{bmatrix} \cdot \begin{bmatrix} E_{y,av} \\ E_{z,av} \\ H_{y,av} \\ H_{z,av} \end{bmatrix} \tag{3-48}$$

并且有

$$\begin{bmatrix} \chi_{ee}^{yy} & \chi_{ee}^{yz} & \chi_{em}^{yy} & \chi_{em}^{yz} \\ \chi_{ee}^{zy} & \chi_{ee}^{zz} & \chi_{em}^{zy} & \chi_{em}^{zz} \\ \chi_{me}^{yy} & \chi_{me}^{yz} & \chi_{mm}^{yy} & \chi_{mm}^{yz} \\ \chi_{me}^{zy} & \chi_{me}^{zz} & \chi_{mm}^{zy} & \chi_{mm}^{zz} \end{bmatrix} = \begin{bmatrix} \dfrac{j}{\omega\varepsilon_0}\tilde{\chi}_{ee}^{yy} & \dfrac{j}{\omega\varepsilon_0}\tilde{\chi}_{ee}^{yz} & \dfrac{j}{k_0}\tilde{\chi}_{em}^{yy} & \dfrac{j}{k_0}\tilde{\chi}_{em}^{yz} \\ -\dfrac{j}{\omega\varepsilon_0}\tilde{\chi}_{ee}^{zy} & -\dfrac{j}{\omega\varepsilon_0}\tilde{\chi}_{ee}^{zz} & -\dfrac{j}{k_0}\tilde{\chi}_{em}^{zy} & -\dfrac{j}{k_0}\tilde{\chi}_{em}^{zz} \\ -\dfrac{j}{k_0}\tilde{\chi}_{me}^{yy} & -\dfrac{j}{k_0}\tilde{\chi}_{me}^{yz} & -\dfrac{j}{\omega\mu_0}\tilde{\chi}_{mm}^{yy} & -\dfrac{j}{\omega\mu_0}\tilde{\chi}_{mm}^{yz} \\ \dfrac{j}{k_0}\tilde{\chi}_{me}^{zy} & \dfrac{j}{k_0}\tilde{\chi}_{me}^{zz} & \dfrac{j}{\omega\mu_0}\tilde{\chi}_{mm}^{zy} & \dfrac{j}{\omega\mu_0}\tilde{\chi}_{mm}^{zz} \end{bmatrix} \tag{3-49}$$

此矩阵关系含有 16 个未知参数，而仅 4 个方程，故需采取策略确保解的唯一性。

策略 A：精简未知参数数量

维持方程数量不变的前提下，关键在于减少极化率矩阵中的未知参数至 4 个，尽管具体的参数筛选策略多样，但每种选择都应符合物理实际。

示例 1：将式（3-48）中的极化率矩阵变为参数个数为 4 的对角矩阵，则有

$$\begin{bmatrix} \Delta H_z \\ \Delta H_y \\ \Delta E_z \\ \Delta E_y \end{bmatrix} = \begin{bmatrix} \tilde{\chi}_{ee}^{yy} & 0 & 0 & 0 \\ 0 & \tilde{\chi}_{ee}^{zz} & 0 & 0 \\ 0 & 0 & \tilde{\chi}_{mm}^{yy} & 0 \\ 0 & 0 & 0 & \tilde{\chi}_{mm}^{zz} \end{bmatrix} \cdot \begin{bmatrix} E_{y,av} \\ E_{z,av} \\ H_{y,av} \\ H_{z,av} \end{bmatrix} \quad (3-50)$$

以 $\Delta H_z = \chi_{ee}^{yy} \cdot E_{y,av}$ 为例，可以表示超表面某一侧的磁场值，由另一侧磁场值，与极化率和超表面两侧垂直方向的电场平均值的乘积叠加得到。

示例 2：简化后的方程为

$$\begin{bmatrix} \Delta H_z \\ \Delta H_y \\ \Delta E_z \\ \Delta E_y \end{bmatrix} = \begin{bmatrix} 0 & \tilde{\chi}_{ee}^{yz} & 0 & 0 \\ \tilde{\chi}_{ee}^{zy} & 0 & 0 & 0 \\ 0 & 0 & 0 & \tilde{\chi}_{mm}^{yz} \\ 0 & 0 & \tilde{\chi}_{mm}^{zy} & 0 \end{bmatrix} \cdot \begin{bmatrix} E_{y,av} \\ E_{z,av} \\ H_{y,av} \\ H_{z,av} \end{bmatrix} \quad (3-51)$$

以 $\Delta H_z = \chi_{ee}^{yz} \cdot E_{z,av}$ 为例，可以表示超表面某一侧的磁场值，由另一侧磁场值，与极化率和超表面两侧同向的电场平均值的乘积叠加得到。

策略 B：增加方程数量

保持极化率矩阵中的未知参数不变，通过同时引入更多求解的场值及其对应的已知量，使得方程总数达到 16 个，确保每个未知参数都有对应的方程组来确定。

示例：将待求解方程数目增加到 16，则式（3-48）转变为

$$\begin{bmatrix} \Delta H_{z1} & \Delta H_{z2} & \Delta H_{z3} & \Delta H_{z4} \\ \Delta H_{y1} & \Delta H_{y2} & \Delta H_{y3} & \Delta H_{y4} \\ \Delta E_{z1} & \Delta E_{z2} & \Delta E_{z3} & \Delta E_{z4} \\ \Delta E_{y1} & \Delta E_{y2} & \Delta E_{y3} & \Delta E_{y4} \end{bmatrix} = \begin{bmatrix} \tilde{\chi}_{ee}^{yy} & \tilde{\chi}_{ee}^{yz} & \tilde{\chi}_{em}^{yy} & \tilde{\chi}_{em}^{yz} \\ \tilde{\chi}_{ee}^{zy} & \tilde{\chi}_{ee}^{zz} & \tilde{\chi}_{em}^{zy} & \tilde{\chi}_{em}^{zz} \\ \tilde{\chi}_{me}^{yy} & \tilde{\chi}_{me}^{yz} & \tilde{\chi}_{mm}^{yy} & \tilde{\chi}_{mm}^{yz} \\ \tilde{\chi}_{me}^{zy} & \tilde{\chi}_{me}^{zz} & \tilde{\chi}_{mm}^{zy} & \tilde{\chi}_{mm}^{zz} \end{bmatrix} \cdot \begin{bmatrix} E_{y1,av} & E_{y2,av} & E_{y3,av} & E_{y4,av} \\ E_{z1,av} & E_{z2,av} & E_{z3,av} & E_{z4,av} \\ H_{y1,av} & H_{y2,av} & H_{y3,av} & H_{y4,av} \\ H_{z1,av} & H_{z2,av} & H_{z3,av} & H_{z4,av} \end{bmatrix}$$

$$(3-52)$$

上式的物理意义在于：对于 4 个不同形式（入射角、极化方式等）入射的电磁波，超表面能够实现 4 种不同的功能。

策略 C：结合参数精简与方程扩充

结合策略 A 和 B，设想在增加一组（4 个）待求解场值的同时，适当减少极化率矩阵中的未知参数至 8 个。这样，通过 8 个方程与 8 个未知参数的匹配，既控制了解的复杂度，又保证了解的唯一性。这种方案适合分析两种不同入射模式下超表面的表现，其物理含义与策略 A 中的案例 1 类似，但提供了更丰富的调控维度。

示例：假设只增加一组（4 个）待求解方程，则式（3-48）转变为

$$\begin{bmatrix} \Delta H_{z1} & \Delta H_{z2} \\ \Delta H_{y1} & \Delta H_{y2} \\ \Delta E_{z1} & \Delta E_{z2} \\ \Delta E_{y1} & \Delta E_{y2} \end{bmatrix} = \begin{bmatrix} \tilde{\chi}_{ee}^{yy} & \tilde{\chi}_{ee}^{yz} & 0 & 0 \\ \tilde{\chi}_{ee}^{zy} & \tilde{\chi}_{ee}^{zz} & 0 & 0 \\ 0 & 0 & \tilde{\chi}_{mm}^{yy} & \tilde{\chi}_{mm}^{yz} \\ 0 & 0 & \tilde{\chi}_{mm}^{zy} & \tilde{\chi}_{mm}^{zz} \end{bmatrix} \cdot \begin{bmatrix} E_{y1,av} & E_{y2,av} \\ E_{z1,av} & E_{z2,av} \\ H_{y1,av} & H_{y2,av} \\ H_{z1,av} & H_{z2,av} \end{bmatrix} \quad (3-53)$$

通过以上策略的综合应用,不仅解决了超表面极化率参数的唯一性问题,也为超表面的多功能调控开辟了路径,意味着设计出的超表面能够灵活应对多样化的入射波形,实现精准的电磁波调制与操控。

二、GSTC 边界条件在超表面建模中的应用

超表面的潜能在于它能够按需调节电磁波的反射和透射特性,包括幅值、方向和偏转角,这一点根植于其定义之中。先前利用 GSTC 理论,成功将超表面抽象为极化率张量,开启了通过精心设计极化率来定制超表面功能的新途径。

图 3-17 概述了一套系统化的超表面设计流程,该流程融合了分析与综合两个维度。分析阶段逆溯现有超表面的材料与结构参数,推导其宏观电磁特性,以理解其实现特定功能的机理;而综合阶段则前瞻,始于预期功能,通过步骤(1)与(2),反向求解所需极化率张量,并进一步导出实现这些功能的材料和结构要求。此设计流程细分为 4 个有序步骤,图中详细标注了这些步骤间的逻辑联系。

图 3-17 超表面的整体设计流程

分析和综合可以分为 4 个步骤,其推导关系由图 3-17 中给出,具体操作如下:

(1)功能导向的极化率求解:首先明确超表面预期达成的效果,基于此,通过数值模拟确定电磁场分布,再利用式(3-30)与式(3-31),反推出实现这些功能所必需的极化率张量。

(2)从极化率到材料参数映射:利用得到的极化率张量,推演超表面材料和结构的具体参数。考虑到解的多样性,借鉴步骤(3)中的方法,通过与典型超材料结构的匹配,来锁定可行的材料与结构配置。

(3)超材料结构与极化率关联构建:选取多种超表面结构,通过理论分析和实验验证,探究材料参数及结构设计对极化率的影响,建立两者间的数据库,为特定极化率需求提供直接的材料和结构解决方案。

(4)功能验证与性能评估:最后,在步骤(4),依据确定的极化率参数,采用电磁场数值计算方法,如时域有限差分算法,模拟电磁波与超表面的相互作用,评估反射和透射特性,验证设计的超表面是否满足预期功能。

通过综合分析与设计流程的实施,不仅明确了如何根据目标功能确定极化率取值,并通过时域有限差分仿真技术,演示了电磁波在设计超表面上传播的具体效果。下面通过实例探讨超表面功能与极化率之间的直接联系,深化对超表面设计原理的理解与应用。

设计实例 1：实现极化旋转的超表面设计

本设计旨在展示超表面如何调控入射电磁波，使其极化方向从与 y 轴成 $\pi/8$ 角旋转到 $11\pi/24$ 角。如图 3-18 所示，采用简化模型，基于式（3-49），推导出极化率矩阵的关键参数如下：

$$\chi_{\mathrm{ee}}^{yy}=\frac{\mathrm{j}\Delta H_z}{\omega\varepsilon_0 E_{y,\mathrm{av}}}, \quad \chi_{\mathrm{mm}}^{zz}=\frac{\mathrm{j}\Delta E_y}{\omega\mu_0 H_{z,\mathrm{av}}} \tag{3-54}$$

$$\chi_{\mathrm{ee}}^{zz}=\frac{-\mathrm{j}\Delta H_y}{\omega\varepsilon_0 E_{z,\mathrm{av}}}, \quad \chi_{\mathrm{mm}}^{yy}=\frac{-\mathrm{j}\Delta E_z}{\omega\mu_0 H_{y,\mathrm{av}}} \tag{3-55}$$

其中，场差值项 ΔE_y 和 ΔH_z 的场值差为 $\Delta\varphi$，场 $H_{y,\mathrm{av}}$ 和 $E_{z,\mathrm{av}}$ 的场值为 φ_{av}，具体计算如下：

$$\varphi_{\mathrm{av}}=\frac{\varphi_{\mathrm{inc}}+\varphi_{\mathrm{ref}}+\varphi_{\mathrm{tr}}}{2} \tag{3-56}$$

$$\Delta\varphi=\varphi_{\mathrm{tr}}-(\varphi_{\mathrm{inc}}+\varphi_{\mathrm{ref}}) \tag{3-57}$$

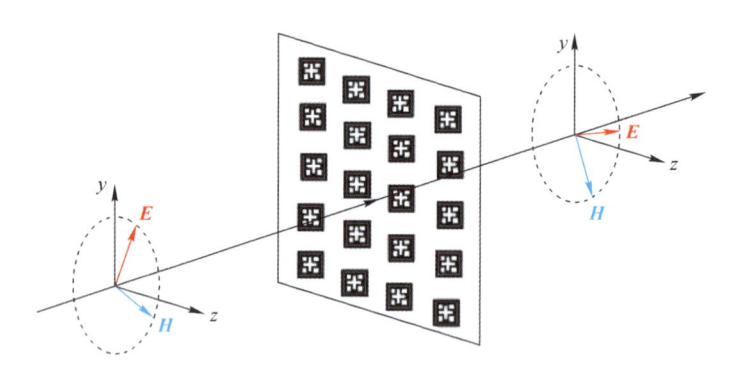

图 3-18 实现极化旋转的超表面

设定入射波电场与磁场分别为

$$\boldsymbol{E}_{\mathrm{i}}(y,z)=\hat{y}\cos\left(\frac{\pi}{8}\right)+\hat{z}\sin\left(\frac{\pi}{8}\right) \tag{3-58}$$

$$\boldsymbol{H}_{\mathrm{i}}(y,z)=\frac{1}{\eta_0}\left[-\hat{y}\sin\left(\frac{\pi}{8}\right)+\hat{z}\cos\left(\frac{\pi}{8}\right)\right] \tag{3-59}$$

又因为无反射，故而有

$$\boldsymbol{E}_{\mathrm{r}}(y,z)=0, \quad \boldsymbol{H}_{\mathrm{r}}(y,z)=0 \tag{3-60}$$

同时，透射波的电场和磁场可以表示为

$$\boldsymbol{E}_{\mathrm{i}}(y,z)=\hat{y}\cos\left(\frac{11\pi}{24}\right)+\hat{z}\sin\left(\frac{11\pi}{24}\right) \tag{3-61}$$

$$\boldsymbol{H}_{\mathrm{i}}(y,z)=\frac{1}{\eta_0}\left[-\hat{y}\sin\left(\frac{11\pi}{24}\right)+\hat{z}\cos\left(\frac{11\pi}{24}\right)\right] \tag{3-62}$$

将式（3-58）~式（3-62）代入式（3-50）中，解得极化率为

$$\chi_{\mathrm{ee}}^{yy}=\chi_{\mathrm{mm}}^{zz}=-\frac{1.5048}{k_0}\mathrm{j} \tag{3-63}$$

$$\chi_{ee}^{zz} = \chi_{mm}^{yy} = \frac{0.8806}{k_0}j \tag{3-64}$$

这些值直接指导了极化旋转超表面的构造，后续通过数值仿真验证设计效果。

设计实例2：实现异常反射的超表面设计

此实例聚焦于超表面全反射功能，要求反射波相对于入射波成45°偏转（图3-19）。

假设超表面的入射场值为

$$E^{inc} = \frac{\sqrt{2}}{2}(\hat{y}+\hat{z}), \quad H^{inc} = \frac{1}{\eta_0} \cdot \frac{\sqrt{2}}{2}(\hat{y}-\hat{z}) \tag{3-65}$$

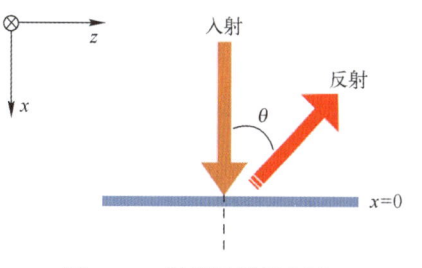

图3-19 异常反射超表面

考虑全反射特性，透射分量为零，即 $E^{tr} = H^{tr} = 0$，则反射场为

$$E^{ref} = \frac{\sqrt{2}}{2}(\hat{y}-\cos\theta_r\hat{z})e^{-jk_xz} \tag{3-66}$$

$$H^{inc} = \frac{1}{\eta_0} \cdot \frac{\sqrt{2}}{2}(\cos\theta_r \cdot \hat{y}+\hat{z})e^{-jk_xz} \tag{3-67}$$

其中，θ_r 表示反射波的方向传播。

由此可得极化率表达式为

$$\chi_{ee}^{yy} = -\frac{2j(H_z^{inc}+H_z^{ref})}{\omega\varepsilon_0(E_y^{inc}+E_y^{ref})}, \quad \chi_{mm}^{zz} = -\frac{2j(E_y^{inc}+E_y^{ref})}{\omega\mu_0(H_z^{inc}+H_z^{ref})} \tag{3-68}$$

$$\chi_{ee}^{zz} = \frac{2j(H_y^{inc}+H_y^{ref})}{\omega\varepsilon_0(E_z^{inc}+E_z^{ref})}, \quad \chi_{mm}^{yy} = \frac{j\Delta E_z(E_z^{inc}+E_z^{ref})}{\omega\mu_0(H_y^{inc}+H_y^{ref})} \tag{3-69}$$

需要注意的是，由于极化率含有虚部，采用FDTD仿真时，需将频率项替换为时间微分，确保算法的正确实施。

设计实例3：多功能调制超表面设计

此设计考虑超表面同时调制4种不同电磁波模式。通过构建复杂的极化率矩阵与电磁场关系（如式（3-52）所示），采用矩阵求逆方法获取极化率参数：

$$\begin{bmatrix} \tilde{\chi}_{ee}^{yy} & \tilde{\chi}_{ee}^{yz} & \tilde{\chi}_{em}^{yy} & \tilde{\chi}_{em}^{yz} \\ \tilde{\chi}_{ee}^{zy} & \tilde{\chi}_{ee}^{zz} & \tilde{\chi}_{em}^{zy} & \tilde{\chi}_{em}^{zz} \\ \tilde{\chi}_{me}^{yy} & \tilde{\chi}_{me}^{yz} & \tilde{\chi}_{mm}^{yy} & \tilde{\chi}_{mm}^{yz} \\ \tilde{\chi}_{me}^{zy} & \tilde{\chi}_{me}^{zz} & \tilde{\chi}_{mm}^{zy} & \tilde{\chi}_{mm}^{zz} \end{bmatrix} = \begin{bmatrix} \Delta H_{z1} & \Delta H_{z2} & \Delta H_{z3} & \Delta H_{z4} \\ \Delta H_{y1} & \Delta H_{y2} & \Delta H_{y3} & \Delta H_{y4} \\ \Delta E_{z1} & \Delta E_{z2} & \Delta E_{z3} & \Delta E_{z4} \\ \Delta E_{y1} & \Delta E_{y2} & \Delta E_{y3} & \Delta E_{y4} \end{bmatrix} \cdot \begin{bmatrix} E_{y1,av} & E_{y2,av} & E_{y3,av} & E_{y4,av} \\ E_{z1,av} & E_{z2,av} & E_{z3,av} & E_{z4,av} \\ H_{y1,av} & H_{y2,av} & H_{y3,av} & H_{y4,av} \\ H_{z1,av} & H_{z2,av} & H_{z3,av} & H_{z4,av} \end{bmatrix}^{-1}$$

$$\tag{3-70}$$

尽管此方程形式复杂，但通过数值算法仿真，可以有效地预测和验证超表面的多功能调制能力。

总结而言，超表面设计流程涉及从目标功能出发，精确计算或逆向推导极化率参数，然后利用先进的仿真工具验证设计的正确性和功能性，从而完成了从理论到实践的完整设计闭环。

第三节　电磁超材料对电磁波的调控

一、电磁波的波前调控

超表面，由亚波长尺度的谐振器单元阵列构成，展现了对电磁波相位、振幅及偏振属性进行亚波长级别精细调控的卓越能力，凸显了其在波前调控领域的巨大潜力。相位调控作为波前调控的基石，其对电磁波行为的塑造尤为关键，使得超表面能够超越经典 Snell 定律的束缚，每一个微小的亚波长单元均可独立实现相位的任意突变。

1. 广义 Snell 定律

传统几何光学的三大基石——光的直线传播、反射和折射定律，均源于费马原理的核心思想：光行进路径上的相位累积最小化。这一原理不仅揭示了光波传播的优化路径选择，也为理解光作为一种电磁波的行为提供了深刻见解。而 17 世纪末，惠更斯原理进一步阐述，波前的每一微小部分皆能视为次波源，其球面波的相互干涉构建了波的传播动态（图 3-20（a）示例）。这一原理为光波在时空中的波动性传播提供了直观描述。

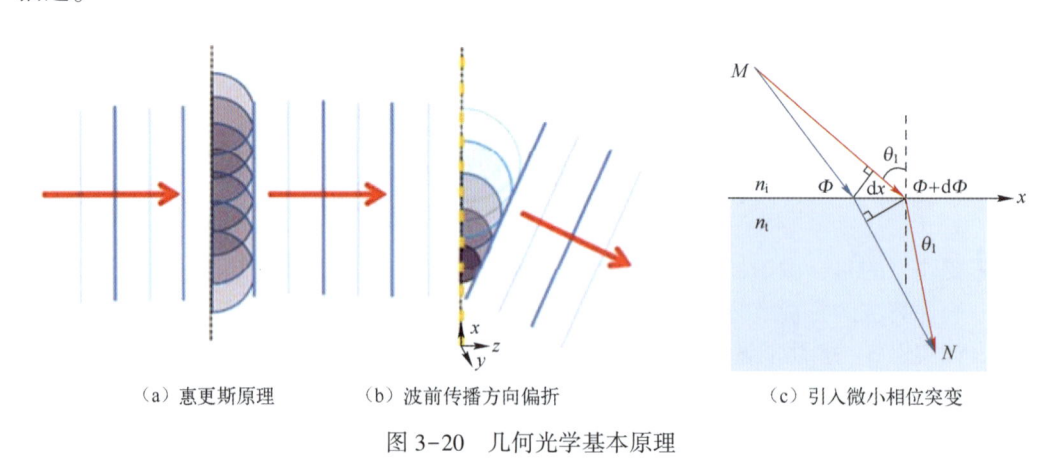

(a) 惠更斯原理　　(b) 波前传播方向偏折　　(c) 引入微小相位突变

图 3-20　几何光学基本原理

当电磁波遭遇介质界面，其行为遵循经典的折射与反射法则：

$$\begin{cases} n_t \sin\theta_t = n_i \sin\theta_i \\ \theta_r = \theta_i \end{cases} \tag{3-71}$$

其中，n_i 和 n_t 分别表示入射波和透射波的折射率，θ_i、θ_t 和 θ_r 分别对应入射角、折射角和反射角。这些规则确保了电磁场在界面上的连续性，即电场的切向分量和磁场的法向分量的连续。然而，基于菲涅耳方程和 Snell 定律计算出的反射和透射系数，虽然优雅且实用，却受限于介质折射率的自然限制，导致光的操控灵活性受限，比如反射角固定等于入射角，折射角的改变依赖于介质折射率比，这自然限制了光的调控范围。

在 2011 年，哈佛大学 Capasso 研究团队引入了一项创新理念，旨在通过操控光学界面的反射与折射过程，以超越传统的 Snell 定律界限。该理念的核心是构建一层特殊表面，即超表面，其上布置着间距为亚波长的谐振器阵列（图 3-20（b）所示）。这种超表面通过亚波长结构改变了界面的边界条件，进而在相位、振幅乃至偏振状态等多个层面影响入射波的次波成分。理论预测，无论是反射还是透射波的次波，相位变化可达 2π 范围内，这超出了菲涅耳方程和传统 Snell 定律的预测范畴，同时也彰显了超表面结构各向异性对透射波偏振调控的潜力。当超表面上各点相位调控协同一致时，反射和折射行为将呈现与常规 Snell 定律相符的趋势，但在亚波长尺度上实现了对波前相位的精密规划与控制。

基于费马-惠更斯原理，光在不同路径上的传播会导致相位累积保持恒定，这一原理为我们提供了量化波传播行为的工具。特别地，考虑超表面上相邻亚波长间隔的点，由于谐振结构引发的微小相位突变（图 3-20（c）），从源点 M 发出并经超表面作用后的次波，在到达终点 N 时，其累积相位需保持一致，体现了费马原理的静态应用。由此，我们推导出一个广义的折反射法则，确保"蓝色"与"红色"路径（图中示例）即使极其接近，其相位差亦为零，公式表述为

$$\left[\frac{2\pi}{\lambda_0}n_i\sin\theta_i\mathrm{d}x+(\phi+\mathrm{d}\phi)\right]=\left[\frac{2\pi}{\lambda_0}n_t\sin\theta_t\mathrm{d}x+\phi\right] \tag{3-72}$$

式中：λ_0 代表入射波在真空中的波长；ϕ 和 $\mathrm{d}\phi$ 分别代表原始相位和附加的相位突变。进一步推导，得到两组新的公式：

$$\begin{cases}n_t\sin\theta_t-n_i\sin\theta_i=\dfrac{\lambda_0}{2\pi}\dfrac{\mathrm{d}\phi}{\mathrm{d}x}\\ n_t\cos\theta_t\sin\varphi_t=\dfrac{\lambda_0}{2\pi}\dfrac{\mathrm{d}\phi}{\mathrm{d}y}\end{cases},\quad \begin{cases}n_i(\sin\theta_r-\sin\theta_i)=\dfrac{\lambda_0}{2\pi}\dfrac{\mathrm{d}\phi}{\mathrm{d}x}\\ n_i\cos\theta_r\sin\varphi_r=\dfrac{\lambda_0}{2\pi}\dfrac{\mathrm{d}\phi}{\mathrm{d}y}\end{cases} \tag{3-73}$$

它们分别对应广义的折射与反射定律，共同构成了对 Snell 定律的扩展，这两组新公式中涉及的角度的定义如图 3-21（a）所示，并明确引入了相位梯度项 $\mathrm{d}\phi/\mathrm{d}x$ 和 $\mathrm{d}\phi/\mathrm{d}y$，代表了沿波传播平面及垂直方向的相位变化率。这些相位梯度如同有效的波矢，直接作用于界面上的波束偏折。这些公式揭示，通过调控界面相位梯度，反射光和透射光可以在任意方向上偏折传播，偏折效果受控于相位梯度的量值、方向及介质折射率，展示了超表面在调控电磁波传播方向上的高度灵活性与自由度。

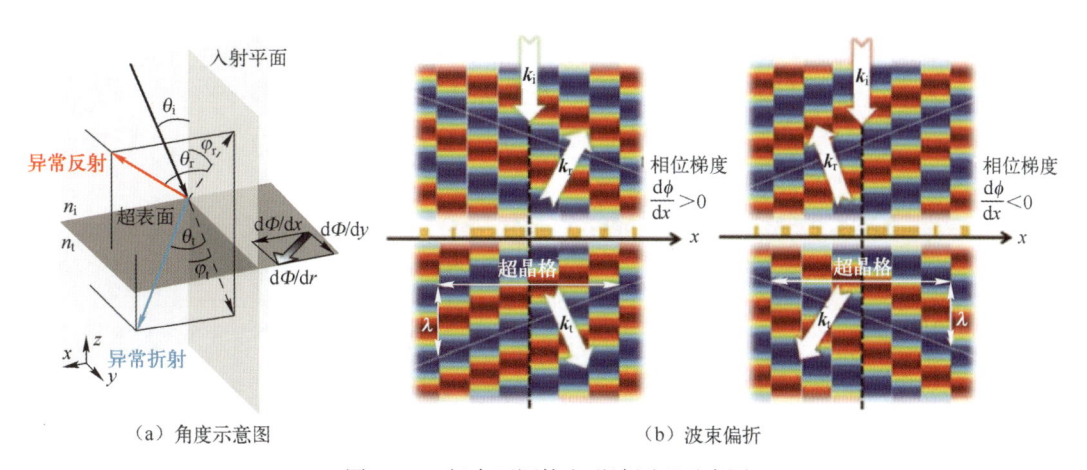

（a）角度示意图　　　　　　　　（b）波束偏折

图 3-21　超表面调控电磁波原理示意图

2. 几何相位调控原理

1956年，S. Pancharatnam教授在印度首次观察到，在庞加莱球面上，电磁波偏振态历经一轮演变并回归原点时，会附加一个特殊的相位变化，这一发现为几何相位的概念奠定了基础。随后，M. V. Berry于1984年在英国拓展了这一理念，他在研究绝热物理系统于参数或态空间的闭合路径演变时，揭示了无论系统状态如何变化，只要路径封闭，系统终态相较于初始状态会额外获得一个与路径形状相关的相位，这一相位因其几何属性而被称为几何相位或Pancharatnam-Berry（P-B）相位、贝里相位。

在几何相位调控的超表面技术中，偏振态的调控与相位调制密不可分。庞加莱球模型（图3-22）成为解析几何相位本质的有力工具，该模型中，球面上的任意点代表一种特定的偏振态，其中，"北极"和"南极"分别对应右旋和左旋圆偏振态，而"赤道"线上的点则标示了不同方向的线偏振态，球面上的其他点则代表椭圆偏振态的多样性。值得注意的是，当电磁波的偏振态沿庞加莱球面路径完成一个闭合循环，如同从一极点穿越赤道到达另一极点后再返回起点，其累积的相位增量恰好等于该闭合路径包围的立体角的两倍，这一现象直观地阐释了几何相位的形成原理。

值得注意的是，圆偏振光的界定存在多种表述方式。在采用笛卡儿坐标系并假定光波沿z轴传播的情境下，若从光波逆向（沿$-z$方向）观察，光矢量的旋转方向决定了其为左旋圆偏振（LCP）或右旋圆偏振（RCP）。具体来说，LCP表现为光矢量端点沿逆时针方向旋转，且其y分量的相位超前x分量$\pi/2$。

至于电磁波在超表面中的传播及几何相位累积的描述，可通过琼斯矩阵方法进行。具体地，设入射波E_{in}（分量分别为E_{xin}、E_{yin}）和透射波E_{out}（分量分别为E_{xout}和E_{yout}）通过一个几何相位型超表面相互作用，该超表面的每个各向异性单元结构由一个琼斯矩阵J_{meta}表征。假定在初始姿态下，该单元结构对x、y方向电磁波的复透射系数分别为t_u和t_v，如图3-23所示，那么，此初始状态下单元结构的琼斯矩阵可被具体定义为

$$J_{meta} = \begin{bmatrix} J_{11} & J_{12} \\ J_{21} & J_{22} \end{bmatrix} = \begin{bmatrix} t_u & 0 \\ 0 & t_v \end{bmatrix} \tag{3-74}$$

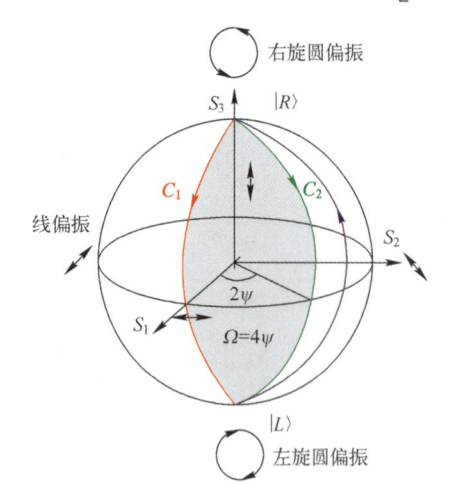

图3-22 几何相位的庞加莱球表示

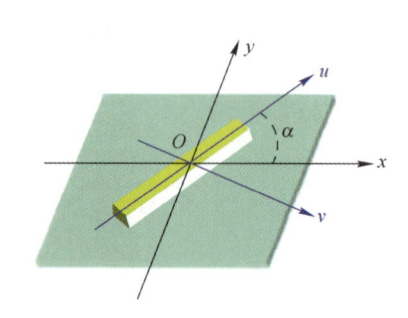

图3-23 笛卡儿坐标系下的几何相位型超表面的各向异性单元结构示意图

当该单元沿 z 轴逆时针旋转 α 角时,其琼斯矩阵变为

$$\begin{aligned}\boldsymbol{J}_{\mathrm{meta}}^{\alpha} &= R(-\alpha)\boldsymbol{J}_{\mathrm{meta}}R(\alpha) \\
&= \begin{bmatrix}\cos\alpha & \sin\alpha \\ -\sin\alpha & \cos\alpha\end{bmatrix}\begin{bmatrix}t_{\mathrm{u}} & 0 \\ 0 & t_{\mathrm{v}}\end{bmatrix}\begin{bmatrix}\cos\alpha & -\sin\alpha \\ \sin\alpha & \cos\alpha\end{bmatrix} \\
&= \begin{bmatrix}t_{\mathrm{u}}\cos^2\alpha+t_{\mathrm{v}}\sin^2\alpha & (t_{\mathrm{u}}-t_{\mathrm{v}})\sin\alpha\cos\alpha \\ (t_{\mathrm{u}}-t_{\mathrm{v}})\sin\alpha\cos\alpha & t_{\mathrm{u}}\sin^2\alpha+t_{\mathrm{v}}\cos^2\alpha\end{bmatrix}\end{aligned} \tag{3-75}$$

据此,入射波与透射波间的关系表述为

$$\boldsymbol{E}_{\mathrm{out}} = \boldsymbol{J}_{\mathrm{meta}}^{\alpha}\boldsymbol{E}_{\mathrm{in}} \tag{3-76}$$

即

$$\begin{bmatrix}E_{x\mathrm{out}} \\ E_{y\mathrm{out}}\end{bmatrix} = \begin{bmatrix}t_{\mathrm{u}}\cos^2\alpha+t_{\mathrm{v}}\sin^2\alpha & (t_{\mathrm{u}}-t_{\mathrm{v}})\sin\alpha\cos\alpha \\ (t_{\mathrm{u}}-t_{\mathrm{v}})\sin\alpha\cos\alpha & t_{\mathrm{u}}\sin^2\alpha+t_{\mathrm{v}}\cos^2\alpha\end{bmatrix}\begin{bmatrix}E_{x\mathrm{in}} \\ E_{y\mathrm{in}}\end{bmatrix} \tag{3-77}$$

接下来,我们将考察几个特例场景。首先探讨当入射波为 x 方向的线偏振时,其透射波形式可表述为

$$\begin{bmatrix}E_{x\mathrm{out}} \\ E_{y\mathrm{out}}\end{bmatrix} = \boldsymbol{J}_{\mathrm{meta}}^{\alpha}\begin{bmatrix}1 \\ 0\end{bmatrix} = \begin{bmatrix}t_{\mathrm{u}}\cos^2\alpha+t_{\mathrm{v}}\sin^2\alpha \\ (t_{\mathrm{u}}-t_{\mathrm{v}})\sin\alpha\cos\alpha\end{bmatrix} \tag{3-78}$$

结果显示,原本无 y 轴分量的入射波在出射时获得了与之正交的 y 轴分量,这正是由超表面的各向异性特性所决定。进一步,如果超表面的主轴方向旋转 $\pm 90°$,则相应的入射波形式调整为

$$\begin{bmatrix}E_{x\mathrm{out}} \\ E_{y\mathrm{out}}\end{bmatrix} = \boldsymbol{J}_{\mathrm{meta}}^{\alpha\pm 90°}\begin{bmatrix}1 \\ 0\end{bmatrix} = \begin{bmatrix}t_{\mathrm{u}}\cos^2\alpha+t_{\mathrm{v}}\sin^2\alpha \\ -(t_{\mathrm{u}}-t_{\mathrm{v}})\sin\alpha\cos\alpha\end{bmatrix} \tag{3-79}$$

这表明,旋转操作导致透射波与入射波正交分量的符号反转,即振幅相同,产生了 π 的相位差。

当入射波为圆偏振时,其态矢量可表示为 $|\sigma\rangle = [1, +\mathrm{i}\sigma]^{\mathrm{T}}/\sqrt{2}$,其中 σ 取值+1 对应左旋圆偏振(LCP),取值-1 对应右旋圆偏振(RCP)。在这种情况下,透射波的表达变得更为复杂:

$$\begin{aligned}\begin{bmatrix}E_{x\mathrm{out}} \\ E_{y\mathrm{out}}\end{bmatrix} &= \frac{\boldsymbol{J}_{\mathrm{meta}}}{\sqrt{2}}\begin{bmatrix}1 \\ \mathrm{i}\sigma\end{bmatrix} \\
&= \frac{t_{\mathrm{u}}+t_{\mathrm{v}}}{2\sqrt{2}}\begin{bmatrix}1 \\ \mathrm{i}\sigma\end{bmatrix} + \frac{t_{\mathrm{u}}-t_{\mathrm{v}}}{2\sqrt{2}}\exp(2\mathrm{i}\sigma\alpha)\begin{bmatrix}1 \\ -\mathrm{i}\sigma\end{bmatrix} \\
&= \frac{t_{\mathrm{u}}+t_{\mathrm{v}}}{2}|\sigma\rangle + \frac{t_{\mathrm{u}}-t_{\mathrm{v}}}{2}\exp(2\mathrm{i}\sigma\alpha)|-\sigma\rangle\end{aligned} \tag{3-80}$$

从上述分析可得,无论入射电磁波为左旋或右旋圆偏振,透射波分解为两组成部分:第一部分拥有复振幅 $(t_{\mathrm{u}}+t_{\mathrm{v}})/2^{3/2}$,保持与入射波相同的偏振属性;第二部分则展现出复振幅 $(t_{\mathrm{u}}+t_{\mathrm{v}})\exp(2\mathrm{i}\sigma\alpha)/2^{3/2}$,其偏振方向与入射波正交,并且携带一个由入射波的螺旋性所决定符号的附加相位 $2\sigma\alpha$,此即所谓的几何相位。值得注意的是,此几何相位的模值直接关联于超表面各向异性结构的空间旋转角度 α 的 2 倍,与 S. Pan-

151

charatnam 关于几何相位的物理阐释相吻合。若将讨论场景拓展至超表面执行反射功能，原先的透射系数应替换为反射系数 r_u 和 r_v，基于此，透射波的表述需相应调整为反映反射特性的形式：

$$\begin{bmatrix} E_{xout} \\ E_{yout} \end{bmatrix} = \frac{r_u + r_v}{2} \frac{1}{\sqrt{2}} \begin{bmatrix} 1 \\ i\sigma \end{bmatrix} + \frac{r_u - r_v}{2} \frac{1}{\sqrt{2}} \exp(2i\sigma\alpha) \begin{bmatrix} 1 \\ -i\sigma \end{bmatrix}$$
$$= \frac{r_u + r_v}{2} |\sigma\rangle + \frac{r_u - r_v}{2} \exp(2i\sigma\alpha) |-\sigma\rangle$$

(3-81)

通过对不同情形的分析，我们归纳出几何相位产生的关键条件：唯有当圆偏振电磁波遇到具有各向异性的微结构单元（表现为透射波或反射波系数不等，即 $t_u \neq t_v$ 或 $r_u \neq r_v$）时，几何相位效应才会显现。此效应的强度仅取决于入射波的圆偏振特性与其旋转方向，以及超表面结构的空间取向角度。在此基础上，我们引出偏振转换效率（PCE）这一指标，特指携带几何相位且偏振方向与入射波相反的透射波能量占比。重要的是，PCE 并不等同于携带几何相位的出射能量与全部出射能量的比例，这是因为在电磁波与超表面相互作用过程中，能量可能因反射、散射或吸收等因素有所损耗。

从上述分析中提炼的规律显示：几何相位的调控机制依赖于巧妙利用超表面各向异性单元的双轴复振幅透射或反射系数差异，并通过调节这些单元的排列角度来实现。通过精细化设计单元的几何构型与选用适宜的材料参数，可以有效增强携带特定几何相位且偏振方向翻转的电磁波能量输出。值得注意的是，尽管几何相位的量值与超表面旋转角度呈直接线性关系，但它并不直接受单元的几何形态、材料特性或入射波的波长影响，这一点对于理解其物理机制至关重要。不论是基于介质还是等离子体的超表面，均能利用几何相位作为有效工具，以实现对入射电磁波的精密调控。

3. 传输相位调控原理

在光学波段的透射波工作模式中，传输相位型超表面展现出了卓越的高效率特性。这类超表面的核心设计由二维周期排列的高折射率电介质纳米柱构成，这些纳米柱彼此独立，形成一个非连续的散射体系。每个纳米柱扮演着高长径比截断波导的角色，其内在的波导效应负责实现必要的相位调制功能。这些纳米柱支持多个品质因子相对较低的法布里-珀罗共振（F-P 共振），涵盖了从电偶极子到磁偶极子、四极子乃至更高阶的多极子模式。得益于纳米柱的高折射率特性及与周围介质间显著的折射率差异，光线在这些纳米柱内部的共振模式中得以高度汇聚。因此，超表面单元的透射性质实质上由纳米柱内部的共振模式特性所主导。具体而言，单位结构的有效传播常数，进而影响相位延迟并实现精准相位调控，是由其独特的几何构型、所选材料属性以及入射光波的频率协同决定的。此外，各纳米柱间的相互耦合作用较弱，对整体性能影响甚微，可以在分析中合理地加以忽略。

具体而言，光在介质中传播时产生的相位延迟可由式（3-82）描述：

$$\varphi = n_{\text{eff}} \frac{2\pi}{\lambda} d = k_{\text{eff}} d \tag{3-82}$$

式中：n_{eff} 代表有效折射率；d 代表结构的厚度；λ 代表入射电磁波的波长；$k_{\text{eff}} = n_{\text{eff}}(2\pi/\lambda)$ 定义了结构的有效波矢。传统光学组件，诸如透镜和二元光学器件，通常依靠改变结构单元的厚度来控制相位延迟，比如，最大厚度对应 2π 相位变化，最小厚度则无相位延迟。然而，这种策略限制了传统器件的平面集成能力，且不利于微缩化，因为它们往往导致表面呈现锯齿或阶梯状，加工复杂，需要多层掩模技术，并且由于单元高度不一造成的遮挡效应，衍射效率低下。加之，基于天然材料的传统元件在有效波矢或折射率方面难以达到较大值。相比之下，传输相位型超表面采取了创新方法：通过固定单元结构的厚度，而调整其横向尺寸或单元内部的占空比（图 3-24（a）示例）来调控等效折射率或有效波矢 k_{eff}，实现相位调制。这种设计中，截断波导的有效波矢值可以极大，使得即使超表面单元厚度微小且统一，也能实现充分的相位延迟。为了覆盖 2π 的相位调节范围，理论要求最小单元厚度为

$$d = \frac{\lambda}{\Delta n_{\text{eff}}} \tag{3-83}$$

式中：$\Delta n_{\text{eff}} = n - 1$，$n$ 为介质的折射率。为了达到最小厚度，纳米柱的占空比需在 0~1 间变动，且当介质折射率大于 2 时，有效折射率超过 1，使得厚度可低于波长。值得注意的是，传输相位型超表面中的亚波长纳米散射柱单元，其截面可以设计为圆形、正方形等各向同性形态，确保透射波与入射波偏振一致（图 3-24（b））。此设计使得对电磁波的相位与振幅调控紧密依赖于工作波长。此外，若采用椭圆形、长方形等各向异性截面设计，则可以结合几何相位效应，进一步增强相位调控的灵活性与效率。

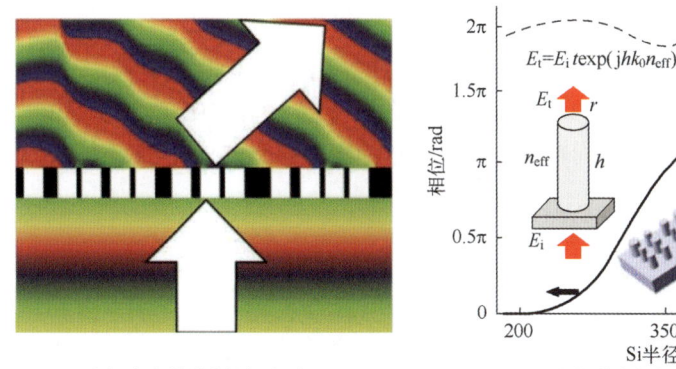

（a）电介质纳米柱超表面　　　　（b）纳米柱相位调控示意图

图 3-24　传输相位型单元结构

二、电磁波的极化调控

1. 电磁波的极化方式

在 $E_z = H_z = 0$，$\eta \bm{H} = \hat{z} \times \bm{E}$，$\bm{E} = E_{\text{t}}(\text{e}^{+\text{j}kz}, \text{e}^{-\text{j}kz})^{\text{T}}$ 给出的平面波解中，取 $\bm{E}_{\text{t}}(z) = \bm{E}(z) = \bm{x} E_x(z) + \bm{y} E_y(z)$，其中：

$$E_x(z) = E_{x0} \text{e}^{-\text{j}kz} \tag{3-84}$$

$$E_y(z) = E_{y0} \text{e}^{\text{j}\delta} \text{e}^{-\text{j}kz} \tag{3-85}$$

此处 E_{x0}、E_{y0} 和 δ 均为实数，从而电场的瞬时表达式为

$$\bm{E}(z,t) = \bm{x} E_{x0} \cos(\omega t - kz) + \bm{y} E_{y0} \cos(\omega t - kz + \delta) \tag{3-86}$$

根据上述表达式，电磁波的极化模式可归结为以下几种情况（图 3-25）：

线极化波（图 3-25（a））：当 $\delta = 0$ 时，电场在任意 z 平面（如 $z=0$）上的轨迹为

直线，表示为

$$\boldsymbol{E}(0,t) = (\boldsymbol{x}E_{x0} + \boldsymbol{y}E_{y0})\cos\omega t \tag{3-87}$$

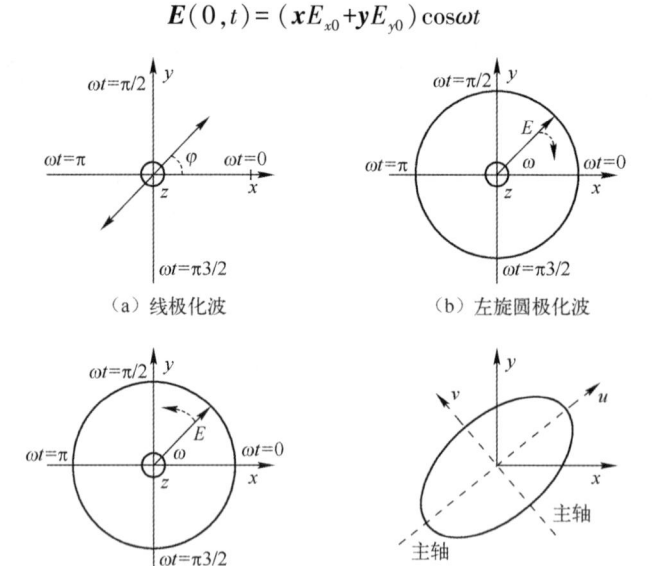

图 3-25 电磁波的几种极化模式

具体地，当仅存在 E_{x0} 或 E_{y0} 时，分别对应 x 方向或 y 方向的线极化波。

左旋圆极化波（LHCP）（图 3-25（b））：当 $\delta=\pi/2$ 且 $E_{x0}=E_{y0}=E_0$ 时，电场矢量端点描绘出一个顺时针旋转的圆周轨迹，与波的传播方向符合左手定则，表达式为

$$\boldsymbol{E}(z,t) = \boldsymbol{x}E_0\cos(\omega t-kz) + \boldsymbol{y}E_0\cos\left(\omega t-kz+\frac{\pi}{2}\right) \tag{3-88}$$

右旋圆极化波（RHCP）（图 3-25（c））：与 LHCP 相对，当 $\delta=-\pi/2$ 且 $E_{x0}=E_{y0}=E_0$ 时，电场矢量逆时针旋转，符合右手定则，表达式相应调整为

$$\boldsymbol{E}(z,t) = \boldsymbol{x}E_0\cos(\omega t-kz) + \boldsymbol{y}E_0\cos\left(\omega t-kz-\frac{\pi}{2}\right) \tag{3-89}$$

椭圆极化波（图 3-25（d））：当上述特定条件均不成立时，电场矢量的轨迹形成一个椭圆，其具体形状和性质取决于 E_{x0} 和 E_{y0} 的比值和极化差 δ。综上所述，电磁波的极化方式通过电场强度矢量在空间的传播轨迹来定义，是电磁波传播过程中的一个重要物理特性，它不仅揭示了电场和磁场的变化模式，还直接影响电磁波的传播特性及与物质的相互作用方式。

在斜入射情况下，单独依赖电场的入射分量不足以详尽描述电磁波的极化特征，因此，根据入射的具体情形，选取电场或磁场的垂直或水平方向作为参考，是精确界定极化状态的关键。具体的：

垂直极化波定义为电场始终保持与 xoz 面或 yoz 面正交的状态。当电场与 xoz 面垂直，且入射角为 θ 时，电场与磁场的表达式分别为

$$\boldsymbol{E} = \boldsymbol{y}E_0\mathrm{e}^{-\mathrm{i}k(x\sin\theta+z\cos\theta)} \tag{3-90}$$

$$\boldsymbol{H} = \frac{E_0}{z_0}(-\boldsymbol{x}\cos\theta+\boldsymbol{z}\sin\theta)\mathrm{e}^{-\mathrm{i}k(x\sin\theta+z\cos\theta)} \tag{3-91}$$

而当电场方向与 yoz 面垂直，则相应的表达式调整为

$$\boldsymbol{E} = \boldsymbol{x}E_0 \mathrm{e}^{-\mathrm{i}k(y\sin\theta+z\cos\theta)} \tag{3-92}$$

$$\boldsymbol{H} = \frac{E_0}{z_0}(-\boldsymbol{y}\cos\theta+\boldsymbol{z}\sin\theta)\mathrm{e}^{-\mathrm{i}k(y\sin\theta+z\cos\theta)} \tag{3-93}$$

相对地，水平极化波指的是磁场垂直于 xoz 面或 yoz 面。例如，当磁场垂直于 xoz 面，其电场与磁场表述为

$$\boldsymbol{E} = E_0(\boldsymbol{x}\cos\theta-\boldsymbol{z}\sin\theta)\mathrm{e}^{-\mathrm{j}k(x\sin\theta+z\cos\theta)} \tag{3-94}$$

$$\boldsymbol{H} = \frac{E_0}{z_0}\boldsymbol{y}\mathrm{e}^{-\mathrm{j}k(x\sin\theta+z\cos\theta)} \tag{3-95}$$

同样地，磁场垂直于 yoz 面时，电场与磁场的表达式作出相应调整：

$$\boldsymbol{E} = E_0(\boldsymbol{y}\cos\theta-\boldsymbol{z}\sin\theta)\mathrm{e}^{-\mathrm{j}k(y\sin\theta+z\cos\theta)} \tag{3-96}$$

$$\boldsymbol{H} = -\frac{E_0}{z_0}\boldsymbol{x}\mathrm{e}^{-\mathrm{j}k(y\sin\theta+z\cos\theta)} \tag{3-97}$$

当平面电磁波，携带着 x 和 y 方向的电场分量，沿 z 轴向超表面入射时，不仅会产生沿 +z 方向的反射波，还会形成沿 -z 方向的透射波。这时可借助琼斯矩阵模型来阐述，展示入射波、反射波及透射波间的关系，具体表达式为

$$\begin{bmatrix} E_x^R \\ E_y^R \end{bmatrix} = \begin{bmatrix} R_{xx} & R_{xy} \\ R_{yx} & R_{yy} \end{bmatrix} \begin{bmatrix} E_x^i \\ E_y^i \end{bmatrix} \tag{3-98}$$

$$\begin{bmatrix} E_x^T \\ E_y^T \end{bmatrix} = \begin{bmatrix} T_{xx} & T_{xy} \\ T_{yx} & T_{yy} \end{bmatrix} \begin{bmatrix} E_x^i \\ E_y^i \end{bmatrix} \tag{3-99}$$

这里，E_x^i、E_y^i、E_x^R、E_y^R、E_x^T、E_y^T 分别代表入射波、反射波和透射波的电场分量，而 R_{xx}、T_{xx}、R_{xy}、T_{xy}、R_{yx}、T_{yx}、R_{yy}、T_{yy} 则是相应的反射和透射系数。此过程可进一步概括为散射矩阵 $\boldsymbol{S}$ 的形式：

$$\boldsymbol{S} = \begin{bmatrix} S_{xx} & S_{xy} \\ S_{yx} & S_{yy} \end{bmatrix} \tag{3-100}$$

针对极化转换，特例分析如下：x 极化转向 y 极化时，维持 y 极化不变，仅需将 x 极化转变为圆极化，散射矩阵调整为

$$\boldsymbol{S}_{x \to y} = \begin{bmatrix} 0 & S_{xy} \\ 1 & S_{yy} \end{bmatrix} \tag{3-101}$$

$$\begin{bmatrix} E_x \\ E_y \end{bmatrix} = \begin{bmatrix} 0 & S_{xy} \\ 1 & S_{yy} \end{bmatrix} \begin{bmatrix} E_x^i \\ 0 \end{bmatrix} = \begin{bmatrix} 0 \\ E_x^i \end{bmatrix} \tag{3-102}$$

反之，圆极化转换到 x 极化，散射矩阵变为

$$\boldsymbol{S}_{y \to x} = \begin{bmatrix} S_{xy} & 1 \\ S_{yy} & 0 \end{bmatrix} \tag{3-103}$$

$$\begin{bmatrix} E_x \\ E_y \end{bmatrix} = \begin{bmatrix} S_{xy} & 1 \\ S_{yy} & 0 \end{bmatrix} \begin{bmatrix} 0 \\ E_y^i \end{bmatrix} = \begin{bmatrix} E_y^i \\ 0 \end{bmatrix} \tag{3-104}$$

至于线极化转为圆极化，实践中常通过引入 45°倾斜以产生必要的相位差（+90°或

-90°）。具体到散射矩阵要求：

$$S_{l \to c} = e^{j\varphi} \begin{bmatrix} 1 & 0 \\ 0 & j \end{bmatrix} \tag{3-105}$$

当初始线极化波的 x 分量与 y 分量相等（$E_x^i = E_y^i$），转换结果为左旋圆极化波；反之，若 $E_x^i = -E_y^i$，则生成右旋圆极化波。此外，另一种途径是将线极化波分解为幅值相等且正交的两个分量，并施加特定的相位差。例如，若入射波为水平极化，欲转向左旋圆极化，需引入 90°相位差，对应的散射矩阵操作为

$$\begin{bmatrix} E_x \\ E_y \end{bmatrix} = \begin{bmatrix} \dfrac{1}{\sqrt{2}} & S_{xy} \\ \dfrac{e^{j\frac{\pi}{2}}}{\sqrt{2}} & S_{yy} \end{bmatrix} \begin{bmatrix} E_x^i \\ 0 \end{bmatrix} = \begin{bmatrix} \dfrac{E_x^i}{\sqrt{2}} \\ \dfrac{E_x^i e^{-j\frac{\pi}{2}}}{\sqrt{2}} \end{bmatrix} \tag{3-106}$$

反之，对于垂直极化的入射波，要实现向右旋圆极化转换（相位差为-90°），散射矩阵则调整为

$$\begin{bmatrix} E_x \\ E_y \end{bmatrix} = \begin{bmatrix} S_{xx} & \dfrac{e^{j\frac{\pi}{2}}}{\sqrt{2}} \\ S_{xy} & \dfrac{1}{\sqrt{2}} \end{bmatrix} \begin{bmatrix} 0 \\ E_y^i \end{bmatrix} = \begin{bmatrix} \dfrac{E_y^i e^{-j\frac{\pi}{2}}}{\sqrt{2}} \\ \dfrac{E_x^i}{\sqrt{2}} \end{bmatrix} \tag{3-107}$$

2. 传输矩阵分析

为便于详尽解析电磁波的极化机理并简化极化态的求解过程，R.C. Jones 于 1941 年创新性地引入了琼斯矢量及传输矩阵方法。在探讨传输矩阵时，我们设定平面电磁波沿 z 轴均匀传播的情景，进而能够运用一个双分量矩阵来有效表达电场特性。

$$\begin{bmatrix} E_x \\ E_y \end{bmatrix} = \begin{bmatrix} |E_x| e^{i\varphi_x} \\ |E_y| e^{i\varphi_y} \end{bmatrix} \tag{3-108}$$

这里，E_x 和 E_y 代表沿 x 轴与 y 轴方向的电场强度分量；φ_x 和 φ_y 则描绘了同一相位面上，这两个方向分量所处的具体相位状态。对于某些常用的具备对称性结构的超表面，其琼斯矩阵如表 3-1 所示。

表 3-1 具备对称性结构超表面琼斯矩阵

对称性	关于 x-z 或 y-z 平面满足镜像对称	关于 z 轴满足 3 重或者 4 重旋转对称	关于 x-y 面具有镜面对称或者关于 z 轴满足 2 重旋转对称	关于 y 轴或者 x 轴满足二重旋转对称
琼斯矩阵	$\begin{bmatrix} A & 0 \\ 0 & D \end{bmatrix}$	$\begin{bmatrix} A & B \\ -B & A \end{bmatrix}$	$\begin{bmatrix} A & B \\ B & D \end{bmatrix}$	$\begin{bmatrix} A & B \\ -B & D \end{bmatrix}$

如果均匀平面电磁波的两组极化态电场 E_1 和 E_2 遵循关系式：

$$\boldsymbol{E}_1 \cdot \boldsymbol{E}_2^{T*} = \begin{bmatrix} E_{1x} & E_{1y} \end{bmatrix} \begin{bmatrix} E_{2x}^* \\ E_{2y}^* \end{bmatrix} = \boldsymbol{E}_2 \cdot \boldsymbol{E}_1^{T*} = 0 \tag{3-109}$$

这表明这两组电磁波呈正交极化。举例阐述：线极化波可视为左旋与右旋圆极化波

的合成，利用琼斯矢量描述为

$$\frac{1}{\sqrt{2}}\begin{bmatrix}1\\i\end{bmatrix}+\frac{1}{\sqrt{2}}\begin{bmatrix}1\\-i\end{bmatrix}=\frac{1}{\sqrt{2}}\begin{bmatrix}1\\0\end{bmatrix} \tag{3-110}$$

此处，i 和 -i 分别对应右旋与左旋圆极化的标识。此外，极化操控超表面的功能可通过 2×2 琼斯矩阵体现，其参数依据超表面结构确定，实质上作为该超表面的传输矩阵。例如，当线极化波遭遇快轴沿 x、慢轴沿 y 的 1/4 波片时，y 方向电场相位较 x 方向滞后 90°，对应的传输矩阵 $\boldsymbol{T}$ 表达为

$$\boldsymbol{T}=\begin{bmatrix}1 & 0\\0 & i\end{bmatrix} \tag{3-111}$$

经 1/4 波片后，线极化波变为

$$\boldsymbol{E}'=\boldsymbol{TE}=\begin{bmatrix}1 & 0\\0 & i\end{bmatrix}\frac{1}{\sqrt{2}}\begin{bmatrix}1\\1\end{bmatrix}=\frac{1}{\sqrt{2}}\begin{bmatrix}1\\i\end{bmatrix} \tag{3-112}$$

从而确认输出为右旋圆极化波。进一步地，若线极化电磁波历经 n 个极化调控超表面，其最终极化状态由初始状态经各传输矩阵的连续变换给出：

$$\boldsymbol{E}'=\begin{bmatrix}E'_x\\E'_y\end{bmatrix}=T_n T_{n-1}\cdots T_2 T_1\begin{bmatrix}E_x\\E_y\end{bmatrix} \tag{3-113}$$

其中，$T_i(i=1,2,\cdots,n)$ 代表第 i 个超表面的传输矩阵。简而言之，琼斯矢量直观展现了电磁波的极化形态，而传输矩阵则详述了超表面的极化调控机制，两者联合使用，极大地便利了对极化调控超表面影响下电磁波极化演变的分析。

除此之外，斯托克斯矢量和穆勒矩阵也是分析电磁波极化的重要工具，相较于琼斯矢量，它们在描述电磁波极化状态时提供了更多细节。尤其，斯托克斯矢量不仅适用于理想条件下的线性极化分析，还能涵盖非理想情况，且能涵盖一定频率范围内的电磁波特性，而不仅仅是单一频率点。斯托克斯矢量 $\boldsymbol{S}=[I\ Q\ U\ V]^{\mathrm{T}}$，其中 I、Q、U、V 分别代表总能量、x 方向极化分量、xoy 平面 45°方向极化分量、右旋圆极化分量。将电磁波特性量化为斯托克斯参数，可利用以下关系：

$$S_0=t_{xx}^2+t_{yx}^2 \tag{3-114}$$

$$S_1=t_{xx}^2-t_{yx}^2 \tag{3-115}$$

$$S_2=2t_{xx}t_{yx}\cos\varphi \tag{3-116}$$

$$S_3=2t_{xx}t_{yx}\sin\varphi \tag{3-117}$$

其中，$\varphi=\varphi_y-\varphi_x$，$\varphi$ 为 t_{yx} 和 t_{xx} 的相位差，定义线极化转换的旋转偏转角 ϕ、角偏度 η 为

$$\tan 2\phi=\frac{S_2}{S_1} \tag{3-118}$$

$$\sin 2\eta=\frac{S_3}{S_0} \tag{3-119}$$

通过这些表达式，斯托克斯矢量和穆勒矩阵展示了在复杂电磁场分析中的优势，它们能更精细地刻画电磁波的极化状态。在实际应用场景中，极化调控超表面的性能，包括反射、透射、散射特性及电磁辐射模式，均受其极化调控特性和宽频响应的影响，这些特性直接关联到超表面的谐振行为。因此，采用斯托克斯矩阵框架分析极化调控超表

面，对于深入理解其极化转换机制及优化设计具有重要意义。

3. 等效电路分析

为深入了解极化调控超表面的工作原理，我们采用传输线理论进行解析，构建了一个二端口网络模型，如图 3-26 所示。该模型利用 *ABCD* 传输矩阵来详尽描述超表面的阻抗特性和相位特征，从而映射出其内在的调控机制。

如图 3-27 所示，超表面被等效简化为一个标准的二端口网络结构。

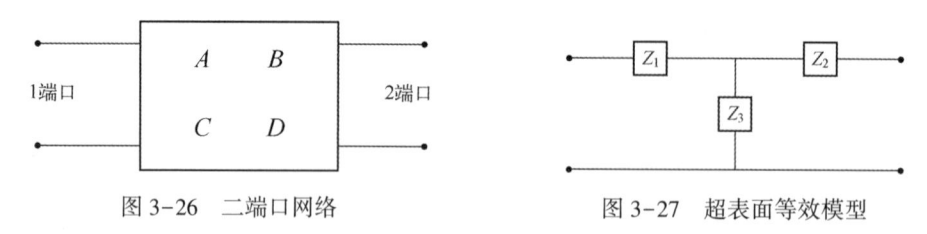

图 3-26 二端口网络

图 3-27 超表面等效模型

在此基础上，*ABCD* 传输矩阵的具体参数定义如下：

$$A = 1 + \frac{Z_1}{Z_3} \tag{3-120}$$

$$B = Z_1 + Z_2 + \frac{Z_1 Z_2}{Z_3} \tag{3-121}$$

$$C = \frac{1}{Z_3} \tag{3-122}$$

$$D = 1 + \frac{Z_2}{Z_3} \tag{3-123}$$

进一步，依据二端口网络理论，*S* 参数与 *ABCD* 参数间建立了数学联系，具体表达式为

$$S_{11} = \frac{A + \frac{B}{Z_0} - CZ_0 - D}{A + \frac{B}{Z_0} + CZ_0 + D} \tag{3-124}$$

$$S_{12} = \frac{2(AD - BC)}{A + \frac{B}{Z_0} + CZ_0 + D} \tag{3-125}$$

$$S_{21} = \frac{2}{A + \frac{B}{Z_0} + CZ_0 + D} \tag{3-126}$$

$$S_{22} = \frac{A + \frac{B}{Z_0} - CZ_0 + D}{A + \frac{B}{Z_0} + CZ_0 + D} \tag{3-127}$$

这一转换使得通过 *ABCD* 参数能够直观解析 *S* 参数所蕴含的物理意义。超表面的等效电路实质上是电阻与电抗的组合，通常表示为 $Z = R + iX$。其中电阻 *R* 反映损耗（本分

析忽略），电抗 X 体现超表面结构的电抗特性，受其几何构型主导。

以图 3-28 所示的等效电路为例，当 x 极化电磁波入射时，金属贴片上产生的电流流通等效为电感元件，且贴片的长宽比增大将增强等效电感效果。相反，y 极化入射波促使贴片间积累表面电荷，这等效于一个电容元件，其值随贴片间距减小而增加。此等效过程揭示了超表面在不同极化状态下的物理响应机制。

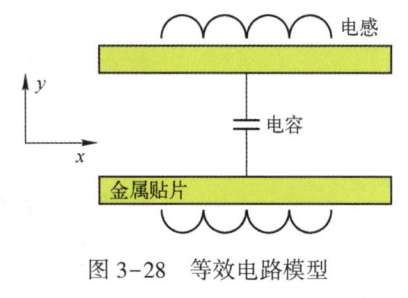

图 3-28　等效电路模型

三、涡旋电磁波的生成

1. 涡旋电磁波基本理论

电动力学理论揭示，电磁波在传递能量的同时，亦携带动量，分为线动量（线动量密度 $\boldsymbol{p}=\varepsilon_0\boldsymbol{E}\times\boldsymbol{B}^*$）和角动量（角动量密度 $\mathrm{d}\boldsymbol{J}/\mathrm{d}V=\boldsymbol{r}\times\boldsymbol{p}$），其中 $\boldsymbol{r}$ 代表位置矢量，$\boldsymbol{E}$ 和 $\boldsymbol{B}$ 分别为电场和磁感应强度，进一步地，电磁波的总角动量 $\boldsymbol{J}$ 可进一步写为

$$\boldsymbol{J}=\varepsilon_0\int \boldsymbol{r}\times\mathrm{Re}\{\boldsymbol{E}\times\boldsymbol{B}^*\}\mathrm{d}V \qquad(3-128)$$

研究表明，电磁波的角动量在微尺度上能引起粒子的旋转运动，此效应促进了"光镊"和"光学扳手"等先进技术的发展。角动量可细分为自旋角动量（SAM）与轨道角动量（OAM），分别用 $\boldsymbol{S}$ 和 $\boldsymbol{L}$ 表示，则 $\boldsymbol{J}=\boldsymbol{S}+\boldsymbol{L}$，具体定义为

$$\boldsymbol{S}=\varepsilon_0\int\mathrm{Re}\{\boldsymbol{E}^*\times\boldsymbol{A}\}\mathrm{d}V \qquad(3-129)$$

$$\boldsymbol{L}=\varepsilon_0\int\mathrm{Re}\{\mathrm{j}\boldsymbol{E}^*(\hat{\boldsymbol{L}}\cdot\boldsymbol{A})\}\mathrm{d}V \qquad(3-130)$$

其中，$\boldsymbol{L}=-\mathrm{j}(\boldsymbol{r}\times\nabla)$ 是轨道角动量算符。值得注意的是，自旋角动量 $\boldsymbol{S}$ 是位置无关的，对于线极化波，$\boldsymbol{E}$ 与 $\boldsymbol{A}$ 同向，故 $\boldsymbol{S}=0$；而左右旋圆极化分别对应 $\boldsymbol{S}=-1$ 和 $\boldsymbol{S}=+1$，体现了极化特性。轨道角动量 $\boldsymbol{L}$ 与位置相关，与波前相位结构紧密相连。在量子描述中，自旋角动量用 $\sigma\hbar$ 表示，其中 σ 是模式数，作为模式数，左旋和右旋圆极化分别对应 $\sigma=-1$ 和 $\sigma=+1$。轨道角动量在波前相位携带指数因子 $\mathrm{e}^{-\mathrm{j}l\varphi}$ 时，数学上表示为 $l\hbar$，其中 l 是轨道角动量的模式数，可取任意整数值。

图 3-29 直观展示了不同 OAM 模式的电磁波特性：OAM 模式 $l=0$ 代表传统的平面波，波前形态恒定，能量分布以中心为峰值；而当 $l\neq0$ 时，波前呈现出螺旋形阶跃结构，中心出现能量缺失，这类波被称为涡旋电磁波，其独特的螺旋相位分布特征鲜明。

2. 涡旋电磁波的常用产生方法

当前，OAM 涡旋电磁波作为研究热点，广受国内外学术界的瞩目，尤其是在微波与射频领域，多种生成技术层出不穷，重点包括透射型螺旋相位板、螺旋反射面以及环形阵列天线。本节将概述这三大技术方案的特点。

1）螺旋相位板

在 OAM 波生成技术中，透射型螺旋相位板（SPP）因其实用性和普适性而备受青睐，如图 3-30 展示，它能够有效将普通平面波转变为携带 OAM 的涡旋波。其机制在于，通过设计板面上不同位置的螺旋状结构和介质厚度差异，引入特定的波程差，赋予

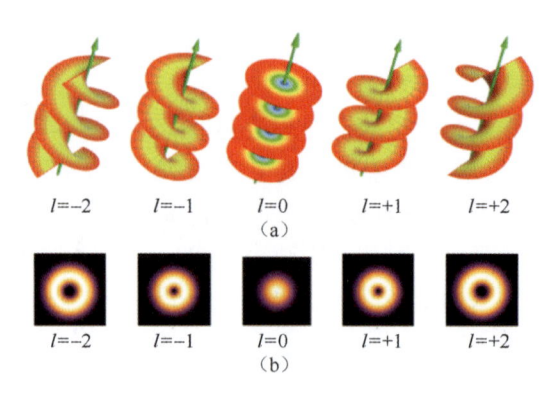

图 3-29 不同 OAM 模式的 (a) 波前形状和 (b) 幅度分布

透射波螺旋相位因子 $e^{(-jl\varphi)}$，实现相位操控。此法借鉴自光学领域，优点在于理论成熟、结构简约、实施便利，并且能够兼容不同极化状态的入射波，灵活产出线极化、双极化及圆极化的涡旋波。然而，进入射频与微波频段后，面临的挑战显著增加：由于较长的波长要求，例如 1 GHz 频率对应的 30 cm 波长，配合典型介质折射率 $n=1.5(\varepsilon=2.2)$，欲获得 $l=2$ 模态的涡旋波，则需要高达 1.2 m 的介质板厚度，这直接导致了制造成本高昂、设备体积庞大且笨重的问题。加之，介质板引起的波阻抗失配，会大幅增加反射损耗，降低涡旋波束的能量效率，限制了其远距离传输性能。

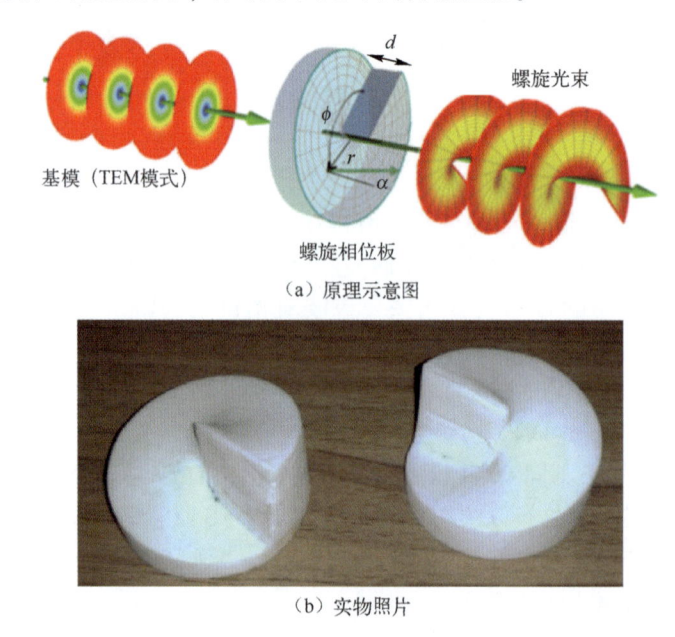

(a) 原理示意图

(b) 实物照片

图 3-30 SPP 产生 OAM 涡旋电磁波

2) 螺旋反射面

OAM 涡旋电磁波的另一种生成途径依赖于两种设计独特的螺旋反射面：螺旋抛物面（图 3-31 (a)）与阶梯式结构反射面（图 3-31 (b)）。这两种设计均根植于几何光学原理，通过让常规电磁波经由特定设计的反射面反射，借助其螺旋形构造，转化为具备螺旋相位特性的波前结构。此生成机制凸显了几项优势：采用金属反射材料，有效规避了透射型装置中的介质损耗问题；设计原理直观，实施简便，且能高效转换波束，故而成为 OAM 通信实验验证中的优选方案。尽管优势明显，螺旋反射面技术亦遭遇若干挑战。螺旋抛物面的生产面临复杂曲面加工难度大、精确度要求极高的局限；而阶梯型反射面则因结构庞大、不够轻便，影响了其实用灵活性与广泛部署的可能性。这些因素共同制约了螺旋反射面技术在更广阔领域的应用拓展。

（a）螺旋抛物反射面　　　　（b）阶梯型反射面

图 3-31　螺旋反射面

3）环形阵列天线

当前，相控阵天线技术已步入高度成熟阶段，并在卫星通信、遥感技术及雷达系统等诸多领域大显身手。该技术之所以能胜任 OAM 涡旋电磁波的生成，关键在于其对单个天线元件馈电相位的自如调控能力。在此背景下，环形布局的相控阵天线脱颖而出，仅凭调节各阵元相位差这一简便手段，就能精准实现 OAM 涡旋波的生成，被公认为是一种高效便捷的 OAM 产生策略。具体实践上，只需将 N 枚天线均匀布置成环状，确保相邻天线相位差维持在 $\Delta\Phi = 2\pi l/N$，即可成功激发模式为 l 的 OAM 涡旋波，如图 3-32 所示。然而，传统环形相控阵天线的发展并非毫无阻碍，特别是其背后复杂的馈电网络设计要求，加之昂贵移相器的现实约束，导致制造成本居高不下，成为一大难题。此外，一个理论限制也不容忽视——OAM 模态的绝对值 $|l|$ 必须小于阵元数量 N 的一半，这意味着欲获得更高阶的 OAM 模式，就必须扩充天线阵元数目，这不仅直接加剧了系统架构的复杂度，还为该技术的大规模应用设下了障碍。

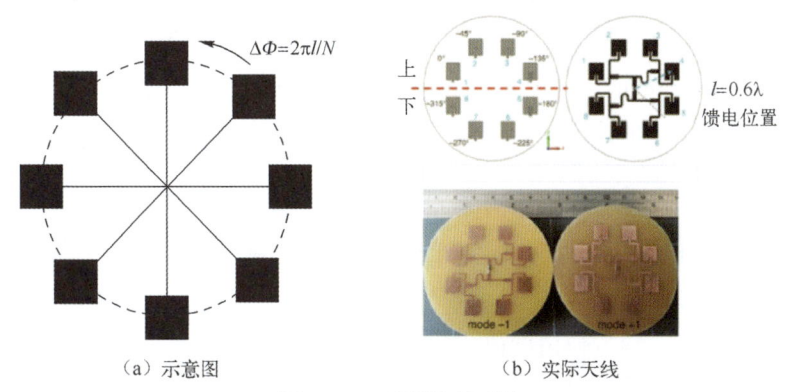

（a）示意图　　　　（b）实际天线

图 3-32　环形阵列天线

3. 涡旋电磁波的电磁超表面生成方法

近年来迅速崛起的反射型超表面天线技术，作为新型天线技术的代表，巧妙融合了

161

螺旋抛物反射面天线与传统相控阵天线的优点，依托超表面材料对电磁波相位的灵活操控能力。该类天线构造独特，由一系列拓扑一致但尺寸各异的反射单元组装而成，每单元经过精心设计以实现特定的相位调制，共同作用下形成 $e^{(-jl\varphi)}$ 的相位分布模式，进而在反射波中嵌入 OAM 涡旋特性。

相较于其他 OAM 波产生手段，反射型超表面天线展现多重优势：其一，凭借每个单元独立可调的相位设计，实现了 OAM 波束的高纯度与优异的交叉极化性能；其二，得益于其扁平化设计，这类天线拥有紧凑轻量、占用空间小的特点，加之较低的制造成本与灵活的形态适应性（如折叠、展开及共形配置），使其在实用化方面占据优势；其三，它无须依赖复杂的外部馈电网络，有效降低了馈电损失，即使面对大口径应用，也能确保高效的辐射效率。

鉴于上述显著特点，反射型超表面天线已成为全球科研领域的焦点，被广泛视为传输 OAM 涡旋电磁波的关键技术平台，蕴藏着广阔的应用潜能与深入研究的价值。为进一步验证其应用可行性和技术优越性，接下来将详述一种实际反射单元的设计实例，通过具体构建过程和步骤说明，直观展现反射型超表面天线在 OAM 涡旋波生成领域的独特魅力与技术突破。

设计原理：反射型超表面 OAM 涡旋电磁波天线系统包含两个核心组件：一是供能的馈源天线，另一则是负责波形调控的反射型超表面。工作流程始于馈源天线发射的电磁波，当这股能量波投射至超表面的构成单元上时，各单元通过精心设计的反射特性，将接收到的波束转换为螺旋相位分布，进而生成具有特定 OAM 模式的涡旋电磁波。常规设计中，选用标准增益喇叭天线作为馈源，其产生的近似球面波前，其相位特征与单元至馈源相位中心的间距直接相关。基于 OAM 波生成原理，要求超表面形成 $e^{(-jl\varphi)}$ 相位布局，这是实现期望 OAM 涡旋波的关键。

参考图 3-33 所描绘的几何布局，设定馈源喇叭的相位中心位于 r_f 点。当此馈源产生的电磁波碰触到一个由 M 行 N 列单元结构组成的超表面上时，任意空间点上的电场强度大致上是超表面上所有单元辐射场的集成效果，这一复杂相互作用可近似归纳为

$$E(\hat{u}) = \sum_{m=1}^{M}\sum_{n=1}^{N} F(r_{mn} \cdot r_f) A(r_{mn} \cdot \hat{u}_0) A(\hat{u}_0 \cdot \hat{u})$$
$$\cdot \exp\{-jk_0[|r_{mn}-r_f|+r_{mn}\cdot\hat{u}]+j\phi_{mn}^c\} \quad (3\text{-}131)$$

针对具有 OAM 特征的涡旋波束，其相位表达需含有 $e^{(-jl\varphi)}$ 的形式，因此，超表面上的各个构成单元必须施加相应的相位修正，以实现必要的"相位突变"。这种修正的具体计算公式定义为

$$\phi_{mn}^c = k_0[|r_{mn}-r_f|+r_{mn}\cdot\hat{u}_0] \pm l\varphi_{mn} \quad (3\text{-}132)$$

其中，A 为单元辐射方向图，F 为馈源的辐射方向图函数，r_{mn} 和 r_f 分别是第 mn 个辐射单元的位置矢量和馈源位置矢量，ϕ_{mn}^c 是每个单元的补偿相位，$\hat{u}_0$ 为主波束方向，φ_{mn} 是超表面单元在极坐标下的方位角度值，l 是 OAM 模态数。

上述计算策略吸取了经典阵列天线设计的优点，尽管在分析过程中略去了单元相互耦合效应，但鉴于各单元间高度一致的排列模式，这种省略并不会造成显著偏差。此法成功地导出了性能优越的 OAM 涡旋电磁波束方案。具体实施时，每个超表面反射单元专注于施加特定的"相位突变"，而刻意避免干预反射波的振幅调控，故而无法直接优

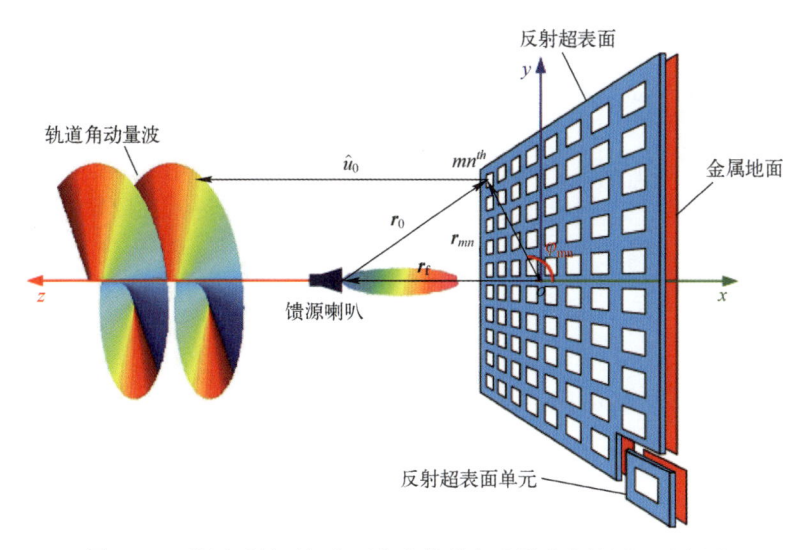

化旁瓣电平。尽管存在此局限性，反射型超表面天线作为生成 OAM 涡旋波束的手段依旧展现出了简便与实效性。

反射单元分析：在构建高性能 OAM 涡旋电磁波反射型超表面时，首要步骤是筛选出卓越的反射单元。理想情况下，这些单元应展现出宽广的"相位突变"能力，旨在覆盖 360°或更广的范围。此外，单元的相位变化应展现出高线性度，伴随着尺寸的微调，相位移动的灵敏度，即相位曲线斜率，理应维持在较低水平，以减少对制造精度的严苛要求；否则，微小的制造偏差可能导致相位偏差显著放大。

基于这些标准，采纳了图 3-34 所示的"三振子"模型作为基本单元。这一配置蕴含一个中心振子搭配两个辅助振子，构成一个多频谐振系统，有利于实现较大的相移跨度。更重要的是，该单元不仅相位变化线性度优异，而且具备低反射损耗的特性，是满足设计需求的理想选择。

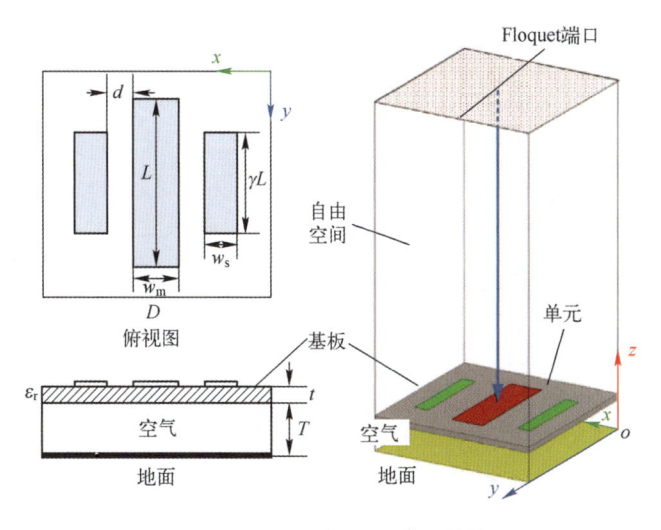

图 3-34 "三振子"单元结构

在采用的"三振子"设计中，引入了一个固定比例因子 γ，界定了中心振子与伴生振子长度的比例，其中，伴生振子的长度为中心振子长度 L 乘以 γ。调整 L 即可联动改变伴生振子的尺寸。该结构通过 PCB 技术印制于 1 mm 厚、相对介电常数为 2.65 的 F4B 介质基板上，基板下附有 5 mm 厚的空气层，底部配置金属反射板。仿真分析环节，运用了基于有限元方法的三维全波电磁仿真软件 ANSYS HFSS，采取周期边界条件进行模拟，所得反射特性曲线随单元长度变化的趋势，具体展示于图 3-35。

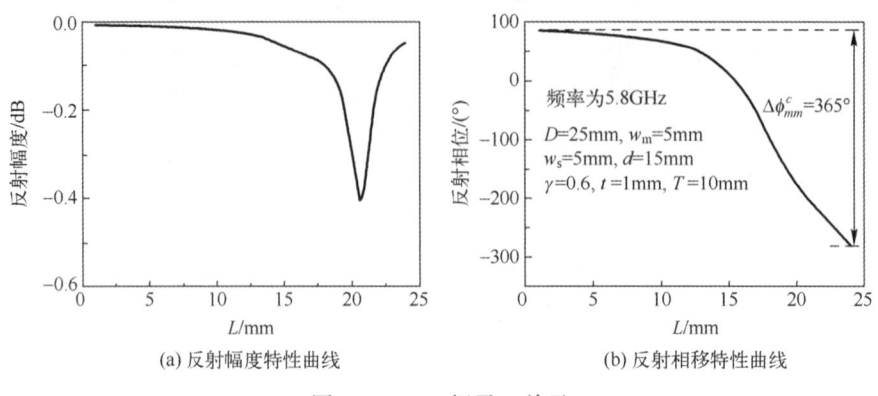

(a) 反射幅度特性曲线

(b) 反射相移特性曲线

图 3-35 "三振子"单元

仿真结果显示，此"三振子"结构单元所提供的相移范围超越了 360°。同时，相移响应随着振子长度 L 的增减表现出了理想的缓慢下降趋势及良好的线性特征。此外，各长度单元的反射损耗均维持在低水平，最大不超过 0.4 dB，完全满足构建高质量超表面所需的低损耗要求。因此，该"三振子"单元被选为构建 OAM 涡旋电磁波反射型超表面，可以实现预期的电磁波操控功能。

仿真结果：在先前的分析中，我们深入探讨了反射型超表面生成 OAM 涡旋电磁波所需的相移分布原理，并通过仿真验证了"三振子"结构作为构建单元的适宜性。为了进一步验证这一设计策略的实际效能，本节提出了一项具体设计案例。先前 Bo Thide 等人的研究利用螺旋反射面天线成功生成了 $l=1$ 模态的 OAM 波束，但基于几何光学的传统方法在追求更高阶 OAM 模态时面临挑战。因此，本设计案例选定 $l=2$ 的 OAM 模态，工作频率 f 设定为 5.8 GHz，旨在突出超表面技术在处理高阶 OAM 波束方面的优势。考虑到涡旋波束的特性，其能量密度在中心最低，不同于常规反射天线需偏置馈电以避免遮挡，OAM 超表面天线更适合采用正面馈电以减少遮挡效应。基于此，设计中将馈源喇叭正对超表面中心，位于 $r_f=(0,0,0.4)$ m，确保波束沿正 z 轴 $\hat{u}_0=(0,0,1)$ 方向传播。为了准确生成目标 OAM 波束，需细致计算超表面单元的相移分布，理想状态下要求波前相位为 $\phi_R=l\varphi_{mn}$。然而，实际中馈源的直接照射会导致初始相位偏移 $\phi_I=k_0|r_{mn}-r_f|$，因此，超表面设计需抵消这部分影响，确保整体相移为 $\phi_{mn}^c=\phi_R-\phi_I$。对于 $l=2$ 的 OAM 模式设计实例，我们通过详细的计算过程，确定了超表面上各单元应具有的相移分布，具体计算步骤与结果展示于图 3-36，以确保生成具有期望特性的 OAM 涡旋电磁波束。

在本设计中，考虑的超表面由 20×20 个单元组成，排列成正方形网格，每个边长为 0.5 m。设计采用了焦径比为 0.8 的馈源配置，最大波束指向 $\hat{u}_0$ 为法向，阵元间隔维

$\phi_R=l\varphi_{mn}$ $\phi_I=k_0|r_{mn}-r_f|$ $\phi_{mn}^c=\phi_R-\phi_I$

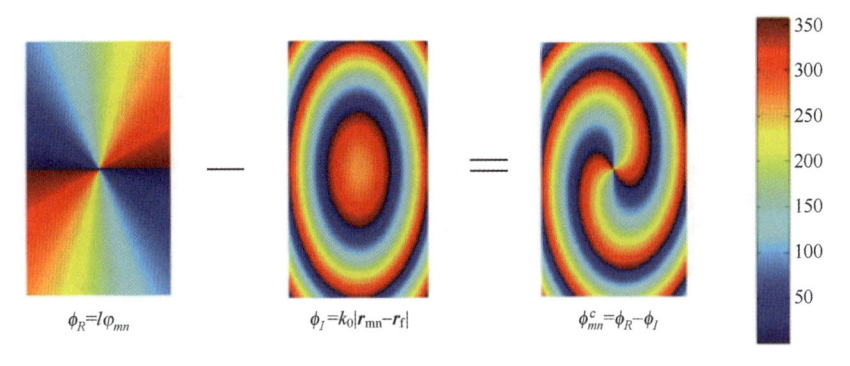

图 3-36 相移分布计算过程

持在 $\lambda/2$ 左右，即 25 mm。采纳前期讨论的"三振子"作为基本构建模块，这些振子安装在 1 mm 厚的 F4B 介质基板上，基板下方保留 5 mm 空气间隙。遵循既定的计算程序，我们成功推导出诱导各种 OAM 状态涡旋波所必需的超表面相移布局，如图 3-37（a）所示。通过融入图 3-35（b）中单元尺寸与相移关系的数据，我们进一步细化得到了实现特定 OAM 模式的实际超表面结构布局，体现在图 3-37（b）中。

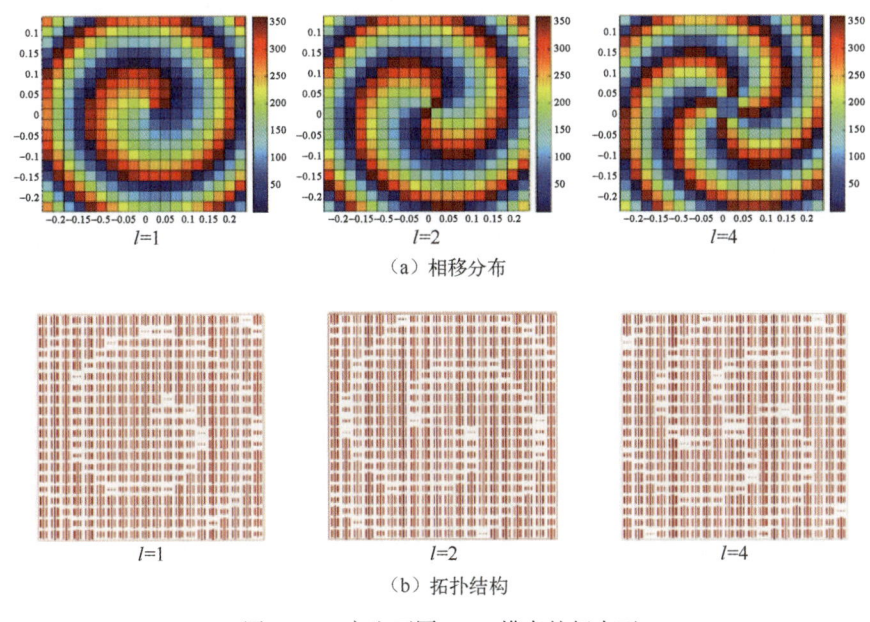

$l=1$ $l=2$ $l=4$

（a）相移分布

$l=1$ $l=2$ $l=4$

（b）拓扑结构

图 3-37 产生不同 OAM 模态的超表面

接下来，借助 ANSYS HFSS 电磁仿真软件，基于有限元分析方法，我们对图示超表面阵列进行了详尽的模拟研究。为了评估涡旋波生成的效果，我们在距离阵列 3 m 远的 z 轴平面上测量了电场的相位分布，如图 3-38（a）所示，并补充展示了三维辐射方向图（见图 3-38（b））。分析结果显示，该平面上的电场相位分布展现出预期的顺时针螺旋形态，明确区分了不同 OAM 模态的特征：$l=1$ 对应单螺旋，$l=2$ 和 $l=4$ 则分别形成了双螺旋和四螺旋结构。此外，各 OAM 模态的三维方向图均揭示了中心凹陷的典型涡旋波辐射图案，有力证实了设计的正确性。综上所述，仿真结果明确无误地证明了反射型超表面能够有效地生成多种 OAM 模式的涡旋电磁波，验证了设计思路与方法的可行性与有效性。

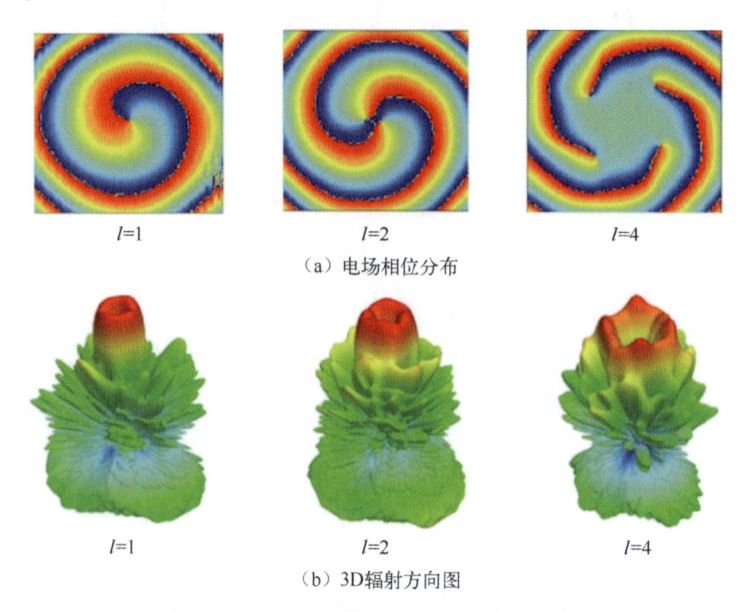

$l=1$　　　　　　　　$l=2$　　　　　　　　$l=4$
（a）电场相位分布

$l=1$　　　　　　　　$l=2$　　　　　　　　$l=4$
（b）3D辐射方向图

图 3-38　不同 OAM 模态涡旋电磁波的仿真结果

四、聚焦电磁超表面的设计

电磁超表面作为一种创新的二维电磁超材料，其核心优势在于利用超材料单元的有序或随机集成技术，构建出功能多样的二维阵列结构。该技术因对电磁波的高效调控能力，加之轻巧、集成友好的设计特点，而迅速在科研领域获得了高度关注，并跨越至实践应用中，展现出了广泛的应用潜力。电磁超表面不仅在军事领域中作为雷达吸波材料发挥关键作用，还促进了后向散射放大器的技术进步，以及在超表面天线设计等民用技术革新中扮演重要角色，彰显了其在多元化领域的深远影响。

1. 数值仿真设计方法

在常规的电磁超表面设计流程中，依赖于电磁仿真指导的试错策略占据主导地位，旨在通过不断的参数微调与优化，直至电磁超表面满足预设的电磁特性要求。这一进程发轫于选取基本的构建模块，比如开口谐振环、方形贴片或十字形缝隙等，作为设计的起点。随后，借助精密的仿真工具，对初步设计进行深入的电磁特性分析，涵盖振幅衰减、相位延迟及极化状态等方面。仿真反馈若未能达到既定目标，设计者则需依据深厚的专业知识与先前的设计经验，对结构几何尺寸及材料属性进行细致调整，并重复仿真评估步骤。

这一迭代优化过程构成了传统设计的核心循环，每一次迭代均包含了详尽的仿真计算与参数修订，而仿真计算的耗时直接受模型复杂程度的影响，而参数优化的效率则高度依赖于设计者个人的理论素养与实战经验，资深设计者往往能更快速地完成参数调优。因此，设计周期的长短在很大程度上由所需的迭代次数决定，而这又间接关联到整个项目的时间与资源投入。

两种广泛应用的方法分别是有限元法（FEM）与时域有限差分法（FDTD），各自针对复杂问题提供了解决策略。

有限元法作为一种成熟的数值分析手段，专门致力于求解物理现象中的偏微分方程问题。其核心思想围绕将广阔的物理连续区域细分为无数微小的离散单元，通过构建单元间节点的相互联系，原本复杂的偏微分问题被转化成一个易于处理的稀疏线性方程组形式。由于 FEM 基于小的局部单元进行计算，因此可以通过使用高阶元素和自适应网格细化技术来进一步提高计算精度，同时也可以处理各种材料的任意形状和复杂几何结构。

时域有限差分法是电磁学研究中的一种精确模拟技术，专长于解析超材料内部电磁波的行为动态。该方法结合了有限差分法（FDM）和时域方法（TDM），可以在时域内求解电磁波场的分布和传播规律。其原理可以通过图 3-39 中展示的数学模型进行描述。

FDTD 是由美国加州大学的 K. S. Yee 提出的，其核心原理是将求解区域的空间和时间划分为 Yee 网格单元的电磁场计算模型。Yee 网格单元的尺寸逐渐趋近于零，使得麦克斯韦方程组能够被离散化为差分方程。然后，通过计算机迭代求解这些差分方程，从而得到电磁波场的分布和传播规律。在空间中，电场分量在三个方向上的网格单元面中心点处计算，而磁场分量则在三个方向上的网格单元边界处计算。

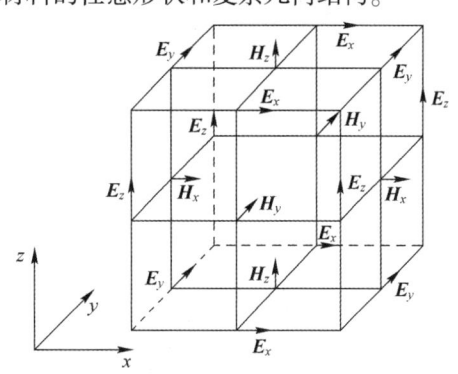

图 3-39 Yee 网格单元和电磁场分量的分布图

与 FDTD 相比，FEM 具有更高的计算精度，因为它可以利用不规则网格对物理区域进行离散化，以适应各种不规则的形状。然而，在处理复杂结构时，它的计算量也会相应增加。FDTD 的计算是按时间步进行的，且在每个时间步长内只需要在体元内进行计算，但由于不规则边界和复杂几何体的影响，其计算仍然受到一定的限制。

2016 年，Yong Li 基于超表面设计了一种完美吸收体，该超表面结构由带孔的多孔板和卷曲空气室组成，如图 3-40 所示。多孔板与平面螺旋空气室结合在一起。法向入射波沿着 z 方向穿过孔进入盘绕室，经过 COMSOL 仿真分析与阻抗理论分析，结果显示在 125.8 Hz 下实现总吸收，且该吸收器制作简单，具有广泛的应用前景。

2017 年，P. Pramodh Kumar 在 4.38~4.603 GHz 频段内实现了可重构的天线。为了满足可重构特性，采用了设计频率为 10 GHz 的 Swasthika 型超表面图形，如图 3-41 所示。通过对不同旋转角度下的回波损耗、驻波比以及增益等进行研究，证明了增加超表面后天线的增益提高了 1.958 dB，并且能够在 5 GHz 以内的低频段内实现重构，这为无人飞行器中使用的无线系统等的发展做出了贡献。

2020 年，南京大学团队的 Jingbo Wu 提出了一种液晶可编程超表面，如图 3-41 所示，基于之前可行的动态太赫兹调制方法。该超表面结构包含顶部的耶路撒冷十字图案和底部的像素矩形图案。在研究中，将编码序列应用于 24 单元线性阵列上，以实现光束的偏转控制。通过改变编码序列，能够实现对光束的控制偏转，其最大偏转角度高达 32°，同时能够吸收超过 60% 的能量。进一步地，通过改变超表面图案和采用低损耗的

(a)结构示意　　　　　　　　(b)吸收率分析

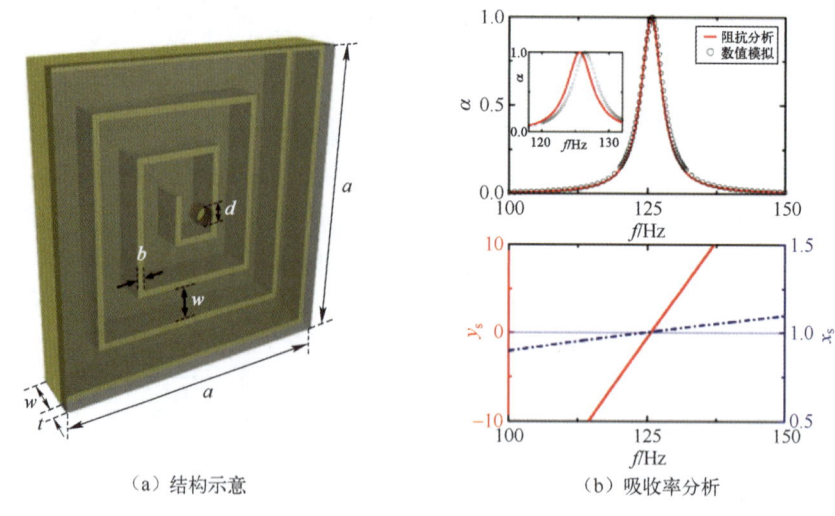

图 3-40　基于超表面的完美吸收体

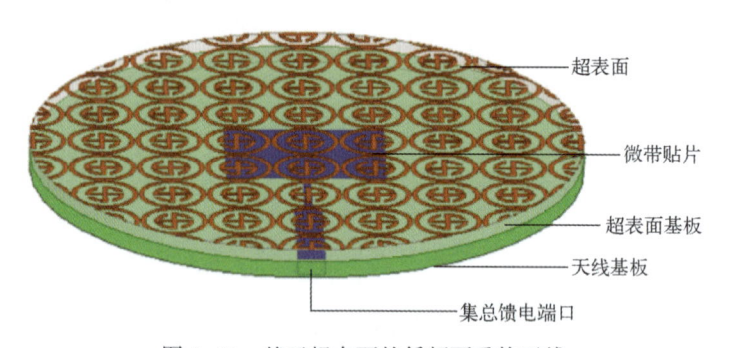

图 3-41　基于超表面的低频可重构天线

LC 等，可以提高偏转效率和工作带宽。液晶可编程超表面在太赫兹无线通信、计算成像和目标识别等领域具有广泛应用前景。

2. 深度学习设计方法

当前，电磁超表面技术正经历着飞速的进化阶段，伴随着功能多样化，其结构复杂性日益增长。传统方法显得过于复杂和耗时，有时各项指标之间存在相互制约，设计者很难找到一个平衡的解决方案来满足所有要求。因此，探索一种高效且自动化的设计途径，对于推动电磁超表面技术的未来发展显得尤为关键。

得益于计算机技术的飞跃与互联网的蓬勃兴起，数据获取与处理能力大幅提升，为人工智能技术的蓬勃发展奠定了坚实基础。特别是在机器学习、强化学习和深度学习等分支，创新成果迭出，深度学习技术更是深入渗透到计算机视觉、自然语言处理等众多领域，深刻改变了我们的日常生活。这一系列进展为电磁超表面设计开辟了新的视角。近期，科研人员已着手尝试整合深度学习技术于超表面设计之中，旨在通过构建深度学习模型来加速设计流程，减少设计迭代，提升整体设计效率，甚至实现设计的逆向工程。深度学习，作为一种基于数据的强大建模工具，擅长捕捉复杂模式，具备卓越的泛化性能，非常适合解决直观性弱、规律难以直接把握的问题。其核心机制在于，通过大量数据训练，学习并构建起电磁超表面结构与期望电磁响应间的直接或逆向映射模型，一旦模型构建成

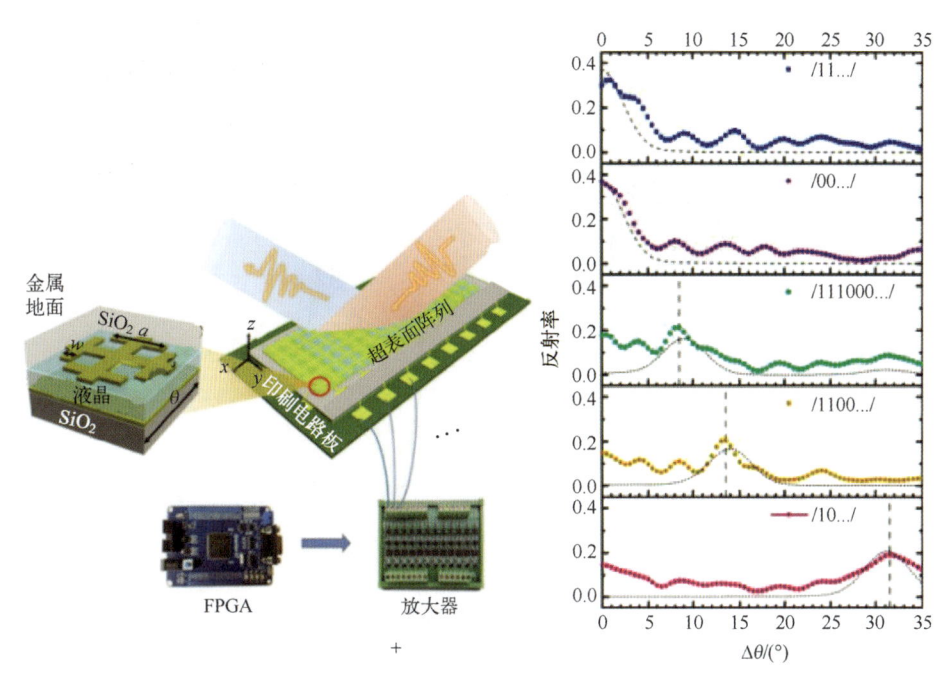

图 3-42　用于太赫兹光束控制的液晶可编程超表面

功,即可实现快速且精准的超表面逆设计,极大提升了设计的时效性与精准度。

2018 年,Dianjing Liu 及其团队引入了一项创新策略,即运用深度学习技术进行纳米光子超材料的定制设计。他们巧妙地部署了一个深度神经网络架构(DNN),不仅精确预测了纳米光子构造的透射光谱,还实现了依据预设透射特性逆向工程设计纳米光子结构的目标。该研究框架内置双神经网络系统:正面预测网络(FNN)与逆向设计网络(INN)。如图 3-43(a)、(b)所示,研究聚焦的纳米光子组件构建于 SiO_2 与 Si_3N_4 的层间交替排列之上,每一介电层的维度通过变量序列 $(d_1, d_2, \cdots, d_n)$ 标示。图 3-43(c)则呈现了该纳米光子体系的透射光谱 R。此深度学习模型的一大亮点,在于它能精确模拟多层纳米结构的透射特性——FNN 部分接收各介电层厚度 $(d_1, d_2, \cdots, d_n)$ 作为输入,输出相应的透射光谱 R;而 INN 单元则反向操作,依据给定的目标透射光谱 R,输出实现该光谱所需的纳米结构参数 $(d_1, d_2, \cdots, d_n)$,极大地促进了纳米光子结构的高效定制。该神经网络模型与固定物理布局的系统尤为契合,其正面预测模块在评估纳米光子频谱行为时,展现出了替代传统数值仿真手段的高效潜能,标志着向更快速、精准设计方法迈出的重要一步。

在特定应用场景下,尽管拓扑配置固定,单靠调整物理尺寸难以达到目标电磁性能指标。针对此难题,Liu 及其团队借鉴生成式模型的理念,创新性地运用生成对抗网络(GAN),旨在设计出超越传统限制的任意拓扑二维纳米光子超表面,图 3-44 直观展示了这一成果。此创新策略显著增强了设计的灵活性与多样性,解锁了光操控的新潜能,适用于全息成像及平面超级透镜等先进光学应用。该深度学习架构精心设计,包含三大模块:生成器、鉴别器及仿真模块,它们均基于卷积神经网络(CNN)技术构建。与传统的全连接网络(ANN)处理一维向量不同,CNN 处理的是多维数据,如向量场或矩阵。具体而言,生成器通过融合透射谱信息与随机白噪声矩阵,输出代表二维超表面结构的编码

(a)纳米光子超材料结构

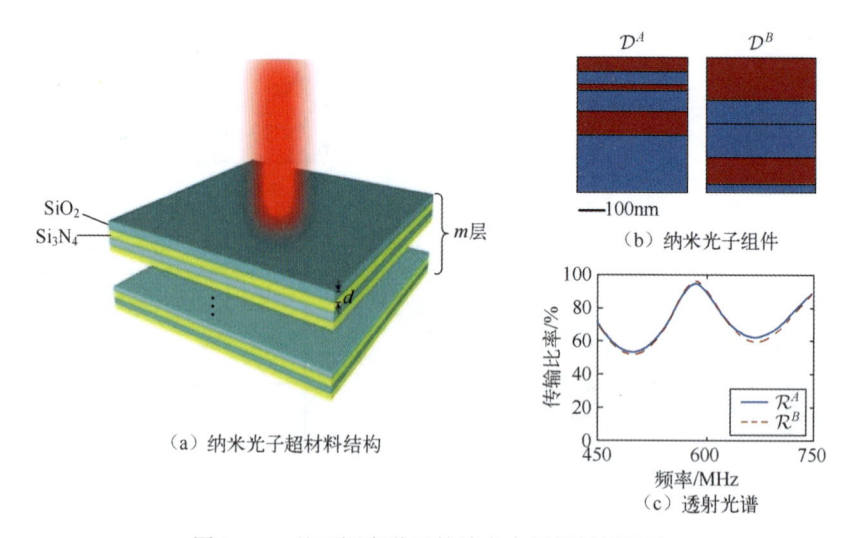

(b)纳米光子组件

(c)透射光谱

图3-43 基于深度学习的纳米光子超材料设计

矩阵；而鉴别器则负责分析这些编码矩阵的真实性，反馈评估结果，体现了一种非监督学习机制。为了确保仿真模块的精确性，团队前期对超过6500种形态各异的超表面实施了广泛的电磁仿真测试，频率覆盖为170~600 THz，积累了丰富的训练资料。该仿真器经充分训练后，能够高效且精确预估超表面的电磁响应特性，为GAN的有效训练奠定了坚实基础。

对于每组数据，透射谱特征以x和y偏振的测量T_{ij}来表述，其中i和j代表入射和探测偏振态，关联到特定的工作模式。T_{ij}由一系列密集的32点采样构成，而纳米管结构的微观组织则映射为64×64的二值图像矩阵，矩阵值'1'指示金属覆盖区域，相反，'-1'则指示无金属的空旷区域。在迭代训练流程中，生成器在随机噪声引导下，穿梭于广阔的设计维度中，探寻那些能契合预期透射特性的纳米光子结构解决方案，与此同时，鉴别器执行严格的筛选功能，确保生成结果与电磁理论原理相符。为了丰富结构多样性，研究团队集成了一个基础图形库，囊括了诸如圆形、弧线、椭圆、十字、正方形以及手写数字等多种经典几何形态。这一多样化集合不仅为生成器和鉴别器的训练提供了充足的素材，还使得训练完毕的生成器能够执行高效的逆向设计任务，极大拓宽了设计的灵活度。

展望6G通信技术的未来，数字编码超表面技术涵盖智能反射阵列与相控阵等可编程界面，展示出巨大应用潜力。这类超表面技术擅长调节反射或透射波的导向，借助对各个可编程单元相位的精细操控，引入差异化的光程补偿，进而达到近场或远场聚焦、波束分岔等复杂操控效果。针对单一波束成形目标，现有解析策略已趋成熟，可通过既定公式迅速确定阵列各单元相位补偿值，满足即时设计需求。相比之下，双波束或多波束成形任务面临的挑战在于缺乏直接且准确的计算模型。图3-45展示了Shan等研究者的创新成果，他们运用卷积神经网络技术，成功根据期望的多波束配置效果，高效地推算出数字编码超表面所需的编码模式。这一突破性方法，经由预训练的CNN模型集成至有源设备的控制系统内，能够支持波束形成的实时动态调整，为实现高效的多波束通信系统铺平道路。

（a）基于GAN的逆向设计

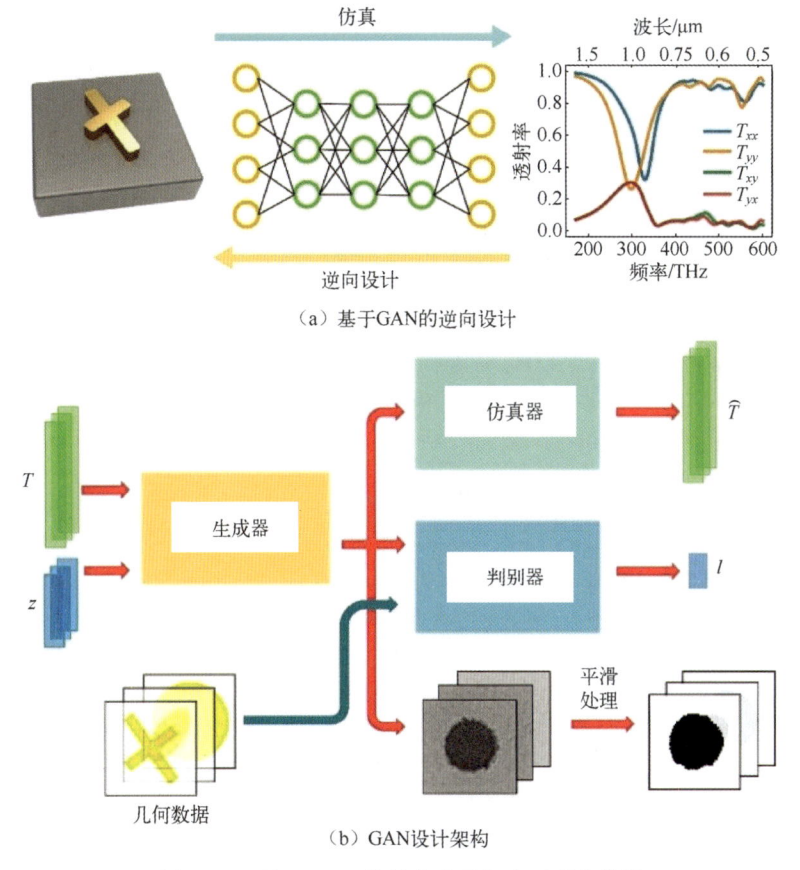

(b) GAN设计架构

图 3-44 基于 GAN 的纳米光子超表面逆向设计

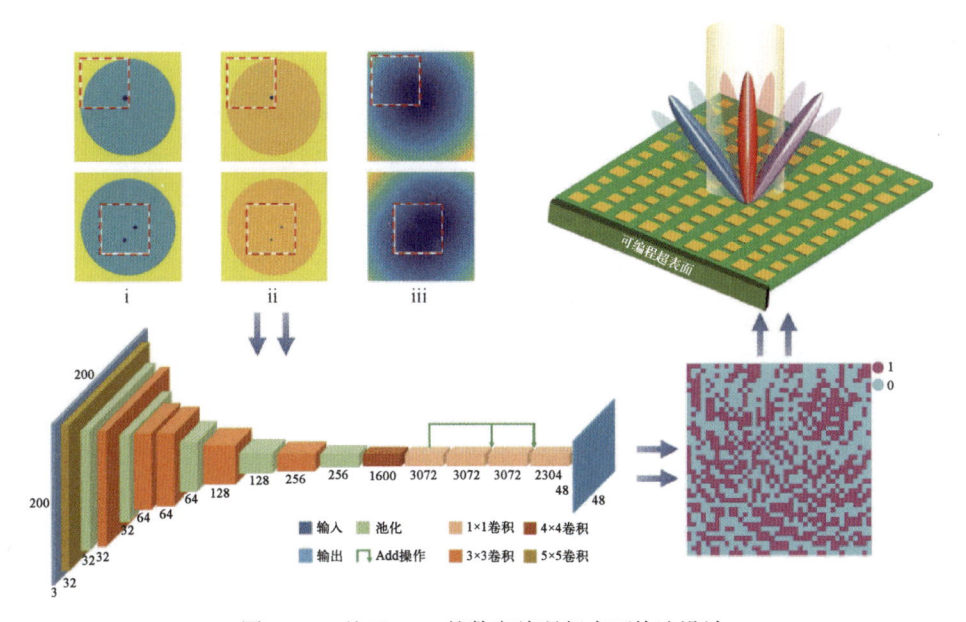

图 3-45 基于 CNN 的数字编码超表面快速设计

参 考 文 献

［1］ Veselago V G. The electrodynamics of substances with simultaneously negative values of ϵ and μ ［J］. Soviet Physics Uspekhi, 1967, 92 (3): 517-526.

［2］ Pendry J B, Holden A J, Stewart W J, et al. Extremely low frequency plasmons in metallic mesostructures ［J］. Physical Review Letters, 1996, 76 (25): 4773.

［3］ Pendry J B, Holden A J, Robbins D J, et al. Magnetism from conductors and enhanced nonlinear phenomena ［J］. IEEE Transactions on Microwave Theory and Techniques, 1999, 47 (11): 2075-2084.

［4］ Smith D R, Schultz S, Markoš P, et al. Determination of effective permittivity and permeability of metamaterials from reflection and transmission coefficients ［J］. Physical Review B, 2002, 65 (19): 195104.

［5］ Lu J, Grzegorczyk T M, Zhang Y, et al. Čerenkov radiation in materials with negative permittivity and permeability ［J］. Optics Express, 2003, 11 (7): 723-734.

［6］ Koschny T, Markoš P, Smith D R, et al. Resonant and antiresonant frequency dependence of the effective parameters of metamaterials ［J］. Physical Review E, 2003, 68 (6): 065602.

［7］ Chen X, Grzegorczyk T M, Wu B I, et al. Robust method to retrieve the constitutive effective parameters of metamaterials ［J］. Physical Review E—Statistical, Nonlinear, and Soft Matter Physics, 2004, 70 (1): 016608.

［8］ 黄勇军, 文光俊, 李天倩, 等. 电磁超材料中负磁导率对负介电常数的影响 ［J］. 强激光与粒子束, 2010, 22 (10): 2457-2460.

［9］ Yu N, Genevet P, Kats M A, et al. Light propagation with phase discontinuities: generalized laws of reflection and refraction ［J］. Science, 2011, 334 (6054): 333-337.

［10］ Pancharatnam S. Generalized theory of interference, and its applications: Part I. Coherent pencils ［C］//Proceedings of the Indian Academy of Sciences–Section A. New Delhi: Springer India, 1956, 44 (5): 247-262.

［11］ Berry M V. Quantal phase factors accompanying adiabatic changes ［J］. Proceedings of the Royal Society of London: A. Mathematical and Physical Sciences, 1984, 392 (1802): 45-57.

［12］ 李雄, 马晓亮, 罗先刚. 超表面相位调控原理及应用 ［J］. 光电工程, 2017, 44 (3): 255-275.

［13］ Jiang Q, Jin G, Cao L. When metasurface meets hologram: Principle and advances ［J］. Advances in Optics and Photonics, 2019, 11 (3): 518-576.

［14］ Hsiao H H, Chu C H, Tsai D P. Fundamentals and applications of metasurfaces ［J］. Small Methods, 2017, 1 (4): 1600064.

［15］ Arbabi A, Horie Y, Ball A J, et al. Subwavelength-thick lenses with high numerical apertures and large efficiency based on high-contrast transmitarrays ［J］. Nature Communications, 2015, 6 (1): 7069.

［16］ Kamali S M, Arbabi A, Arbabi E, et al. Decoupling optical function and geometrical form using conformal flexible dielectric metasurfaces ［J］. Nature Communications, 2016, 7 (1): 11618.

［17］ Chen H T, Taylor A J, Yu N. A review of metasurfaces: Physics and applications ［J］. Reports on Progress in Physics, 2016, 79 (7): 076401.

［18］ Bukhari S S, Vardaxoglou J, Whittow W. A metasurfaces review: Definitions and applications ［J］. Applied Sciences, 2019, 9 (13): 2727.

［19］ Chen Y, Hu Z, Yang B, et al. A rasorber metasurface design: S-band transmission and X-band absorption ［C］// 2019 Photonics & Electromagnetics Research Symposium-Fall (PIERS-Fall). IEEE, 2019: 855-857.

［20］ Li Y, Zhang J, Qu S, et al. Wideband radar cross section reduction using two-dimensional phase gradient metasurfaces ［J］. Applied Physics Letters, 2014, 104 (22).

［21］ Feng M, Li Y, Zhang J, et al. Wide-angle flat metasurface corner reflector ［J］. Applied Physics Letters, 2018, 113: 143504.

［22］ Retroreflector P M. Planar metasurface retroreflector ［J］. Nature Photonics, 2017, 11 (7) 415-420.

[23] Hsu C C, Lin K H, Su H L. Implementation of broadband isolator using metamaterial-inspired resonators and a T-shaped branch for MIMO antennas [J]. IEEE Transactions on Antennas and Propagation, 2011, 59 (10): 3936-3939.

[24] Li Y, Assouar B M. Acoustic metasurface-based perfect absorber with deep subwavelength thickness [J]. Applied Physics Letters, 2016, 108 (6): 063502.

[25] Kumar P P, Sreelakshmi K, Sangeetha B, et al. Metasurface based low profile reconfigurable antenna [C]//2017 International Conference on Communication and Signal Processing (ICCSP). IEEE, 2017: 2081-2085.

[26] Wu J, Shen Z, Ge S, et al. Liquid crystal programmable metasurface for terahertz beam steering [J]. Applied Physics Letters, 2020, 116 (13): 131104.

[27] Liu D, Tan Y, Khoram E, et al. Training deep neural networks for the inverse design of nanophotonic structures [J]. ACS Photonics, 2018, 5 (4): 1365-1369.

[28] Liu Z, Zhu D, Rodrigues S P, et al. Generative model for the inverse design of metasurfaces [J]. Nano Letters, 2018, 18 (10): 6570-6576.

[29] Shan T, Pan X, Li M, et al. Coding programmable metasurfaces based on deep learning techniques [J]. IEEE Journal on Emerging and Selected Topics in Circuits and Systems, 2020, 10 (1): 114-125.

第四章 太赫兹超材料

第一节 引 言

一、研究状况

通过对自然材料的裁剪、加工和设计,从而实现对电子、光子以及其他一些元激发准粒子的人为调控,一直是光电科学研究的重点。超材料,也被称为特异性材料,正是在这样的背景下提出来的。在广义上,超材料是一种人工设计加工的复合材料,该材料特异的物理性质不仅取决于组成材料的本征性质,还要由亚波长结构决定,而且这些奇特的物理性质,往往不能通过现有自然材料的本征物理性质获得。例如目前电磁超材料具有负折射率、旋光性、类双折射、类电磁感应透明(EIT,也被称为超材料诱导透明)、不对称透射、超吸收等奇特的物理性质,这些奇特的电磁性质与亚波长单元结构和单元排列方式密切相关。超材料的研究遵循"结构-组分-功能"的三角关系,可以通过结构的设计和尺寸的调整来获得不同波段、不同物理性质的响应特性;也可以通过对单元格以及基底材料组分的选择,实现特定的被动式及主动式的光电功能。随着微纳加工工艺的日益简化和普及,超材料的相关研究覆盖了从微波到可见光波段,吸引了越来越多的科研工作者。

太赫兹(THz)辐射的频率为 0.1~10 THz,在电磁波谱中位于微波与红外之间,处于电子学到光子学的过渡区域。有效的太赫兹源和探测器的缺乏导致了太赫兹技术的研究相对于其他波段要落后得多,曾被称为太赫兹空隙(THz Gap)。而基于超快激光的太赫兹时域光谱技术的发展,推动了太赫兹技术的快速发展。太赫兹辐射的光子能量很低,不会对被测物质产生损伤,可进行无损探测;对大多数介电物质是透明的,可进行透射成像;能够同时测量太赫兹电场的振幅和相位,从而进一步直接获得样品的复折射率、复介电常数以及复电导率,并可以实现飞秒级时间分辨率的动力学分析;很多凝聚态体系的声子和其他元激发,以及许多生物大分子的振动和转动能级都处于太赫兹波段,因而,可以通过特征共振对物质进行探测和指纹分辨。

但是,目前太赫兹波段的功能器件相对较少,限制了太赫兹技术的进一步发展。超材料能够对太赫兹波的振幅、相位、偏振以及传播实现灵活多样的控制,从而提供了一种实现太赫兹功能器件的有效途径。另外,太赫兹时域光谱技术能够同时探测电场的振幅和相位,能够更加全面地测量超材料的电磁响应特性,因此,太赫兹技术和超材料的发展是相辅相成的。

超材料最初提出是为了实现负折射率,通过基于开口谐振环的单元结构设计,可以获得负介电常数和负磁导率。随着研究的深入,超材料单元结构的设计越来越多样化,更多的响应特性及关联参数逐渐被发现，如基本组成材料的性质和结构参数的影响以及传感器的实现；各向异性超材料的偏振依赖性及其对电磁波振幅、相位和偏振态的调制，偏振元件的实现；本征半导体、掺杂半导体、超导材料、绝缘体-金属相变材料、热敏材料和铁电材料的引入而实现的光开关、调制器；不同结构的组合或者多层结构超材料实现的双频、多频和宽频共振响应，吸收体以及类EIT现象的发现；制作工艺提高实现的微机械调制的可重构超材料等。这些都显示了超材料实现太赫兹波控制和太赫兹功能器件的巨大潜力。

目前，国内外关于太赫兹波段超材料的综述多数侧重于超材料在实现太赫兹波段可调功能器件中的应用，特别是可调太赫兹功能器件的实现以及基本的电磁响应特性和负折射率性质。

二、制备方法

微纳加工技术的发展为超材料的制备提供了便利，也进一步促进了超材料的发展，可以加深对超材料电磁响应特性的理解。图4-1给出了几种太赫兹波段超材料的加工方法及其制作流程。这里的光刻技术（Lithography）包含了广义的光刻加工工艺，如薄膜沉积、金属结构和非金属结构的制作技术等。多次曝光光刻工艺可以制作三维超材料，而结合微机电系统（Micro-Electro-Mechanical-System，MEMS）概念的主动控制超材料的制作可能同时需要用到多层金属及非金属结构的套刻技术，从而实现结构可随外加激励动态变化的可调谐超材料。模板沉积技术直接通过金属沉积来形成超材料结构，不需要光刻胶的辅助，虽然简化了制备程序，提高了制备质量，但是沉积过程会造成模板的污染。打印方法和光纤拉丝方法不需要制作掩模板或者模板，简化了制作过程，但是，其最小制作尺寸受到限制，光纤拉丝方法同时限制了单元结构的设计。下面结合实例分别从平面金属超材料、三维超材料以及主动可调超材料等方面对太赫兹超材料的最新加工技术进行阐述。

1) 平面金属超材料加工方法

到目前为止，研究最多的是平面超材料，即制作在电介质或者半导体基底上的准二维亚波长金属结构，通常采用光刻的加工方法。如图4-1所示，金属结构的光刻一般是在掩模后进行金属沉积，再通过去胶获得所需的金属结构。光刻技术的曝光可以选用多种光源，如紫外光、X射线、电子束、离子束、质子束等。不同的光源需要选择不同的光刻胶，并且会有不同的曝光深度，对应着不同的金属沉积方法。紫外曝光获得的金属层厚度一般在100 nm量级，而质子束直写与电镀技术相结合可使金属层的厚度在10 μm左右。光刻技术可以获得几微米的金属线宽度，并且样品均匀性较好，但是制作过程较复杂。模板沉积技术也能获得高质量的超材料，金属通过模板的孔结构直接沉积在基底上，不需要光刻工艺，从而避免了化学污染，但是模板的制作仍然需要采用光刻加工方法。喷墨打印和激光打印不需要制作掩模板或模板，很大程度地简化了超材料的制作过程，但是最小的金属线宽度受到了限制。喷墨打印需要多次打印获取所需的金属层厚度，喷墨的不均匀性会导致超材料共振的加宽；激光打印可以改善喷墨的不均匀性，一次获得微米量级厚度的超材料。

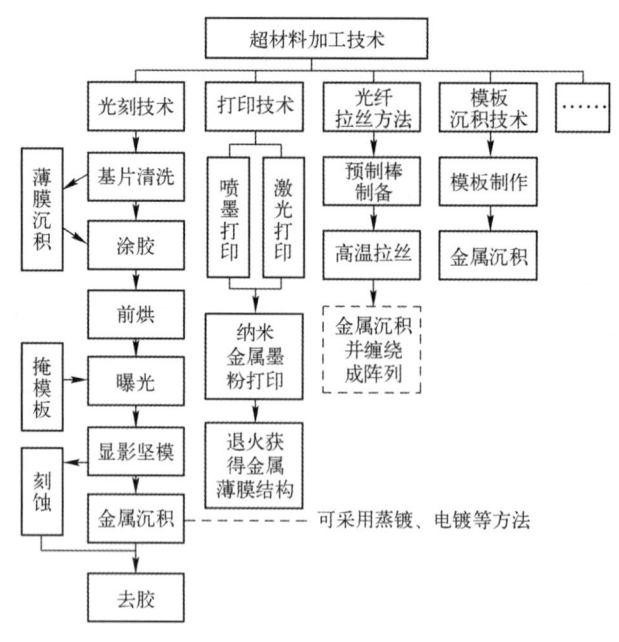

图 4-1　THz 波段超材料的加工技术

2) 三维超材料加工技术

多层光刻技术是目前制作三维超材料的主要方法，可以通过电介质和金属结构的交替堆叠、套刻来实现。这种方法的制作过程复杂，一般只能制作有限几层来获得特定的响应性质，主要用于宽带响应超材料和基于超材料的吸收体的制备。另外，采用柔性基底，将平面超材料卷成三维形状也是获得三维超材料的一种方法。

光刻技术中采用电镀可以获得较厚的金属层，在此基础上采用多层电镀，或者电镀与其他金属沉积技术相结合的多次曝光光刻技术可以使单元结构竖立在基底平面上。如图 4-2 所示，非手性的 SRR 分别制作在刚性和柔性基底上，在只有磁场激励的情况下，观察到了很强的磁响应。这说明具有二维周期的三维超材料就能获得明显的磁响应，为研究超材料的电磁响应特性提供了一种新的方法。多层电镀还可以用于制作三维手性结构，从而实现线偏振电磁波的偏振转换和旋光性。

类比光子晶体光纤的制作，光纤拉丝方法也可以用于制作三维超材料。在制作过程中，可以将金属成分预埋在预制棒中，也可以在纤芯拉丝后再进行金属沉积并缠绕成阵列。以金属沉积方法为例，如图 4-3 所示，利用直流磁控溅射沉积系统，在 100 μm 宽的聚合物方柱的 3 面沉积了 250 nm 厚的银涂层，形成了横截面为 U 形结构的超材料。在磁场激励下，观察到了明显的磁响应。然而，纵向的连续性导致了空间色散效应，即磁共振频率与入射角相关。利用激光消融方法破坏纵向的连续性，形成亚波长周期阵列，可以有效抑制空间色散。与光刻相比，光纤拉丝方法限制了结构设计的灵活性。同时，光纤拉丝的最小尺寸限制了这种方法向高频的扩展。

三维超材料的制作技术已经取得了一定的进展，但是对于大多数三维超材料来说，传播方向的尺度还属于亚波长范围，大尺度三维材料的加工还面临着巨大的挑战。

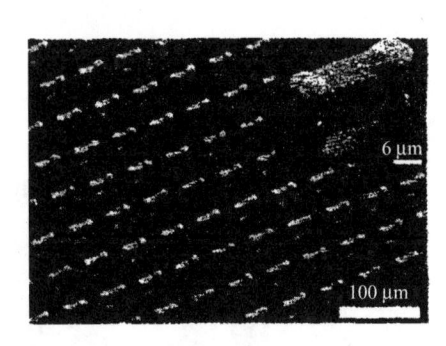

图 4-2　电镀技术制作竖立的超材料 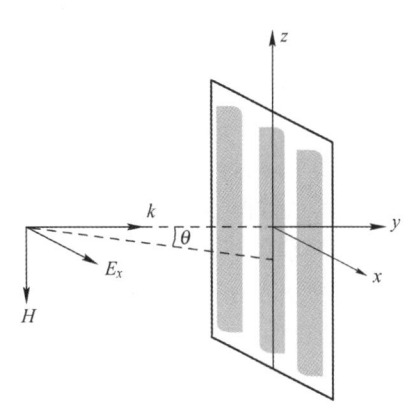　　　　图 4-3　光纤拉丝方法制作超材料

3）主动可调超材料加工方法

主动可调超材料制作通常会涉及非金属结构的光刻。与金属结构的光刻不同，非金属结构的光刻通常要在涂胶前进行薄膜沉积或者选择带有薄膜的基底，如硅-蓝宝石（SOS，蓝宝石上外延硅），并在掩模后通过刻蚀获得所需结构。在刻蚀过程中，光刻胶起到了保护的作用，所得结构与光刻胶的形状相同。不同的材料可以选择不同的沉积方法，如分子束外延生长、磁控溅射、脉冲激光沉积、溶胶凝胶法、离子束沉积等；而常用的刻蚀方法是反应离子刻蚀和湿法化学刻蚀。有的可调超材料只需要通过在基底和金属结构之间沉积薄膜即可实现超材料电磁响应特性的主动控制。

MEMS 也被称为微机械或微系统。MEMS 加工技术不仅包含表面加工技术，还包含体加工技术，如硅基底的刻蚀。与其他可调超材料不同，MEMS 的引入可以实现超材料结构的动态控制。例如，由热膨胀系数不同的氮化硅和金属组成的悬臂支架可以通过环境温度控制单元结构与阵列平面的相对取向来实现对磁响应和电响应的共振强度的调谐；覆盖着磁性材料的柔性悬臂在外加磁场的控制下发生不同程度的形变，可以实现对超材料共振频率的调制。最近，用 MEMS 方法实现了超材料晶格排列或者单元结构不同组成部分之间距离的动态调制，使超材料的共振响应随着耦合的改变发生变化，是研究超材料单元结构之间和单元结构内部耦合的重要方法。以不对称的 SRR 为例，如图 4-4 所示，超材料由两部分组成，一部分制作在固定的基底上，另一部分制作在与静电梳齿微驱动器相连的可移动支撑架上，支撑架的位移与驱动电压的平方成正比，通过驱动电压控制不对称 SRR 之间的距离，从而实现超材料结构的重组。

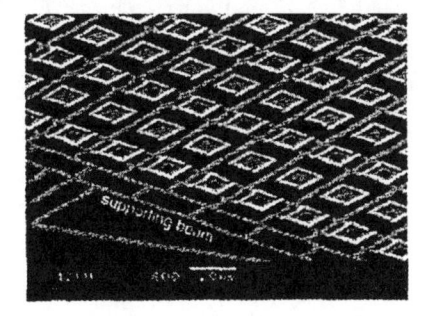

图 4-4　微机械可重组超材料

这种方法除了可以实现共振频率的动态调制和超材料偏振相关性的改变，还可以实现超材料单元结构内部耦合引起的其他效应的动态调制，如类 EIT 现象。

三、传输特性的研究

利用时域有限积分法研究了太赫兹波在谐振环多层超材料的传输特性。结果表明，对于尺寸相同的谐振环构成多层超材料，超材料从1层变化到5层时，在共振频率0.80 THz处，谐振谷值为-17～-44 dB，共振明显比单层强很多。对于不同尺寸谐振环构成的多层超材料，共振频谱带宽明显增强，半高全宽从0.08 THz变化到0.26 THz。结果表明，多层超材料具有比单层更好的太赫兹波特性，这些传输特性对为太赫兹波滤波器、吸收器及偏振器等器件设计具有重要价值。

1. 谐振环模型与理论分析

开口谐振环是用来构造超材料的典型结构。双开口谐振环（DSRR）如图4-5所示，由于内、外环间的电容以及自感对电磁波共振响应增强，并且内外环间隙能使这种结构在比实际物理尺寸更大的波长下产生共振，因此DSRR同样受人们的关注。

谐振环等效磁导率的模型可以表示为

$$\mu_{\text{eff}} = 1 - \frac{\omega_{\text{mp}}^2 - \omega_0^2}{\omega^2 - \omega_0^2 + \text{i}\Gamma} \quad (4-1)$$

图4-5　DSRR单元结构示意图

式中：ω_0为谐振频率；ω_{mp}为磁等离子体频率；Γ表示其损耗特性，其中SRR的谐振频率为

$$\omega_0 = \sqrt{\frac{2dc^2}{\pi^2 r^3}} \quad (4-2)$$

式中：d为两环间距；c为真空中光速；r为外环半径，磁等离子体频率为

$$\omega_{\text{mp}} = \sqrt{\frac{2dc^2}{\pi^2 r^3 \left(1 - \frac{\pi r^2}{a^2}\right)}} \quad (4-3)$$

则当$\omega_0 < \omega < \omega_{\text{mp}}$时可以得到负的磁导率。

图4-5为双开口谐振环的单元结构示意图，DSRR由一对200 nm厚的金开口环组成，内外环的开口方向相反。采用厚度$t = 1$ mm硅做基底，结构单元的外边长$a = b = 70$ μm，内边长$d = L = 40$ μm，线宽度$w = 10$ μm，金属线的缝隙$g = 8$ μm，周期$p = 90$ μm。

2. 性能分析

1）相同尺寸DSRR构成多层超材料

图4-5为规格参数完全相同（参数如图4-6所示）、方向一致的5层超材料示意图，DSRR层与层之间用厚度$h = 15$ μm聚酰亚胺（Polyimide）隔离，为研究太赫兹波在DSRR的传输特性，用CST Microwave Studio 2008对DSRR超材料进行仿真，电磁波垂直于基板平面入射，电场方向为平行于狭缝与垂直于狭缝两种情况。当太赫兹电场方向与狭缝平行时如图4-7（a）所示，由于环结构对入射电磁波的对称，在0.86 THz出现一个共

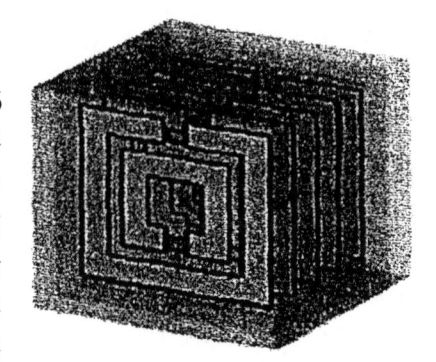

图4-6　多层DSRR超材料示意图（相同尺寸构成）

振频率，即一个谐振谷。当太赫兹电场方向与谐振环狭缝垂直时如图4-7（b）所示，由于环结构对入射电磁波的不对称性，出现了多个谐振谷，分别在0.32 THz、0.80 THz、1.18 THz。从传输曲线我们得到随着超材料层数的增加，吸收强度都有所加强，特别是对于入射偏振与开口狭缝垂直时，吸收强度随着层数的增加而急速增加，在0.80 THz处，谐振谷为$-17 \sim -44$ dB。而对于平行的状况，共振频谱宽度随着层数的增加而展宽。因此，当入射太赫兹与谐振环狭缝垂直时，可以制成窄带滤波器。为了验证上述数值模拟的正确性，对结构进行模拟，结果如图4-8所示。通过图4-8（a）与图（b）比较，模拟结果与实验结果基本一致，从而为下一步的模拟计算提供了保证。

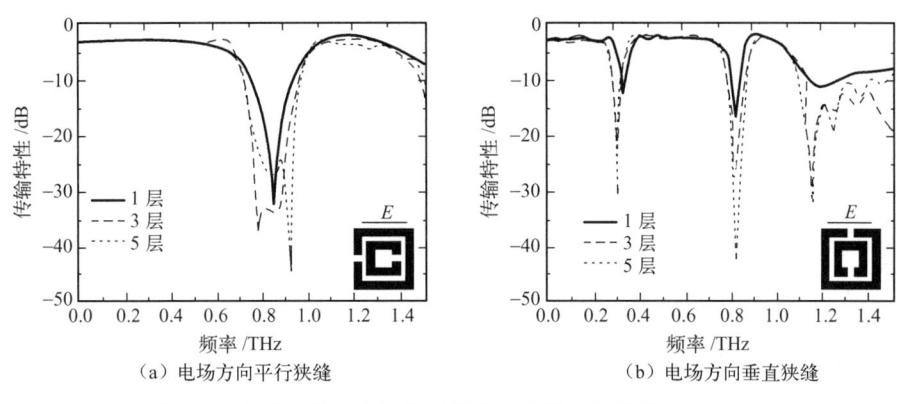

（a）电场方向平行狭缝　　　　　　　　　（b）电场方向垂直狭缝

图4-7　太赫兹波在多层超材料传输曲线（层数为1，3，5）

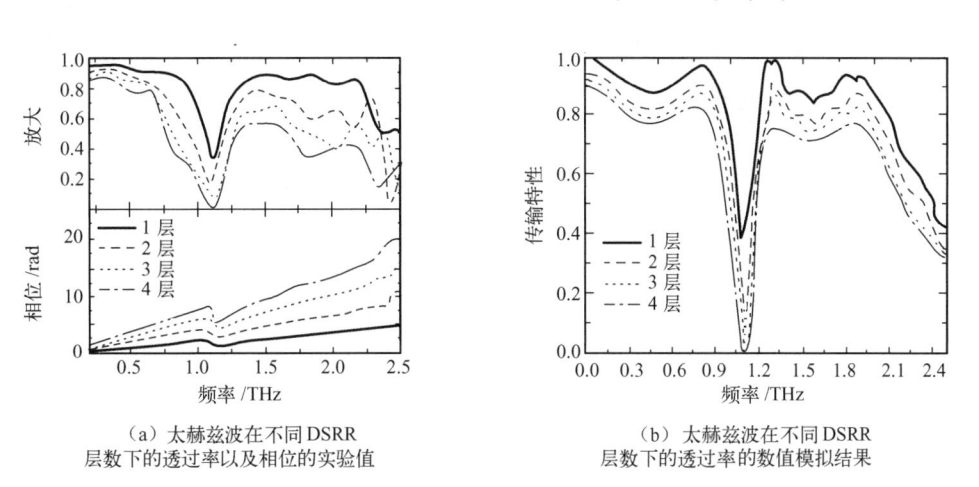

（a）太赫兹波在不同DSRR层数下的透过率以及相位的实验值　　　（b）太赫兹波在不同DSRR层数下的透过率的数值模拟结果

图4-8　实验值与数值模拟结果对比图

图4-9为聚酰亚胺不同厚度对太赫兹波在多层超材料中传输特性的曲线，电场方向平行于狭缝方向。从图中可知，在层与层之间厚度$h = 10 \sim 15$ μm内，太赫兹波传输特性基本没变，这也进一步说明了在聚酰亚胺厚度为$10 \sim 15$ μm之间，不同层间DSRR的耦合作用是很弱的。

2）不同尺寸DSRR构成多层超材料

图4-10（a）为不同尺寸SRR，5层超材料示意图，DSRR之间用厚度$h = 15$ μm

聚酰亚胺隔离。图4-10（b）为不同层次的太赫兹波的传输曲线。从传输曲线知SRR1、SRR2、SRR3、SRR4、SRR5共振频率分别为0.93 THz、0.89 THz、0.85 THz、0.75 THz、0.66 THz，相应的带宽为0.08 THz、0.10 THz、0.08 THz、0.09 THz、0.09 THz。随着超材料层数的增加，从单层半高宽0.10 THz增加到5层的半高宽0.26 THz，增加了将近3倍。DSRR单元参数和共振特性见表4-1。因此，从太赫兹波在多层超材料的传输特性可知，不同尺寸构成多层超材料可以做成宽带滤波器。

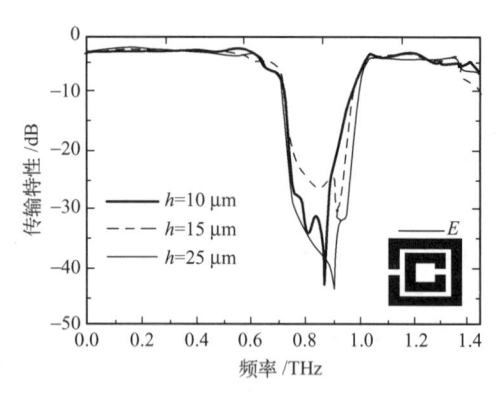

图4-9　太赫兹波在五层超材料随着层之间厚度的传输特性

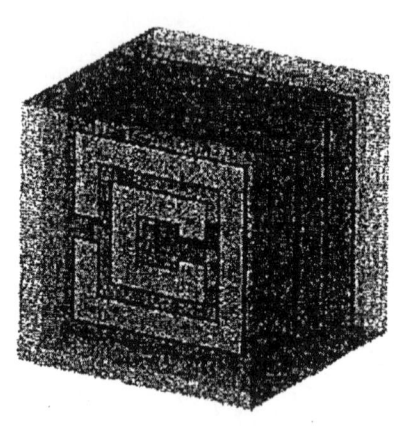

(a) 含有不同尺寸五层DSRR超材料结构图

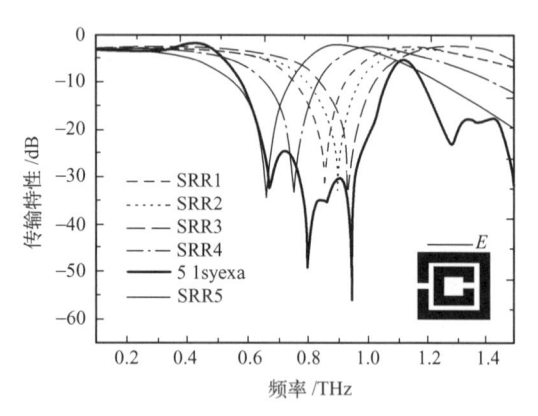

(b) 五层DSRR超材料太赫兹波传输图

图4-10　不同尺寸构成五层超材料示意图以及太赫兹波在超材料的传输曲线

表4-1　DSRR单元结构参数以及共振特性

单元	$a/\mu m$	$L/\mu m$	$g/\mu m$	$w/\mu m$	$p/\mu m$	f_{LC}/THz	FWHM/THz
DSRR1	66	36	8	10	90	0.93	0.08
DSRR2	68	38	8	10	90	0.89	0.10
DSRR3	70	40	8	10	90	0.85	0.08
DSRR4	75	45	8	10	90	0.75	0.09
DSRR5	80	50	8	10	90	0.66	0.09

如果用过氧化氢或者氢氟酸去掉硅基板，研究5层超材料传输曲线如图4-11所示。从图中知，传输谱曲线变化不大，因此可以用聚酰亚胺做基板，制成柔性多层超材料。柔性、可弯曲的电磁超材料在吸收器以及隐身等方面的应用更具有优势，也是太赫兹器件小型化的一种办法。

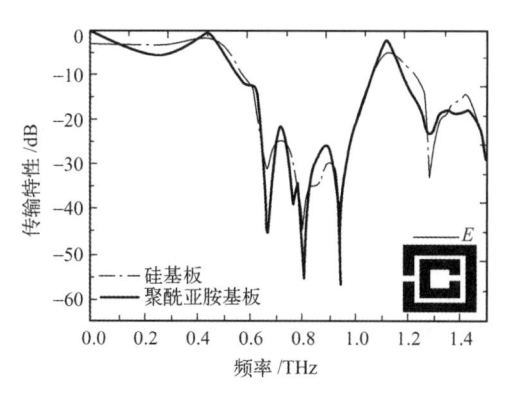

图 4-11 不同基底构成五层超材料在太赫兹波段传输曲线

四、超材料的连续太赫兹波透射特性研究

通常，超材料由周期性金属开环共振微结构阵列和半导体材料组成，该周期性的 SRR 阵列存在一定的共振电磁响应，可以利用这种特点设计出感应器件。近年来，人们在太赫兹波段对超材料进行了深入的研究，如太赫兹滤波器、太赫兹短距离通信、太赫兹天线、太赫兹开关和太赫兹幅度调制等。然而，这些研究中关于太赫兹探测和感应的研究依然还有很多工作要做，例如找到太赫兹波段快速和高灵敏度的探测器，从而为新型信号探测提供方法，进而填补科学上所谓的太赫兹空隙。由于太赫兹数据的测量大多限制在实验室或通过太赫兹时域光谱实现，离实时测量存在距离。因此，需要找到合适的方法设计出较高灵敏度和高效率的太赫兹探测器件。理想情况下，一个太赫兹传感器阵列能够将连续太赫兹波通过恰当的方法转换为阵列式的电信号，这个电信号的准确测量与实际可以透射的太赫兹功率有关，因此，入射太赫兹波的实际透射功率可以作为一种参考标准来衡量感应效率。根据现有文献报道，当入射的太赫兹波垂直穿过特定形状的超材料平面时，就会产生电子自激的磁共振。共振过程中的超材料透射太赫兹波的能力与 SRR 微结构及其图形配置有关。

以超材料的太赫兹波透射为目的，设计并制作了 4 种亚波长开环共振超材料。采用连续太赫兹波作为入射激光源，实验测量了它们在 1.04~4.25 THz 波段的功率透射属性，并采用 CST Microwave Studio 软件进行仿真，结果显示这些超材料存在一个位于 2.52 THz 的全局透射峰和多个局部透射峰。全局透射峰与 SRR 阵列的微结构和图形配置等参数有关。为了寻找一个具有较高透射效率的太赫兹感应阵列，比较了 4 种不同超材料微结构的归一化功率透射性能和感应差别。从这些差别中找到特定图案配置的超材料器件用于太赫兹波感应具有借鉴意义。

1. 器件设计和实验装置

由金属材料制成的 SRR 周期性平面结构存在特殊属性，当入射的太赫兹波达到了一定频率时，这些 SRR 平面结构的超材料就会表现出共振特性。

1）器件设计和制作

分别设计出圆形和方形结构的 SRR 单元，如图 4-12（a）和（b）所示，图中参数 $d=5\,\mu m$，$r=33\,\mu m$，$t=10\,\mu m$，$l=66\,\mu m$，单元周期常量 $P=75\,\mu m$。然后以这些单元为

基础，制成周期化的 SRR 阵列，考虑到共振过程中可能会产生电流回路，各 SRR 单元结构在水平或垂直方向上用导线进行连接，形成的 SRR 阵列如图 4-12（c）和（d）所示，其周期为 75 μm，整个周期性阵列为 300 nm 厚的 Ni、Ge、Au 合金，其图形通过光刻掩膜版进行标准紫外光刻得到。超材料衬底选用 700 μm 厚的半绝缘砷化镓（Si-GaAs），在其上生长出 1 μm 厚的 n 型砷化镓作为和合金层接触的基底，其电子学浓度为 $n=1.9\times10^{16}$ cm^{-3}，可作为整个超材料器件的层间结构。

为了进一步研究不同 SRR 图形结构在太赫兹频段范围的透射特性和透射效率，又设计了其他两种 SRR 单元结构，其单元图形如图 4-13（c）和（d）所示，4 种超材料均是周期性的阵列，其尺寸参数同图 4-12 中参数。对这 4 种超材料进行了编号，分别为样本 A、样本 B、样本 C 和样本 D，如图 4-13（a）、(d) 与表 4-2 所示。

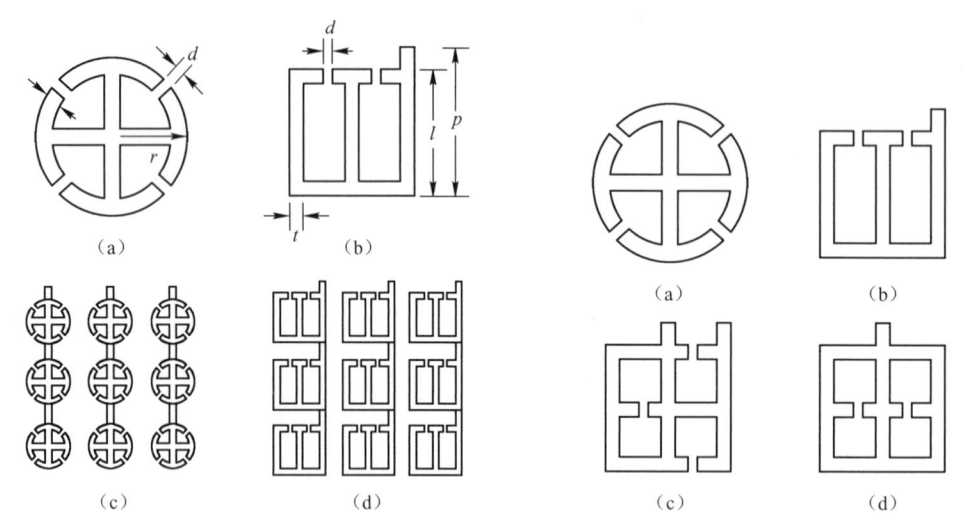

图 4-12 SRR 单元原理图及 SRR 阵列原理图

图 4-13 样本 A、B、C、D 的单个 SRR 单元

表 4-2 太赫兹波激光源频谱

输出频率/THz	输出功率/mW	输出频率/THz	输出功率/mW
6.86	4.2	2.45	45.4
5.67	11.5	2.24	54.3
4.25	36	1.89	56
3.11	22.3	1.63	42.5
2.74	28.5	1.40	94.2
2.55	50.6	1.27	9.9
2.52	88	1.04	8.2

2）实验装置

目前，太赫兹探测器件普遍灵敏度不够高，响应速度不够快。由于 SRR 超材料属于共振类型器件，其感应速率很快，并且感应特性和 SRR 单元的微结构和图形配置有很大关系，因此寻找一种相对高效的感应架构，就是去设计相应的 SRR 结构和图案配置。基于此原理，测试了不同超材料在连续太赫兹波（Continuous Waves-Terahertz,

CW-THz）入射下的功率透射属性。实验选用上面已设计出的样本 A、B、C 和 D，CW-THz 设备选用 Coherent 公司型号为 SIFIR-50 的激光器，其输出频谱和功率如表 4-2 所示，其输出光束直径为 3~5 mm，按照前面所设计出的单个 SRR 单元结构，约覆盖 2000 个的 SRR 单元，透射功率测量仪器选用 ScienTech 公司型号为 H410 的功率计，灵敏度为 0.1 mW。这样就组成了整个实验测量平台。

2. 测试与数据分析

当超材料器件制作完成之后，其 SRR 微结构的开环就具有一定方向性，因此入射的太赫兹波的磁场或电场就有可能和 SRR 结构存在一定的夹角。总的来说，这个夹角所带来的入射功率损耗或变化实际差别较小，并且实际环境下，夹角的变化不可避免，因此，本书暂不讨论夹角的影响，只关心平均意义下的功率特性。按照太赫兹波矢的传播方向，入射连续太赫兹波垂直于 SRR 平面。根据 Coherent 公司型号为 SIFIR-50 激光器提供的太赫兹波频率范围以及实际可被用于探测的输出功率，选择 1.04~4.25 THz 波段进行测试，其结果如图 4-14 所示。

1）透射峰一致性分析

从图 4-12 所示的详细参数可以看到，实验中 4 种 SRR 单元结构的开孔尺寸均为 5 μm，线宽均为 10 μm。按照等效电路原理，这 4 种超材料样本具有相似的 L 和 C，必然存在一个相似的全局共振特性，因此为了考察几种结构的共振特性，采用 CST Microwave Studio 软件进行了仿真，其结果如图 4-14 所示，分析发现，超材料样本 B、C 和 D 均存在一个近似于 2.52 THz 的全局透射峰，样本 A 存在一个 2.6 THz 附近的透射峰。根据目前已有的关于 SRR 共振的文献资料来看，一个特定图形配置的 SRR 金属阵列形成之后，就存在一个与之匹配的等效 LC 电路，这种透射峰现象可以解释为等效 LC 共振所带来的电磁效应。

为了进一步分析结构的实际透射特性，根据实验采用的太赫兹光源频谱，在 1.04~4.25 THz 频段范围内进行了 4 种超材料样本的实际透射功率变化趋势测试，结果如图 4-15 所示。结果表明样本 B、C 和 D 在 2.52 THz 具有一致的透射能力，样本 A 在 2.52 THz 也具有较强的透射性能，但并不是全局透射峰，实测结果和 CST 仿真分析是一致的。

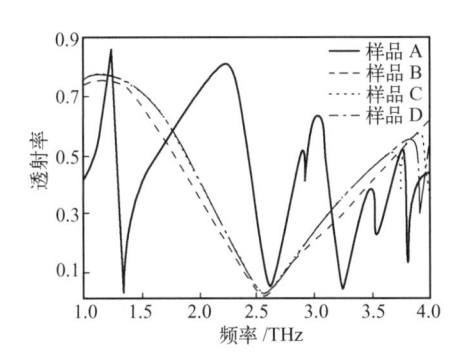

图 4-14 样本的透射性能 CST 仿真曲线 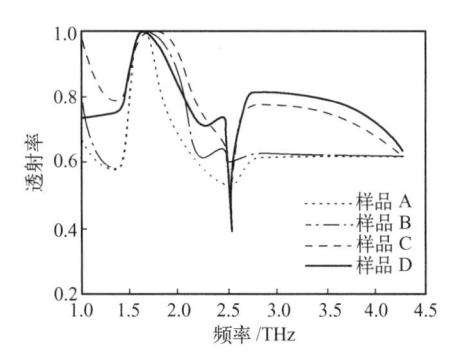　　图 4-15 实验测量的样本的透射功率曲线

2）透射差异分析

对图 4-15 进一步分析发现，在 2.52 THz 处，超材料样本 A 和 B 对入射的连续太赫兹波存在约 41% 和 47% 的最大透射，样本 C 的最大透射约为 49%，对样本 C 而言，其功率透射性能超过样本 A 约 8%，同时也比样本 B 高出约 2%，样本 D 的最大透射约为

58%，其功率透射性能分别超出样本 A、B 和 C 为 17%、11% 和 9%。这里需要特别指出的是，SRR 阵列的共振属性是通过开环图形和金属线宽等基本界面的配置等效得到，因此这些超材料样本的图形界面布局和相应的电子学配置具有一定的参考价值，它们可被用来设计新型太赫兹感应器件。

3）感应效率分析

为了更好地比较 4 种超材料样本在不同太赫兹频率处的透射效率，使用如下归一化方程进行分析：

$$\eta = r_f / r_{max} \tag{4-4}$$

式中：r_f 为频率 f 处的太赫兹功率透射数值；r_{max} 为在 1.04~4.25 THz 频段内的最小功率透射数值；η 为归一化的透射比。

从实际测量中的图 4-16 选出特征峰值 f 进行比较，分别是局部透射频率 1.40 THz、2.24 THz 和 4.25 THz，以及全局透射频率 2.52 THz。

通过方程（4-4）的计算，超材料样本 A、B、C 和 D 在 1.04 THz 处的归一化透射功率分别为 35.07%、33.16%、41.75% 和 40.50%，如图 4-16（a）所示。分析发现，超材料样本 B 的透射功率透射性能高出样本 A、B、D 分别为 1.91%、8.59% 和 7.34%。尽管样本 B 性能优于其他 3 个样本，但其实际的透射功率过大，以至于不能有效地被超材料透射，所以很难通过这样类型的样本去感应或调制入射的太赫兹波。在图 4-16（b）中，超材料样本 A、B、C 和 D 在 2.52 THz 处的归一化透射功率分别为 36.08%、30.44%、27.31% 和 22.80%。样本 D 的透射功率透射性能高出样本 A、B、C 分别为 13.28%、7.64% 和 4.51%。另外，在局部透射最大频率为 2.24 THz 和 4.25 THz 处，4 种样本的透射功率数值差异分别均不超过 5% 和 4%，如图 4-16（c）和（d）所示。因此，在 2.52 THz 全局透射峰这种情形下，实际的透射功率数值比其他 3 种局部透射峰情形要小，这和超材料本身的共振特性是一致的，可以按照这样的样本参数设计太赫兹感应器件。

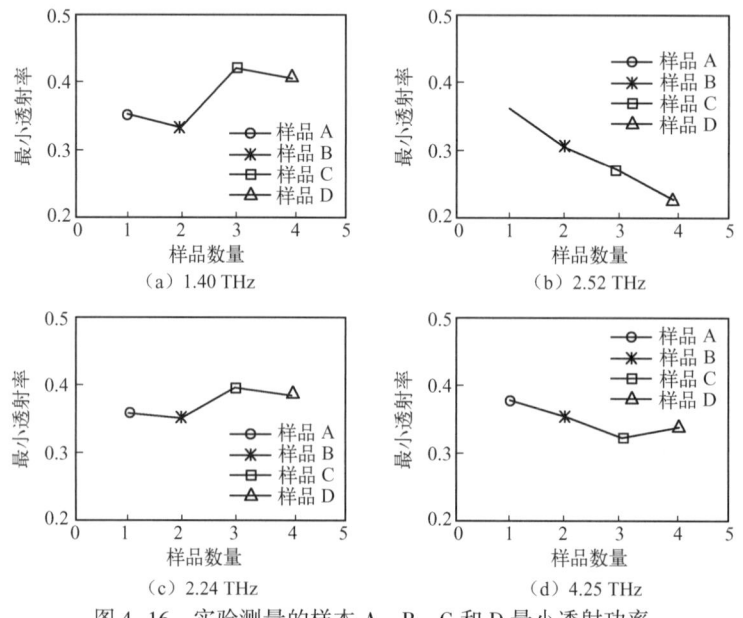

(a) 1.40 THz

(b) 2.52 THz

(c) 2.24 THz

(d) 4.25 THz

图 4-16 实验测量的样本 A、B、C 和 D 最小透射功率

3. 效果

采用周期性的 SRR 微结构单元和图案配置，设计并制作了 4 种用于透射连续太赫兹波的超材料器件。结论如下：①4 种超材料样本在 1.04~4.25 THz 波段存在相似的透射变化趋势，这是由于它们的 SRR 开环尺寸、线宽和周期等基本界面参数相似而产生的一致性；②在整个趋势中，4 种超材料样本均存在一个位于 2.52 THz 附近的全局透射峰；③在该实验中，样本 D 呈现出最佳的太赫兹波段感应特性，其单元微结构和电子学配置给笔者以启示，期望能够在不久的将来设计出更加快速和高灵敏度的太赫兹感应器件，用于获取太赫兹波段的目标信息。

第二节　太赫兹波段超材料的设计

一、结构设计

1. 平面结构

超材料的亚波长结构和单元结构的排列方式对其电磁响应的实现起着重要的作用。亚波长结构的设计灵活多样，图 4-17 给出了一些平面结构，中间为基本结构，四周为实现多频共振、宽频共振和类 EIT 响应的组合结构。

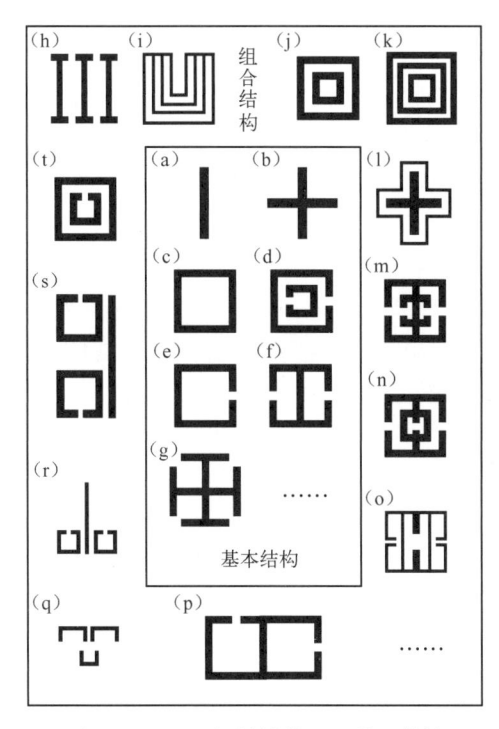

图 4-17　THz 超材料的一些单元结构

超材料基本结构包含金属线、线对、十字结构、渔网结构、矩形环、SRR 等。其中，SRR 是最常用的结构，并可以作为基本单元组成复杂的结构来获得特定的电磁响应。SRR 本身也有不同的结构形式，不同的对称性使其具有不同的电磁响应特性。最常用的是双环 SRR 和简单的单环 SRR。图 4-17 给出的基本结构分别为金属线、十字结构、矩形环、双环 SRR、单环 SRR、电 SRR（eSRR）和各向同性的 SRR。双环 SRR 的提出是为了获得负的磁导率，入射电磁场垂直于 SRR 平面的磁场或者平行于开口所在边的电场都可以激发环形电流振荡，该响应可以等效为电感 L 和电容 C 形成的 LC 共振。环形电流振荡还可以等效为垂直于 SRR 平面的磁偶极子，磁偶极子辐射与入射电磁波的相位延迟导致了 SRR 的反磁性，从而产生了负的等效磁导率。同时，SRR 中电场分量和磁场分量之间的耦合使 SRR 具有双各向异性，因此 SRR 中等效介质的描述需要引入电磁场耦合参数。即使在正入射的情况下，该电磁场耦合参数也会对超材料的电磁响应产生影响。简单的单环 SRR 也有相同的性质。通过对称性的增强可以消除这种电磁耦合，这种对称的 SRR 通常被称为 eSRR，但是这并不意味着 eSRR 不存在磁响应，例如，通过太赫兹波的斜入射，观察到了对称 eSRR 随入射角增大而增强的磁响应。

不同形状和尺寸结构的组合，如不同 SRR 的组合、十字环与十字结构的组合、多个矩形环的组合、I 形结构的组合、矩形环与 SRR 的组合、金属短线与 SRR 的组合等，是实现多频响应、宽带响应和类 EIT 现象的重要方法。结构的组合有交叉排列和嵌套两种方式。交叉排列设计简单，但通常会限制组成结构的密度，同时不同结构之间的耦合较弱；嵌套结构增强了不同共振模式之间的耦合。共振模式之间的相互作用可以调制超材料的电磁响应。平面超材料实现的宽带响应一般要求不同结构共振频率的差值较小，这就在一定程度上限制了共振带宽。如图 4-17（h）中的 I 形组合结构，中间结构的水平臂长度与两侧结构不同，不同频率的共振模式叠加可以实现宽带响应。随着两侧结构水平臂的长度逐渐减小，不同模式共振频率的差值增大，超材料逐渐表现出多频共振的性质。多共振模式的叠加可以在一定频率范围内减小这种限制，进一步扩展超材料宽带响应的共振线宽。类 EIT 现象也可以看作一种多频共振，但是一般的多频共振的超材料由共振频率不同的结构组成，而类 EIT 现象中超材料共振一般由共振频率相同、共振线宽不同的结构组成。另外，相同结构组成的超材料，如图 4-17（p）所示，通过不同激励方式也可以实现类 EIT 现象。当入射电磁波的电场沿水平方向时，直接激发左侧 SRR 中的 LC 共振，然后通过电磁耦合，左侧 SRR 激发右侧 SRR 中的 LC 共振，产生反对称和对称两个 LC 共振模式。超材料中的类 EIT 现象主要有直接激发和间接激发两种方式。前者是指电磁场同时激发共振线宽不同的两个模式，共振频率处的相消干涉导致了透明窗口的出现，如图 4-17（q）和 4-17（t）所示的结构；后者是指电磁场直接激发"亮模"，再通过"亮模"与"暗模"的电磁耦合激发"暗模"，如图 4-17（p）、（r）和（s）所示的结构。超材料中类 EIT 现象的透明窗口具有较大的群速度，是实现慢光的一种重要方法。另外，通过不同结构相对位置的改变或外部激励，可以改变结构之间的耦合情况，实现类 EIT 现象的调制。

2. 三维结构

三维加工技术的发展推动了三维超材料的研究进展，如前面提到的超材料的磁响应和旋光性。目前，最常用的三维加工技术是多层光刻技术。多层金属结构的超材料可以通过不同共振频率的单元结构实现多频和宽带的电磁响应；通过双层结构可以抑制带通滤波器旁瓣，提高频率选择性；通过相同结构的层间耦合可以激发新的共振模式并可以通过结构的相对取向控制耦合模式的共振频率；通过不同结构的层间相互作用还可以在共振频率实现超吸收；通过改变传播方向的结构对称性可以实现线偏振电磁波的不对称透射和旋光性，同时可以控制透射电磁波的偏振态。在可见光波段，不同相对取向的多层金属结构实现了圆偏振片。

吸收体可以实现太赫兹波的超吸收，可用于太赫兹波的探测和成像。吸收体一般由两层金属构成，中间用电介质层隔开，主要有两种不同的设计方法，如图4-18所示，一种是两层间由两种不同的金属结构组成，另一种是由一层金属结构和一层金属薄膜构成。前者可以通过结构设计获得双向超吸收；后者设计简单，并且对太赫兹波有更好的调制，使透射为零，因此得到了更广泛的应用。同时，由于后者的共振性质主要由金属结构决定，通过对金属结构的优化可以改善吸收体的入射偏振依赖性，或者实现多频和宽带吸收，增强了设计的灵活性。此外，由多层金属结构和金属层组成的吸收体也可以实现宽带吸收。对于吸收体的物理机制，目前有不同的说法。最早提出的是阻抗匹配理论，即入射电磁波在吸收体的两层金属上激发出反向的电流振荡，形成磁偶极子，从而改变吸收体的等效磁导率，使其波阻抗与空气的波阻抗相匹配，减小反射。但是，最近有研究发现金属层之间的磁响应可以忽略，也就是说吸收体的超吸收与层间耦合无关，并提出了改进的法布里-珀罗（FP）共振模型和多次反射干涉理论，由退耦合模型获得界面处的复反射系数和复透射系数后，可以定量描述吸收体的反射。金属和电介质的损耗对吸收强度起着重要的作用，但是到目前为止，这种新理论还没有关于组成材料的损耗对实现超吸收影响的讨论。

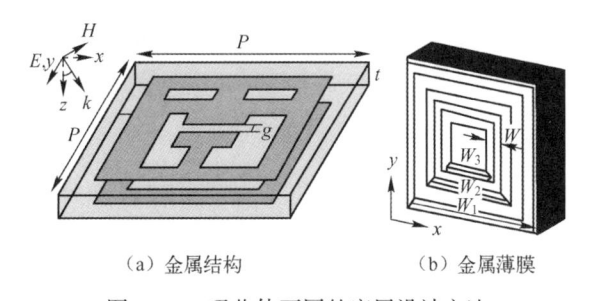

（a）金属结构　　（b）金属薄膜

图4-18　吸收体不同的底层设计方法

3. 结构对称性

超材料结构的对称性对其电磁响应起着重要的作用，不同的结构对称性可以实现超材料的各向异性、旋光性、不对称透射性以及对电磁波偏振态的控制等。

当电磁波的偏振态改变时，琼斯矩阵可以更好地描述超材料的电磁响应特性，超材料的透射响应和反射响应可以分别用透射矩阵和反射矩阵来表示。目前的太赫兹时域光谱系统利用线栅偏振片可以较容易地获得超材料以线偏振为基的琼斯矩阵，因此，实验中一般进行线偏振太赫兹波的测量。通过坐标变换，可以将以线偏振为基的琼斯矩阵转化成以圆偏振为基的琼斯矩阵。琼斯矩阵可用于分析超材料的偏振转换（非对角矩阵元）、本征偏振态、旋光性和圆二向色性（圆偏振琼斯矩阵的对角矩阵元之间的关系）、不对称透射（非对角矩阵元之间的关系）等电磁响应，还可以用于分析电磁波的偏振态。超材料的线偏振琼斯矩阵会随着电磁波入射偏振与超材料的相对取向发生变化，并且新的琼斯矩阵与原矩阵之间存在对应的关系。因此，利用对称变换，可以分析琼斯矩阵元之间的相互关系，从而进一步分析超材料的对称性对其电磁响应的影响。例如，对于正入射的电磁波，平面手性超材料在基底效应可以忽略的情况下是三维非手性的，线偏振琼斯矩阵的非对角元相等，不具有旋光性和圆二向色性，但是可以观察到圆偏振太赫兹波的不对称透射。图 4-19 给出了圆偏振电磁波不对称透射的示意图，以右旋圆偏振（Right-hand Circular Polarization，RCP）波为例，对于不同方向入射的 RCP 波，其直接透射分量相同，而偏振转换分量（耦合出的左旋圆偏振波）不同，导致了总透射率的不同，从而实现了圆偏振波的不对称透射。同时，平面超材料不能实现正入射线偏振电磁波的不对称透射，必须通过三维手性超材料来实现。由双层金属结构组成的手性超材料，当两层金属结构具有 180° 旋转对称性且不存在 90° 旋转对称性时，可以只实现线偏振电磁波的不对称透射，而不存在圆偏振电磁波的不对称透射，并且线偏振电磁波的不对称透射强度与入射偏振方向相关。虽然正入射情况下，平面超材料不存在旋光性和圆二向色性，但是，双各向异性的平面非手性超材料在斜入射的情况下具有旋光性和圆二向色性，这与斜入射引起的电磁耦合相关，被称为外部手性，也就是说入射波矢和平面非手性超材料组成的等效结构具有三维手性。因此，在分析超材料对称性时，入射波矢方向也应考虑在内。

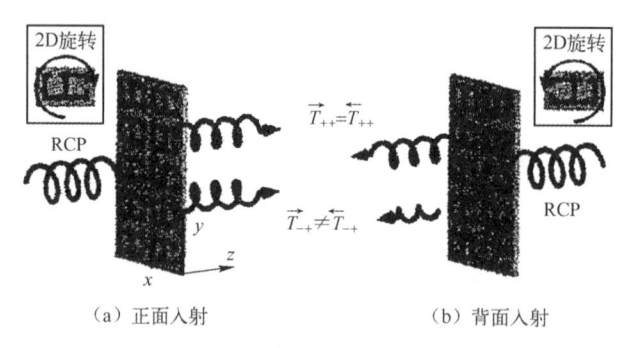

(a) 正面入射　　(b) 背面入射

图 4-19　平面手性超材料中圆偏振波的不对称透射

各向异性超材料和手性超材料都可以改变电磁波的偏振态，当入射电磁波为线偏振时，就会耦合出垂直入射偏振方向的电磁波分量（琼斯矩阵的非对角元），即偏振转换效应。一般情况下，各向异性引起的偏振转换分量是与入射偏振方向相关的，而各向同性（90° 旋转对称性）的三维手性超材料引起的偏振转换是与入射偏振方向无关的，同时，本征偏振态为圆偏振。另外，各向异性超材料还可以通过改变入射偏振与超材料的相对取向调制透射电磁波的振幅和相位。超材料对电磁波偏振态的调制是实现太赫兹波片的一种可行方法。

二、组成材料

1. 基本组成与传感器

超材料一般由制作在电介质或者半导体基底上的亚波长金属结构组成。金属的电导率会对超材料的共振强度产生影响，导电性越好（同时对应着较大的介电常数实部与虚部的比值），共振越强；另外，金属厚度在一定范围内的增加也会使共振加强，并且不同的金属，厚度依赖关系不同。

基底材料可以是刚性的，也可以是柔性的；为了获得较强的透射响应，基底的吸收越小越好。基底的存在会导致共振红移，基底的介电常数越大，超材料共振频率越低。当基底的厚度远远小于波长时，基底厚度也会对超材料的共振频率产生影响，厚度增大引起共振红移。此时，可把基底和空气看作等效基底，厚度增大使等效基底的介电常数增大，从而导致共振红移。由于超材料的共振响应与周围介质的介电常数密切相关，将待测物质覆盖在超材料上，利用共振红移可以作为物质微量探测的传感器，可用于生物和化学分子的高灵敏探测，也可用于各向异性物质取向的探测。这种方法不仅可以分辨不同种类的物质，还可以分辨样品的厚度和混合样品的混合比例。结构设计、基底选择和探测设置的优化可以提高超材料的探测灵敏度。可通过结构设计实现高品质因子共振和强局域场分布，从而有利于探测介电常数的微小变化和减小样品用量。由于基底和被测物质都会引起超材料的共振红移，因此减小基底的相对贡献，如采用低介电常数和厚度较小的基底，可以提高探测灵敏度。当被测物质局部覆盖超材料时，采用近场激发、远场探测的方法可以提高探测灵敏度，并可以分辨出不同的样品尺寸，这种探测方法可以有效减小被测物质的用量。对超材料进行功能化处理后，可以将探测分子连接到超材料上，如图 4-20 所示，不同浓度的链亲和素琼脂糖（SA）连接在功能化的 SRR 上，可以进行生物分子的特异性识别。

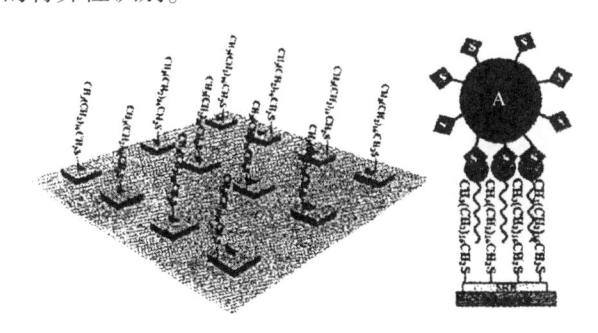

图 4-20 功能化超材料及其在特定生物分子识别中应用的示意图

2. 组成材料的选择与可调超材料

介电性质在外加激励下可调的材料，如半导体、超导材料、热敏材料、相变材料、铁电材料等，与金属共同组成亚波长结构，或者作为金属结构的基底，可以实现可调超材料。有些材料甚至可以代替金属制作成非金属超材料。

半导体可通过光、电和温度激励来控制载流子的浓度，从而改变其介电性质，在制作可调超材料中得到了广泛的应用。其中，研究最多的是光激励。光激励产生光生载流子，光生载流子的浓度可通过激励光的功率或者激励光与入射太赫兹波的相对延迟时间来控制。光敏半导体作为基底，可以通过光激励控制超材料的共振强度，实现太赫兹波透射的动态调制，可用作超快光开关。光生载流子同时导致了非共振频域太赫兹波透射的减小，因此，对共振频域的太赫兹透射起了双重作用，基底反射的增强使透射减小，而共振强度的减弱使透射增加。一般情况下，随着激励光能量密度的增加，超材料的共振强度逐渐减小直至共振消失。但是，最近有研究发现，当入射光的能量密度足够大时，出现了新的共振模式，可能是由光诱导瞬态光栅的一阶衍射引起的。另外，由于半导体基底上覆盖着金属结构，光激励产生的自由载流子会存在瞬态的空间分布。这样，平面手性结构和光生载流子就形成了等效的三维手性结构，可以产生较强的旋光性，即光诱导旋光性。随着光生载流子的扩散，光诱导旋光性会逐渐消失。半导体还可以作为结构的一部分，与金属共同组成超材料，不加激励光时，半导体在结构中基本不起作用；加入激励光会使半导体结构（基底一般选用不受激励光影响的材料）逐渐金属化，从而导致超材料的等效结构改变，实现了超材料电磁性质灵活多样的调制，如光激励可以导致共振频率的红移和蓝移甚至是多种半导体材料在不同激光激励下的多模式光调制、类 EIT 的强度调制、三维结构的手性开关等。图 4-21 以三维手性开关为例说明了半导体通过光激励对有效结构的改变。在金属结构中引入半导体硅来改变单个结构的对称性，加激励光之前（黑线），半导体硅对超材料电磁响应特性的影响可以忽略，圆二向色性在一定频率范围内（图中的阴影区域）为正，激励光的加入在硅中激发出大量的光生载流子，使其具有金属的性质，改变了单元结构中不同组成部分对圆二向色性贡献的相对大小，从而导致圆二向色性和旋光性的反转。半导体既然可以作为结构的一部分，也可以代替金属制作成半导体超材料，通过光激励实现其电磁响应的调制。

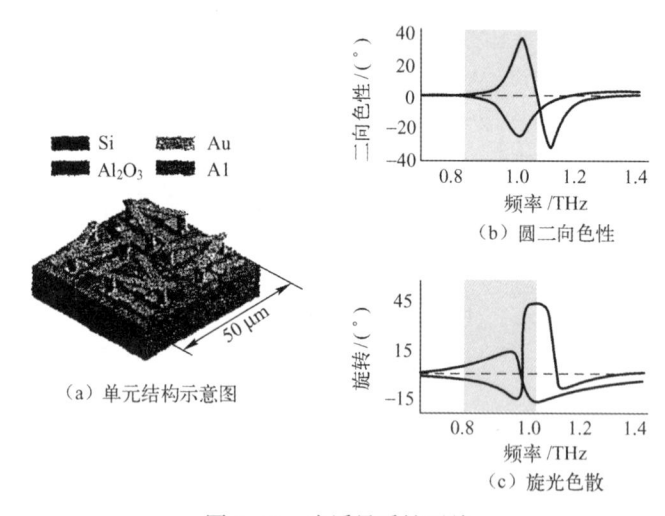

图 4-21 光诱导手性开关

电激励一般是在金属结构和基底之间加入一层掺杂半导体薄膜，并将金属结构单元用金属线相连，这样就形成了一个等效的肖特基二极管，如图 4-22 所示。没有外加偏压时，导电基底将结构的开口短路，共振很弱；外加偏压会消耗掺杂半导体中的自由载流子，从而使超材料的共振加强。将这种电激励超材料做成独立控制的阵列结构，可以实现空间调制器。另外，有些半导体在太赫兹波段具有类似金属的性质，介电常数（实部为负）可以用德鲁德模型（Drude Model）来描述，这种半导体代替金属可以实现半导体超材料。半导体的本征载流子浓度随温度减小而降低，从而使其金属性变弱，可以观察到半导体超材料中温度降低导致的共振减弱和红移。利用半导体介电常数的温度相关性，与金属共同组成超材料还可以实现超材料共振频率的宽带调制。另外，外加静磁场会导致半导体与磁场强度相关的介电常数的各向异性，进而改变半导体超材料的共振频率和强度。目前，对于半导体超材料的温度和磁场调制，相关报道都是关于理论分析和数值模拟的，还没有实验测量的报道。

超导材料代替金属，可以在太赫兹波段实现超导超材料。在转变温度附近，随着温

(a) 结构示意图

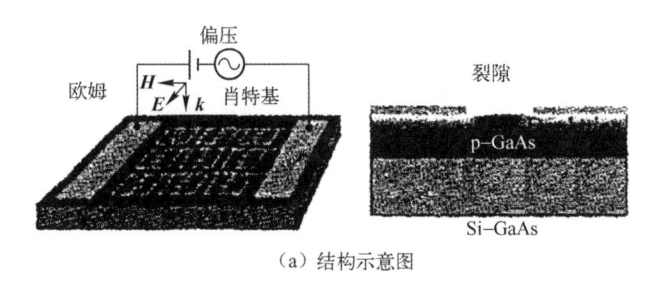

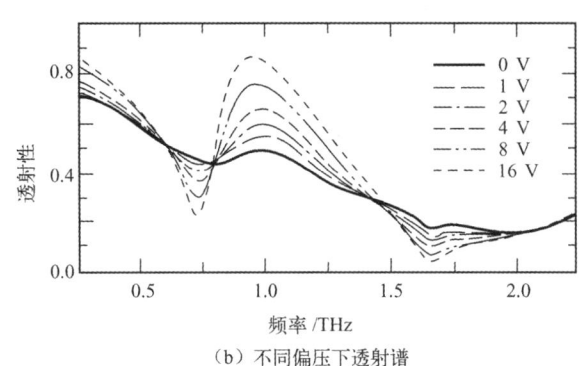

(b) 不同偏压下透射谱

图 4-22 电激励超材料

度的增加,超导材料由超导态转变为正常态。在转变温度以下,外加静磁场也会破坏超导态,使超导材料逐渐转变为正常态,因此,温度和静磁场都能调制超导材料的介电性质,从而控制超导超材料的电磁共振响应,实现温控或磁控开关。另外,超导材料的超导态是频率相关的,存在一个特征频率,高于特征频率时,超导态被破坏,因此,超导超材料的实现是有频域限制的。

相变材料的引入是实现可调超材料的一种重要方法。二氧化钒(VO_2)是一种重要的绝缘体-金属相变(IMT)材料,可以通过温度、电、光等方法来激发相变。VO_2薄膜可以与支撑材料共同组成基底,在太赫兹波段也可以代替金属实现可调非金属超材料。VO_2具有高度的滞回效应,也就是说在升温和降温的过程中,相同温度下的介电性质不同,因此具有存储效应。利用这种存储效应,VO_2作为基底的一部分,在电激励下实现了空间调制。在外加偏压下,产生的电流对VO_2进行局部加热使其发生相变,滞回效应在一定程度上保持了VO_2介电性质的改变,因此,导致了超材料的共振减弱和红移。在此基础上,通过电接触位置的合理选取可以实现电流的梯度分布,从而使VO_2的相变发生空间分布,实现对太赫兹波的空间调制。如图4-23所示,当电接触位于超材料的一侧时,远离接触点的位置电激励效应逐渐减弱,共振加强并且蓝移。太赫兹强场也可以激发VO_2的相变,因此在金属结构和基底之间

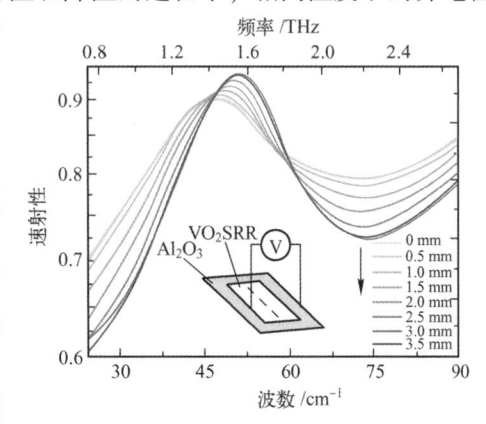

图 4-23 超材料的空间调制

加入 VO$_2$ 薄膜，不需要外部激励的情况下，也可以实现太赫兹电磁强场的调制。同时由于超材料的局域场加强，适当地选择入射太赫兹的电场强度，可以实现 VO$_2$ 的局域相变，从而改变超材料的偏振相关电磁响应特性，例如由各向同性转变为各向异性。

外加直流电场和温度都能调制铁电材料的介电性质。与半导体、超导材料和 IMT 材料性质不同，铁电材料主要表现为电介质性质随外部激励的改变，可以产生共振频率较强的调制。以钛酸锶（STO）为例，STO 的介电常数很大，STO 实现的非金属超材料的共振响应是基于位移电流的等效磁响应；STO 有很强的介电常数调谐性，介电损耗却很小，因此以 STO 晶体为基底的超材料，在温度降低时，共振频率明显红移，共振强度几乎不变。

三、"出"字形 THz 多频带负折射结构的设计

1. CST 仿真设计

图 4-24 采用有限元数值方法（Finite Element Method，FEM）对"出"字形结构进行传输仿真，该结构的几何尺寸如图所示，玻璃基板的介电常数 $\varepsilon=4.82$，金属线位于玻璃基板上，外部晶格尺寸沿 x、y、z 方向为 60 μm×180 μm×40 μm，玻璃基板的厚度为 8 μm，金属（金）厚度为 0.3 μm，电磁波沿 y 方向传播，电场方向和磁场分别为 x 方向、z 方向，该单元结构的其他部位为空气。

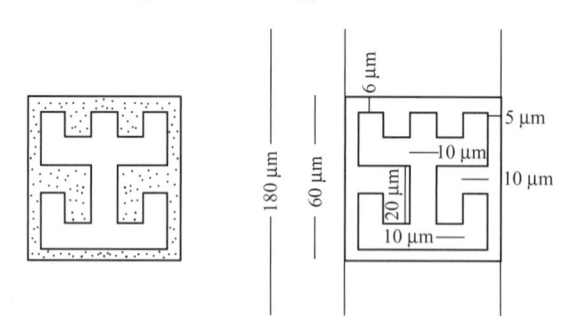

图 4-24 "出"字形结构超材料的仿真单元

SRR 同时具有电响应和磁响应。理论上，SRR 按照一定的方式排列，可将其产生的负磁响应频带调节到负电响应频带下，从而实现负折射，而"出"字形结构可等效为多个 U 形谐振环（类似于原始线-环结构中的 SRR），通过调节也可使"出"字形结构的排列实现负折射，考虑到"出"字形结构中短金属线的电耦合与二次电耦合的因素，"出"字形结构将会产生比较复杂的电磁响应，这一点在我们的仿真曲线中得以验证，结果显示出现了多频带的负折射，图 4-25（a）、（b）分别为由"出"字形结构的透射系数与反射系数所得到的 S 参数的幅度和相位，通过 S 参数提取，所得出的介电常数 ε、磁导率 μ、折射率 n 和波阻抗 z 如图 4-25（c）~（f）所示，（其中 $\varepsilon=\varepsilon_1+i\varepsilon_2$，$\mu=\mu_1+i\mu_2$，$n=n_1+in_2$，$z=z_1+iz_2$）。

提取的折射率 n_1 在 1.48~1.555 THz、2.34~2.37 THz、2.6~3.2 THz、3.267~3.4 THz 之间出现了多个负折射频带，其中 1.48~1.555 THz 为单负频带（$\varepsilon_1<0$，$\mu_1>0$），其余均为双负（$\varepsilon_1<0$，$\mu_1<0$）。虽然在低频带，有效磁导率 μ_1 为正值，但折射率的符号由 $\varepsilon_1\mu_2+\varepsilon_2\mu_1$ 决定，故在 1.48~1.555 THz 之间，依然得到了一个负折射频带，如

图 4-25（e）所示，但是电磁波在这种材料中不能传播，所以有必要实现 ε_1 和 μ_1 同时为负。其余 3 个负折射带均为双负，其中 2.6~3.2 THz 之间的负频带最宽，最大负值接近于 -1，具有很大的实际应用潜力。出现这种多频带负值，是由于"出"字形结构的不同部位在不同频带产生了电磁响应，以下试着从"出"字形结构的表面电流分布上来解释这一点。

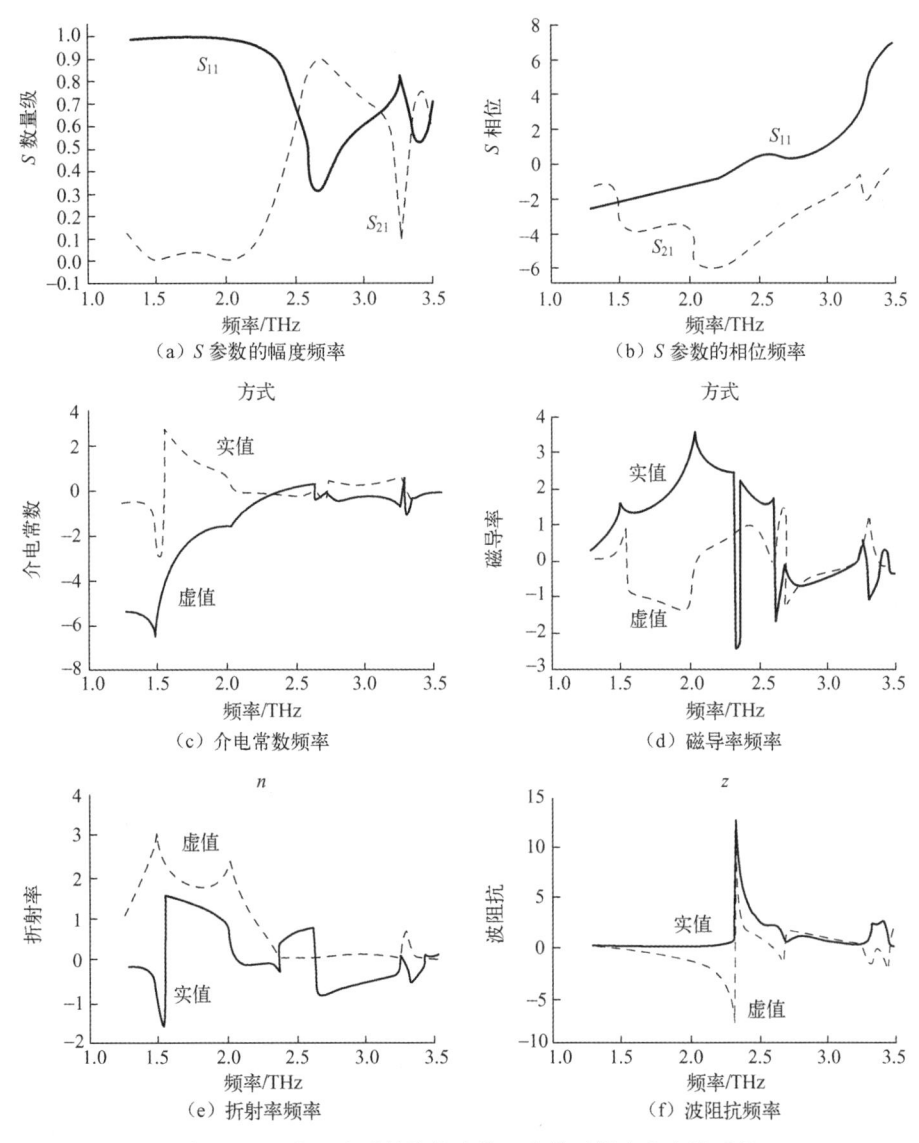

(a) S 参数的幅度频率方式

(b) S 参数的相位频率方式

(c) 介电常数频率

(d) 磁导率频率

(e) 折射率频率

(f) 波阻抗频率

图 4-25 "出"字形结构仿真的 S 参数及提取的有效系数

如图 4-26 所示，"出"字形结构的不同部位在不同响应频率上的电流分布在一定程度上说明了其产生多频带负折射的原因。在 1.5 THz，如图 4-26（a）所示，"出"字形结构只有上面两个 U 形部位分布有表面电流，且电流比较弱，相应产生的磁响应也比较弱，故在此频率点上产生了单负现象；在 2.37 THz，如图 4-26（b）所示，仍是上面两个 U 形部位分布有表面电流，但此时的电流强于 1.5 THz 时，产生的磁响应也比较强，故在此频率点上产生了双负；在 2.67 THz，如图 4-26（c）所示，"出"字形结构的 4 个 U 形部位均分布有表面电流，使得其产生的总的磁响应比较强，实现了双负；而对于 3.3 THz，如图 4-26（d）所示，"出"字形结构下方两个 U 形部位所产生的很强的表面电流，使得磁响应也很强，进而实现了双负。

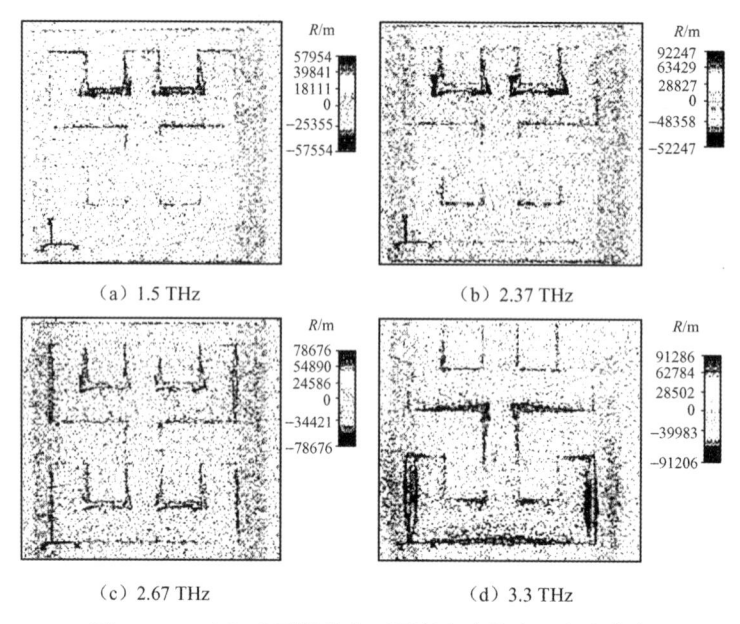

(a) 1.5 THz (b) 2.37 THz

(c) 2.67 THz (d) 3.3 THz

图 4-26 "出"字形结构在不同频率点的表面电流分布

2. 效果

"出"字形超材料由多个 U 形结构组成，通过对其仿真研究，在 1.5~3.5 THz 之间得到了多个电磁响应频带，通过 S 参数的提取，在 1.5 THz、2.37 THz、2.67 THz、3.3 THz 附近得到了负折射，其中 1.5 THz 附近为单负，其余 3 个频率点附近均为双负。究其原因，从表面电流分布上作了初步解释，"出"字形结构不同的 U 形部位在不同的频带产生了强弱不同的表面电流，进而出现了多次强弱不同的磁响应，实现了多次负折射。多频带负折射材料具有潜在巨大的实际应用能力，为实现多频带负折射提供了一个方向。而对于产生多频带负折射的深层原因，尚有待进一步探讨。

四、新颖的多频带超材料的仿真设计

目前，超材料已经在微波、毫米波、太赫兹波、红外以及可见光波段被证实。为了使超材料更加适用于实用的电子和光学设备，科学家在超材料更高的工作频段、宽带响应以及弱吸收等方面投入了极大的精力。尽管在超材料实现更高的频率方面发展迅速，但任意控制超材料的电磁响应依然是超材料应用方向的一个重要的分支。英国帝国理工大学的 John Pendry 等人设计了一种基于对称破缺的开口谐振环的平面超材料，并从实验和理论上证明了这种超材料能够表现出不同寻常的高 Q 值（Quality Factor）共振和提供极其狭窄的透射和反射通带和禁带。除此之外，很多简单的有着非对称性的超材料设计也展示出新的电磁响应，比如具有光学手性特性的超材料等。采用点群理论研究了有着不同构造的结构单元的超材料的电磁特性。然而具有不同对称性的周期性结构单元的

复合平面超材料有着相同的周期性，但不同空间布局的研究却被忽略了。

虽然目前对超材料的研究很广泛，但大部分工作还集中在根据所需的电磁波频段设计新型的结构使其满足需要，并且产生电磁响应一般只有一个且 Q 值较低，关于通过调整结构单元内部的耦合方式产生多个电磁响应并获得较高 Q 值的研究还未见报道。本书研究了在 TE 波和 TM 波两种模式的电磁波垂直入射的条件下，研究通过改变组成超材料的结构单元内部的变形分裂谐振环的耦合方式所产生电磁响应行为。通过分析发现，当调整了结构单元内部变形分裂谐振环对称性即改变了其耦合方式，可以产生多个电磁响应并获得较高的 Q 值，实现了对产生电磁响应个数的调控；通过改变结构单元的周期常数，使高频段的电磁响应频带发生了红移，实现了对电磁响应产生位置的调控。

1. 结构单元的设计

变形分裂谐振环（Deformed Split Ring Resonator，DSRR）如图 4-27（a）所示，这是基于传统的开口谐振环而来的，其特性是能以最简单的结构体现传统的开口谐振环的所有特性。图 4-27（b）所展示的是由变形分裂谐振环所组成的具有完全对称特性的原始元胞，这种结构单元可以使用很多金属微纳结构制备方法简单地得到，比如电子束光刻、聚焦离子束以及多光子微纳制备技术等。通过改变结构单元内部的变形分裂谐振环之间的耦合方式来达到产生多个电磁响应的目的。

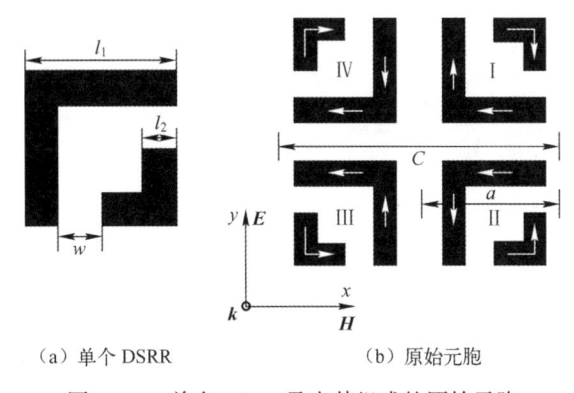

（a）单个 DSRR　　（b）原始元胞

图 4-27　单个 DSRR 及由其组成的原始元胞

数值仿真采用基于有限差分法的商用软件包 CST Microwave Studio。选用金属银作为所设计的平面超材料的构造材料，金属银的相对介电常数在太赫兹波段的复合自由电子 Drude 模型为

$$\varepsilon(\omega) = \varepsilon_\infty - \frac{\omega_p^2}{\omega(1+\omega\gamma)}$$

其中，ε_∞ 取其在无穷大频率处的值 3.7，银的等离子和电子碰撞频率分别为 137 THz 和 8.5 THz。仿真时，在 x、y 方向分别用理想电边界（PEC）和理想磁边界（PMC）等效周期性边界条件（PBC），模拟平面 TEM 波激励，计算反射和透射参数。

金属片的厚度为

$$t = 0.22\ \mu m$$

金属片宽为

$$l_1 = 0.5\ \mu m,\ l_2 = 2\ \mu m$$

间隔宽度为

$$w = 0.5\ \mu m$$

单元格晶格常数

$$a = l_2 + 2w = 3\ \mu m$$

通过对称操作将4个这种单独的DSSR组合成一个具有4重旋转对称轴的元胞（关于 z 轴以及4个反射平面：关于原点的 x、y，以及对角线面 xz、yz），其晶格常数为

$$c = 6\ \mu m$$

并对元胞内每个DSSR的位置进行命名，如图4-27（b）所示。为了简单起见，随后只研究了一个或两个反射轴的结构，考虑到 x、y 的偏振以及周期性边界条件，让Ⅰ和Ⅱ位置的DSRR保持其原有的空间排布，只旋转Ⅲ和Ⅳ，旋转角度为 $\pi/2$、π、$3\pi/2$，得到了16种空间分布，但由于空间的对称性，实际上只有4种独立的平面结构元胞，即图4-27中原始元胞以及图4-28中的3种结构单元。

1) 单独DSRR与原始元胞

分别对单独DSRR和原始元胞进行仿真，得到图4-29所示的归一化了的反射和透射曲线图。

图4-28 经过旋转得到的结构单元　　图4-29 单个DSRR与原始元胞的结构仿真结果

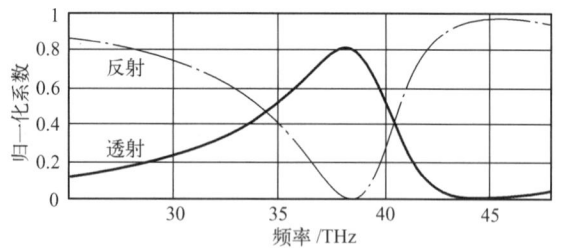

从图4-29中可以看到，它们具有相同的反射和透射曲线，反射率最低约为38.9 THz，同时透射率最高，并且共振曲线的形状是对称的，这与传统概念上的低对称系统有非对称的Drude线形相违背。入射频率为38.9 THz时元胞的瞬时电流分布见图4-27（b），说明单个DSRR与原始元胞具有高度的对称性。

2) 两个相邻DSSR同时旋转

对图4-28所示的3种元胞采用在TE波和TM波两种电磁波进行仿真，可得到两种具有明显区别的归一化的反射和透射曲线。

（1）Ⅲ和Ⅳ同时旋转 $\pi/2$。当入射波频率为37 THz时，其瞬时电流分布如图4-28（a）所示。图4-30则是在两种入射电磁波的情况下得到的仿真结果。可以看出，该结构在两种入射电磁波下的共振线形很相似。

TE波的共振响应频率约为37 THz，而TM波则为38 THz。从电流分布也可以看出其有一定的对称性。

（2）Ⅲ和Ⅳ同时旋转 π。当入射波频率为24.6 THz时，其结构与瞬时电流分布如图4-27（b）所示。图4-31则是在两种入射电磁波的情况下得到的仿真结果。

从图4-31可以看出，在入射电磁波为TE波时（实线）得到的反射和透射曲线在

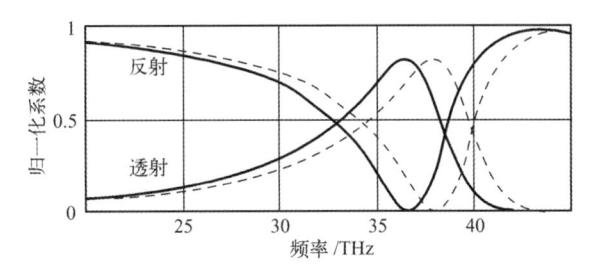

图 4-30 入射波为 TE 波和 TM 波时的仿真结果

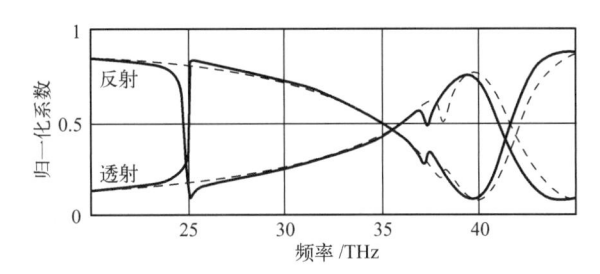

图 4-31 入射波为 TE 波和 TM 波时的仿真结果

低频部分（24.6 THz）出现了一对尖锐的共振峰，其 Q 值为 103；而在入射电磁波为 TM 波时（虚线），这个共振峰却消失了；在高频部分，两种条件下的共振峰上都出现了一对小共振峰，只是 TM 波条件下得到的共振峰的位置相比 TE 波条件发生了蓝移（反射峰从 36.5 THz 移到 37.8 THz，透射峰从 36.4 THz 移到 37.5 THz）。图 4-27（b）是 TE 波条件下在频率为 24.6 THz 处发生共振时的瞬时电流分布图，从图中可以看出其仍然具有一定的对称性（关于 x 轴），之所以在特定电磁波入射下出现尖锐的共振峰是因为相邻 DSSR 之间的 LSP（Localized Surface Plasmon）强耦合作用所产生的。

（3）Ⅲ和Ⅳ同时旋转 $3\pi/2$。当入射波频率为 24.6 THz 时，其瞬时电流分布如图 4-28（c）所示。图 4-32 则是在两种入射电磁波的情况下得到的仿真结果。

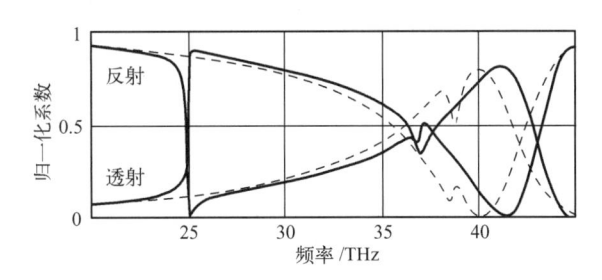

图 4-32 入射波为 TE 波和 TM 波时的仿真结果

从图 4-32 可以看出，出现了和Ⅲ与Ⅳ同时旋转 π 时类似的情形：在入射电磁波为 TE 波时（实线）得到的反射和透射曲线在低频部分（24.6 THz）也出现了一对尖锐的共振峰，其 Q 值为 99，而在入射电磁波为 TM 波时（虚线），这个共振峰却消失了；在高频部分，也发生了蓝移（反射峰从 37 THz 移到 38.9 THz，透射峰从 36.8 THz 移到 39 THz），只是蓝移的量不一样而已。图 4-28（c）是 TE 波条件下在频率为 24.6 THz 处发生共振时的瞬时电流分布图，从图中可以看出Ⅱ和Ⅲ具有一定的对称性，而Ⅰ和Ⅳ这两个 DSSR 的电流分布并不对称,这可能是其在高频部分蓝移量较前一种情况多的原因。

3) 改变平面内结构单元之间的距离

在平面内改变结构单元之间的距离 P (图 4-33), P 的取值分别为 5.8 μm、6.0 μm、6.2 μm,得到如图 4-34 所示的仿真结果。

图 4-33 改变距离 P

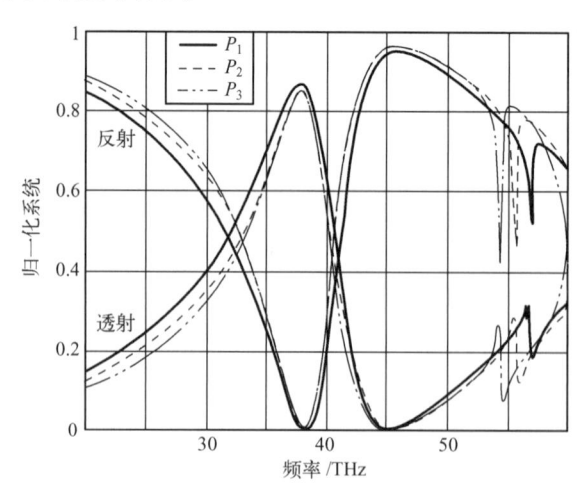

图 4-34 仿真结果

从图 4-34 可以看出,反射和透射曲线上的共振峰发生了微小的红移,而其在高频部分的相应的共振峰的红移情形特别明显(反射峰:57 THz→55.8 THz→54.4 THz,透射波:56.8 THz→55.6 THz→54.2 THz),说明通过改变材料的周期常数也能控制超材料的电磁响应特性。

2. 效果

本节提出了一种由基于传统开口谐振环而设计的变形分裂谐振环所组成的结构单元模型。利用 CST 软件对该结构进行了仿真计算。仿真结果表明,这种超材料能够产生多个电磁响应频带并拥有较高的 Q 值。通过增加该材料的结构单元的周期常数使得高频端的响应频带发生了红移。由这种结构单元组成的超材料具有结构简单、便于加工制作等优点。研究结果可以为设计太赫兹波段的左手材料提供一定的参考。

五、单缝双环结构超材料太赫兹波调制器设计

超材料指的是一些具有人工设计的结构,并呈现出自然材料所不具备的超常物理性质,它能够以一种新奇的方式实现对电磁波的调控。本书理论研究了单缝双环结构超材料太赫兹调制器的调制机理,运用等效电路法及微分方程法求解出调制器的共振频率与调制器本身几何参数的一般数学表达式,并用 MATLAB 对不同调制频率情况下的几何参数进行了计算。运用 CST Microwave Studio 的调制器进行了理论模拟,数值模拟结果显示,该调制器频率在 0.775 THz、0.95 THz 和 1.65 THz 处共振吸收强度分别为 70%、65% 和 68%,该结构调制器可以作为太赫兹波的调制器。

1. 理论设计

单缝双环结构(SSDR)如图 4-35 所示。图 4-35 (a) 为 SSDR 的平面图,内部金属圆环半径分别为 ρ_1、ρ_2,外部金属圆环半径分别为 ρ_3、ρ_4;缺口宽度为 g。图 4-35 (b)

为 SSDR 的切面图，其中 d 为圆环厚度，w 为圆环宽度。

假设某一单一频率电磁波垂直入射到 SSDR 的平面，变化的电磁场会在两个环内产生电动势并产生感生电流。图 4-36 为 SSDR 的等效电路示意图，内环为纯传导电流，外环缺口处是位移电流，其余部分是传导电流。外环缺口等效电容用 C_g 表示，L_1、L_2 分别是外环和内环的自感系数，M 为互感系数，G_1、G_2 分别是外环和内环的感生电动势，内环电容 C 看作无穷大。除电容外，以上各量都是角度 $d\varphi$ 的函数。

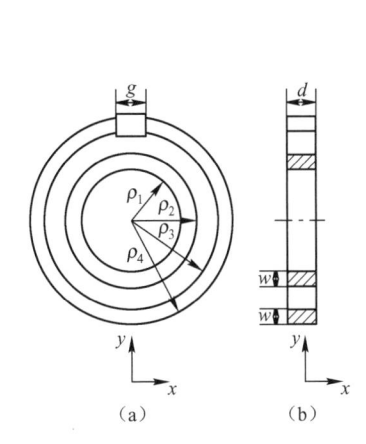

图 4-35　单缝双环结构的超材料示意图　　图 4-36　SSDR 的等效电路示意图

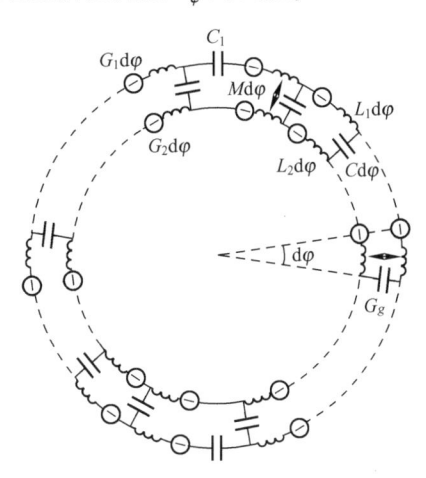

图 4-37 中，外环及内环的电流分别为 $I_1(\varphi)$、$I_2(\varphi)$，经过单位角度 $d\varphi$ 后产生的输出电流分别为 $I_1(\varphi+d\varphi)$、$I_2(\varphi+d\varphi)$。同样，外环与内环两侧的电压为 $V(\varphi)$、$V(\varphi+d\varphi)$。根据以上假设可得电压及电流方程：

$$-dV/d\varphi = j\omega(L_1-M)I_1 - j\omega(L_2-M)I_2 - (G_1-G_2) \tag{4-5}$$

$$dI_1/d\varphi = -j\omega CV \tag{4-6}$$

$$dI_2/d\varphi = j\omega CV \tag{4-7}$$

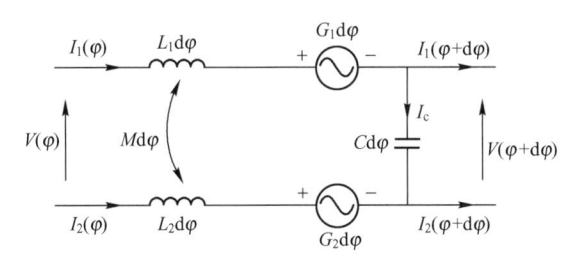

图 4-37　SSDR 每单位角度 $d\varphi$ 的等效电路

式（4-5）~式（4-7）二阶常系数微分方程，通解为

$$I_1 = P_c\cos\kappa\varphi + P_s\sin\kappa\varphi + (1/L_{eq}) \cdot [(L_2-M)I_0 + (1/j\omega) \cdot (G_1-G_2)] \tag{4-8}$$

$$V = -(\kappa/j\omega C) \cdot (-P_c\sin\kappa\varphi + P_s\cos\kappa\varphi) \tag{4-9}$$

$$L_{eq} = L_1 + L_2 - 2M \tag{4-10}$$

$$\kappa^2 = f^2 CL_{eq} \tag{4-11}$$

式中：L_{eq} 为对应单位角度双环的等效感应系数；P_c、P_s 为常量。

假设穿过外环缺口处的电容后电流大小不变,即

$$I_1(2\pi) = I_1(0) \tag{4-12}$$

缺口处的电压降与电流满足以下关系:

$$[V(2\pi) - V(0)] \cdot j\omega C_g = I_1 \tag{4-13}$$

并且电压经过一周后降为零。可求得微分方程组特解:

$$\kappa_r^2 = (1/2\pi)\gamma C(1+\gamma L) \tag{4-14}$$

共振频率为

$$f^2 = (1+\gamma_L)(2\pi C_g L_{eq})^{-1} \tag{4-15}$$

2. 数值计算与模拟

内环与外环之间电感为

$$L_{eq} = 0.002d\left[\ln\frac{\rho_1}{\rho_2} + \frac{2\left(\frac{\rho_2}{\rho_1}\right)^2}{1-\left(\frac{\rho_2}{\rho_1}\right)^2} \cdot \ln\frac{\rho_1}{\rho_2} - 1 + \ln\frac{\rho_2}{\rho_1} + \ln\frac{\rho_4}{\rho_3}\right] \tag{4-16}$$

$$C_g = \varepsilon_r \varepsilon_0 w d/g \tag{4-17}$$

令 $\rho_1 = 26\,\mu m$,$\rho_2 = 30\,\mu m$,$\rho_3 = 32\,\mu m$,$\rho_3 = 36\,\mu m$,$w = 4\,\mu m$,$g = 30\,\mu m$,取 $d = 0.1 \sim 20\,\mu m$,可得到共振频率与双环厚度 d 之间的关系如图 4-38 所示。从图 4-38 看出,在其他结构参数不变情况下,随着双环厚度的增大,共振频率不断减小,当双环厚度取值在 $0.5 \sim 20\,\mu m$ 之间时,SSDR 的共振频率可以达到 $0.2 \sim 6\,THz$。

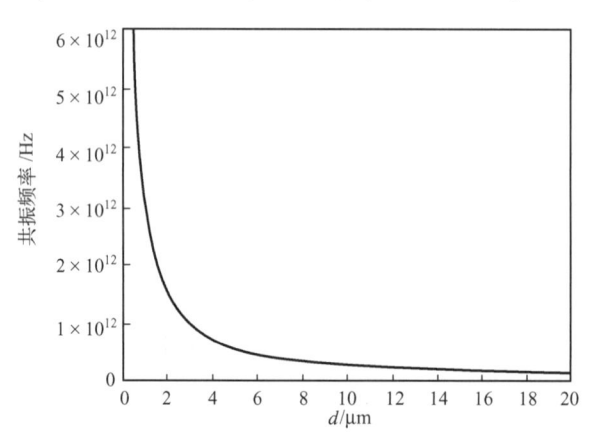

图 4-38 共振频率与双环厚度的曲线图

若令 $\rho_1 = 26\,\mu m$,$\rho_2 = 30\,\mu m$,$\rho_3 = 32\,\mu m$,$\rho_3 = 36\,\mu m$,$w = 4\,\mu m$,$g = 30\,\mu m$,取 $g = 1 \sim 50\,\mu m$,可得到共振频率与外环缺口宽度 f 之间的关系,如图 4-39 所示。

从图 4-39 看出,在其他结构参数为定值的前提下,共振频率与外环缺口宽度有接近线性的关系,在缺口宽度 $g = 1 \sim 50\,\mu m$ 的范围内,SSDR 的共振频率可以达到 $0.2 \sim 1.9\,THz$。

图 4-40 和图 4-41 为应用仿真软件理论模拟的 SSDR 的透射光谱。图 4-40 中 SSDR 的参数如下:$\rho_1 = 26\,\mu m$,$\rho_2 = 30\,\mu m$,$\rho_3 = 32\,\mu m$,$\rho_3 = 36\,\mu m$,$w = 4\,\mu m$,$g = 30\,\mu m$;g 分别为 $8\,\mu m$、$9.5\,\mu m$ 和 $12.5\,\mu m$,分别对应图中的虚线谱线、点线谱线和直线谱线。可

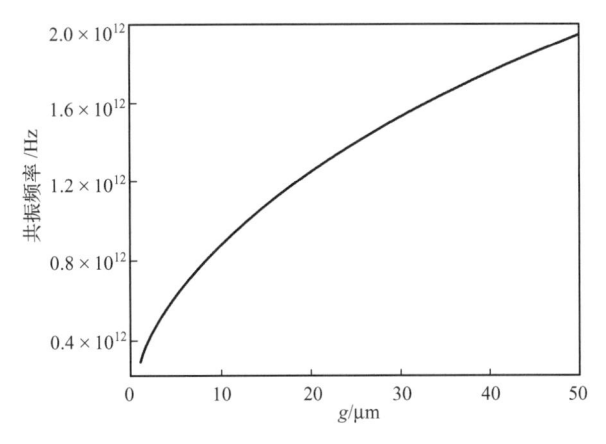

图 4-39　共振频率与外环缺口宽度的曲线图

以看出，$g=8\,\mu m$ 时，由于 SSDR 和太赫兹波的共振作用，在 0.75 THz 处太赫兹波信号强度衰减了 60%；$g=9.5\,\mu m$ 时，在 0.85 THz 处太赫兹波强度衰减了 65%；$g=12.5\,\mu m$ 时，在 0.95 THz 处太赫兹波强度衰减了接近 70%。图中 SSDR 的参数如下：$\rho_1=26\,\mu m$，$\rho_2=30\,\mu m$，$\rho_3=32\,\mu m$，$\rho_3=36\,\mu m$，$w=4\,\mu m$，$g=30\,\mu m$；d 分别为 1.8 μm、3.2 μm 和 3.9 μm，分别对应图中的直线谱线、点线谱线和虚线谱线。可以看出，$d=1.8\,\mu m$ 时，由于 SSDR 和太赫兹波的共振作用，在 1.65 THz 处太赫兹波强度衰减了 68%；$d=3.2\,\mu m$ 时，在 0.95 THz 处太赫兹波强度衰减了 65% 以上；$d=3.9\,\mu m$ 时，在 0.775 THz 处太赫兹波强度衰减了 70%。

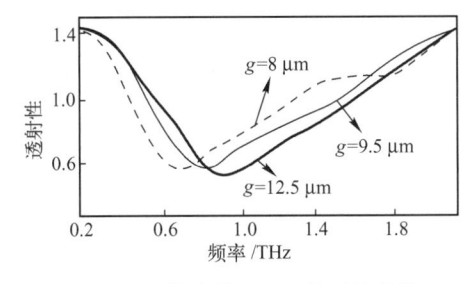

图 4-40　仿真的 SSDR 的透射谱线 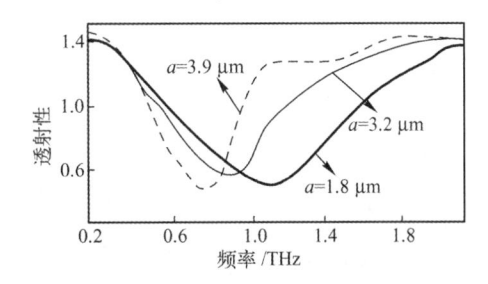　　　　图 4-41　仿真的 SSDR 的透射谱线

3. 效果

本节研究了一种单缝双环结构（SSDR）的超材料电磁振荡性质。通过等效电路近似并求解微分方程导出了 SSDR 的共振频率表达式，数值计算表明这种调制器的调制范围可以达到 0.2~6 THz，数值模拟得到了 SSDR 的透射谱线，太赫兹频率电磁波可以有效调制。这种结构的调制器有可能在未来的太赫兹通信系统中具有重要的应用价值。

第三节　太赫兹超材料的应用

一、太赫兹超材料在通信中的应用

太赫兹（THz）电磁波的频率范围在 0.1~10 THz 之间，介于微波频率和光波频率之间。得益于这两个相邻频谱区域的优势，太赫兹波段可在通信中实现创新和类似的应用。虽然毫米波频段在过去几年的 5G 通信系统中占据主导地位，但考虑到其丰富的带宽、更低的延迟以及从 Gb/s 到 Tb/s 级别的更高数据传输速率，太赫兹频段对 6G 通信的发展至关重要。

根据国内外对太赫兹通信系统的验证与研究成果，太赫兹通信的工作带宽大多大于 2 THz，但这个频段电磁波的传播与穿透损耗也相应增加，在通信的发送功率和接收增益一定的情况下，使用太赫兹波进行通信的通信距离会大大减小。此外，太赫兹电磁波的穿透能力和绕射能力也相对较差，这使得太赫兹通信无法进行较长距离的通信，仅适合于短距离的点对点传输。另外，由于现阶段频谱资源的稀缺以及无线通信设备数量的激增，太赫兹通信同样需要考虑从不同角度来提高通信容量。因此，合理设计收发两端的天线或者使用其他提高增益类的技术来提高太赫兹波的发射和接收增益，增大太赫兹通信的覆盖范围的同时提升太赫兹通信的通信容量。在我国，"十二五"战略规划中重点提出要发展新一代信息产业，太赫兹通信技术是新一代信息产业的重要组成部分。

传统的太赫兹通信等其他太赫兹应用都是依靠太赫兹器件来实现，直至 2011 年，Capasso 课题组提出了超表面的概念，开启了新一轮太赫兹电磁波研究热潮。超材料摒弃了传统太赫兹器件大尺寸、不利于集成化等缺点，为太赫兹技术的发展展开了新纪元。对于通信系统，超材料太赫兹探测器可以吸收具有选择性频率和强共振强度的太赫兹电磁波，如图 4-42 所示。

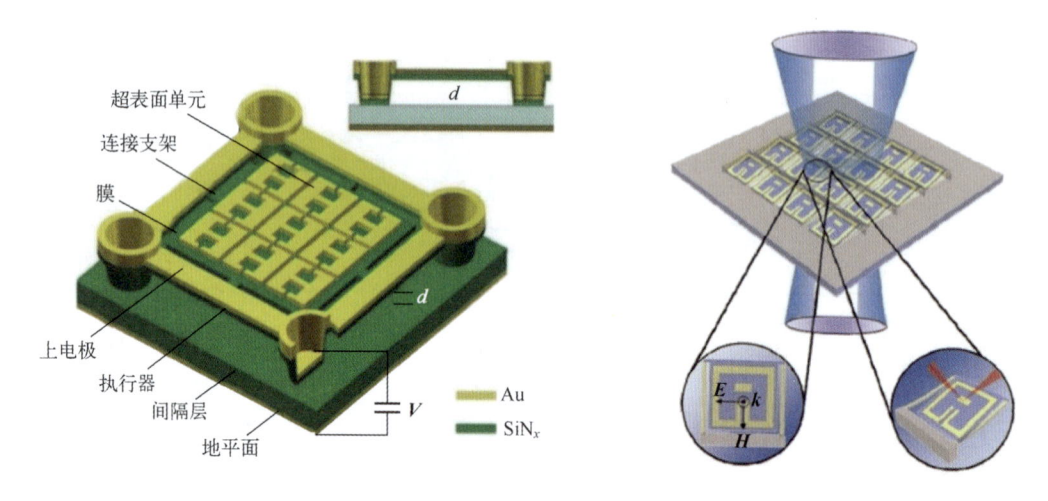

图 4-42 太赫兹超材料通信中的器件

近年来，学术界对携带轨道角动量（Orbital Angular Momentum，OAM）的涡旋电磁波研究日益关注，OAM 除了幅度、频率、相位和极化等特性外，还具有完美的正交性，使得它能够支持同时同频多路的信息调制。这不仅能有效提升无线通信信道的信道容量，还能极大提升无线通信系统的信息传输能力，解决同频干扰的困扰。超材料可以产生 OAM 涡旋波束，并且对同一束入射电磁波进行调制，分别产生携带不同拓扑荷的 OAM 多波束。不同波束的调制相互独立正交，为在太赫兹通信中应用 OAM 技术提供了新的分集方法。

然而，由于超材料通常是通过光刻确定的，一旦制造过程完成，就无法进一步修改，因此固定的工作范围将限制太赫兹超材料器件的功能。可重构的元器件更具竞争力，尤其是在处理复杂系统时，可编程设计有利于无线通信系统。2021年Pitchappa等人提出了一种集成了相变材料的柔性元器件，其重新配置过程的时间延迟达到了皮秒级。如图4-43所示，使用数字可编程超表面操纵透射式太赫兹光束，实现双波束转向、多波束和轨道角动量波束。通过精确控制波束的指向，可以实现更高效的信号传输和接收，提高通信系统的性能。多波束生成功能使得在同一时刻传输多个独立的信息流成为可能，从而提升了通信系统的容量和效率。而轨道角动量波束的引入，则为太赫兹通信提供了一种新的信息编码方式，进一步提高了通信的安全性和抗干扰能力。

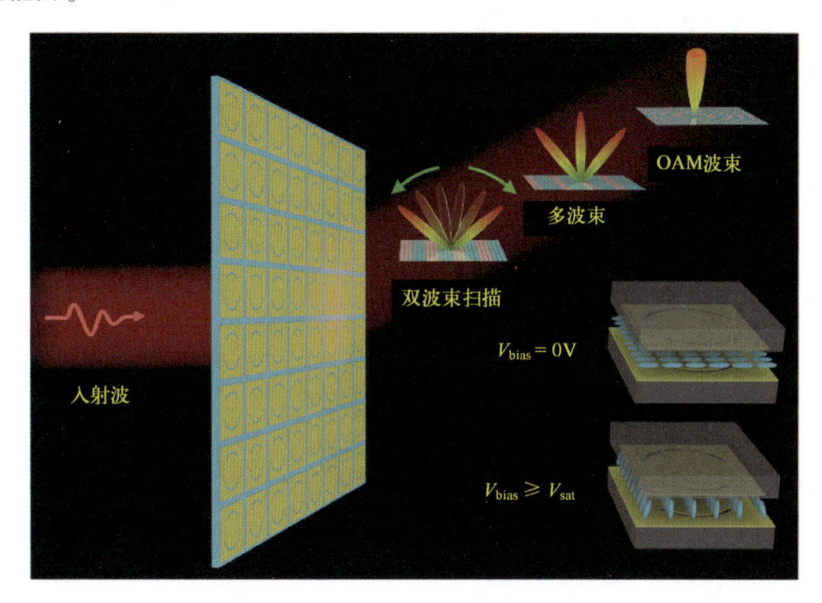

图4-43 具有不同波束操纵功能的数字编码超表面的三维示意图

此外，超表面在太赫兹通信应用中进行消息加密，利用 MEMS 超表面实现太赫兹逻辑门器件。如图4-44展示了一种具有多输入输出（MIO）状态的可重构 MEMS Fano 谐振超表面，该超表面通过两个独立控制的电压输入和太赫兹频率的光学读数执行逻辑操作。Fano 谐振的远场行为表现出 XOR 和 XNOR 操作，而近场谐振约束支持 NAND 操作。通过在组成谐振器结构的近场耦合中诱导机电可调谐的面外各向异性，实现了类似于滞后型闭环行为的 MIO 配置，可见 XOR 超材料门在加密安全的太赫兹无线通信网络中具有潜在的应用。

二、太赫兹超材料在传感中的应用

太赫兹波表现出穿透力强、分辨率高、能量低、生物特征指纹谱等出色的性质，因此逐渐成为科学研究的热点波段。与红外光谱传感器相比，太赫兹传感器也吸引了大量关注，这不仅是因为许多化学物质和生物大分子在这一区域的分子内和分子间振动模式是可观测的，而且与其他频率相比，太赫兹传感器具有非破坏性、非电离性和非侵入性等特性。

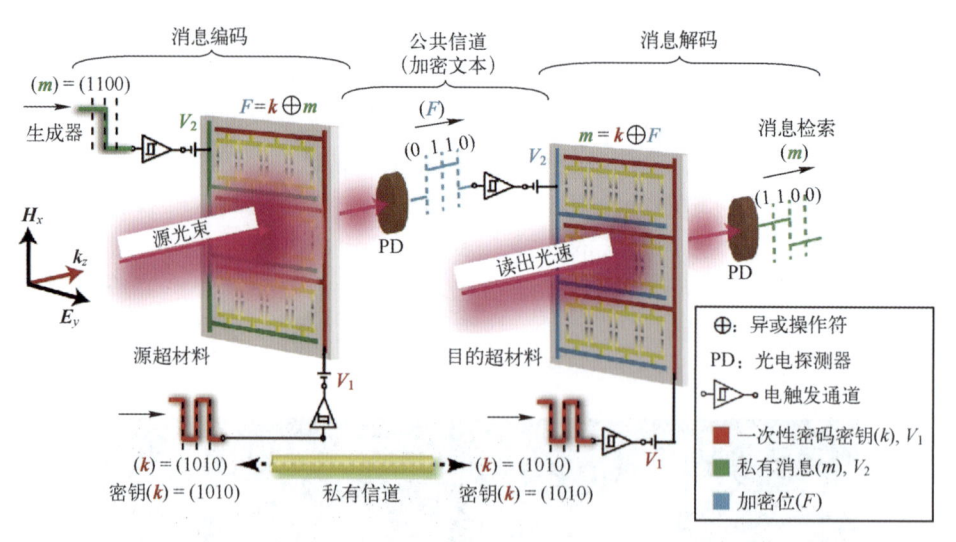

图 4-44 安全 OTP 加密通道的示意图

太赫兹超材料（THz-MTM）在传感领域中可利用其产生的局域电场增强效应，促进生物分析物与光子的相互作用，从而提高生物检测的灵敏度。谐振型 MTM 的谐振频率和谐振强度可通过调整等效电感、电容等参数灵活调控，为 MTM 传感器的实现提供了坚实基础。在太赫兹频段，许多生物大分子物质的特征能被有效捕捉，使得 THz-MTM 技术在生物病变组织和肿瘤组织的成像与光谱检测中得以应用。但是，由于水分子会吸收太赫兹波，从而限制了其利用率。通过设计具有特定太赫兹光谱响应的 MTM 结构，如叉指型结构，并优化其有效作用面积，可以显著提升太赫兹生物检测的性能。尽管 MTM 作为无源器件性能固定，但通过动态调控手段，如力学、光学和材料调控，可以拓展其应用场景，实现多功能化。特别地，动态 MTM 能够展示生物分子在不同频段的特异性指纹谱，为医学生物传感提供了更多维度的考量，包括谐振频率、幅度和相位等，进一步推动了 THz-MTM 在传感领域的发展。

MTM 生物传感器在疾病诊断和预后领域具有很高的应用价值，其基本原理是基于健康/病变组织的独特介电特征。THz-MTM 生物传感器以其非电离辐射和高分辨率的优势，成为无损伤、无标记生物检测比较受欢迎的手段之一。2016 年，Sreekanth 等人提出了一种基于 SRR 的"偏振不敏感"牛血清白蛋白传感器，如图 4-45 所示，用于检测分子量较低的生物素。由于 THz-MTM 的谐振频率与癌症标记物等生物大分子物质的分子转动和振动能级是可比拟的，因此可用于癌组织的检测。2021 年，Zhan 等人开发出一种链霉亲和素官能化的 THz-MTM，用于胰腺癌外泌体 miRNA 的检测。同年，Zhan 等人证明了 THz-MTM 可以区分胶质瘤细胞的分子分型（IDH 突变型/IDH 野生型）。这些研究表明 THz-MTM 生物传感器在疾病诊断和预后领域具有广阔的应用前景。

为了加速片上实验室（Lab-on-Chip）和即时（Point-of-Care）诊断方法的发展，通常会将体积小巧的微流控集成到高品质因子的 MTM 谐振结构上，从而有效减少样品检测量和成本。2017 年，Geng 等人提出了基于单间隙和双间隙 SRR 的微流控太赫兹生物传感器，用于检测早期肝癌生物标志物，如图 4-46 所示。采用微流控技术很好地克服了生物分子里水分子对太赫兹波的强吸收问题。

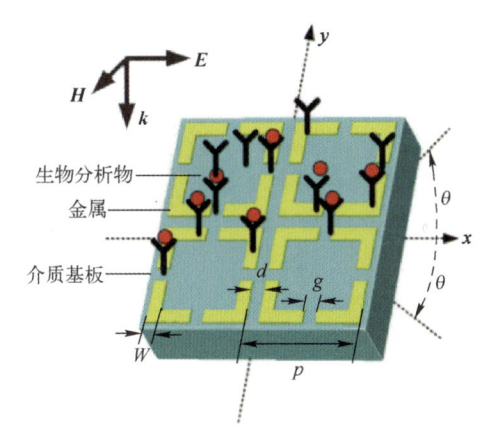

图 4-45　基于 SRR 的"偏振不敏感"牛血清白蛋白传感器

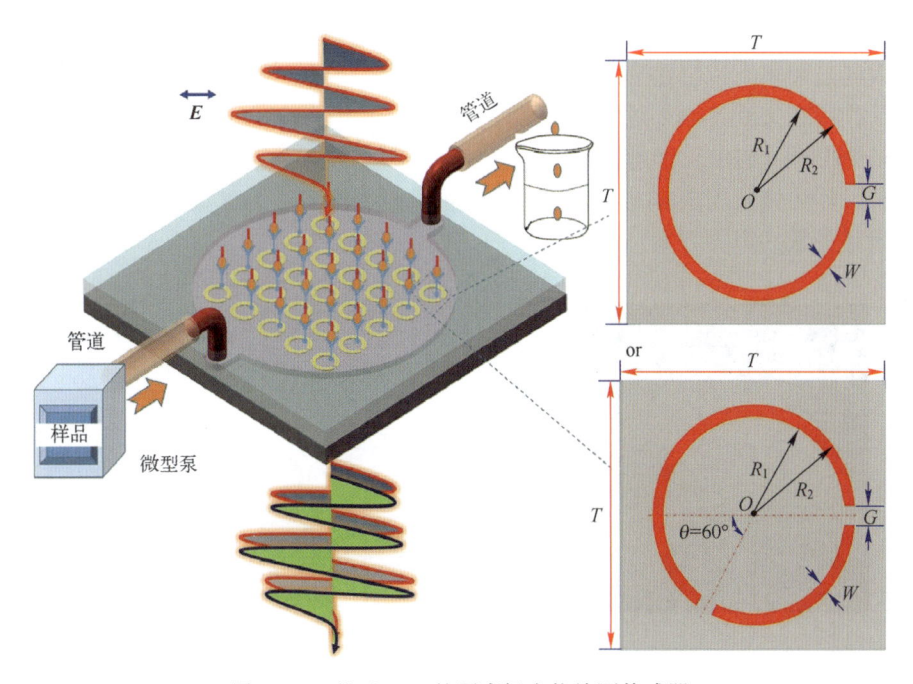

图 4-46　基于 SRR 的肝癌标志物检测传感器

为进一步提高灵敏度并解决抗体或适配体捕获的问题，在 MTM 生物传感器基础上引入二维材料是一个不错的选择。二维材料（如石墨烯等）通过非局域化的电子与外部生物分子发生相互作用，对生物分子吸附性比较强。生物物质与石墨烯中 π 电子的相互作用会改变石墨烯的掺杂程度，这是基于石墨烯的 THz-MTM 生物传感器的重要基础。为了检测低分子量的生物物质，Zeng 等人在 2015 年提出了一种金/石墨烯混合结构的超表面，作为高灵敏度的生物传感器，用于探测微量物质。2019 年，Chen 课题组提出了将单层石墨烯引入到 THz-MTM 吸波结构对化学杀虫剂进行检测，如图 4-47 所示。化学杀虫剂分子与石墨烯间会产生较强的相互作用，THz-MTM 吸收器的谐振吸波强度和品质因子都会随杀虫剂剂量的变化发生改变。2020 年，Lee 等人使用纳米槽谐振阵列结合石墨烯进行 DNA 的超灵敏检测，区分出了含有不同碱基对的脱氧核糖核酸。

THz-MTM 生物传感器展现出足够的传感能力，使其成为传感领域内潜在的候选者。未来，期望能够研发出可靠的 MTM 生物传感器，不仅可应用于无创疾病诊断，也可以帮助医疗保健工作者实时告知患者受侵害细胞的严重性和相关的并发症。

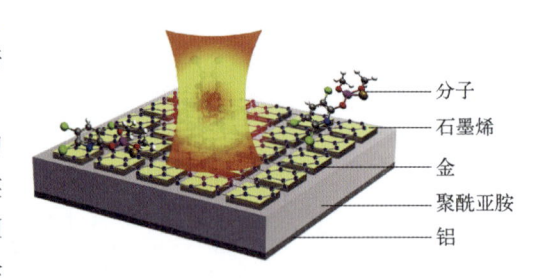

图 4-47　石墨烯-超材料生物传感器

在生物传感领域，基于超材料的太赫兹传感器能够增强近场强度，改善太赫兹光与分子之间的相互作用，从而实现先进的传感应用，如图 4-48 所示。在文献［42］中展示了基于多层石墨烯—介电超材料的可调光束转向装置。由于这种超材料的有效折射率可以通过改变每个石墨烯层的化学势来改变，因此可以定制传输光束相位的空间分布。这就为太赫兹频率下传感建立了主动光束转向机制，从而产生了可调谐的发射器/接收器模块。作者在文献［44］中设计、制造并鉴定了用于远红外探测的超材料，超材料上的开口谐振环（SRR）能够直接吸收微波和太赫兹波，从而产生局部加热效应，进而引发偏转。这种偏转现象非常显著，容易被可见光探测到，为太赫兹传感和探测应用提供了高效且灵敏的解决方案。

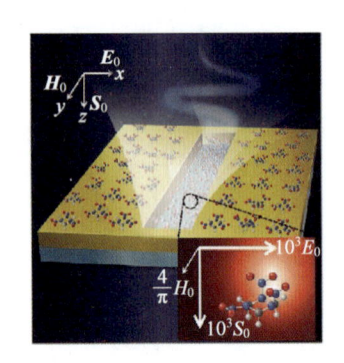

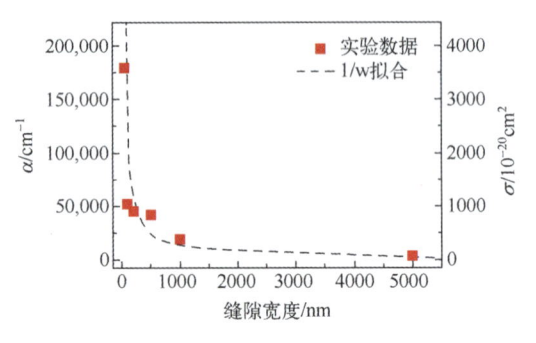

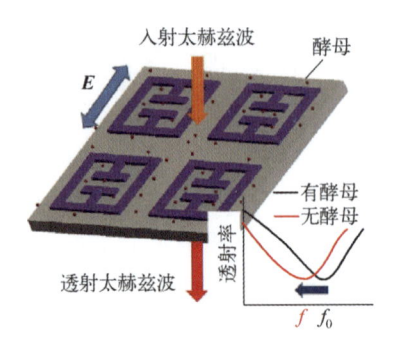

图 4-48　太赫兹超材料在传感中的应用

参 考 文 献

[1] 潘学聪,姚泽翰,徐新龙,等. 太赫兹波段超材料的制作、设计及应用[J]. 中国光学,2013,(13):283-296.

[2] 梁兰菊,姚建铨,闫昕,等. 太赫兹波在谐振环多层超材料传输特性的研究[J]. 激光与红外,2012,42(9):105-105.

[3] 罗俊,公金辉,张新宇,等. 基于超材料的连续太赫兹波透射特性的研究[J]. 红外与激光工程,2013,42(7):1743-1747.

[4] 顾超,屈绍波,裴志斌,等. 太赫兹宽频带准全向平板超材料吸波结构的设计[J]. 红外与毫米波学报,2011,30(4):250-353.

[5] 杨光鲲,袁斌,谢东彦,等. 太赫兹技术在军事领域的应用[J]. 激光与红外,2011,41(4):376-380.

[6] 李福利,任荣东,王新柯,等. 太赫兹辐射原理与若干应用[J]. 激光与红外,2006,36(增刊):785-791.

[7] 殷勇,胡江川. 电磁Metamaterials调制器研究[J]. 激光与红外,2008,38(12):1221-1224.

[8] 姚建铨,杨鹏飞,邴丕彬,等. 谐振环左手材料设计参数对太赫兹传输的影响[J]. 激光与红外,2011,41(8):825-829.

[9] Ferguson B, Zhang X C. Materials for terahertz science and technology[J]. Nature Materials,2002,1(1):26-33.

[10] Iwaszczuk K, Strikwerda A C, Fan K, et al. Flexible metamaterial absorbers for stealth applications at terahertz frequencies[J]. Optics Express,2012,20(1):635-643.

[11] Padilla J, Aronsson M T, Highstrete C, et al. Electrically resonant terahertz metamaterials, theoretical and experimental investigations[J]. Physical Review B,2007,75(4):1102-1106.

[12] Tao H, Chieffo L R, Brenckle M A, et al. Metamaterials on paper as a sensing platform[J]. Advanced Materials,2011,23:3197-3201.

[13] Singh R, Al-Naib I, Koch M, et al. Asymmetric planar terahertz metamaterials[J]. Optics Express,2011,18(12):13044-13050.

[14] Woodley J F, Wheeler M S, Mojahedi M. Left-handed and right-handed metamaterials composed of split ring resonators and strip wires[J]. Physical Review E,2005,71(6):066056.

[15] Wang J F, Qu S B, Xu Z, et al. A candidate three-dimen-sional GHz left-handed metamaterial composed of coplanar magnetic and electric resonators[J]. Science,2008,6(3):183-186.

[16] Tao H, Nathan I L, Christopher M B, et al. A metamaterial absorber for the terahertz regime: Design, fabrication and characterization[J]. Optics Express,2008,16(10):7181-7188.

[17] Miyamaru F, Takeda M W, Taima K. et al. Characterization of terahertz metamaterials fabricated on flexible plastic films: Toward fabrication of bulk metamaterials in terahertz region[J]. Applied Physics. Express,2009,2:0420013.

[18] Azad A K, Chen H T, Lu X, et al. Flexible quasi-three-di-mensional terahertz electric metamaterials[J]. Terahertz Science and Technology,2009,2:15-22.

[19] Chen Z C, Han N R, Pan Z Y, et al. Tunable resonance enhancement of multi-layer terabertz metamaterials fabricated by parallel laser micro-lens array lithography on flexible substrates[J]. Optics Express,2011,1(2):151-157.

[20] Han N R, Chen Z C, Lin C S, et al. Broadband multi-layer terahertz metamaterials fabrication and characterization on flexible substrates[J]. Optics Express,2011,19(2):6990-6998.

[21] Pendry J, Holten A, Stewart W. Magnetism from conductors and enhanced nonlinear phenomena[J]. IEEE Transactions on Microwave Theory and Technology,1999,47(11):2075-2084.

[22] Chen H T, Hara J F O, Taylor A J, et al. Complementary planar terahertz metamaterials[J]. Optics Express,2007,15(3):1084-1095.

[23] Padilla W J, Aronsson M T, Highstrete C, et al. Electrically resonant terahertz metamaterials: Theoretical and experimental investigations[J]. Physical Review B,2007,75(4):1102-1106.

[24] Chen H T, Padilla W J, Cich M J, et al. A metamaterial solid state terahertz phase modulator [J]. Nature Photonics, 2009, 3 (3): 148-151.

[25] Rappaport T S, Xing Y, Kanhere O, et al. Wireless communications and applications above 100 GHz: Opportunities and challenges for 6G and beyond [J]. IEEE Access, 2019, 7: 78729-78757.

[26] Elayan H, Amin O, Shihada B, et al. Terahertz band: The last piece of RF spectrum puzzle for communication systems [J]. IEEE Open Journal of the Communications Society, 2019, 1: 1-32.

[27] Liu M, Susli M, Silva D, et al. Ultrathin tunable terahertz absorber based on MEMS-driven metamaterial [J]. Microsystems & Nanoengineering, 2017, 3 (1): 1-6.

[28] Pitchappa P, Kumar A, Prakash S, et al. Volatile ultrafast switching at multilevel nonvolatile states of phase change material for active flexible terahertz metadevices [J]. Advanced Functional Materials, 2021, 31 (17): 2100200.

[29] Liu C X, Yang F, Fu X J, et al. Programmable manipulations of terahertz beams by transmissive digital coding metasurfaces based on liquid crystals [J]. Advanced Optical Materials, 2021, 9 (22): 2100932.

[30] Manjappa M, Pitchappa P, Singh N, et al. Reconfigurable MEMS Fano metasurfaces with multiple-input-output states for logic operations at terahertz frequencies [J]. Nature Communications, 2018, 9 (1): 4056.

[31] Dong B, Hu T, Luo X, et al. Wavelength-flattened directional coupler based mid-infrared chemical sensor using Bragg wavelength in subwavelength grating structure [J]. Nanomaterials, 2018, 8 (11): 893.

[32] Qiao Q, Sun H, Liu X, et al. Suspended silicon waveguide with sub-wavelength grating cladding for optical mems in mid-infrared [J]. Micromachines, 2021, 12 (11): 1311.

[33] Yang X, Zhao X, Yang K, et al. Biomedical applications of terahertz spectroscopy and imaging [J]. Trends in Biotechnology, 2016, 34 (10): 810-824.

[34] Gupta M, Srivastava Y K, Manjappa M, et al. Sensing with toroidal metamaterial [J]. Applied Physics Letters, 2017, 110 (12): 121108.

[35] Wang S, Xia L, Mao H, et al. Terahertz biosensing based on a polarization-insensitive metamaterial [J]. IEEE Photonics Technology Letters, 2016, 28 (9): 986-989.

[36] Zhan X, Yang S, Huang G, et al. Streptavidin-functionalized terahertz metamaterials for attomolar exosomal microRNA assay in pancreatic cancer based on duplex-specific nuclease-triggered rolling circle amplification [J]. Biosensors and Bioelectronics, 2021, 188: 113314.

[37] Zhang J, Mu N, Liu L, et al. Highly sensitive detection of malignant glioma cells using metamaterial-inspired THz biosensor based on electromagnetically induced transparency [J]. Biosensors and Bioelectronics, 2021, 185: 113241.

[38] Geng Z, Zhang X, Fan Z, et al. A route to terahertz metamaterial biosensor integrated with microfluidics for livercancer biomarker testing in early stage [J]. Scientific Reports, 2017, 7 (1): 16378.

[39] Zeng S, Sreekanth K V, Shang J, et al. Graphene-gold metasurface architectures for ultrasensitive plasmonic biosensing [J]. Advanced Materials, 2015, 27 (40) 6163-6169.

[40] Xu W, Xie L, Zhu J, et al. Terahertz biosensing with a graphene-metamaterial heterostructure platform [J]. Carbon, 2019, 141: 247-252.

[41] Lee S H, Choe J H, Kim C, et al. Graphene assisted terahertz metamaterials for sensitive bio-sensing [J]. Sensors and Actuators B: Chemical, 2020, 310: 127841.

[42] Park H R, Ahn K J, Han S, et al. Colossal absorption of molecules inside single terahertz nanoantennas [J]. Nano Letters, 2013, 13 (4): 1782-1786.

[43] Tenggara A P, Park S J, Yudistira H T, et al. Fabrication of terahertz metamaterials using electrohydrodynamic jet printing for sensitive detection of yeast [J]. Journal of Micromechanics and Microengineering, 2017, 27 (3): 035009.

[44] Tao H, Kadlec E A, Strikwerda A C, et al. Microwave and terahertz wave sensing with metamaterials [J]. Optics Express, 2011, 19 (22): 21620-21626.

[45] Liu M, Zhu W, Huo P, et al. Multifunctional metasurfaces enabled by simultaneous and independent control of phase and amplitude for orthogonal polarization states [J]. Light: Science & Applications, 2021, 10 (1): 107.

第五章 光学超材料

第一节 线性与非线性光学超材料

近年来，对超材料尤其是光频负折射材料（Negative Index Material，NIM）的研究突飞猛进。线性光学超材料的新结构、降噪、调谐，非线性光学超材料具有的新规律，光学超材料优化设计与制备工艺，光学超材料的潜在应用等研究进展在此予以综述，并对各研究分支可能的发展方向予以展望。

一、线性光学超材料

1. 线性光学超材料新结构

自实现介电常数和磁导率同时为负值的超材料以来，研究者们一直致力于对超材料新结构的探索。就周期性裂环谐振器（SRR）而言，虽然通过减小尺寸可以使其谐振频率从 1 THz 提升至 85 THz，但是由于制约其工作频率向光波波段发展的谐振饱和的存在，使 SRR 无论怎样减小结构尺寸也无法再使谐振频率提升。根据贵金属自身拥有在光波波段介电常数为负的特性，且成对的贵金属纳米棒具有很大的磁响应特性，研究者进而提出了纳米棒对结构与纳米带结构解决了光频下的阻抗匹配问题。值得注意的是，纳米带结构本身对不同偏振态入射光具有不同的响应特性。当 TM 波垂直入射时，该结构可以同时展现电响应和磁响应。但在 TE 波垂直入射时，则没有磁响应的存在。这种结构本身的吸收损耗十分大。此外，由于制作过程中纳米带状结构本身的表面粗糙度产生电子散射还会导致材料损耗增加并使负磁导率降低。"渔网"结构是由两组互相垂直的纳米带结构互相交叠而成。2004 年至今，已经有很多文献分别报道了工作波长覆盖 2 000 ~ 500 nm 波段范围内的具有不同品质因数（FOM）值的 NIM。FOM 值（Figure of Merit）是评价左手材料性质优良的重要标准之一，其表达式为 $F = |n'|/n''$，其中，n' 代表折射率 n 的实部，而 n'' 代表的则是折射率 n 的虚部。由公式可以看出，对于 NIM 来讲，具有越大的 FOM 值就代表着相对值越小的损耗。因此对基于随机分布纳米粒子的 NIM 的研究吸引了众多研究人员的关注。

2. 降低损耗问题

由于超材料中存在的损耗是实现其特性及实际应用的巨大障碍，研究者一直在探索解决该问题的途径。目前已见报道的解决方法主要有以下几种：光参量放大、电磁感应透明、时间反转以及添加增益介质等。

3. 调谐问题

光学超材料在光频范围内可实现负介电常数的带宽相对较宽，而负磁导率的带宽比较窄，且两个带宽不一定互相覆盖，因此需要采用调谐技术增宽这两个频带并扩大二者之间的覆盖范围。这里所谓的调谐是指对光学超材料的负磁导率出现的波段范围进行控制。此目的可用静态调谐或动态调谐方法实现。其中静态调谐是利用适当的结构设计对磁导率进行控制。最常见的动态调谐是应用液晶层来为光学超材料进行调谐。由于液晶具有频带宽、光学各向异性、折射率对于外界环境温度和外电场很敏感等诸多优点，因此选用液晶对光学超材料进行调谐具有明显的优点。已见报道的液晶调谐方法主要分 3 种：第一种是将结构层的上下分别加两层液晶层；第二种是将原有结构层中的隔离层部分用液晶层来代替；第三种是将结构层整体浸润在液晶之中共同沉积于玻璃基底之上。

4. 可能的发展趋势

在最近一段时期内，线性光学超材料研究仍将集中于如何在可见光频率范围内设计出可易于制备且拥有良好性能的结构；如何降低超材料的损耗或是寻求可以对其损耗进行补偿的方法；如何实现动态调谐，是继续沿袭应用液晶层的方法还是寻求新的调谐手段；如何扩展负磁响应带宽区间等研究热点上。原因是这些问题的解决对光学超材料实际工程应用具有重要的意义。

二、非线性光学超材料

1. 反 Manley-Rowe 关系

非线性光学超材料研究是超材料研究的重要分支之一。特别是在非线性光学超材料的研究中发现了一些超材料独有的性质或规律，丰富了已有的非线性光学理论。NIM 与常规介质的一个很重要的区别表现在其 Manley-Rowe 关系上。Manley-Rowe 关系是指进行三波混频的光波所携带的总能量通量在介质内处处相同，光场与介质之间没有能量交换。介质中 Manley-Rowe 关系可以表述为 $|A_1|^2 \pm |A_2|^2 = C$，其中，C 表示常数，A_1 和 A_2 分别表示基波和二次谐波的慢变化振幅。对常规介质而言，表达式为平方和等于常数的形式；对 NIM 介质而言，表达式则为平方差等于常数的形式。

2. 背向相位匹配及光参量放大

二次谐波产生是重要的、具有广泛的应用的非线性光学现象之一。其相位匹配条件可以表述为：$\Delta k = 2k_1 - k_2 = 0$，$k_1$ 和 k_2 分别表示基波和二次谐波的波矢。在超材料的二次谐波产生过程中，背向相位匹配为其独有特性之一。在满足相位匹配条件的前提下，由于 NIM 的参数对材料工作频率的依赖，当材料在基波频率下展现 NIM 性质，而在二次谐波频率下，则会展现常规介质性质。与常规介质性质不同，NIM 中的坡印廷矢量和波矢的方向是反向平行的，因此会产生图 5-1 所示的方向关系。

图 5-1 中在基波频率下介质为 NIM，其能量的传播方向为从左至右，同频率下波的相速度指向相反的方向，即从右至左。这时，满足相位匹配条件的二次谐波的相速度的方向为从右至左，由于此时展现常规介质性质，其相速度与能量传播方向一致，均为从右至左。可见在常规介质中背向相位匹配是不存在的。

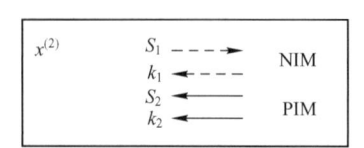

图 5-1 NIM 介质非线性二次谐波效应

背向相位匹配在光参量放大的研究方向上提出了新的研究热点。NIM 中的光参量放大同时也为损耗补偿提供了一种可行的方案。所谓光参量放大实质上是一个差频产生的三波混频过程。根据 Manley-Rowe 关系可知，在差频过程中，每湮灭一个最高频率的光子，同时要产生两个低频的光子，在此过程中这两个低频波获得增益。

如图 5-2（a）所示，角标为 1 的箭头表示信号光所携带的信息，角标为 3 的箭头表示泵浦光源信息，角标为 2 的箭头代表泵浦光和信号光的差频信号信息，即闲散光信息。图 5-2（a）中 k 代表波矢，S 代表坡印廷矢量。由此图可以看出经过 NIM 后各信号的波矢和坡印廷矢量的传播方向。图 5-2（b）则显示了光波在材料中随着传播距离的增加光波振幅被放大的情形，其中实线表示信号光，虚线代表闲散光。在整个的差频过程中，无论是信号光还是闲散光的振幅都有所增加，达到了对信号光进行增益的目的。其中，Z 表示沿传播方向传播的距离，L 表示纳米带的厚度。对于在 NIM 中的背向光参量放大，其泵浦传播方向向前，二次谐波的坡印廷矢量则向后传，这种光参量放大的优势在于不依赖谐振腔，由此使得背向光参量放大在信号传输及材料损耗补偿领域存在潜在应用。

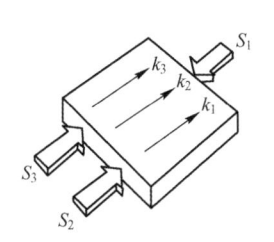

(a) 背向光参量放大示意图　　(b) 信号光及闲散光的放大

图 5-2　在 NIM 中的背向光的参量放大

3. 受激拉曼散射

与常规介质不同，在 NIM 中只要泵浦光和斯托克斯光二者之一折射率为负值，斯托克斯光就会指数衰减，即不会有受激拉曼散射发生。若二者的折射率符号相同，斯托克斯光会指数增加，且泵浦光和斯托克斯光的能量随空间位置的变化规律与常规介质中受激拉曼散射过程完全相同。

4. 非线性超材料研究展望

今后对于光学超材料此分支的研究将在对二阶非线性进一步深入研究的基础上，加强对其三阶、四阶乃至更高阶的性质的研究。背向光参量放大作为超材料独有的性质更是存在着很大的潜在应用空间，可以用作损耗补偿和信号放大的方法。因此，此方面的应用研究或许会有明显的进展。除对已见报道的非线性光学现象的研究以外，对其他非线性光学现象及其发生规律的研究也可能会成为今后研究的目标。此外，非线性光学超材料的工程应用也是尚待解决的问题之一。相信在未来的研究中，光学超材料的非线性性质将有更广阔的研究空间。

三、纳米结构优化设计与制备工艺

由于光学超材料的性能在很大程度上依赖于其结构，因此，光学超材料结构的优化设计就不可避免地成为光学超材料研究的一个重要分支。

1. 常用光学超材料结构设计软件平台

下面简要介绍常用的光学超材料结构设计软件平台。

(1) 周期性有限元边界积分法：在这种方法中用于计算非边界的未知电场或磁场方程是由麦克斯韦方程组的微分形式得到的；在计算边界时，未知的场可以由已知的函数扩展得到。在处于边界两侧的场的数值经由边界处的积分方程进行耦合。组成的方程组可以用数值模拟的方法来解决未知电场或未知磁场的值。

(2) 空间谐波分析法是一种模拟周期结构的半解析仿真方法，是基于扩展的电磁场的平面波理论。模拟的结构被分层，每层的材料性质沿垂直方向不变。其特征模式为各层处于不同平面波模式下特征值的总和。每层材料性能都表示为一个傅里叶级数。这些替换将麦克斯韦方程转化成了特征值方程、每层的特征模式和相应的特征值，使电磁场入射到各层间界面的边界条件得以方便地应用。

2. 常用的优化方法

常用的优化方法包括以下几种：

(1) 模仿退火法是一种针对全局的优化方法，是通过模仿晶体结构物质在冷却时自动达到最小值的过程而达到优化目的的。

(2) 遗传运算法则是一种以自然选择和适者生存的生物进化理论为基本根据的优化方法。在给定参数的空间内，每一个单独的个体组成设计好的将被优化的整体。其中的最大值或最小值被指定到每个量化性能。展现出来的性能最好的那一部分就将进入下一次的筛选。这个过程将一直进行下去，直至获得预期的性能。

(3) 粒子群优化方法是一种根据自然界中如蚁群、蜂群和鱼群等群居生物的行为来提出的优化方法。在本质上蜂群属于分散的社会群体，其中每个个体都通过其自身获取信息，但这种信息最终是在群体的共同作用下得以完善。

3. 纳米结构制备工艺

纳米结构制备工艺是光学超材料得以实现的重要环节之一。光学超材料不但要实现很小的周期结构（约300 nm或更小），而且要实现更小的独立结构（约30 nm或更小）。目前制备光学超材料主要分为二维制备和三维制备两大分支。其中已见报道的二维纳米制备技术又包含电子束刻蚀法、聚焦离子束法、干涉刻蚀法、纳米烙印技术等方法。电子束刻蚀法具有很高的精确度但要求电子束必须逐次扫描整体的结构基底才能形成设定的结构，所以耗时较长。应用聚焦离子束法则可以在较短时间内完成。干涉刻蚀法及纳米烙印技术则是可能使二维光学超材料得以实现大规模生产的制备方法。三维纳米结构制备技术主要包含多层技术、复合三维技术、双光子光聚合作用法等方法。多层技术又可分为两种，一种是在已经制备好的二维结构的最上层再继续制造一层相同的结构，如此重复，直至完成三维光学超材料的结构要求；另一种则是先在整个基底上制造多层结构，再通过掩模刻蚀的方式去除结构多余的部分。复合三维技术则是通过融合电子束写入和化学气相沉积的方法来实现纳米结构制备。双光子光聚合作用法可实现较高精度的结构制备。目前，基于激光写入的双光子光聚合作用法是被业界认为较有潜力的应用于三维纳米结构制备的方法之一。

4. 优化设计与制备技术展望

随着人类对自然界探索的不断深入，期待可以探索出能够得到更贴近实际的优化设计方法。限制光学超材料发展的重要因素之一就是工艺上无法实现高精度，做到高产出率、低成本和大规模制备，所以如何克服这些困难，已成为该领域的研究热点。

四、光学超材料的潜在应用及其展望

随着对光学超材料研究的进一步深入，其潜在应用也逐渐成为研究的热点。比如因应用左手材料平板透镜成像时使物品的高频信息得以突破衍射极限而将全部图像信息传输到成像点而得名的完美透镜，如图5-3所示。

完美透镜的参数必须同时满足左、右手材料的介电常数值互为相反数且同时满足其磁导率值互为相反数。与此同时，成像系统中不能存在损耗。这些都是完美透镜实用化必须考虑到的制约因素。

电磁波隐身技术是左手材料特异性质的另一项重要的潜在应用。如果这种应用在将来得以实现，则人类长久以来一直只存在于科幻想象中的"东西放在你面前你就是看不到"的这种现象真的可以实现。由电磁波隐身更是产生了一门新的光学学科：变换光学（Transformation Optics）。

对理想的可见光范围内的电磁隐身而言，我们必须做到使所要"隐形"的器件在其周围不引起任何的相位改变，没有反射、吸收及散射，且对于从物体背向入射光源的方向来讲，光源在通过物体后并未发生传播方向的变化，并且希望可以在宽频带范围内实现这种"隐形"，如图5-4所示。

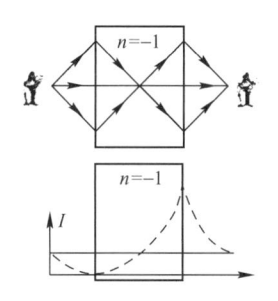

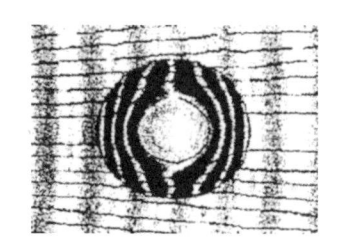

图5-3　完美透镜原理图　　图5-4　电磁波隐身仿真实例

虽然对光学超材料的研究已取得了大量的、可喜的进展，但大多还仍然处于理论研究、计算机仿真和实验研究阶段，真正实际应用的报道尚不多见。尽管如此，由于光学超材料所具有的独特的性质，其还是具备了其他常规材料所不具备的巨大的、广泛的潜在应用，包括大量的新型光学器件功能如突破衍射极限的近场及远场成像、二次谐波发生、光学开关、亚波长波导、光学集束与光旋转器件、光学隐身、光学自增益器件、光学检测设备、光学通信与传感器件、光学信息存储器件、光学二极管、谐振器与激光腔、光学相位补偿/共轭器件、纳米光刻、纳米电路/光路等。这些应用的实现必将对现有技术乃至人类生活的各个方面产生极其深刻的影响。

第二节　光波段超材料

一、光波段柔性超材料

近年来，具有纳米尺寸的可见光波段超材料已经发展成为科技工作者研究的焦点。根据周期性结构左手超材料理论，左手超材料的制备一直沿用"自上而下"的电子束刻蚀或离子束技术，如双渔网状结构。这种"自上而下"的制备途径需要昂贵的设备，制备样品的有效面积只能达到平方微米量级，制备成本较高。而目前制备银纳米树枝状结构的化学方法主要有电化学法、置换法以及模板法等。用双模板辅助化学电沉积法在聚苯乙烯小球中制备了金属银纳米树枝状结构阵列。用单一的树枝状结构单元研究了左手超材料的无序效应。采用"自下而上"化学电沉积法制备了基于全无序银树枝状纳米结构单元。Zhao 制作了一种基于二维银纳米树枝状结构的楔形光波导而成功捕获了"彩虹效应"。

迄今为止，大部分银纳米结构都是生长在刚性基底上，不易弯曲组装成特定形状的光学器件。采用"自下而上"化学电沉积法在柔性氧化铟锡（Indium Tin Oxides，ITO）导电薄膜表面制备二维纳米银树枝状结构，并将其与另一片表面涂覆有聚乙烯醇（Polyvinyl Alcohol，PVA）薄膜的二维纳米银树枝结构组装为可弯曲的银树枝/聚乙烯醇/银树枝（Ag/PVA/Ag）复合结构，测试了其可见光波段的透射行为和聚焦效应，这对柔性光学器件的制备和性能研究具有重要意义。

1. 制备方法

1）ITO 导电薄膜上银树枝的制备

在 25 mL 超纯水中加入 8.0 g PEG-20000，搅拌 25 min 待其充分溶解，再缓慢加入 25 mL、0.2 mg/mL 的硝酸银溶液，在冰浴条件下（0~2℃）搅拌 25 min 得到密度均匀的电解溶液。采用双电极体系，光滑金属银片为阳极，10 mm×40 mm ITO 导电薄膜为阴极，电极间距为 550 μm。将电极装置垂直固定于电解液中，同时保证电极间隙无气泡出现，此时电解液充分浸润电极。控制低压直流稳压电源为 0.9 V，接通电路，调节电沉积时间为 120 s，就可制备出相应的纳米银树枝状结构。电沉积过程结束后，用超纯水冲洗样品表面，吹干，放在无尘环境中。

2）绝缘薄膜的制备

准确称取 0.5 g PVA 溶于 100 g 超纯水中，磁力搅拌并加热至沸腾，充分溶解后，得到 0.5% 的 PVA 水溶液，自然冷却至室温。在无尘环境下采用滴涂法。使涂液与样品充分浸润，并使液膜在样品表面均匀分布，然后将其置于 50 mL 玻璃烧杯中加盖培养皿以防由于液膜干燥过快引起成膜厚度不均匀，在室温下放置 6 h 后，样品表面的液膜水分完全蒸发，从而在样品表面形成一层较均匀的 PVA 薄膜。

3）Ag/PVA/Ag 复合结构的组装

Ag/PVA/Ag 复合结构的制作过程如图 5-5 所示，将二维纳米银树枝与表面涂覆有 PVA 绝缘薄膜的二维纳米银树枝叠合，即组装成 Ag/PVA/Ag 的复合结构。

2. 性能及其影响因素

1）电沉积时间对银树枝生长的影响

在 $AgNO_3$ 浓度为 0.1 mg/mL，沉积电压为 0.9 V，电解液温度为冰浴，两电极间距为 550 μm 的条件下，通过改变电沉积时间，在 ITO 导电薄膜基底上制备了不同形貌的样品，分别为电沉积时间为 60 s、90 s、120 s、150 s 银树枝样品。

银树枝的生长先从银颗粒开始，在二维平面上随机堆积。颗粒堆积得越多，外半径越大，俘获银颗粒的概率也越大，随着沉积时间的延长，缓慢生长成由中心核向四周辐射的二维纳米树枝状结构。这种现象服从经典扩散限制凝聚（Diffusion-limited Aggrega-

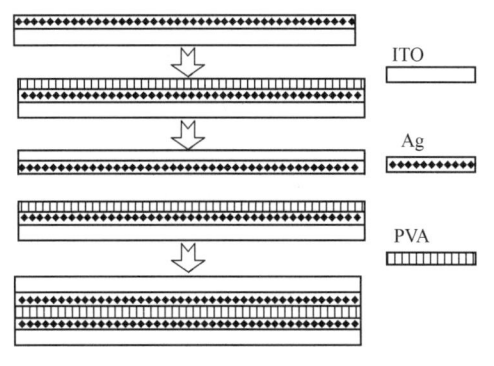

图 5-5 Ag/PVA/Ag 复合结构组装过程

tion, DLA) 生长过程。但是当电沉积时间超过一定值时，就会在 ITO 导电薄膜表面生成一层致密的银膜。

2) 沉积电压对银树枝生长的影响

在 AgNO$_3$ 浓度为 0.1 mg/mL，沉积时间为 2 min，反应温度为冰浴，两电极间距为 550 μm 的条件下，调节沉积电压为 0.5~1.1 V。沉积电压分别为 0.5 V、0.7 V、0.9 V、1.1 V 时，沉积产物银树枝的尺寸和密度与沉积电压有很大关系。当电压为 0.5 V 时，在 ITO 导电薄膜表面生长的树枝尺寸较大，树枝之间间距较宽。电压为 0.7 V 时，树枝尺寸逐渐变小，树枝密度逐渐增大。电压为 0.9 V 时，树枝密度进一步增加，单元尺寸进一步变小，且多级分支结构明显。进一步提高电压为 1.1 V 时，虽然该条件下存在少许银树枝，但大部分为纳米银颗粒。因此，树枝单元的尺寸分布随沉积电压的升高而减小，分布密度随沉积电压的升高而增大。沉积电压过低（0.5 V）或过高（1.1 V）均不利于沉积产物的形成，只有在合适的沉积电压下（0.9 V），才能形成尺寸较好、密度较高的银树枝状结构。

3) Ag/PVA/Ag 复合结构可见光透射光谱

为了验证 Ag/PVA/Ag 复合结构在可见光波段的透射行为，本节分别对 ITO 导电薄膜、ITO 导电薄膜+PVA、ITO 导电薄膜+Ag、ITO 导电薄膜+Ag+PVA、ITO 导电薄膜+PVA+ITO 导电薄膜及 Ag/PVA/Ag 复合结构进行了可见光范围（400~700 nm）的测试。此处作为测试材料的银树枝均是在上述条件下制备的。

图 5-6 (a) 为参比样品的可见光透射曲线，由图可见，空白 ITO 导电薄膜和涂覆 PVA 的 ITO 导电薄膜以及把二者组合后均未出现透射通带峰（分别为曲线 a、b 和 c）。图 5-6 (b) 是 Ag/PVA/Ag 复合结构组合前后的可见光透射曲线。由图可知，银树枝状结构和涂覆 PVA 薄膜的银树枝状结构在单独测试时均未出现透射通带峰（分别为曲线 a 和 b），然而，当二者组装为 Ag/PVA/Ag 复合结构以后（曲线 c），在 526 nm、586 nm 和 640 nm 处出现了 3 个透射通带峰，峰高为 3%~5%。根据 Ag/PVA/Ag 复合结构透射曲线以及本课题组以前研究结果分析认为：银树枝状结构与金属开口谐振环一样，其谐振频率取决于它的结构参量，某一尺寸或接近某一尺寸的银树枝状结构，在其相应的频段产生谐振，而其他尺寸的结构则在相应的另一频段产生谐振。在 Ag/PVA/Ag 复合结构的测试区域内，由于银树枝状结构尺寸的不均匀分布，所以会产生多级谐振而出现多个透射通带峰。

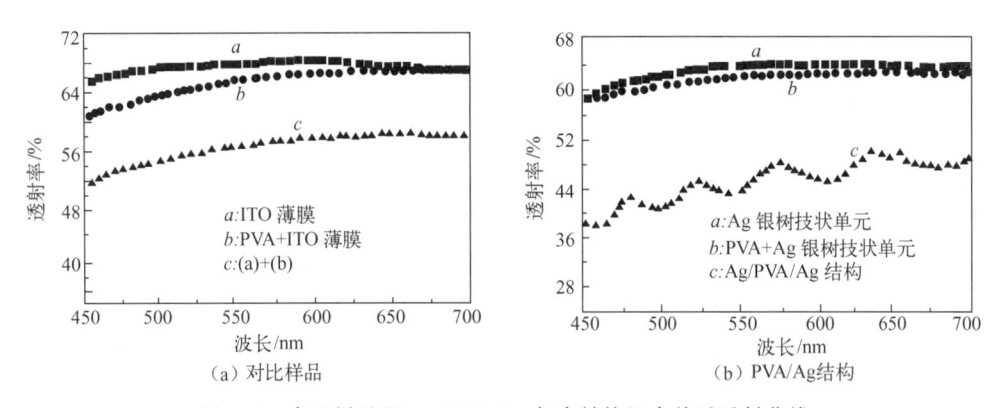

图 5-6 参比样品和 Ag/PVA/Ag 复合结构组合前后透射曲线

4）Ag/PVA/Ag 复合结构可见光波段的聚焦效应

为进一步证实实验结果，对具有多个透射峰的 Ag/PVA/Ag 复合结构进行了平板聚焦实验。图 5-7 给出了样品的平板聚焦结果，图中 3 条曲线说明：透过样品的波长为 526 nm、586 nm 和 640 nm 的单色光在距离样品分别为 20 μm、22.5 μm 和 24.8 μm 处发生了明显的会聚现象，且在聚焦点探测到的单色光比相应波长的光源强度高 10%~15%。聚焦结果进一步说明制备的基于银树枝状单元的 Ag/PVA/Ag 复合结构具有聚焦效应。结合先前的研究结果，认为测得的透射峰为银树枝状结构谐振所致，多频带透射峰的出现是由于银树枝状结构单元的大小不同引起的。

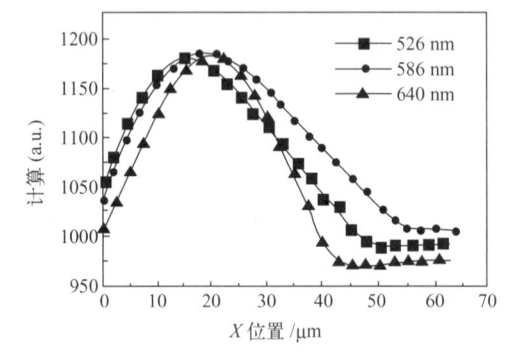

图 5-7 Ag/PVA/Ag 复合结构聚焦强度图

3. 效果

采用化学电沉积在柔性基 ITO 导电薄膜上制备银树枝状单元随机分布的样品，并将样品制作成 ITO 导电薄膜+Ag+PVA+Ag+ITO 导电薄膜的复合结构。这种结构在可见光波段（400~750 nm）范围内出现多个透射峰，并在相应波长有明显光线会聚行为，证实这种基于银树枝状单元的 Ag/PVA/Ag 复合结构具有聚焦效应。实验结果突破了传统的只有周期排列的阵列才能实现超材料聚焦效应的观念，柔性基超材料的实现将为光学隐身装置的突破提供重要的材料基础。

二、可见光多频超材料及其吸收器

利用电化学沉积自组装法制备了具有纳米银树枝结构单元的超材料吸收器。该吸收器采用"金属谐振结构单元层-绝缘层-金属层"复合结构，由直径 70~140 nm、非周期排列的银树枝结构单元与聚乙烯醇绝缘层和纳米银金属层组合而成。通过改变电化学沉积过程中的条件，可以实现对超材料吸收器吸收频率点数量和吸收强度的可控调节。实验表明这种吸收器可在 538 nm 和 656 nm 实现强度为 21.1% 和 24.8% 的多频吸收。这种超材料吸收器具有制备工艺简单、制备成本低廉、样品工作面积大等特点。

超材料吸收器（Metamaterial Absorber），又称为"完美吸收器"（Perfect Absorber），是一种利用超材料谐振特性实现超高电磁吸波能力的新型器件，它是近几年发展起来的超材料理论的一个重要的分支。通过特殊的结构设计，如开口环结构、短杆对结构、渔网结构等，超材料结构单元能够对特定频率的电磁波发生响应，产生电磁谐振，使得材料的有效介电常数和有效磁导率<1或为负值，实现诸如"负折射""完美透镜""隐身斗篷"等奇异的光学现象。但这种谐振常伴随着巨大的能量损耗，使得超材料的实际工程应用价值受到了极大的限制。2008年，N. I. Lancly等设计了一种"电谐振环-绝缘层-金属线"复合结构，这种结构使得材料阻抗与空气阻抗相匹配，入射的电磁波将完全进入材料而不产生反射波，使材料反射率为零；而电谐振环所引起的谐振损耗使得入射的电磁波在单层复合结构中几乎完全消耗，使材料透射率为零。实验证明，这种超材料吸收器可在微波段单一频率点处实现接近100%的超高吸收率。这种设计为人们设计高性能吸波器件提供了一个新的思路。从2008年至今，国内外先后提出了多种在吉赫兹、太赫兹、红外波段工作的超材料吸收器的设计，并使其具备对入射波角度和偏振不敏感的特性。另外，通过密集排布结构单元、堆栈不同尺寸的结构单元组成多层结构和将不同的谐振结构整合在同一结构单元，双频工作超材料吸收器也得以实现。但是，目前已报道的超材料吸收器都采用了标准刻蚀法（Standard Photolithography Method）制造，其成本和加工周期都十分可观。尤其刻蚀纳米量级尺寸的结构单元时，标准刻蚀法加工显得极为困难，难以满足可见光超材料吸收器的设计要求。由于受到这种限制，已报道的结构单元最小的超材料吸收器仅能在近红外波段实现单频吸收。

通过仿真实验，提出并验证了周期或非周期各向同性分形树枝状结构单元超材料吸收器的设计思想。课题组利用"自下而上"的电化学沉积自组装法制备了能在红外、可见光波段工作的树枝状结构单元超材料。而本节是基于上述的两项工作，利用电化学沉积法，设计并制备了一种具有"银树枝结构单元层-PVA电介质层-银金属层"复合结构的超材料吸收器。并通过改变沉积条件，研究沉积电压和PEG浓度对这种超材料吸收器吸收性能的影响。这种超材料吸收器不仅首次实现了在可见光频段对入射光波的吸收，而且具有多个吸收频率点。这种可见光多频超材料吸收器的实现为高光谱分辨成像和空间光调制技术提供了新的思路。

1. 制备方法

电化学沉积法制备银树枝结构单元超材料吸收器的流程如下：

（1）将镀有氧化铟锡（ITO）导电薄膜的导电玻璃裁成 50 mm×12 mm×1 mm 的平板，用皂粉及超纯水清洗后烘干备用。

（2）在 5 mL 二次去离子水（UPW）中加入适量的聚乙二醇-20000（PEG-20000），室温下搅拌 30 min 至 PEG-20000 完全溶解。

（3）取质量分数为 0.02% 的硝酸银（$AgNO_3$）溶液 5 mL，加入已完全溶解的 PEG-20000 溶液中，自然光照射下冰浴搅拌 30min 得到混合溶液。这个过程中，Ag^+ 可与 PEG-20000 长链的氧原子配位使其吸附在 PEG-20000 长链上。将制备好的 $AgNO_3$/PEG-20000 混合溶液放在 4℃ 遮光环境中存放 12 h 待用。期间，少部分 Ag^+ 能还原为银纳米颗粒为后续电化学沉积反应提供生长核。最终溶液为淡灰色半透明液体。

（4）将 0.1 g 的 $AgNO_3$ 加入 2 mL 的 UPW 中匀速搅拌，待硝酸银完全溶解后，再向溶液中逐滴加入总共约1 mL的三乙醇胺（TEA）制备AgNO$_3$/TEA溶液。这个过程中，Ag$^+$与三乙醇胺络合形成[Ag(TEA)$_2$]$^+$，有利于控制银的还原速度，并最终形成致密平整的银金属层。

（5）以处理过的ITO导电玻璃的导电面为阴极，平整且表面光滑的高纯度银板作为阳极，两极板以厚度为175 μm的聚氯乙烯（PVC）板隔开，利用毛细作用在两个电极之间的间隙内注入已制备好的AgNO$_3$/PEG-20000混合溶液作为电化学沉积电解液，20℃恒温下，在一定直流电压下沉积一定时间，可以得到纳米银树枝结构单元层。这些结构单元在整个ITO导电玻璃基底上沿二维平面生长，呈非周期分布，每个结构单元具有多级分形结构。整个银树枝层的面积为30 mm×10 mm。

（6）将阴极更换为另一块处理的ITO玻璃，并将PVC板的厚度增至625 μm，以制备的AgNO$_3$/TEA溶液为电解液，室温下在同样的电化学反应装置中以周期3s、脉宽0.1s的脉冲电压反应9~11个周期，即可在ITO导电玻璃表面得到致密、平整且反光度高的银金属层，其厚度约为400 nm。

（7）将适量的聚乙烯醇（PVA）加入到50mL的UPW中，70℃条件下搅拌至PVA完全溶解。待溶液冷却至室温后将其滴涂在已制备的银树枝结构单元层上。将样品垂直放置在无尘环境中自然干燥12 h。在此过程中PVA溶液在重力作用下均匀覆盖在银树枝结构单元层上，固化后可形成厚度为50~100 nm的PVA绝缘层。

（8）将银树枝结构单元层/PVA电介质绝缘层和银金属层面对面紧密组合在一起，即可制备完成银树枝状超材料吸收器，其结构如图5-8（a）所示。

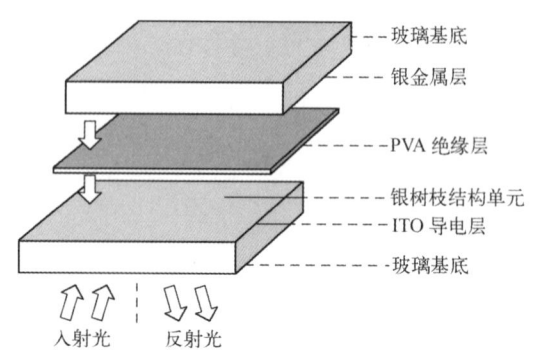

(a) 所制备的可见光超材料吸收器的结构图

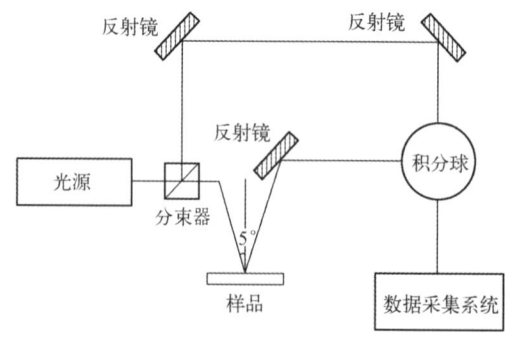

(b) 样品反射光谱测试光路

图5-8 可见光超材料吸收器的结构与测试系统

2. 性能与影响因素

1）沉积条件对银树枝结构单元形貌的影响

采用电化学沉积法制备的银树枝结构单元的扫描电子显微镜（SEM）照片如图5-9所示。样品的制备条件为沉积电压为0.9V，沉积时间为100s，PEG-20000的质量分数为9.9%。从SEM照片中可看出，银树枝结构单元在二维平面内非周期分布，直径为70～140 nm，每个结构单元具有多级分形结构，相邻结构单元之间的距离约为100 nm。

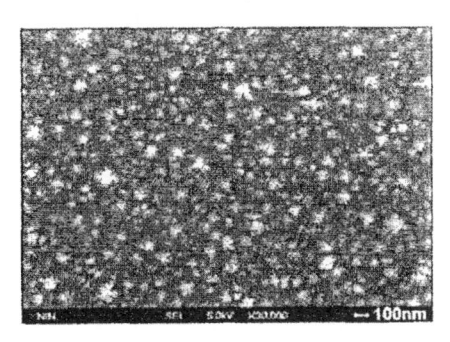

图5-9 所制备的银树枝结构单元的扫描电子显微镜照片

研究两个沉积条件对银树枝结构单元形貌特征的影响：沉积电压和PEG-20000浓度。

（1）沉积电压的影响。图5-10（a）为沉积电压0.7V下制备的银树枝结构单元的SEM照片。其沉积时间、PEG浓度均与图5-9所示样品的制备条件相同。与图5-9对比可以看出，当减小沉积电压时，单一结构单元的直径明显增大（由70～150 nm变化为200～500 nm），并且直径的分布加宽，大小相近的结构单元数量减少，结构单元的密度减小，相邻结构单元之间的距离增大。从两幅图中可以看出，低电压时，还原的银颗粒数量少，单一结构单元沿二维平面生长，多级分形结构细节明显。高电压沉积时，还原的银颗粒数量增加，少数结构单元开始垂直于平面纵向生长（如照片中的白点），并且多级分形结构细节开始模糊。分析认为，低沉积电压下，银生长核数量少，游离的Ag^+由于受到PEG-20000长链的束缚，只能与距离较近的生长核结合就近生长，所以单位面积内结构单元的数量少，但直径偏大；加大沉积电压可以使得银生长核数量增多，使单元面积内沉积银树枝结构单元的数量增大。另外，电压的增大使得Ag^+/PFG-20000长链获得更大的驱动力，不再受限于邻近的生长核而就近生长，这样使得结构单元的直径分布窄，直径也得到缩小。

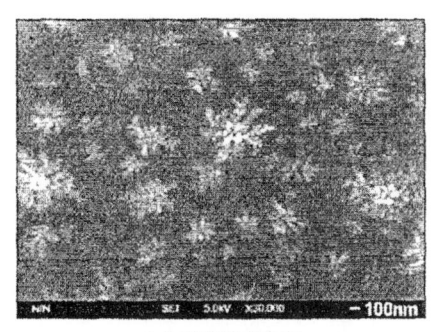

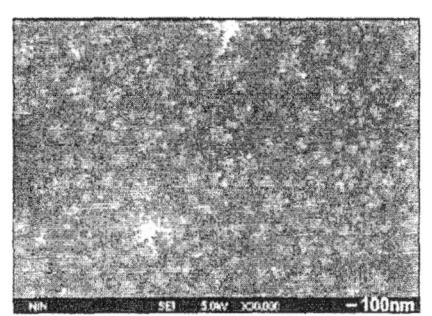

（a）0.7V沉积电压　　　　　　　（b）10.7%浓度的PEG-20000

图5-10 不同沉积条件下制备的银树枝结构单元SEM照片

(2) PEG-20000 浓度的影响。图 5-10（b）为 PEG-20000 浓度 10.7% 下制备的银树枝结构单元的 SEM 照片。其沉积电压、沉积时间均与图 5-9 所示样品的制备条件相同。与图 5-9 对比可以看出，图 5-10（b）中银树枝直径为 80~300 nm，增加 PEG 浓度并使得结构单元直径分布略窄。单位面积内的银树枝结构单元的数量、相邻结构单元之间的距离并无太大变化。但相同大小的结构单元数量有增加，银树枝结构单元直径分布进一步变窄，而且树枝的分形细节变得清晰。分析认为，PEG-20000 浓度的增加使得单位面积内 PEG-20000 长链的数量增加，而由于 Ag^+ 数量有限，导致被还原的银颗粒数量并无太大变化，所以沿一条 PEG-20000 链生长的银颗粒数量较少，导致分形结构清晰。但 PEG 浓度过高时，在单一 PEG-20000 链上生长的银颗粒过少而使得银树枝结构单元无法得到清晰的分形结构。

2）沉积条件对银树枝超材料吸收器性能的影响

由上面的分析可以看出，沉积电压、PEG-20000 浓度这些因数直接影响着银树枝结构单元的形貌特征。

通过测试制备样品的吸收光谱可以看出，这些影响对制备的超材料吸收器的最终性能应起到作用。

(1) 沉积电压对超材料吸收器吸收性能的影响。通过实验测试，如图 5-11（a）所示，当测试的样品 PEG 浓度均为 11.5%、沉积时间均为 80 s、PVA 浓度为 1% 时，增加电压（0.8 V，实线；0.9 V，虚线），吸收峰的数量减少，各吸收峰的强度增大（10%~20%）。通过上面的分析可知，沉积电压会对银树枝结构单元的直径大小和直径分布有影响。沉积电压的增大使得直径分布窄，减少了谐振频率点的数量，使吸收峰数量减少；而大小相近的结构单元数量增多，使得在单一谐振频率点的吸收强度提高。

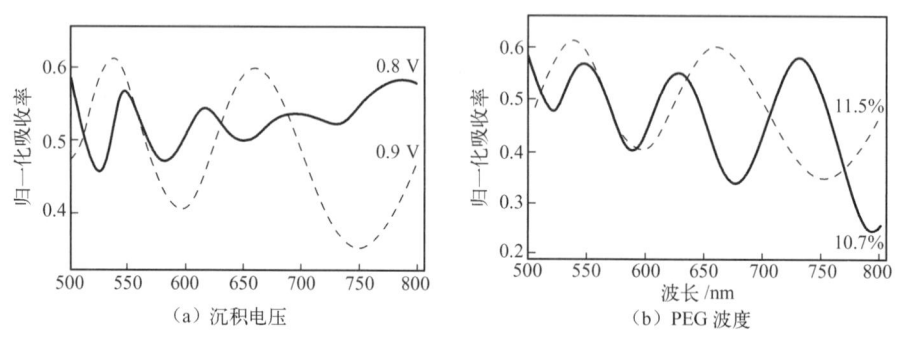

图 5-11　沉积电压和 PEG 浓度对超材料吸收器吸收光谱的影响

(2) PEG 浓度对超材料吸收器吸收性能的影响。如图 5-11（b）所示，当两个样品的沉积电压均为 0.9 V、沉积时间均为 80 s、PVA 浓度为 1% 时，增加 PEG-20000 的浓度（10.7%，实线；11.5%，虚线），吸收峰的数量减少，各个吸收峰的强度有所增强。通过上面的分析，PEG-20000 浓度的增大可以使得相同大小的结构单元数量有所增加，结构单元形貌更为清晰，直径分布进一步变窄，发生谐振的频率点数量减少，在单一谐振频率点的吸收强度提高。但 PEG-20000 浓度过高对树枝结构单元的分形形貌生长不利，在高的电压下更应注意控制 PEG-20000 浓度。

通过反复改变沉积电压、PEG-20000 浓度等制备条件，发现在沉积电压为 0.8~

0.9 V、沉积时间为 80 s、PEG 浓度为 10.7%~11.5%、PVA 浓度为 1% 所制备的样品均能产生这样的多频吸收。而最优条件为沉积电压为 0.9 V，沉积时间为 80 s，PEG-20000 浓度为 11.5%，PVA 浓度为 1%。在此条件下制备的样品在 538 nm 和 656 nm 实现了强度为 21.1% 和 24.8% 的多频吸收。

3. 效果

基于树枝谐振结构单元模型，以电化学沉积法为主要制备手段，详细研究了具有"银树枝结构单元层-PVA 绝缘层-纳米银金属层"复合结构的多频可见光超材料吸收器的制备工艺及吸收特性。通过调节沉积电压、PEG-20000 浓度等条件，能控制在 ITO 基板上沉积的银树枝结构单元的直径大小、分布和密度。实验所测的吸收光谱结果表明，这些控制因素对最终制备的超材料吸收器的性能，如吸收峰数量和吸收强度，起着决定性的作用。反复调节制备条件后，得到了最优化的制备条件为沉积电压 0.9 V，沉积时间 80 s，PEG-20000 浓度为 11.5%，PVA 浓度为 1%。此条件下制备的样品在 538 nm 和 656 nm 实现了强度为 21.1% 和 24.8% 的多频吸收。这种多频可见光超材料吸收器的制备工艺简单，成本低，样品有效工作面积大，为高光谱成像、空间光调制及医学探测器等领域的发展提供了一种新思路。

三、双渔网结构的绿光波段超材料

利用微小粒子的自组装过程，提出用自下而上的化学方法来制备红外和光频的左手超材料，并且已经取得了一些进展。随后采用这种自下向上的方法成功制备出光频段的双渔网结构超材料，实验在此基础上改进一定的工艺条件，采用模板辅助化学电沉积的方法，先制备出结构周期为 135 nm 的金属银纳米网格结构，然后进一步制备出双渔网结构，测量发现在绿光波长 550 nm 附近出现了一个透射峰。随后的平板聚焦实验证实这是一个左手透射峰。当在中间介质层中掺入活性介质 Rhodamine B (Rh B) 后，发现样品的透射峰位置基本保持不变，但是透射峰明显增强，同时平板聚焦效应也更明显。

1. 制备方法

首先制备聚苯乙烯（PS）小球，然后采用化学电沉积法，以二维聚苯乙烯（PS）胶体晶体为模板制备出绿光波段双渔网结构。二维 PS 胶体晶体模板的制备使用膜转移法，需要注意的是，当模板中 PS 球径为 135 nm 时，转移液温度需控制在 8~12℃。

称取 0.08 g 硝酸银完全溶于 2 mL 水中，再向其中缓慢滴加三乙醇胺，溶液由浑浊逐渐澄清，配制成银氨溶液作为电解液，以二维 PS 胶体晶体模板作为阴极，银片（含量为 99.99%）作为阳极（极板间距为 670 μm），使用化学电沉积法制备出第一层金属银纳米网格，然后在上面涂覆一层 1% 的聚乙烯醇（PVA）溶液，将样品放在鼓风干燥箱中 90℃恒温固化 30 min。待 PVA 固化好以后，以此为基片用上面沉积金属银网格的方法再沉积一层银网格，制备出金属网格-介电层-金属网格的双渔网结构。为了减少这种双渔网结构中金属网格的吸收，降低样品的损耗，在中间介电层 PVA 中渗入活性介质 Rhodamine B (Rh B) dye（浓度为 4×10^{-5} mol/L），然后用化学电沉积法制备出损耗相对较低的双渔网结构。采用 JEOL JSM-6700 型场发射扫描电子显微镜（SEM）对制备的金属银纳米网格结构进行形貌表征。采用 U-4100 型分光光度计测试了纳米网格及双渔网结构样品在 360~800 nm 波段的透射率、反射率及吸收率。采用本课题组自行设计并搭建的可见光波段平板聚焦测试系统（图5-12），对所制备的样品做进一步的平板聚焦实验。

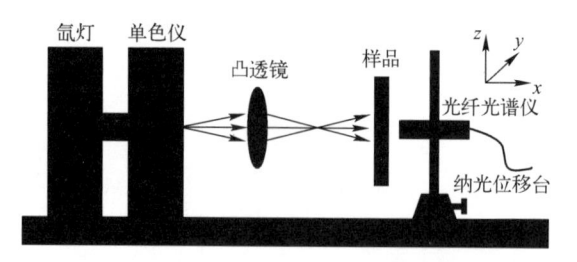

图5-12 平板聚焦测试系统示意图

2. 性能与影响因素

1）不同结构的透射性能

图5-13是不同结构的透射谱：图5-13（a）样品是金属银纳米网格+PVA结构；图5-13（b）样品是金属银纳米网格+PVA/Rh B结构；图5-13（c）样品是银膜+PVA结构；图5-13（d）样品是银膜+PVA/Rh B结构。

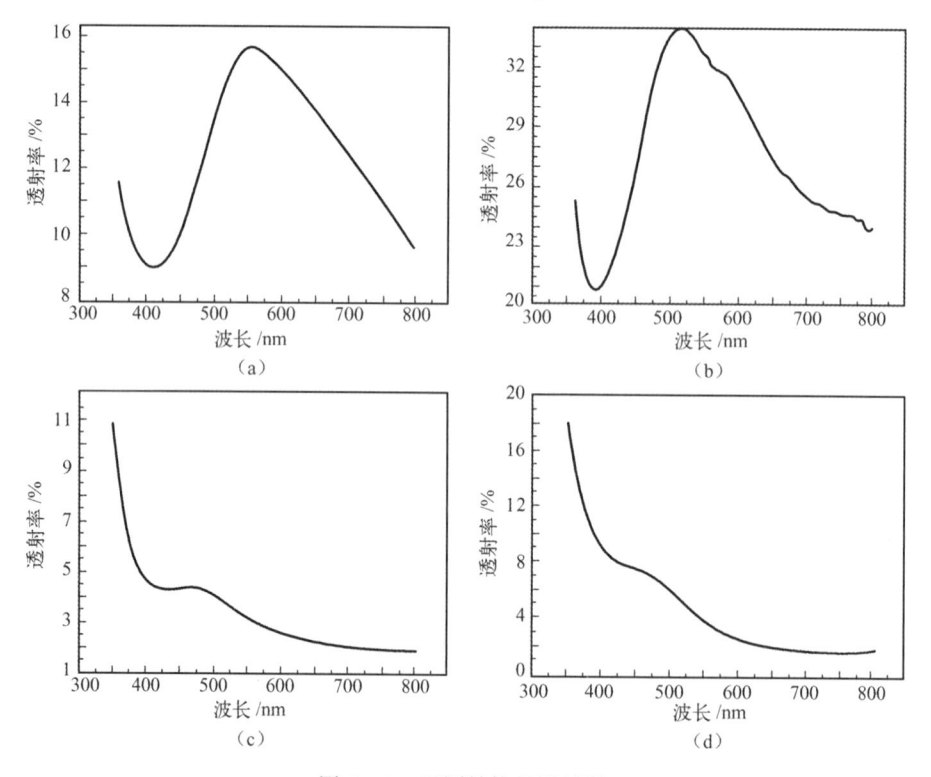

图5-13 不同结构的透射谱

图5-13（a）是用135 nm粒径的PS胶体晶体作为模板时沉积的金属银纳米网格上涂覆一层介质层PVA的透射谱，透射峰位于约555 nm处，透射率约为7%；图5-13（b）中样品的制备与图5-13（a）相比不同之处是在介质层PVA中掺杂活性介质Rhodamine B（Rh B）dye（浓度为4×10^{-5} mol/L），测得的透射峰位于约545 nm处，透射率约为

13.5%，可以看出在介质层中掺杂活性介质 Rh B 以后，透射峰的位置没有太大的变化，而透射率几乎增加了 1 倍。图 5-13（c）是在银膜上涂覆一层 PVA 的透射谱，图 5-13（d）是在银膜上涂覆一层 PVA 中掺杂 Rh B 介质层的透射谱，可以看出仅仅是在银膜上涂覆介质层并不会出现透射峰，说明制备的超材料确实由于特殊的结构造成了对电磁波的特殊响应，在介质层中掺杂活性介质不会影响透射峰位置，但是能提高透射率。

2）双渔网结构的透射性能和平板聚焦性能

图 5-14 是所制备的周期为 135 nm 的双渔网结构的透射谱，图 5-14（a）的样品是金属银纳米网格+PVA+金属银纳米网格结构，图 5-14（b）的样品是金属银纳米网格+PVA/Rh B+金属银纳米网格结构。两种结构制备不同之处在于中间的介质层，图 5-14（a）样品的中间介质层是 PVA，而图 5-14（b）样品的中间介质层是在 PVA 中掺杂活性介质 Rh B，可以看出掺杂前后透射峰的位置都在约 550 nm 处，而透射率掺杂前约为 6%，掺杂后约为 15%，透射率提高了 9%。这说明金属网格+介质层+金属网格的双渔网结构同样在特定波长处出现透射峰，在中间介质层中掺杂活性介质以后透射率有所提高。

根据平板聚焦原理，在左手超材料中，出现透射通带的光束透过超材料后会在样品的另一侧出现聚焦现象。图 5-15 是对周期为 135 nm 的双渔网结构实验测得的聚焦图，图 5-15（a）样品是金属银纳米网格+PVA+金属银纳米网格结构，图 5-15（b）样品是金属银纳米网格+PVA/Rh B+金属银纳米网格结构。根据图 5-14（a）的透射通带峰值在约 550 nm 处，所以选用的光波长为 550 nm。从图 5-15 可以看出，在中间介质层中掺杂活性介质 Rh B 后，双渔网的聚焦光强增加的相对值由约 3% 提高到约 6.5%，聚焦距离依然在约 270 nm 处，与平板聚焦的原理相吻合。

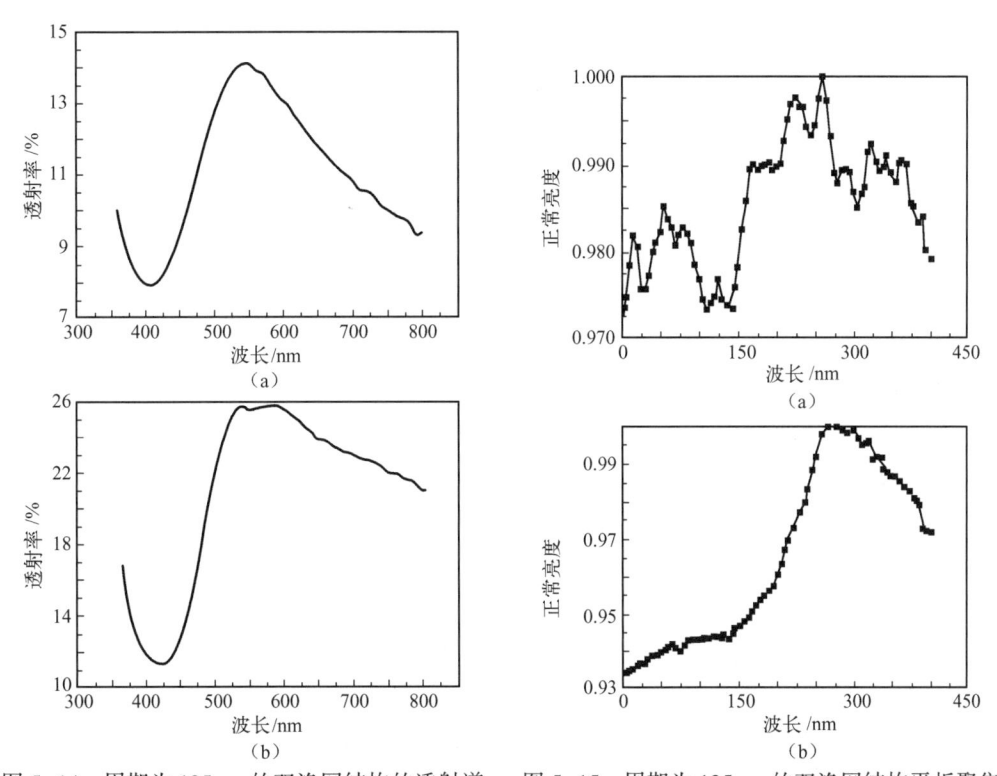

图 5-14 周期为 135 nm 的双渔网结构的透射谱　图 5-15 周期为 135 nm 的双渔网结构平板聚焦

3. 效果

参考双渔网结构超材料物理模型，使用模板辅助化学电沉积法制备出结构周期为 135 nm 的中间介质层为 PVA 的双鱼网孔洞结构。在介质层中掺杂活性介质 Rh B，透射测量发现掺杂前后结构的透射峰位置基本保持不变，而掺杂后的透射率从未掺杂的 7% 提高到 13.5%，几乎增加了 1 倍。并且在平板聚焦实验中，掺杂后的聚焦光强增加的相对值从未掺杂的 3% 提高到约 6.5%，聚焦距离依然保持不变，使得平板聚焦效应更明显。这种模板辅助化学电沉积法工艺简单、成本低廉，并且可以制备出可见光波段的双渔网结构超材料，而中间介质层中掺杂活性介质 Rh B 后，透射、聚焦行为都能明显增强，起到了降低结构损耗的作用，为大规模制备可见光频段的超材料提供了新的途径。

四、仙人球状 Ag/TiO$_2$/PMMA 可见光波段超材料

采用溶剂热合成法，制备了仙人球状 Ag/TiO$_2$ 颗粒，经 γ-甲基丙烯酰氧基丙基三甲氧基硅烷（KH570）对其进行表面修饰后，通过乳液聚合法制备了 Ag/TiO$_2$/PMMA 复合超材料。经透射电子显微镜（TEM）分析证明改性后的 Ag/TiO$_2$ 颗粒成功地装载在聚甲基丙烯酸甲酯（PMMA）内，形成复合核壳颗粒 Ag/TiO$_2$/PMMA；经扫描电子显微镜（SEM）分析证实复合核壳颗粒排列均匀，单分散性良好。光学性能测试表明，该复合材料在可见光波段波长为 530 nm 附近出现了单一透射峰，峰高约为 6%，并且在此波长下具有纳米平板聚焦现象，聚焦强度为 4%。

1. 制备方法

1）原材料与设备

硝酸银（AgNO$_3$）、钛酸丁酯（TBT）、四氯化钛（TiCl$_4$）、甲苯，分析纯；甲基丙烯酸甲酯（MMA），蒸馏后使用；无水乙醇（EtOH）；聚乙烯吡咯烷酮（PVP）；过硫酸钾（KPS）；聚乙二醇-400（PEG-400）；γ-甲基丙烯酰氧基丙基三甲氧基硅烷（KH570）；氨水；去离子水，实验室自制。

容积为 50 mL 的高压反应釜，85-2 型恒温磁力搅拌器，101A-1E 型电热鼓风干燥箱，JJ-1 型定时电动搅拌器，KW 系列恒温水浴锅。

2）仙人球状 Ag/TiO$_2$ 的制备

称取 4 g TBT 于 50 mL 烧杯中，并加入 30 mL 甲苯，将 1 g AgNO$_3$ 溶于 1 mL 去离子水，加入上述混合液中，冰浴慢速搅拌 10~15 min；将 2 mL 38.5%（质量分数）TiCl$_4$ 溶液加入冰浴搅拌的混合液中，继续搅拌 1 h，然后将其转入高压反应釜中，将反应釜置于烘箱内，从室温慢慢升至 150℃，恒温加热 24 h；取出反应釜，待其自然冷却至室温，将反应釜底部的沉淀物用 EtOH 洗涤 5~6 次，过滤，自然条件下晾干，即可制得仙人球状 Ag/TiO$_2$。

3）仙人球状 Ag/TiO$_2$ 的表面改性

将上述 Ag/TiO$_2$ 分散于 50 mL EtOH，并置于三口烧瓶中，将 2 mL PEG-400 溶于 5 mL EtOH，缓慢滴加到烧瓶中，机械搅拌 1 h，然后将 1 mL KH570 溶于 5 mL EtOH，滴加到烧瓶中，继续搅拌 5 h，最后将 1 mL 氨水溶于 5 mL EtOH，滴加到烧瓶中，继续搅拌 16 h。离心分离，用 EtOH 清洗 3 次，即可得到 KH570 修饰的仙人球状 Ag/TiO$_2$。

4）仙人球状 Ag/TiO$_2$/PMMA 的制备

将上述经 KH570 修饰后的仙人球状 Ag/TiO$_2$ 分散到 20 mL EtOH 于三口烧瓶中，加入 2 mL MMA（溶于 5 mL EtOH），搅拌 1 h，然后加入 0.2 g PVP 和 80 mL 去离子水，搅拌 1 h；随后转入已升温至 80℃ 的恒温水浴锅中，在 N$_2$ 保护下冷凝；将 0.06 g KPS 溶于 5 mL 去离子水，平均分成 3 份，每隔 2 h 加入 1 份，继续搅拌 8~10 h，得到仙人球状 Ag/TiO$_2$/PMMA 的乳液。离心分离后将其旋涂成膜于玻璃基底上。

2. 性能

1）仙人球状 Ag/TiO$_2$ 的改性及包覆机理分析

图 5-16 为硅烷 KH570 水解反应方程式。如图 5-16 所示，KH570 在碱性条件下经水解最终生成具有三羟基的硅醇，其部分羟基可与 Ag/TiO$_2$ 表面羟基进行缩合反应，将 KH570 的乙烯基部分（包含在 R 中）嫁接在 Ag/TiO$_2$ 表面，剩余羟基由于范德华力相互间形成氢键，如图 5-17 所示。当加入单体 MMA 后，其碳碳双键与 KH570 的乙烯基部分发生聚合反应，将 PMMA 包覆在 Ag/TiO$_2$ 表面，形成核壳结构，如图 5-18 所示。

图 5-16 KH570 水解反应方程式

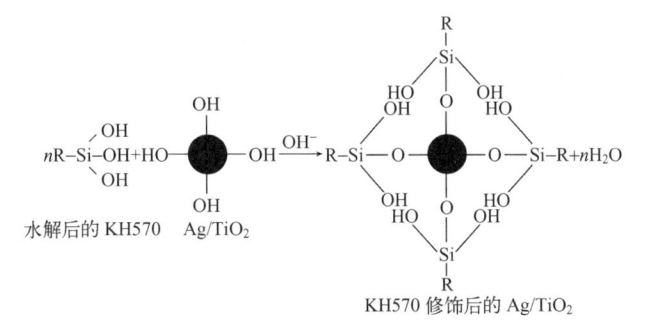

图 5-17 KH570 与 Ag/TiO$_2$ 反应方程式

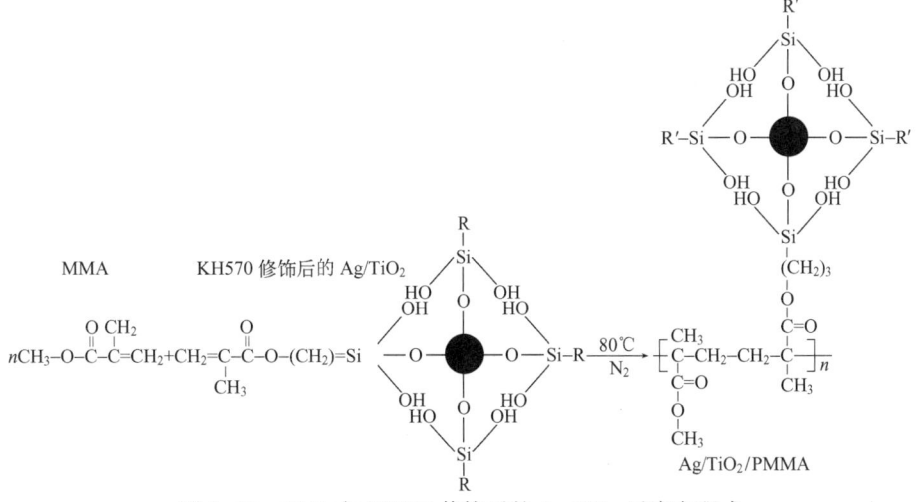

图 5-18 MMA 与 KH570 修饰后的 Ag/TiO$_2$ 反应方程式

2）Ag/TiO$_2$/PMMA 的 TEM 分析

Ag/TiO$_2$/PMMA 在不同放大倍数下的 TEM 照片，从中可以看出：黑色仙人球状微球为 Ag/TiO$_2$ 颗粒，在球体表面长满了一维辐射状的纳米棒，其长度为 200~250 nm，宽度约为 10 nm。Ag/TiO$_2$ 颗粒已经成功装载于聚合物 PMMA 中，形成了以 Ag/TiO$_2$ 为核、PMMA 为壳的核壳结构。壳层厚度为 10~20 nm，且辐射状的纳米棒之间也被 PMMA 填充。

3）Ag/TiO$_2$/PMMA 的 SEM 分析

从制得的 Ag/TiO$_2$/PMMA 膜在不同放大倍数的 SEM 照片中可以看出：Ag/TiO$_2$/PMMA 颗粒排列紧密，单分散性良好，这是由于壳层上的 PMMA 具有自组装特性，可使包覆于其内部的 Ag/TiO$_2$ 颗粒较为均匀地排列，这样使得三维的 Ag/TiO$_2$/PMMA 颗粒在二维平面上形成了排列有序的膜。

4）透射曲线和纳米平板聚焦曲线分析

Ag/TiO$_2$/PMMA 的透射曲线和亚波长纳米平板聚焦曲线测试结果如图 5-19 所示。图 5-19（a）为 Ag/TiO$_2$/PMMA 的透射曲线，在 530 nm 附近出现了单一透射峰，峰高约为 6%，这是因为在此波段下的入射光波波长与复合颗粒尺寸相当而产生谐振。图 5-19（b）为 Ag/TiO$_2$/PMMA 在入射光波长 530 nm 下的纳米平板聚焦曲线，此复合材料出现了纳米聚焦效应，在位移为 230 nm（<530/2=265 nm）处光强达到最大值，聚焦强度为 4%，这是由于 Ag/TiO$_2$/PMMA 具有逆 Snell 折射效应，可将发散的光进行会聚而出现纳米平板聚焦现象，故可以断定 Ag/TiO$_2$/PMMA 是一种左手超材料，可以实现亚波长纳米聚焦。

（a）Ag/TiO$_2$/PMMA 透射曲线　　（b）Ag/TiO$_2$/PMMA 纳米平板聚焦曲线

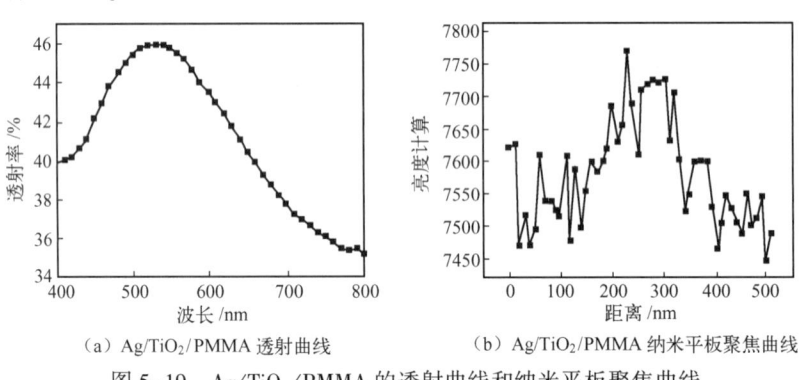

图 5-19　Ag/TiO$_2$/PMMA 的透射曲线和纳米平板聚焦曲线

3. 效果

（1）采用溶剂热合成法，制备了仙人球状 Ag/TiO$_2$ 颗粒，经 KH570 改性后，将其装载于 PMMA 内，形成 Ag/TiO$_2$/PMMA 复合核壳颗粒，并利用 PMMA 的自组装性质将复合颗粒均匀排列成膜。

（2）光学性能测试表明，该材料在可见光波段波长为 530 nm 附近出现了单一透射峰，峰高约为 6%，并且在此波长下具有纳米平板聚焦现象，位移为 230 nm 处光强达到最大值，聚焦强度为 4%。

五、海胆状 Ag/TiO$_2$ 可见光波段超材料

采用溶剂热合成法和化学镀法制备了海胆状 Ag/TiO$_2$。采用流动沉积覆膜的方式，

使颗粒均匀地覆盖在涂有 PVA 的 ITOG（方块电阻为 17Ω/口）和 G 基底上。然后，将涂有 PVA 薄膜的 ITOG(G)与涂有 PVA 和 Ag/TiO$_2$ 的 ITOG(G)组装成结构为 ITOG(G)+PVA+Ag/TiO$_2$+PVA+ITOG(G)的材料。透射性能测试发现，该材料在 360~800 nm 的可见光波段出现多个透射峰，平板聚焦测试发现，在相应的几个透射峰处具有明显的平板聚焦行为。采用该方法制备结构单元，不但设备简单、成本低廉，而且单元结构精细、尺寸容易调节，尤其在制备三维结构单元方面具有非常大的优势。

1. 制备方法

1）溶剂热合成法制备海胆状结构的氧化钛

准确称取 3.2 g TBT 并加入 13 mL 甲苯，置于 50 mL 烧杯中，在冰浴下搅拌 10~15 min（慢速搅拌），准确量取已配好的四氯化钛溶液（在冰箱冷藏 12 h 以上，保证溶液浓度均一）2 mL，倒入烧杯中，澄清的溶液会变成乳白色溶胶，搅拌 1 h 后，出现分层现象，上部为清液，下部为黏稠的胶状物。然后将烧杯中的混合液转移到带有聚四氟乙烯内衬（容积为 25 mL）的高压反应釜中，将反应釜置于烘箱中，从室温开始慢慢升温至 150℃，恒温加热 24 h。待自然冷却至室温后，收集上层废液，用无水乙醇洗涤反应釜底部的沉淀物数次，然后用去离子水洗涤数次至上层澄清，倒掉上层清液，底层白色沉淀物备用。反应过程为

$$Ti(OC_4H_9)_4 + 2H_2O \rightarrow Ti(OH)_4 + 4C_4H_9OH$$
$$Ti(OH)_4 \rightarrow TiO_2\downarrow + H_2O$$
$$TiCl_4 + Ti(OH)_4 \rightarrow 2TiO_2\downarrow + 4HCl\uparrow$$
$$TiCL_4 + 2H_2O \rightarrow TiO_2\downarrow + 4HCl\uparrow$$

2）化学镀法制备 Ag/TiO$_2$

向洗净后的沉淀物中加入适量去离子水，摇匀后倒出 1/2 于烧杯中，加入 30 mL 0.137 mol/L 氯化亚锡水溶液室温下进行敏化，约 30 min 后，用去离子水洗涤至上层溶液澄清，除去清液；再加入 10 mL 0.001 mol/L 氯化钯水溶液室温下进行活化，30 min 后用去离子水洗涤至上层溶液澄清，除去清液；向洗涤后的沉淀物中加入适量去离子水分散，并转移到容积为 100 mL 的三口烧瓶中，室温下搅拌并加入适量的银氨溶液，银氨溶液中 m（硝酸银）:m（水）:m（氨水）= 1:200:100，5~10 min 后再加入 5 mL 体积分数为 2%的甲醛溶液，待混合液颜色不变，可视为反应停止。然后过滤、洗涤，待沉淀物自然干燥后，用药匙轻轻将滤纸上的残留物刮下并压细，即得到红褐色的 Ag/TiO$_2$。反应过程为

$$Ag^+ + 2NH_3 \cdot H_2O(过量) \rightarrow [Ag(NH_3)_2]OH + 2H_2O$$
$$HCHO(过量) + 4[Ag(NH_3)_2]OH \rightarrow 4Ag\downarrow + 6NH_3\uparrow + (NH_4)_2CO_3 + 2H_2O$$

3）超材料的制备

以 ITOG 为基底。ITOG 经过充分清洗并干燥后，将其导电面朝上并倾斜放置，与水平面夹角为 20°~30°，在其导电面由上而下滴加已配制的质量分数为 3%的聚乙烯醇（PVA）水溶液，待浸湿表面后，与水平面呈 70°~80°放置并充分晾干，然后在导电面上涂覆一层很薄的 PVA 薄膜；将适量 Ag/TiO$_2$ 分散到 10 mL 无水乙醇中，并将分散好的悬浊液以流动沉积覆膜的方式均匀涂覆到 PVA 表面，基底与水平面夹角为 20°~30°，每次涂覆完毕后自然晾干，根据透过率的不同，可重复此步骤。最后将制得的涂有

PVA薄膜的ITOG(G)与涂有PVA和Ag/TiO$_2$的ITOG(G)组装成结构为ITOG(G)+PVA+Ag/TiO$_2$+PVA+ITOG(G)的材料，记为样品1。

以G为基底的超材料的制备采用上述同样的方法，得到的材料记为样品2。样品结构示意图如图5-20所示。

2. 性能分析

1) 测试设备与方法

采用场发射扫描电子显微镜（SEM型号为JSM-6700）观察颗粒的结构、微观形貌及粒径分布；采用分光光度计（日立U-4100紫外/可见/近红外分光光度计）测试材料在可见光波段（360~800 nm）的透射率曲线；采用平板聚焦测试设备（图5-21）测试材料在透射峰附近的平板聚焦情况。测试时，样品与光路中轴线垂直并与光纤探头恰好接触然后用微米位移台移动光纤探头沿x轴正方向移动，步进距离为2.5μm。记录光强度随距离的变化情况，得到平板聚焦曲线图。如果不加样品，测得光强度的变化将随距离的推进呈线性降低，因为凸透镜焦点以后光是发散的。

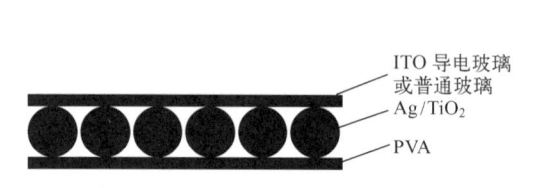

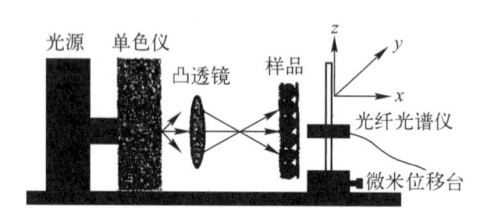

图5-20　超材料结构示意图　　图5-21　平板聚焦测试系统简图

2) SEM分析

Ag@TiO$_2$的SEM图由于包覆银前后颗粒的形貌和结构没有明显的变化，只是颜色发生了改变。

从中可以看出，用溶剂热合成法制备的颗粒是海胆状分级结构的微球，粒径分布在500 nm~1 μm。在球体表面长满了一维的辐射状的纳米棒，纳米棒的宽度大约为15 nm，纳米棒之间有很多缝隙，缝隙的间距不均匀，从几纳米到100 nm均有分布。同时，颗粒的表面并没有发现明显的银颗粒生成，表明银镀层是非常均匀的，主要是因为生成颗粒的特殊结构，纳米棒之间的小间隙使得吸附在表面的离子排斥作用增强，能形成均一的敏化和活化中心，也使得银可以均匀生长。

3) 透射图谱和平板聚焦图谱分析

图5-22是样品1的透射谱图和平板聚焦谱图。由图5-22可知，样品1的透射曲线（图5-22（a））在可见光波段的多个位置出现了透射通带，分别在400 nm、470 nm和590 nm有明显的透射峰。样品1的平板聚焦谱图表明，在400 nm（图5-22（b））和590 nm（图5-22（d））处有明显的聚焦现象，聚焦强度分别为8%和3.5%，而在470 nm（图5-22（c））处却没有聚焦现象。

图5-23是样品2的透射谱图和平板聚焦谱图。样品2的透射图谱（图5-23（a））表明，透射曲线出现了2处明显的透射峰，分别在400 nm（图5-23（b））和500 nm（图5-23（c））处。图5-23（b）、(c)表明，在400 nm和500 nm处都出现了明显的聚焦现象，聚焦强度分别为9%和7%。

图 5-22　样品 1 的透射谱图和平板聚焦谱图

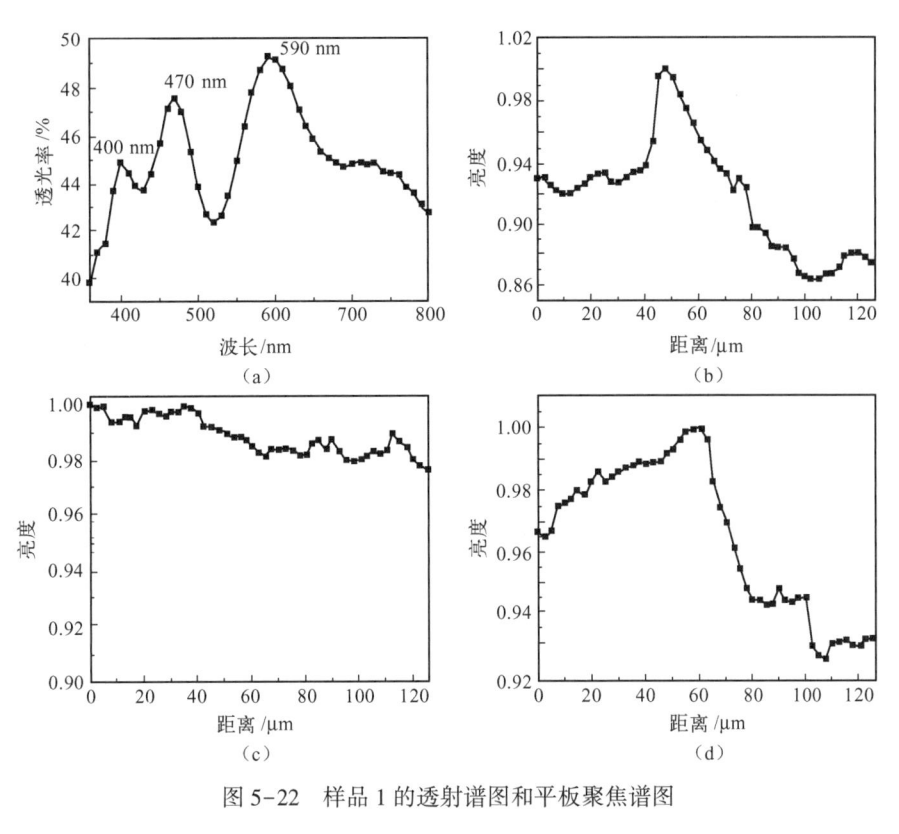

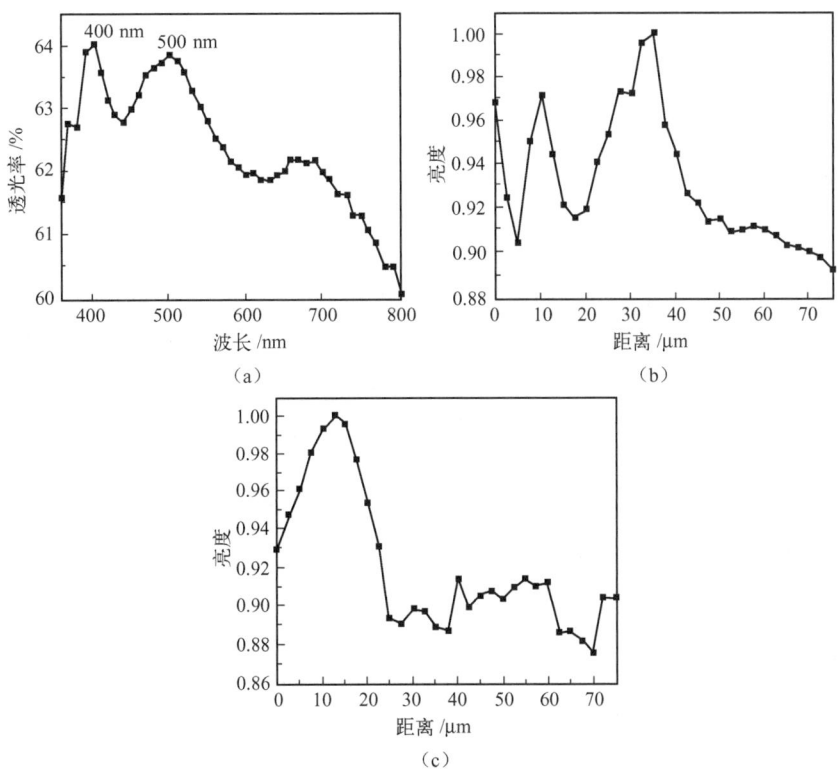

图 5-23　样品 2 的透射谱图和平板聚焦谱图

透射峰的位置会受到基底、PVA 薄膜的厚度及涂覆颗粒厚度的影响，这与材料的介电性改变有关。透射峰和平板聚焦现象的产生与一定波长的单色光引发的复杂的电磁响应有关。具体的产生机理和作用机制尚需进一步研究。

3. 效果

采用溶剂热合成法制备了分级的海胆状三维结构氧化钛颗粒，利用化学镀的方法在其表面镀覆了一层金属银，以这种三维结构颗粒为主要原料，制备了结构为 ITOG(G)+PVA+Ag/TiO$_2$+PVA+ITOG(G) 的材料。经过透射性能测试和平板聚焦测试发现，结构为 ITOG+PVA+Ag/TiO$_2$+PVA+ITOG 的材料在波长 400 nm、470 nm、590 nm 处有明显的透射峰，并在波长 400 nm 和 590 nm 处测得了平板聚焦现象；结构为 G+PVA+Ag/TiO$_2$+PVA+G 的材料在波长 400 nm 和 500 nm 处有明显的透射峰和平板聚焦现象。

该方法所需设备简单、成本低，且制备的单元尺寸较小、结构精细，尤其在制备三维结构单元方面优势明显，可以为超材料的制备提供参考。

六、激光波段相干超材料

Berman 和 Stockman 介绍了受激等离激子的概念及辐射激发引起的表面等离子体的量子放大器。通过开发金属/绝缘体混合介质，可构成一个纳米结构，在该结构内，会形成一个空间尺度小于波长的很强的相干场。V 形金属结构与半导体量子点相结合的结构力实现等离激子激光的可能性。通过将超材料和等离激子辐射结合起来可以产生一种由等离子共振泵浦的小发散角电磁辐射相干光源。能够实现高 Q 值的相干电流的一定结构的两维阵列等离子体振荡器的激发，它能够为实现高空间和时间相干的激光光源提供一个很好的机会，即等离激子激光器。

在受激辐射器中，均一的等离子振荡器决定了激射光的频率，它们会从增益介质泵浦源中获得能量。该集成人工电磁振荡器在受激辐射器中扮演了有源介质的角色。在传统的激光器中，辐射方向是由外部的振荡器决定的，但其相干性是由受激辐射的原子的泊松统计分布决定的。在受激辐射器中，辐射方向与阵列平面垂直。这里，等离子振荡器中的强遏制电流会在相位上振荡。然而，相干的机理并不是泊松分布，而是由于相位振荡电流的损耗最小，因此很容易实现激发。等离子振荡器的反对称结构，打破了遏制振荡模式的无辐射本质，会使得一部分能量在激射阵列的电流振荡中激射到自由空间去，这与激光振荡耦合器中的输出耦合辐射极为类似。因此，与光量子发生器相比，受激辐射器的所有结构，除去需要为有源介质提供增益之外，是一种经典的装置。

为了实现等离激子激光器，需要一种特殊结构的等离子振荡器超材料阵列。它应该能够在高 Q 值电流振荡下工作，并且在所有电流同相位振荡时，有最小的辐射损耗。我们称此介质为相干超材料。最近，我们已证实，开口环形弱对称性（ASR）振荡器能激发高质量模式的反对称电流振荡。如果环形弱反对称并且振荡器按照规则的二维排列，环内部可建立有很长衰减时间的强振荡。这是因为，如果将振荡器放置在二维的无限大的空间阵列时，与振荡电流的电磁偶极矩辐射相关的辐射损耗将会为 0。因此，高 Q 值的振荡器不是由一个 ASR 等离子体振荡器组成，而是由整个阵列组成。自由空间下的电流模式的弱耦合仅仅由开口环的反对称引起，是可以控制的因素（小反对称能够实现低耦合和高 Q 值）。传统超材料的响应主要与单个结构的偶极响应相关，它辐射损耗很强，并且与它们之间的相互作用关系很微弱，弱非对称环形阵列则大为不同。因此，可以通过运用 ASR 阵列的相干特性和高 Q 值振荡的特性来实现模式抑制的受激电流振荡，从而激发高空间相干性的激光。

如果振荡器阵列与增益介质接触，以它是以薄增益介质棒为支撑结构为例，则通过在此高 Q 系统中引入合适的增益，金属中的辐射损耗和焦耳损耗会很大。各种增益介质，如稀土材料、有直接带隙和量子级联放大机制或掺杂有绝缘介质的半导体量子点等光电泵浦半导体结构可以作为这个系统的合适的材料。当达到增益的阈值时，结构中的往返谐振波急剧增加。通过将薄片增益介质和高 Q 值的 ASR 阵列相结合，可以将单程放大倍数相比于仅有增益介质提高几个数量级。

通过介绍增益介质支撑结构下的 ASR 放大倍数的数值分析来说明此概念。这里考虑了两种情况：① 在中红外光谱区域实现共振放大（8 μm），此处金属中的焦耳损耗可以忽略，仅考虑各向同性绝缘介质的增益和损耗即可；② 假设基质的损耗和增益与频率无关，这种简化的假设在超材料共振比增益线窄，并且光谱的烧孔效应不明显的时候是成立的。假设在所有的范围内，增益是没有消耗的。

1. 结构与特性设计

超材料结构模型的单元结构是一个平面的亚波长反对称金属开口环形振荡器（ASR），在水平方向上等间隔分别对应弧度角 β_1、β_2 的不同长度的两部分。ASR 振荡器直接与作为增益介质的绝缘棒接触，该金属结构可以利用电子束直写和光刻蚀方法来实现。

图 5-24 给出了红外 ASR 阵列结构在不同增益级次下的透过性能，该性能由增益系数 α 来表征。当 α 为负值时（损耗材料），超材料会衰减电磁辐射。在 35 THz（λ = 8.4 μm）时，介质中的增益会超过 α_{th} = 70 cm^{-1}，大于损耗，信号衰减会变为信号增强（图 5-25）。该阈值 α_{th} = 70 cm^{-1} 是 2 μm 厚的无阵列单层有缘介质对应于 2.7% 的增益。增益的增加会进一步使得超材料在 α = 125 cm^{-1} 下的共振放大迅速增至 42 dB。在这种单膜层中，增益的增加仅仅能够使得增益放大率提高 5% 左右，除去介质的增益，放大的光谱的宽度会在 0 增益下的 1200 THz 压缩至最大增益处的 Δv = 2 GHz。增益的进一步增加会导致放大率迅速减小。这是因为增益使得放大共振加宽，同样也使得吸收增大；因此，由于辐射损耗增加，使得达到电流的反位相共振的难度增大。

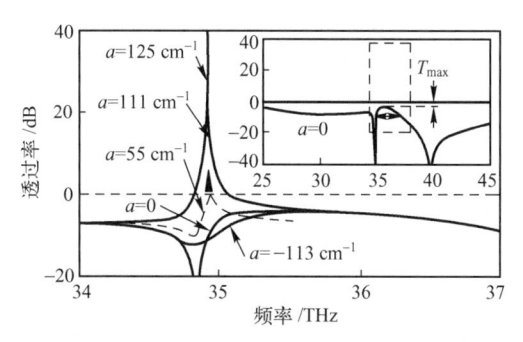

图 5-24 中红外平面 ASR 超材料在不同的增益系数下的透射光谱。虚线箭头给出了透射共振的变化。插图给出了无损耗和增益下的超材料的宽光谱范围内的透射光谱，虚线方格给出了主画线覆盖的光谱区域。

该结构在 1.65 μm 下也进行了相似的分析，其中金属的损耗使得阈值增加至 α_{th} = 1800 cm^{-1}，使得可以达到的波放大的最大值降为 35 dB（图 5-25 和图 5-26），此时放大峰值在 α = 2550 cm^{-1}，对应于单介质膜层时 5.5%的放大率。这里光谱的宽度从 3 THz 降至 Δv = 500 GHz。

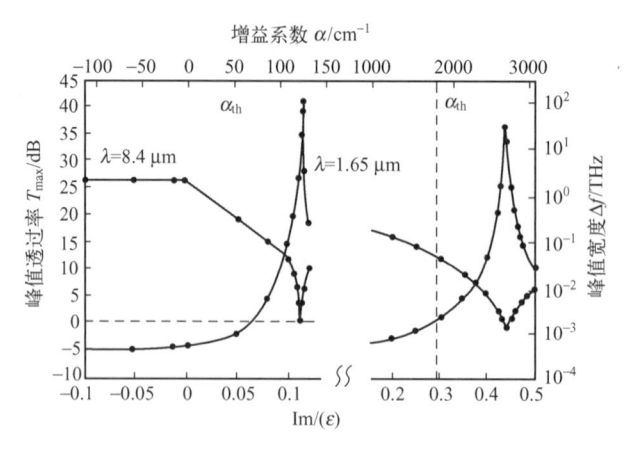

图 5-25　近红外和中红外下 ASR 超材料结构下的共振透射峰值的增益放大和光谱宽度关于增益的函数。

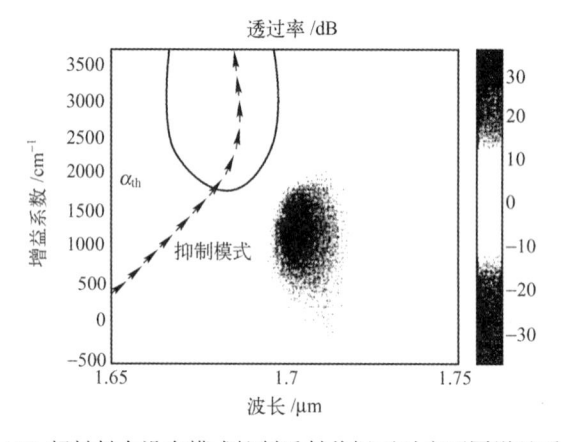

图 5-26　近红外 ASR 超材料在没有模式抑制透射共振下对应不同增益系数 α 的透射光谱。实曲线：单元透射区域。箭头线给出了抑制模式共振频率随增益增加时的演变

当所有单元振荡器的中电流振荡一致时，超材料的辐射损耗最小；当有足够的增益时，电流振荡会自启动。这种共振会引起空间和时间相干的衍射极限光束与阵列垂直，从而使得光学放大器称为等离激子激光器。在没有附加振荡器时，低损耗条件下，会产生相干和窄发散角光束。从超材料阵列作为放大器的性能上可以得到，当达到系统的阈值时，系统在整个阵列上会同时启动等离激子激光。当增益增加时，输出能量也会急速增加，同时迅速压缩光谱的宽度。实际上，等离激子激光的输出能量是由增益介质的饱和和加热控制等限制的。

超材料阵列的小散射损耗使得阈值和增益要达到最大放大 35~40 dB。实际上，最近证实了量子阱结构能够实现数量级为 10^3 cm^{-1} 的增益，这与 ASR 阵列在 1.65 μm 时要

达到的阈值是相类似的。另外，量子级联放大器可以很容易实现中红外情况下的增益值，该波长下可以达到的增益系数超过 100 cm^{-1}。这个能够很容易就实现的阈值使得最近关于将超材料和纳米壳体以及半圆形共振结构相结合来构造小于波长的紧凑的等离子纳米激光器的想法具有很大的优势。等离子振荡器的偶极矩高辐射损耗使得其增益辐射的阈值很难达到。

2. 应用前景

等离激子激光器能够利用很薄的增益介质实现高放大和激射，从而使得它成为了一个有实际意义的想法。薄片的几何形状很适合于高集成器件，并且适用于热控制和集成。它的放大倍率及激射频率是由环形结构的尺寸决定的，可以调节合适的尺寸使荧光共振能够在很宽的范围内实现，从而适用于大批的例如稀土材料、量子级联放大介质和量子点等增益介质。这些使得等离激子激光器成为一个适用于很多用途的概念。

七、红外波段超材料简介

中红外的平面超材料中，单元结构的侧面尺寸为 1.5 μm，开口环的半径和线宽分别为 1.6 μm 和 0.05 μm，$\beta_1 = 160°$，$\beta_2 = 151°$。有源层的厚度为 2 μm，介电常数（实部）为 $\varepsilon = 10.9$。研究人员利用矩量法分析了该材料结构在 20~50 THz（6~15 μm）的光学响应。该数值方法包括解由入射电磁波感应产生的金属图案中的表面电流的联合方程组，然后计算由部分空间波叠加的电流散射场。当基质中的增益（损耗）由介电常数的虚部引起，并假设为各向同性时，把金属图案近似为一片很薄的良好导体（中红外波段的大部分金属都适用）。

在近红外区域设计的超材料结构中，ASR 振荡器的直径为 140 nm，单元结构为 210 nm×210 nm。金属线结构的角度分别为 $\beta_1 = 160°$，$\beta_2 = 125°$，它们的界面尺寸为 20 nm×50 nm。纳米线的金属假设为银，介电常数由 Drude 模型决定。基底厚度为 100 nm，$\varepsilon = 9.5$，增益由介电常数的虚部 ε 来决定，它们与增益/衰减系数 α 之间的关系为 $\frac{2\pi}{\lambda}\mathrm{Im}(\sqrt{\varepsilon'+\varepsilon''})$。此有源纳米结构在 500 nm~3 μm 的透射性能是利用 3D 有限元分析方法来求解麦克斯韦方程组获得的，这种方法也可以用来研究各向异性增益的影响。

第三节 光学超材料器件与系统设计

一、超材料金属板透视装置设计

研究人员基于变换光学方法，提出了金属板透视装置，导出了其介电常数和磁导率分布，并采用有限元分析软件 COMSOL 进行了证实。仿真了 TE 波和线电流源激励下的透视特性，并详细讨论了透视装置互补区和恢复区的相对位置及其损耗对透视特性的影响，结果表明：TE 波和线电流源激励下该装置均有透视功能，并且其透视特性不受互补区和恢复区相对位置变化的影响；电磁波透过金属板时，在金属板与互补区交界面上形成强场区，相对损耗小于 10^{-7} 对强场区电场强度和相位无影响；当相对损耗小于 10^{-3} 时，电磁波仍能够完全透过金属板。

1. 理论模型设计

图 5-27 为基于超材料的金属板透视装置模型，其中，图 5-27（a）中黑色区域为金属板（3 区），其他部分为自由空间；图 5-27（b）的深灰色区域为互补媒质区（2 区），浅灰色区域为恢复媒质区（1 区），互补媒质区和恢复媒质区组成了透视装置，金属板和透视装置的电磁特性等效为图 5-27（c）虚线所包围的自由空间（4 区），由此实现了电磁波对金属板的透视作用。

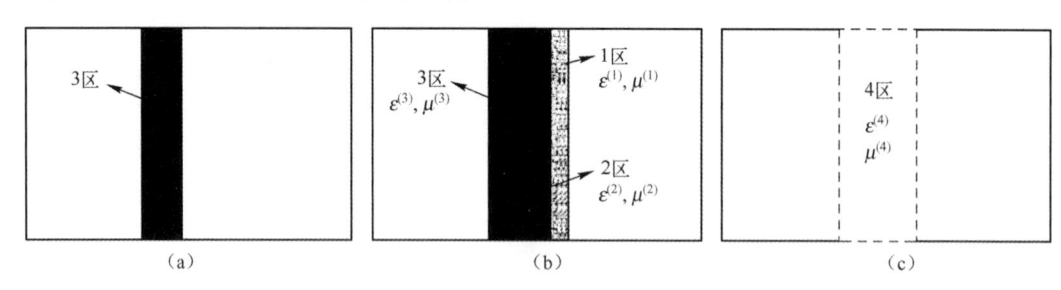

图 5-27　基于超材料的金属板透视装置模型

为了实现透视功能，各区域的介电常数和磁导率必须满足如下关系：

$$\varepsilon^{(2)} = \frac{\boldsymbol{A}\varepsilon^{(3)}\boldsymbol{A}^{\mathrm{T}}}{\det \boldsymbol{A}} \tag{5-1}$$

$$\mu^{(2)} = \frac{\boldsymbol{A}\mu^{(3)}\boldsymbol{A}^{\mathrm{T}}}{\det \boldsymbol{A}} \tag{5-2}$$

$$\varepsilon^{(1)} = \frac{\boldsymbol{B}\varepsilon^{(4)}\boldsymbol{B}^{\mathrm{T}}}{\det \boldsymbol{B}} \tag{5-3}$$

$$\mu^{(1)} = \frac{\boldsymbol{B}\mu^{(4)}\boldsymbol{B}^{\mathrm{T}}}{\det \boldsymbol{B}} \tag{5-4}$$

式中：$\varepsilon^{(i)}$ 和 $\mu^{(i)}$ 为 i 区的介电常数和磁导率（$i=1,2,3,4$）；$\boldsymbol{A}$、$\boldsymbol{B}$ 分别为从 3 区交换到 2 区、4 区变换到 1 区的雅可比矩阵；$\boldsymbol{A}^{\mathrm{T}}$ 和 $\boldsymbol{B}^{\mathrm{T}}$ 为相应的转置矩阵，$\det \boldsymbol{A}$ 和 $\det \boldsymbol{B}$ 为相应矩阵的行列式，且

$$\boldsymbol{A} = \begin{bmatrix} \dfrac{\partial x^{(2)}}{\partial x^{(3)}} & \dfrac{\partial x^{(2)}}{\partial y^{(3)}} & \dfrac{\partial x^{(2)}}{\partial z^{(3)}} \\ \dfrac{\partial y^{(2)}}{\partial x^{(3)}} & \dfrac{\partial y^{(2)}}{\partial y^{(3)}} & \dfrac{\partial y^{(2)}}{\partial z^{(3)}} \\ \dfrac{\partial z^{(2)}}{\partial x^{(3)}} & \dfrac{\partial z^{(2)}}{\partial y^{(3)}} & \dfrac{\partial z^{(2)}}{\partial z^{(3)}} \end{bmatrix} \tag{5-5}$$

$$\boldsymbol{B} = \begin{bmatrix} \dfrac{\partial x^{(1)}}{\partial x^{(4)}} & \dfrac{\partial x^{(1)}}{\partial y^{(4)}} & \dfrac{\partial x^{(1)}}{\partial z^{(4)}} \\ \dfrac{\partial y^{(1)}}{\partial x^{(4)}} & \dfrac{\partial y^{(1)}}{\partial y^{(4)}} & \dfrac{\partial y^{(1)}}{\partial z^{(4)}} \\ \dfrac{\partial z^{(1)}}{\partial x^{(4)}} & \dfrac{\partial z^{(1)}}{\partial y^{(4)}} & \dfrac{\partial z^{(1)}}{\partial z^{(4)}} \end{bmatrix} \tag{5-6}$$

对图 5-27 所示模型，2 区与 3 区的坐标变换关系为

$$\begin{cases} x^{(2)} = \dfrac{-x^{(3)}}{2} \\ y^{(2)} = y^{(3)} \\ z^{(2)} = z^{(3)} \end{cases} \quad (5\text{-}7)$$

由此可以导出其空间变换的雅可比矩阵 $\boldsymbol{A} = [-0.5,0,0;0,1,0;0,0,1]$ 和行列式 $\det\boldsymbol{A} = 0.5$。文中金属板的介电常数取值为 $\varepsilon^{(3)} = -1$。于是，可以得到该区域内媒质的介电常数和磁导率：

$$\varepsilon^{(3)} = \dfrac{\boldsymbol{A}\boldsymbol{A}^{\mathrm{T}}\varepsilon^{(3)}}{\det\boldsymbol{A}} = [-0.5,0,0;0,-2,0;0,0,2] = \mu^{(2)}$$

1 区和 4 区的坐标变换关系为

$$\begin{cases} x^{(1)} - 0.2 = \dfrac{1}{4} \cdot (x^{(4)} - 0.2) \\ y^{(1)} = y^{(4)} \\ z^{(1)} = z^{(4)} \end{cases} \quad (5\text{-}8)$$

由此可以导出相应的雅可比矩阵 $\boldsymbol{B} = [0.25,0,0;0,1,0;0,0,1]$ 和行列式 $\det\boldsymbol{B} = 0.25$，于是得到该区域内媒质的介电常数和磁导率为

$$\varepsilon^{(1)} = \dfrac{\boldsymbol{B}\boldsymbol{B}^{\mathrm{T}}\varepsilon^{(4)}}{\det\boldsymbol{B}} = [0.25,0,0;0,4,0;0,0,4] = \mu^{(1)}$$

2. 仿真结果分析

1）TE 波激励下透视特性分析

对于图 5-28 所示的金属板透视装置模型，仿真时，在模型的四周施加完全匹配边

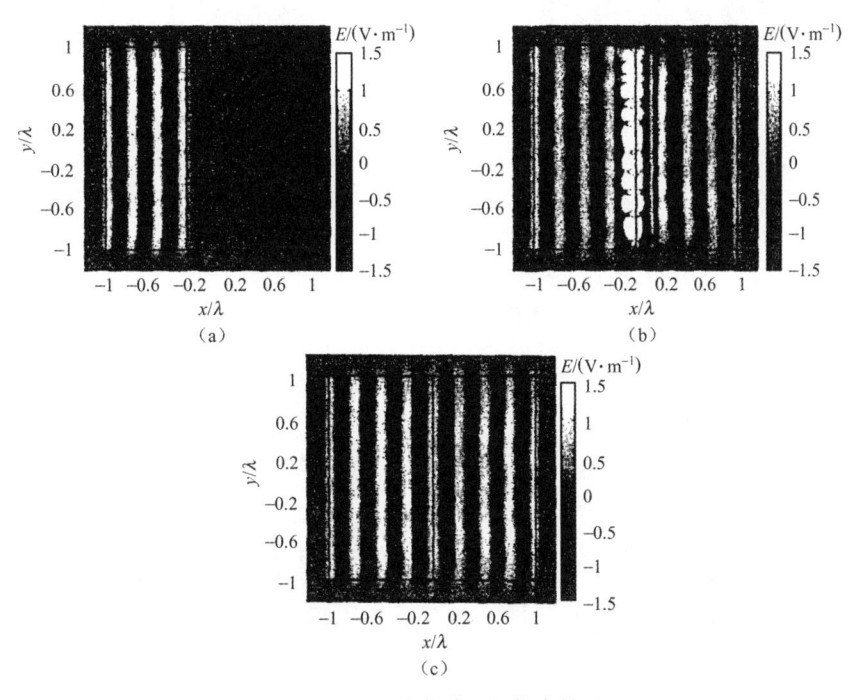

图 5-28 TE 波激励下的仿真结果

界条件（PML），在PML层内表面施加沿z轴方向的电流，激励起沿x轴方向传播的波长为0.25λ的TE波。利用有限元仿真软件COMSOL建模和求解，即可对金属透视装置进行仿真和分析，结果见图5-28。

从图5-28（a）可看出，金属板右侧没有场，即TE波不能穿透金属板。在图5-28（b）中，金属板表面放置透视装置后，由于金属板介电常数为负，因此，用介电常数为正的互补区媒质与之形成介质匹配，在其交界面上产生了强场区，此区域内TE波相位发生了变化；恢复区起到了相位修复的作用，使得透过高场强区的TE波恢复原波前进行传播。图5-28（c）为TE波在自由空间中传播的情况，对比图5-28（b）和图5-28（c）可得，采用透视装置后，电磁波通过金属板的传播波波形与其在自由空间中传播波波形一致。

2）大模场激光光纤中的高阶模抑制问题

图5-29为线电流源激励下的情况，仿真时，线电流源幅度为$I=1\,\mathrm{A}$，放置位置为$(-0.7\lambda, 0)$。从图5-29（a）可以看出，在线电流源激励下，电磁波透过金属板时，在金属板和互补区的交界面上形成强场区，通过恢复区后，恢复了原柱面波波形。图5-29（b）为柱面波在自由空间中传播的情况，对比图5-29（a）和（b）可得，柱面波穿透金属板后，传播波波形与其在自由空间中的波形一致。

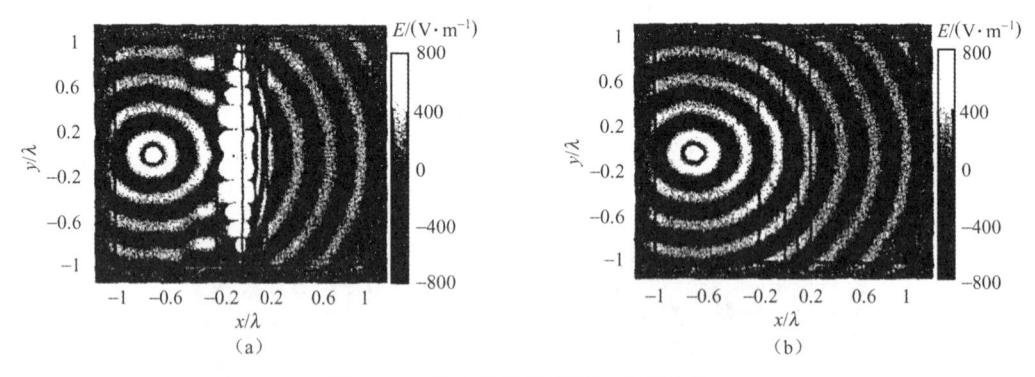

图5-29 线电流源激励下的仿真结果

将互补区放置于金属板左边，恢复区放置在右边（图5-30（a）），或者将透视装置放置在金属板左边（图5-30（b）），也可以使电磁波完全穿透金属板后恢复原波前进行传播，这增加了透视装置设计的灵活性。在TE波激励下，也可以得到类似的结果。

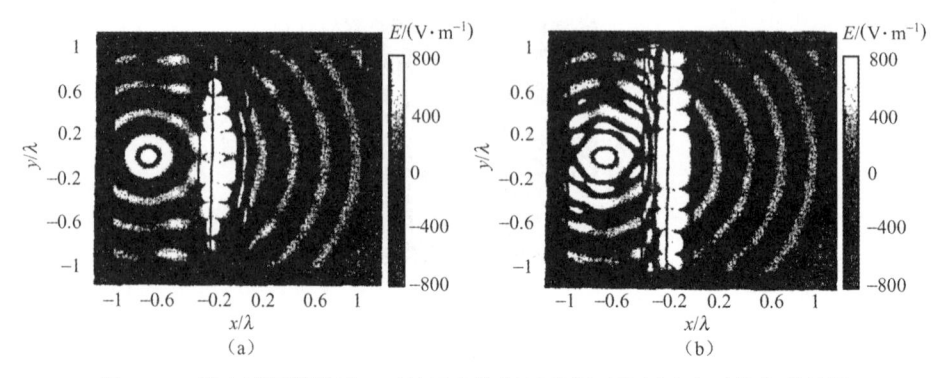

图5-30 线电流源激励下，互补区和恢复区的相对位置改变时的仿真结果

3) 超材料损耗对透视特性的影响

由于超材料的损耗难以避免，因此，有必要研究损耗对透视特性的影响。图 5-31 为不同损耗（tanδ）情况下 x 轴上的电场分布。由图可见，在金属板和互补区的交界面上的场强对损耗非常敏感，相对损耗小于 10^{-7} 时，其场强与无损耗时一致；损耗增大时，场强逐步减小，当相对损耗等于 10^{-5} 时，电场发生反相，并且其幅值为最大；当损耗进一步增大时，场强幅度逐步减小。图 5-57 示出了透视装置右侧空间中的场分布，由图可见，随着损耗的增加，其场强逐渐减小，当相对损耗小于 10^{-3} 时，电磁波可无失真地透过金属板。

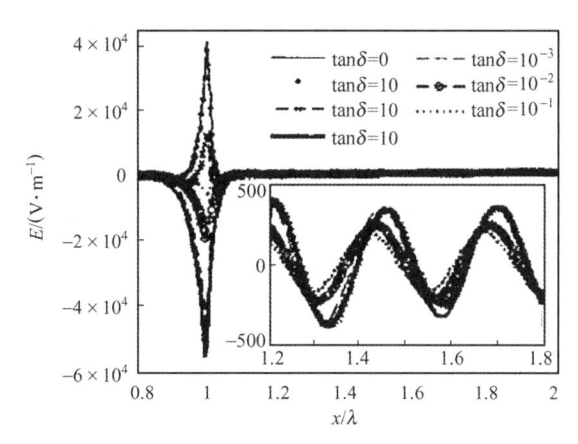

图 5-31 超材料损耗对 x 轴上电场分布的影响

3. 效果

通过金属板透视装置的设计，导出了其介电常数和磁导率分布，并用有限元分析软件 COMSOL 进行了证实。透视装置由矩形互补区和恢复区构成，在金属板表面放置透视装置后，电磁波可以完全透过金属板，并在金属板与互补区的交界面上形成强场区，随超材料损耗增大，强场区电磁波相位和幅度发生变化。由于装置的透视特性与其放置的相对位置及激励源的形式无关，当透视装置的放置位置靠近激励源时，仍然具有透视特性，这表明该透视装置可用于无损检测金属封闭箱内的物体。此外，由于该装置适用于单频，如何扩展工作频段将是今后研究的重点。

二、超材料的正多边形电磁波聚焦器设计

通过变换光学方法，导出了正多边形电磁聚焦器的介电常数和磁导率的分布，并用有限元分析软件 COMSOL 进行了证实。分别仿真了 TE 波和线源激励下正三边形、正四边形、正五边形和正六边形电磁聚焦器附近的电场分布和能量密度分布，并讨论了正多边形电磁聚焦器聚焦区域面积大小和电磁参数偏离理论值对其聚焦特性的影响，结果表明：聚焦区域越小，电磁聚焦越强；当超材料的电磁特性偏离理论值时，电磁聚焦特性发生变化。

1. 理论设计

根据变换光学理论，变换空间媒质的介电常数和磁导率与原空间的关系为

$$\begin{cases} \varepsilon^{i'j'} = \Lambda_i^{i'} \Lambda_j^{j'} |\det(\Lambda_i^{i'})|^{-1} \varepsilon^{ij} \\ \mu^{i'j'} = \Lambda_i^{i'} \Lambda_j^{j'} |\det(\Lambda_i^{i'})|^{-1} \mu^{ij} \end{cases} \quad (5-9)$$

式中：ε^{ij} 和 μ^{ij} 为原空间媒质的介电常数和磁导率；$\varepsilon^{i'j'}$ 和 $\mu^{i'j'}$ 为变换空间媒质的介电常数和磁导率；$\Lambda_i^{i'}$ 为坐标变换的雅可比矩阵；$|\det(\Lambda_i^{i'})|$ 为该矩阵的行列式。

与分析电磁透明体的过程类似，在变换区，入射电磁波经过压缩和扩展两次变换过程，使变换空间与原空间阻抗匹配，以达到电磁波离开变换区域后恢复原入射波前的目的。

1）压缩变换

以正四边形为例，理论模型如图 5-32 所示，正多边形柱外接圆的从内到外的半径分别为 a、b 和 c。

在此模型中，压缩变换是指将区域 S_1 和 S_2 压缩到区域 S_1 内，在此压缩区域内，定义如下坐标变换：$r'=ar/b$，$\theta'=\theta$，$z'=z$，在此变换条件下，可导出其雅可比矩阵和对应的行列式：

$$\Lambda_i^{i'} = [a/b,0,0;0,a/b,0;0,0,1], \det(\Lambda_i^{i'}) = \left(\frac{a}{b}\right)^2$$

则变换空间媒质的介电常数和磁导率为

$$\varepsilon^{i'j'} = \mu^{i'j'} = \begin{bmatrix} 1 & 0 & 0 \\ 0 & 1 & 0 \\ 0 & 0 & \left(\dfrac{b}{a}\right)^2 \end{bmatrix} \quad (5-10)$$

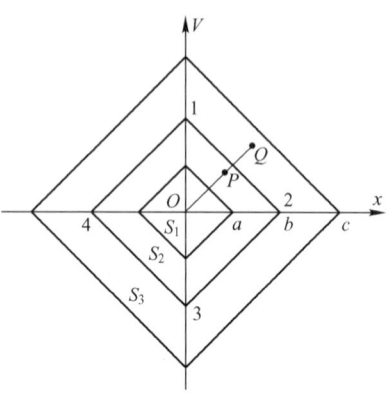

图 5-32 正多边形电磁波聚焦器坐标变换示意图

2）扩展变换

在上述模型中，扩展变换是指将区域 S_3 扩展到区域 S_2 和 S_3 内部。设原空间区域 S_3 内的点 $Q(x,y)$，经过扩展变换为区域 S_2 和 S_3 内部的点 $P(x',y')$。

定义扩展变换公式为 $r'=k_1 r+k_2 r\cos(\pi/N)/\sqrt{r_1^2}$，$\theta'=\theta$，$z'=z$。式中，$k_1=(c-a)/(c-b)$，$k_2=c(a-b)/(c-b)$，$r=\sqrt{x^2+y^2}$，$r'=\sqrt{x'^2+y'^2}$，$r_1=y\cos((2n-1)\pi/N)+x\sin((2n-1)\pi/N)$。进行坐标变换可导出雅可比矩阵及其行列式：

$$\Lambda = \begin{bmatrix} k_1+k_2 yAB & -k_2 xAB & 0 \\ -k_2 yAC & k_1+k_2 xAC & 0 \\ 0 & 0 & 1 \end{bmatrix} \quad (5-11)$$

式中：$A=\cos(\pi/N)$；$B=\dfrac{\cos((2n-1)\pi/N)}{r_1\sqrt{r_1^2}}$；$C=\dfrac{\sin((2n-1)\pi/N)}{r_1\sqrt{r_1^2}}$。

$$\det(\Lambda_i^{i'}) = (k_1)^2 + \frac{k_1 k_2 \cos(\pi/N)}{\sqrt{r_1^2}} \quad (5-12)$$

将式（5-11）和式（5-12）代入式（5-9）即可得到变换空间媒质介电常数和磁导率如下：

$$\varepsilon_{xz}=\mu_{xz}=0, \varepsilon_{yz}=\mu_{yz}=0, \varepsilon_{zx}=\mu_{zx}=0, \varepsilon_{zy}=\mu_{zy}=0 \qquad (5\text{-}13\text{a})$$

$$\varepsilon_{zz}=\left[k_1^2+\frac{k_1 k_2 \cos(\pi/N)}{\sqrt{r_1^2}}\right]^{-1} \qquad (5\text{-}13\text{b})$$

$$\begin{aligned}\varepsilon_{xy}&=\varepsilon_{yx}=\mu_{xy}=\mu_{yx}\\&=\left[-k_1 k_2 \cos(\pi/N)\cdot\frac{x\cos((2n-1)\pi/N)+y\sin((2n-1)\pi/N)}{r_1\sqrt{r_1^2}}\right.\\&\left.-(k_2\cos(\pi/N))^2\sin((2n-1)\pi/N)\cdot\cos((2n-1)\pi/N)\frac{(x^2+y^2)}{r_1^4}\right]\varepsilon_{zz}\end{aligned} \qquad (5\text{-}13\text{c})$$

$$\begin{aligned}\varepsilon_{xx}=\mu_{xx}&=\left[k_1^2+2k_1 k_2 \cos(\pi/N)\frac{y\cos((2n-1)\pi/N)}{r_1\sqrt{r_1^2}}\right.\\&\left.+(k_2\cos(\pi/N)\cos((2n-1)\pi/N))^2\frac{(x^2+y^2)}{r_1^4}\right]\varepsilon_{zz}\end{aligned} \qquad (5\text{-}13\text{d})$$

$$\begin{aligned}\varepsilon_{yy}=\mu_{yy}&=\left[k_1^2+2k_1 k_2 \cos(\pi/N)\frac{x\sin((2n-1)\pi/N)}{r_1\sqrt{r_1^2}}\right.\\&\left.+(k_2\cos(\pi/N)\sin((2n-1)\pi/N))^2\frac{(x^2+y^2)}{r_1^4}\right]\varepsilon_{zz}\end{aligned} \qquad (5\text{-}13\text{e})$$

仿真时，S_1 区的介电常数和磁导率用式（5-18）计算，S_2 和 S_3 区用式（5-13）计算。

2. 仿真结果分析

1）TE 波聚焦特性分析

对于图 5-32 所示的正多边形电磁波聚焦器模型进行仿真时，在模型的四周施加完全匹配边界条件（PML），在 PML 层内表面施加沿 z 轴方向的电流，激励起沿 x 轴方向传播的频率为 4 GHz 的 TE 波。利用有限元仿真软件 COMSOL 建模和求解，即可对正多边形电磁波聚焦器的特性进行仿真和分析。图 5-33（a）、（b）、（c）和（d）分别为正三边形、四边形、五边形和六边形电磁聚焦器在 TE 波辐射下的聚焦特性的仿真结果。由图 5-33 可见，TE 波传输到正 N 边形电磁聚焦器时，其电场分布聚焦于 S_1 区，经扩展后穿过聚焦器件，恢复为原波前。图 5-34 为与图 5-33 对应的正 N 边形电磁聚焦器附近的能量密度分布。由图可见，TE 波能量密度聚焦于 S_1 区，该区能量密度最大。为了研究 S_1 区面积大小对聚焦特性的影响，以六边形为例，仿真了 S_1 区外接圆半径 a 改变时聚焦器电磁能量密度沿 x 轴上的分布，结果见图 5-35。由图可见，TE 波传输到正六边形聚焦器件表面时，电磁能量密度扩展，随后又经历了聚焦和扩展过程；S_1 区外接圆半径 a 越小，其内能量密度越高。

2）线源激励下的聚焦特性分析

同理，可仿真线电流源激励下正六边形电磁波聚焦器的特性。图 5-36（a）为线源位于 x 轴上时电磁聚焦器件附近的电场分布。很明显，电磁波聚焦于 S_1 区。图 5-36（b）和 5-36（c）为线激励源分别位于 y 轴和仿真区域对角线上时的电场分布，从图中可见，正多边形电磁波聚焦器的聚焦特性不受激励源位置的影响，即聚焦器件无方向性。图 5-36（d）为与图 5-36（c）对应的电磁能量密度分布。由图 5-36（d）可见，柱面

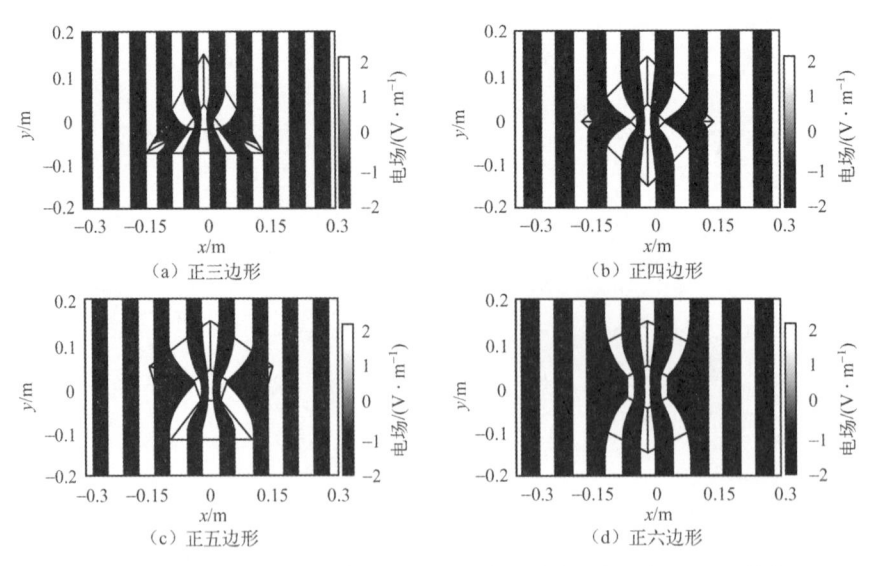

图 5-33　TE 波激励下正多边形电磁波聚焦器附近的电场（E_z）分布

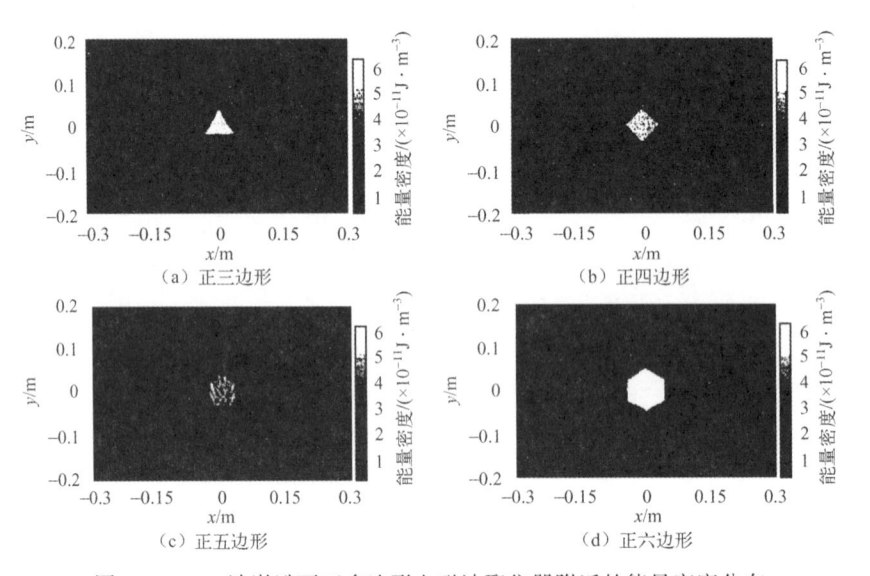

图 5-34　TE 波激励下正多边形电磁波聚焦器附近的能量密度分布

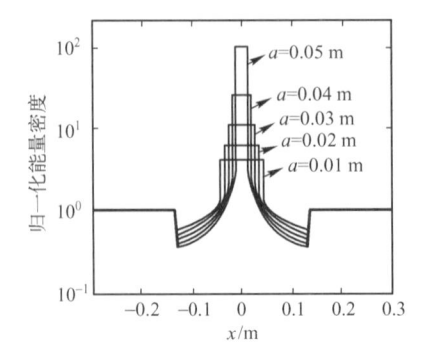

图 5-35　TE 波激励下正六边形电磁聚焦器沿 x 轴的归一化能量密度分布

波能量密度聚焦于 S_1 区，该区能量密度最大。S_1 区面积大小对聚焦特性的影响见图 5-37。由图可见，柱面波传输到椭圆聚焦器表面时，其物理过程与 TE 波激励下的情况类似：S_1 区外接圆半径 a 越小，其内能量密度越高。

(a) 线源位于 x 轴

(b) 线源位于 y 轴

(c) 仿真区域对角线

(d) (c) 对应的电磁能量密度分布

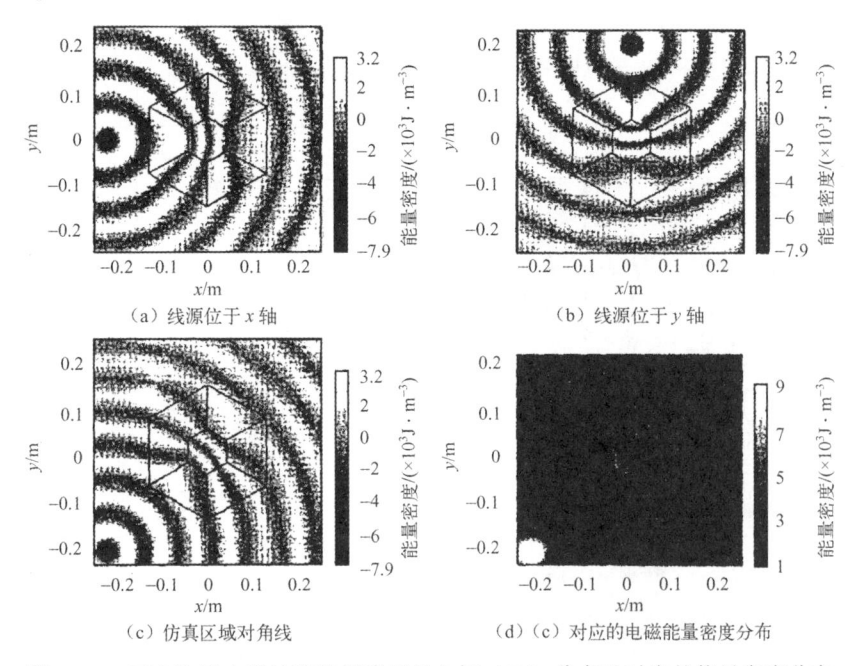

图 5-36 正六边形电磁波聚焦器附近的电场（E_z）分布及对应的能量密度分布

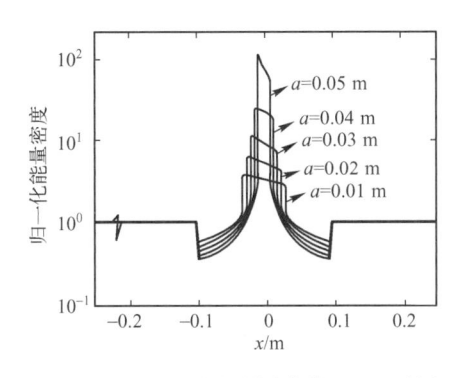

图 5-37 线源激励下正六边形电磁聚焦器沿直线 $y=x$ 上的归一化能量密度分布

3) 超材料电磁特性偏离理论值对聚焦特性的影响

本小节对超材料电磁特性偏离理论值对聚焦特性的影响进行了仿真分析。图 5-38 (a) 为超材料电导率为 0.05 S/m 时，电磁波聚焦器附近的电场分布。由图可见，电导率 σ 不为 0 时，该器件虽然还有聚焦特性，但由于阻抗不匹配，存在反射，TE 波通过聚焦器件后不能恢复原波前。图 5-38 (b) 为超材料介电常数和磁导率偏离理论值 8% 时，电磁波聚焦器附近的电场分布。同样，虽然该器件有聚焦特性，但也存在反射和波前变化现象。因此，当超材料电磁特性偏离理论值时，正多边形电磁波聚焦器的聚焦特性将严重劣化。图 5-39 (a) 和 (b) 分别为电导率和介电常数及磁导率变化时，x 轴上的电磁能量密度分布。由图 5-39 (a) 可见，电导率增大时，S_1 区的电磁能量密度减小，聚焦器件的左右两侧形成了行驻波；当电导率小于 0.001 S/m 时，其偏差对能量密度分布几乎无影响，器件左右两侧为行波。由图 5-39（b）可见，介电常数和磁导率偏差越大，S_1 区内的电磁能量密度越不均匀；聚焦器件的左右两侧形成了行驻波；当介电常数和磁导率偏差小于 1%时，对能量密度分布几乎无影响，器件左右两侧为行波。上述现象都是由于阻抗不匹配造成的。同理，线源激励下也可得到类似的结论。

(a) 电导率 σ=0.05S/m

(b) 当介电常数和磁导率比理论值偏差 8%

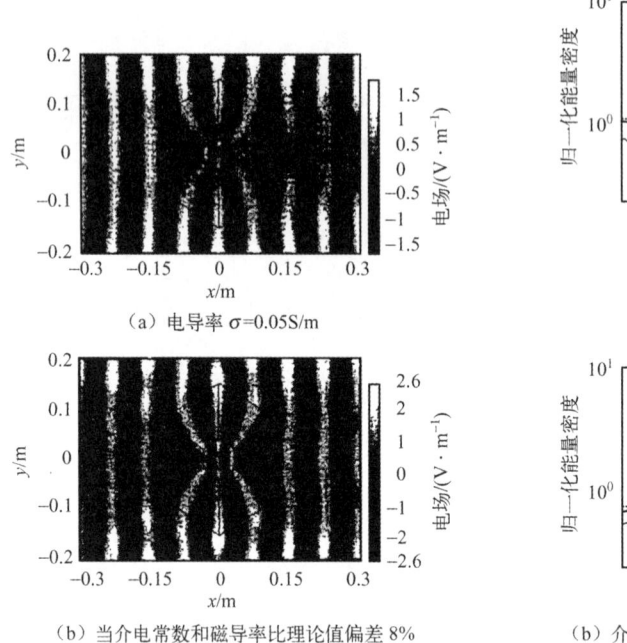

图 5-38 电磁波聚焦器附近的电场（E_2）分布

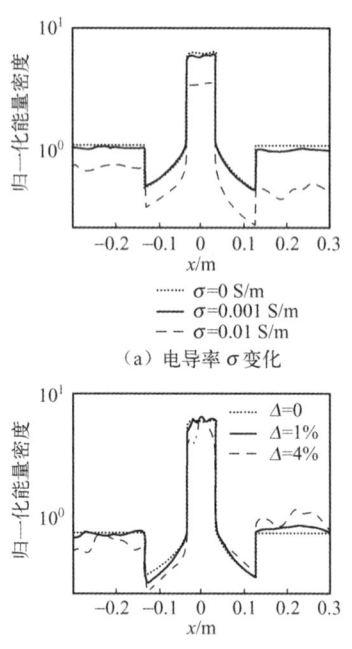

(a) 电导率 σ 变化

(b) 介电常数和磁导率相对理论值有偏差

图 5-39 x 轴上的电磁能量密度分布

3. 效果

正多边形电磁聚焦器的介电常数和磁导率的分布被导出，并用有限元分析软件 COMSOL 进行了证实。分别仿真了 TE 波和线源激励下正多边形电磁波聚焦器附近的电场分布和能量密度分布，结果表明，正多边形电磁聚焦器聚焦电磁波特性与激励源的类型和辐射方向无关，并且电磁波离开聚焦器后能完美恢复原波前。此外，聚焦区域大小和电磁参数偏差对其聚焦特性有明显的影响：聚焦区域 S_1 面积越小，电磁聚焦越强。当超材料的电磁特性偏离理论值时，电磁聚焦特性劣化。

三、超材料的椭圆形电磁波聚焦器设计

1. 理论设计

根据变换光学理论，变换空间媒质的介电常量和磁导率与原空间的关系为

$$\begin{cases} \varepsilon^{i'j'} = \Lambda_i^{i'} \Lambda_j^{j'} |\det(\Lambda_i^{i'})|^{-1} \varepsilon^{ij} \\ \mu^{i'j'} = \Lambda_i^{i'} \Lambda_j^{j'} |\det(\Lambda_i^{i'})|^{-1} \mu^{ij} \end{cases} \quad (5-14)$$

式中：ε^{ij} 和 μ^{ij} 为原空间媒质的介电常量和磁导率；$\varepsilon^{i'j'}$ 和 $\mu^{i'j'}$ 为变换空间媒质的介电常量和磁导率；i、j 取值均为 1、2、3，分别代表原空间的三个坐标分量 x、y 和 z；i'、j' 取

值为 1、2、3，分别代表变换空间的三个坐标分量 x'、y' 和 z'；$\Lambda_i^{i'}$ 为联系原空间与变换空间媒质的雅可比矩阵；$|\det(\Lambda_i^{i'})|$ 为该矩阵的行列式。

式（5-14）适用于时不变的连续空间。与分析电磁透明体的过程类似，在变换区，入射电磁波经过压缩和扩展两次变换，使变换空间与原空间阻抗匹配，以达到电磁波离开变换区域后恢复原入射波前的目的。

1）压缩变换

理论模型如图 5-40 所示，椭圆柱从内到外的短半轴长分别为 b_1、b_2 和 b_3，长半轴为 kb_1、kb_2 和 kb_3，k 为长轴与短轴之比，计算中取 $k=2$。通过坐标变换 $r'=b_1 r/b_2$，$\theta'=\theta$，$z'=z$，区域 S_1 和 S_2 将入射波向内压缩到区域 S_1 中。在此变换条件下，可导出坐标变换的雅可比矩阵 $\Lambda_i^{i'}=[b_1/b_2,0,0;b_1/b_2,0;0,0,1]$ 及其行列式 $|\det(\Lambda_i^{i'})|=(b_1/b_2)^2$，并由式（5-14）计算出变换空间媒质介电常量和磁导率：

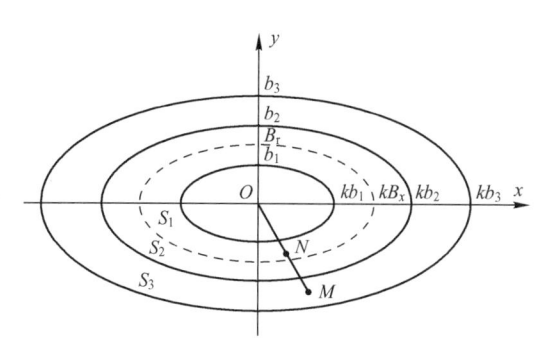

图 5-40 椭圆形电磁波聚焦器坐标变换示意图

$$\varepsilon^{i'j'}=\mu^{i'j'}=\begin{bmatrix} 1 & 0 & 0 \\ 0 & 1 & 0 \\ 0 & 0 & \left(\dfrac{b_2}{b_1}\right)^2 \end{bmatrix} \tag{5-15}$$

2）扩展变换

原空间区域 S_3 内的点 $M(x,y)$，经过扩展变换为区域 S_2 和 S_3 内部的点 $N(x',y')$，扩展变换如式（5-16）：

$$\begin{cases} r'=\dfrac{Cr-kB_x r}{\sqrt{x^2+k^2 y^2}} \\ \theta'=\theta \\ z'=z \end{cases} \tag{5-16}$$

式中：$r=\sqrt{x^2+y^2}$；$r'=\sqrt{x'^2+y'^2}$；$B_x=b_3(b_2-b_1)/(b_3-b_2)$；$C=(b_3-b_1)/(b_3-b_2)$。

在此变换条件下，可导出坐标变换的雅可比矩阵 $\Lambda_i^{i'}=[M_1,M_2,0;N_1,N_2,0;0,0,1]$，行列式 $|\det(\Lambda_i^{i'})|=M_1N_2-M_2N_1$，代入式（5-14）即可计算出变换空间媒质介电常量和磁导率

$$\varepsilon^{i'j'}=\mu^{i'j'}=\begin{bmatrix} \dfrac{(M_1^2+M_2^2)}{(M_1N_2-M_2N_1)} & \dfrac{(M_1N_1+M_2N_2)}{(M_1N_2-M_2N_1)} & 0 \\ \dfrac{(M_1N_1+M_2N_2)}{(M_1N_2-M_2N_1)} & \dfrac{(N_1^2+N_2^2)}{(M_1N_2-M_2N_1)} & 0 \\ 0 & 0 & \dfrac{1}{(M_1N_2-M_2N_1)} \end{bmatrix} \tag{5-17}$$

式中：$M_1 = C - k^3 B_x y^2 / (x^2 + k^2 y^2)^{3/2}$；$M_2 = k^3 B_x xy / (x^2 + k^2 y^2)^{3/2}$；$N_1 = k B_x xy / (x^2 + k^2 y^2)^{3/2}$；$N_2 = C - k B_x x^2 / (x^2 + k^2 y^2)^{3/2}$。

仿真时，S_1 区的介电常量和磁导率用式（5-15）计算，S_2 和 S_3 区用式（5-17）计算。

2. 仿真结果

1）TE 波聚焦特性分析

对于图 5-40 所示的椭圆形电磁波聚焦器模型进行仿真时，在模型的四周施加完全匹配边界条件（Perfectly Matched Layer，PML），在 PML 层内表面施加沿 z 轴方向的电流，激励起沿 x 轴方向传播的频率为 2 GHz 的 TE 波。利用有限元仿真软件 COMSOL 建模和求解，即可对椭圆形电磁波聚焦器的特性进行仿真和分析。图 5-41 为该器件 TE 波聚焦特性的仿真结果。由图 5-41（a）可见，TE 波传输到该器件时，其电场分布聚焦于 S_1 区，经扩展变换后穿过聚焦器，恢复为原波前。由图 5-41（b）可见，TE 波能量密度聚焦于 S_1 区，该区能量密度最大。为了研究 S_1 区面积大小对聚焦特性的影响，仿真了椭圆短半轴长度 b_1 改变时 x 轴上的电磁场能量密度分布，结果见图 5-42。由图可见，TE 波传输到椭圆聚焦器件表面时，电磁能量密度扩展，随后又经历了聚焦和扩展过程；b_1 越小，S_1 区内能量密度越高。

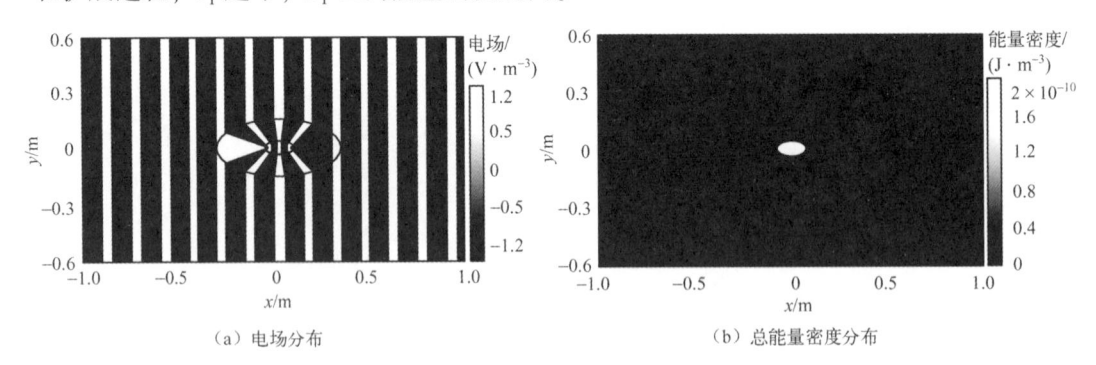

（a）电场分布

（b）总能量密度分布

图 5-41 TE 波激励下椭圆形电磁波聚焦器附近的电场和能量密度分布

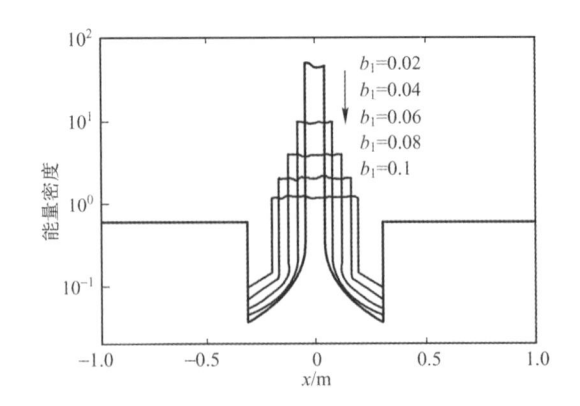

图 5-42 TE 波激励下 x 轴上的归一化电磁能量密度分布

此外，令 $k=1$，椭圆形电磁波聚焦器退化为圆形，其聚焦特性如图 5-43 所示。由图可见，电磁波聚焦器附近的场分布与文献报道的相符，因此，证实了所建立的电磁模型的有效性。

图 5-43 TE 波激励下圆形电磁波聚焦器附近的电场（Ez）分布

2）线源激励下的聚焦特性分析

同理，可仿真线电流源激励下椭圆形电磁波聚焦器的特性，图 5-44（a）为线源位于仿真区域对角线左下方时聚焦器件附近的电场分布，很明显，电磁波聚焦于 S_1 区。图 5-44（b）和（c）为线激励源分别位于 x 轴和 y 轴时的电场分布，从图中可见，椭圆形电磁波聚焦器的聚焦特性不受激励源位置的影响，即聚焦器件无方向性。图 5-44（d）为与图 5-44（a）对应的电磁能量密度分布。由图 5-44（d）可见，柱面波能量密度聚焦于 S_1 区，该区能量密度最大。S_1 区面积大小对聚焦特性的影响见图 5-45，由图可见，柱面波传输到椭圆聚焦器表面时，其物理过程与 TE 波激励下的情况类似；b_1 越小，S_1 区内能量密度越高。

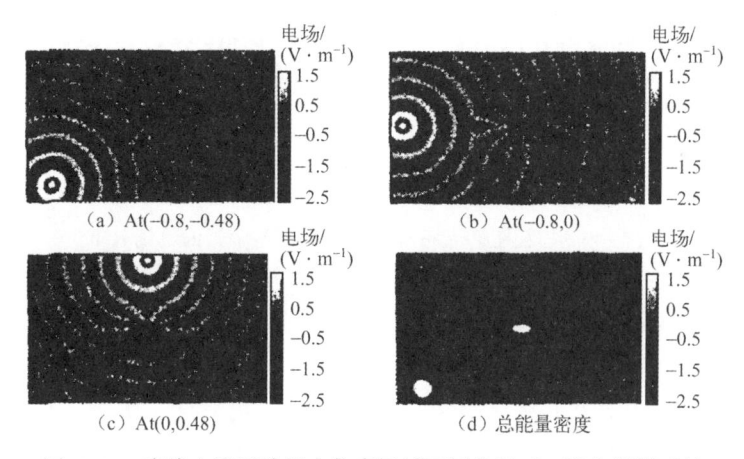

（a）At(-0.8,-0.48)
（b）At(-0.8,0)
（c）At(0,0.48)
（d）总能量密度

图 5-44 当线电流源放置在仿真区域不同位置时，聚焦器附近的电场分布（E_z）和能量密度分布

3）超材料电磁特性偏离对聚焦特性的影响

由于超材料总是有损耗的，因此对超材料电和磁损耗 tanδ 对聚焦特性的影响进行了仿真。图 5-46（a）~（d）分别为超材料损耗正切等于 0.01、0.05、0.08 和 0.1 时，聚焦器附近的场分布情况，参照图 5-41（a）可以得出，损耗正切小于或等于 0.01 对聚焦效应几乎无影响，而当损耗逐渐增大时，由于阻抗失配，聚焦器附近的场分布产生波动，因此，这种基于超材料的椭圆形聚焦器可以允许一定范围内的材料损耗存在。图 5-47 为损耗正切变化时，仿真区域附近 x 轴上的能流密度分布。由图 5-47 可见，

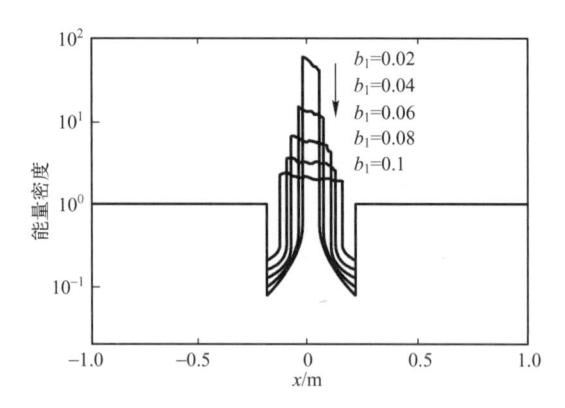

图 5-45　线源激励下直线 $y=0.6x$ 上的归一化能量密度分布

当 $\tan\delta=0.01$ 时，能量密度分布曲线几乎与无损耗时重合，此时，与无耗情况相比，聚焦区域内的能量密度偏差小于 1.2%；增大损耗，聚焦区域内能量密度分布不均匀，这是由于阻抗不匹配造成的。同理，线源激励下也可得到类似的结论。

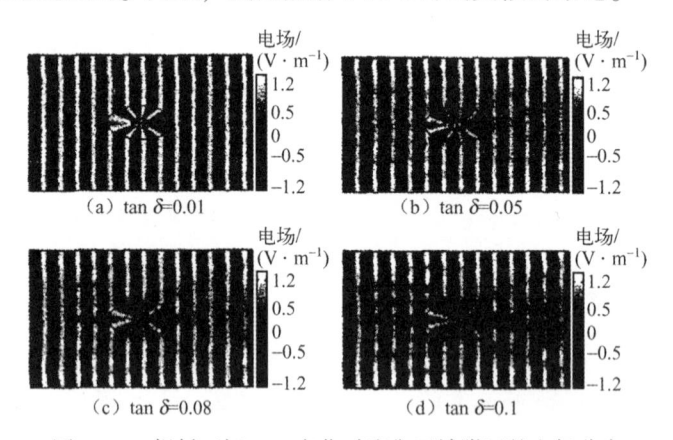

图 5-46　损耗正切 $\tan\delta$ 变化时聚焦区域附近的电场分布

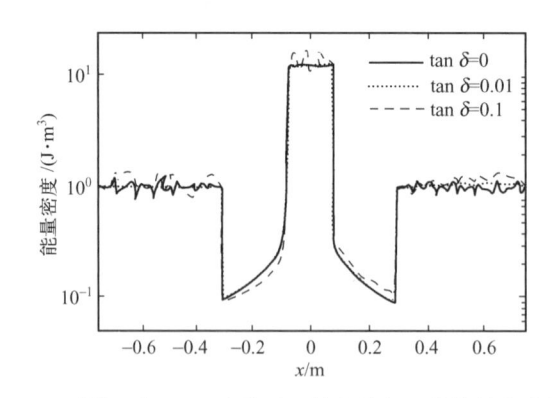

图 5-47　损耗正切 $\tan\delta$ 变化时 x 轴上的归一化能量密度分布

3. 效果

椭圆形电磁聚焦器的介电常量和磁导率的分布被导出，并用有限元分析软件 COMSOL 进行了证实。提出的模型不仅可用于椭圆形聚焦器，亦能用于圆形聚焦器，扩充了 Rahm 等人的结果。同时，还仿真了椭圆形电磁波聚焦器聚焦区域大小和电磁参量偏差对其聚焦特性的影响，结果表明：聚焦区域 S_1 面积越小，电磁聚焦越强；当损耗小于 0.01 时，聚焦器仍然具有良好的聚焦特性。此外，由于材料参量与频率无关，因此，聚焦特性受频率影响小，可根据需要设计任意尺寸的聚焦器。

四、超材料超级透镜

透镜作为成像的一个基本工具，其使用历史已经超过几百年。受衍射的影响，即便是所有几何像差为零的"完美"成像透镜仍然存在图形失真，其成像分辨率不能超过透镜的半个工作波长。这一现象用傅里叶分析理论可解释为：携带物体信息的入射光波的傅里叶分量中，较大的横向分量对应着高频成分，代表着物体的细节部分；但含高频横向分量的光波因满足 $k_x^2+k_y^2>\omega^2c^{-2}$（$k_x$、$k_y$ 为波矢量 k 在 x 和 y 方向分量，ω 为光波角频率，c 为光速，传播方向为 z 轴）而成为倏逝波（Evanescent Wave），倏逝波在传播过程中因振幅呈指数衰减而无法到达像面，不能参与成像，造成物体细节部分的丢失，因而普通透镜的成像总是有缺陷的。对于光学透镜的普通应用，如照相系统，因记录媒质（感光胶片、CCD 等）本身分辨率不够，或者透镜本身的波像差可能就已经超过了半个波长，因而透镜成像的缺陷是可以容忍的；但是对于一些高端应用，比如生物显微成像、光学光刻、高密度光存储等，常常需要有亚波长（纳米量级）的分辨能力，这时普通透镜的应用将在一定程度上受到限制。基于超材料结构的超级透镜为解决这一难题提供了一种全新的思路。2000 年，Pendry 指出，采用折射率为 -1 的平板超材料透镜，能够对处于近场的物体实现 1:1 的完美成像。这一概念的提出，引起了国际社会的强烈反响和广泛讨论，经过近 10 年的发展，Pendry 提出的完美透镜已经演化为几种不同的结构形式，并分别得到了初步的实验验证。

1. 超级透镜的分类和工作原理

超级透镜的特点在于能够让倏逝波到达成像面参与成像，在这一过程中，由贵重金属（如 Au、Ag 等）制成的超透镜的表面等离子体极化起到了关键作用。围绕着倏逝波的放大或恢复问题，发展了 3 种不同的超级透镜。

1）近场超级透镜

第一类属于近场成像超透镜，其原理如图 5-48 所示，图中上方实线代表行波，下方虚线代表倏逝波。这种近场透镜的特点是可以让行波正常通过，而让倏逝波在超透镜中传播时得到增强，但出透镜之后又和原来一样衰减，因此只能在近场成像。实现这种成像功能的透镜材料要求其相对折射率为 -1。依据定义，材料的折射率取决于介电常数和磁导率，但到目前为止，不仅自然界没有，而且在人工合成的材料中，仍然未能在光波波段同时实现负的介电常数和磁导率。为使近场超级透镜成为可能，Pendry 还进一步指出，如果入射光波为 TM 模（p 波），只需介电常数为负即可实现近场无损成像。自然界中的贵重金属（如 Ag、Au 等）在光波波段均表现为负的介电常数，如果在超透镜两端分别匹配介电常数相当的正折射率材料，有望使超透镜的相对折射率接近 -1，从而实现超分辨率近场成像。

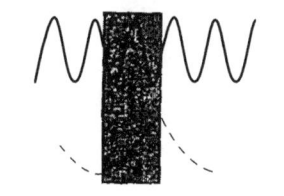

图 5-48　近场超透镜示意图

2003年，一项光学实验证实，倏逝波在通过银平板后，在一定厚度范围内振幅以指数增强，直到平板厚度达到一定程度而使材料损耗不能忽略时才会削弱这种增强。这项实验结果同时也为研究超透镜成像提供了关于最佳平板厚度和表面粗糙度的要求依据。2004年，在微波频段，C. G. Parazzoli 等人也实现了由负折射率介质构成的平凹透镜成像。这种平凹超材料透镜可实现正透镜功能，而且相比于普通的平凸透镜而言，在相同焦距情况下可以允许更大的曲率半径，因此大大减小成像像差而使成像清晰。2005年，来自加州大学伯克利分校的科学家用"PMMA-Ag-光刻胶"的混合集成进行了超透镜原理验证实验，银膜超透镜通过表面等离子体的激发显著改善了近场成像的清晰度，实验结果证明其分辨率高达 $\lambda/6$，可以使 60 nm 的细节清晰成像。2006年，报道了工作在中红外波段的 SiC 近场超透镜，其充分利用光声共振增强原理和材料的低损耗，实现了高达 $\lambda/20$ 的分辨率。

2) 远场超透镜

第二类属于远场超透镜，其原理如图 5-49 所示。和近场超透镜不同，远场超透镜的出光口处加入了一些亚波长尺寸的波纹状微结构（比如亚波长光栅）。微结构的作用是将出透镜之后的光波由倏逝波转化为行波。因为物体发射的光经过光栅后会形成不同的衍射级次，经过特殊设计的微结构起到了选择的作用，只有行波的 0 级和倏逝波的 -1 级可以在通过透镜以后传输到远场，因此在超透镜效应下被增强的倏逝波在出射透镜以后能够被转化为行波。

2007年进行了远场超透镜二维成像的实验，目标物体的二维像是通过对远场超透镜 6 个不同方位的累积测量得到。这种远场超透镜由多层银膜和一维亚波长银光栅结构组成，将其嵌入普通光学显微镜以后，可以清晰地成像并且区分两个半径为 40 nm、球心距为 100 nm 的目标。同年，研制出一种新型的可调谐远场超透镜，结构组成为植入 GaN 中的一定厚度的银膜以及由银和 GaN 组成的亚波长光栅，其原理是增加周围电介质的介电常数以匹配金属的介电常数，或者减小金属的介电常数来匹配周围电介质的介电常数，最终可实现超透镜在不同的波长范围内共振。

3) 双曲透镜

最后一类被称作双曲透镜，其称呼来自柱面坐标系的两个波矢分量满足双曲线变化关系，其原理如图 5-50 所示。由于双曲透镜的特殊半圆柱腔结构，各向异性的介质材料具有双曲线结构的色散曲线，倏逝波一旦进入双曲透镜便被转化为行波，出射透镜后横波成分被压缩到无限小，即在出射以后仍为行波，并且在远场成放大的清晰像。

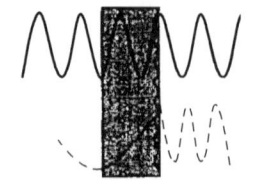

图 5-49 远场超透镜示意图　　图 5-50 双曲透镜示意图

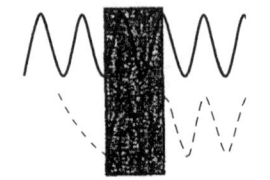

双曲透镜的特点是可以直接实现远场的放大成像，2007 年加州大学伯克利分校的 Liu 等人利用在石英衬底上 Ag 和 Al_2O_3 交替构造半圆柱膜层，实现了 50 nm 线条图形的

放大传递。同一年，马里兰大学 Igor Smolyanivov 等人在金薄膜上沉积聚合物同心环，引导入射光波向外发散放大，最终实现 70 nm 的图形分辨率。一般圆柱形的双曲透镜由于物光波和像光波都是曲面波而给双曲面定位和远场像面观测带来不便。2008 年，提出平面-平面成像的平面双曲透镜，其几何结构包括两个部分：下半部分是正交的椭圆柱系统，它使物面可以为平面；上半部分是另一个正交系统，基于从复杂空间到三维直角坐标空间的保角变换，使像面也为平面。为保证双曲线结构的色散曲线，双曲透镜的柱面腔由金属和电介质材料交替的膜层构成，已仿真实现这种平面双曲透镜 $\lambda/5$ 的分辨率。2009 年，提出棱锥式双曲透镜，这种新型双曲透镜由交替的银膜和电介质膜堆叠而成，支持三维远场清晰成像。

2. 超级透镜的应用前景分析

超级透镜诞生以后引发学术界广泛关注，为此著名科学家加州大学伯克利分校的张翔教授指出，超级透镜在 3 个方面有着重要的应用潜力：实时生物显示、高密度光存储和微电子光刻。

普通光学显微镜可显示出红血球细胞直径的 1/10（约为 400 nm），科学家们只能看到细胞中相对大的结构，如细胞核和线粒体，但是无法探究细胞中更精细的结构。尽管近场扫描显微镜（Scanning Near-Field Otical Microscopy, SNOM）可以观察亚波长尺寸的微小物体，但不能做实时观测，且工作效率低下。超透镜的出现让人们看到了其在实时生物医学方面的应用，将超透镜嵌入到普通光学显微镜中，利用超透镜的超高分辨率，能够观测到细胞内部几十纳米的尺寸，对活生物细胞中的复杂分子机制进行实时原位观察很有必要，比如可观察个体蛋白质通过微管传输形成细胞骨架的运动过程。

高密度光存储是超透镜的第二个潜在的应用方向。在光存储领域，以光盘存储的数据容量取决于信息符的大小，而目前信息符的大小主要受限于聚焦后激光光斑的最小尺寸。当前 CD 盘上的信息坑的大小为 0.83 μm，DVD 盘则最小可达 0.4 μm。依据瑞利分辨率公式：$CD = K_1 \lambda / NA$，聚焦光点的缩小可通过增大聚焦物镜的数值孔径 NA、缩短工作波长 λ、改善工作条件 K_1 来实现。在光盘存储领域，为减小聚焦光点尺寸，工作波长已经由红光（635 nm）缩短至蓝光（405 nm），目前正在研发紫光（375 nm）；数值孔径也由 0.45 左右提高到 0.6，并采用了先进的浸没技术。但受限于当前的技术水平，围绕瑞利分辨率公式来缩小光点尺寸，进而提高光盘存储容量的方法实际上可供挖掘的空间已经很小。事实上，从物理本质上讲，聚焦成像过程的失真来自代表物体细节部分的倏逝波成分的丢失，而传统成像物镜对此无能为力，恢复和放大倏逝波才是实现超分辨率聚焦的关键。因此，超透镜技术为实现高密度光存储提供了一种全新的思路和方向。

光学光刻是超透镜技术的第三个潜在应用方向。依据 ITRS 的路线图，在过去的几十年里，IC 的特征线宽已经由微米过渡到纳米尺度。如英特尔公司自 2007 年开始，向市场提供的半导体芯片的半节距（half-pitch）是 45 nm，2009 年初推出了 32 nm，到 2011 年投产半节距 22 nm 的芯片。线宽的不断缩小给制版技术（Lithography）带来巨大的压力和挑战，同时也给相关科学技术的发展带来创新空间。作为成像系统，光刻光学系统中引入超透镜技术有望使来自掩模的倏逝波信号参与成像，从而实现低于波长量级的特征线宽。

3. 效果

负折射率理论的提出和对负折射率材料的研究，使得在光学成像领域具有重要意义的超透镜进入人们的视野，并使光学研究人员对克服衍射极限的愿望终于能够得以实现。从负折射率材料的提出到各种超透镜模型的建立，关于超透镜的理论和技术正在逐步发展，同时也面临着很多挑战。对于普通超透镜，物和像都处于超透镜的近场区域；而对于远场超透镜，可以成像在透镜的远场区域，但这两种透镜都存在的一个问题就是透镜始终必须放置在物体的近场，否则倏逝波根本无法入射到透镜中，或者因衰减而导致增强和转化都没有实际意义。其次，实际制作超透镜也是一大难题，因为实用的超透镜内部结构极其复杂，而且要将倏逝波转化为行波需要满足苛刻的条件，而任何细小的干扰都会对成像清晰度造成极大的破坏。关于如何制作质量精良的超透镜是一个值得考虑的问题。

第四节　基于光学超材料的模拟运算

一、基于超材料的模拟运算的发展

如今，数字信号处理器（DSP）无处不在地用于执行各种计算任务，从相对简单到高度复杂的计算任务。DSP 通常由三个基本组件组成：模数转换器（A/D）、处理单元、数模转换器（D/A）。首先采用模拟信号（例如，表示图像或语音）并将其离散化为一系列位；其次根据所需的计算操作模拟信号的离散化版本；最后使用 D/A 子模块将生成的数字域转换回模拟域。

尽管 DSP 具有多种功能，但存在一些缺点，其中大部分是由于不可避免的模数转换造成的。特别是，DSP 的 A/D 和 D/A 子模块往往会消耗大量功率。这使得 DSP 的成本效率低下，尤其是在执行简单的计算任务（如微分或集成）时，A/D 和 D/A 转换器还限制了处理速度，因为离散化过程非常耗时，并且无法以大规模并行方式执行。此外，在高频（高于吉赫兹范围）下，由于信号变化太快，A/D 和 D/A 转换器无法正确执行离散化。这些局限性导致了人们对重新审视模拟运算概念的兴趣激增，这种想法可以追溯到几十年前，其中信号处理发生在模拟域中，因此不需要模数转换。

模拟运算机是一种利用给定物理现象的连续变化来执行特定计算或处理任务的设备。第一批电子或机械模拟运算机，最初比数字版本更受欢迎，是基于连续变化的量，如电流或机械运动。尽管没有 A/D 和 D/A 转换器，但这类计算机速度非常慢，体积庞大，阻碍了它们在追求高速和小型化的现代系统中的适用性。此外，当信号串联处理时，发现由噪声触发的小误差会传播并被放大，因此数字计算机应运而生。

最近，在超材料研究的背景下，对模拟运算的兴趣重新燃起，因为研究表明，亚波长结构可以通过利用适当设计的人造光子材料中的光传播来实现计算功能，该解决方案可实现超快速度、低损耗、亚波长外形尺寸和大规模并行操作，有望克服上述挑战。这个计算平台确实是基于光场与人工创造的结构（超材料）的增强相互作用。与传统的电子和机械计算机相比，计算光学超材料可以非常快，这是因为它们以光速运行且能够并行执行大量操作；同时，非常小波长的光波可实现小型化和集成。因此，这些特性为以超快的速度和大规模并行化执行特定用途的信号处理任务创造了理想的条件,其尺度可能小于波长。

而利用波进行模拟运算的想法可以追溯到计算超材料发展之前的几十年。事实上,一个简单的(凸面)透镜在放置在其焦平面上的图像上充当傅里叶变压器,以垂直于透镜轴的恒定相位平面的均匀单色平面波入射场的形式将恒定照明转换为其焦距处的单个点,该点在具有无限光圈的透镜极限内接近克罗内克函数。相反,理想情况下,来自点状源的发射被透镜转换为均匀的平面波。透镜对入射场进行傅里叶变换的能力是傅里叶光学的基础,傅里叶光学是利用光执行信号处理任务的平台的最简单示例。

文献[47-49]提出了一个有趣的想法,即多功能基于波的模拟运算,其中几个计算任务在不同的输入通道上同时执行。这种计算方式提供了信息并行处理的独特机会,从而显著提升了计算速度。对于光信号,多功能模拟运算可以通过,例如,由各向异性元件组成的超表面来实现。这种结构的各向异性使人们能够独立地操纵横向电和TM偏振度的反射和透射。这让一次性处理多个信号的执行任务成为可能。将并行计算扩展到任意数量的信道可以利用具有许多空间或时间自由度的介质,例如无序多重散射系统。这类计算结构的并行操作不仅能够提高处理速度,而且还提供了节省大量电力的可能性,避免了大规模电子系统的使用和相关的具有挑战性的热耗散问题,这些问题目前限制了摩尔定律的延续。

大多数计算超材料都与线性功能有关。但随着基于学习的方法的发展,研究用计算超材料进行非线性模拟处理操作的可能性是未来研究的一个明确方向。非线性计算超材料可以用于其他目的,例如复杂的非线性方程求解,或者类似地实现数字技术中采用的许多非线性滤波、图像处理方法。这类计算超材料的非线性相互作用与可重构性相结合,也代表了实现可编程模拟运算系统的机会,其操作方式类似于电子现场可编程门阵列的基于波的模拟对应物。

二、基于超材料的希尔伯特运算

光学模拟计算因其固有的并行处理、低串扰、低功耗和宽带宽等优点,在过去几十年中得到了深入研究。常规光学计算器件可分为自由空间和片上两类。在自由空间中,通常使用4F系统,并且依赖于数字微镜器件(Digital Micromirror Devices,DMD)。DMD被放置在两个透镜之间的光路中,作为输入信号和卷积核,不仅会导致复杂的空间配置和体积,精确度也较低。片上光学计算通过使用多模干扰耦合器(Multimode Interference couplers,MMI)和马赫-曾德尔干涉仪(Mach-Zehnder Interferometers,MZI)来克服这些问题。然而,它仍然导致相对较大的数百微米的占地面积,这阻碍了它实现极高的积分密度。

希尔伯特变换(Hilbert Transform,HT)在许多领域都发挥着至关重要的作用,因为它能够从信号中提取重要特征。在平面内超表面的辅助下,可设计超紧凑光学计算的平面内元器件。

文献[54]提出了一种基于面内硅超表面的空间希尔伯特变压器并对其进行了数值演示。空间希尔伯特变压器由级联的两个金属透镜和一个中间超表面组成,与互补金属氧化物半导体(CMOS)技术兼容。两个级联金属透镜用于在4F系统中执行傅里叶变换（FT），而中间超表面则作为卷积核在傅里叶平面上执行操作，进一步释放超表面的潜力。如图 5-51 所示，有一个在硅光子平台上实现系统传递函数的片上 4F 光学系统。该装置由两个焦距 f 相同的超透镜和一个可变的超表面组成。

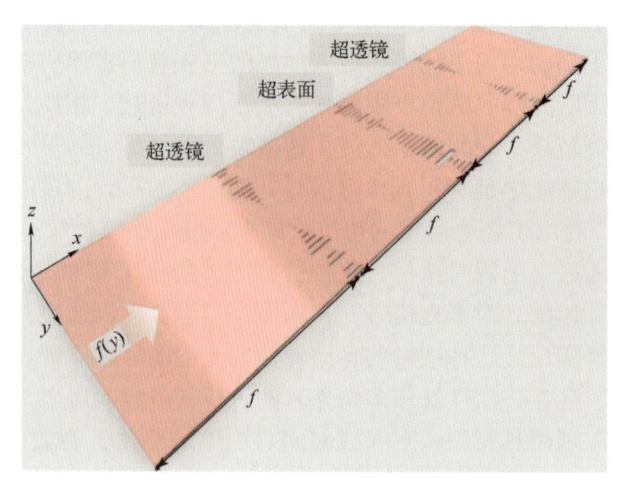

图 5-51 片上空间希尔伯特变压器的原理图

第一个超构透镜对输入信号 $f(y)$ 执行实时空间傅里叶变换，该信号入射于输入平面。输入信号的傅里叶变换在第一超透镜的焦平面上完成：

$$G\left(\frac{y}{\lambda f}\right) = c \cdot F(f(y)) \tag{5-18}$$

式中：λ 为输入信号的波长；c 为常数。焦平面的信号与输入信号的傅里叶变换成正比。

根据希尔伯特变换理论的卷积定理，特别设计的卷积核 $M(y/\lambda f)$ 在傅里叶平面上引入了额外的幅度和相位调制，导致了频域的乘：

$$G'\left(\frac{y}{\lambda f}\right) = G\left(\frac{y}{\lambda f}\right) M\left(\frac{y}{\lambda f}\right) \tag{5-19}$$

利用第二超透镜实现逆 FT，其表达式为

$$g(y) = F^{-1}\left\{G'\left(\frac{y}{\lambda f}\right)\right\} = f(y) * m(y) \tag{5-20}$$

其中，$m(y)$ 是 $M(y/\lambda f)$ 的逆 FT，$*$ 表示卷积运算。在作为第二超透镜焦平面的输出平面上，证明了输入信号 $f(y)$ 与特别设计的卷积 $M(y/\lambda f)$ 的卷积结果。为实现希尔伯特变换，$M(y/\lambda f)$ 应定义为

$$M\left(\frac{y}{\lambda f}\right) = \{j, y<0 \quad 0, y=0 \quad -j, y>0\} \tag{5-21}$$

根据上述方程，希尔伯特变压器的按需中间超表面通过在 $y<0$ 处引入 90°相移和在 $y>0$ 处引入−90°相移来建立。

为了实现用于 FT 的片上金属传感器，传输波的相移定义如下式所示：

$$\phi(y) = \frac{2\pi}{\lambda} n_{\text{eff}} (f - \sqrt{f^2 + y^2}) \tag{5-22}$$

其中，n_{eff} 是限制在硅片波导中的引导光的有效折射率。

三、基于超材料的积分与微分运算

1. 格林函数法

近年来,格林函数法已被用于执行特定用途的运算。利用这种方法实现的最常用数学运算之一是积分:考虑图 5-52(a)所示的结构,即众所周知的介质板状波导几何形状,其核心层和包层的折射率分别为 $n_2=3.4$ 和 $n_1=1.5$。使用棱镜耦合器以入射角 θ 从远场激发该结构。在某个特定的 θ 处,入射光束的横向动量 $f(y)$ 与板坯波导的导波模式的横向动量相等,从而导致透射光谱中出现一个共振峰(图 5-52(b))。在共振峰附近,可以用 $T(k_y)=A/k_y$(其中 A 是一个常数,取决于共振的品质因数)来近似计算系统的传输系数。这种近似方法只适用于满足以下两个条件的信号:首先,入射场必须具有足够小的光谱带宽,因为在透明条件之外,透射系数为零,不会产生任何输出。其次,入射场必须只具有非零的空间频率成分。事实上,对具有非零空间频率分量的信号进行积分需要放大输出,因为理想积分器的传递函数 $T(k_y)=A/k_y$ 在 $k_y=0$ 时会骤增。因此,除非只处理 $k_y=0$ 时没有任何分量的信号,否则在透射率始终低于 1 的无源设备中,这种操作是不可能的。因此,这种简单的结构就像一个模拟积分器。图 5-52(c)显示了与高斯导数入射信号(实际上没有零空间频率分量)相对应的传输场。

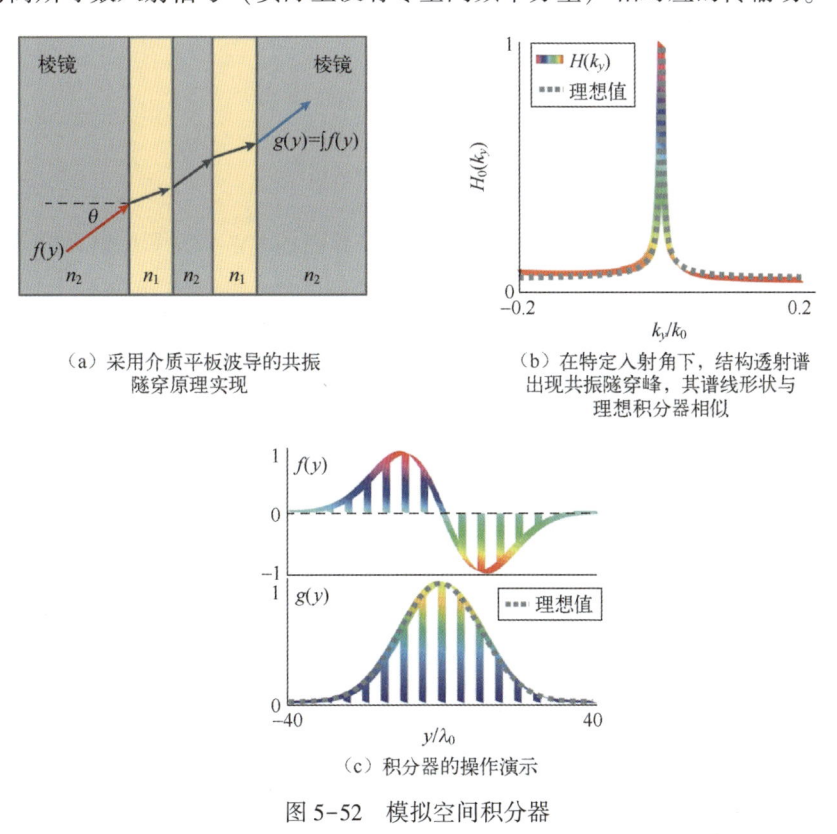

(a)采用介质平板波导的共振
隧穿原理实现

(b)在特定入射角下,结构透射谱
出现共振隧穿峰,其谱线形状与
理想积分器相似

(c)积分器的操作演示

图 5-52 模拟空间积分器

格林函数法也可用于模拟微分运算,它通常用于确定信号的急剧变化、边缘和极值。图 5-53(a)显示了一种简单的光学结构,可用于计算特定条件下入射波的导数。这个基本微分器由两个不同折射率($n_1=1$ 和 $n_2=3.4$)的电介质之间的界面组成。横

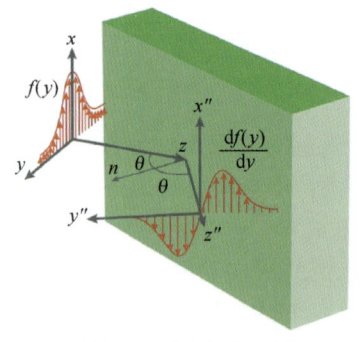

(a) 格林函数法在空间微分器模拟中的应用

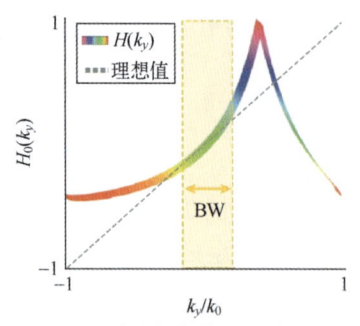

(b) 布鲁斯特微分器在布鲁斯特角附近的格林函数（反射谱）

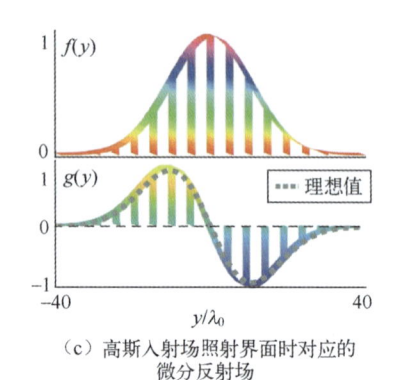

(c) 高斯入射场照射界面时对应的微分反射场

图 5-53　空间微分器模拟

磁（TM）极化入射磁场以入射角 θ 入射界面时，界面的 TM 菲涅耳反射系数表示为

$$R(\theta)=\frac{n_1\sqrt{1-\left(\frac{n_1}{n_2\sin\theta}\right)^2}-n_2\cos\theta}{n_1\sqrt{1-\left(\frac{n_1}{n_2\sin\theta}\right)^2}+n_2\cos\theta} \tag{5-23}$$

在入射角 $\theta_B=\arctan(n_2/n_1)$（即布儒斯特角/起偏振角）处，结构的 TM 反射系数消失：这就是图 5-53（a）所示的情况。很容易验证布儒斯特角、角参数 θ 和波长 k_y 之间的关系是

$$k_y=k_0\sin(\theta-\theta_B) \tag{5-24}$$

其中，θ 在 0 和 $\pi/2$ 之间变化。如图 5-53（a）所示，信号的坐标系与界面并不对齐。式（5-24）定义了角度参数 θ 和波长 k_y 之间的一一对应关系，在此基础上，式（5-23）中的菲涅耳反射系数可以转换到空间傅里叶域。布儒斯特角附近菲涅耳反射系数的相应空间傅里叶频谱如图 5-53（b）所示。正如所观察到的，界面的反射谱在 $k_y=0$ 时等于零（注意该波长对应于 $\theta=\theta_B$）。在这个零点附近，反射光谱可以用 $R(k_y)\approx Ak_y$（泰勒展开）形式的线性函数来近似，其中 $A=-(n_2/2-1/2n_2^3)k_0$（图 5-53（b）中虚线的斜率）。除了比例系数之外，$R(k_y)$ 与理想空间微分器的格林函数 $H(k_y)=ik_y$ 非常相似。这意味着对于以布儒斯特角（图 5-53（b）中的黄色阴影区域）附近足够窄的空间频

谱撞击界面的信号，反射场是入射场的导数。图 5-53（c）中显示了高斯入射信号（$f(y)$）对应的反射场（$g(y)$）。$g(y)$ 具有高斯导数曲线，证明微分器可以正常工作，前提是图像没有太大的光谱特征。需要注意的是，由于微分器在反射零点附近工作，导数信号（反射场）的振幅通常较小，导致信噪比相对较低，这一特性是导数运算所固有的。

所述模拟微分器和积分器可用作构建更复杂模拟运算的构件。例如想要实现模拟二阶微分器，可以通过级联两个一阶微分器（每个微分器对入射信号进行一次微分）来轻松实现。同样，二阶积分器也可以通过级联两个一阶积分器来实现。需要值得注意的是，这两个实际例子在可处理的图像范围（仅限于从特定角度入射的变化缓慢的图像）和输出的整体效率方面都受到了限制。利用格林函数法所使用的通用平台，其中优化的多层板可任意调整格林函数输出 $H(k_y)$，有望实现更复杂、更高效的模拟处理超材料。

所述微分器，如图 5-54（a）所示，包括一层金属薄膜和一个棱镜耦合器。在激发场动量与 SPP 模式动量匹配的入射角处（相位匹配条件），反射谱降为零（图 5-54（b））。在这个倾角附近，反射光谱遵循一阶微分器的传递函数（直线）。这种微分器仅由单一金属层组成的事实使得系统的制造简单。此外，与基于传统笨重的信号处理器相比，它代表了显著的小型化。同时，它的操作仅限于反射倾角周围的狭窄空间频谱，并且在可处理图像的整体分辨率和整体效率方面无法避免上述限制。模拟空间微分器的几个重要应用已经被提出。在一维中，它们可以用来确定函数的急剧变化。同样，在二维中，空间微分提供了检测入射图像（二维信号）的尖锐变化的可能性，即它们的边缘。图 5-54（c）演示了使用图 5-54（a）所示的等离子体空间微分器进行边缘检测的可能性。为此，用空间光调制器对入射光场进行调制，并将其投射到等离子体微分器的金属

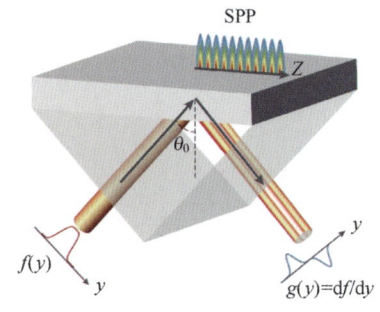

（a）基于支持表面等离子激元 (SPP)的金属薄膜的空间模拟微分器

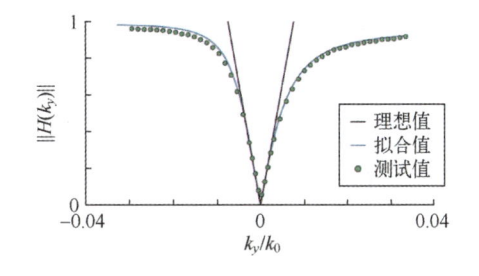

（b）（反射谱）在$k_y=0$附近的格林函数，显示出共振倾角，在这个零点附近，格林函数可以近似为一个线性变化的函数（直线），对应于理想微分器的传递函数

（c）基于图（a）结构的等离子体空间微分器空间边缘检测

图 5-54　基于格林函数法的模拟运算实例

薄膜上。图 5-54（c）的底部面板描绘了相应的反射图像。事实上，入射图像的边缘已经被分辨出来。注意，图像的垂直边缘得到了更好的解析，因为微分只沿着水平方向（y 轴）执行。然而，只要边缘不是完全垂直的，它的特征就可以在反射图像中被追踪到。这一限制后来被一种基于全介电超表面的设计所克服，这种设计具有受吸收损耗影响较小的额外优点。

　　如上所述，作为其简单性的折中，等离子体空间微分器有一些缺点。特别是，它只适用于具有狭窄空间带宽的入射波（这是由 $R(k_y)$ 的泰勒级数展开中存在高阶项引起的）。由于这个原因，微分器不能分辨彼此非常接近的边。在文献［43］中提出了一种超越这些限制的更复杂的空间模拟微分器。如图 5-55（a）所示，微分器的结构利用了具有强非局部响应的空间调制谐振超表面，这一特性通常被认为是其他超表面应用所不希望的。超表面阵列由共振粒子（开口谐振环（SRR），谐振频率为 1.26 GHz）组成，通常入射 TM 极化波。对 SRR 隙内介质的相对介电常数进行慢周期调制，导致具有可控非局域性的漏波共振的出现。在漏波共振频率处，结构的反射系数降至零。此外，由于漏波的非局域特性，该频率是入射角的函数。如果工作频率等于正入射时的漏波频率，则反射频谱随入射角的变化按抛物线函数规律变化，与二阶微分器的传递函数相匹配。有趣的是，应用于超表面轮廓的空间调制提供了额外的自由度，以增强操作带宽。更具体地说，通过精确控制调制的参数，相应的高阶（三阶以上）泰勒系数可以被取消，允许人们增强空间带宽的微分，即设备的整体分辨率，并将其调谐到所需的水平对应于感兴趣的光学系统的数值孔径。通过数值模拟得到的优化后的格林函数如图 5-55（b）

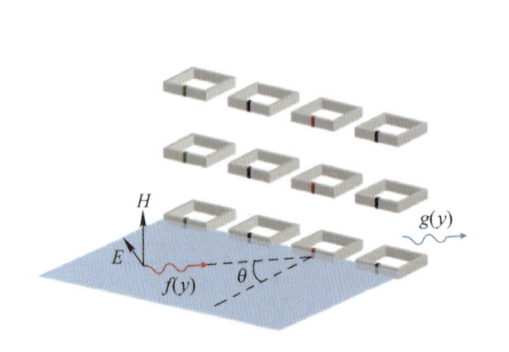

（a）基于分裂环谐振器组成的超表面阵列的微分运算 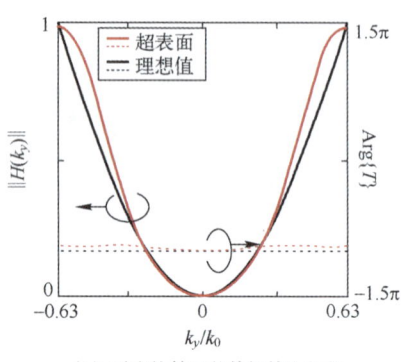　　（b）对应格林函数的幅值和相位

（c）基于图（a）所示超表面阵列的空间边缘检测

图 5-55　模拟运算实例

256

所示，与理想情况下的传递函数吻合较好。通过在超表面轮廓上引入更复杂的调制模式，可以抑制与理想响应的轻微偏差。图5-55（c）展示了用于边缘检测的二阶微分器的性能。与前面讨论的等离子体空间微分器相比，由于其更大的操作波束宽度，该设计提供了更高的边缘检测分辨率。

同样，在光学频率下也可以获得类似的响应。文献［55］实现了一种基于共振的超表面阵列的光学空间微分器，由放置在衬底上的低损耗硅介质谐振器组成（图5-56（a））。通过设计组成超表面的谐振器，对结构的格林函数进行了定制，使其在宽操作带宽上接近二阶导数算子的传递函数（图5-56（a））。这种光学微分器在表征入射图像的边缘方面的优异性能由图5-56（a）中的图像证明。

（a）光学计算超表面设计　　　　（b）超表面传递函数

（c）对超表面进行边缘检测

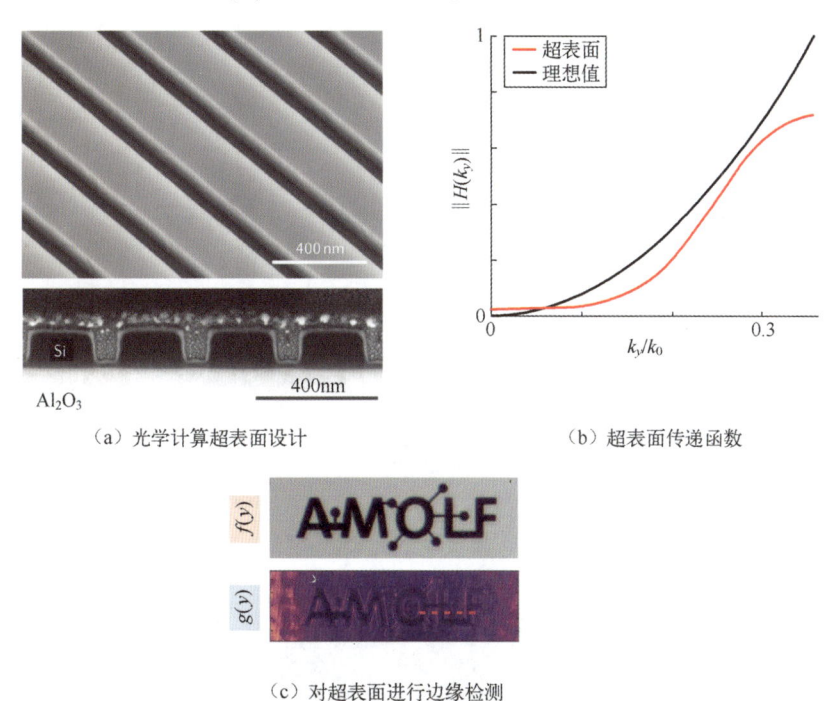

图5-56　基于共振超表面的光学空间微分器

2. 超表面法

一个用于计算输入信号的一阶导数（$\partial/\partial x$）的超表面计算系统的示例如图5-57（a）所示。该系统包括两个梯度折射率介质透镜，其介电常数 $\varepsilon(x)=\varepsilon_c(1-(\pi x/2L)^2)$ 呈抛物线变化，其中 L 为透镜的焦距。在近轴近似中，这种非均匀材料充当傅里叶转换器。超表面块是由两种材料组成的层状结构，掺杂铝氧化锌（AZO）和硅，具有不同的耗散损耗。超表面的几何参数是定制的，因此它提供了一个与位置无关的传输系数，类似于目标操作器的传递函数 $H(k_x)=\mathrm{i}k_x$。系统的仿真性能如图5-57（b）所示，证实了散射场确实是入射场分布的导数。与基于4F相关器的模拟微分器相比，该系统具有以下优点：通过适当地设计超表面子块，该系统可以适应执行更复杂的数学运算，例如局部相位控制，这是标准空间模拟滤波器无法实现的。此外，它提供了更高的分辨率重建，因为超表面子块可以达到深度亚波长。如果整个系统可以在一个块中制造，对准问题也可以减少。

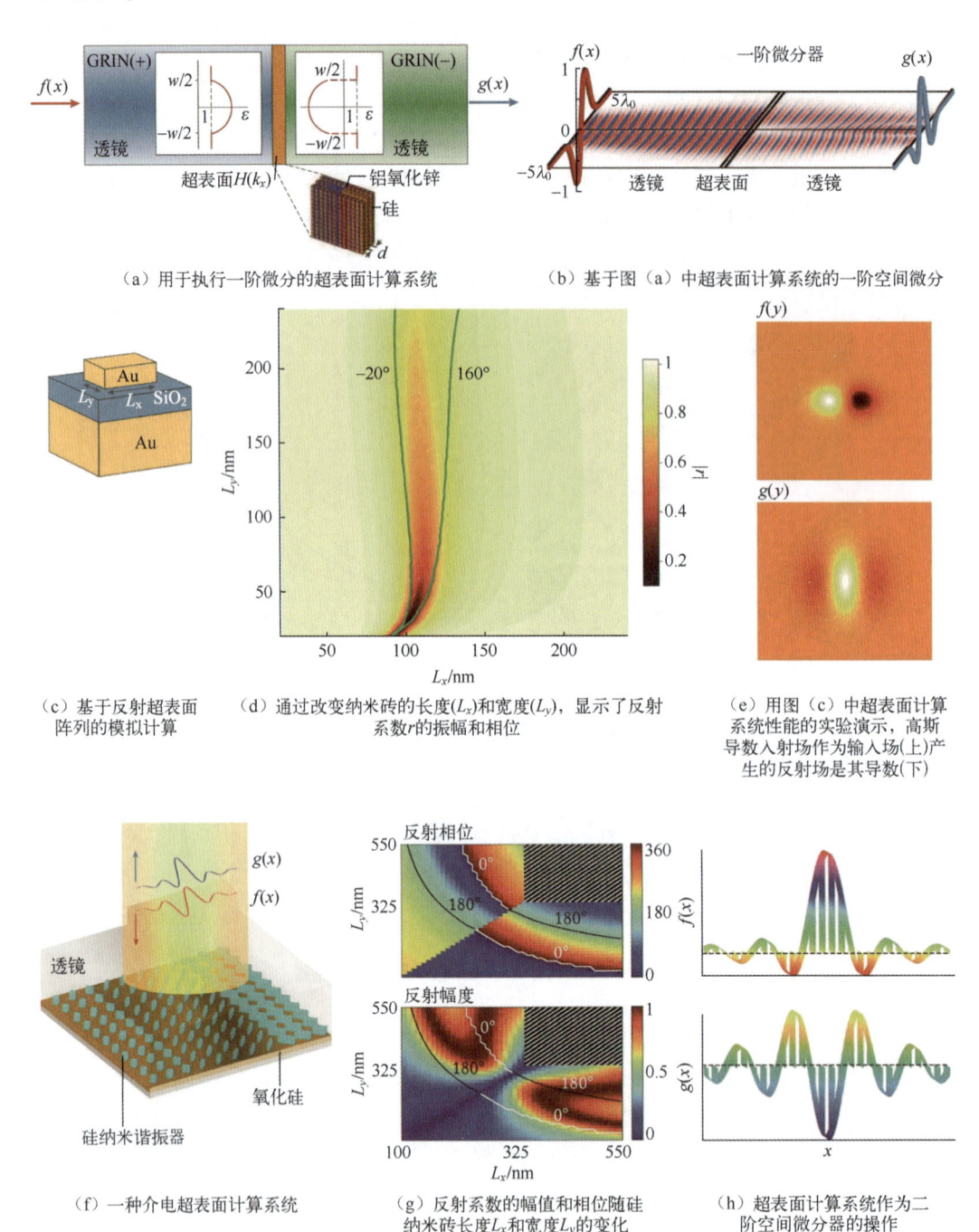

(a) 用于执行一阶微分的超表面计算系统　　(b) 基于图 (a) 中超表面计算系统的一阶空间微分

(c) 基于反射超表面　(d) 通过改变纳米砖的长度(L_x)和宽度(L_y)，显示了反射　(e) 用图 (c) 中超表面计算
阵列的模拟计算　　　系数r的振幅和相位　　　　　　　　　　　　　　　系统性能的实验演示，高斯
　　　　　　　　　　　　　　　　　　　　　　　　　　　　　　　　　　　　导数入射场作为输入场(上)产
　　　　　　　　　　　　　　　　　　　　　　　　　　　　　　　　　　　　生的反射场是其导数(下)

(f) 一种介电超表面计算系统　(g) 反射系数的幅值和相位随硅　(h) 超表面计算系统作为二
　　　　　　　　　　　　　　　纳米砖长度L_x和宽度L_y的变化　　阶空间微分器的操作

图 5-57　基于超表面法的基于波的模拟计算

本节还提出了几种基于超表面方法的计算系统并进行了实验验证。例如，演示了一种基于等离子体元反射阵列的模拟系统，该系统能够执行多种处理操作。如图 5-57 (c) 所示，超表面的单位由硅纳米砖组成，硅纳米砖排列在放置在光学厚金属膜上的二氧化

258

硅层的顶部。通过改变纳米砖的尺寸（L_x和L_y），可以独立控制反射场的振幅和相位（图5-57（d））。这使得实现任意传递函数成为可能。例如，假设想要实现$\partial/\partial x$的导数。相关传递函数（$H(k_x)=ik_x$）意味着位置相关反射系数的形式为$|r|=R_0x/L$，其中$-L<x<L$为元表面阵列的长度，R_0为常数。可以定制超表面的参数以实现所需的反射剖面。用高斯导数入射信号激励结构，实验证明了相应计算系统的正常运行；对应的反射场为入射场的导数，证实了系统的正常功能（图5-57（e））。

虽然这种等离子体超表面可以进行各种数学运算，但它有一定的局限性：由于使用了损耗等离子体材料，它具有高吸收和低转换效率。此外，它与互补金属氧化物半导体（CMOS）技术不兼容，阻碍了其在硅光子器件中的集成。通过开发全介质超表面计算系统克服了这些缺点，超表面是由放置在硅间隔层和厚银层顶部的硅纳米谐振器构成的（图5-57（f）），其反射系数的幅值和相位随硅纳米砖宽度（L_y）和长度（L_x）的变化如图5-57（g）所示。相关的反射系数跨越了$0\sim 2\pi$的整个相位范围，而反射的振幅可以通过改变L_y和L_x从0到1变化。再加上渐变折射率透镜，这些特性使任意数学功能的实现成为可能。以二阶微分器为例，通过对超表面纳米砖的合理结构设计二阶微分器。当使用sinc型电场$f(x)=\text{sinc}(x/6.8\times 10^{-6})$作为输入场时，反射场确实是其二阶导数（图5-57（h））。

四、基于超材料的傅里叶变换

1. 工作原理

傅里叶光学的一般原理是将信号转换为傅里叶空间，对傅里叶变换信号进行信号处理操作，然后将输出转换回常规空间。假设任意一幅图像被放置在光学透镜的前焦平面上，在镜头的后焦平面上，生成相应图像的二维空间傅里叶变换。在这个平面上，可以使用具有特定横向透明图案的掩模板来操纵图像的光谱特征。例如，如果采用不透明的掩模板覆盖傅里叶平面的中心，然后使用第二个透镜对图像进行逆傅里叶变换，则低阶傅里叶分量将被抑制，但与高次谐波相关的信息将被保留，从而增强边缘。同样，放置在傅里叶平面中心的针孔掩模会衰减与高阶傅里叶分量相关的信息，模糊图像的边缘并保持其较慢的变化。这种光学系统，称为4F相关器，因此可以对图像的傅里叶光谱应用大量的线性运算。事实上，傅里叶光学的科学意义在于定制傅里叶掩模的局部透射幅度和相位，以实现各种高级功能。

与传统的电子模拟计算机相比，基于傅里叶光学的模拟信号处理器要快得多，因为光速远大于电子的漂移速度。然而，它们笨重的结构，至少涉及四个焦距，广泛阻碍了它们的小型化。镜头的逼真特征引起的对准问题和像差使图像进一步复杂化。尽管存在所有这些挑战，但傅里叶光学是一个成熟的科学技术领域。

电磁超材料，由人工散射体制成的复合材料，旨在实现所需的宏观特性，以及它们的二维等价物电磁超表面，可以大大缩小这些处理系统的尺寸，并避免对图像进行两次傅里叶变换的需要。与基于傅里叶透镜的模拟信号处理器一样，超材料计算系统可以超快（因为它们基于传播波）。然而，与传统的傅里叶光学信号处理器相比，计算超材料和超表面可以小于工作波长，因为它们通常依赖于亚波长谐振散射体。在计算超材料中引入了两种方法：格林函数方法和超表面方法。

2. 格林函数法

格林函数已经指导了多项超材料计算系统的设计。正如该方法的名称所示，在格林函数方法中，所选算子的格林函数直接在实际空间中实现，无须从空间域到频谱域来回转换，从而提高了紧凑性，并避免了误差传播和对齐问题可能带来的挑战。如图 5-58（a）所示，信号 f 和 g 可以是入射到超材料上并通过超材料传输的光场。简化来看，假设光场仅随着单一的空间坐标 y 变化而变化。由于系统对输入的一维函数进行运算，而与具体的 y 变化无关，因此超材料的特性在沿 y 平移时保持不变，而输入和输出信号 $f(y)$ 和 $g(y)$ 则明确取决于 y。从系统理论的角度来看，$f(y)$ 和 $g(y)$ 通过超材料的格林函数相互关联，格林函数在傅里叶空间中定义为 $H(k_y)=\text{FT}[g(y)]/\text{FT}[f(y)]$，其中 FT 代表傅里叶变换。通过对超材料特性进行工程设计，实际上可以定制相关的格林函数 $H(k_y)$，使其与所需算子的传递函数相匹配。这种设计可以通过直接优化或反向设计来实现，如考虑不规则形状的传递函数 $H_0(k_y)$，其振幅如图 5-58（b）所示。该传递函数与任意选择的数学运算相关联。格林函数法可用于在复合超材料中实现该传递函数，如图 5-58（c）所示的多层结构，它由一叠亚波长超材料板组成。每一层都有特定的厚度（d_i）、介电常数（ε_i）和磁导率（μ_i）。通过对参数 d_i、ε_i 和 μ_i 进行优化，可以使多层结构的格林函数近似等于所选算子的传递函数，即 $H_0(k_y)$。在这种情况下，在实际空间中，经过优化的超材料就像一个模拟信号处理器，对任何入射信号 $f(y)$ 在空间域中进行所需的数学运算。

（a）假想模拟计算系统　　（b）利用格林函数法实现任意线性算子的传递函数（振幅）的计算　　（c）基于格林函数方法的计算超材料实例研究

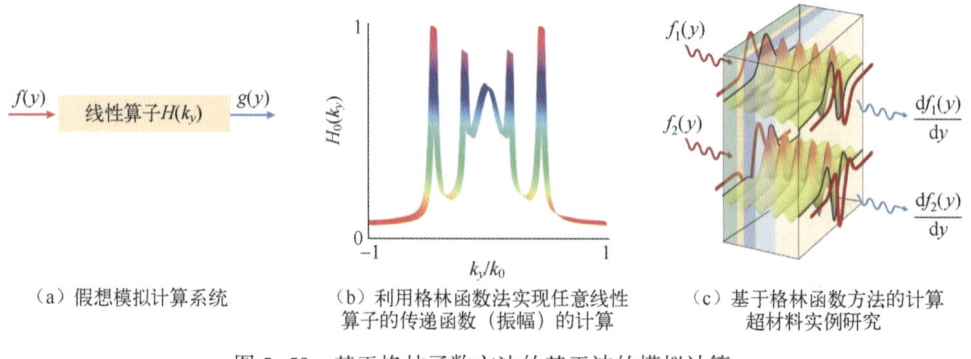

图 5-58　基于格林函数方法的基于波的模拟计算

Alexandre Silva 等人在文献［28］中设计了一个多层超材料板，横向均匀但纵向不均匀，如图 5-59（a）所示，它实现了输出场分布 $g(y)$ 到输入函数 $f(y)$，与所需选择的算子相关的空间脉冲响应 $G(y)$ 一致。在这种方法中避免了进入傅里叶域的需要，从而避免了执行傅里叶变换和傅里叶逆变换的 GRIN 子块。由于该板是横对称的，因此原则上可以实现对称均匀的任意空间脉冲响应，例如二次空间导数 $g(y) \propto \mathrm{d}^2 f(y)/\mathrm{d}y^2$。将撞击平面波的透射系数作为横向波数的函数来定制 k_y 成为 $\widetilde{G}(k_y) \propto -y_2^k$ 并且提出了一种快速合成方法，以获得每层所需的介电常数、磁导率和厚度，以定制整体平面波透射系数以匹配 $\widetilde{G}(k_y)$ 适用于所有入射角。通过适当增加层数，也可以使用非磁性层状超材料获得相同的结果，可以说简化了设计并使其更接近实际实现。

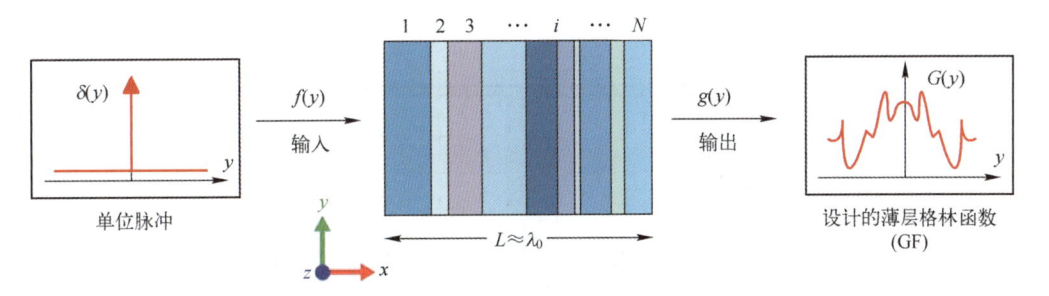

图 5-59 使用格林函数法的超材料计算，其中多层板以显示与所选择的数学运算相关的所需空间脉冲响应

3. 超表面法

尽管格林函数法是一种实现特定目的计算功能的直接方法，但它通常不提供一个平台，可以在不使用更复杂的几何和优化技术的情况下轻松适应任意复杂的操作符。另一种替代策略，称为超表面法，可以实现更大范围的操作。这种方法的核心思想本质上是将传统的4F相关器方法映射到更紧凑的超材料平台上，该方法更通常用于傅里叶光学。考虑一个线性的、移位的系统，目的是将一个特定的算子（以传递函数 $H(k_x)$ 为特征）应用于输入域 $f(x)$。从系统的角度来看，输入 $f(x)$ 与相应的输出 $g(x)$ 之间的关系表示为

$$g(x) = \underbrace{\text{IFT}}_{\text{Block3}}[\underbrace{H(k_x)}_{\text{Block2}} \cdot \underbrace{\text{FT}[f(x)]}_{\text{Block1}}] \tag{5-25}$$

式（5-25）展示了基于超表面法的模拟计算机的原理，该方法本质上由三个不同的子块组成：空间傅里叶变换（FT），它对输入场 $f(x)$ 进行傅里叶变换（如前所述，傅里叶变换可以使用光学透镜进行）；一个适当设计的与位置相关的透射（或反射）系数的超表面，对应于所选算子的传递函数；以及傅里叶逆变换（IFT），它对 $G(k_x) = F(k_x)H(k_x)$ 进行傅里叶逆变换，得到所需的输出场 $g(x)$（图 5-60）。

图 5-60 基于超表面法的计算系统框图

同样，在文献 [28] 中设计三个级联子块组成的超材料系统：一个傅里叶变换子块；一个定制的超表面空间滤波器，应用 $\widetilde{G}(k_y)$ 傅里叶域中的操作，以及傅里叶逆变换子块（图 5-60）。对于第一个子块，考虑磁导率 $\mu = \mu_0$，介电常数呈抛物线变化的二维梯度折射率（GRIN）介质板，即

$$\varepsilon(y) = \varepsilon_c \left[1 - \left(\frac{\pi}{2L_g}\right)^2 y^2\right] \tag{5-26}$$

其中，ε_c 为 GRIN 中心面的介电常数，L_g 为特征长度。在图 5-61 中，GRIN(+) 表示常规 GRIN，(+) 表示介电常数和磁导率为正。在近轴近似中，GRIN(+) 板在沿传播方向的"焦距" L_g 处作为傅里叶变压器工作。对于傅里叶逆变换子块 GRIN(-)，采用具有负参数的理想 GRIN 结构：磁导率 $\mu = -\mu_0$，介电常数 $\varepsilon = -\varepsilon(y)$。根据互补材料的概念，GRIN(-) 具有 GRIN(+) 的逆功能；GRIN(-) 充当傅里叶逆变换。

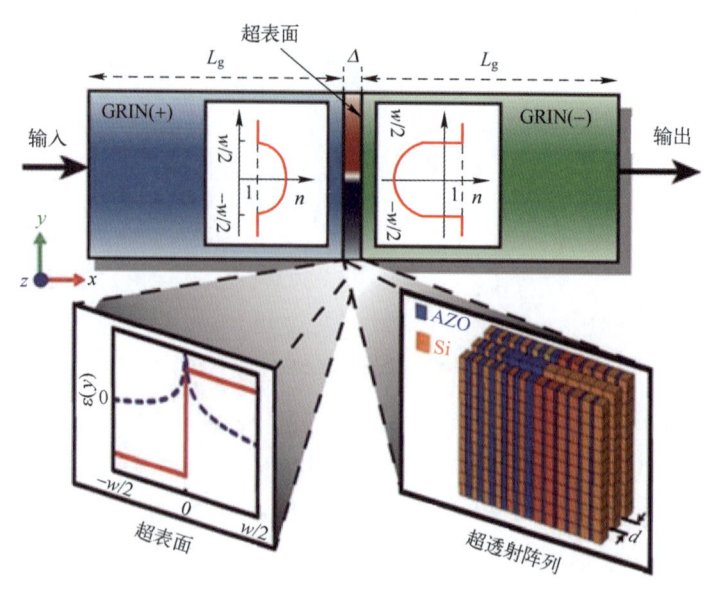

图 5-61　可在傅里叶域中执行数学运算超材料

第五节　基于光学超表面的全息成像技术

一、基于光学超表面的全息成像原理

在近代光学领域中，全息成像技术是其中的一个关键分支。不同于普通相机只记录物体的强度信息，全息成像技术记录了被拍摄物体散射的物光波振幅、相位和极化等信息，即全息图。在特定光照条件下，全息图可以还原出物体的全部信息，观察者可以看到被拍摄物体的不同角度，从而产生立体视觉。在计算机强大的运算处理能力下，计算全息技术可以将整个全息过程全部数字化。相比于传统的光学全息技术，计算全息技术不会引入额外的相位差和噪声，并且脱离了光源的限制，可以实现真实或虚拟物体的显示，这直接扩大了全息成像技术的应用场景以及应用范围。在微波频段，全息成像技术通常借助于超表面来实现。由于其优秀的调控特性，超表面非常适合作为全息图的编码材料，超表面与全息成像技术的结合也成为当前纳米技术、光学、电磁学的研究热点之一。相比于传统的全息成像技术，超表面的亚波长单元结构不仅仅可以有效地消除不必要的衍射阶数，还可以提供高分辨率、高精度、低噪声的重建图像，极大地提高了全息图像的成像质量。

通过合理设计超表面单元结构的几何参数和旋转角度，可以实现对光场振幅、相位、偏振和频率的灵活调控，为全息编码方式提供更多的选择性，同时也提高了编码信息的存储能力，以及超表面的利用率。针对超表面对电磁波的操纵能力，全息超表面可分为相位、振幅、复振幅和非线性调控型全息超表面。

光学超表面全息成像的研究步骤非常明确，具体过程主要分为四个步骤。第一步，建立全息模型，利用计算机来模拟瑞利-索末菲（Rayleigh-Sommerfeld，RS）衍射的整个过程，从而获取目标单位的相位信息。第二步，在合理调整结构参数的基础上设计出适当的超表面单元结构，并且构建好单元库。第三步，从已经构建好的单元库中挑选与全息板上各个像素相位信息匹配的单元结构，达到调控相位信息的目的，并且要对超表面进行排布。第四步，模拟全息过程中的衍射再现部分，进而获取全息图像，值得注意的是模拟过程中要注意调整入射波的偏振态和波长。

1. 计算全息成像模型

计算全息成像是基于计算机利用数学方法对全息过程中的干涉记录部分进行建模，这个过程不需要实际的物体，其优势在于可以确保光波的波前信息能够完整保存，之后凭借调制器件来再现物体的波前信息。全息成像包括干涉记录和衍射再现两个关键过程，两个过程光路相反，并且衍射公式中的波矢大小互为相反数。在衍射再现部分，常使用适用于太赫兹波段的瑞利-索末菲衍射公式。

$$g(u,v) = \frac{1}{i\lambda} \iint u(x,y) \cos\langle n,r \rangle \frac{\exp(ikr)}{r} dxdy \quad (5-27)$$

其中，$g(u,v)$ 和 $u(x,y)$ 分别表示成像面上 (u,v) 处和超表面上 (x,y) 处的光场分布，成像面和超表面相距 z，$r = \sqrt{(u-x)^2+(v-y)^2+z^2}$；$\cos\langle n,r \rangle = \frac{z}{r}$ 是倾斜系数。假设目标物体具有一致的振幅和相位分布，可将 $u(x,y)$ 看作常数 C，那么式（5-28）可简化为

$$g(u,v) = \frac{1}{i\lambda} \iint C\cos\langle n,r \rangle \frac{\exp(ikr)}{r} dxdy \quad (5-28)$$

成像面上的光场分布 $g'(u,v)$ 经过 RS 逆衍射，可获得超表面上的光场分布 $u'(x,y)$，那么 RS 逆衍射表达式为

$$u'(x,y) = \frac{1}{i\lambda} \iint g'(u,v) \cos\langle n,r \rangle \frac{\exp(-ikr)}{r} dudv \quad (5-29)$$

在计算过程中，假设设计的光学超表面用于调制相位，那么就需要 GS（Gerchberg-Saxton）算法不断迭代寻找最优相位值匹配初始设定的振幅值。GS 算法的核心是经过多次迭代过程，利用目标信息约束计算结果，最终使结果趋近于最优解。图 5-62 为 GS 算法的基本流程，详细描述如下：①任意赋予输入面一个初始相位分布的估计值 $\varphi(x,y)$，与已知输入平面上测量的光波振幅分布 $\sqrt{U(x,y)}$ 相乘，得到输入平面光波函数 $u(x,y)$；为了计算方便，初始设置 $\varphi_0(x,y)=0$，$\sqrt{U(x,y)}=1$；②对 $u(x,y)$ 做瑞利-索末菲衍射得到输出平面光波函数 $g(u,v)$；③保留 $g(u,v)$ 的相位部分，并将其振幅部分替换为该输出面期望的振幅分布 $\sqrt{P(x,y)}$，得到输出平面光波函数新的估计值 $g'(u,v)$；④对 $g'(u,v)$ 进行瑞利-索末菲衍射逆变换并获取光场分布 $u'(x,y)$；⑤取 $u'(x,y)$ 替换光场中的相位部分 $\varphi(x,y)$，取振幅 $\sqrt{U(x,y)}$ 替换 $|u'(x,y)|$，组成的新的光场分布 $u=\sqrt{U(x,y)}\exp[j\varphi'(x,y)]$ 作为下一次迭代的光场分布。

重复①至⑤的步骤，直到全息像与目标像之间的相关系数 R 达到设定值，迭代被认为收敛而终止，即

$$R = \frac{\iint [(g'(u,v) - \overline{g'(u,v)})(\sqrt{P(u,v)} - \overline{\sqrt{P(u,v)}})] dudv}{\sqrt{\iint (g'(u,v) - \overline{g'(u,v)})^2 dudv \iint (\sqrt{P(u,v)} - \overline{\sqrt{P(u,v)}})^2 dudv}} \quad (5-30)$$

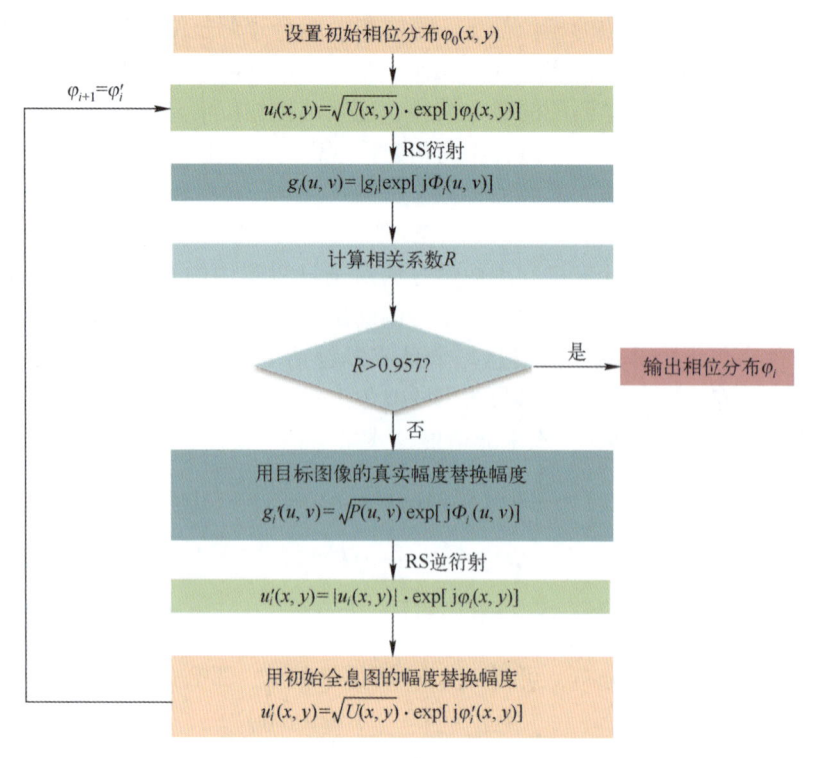

图 5-62　GS 算法基本流程

R 越接近于 1，全息像越接近于目标像，获得的相位分布越趋近于最优值。设置 $R>0.957$ 时迭代停止，此时 R 值为 0.9572。

2. 相位调控理论

出射光的传播特性可通过超表面的相位梯度变化来控制。常见的超表面相位调制类型主要包括传输相位、几何相位和共振相位。

首先介绍传输相位的调制原理，该调制原理是当入射光在各向异性的超表面单元结构内传播时，会产生额外相位。其基本思想是通过调整超表面单元结构的几何参数（例如矩形硅柱的长和宽），调节有效折射率 n_{eff}，从而使得额外相位 φ 在 $0\sim2\pi$ 范围内变化，实现对入射波的波前相位调制。而几何相位调制原理是两个不同旋转角度的单元结构在庞加莱球中的演化轨迹不同，因此产生不同的额外相位。通过调节单元结构的旋转角度 α 可以改变额外相位值 φ，它们之间存在 $\varphi=\pm2\alpha$ 的关系。

Zhang 等人设计了一种超表面，该超表面具备一种圆偏振复用功能。当入射光为右旋圆偏振光的时候，透射光则为左旋圆偏振光，呈现的全息像为字母 E；当入射光为左旋圆偏振光的时候，透射光则为右旋圆偏振光，呈现的全息像为字母 F；如图 5-63 所示，该图主要展示了该功能

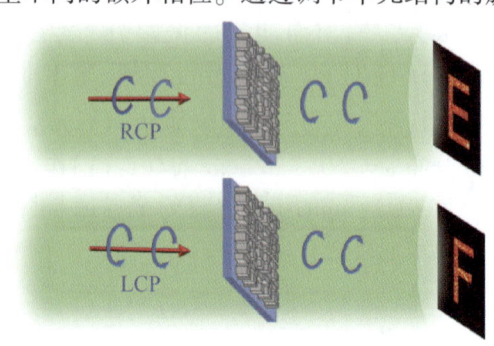

图 5-63　偏振复用的超表面示意图

264

的实现。如果只是采用传输相位或者几何相位调控原理是没有办法做到偏振复用的，所以在这里实现圆偏振复用下的全息呈现是通过几何相位和传输相位共同调控的结果。

对于一个各向异性的单元结构，对应的琼斯矩阵可表示为

$$T_1 = R(-\alpha)T_0 R(\alpha) = \begin{pmatrix} t_1\cos^2\alpha + t_w\sin^2\alpha & t_1\sin\alpha\cos\alpha - t_w\sin\alpha\cos\alpha \\ t_1\sin\alpha\cos\alpha - t_w\sin\alpha\cos\alpha & t_1\cos^2\alpha + t_w\sin^2\alpha \end{pmatrix} \quad (5\text{-}31)$$

式中：$t_1 = T_1\exp(\mathrm{i}\varphi_1)$；$t_w = T_w\exp(\mathrm{i}\varphi_w)$ 表示结构在两个正交方向上的复振幅分布；T_1、T_w、t_1、t_w 分别是长 l、宽 w 方向上的透过率和相位延迟；其中 $T_0 = \begin{bmatrix} T_1 & 0 \\ 0 & T_w \end{bmatrix}$ 是单元结构在不发生旋转时对应的琼斯矩阵；$R(\alpha) = \begin{bmatrix} \cos\alpha & -\sin\alpha \\ \sin\alpha & \cos\alpha \end{bmatrix}$ 是单元结构旋转 α 角度时的旋转矩阵。当单元结构旋转 α 角度时，对应的琼斯矩阵 T_1 可由式（5-31）表示。当圆偏振光入射时，入射光可以表示为 $\hat{E}_{\mathrm{in}} = \hat{e}_{\mathrm{in}}^{\mathrm{L/R}}$，出射光可以表示为

$$\hat{E}_{\mathrm{out}} = T_1 \cdot \hat{E}_{\mathrm{in}} = \frac{(t_1 + t_w)}{2}\hat{e}_{\mathrm{in}}^{\mathrm{L/R}} + \frac{(t_1 - t_w)}{2}\exp(\pm\mathrm{i}2\alpha)\hat{e}_{\mathrm{in}}^{\mathrm{R/L}} \quad (5\text{-}32)$$

透射光的电场分布包括两部分，一部分是没有任何相位调制的同偏振分量，另一部分是具有共轭相位调制 $\pm\alpha$ 的交叉偏振分量。使用与单元结构旋向相关的几何相位调控和与结构参数相关的传输相位调控相结合的方式可以有效调控太赫兹波实现自旋解耦。假设单元结构是无损的（$T_1 = T_w = 1$）并具有半波片的性质 $\Delta\varphi = |\varphi_l - \varphi_w| = \pi$，那么 $t_1 = \exp(\mathrm{i}\varphi_1)$，$t_w = \exp[\mathrm{i}(\varphi_w \pm \pi)]$，将上述条件代入式（5-32），则出射光可表示为

$$\hat{E}_{\mathrm{out}} = \exp[\mathrm{i}(\varphi_1 \pm 2\alpha)]\hat{e}_{\mathrm{in}}^{\mathrm{R/L}} \quad (5\text{-}33)$$

假设自旋解耦时的目标相位分布为 $\varphi_{\mathrm{R}}(l,w)$ 和 $\varphi_{\mathrm{L}}(l,w)$，由式（5-33）可得

$$\varphi_{\mathrm{R}}(l,w) = \varphi_1(l,w) + 2\alpha(l,w) \quad (5\text{-}34)$$

$$\varphi_{\mathrm{L}}(l,w) = \varphi_1(l,w) - 2\alpha(l,w) \quad (5\text{-}35)$$

式中：$\varphi_1(l,w)$ 表示传输相位调控的相位值，由单元结构的材料和几何参数决定；$\pm\alpha(l,w)$ 表示几何相位调控的相位值，由单元结构的旋转角度决定。由式（5-34）和（5-35）可得

$$\varphi_1(l,w) = \frac{\varphi_{\mathrm{L}}(l,w) + \varphi_{\mathrm{R}}(l,w)}{2} \quad (5\text{-}36)$$

$$\alpha(l,w) = \frac{\varphi_{\mathrm{R}}(l,w) - \varphi_{\mathrm{L}}(l,w)}{4} \quad (5\text{-}37)$$

即得到每个位置处单元结构需要的本征相移和旋转角度。那么可以通过改变单元结构的几何参数和旋转角度排布超表面。

图 5-64 展示了超表面的目标相位分布和理论全息图像。目标物体包含 90×90 个像素，每个像素的尺寸为 130μm×130μm，全息成像距离设置为 3mm。在几何相位和传输相位共同调控下，计算得到两种调控方式下所需的相位值。通过调节单元结构的旋转角度和结构参数，可以满足目标物体的相位分布。根据预设的入射波特性，设置入射波的波长和偏振状态，模拟全息过程中的衍射再现部分，从而得到全息图像。

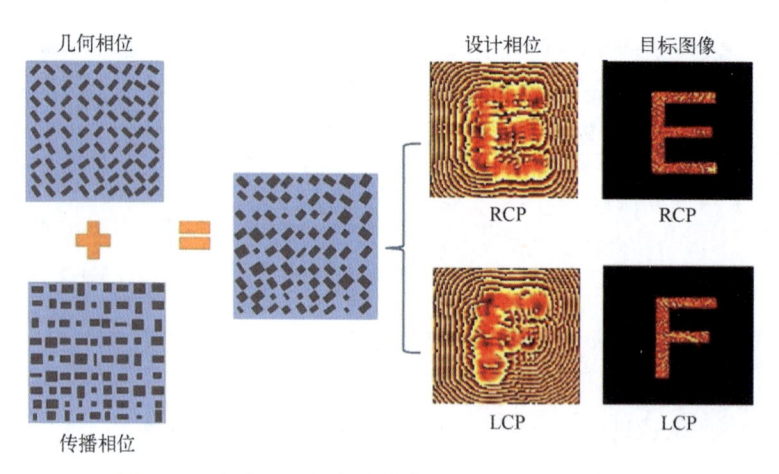

图 5-64　超表面目标相位分布和目标理论全息像呈现

二、基于光学超表面的全息成像实现

1. 全硅矩形柱单元结构设计

图 5-65 呈现了全硅矩形柱单元结构的主视图和顶视图。设定超表面单元结构的周期为 $P=130\,\mu m$，高度为 $h=200\,\mu m$，基底厚度为 $300\,\mu m$。利用有限时域差分（Finite Difference Time Domain，FDTD）方法建立了单元结构库。在 x 和 y 方向设置了周期性边界条件，同时应用完美匹配层（Perfectly Matched Layer，PML）边界条件，并将光源设定为平面波光源；再将单元结构的长度和宽度从 $25\,\mu m$ 变化到 $129\,\mu m$，步长为 $1.3125\,\mu m$，建立了包含 80×80 个全硅矩形柱的单元结构库；最后，从单元结构库中筛选出透过率较高（>70%）且满足半波片关系 $\Delta\varphi = |\varphi_l-\varphi_w| = \pi$ 的单元结构。

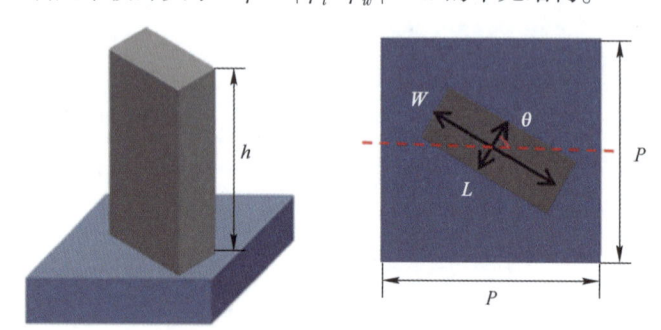

图 5-65　全硅矩形柱单元结构示意图

2. 相位调控理论验证

基于全硅矩形柱单元结构的相位调控理论验证，针对 $1.0\,THz$ 频率下 x 方向和 y 方向的线偏振光分别入射的情况，构建了一个单元结构库。这一结构库旨在实现高效的偏振转换和相位调控。如图 5-66（a）和（b）所示，详细展示了单元库中各个单元结构在 x 方向和 y 方向的透射率分布。同时，图 5-66（c）和（d）描绘了这些单元结构在 x 方向和 y 方向的相位分布。该设计的单元结构库在 y 方向上展现出了较高的透射率，为高效的光传输提供了基础。此外，单元结构在 x 和 y 方向上的相位分布均覆盖了 0~2π 的完整范围，这为实现灵活的相位调控提供了可能。

(a)在x极化下的透射率

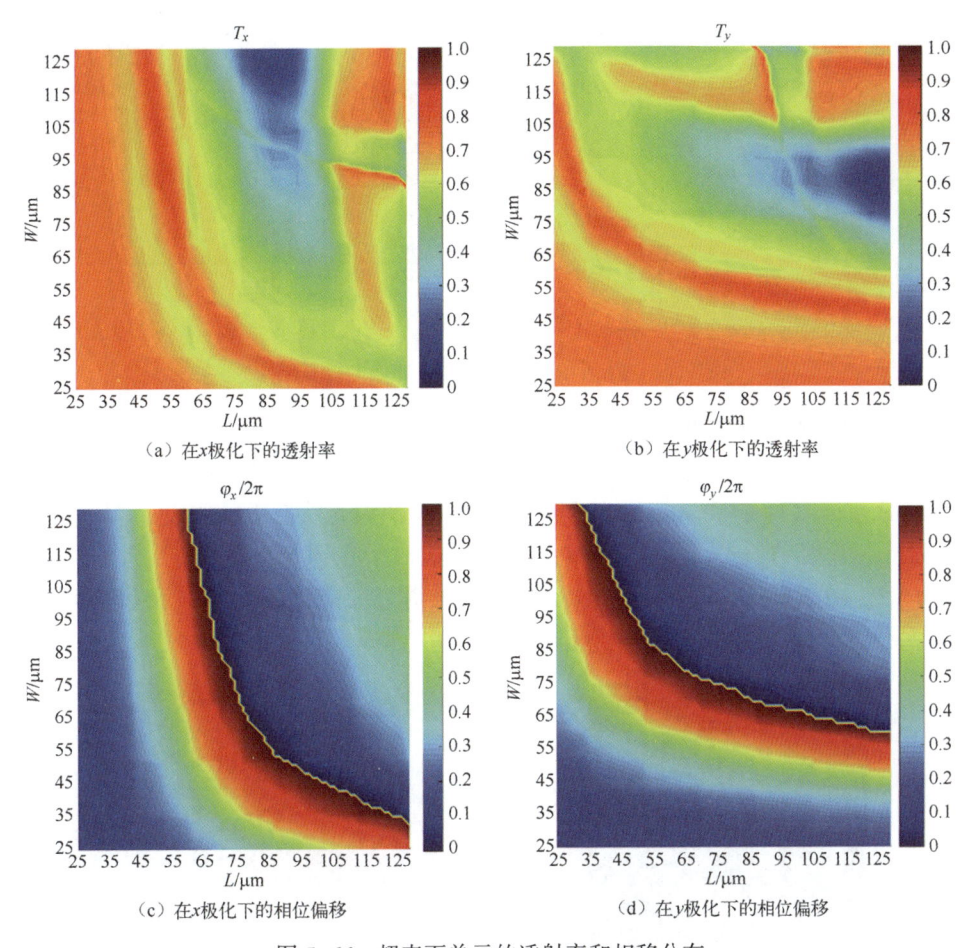

(b)在y极化下的透射率

(c)在x极化下的相位偏移

(d)在y极化下的相位偏移

图5-66 超表面单元的透射率和相移分布

单元结构的极化转换效率（Polarization Conversion Efficiency，PCE）被定义为与入射光螺旋度相反的透射光功率与总入射功率的比值。选取的五个单元矩形柱具有五阶相位调控，即将单元库的相位量化为$(0,2\pi/5,4\pi/5,6\pi/5,8\pi/5)$的分布，从单元库中挑选出了一个符合半波片关系且透射率和极化转换效率最高的单元结构，其长和宽分别为25 μm和110.57 μm。该单元结构的透射率为77.4%，极化转换效率为76.8%。将基于几何相位调控下选取的单元结构的旋转角从0°~180°以22.5°为步长进行变化，并计算其附加相位值的仿真结果，如图5-67（a）所示。结果表明，所设计的全硅矩形柱单元结构在旋转角变化时，虽然透射率略有差异，但整体均保持在76%以上的高水平。当采用左旋圆偏振（LCP）光作为入射光源时，全硅柱单元结构展现出的附加相位值与旋转角 α 之间始终保持着 $\varphi=2\alpha$ 的线性关系。为了更全面地评估单元结构的性能，记录其在不同入射波长LCP光下的极化转换效率，并将结果以图形形式呈现在图5-67（b）中。从图中可以清晰看到，在1 THz处，单元结构展现出了极高的极化转换效率，达到了76.8%。而在1 THz的邻近频率范围（0.75~1.15 THz）内，右旋圆偏振（RCP）光的极化转换效率均超过了LCP光，这意味着在此频率范围内，大部分LCP光能够有效地转换为RCP光。尽管在1.2 THz处，极化转换效率有所降低，但整体上仍然展现出了相似的趋势。因此，可以得出结论，所设计的单元结构具备了一定的宽带性能。

(a) 几何相位仿真结果

(b) 所选单元的极化转换效率

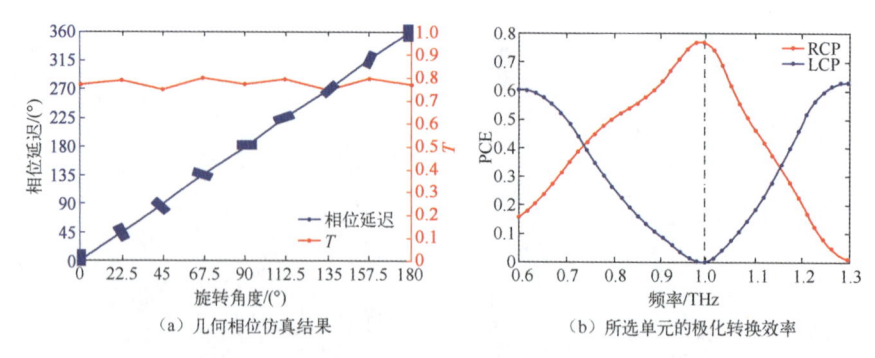

图 5-67　几何相位调控和偏振转换的仿真结果

3. 基于几何相位调控的全息成像结果

在采用几何相位调控的实验中，通过使用频率为 1.0 THz 的左旋圆偏振光作为入射光源，于成像面（即 $z=3$ mm 处）可获得到右旋圆偏振光状态下的强度、相位以及在 y 轴方向且 $x=0$ 时的归一化强度分布，详细数据展示在图 5-68（a）~（c）中。观察图 5-68（c）可以发现，在 RCP 偏振设置下，透射光的能量高度集中于字母 E 形状的区域，而其他区域的强度几乎降为零。

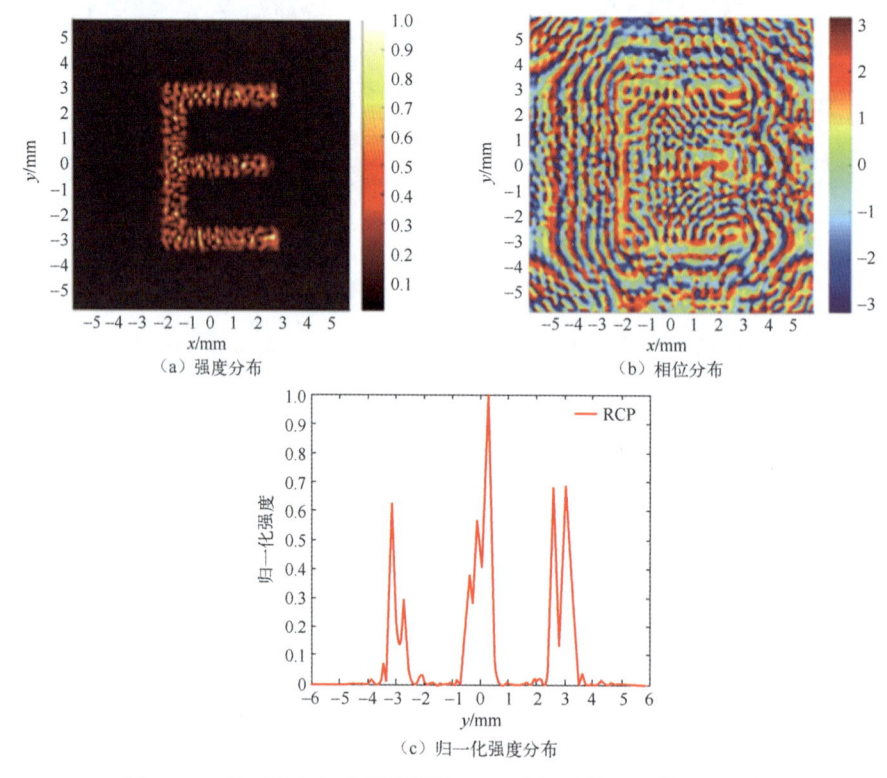

(a) 强度分布

(b) 相位分布

(c) 归一化强度分布

图 5-68　基于几何相位调控设置 RCP 偏振时的归一化强度分布

同时，在成像面获得左旋圆偏振光检偏状态下的强度、相位及在 y 方向 $x=0$ 处的归一化强度分布，如图 5-69（a）~（c）所示。从图中可以明显看出，由于所选的单元结构并非完美的半波片，其偏振转换效率为 76.8%，因此透射光中除了交叉偏振分量外，还包含少量的同偏振分量。与 RCP 偏振状态相比，在 LCP 偏振设置下，归一化强度在非字母 E 区域的分布更为显著,如图 5-69(c)所示。这一现象的原因在于单元结构的透射率和转换效率分别仅为 76.8% 和 77.4%,导致 LCP 光无法被完全转换为 RCP 光,而是有部分 LCP 光残留。

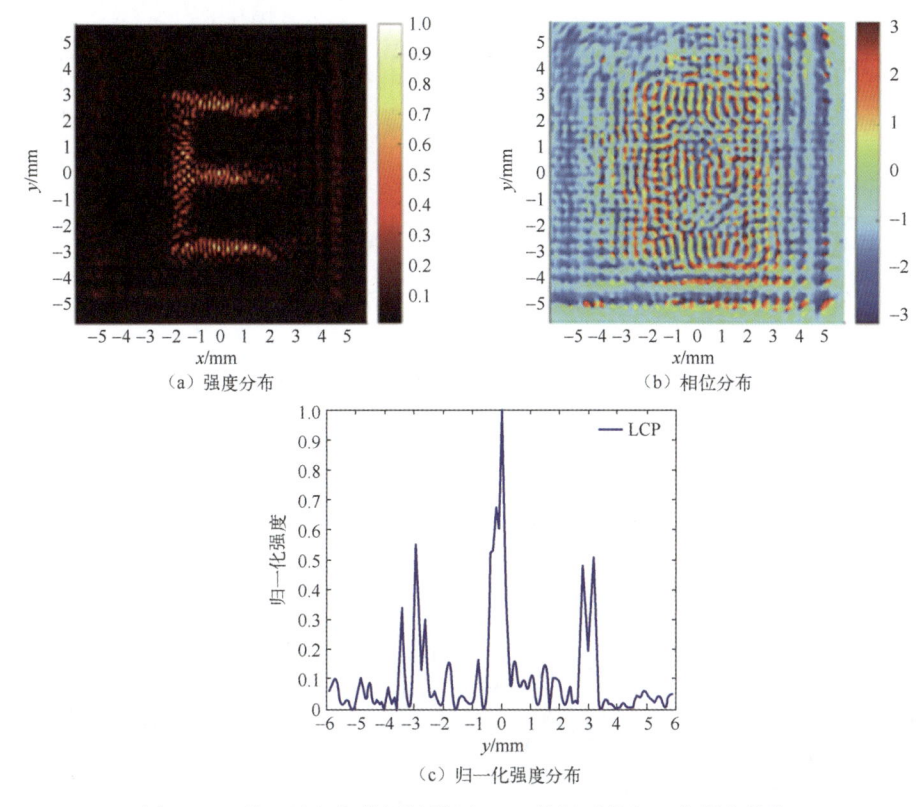

(a)强度分布

(b)相位分布

(c)归一化强度分布

图 5-69 基于几何相位调控设置 LCP 偏振时的归一化强度分布

此外,全息像的衍射效率是根据目标像区域内检测到的正交偏振分量的积分与入射光能量的比值来定义的。在采用几何相位调控的情况下,通过全波模拟获得的全息像衍射效率为 13%~19%。

这项研究是基于 1.0 THz 的特定频率设计了超表面,并进一步测试了 0.95 THz、1.1 THz 和 1.2 THz 三种不同频率下 LCP 光入射的效果。图 5-70(a)~(i)展示了分别观察在成像面分别为 2.9 mm、3.1 mm 和 3.2 mm 处,以 RCP 偏振态下的强度、相位以及在 y 方向 $x=0$ 处的归一化强度分布。从仿真结果来看,在不同频率下,超表面设计在全息像和相位分布方面与 1.0 THz 下的表现相似。此外,不同频率下在不同成像面处的归一化强度分布趋势也与 1 THz 下的保持一致,如图 5-70(c)、(f)、(i)所示。通过对比,可以观察到光场能量主要集中在字母 E 区域内,而在非字母 E 区域内的强度分布基本趋于零。进一步评估图像的相似性,采用结构相似性指数(Structural Similarity Index Measure,SSIM),该指数综合考虑了亮度、对比度和结构等方面。设定了当 SSIM 值大于 80.00% 时,两幅图像被认为是相似的。仿真结果得,与中心频率 1 THz 获得的全息像相比,在 0.95 THz、1.1 THz 和 1.2 THz 频率下 SSIM 值分别为 82.06%、80.27% 和 82.07%,这表明设计的全硅矩形柱超表面具有良好的宽带特性。因此,基于中心频率 1 THz 设计的超表面在 0.95~1.2 THz 的频率范围内仍具有较好的成像效果。

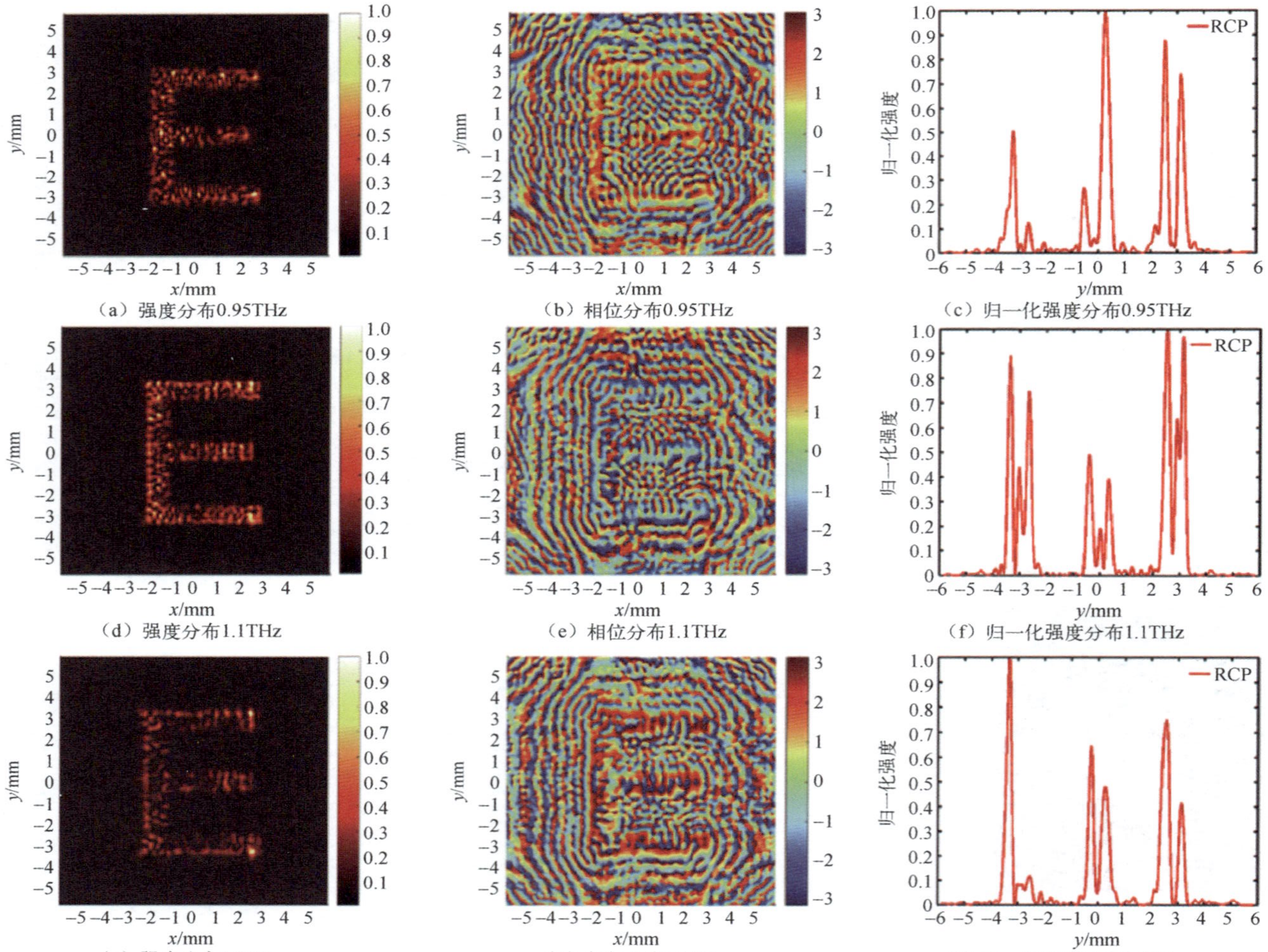

图 5-70 不同入射频率下设置 RCP 偏振时的归一化强度分布

4. 偏振复用全息成像结果

基于几何相位和传输相位的共同调控，采用中心频率为 1.0 THz 的右旋圆偏振光作为入射光源，并测得在左旋圆偏振光偏振态下的强度、相位分布以及在 y 轴方向 $x=0$ 处的归一化强度分布，如图 5-71（a）~（c）所示。在这种偏振状态下，全息图像的衍射效率达到 6.97%。同样地，利用 1.0 THz 的左旋圆偏振光入射，并测得右旋圆偏振光偏振态下的相关参数，如图 5-72（a）~（c）所示。此时，全息图像的衍射效率为 6.63%。为实现双通道下的相位分布要求，选取了具有高透过率且符合五阶相位分布特征的单元结构作为超表面的单元。在涉及传输相位调控时，采用五阶相位调控，每个位置处的相位值被人为地更改为设定的五个相位值，但这种设置未能精准匹配目标相位分布，因而导致全息图像的衍射效率相对较低。此外，当涉及双通道全息成像时，两个通道间存在轻微的串扰现象。但仍能清晰地观察到不同偏振状态下的入射光呈现出不同的全息图像，这有效验证了该超表面在偏振复用全息成像方面的功能。为了改善这种微小串扰，可以设计具有更高透射率且相位分布覆盖 0~2π 的单元结构库，并引入更高阶的相位分布策略。另一种实现太赫兹波相位调控并进而实现全息成像的方法是设计具有高反射率的反射式超表面。

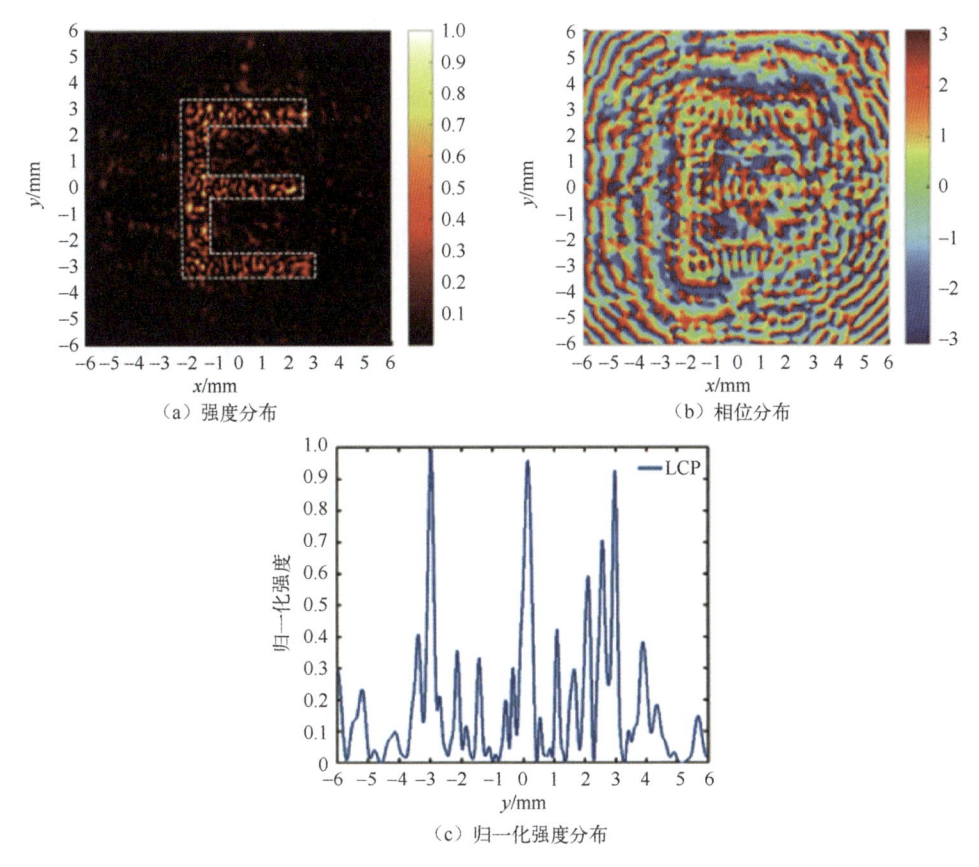

（a）强度分布

（b）相位分布

（c）归一化强度分布

图 5-71　基于几何相位和传输相位调控设置 LCP 偏振时的归一化强度分布

全硅矩形柱超表面在精心设计的几何相位调控下，具备了调控太赫兹波的能力，进而实现了全息成像的功能，并展现出一定的宽带特性。通过结合几何相位与传输相位的

(a) 强度分布

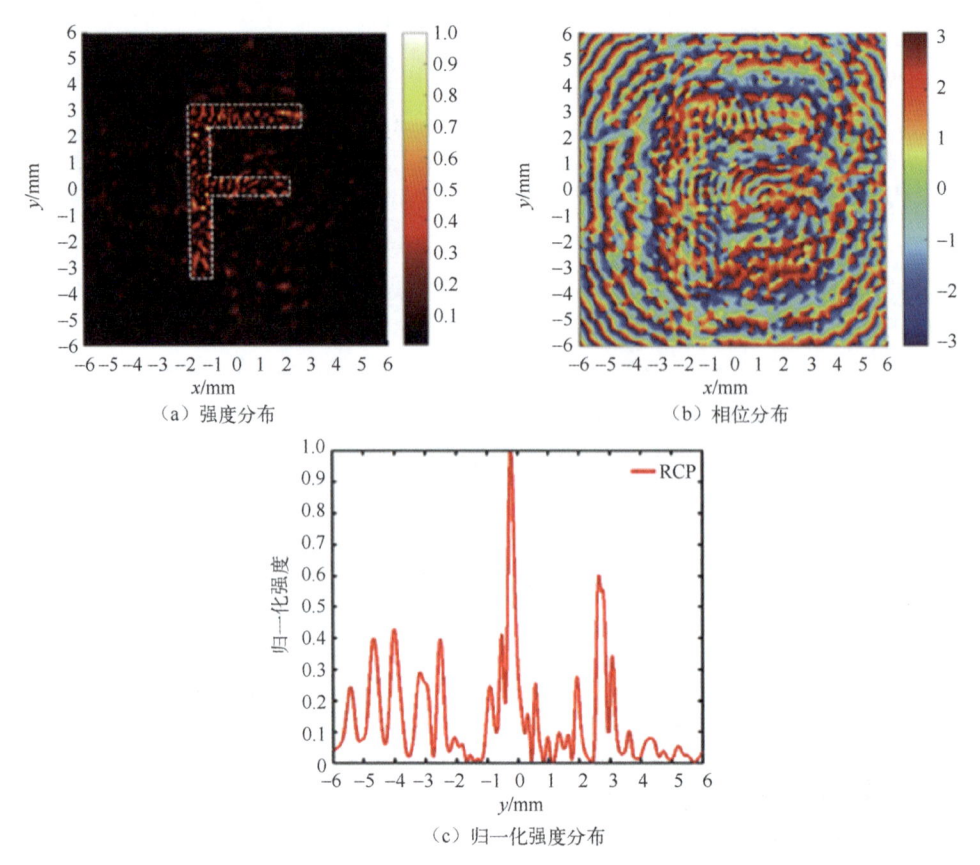

(b) 相位分布

(c) 归一化强度分布

图 5-72 基于几何相位和传输相位调控设置 RCP 偏振时的归一化强度分布

共同调控设计，能够有效地调控太赫兹波的性质。且超表面对不同圆偏振状态的入射光会呈现出不同的全息像，从而实现圆偏振复用全息成像。具体而言，当左旋圆偏振光入射时，超表面能够将其转换为右旋圆偏振透射光，进而在成像面上呈现出字母 F 的全息像；而当右旋圆偏振光入射时，超表面则将其转换为左旋圆偏振透射光，从而在成像面上呈现出字母 E 的全息像。该方式极大提高了全息像的衍射效率，并且可以通过一个载体来同时存储多个信息，这便实现了偏振复用全息成像。该方法不仅显著提升了超表面的利用效率，适用于多通道全息成像技术，并且在推动超表面在信息存储、偏振光学以及全息数据加密等领域的发展上也发挥着积极作用。

除了通过调控相位实现全息成像的超表面外，振幅同样可以作为光场编码与解码的"钥匙"，使得入射光场与出射光场之间建立起线性的对应联系。具体来说，超表面能够基于其单元结构的选择透过性，对入射光波的振幅信息进行调制，进而实现全息像的生成。图 5-73 详细展示了基于振幅调控的超表面在实现全息成像方面的相关工作。

提升全息成像的质量，关键之处在于在不损失任何信息的前提下，同时精准地调控振幅与相位，以实现高质量的全息成像。图 5-74 展示了基于复振幅调控技术的超表面在实现全息成像方面的应用，而图 5-75 则呈现了基于非线性超表面在计算全息成像领域的相关工作。这些研究不仅拓宽了超表面在全息成像领域的应用范围，也为进一步提高成像质量提供了新的途径。

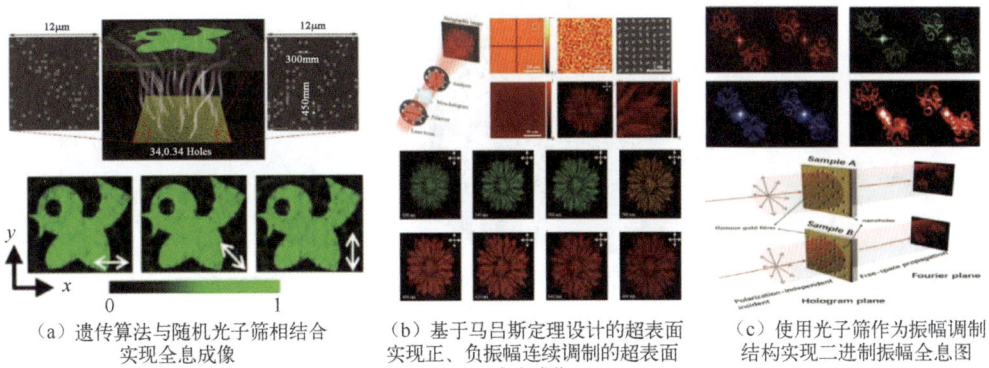

（a）遗传算法与随机光子筛相结合实现全息成像

（b）基于马吕斯定理设计的超表面实现正、负振幅连续调制的超表面全息成像

（c）使用光子筛作为振幅调制结构实现二进制振幅全息图

图 5-73 振幅调控的超表面实现全息成像

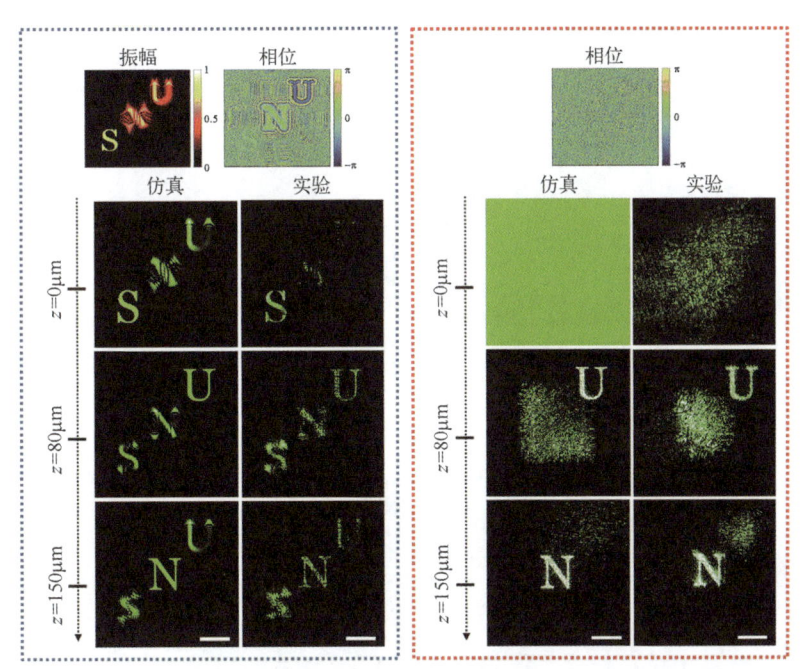

（a）通过叠加两个基于几何相位调控的超表面实现复振幅超表面全息成像

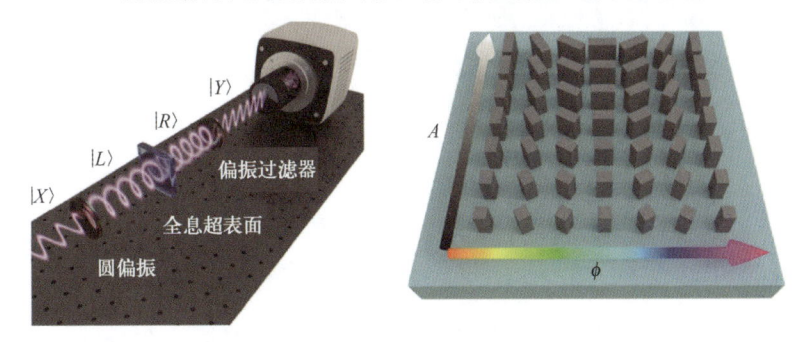

（b）调整单元结构和旋转角实现复振幅调制的全息像

273

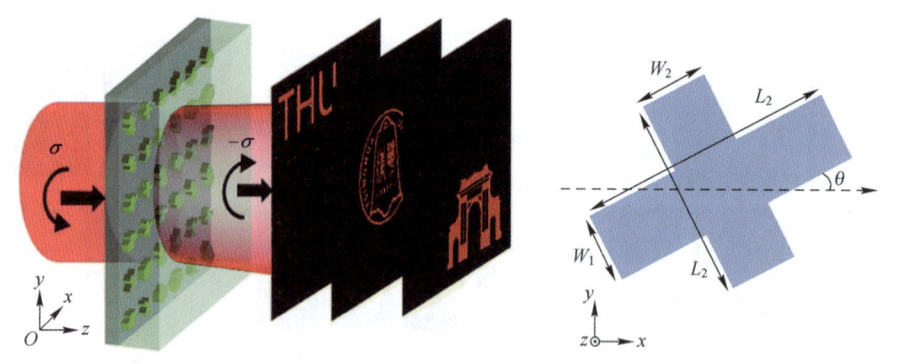

（c）调整十字形单元结构的几何参数和旋转角实现复振幅超表面全息成像

图 5-74 复振幅调控的超表面实现全息成像

（a）实现青色和蓝色三次谐波全息成像非线性超表面

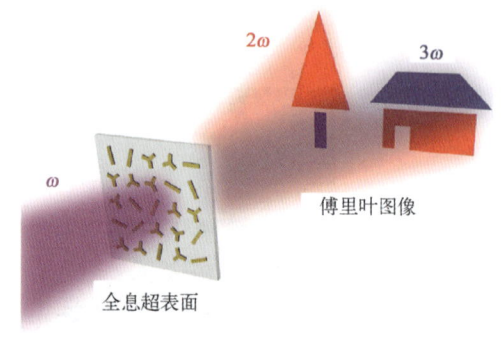

（b）改变单元结构及入射光功率和波长控制两个谐波信号的幅度比实现双色全息成像

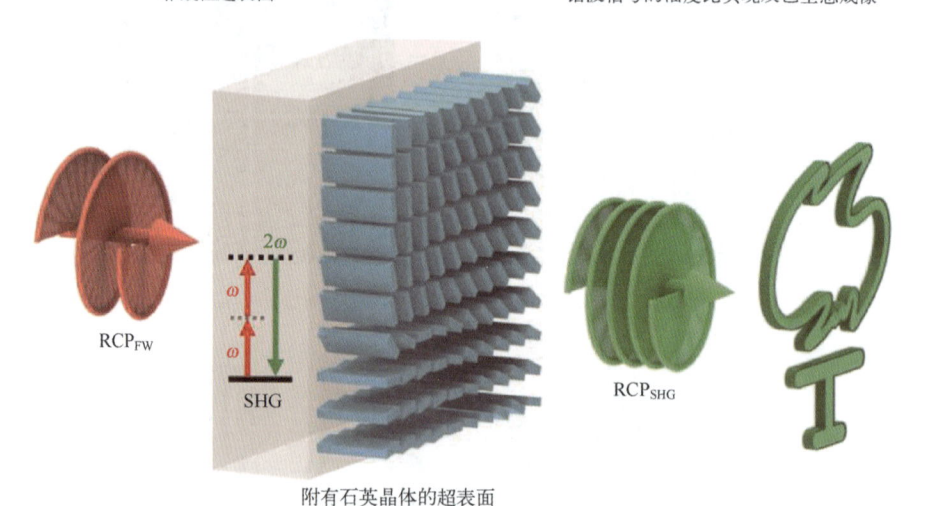

（c）使用氮化硅超表面修饰石英晶体实现非线性全息成像

图 5-75 非线性超表面实现全息成像

此外，借助多路复用技术可以提高超表面全息图的信息存储能力。如图 5-76 所示，通过调控入射光的振幅、相位、偏振、频率、轨道角动量（Orbital Angular Momentum，OAM）等基本参量，以及多个参量的同时调控可以提高超表面的利用效率，多路

274

复用技术已被广泛用于彩色全息显示、光学通信以及信息加密等方面。

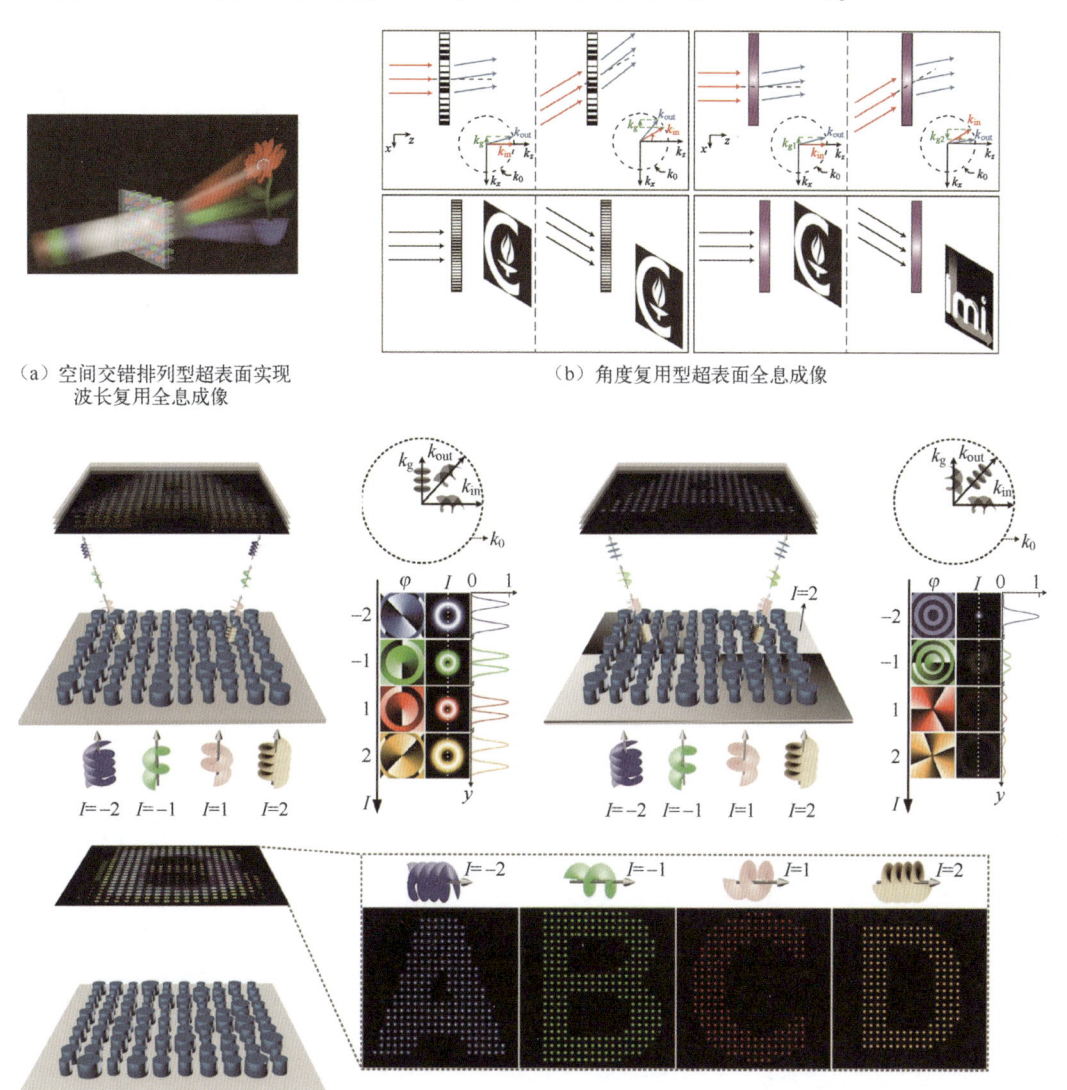

(a)空间交错排列型超表面实现波长复用全息成像

(b)角度复用型超表面全息成像

(c)轨道角动量复用型超表面全息成像

图 5-76 实现全息成像的多路复用超表面

参 考 文 献

[1] 潘贞贞,赵延,王晓农,等.基于双渔网结构的绿光波段超材料[J].材料导报,2012,26(5):19-22.
[2] 刘宇,吕军,宋坤,等.光波段柔性基超材料制备及光学性质[J].光子学报,2010,39(7):1176-1180.
[3] 付建国.相干超材料和等离子激元激光器[J].光机电信息,2009,26(10):11-14.
[4] 孔延梅.光子超材料的神奇世界[J].光机电信息,2009,26(9):7-11.
[5] 许少辉,周雅伟,赵晓鹏.无机粉末电致发光材料的研究进展[J].材料导报,2007,21(专辑1X):

162-166.

[6] 刘丽想, 董丽娟, 刘艳红, 等. 含特异材料的光子量子阱频率特性研究 [J]. 物理学报, 2012, 61 (13): 1-6.

[7] 马鹤立, 宋坤, 周亮, 等. 可见光多频超材料吸收器的制备工艺及性能研究 [J]. 功能材料, 2012, 43 (7): 884-88.

[8] 越荣中, 冯苗, 詹红兵. 银纳米颗粒复合超材料的数值和模拟研究 [J]. 光子学报, 2011, 40 (12): 1860-1864.

[9] 范宝林, 向礼琴, 马鹤立, 等. 海胆状 Ag@TiO$_2$ 超材料的制备与平板聚焦效应 [J]. 材料导报, 2011, 25 (8): 19-22.

[10] 廖梦婷, 朱守正. 隐形斗篷的研究 [J]. 信息技术, 2011 (7): 137-139.

[11] 赵炜, 赵晓鹏. 纳米粒子形貌与表面等离子体激元关系 [J]. 光子学报, 2011, 40 (4): 556-560.

[12] 杨成福, 黄铭, 杨晶晶, 等. 超材料金属板透视装置设计 [J]. 红外与激光工程, 2011, 40 (4): 701-704.

[13] 杨成福, 黄铭, 杨晶晶, 等. 基于超材料的正多边形电磁波聚焦器的设计 [J]. 电子与信息学报, 2010, 32 (10): 2485-2489.

[14] 郑国兴, 李莹, 刘莎莎, 等. 突破衍射极限的超级透镜技术及其应用研究 [J]. 光学与光电技术, 2010, 8 (5): 89-92.

[15] 杜波, 周济, 郝立峰, 等. 基于多层陶瓷结构的超材料的制备与性能 [J]. 四川大学学报, 2005, 42 (增刊): 473-474.

[16] 曾然, 许静平, 羊亚平, 等. 负折射率材料对 Casimir 效应的影响 [J]. 物理学报, 2007, 56: 6446-6450.

[17] 林振, 梁昌洪. 不同负相对折射率材料的 FDTD 分析 [J]. 电波科学学报, 2007, 22: 79-82.

[18] Rockstuhl C, Menzel C, et al. Light propagation in a fishnet metamaterial [J]. Physical Review B, 2008, 78: 155102.

[19] Greegor R B, Parazzoli C G, Li K, et al. Origin of dissipative losses in negative index of refraction materials [J]. Applied Physics Letters, 2003, 82: 2356-2358.

[20] Cui T J, Hao Z C, Yin X X, et al. Study of loss effects on the propagation of propagating and evanescent waves in left-handed materials [J]. Physics Letters A, 2004, 323: 484-494.

[21] Qiu C W, Yao H Y, Li L W, et al. Backward waves in magnetoelectrically chiral media: Propagation, impedance, and negative refraction [J]. Physical Review B, 2007, 75: 155120.

[22] Agranovich V M, Shen Y R, Baughman R H, et al. Linear and nonlinear wave propagation in negative refraction metamaterials [J]. Physical Review B, 2004, 69: 165112.

[23] Bai B F, Svirko Y, Turunen J, et al. Optical activity in planar chiral metamaterials: Theoretical study [J]. Physical Review A, 2007, 76: 023811.

[24] Zhang W, Potts A, Bagnall D M. Giant optical activity in dielectric planar metamaterials with two-dimensional chirality [J]. Journal of Optics A: Pure Applied Optics, 2006, 8: 878-890.

[25] Fang A, Koschny T, Soukoulis C M. Optical anisotropic metamaterials: Negative refraction and focusing [J]. Physical Review B, 2009, 79: 245127.

[26] Yao J, Liu Z W, Liu Y M, et al. Optical negative refraction in bulk metamaterials of nanowires [J]. Science, 2008, 312: 930.

[27] Orazbayev B, Beruete M, Khromova I. Tunable beam steering enabled by graphene metamaterials [J]. Optics Express, 2016, 24 (8): 8848-8861.

[28] Silva A, Monticone F, Castaldi G, et al. Performing mathematical operations with metamaterials [J]. Science, 2014, 343 (6167): 160-163.

[29] Engheta N, Ziolkowski R W, Metamaterials: Physics and engineering explorations [M]. Hoboken: John Wiley & Sons, 2006.

[30] Pendry J B. Negative refraction makes a perfect lens [J]. Physical Review Letters, 2000, 85 (18): 3966-3969.

[31] Gansel J K, Thiel M, Rill M S, et al. Gold helix photonic metamaterial as broadband circular polarizer [J]. Science,

2009, 325 (5947): 1513-1515.

[32] Zhang W, Cheng K, Wu C, et al. Implementing quantum search algorithm with metamaterials [J]. Advanced Materials, 2018, 30 (1): 1703986.

[33] Li L, Cui T J. Information metamaterials-from effective media to real-time information processing systems [J]. Nanophotonics, 2019, 8 (5): 703-724.

[34] Xie Y, Shen C, Wang W, et al. Acoustic holographic rendering with two-dimensional metamaterial-based passive phased array [J]. Scientific Reports, 2016, 6 (1): 35437.

[35] Zhou J, Qian H, Chen C F, et al. Optical edge detection based on high-efficiency dielectric metasurface [J]. Proceedings of the National Academy of Sciences, 2019, 116 (23): 11137-11140.

[36] Molerón M, Daraio C. Acoustic metamaterial for subwavelength edge detection [J]. Nature Communications, 2015, 6 (1): 8037.

[37] Memoli G, Caleap M, Asakawa M, et al. Metamaterial bricks and quantization of meta-surfaces [J]. Nature Communications, 2017, 8 (1): 14608.

[38] Khorasaninejad M, Chen W T, Devlin R C, et al. Metalenses at visible wavelengths: Diffraction-limited focusing and subwavelength resolution imaging [J]. Science, 2016, 352 (6290): 1190-1194.

[39] High A A, Devlin R C, Dibos A, et al. Visible-frequency hyperbolic metasurface [J]. Nature, 2015, 522 (7555): 192-196.

[40] Tran M C, Pham V H, Ho T H, et al. Broadband microwave coding metamaterial absorbers [J]. Scientific Reports, 2020, 10 (1): 1810.

[41] Fan W, Yan B, Wang Z, et al. Three-dimensional all-dielectric metamaterial solid immersion lens for subwavelength imaging at visible frequencies [J]. Science Advances, 2016, 2 (8): 1600901.

[42] Cui T J, Qi M Q, Wan X, et al. Coding metamaterials, digital metamaterials and programmable metamaterials [J]. Light: Science & Applications, 2014, 3 (10): e218-e218.

[43] Kwon H, Sounas D, Cordaro A, et al. Nonlocal metasurfaces for optical signal processing [J]. Physical Review Letters, 2018, 121 (17): 173004.

[44] Athale R, Psaltis D. Optical computing: Past and future [J]. Optics and Photonics News, 2016, 27 (6): 32-39.

[45] Kou S S, Yuan G, Wang Q, et al. On-chip photonic Fourier transform with surface plasmonpolaritons [J]. Light: Science & Applications, 2016, 5 (2): e16034-e16034.

[46] Zhou Y, Zheng H, Kravchenko I I, et al. Flat optics for image differentiation [J]. Nature Photonics, 2020, 14 (5): 316-323.

[47] Abdolali A, Momeni A, RajabalipanahH, et al. Parallel integro-differential equation solving via multi-channel reciprocal bianisotropic metasurface augmented by normal susceptibilities [J]. New Journal of Physics, 2019, 21 (11): 113048.

[48] Wu Y, Zhuang Z, Deng L, et al. Arbitrary multi-way parallel mathematical operations based on planar discrete metamaterials [J]. Plasmonics, 2018, 13: 599-607.

[49] Momeni A, Rajabalipanah H, Abdolali A, et al. Generalized optical signal processing based on multioperator metasurfaces synthesized by susceptibility tensors [J]. Physical Review Applied, 2019, 11 (6): 064042.

[50] Mosk A P, Lagendijk A, Lerosey G, et al. Controlling waves in space and time for imaging and focusing in complex media [J]. Nature Photonics, 2012, 6 (5): 283-292.

[51] Miscuglio M, Hu Z, Li S, et al. Massively parallel amplitude-only Fourier neural network [J]. Optica, 2020, 7 (12): 1812-1819.

[52] Zhu HH, Zou J, Zhang H, et al. Space-efficient optical computing with an integrated chip diffractive neural network [J]. Nature Communications, 2022, 13 (1): 1044.

[53] Feng C, Gu J, Zhu H, et al. A compact butterfly-style silicon photonic-electronic neural chipfor hardware-efficient deep learning [J]. Acs Photonics, 2022, 9 (12): 3906-3916.

[54] Ma Y, Zheng S, Zhong Q, et al. On-chip spatial hilbert transformer based on fourier optics and metasurface [C]//

2023 Asia Communications and Photonics Conference/2023 International Photonics and Optoelectronics Meetings (ACP/POEM). IEEE, 2023: 1-4.

[55] Cordaro A, Kwon H, Sounas D, et al. High-index dielectric metasurfaces performing mathematical operations [J]. Nano Letters, 2019, 19 (12): 8418-8423.

[56] Liu X, Shu X. Design of an all-optical fractional-order differentiator with terahertz bandwidth based on a fiber Bragg grating in transmission [J]. Applied Optics, 2017, 56 (24): 6714-6719.

[57] Wesemann L, Panchenko E, Singh K, et al. Selective near-perfect absorbing mirror as a spatial frequency filter for optical image processing [J]. APL Photonics, 2019, 4 (10): 100801.

[58] Karimi P, Khavasi A, Mousavi Khaleghi S S. Fundamental limit for gain and resolution in analog optical edge detection [J]. Optics Express, 2020, 28 (2): 898-911.

[59] Zangeneh-Nejad F, Khavasi A, Rejaei B. Analog optical computing by half-wavelength slabs [J]. Optics Communications, 2018, 407: 338-343.

[60] Zhang J, Ying Q, Ruan Z. Time response of plasmonic spatial differentiators [J]. Optics Letters, 2019, 44 (18): 4511-4514.

[61] Hwang Y, Davis T J, Lin J, et al. Plasmonic circuit for second-order spatial differentiation at the subwavelength scale [J]. Optics Express, 2018, 26 (6): 7368-7375.

[62] Pendry J B, Ramakrishna S A. Focusing light using negative refraction [J]. Journal of Physics: Condensed Matter, 2003, 15 (37): 6345.

[63] Dong Z, Si J, Yu X, et al. Optical spatial differentiator based on subwavelength high-contrast gratings [J]. Applied Physics Letters, 2018, 112 (18): 181102.

[64] Bezus E A, Doskolovich L L, Bykov D A, et al. Spatial integration and differentiation of optical beams in a slab waveguide by a dielectric ridge supporting high-Qresonances [J]. Optics Express, 2018, 26 (19): 25156-25165.

[65] Lv Z, Ding Y, Pei Y. Acoustic computational metamaterials for dispersion Fourier transform in time domain [J]. Journal of Applied Physics, 2020, 127 (12): 123101.

[66] Eftekhari F, Gómez D E, Davis T J. Measuring subwavelength phase differences with a plasmonic circuit—an example of nanoscale optical signal processing [J]. Optics Letters, 2014, 39 (10): 2994-2997.

[67] Chen H, An D, Li Z, et al. Performing differential operation with a silver dendritic metasurface at visible wavelengths [J]. Optics Express, 2017, 25 (22): 26417-26426.

[68] Roberts A, Gómez D E, Davis T J. Optical image processing with metasurface dark modes [J]. Journal of the Optical Society of America A, 2018, 35 (9): 1575-1584.

[69] Wang L, Li L, Li Y, et al. Single-shot and single-sensor high/super-resolution microwave imaging based on metasurface [J]. Scientific Reports, 2016, 6 (1): 26959.

[70] Minovich A E, Miroshnichenko A E, Bykov A Y, et al. Functional and nonlinear optical metasurfaces [J]. Laser & Photonics Reviews, 2015, 9 (2): 195-213.

[71] Gao L H, Cheng Q, Yang J, etal. Broadband diffusion of terahertz waves by multi-bit coding metasurfaces [J]. Light: Science & Applications, 2015, 4 (9): e324-e324.

[72] Huo P, Zhang C, Zhu W, et al. Photonic spin-multiplexing metasurface for switchable spiral phase contrast imaging [J]. Nano Letters, 2020, 20 (4): 2791-2798.

[73] Wang H, Liu Y, Ruan Q, et al. Off-Axis holography with uniform illumination via 3D printed diffractive optical elements [J]. Advanced Optical Materials, 2019, 7 (12): 1900068.

[74] Zuo S Y, Wei Q, Cheng Y, et al. Mathematical operations for acoustic signals based on layered labyrinthine metasurfaces [J]. Applied Physics Letters, 2017, 110 (1): 011904.

[75] Kamali S M, Arbabi E, Arbabi A, et al. Angle-multiplexed metasurfaces: Encoding independent wavefronts in a single metasurface under different illumination angles [J]. Physical Review X, 2017, 7 (4): 041056.

[76] Liu Z, Zhu D, Rodrigues S P, et al. Generative model for the inverse design of metasurfaces [J]. Nano Letters, 2018, 18 (10): 6570-6576.

[77] Pfeiffer C, Grbic A. Bianisotropic metasurfaces for optimal polarizationcontrol: Analysis and synthesis [J]. Physical Review Applied, 2014, 2 (4): 044011.

[78] Zhou Y, Wu W, Chen R, et al. Analog optical spatial differentiators based on dielectric metasurfaces [J]. Advanced Optical Materials, 2020, 8 (4): 1901523.

[79] Ozaktas H M, Mendlovic D. Fourier transforms of fractional order and their optical interpretation [J]. Optics Communications, 1993, 101 (3-4): 163-169.

[80] Monticone F, Estakhri N M, Alu A. Full control of nanoscale optical transmission with a composite metascreen [J]. Physical Review Letters, 2013, 110 (20): 203903.

[81] Pors A, Nielsen M G, Bozhevolnyi S I. Analog computing using reflective plasmonic metasurfaces [J]. Nano Letters, 2015, 15 (1): 791-797.

[82] Chizari A, Abdollahramezani S, Jamali M V, et al. Analog optical computing based on adielectric meta-reflect array [J]. Optics Letters, 2016, 41 (15): 3451-3454

[83] Gabor D. A new microscopic principle [J]. Nature, 1948, 161 (4098): 777-778.

[84] Brown B R, Lohmann A W. Complex spatial filtering with binary masks [J]. Applied Optics, 1966, 5 (6): 967-969.

[85] Gabor D. Holography, 1948—1971 [J]. Proceedings of the IEEE, 1972, 60 (6): 655-668.

[86] Jahani S, Jacob Z. All-dielectric metamaterials [J]. Nature Nanotechnology, 2016, 11 (1): 23-36.

[87] Zheng X, Smith W, Jackson J, et al. Multiscale metallic metamaterials [J]. Nature Materials, 2016, 15 (10): 1100-1106.

[88] Valentine J, Zhang S, Zentgraf T, et al. Three-dimensional optical metamaterial with a negative refractive index [J]. Nature, 2008, 455 (7211): 376-379.

[89] Ye W, Zeuner F, Li X, et al. Spin and wavelength multiplexed nonlinear metasurface holography [J]. Nature Communications, 2016, 7 (1): 11930.

[90] Wang Q, Rogers E T F, Gholipour B, et al. Optically reconfigurable metasurfaces and photonic devices based on phase change materials [J]. Nature Photonics, 2016, 10 (1): 60-65.

[91] Arbabi A, Horie Y, Bagheri M, et al. Dielectric metasurfaces for complete control of phase and polarization with subwavelength spatial resolution and high transmission [J]. Nature Nanotechnology, 2015, 10 (11): 937-943.

[92] Yu N, Genevet P, Kats M A, et al. Light propagation with phase discontinuities: generalized laws of reflection and refraction [J]. Science, 2011, 334 (6054): 333-337.

[93] Huang L, Chen X, Mühlenbernd H, et al. Three-dimensional optical holography using a plasmonic metasurface [J]. Nature Communications, 2013, 4 (1): 2808.

[94] Yue Z, Xue G, Liu J, et al. Nanometric holograms based on a topological insulator material [J]. Nature Communications, 2017, 8 (1): 15354.

[95] Li L, Jun Cui T, Ji W, et al. Electromagnetic reprogrammable coding-metasurface holograms [J]. Nature Communications, 2017, 8 (1): 197.

[96] Malek S C, Ee H S, Agarwal R. Strain multiplexed metasurface holograms on a stretchable substrate [J]. Nano Letters, 2017, 17 (6): 3641-3645.

[97] Chen T, Li J, Cai T, et al. Design of a reconfigurable broadband greyscale multiplexed metasurface hologram [J]. Applied Optics, 2020, 59 (12): 3660-3665.

[98] Genevet P, Capasso F. Holographic optical metasurfaces: A review of current progress [J]. Reports on Progress in Physics, 2015, 78 (2): 024401.

[99] Xu K, Wang X, Fan X., et al. Meta-holography: from concept to realization [J]. Opto-Electronic Engineering, 2022, 49 (10).

[100] Wang Q, Zhang X, Xu Y, et al. Broadband metasurface holograms: Toward complete phase and amplitude engineering [J]. Scientific Reports, 2016, 6 (1): 32867.

[101] Pan M, Fu Y, Zheng M, et al. Dielectric metalens for miniaturized imaging systems: Progress and challenges [J].

Light: Science & Applications, 2022, 11 (1): 195.
[102] Zhang Y, Fan W, Wu Q, et al. Terahertz polarization multiplexing computer-generated holography based on all-dielectric metasurface [J]. Acta Photonica Sinica, 2023, 52 (8): 0809001.
[103] Balthasar Mueller J P, Rubin N A, Devlin R C, et al. Metasurface polarization optics: Independent phase control of arbitrary orthogonal states of polarization [J]. Physical Review letters, 2017, 118 (11): 113901.
[104] Wang Z, Bovik A C, Sheikh H R, et al. Image quality assessment: From error visibility to structural similarity [J]. IEEE Transactions on Image Processing, 2004, 13 (4): 600-612.
[105] Huang K, Liu H, Garcia-Vidal F J, et al. Ultrahigh-capacity non-periodic photon sieves operating in visible light [J]. Nature Communications, 2015, 6 (1): 7059.
[106] Fu R, Deng L, Guan Z, et al. Zero-order-free meta-holograms in a broadband visible range [J]. Photonics Research, 2020, 8 (5): 723-728.
[107] Xu Z, Huang L, Li X, et al. Quantitatively correlated amplitudeholography based on photon sieves [J]. Advanced Optical Materials, 2020, 8 (2): 1901169.
[108] Lee G Y, Yoon G, Lee S Y, et al. Complete amplitude and phase control of light using broadband holographic metasurfaces [J]. Nanoscale, 2018, 10 (9): 4237-4245.
[109] Overvig A C, Shrestha S, Malek S C, et al. Dielectric metasurfaces for complete and independent control of the optical amplitude and phase [J]. Light: Science & Applications, 2019, 8 (1): 92.
[110] Jiang Q, Cao L, Huang L, et al. A complex-amplitude hologram using an ultra-thin dielectric metasurface [J]. Nanoscale, 2020, 12 (47): 24162-24168.
[111] Liu M, Zhu W, Huo P, et al. Multifunctional metasurfaces enabled by simultaneous and independent control of phase and amplitude for orthogonal polarization states [J]. Light: Science & Applications, 2021, 10 (1): 107.
[112] Gao Y, Fan Y, Wang Y, et al. Nonlinear holographic all-dielectric metasurfaces [J]. Nano Letters, 2018, 18 (12): 8054-8061.
[113] Frese D, Wei Q, Wang Y, et al. Nonlinear bicolor holography using plasmonic metasurfaces [J]. ACS Photonics, 2021, 8 (4): 1013-1019.
[114] Mao N, Tang Y, Jin M, et al. Nonlinear wavefront engineering with metasurface decorated quartz crystal [J]. Nanophotonics, 2022, 11 (4): 797-803.
[115] Mao N, Zhang G, Tang Y, et al. Nonlinear vectorial holography with quad-atom metasurfaces [J]. Proceedings of the National Academy of Sciences, 2022, 119 (22): e2204418119.
[116] Wang B, Dong F, Li Q T, et al. Visible-frequency dielectric metasurfaces for multiwavelength achromatic and highly dispersive holograms [J]. Nano Letters, 2016, 16 (8): 5235-5240.
[117] Kamali S M, Arbabi E, Arbabi A, et al. Angle-multiplexed metasurfaces: Encoding independent wavefronts in a single metasurface under different illumination angles [J]. Physical Review X, 2017, 7 (4): 041056.
[118] Ren H, Briere G, Fang X, et al. Metasurface orbital angular momentum holography [J]. Nature Communications, 2019, 10 (1): 2986.

第六章 超材料天线

第一节 引 言

随着电子技术的发展,高增益、宽频带的毫米波天线,被广泛应用于无线通信、车载雷达、机载天线等商业、军事领域。毫米波微带天线因具有体积小、重量轻、剖面薄、馈电方式灵活,在雾、雪和尘埃等气候条件下有良好的传播特性等优点而备受青睐。目前,V波段中76~77 GHz被应用于汽车自动驾驶系统中的避撞雷达,这就对毫米波微带天线的尺寸小型化提出了更高的要求。

提高介质基板的特征参数(μ_r, ε_r)是实现微带天线小型化的重要途径。由于表面波效应,高介电常数基板存在辐射效率低、阻抗匹配困难等问题。高磁导率材料基板被用来替代高介电常数材料基板。然而磁性材料存在笨重、损耗大、千兆频段后磁性衰减等缺点,不适于毫米波领域的应用,但近年来蓬勃发展的超材料对解决此问题带来无限的生机。

超材料可以实现丰富广泛的介电常数值和磁导率值,达到许多自然材料不能达到的值域空间,甚至可以控制材料在空间的非均匀分布,从而实现许多常规材料无法实现的性质和功能。

1968年,苏联科学家Veselago从理论上对媒质的介电常数和磁导率同时为负值的可能性做了预测,并对电磁波在这种介质中的传播特性做了研究。这种特殊的电磁材料能够呈现出一些自然界里通常所不具备的电磁现象,比如负折射率、逆多普勒现象、逆Cerenkov辐射、理想成像等。1996年和1999年,Pendry等人先后提出负介电常数和负磁导率可以分别通过细金属线阵列和开口谐振环阵列来实现。2000年,Smith等人根据Pendry提出的理论模型,用导线阵列和开口谐振环阵列组成的人工周期结构首次实现了双负电磁材料,并通过棱镜实验进行了验证。自此,关于超材料的研究逐渐引起了专家和学者的关注。

除了介电常数和磁导率同时为负值的情况,零折射率作为超材料的另一个分支同样引起了人们的注意。这种材料在改善天线性能方面有广泛应用。2002年,Enoch等人通过研究发现,在适当的条件下,将辐射源置于由导线阵列组成的超材料结构中,辐射出来的电磁能量可以在结构周围较窄的范围内得到集中。Zhou等人将超材料结构置于贴片天线的上方,用于提高微带天线的增益。然而,通常涉及的天线设计或超材料结构大部分是用介质基板实现的,这些材料在应用于大功率,尤其是功率值大于100 MW的高功率情况下,它们的介质损耗往往是一个不能避免的问题,损耗造成的升温会引起介质基板的介电常数发生改变,超材料的性能不能保持稳定,并且成本也是需要考虑的问题。因此,选用纯金属的双层打孔板来构造超材料,在这种情况下,就无须考虑介质损耗和介电常数的改变。

本章对设计的超材料的等效折射系数和其周围的电场场强分布进行了计算和分析，对超材料结构的结构参数对性能的影响也进行了分析。在此基础上，以磁控管作为微波源，并将超材料结构置于喇叭天线前方进行测试，喇叭天线的性能得到了一定改善。

第二节 左手材料天线

一、左手材料的小型化微带贴片天线设计与实现

将左手材料的后向波效应和右手介质的前向波效应相结合，可以突破半波长的限制，实现微带天线的小型化。而且，微带天线的物理尺寸不再受制于谐振频率，而是取决于左手材料和右手介质的本构关系参数。

然而，上述理论结果还面临多方面的考验。首先，上述理论结果都是基于理想的左手材料推导得到的。在推理过程中，左手材料的介电常数和磁导率被设定为非色散的负值常数或者色散的德鲁得模型（Drude Model）、洛伦兹模型（Lorenz Model）等数学模型，但是工程实现的左手材料的有效介电常数和磁导率的色散非常强烈，这必然影响后向波特性的相位补偿效果。其次，为了获得左右手介质复合基板，需要将腔体型左手材料单元周期地填充于基板内部，但是现有的腔体型左手材料单元的电尺寸过大，甚至无法填充于小天线内部，严重限制了后向波性能的施展。

针对上述问题进行研究，将小型化左手材料单元周期地嵌入介质板，构成左右手介质复合基板，并对加载其上的微带贴片天线进行建模分析和仿真研究。结果表明，微带贴片天线的长度被减到 0.17λ，而且该小型化天线具有与众不同的远场波瓣图。最后，针对小天线的电场分布和远场波瓣进行了探讨和分析。

设计的复合左手材料的小型化贴片天线如图 6-1 所示，5 个左手材料单元被放置在一个普通贴片天线的基板中，正好位于贴片的正下方，左手材料单元中产生负介电常数

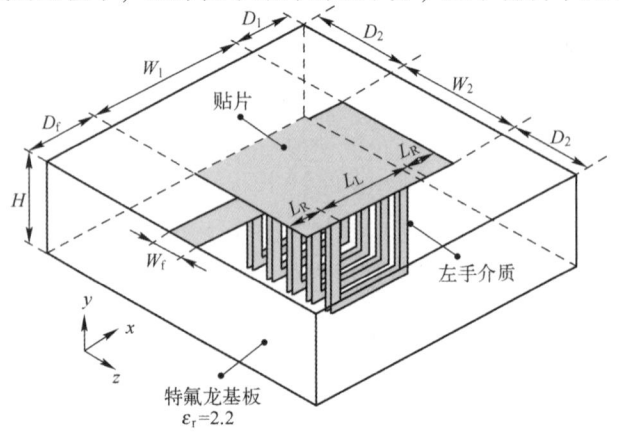

图 6-1 加载左手材料的小型化贴片天线

效应的金属导线与贴片和地板保持电气连接。小型化贴片天线的具体尺寸为 D_1 = 1.52 mm，D_2 = 1.34 mm，W_1 = 3.81 mm，W_2 = 2.92 mm，H = 2.29 mm，W_f = 0.76 mm，D_f = 1.78 mm，L_R = 0.89 mm，L_L = 2.03 mm。基板材料为特氟龙，其相对介电常数为2.2。金属材料为铜，其厚度为0.017 mm。为了研究该小型化贴片天线电磁特性，首先建立了其等效传输线模型，如图 6-2 所示。

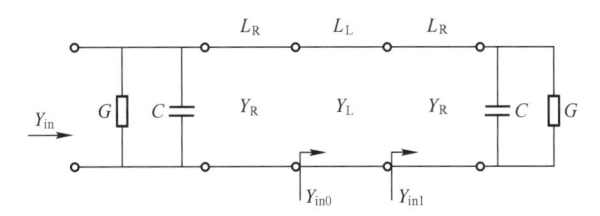

图 6-2 小型化贴片天线的传输线等效模型

图 6-2 中，G 为辐射阻抗，C 为贴片的边缘电容，Y_R 和 Y_L 分别为未填充左手材料的贴片部分的特性导纳和填充左手材料的贴片部分的特性导纳，Y_{in} 为贴片天线总的输入导纳，Y_{in1} 和 Y_{in0} 则分别表示在图中所示位置处的输入导纳。在这样的情况下，该贴片天线的输入导纳 Y_{in}、Y_{in0} 和 Y_{in1} 可以表示为

$$Y_{in} = Y_r + Y_R \frac{Y_{in0} + jY_R \tan(\beta_R L_R)}{Y_R + jY_{in0} \tan(\beta_R L_R)} \tag{6-1}$$

$$Y_{in0} = Y_L \frac{Y_{in1} + jY_L \tan(\beta_L L_L)}{Y_L + jY_{in1} \tan(\beta_L L_L)} \tag{6-2}$$

$$Y_{in1} = Y_R \frac{Y_r + jY_R \tan(\beta_R L_R)}{Y_R + jY_r \tan(\beta_R L_R)} \tag{6-3}$$

式中：Y_r 为考虑辐射阻抗在内的天线末端等效导纳，$Y_r = G + j\omega C$，G 为贴片天线的辐射导纳，$G = (1/9)(W_2/\lambda)$，λ 为贴片天线的工作波长，C 为贴片天线边缘电容，$C = \pi H Y_R / \lambda \omega$；$Y_R$ 为未填充左手材料的贴片天线部分的等效传输线特性阻抗，$Y_R = (W_2/H)(\sqrt{\varepsilon_{RHM}}/\sqrt{\mu_{RHM}})$，$\varepsilon_{RHM}$ 为未填充左手材料的贴片天线基板的等效介电常数，μ_{RHM} 为未填充左手材料的贴片天线基板的等效磁导率；Y_L 为填充左手材料的贴片天线部分的等效传输线特性阻抗，$Y_L = (W_2/H)(\sqrt{\varepsilon_{LHM}}/\sqrt{\mu_{LHM}})$，$\varepsilon_{LHM}$ 为填充左手材料的贴片天线基板的介电常数，μ_{LHM} 为填充左手材料的贴片天线基板的磁导率；β_R 为未填充左手材料的贴片天线基板的相位常数，$\beta_R = \omega\sqrt{\varepsilon_{RHM}}\sqrt{\mu_{RHM}}$；$\beta_L$ 为填充了左手材料的贴片天线基板的相位常数，$\beta_L = \omega\sqrt{\varepsilon_{LHM}}\sqrt{\mu_{LHM}}$。

图 6-3 给出了利用式（6-1）的输入阻抗计算得到的小型化贴片天线的反射系数曲线以及通过数值仿真得到的小型化贴片天线的反射系数曲线，从图中可以看出二者相吻合，二者均显示小型化贴片天线工作在 9.2~11.08 GHz 频率上，此时其反射系数小于 -20 dB，相对带宽大约为 16%。

另外，通过简单计算可以发现小型化贴片天线在其中心工作频率（10 GHz）的长度只有 0.17λ，而普通贴片天线的长度却为 0.5λ。在此基础之上，进一步通过数值仿真的方法研究了小型化贴片天线辐射特性，结果发现其与普通贴片天线完全不同的辐射特性，如图6-3所示。图6-4比较了10GHz的普通贴片天线的辐射特性和小型化贴片天线的辐射特性。从图中可以看到，对于普通贴片天线，其最大辐射方向为垂直于贴片向上，即+y方向；而对于小型化贴片天线，其最大辐射方向为平行于贴片的x方向，这样的辐射特性在已有文献中未见报道。为了对小型化贴片天线的辐射特性给出合理解释，进一步研究了小型化贴片天线的近场分布。

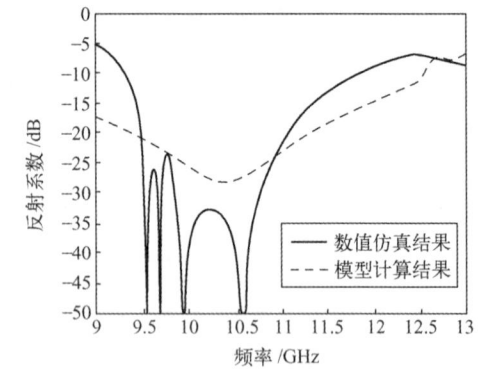

图6-3 小型化贴片天线的反射系数

（a）普通半波贴片天线　　（b）小型化贴片天线

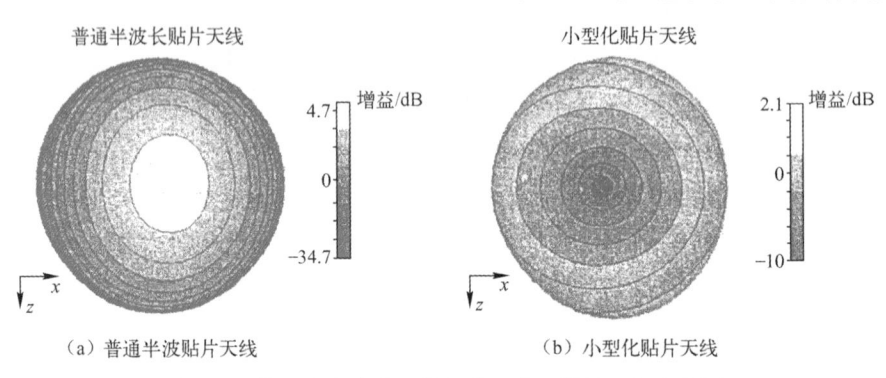

图6-4 普通半波贴片天线与小型化天线的远场方向图

图6-5比较了普通贴片天线的近场分布和小型化贴片天线的近场分布，可以看到：对于普通贴片天线，由于贴片长度恰为$1/2\lambda$，因此在其贴片两端电场具有完全反相的分布。根据贴片边缘场的叠加原理，普通半波贴片天线的电场近似等价于一个水平放置的偶极子，远场的主瓣沿垂直于贴片的方向向上辐射。而对于小型化贴片天线，由于左手材料的后向波特性，使得贴片两辐射端的电场具有几乎同相的分布，根据贴片边缘场的叠加原理，该小型化贴片天线的电场近似等价于一个垂直放置的单极子，远场的主瓣沿两侧向外辐射。

实际的腔体型左手材料，在国际上率先实现了微带贴片天线的小型化的目标，并获得了类似于单极子的远场特性。首先设计了一种小单元宽频带的左手材料，其带宽为2.6GHz，可以满足大多数的应用需求，而其单元长度最小却可以达到0.11λ，与已有的研究成果相比缩小了41%。通过提取该左手材料的本构参数，验证它的双负特性和后向波特性，最终肯定了其设计的正确性。结果表明：在9.2~11.8GHz上，该左手材料的介电常数和磁导率同时为负值；而同样是在9.2~11.8GHz上，在后向波特性的仿真中，可以清晰观察到电磁波前在该左手材料中的传播方向与在普通介质中传播方向相反。

应用小单元左手材料构造了长度只有0.17λ的小型化贴片天线，突破了半波长的物理限制。研究中利用等效传输的方法建立了小型化贴片天线输入阻抗的解析模型，模型计算结果与数值仿真结果相吻合。另外，通过对小型化贴片天线的辐射特性进行研究，发现其具有与普通贴片天线完全不同的辐射特性，而这种差异是由左手材料复合基板的相位补偿效应决定的。通过进一步分析左手材料复合基板内部的场分布得到了合理的解释。

(a) 普通半波贴片天线近场分布

(b) 小型化贴片天线近场分布

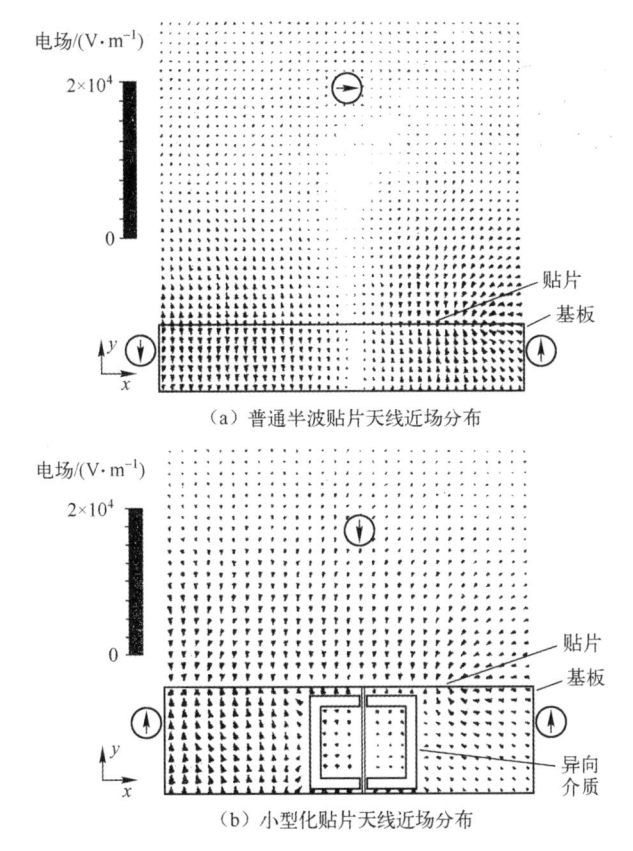

图 6-5　普通半波贴片天线与小型化贴片天线近场电场分布

二、平面型左手材料的微带环形天线

2006 年，Shau-Gang Mao 等人利用细导线和双层 SRR 构成的左手材料微带线有效地减小了微带环形天线的长度，令人遗憾的是，该研究使用的双层 SRR 结构存在着谐振点多、电尺寸过大等缺点，导致环形天线的馈电网络非常复杂。有鉴于此，本研究将使用上文设计的小型化 SRR/DGS 左手材料微带线单元，因为它不仅电尺寸仅 0.04λ，而且小型化 SRR 只有一个谐振频率，便于实现环形天线小型化的目标。

设计的加载左手材料单元的小型化微带环形天线如图 6-6 所示，2 个左手材料微带线单元对称地放置于环形天线的两侧边的正中央。为了与小型化 SRR/DGS 左手材料微带线保持一致，环形天线的边的宽度 W_p 被设置为 1.53 mm，而且天线的基板与左手材料的基板完全相同，上下两层介质板的参数分别为：$\varepsilon_{r1} = 2.43$，$\varepsilon_{r2} = 10.2$，$H_1 = 0.49$ mm，$H_2 = 0.56$ mm，$t_1 = 0.018$ mm，$t_2 = 0.017$ mm。小型化环形天线的具体尺寸为 $L_1 = 24.40$ mm，$L_2 = 14.40$ mm，$L_f = 7.80$ mm，$W_f = 1.00$ mm，$W_p = 1.53$ mm。值得注意的是，2.3 GHz 的常规微带环形天线的 L_1+L_2 约为 0.5λ，约为 52.80 mm，而该小型化环形天线的 L_1+L_2 仅仅 38.80 mm，缩小了 26.5%；另外，2.3 GHz 的常规微带环形天线占用面积约为 696.96 mm^2，而对于该小型化环形天线，即使考虑到小型化 SRR 环的面积，也仅仅占用 380.32 mm^2，缩小了 54.57%。

通过 CST MWS 仿真，得到该小型化微带环形天线的 S_{11} 曲线，如图 6-7 所示。可见，其-10 dB 带宽约 2.17%，与常规环形天线相当。

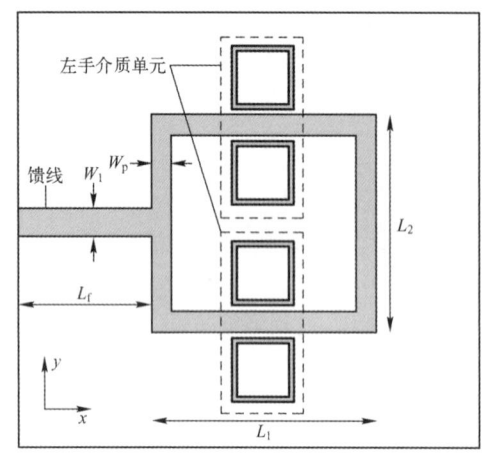

图 6-6 加载左手材料的小型化微带环形天线

图 6-7 小型化微带环形天线的 S_{11} 参数

进一步仿真得到远场如图 6-8 所示，该小型化环形天线的增益约 4.98 dB，略小于常规环形天线约 7 dB 的增益值。这是因为小型化环形天线上的电流流过左手材料单元时，磁场穿透小型化 SRR 和底层的 DGS 结构，并产生环形电流，消耗了一部分能量。对于平面 DGS 结构的阻带特性，首先结合双层 SRR 结构设计了一种平面型左手材料微带线单元，并根据电磁波在微带线上的传输和反射数据，分别计算了左手材料的有效介电常数和有效磁导率。之后，针对双层 SRR 谐振频率多、电尺寸不够小的局限性，利用 SRR 结构的降频技术，进一步设计了一种电尺寸仅 0.04λ 的左手材料微带线单元，并利用该左手材料八元阵列展示了良好的后向波效应，从而验证了左手材料频段的正确性。最后，将左手材料微带线单元直接加载于微带环形天线，通过仿真设计了一个工作于 2.3 GHz 的小型化环形天线，该天线的相对

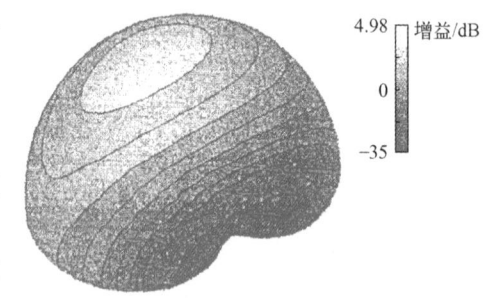

图 6-8 小型化微带环形天线的远场

带宽约 2.17%，增益约 4.98 dB，天线的长度比常规环形天线减小了 26.5%，占用面积缩小了 54.57%，实现了小型化目标。

三、左手波导的漏波天线设计与实现

利用一种左手矩形波导构造具有 180°空间扫描能力的后向到前向的漏波天线。首先，采用等效电路的方法从理论上严格分析了波纹加载的左手矩形波导的色散特性。然

后采用数值仿真方法计算波导各点场值分布，展示了其后向波效应。最后根据漏波天线理论，利用该左右手复合波导构造了新型的漏波天线，进一步通过数值方法研究了其辐射特性、频率扫描特性以及传输特性等。结果表明，在大于 7.45 GHz 的频段范围，该漏波天线具有从后向到前向的波束扫描能力，与理论预测能够很好地吻合。

左右手复合矩形波导横截面示意图如图 6-9 所示。矩形波导内部是空气，其横截面尺寸分别为 a 和 b。波纹结构周期性地加载在矩形波导宽边，波纹尺寸分别用长 a、宽 w、周期 p 表示，并且可以看作填充高介电常数电介质的小型矩形波导（$\mu_2=\mu_1, \varepsilon_2>\varepsilon_1$）。波纹用来在基本矩形波导的横电波（TE）模式截止频率以下产生左手传播模式，与此同时，相应的波纹小型波导工作在 TE 模式截止频率以上。为了在波纹中激励起稳定的 TE 模式，需要加长波纹长度；同时，过长的长度必定导致结构尺寸过大，不利于结构的紧凑和小型化以及实际应用。因此，合适的波纹长度是需要考虑的重要因素。

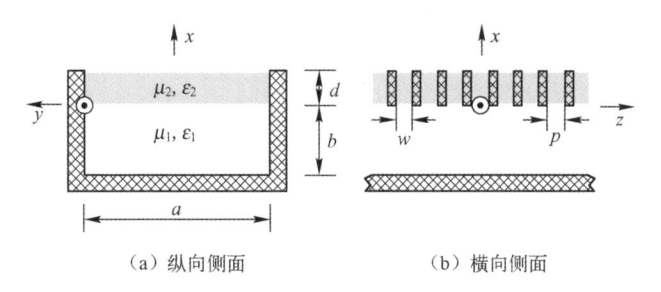

（a）纵向侧面　　（b）横向侧面

图 6-9　左右手复合矩形波导横截面示意图

1. 波纹加载的左手波导等效电路

采用传输线理论，TE_{10} 模式传播的传统矩形波导的模式电压电流方程表示如下：

$$\frac{dV}{dz}=-j\omega LI, \quad \frac{dI}{dz}=-j\omega CV\sqrt{a^2+b^2} \tag{6-4}$$

式中：L 和 C 分别代表等效传输线的单位长度电感电容，并且可以用如下表达式表示：

$$L=\mu\frac{Z_0}{\eta}, \quad C=\varepsilon\frac{\eta}{Z_0}\left(1-\left(\frac{f_c}{f}\right)^2\right)$$

$$Z_0=2\eta\left(\frac{b}{a}\right) \tag{6-5}$$

式中：Z_0 为功率定义的波导特征阻抗；f 为工作频率；f_c 为基本矩形波导的截止频率。

从式（6-5）中可知，电容 C 在截止频率以上为正，因而表现出常规右手特性，如图 6-10（a）所示。然而，在介质频率以下，电容 C 则变为负值，从而可以将其看作电感 L_1，此时波导展现出消逝横电波模式。为了实现支持左手传播的串并联电路模型，需要在消逝横电波模式再加载周期性的串联电容。

这里，考虑采用终端开口的电介质填充波纹结构实现串联电容，其横截面等于基本矩形波导宽边的横向槽缝。根据传输线理论，终端开口的波纹长度小于 $\lambda_g/4$（$\lambda_g/4$ 是缝隙小型波导的波长），而已有文献中提到的终端短路波纹长度需要大于 $\lambda_g/4$，小于 $\lambda_g/2$，因此，这里的波纹矩形波导体积更小、结构更加紧凑。

波纹矩形波导通常的等效电路模型如图 6-10（c）所示，其中的缝隙口径可以看作

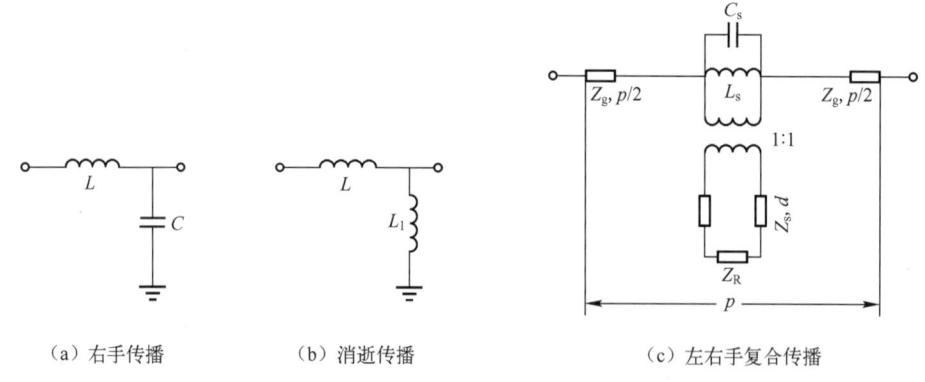

(a) 右手传播　　(b) 消逝传播　　(c) 左右手复合传播

图 6-10　不同传播模式的等效电路模型

横向非连续结构并且采用并联 LC 谐振回路等效电路模型进行描述，它通过 1∶1 的传输比与终端开口的缝隙波导耦合。然而，为了精确地计算该结构，有必要考虑开口波纹口径的辐射阻抗，而不是仅仅将其看作理想的终端开口电路模型（$Z_R = \infty$）。为了简化计算，忽略了缝隙间较小的辐射耦合，这对分析漏波天线的基本特性影响不大。

因此，波纹阻抗可以表示为

$$Y_c = j\omega C_s + \frac{1}{j\omega L_s} + \frac{1}{Z_s}\frac{Z_s + jZ_R \tan(k_{gs}d)}{Z_R - jZ_s \tan(k_{gs}d)} \quad (6-6)$$

式中：$k_{gs} = \sqrt{k_s - k_{0s}}$，$k_s = \omega\sqrt{\mu_2 \varepsilon_2}$，$k_{0s} = k_0 = \frac{\pi}{a}$；$Z_s = Z_{0s}(k_s/k_{gs})$，$Z_{0s} = 2\sqrt{\frac{\mu_2}{\varepsilon_2}}\left(\frac{w}{a}\right)$。这里 Z_R 可以简单地当作吸收辐射能量电阻。

根据 Bloch-Floquet 定理，最终的左右手复合矩形波导的单位长度电感电容表达式如下：

$$C_{eff} = C, \quad L_{eff} = L - \frac{1}{\omega p \mathrm{Im}(Y_c)} \quad (6-7)$$

而相应的传播常数为

$$\beta = \frac{1}{p}\arccos\left(1 - \frac{\omega^2 p^2 L_{eff} C_{eff}}{2}\right) \quad (6-8)$$

2. 波纹加载的左手波导色散特性

为了验证前面理论分析的正确性和有效性，采用数值方法对所设计的波纹矩形波导结构采用 CST MWS 进行了数值仿真。波导结构尺寸如下：宽边（波纹长度）$a = 16\,\mathrm{mm}$，短边 $b = 2\,\mathrm{mm}$，波纹宽度 $w = 0.2\,\mathrm{mm}$，波纹周期 $p = 1\,\mathrm{mm}$，波纹厚度 $d = 2.1\,\mathrm{mm}$。波纹结构中填充介电常数为 $\varepsilon_r = 2.32$ 的电介质。用 40 个单元结构的有线长度代替无限长度的周期矩形波导，根据其散射参量提取传播常数从而得到了色散特性，结果如图 6-11 所示。

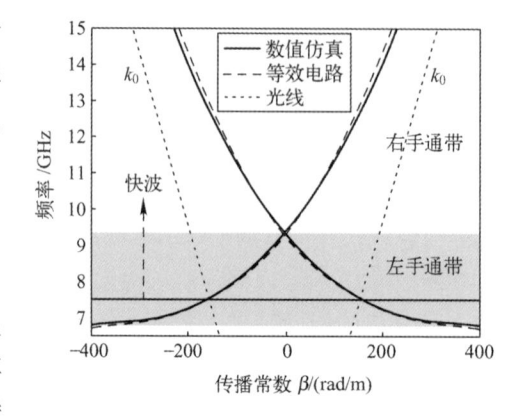

图 6-11　左右手复合矩形波导的色散关系

288

从图中可以看到，在 7.45 GHz 以下，波纹矩形波导呈现一个明显的阻带，从 7.45 GHz 往上，则表现出通带特性，其中 7.45~9.36 GHz 频段，相速和群速反向，因而出现一个左手通带，再往上，则是一个右手通带。实际上，该矩形波导在未加波纹之前，其截止频率刚好约为 9.36 GHz，因此，波纹并未影响波导的原始通带特性，而且在其截止频率段引入一个新的通带，形成一个具有左右手复合特性的新型波导左手材料。合理选择结构参数，可以使左手和右手通带之间的带隙闭合，形成一个平衡的左右手复合结构的传输线型矩形波导。

3. 波纹加载的左手波导后向波效应

图 6-12 给出了波纹矩形波导在左手通带内频率的后向波效应图，A、B、C、D 分别对应 $f=7.70\,\text{GHz}$、初始相位为 50°，$f=7.70\,\text{GHz}$、初始相位为 60°，f 为 $7.70\,\text{GHz}$、初始相位为 70° 和 $f=7.90\,\text{GHz}$、初始相位为 110° 四种情况。TE_{10} 模式的电磁波从左边端口入射，能量往右传播。进入波纹矩形波导后，其相位波前明显迎着入射宽口的方向传播，而在电磁波到达常规宽波导区域之后，相位波前则朝向普通的远离入射端口的方向。从图中还可以看到，随着频率的上升，左手通带内的波长随着频率上升而增加（$D_2>D_1$），这也是其不同于传统媒质所在。

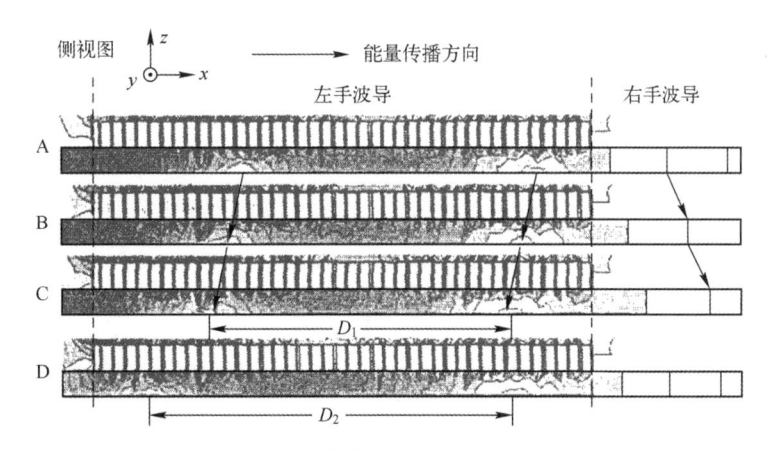

图 6-12 左右手复合矩形波导的后向波效应图

4. 漏波天线设计与实现

波导漏波天线是一种辐射型的传输线结构。通过对源端馈电和终端加载，其辐射主瓣可以随着频率变化而扫描。对于缝隙漏波天线而言，扫描角 θ 可以由式（6-9）表示：

$$\theta = \arcsin\left(\frac{\beta}{k_0}\right) = \arccos\left(\frac{\lambda_0}{\lambda_g} + \frac{m}{\frac{p}{\lambda_0}}\right) \tag{6-9}$$

式中：β 为波导的传播常数；k_0 为自由空间波数；λ_0 为自由空间波长；λ_g 为导波波长；m 为空间谐波（$0,\pm1,\pm2,\cdots$）；p 为缝隙周期。

因此，为了保证漏波辐射，必须满足条件 $|\beta|<k_0$，从而得到一个快波传播模式。

所设计的漏波天线结构如图 6-13 所示，在具有 40 个周期单元的波纹矩形波导两端连接上宽边矩形波导（横截面尺寸为 24 mm×2 mm），作为馈电端口（端口 1）和负载端口（端口 2）。该宽边矩形波导还有一个重要的用途，即产生 TE$_{10}$ 模式，以正确激励连接其间的波纹矩形波导。波纹矩形波导尺寸前面已经给出，这里仍保持不变。

反射损耗和传输系数在图 6-14 中做了详细的描述。左手通带比右手通带有更高的反射损耗，主要是由宽边波导与波纹波导连接处的不连续性造成的，这种不连续性不可避免地会导致高次模产生和一定程度上的不匹配。图中显示的快波区域中存在较低的传输系数是由于高反射损耗和辐射电阻 Z_R 导致的高辐射能量损耗。很明显，从图中可以看到 S_{21} 在左手通带的快波区域中数值较大，这种现象恰好证明了只有在快波区域，该传输线结构所传递的能量才能辐射到自由空间中。

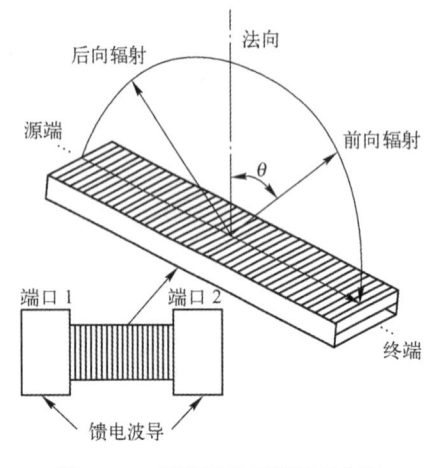

图 6-13 新型波纹矩形波导漏波
天线及其扫描示意图

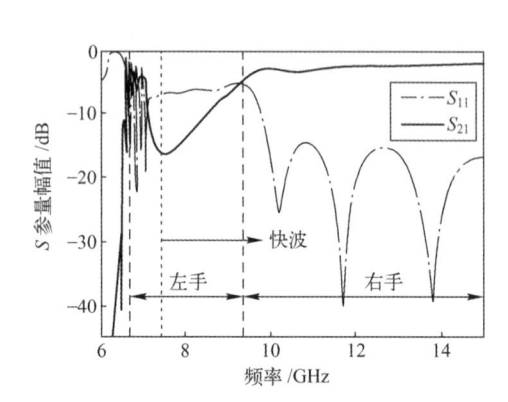

图 6-14 40 单元漏波天线的
反射损耗和传输特性

图 6-15 所示为该左右手复合矩形波导漏波天线的 E 面极化波瓣图。这里只给出了 3 个频率点（7.70 GHz、9.36 GHz 和 11.90 GHz）用作说明。从图中可以明显地看到该新型漏波天线从左手到右手频率区域，具有随着频率变化的后向到前向的空间波束扫描能力，这完全不同于传统漏波天线只能支持前向扫描的特性。同时，得到其在 $f=$ 9.36 GHz 处的零角度辐射特性，其刚好在左手和右手区域的交界处。计算结果还表明，随着频率从 7.50 GHz 上升到 11.90 GHz，其波束扫描角会相应地从 -52° 到 28° 连续变化。

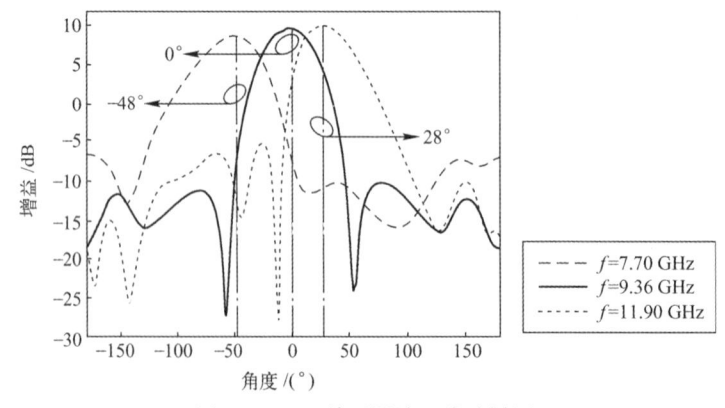

图 6-15 40 单元漏波天线波瓣图

四、零折射喇叭天线的设计与实现

近年来,随着左手材料的迅猛发展,左手材料研究的范围不断扩大,不但使得左手材料科学本身得到逐渐完善,也使很多源自左手材料但却与左手材料有所不同的新的研究领域得到人们越来越多的关注。在左手材料问世不久,Enoch 等人就敏锐地指出,既然可以构造折射率为负的左手材料,那么就很有可能进一步实现折射率为零或者接近零的零折射材料(Zero Refraction Metamaterial,ZRM),进而实现会聚波束的作用。

由 Snell 定律可得,从 ZRM 中以任何入射角入射到普通介质交界面的波束,都将以接近零的折射角射出,这意味着折射波束将沿垂直于交界面的方向以极高的定向性辐射出去,从而可以预见,如果将 ZRM 附着在天线表面,则可以会聚天线辐射波束,实现增强天线增益的目的。2002 年,Enoch 等人首先提出了可以利用左手材料的零折射特性能增强天线的定向辐射继而提高天线增益的思想。但不可否认的是,目前的相关研究大多局限于 ZRM 的线源(如单极子)天线、贴片天线的辐射问题,并没有使 ZRM 的优点得到充分发挥。在这样的情况下,若尝试将 ZRM 广泛应用于各种天线中,可望得到更多有益的研究成果。实际上,如果将零折射材料应用于提高喇叭天线增益则具有更为特殊的意义。

喇叭天线由于结构简单、成本低、增益高等优点而在工程上得到了广泛应用。然而在卫星、军事、微波测量等领域,由于工作环境、搭载设备等原因往往需要进一步改善增益性能或减小喇叭天线尺寸,常规的做法是加微波透镜构造透镜喇叭天线。传统微波透镜可分为延迟透镜(电介质透镜和 H 面金属透镜)和加速透镜(E 面金属透镜)两种形式。由于传统微波透镜都是曲面结构,因此在加工、安装上很不方便,尤其是在毫米波段,由于其聚焦性能对透镜曲面曲率的变化非常敏感,因此对加工精度要求非常苛刻,极大地增加了加工难度和加工成本,同时,一些电介质透镜由于材料的限制也使得由其构造的透镜喇叭天线不能满足结构轻巧的设计要求。实际上,传统微波透镜只在极其特殊的情况下才被人们用于提高喇叭天线增益或者减小尺寸。

针对上述问题展开研究,在对 ZRM 进行了改造和优化,并得到更为优良的通带特性之后,将其填充到喇叭天线口面内,构造了一种零折射材料喇叭天线(Zero Refraction Horn,ZRH),它具有高增益、小型化的优点。研究中对优化后的 ZRM 的传输特性和折射特性进行了数值仿真,结果表明优化后的 ZRM 在 16.1~17.2 GHz 上具有良好的通带特性,并且其折射率绝对值小于 0.25,而在其棱镜折射仿真实验中则可以明显地观察到由其斜入射到自由空间的波束方向与交界面法线方向非常接近。同时,研究中针对 ZRH 的近场分布和远场辐射特性进行了数值研究,结果表明,在明显地观察到零折射材料对波束的会聚作用的同时,ZRH 在 16.1~17.2 GHz 频段上,辐射增益超过 20 dB,比同样尺寸的常规喇叭天线提高了至少 2 dB,在达到了相同口径最优喇叭的增益水平的同时,其纵向尺寸只有相同口径最优喇叭的 56%。

1. 零折射材料

为了得到性能优良的 ZRH,首先对具有平面金属网格的 ZRM 进行了改造和优化,优化结果如图 6-16 所示。该 ZRM 由多层铜质网格平行排列(图中画了 3 层)构成,网格间距 $h = 5.80$ mm,网格周期 $p = 5.50$ mm,空气间隙 $a = 5.10$ mm,金属

厚度 $t=0.02\,\mathrm{mm}$。网状结构放置于介电常数为 1.08 的介质内（实际加工时选用泡沫材料）。

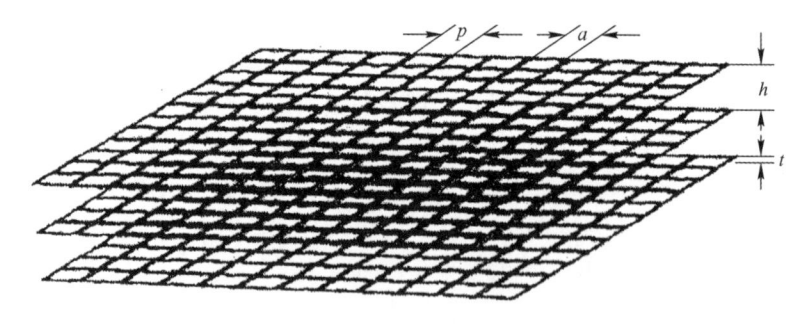

图 6-16　ZRM 结构图

为了研究图 6-16 所示 ZRM 的电磁特性，首先针对其传输特性进行了数值仿真，仿真结果如图 6-17 所示。从图中可以看到，优化后的 ZRM 具有更宽的通带，其在 15.8~20.0 GHz 上具有良好的通带特性。

利用本构参数提取算法，从图 6-17 所示的 S 参数中提取了 ZRM 的有效折射率随频率的变化曲线，如图 6-18 所示。

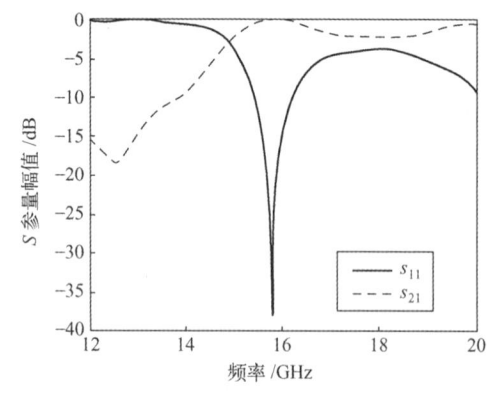

图 6-17　ZRM 散射参数幅值曲线 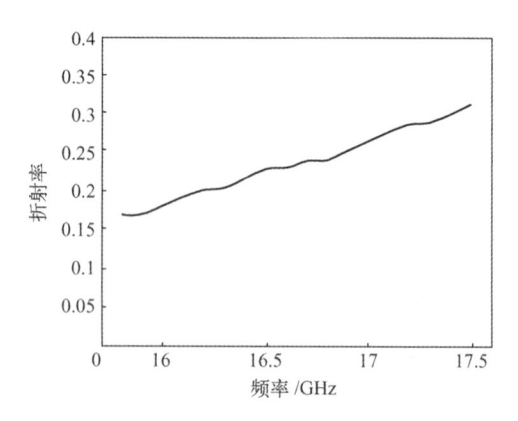　　　图 6-18　ZRM 等效折射率曲线

因为只关心折射率接近零的 ZRM，因此图 6-18 只给出了折射率小于 0.3 的曲线部分，而实际上，该折射率曲线在 15.8~20.0 GHz 上具有随频率升高而升高的特性。从图 6-18 可以看出在 16.1~17.2 GHz 上，折射率小于 0.25，在后面可以看到，就是在这个频段上，ZRH 的增益要普遍高于同尺寸的普通喇叭天线。为了进一步肯定图 6-16 所示 ZRM 的零折射特性，对其进行了数值仿真。仿真模型如图 6-19 所示，一个楔形 ZRH 被放置在两块平行的金属板之间，金属板间的其他空间则填充空气介质，此时的金属网格层保持与平行金属板垂直，由此形成了一个具有 46.52°角的楔形棱镜。仿真模型平行于 z 轴的 4 个面全都设成 PML 边界，保证不会由于边界反射影响实验结果。电场极化方向为 z 方向的均匀平面波由端口 1 沿 y 方向入射，它通过左手材料楔形块，并在楔形块与周围均匀介质的交界面处发生折射与反射，由此可通过电场能量在空间上的分布来判断由端口 1 入射的电磁波在楔形块的作用下沿楔形斜面折射出去的传播方向。

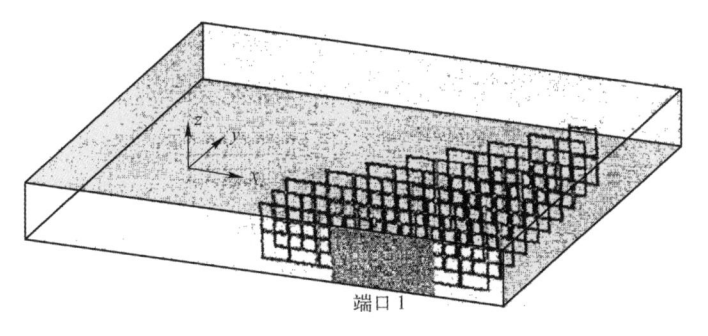

图 6-19　ZRM 折射特性仿真模型

图 6-20 给出了上述仿真实验在频率 16.40 GHz 时的电场分布结果，其中粗实线用来描述入射波束和主要的折射波束方向，粗虚线表示楔形左手材料的斜面与均匀介质的交界面，细点划线则表示此交界面的法线方向。从图 6-20 中可以看到，此时的折射波束与交界面法线非常接近，其折射角只有 9°，因为电磁波是以 46.52° 入射角从 ZRM 入射到空气中，因此由 Snell 定律计算可得 16.4 GHz 频率下该左手材料的折射率为 0.21，对比图 6-18 所示的 ZRM 折射率曲线，可以发现二者相吻合，由此充分说明了图 6-16 所示的 ZRM 具有零折射特性。

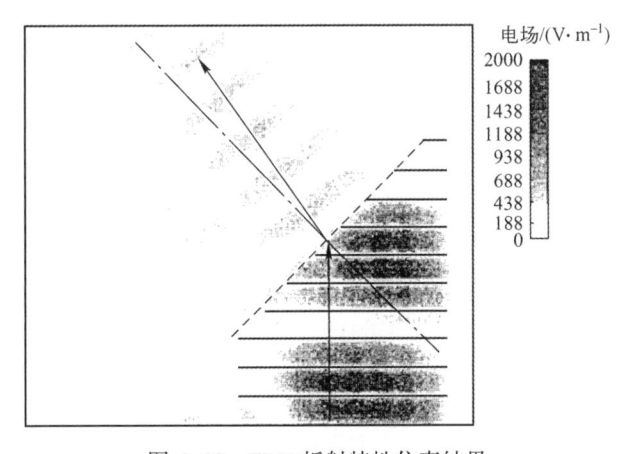

图 6-20　ZRM 折射特性仿真结果

2. 零折射材料透镜的小型化喇叭天线设计与实现

矩形喇叭天线有一个相位中心，天线波束从相位中心辐射出去并且在天线口面处有一定的张角。宽的喇叭张角意味着宽的天线波束。由透镜喇叭天线原理可知，宽张角喇叭天线辐射波束定向性不强，若在其口面加上透镜对波束起会聚作用，能增强定向性。因此，将图 6-16 所示的 ZRM 填充于矩形喇叭天线口面，形成平面结构的微波透镜，从而最终实现具有更高增益的 ZRH 设计。

设计结果如图 6-21 所示。这里，矩形喇叭天线采用 15.80 mm×7.90 mm 标准矩形波导 BJ-140 馈电，喇叭天线纵向长度 L=64.00 mm，张角 θ=50°，由此得出喇叭口面尺寸为 75.49 mm×67.59 mm。为了考察图 6-21 所示的 ZRH 的电磁特性，在 CST MW STUDIO 中对其进行了数值仿真。图 6-22 比较了 ZRH 的反射系数仿真结果与图 6-11 所示的 ZRM 的反射系数。从图中可以看出，在 15.9 GHz 上 ZRH 的反射系数达到最小值，而该频率位置与 ZRM 的反射系数最小值对应的频率位置非常接近，而实际上在整个 15.0~18.0 GHz 频率段上，ZRH 的反射系数曲线都与 ZRM 的反射系数曲线相吻合，即 ZRH 的传输特性几乎完全由 ZRM 的传输特性决定。该结果表明：一方面，ZRM 并没有因为环境由自由空间变为矩形波导而发生电磁特性的明显变化，从而为 ZRM 能够为 ZRH 起到提高辐射波束定向性作用提供了保障；另一方面，喇叭天线自身的通带特性并没有因为 ZRM 的加入而受到影响，这种情况意味着 ZRH 的传输特性是一个可分离变量的函数，善加利用将会极大地简化将来对喇叭天线电磁特性解析模型的建立过程。

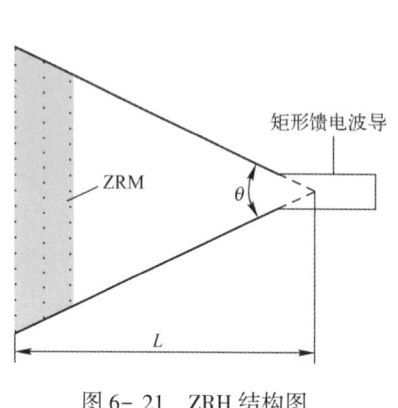

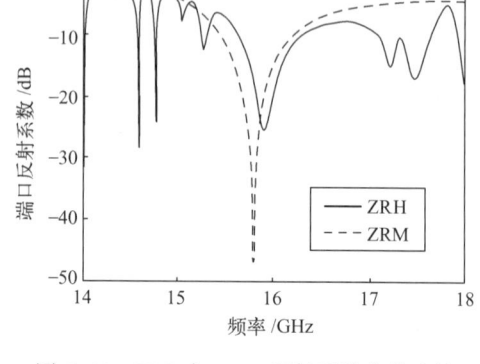

图 6-21　ZRH 结构图

图 6-22　ZRH 与 ZRM 反射系数曲线比较

图 6-23 比较了图 6-21 所示 ZRH 以及具有相同尺寸的普通矩形喇叭天线的增益。从图中可以看出，普通矩形喇叭天线增益在 15.0~18.0 GHz 频段上最大达到18.3 dB，而左手材料喇叭天线在 15.7~17.3 GHz 频段内，与同尺寸普通喇叭天线增益相比都得到了提高，尤其在 16.1~17.2 GHz 频段增益更达到了 20 dB 以上，增益最高处可达 20.7 dB（16.7 GHz 频率处）。需要注意的是，在 17.3 GHz 以上频率增益明显下降，其主要原因在于：①由于随着频率的上升，图 6-16 所示 ZRM 结构单元尺寸不能满足远小于工作波长，从而导致左手材料结构的不"致密"和不"均匀"，产生了性质的突变；②由于随着频率的上升，由图 6-18 可知 ZRM 等效折射率也随之上升，其对电磁波的会聚作用减弱；③在以上两点导致 ZRM 失去会聚作用的情况下，ZRM 自身的传输特性变差成为 ZRH 增益下降的直接原因，而在 15.7 GHz 以下 ZRH 增益明显下降也是由于 ZRM 自身的传输特性变差造成的，从这点可以看出本研究对 ZRM 进行优化的重要意义。

图 6-24 比较了 ZRH 和相同尺寸普通喇叭天线在 16.4 GHz 频率上的方向图仿真结果。图 6-24（a）所示为 H 面方向图的仿真结果，图 6-24 所示为 E 面方向图的仿真结果。

从图 6-24 中可以看出，与同尺寸普通喇叭天线相比，ZRH 与普通喇叭天线具有相同的辐射方向，但不同的是，ZRH 的辐射波束更加集中，在 H 面方向图上，其 3 dB 波瓣宽度由普通喇叭天线的 20.3°减小到 15.6°，在 E 面方向图上其 3 dB 波瓣宽度由普通喇叭天线的 17.7°减小到 15.7°。为了进一步证实上述 ZRH 的高增益是由于图 6-16 所示的 ZRM 的零折射效应产生的，研究人员研究了 ZRH 的近场分布。图 6-25 比较了 ZRH 与相同尺寸普通喇叭天线在 16.5 GHz 时的近场电场分布。图 6-25（a）为 ZRH 的远

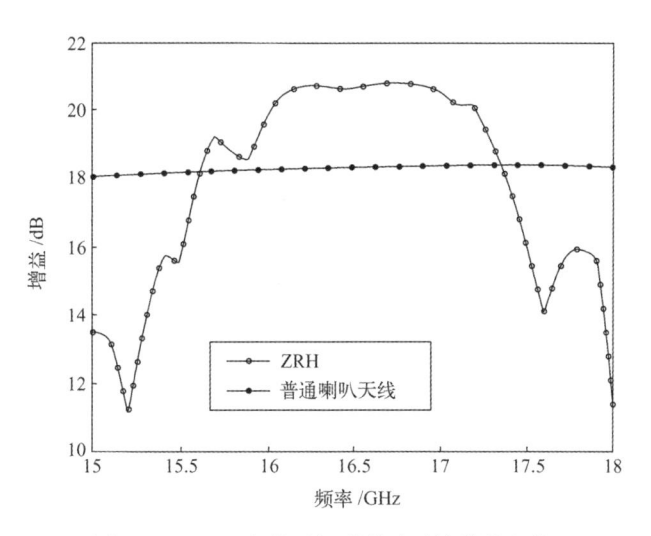

图 6-23 ZRH 与普通矩形喇叭天线增益比较

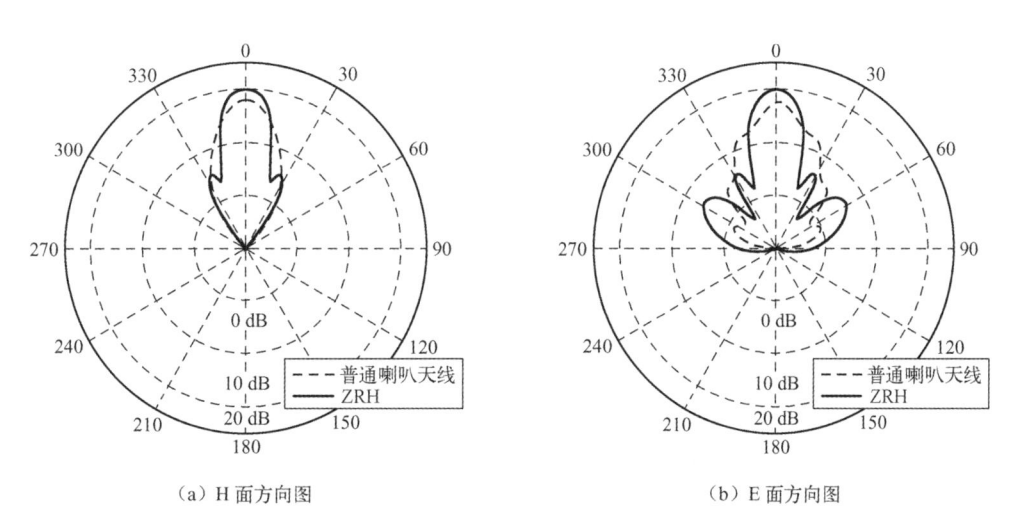

(a) H 面方向图　　(b) E 面方向图

图 6-24 ZRH 和普通喇叭天线的方向图

(a) ZRH　　(b) 普通喇叭天线

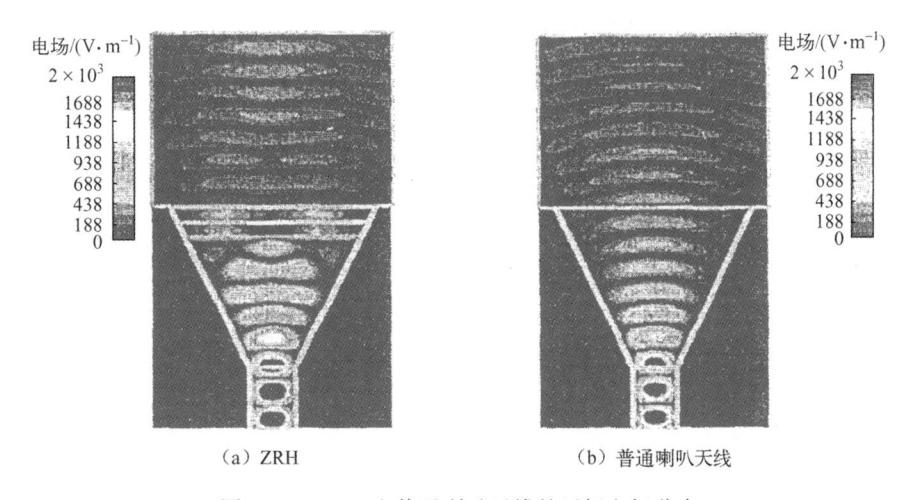

图 6-25 ZRH 和普通喇叭天线的近场电场分布

场电场分布，图 6-25（b）为普通喇叭天线的近场电场分布。从图中可以看出，对于普通喇叭天线，其电场分布随着离口面的距离增大而逐渐发散，并且场强逐渐减弱；而对于 ZRH，由于 ZRM 的零折射效应，其电场分布在离开喇叭口面一定距离后电场强度反而与口面近处的电场强度相比增大，可以非常明显地观察到 ZRM 对波束的会聚作用。

另外，从图 6-23 可以看出，ZRH 相比于同尺寸的普通喇叭天线增益最大提高了 2.6 dB，通过简单计算可以得知，这相当于在同等条件下使普通喇叭天线的口面面积或者口面利用系数增大了 1.82 倍。而由天线口面利用系数计算公式

$$k_p = \frac{G\lambda^2}{4\pi S\eta} \tag{6-10}$$

式中：k_p 为口面利用系数；S 为物理口径面积；λ 为波长；η 为辐射效率；G 为天线增益。

由上式可得，在工作频率 16.4 GHz 处，与同尺寸的普通喇叭天线相比，ZRH 口面利用系数从 0.32 提高到了 0.60，而实际上，最优喇叭的口面利用系数的理论值也只有 0.64，因此 ZRH 在增益性能上可与最优喇叭天线相比。图 6-26 比较了 ZRH 与相同口径最优喇叭的增益曲线，从图中可以看出在 16.1~17.1 GHz 上，ZRH 与最优喇叭非常相近的增益性能。但是，若要得到最优喇叭必须加大喇叭天线的纵向尺寸，以减小喇叭天线的射径差。以具有图 6-21 所示 ZRH 相同口径的最优喇叭为例，其纵向尺寸需要 115 mm。由此可以得到 ZRH 相对于最优喇叭的纵向小型化比例为

$$a = \frac{L}{L_1} = \frac{64}{115} = 0.56 \tag{6-11}$$

这意味着，相比于最优喇叭天线 ZRH 纵向尺寸减小了 44%。

需要指出的是，上述的 ZRH 可以采用传统印制电路板工艺加工平面金属网格，然后用泡沫材料将其分层固定于事先所设计的矩形喇叭天线口面。泡沫材料密度小、金属网格线径细，使得 ZRH 虽然与普通的喇叭天线相比重量有所增加，但与传统的喇叭透镜天线相比却要轻巧很多。因此，本设计的 ZRH 非常易于工程实现。

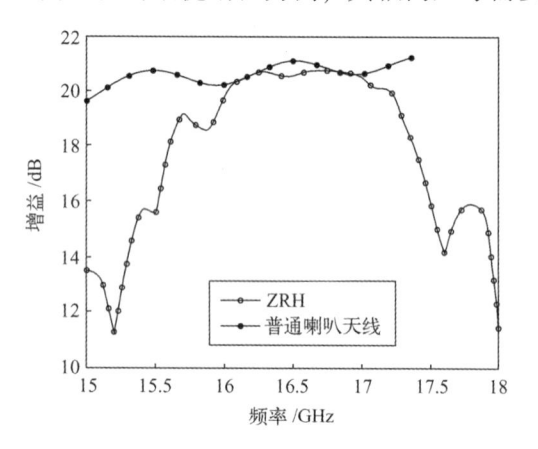

图 6-26 ZRH 与最优喇叭天线增益曲线比较

第三节 传输阵与反射阵

一、超表面传输阵设计

1. 基本原理

超表面传输阵作为一种新型的高增益天线受到国内外研究者的广泛关注，其可以是多层结构也可以是单层结构，单元通常由单层金属导体结构、介质、金属地面组成。在

传统的传输阵天线结构中，馈源与传输阵面共同构成了其核心组成部分。如图6-27所示，当馈源发出的球面波撞击至平面传输阵面时，由于波前抵达阵面上不同单元的路径长度有所差异，导致这些单元间出现相位差。为弥补这一差异，必须调整阵面上每个单元的相位偏移，确保电磁波经过传输阵面后能形成同相波前。这一调控过程促使波束聚焦，进而在自由空间中产生具有高增益的波束辐射。对于超表面传输阵而言，设计上的核心在于如何在保证较高的传输幅度的同时，确保阵面单元能够提供所需的相移量，这要求设计者综合考虑传输阵面的相位调控能力与能量传输效率，以实现天线性能的最优化。

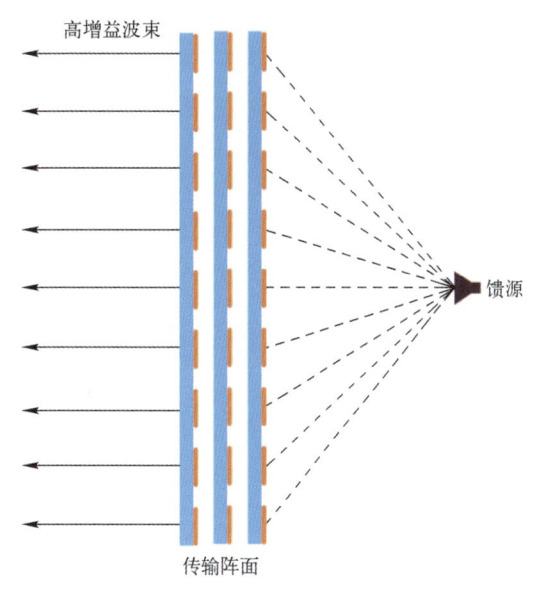

图 6-27　基于超表面的传输阵天线示意图

超表面传输阵作为阵列天线的一种，其远场辐射特性可通过阵列天线理论进行计算。根据该理论，天线的远场辐射性能主要受到阵列单元激励幅度和相位分布的影响，通过综合调控这些参数可获得所需的远场辐射特性。

如图6-28所示，传输阵天线的设计中，馈源位置的确定将直接决定阵面的幅度分布。为了实现预期的远场辐射性能，需要对阵面的相位分布进行精细调整。相较于传统的阵列天线设计，这种仅通过优化相位来实现性能提升的方法，显著简化了整个阵列的设计流程。

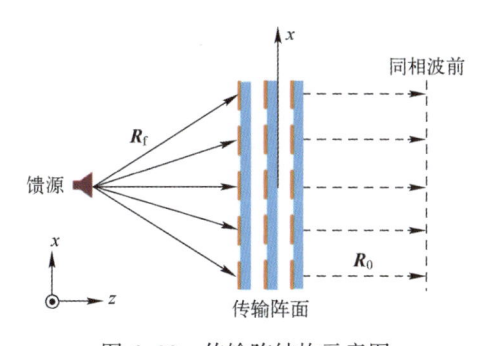

图 6-28　传输阵结构示意图

2. 研究方法

分析超表面传输阵单元的特性，对于全面理解并优化整个阵列的性能至关重要。目前，单元特性的研究主要依赖于两种分析方法：一是全波数值仿真分析法，二是等效电路分析法。其中全波数值仿真分析法基于无限大周期排布法，模拟单元在阵列中的实际状态。在全波数值仿真分析法中，矢量Floquet模计算方法的运用尤为关键，它能够精确计算单元的表面电流分布，进而推导出阵列的辐射场特性，为阵列性能的优化提供了有力的理论支撑。图 6-29 展示了传输阵单元在全波仿真软件中的仿真设置细节。在这一设置中，传输阵单元被精心放置在空气盒子的中心位置，确保其四个侧壁与空气盒子紧密贴合，以模拟真实的工作环境。为了更加逼真地模拟无限周期环境，空气盒子的四个方向均设置了 Master/Slave 边界条件。这一设置有效地模拟了单元在阵列中的周期性排列，从而提高了仿真的真实性。此外，为了确保仿真的准确性，激励端口与单元表面之间的距离经过精心设定，通常为 1/4 波长。对于传输阵单元这一特殊类型，由于其独特的传输特性，激励端口需分别设置在空气盒子的上下表面，以满足特定的仿真需求。通过全波数值仿真分析法，能够精确地分析超表面传输阵单元的电磁特性，从而深入了解其工作原理和性能表现。

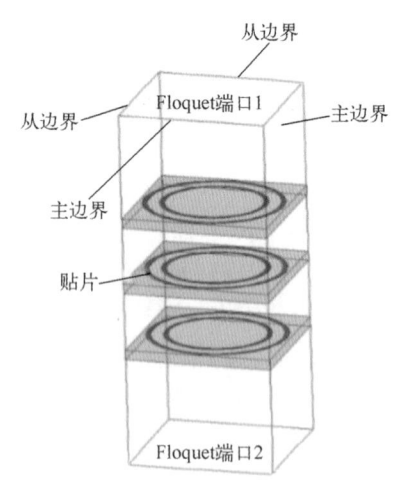

图 6-29 超表面传输阵单元在周期边界中的仿真示意图

3. 设计流程

为了系统化并规范超表面传输阵的设计流程，我们可从以下四个核心方面进行归纳和总结：单元类型的选择、馈源类型的确定、阵列结构的规划以及自动化建模技术的运用。这四个方面相互关联，共同构成了超表面传输阵设计的完整框架，为高效、精确的设计过程提供了指导。

在超表面传输阵列的设计中，单元的选择至关重要。首要考虑的是单元提供相移的能力，这是实现阵列功能的基础。为了优化天线的辐射性能，单元需具备至少 360° 的移相范围。此外，传输阵列单元还需满足特定的传输幅值标准，通常要求传输系数大于 −3 dB，从而在确保足够相移的同时，维持高效的能量传输。在实际工程应用中，具备 330° 相移能力的单元通常已能满足阵列设计的基本要求。进一步地，该单元还需展现出卓越的带宽性能。同时，考虑到实际应用中可能存在的斜入射情况，单元在入射角不超过 40° 时的性能应与正入射时保持一致。此外，为了有效抑制栅瓣效应，单元周期应控制在半个波长以内。通过综合考量这些因素，我们可以确保超表面传输阵列的整体性能达到最优。

目前，超表面传输阵单元主要可归为以下三类：

第一类是 MFSS 单元，它在超表面传输阵列设计中得到了广泛应用。这类单元通过精心调整各层单元的大小，实现了对传输相位的精确调控。然而，单层结构的传输单元在覆盖完整的 360° 相移范围时往往面临挑战。为了突破这一限制，研究者们创新地采用了纵向堆叠的结构设计，并在介质板之间填充空气。这种设计显著提升了单元的移相能力。如图 6-30 所示，采用四层双环结构的传输阵列单元，其相移范围已远超 360°，完全满足了阵列对相移能力的需求。

第二类是接收-传输式单元，它的设计核心在于增大传输相移量，特别是在宽频带超表面传输阵的应用场景中显得尤为重要。其设计特点在于接收贴片与再辐射贴片分别位于金属接地板的两侧，通过精确调节相位延迟线的长度，实现对入射波相

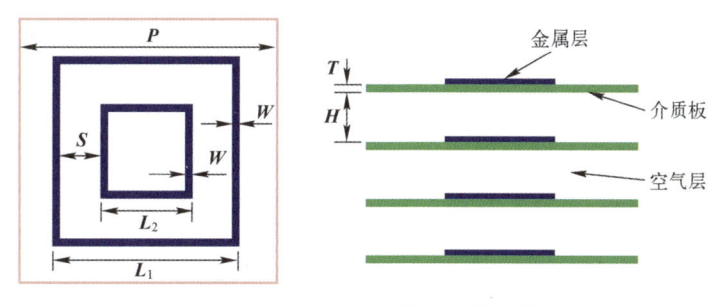

图 6-30　MFSS 超表面传输阵单元结构

位的控制，进而实现波束聚焦的目的。如图 6-31 所示，这种传输阵单元中的接收与再辐射单元是相互独立的，这种独立设计使得在单元中集成开关、电容、二极管等器件变得更为方便和灵活。这种设计不仅提高了单元的功能性和集成度，同时也使得接收-传输式单元在波束扫描和波束成形方面展现出显著优势，为实现复杂波束控制提供了有效途径。

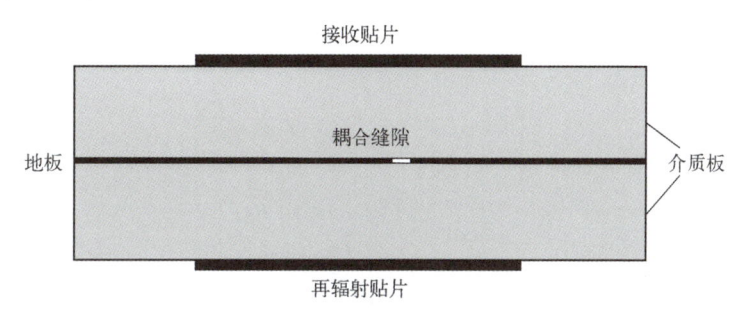

图 6-31　接收-传输式超表面传输阵单元结构

第三类是极化扭转单元，其与前述的两种相移实现方法存在显著差异。

此类单元通过调整自身结构来实现相移，其显著特点在于能够旋转馈源发出的入射波极化方向达 90°。如图 6-32 所示，这种单元通常由两组几何结构一致但旋向相反的单元构成，它们分别可以产生 0° 和 180° 的 1 bit 相移量。通过量化整个阵面的相位分布，极化扭转单元能够有效地补偿阵列实现高增益波束辐射所需的相移量，从而在波束成形方面展现出独特的优势。

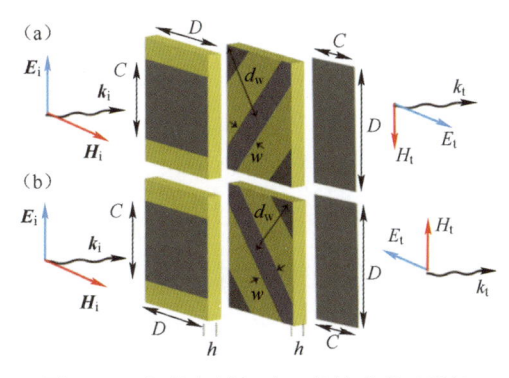

图 6-32　极化扭转超表面传输阵单元结构

作为超表面传输阵列的核心部件，馈源的辐射性能直接关系到阵列的整体性能。为了优化阵列的性能，必须根据阵列的具体功能选择馈源。在超表面传输阵的设计布局中，为有效规避馈源遮挡效应，特将馈源与透射波束分别置于阵列的两侧。喇叭天线因其优异的性能常被选为传输阵列的馈源。然而，喇叭天线在应用中也存在一些局限性，如纵向尺寸较大、成本较高等，这在一定程度上限制了其在传输阵列中的广泛应用。因此，为了追求超表面传输阵列的紧凑设计，并便于与其他平台集成，平面馈源逐渐成为喇叭天线的替代方案。

选取合适的超表面传输阵单元和合适的馈源后，需要对阵列整体进行设计，其增益 G 由方向性系数 $D_{\max}$ 和辐射效率 η_R 决定，即

$$\eta_R = \frac{G}{D_{\max}}, \quad D_{\max} = \frac{4\pi A}{\lambda_0^2} \tag{6-12}$$

其中，A 为天线的口径面积，那么辐射效率 η_R 可以定义为

$$\eta_R = \eta_s \times \eta_I \tag{6-13}$$

η_s 为阵列口径面截获馈源能量的百分比，η_I 为馈源入射波照射在口径面由于幅度锥削所造成的口径利用率。馈源的方向图可以等效为高阶余弦函数 $\cos^q \theta_e$，对正馈的超表面传输阵而言，溢出效率和锥削效率分别可表示为

$$\eta_I = \frac{\left[\dfrac{(1+\cos^{q+1}\theta_e)}{(q+1)} + \dfrac{(1-\cos^q\theta_e)}{q}\right]^2}{2\tan^q\theta_e \left[\dfrac{(1-\cos^{2q+1}\theta_e)}{(2q+1)}\right]} \tag{6-14}$$

$$\eta_s = 1 - \cos^{2q+1}\theta_e \tag{6-15}$$

其中，θ_e 为馈源的半张角。由上式可知，q 值越大，馈源的波束宽度越窄。传输阵效率随馈源半张角的变化如图6-33所示。

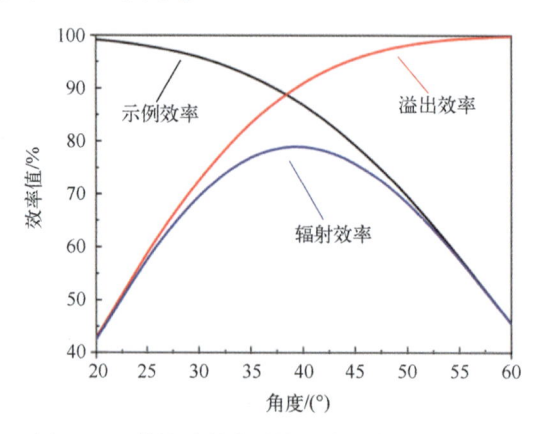

图 6-33 传输阵效率随馈源半张角的变化曲线

在选定馈源的基础上，为了确保阵列能够获取最大的辐射效率，我们需要根据阵面的实际规模来选择适宜的焦径比（F/D），其直接关系到阵列的能量聚焦能力和波束辐射效率。因此，通过精确调整焦径比，可以确保在给定的馈源条件下，阵列能够发挥出最佳的辐射性能。超表面传输阵天线的焦径比可表示为

$$\frac{F}{D}=\frac{1}{2\tan\theta_e} \quad (6-16)$$

相较于传统的高增益天线,超表面传输阵展现出了诸多显著优势,如它简化加工流程,有效减轻整体重量,缩小体积,并降低制造成本。此外,超表面传输阵采用空间馈电方式,从而消除了大阵列馈电网络所带来的损耗,通过优化馈电结构提高天线的辐射效率。

4. 具体实例

随着现代通信系统的持续演进,天线技术面临着多功能、低剖面、高集成度等多重挑战。为应对这些要求,超表面传输阵的设计呈现出多样化的形式和功能。为了优化天线的辐射效率,文献[24]设计了一种基于高折射率超表面的低剖面宽带传输阵天线,如图6-34所示。该天线采用了创新性的三层非谐振超材料单元,显著提升了其辐射性能,实现了高达65%的辐射效率。

图6-34 高效率超表面传输阵设计

图6-35所示为直径为D、厚度为T的GRIN(Gradient Refractive Index)透镜由焦距为F的辐射器馈电的示意图。GRIN透镜由不同折射率的超表面单元组成,其折射率随透镜孔径的变化而变化。计算各单元在透镜孔径上的折射率分布,径向方程为

$$n(r)=n_0-\frac{\sqrt{r^2+F^2}-F}{T} \quad (6-17)$$

其中,n_0是透镜孔中心的最大折射率,r是单元与透镜孔中心之间的距离,为简化起见,式(6-17)只考虑了沿z轴穿过透镜的透射光线。根据式(6-17)可以推导出折射率分布与透镜厚度T之间的关联。如图6-36所示,随着折射率变化幅度的增加,透镜的厚度呈现出相应的减小趋势。那么设计更宽折射率变化范围的超材料元件,有助于实现透镜厚度的进一步缩减。然而超材料与自由空间之间的波阻抗差异可能引发失配问题,会降低天线的效率。为了解决这一挑战,一个有效的方法是在透镜与空气之间引入阻抗匹配层(Impedance Matching Layer,IML),优化波阻抗的匹配,从而提高天线的性能。

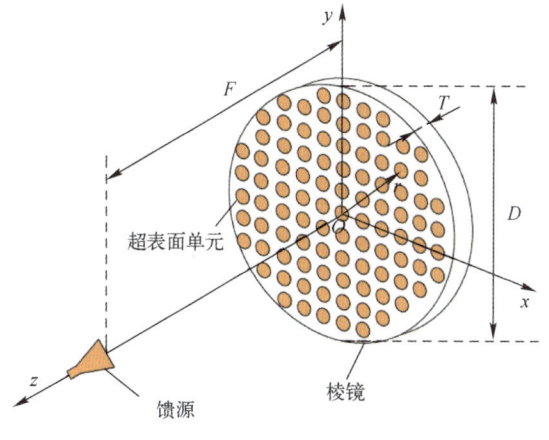

图6-35 GRIN透镜天线示意图

鉴于透镜天线的厚度与带宽特性，可以利用一个 1/4 波长变压器作为单独的阻抗匹配层，带有 IML 的透镜结构示意图见图 6-37。为了便于阐述，将核心层的单元命名为 UC_1，而 IML 的单元则命名为 UC_2。在图 6-37 中，红色虚线描绘了波通过超材料单元的路径，该单元距离透镜中心为 r。核心层和 IML 的厚度分别为 T_1 和 T_2，它们之间的关系如下式所示：

$$2T_2 n_2 + T_1 n_1 = Tn = 2T_2 \sqrt{n_1} + T_1 n_1 \tag{6-18}$$

其中，T 和 n 是不含 IML 的透镜厚度，IML 的波阻抗是空气和核心层的几何平均值。由式（6-18）得，可根据超材料能实现的最大折射率，确定折射率与带有 IML 的 GRIN 透镜位置的关系。

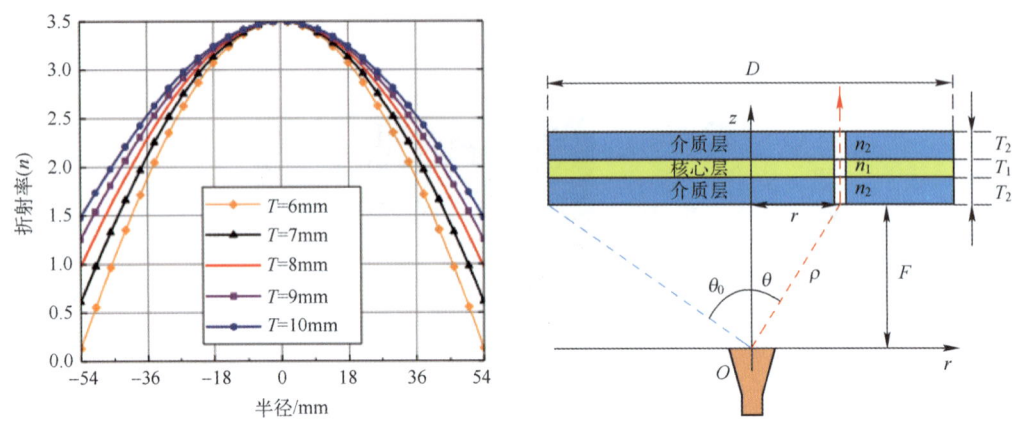

图 6-36 不同厚度的折射率

图 6-37 带有 IML 的透镜示意图

如式（6-18）所示，核心层所需的折射率大于 IML。因此，文献［24］设计一种具有较大变化范围和最大折射率的超材料单元，如图 6-38 所示。$h_1 = 0.508$ mm 的介质基板被两个 $h_2 = 0.254$ mm 的介质基板 Rogers 5880 夹在中间。

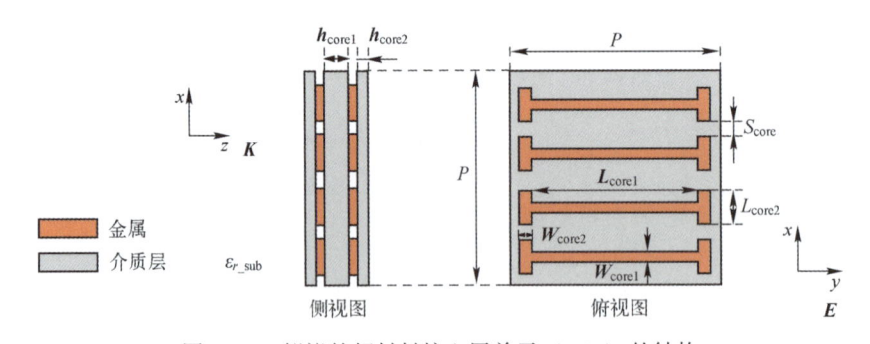

图 6-38 拟议的超材料核心层单元（UC_1）的结构

在设计 IML 单元时，采用了与核心层单元相类似的方法。根据式（6-18）所述，IML 所需的相对介电常数应为核心层介电常数的几何平均值。这进一步表明，IML 所需的折射率变化范围应小于核心层。同时，为确保阻抗匹配效果，IML 的厚度应保持在 1/4 波长的范围内。因此，在设计 IML 时，可以选择用空气来替代其上部和底部的衬底，以减轻整体重量并简化结构，如图 6-39 所示。这样的设计不仅能够满足阻抗匹配的需求，还提高了透镜天线的性能。与核心层 UC$_1$ 的超材料单元层类似，IML 的超材料单元（表示为 UC$_2$）由基板 Rogers5880 组成，基板两侧印有 4 条 h 形条和两层厚度为 0.5 mm 的空气。通过参数化分析，结果表明增大电场方向上的四条 h 形线（L_{core1} 和 L_{IML1}）的长度可以分别提高 UC$_1$ 和 UC$_2$ 的折射率，增大 L_{core2} 和 L_{IML2} 的值可以增大折射率范围。通过调整 L_{core1} 和 L_{IML1} 的值，获得了组成 GRIN 超构透镜所需的折射率。考虑到周期元素的尺寸限制，当 L_{core2} 和 L_{IML2} 选择 0.9 mm 和 0.8 mm 时，UC$_1$ 和 UC$_2$ 的折射率分别在 1.5~6.26 和 1.17~4.2 之间变化。

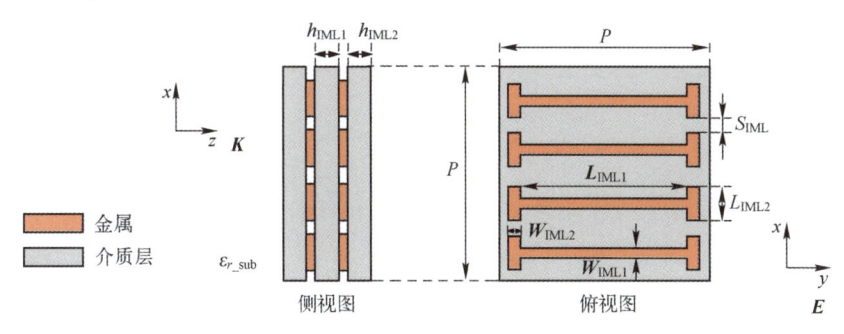

图 6-39　拟议超材料单元 2（UC$_2$）的结构

同样地，通过改变 F/D 来获得孔径效率，如图 6-40 所示。当 F/D 选择为 0.57 左右时，孔径效率最高可达 67%。

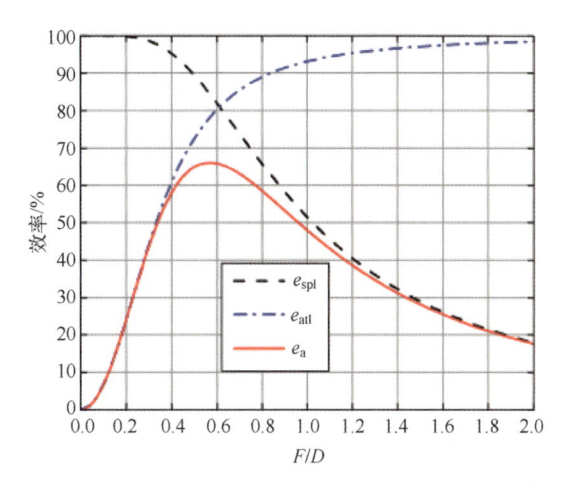

图 6-40　在 10 GHz 下，根据 F/D 计算出的拟议馈电天线的辐射效率

最终，直径为 D = 108 mm 的超材料 GRIN 透镜由位于焦距 F = 62 mm 处的短杆加载喇叭天线照射。为了满足期望的透镜厚度，将 UC$_1$ 和 UC$_2$ 两个元素在 z 方向堆叠，如图 6-41 所示。图 6-42 所示为核心层金属带和 IML 的图案，分别为图案 1 和图案 2。它们都印在基板 Rogers5880 的两侧，厚度为 0.508 mm。模式#1 的 PCB 被厚度为 h_{core2} = 0.254 mm 的两层基板包围，而模式#2 的 PCB 被厚度为 0.5 mm 的空气包围。

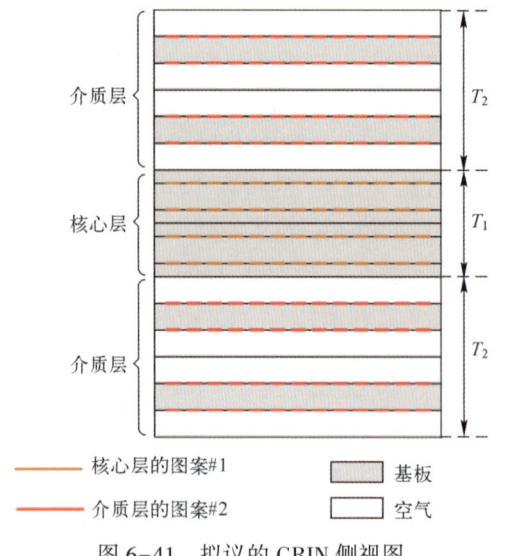

图 6-41 拟议的 GRIN 侧视图

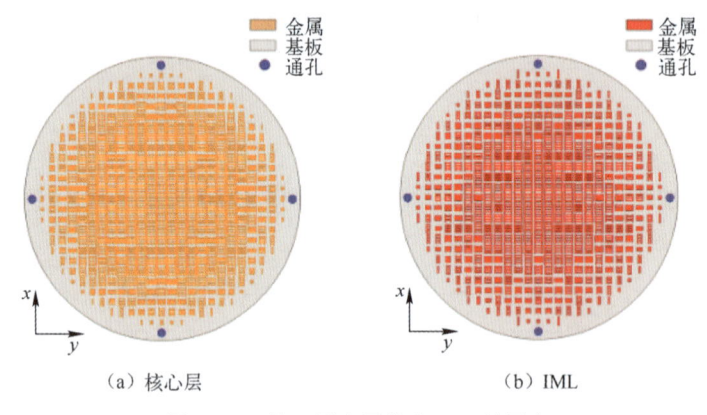

图 6-42 核心层金属带和 IML 的图案

由图 6-43 观察到该设计实现了较宽的阻抗带宽，测量得到 66%（7.2~14.3 GHz）。与馈电天线的增益相比，此设计的仿真和实测增益如图 6-44 所示，在工作带宽范围内的测量增益为 17.5~22 dBi，与馈电天线相比提高了 8 dB。

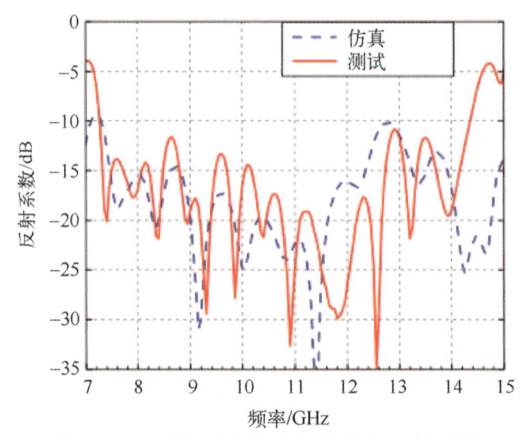

图 6-43 透镜天线模拟和测量的反射系数

304

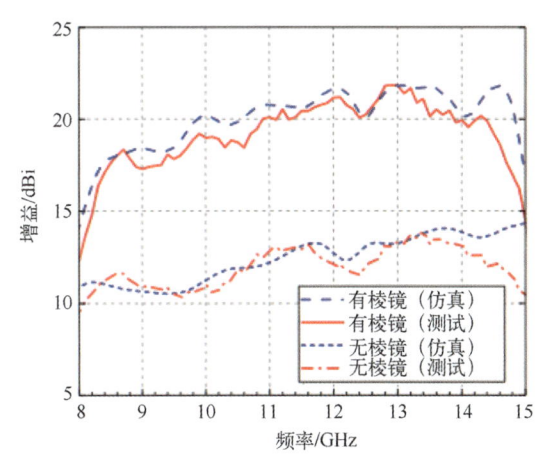

图 6-44 模拟并测量的该透镜天线与馈电天线的增益

在极端环境下，尤其是卫星通信领域，空间辐射和热量对天线性能的影响尤为显著，这些恶劣的环境因素可能导致介电材料的特性发生显著变化，进而对天线的性能产生严重影响。为了应对这一挑战，文献［25］提出了一种创新的全金属传输阵列天线，它利用金属结构取代了传统的介质基底传输阵。这种设计不仅增强了天线对外部环境的适应性，降低了环境对天线性能的影响，而且有助于降低天线的制造成本，为卫星通信领域提供了更加可靠和经济的解决方案。

二、超表面反射阵设计

1. 基本原理

反射阵天线主要由馈源和基于超表面技术设计的平面反射阵面两大关键组件构成。如图 6-45 所示，平面反射阵面由大量周期排列的单元组成，每个单元的结构通常由单层金属导体、介质层以及金属地面共同构成。当馈源发出的球面波照射到平面反射阵面上时，由于不同单元接收电磁波的路径长度各异，导致它们之间存在相位差异。为消除这些相位差异，需精确调控每个单元的相移，确保电磁波在反射后能形成同相波前，进而实现高效能量聚焦和自由空间中的高增益波束辐射。此外，在反射阵天线中，背面金属地板起到了关键作用，它能够确保入射波的高反射率，因此在设计过程中无须过多考虑反射幅度的影响。

与传统的反射阵列天线相比，超表面反射阵列天线具有诸多显著优势，其结构轻巧、制造成本低、易于折叠，并可实现与载体的共形设计，大大拓宽了其应用场景。此外，超表面反射阵列天线采用空间馈电方式，有效避免了

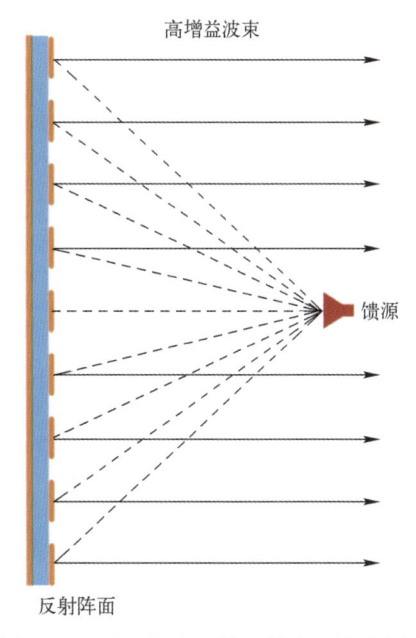

图 6-45 基于超表面的反射阵天线示意图

馈电网络带来的能量损耗，从而显著提高了天线的效率。与传统阵列天线相比，超表面反射阵列天线不需要复杂的 T/R 元件，能以较低的成本实现相控阵广角扫描和多波束功能。随着微带平面印刷技术的飞速发展，超表面反射阵列可以加载有源元件，表现出更大的设计自由度。

在口径场计算方面，反射阵与上一节讨论的传输阵采用相同的方法。因此，这里着重描述反射阵的口径场合成过程。如图 6-46 所示，反射阵面由 $M \times N$ 个单元组成，通过精确控制每个单元的补偿相位，当馈源照射时，阵列在空间中某一点的叠加电场为

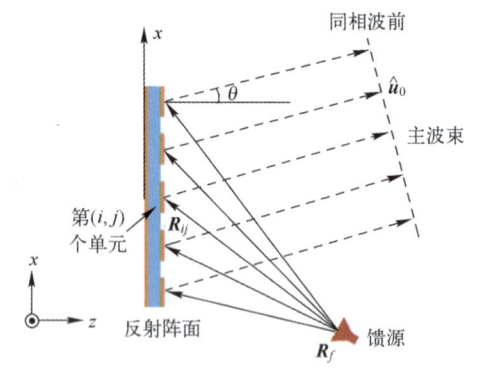

图 6-46 反射阵结构示意图

$$E(u) = \sum_{i=1}^{M}\sum_{j=1}^{N} F(R_{ij}, R_f) \cdot A_{\text{unit}}(R_{ij}, \hat{u}_0) \cdot A(u \cdot \hat{u}_0) \cdot \exp\{-jk_0[|R_{ij} - R_f| - R_{ij} \cdot u] + j\varphi_{ij}\} \quad (6-19)$$

式中：R_f 为馈源的位置矢量；R_{ij} 为第 (i,j) 个单元的位置矢量；$\hat{u}_0$ 为主波束的单位矢量；u 为观察方向；k_0 为真空中电磁波的波数；φ_{ij} 为阵面每个单元的补偿相移；F 和 A_{unit} 分别为馈源和单元的方向图函数。从式（6-19）可以看出，如何精确地补偿单元所需要的相移是计算反射阵方向图的关键所在。

如图 6-47 所示，采用图中的坐标系，根据阵列理论可知，要形成特定方向 (θ_b, φ_b) 上的高增益波束，则阵列第 (i,j) 个单元的相位可表示为

$$\phi(x_i, y_j) = -k_0 x_i \sin\theta_b \cos\varphi_b - k_0 y_j \sin\theta_b \sin\varphi_b \quad (6-20)$$

式中：(x_i, y_j) 为阵列中第 (i,j) 个单元的位置坐标。此外，口径场的相位分布还可以表示为阵面每个单元所需提供的补偿相移和入射波到达阵面每个单元的相位之和，则阵列中第 (i,j) 个单元的相位也可以表示为

$$\phi(x_i, y_j) = -k_0 d_{(i,j)} + \phi_{\text{unit}}(x_i, y_j) \quad (6-21)$$

式中：$d_{(i,j)}$ 表示馈源相位中心与阵列第 (i,j) 个单元之间的距离。结合式（6-20）和（6-21）可得出阵面每个单元所需要的补偿相移为

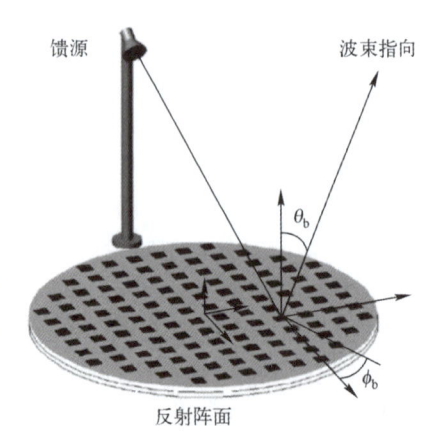

图 6-47 平面反射阵相位补偿的原理示意图

$$\phi_{\text{unit}}(x_i, y_j) = k_0[d_{(i,j)} - (x_i\cos\varphi_b + y_j\sin\varphi_b)\sin\theta_b] \quad (6-22)$$

根据式（6-20），可得在反射阵天线的设计过程中，每个单元的补偿相移受到多个因素的影响，包括馈源的具体位置、入射波的入射角度，以及阵面上每个单元各自的位置。由于馈源的照射幅度已经预先确定了阵面口径场的幅度分布，因此，为了有效会聚主波束，仅需针对每个单元进行精确的相移补偿。这种设计思路不仅提高了天线的性能，也简化了设计流程，为反射阵天线的优化和应用提供了有力的理论支撑。

2. 研究方法

相较于传输阵，反射阵单元的设计特点在于其下方设置有金属背板。在全波仿真过程中，仅需将激励端口置于空气盒子的顶部表面。为更直观地展示仿真过程，图 6-48 呈现了反射阵单元在全波仿真软件中的详细仿真设置示意图。通过这一设置能够有效地模拟反射阵单元的性能，为后续的设计和优化提供重要参考。

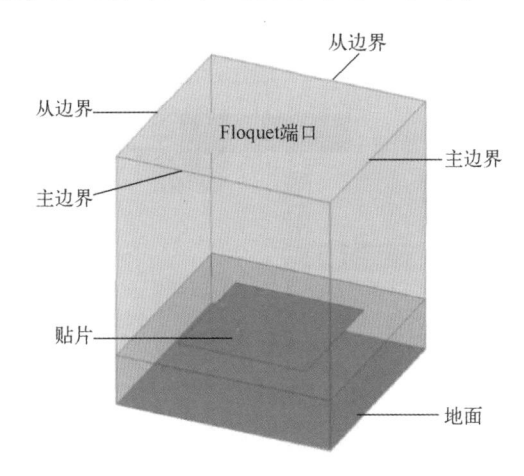

图 6-48 超表面反射阵单元在周期边界中的仿真示意图

3. 设计流程

为了系统化并规范超表面反射阵的设计流程，我们可以从以下四个核心方面进行归纳和总结：单元类型的选择、馈源类型的确定、阵列结构的规划以及自动化建模技术的应用。这四个方面相互关联，共同构成了超表面反射阵设计的完整框架，为高效、精确的设计过程提供了指导。

与超表面传输阵单元相比，反射阵单元因无须考虑反射幅度，故其设计聚焦于相移性能，可概括为以下五大类别：

第一类是单元变尺寸型。通过调整其物理尺寸来改变谐振长度，实现对反射相位的精确控制。这类单元不仅结构多样，如图 6-49 所示，包括贴片型、线条型和缝隙型等多种形式，而且具有结构简单、加工方便的特点，因此在反射阵天线领域得到了广泛的应用。

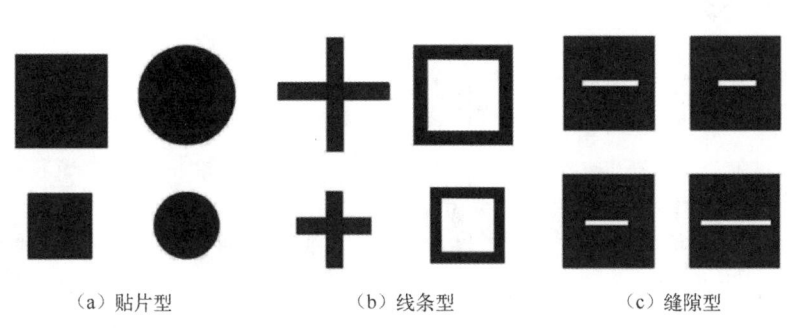

（a）贴片型　　　　　（b）线条型　　　　　（c）缝隙型

图 6-49 变尺寸型超表面反射阵单元

第二类是单元加载延迟线型。该类型单元在方形贴片末端引入不同长度的短截微带线。当馈源发射的电磁波入射至单元表面时，这些电磁波会与贴片及短截线发生交互作用，随后被反射并再次辐射出去。通过细致地调整短截线的长度，能够实现对反射相移的精准调控（图6-50）。此类单元的一大优势在于其能够提供广泛的相移范围，从而有效地扩展了工作频带。然而，也需要仔细考虑贴片与延迟线之间的匹配问题，以及延迟线可能引入的额外辐射对天线交叉极化性能造成的不利影响。

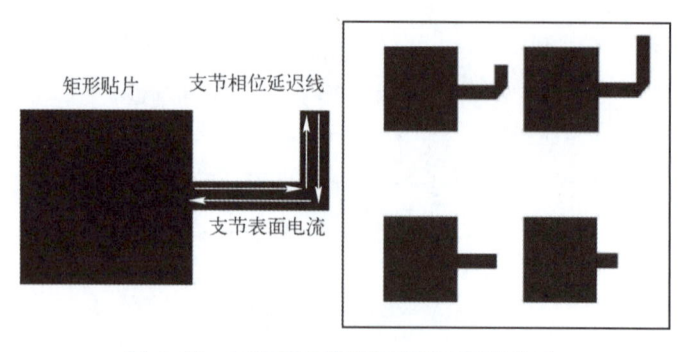

图 6-50 加载延迟线型超表面反射阵单元

第三类是单元旋转校相型。这类单元的特点在于其尺寸保持不变，通过旋转单元角度来调控相移。如图6-51所示，这类单元具有显著优势，仅需旋转180°即可覆盖完整的360°相移范围。由于单元尺寸的一致性，这种设计有效减少了因相邻单元尺寸差异过大而引入的误差，进而提升了设计的精确性。然而，值得注意的是，这类单元主要适用于馈源入射波与阵面反射波旋向一致的圆极化波场景，因此，在实际应用中需特别关注其应用场景的限制。

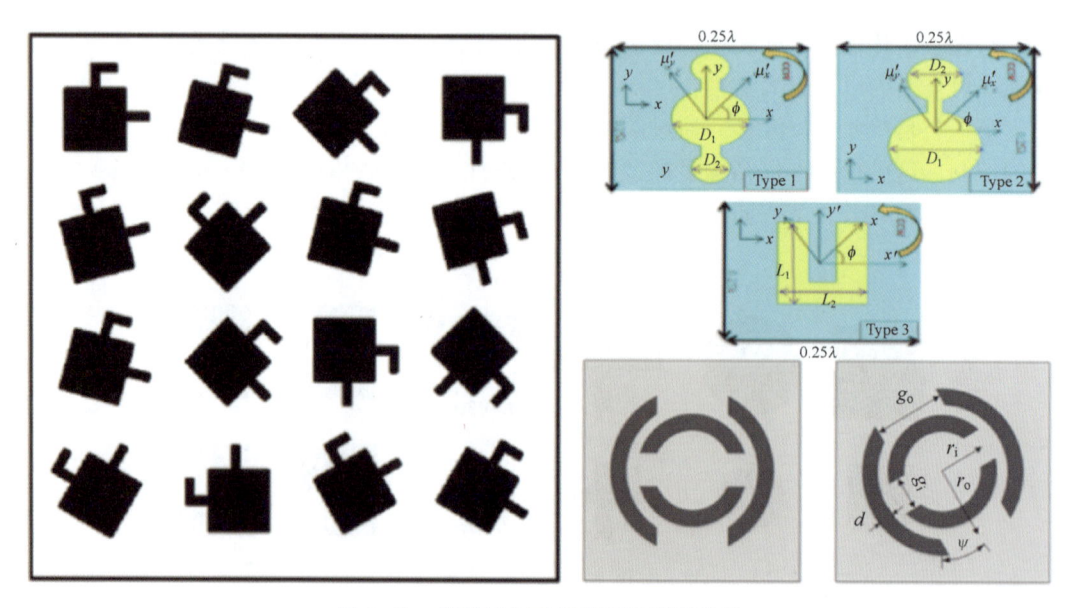

图 6-51 旋转校相型超表面反射阵单元

第四类是单元极化扭转型。旨在实现宽带范围内的相移补偿，并具备将馈源发出的入射波极化方向扭转 90°的能力。这类单元通常由两种几何结构相同但旋向相反的单元组成，如图 6-52 所示。通过巧妙设计这两种单元的结构和排布，能够在保证宽带性能的同时，实现入射波极化方向的有效扭转，从而提升天线的性能和工作效率。

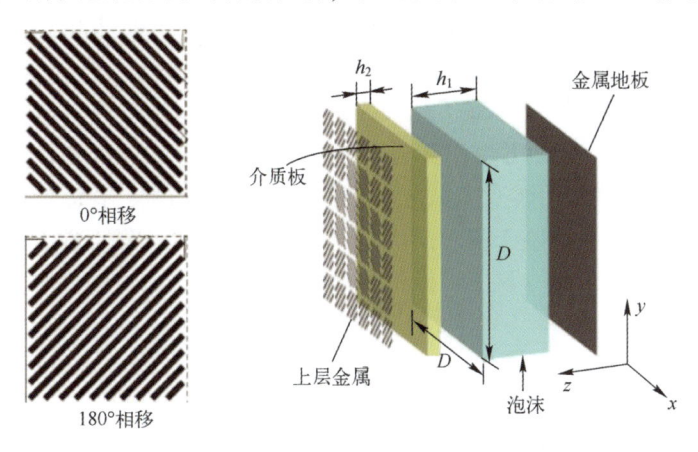

图 6-52 极化扭转型超表面反射阵单元

第五类是单元可重构型。它在相位补偿方面克服了前四种单元的共同限制。传统上，一旦反射阵面确定，天线阵面的相位分布便无法更改，导致波束扫描功能难以实现。然而，通过在传统反射阵中融入可重构技术，我们可以独立且灵活地调控每个单元的相位。这一创新不仅赋予了天线阵面更高的灵活性，还实现了精准快速的波束扫描功能，为天线技术的发展开辟了新的路径。

在超表面反射阵的设计中，由于馈源与透射波束处于阵面的同一侧，馈源对波束的遮挡问题便凸显出来。为了降低这种遮挡效应，正馈反射阵通常会选择采用口面较小的馈源，例如平面 Vivaldi 天线。这种天线具有宽频带特性、较小的口面以及简便的加工方式，然而，其相位中心会随着频率的变化而发生显著变动，这可能对天线的辐射效率产生不利影响。在实际应用中，为了克服这一缺陷，反射阵经常采用偏馈的形式。偏馈方式中，喇叭天线因其宽频带特性、E 面和 H 面方向图的等化以及相位中心的稳定性，通常被作为馈源的优选。然而，偏馈方式也带来了一系列的问题。如它增大了入射角，这可能导致反射阵面的相位分布受到影响；偏馈方式可能导致结构的不对称性，影响天线的辐射性能；需要精确控制馈源的位置和偏转角度，增加了设计的复杂性和难度。这些问题不仅可能增加设计的复杂性，还可能对天线的旁瓣和交叉极化电平产生不良影响，从而影响天线的整体性能。如图 6-53 所示，超表面反射阵列的设计与传输阵类似，但馈源的设计和优化是确保整个系统性能的关键。因此，在选择馈源类型和设计馈源位置时，需要综合考虑多种因素，以平衡遮挡效应、辐射效率以及天线性能之间的关系。

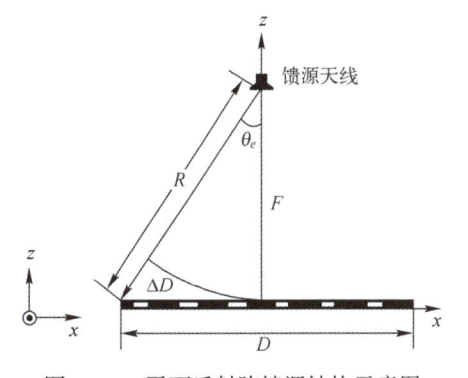

图 6-53 平面反射阵馈源结构示意图

4. 具体实例

文献［27］运用阵列天线理论，通过调控各个单元的激励幅度与补偿相位，提升了天线的定向辐射能力。鉴于卫星通信领域对双频段乃至多频段天线的迫切需求，科研人员致力于设计满足这些要求的反射阵天线。通过在传统反射阵中集成可重构技术，能够实现每个单元相位的独立调控，从而精准且快速地实现波束扫描功能。这一技术的引入不仅提升了反射阵天线的灵活性和可重构性，还为波束扫描的实现提供了新的可能。文献［29］和［30］通过加载可调集总元件来改变单元的状态，进而调整其谐振电长度。这种方法使其独立控制阵面上每个单元的相位产生了涡旋电磁波。大多超表面天线阵均采用空馈形式导致其剖面过高，折叠反射阵（图6-54）和折叠传输阵天线概念应运而生。鉴于超表面反射阵设计的简易性、经济性、低损耗特性以及波束的灵活调控能力，设计一款能够携带轨道角动量涡旋电磁波的反射阵天线已成为当前研究的热点。

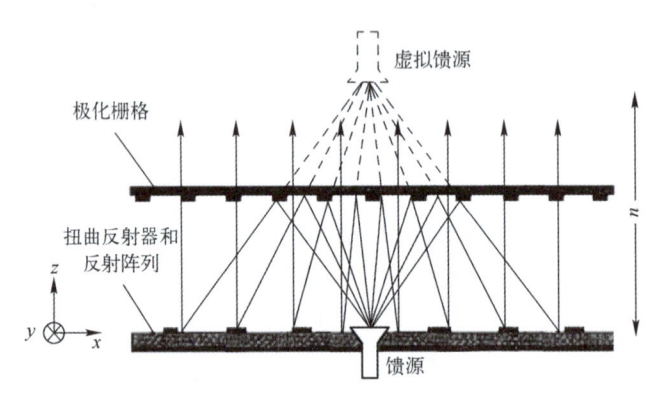

图6-54 折叠反射阵结构示意图

如图6-55所示，文献［34］提出了一款能产生OAM涡旋电磁波的平面反射阵天线，该天线采用反射超表面的设计，有效避免了传输损耗，且灵活控制相位。在超表面上设有亚波长元件，无需任何分电传输线，实现了高效的波束调控。

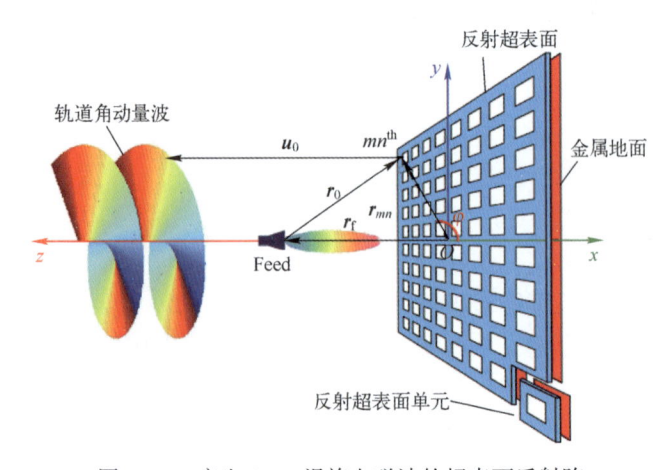

图6-55 产生OAM涡旋电磁波的超表面反射阵

所设计的超表面单元如图 6-56 所示。每个元件由 F4B 介质基板组成，其顶部表面印有三个偶极子。通过对偶极子长度的控制，以及中心偶极子与两个次要偶极子之间比值的优化调整，实现了单元反射相位的连续调控，其范围远超 360°。

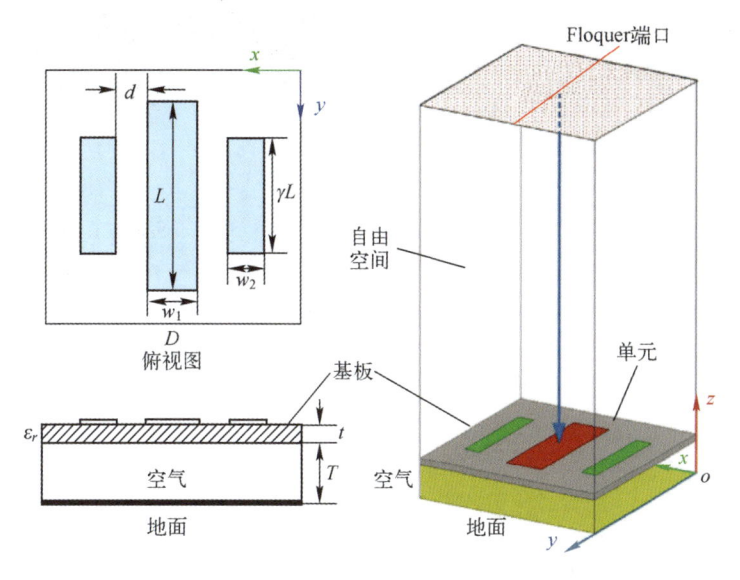

图 6-56　产生三偶极子元件的几何形状

如图 6-57 所示，该元件具有良好的反射相位响应。基于三偶极子元件，设计了 20×20 的反射超表面，产生 5.8 GHz 的 OAM 波束。布局尺寸为 50 cm×50 cm 的正方形阵列，如图 6-58 所示。正入射时采用喇叭天线作为馈源，采用基于有限元法（FEM）的全波电磁仿真方法对产生 OAM 的反射超表面进行了分析。

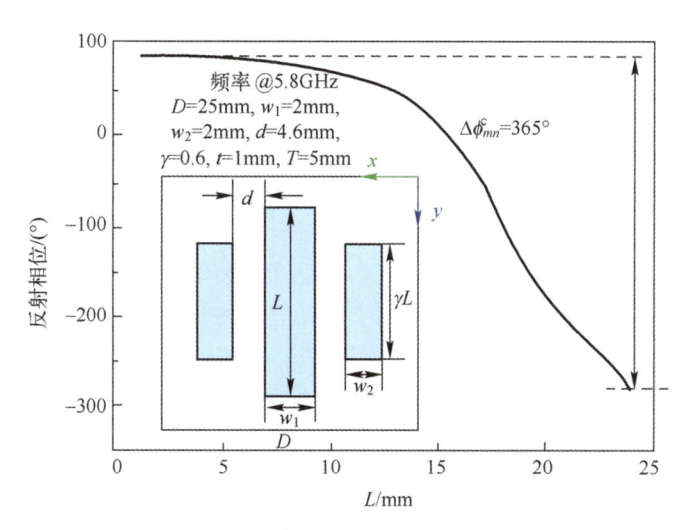

图 6-57　5.8 GHz 时反射系数与中心偶极子长度的相位关系

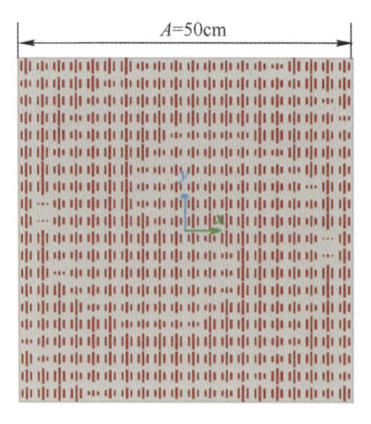

(a) OAM涡旋电磁波设计的超表面布局 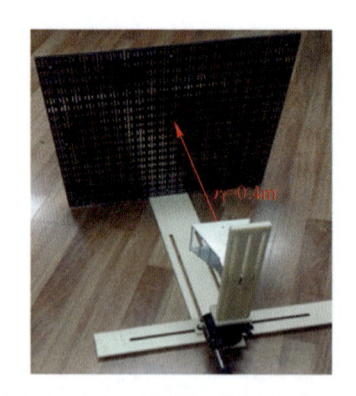　　(b) 在正常入射情况下，带有馈电喇叭天线的OAM反射超表面原型

图 6-58　OAM 反射超表面布局与样品示意图

第四节　超表面天线

一、基于特征模理论的超表面天线设计

为了保持微带天线低剖面、低成本、易集成的优点的同时拓宽天线的工作频带，研究者开始关注超表面结构这一领域。然而，超表面结构相较于传统微带贴片天线数学建模更加困难，也更难获得天线性能改良方向的指导。随着算力的提升与仿真软件日渐成熟，越来越多的研究者开始使用特征模理论指导天线的设计。以文献［37］为例，文中对传统单矩形贴片微带天线以及由矩形贴片组成的超表面天线进行了特征模分析（CMA）。

1. 特征模理论

对无激励状态的超表面天线进行特征模分析，主要目的是表征超表面天线可能激发的模态电流及其对应的辐射方向图。通过这一分析，能够获取指定频带内天线的潜在模态信息，进而对其辐射性能进行预测。这种预测基于特征模理论的核心假设：任何物体的散射或辐射方向图都是其模式方向图的线性组合，仅与物体形状相关，且当物体作为辐射体或置于入射场中时，这些模式会被不同程度地激发。物体表面上的电流分布可以被细化为无数个模态电流的叠加，而每一个模态电流都具备独特的辐射特性，其产生的方向图独立于其他模式。虽然特征模理论不能直接指导天线性能优化，但它为预测天线辐射性能提供了一种有效方法，有助于提升天线设计和优化的效率。通过对超表面天线进行特征模分析，可以寻找潜在的宽带特征模，并通过适当方式激励这些模式，从而获得具有宽工作频带的超表面天线。全波仿真可验证特征模分析结果以及寻找最优参数，有效减少了通过全波仿真来设计可用天线原型的时间。

本小节将深入探讨特征模理论中的几个关键参数，并对其物理解释进行详细阐述，为后续的天线设计提供坚实的理论基础。

1）广义特征方程

特征模（CM）理论，作为理想导体（PEC）的重要理论基础，源自电场积分方程（EFIE）的深入研究。EFIE 不仅适用于封闭结构，同时也能够应用于开放结构，展现出了其广泛的适用性。此外，PEC 的特征模公式同样可以通过磁场积分方程（MFIE）推导得出，进一步丰富了特征模理论的应用范畴。利用矩阵性质、Poynting 定理和 CM 理论中特征电流的定义，可以建立基于矩量法阻抗矩阵的广义特征值方程。

考虑入射波 E^i 入射到 PEC 上，如图 6-59 所示，PEC 感应产生了表面电流 J。表面电流 J 产生散射场 E^s。由边界条件 $\hat{n} \times E|_s = 0$，可得

$$(E^i(r) + E^s(r))_{\tan} = 0, \quad r \in S \quad (6-23)$$

其中，tan 表示电场的切向分量。

引入微积分算子 $L(\cdot)$，有

$$[L(J)]_{\tan} = E^i_{\tan}(r) \quad (6-24)$$

引入阻抗算子 $Z(\cdot)$，有

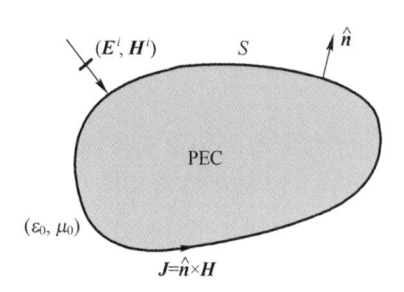

图 6-59 PEC 结构示意图

$$Z(J) = [L(J)]_{\tan} \quad (6-25)$$

Poynting 定理由式（6-12）给出：

$$-\frac{1}{2}\iiint_V (H^* \cdot M_i + E \cdot J_i^*) dV = \frac{1}{2}\oiint_S (E \times H^*) dS + \frac{j\omega}{2}\iiint_V (\mu|H|^2 - \varepsilon|E|^2) dV$$
$$+ \frac{1}{2}\iiint_V \sigma|E|^2 dV$$

$$(6-26)$$

其中，J_i 和 M_i 分别代表场的电流源和磁流源。在辐射问题中，这一项代表辐射能量。第二项表示系统内的场能量。最后一项是由于损耗造成的耗散功率。在 PEC 问题中，导体没有能量损耗，这一项等于零。根据式（6-26）中各项的物理含义，Poynting 定理的物理意义是指电磁系统的电源功率必须等于输出功率、存储场能和耗散功率之和。在 PEC 的等效表面问题中，由于不存在磁流源，可得

$$-\frac{1}{2}\iiint_V E \cdot J_i^* dV = \frac{1}{2}\oiint_S (E \times H^*) dS + \frac{j\omega}{2}\iiint_V (\mu|H|^2 - \varepsilon|E|^2) dV \quad (6-27)$$

也就是，在 PEC 问题中，电源功率等于输出功率和存储场能的总和。

由式（6-23）~式 6-25），电流 J 产生的电场 E 可以写成

$$E = -Z(J) \quad (6-28)$$

将式（6-28）代入式（6-27），即

$$\frac{1}{2}\langle Z \cdot J, J^* \rangle = \frac{1}{2}\langle R \cdot J, J^* \rangle + j\frac{1}{2}\langle X \cdot J, J^* \rangle$$
$$= \frac{1}{2}\oiint_S (E \times H^*) dS + \frac{j\omega}{2}\iiint_V (\mu|H|^2 - \varepsilon|E|^2) dV$$

$$(6-29)$$

因为右边两个积分都是实数，所以：

$$\frac{1}{2}\langle R \cdot J, J^* \rangle = \frac{1}{2}\oiint_S (E \times H^*) dS \quad (6-30)$$

313

$$\frac{1}{2}\langle \boldsymbol{X} \cdot \boldsymbol{J}, \boldsymbol{J}^* \rangle = \frac{\omega}{2} \iiint_V (\mu |\boldsymbol{H}|^2 - \varepsilon |\boldsymbol{E}|^2) \mathrm{d}V \tag{6-31}$$

因此，$\langle \boldsymbol{R} \cdot \boldsymbol{J}, \boldsymbol{J}^* \rangle$ 和 $\langle \boldsymbol{X} \cdot \boldsymbol{J}, \boldsymbol{J}^* \rangle$ 分别表示辐射能和场能。因为辐射功率必须为正，所以 $\langle \boldsymbol{R} \cdot \boldsymbol{J}, \boldsymbol{J}^* \rangle$ 不可能是负的。为了在辐射系统中提高辐射效率，辐射功率应当最大化。在数学表达中，可以通过优化以下函数来获得高辐射效率：

$$f(\boldsymbol{J}) = \frac{\boldsymbol{P}_{\text{store}}}{\boldsymbol{P}_{\text{radiation}}} = \frac{\langle \boldsymbol{X} \cdot \boldsymbol{J}, \boldsymbol{J}^* \rangle}{\langle \boldsymbol{R} \cdot \boldsymbol{J}, \boldsymbol{J}^* \rangle} \tag{6-32}$$

以 $\boldsymbol{J}$ 为变量，则可得到广义特征值方程：

$$\boldsymbol{X}\boldsymbol{J}_n = \lambda_n \boldsymbol{R}\boldsymbol{J}_n \tag{6-33}$$

其中，$\boldsymbol{J}_n$ 和 λ_n 分别为实特征向量和特征值，n 是模的序列下标。

2）特征电流的正交性

矩阵 $\boldsymbol{R}$ 和 $\boldsymbol{X}$ 的性质保证了实特征向量 $\boldsymbol{J}_n$ 与 $\boldsymbol{R}$ 和 $\boldsymbol{X}$ 正交。模态电流间的正交性由下式给出：

$$\langle \boldsymbol{J}_m, \boldsymbol{R} \cdot \boldsymbol{J}_n \rangle = \langle \boldsymbol{J}_m^* \boldsymbol{R} \cdot \boldsymbol{J}_n \rangle = \delta_{mn} \tag{6-34}$$

$$\langle \boldsymbol{J}_m, \boldsymbol{X} \cdot \boldsymbol{J}_n \rangle = \langle \boldsymbol{J}_m^*, \boldsymbol{X} \cdot \boldsymbol{J}_n \rangle = \lambda_n \delta_{mn} \tag{6-35}$$

$$\langle \boldsymbol{J}_m, \boldsymbol{Z} \cdot \boldsymbol{J}_n \rangle = \langle \boldsymbol{J}_m^*, \boldsymbol{Z} \cdot \boldsymbol{J}_n \rangle = (1+\mathrm{j}\lambda_n)\delta_{mn} \tag{6-36}$$

其中，

$$\delta_{mn} = \begin{cases} 1, & m = n \\ 0, & m \neq n \end{cases} \tag{6-37}$$

也即，特征电流展现出两方面的正交特性：在极化方式上相互正交，在电流幅度上也呈现出正交性。这种电流幅度的正交性意味着，当某一模态在理想导电体表面产生显著的模态电流时，其正交模态在同一位置上的模态电流则会表现得相对微弱。基于模态电流的这种正交特性，可实现多种天线设计策略。例如，通过同时激发两个正交模式，可以构建出圆极化天线，这在无线通信和雷达系统中具有广泛应用。另外，通过激发一种模式并抑制其正交模式，可以有效提升天线的极化纯度，这在某些对极化要求较高的应用场景中尤为重要。此外，这种正交特性还为多端口天线设计中的馈电结构设计提供了重要指导。通过合理利用正交特性，可以优化馈电结构，从而提高不同端口之间的隔离性能，减少信号干扰，提升整体性能。

3）特征场的正交性

模态电流产生的远场称为特征场。将式（6-36）代入式（6-29），省略各项公约数，有

$$\langle \boldsymbol{V}_m^*, \boldsymbol{Z} \cdot \boldsymbol{J}_n \rangle = (1 + \mathrm{j}\lambda_n)\delta_{mn}$$
$$= \oiint_S (\boldsymbol{E}_m \times \boldsymbol{H}_n^*) \mathrm{d}S + \mathrm{j}\omega \iiint_V (\mu \boldsymbol{H}_m \cdot \boldsymbol{H}_n^* - \varepsilon \boldsymbol{E}_m \cdot \boldsymbol{E}_n^*) \mathrm{d}V \tag{6-38}$$

将 m 和 n 互换，取式（6-38）的复共轭：

$$(1 - \mathrm{j}\lambda_m)\delta_{nm} = \oiint_S (\boldsymbol{E}_n^* \times \boldsymbol{H}_m) \mathrm{d}S - \mathrm{j}\omega \iiint_V (\mu \boldsymbol{H}_n^* \cdot \boldsymbol{H}_m - \varepsilon \boldsymbol{E}_n^* \cdot \boldsymbol{E}_m) \mathrm{d}V \tag{6-39}$$

由于 $\lambda_n \delta_{mn} = \lambda_m \delta_{mn}$，式（6-38）和式（6-39）的结果如下：

$$2\delta_{nm} = \oiint_S (\boldsymbol{E}_m \times \boldsymbol{H}_n^* + \boldsymbol{E}_n^* \times \boldsymbol{H}_m) \mathrm{d}S \tag{6-40}$$

在远场范围内,特征场以向外行波的形式出现:

$$\boldsymbol{E} = \eta \boldsymbol{H} \times \hat{\boldsymbol{k}} \tag{6-41}$$

式中:$\hat{\boldsymbol{k}}$ 为波传播方向上的单位向量。利用式（6-41）中 $\boldsymbol{E}$ 和 $\boldsymbol{H}$ 的关系,式（6-38）可进一步化为电场和磁场的两个方程:

$$\frac{1}{\eta} \oiint_S \boldsymbol{E}_m \cdot \boldsymbol{E}_n^* \mathrm{d}S = \delta_{nm} \tag{6-42}$$

$$\eta \oiint_S \boldsymbol{H}_m \cdot \boldsymbol{H}_n^* \mathrm{d}S = \delta_{nm} \tag{6-43}$$

上述两个方程均表明,特征电场在远场区域形成了正交集合。与此同时,特征场亦呈现出与特征电流相类似的两种正交性形式:一种是极化方式的正交性,另一种则是场强大小的正交性。

4) 特征值的物理解释

特征值 λ_n 是由广义特征值方程直接解出的一个量,其物理解释为,在辐射或散射问题中的总存储场能量与特征值的大小成正比。将式（6-41）应用于特征场可得

$$\oiint_S \boldsymbol{E}_m \times \boldsymbol{H}_n^* \mathrm{d}S = \oiint_S \boldsymbol{E}_n^* \times \boldsymbol{H}_m \mathrm{d}S \tag{6-44}$$

式（6-38）减去式（6-39）,再由式（6-44）可得

$$\omega \iiint_V (\mu \boldsymbol{H}_n^* \cdot \boldsymbol{H}_m - \varepsilon \boldsymbol{E}_n^* \cdot \boldsymbol{E}_m) \mathrm{d}V = \lambda_n \delta_{nm} \tag{6-45}$$

令 $m=n$,当 $\lambda_n = 0$,$\iiint_V \mu \boldsymbol{H}_n^* \cdot \boldsymbol{H}_m \mathrm{d}V = \iiint_V \varepsilon \boldsymbol{E}_n^* \cdot \boldsymbol{E}_m \mathrm{d}V$,它对应于共振的情况,相关的模式称为共振模式;当 $\lambda_n > 0$,$\iiint_V \mu \boldsymbol{H}_n^* \cdot \boldsymbol{H}_m \mathrm{d}V > \iiint_V \varepsilon \boldsymbol{E}_n^* \cdot \boldsymbol{E}_m \mathrm{d}V$,场能量以磁能为主,相关的模式称为电感模式;当 $\lambda_n < 0$,$\iiint_V \mu \boldsymbol{H}_n^* \cdot \boldsymbol{H}_m \mathrm{d}V < \iiint_V \varepsilon \boldsymbol{E}_n^* \cdot \boldsymbol{E}_m \mathrm{d}V$,场能量以电能为主,相关的模式称为电容模式。

5) 模式显著性（MS）的物理解释

特征模是正交模的完整集合,换句话说,PEC 上的感应电流可以视作特征电流的叠加:

$$\boldsymbol{J} = \sum_n a_n \boldsymbol{J}_n \tag{6-46}$$

感应电流产生的电场与磁场同理:

$$\boldsymbol{E} = \sum_n a_n \boldsymbol{E}_n \tag{6-47}$$

$$\boldsymbol{H} = \sum_n a_n \boldsymbol{H}_n \tag{6-48}$$

其中,a_n 为各模态的复加权系数。

将式（6-46）代入式（6-24）并用阻抗算子 $Z(\cdot)$ 表示,有

$$\sum_n a_n Z(\boldsymbol{J}_n) = \boldsymbol{E}_{\tan}^i(\boldsymbol{r}) \tag{6-49}$$

取式（6-49）与特征电流 $\boldsymbol{J}_m$ 的内积,并用阻抗矩阵 $\boldsymbol{Z}$ 表示可得

$$\sum_n a_n \langle \boldsymbol{Z} \boldsymbol{J}_n, \boldsymbol{J}_m \rangle = \langle \boldsymbol{E}_{\tan}^i(\boldsymbol{r}), \boldsymbol{J}_n \rangle \tag{6-50}$$

由于特征电流的正交性，左项中各元素仅当 $m=n$ 时不为零，有

$$a_n(1+\mathrm{j}\lambda_n) = \langle \boldsymbol{E}_{\tan}^i(\boldsymbol{r}), \boldsymbol{J}_n \rangle \tag{6-51}$$

可得

$$a_n = \frac{\langle \boldsymbol{E}_{\tan}^i(\boldsymbol{r}), \boldsymbol{J}_n \rangle}{(1+\mathrm{j}\lambda_n)} \tag{6-52}$$

称为模态加权系数（MWC）。其中，内积 $\langle \boldsymbol{E}_{\tan}^i(\boldsymbol{r}), \boldsymbol{J}_n \rangle$ 称为模态激励系数（MEC），模式显著性定义为

$$\mathrm{MS} = \left| \frac{1}{1+\mathrm{j}\lambda_n} \right| \tag{6-53}$$

可见，模态激励系数作为衡量外部激励与特征电流之间耦合关系的关键参数，其值受激励源的位置、幅度、相位及极化方式等多种因素影响。

模式显著性作为每个模态固有的内在属性，其值并不受外部激励源的影响。该属性实质上揭示了特征模与外部激励之间的耦合效能，从而衡量了各模式对整体结构辐射的潜在贡献程度。MS 值越大，对应的模式可以被激发的程度就越高。MS 为 1 对应于最大效率谐振和辐射的模式，MS≈0 对应于几乎不谐振或辐射的模式。

此外，在没有特定馈电结构的情况下，可借助模式显著性这一参数来计算每个特征模的带宽。基于模态显著性，进一步定义半功率带宽，即特征模在辐射功率下降到其最大值一半时所对应的频率范围：

$$\mathrm{BW} = \frac{f_\mathrm{H} - f_\mathrm{L}}{f_\mathrm{res}} \tag{6-54}$$

其中，f_res、f_H 和 f_L 分别为谐振频率、上频带频率和下频带频率。这三个频率可以由 MS 值来确定：

$$\mathrm{MS}(f_\mathrm{res}) = 1 \tag{6-55}$$

$$\mathrm{MS}(f_\mathrm{H}) = \mathrm{MS}(f_\mathrm{L}) = \left| \frac{1}{1+\mathrm{j}\lambda_n} \right| = \frac{1}{\sqrt{2}} \tag{6-56}$$

模式显著性也用于识别显著模态和非显著模态。MS $\geq 1/\sqrt{2}$ 的特征模式称为显著模式，而 MS $< 1/\sqrt{2}$ 的特征模式称为非显著模式。

2. 设计框架

在利用超表面结构的多模式特性进行天线设计的思路上，根据是否利用天线结构的改动对工作模式进行控制可以将该技术路线分为两类：一类是模式直用型，即对具有符合设计预期的特征模的超表面，不针对某种模式进行结构上的改动，直接对其特征模进行激发以满足预期设计指标；另一类是模式控制型，通过对超表面结构进行有目的的微小改动，在对其他模式的影响尽可能低的前提下，达到对某一模式进行频移、抑制的效果。

1）模式直用型

某些超表面结构本身即具备多个符合设计预期、有相似辐射特征的模式，可以直接激发以拓展带宽。通过特征模分析获得模态信息后只需使用适当的馈源激发相应模式即可。

如图 6-60 所示，文献［38］介绍了一种多模式工作的宽带超表面天线。超表面的四种模式均具备垂射方向图，且极化方式相同，虽然高次模的方向图出现旁瓣，主辐射方向上增益降低，但仍处于可接受的增益波动范围。因此，使用合适的馈源同时激发这四种模式后可以直接获得宽带工作的超表面天线。文章提出的天线实现了对 $|S_{11}| \leqslant -10\,\text{dB}$ 的 16%（26.1~30.7 GHz）阻抗带宽，峰值增益高达 10.1 dBi，3 dB 增益带宽为 22%（24.4~30.5 GHz）。

图 6-60　四共振宽带超表面天线

图 6-61 中的天线是典型的模式直用型超表面宽带天线。两种模式都是垂射模式，虽然模态 J_6 对应的模式有旁瓣，但主辐射方向的增益波动小于 3 dB。因此，直接激发 J_6 以展宽频带。文献［39］中所提天线工作中心频率 5.1 GHz，J_1 和 J_6 两种模式协同偶极子模式达成 45% 的带宽。文献［40］提出了一种用同轴探针激发贴片上的缝隙产生磁流源，通过缝隙耦合激发超表面的特征模。

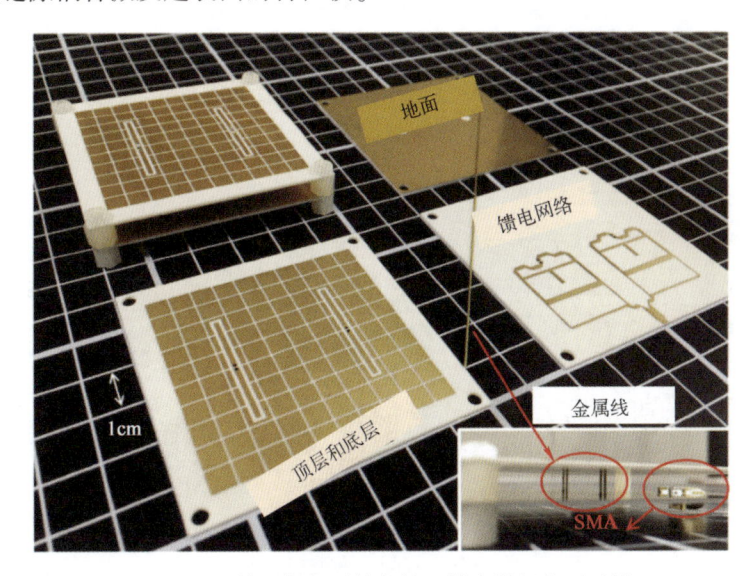

图 6-61　共面偶极子馈电的三模宽带超表面天线

在某些特殊的应用场景中，高次模畸变的方向图可以刚好满足需求，此时可以激发这些模式以满足需求。如图 6-62 所示，超表面由 4×4 的矩形贴片组成，通过调整外围的贴片大小使得具有全向辐射特性的特征模的模态电流在频率小于 10 GHz 时集中于中心贴片上，使得可以用单一的中心同轴馈电馈源在较宽的频带上较好地激发具有全向辐射特性的模式，获得了水平全向辐射的方向图，且该超表面天线的带宽达到了64.2%。文献[42]利用交指型金属带耦合激发超表面的5个模式，获得了宽带平面端射方向图。

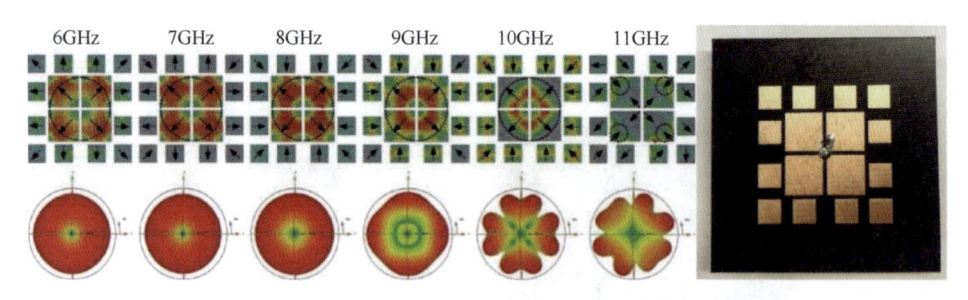

图 6-62 宽带全向辐射超表面天线

2) 模式控制型

在利用特征模分析法设计超表面天线时，尽管高次模的畸变方向图在特定场合中可能具有应用价值，但普遍情况下，这种畸变对天线性能是有害的。带内畸变的方向图可能导致主辐射方向能量衰减，影响增益平坦度等关键指标，因此需采取措施抑制或将其频移至带外。运用特征模分析法能识别高次模方向图畸变的成因，并据此在贴片上实施相应处理以优化方向图，例如调整贴片尺寸、贴片分割、使用异形贴片、蚀刻缝隙、切角、短路梢钉、贴片镂空等。

如图 6-63 所示，文献[43]通过将四个角的贴片进行缩小和分割将模式 J_9 的旁瓣减小，使得模式 J_9 基本具备垂射方向图，因而降低了高频段方向图的旁瓣。由于边缘贴片尺寸的缩放会对所需要的模式产生几乎一致的影响，为了在更宽的频带上均能激发出合适的模式，将边缘的矩形贴片更改为 Maltese 十字架形的贴片并且随着贴片的角槽向贴片中心的延伸，模式的谐振频率逐渐向低频移动，而其他模式的谐振频率不受影响。

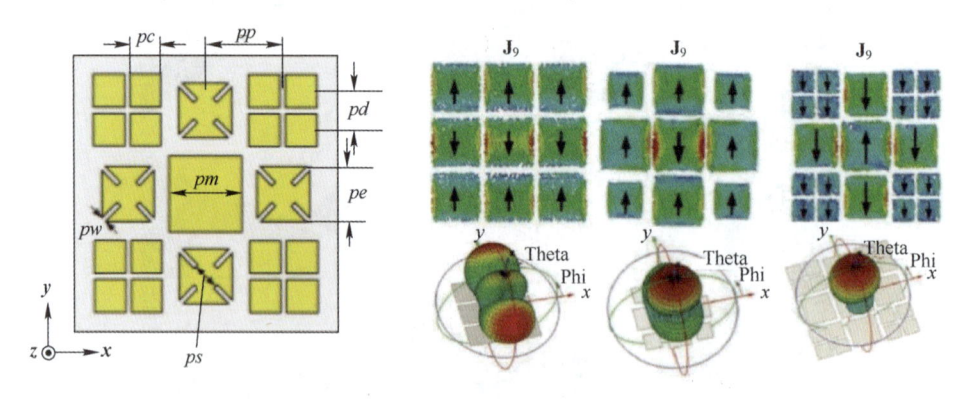

图 6-63 双频毫米波超表面

文献[47]针对相邻两行贴片极化电流反向导致的方向图存在旁瓣的问题，将极化电流最强的中心贴片镂空，减弱极化电流强度来达到抑制旁瓣的效果。如图 6-64 所示，由于各贴片镂空大小并不一致，破坏了贴片的周期性排列的结构，高频阻抗匹配得到改善，实现了54%的带宽（中心频率5.5 GHz）。

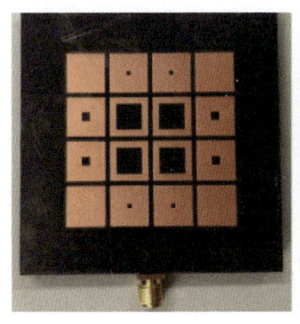

图6-64 非周期方环宽带多共振超表面

总体而言，模式直用型超表面设计在很大程度上依赖于特征模式分析，其目的是通过同时发现和激发多种模式来拓宽带宽并形成特定的方向图。另外，基于模式操纵的超表面通过根据特征模式分析结果识别和调整不需要的模式，并通过改变电流路径或扰动主极化电流来减少其带内贡献，从而优化超表面的性能。这两种技术路线构成了目前指导超表面天线设计的特征模理论的主要框架。

在超表面天线设计中，选择合适的馈源以有效激励期望的模式至关重要。这涉及对无激励超表面结构进行特征模分析，并从中选择一种或多种模式进行激励。如表6-1所示，常见的馈电方式包括同轴探针接触馈电、偶极子馈电、缝隙耦合以及基片集成波导（SIW）馈电等。这些馈电方式主要利用馈源的近场耦合来激励超表面的特定模式，其中同轴馈电虽为直接接触式，但仍需通过探针与贴片的耦合场来激励其他辐射结构。在超表面天线设计中，需要根据具体应用场景和性能要求，权衡各种馈电方式的优缺点，选择最合适的馈源来实现期望的模式激励。

表6-1 常见馈电方式对比

同轴探针接触馈电	馈电结构简单，降低了设计难度；市售产品丰富，可覆盖多个频段，为前期仿真工作提供了极大的便利。 但天线带宽相对受限	文献 [48-49]
偶极子馈电	会在频带内引入一个偶极子模式，从而展宽频带	文献 [39, 45, 50-52]
缝隙耦合馈电	可实现多样化的极化方式，也可在频带内引入新的谐振频率，从而有效拓宽天线的工作频带。 由于地板存在不完整性，部分能量会通过缝隙向天线背面辐射，导致具有较大的后向辐射特性	文献 [53-66]
基片集成波导馈电	低损耗、低辐射、易于集成。 但增加了天线的加工复杂性和成本，设计难度也相对较大	文献 [43, 58-60]
其他馈电	如共面波导（CPW），结构简单，馈电结构可以通过对地平面进行蚀刻完成，不需要额外的结构支持，可以设计得非常紧凑，利于保持超表面天线的低剖面特性	文献 [61-65]

综上所述，不同的馈电方式各有其优劣，但馈源的加入常会引入处于带内的新模式，或是引起带内超表面模式的变化，这种变化并不一定有利于天线的电磁性能，在设计超表面天线时应当考虑这一问题。各类基于特征模理论设计的超表面天线的馈电结构均依据是否能有效激励预期的超表面模式来选择。各馈电方式对不同极化电流的激励有

效程度并不相同，如单点接触馈电会以馈电点为中心激发出发散状的电场，而矩形缝隙则会激发出与缝隙平行的电场。对于同样的超表面，不同的馈电方式会因激励电场的特性不同导致对同样的模式激发程度不同，从而使天线呈现出不同的整体电磁性能。因此，在超表面天线的设计过程中，必须充分考虑特征模理论的指导作用，以选择出最优的馈电结构。

3. 具体实例

文献 [46] 通过对贴片进行切角操作实现了高阶模的频移，减轻了高阶畸变方向图对带内天线性能的影响，其设计的超表面单元结构如图 6-65 所示，由四个部分组成：印在基板 1 上的超表面、印在基板 2 底部的接地平面、印在基板 3 底部的馈电网络以及由馈电条和探针组成的四个 L 形探针。探针穿过接地平面上直径为 D_3 的四个通孔，焊接到馈电网络的输出端口。基板 1、基板 2 和基板 3 的厚度分别为 1 mm、2 mm 和 0.5 mm。馈电网络由一个改进型 180° rat-race 耦合器和两个威尔金森功率分配器组成。改进型 rat-race 耦合器的带宽通过级联两段传统 rat-race 耦合器而大大提高，其带宽是传统环形耦合器的 3 倍。当 P_1 得到馈电，P_2 得到匹配时，$P_3 \sim P_6$ 上会产生幅度和相位相等的信号。当 P_2 馈电，P_1 匹配时，$P_3 \sim P_6$ 上分别产生相位为 0°、0°、180° 和 180° 的等幅信号。

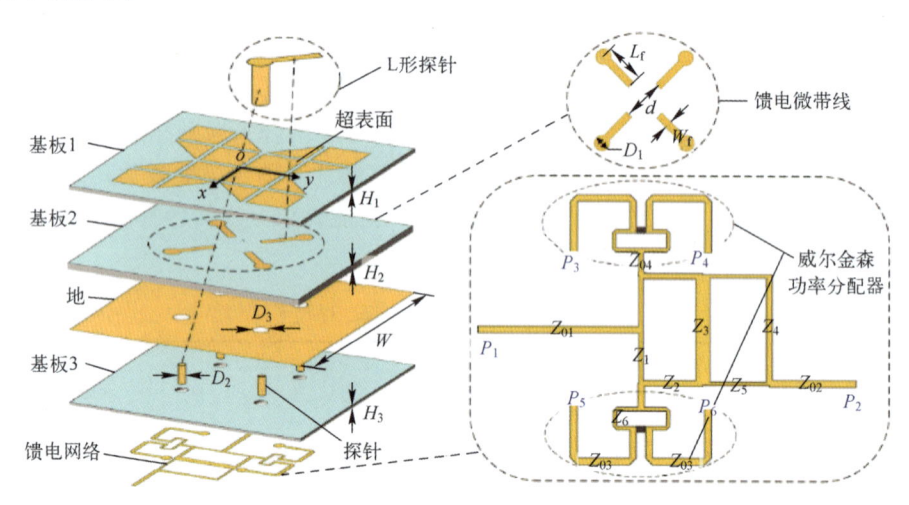

图 6-65 文献 [51] 设计的天线单元

通过分析超表面上的模态电流分布，确定四个 L 形馈电探针的最佳位置、方向和相对相位，以激发模式 J_2 和模式 J_3 两种模式。但馈电结构引入的带内高阶模（HOM）会恶化辐射模式；如模式 J_{10} 的主要极化电流的极化方式与模式 J_2 一致，模式 J_2 激发的同时模式 J_{10} 也会被激发，从而导致天线方向图发生畸变产生旁瓣。如图 6-66 所示，而模式 J_2 的模态电流主要集中在中心贴片上，模式 J_{10} 的电流则主要集中在边缘贴片上。因此对贴片进行切角后，由于模式 J_{10} 的主极化电流的电流路径变短，对应模式向高频偏移，模式 J_2 的主极化电流不受影响，模式 J_3 的极化电流与切角方向一致，因而两种模式仍保持原特性，从而抑制了模式 J_{10} 的带内影响，并改善辐射模式。

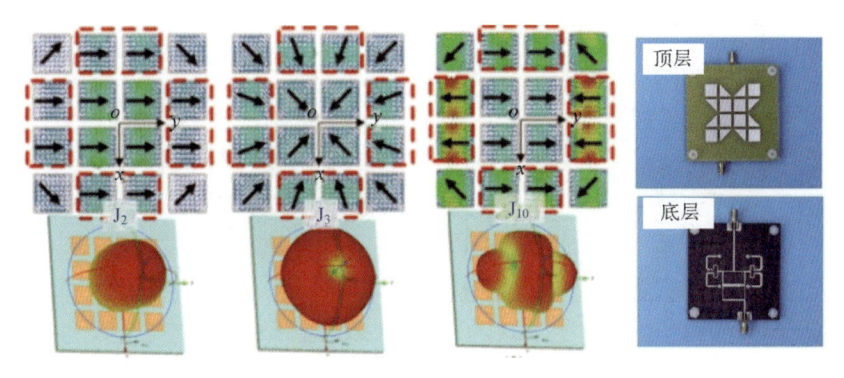

图 6-66 宽带低剖面模式分集超表面

二、超表面隐身天线设计

天线散射主要包括天线模式项散射和结构模式项散射两类，而隐身天线（散射缩减）的研究主要聚焦于降低天线结构模式项散射。在隐身领域，传统的做法是通过外形技术来实现天线的 RCS 缩减。但这种方法存在两个明显的不足：一是它可能干扰辐射结构上电流的正常流动，导致天线增益和方向图等辐射性能下降；二是传统外形技术往往只能实现窄带 RCS 缩减，难以适应现代探测雷达宽带化甚至超宽带化的发展趋势。随着超表面技术的不断发展，基于无源对消和吸波原理的电磁超表面在天线隐身设计中展现出巨大的应用潜力，为降低天线散射、优化辐射性能提供了新的解决途径。

1. 基于对消原理的频率选择表面天线罩

无源对消方法是超表面实现散射缩减众多方法中非常重要的一种，依赖于不同单元间的独特结构差异及子阵间的交错布局，使超表面各区域反射场实现幅度一致、相位相反的特性，从而在特定的角度范围和频带内达成无源对消。在 RCS 缩减中具有两大典型应用场景：一是针对天线阵列单元的物理形态进行专项设计，不涉及任何附加结构的引入，包括电磁超表面的置放或与阵列同平面的电磁周期结构的增加，此时，阵列通过两种不同类型的单元周期性排列形成子阵，进而以棋盘式布局实现无源对消；二是通过在天线阵列上方或同平面引入具备无源对消功能的电磁超表面，使该超表面与天线阵列构成的一体化结构展现出宽带 RCS 缩减特性。

无源对消原理的散射缩减方法在隐身技术中占据重要地位，以人工磁导体（Artificial Magnetic Conductors，AMC）为代表的对消表面是研究与设计的关键领域。经典的 AMC 对消表面由 PEC 单元和 AMC 单元构成，它们分别展现出对入射平面波的反相反射与同相反射特性，然而，这种结构受限于较窄的带宽。为了拓宽带宽，研究者采用宽带 AMC 单元替代 PEC 单元，通过对两种 AMC 单元进行宽带化和多谐振设计，实现了对消结构的超宽带散射缩减效果。图 6-67 展示了双 AMC 单元棋盘型无源对消表面的结构示意图，现通过对其进行分析展示无源对消方法的基本工作原理。

根据 Floquet 定理，可将包含有限多个 AMC 单元的子阵的反射特性视为与无限大表面相同，在不考虑有限大子阵边界影响的情况下，可以利用阵列天线辐射场的计算方法对 AMC 表面的散射缩减原理进行分析。

(a) 结构示意图　　　　(b) 三维散射效果

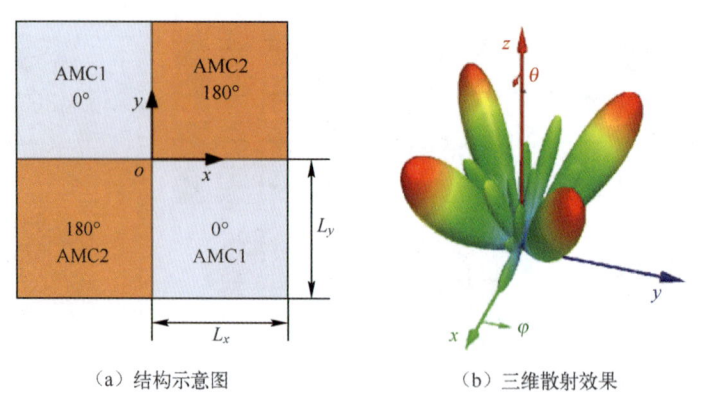

图 6-67　棋盘型无源对消表面

此处假设子阵长 L_x 和宽 L_y 相等，当平面波入射到两种 AMC 子阵上时，两者产生的辐射场可分别用式（6-57）和（6-58）来表示：

$$\boldsymbol{E}_{\text{AMC1}} = A_1 \cdot e^{j\varphi_1} \tag{6-57}$$

$$\boldsymbol{E}_{\text{AMC2}} = A_2 \cdot e^{j\varphi_2} \tag{6-58}$$

其中，A_1 和 A_2 分别表示 AMC1 和 AMC2 两种子阵的电场幅度，φ_1 和 φ_2 表示反射相位。由于人工磁导体具有全反射特性，此处假设 $A_1 = A_2 = A$，因此 AMC 棋盘型结构的总反射电场可以通过式（6-58）计算得到：

$$\boldsymbol{E} = \boldsymbol{E}_{\text{AMC1}} \cdot AF_1 + \boldsymbol{E}_{\text{AMC2}} \cdot AF_2 \tag{6-59}$$

其中，AF_1 和 AF_2 表示两种子阵的阵因子，可以分别用式（6-60）和（6-61）来表示：

$$AF_1 = e^{j(k_x + k_y)d/2} + e^{-j(k_x + k_y)d/2} \tag{6-60}$$

$$AF_2 = e^{j(k_x - k_y)d/2} + e^{-j(k_x - k_y)d/2} \tag{6-61}$$

其中，$k_x = k\sin\theta\cos\varphi$，$k_y = k\sin\theta\sin\varphi$，$k = 2\pi/\lambda$，$d$ 为两个子阵之间的距离。当电磁波垂直入射时，即 $\theta = 0°$，此时 $AF_1 = AF_2 = 2$，式（6-59）可表示为

$$\boldsymbol{E} = 2A(e^{j\varphi_1} + e^{j\varphi_2}) \tag{6-62}$$

假设各子阵在等幅同相时的反射场为 $\boldsymbol{E}_0$，则有

$$\boldsymbol{E}_0 = 4A \cdot e^{j\varphi_1} \tag{6-63}$$

若使棋盘型无源对消表面在法向上的反射能量比子阵等幅同相低 10 dB 以上，则

$$\frac{|\boldsymbol{E}|^2}{|\boldsymbol{E}_0|^2} \leqslant -10\,\text{dB} \tag{6-64}$$

将式（6-62）和式（6-63）代入式（6-64）中进行计算，可以得到

$$|e^{j\varphi_1} + e^{j\varphi_2}|^2 = 2 + 2\cos(\varphi_1 - \varphi_2) \leqslant 0.4 \tag{6-65}$$

最终得到 AMC1 和 AMC2 两种子阵的相位差区间，用式（6-66）来表述：

$$143° \leqslant |\varphi_1 - \varphi_2| \leqslant 217° \tag{6-66}$$

式（6-66）显示的两种 AMC 子阵间的相位差即为可实现正入射情形 10 dB 单站 RCS 缩减的有效相位差。通过使用两种不同的 AMC 单元，可以有效拓展棋盘型 AMC 表面的单站 RCS 缩减带宽。

根据阵列天线分析方法可知，棋盘型 AMC 表面在 xoz 和 yoz 两个平面上的散射能量相互抵消，能量转移到对角线方向上，即对消表面的三维散射方向图虽不存在法向上的

散射主波瓣，但在其他角域出现了多个峰值较低的散射波瓣，图 6-67（b）展示了三维散射效果示意图。事实上，若使用更多种工作在不同频带的 AMC 单元并对由其所组成的有限大子阵的排列方式进行综合，可得到更多散射波瓣，实现更好的双站 RCS 缩减效果。

另外，若忽略子阵边界影响并假设子阵具有均匀场分布，且考虑到一般情况下 L_x 和 L_y 相等（均等于 L），则对于正入射平面波照射下的单个子阵，可利用口径场公式计算出其散射场，式（6-67）和式（6-68）分别给出了 θ 和 φ 两个电场分量的表达式：

$$\boldsymbol{E}_\theta = AE_0L^2\sin\varphi(1+\cos\theta)\frac{\sin\left(\dfrac{kL\sin\theta\cos\varphi}{2}\right)}{\dfrac{kL\sin\theta\cos\varphi}{2}}\frac{\sin\left(\dfrac{kL\sin\theta\sin\varphi}{2}\right)}{\dfrac{kL\sin\theta\sin\varphi}{2}} \quad (6\text{-}67)$$

$$\boldsymbol{E}_\varphi = AE_0L^2\cos\varphi(1+\cos\theta)\frac{\sin\left(\dfrac{kL\sin\theta\cos\varphi}{2}\right)}{\dfrac{kL\sin\theta\cos\varphi}{2}}\frac{\sin\left(\dfrac{kL\sin\theta\sin\varphi}{2}\right)}{\dfrac{kL\sin\theta\sin\varphi}{2}} \quad (6\text{-}68)$$

其中，$A = \mathrm{j}\mathrm{e}^{-\mathrm{j}kr}/2\lambda r$，通过对所有子阵的散射电场进行叠加即可近似获得完整阵列表面的散射性能，此方法为一种近似估算方法。

无源对消表面为后续数字编码超表面的发展奠定了坚实的基础。2007 年，Maurice Paquay 等人通过交替排列 AMC 和 PEC 结构，实现了棋盘型 AMC 表面。为拓展 AMC 表面的散射缩减带宽，研究者通过组合使用及优化单元布局来增强性能。2017 年，Yunjun Zheng 等人成功研制出具有超宽带散射缩减特性的 AMC 表面，如图 6-68 所示，通过采用三种新型宽带 AMC 单元和三角栅格布局，实现了 10 dB 单站 RCS 缩减带宽高达 101.6% 的突破。Fereshteh Samadi 等人在 2021 年提出了对大角度斜入射电磁波仍具有宽带单站 RCS 缩减功能的 AMC 表面，进一步拓宽了无源对消的应用范围。目前，基于阵列综合思想的数字编码 AMC 表面在超宽带大幅度 RCS 缩减方面表现优异，其特点

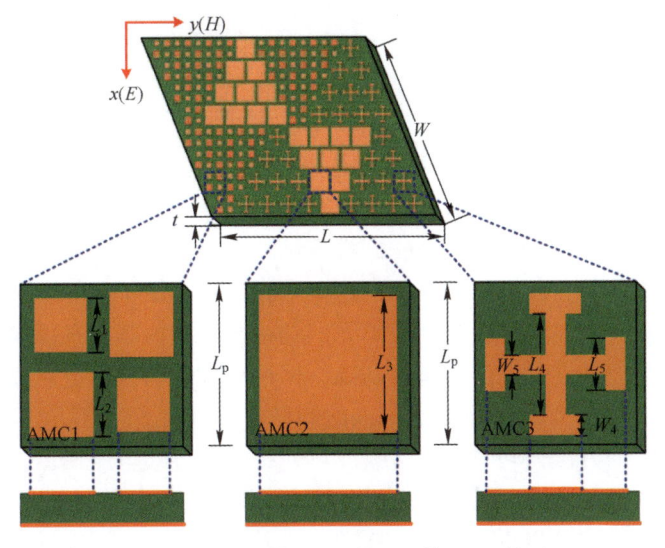

图 6-68 超宽带 AMC 表面及其 AMC 单元

是在实现散射缩减时几乎不产生损耗，同时保持良好的透波特性，以在降低天线宽带 RCS 的同时最小化增益损失。从原理上看，充当天线上覆层且具有透波特性的 AMC 表面是一种新型天线罩，其透波特性的实现依赖于带通频率选择表面（FSS）作为金属地板的设计。

频率选择表面是一种周期性排列的超表面单元结构，其散射特性随入射波参数的变化而表现出频率选择效果。频率选择表面与微波滤波器在频率响应特性上存在差异。FSS 的特性不仅受到其固有结构参数的影响，还受到诸如入射电磁波频率、极化状态、入射角度以及介质加载等多种因素的调控。FSS 的研究重点在于实现带内宽带高效传输及带外宽带抑制。为了实现更高阶的频率响应，多层贴片和介质级联技术被广泛应用。例如，Ma Yuhong 等人提出的如图 6-69 所示的混合 FSS 结构，通过结合两种不同带通 FSS 单元和多层结构，实现了 -1.5 dB 通带频率范围达 13.2~19 GHz 的宽带高效传输。而在带外宽带抑制方面，FSS 单元的小型化设计是关键，以避免天线罩散射栅瓣的出现，并推动 FSS 的高次模式至更高频率，从而实现带外的宽带抑制效果。因此，为实现天线与天线罩集成结构的宽带辐射及超宽带散射缩减特性，需对具有超宽带特性的 AMC 单元与兼具带内宽带高效传输和带外宽带抑制特性的带通 FSS 单元进行一体化研究与优化。

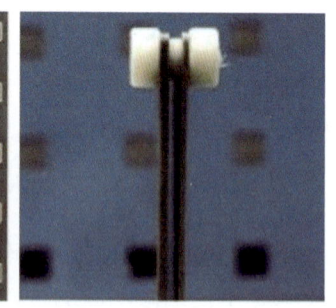

图 6-69 宽带高效传输 FSS

2. 基于吸波原理的频率选择表面天线罩

基于电磁吸波原理的超表面作为结构式吸波体表面，是传统吸波材料的创新演进。其独特之处在于利用周期性特殊金属结构产生电阻热损耗，从而实现对入射电磁波的高效吸收，展现出吸波带宽宽、结构剖面低等诸多优势。早期的结构式吸波体源于 Salisbury 等人提出的吸收屏，然而，此结构受限于单一频点的优良吸波性能，导致吸波带宽相对狭窄。随后，研究焦点逐渐转向提升结构式吸波体的工作带宽、降低剖面高度以及优化斜入射性能等方面。如图 6-70 所示，2010 年 Filippo Costa 等人利用特殊图案电阻表面实现了宽带吸波效果，其吸波单元的结构与经典的频率选择表面单元相似，为后续的 FSS 结构吸波体设计奠定了坚实基础，但这种设计引入的电阻膜存在加工难度大和成本高等问题。2013 年，Shen Zhongxiang 团队进一步创新，提出了在方形环金属结构上加载集总电阻的方法，同时建立了吸波单元结构的等效电路模型，从电路角度深入剖析了吸波原理及带宽特性。随后，Mei Peng 等人在 2016 年设计了电阻加载平面偶极式超宽带吸波体，其超过 90% 吸波率的相对带宽达到 105%，这为超宽带电阻加载吸波单元的设计提供了新的思路。

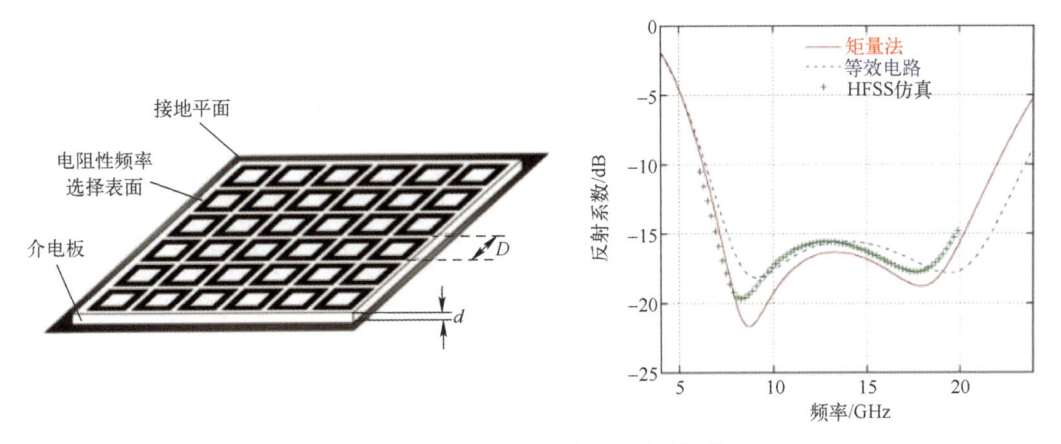

图 6-70 特殊图案电阻表面结构及性能

近年来，兼具带内透波和带外吸波功能的吸波频选（Absorbent Frequency Selective Surface，AFSS）天线罩备受瞩目。相较于传统 FSS 天线罩，AFSS 天线罩在缩减天线带外单双站 RCS 方面表现出色。

从结构上分析，AFSS 天线罩主要由吸波结构（也称阻抗表面）与带通 FSS 结构两大核心部分构成，如图 6-71 所示。从功能上分析，AFSS 天线罩在 FSS 通带内外呈现出截然不同的工作特性：在通带内，吸波结构产生的插入损耗较小，从而确保天线罩具有优越的透波性能；而在通带外，带通 FSS 则扮演吸波结构金属地板的角色，此时吸波结构能够实现对入射电磁波的宽带匹配吸收，进而实现天线罩对 RCS 的宽带大幅度缩减。为深入分析 AFSS 天线罩的反射与传输性能，通常借助等效电路理论进行研究。图 6-72 展示了天线罩的等效电路模型，其中吸波结构与带通 FSS 结构分别用串联 RLC 回路（电阻、电容和电感参数分别为 R、C_1 和 L_1）和并联 LC 回路（电容和电感参数分别为 C_2 和 L_2）来表征。两者通过特性阻抗为 Z_1、厚度为 h 的等效传输线（由中间层介质基板等效而来）串联连接。天线罩两侧的空气层则可等效为特性阻抗为 Z_0 的传输线。此外，图中所标示的 Z_{MA} 和 Z_{FSS} 分别代表吸波结构与带通 FSS 结构的等效阻抗，且两者均为复阻抗。

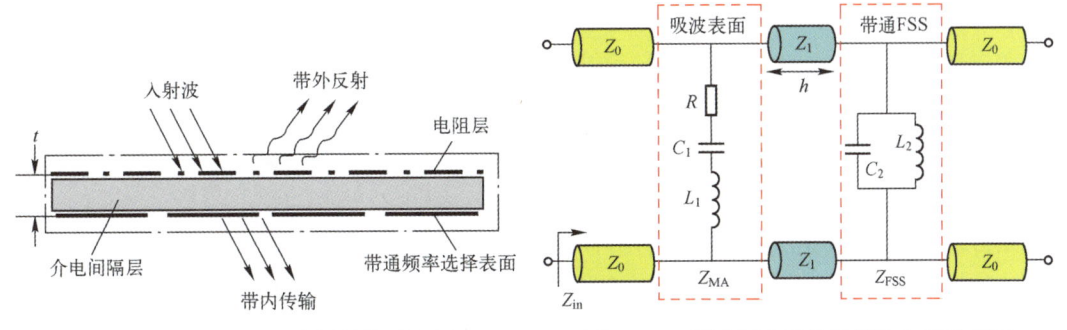

图 6-71 吸波频选天线罩结构示意图　　图 6-72 吸波频选天线罩等效电路示意图

反射和传输性能可以从传输矩阵中反映出来，由于 AFSS 天线罩可以等效为吸波层、中间介质层和带通 FSS 层的串联连接，因此其传输矩阵可由三种结构分别对应的三

种传输矩阵相乘得到。吸波结构的传输矩阵可以表示为

$$T_{MA} = \begin{bmatrix} 1-\dfrac{\overline{Y_{MA}}}{2} & \dfrac{\overline{Y_{MA}}}{2} \\ -\dfrac{\overline{Y_{MA}}}{2} & 1-\dfrac{\overline{Y_{MA}}}{2} \end{bmatrix} \tag{6-69}$$

其中，$\dfrac{\overline{Y_{MA}}}{2}$ 为吸波结构的等效导纳，可由下式计算得

$$\overline{Y_{MA}} = \dfrac{RC_1 + j\omega(L_1C_1 - 1)}{R^2C_1 + \omega^2(L_1C_1 - 1)} \cdot Z_0 \tag{6-70}$$

中间介质层的传输矩阵可以表示为

$$T_{sub} = \begin{bmatrix} e^{j\theta} & 0 \\ 0 & e^{j\theta} \end{bmatrix} \tag{6-71}$$

带通 FSS 结构的传输矩阵可以表示为

$$T_{FSS} = \begin{bmatrix} 1+\dfrac{\overline{Y_{FSS}}}{2} & \dfrac{\overline{Y_{FSS}}}{2} \\ -\dfrac{\overline{Y_{FSS}}}{2} & 1-\dfrac{\overline{Y_{FSS}}}{2} \end{bmatrix} \tag{6-72}$$

其中，$\overline{Y_{FSS}}$ 为带通 FSS 结构的等效导纳，可由下式计算得

$$\overline{Y_{FSS}} = j\left(\omega L_2 - \dfrac{1}{\omega C_2}\right) \cdot Z_0 \tag{6-73}$$

那么吸波频选天线罩的传输矩阵可表示为

$$T_{FSS} = T_{MA} \times T_{sub} \times T_{FSS} \tag{6-74}$$

当 AFSS 天线罩的工作频率与带通 FSS 的谐振中心频率相同时，带通 FSS 发生谐振，导纳 $\overline{Y_{FSS}}$ 约等于零，此时天线罩的传输矩阵可以表示为

$$T_{AFSS} = \begin{bmatrix} \left(1+\dfrac{\overline{Y_{MA}}}{2}\right)e^{j\theta} & \dfrac{\overline{Y_{MA}}}{2} \\ -\dfrac{\overline{Y_{MA}}}{2} & \left(1-\dfrac{\overline{Y_{MA}}}{2}\right)e^{j\theta} \end{bmatrix} \tag{6-75}$$

由 T 参数和 S 参数之间的对应关系，传输系数 S_{21} 可由下式计算得到

$$S_{21} = \dfrac{e^{-j\theta}}{1+\dfrac{\overline{Y_{MA}}}{2}} \tag{6-76}$$

已知传输系数 S_{21} 的大小与天线罩透射性能的好坏有关，为了最大限度地降低吸波结构造成的损耗，实现高效的信号传输，吸波结构的导纳值应尽可能小。考虑到吸波结构可以等效为 RLC 串联回路，当发生谐振时，其阻抗达到最小值而导纳达到最大值。特别地，当吸波结构与带通 FSS 结构的谐振频率相同且恰好等于天线罩的工作频率时，AFSS 天线罩的传输性能将达到最差状态。因此，为了确保天线罩具备优良的传输特性，需要通过合理的结构设计来尽可能地分离两者的谐振频率。

当 AFSS 天线罩的工作频率处于带通 FSS 的通带外（吸波带宽内）时，带通 FSS 结构具有近似全反射特性，此时天线罩的等效电路模型如图 6-73 所示。

电磁波入射波方向端口的反射系数 Γ 可由下式计算得到

$$\Gamma = \frac{Z_{in} - Z_0}{Z_{in} + Z_0} \quad (6-77)$$

其中，Z_{in} 为吸波表面的输入阻抗，可由式（6-78）计算得到

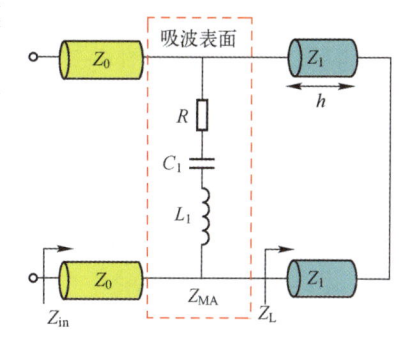

$$Z_{in} = \frac{Z_{MA} \cdot Z_L}{Z_{MA} + Z_L} \quad (6-78)$$

图 6-73 吸波等效电路

其中，Z_{MA} 和 Z_L 分别为吸波结构的等效阻抗和图 6-73 中标出的负载阻抗，两者可分别由式（6-79）和（6-80）计算得到

$$Z_{MA} = R + \frac{1}{j\omega C_1} + j\omega L_1 \quad (6-79)$$

$$Z_L = jZ_1 \tan(\beta h) \quad (6-80)$$

那么吸波表面输入阻抗 Z_{in} 可由式（6-81）算出：

$$Z_{in} = Z_1 \frac{[RC_1 + j\omega(L_1C_1 - 1)] \cdot jZ_1 \tan(\beta h)}{jZ_1 \tan(\beta h) + RC_1 + j\omega(L_1C_1 - 1)} \quad (6-81)$$

由式（6-81）可以看出，输入阻抗 Z_{in} 的大小与 R、C_1、L_1、h 和 ω 几个参数均有关。其中，R、C_1 和 L_1 主要由吸波表面的结构决定；h 和 ω 分别取决于介质基板的厚度和 AFSS 天线罩的工作频率。在天线罩工作频率确定的前提下，只有通过对吸波表面进行特殊的结构设计以及合理选取介质基板的厚度，才能实现吸波表面输入阻抗 Z_{in} 与自由空间波阻抗 Z_0 在宽带范围内的近似相等，进而使得吸波表面具有宽带大幅度吸波特性，相应地，AFSS 天线罩也将具有宽带大幅度散射缩减功能。

近年来，研究者通过集成宽带结构式吸波体与频选表面，不断推动 AFSS 天线罩性能的提升。例如，Chen Qiang 等人在 2017 年设计了一款高性能 AFSS 天线罩，通过引入并联 LC 结构，实现了吸波带宽为 3~9 GHz，同时通带中心频率处的插入损耗仅为 0.2 dB。如何在保持 AFSS 天线罩低插损透波特性的同时实现超宽带吸波特性，仍是当前研究的热点和难点。

3. 具体实例

文献 [83] 展示了宽带、超低雷达散射截面积（RCS）超表面设计，能够在很宽的倾斜入射角范围内工作，并设计了两种具有 180°±37° 反射相位差的人造磁导体（AMC）单元。穿孔的叠层被加在传统的基于金属贴片的 AMC 单元的顶部，使得倾斜入射稳定性高达 60°。此外，在正常入射下，它可实现 16.5~58 GHz 的宽工作频带范围。为了满足周期性条件，同时优化超表面的单元的类型和大小，实现了最大的 RCS 缩减，并具有非常均匀的散射模式。在正常入射率下，对于 -10 dB 归一化 RCS 降低，所建议的表面表现出 111.5% 的宽带。

首先，考虑在 PEC 接地的均匀介质基板顶部放置金属斑块。利用 Ansys HFSS 软件

设计了带有9个等距圆形贴片的"A"型和带有十字形贴片的"B"型两种类型的单元格,如图6-74所示。其次,在基于贴片的单元格顶部加载具有与衬底相同厚度和介电常数的平面介质层,如图6-75(b)所示。考虑到需要式(6-66)所述额外的反射相位差。改变介电常数对有效电容有很大的影响,而有效电容反过来又影响反射相位特性。因此在上覆层上开半径可变的孔,如图6-75(c)所示,改变每种单元格的有效介电常数,从而增加反射相位差。

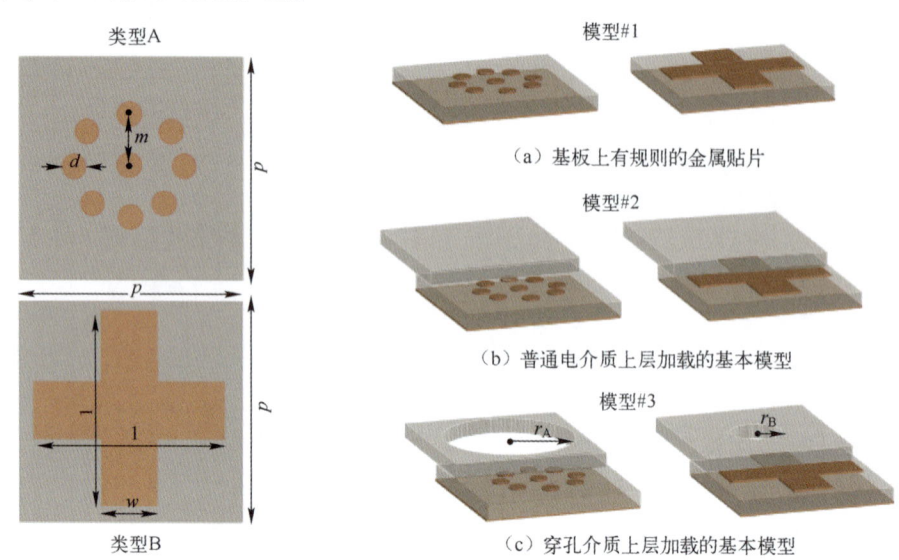

图 6-74 两种单元的几何构型

图 6-75 AMC 单元的设计步骤

$$\epsilon_{\text{eff}} = \epsilon_r \left(1 - \frac{r^2\pi}{p^2}\right) + \frac{r^2\pi}{p^2} \tag{6-82}$$

其中,r 为介电层上的孔半径,p 为图6-74所示的单元格的周期性。从图6-76(a)中可以看出,在正入射下,所提出的结构实现了16.5~58 GHz的非常宽的频率范围,带宽为111.5%。此外,利用 Ansys HFSS 仿真软件对 $\theta_i=0°\sim60°$ 的不同入射角进行斜入射角分析,如图6-76(b)所示。结果表明,穿孔的新结构具有相当宽的斜入射带宽,高达60°,并且具有更宽的斜入射稳定性和带宽。

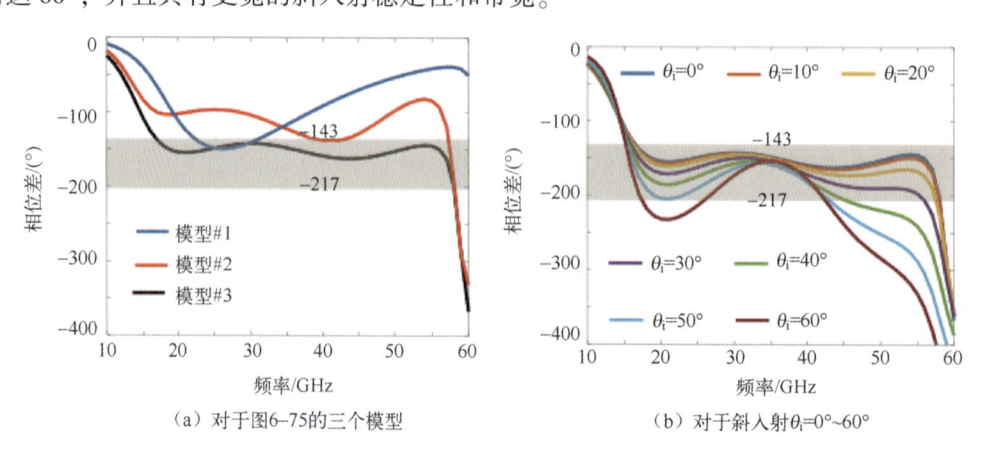

(a)对于图6-75的三个模型

(b)对于斜入射$\theta_i=0°\sim60°$

图 6-76 反射相位差随频率的变化

单元设计完成后，为了实现单元格的周期性边界条件，将预定义的固定 $m×m$ 个数的单元格以棋盘状、随机或编码的形式排列。文献［83］首次采用不同尺寸的单元优化编码排列，最大限度地降低 RCS，实现最均匀的散射模式。因此，将单元格的排列和大小作为优化过程的决策变量，其目标是在各个方向上寻求尽可能小的分散能量，通过群搜索优化（GSO）算法求解优化问题。为了验证所提出的布局、类型和尺寸优化（TSO）表面的改进性能，研究人员使用 CST Microwave Studio 软件进行了设计和仿真。为了比较，在 CST 中还设计并模拟了具有相同尺寸但只有类型优化（TO）的常规编码曲面。图 6-77 展示了 TSO 和 TO 表面的排列模式。TSO 和 TO 结构的归一化 RCS 减少结果如图 6-78 所示，TSO 结构的频带更宽，RCS 进一步降低。通过对双基地 RCS 散射结果的分析，验证了 TSO 表面相对于 TO 表面的优越性。

（a）所提议的TSO表面　　　　　（b）常规TO表面

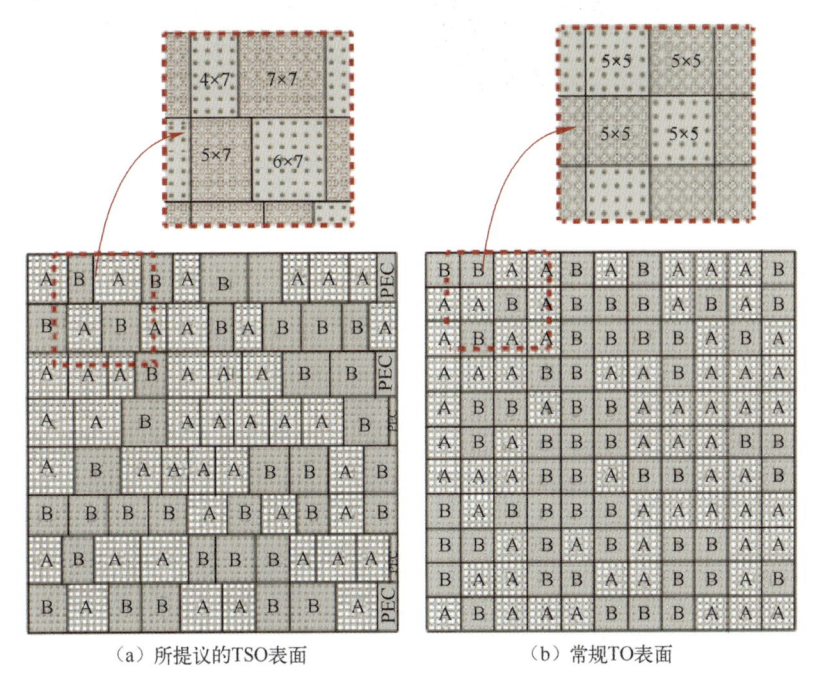

图 6-77　TSO 和 TO 结构均由 A 型和 B 型两层晶胞组成

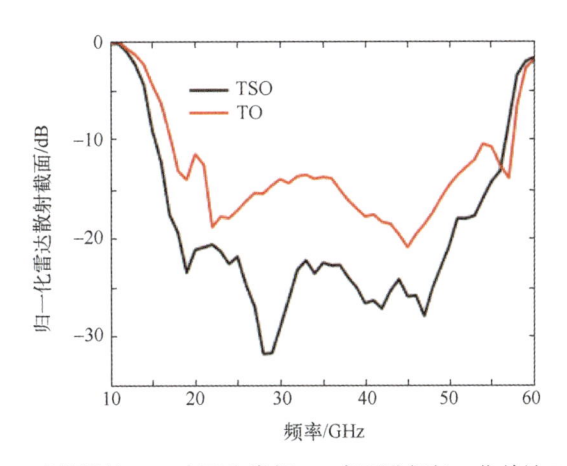

图 6-78　对提议的 TSO 表面和常规 TO 表面进行归一化单站 RCS 减少

图 6-79 展示实际加工超表面示意图。对其在正入射和斜入射下的性能进行了测试，模拟结果与实测结果吻合良好。

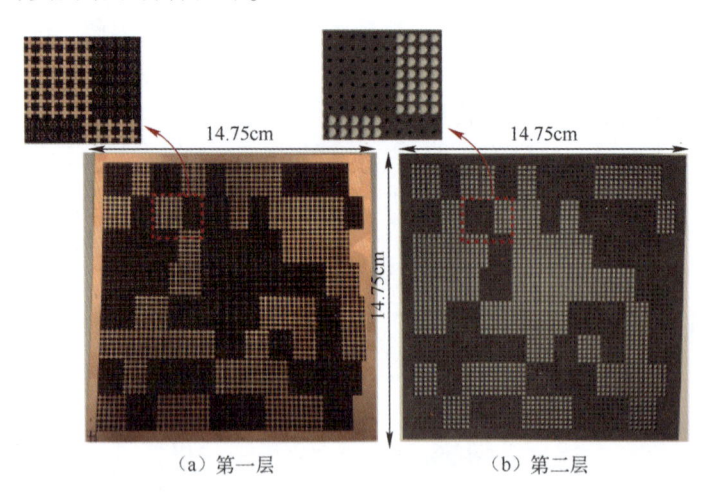

(a) 第一层　　(b) 第二层

图 6-79　对提议的 TSO 表面的制造原型

三、超表面高增益天线设计

具有高增益特性的天线辐射的无线电波束波瓣窄、信号强度高，因此在远距离无线网络传输中表现出色，能实现更精确的点对点目标信号传输通信，甚至能增强无线通信系统中的微弱信号。因此，它们也被称为高指向性天线和天线阵列。传统的高增益天线和天线阵列设计往往依赖于庞大的物理尺寸结构，这对收发系统的精度提出了很高的要求。近年来，超材料在高增益方面的应用备受关注。其中，近零折射率超材料和具有近零负介电常数的单一近零折射率超材料，凭借其独特的低折射率和负介电常数特性，可实现电磁波束的有效会聚，从而显著提高天线增益。此外，部分反射超表面利用其与地板形成的谐振腔，使入射电磁波在谐振腔中多次反射和叠加，从而实现增益增强。另外，基于相位补偿原理的传输阵列能够实现电磁波在指定方向上的波束聚焦，表现出显著的高增益特性。这种设计不仅避免了传统阵列天线复杂的馈电网络，而且为人工电磁超表面在实际应用中的创新应用开辟了一条新路。

1. 基于近零折射率超材料的高增益设计

近零折射率超材料单元主要包括电谐振单元和磁谐振单元两类，它们分别展现出近零折射率的特性。如图 6-80 所示，电谐振超材料单元具备介电常数近零的特性，因此被称为电谐振近零超材料单元。而如图 6-81 所示，磁谐振超材料单元则具有磁导率近零的特性，因此被归类为磁谐振近零超材料单元。这些单元的设计和应用为超材料领域的研究提供了新的视角和可能性。

基于近零折射率超材料单元不仅具有近零折射率特性，还兼具零相移特性，根据相移公式可得

$$\theta = n \cdot k \cdot d \tag{6-83}$$

式中：n 为折射率；k 为波数；d 为传播长度，当 $n=0$ 时对应的相移 $\theta=0$，即经过超材料出射的电磁波波前形状将由其界面形状所决定。图 6-82 描绘了近零折射率超材料实

现高增益的原理，无论电磁波以何种方向入射到近零折射率超材料的表面，经过超材料后，均实现几乎垂直于超材料出射界面的同相出射。这种特性使得电磁波能够实现波束会聚，进而提升天线的增益性能。

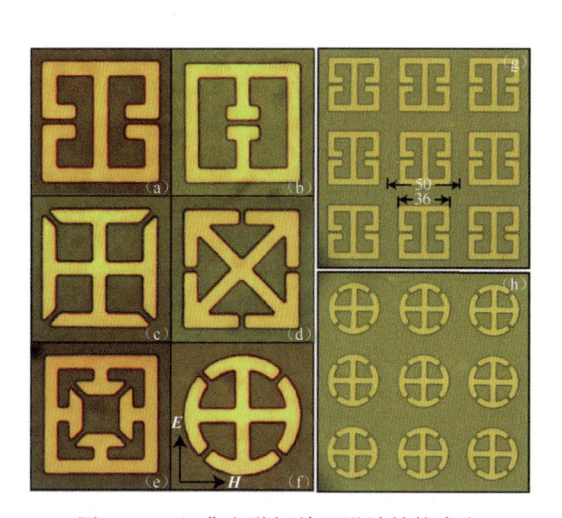

图 6-80　经典电谐振单元设计结构参考

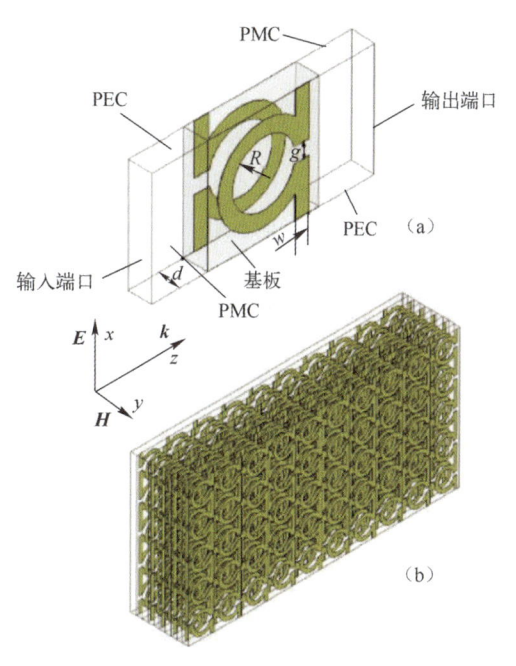

图 6-81　经典磁谐振单元设计结构参考

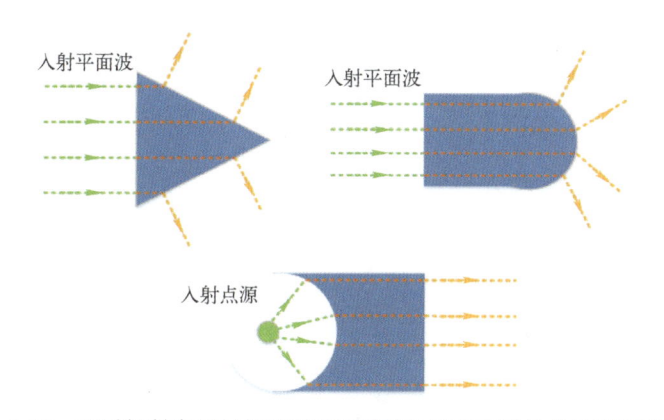

图 6-82　近零折射率超材料基于零相移特性实现高增益的原理示意图

2. 基于部分反射表面的高增益波束设计

部分反射表面因其出色的反射性能，能够作为覆层应用于天线设计中，从而构建出法布里-珀罗谐振腔（FPC）。在这个结构中，天线地板充当下层反射面的角色，与部分反射表面共同形成谐振腔体，如图 6-83 所示。理想的 FPC 结构通常由两个接近无限大且反射性能均匀的反射面构成。当电磁波自辐射源 O 点发出后，会在 FPC 内部经历多次反射过程，并最终通过上层反射面出射。这一过程中，透射波的电场强度实际上是由这些多次反射的电磁波相互叠加而成的，即

331

$$E = \sum_{n=0}^{\infty} f(\alpha) \cdot E_0 \cdot p^n \cdot \sqrt{1-p^2} \cdot e^{j\theta_n} \quad (6-84)$$

式中：

$$\theta_n = n \cdot \Phi = n \cdot \left(-\frac{4\pi}{\lambda} \cdot h \cdot \cos\alpha + \varphi_1 + \varphi_2 \right) \quad (6-85)$$

$f(\alpha)$ 为 α 角度入射的电磁波对应的场强方向函数；θ_n 为 O 点辐射的第 n 束光线相对于第 0 束光线的相位差；φ_1 为部分反射表面的反射系数；φ_2 为地平面的反射系数为，简化式（6-84）得

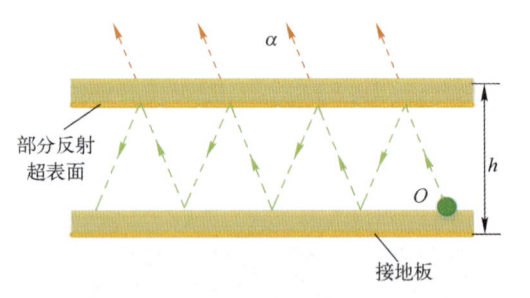

图 6-83 基于 FPC 提高增益原理示意图

$$|\bm{E}| = |E_0| \cdot f(\alpha) \cdot \sqrt{\frac{1-p^2}{1+p^2-2p \cdot \cos\Phi}} \quad (6-86)$$

α 角度的入射波对应的能量密度为

$$S = \frac{1-p^2}{1+p^2-2p \cdot \cos\left(\varphi_1+\varphi_2-\frac{4\pi}{\lambda} \cdot h \cdot \cos\alpha\right)} \cdot f^2(\alpha) \quad (6-87)$$

当 $\alpha=0°$ 时，式（6-87）为

$$S = \frac{1-p^2}{1+p^2-2p \cdot \cos\left(\varphi_1+\varphi_2-\frac{4\pi}{\lambda} \cdot h\right)} \cdot f^2(\alpha) \quad (6-88)$$

在满足以下谐振条件时对应的 α 角度处的腔体能量密度最大，可知：

$$h \cdot \cos\alpha = \frac{\varphi_1+\varphi_2}{4\pi} \cdot \lambda + \frac{\lambda}{2}\left(N-\frac{1}{2}\right), \quad N=0,1,2,\cdots \quad (6-89)$$

由式（6-89）可知，$\alpha=0°$，$\varphi_1=\varphi_2=\pi$，$N=0$ 时，$h=\lambda/2$。若保持 h 和 α 不变，则反射面的反射相位 φ_1 需与频率正相关；即，若要实现宽频带工作的高增益 FPC 天线，需要在保持反射面本身的高反射性系数的同时，反射面的反射相位 φ_1 随着频率的升高线性增加。

非均匀表面设计的核心理念是基于部分反射表面单元的反射相位补偿机制，其主要目的是对从馈源到各反射单元的传输相位差异进行补偿。在设计排布上，涵盖了不规则型均匀和相位补偿型非均匀等多种策略。图 6-84 清晰地展示了部分反射表面与辐射源共同构建了一个法布里-珀罗谐振腔的结构。当电磁波从馈源发

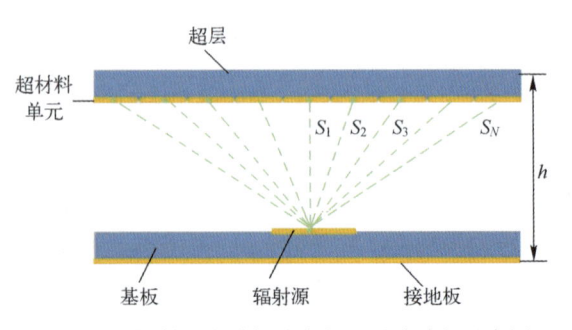

图 6-84 辐射源在谐振腔中的电磁波路径示意图

射并传输到各个部分反射表面单元时，由于传输路径的差异（例如 $S_1,S_2,\cdots,S_N$），会导致不同的传输相移。如果所有部分反射表面单元的反射相位保持一致，那么经过不同

路径并再次从部分反射表面出射的电磁波将无法做到完全同相。因此，可以通过调整各个部分反射表面单元的反射相位，来实现对透射波相位的精确调控，这样不仅能显著提高口径辐射效率，还能有效拓宽增益提升的带宽。

电磁带隙结构作为部分反射表面的一个重要分支，其反射和传输特性可通过缺陷模传输理论进行深入分析。这一理论的应用有助于预测电磁带隙结构作为天线覆层实现谐振高增益的效果。在缺陷模传输理论的分析中，主要包括两种模型：超表面谐振模型（SM）和缺陷腔模型（DCM）。超表面谐振模型主要用于解析电磁带隙结构单元的反射系数（图6-85）。通过精心调整结构参数，可以在指定的工作频率处实现高反射系数幅值，这对于提升天线增益至关重要。缺陷腔模型则通过镜像理论移除天线接地层，以更准确地分析电磁带隙结构单元的传输和反射特性。借助这一模型，能够预测天线的3 dB增益带宽，这对于评估天线在不同频率下的性能具有重要意义。通过综合运用超表面谐振模型和缺陷腔模型的分析方法，能够全面了解电磁带隙结构对天线性能的影响，并据此指导实际的天线设计工作。

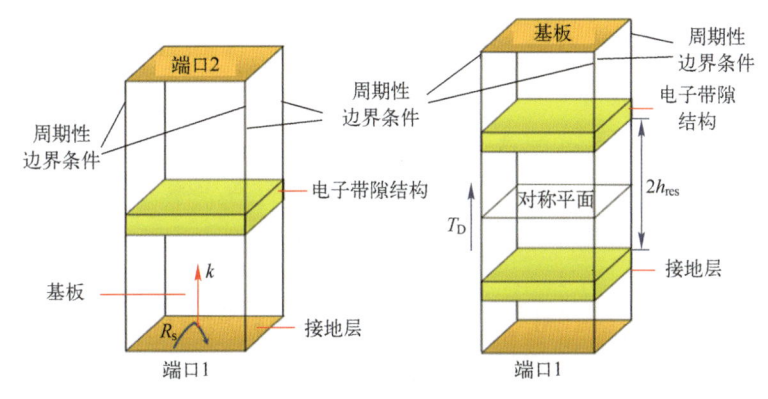

图6-85 缺陷模传输理论的两种模型

3. 基于传输阵的高增益波束设计

传输阵作为一种无源阵列结构，其单元与有源阵列天线的阵元在功能上呈现出一定的相似性。因此，可以借鉴有源阵列天线的相关理论，来深入分析和精准设计传输阵的表面电场相位分布。在有源阵列天线中，直线阵是一种基础且常见的阵元排列方式，其直观性和简洁性对于理解阵列天线的基本工作原理具有重要意义。具体来说，如图6-86所示，N元直线阵是由N个具有各向同性辐射特性的阵元按照均匀的间隔距离

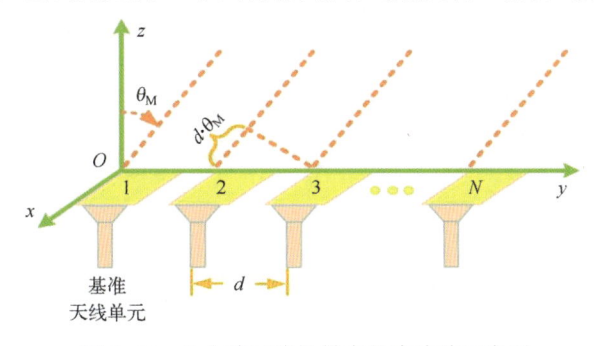

图6-86 N个阵元线性排布的直线阵示意图

d 排列，以等幅、相位 β 线性递增的方式馈电，以左侧第一个天线单元为基准，在直线阵远区的场强幅度方向函数为

$$|f(\theta)| = |f_1(\theta)| \cdot |f_a(\theta)| \tag{6-90}$$

其中，$|f_1(\theta)|$ 为阵元方向函数，$|f_a(\theta)|$ 为直线阵因子，与天线阵的排布方式有关，其中阵因子为

$$|f_a(\theta)| = \sum_{i=1}^{N} m_{1i} \cdot e^{j(k \cdot d_{1i} \cdot \sin\theta + \beta_{1i})} \tag{6-91}$$

其中

$$m_{1i} \cdot e^{j\beta_{1i}} = \frac{I_{Mi}}{I_{M1}} \tag{6-92}$$

$$d_{1i} = (i-1) \cdot d \tag{6-93}$$

$$m_{1i} = 1 \tag{6-94}$$

$$\beta_{1i} = (i-1) \cdot \beta \tag{6-95}$$

$$k = \frac{2\pi}{\lambda} \tag{6-96}$$

以上式中：I_{Mi}、I_{M1} 分别表示第 i 个阵元和第 1 个阵元的电流；d_{1i}、β_{1i} 表示阵元间的电流幅度比和相位差；m_{1i} 为均一直线阵的归一化幅值；k 为波数，简化式（6-90）可得到归一化的直线阵方向函数：

$$|f_N(\theta)| = \frac{1}{N} \cdot \left| \sum_{i=1}^{N} e^{j(i-1) \cdot \Psi} \right| = \frac{1}{N} \cdot \left| \frac{\sin\left(\frac{N}{2}\Psi\right)}{\sin\left(\frac{\Psi}{2}\right)} \right| \tag{6-97}$$

其中

$$\Psi = k \cdot d \cdot \sin\theta + \beta \tag{6-98}$$

由式（6-96）可知 $\Psi = 2m \cdot \pi$，$m = 0, \pm 1, \pm 2, \cdots$ 时 $|f_N(\theta)|$ 取最大值，$|f_N(\theta)|$ 为 Ψ 的周期函数，周期为 2π，如图 6-87 所示。通常要求直线阵只有一个 Ψ 取 0 时 $|f_N(\theta)|$ 为最大值的主瓣，设直线阵的最大主瓣方向为偏离直线阵法向方向的角度 θ_M，由式（6-97）可知 $\theta = \theta_M$，$\Psi = 0$ 时阵元间应有的递增相位为 $\beta = -k \cdot d \cdot \sin\theta_M$。若 $\theta_M = 0°$，直线阵为边射阵，若 $\theta_M = 90°$，直线阵为端射阵，若 $-90° < \theta_M < 90°$ 且 $\theta_M \neq 0°$，直线阵为相位扫描阵列，此时在偏离直线阵的法向方向 θ_M 上各单元的辐射场产生波程差引起相位差，此时对应的直线阵方向函数为

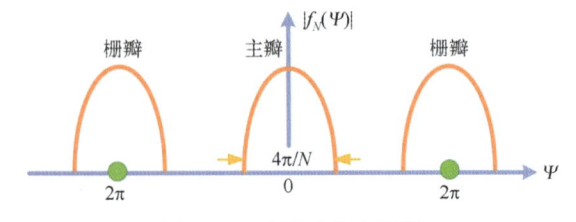

图 6-87 直线阵方向函数

$$|f_N(\theta)| = \frac{1}{N} \cdot \left| \frac{\sin\left[\frac{N}{2} \cdot k \cdot d \cdot (\sin\theta - \sin\theta_M)\right]}{\sin\left[\frac{k \cdot d}{2} \cdot (\sin\theta - \sin\theta_M)\right]} \right| \qquad (6\text{-}99)$$

为实现相位扫描，引入移相器的相移需使得电场在主瓣方向 θ_M 上叠加得到最大值，对应的移相器的补偿相移 $\varphi = \beta = -k \cdot d \cdot \sin\theta_M$，若补偿相移 φ 和阵元间距 d 不变，改变工作频率则 θ_M 变化，从而实现直线阵的频率扫描。另外，由式（6-98）可知，天线可见区对应 $-90° \leq \theta_M \leq 90°$，由此得到 Ψ 的可见区 $-kd+\beta \leq \Psi \leq kd+\beta$，$\Psi$ 取 0 时对应天线主瓣，$\Psi = 2m \cdot \pi$，$m \neq 0$ 时对应的波瓣为栅瓣，若要抑制栅瓣需要：

$$-2\pi < \Psi < 2\pi \qquad (6\text{-}100)$$

而若想消除整个栅瓣则需要：

$$-2\pi + \frac{2\pi}{N} < \Psi < 2\pi - \frac{2\pi}{N} \qquad (6\text{-}101)$$

其中，$2\pi/N$ 为栅瓣零功率波瓣宽度的一半，边射阵对应 $\theta_M = 0°$，$\beta = 0$，$\Psi = k \cdot d \cdot \sin\theta$，则由式（6-101）推导得出边射阵抑制栅瓣的条件为

$$\frac{d}{\lambda} \leq \frac{N-1}{N} \qquad (6\text{-}102)$$

而端射阵对应 $\theta_M = 90°$，$\beta = -k \cdot d$，$\Psi = k \cdot d \cdot \sin\theta - k \cdot d$，由式（6-101）推导得出端射阵抑制栅瓣的条件为

$$\frac{d}{\lambda} \leq \frac{N-1}{2N} \qquad (6\text{-}103)$$

相位扫描阵对应 $\beta = -k \cdot d \cdot \sin\theta_M$，由式（6-101）推导得出相位扫描阵抑制栅瓣的条件为

$$\frac{d}{\lambda} \leq \frac{N-1}{N(1+|\sin\theta_M|)} \qquad (6\text{-}104)$$

若 N 很大，则式（6-104）可简化为

$$\frac{d}{\lambda} \leq \frac{1}{1+|\sin\theta_M|} \qquad (6\text{-}105)$$

将直线阵的概念扩展至平面阵列的层面后，阵元间的补偿相位以及间隔距离的确定均可参照直线阵的设计准则进行。平面阵列的形式繁多，包括椭圆轮廓形排布、矩形排布、三角晶格形排布以及圆环形排布等多种布局，如图 6-88 所示。当采用喇叭天线作为馈源时，通过精细调控传输阵上每个阵元的传输相位，可以实现馈源散射波束的有效会聚，进而达到固定角度的高增益波束出射的目的。图 6-89 展示了传输阵的相位补偿原理示意图，并给出了对应的相位补偿公式：

$$\varphi_c = k_0 \cdot (|\boldsymbol{r}_{mn}| - \boldsymbol{R}_{mn} \cdot \hat{\boldsymbol{r}}_0) \qquad (6\text{-}106)$$

馈源相位中心位于原点 O 处，$\hat{\boldsymbol{r}}_0$ 为实现高增益波束偏转的目标方向矢量，$\boldsymbol{r}_{mn}$ 为第 mn 个单元的位置矢量，$\boldsymbol{R}_{mn}$ 为传输阵中心指向每个传输阵元的相对位置矢量，通过传输阵的全口径面相位补偿实现 $\hat{\boldsymbol{r}}_0$ 方向的波束同相出射。

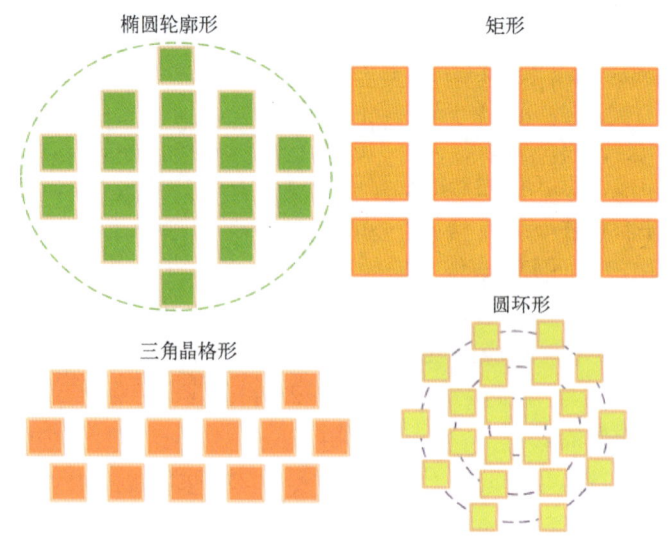

图 6-88 多种形式的超表面平面阵列

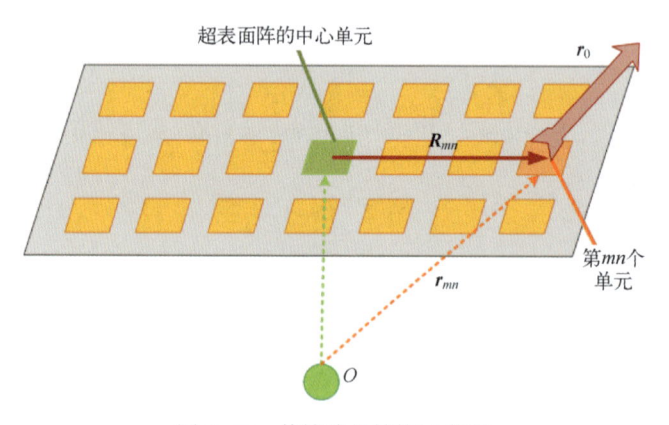

图 6-89 传输阵的结构示意图

4. 具体实例

文献［120］设计了一种低剖面、高增益、宽带、高选择性的超表面滤波天线。其二维超表面由非均匀的金属贴片单元组成，由底部两个分离的微带耦合槽馈电，两个插槽之间的分离以及短路通孔用于在下阻带提供良好的滤波性能，经过优化，超表面可以在上通带边缘为滤波功能提供急剧的滚降率。同时，超表面还具有高效的辐射性能，可以提高馈电槽的阻抗带宽和天线增益。为了验证该设计，研究人员制作并测量了一个工作在 5 GHz 的原型。该原型尺寸为 $1.3\lambda_0 \times 1.3\lambda_0 \times 0.06\lambda_0$，10 dB 阻抗带宽为 28.4%，通带内平均增益为 8.2 dBi，在极宽阻带内带外抑制电平超过 20 dB。

图 6-90 展示了所提出的单元结构，一是制作在顶部衬底上的超表面，其厚度为 h_1 = 3 mm；二是制作在底部衬底上的微带耦合馈电电路，其厚度为 h_2 = 0.813 mm。如图 6-90（b）所示，第一层由 4×4 不均匀的矩形金属块组成。x 轴附近的内部块的长度和宽度分别为 l 和 w，外部块的长度和宽度分别为 l 和 w_1。超表面在中心由两个微带耦合槽馈电。如图 6-90（c）所示，两个相同的槽并排排列在底部衬底的顶层，间距为

s；使用分隔槽代替单个连续槽可消除不必要的谐振，可以有效提高下频段的带外抑制水平；且阶梯式槽用于更好的阻抗匹配，较宽和较窄部分的尺寸分别为(l_s, w_s)和(l_{s1}, w_{s1})。在基板中嵌入直径为 d 的短路通孔，以在下边带边缘提供辐射零点，从而大大提高滚降系数。在基板的另一侧，制作了一条 50 Ω 微带线来馈送槽，如图 6-90（d）所示，微带馈线宽度为 w_m，短段长度为 l_m。另外两条臂长度为 l_{m1}，宽度为 w_{m1}，沿 x 方向延伸，用于反射上边带的信号。

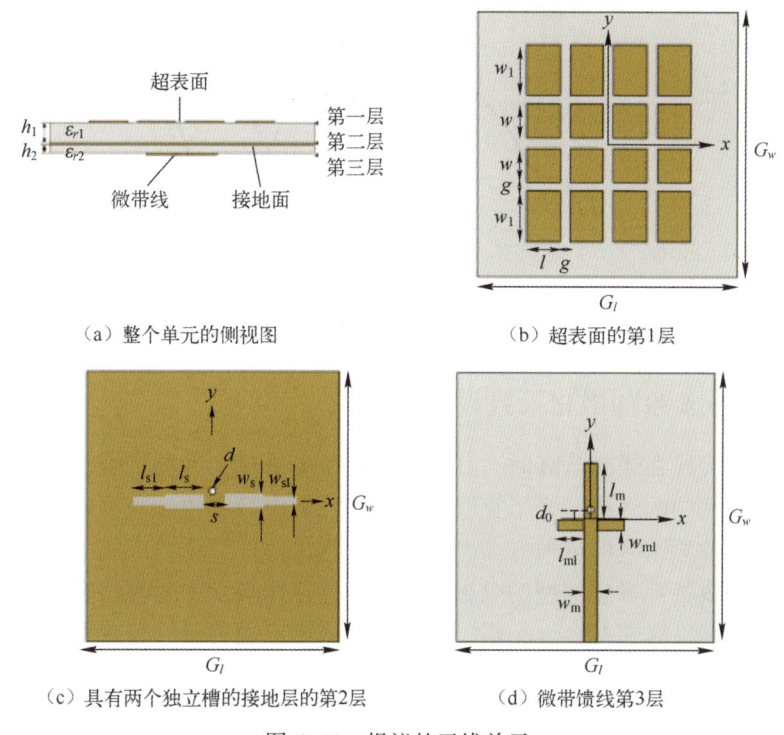

（a）整个单元的侧视图

（b）超表面的第1层

（c）具有两个独立槽的接地层的第2层

（d）微带馈线第3层

图 6-90　提议的天线单元

为了验证设计，文献［120］制作并测试了工作频率为 5 GHz 的滤波天线原型。图 6-91 显示了原型的模拟和实测反射系数，具有较宽的通带、平坦的阻带和 |S_{11}| 接近 0 dB，显示出良好的滤波响应，通带和阻带之间有一个尖锐的边缘，测得的 10 dB 阻抗带宽为 28.4%（4.20~5.59 GHz）。图 6-92 显示了所提出的滤波天线的模拟和测量天线

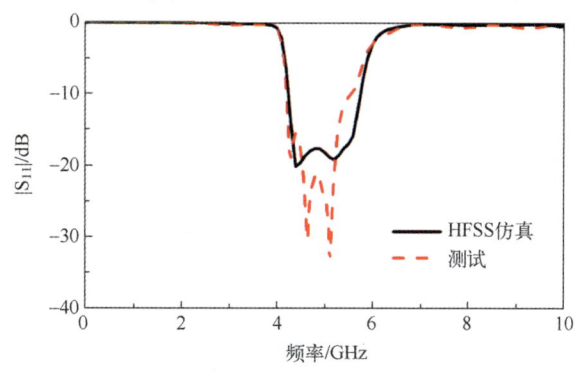

图 6-91　模拟和测量原型的反射系数

增益，同样仿真结果和实测结果吻合较好，滤波性能令人满意。其整个通带的增益曲线相对平坦，平均增益为 8.2 dBi。3.9 GHz 和 6.3 GHz 的两个辐射零点位于通带边缘附近，导致高滚降率。图 6-92 还显示了测得的天线效率，在通带内约为 95% 的高效率表明整个滤波天线的损耗可以忽略不计。

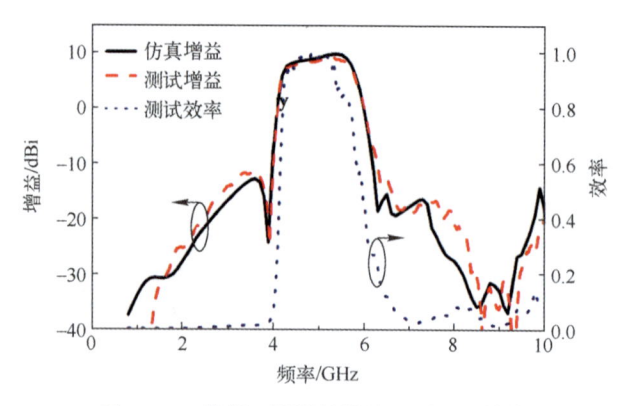

图 6-92　模拟、测量的增益和原型的效率

四、超表面多频圆极化天线设计

传统的多频天线在频率升高时，其辐射特性易受影响，方向图裂瓣现象严重，这限制了其在实际应用中的效果。为了克服这一问题，研究者利用超表面来实现天线的多频工作，从而有效改善天线的辐射方向图，提升天线的整体可用性。此外，圆极化天线因其能够更好地接收各种极化类型的电磁波，在多种应用场景中表现出较高的实用性。将圆极化特性与多频天线相结合，不仅可以拓宽天线的应用范围，还能增强其在复杂电磁环境下的性能，尤其是超表面双频圆极化天线的研究取得了显著进展。然而，随着频带数量的增加，圆极化天线设计的难度逐渐增大，也有少数研究人员开始涉足三频、四频圆极化天线的研究，为未来的天线设计领域开辟了新的可能性。

1. 具体实例

如图 6-93 所示，文献 [135] 研究了一种双频段手性超表面，通过将两个典型的单手性单元拼凑在一起，在两个不同的频带中产生具有强圆二色性（CD）的巨大本征手性。通过调整手性单元结构的配置，可以在两个工作频带中独立设计自旋选择性反射波的极化、频率和相位。

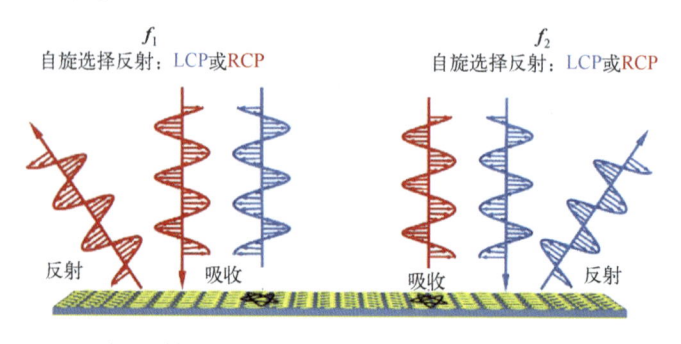

图 6-93　双频段手性元表面在 f_1 和 f_2 两个频段都显示出很强的 CD 性能

通过使用图 6-94 所示的不同手性单元结构（分别命名为 CASR-L/R、CASR-L/L、CASR-R/R 和 CASR-R/L），自旋选择波的极化在每个频段都可以任意、独立地定制。此外，还可以通过设计超表面的相位分布来进一步定制自旋选择性反射波的波前。具体来说，CASR-L/R 可以在频率为 f_1 时吸收左旋圆极化（LCP）波并反射右旋圆极化（RCP）波，同时在频率为 f_2 时吸收 RCP 波并反射 LCP 波；CASR-L/L 可以在频率为 f_1 和 f_2 时吸收 LCP 波并反射 RCP 波；CASR-R/L 可以在频率为 f_1 时吸收 RCP 波并反射 LCP 波，在频率为 f_2 时吸收 LCP 波并反射 RCP 波；CASR-R/R 可以在频率为 f_1 和 f_2 时吸收 RCP 波并反射 LCP 波。下面的讨论主要基于 CASR-L/R，其他结构由于工作原理相似，也可以用同样的方法进行研究。

f_1: LCP AB. & RCP RE.　　f_1: LCP AB. & RCP RE.　　f_1: RCP AB. & LCP RE.　　f_1: RCP AB. & LCP RE.
f_2: RCP AB. & LCP RE.　　f_2: LCP AB. & RCP RE.　　f_2: LCP AB. & RCP RE.　　f_2: RCP AB. & LCP RE.
　　（a）CASR-L/R　　　　　　（b）CASR-L/L　　　　　　（c）CASR-R/L　　　　　　（d）CASR-R/R

图 6-94　四种手性单元结构
（AB：吸收，RE：反射）

为了更好地了解这些双频手性结构的工作原理，研究人员对其结构和电磁响应进行了详细的探索。以 CASR-L/R 为例，它由三个不同角度参数（$\theta_1 = 160°$、$\theta_2 = 145°$、$\theta_3 = 140°$）的弧形金属结构（Arc1、Arc2、Arc3）组成，如图 6-95（a）所示。弧形金属结构的外半径分别为 $r_1 = r_2 = 2\,\text{mm}$ 和 $r_3 = 1.7\,\text{mm}$，金属线的线宽为 $w = 0.17\,\text{mm}$。将 Arc1 和 Arc2 结合可以得到一个典型的单手性结构（ASR_A-L），将 Arc1 和 Arc3 结合可以得到另一个单手性结构（ASR_B-R），然后将 ASR_A-L 和 ASR_B-R 合并在一起，得到最终的 CASR-L/R，其中 $\gamma = 20°$。单元结构由金属接地的 FR4 介电基板构成，相对介电常数为 4.2，损耗正切为 0.025。介质衬底厚度 $h = 1.5\,\text{mm}$，单位结构周期 $p = 4.4\,\text{mm}$。图 6-95（b）~（d）分别为 ASR_A-L、ASR_B-R 和 CASR-L/R 的反射光谱，利用仿真软件 CST Microwave Studio 进行了模拟。单元结构的建模如图 6-95（b）所示，其中边界条件为单元格，根据需要设置平面波激励为 LCP 波或 RCP 波。结果表明，ASR_A-L 可以有效地反射 RCP 波没有极化反转，同时在 $f_1 = 17.4\,\text{GHz}$ 时吸收 LCP 波，如图 6-95 所示（b），而 ASR_B-R 结构能有效反射 LCP 波没有极化反转，同时在 $f_2 = 21.9\,\text{GHz}$ 时吸收 RCP 波，如图 6-95 所示（c），这意味着 CD 响应在低频和高频主要是与 ASR_A-L 和 ASR_B-R 结构有关。图 6-95（d）显示了 CASR-L/R 的反射光谱，获得了低频率（$f_1 = 17.4\,\text{GHz}$）和高频率（$f_2 = 21.9\,\text{GHz}$）对 LCP 和 RCP 波具有自旋选择性吸收的强 CD，其低、高频手性谐振频率分别与 ASR_A-L 和 ASR_B-R 的手性谐振频率一致。值得注意的是，CASR-L/R 的同极化反射系数与 ASR_A-L 在 17.4 GHz 低频处的同极化反射系数非常一致，但与 ASR_B-R 在 21.9 GHz 高频处的同极化反射系数并不完全一致。CASR-L/R 的主要原因是通过引入进化 Arc3 ASR_A-L 内部，与 ASR_A-L 相比没有大的变化的结

339

构，所以在低谐振频率为 17.4 GHz 时 ASR$_A$-L 和 CASR-L/R 有几乎相同的响应，但 CASR-L/R 是通过在 ASR$_B$-R 的右侧引入 Arc2 而演变的，与 ASR$_B$-R 相比结构差异较大，引入 Arc2 会显著增强相邻结构的附加互耦合，因此在 21.9 GHz 的高谐振频率下，ASR$_B$-R 和 CASR-L/R 有一定的不同响应。图 6-95（e）~（g）为斜入射角分别为 15°、30°和 45°的平面波激发下 CASR-L/R 的反射光谱，除了交叉偏振分量有轻微干扰外，与图 6-95（d）的正入射反射光谱基本一致。

(a) CASR-L/R的设计原则

(b) ASR$_A$-L的模拟反射光谱

(c) ASR$_B$-R的模拟反射光谱

(d) CASR-L/R的模拟反射光谱

(e) 15°的平面波激发下 CASR-LR的模拟反射光谱

(f) 30°的平面波激发下 CASR-LR的模拟反射光谱

(g) 45°的平面波激发下 CASR-LR的模拟反射光谱

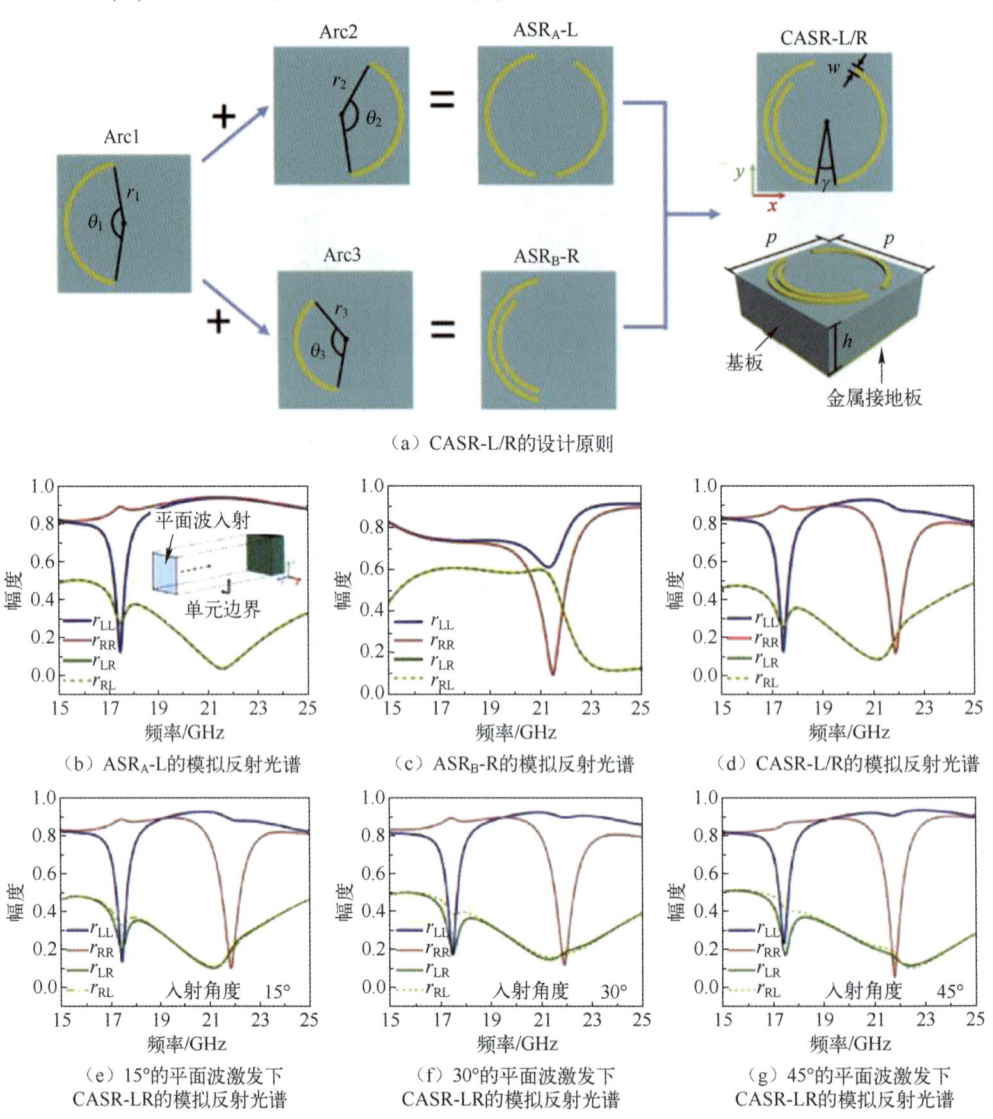

图 6-95 CASR-L/R 原理图及其模拟反射光谱

文献［140］研究了不同时间相位延迟为 0°和 90°的 CP 正入射下 CASR-L/R 的表面电流，如图 6-96 所示。入射的 CP 波是时谐电磁场，因此感应表面电流会随时间变化。由于 180°（270°）的结果与 0°（90°）的结果完全相反，因此没有给出 180°和 270°时的感应表面电流分布。在较低谐振频率 f_1 = 17.4 GHz 处，在 LCP 波照射下，在 CASR-L/R 的 Arc1 和 Arc2 上激发一对幅值相近的反平行电流，如图 6-96（a）所示。

这对反平行电流可以看作两个相位差为π的电偶极子，它们的辐射能量在远场区域相互抵消，导致 LCP 波的高吸收。而 CASR-L/R 在 RCP 波的照射下只能激发一个等效电偶极子，如图 6-96（b）所示，感应电流会产生二次辐射，实现对 RCP 波的高效反射。在较高的谐振频率 $f_2 = 21.9\,\text{GHz}$ 下，在 LCP 波的照射下，CASR-L/R 只能激发出一个等效电偶极子或一对具有相同振荡的等效电偶极子，如图 6-96（c）所示，从而实现了 LCP 波的高效反射。然而，在 RCP 波的照射下，CASR-L/R 的 Arc1 和 Arc2 处激发了一对振幅相似的反平行电流，如图 6-96（d）所示，导致了 RCP 波的高吸收。我们进一步模拟了 $f_1 = 17.4\,\text{GHz}$ LCP 入射下 ASR_A-L 和 $f_2 = 21.9\,\text{GHz}$ RCP 入射下 ASR_B-R 的表面电流，如图 6-96（e）和（h）所示。结果表明，ASR_A-L 在 $f_1 = 17.4\,\text{GHz}$ 和 ASR_B-R 在 $f_2 = 21.9\,\text{GHz}$ 的电流分布与 CASR-L/R 非常相似，这进一步证明了低频的自旋选择性吸收主要是由于 Arc1 和 Arc3 的响应，而高频的自旋选择性吸收主要是由于 Arc1 和 Arc2 的响应。如图 6-96（a）~（f）所示，在 LCP 波和 RCP 波的照射下，CASR-L/R 和 ASR_A-L 的感应表面电流分布几乎相似。相比之下，Arc3 上的电流非常小，可忽略不计。因此，合并 Arc3 后，ASR_A-L 在 17.5 GHz 左右的手性响应变化不大，如图 6-96（b）和图 6-96（f）所示。然而，在 $f_2 = 21.9\,\text{GHz}$ 时，在时间相位延迟为 90° 的光照 LCP 入射下，CASR-L/R 的 Arc1 和 Arc2 中激发了一对平行电流，而 ASR_B-R 内部几乎没有电流被激发，分别如图 6-96（c）和图 6-96（g）所示。因此，与 ASR_B-R 相比，CASR-L/R 对 $f_2 = 21.9\,\text{GHz}$ 附近的 LCP 波具有更高的反射效率，这可以进一步解释图 6-95（c）和图 6-95（d）反射光谱的差异。此外，如图 6-96（d）和图 6-96（h）所示，在光照 RCP 波作用下，CASR-L/R 和 ASR_B-R 的感应表面电流分布相似。因此，加入 Arc2 后，ASR_B-R 对 RCP 波的手性谐振频率几乎没有变化。

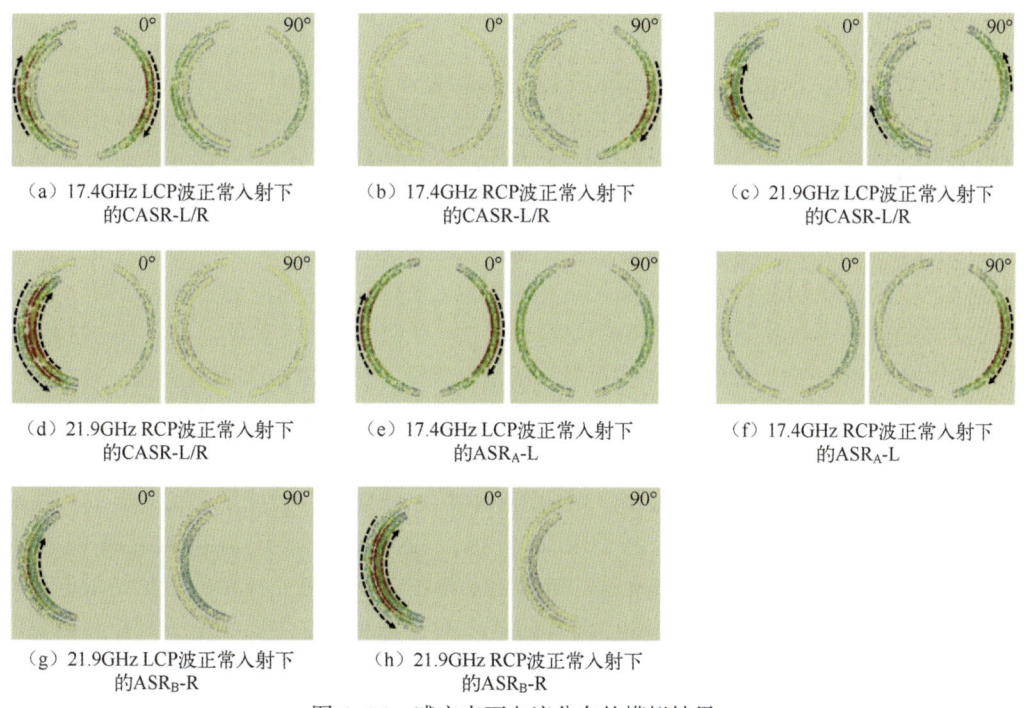

(a) 17.4GHz LCP 波正常入射下的 CASR-L/R

(b) 17.4GHz RCP 波正常入射下的 CASR-L/R

(c) 21.9GHz LCP 波正常入射下的 CASR-L/R

(d) 21.9GHz RCP 波正常入射下的 CASR-L/R

(e) 17.4GHz LCP 波正常入射下的 ASR_A-L

(f) 17.4GHz RCP 波正常入射下的 ASR_A-L

(g) 21.9GHz LCP 波正常入射下的 ASR_B-R

(h) 21.9GHz RCP 波正常入射下的 ASR_B-R

图 6-96 感应表面电流分布的模拟结果

基于上述讨论，通过简单调整 Arc1、Arc2 和 Arc3，也可以实现对自旋选择性 CP 波在极化、频率和相位等 DoF 的多自由度独立操纵。关于此点不再展开说明。文献[140] 选择 $\alpha=25°$、$70°$、$115°$ 和 $160°$ 的 4 个 CASR-L/R 结构构建 2 位双频段梯度手性超表面，每两个相邻结构的反射相位差约为 $90°$。图 6-97（a）是这四个单元结构在 LCP 波正常照射下的反射光谱，在 18.4 GHz 附近有很强的吸收，随着 α 从 $25°$ 增加到 $160°$，反射相位以 $-90°$ 的间隔逐渐减小。图 6-97（b）是这四个单元结构在 RCP 波正常照射下的反射光谱，在 21.9 GHz 附近表现出较强的吸收，随着 α 从 $25°$ 增加到 $160°$，反射相位以 $90°$ 间隔逐渐增加。

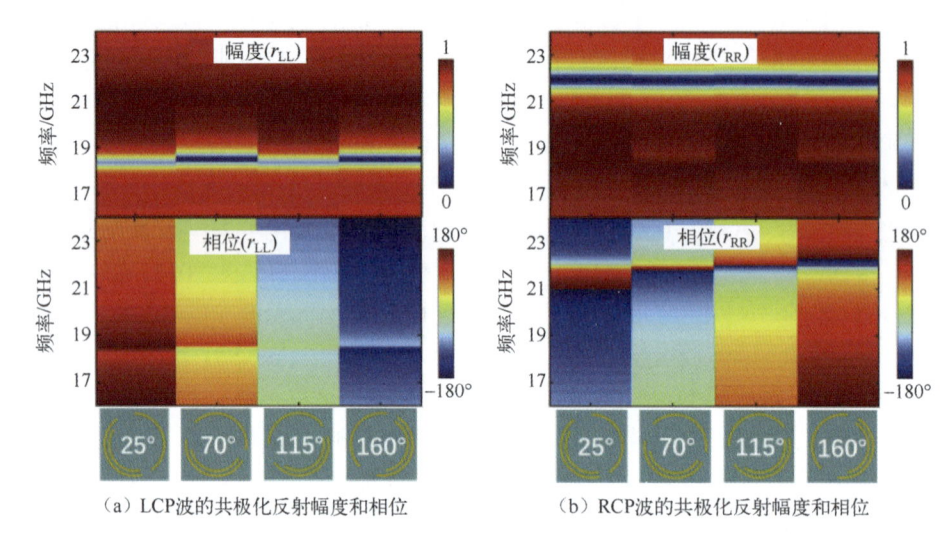

（a）LCP 波的共极化反射幅度和相位　　（b）RCP 波的共极化反射幅度和相位

图 6-97　选取角度分别为 $25°$、$70°$、$115°$ 和 $160°$ 的四种 CASR-L/R 结构进行电磁响应模拟

制备的 CASR-L/R 组成的双频段梯度手性超表面如图 6-97（a）所示，其尺寸为 $211.2\times211.2\ \text{mm}^2$，在 x 方向上有 4 个周期，在 y 方向上有 48 个周期。在暗室中测量超表面的反射光谱，如图 6-98（b）所示。采用一对共极化 CP 喇叭天线分别传输和接收信号。为了比较，文献 [135] 展示了 xoz 平面上超表面的全波模拟远场辐射图，图 6-98（c）所示是三维远场辐射图。在非谐振频率为 20.2 GHz 时，LCP 波和 RCP 波分别向 $\theta=16.3°$ 和 $-16.3°$ 方向异常偏转，但幅值几乎相同，θ 的正负分别表示向 $+x$ 和 $-x$ 方向偏转的情况。在较低的谐振频率 18.4 GHz 处，LCP 波被高度吸收，只有 RCP 波异常偏转到 $\theta=-18°$ 方向。而在 21.9 GHz 较高的谐振频率下，RCP 波被高度吸收，只有 LCP 波异常偏转到 $\theta=15°$ 方向。图 6-98（d）显示了实测的远场辐射图，与图 6-98（c）的全波模拟结果非常吻合，在 18.4 GHz 处只有 RCP 波异常偏转到 $\theta=-17.7°$ 方向，因为 LCP 波被高度吸收，在 20.2 GHz 处 LCP 波和 RCP 波分别被有效反射和偏转到 $\theta=16.6°$ 和 $-16.6°$ 方向。在 21.9 GHz，由于 RCP 波被高度吸收，只有 LCP 波异常偏转到 $\theta=15.3°$ 方向。将图 6-98（c）所示的仿真结果与图 6-98（d）所示的测量结果进行对比，除了反射强度有轻微的偏差外，两者的结果基本一致，这主要是由于制作和测量的误差造成的。

(a) 双频段梯度手性超表面的制备原型

(b) 实验设置

(c) 模拟18.4 GHz、20.2 GHz和21.9 GHz三个不同频段的远场图；插图对应于CST的数值三维远场模式的正面视图

(d) 分别在18.4 GHz、20.2 GHz和21.9 GHz测量远场分布

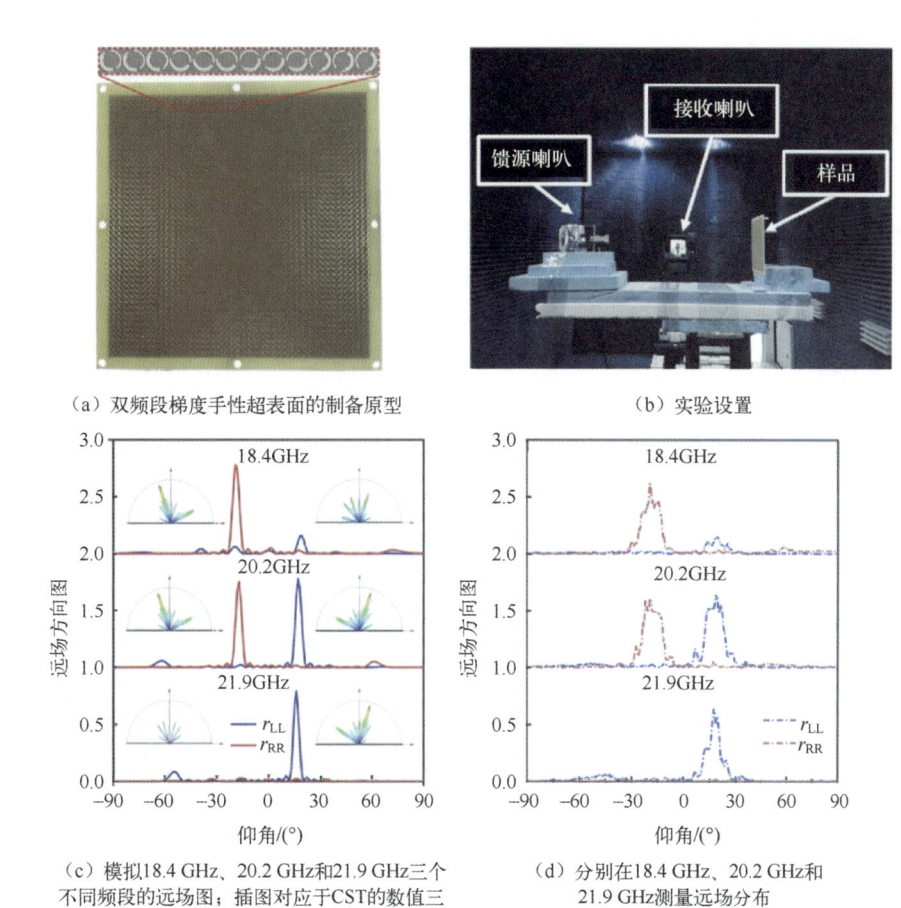

图6-98 双频段梯度手性超表面的仿真与实验结果

参 考 文 献

[1] 刘振哲, 汪澎. 基于LTCC超材料基板的小型化吖波段毫米波微带天线设计 [J]. 火控雷达技术, 2012, 41 (3): 72-75.

[2] 李明. 新型天线技术研究进展 [J]. 航天电子对抗, 2013, 29 (1): 39-41.

[3] 刘强, 杨阳, 黄卡玛. 大功率微波下超材料的设计和应用 [J]. 太赫兹科学与电子信息学报, 2013, 11 (2): 215-241.

[4] 尚超红, 罗春荣, 向礼琴, 等. 仙人球状Ag/ TiO2 @ PMMA超材料的制备与纳米平板聚焦效应 [J]. 材料导报, 2013, 27 (4): 1-4.

[5] 高楷, 曹祥玉, 高军, 等. 分形波体设计及其在微带天线中的应用 [J]. 现代雷达, 2013, 35 (6): 54-57.

[6] 李乾坤, 李德华, 周薇, 等. 单缝双环结构材料太赫兹波调制器 [J]. 红外与激光工程, 2013, 42 (6): 1553-1556.

[7] 商楷, 曹祥玉, 杨欢欢, 等. 基于分形超材料吸波体的微带天线设计 [J]. 电讯技术, 2013, 53 (7): 938-943.

[8] 刘涛, 曹祥玉, 高军, 等. 一种小型化宽带高增益超材料贴片天线 [J]. 西安电子科技大学学报, 2012, 39 (3): 161-165.

[9] 周航, 裴志斌, 彭卫东, 等. 零折射率超材料对喇叭天线波前相位的改善 [J]. 空军工程大学学报, 2010, 11

(6): 70-74.

[10] 杨成福,杨晶晶,黄铭,等.基于超材料的椭圆形电磁波聚焦兹器的设计[J].光子学报,2010,39(7): 1203-1207.

[11] 纪宁,赵晓鹏.树枝状结构超材料在微带天线上的应用仿真[J].计算机仿真,2010,27(4):102-106.

[12] 纪宁,赵晓鹏.C波段超材料基板高增益微带天线[J].现代雷达,2010,32(1):70-73.

[13] 刘涛,曹祥玉,高军,等.基于超材料的宽带高增益低雷达散射截面天线[J].电波科学学报,2012,27 (3):526-530.

[14] 勒伟,杨超,孙宇航.一种新颖的多频带超材料的仿真研究[J].西安邮电大学学报,2013,18(2): 97-100.

[15] 杨欢欢,曹祥玉,高军,等.基于超材料吸波体的低雷达散射截面微带天线设计[J].物理学报,2013,62 (6):1-7.

[16] 李悬雷,刘长军.一种基于介质谐振器的新型电磁超材料[J].信息与电子工程,2010,8(4):407-410.

[17] 史金辉,刘冉,余胜武,等.非对称结构平面电磁超材料的微波特性研究[J].应用科学学报,2012,30 (4):369-373.

[18] 杨杰,唐皓,杨晶晶,等.二维IC网络超材料电磁门特性的仿真和分析[J].无线电工程,2012,42(9): 44-47.

[19] 杨欢欢,曹祥玉,高军,等.利用超材料吸波体减缩缝隙天线雷达散射截面[J].西安电子科技大学学报, 2013,10(5):130-134.

[20] 刘涛,曹祥玉,高军.基于超材料的吸波体设计及其波导缝隙天线应用[J].物理学报,2012,61(18): 1-8.

[21] 占生宝,刘涛,严红丽,等,基于超材料的新型吸波材料及其天线隐身应用进展[J].兵器材料科学与工程, 2012,35(6):88-90.

[22] Abdelrahman A H, Yang F, Elsherbeni A Z, et al. Analysis and design of transmitarray antennas [J]. Synthesis Lectures on Antennas, 2017, 6 (1): 1-175.

[23] Nayeri P, Yang F, Elsherbeni A Z. Reflectarray antennas: Theory, designs, and applications [M]. Hoboken: Wiley-IEEE Press, 2018.

[24] Lin Q W, Wong H. A low-profile and wideband lens antenna based on high-refractive-index metasurface [J]. IEEE Transactions on Antennas and Propagation, 2018, 66 (11): 5764-5772.

[25] Yang F, Deng R, Xu S, et al. Design and experiment of a near-zero-thickness high-gain transmit-reflect-array antenna using anisotropic metasurface [J]. IEEE Transactions on Antennas and Propagation, 2018, 66 (6): 2853-2861.

[26] Huang J, Encinar J A. Reflectarray antennas [M]. Hoboken: John Wiley & Sons, 2007.

[27] Chen G, Jiao Y, Zhao G, et al. A novel reflective metasurface generating circular polarized orbital angular momentum [C]//2017 Sixth Asia-Pacific Conference on Antennas and Propagation (APCAP). IEEE, 2017: 1-3.

[28] Yi H, Qu S W, Ng K B, et al. Terahertz wavefront control on both sides of the cascaded metasurfaces [J]. IEEE Transactions on Antennas and Propagation, 2017, 66 (1): 209-216.

[29] Wan X, Qi M Q, Chen T Y, et al. Field-programmable beam reconfiguring based on digitally-controlled coding metasurface [J]. Scientific Reports, 2016, 6 (1): 20663.

[30] Yang H, Cao X, Yang F, et al. A programmable metasurface with dynamic polarization, scattering and focusing control [J]. Scientific Reports, 2016, 6 (1): 1-11.

[31] Tan Y, Li L, Ruan H. An efficient approach to generate microwave vector-vortex fields based on metasurface [J]. Microwave and Optical Technology Letters, 2015, 57 (7): 1708-1713.

[32] Xu B, Wu C, Wei Z, et al. Generating anorbital-angular-momentum beam with a metasurface of gradient reflective phase [J]. Optical Materials Express, 2016, 6 (12): 3940-3945.

[33] Yu S, Li L, Shi G, et al. Generating multiple orbital angular momentum vortex beams using a metasurface in radio frequency domain [J]. Applied Physics Letters, 2016, 108 (24): 241901.

[34] Yu S, Li L, Shi G, et al. Design, fabrication, and measurement of reflective metasurface for orbital angular momentum vortex wave in radio frequency domain [J]. Applied Physics Letters, 2016, 108 (12): 121903.

[35] Chen M L N, Jiang L J, Wei E I. Ultrathin complementary metasurface for orbital angular momentum generation at microwave frequencies [J]. IEEE Transactions on Antennas and Propagation, 2016, 65 (1): 396-400.

[36] Miao Z W, Hao Z C, Jin B B, et al. Low-profile 2-D THz Airy beam generator using the phase-only reflective metasurface [J]. IEEE Transactions on Antennas and Propagation, 2019, 68 (3): 1503-1513.

[37] Yang X, Liu Y, Gong S X. Design of a wideband omnidirectional antenna with characteristic mode analysis [J]. IEEE Antennas and Wireless Propagation Letters, 2018, 17 (6): 993-997.

[38] Xue M, Wan W, Wang Q, et al. Low-profile millimeter-wave broadband metasurface antenna with four resonances [J]. IEEE Antennas and Wireless Propagation Letters, 2021, 20 (4): 463-467.

[39] Lin F H, Chen Z N. Truncated impedance sheet model for low-profile broadband nonresonant-cell metasurface antennas using characteristic mode analysis [J]. IEEE Transactions on Antennas and Propagation, 2018, 66 (10): 5043-5051.

[40] Lin F H, Chen Z N. Probe-fed broadband low-profile metasurface antennas using characteristic mode analysis [C]// 2017 Sixth Asia-Pacific Conference on Antennas and Propagation (APCAP). IEEE, 2017: 1-3.

[41] Liu S, Yang D, Chen Y, et al. Design of single-layer broadband omnidirectional metasurface antenna under single mode resonance [J]. IEEE Transactions on Antennas and Propagation, 2021, 69 (10): 6947-6952.

[42] Li T, Chen Z N. Wideband substrate-integrated waveguide-fed endfire metasurface antenna array [J]. IEEE Transactions on Antennas and Propagation, 2018, 66 (12): 7032-7040.

[43] Li T, Chen Z N. A dual-band metasurface antenna using characteristic mode analysis [J]. IEEE Transactions on Antennas and Propagation, 2018, 66 (10): 5620-5624.

[44] Li T, Chen Z N. Design of dual-band metasurface antenna [C]//2018 International Workshop on Antenna Technology (iWAT). IEEE, 2018: 1-3.

[45] Lin F H, Chen Z N. A method of suppressing higher order modes for improving radiation performance of metasurface multiport antennas using characteristic mode analysis [J]. IEEE Transactions on Antennas and Propagation, 2018, 66 (4): 1894-1902.

[46] Liu J, Weng Z, Zhang Z Q, et al. A wideband pattern diversity antenna with a low profile based on metasurface [J]. IEEE Antennas and Wireless Propagation Letters, 2021, 20 (3): 303-307.

[47] Chen D, Yang W, Che W, et al. Broadband stable-gain multiresonance antenna using nonperiodic square-ring metasurface [J]. IEEE Antennas and Wireless Propagation Letters, 2019, 18 (8): 1537-1541.

[48] Liu W E I, Chen Z N, Qing X. Broadband low-profile L-probe fed metasurface antenna with TM leaky wave and TE surface wave resonances [J]. IEEE Transactions on Antennas and Propagation, 2019, 68 (3): 1348-1355.

[49] TaS X, Park I. Low-profile broadband circularly polarized patch antenna using metasurface [J]. IEEE Transactions on Antennas and Propagation, 2015, 63 (12): 5929-5934.

[50] Zhu H, Qiu Y, Wei G. A broadband dual-polarized antenna with low profile using nonuniform metasurface [J]. IEEE Antennas and Wireless Propagation Letters, 2019, 18 (6): 1134-1138.

[51] Liu G, Sun X, Chen X, et al. A broadband low-profile dual-linearly polarized dipole-driven metasurface antenna [J]. IEEE Antennas and Wireless Propagation Letters, 2020, 19 (10): 1759-1763.

[52] de Dieu Ntawangaheza J, Sun L, Xie Z, et al. A single-layer low-profile broadband metasurface antenna array for sub-6 GHz 5G communication systems [J]. IEEE Transactions on Antennas and Propagation, 2020, 69 (4): 2061-2071.

[53] Liu S, Yang D, Pan J. A low-profile broadband dual-circularly-polarized metasurface antenna [J]. IEEE Antennas and Wireless Propagation Letters, 2019, 18 (7): 1395-1399.

[54] Liu S, Yang D, Chen Y, et al. Low-profile broadband metasurface antenna under multimode resonance [J]. IEEE Antennas and Wireless Propagation Letters, 2021, 20 (9): 1696-1700.

[55] Lin F H, Chen Z N. Low-profile wideband metasurface antennas using characteristic mode analysis [J]. IEEE Transactions on Antennas and Propagation, 2017, 65 (4): 1706-1713.

[56] Lin F H, Chen Z N. Resonant metasurface antennas with resonant apertures: Characteristic mode analysis and dual-

polarized broadband low-profile design [J]. IEEE Transactions on Antennas and Propagation, 2020, 69 (6): 3512-3516.

[57] 郝张成. 基片集成波导技术的研究 [D]. 南京：东南大学, 2006.

[58] Li T, Chen Z N. Wideband sidelobe-level reduced Ka-band metasurface antenna array fed by substrate-integrated gap waveguide using characteristic mode analysis [J]. IEEE Transactionson Antennas and Propagation, 2019, 68 (3): 1356-1365.

[59] Feng B, He X, Cheng J C. Dual-wideband dual-polarized metasurface antenna array for the 5G millimeter wave communications based on characteristic mode theory [J]. IEEE Access, 2020, 8: 21589-21601.

[60] 周养浩. 集成基片间隙波导馈电 5G 毫米波缝隙耦合超表面天线研究 [D]. 昆明：云南大学, 2019.

[61] 郑艳. 基于 CPW 馈电的超宽带平面单极子天线研究 [D]. 成都：西南交通大学, 2019.

[62] Wang J, Wong H, Ji Z, et al. Broadband CPW-fed aperture coupled metasurface antenna [J]. IEEE Antennas and Wireless Propagation Letters, 2019, 18 (3): 517-520.

[63] Ma Y, Wu B, Liu C, et al. Design of low-profile broadband circularly polarized metasurface antenna based on CPW feed [C]//2021 Photonics & Electromagnetics Research Symposium (PIERS). IEEE, 2021: 2619-2624.

[64] Wang J, Wu Y, Xie W, et al. A CPW-fed dual-band high gain antenna using metasurface [C]//2017 International Applied Computational Electromagnetics Society Symposium (ACES). IEEE, 2017: 1-2.

[65] Feng B, Lai J, Zeng Q, et al. A dual-wideband and high gain magneto-electric dipole antenna and its 3D MIMO system with metasurface for 5G/WiMAX/WLAN/X-band applications [J]. IEEE Access, 2018, 6: 33387-33398.

[66] 姜文, 龚书喜. 单端口天线散射理论研究 [J]. 电子学报, 2011, 39 (9): 2004-2007.

[67] 刘英, 龚书喜, 傅德民. 天线散射理论研究 [J]. 电子学报, 2005, 33 (9): 1611-1613.

[68] Dikmen C M, Cimen S, Çakır G. Planar octagonal-shaped UWB antenna with reduced radar cross section [J]. IEEE Transactions on Antennas and Propagation, 2014, 62 (6): 2946-2953.

[69] Zhang J, Xu J, Qu Y, et al. A microstrip antenna withreduced in-band and out-of-band radar cross-section [J]. International Journal of Microwave and Wireless Technologies, 2019, 11 (2): 199-205.

[70] Jiang W, Zhang Y, Deng Z, et al. Novel technique for RCS reduction of circularly polarized microstrip antennas [J]. Journal of Electromagnetic Waves and Applications, 2013, 27 (9): 1077-1088.

[71] Dikmen C M, Çimen S, Çakır G. Design of double-sided axe-shaped ultra-wideband antenna with reduced radar cross-section [J]. IET Microwaves, Antennas & Propagation, 2014, 8 (8): 571-579.

[72] Cong L, Cao X, Gao J, et al. Ultra-wideband low-RCS circularly-polarized metasurface-based array antenna using tightly-coupled anisotropic element [J]. IEEE Access, 2018, 6: 41738-41744.

[73] Fan Y, Wang J, Li Y, et al. Low-RCS and high-gain circularly polarized metasurface antenna [J]. IEEE Transactions on Antennas and Propagation, 2019, 67 (12): 7197-7203.

[74] Wang B, Lin X Q, Kang Y X, et al. Low-RCS broadband phased array using polarization selective metamaterial surface [J]. IEEE Antennas and Wireless Propagation Letters, 2021, 21 (1): 94-98.

[75] Yao P, Zhang B, Duan J. A broadband artificial magnetic conductor reflecting screen and application in microstrip antenna for radar cross-section reduction [J]. IEEE Antennas and Wireless Propagation Letters, 2018, 17 (3): 405-409.

[76] Vasanelli C, Bögelsack F, Waldschmidt C. Reducing the radar cross section of microstrip arrays using AMC structures for the vehicle integration of automotive radars [J]. IEEE Transactions on Antennas and Propagation, 2018, 66 (3): 1456-1464.

[77] Zaki B, Firouzeh Z H, Zeidaabadi-Nezhad A, et al. Wideband RCS reduction using three different implementations of AMC structures [J]. IET Microwaves, Antennas & Propagation, 2019, 13 (5): 533-540.

[78] Han J, Cao X, Gao J, et al. Broadband radar cross section reduction using dual-circular polarization diffusion metasurface [J]. IEEE Ntennas and Wireless Propagation Letters, 2018, 17 (6): 969-973.

[79] Sang D, Chen Q, Ding L, et al. Design of checkerboard AMC structure for wideband RCS reduction [J]. IEEE Transactions on Antennas and Propagation, 2019, 67 (4): 2604-2612.

[80] 苏培. 新型人工电磁表面的研究及其在隐身中的应用 [D]. 南京：南京航空航天大学, 2016.

[81] Paquay M, Iriarte J C, Ederra I, et al. Thin AMC structure for radar cross-section reduction [J]. IEEE Transactions on Antennas and Propagation, 2007, 55 (12): 3630-3638.

[82] Zheng Y, Gao J, Xu L, et al. Ultrawideband and polarization-independent radar-cross-sectional reduction with composite artificial magnetic conductor surface [J]. IEEEAntennas and Wireless Propagation Letters, 2017, 16: 1651-1654.

[83] Samadi F, Sebak A. Wideband, very low RCS engineered surface with a wide incident angle stability [J]. IEEE Transactions on Antennas and Propagation, 2020, 69 (3): 1809-1814.

[84] Huang C, Ji C, Wu X, et al. Combining FSS and EBG surfaces for high-efficiency transmission and low-scattering properties [J]. IEEE Transactions on Antennas and Propagation, 2018, 66 (3): 1628-1632.

[85] Zhou L, Shen Z. Hybrid frequency-selective rasorber with low-frequency diffusion and high-frequency absorption [J]. IEEE Transactions on Antennas and Propagation, 2020, 69 (3): 1469-1476.

[86] Yuan J, Liu S, Bian B, et al. A novel high-selective bandpass frequency selective surface with multiple transmission zeros [J]. Journal of Electromagnetic Waves and Applications, 2014, 28 (17): 2197-2209.

[87] Li B, Shen Z. Synthesisof quasi-elliptic bandpass frequency-selective surface using cascaded loop arrays [J]. IEEE Transactions on Antennas and Propagation, 2013, 61 (6): 3053-3059.

[88] Ma X, Wan G, Zhang W, et al. Synthesis of second-order wide-passband frequency selective surface using double-periodic structures [J]. IET Microwaves, Antennas & Propagation, 2019, 13 (3): 373-379.

[89] Li B, Shen Z. Three-dimensional dual-polarized frequency selective structure with wide out-of-band rejection [J]. IEEE Transactions on Antennas and Propagation, 2013, 62 (1): 130-137.

[90] Abadi S M A M H, Li M, Behdad N. Harmonic-suppressed miniaturized-elementfrequency selective surfaces with higher order bandpass responses [J]. IEEE Transactions on Antennas and Propagation, 2014, 62 (5): 2562-2571.

[91] Liu N, Sheng X, Zhang C, et al. Design and synthesis of band-pass frequency selective surface with wideband rejection and fast roll-off characteristics for radome applications [J]. IEEE Transactions on Antennas and Propagation, 2019, 68 (4): 2975-2983.

[92] Ma Y, Wu W, Yuan Y, et al. A high-selective frequency selective surface with hybrid unit cells [J]. IEEE Access, 2018, 6: 75259-75267.

[93] Deng F, Yi X Q, Wu W J. Design and performance of a double-layer miniaturized-element frequency selective surface [J]. IEEE Antennas and Wireless Propagation Letters, 2013, 12: 721-724.

[94] Zahir Joozdani M, Khalaj Amirhosseini M, Abdolali A. Wideband radar cross-section reduction of patch array antenna with miniaturised hexagonal loop frequency selective surface [J]. Electronics Letters, 2016, 52 (9): 767-768.

[95] 王兵. 面电阻型宽频超材料吸波器的研究 [D]. 西安：西北工业大学, 2015.

[96] 梅鹏. 宽带结构式电磁吸波器及其天线中的应用研究 [D]. 成都：电子科技大学, 2018.

[97] Salisbury W W. Absorbent body for electromagnetic waves: 2599944 [P]. 1952-06-10.

[98] Costa F, Monorchio A, Manara G. Analysis and design of ultra thin electromagnetic absorbers comprising resistively loaded high impedance surfaces [J]. IEEE Transactions on Antennas and Propagation, 2010, 58 (5): 1551-1558.

[99] Lin X Q, Mei P, Zhang P C, et al. Development of aresistor-loaded ultrawideband absorber with antenna reciprocity [J]. IEEE Transactions on Antennas and Propagation, 2016, 64 (11): 4910-4913.

[100] Costa F, Monorchio A. A frequency selective radome with wideband absorbing properties [J]. IEEE Transactions on Antennas and Propagation, 2012, 60 (6): 2740-2747.

[101] Yuan X J, Yuan X F. A transmissive/absorbing radome with double absorbing band [J]. Microwave and Optical Technology Letters, 2016, 58 (8): 2016-2019.

[102] Yi B, Liu P, Yang C, et al. Analysis of absorptive and transmissive radome [C]//2015 IEEE 6th International Symposium on Microwave, Antenna, Propagation, and EMC Technologies (MAPE). IEEE, 2015: 616-619.

[103] Mei P, Lin X Q, Yu J W, et al. A low radar cross section and low profile antenna co-designed with absorbent frequency selective radome [J]. IEEE Transactions on Antennas and Propagation, 2017, 66 (1): 409-413.

[104] Yu W, Luo G Q, Yu Y, et al. Broadband band-absorptive frequency-selective rasorber with a hybrid 2-D and 3-D structure [J]. IEEE Antennas and Wireless Propagation Letters, 2019, 18 (8): 1701-1705.

[105] Chen Q, Yang S, Bai J, et al. Design of absorptive/transmissive frequency-selective surface based on parallel resonance [J]. IEEE Transactions on Antennas and Propagation, 2017, 65 (9): 4897-4902.

[106] Ding Y, Li M, Su J, et al. Ultrawideband frequency-selective absorber designed with an adjustable and highly selective notch [J]. IEEE Transactionson Antennas and Propagation, 2020, 69 (3): 1493-1504.

[107] Saxena G, Kumar S, Chintakindi S, et al. Metasurface instrumented high gain and low RCS X-band circularly polarized MIMO antenna for IoT over satellite application [J]. IEEE Transactions on Instrumentation and Measurement, 2023, 72: 1-10.

[108] Pors A, NielsenM G, Eriksen R L, et al. Broadband focusing flat mirrors based on plasmonic gradient metasurfaces [J]. Nano Letters, 2013, 13 (2): 829-834.

[109] Li X, Xiao S, Cai B, et al. Flat metasurfaces to focus electromagnetic waves in reflection geometry [J]. Optics Letters, 2012, 37 (23): 4940-4942.

[110] Aieta F, Genevet P, Kats M A, et al. Aberration-free ultrathin flat lensesand axicons at telecom wavelengths based on plasmonic metasurfaces [J]. Nano Letters, 2012, 12 (9): 4932-4936.

[111] Li H, Wang G, Liang J, et al. Single-layer focusing gradient metasurface for ultrathin planar lens antenna application [J]. IEEE Transactions on Antennas and Propagation, 2016, 65 (3): 1452-1457.

[112] Sun S, Yang K Y, Wang C M, et al. High-efficiency broadband anomalous reflection by gradient meta-surfaces [J]. Nano Letters, 2012, 12 (12): 6223-6229.

[113] Ni X, Emani N K, Kildishev A V, et al. Broadband light bending with plasmonic nanoantennas [J]. Science, 2012, 335 (6067): 427.

[114] Sun S, He Q, Xiao S, et al. Gradient-index meta-surfaces as a bridge linking propagating waves and surface waves [J]. Nature Materials, 2012, 11 (5): 426-431.

[115] Sanada A, Caloz C, Itoh T. Planar distributed structures with negative refractive index [J]. IEEE Transactions on Microwave Theory and Techniques, 2004, 52 (4): 1252-1263.

[116] Veselago V G. The electrodynamics of substances with simultaneously negative values of and μ [J]. Soviet Physics Uspekhi, 1967, 92 (3): 517-526.

[117] Pendry J B. Negative refraction makes a perfect lens [J]. Physical Review Letters, 2000, 85 (18): 3966.

[118] Enoch S, Tayeb G, Sabouroux P, et al. A metamaterial for directive emission [J]. Physical Review Letters, 2002, 89 (21): 213902.

[119] Wu Q, Pan P, Meng F Y, et al. A novel flat lens horn antenna designed based on zero refraction principle of metamaterials [J]. Applied Physics A, 2007, 87: 151-156.

[120] Pan Y M, Hu P F, Zhang X Y, et al. A low-profile high-gain and wideband filtering antenna with metasurface [J]. IEEE Transactions on Antennas and Propagation, 2016, 64 (5): 2010-2016.

[121] Feresidis A P, Vardaxoglou J C. High gain planar antenna using optimised partially reflective surfaces [J]. IEE Proceedings-Microwaves, Antennas and Propagation, 2001, 148 (6): 345-350.

[122] Feresidis A P, Goussetis G, Wang S, et al. Artificial magnetic conductor surfaces and their application to low-profile high-gain planar antennas [J]. IEEE Transactions on Antennas and Propagation, 2005, 53 (1): 209-215.

[123] Guérin N, Enoch S, Tayeb G, et al. A metallic Fabry-Perot directive antenna [J]. IEEE Transactions on Antennas and Propagation, 2006, 54 (1): 220-224.

[124] Weily A R, Bird T S, Guo Y J. A reconfigurable high-gain partially reflecting surface antenna [J]. IEEE Transactions on Antennas and Propagation, 2008, 56 (11): 3382-3390.

[125] Foroozesh A, Shafai L. Investigation into the effects of the patch-type FSS superstrate on the high-gain cavity resonance antenna design [J]. IEEE Transactions on Antennas and Propagation, 2009, 58 (2): 258-270.

[126] Xu H X, Wang G M, Tao Z, et al. An octave-bandwidth half Maxwell fish-eye lens antenna using three-dimensional gradient-index fractal metamaterials [J]. IEEE Transactions on Antennas and Propagation, 2014, 62 (9):

4823-4828.

[127] Mateo-Segura C, Dyke A, Dyke H, et al. Flat Luneburg lens via transformation optics for directive antenna applications [J]. IEEE Transactions on Antennas and Propagation, 2014, 62 (4): 1945-1953.

[128] Abdelrahman A H, Elsherbeni A Z, Yang F. Transmitarray antenna design using cross-slot elements with no dielectric substrate [J]. IEEE Antennas and Wireless Propagation Letters, 2014, 13: 177-180.

[129] Padilla W J, Aronsson M T, Highstrete C, et al. Electrically resonant terahertz metamaterials: Theoretical and experimental investigations [J]. Physical Review B—Condensed Matter and Materials Physics, 2007, 75 (4): 041102.

[130] Zhang F, Houzet G, Lheurette E, et al. Negative-zero-positive metamaterial with omega-type metal inclusions [J]. Journal of Applied Physics, 2008, 103 (8): 084312.

[131] Ge Y, Esselle K P, Bird T S. A method to design dual-band, high-directivity EBG resonator antennas using single-resonant, single-layer partially reflective surfaces [J]. Progress in Electromagnetics Research C, 2010, 13: 245-257.

[132] Gagnon N, Petosa A, McNamara D A. Printed hybrid lens antenna [J]. IEEE Transactions on Antennas and Propagation, 2012, 60 (5): 2514-2518.

[133] Hum S V, Perruisseau-Carrier J. Reconfigurable reflectarrays and array lenses for dynamic antenna beam control: A review [J]. IEEE Transactions on Antennas and Propagation, 2013, 62 (1): 183-198.

[134] Wang L, Huang X, Li M, et al. Chirality selective metamaterial absorber with dual bands [J]. Optics Express, 2019, 27 (18): 25983-25993.

[135] Gou Y, Ma H F, Wang Z X, et al. Dual-band chiral metasurface for independent controls of spin-selective reflections [J]. Optics Express, 2022, 30 (8): 12775-12787.

[136] Tang H, Rosenmann D, Czaplewski D A, et al. Dual-band selective circular dichroism in mid-infrared chiral metasurfaces [J]. Optics Express, 2022, 30 (11): 20063-20075.

[137] Naseri P, Matos S A, Costa J R, et al. Dual-band dual-linear-to-circular polarization converter in transmission mode application to band satellite communications [J]. IEEE Transactions on Antennas and Propagation, 2018, 66 (12): 7128-7137.

[138] Yang P, Dang R, Li L. Dual-linear-to-circular polarization converter based polarization-twisting metasurface antenna for generating dual band dual circularly polarized radiation in Ku-band [J]. IEEE Transactions on Antennas and Propagation, 2022, 70 (10): 9877-9881.

[139] Khan M I, Chen Y, Hu B, et al. Multiband linear and circular polarization rotating metasurface based on multiple plasmonic resonances for C, X and K band applications [J]. Scientific Reports, 2020, 10 (1): 17981.

[140] Shah S M Q A, Shoaib N, Ahmed F, et al. A multiband circular polarization selective metasurface for microwave applications [J]. Scientific Reports, 2021, 11 (1): 1774.

第七章　超材料隐身

第一节　引　　言

　　隐身技术，旨在通过削减军事目标或武器装备的信号特征，在战场上增加其隐蔽性，使其难以被侦测、辨识、追踪和攻击。现代电子对抗中，隐身技术扮演着至关重要的角色，其关键在于研究如何减小目标在各种侦测手段（如电磁波、声波和可见光）下被发现和跟踪的可能性。这一技术旨在确保目标能够避免被捕获，或者至少大幅度减少被探测的距离。在战场上，武器装备和作战人员的生存和突防能力直接取决于隐身技术的质量，进而直接影响战争结果。因此，隐身技术的研究和应用至关重要。

　　隐身技术可分为三种类型：外形赋形、隐身材料和有源对消。外形赋形改变目标结构，引导雷达回波朝向探测威胁较小的方向，减少被发现的可能性，但并不减弱回波总能量。然而，仅仅依赖外形赋形难以达到最佳效果，因为气动性能等因素会影响其效果。隐身材料填补了这一缺陷，包括雷达、红外和声学隐身材料，它们降低了目标在雷达、红外等方面的特征峰值从而抑制不规则反射以实现隐身。有源消隐技术作为未来隐身战术的关键技术之一，通过在目标装置有源设备，使得入射波与目标反射波的相互作用来产生消隐波，从而实现隐身效果。由于有源技术需要系统级设计，此处不做过多说明。总的来看，隐身材料被认为是隐身技术的核心，其性能直接影响外观修改技术的可行性，一直以来都备受关注。

　　随着技术探索的深入，对隐身技术的研究方向也在不断演变。不同于过去主要依靠单一的雷达或红外等传统方式，如今的探测技术已经向多频谱、多角度及多层面发展。如红外与雷达的联合探测以及声波与雷达的结合，在多领域中被广泛采用，极大地推动了多物理场新型隐身技术的迅速演进。为了降低目标在某些易产生强散射的部位的雷达散射截面积（RCS），采用了如金属镀膜和弧面设计的飞机座舱玻璃等结构设计方法来实现隐身效果。然而，由于探测设备的灵敏度不断增强，单纯的结构设计已无法满足侦察需求，因此对玻璃的隐身设计也在不断提升以增强雷达隐身性能。由于传统隐身材料受到其体系的限制，难以快速适应不断增长的隐身需求，因此近年来其发展相对缓慢。然而超材料凭借其独特的电磁特性和可灵活精确设计，为隐身技术的创新和进步注入了新的活力。

　　2006年，Pendry团队基于麦克斯韦方程空间坐标变换不变性，通过设计调整材料的本构参数，形成一种称为隐身套的装置，这种巧妙设计的材料套可以将隐身目标包裹其中，它可以掌控电磁波的传输方式，使外部观察者看不见内部的目标。我们称之为超材料透波隐身技术，它能够完美地达到隐身效果，而不会引发散射波，也不会在目标周围形成电磁波"阴影"。该技术依赖透波机制，只有利用超材料才能实现。因此，我们将能够实现该技术的结构称作超材料隐身装置。

2006年提出了变换光学的概念[13-14]，超材料的出现为精确控制电磁波传播带来了可能性。许多新颖的超材料功能器件在这项技术的推动下应运而生，包括微波隐身装置、宽频二维地面隐身衣、人工电磁吸收体、电磁视觉欺骗器以及超高分辨率成像增强透镜等，从而进一步推进了电磁超材料领域的发展。

通常单靠改变外观设计难以有效地降低目标的RCS，因此对吸收材料的研究变得至关重要。目前，将吸波材料与目标的外形设计相结合，已经被证明是一种有效的方法，可以显著减少目标的雷达散射截面积。1952年，Salisbury在MIT辐射实验室首次创造了一种物理吸波构造，并以其名字命名。随后，Jaumann吸波器和电路模拟吸波器相继问世。这些吸波物质被称作雷达吸波材料（Radar Absorbing Material，RAM）。与透波隐身技术相比，基于吸波超材料的隐身技术具有不同之处。设计的目标是开发一种材料能有效地吸收入射电磁波，并将其转化为热能或其他形式的能量进行耗散。通过微观结构的优化，信号的反射和散射可被显著降低，从而达到隐身的效果。关键在于达到宽带和高效率的吸收，并尽可能减少材料的厚度和重量。在雷达波段，这项技术已经取得了显著进展，为军事和民用领域提供了新的隐身解决方案。

虽然超材料为操控电磁波提供了强大工具，但其调控取决于空间中折射率的变化累积效应。这意味着常见的超材料通常是较厚的三维结构，存在高损耗和复杂加工装配等挑战，特别是在太赫兹和光波等高频段。与现有系统集成和融合三维超材料相当困难，这严重妨碍了其进一步发展和实际应用。超表面是一类二维的超材料，通过在表面上精密排布微小结构，实现对入射波的精确控制，包括反射、折射乃至相位和极化的调节。

超表面的运用能够灵活地调控电磁波的传播和散射，有效地减少了探测隐身物体的概率，因此在现代电子战中扮演着至关重要的角色。基于超表面实现的隐身装置主要有隐身衣、吸波器和随机表面。超表面隐身衣利用超表面的相位调节特性，精准控制目标的散射特性以实现几乎完美的反射效果。相较于基于等效介质的超材料隐身技术，其具备更高的灵活性和制造便利性，只需调整电磁波的反射相位即可实现隐身效果。超表面吸波器通过其单元的强烈谐振作用，把电磁波转换成热能，有效地减少回波。与吸波器相比，随机散射表面通过无序排列超表面单元，使电磁波的回波在多个方向上散射，从而显著降低目标的RCS。

隐身技术旨在通过减少、抑制、吸收或改变雷达回波的强度，减小目标的RCS，以在特定区域内降低敌方雷达的侦测与识别概率。根据雷达系统的原理，最大探测距离可以表示为

$$R_{\max} = \left[\frac{P_t G_t^2 \lambda^2 \sigma}{(4\pi)^3 P_{\min}} \right]^{1/4}$$

其中：P_t、G_t为雷达发射功率和天线增益；λ为波长；$P_{\min}$代表雷达接收机的最小可检测信号功率；σ为被探测目标的RCS。

RCS是衡量雷达回波强度的物理量，以平方米为单位，并以对数形式表示：

$$\sigma_{\mathrm{dBsm}} = 10\lg\sigma_{\mathrm{m}^2}$$

降低RCS的方法主要有两种：一是改变目标外形设计，以减少在雷达主要威胁方向上的反射面积；二是使用雷达吸波材料（RAM）吸收和减弱入射雷达波，从而减少

反射信号。雷达吸波材料通过吸收和减弱入射电磁波，将电磁能转换成其他形式的能量进行耗散，或通过干涉原理实现电磁波的相互抵消。这些材料根据其损耗机制主要分为电性损耗和磁性损耗两大类，电性损耗可细分为电阻性损耗与介电损耗。随着超材料技术的发展，雷达吸波材料领域取得了显著的创新和发展。超材料以其出色的损耗特性和频率响应能力，在雷达隐身技术中扮演核心角色，广泛应用于电磁隐身、电磁兼容性、军事通信及电子对抗等多个重要领域。与传统隐身材料相比，超材料因其卓越的电磁特性和灵活的设计方案，在科学研究中持续占据核心地位，大幅推动了隐身技术的快速发展。

第二节　基于变换光学的超材料隐身

一、坐标变换理论

超材料隐身套设计的基本方法为坐标变换理论（Coordinate Transformation Theory），并最终发展为变换光学的一般理论。简单讲，坐标变换理论，就是从麦克斯韦方程的形式不变性出发，通过引入空间形变的概念，将电磁波波线的弯曲与空间形变等效起来，从而在材料的本构参数和空间形变之间建立一种对应关系。通过这种对应关系，在设计变换光学器件时，只要已知器件对波线的变换效果，就可以在数学上建立原有波线的位置坐标与变换后波线的位置坐标之间的映射，进而通过坐标变换方法求得器件的材料参数。

1. 光学空间的正交变换

在真空中（不考虑相对论效应），电磁波沿直线传播，可以将这样的空间理解为光学意义上的平直空间。在介质或限制结构中，电磁波波线可能发生弯曲，因而这样的空间可等效为光学意义上的扭曲空间。两种光学空间可以通过扭曲变换来实现相互转化，在数学上则可以通过坐标变换的方法来描述。

空间的扭曲变换在形式上具有任意性，可能简单，也可能复杂；其中最简单的一种就是正交变换。正交变换具有简单性和应用上的重要性，下面首先来介绍它。

不失一般性，我们用笛卡儿坐标系 $C(z,y,z)$ 来描述原空间，用一般正交曲线坐标系 $S'(u,v,w)$ 来描述新空间。限定 $C \to S'$ 的变换为正交变换

$$x=x(u,v,w),\quad y=y(u,v,w),\quad z=z(u,v,w) \tag{7-1}$$

并定义相应的 Iamé 系数为 $L_i(i=u,v,w)$

$$\begin{cases} L_u = \left[\left(\dfrac{\partial x}{\partial u}\right)^2 + \left(\dfrac{\partial y}{\partial u}\right)^2 + \left(\dfrac{\partial z}{\partial u}\right)^2\right]^{\frac{1}{2}} \\ L_v = \left[\left(\dfrac{\partial x}{\partial v}\right)^2 + \left(\dfrac{\partial y}{\partial v}\right)^2 + \left(\dfrac{\partial z}{\partial v}\right)^2\right]^{\frac{1}{2}} \\ L_w = \left[\left(\dfrac{\partial x}{\partial w}\right)^2 + \left(\dfrac{\partial y}{\partial w}\right)^2 + \left(\dfrac{\partial z}{\partial w}\right)^2\right]^{\frac{1}{2}} \end{cases} \tag{7-2}$$

法拉第电磁感应定律在曲线坐标系 $S'(u,v,w)$ 中可表示为

$$\nabla' \times \boldsymbol{E}' = -\frac{\partial}{\partial t}\boldsymbol{B}' \tag{7-3}$$

写成行列式

$$\begin{vmatrix} \hat{u} & \hat{v} & \hat{w} \\ \dfrac{1}{L_u}\times\dfrac{\partial}{\partial u} & \dfrac{1}{L_v}\times\dfrac{\partial}{\partial v} & \dfrac{1}{L_w}\times\dfrac{\partial}{\partial w} \\ E_u & E_v & E_w \end{vmatrix} = -\frac{\partial}{\partial t}\mu_0 \boldsymbol{\mu}'_r H' \tag{7-4a}$$

即

$$\frac{1}{L_u L_v L_w}\begin{vmatrix} L_u\hat{u} & L_v\hat{v} & L_w\hat{w} \\ \dfrac{\partial}{\partial u} & \dfrac{\partial}{\partial v} & \dfrac{\partial}{\partial w} \\ L_u E_u & L_v E_v & L_w E_w \end{vmatrix} = -\frac{\partial}{\partial t}\mu_0 \boldsymbol{\mu}'_r H' \tag{7-4b}$$

记 S' 系的基矢为 $(\hat{u},\hat{v},\hat{w})$，将坐标变换下的本构关系代入式（7-4b），可得分量形式为

$$\begin{cases} \left(\dfrac{\partial}{\partial v}E'_w - \dfrac{\partial}{\partial w}E'_v\right)\hat{u} = -\dfrac{\partial}{\partial t}\mu_0\mu_u \dfrac{L_u L_v L_w}{L_u^2}H'_u\hat{u} \\ \left(\dfrac{\partial}{\partial u}E'_w - \dfrac{\partial}{\partial w}E'_u\right)\hat{v} = \dfrac{\partial}{\partial t}\mu_0\mu_v \dfrac{L_u L_v L_w}{L_v^2}H'_v\hat{v} \\ \left(\dfrac{\partial}{\partial u}E'_v - \dfrac{\partial}{\partial v}E'_u\right)\hat{w} = -\dfrac{\partial}{\partial t}\mu_0\mu_w \dfrac{L_u L_v L_w}{L_w^2}H'_w\hat{w} \end{cases} \tag{7-5}$$

假设某各向异性介质在笛卡儿系 C 中的本构参数为

$$\boldsymbol{\varepsilon}_r = \begin{bmatrix} \varepsilon_x & 0 & 0 \\ 0 & \varepsilon_y & 0 \\ 0 & 0 & \varepsilon_z \end{bmatrix}, \quad \boldsymbol{\mu}_r = \begin{bmatrix} \mu_x & 0 & 0 \\ 0 & \mu_y & 0 \\ 0 & 0 & \mu_z \end{bmatrix} \tag{7-6}$$

则法拉第电磁感应定律在 C 系中可表示为

$$\begin{cases} \left(\dfrac{\partial}{\partial y}E_z - \dfrac{\partial}{\partial z}E_y\right)\hat{x} = -\dfrac{\partial}{\partial t}\mu_0\mu_x H_x\hat{x} \\ \left(\dfrac{\partial}{\partial x}E_z - \dfrac{\partial}{\partial z}E_x\right)\hat{y} = \dfrac{\partial}{\partial t}\mu_0\mu_y H_y\hat{y} \\ \left(\dfrac{\partial}{\partial x}E_y - \dfrac{\partial}{\partial y}E_x\right)\hat{z} = -\dfrac{\partial}{\partial t}\mu_0\mu_z H_z\hat{z} \end{cases} \tag{7-7}$$

如果由式（7-6）描述的介质空间在光学意义上发生了扭曲，并且这种扭曲通过坐标系的变换，即 $C \to S'$ 的变换来描述，则两种光学空间（原介质空间和新介质空间）之间的本构参数变换就可以利用麦克斯韦方程的形式不变性得到。于是，新光学空间的相对磁导率为

$$\boldsymbol{\mu}_r' = L_u L_v L_w \begin{bmatrix} \frac{1}{L_u^2} & 0 & 0 \\ 0 & \frac{1}{L_v^2} & 0 \\ 0 & 0 & \frac{1}{L_w^2} \end{bmatrix} \boldsymbol{u}_r \tag{7-8}$$

同理，由安培定理，可得相对介电常数在两个光学空间之间的变换关系为

$$\boldsymbol{\varepsilon}_r' = L_u L_v L_w \begin{bmatrix} \frac{1}{L_u^2} & 0 & 0 \\ 0 & \frac{1}{L_v^2} & 0 \\ 0 & 0 & \frac{1}{L_w^2} \end{bmatrix} \boldsymbol{\varepsilon}_r \tag{7-9}$$

可以看出，式（7-8）和式（7-9）描述的本构参数变换具有一般性，即原光学空间并不局限于平直空间，可以是具有一定介质分布的扭曲空间（取决于式（7-6）的具体形式）。特别地，当 $\varepsilon_x = \varepsilon_y = \varepsilon_z = 1$，且 $\mu_x = \mu_y = \mu_z = 1$ 时，式（7-8）和式（7-9）恰好描述的是平直空间到扭曲空间的本构参数变换关系。

2. 光学空间的一般变换

坐标变换理论并不局限于正交变换，基于麦克斯韦方程的形式不变性原理，可以建立光学空间坐标变换的一般形式。由于笛卡儿坐标系是一种典型的坐标变换工具，直观且容易理解，适于复杂形状变换光学器件材料特性的计算。特别地，基于笛卡儿坐标来表达的本构参数在数值设计中也更加方便。因此，在下面的推导中，我们采用笛卡儿坐标系，并约定新、旧坐标分别用带撇号和不带撇号来区分。

麦克斯韦方程组的 Minkowski 形式为

$$F_{\alpha\beta,\mu} + F_{\beta\mu,\alpha} + F_{\mu\alpha,\beta} = 0 \tag{7-10}$$

$$G_\alpha^{\alpha\beta} = J^\beta \tag{7-11}$$

式中：$\boldsymbol{F}_{\alpha\beta}$ 为电场强度与磁感应强度；$\boldsymbol{G}^{\alpha\beta}$ 为电位移矢量与磁场强度；$\boldsymbol{J}^\beta$ 为电流源向量，其分量分别为

$$(\boldsymbol{F}_{\alpha\beta}) = \begin{bmatrix} 0 & E_1 & E_2 & E_3 \\ -E_1 & 0 & -cB_3 & cB_2 \\ -E_2 & cB_3 & 0 & -cB_1 \\ -E_3 & -cB_2 & cB_1 & 0 \end{bmatrix} \tag{7-12a}$$

$$(\boldsymbol{G}^{\alpha\beta}) = \begin{bmatrix} 0 & -cD_1 & -cD_2 & -cD_3 \\ cD_1 & 0 & -H_3 & H_2 \\ cD_2 & H_3 & 0 & -H_1 \\ cD_3 & -H_2 & H_1 & 0 \end{bmatrix} \tag{7-12b}$$

$$(\boldsymbol{J}^\beta) = \begin{bmatrix} c\rho \\ J_1 \\ J_2 \\ J_3 \end{bmatrix} \tag{7-12c}$$

设空时坐标向量为$(\boldsymbol{x}^\alpha) = (ct, x, y, z)$，与空间拓扑有关的所有信息均包含在本构关系中

$$\boldsymbol{G}^{\alpha\beta} = \frac{1}{2}\boldsymbol{C}^{\alpha\beta\mu\nu}\boldsymbol{F}_{\mu\nu} \tag{7-13}$$

式中：$\boldsymbol{C}^{\alpha\beta\mu\nu}$为本构张量，表征材料的电磁特性，如介电常数、磁导率和双各向异性。

由于张量密度$\boldsymbol{C}^{\alpha\beta\mu\nu}$的权值为+1，所以

$$\boldsymbol{C}^{\alpha'\beta'\mu'\nu'} = |\det(\boldsymbol{\Lambda}^{\alpha'}_{\alpha})|^{-1}\boldsymbol{\Lambda}^{\alpha'}_{\alpha}\boldsymbol{\Lambda}^{\beta'}_{\beta}\boldsymbol{\Lambda}^{\mu'}_{\mu}\boldsymbol{\Lambda}^{\nu'}_{\nu}\boldsymbol{C}^{\alpha\beta\mu\nu} \tag{7-14}$$

在坐标变换中，假设雅可比矩阵为

$$\boldsymbol{\Lambda}^{\alpha'}_{\alpha} = \frac{\partial x^{\alpha'}}{\partial x^\alpha} \tag{7-15}$$

如果考虑坐标变换仅限于时不变情况，则材料的介电常数和磁导率分别为独立的张量，因而有

$$\boldsymbol{\varepsilon}_r^{i'j'} = |\det(\boldsymbol{\Lambda}^{i'}_{i})|^{-1}\boldsymbol{\Lambda}^{i'}_{i}\boldsymbol{\Lambda}^{j'}_{j}\boldsymbol{\varepsilon}_r^{ij} \tag{7-16a}$$

$$\boldsymbol{\mu}_r^{i'j'} = |\det(\boldsymbol{\Lambda}^{i'}_{i})|^{-1}\boldsymbol{\Lambda}^{i'}_{i}\boldsymbol{\Lambda}^{j'}_{j}\boldsymbol{\mu}_r^{ij} \tag{7-16b}$$

式中：i、j、i'、j'均取1、2、3。

式（7-16）是在笛卡儿坐标系中进行坐标变换，导出材料本构参数的一般形式，在建立变换光学器件的数值模型以及工程化设计中，有很高的应用价值。需要说明的是，这一变换关系在其他类型的坐标系中也是成立的。

二、无限长圆柱体隐身特性理论与计算

基于坐标变换结论，设定导体层外超常介质层本构参数。由于麦克斯韦方程具有坐标变换不变性，因而仅超常介质层的介电常数和磁导率会发生变化。首先，通过麦克斯韦方程和介质层的本构参数，计算得到超常介质层中的电磁场通解；然后，结合介质层的内外边界条件，计算得到平面波或柱面波激励下的电磁场通解展开系数；最后，计算得到无限长圆柱体在电磁波激励下的电场分布，并研究其隐身效果。

1. 无限长圆柱体隐身特性分析

1）介质层中电磁场通解的推导

设理想无限长导体柱以z轴为轴线放置，内层导体柱半径为R_1，超常媒质层厚度为(R_2-R_1)，超常媒质层外侧为自由空间，其本构参数为(ε_0, μ_0)。Pendry等人指出，当超常媒质层的本构参数张量满足如下关系时，将起到对导体柱隐身的效果：

$$\begin{bmatrix} \bar{\bar{\varepsilon}} \\ \bar{\bar{\mu}} \end{bmatrix} = \begin{bmatrix} \varepsilon_0 \\ \mu_0 \end{bmatrix}\left(\frac{\rho-R_1}{\rho}\hat{\rho}\hat{\rho} + \frac{\rho}{\rho-R_1}\hat{\varphi}\hat{\varphi} + \left(\frac{R_2}{R_2-R_1}\right)^2\frac{\rho-R_1}{\rho}\hat{z}\hat{z}\right) \tag{7-17}$$

由于介质层中为无源空间，因此基于麦克斯韦方程组，可以得到介质层中的波动方程，其中介电常数和磁导率均为张量：

$$\nabla \times \begin{bmatrix} \bar{\bar{\mu}}^{-1} \\ \bar{\bar{\varepsilon}}^{-1} \end{bmatrix} \cdot \nabla \times \begin{bmatrix} E^c \\ H^c \end{bmatrix} - \omega^2 \begin{bmatrix} \bar{\bar{\varepsilon}} \\ \bar{\bar{\mu}} \end{bmatrix} \cdot \begin{bmatrix} E^c \\ H^c \end{bmatrix} = 0 \qquad (7-18)$$

式中：E^c、H^c 为介质层中的电磁场；ω 为角频率。

在柱坐标系下，很容易提取 z 向分量，因此经过代数运算，可以得到如下形式的波动方程：

$$\left[\left(\frac{R_2}{R_2-R_1}\right)^2 k_0^2 + \frac{1}{(\rho-R_1)} \frac{\partial}{\partial \rho}\left[(\rho-R_1)\frac{\partial}{\partial \rho}\right] + \frac{1}{(\rho-R_1)^2} \frac{\partial^2}{\partial \varphi^2} + \left(\frac{R_2}{R_2-R_1}\right)^2 \frac{\partial^2}{\partial z^2}\right] E_z^c = 0 \qquad (7-19)$$

式中：$k_0 = \omega\sqrt{\mu_0 \varepsilon_0}$ 为自由空间波数。

设 $E_z^c = E_z^c(\rho) E_z^c(\varphi) E_z^c(z)$，其中 $E_z^c(\varphi) = \mathrm{e}^{-jn\varphi}$，$E_z^c(z) = \mathrm{e}^{jk_z z}$。由分离变量法可以得到，$E_z^c(\rho)$ 为以下方程的解：

$$\left[\frac{1}{(\rho-R_1)} \frac{\partial}{\partial \rho}\left[(\rho-R_1)\frac{\partial}{\partial \rho}\right] - \frac{n^2}{(\rho-R_1)^2} + k_\rho^2\right] E_z^c(\rho) = 0 \qquad (7-20)$$

式中：$k_\rho^2 = \left(\dfrac{R_2}{R_2-R_1}\right)^2 (k_0^2 - k_z^2)$。

式（7-20）的解是贝塞尔函数的线性组合：

$$E_z^c = \sum_n \{A_n \mathrm{J}_n[k_\rho(\rho-R_1)] + B_n \mathrm{H}_n^{(1)}[k_r(\rho-R_1)]\} \mathrm{e}^{jn\varphi + jk_z z} \hat{z} \qquad (7-21)$$

式中：$\mathrm{J}_n(\cdot)$ 为 n 阶贝塞尔函数；$\mathrm{H}_n^{(1)}(\cdot)$ 为第一类 n 阶汉开尔函数；A_n 和 B_n 为展开系数。

这样就得到了介质层中 z 向电场分量的通解。接下来将利用 z 向分量，求解场的横向分量，这里的横向分量是相对于 z 向而言的。这样，可将介质层中的波动方程用 z 向分量和横向分量表示：

$$\left(\nabla_s + \hat{z}\frac{\partial}{\partial z}\right) \times (E_s^c(k_\rho,\rho) + \hat{z}E_z^c(k_\rho,\rho)) = j\omega\bar{\bar{\mu}} \cdot (H_s^c(k_\rho,\rho) + \hat{z}H_z^c(k,\rho)) \qquad (7-22a)$$

$$\left(\nabla_s + \hat{z}\frac{\partial}{\partial z}\right) \times (H_s^c(k_\rho,\rho) + \hat{z}H_z^c(k_\rho,\rho)) = -j\omega\bar{\bar{\varepsilon}} \cdot (E_s^c(k_\rho,\rho) + \hat{z}E_z^c(k_\rho,\rho)) \qquad (7-22b)$$

式中：∇_s 为 ∇ 的横向分量。

令式（7-22）中的横向分量对应相等，可得

$$\begin{bmatrix} E_s^c \\ H_s^c \end{bmatrix} = \frac{1}{\omega^2 \bar{\bar{\varepsilon}} \cdot \bar{\bar{\mu}} - k_z^2} \left(\nabla_s \frac{\partial}{\partial z}\begin{bmatrix} E_z^c \\ H_z^c \end{bmatrix} + j\omega\begin{pmatrix} -\bar{\bar{\mu}} \\ \bar{\bar{\varepsilon}} \end{pmatrix} \cdot \hat{z} \times \nabla_s \begin{bmatrix} H_z^c \\ E_z^c \end{bmatrix}\right) \qquad (7-23)$$

经过一些代数运算，可以得到介质层中的横向场分量为

$$E_z^c = \hat{\rho}\frac{\left(jk_z \dfrac{\partial E_z^c}{\partial \rho} - \dfrac{\omega\mu_0 n}{\rho}\dfrac{\rho-R_1}{\rho} H_z^c\right)}{\omega^2 \bar{\bar{\varepsilon}}\!:\!\bar{\bar{\mu}} - k_z^2} + \hat{\varphi}\frac{\left(\dfrac{-k_z n E_z^c}{\rho} - j\omega\mu_0 \dfrac{\rho}{\rho-E_z^c}\right)}{\omega^2 \bar{\bar{\varepsilon}}\!:\!\bar{\bar{\mu}} - k_z^2} \qquad (7-24a)$$

$$H_s^c = \hat{\rho}\frac{\left(jk_z\dfrac{\partial H_z^e}{\partial \rho}+\dfrac{\omega\varepsilon_0 n}{\rho}\dfrac{\rho-R_1}{\rho}E_z^c\right)}{\omega^2\,\overline{\overline{\varepsilon}}:\overline{\overline{\mu}}-k_z^2}+\hat{\varphi}\frac{\left(\dfrac{-k_z n H_z^c}{\rho}+j\omega\varepsilon_0\dfrac{\rho}{\rho-R_1}\dfrac{\partial E_z^c}{\partial \rho}\right)}{\omega^2\,\overline{\overline{\varepsilon}}:\overline{\overline{\mu}}-k_z^2} \qquad (7-24b)$$

至此便得到了介质层中完整的电磁场表达式，但其中 A_n 和 B_n 仍为未知系数。接下来将根据平面波和柱面波激励时的边界条件，求解表达式中的展开系数 A_n 和 B_n。

2) 平面波激励下展开系数的求解

平面波入射情况下，入射场可以表示为

$$\begin{bmatrix}E_z^i\\H_z^i\end{bmatrix}=\sum_n j^{-n}J_n(k_0 r)e^{jn\varphi}e^{jk_z z} \qquad (7-25)$$

由于交界面上存在反射，且反射波的传播方向与入射波的传播方向相反，那么可以将反射波表示为

$$\begin{bmatrix}E_z^s\\H_z^s\end{bmatrix}=\sum_n C_n j^{-n}H_n^{(2)}(k_0 r)e^{jn\varphi}e^{jk_z z} \qquad (7-26)$$

式中：C_n 为未知展开系数。

同样按照式（7-22）~式（7-24）中的步骤，类似地可以得到入射场、反射场的横向分量表达式：

$$E_s^{i,s}=\frac{\hat{r}\left(jk_z\dfrac{\partial E_z^{i,s}}{\partial r}-\dfrac{\omega\mu_0 n}{r}H_z^{i,s}\right)+\hat{\varphi}\left(\dfrac{-k_z n E_z^{i,s}}{r}-j\omega\mu_0\dfrac{\partial H_z^{i,s}}{\partial r}\right)}{\omega^2\varepsilon_0\mu_0-k_z^2} \qquad (7-27a)$$

$$H_s^{i,s}=\frac{\hat{r}\left(jk_z\dfrac{\partial H_z^{i,s}}{\partial r}+\dfrac{\omega\mu_0 n}{r}E_z^{i,s}\right)+\hat{\varphi}\left(\dfrac{-k_z n H_z^{i,s}}{r}+j\omega\mu_0\dfrac{\partial E_z^{i,s}}{\partial r}\right)}{\omega^2\varepsilon_0\mu_0-k_z^2} \qquad (7-27b)$$

(1) 对于内边界，由于内层包覆物体为导体圆柱，根据金属和介质分界面的电磁场切向分量为零这一边界条件，以及贝塞尔函数在其自变量趋近于 0 时的极限，可得

$$B_n=0 \qquad (7-28)$$

(2) 对于外边界，根据介质分界面的电磁场切向值相等这一边界条件，可以求得未知系数 A_n 和 C_n 的表达式为

$$A_n=\frac{J_n(k_0 R_2)\cdot j^{-n}H_n^{(2)}(k_0 R_2)-J_n'(k_0 R_2)\cdot j^{-n}H_n^{(2)}(k_0 R_2)}{J_n'[k_r(R_2-R_1)]\cdot H_n^{(2)}(k_0 R_2)-J_n[k_r(R_2-R_1)]\cdot H_n^{(2)}(k_0 R_2)} \qquad (7-29a)$$

$$C_n=\frac{J_n'(k_0 R_2)\cdot J_n(k_r(R_2-R_1))-J_n(k_0 R_2)\cdot J_n'[k_r(R_2-R_1)]}{J_n'[k_r(R_2-R_1)]\cdot H_n^{(2)}(k_0 R_2)-J_n[k_r(R_2-R_1)]\cdot H_n^{'(2)}(k_0 R_2)} \qquad (7-29b)$$

3) 柱面波激励下展开系数的求解

设圆柱外线电流源所在位置的坐标为 (ρ',ϕ')，平行于圆柱放置，具体如图 7-1 所示。

由线电流源所产生的入射场为

$$E^i(\rho)=-\hat{z}I_e\frac{\omega\mu_0}{4}H_0^{(2)}(k_0|\rho-\rho'|) \qquad (7-30)$$

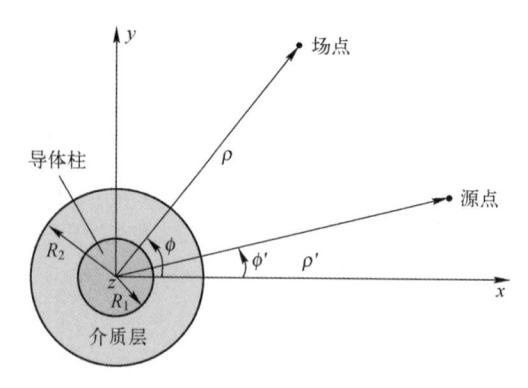

图 7-1 线电流源与模型相对位置示意图

式中：$H_0^{(2)}(\cdot)$ 为第二类零阶汉开尔函数。利用汉开尔函数的加法定理，线电流源产生的入射场可以表示为

$$E^i(\rho,\phi) = -\hat{z}\frac{I_e\omega\mu_0}{4}\begin{cases} n = \sum_{-\infty}^{\infty} J_n(k_0\rho) H_n^{(2)}(k_0\rho') e^{jn(\phi-\phi')}, & \rho \leqslant \rho' \\ n = \sum_{-\infty}^{\infty} J_n(k_0\rho') H_n^{(2)}(k_0\rho) e^{jn(\phi-\phi')}, & \rho \geqslant \rho' \end{cases} \quad (7-31)$$

式中：$J_n(\cdot)$ 为 n 阶贝塞尔函数；$H_n^{(2)}(\cdot)$ 为第二类 n 阶汉开尔函数。

散射场是后向传播的，因此用第二类汉开尔函数展开，散射场可以表示为

$$E^s(\rho,\phi) = -\hat{z}\frac{I_e\omega\mu_0}{4}n = \sum_{-\infty}^{\infty} C_n H_n^{(2)}(k_0\rho) e^{jn(\phi-\phi')}, \quad \rho \geqslant b \quad (7-32)$$

其中的系数 C_n 将通过边界条件求得。通过类似平面波激励情况的推导过程，可得

$$A_n = H_n^{(2)}(k_0\rho') \cdot \frac{I_e\omega\mu_0}{4} \cdot$$
$$e^{-jn(\phi')}\frac{J_n'(k_0R_2)H_n^{(2)}(k_0R_2) - J_n(k_0R_2)H_n^{(2)}(k_0R_2)}{J_n'[k_r(R_2-R_1)]H_n^{(2)}(k_0R_2) - J_n[k_r(R_2-R_1)]H_n^{(2)}(k_0R_2)} \quad (7-33a)$$

$$C_n = H_n^{(2)}(k_0\rho') \cdot$$
$$\frac{J_n[k_r(R_2-R_1)]J_n'(k_0R_2) - J_n'[k_r(R_2-R_1)]J_n(k_0R_2)}{H_n^{(2)}(k_0R_2)J_n'[k_r(R_2-R_1)] - H_n^{(2)'}(k_0R_2)J_n[k_r(R_2-R_1)]} \quad (7-33b)$$

注意在柱面波和平面波激励下，展开系数表达式（7-29）和式（7-33）的形式是一致的，其中的差别仅在于所乘的系数。

在二维情况下，$k_z=0$，进而可将上面求得的反射系数 C_n 进一步化简，得

$$C_n = 0 \quad (7-34)$$

根据上面得到的解析表达式，将利用 Mathematica5.2 对二维空间的电场分布进行计算，包括介质层内和自由空间的电场分布。

2. 无限长圆柱体隐身特性数值计算结果

1）平面波激励情况下的数值计算结果

首先确定模型参数。设导体柱半径 $R_1 = \lambda_0$，包覆介质层后的圆柱半径 $R_2 = 2\lambda_0$，即

358

无耗非均匀各向异性介质层厚度为λ_0,自由空间介电常数$\varepsilon_0=8.854\times10^{-2}(F/m)$,磁导率$\mu_0=4\pi\times10^{-7}(H/m)$。根据给定的参数,用 Mathematica5.2 编程计算,得到的数值结果如图 7-2 所示。

图 7-2 给出了计算得到电场的实部分布图。由图 7-2 可以看出,在平面波激励的情况下,介质层对于内部导体的隐身效果是显而易见的。入射平面波经过介质层的"引导",平滑地绕过了内部导体圆柱,没有造成任何散射而继续传播。这也证明了所求得的平面波激励下电磁场模型解析解的正确性。

2) 柱面波激励情况下的数值计算结果

同平面波情况相类似,首先确定模型参数。设导体柱半径$R_1=0.5\lambda_0$,与平面波激励情况相同,包覆介质层后的圆柱半径$R_2=2\lambda_0$,这里无耗非均匀各向异性介质层厚度为$1.5\lambda_0$,为了方便计算,将线电流源放置在$\rho'=3\lambda_0$的x轴上,因此$\phi'=0$。计算电磁场时需要对求和项进行截断,经验表明当截断数$N_{max}=k_0\rho'+20$时,电磁场的级数求和可以确保收敛。根据给定的参数,用 Mathematica5.2 编程计算,得到的数值结果如图 7-3 所示。

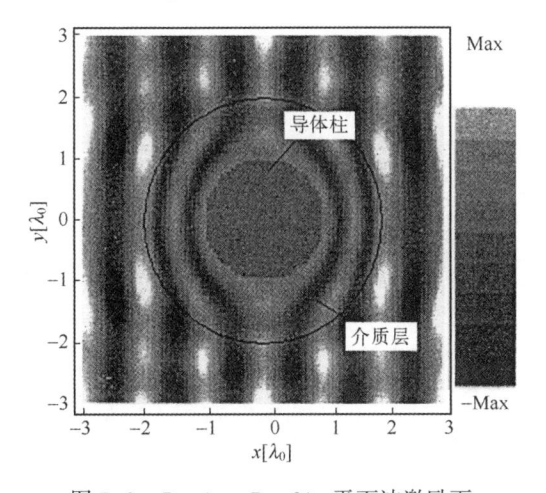

图 7-2 $R_1=\lambda_0$, $R_2=2\lambda_0$ 平面波激励下电场分布图

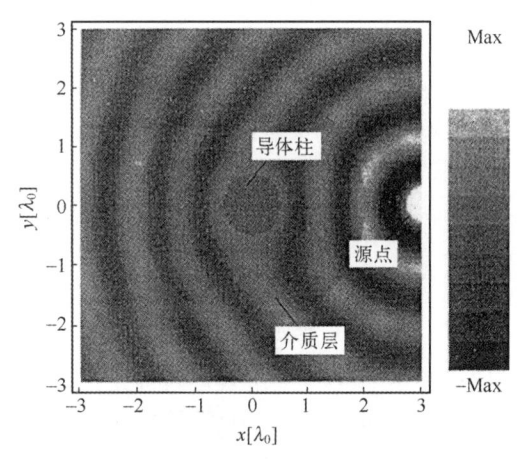

图 7-3 $R_1=0.5\lambda_0$, $R_2=2\lambda_0$, $\rho'=3\lambda_0$ 柱面波激励下电场分布图

图 7-3 给出了计算得到电场的实部分布图。由图 7-3 可以看出,在柱面波激励的情况下,介质层对于内部导体的隐身效果是非常明显的。入射柱面波经过介质层的"引导",绕过了内部导体圆柱,没有形成任何散射,这也证明了求得的柱面波激励下电磁模型解析解的正确性。

三、无限长棱柱体隐身特性理论与计算

1. 无限长棱柱体隐身条件求解

隐身罩的设计是基于坐标变换理论的。其中坐标变换的作用是将一个完整空间变换为一个包绕被隐身物体的壳状空间,同时保持外界空间不变。由于麦克斯韦方程组在坐标变换下具有形式不变性,因此坐标变换仅仅反映在介电常数和磁导率的变化上,即变换后隐身罩介质层的介电常数和磁导率均随空间变化且呈现各向异性,而外界空间中的

介电常数和磁导率由于没有涉及坐标变换，因此没有变化。在隐身罩介质层上应用求得的本构参数张量后，从外面看来，入射电磁波不会受到被隐身物体的干扰，而是在隐身罩的"导引"下，平滑地绕过被隐身物体，不会形成任何散射，这就是基于坐标变换隐身罩设计的基本原理。

在这一部分中，将基于坐标变换理论，推导正 N 边形柱隐身罩材料的本构参数张量。正 N 边形柱显然要复杂于球体、圆柱体等高对称度几何体，限于篇幅，因此中间将省略部分复杂的数学运算，直接给出结果。

在此，设定几个必要的条件假设，以便于进行后续的推导：

(1) 设正 N 边形柱以 z 轴为轴线，则截面正 N 边形位于 x-y 平面内。

(2) 设正 N 边形重心位于原点，原区域范围为 $0 \sim b$，进行坐标变换后区域为 $a \sim b$。

(3) 设正 N 边形始终有一个端点位于 y 轴，且该端点的编号为 1，则顺时针旋转，各个端点编号依次为 $2, 3, \cdots, n, \cdots, N(n \leqslant N)$。

(4) 设由第 n、$n+1$ 号端点 $(n \leqslant N)$ 形成的边，编号为 n，则顺时针旋转，各条边的编号依次为 $2, 3, \cdots, n, \cdots, N$，如图 7-4 所示 $(n \leqslant N)$。

设点 $H(x,y)$ 位于原坐标系中，点 $G(x',y')$ 位于变换坐标系中。点 M 为直线 OG 与多边形的交点。则从原坐标系到新坐标系的坐标变换公式可表示为

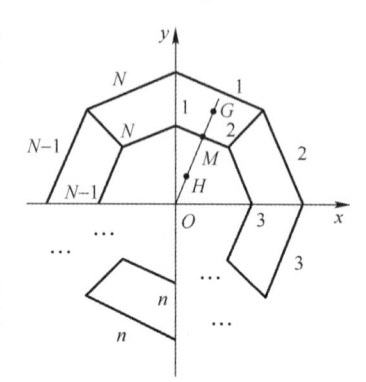

$$r' = \frac{b-a}{b}r + R_1 \tag{7-35}$$

图 7-4 正 N 边形隐身罩示意图

式中：R_1 为 OM 的距离；r 为 OH 的距离；r' 为 OG 的距离。

在这里，内部的正 N 边形可以表示为 N 条边的直线方程组合，而这些直线方程可以通过各个顶点的通解表达式得到，这里涉及需要确定各个端点坐标的通解表达形式，省略中间的推导步骤，直接给出顶点的通解表达式如下：

$$y_n = a\cos\frac{2(n-1)\pi}{N} \tag{7-36a}$$

$$x_n = a\sin\frac{2(n-1)\pi}{N} \tag{7-36b}$$

假设第 n 个端点的坐标为 (x_n, y_n)，则第 n 条边（参见假设 (3)，由第 n、$n+1$ 号端点形成的边，编号为 n）的直线方程为

$$y - y_n = \frac{y_{n+1} - y_n}{x_{n+1} - x_n}(x - x_n) \tag{7-37}$$

将式 (7-36a)、式 (7-36b) 代入式 (7-37) 并化简，可以得到正 N 边形各边直线方程的通解表达式为

$$y - a\cos\frac{2(n-1)\pi}{N} = -\tan\left(\frac{2n-1}{2} \cdot \frac{2\pi}{N}\right)\left[x - a\sin\frac{2(n-1)\pi}{N}\right] \tag{7-38}$$

由于点 M 为直线与正 N 边形的交点，而这里已经求得正 N 边形的直线方程通解表达式，因此可以很简单地求得点 M 的坐标，进而经过一系列的数学运算，可以得到如

下的表达式：

$$\frac{R_1^2}{r^2}=\frac{a^2\cos^2\frac{\pi}{N}}{\left[\cos\left(\frac{2n-1}{2}\cdot\frac{2\pi}{N}\right)y+x\sin\left(\frac{2n-1}{2}\cdot\frac{2\pi}{N}\right)\right]^2} \tag{7-39}$$

由于单位向量在原坐标系和变换坐标系下必须相等，可得

$$\frac{x'}{r'}=\frac{x}{r} \tag{7-40a}$$

$$\frac{y'}{r'}=\frac{y}{r} \tag{7-40b}$$

综合式（7-35），可得

$$\frac{x'}{x}=\frac{r'}{r}=\frac{b-a}{b}+\frac{R_1}{r} \tag{7-41a}$$

$$\frac{y'}{y}=\frac{r'}{r}=\frac{b-a}{b}+\frac{R_1}{r} \tag{7-41b}$$

$$z'=z \tag{7-41c}$$

将式（7-39）代入式（7-41a）、式（7-41b）中，可得

$$\frac{x'}{x}=\frac{y'}{y}=\frac{b-a}{b}+\frac{a\cos\frac{\pi}{N}}{\sqrt{\left[\cos\left(\frac{2n-1}{2}\cdot\frac{2\pi}{N}\right)y+x\sin\left(\frac{2n-1}{2}\cdot\frac{2\pi}{N}\right)\right]^2}} \tag{7-42}$$

由坐标变换理论以及麦克斯韦方程组的形式不变性，则变换后介质的本构参数张量可表示为

$$\begin{bmatrix}\bar{\bar{\varepsilon}}'\\ \bar{\bar{\mu}}'\end{bmatrix}=\frac{\boldsymbol{A}\cdot\boldsymbol{A}^{\mathrm{T}}}{\det(\boldsymbol{A})}\begin{bmatrix}\bar{\bar{\varepsilon}}\\ \bar{\bar{\mu}}\end{bmatrix} \tag{7-43}$$

式中：矩阵 $\boldsymbol{A}$ 为相应的雅可比矩阵，表达式为

$$\boldsymbol{A}=\begin{bmatrix}\dfrac{\partial x'}{\partial x} & \dfrac{\partial x'}{\partial y} & 0\\ \dfrac{\partial y'}{\partial x} & \dfrac{\partial y'}{\partial y} & 0\\ 0 & 0 & 1\end{bmatrix} \tag{7-44}$$

由于原空间为自由空间，因此原空间中的本构参数张量可表示为

$$\begin{bmatrix}\bar{\bar{\varepsilon}}\\ \bar{\bar{\mu}}\end{bmatrix}=\begin{bmatrix}\varepsilon_0\\ \mu_0\end{bmatrix}\cdot\boldsymbol{I} \tag{7-45}$$

式中：ε_0、μ_0 为自由空间中的介电常数和磁导率；$\boldsymbol{I}$ 为单位矩阵。

综合式（7-41）~式（7-44），可以得到坐标变换后相对介电常数、磁导率表达式。限于篇幅，这里省略中间的推导过程，直接给出化简后的相对介电常数、磁导率表达式：

$$\varepsilon_{xx} = \mu_{xx}$$
$$= \left[\frac{\left(xa\cos\frac{\pi}{N}\right)^2}{r_1^4} + \left(\frac{b-a}{b}\right)^2 + 2\frac{b-a}{b}a\cos\frac{\pi}{N}\frac{y\cos\left(\frac{2n-1}{2}\cdot\frac{2\pi}{N}\right)}{r_1\sqrt{r_1^2}} + \right.$$
$$\left. \left(a\cos\frac{\pi}{N}\right)^2 \frac{r_1 - 2x\sin\left(\frac{2n-1}{2}\cdot\frac{2\pi}{N}\right)}{r_1^3} \right] \bigg/ \tag{7-46a}$$
$$\left[\left(\frac{b-a}{b}\right)^2 + \frac{\frac{b-a}{b}a\cos\frac{\pi}{N}}{\sqrt{r_1^2}} \right]$$

$$\varepsilon_{yy} = \mu_{yy} = \left[\frac{\left(ya\cos\frac{\pi}{N}\right)^2}{r_1^4} + \left(\frac{b-a}{b}\right)^2 + 2\frac{b-a}{b}a\cos\frac{\pi}{N}\right.$$
$$\left.\frac{x\sin\left(\frac{2n-1}{2}\cdot\frac{2\pi}{N}\right)}{r_1\sqrt{r_1^2}} + \left(a\cos\frac{\pi}{N}\right)^2 \frac{r_1 - 2y\cos\left(\frac{2n-1}{2}\cdot\frac{2\pi}{N}\right)}{r_1^3} \right] \bigg/ \tag{7-46b}$$
$$\left[\left(\frac{b-a}{b}\right)^2 + \frac{\frac{b-a}{b}a\cos\frac{\pi}{N}}{\sqrt{r_1^2}} \right]$$

$$\varepsilon_{xy} = \mu_{yx} = \left[-\frac{b-a}{b}\frac{a\cos\frac{\pi}{N}\cdot\left(y\sin\left(\frac{2n-1}{2}\cdot\frac{2\pi}{N}\right)+x\cos\left(\frac{2n-1}{2}\cdot\frac{2\pi}{N}\right)\right)}{r_1\sqrt{r_1^2}} - \right.$$
$$\left. \frac{\left(a\cos\frac{\pi}{N}\right)^2 \sin\left(\frac{2n-1}{2}\cdot\frac{2\pi}{N}\right)\cos\left(\frac{2n-1}{2}\cdot\frac{2\pi}{N}\right)(x^2+y^2)}{r_1^4} \right] \bigg/ \tag{7-46c}$$
$$\left[\left(\frac{b-a}{b}\right)^2 + \frac{\frac{b-a}{b}a\cos\frac{\pi}{N}}{\sqrt{r_1^2}} \right]$$

$$\varepsilon_{zz} = \mu_{zz} = \frac{1}{\left[\left(\frac{b-a}{b}\right)^2 + \frac{\frac{b-a}{b}a\cos\frac{\pi}{N}}{\sqrt{r_1^2}} \right]} \tag{7-46d}$$

式中：$r_1 = y\cos\left(\frac{2n-1}{2}\cdot\frac{2\pi}{N}\right) + x\sin\left(\frac{2n-1}{2}\cdot\frac{2\pi}{N}\right)$。

注意到在式（7-46a）~式（7-46d）中均存在$\sqrt{r_1^2}$项，这是由于各个区域中的x、y、N取值均有所不同，因此各个区域中$\sqrt{r_1^2}$项开方后的符号也不能统一确定，出于通解表达式的考虑，此处未将表达式中的$\sqrt{r_1^2}$项进行化简。而在实际计算中或仿真计算中，可以考虑各个区域中取值的正、负号关系，将表达式进一步化简。

至此，便得到了非均匀各向异性隐身罩的本构参数，接下来将基于推导得到的本构参数张量，利用仿真软件进行仿真，对所得到的结果进行进一步的验证。

2. 无限长棱柱体隐身特性研究

已经推导得到了非均匀各向异性介质隐身罩的本构参数张量，在本节中，利用基于有限元算法的软件 COMSOL，对 3 个典型算例进行仿真来进一步验证所得到表达式的正确性。

1) 无耗情况

计算区域如图 7-5 所示。将被仿真的正多边形隐身罩模型放置在中间的计算区域，四周为完美匹配层，来模拟吸收边界条件，在内界上设置单位密度的面电流，则激励源为平面波。计算参数如表 7-1 所示，而由表中所给定的参数，则可以通过式（7-46a）~式（7-46d）求解出各个区域隐身罩材料的非均匀各向异性本构参数张量。

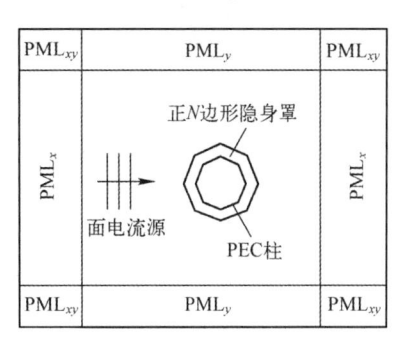

图 7-5 计算区域示意图

表 7-1 无耗情况算例参数

隐身罩类型	计算参数		
	a/m	b/m	频率/GHz
正三角形	0.1	0.3	2
正四边形	0.2	0.4	2
正六边形	0.2	0.4	2

在这里，选取 3 个不同的 N 值进行计算，仿真得到的电场分布示意如图 7-6 所示。由图可以看出，隐身罩的隐身特性十分明显。在图 7-6（a）和图 7-6（b）中，所设置的入射波相位波前与正三角形隐身罩和正六边形隐身罩的其中一条边平行，可以看出在隐身罩之外，平面波的电场分布几乎没有受到内部金属散射体的影响，电场分布情况与不存在散射体时一样。而在隐身罩内部，在内部金属散射体周围的电场被平滑地"弯曲"，电场经过隐身罩的"导引"，完美地绕过了内部金属导体，没有形成任何散射。在图 7-6（c）中，所设置的入射波相位波前与正四边形隐身罩的任何一条边均不平行。与图 7-6（a）、图 7-6（b）的算例相同，电场分布情况几乎没有受到任何影响。即使隐身罩及内部导体尖锐棱角处，对散射场也几乎也没有影响。

2) 有耗情况

在实际构造的人工复合媒质以及实际应用中，要做到完全没有损耗是不现实的，因此有必要分析损耗对于隐身罩隐身特性的影响。这里的损耗是加在各个方向的本构参数上的，而且电场损耗与磁场损耗相等。计算区域仍如图 7-5 所示，计算参数如表 7-2 所示。表 7-2 中所列出的损耗，是指在各个算例中，分别假设损耗为 0.001、0.01 和 0.1。有耗情况下的电场分布，分别示于图 7-7~图 7-9 中。由图 7-7（a）、图 7-7（b）、图 7-8（a）、图 7-8（b）、图 7-9（a）以及图 7-9（b）中可以看出，在损耗为 0.001 和 0.01 时，3 种隐身罩外的电场分布基本没有受到损耗的影响，电场分布情况与无耗

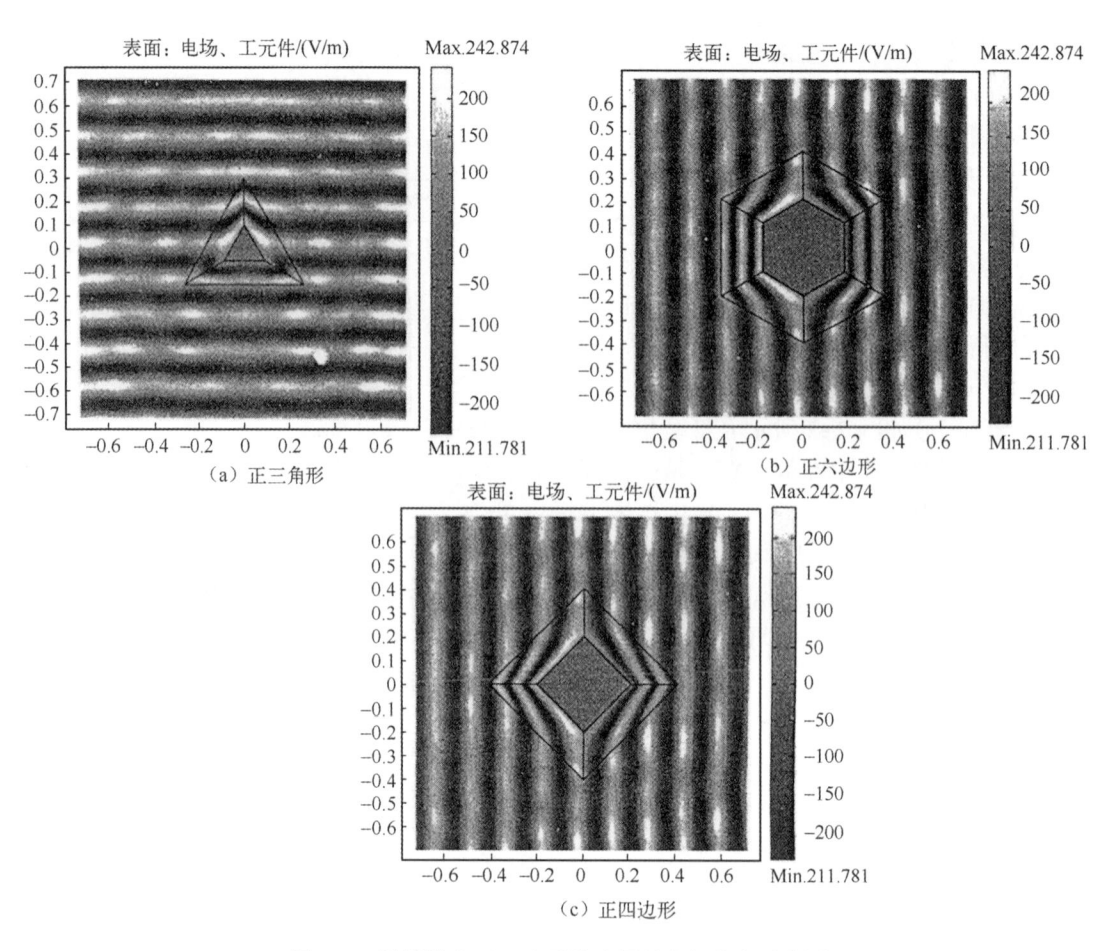

图 7-6　计算域中正 N 边形隐身罩的电场分布示意图

情况基本相同，电场经过隐身罩的"导引","完美"地绕过了内部金属导体，几乎没有形成任何散射，此时损耗对隐身罩隐身效果的影响可以忽略。将非均匀各向异性材料的损耗增加到 0.1 时，3 种隐身罩的电场分布如图 7-7（c）、图 7-8（c）、图 7-9（c）所示。

表 7-2　有耗情况算例参数

隐身罩类型	计算参数		
	a/m	b/m	损耗
正三角形	0.1	0.3	0.001，0.01，0.1
正四边形	0.2	0.4	0.001，0.01，0.1
正六边形	0.2	0.4	0.001，0.01，0.1

在前向散射上，损耗使隐身罩的隐身性能明显恶化，这与有耗情况下的圆柱隐身罩以及球形隐身罩极为相似。但对于后向散射以及其他方向，隐身罩的隐身性能依然很好。进一步，保持计算参数不变（损耗仍为 0.1），而将计算区域延伸，进而得到仿真结果如图 7-10 所示。由图可以看出，与近区场相比，远区电场分布受损耗的影响很小，因此可以说损耗为 0.1 的有耗隐身罩在远场仍然有效。

(a) 损耗为0.001时

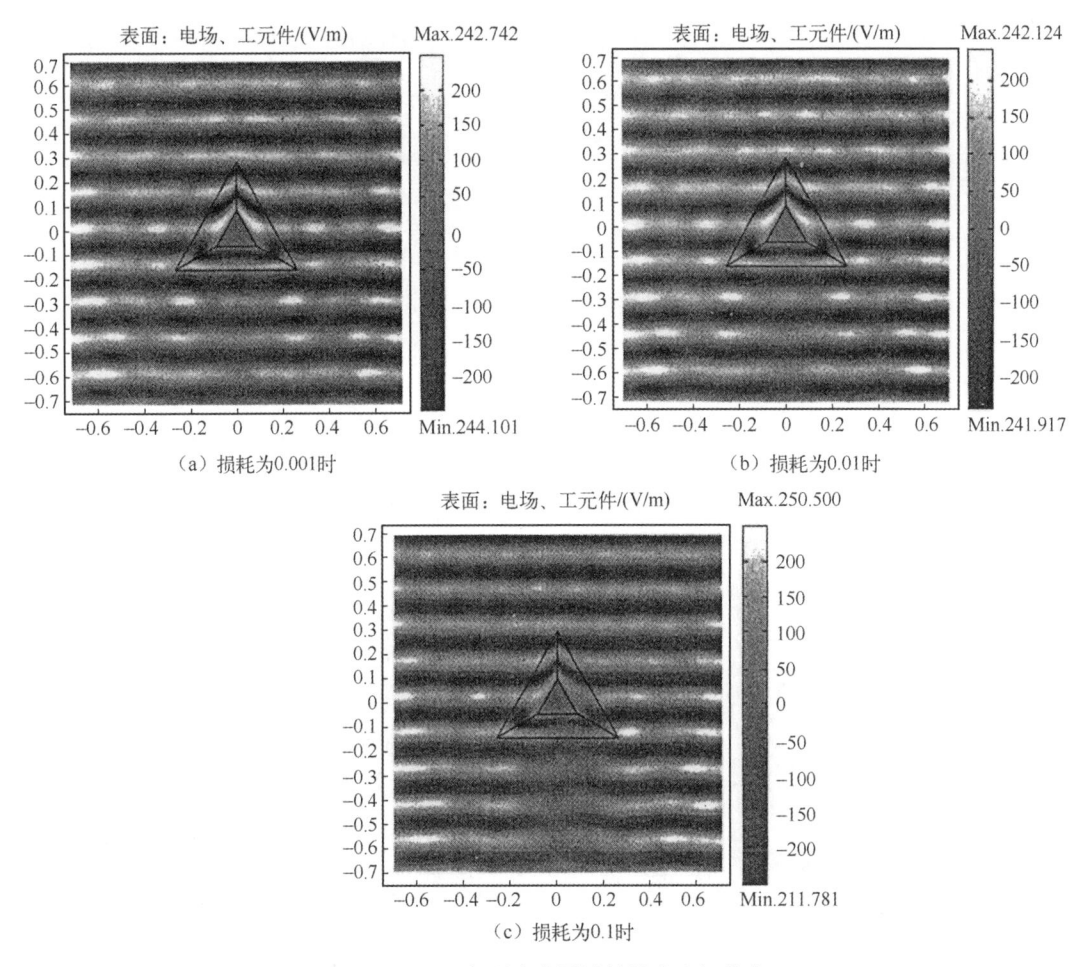

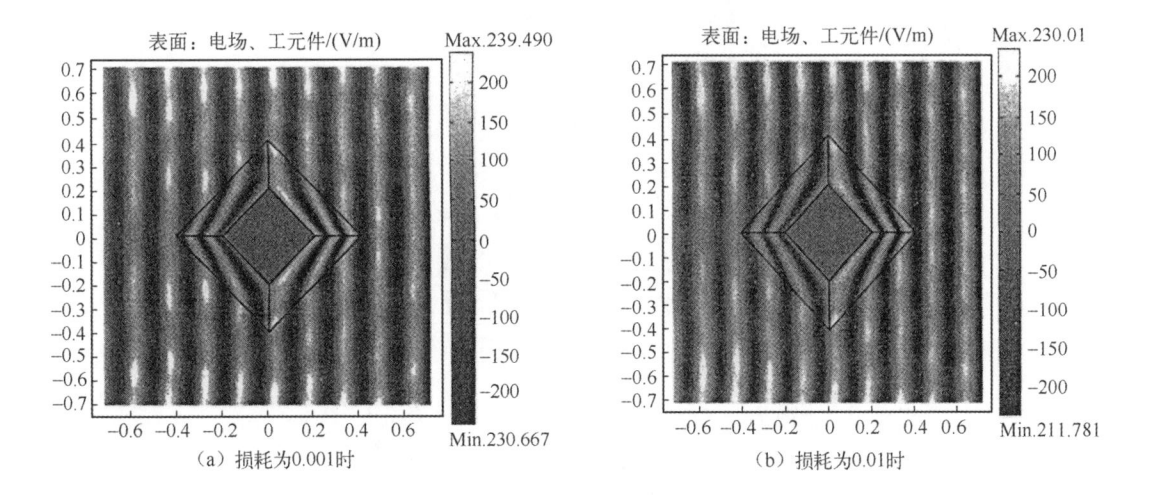

(b) 损耗为0.01时

(c) 损耗为0.1时

图 7-7 正三角形隐身罩计算域中电场分布

(a) 损耗为0.001时

(b) 损耗为0.01时

365

(c) 损耗为0.1时

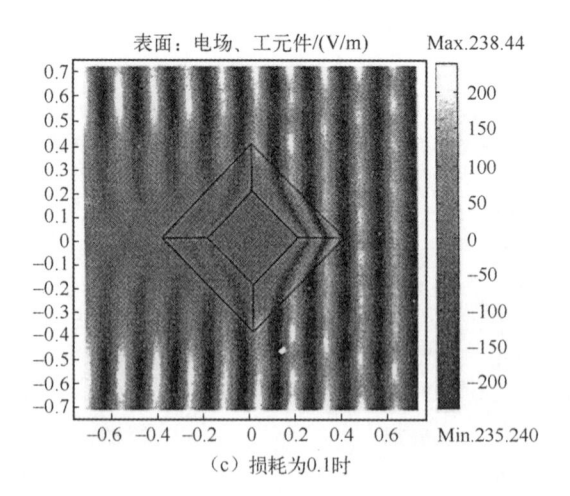

图 7-8 正四边形隐身罩计算域中电场分布

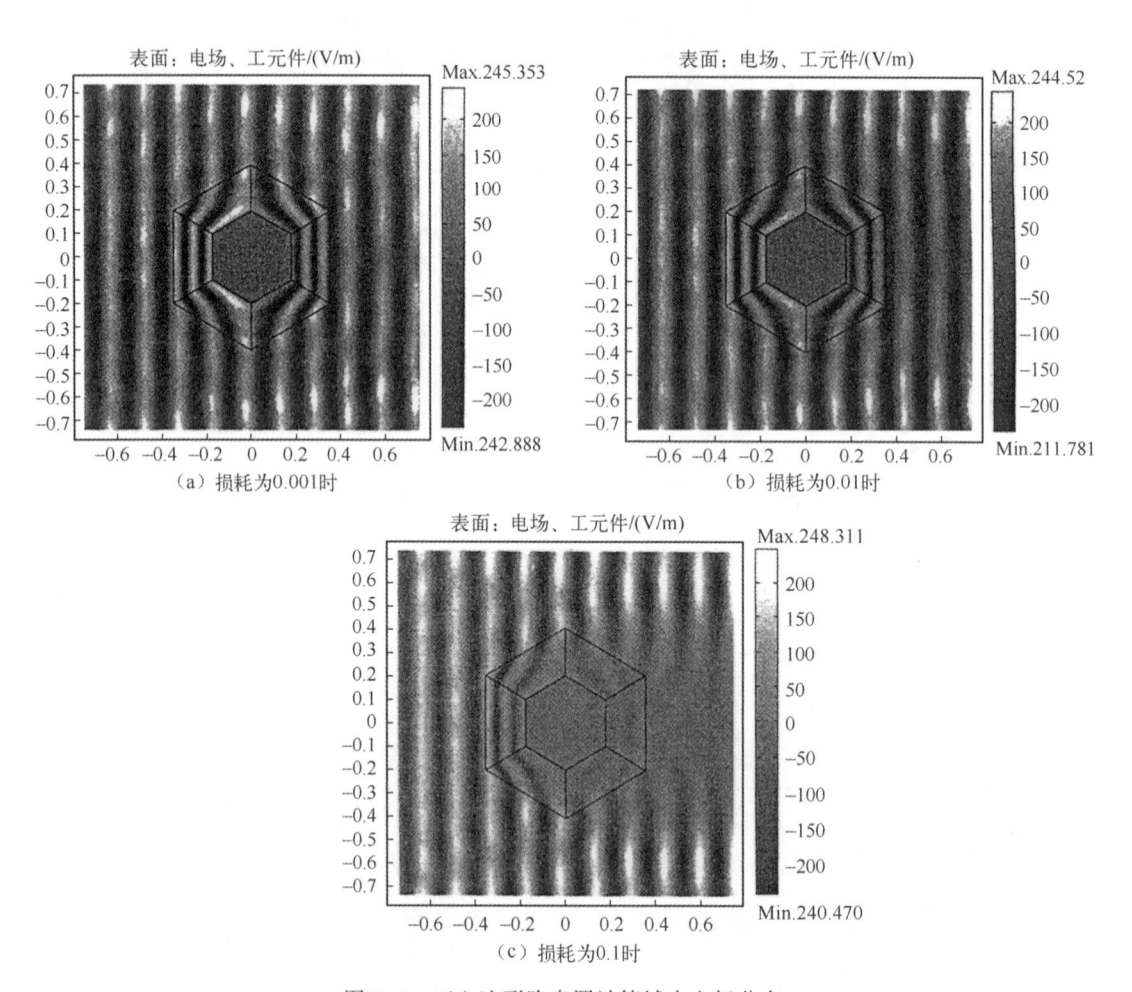

(a) 损耗为0.001时

(b) 损耗为0.01时

(c) 损耗为0.1时

图 7-9 正六边形隐身罩计算域中电场分布

（a）损耗为0.1时的正三角形

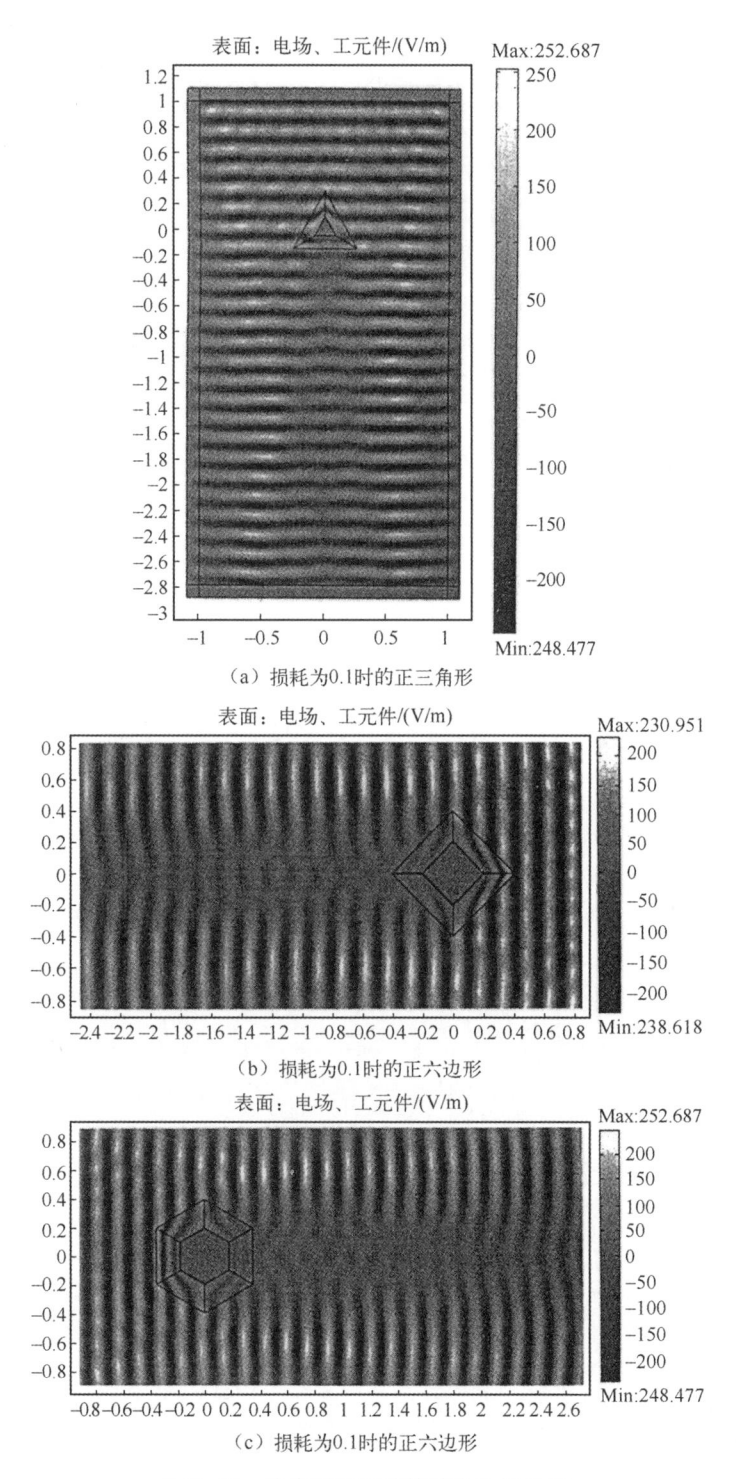

（b）损耗为0.1时的正六边形

（c）损耗为0.1时的正六边形

图 7-10　隐身罩扩展计算域中电场分布

存在损耗的情况下，由于在各个方向上的电损耗和磁损耗都是一致的，因此隐身罩仍是与外界空间阻抗匹配的，所以当电磁波入射到隐身罩上时，几乎不会形成散射，即不会形成后向散射；但由于损耗的存在，当电磁波在隐身罩内传播时，势必有一部分能量要被隐身罩所吸收，因此当电磁波经过隐身罩时，由于能量的损耗，会在电磁波传播的前向留下阴影。这就是有损耗条件下场分布图的前向和后向。

基于坐标变换理论，研究人员提出并推导了正 N 边形柱的隐身条件，进而得到了非均匀各向异性介质隐身罩本构参数张量的通解表达式。基于得到的本构参数张量，利用基于有限元算法的全波仿真软件 COMSOL，在无耗情况以及有耗情况下，分别对 N 取不同值时的 3 个算例进行了全波仿真。首先，无耗完美隐身罩的全波仿真结果验证了推导得出的本构参数张量的正确性。在 3 个算例中，电磁波均能在非均匀各向异性介质隐身罩的"导引"下，平滑地绕过被包覆金属散射体，而没有形成任何散射；其次，考虑到实际构造的人工复合媒质根本不存在完全没有损耗的情况，为此进一步分析了损耗对于隐身罩隐身特性的影响。当损耗为 0.001 和 0.01 时，损耗对于隐身罩性能的影响很小，隐身罩外面的电场分布基本没有受到干扰，而将损耗增加到 0.1 时，近区的外电场分布情况明显恶化，在前向形成了明显的散射，但其他方向上的电场分布仍然良好，进而将计算区域扩大之后，能够发现损耗为 0.1 的隐身罩在远场区域仍然有效。

四、球形隐身特性理论与计算

基于全波 Mie 散射模型，通过解析法研究球面波入射球形隐身罩的散射场和传输场。结果表明具有理想本构参数的隐身罩其散射场强为零。但是具有损耗的隐身罩只有后向散射为零，而且散射场强随损耗的增加而增加，这有别于理想隐身罩中散射场强随损耗增加而减少。另外，研究人员将研究本构参数的扰动对不同厚度隐身罩的散射截面的影响。结果表明当扰动参数恒定时，球体的雷达散射截面积随隐身罩的厚度减小而减小，这意味着越薄的隐身罩其隐身特性越稳定。

1. 电磁模型的解析解

图 7-11 给出了该模型的示意图。它包括一个水平偶极子、球形罩（区域Ⅱ）、内部球（区域Ⅰ）和自由空间（区域Ⅲ）。设模型位于球坐标系内，偶极子水平放置在 $(0,0,b)$ 位置。内部球的电介质常数为 ε_1，磁导率为 μ_1。球形罩的厚度为 R_2-R_1 且为一种不均匀的各向异性的超常媒质。Pendry 等人指出，当超常媒质层的本构参数张量满足如下关系时，将起到对导体球隐身的效果：

$$\begin{cases} \overline{\overline{\varepsilon}}(r) = \begin{Bmatrix} \varepsilon_r & 0 & 0 \\ 0 & \varepsilon_t & 0 \\ 0 & 0 & \varepsilon_t \end{Bmatrix} \\ \overline{\overline{\mu}}(r) = \begin{Bmatrix} \mu_r & 0 & 0 \\ 0 & \mu_t & 0 \\ 0 & 0 & \mu_t \end{Bmatrix} \end{cases} \quad (7-47)$$

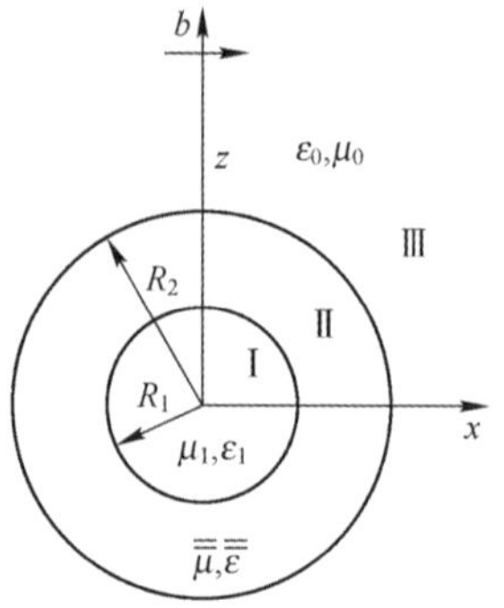

式中：ε_r、μ_r 为 r 方向的电介质常数和磁导率；ε_t、μ_t 为 θ 方向和 φ 方向的电介质常数和磁导率。

图 7-11 模型结构示意图

为了解决图 7-11 中的散射问题，首先应该推导出每个区域的波动方程以得到通解。

区域 I（$r<R_1$）和区域 II（$r>R_2$）是均匀各向同性介质，波动方程和通解可以通过标准 Mie 模型给出。但是区域 III（$R_1<r<R_2$）为非均匀各向异性介质，因此需要特殊处理。

根据 Mie 理论，电磁场可以在 r 方向分解成 TM 和 TE 模。TM 和 TE 模可以表示成矢量磁位 $\boldsymbol{A}=A_r\boldsymbol{e}_r$ 和矢量电位 $\boldsymbol{F}=F_r\boldsymbol{e}_r$，如下所列：

$$\begin{cases} \boldsymbol{B}_{\mathrm{TM}} = \nabla\times\boldsymbol{A} \\ \boldsymbol{D}_{\mathrm{TE}} = -\nabla\times\boldsymbol{F} \\ \boldsymbol{B}_{\mathrm{TE}} = \dfrac{1}{\mathrm{j}\omega}\nabla\times(\bar{\bar{\varepsilon}}^{-1}\nabla\times\boldsymbol{F}) \\ \boldsymbol{D}_{\mathrm{TE}} = \dfrac{1}{\mathrm{j}\omega}\nabla\times(\bar{\bar{\mu}}^{-1}\nabla\times\boldsymbol{A}) \end{cases} \quad (7-48)$$

从而总场方程可以表示为

$$\begin{cases} \boldsymbol{B} = \nabla\times\boldsymbol{A} + \dfrac{1}{\mathrm{j}\omega}\nabla\times(\bar{\bar{\varepsilon}}^{-1}\nabla\times\boldsymbol{F}) \\ \boldsymbol{d} = -\nabla\times\boldsymbol{F} + \dfrac{1}{\mathrm{j}\omega}\nabla\times(\bar{\bar{\mu}}^{-1}\nabla\times\boldsymbol{A}) \end{cases} \quad (7-49)$$

因此，如果可以计算得到 $\boldsymbol{A}$ 和 $\boldsymbol{F}$，就可以将 $\boldsymbol{A}$ 和 $\boldsymbol{F}$ 代入方程（7-49），继而得到总场的表达式。下面，将推导 $\boldsymbol{A}$ 和 $\boldsymbol{F}$ 满足的方程。

由麦克斯韦方程 $\nabla\times\boldsymbol{E}=-\dfrac{\partial\boldsymbol{B}}{\partial t}$，$\nabla\times\boldsymbol{H}=\dfrac{\partial\boldsymbol{D}}{\partial t}$，并且根据方程（7-48），可得

$$\begin{cases} \nabla\times(\boldsymbol{E}_{\mathrm{TM}}+\mathrm{j}\omega\boldsymbol{A}) = 0 \\ \nabla\times(\boldsymbol{H}_{\mathrm{TE}}+\mathrm{j}\omega\boldsymbol{F}) = 0 \end{cases} \quad (7-50)$$

由于标量函数梯度的旋度为零，引入标量电位 Φ_a 和标量磁位 Φ_f，满足

$$\begin{cases} -\nabla\Phi_a = \boldsymbol{E}_{\mathrm{TM}} + \mathrm{j}\bar{\omega}\boldsymbol{A} \\ -\nabla\Phi_f = \boldsymbol{H}_{\mathrm{TE}} + \mathrm{j}\bar{\omega}\boldsymbol{F} \end{cases} \quad (7-51)$$

由于方程（7-48）中的 $\boldsymbol{A}$ 和 $\boldsymbol{F}$ 并不唯一，因此还需要同时满足如下的德拜规范条件：

$$\begin{cases} \dfrac{\partial A_r}{\partial r} = -\mathrm{j}\bar{\omega}\varepsilon_t\mu_t\Phi_a \\ \dfrac{\partial F_r}{\partial r} = -\mathrm{j}\bar{\omega}\varepsilon_t\mu_t\Phi_f \end{cases} \quad (7-52\mathrm{a})$$

$$A_\theta = A_\varphi = F_\theta = F_\varphi \quad (7-52\mathrm{b})$$

将式（7-51）代入式（7-48），就可以得到区域III中的矢量位波动方程：

$$\begin{cases} \nabla\times(\bar{\bar{\mu}}^{-1}\nabla\times\boldsymbol{A}) - \bar{\omega}^2\bar{\bar{\varepsilon}}\boldsymbol{A} = -\mathrm{j}\bar{\omega}\bar{\bar{\varepsilon}}\nabla\Phi_a \\ \nabla\times(\bar{\bar{\varepsilon}}^{-1}\nabla\times\boldsymbol{F}) - \bar{\omega}^2\bar{\bar{\mu}}\boldsymbol{F} = -\mathrm{j}\bar{\omega}\bar{\bar{\mu}}\nabla\Phi_f \end{cases} \quad (7-53)$$

应用德拜条件，将式（7-52）代入式（7-53）得到仅含有 $\boldsymbol{A}$ 和 $\boldsymbol{F}$ 的波动方程：

$$\begin{cases} \dfrac{\varepsilon_r}{\varepsilon_t}\dfrac{\partial^2 A_r}{\partial r^2}-j\overline{\omega}^2\mu_t\varepsilon_r A_r+\dfrac{1}{r^2\sin^2\theta}\dfrac{\partial^2 A_r}{\partial \phi^2}+\dfrac{1}{r^2}\dfrac{1}{\sin\theta}\dfrac{\partial}{\partial\theta}\left(\sin\theta\dfrac{\partial A_r}{\partial\theta}\right)=0 \\ \dfrac{\mu_r}{\mu_t}\dfrac{\partial^2 F_r}{\partial r^2}-j\overline{\omega}^2\mu_r\varepsilon_t F_r+\dfrac{1}{r^2\sin^2\theta}\dfrac{\partial^2 F_r}{\partial \phi^2}+\dfrac{1}{r^2}\dfrac{1}{\sin\theta}\dfrac{\partial}{\partial\theta}\left(\sin\theta\dfrac{\partial F_r}{\partial\theta}\right)=0 \end{cases} \quad (7-54)$$

下面，通过分离变量法来求解上述两个波动方程。设 $A_r(r,\theta,\varphi)=R(r)\Theta(\theta)\Phi(\varphi)$，将其代入方程（7-53）可得如下3个方程：

$$\dfrac{1}{\Theta(\theta)\sin\theta}\dfrac{\mathrm{d}}{\mathrm{d}\theta}\left(\sin\theta\dfrac{\mathrm{d}\Theta(\theta)}{\mathrm{d}\theta}\right)-\dfrac{m^2}{\sin^2\theta}=-n(n+1) \quad (7-55)$$

$$\dfrac{\mathrm{d}^2\Phi}{\mathrm{d}\phi^2}+m^2\Phi=0, 0\leqslant|m|\leqslant n \quad (7-56)$$

$$\left\{\dfrac{\partial^2}{\partial r^2}+\left[k_t^2-\dfrac{\varepsilon_t}{\varepsilon_r}\dfrac{n(n+1)}{r^2}\right]\right\}R(r)=0, \quad k_t=\omega\sqrt{\varepsilon_t\mu_t} \quad (7-57)$$

设 $z=\cos\theta$，则方程（7-55）变为如下的连带勒让德（Legendre）方程：

$$(1-z^2)\dfrac{\mathrm{d}^2\Theta}{\mathrm{d}z^2}-2z\dfrac{\mathrm{d}\Theta}{\mathrm{d}z}+\left[n(n+1)-\dfrac{m^2}{1-z^2}\right]\Theta=0 \quad (7-58)$$

其解是连带勒让德函数 $\Theta=P_n^m(z)$，方程（7-56）的解为 $\Theta(\theta)=P_n^m(\cos\theta)$。方程（7-56）为齐次标量亥姆霍兹方程，其解为 $\Phi(\phi)=A\cos(m\phi)+B\sin(m\phi)$。为了求解方程（7-58），首先将Pendry等人提出的超常媒质层本构参数关系 $\dfrac{\varepsilon_t}{\varepsilon_r}=\dfrac{r^2}{(r-R_1)^2}$ 代入，并令 $r'=r-R_1$ 以及 $r'(r')=R(r)$，则可以得到如下的球贝塞尔方程：

$$\left\{\dfrac{\partial^2}{\partial(r')^2}+\left[k_t^2-\dfrac{n(n+1)}{(r')^2}\right]\right\}R'(r')=0 \quad (7-59)$$

它的解为 $R'(r')=k_t r' \mathrm{b}_n(k_t r')$，所以 $R(r)=k_t(r-R_1)\mathrm{b}_n(k_t(r-R_1))$。其中 b_n 是球形贝塞尔函数，包括球贝塞尔函数 $\mathrm{J}_n(z)$、球诺依曼函数 $\mathrm{N}_n(z)$、第一类球汉开尔函数 $\mathrm{H}_n^{(1)}(z)$ 和第二类汉开尔函数 $\mathrm{H}_n^{(2)}(z)$。$\mathrm{J}_n(z)$ 和 $\mathrm{N}_n(z)$ 表示驻波，而 $\mathrm{H}_n^{(1)}(z)$ 和 $\mathrm{H}_n^{(2)}(z)$ 表示行波。因此，方程（7-54）的解为

$$A_r^c=\sum_{m=0}^{\infty}\sum_{n=m}^{\infty}k_t(r-R_1)\mathrm{b}_n(k_t(r-R_1))P_n^m(\cos\theta)[A_{2,nm}\cos m\phi+B_{2,nm}\sin m\phi]$$

$$(7-60)$$

其中，$A_{2,nm}$ 和 $B_{2,nm}$ 为待定系数。根据对偶原理 $\dfrac{\mu_t}{\mu_r}=\dfrac{r^2}{(r-R_1)^2}$，球形罩中 $\boldsymbol{F}$ 的通解为

$$F_r^c=\sum_{m=0}^{\infty}\sum_{n=m}^{\infty}k_t(r-R_1)\mathrm{b}_n(k_t(r-R_1))P_n^m(\cos\theta)[A'_{2,nm}\cos m\phi+B'_{2,nm}\sin m\phi]$$

$$(7-61)$$

式中：$A'_{2,nm}$ 和 $B'_{2,nm}$ 为展开系数。

将式（7-60）和式（7-61）代入式（7-48）可以得到电场和磁场的通解。

在介质球和自由空间区域，矢量位的通解可以通过式（7-57）~式（7-61）求解。在介质球中

$$A_r^{\text{int}} = \sum_{m=0}^{\infty} \sum_{n=m}^{\infty} k_1 r b_n(k_1 r) P_n^m(\cos\theta) [A_{1,nm}\cos m\phi + B_{1,nm}\sin m\phi]$$

$$F_r^{\text{int}} = \sum_{m=0}^{\infty} \sum_{n=m}^{\infty} k_1 r b_n(k_1 r) P_n^m(\cos\theta) [A'_{1,nm}\cos m\phi + B'_{1,nm}\sin m\phi]$$
(7-62)

式中：$k_1 = \omega\sqrt{\varepsilon_1\mu_1}$ 为介质球中的传播常数；$A_{1,nm}$、$B_{1,nm}$、$A'_{1,nm}$、$B'_{1,nm}$ 为待定系数。

在自由空间中

$$\begin{cases} A_r^s = \sum_{m=0}^{\infty} \sum_{n=m}^{\infty} k_0 r b_n(k_0 r) P_n^m(\cos\theta) [A_{3,nm}\cos m\phi + B_{3,nm}\sin m\phi] \\ F_r^s = \sum_{m=0}^{\infty} \sum_{n=m}^{\infty} k_0 r b_n(k_0 r) P_n^m(\cos\theta) [A'_{3,nm}\cos m\phi + B'_{3,nm}\sin m\phi] \end{cases}$$
(7-63)

式中：$k_0 = \omega\sqrt{\varepsilon_0\mu_0}$ 为自由空间传播常数；$A_{3,nm}$、$B_{3,nm}$、$A'_{3,nm}$、$B'_{3,nm}$ 为待定系数。

水平电偶极子的辐射波可以用格林函数方法计算：

$$\boldsymbol{E}^i(r) = -\mathrm{j}\overline{\omega}\mu \int_V \overline{\overline{G_0}}(\boldsymbol{r}|\boldsymbol{r}') \cdot \boldsymbol{J}(\boldsymbol{r}') \mathrm{d}V'$$
(7-64)

其中

$$\boldsymbol{J}(\boldsymbol{r}') = Il\frac{\delta(r'-b)\delta(\theta'-0)\delta(\varphi'-0)}{b^2\sin\theta'}\boldsymbol{u}_x$$
(7-65)

在方程（7-65）中 $\boldsymbol{u}_x$ 是 x 方向的单位向量，在球坐标系下可以写成

$$\boldsymbol{u}_x = \sin\theta\cos\phi\boldsymbol{\mu}_r + \cos\theta\cos\phi\boldsymbol{\mu}_\theta + \sin\phi\boldsymbol{\mu}_\phi$$
(7-66)

对式（7-64）进行代数运算，利用德拜条件和麦克斯韦方程组中安培定律可以解得如下关系：

$$\begin{cases} A_r = \dfrac{\mathrm{j}\overline{\omega}\varepsilon_0\mu_0 r^2}{n(n+1)} E_r \\ F_r = \dfrac{\mathrm{j}\overline{\omega}\varepsilon_0\mu_0 r^2}{n(n+1)} H_r \end{cases}$$
(7-67)

所以，水平偶极子的矢量位为

$$\begin{cases} A_r^i = \cos\phi \sum_n a_n k_0 r \mathrm{J}_n(k_0 r) P_n^1(\cos\theta) \\ F_n^i = \sin\phi \sum_n b_n k_0 r \mathrm{J}_n(k_0 r) \{[n+3+(n+1)\cos(2\theta)P_n^1(\cos\theta)] + \\ \quad 2[(-2n-3)\cos\theta P_{n+1}^1(\cos\theta)] + (n+1)P_{n+2}^1(\cos\theta)\} \end{cases}$$
(7-68)

其中

$$\begin{cases} a_n = \mathrm{j}\dfrac{(2n+1)\mu_0}{8n(n+1)bk_0\pi}\mathrm{H}_n^{(2)}(k_0 b) \\ b_n = \dfrac{(2n+1)\overline{\omega}k_0\varepsilon_0\mu_0}{16\pi n(n+1)^2}\mathrm{H}_n^{(2)}(k_0 b)\cos^2\theta \end{cases}$$
(7-69)

在 $r=R_1$ 和 $r=R_2$ 处的边界条件如下：

$$\begin{cases} \dfrac{A_r^{\text{in}}(R_1)}{\mu_1} = \dfrac{A_r^c(R_1)}{\mu_t}, \dfrac{A_r^i(R_2)+A_r^s(R_2)}{\mu_0} = \dfrac{A_r^c(R_2)}{\mu_t} \\ \dfrac{F_r^{\text{in}}(R_1)}{\varepsilon_1} = \dfrac{F_r^c(R_1)}{\varepsilon_t}, \dfrac{F_r^i(R_2)+F_r^s(R_2)}{\varepsilon_0} = \dfrac{F_r^c(R_2)}{\varepsilon_t} \\ \dfrac{A_r^{\text{in}'}(R_1)}{\varepsilon_1\mu_1} = \dfrac{A_r^{c'}(R_1)}{\varepsilon_t\mu_t}, \dfrac{A_r^{i'}(R_2)+A_r^{s'}(R_2)}{\varepsilon_0\mu_0} = \dfrac{A_r^{c'}(R_2)}{\varepsilon_t\mu_t} \\ \dfrac{F_r^{\text{in}'}(R_1)}{\varepsilon_1\mu_1} = \dfrac{F_r^{c'}(R_1)}{\varepsilon_t\mu_t}, \dfrac{F_r^{i'}(R_2)+F_r^{s'}(R_2)}{\varepsilon_0\mu_0} = \dfrac{F_r^{c'}(R_2)}{\varepsilon_t\mu_t} \end{cases} \quad (7\text{-}70)$$

将方程（7-61）~方程（7-63）和式（7-68）代入方程（7-70），散射场和传输场的矢量位如下：

$$\begin{cases} A_r^s = \cos\phi \sum_n A_{3,n} k_0 r \mathrm{H}_n^{(2)}(k_0 r) P_n^1(\cos\theta) \\ F_r^s = \sin\phi \sum_n B'_{3,n} k_0 r \mathrm{H}_n^{(2)}(k_0 r) \{[n+3+(n+1)\cos(2\theta)P_n^1(\cos\theta)] \\ \qquad + 2[(-2n-3)\cos\theta P_{n+1}^1(\cos\theta)] + (n+1)P_{n+2}^1(\cos\theta)\} \end{cases} \quad (7\text{-}71)$$

$$\begin{cases} A_r^c = \cos\phi \sum_n A_{2,n} k_t(r-R_1) \mathrm{J}_n(k_t(r-R_1)) P_n^1(\cos\theta) \\ F_r^c = \sin\phi \sum_n B'_{2,n} k_t(r-R_1) \mathrm{J}_n(k_t(r-R_1)) \{[n+3+(n+1)\cos(2\theta)P_n^1(\cos\theta)] + \\ \qquad 2[(-2n-3)\cos\theta P_{n+1}^1(\cos\theta)] + (n+1)P_{n+2}^1(\cos\theta)\} \end{cases}$$
$$(7\text{-}72)$$

$$\begin{cases} A_r^{\text{in}} = \cos\phi \sum_n A_{1,n} k_1 r \mathrm{J}_n(k_1 r) P_n^1(\cos\theta) \\ F_r^{\text{in}} = \sin\phi \sum_n B'_{1,n} k_1 r \mathrm{J}_n(k_1 r) \{[n+3+(n+1)\cos(2\theta)P_n^1(\cos\theta)] + \\ 2[(-2n-3)\cos\theta P_{n+1}^1(\cos\theta)] + (n+1)P_{n+2}^1(\cos\theta)\} \end{cases} \quad (7\text{-}73)$$

其中

$$\begin{cases} A_{1,n} = \dfrac{\mu_t}{\mu_0} a_n \\ B'_{1,n} = \dfrac{\varepsilon_t}{\varepsilon_0} b_n \\ A_{2,n} = \dfrac{-\mathrm{J}_n(k_t(R_2-R_1))\mathrm{J}'_n(k_0,R_2)+(\varepsilon_t/\varepsilon_0)\mathrm{J}_n(k_0 R_2)\mathrm{J}'_n(k_t(R_2-R_1))}{\mathrm{J}_n(k_t(R_2-R_1))\mathrm{H}_n^{(2)'}(k_0 R_2)+(\varepsilon_t/\varepsilon_0)\mathrm{J}_n(k_0 R_2)\mathrm{H}_n^{(2)}(k_t(R_2-R_1))} a_n \\ B'_{2,n} = \dfrac{-\mathrm{J}_n(k_t(R_2-R_1))\mathrm{J}'_n(k_0,R_2)+(\mu_t/\mu_0)\mathrm{J}_n(k_0 R_2)\mathrm{J}'_n(k_t(R_2-R_1))}{\mathrm{J}_n(k_t(R_2-R_1))\mathrm{H}_n^{(2)'}(k_0 R_2)+(\mu_t/\mu_0)\mathrm{J}_n(k_0 R_2)\mathrm{H}_n^{(2)}(k_t(R_2-R_1))} b_n \\ A_{1,n} = 0 \\ B'_{1,n} = 0 \end{cases} \quad (7\text{-}74)$$

如果代入

$$\varepsilon_t = \varepsilon_0 \frac{R_2}{R_2 - R_1}, \varepsilon_r = \varepsilon_t \frac{(r-R_1)_2}{r^2}$$

和

$$\mu_t = \mu_0 \frac{R_2}{R_2 - R_1}, \mu_r = \mu_t \frac{(r-R_1)^2}{r^2}$$

到方程（7-74），可以解得 $A_{2,n} = 0$ 和 $B'_{2,n} = 0$，这说明隐身罩的散射场强为零。

2. 计算结果分析

尽管方程（7-74）可以算得散射因子为零，但了解电磁波在隐身罩中如何传播可以帮助深入理解隐身原理。图 7-12 给出了球面波入射 $R_1 = 0.5\lambda_0$ 且 $R_2 = \lambda_0$（λ_0 为自由空间波长）的隐身罩的计算电磁场。从图 7-12 可以看出，电磁波被引导绕过球形物体就如该物体不存在，并且不产生任何反射。因此实现隐身需要两点：①隐身罩和自由空间的阻抗匹配使电磁波可以自由进出隐身罩而不产生反射；②隐身罩中电磁波的特殊折射特性使得电磁波沿特殊路径传播。图 7-13 给出了当 $R_1 = 0.5\lambda_0$ 且 $R_2 = 0.8\lambda_0$ 时靠近隐身罩的电场分布。图 7-14 给出了当 $R_1 = 0.5\lambda_0$ 且 $R_2 = 0.6\lambda_0$ 时的电场分布。比较图 7-13 和图 7-14 可以看出，当物体完全隐身时在自由空间和隐身罩交界处反射角随隐身罩厚度减小而增加。

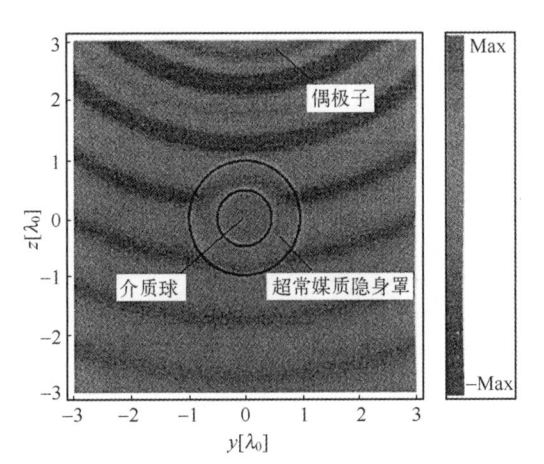

图 7-12　$R_1 = 0.5\lambda_0$，$R_2 = \lambda_0$ 隐身罩的电场分布（H 面）

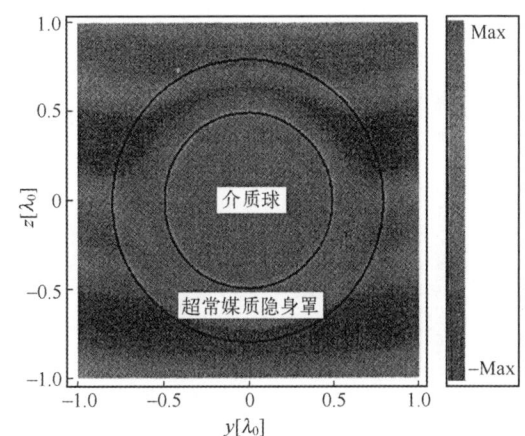

图 7-13　$R_1 = 0.5\lambda_0$，$R_2 = 0.8\lambda_0$ 隐身罩的电场分布（H 面）

另外由方程（7-74）可以了解更多有用的信息，如损耗就是经常遇到的问题。当引入电磁损耗正切角后，散射系数非零。定义归一化远场（Normalized Far Field, NFF）为

$$\text{NFF} = 20\log\left|\frac{\overline{W^s} + \overline{W^i}}{\overline{W^i}}\right| = 20\lg\left|\frac{\overline{W^s}}{\overline{W^i}}\right|$$

式中：W^s 为散射电场 $\overline{E^s}$ 或磁场 $\overline{H^s}$；W^i 为入射电场 $\overline{E^i}$ 或磁场 $\overline{H^i}$。

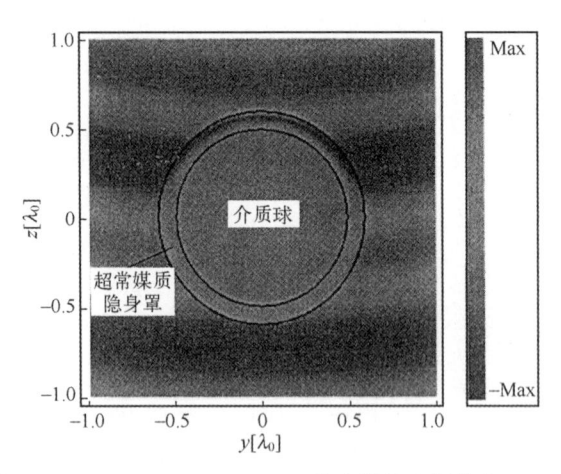

图 7-14 $R_1 = 0.5\lambda_0$，$R_2 = 0.6\lambda_0$ 隐身罩的电场分布（H 面）

图 7-15 给出了归一化远场的 H 面方向图，其中隐身罩具有损耗正切角 0.001、0.005。从图 7-15 可以看到，后向散射（$\theta = 0°$）仍为零，但是其他方向的散射场强随损耗增加而增加。这点和传统隐身罩有很大区别，传统隐身罩的散射场强随着隐身罩的介质损耗的增加而减小。

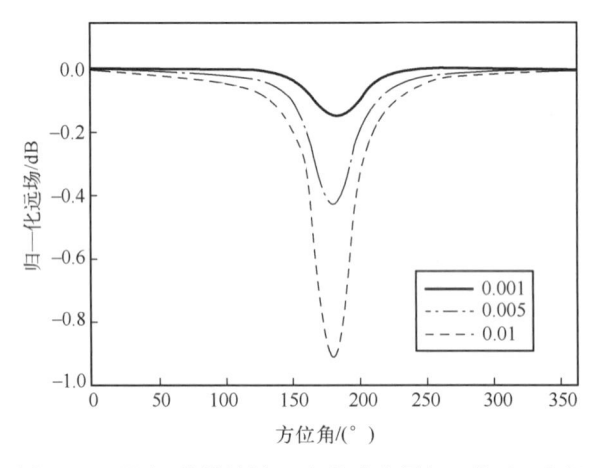

图 7-15 具有不同损耗角正切的隐身罩归一化远区电场

由于理想隐身罩的本构参数是很难实现的，实际应用只能采用不理想的材料参数，因此了解参数扰动对隐身特性的数值影响是很必要的。图 7-16 给出了当 $\mu_t = \mu_0 R_2/(R_2 - R_1)$，$R_1 = 0.5\lambda_0$ 时，不同厚度 $R_2 - R_1$ 的归一化散射截面，纵坐标是 $\varepsilon_t(R_2 - R_1)/\varepsilon_0 R_2$ 的函数 $Q_{\text{sca}} = \dfrac{2}{(k_0 R_2)^2} \sum_n (2n+1)(|A_{2,n}|^2 + |B'_{2,n}|^2)$，$R_2 - R_1 = 0.1\lambda_0$、$0.3\lambda_0$ 或 $0.5\lambda_0$。从图 7-16 可以看出，Q_{sca} 随理想参数 ε_t 的变化而增加。另外对于恒定的扰动值，Q_{sca} 随 $R_2 - R_1$ 减少而减少。这说明越薄的隐身罩得到越稳定的隐身特性。图 7-17 给出了 $\varepsilon_t(R_2 - R_1)/\varepsilon_0 R_2$ 的函数 Q_{sca}，其中 $R_2 - R_1 = 0.1\lambda_0$、$0.3\lambda_0$ 或 $0.5\lambda_0$ 且 $\mu_t = \eta_0^2 \varepsilon_t$，$R_1 = 0.5\lambda_0$。此时隐身罩的特性阻抗是常数。可以看出，$Q_{\text{sca}}$ 在图 7-17 中比图 7-16 增长更快。其原因是图 7-17 所示的情况下，μ_t 与 ε_t 一同发生变化，同时偏离理想值，从而导

致折射率变化更快。另外，也可以看出图 7-17 中 Q_{sca} 随 R_2-R_1 的减小而减小的现象与图 7-16 相符。

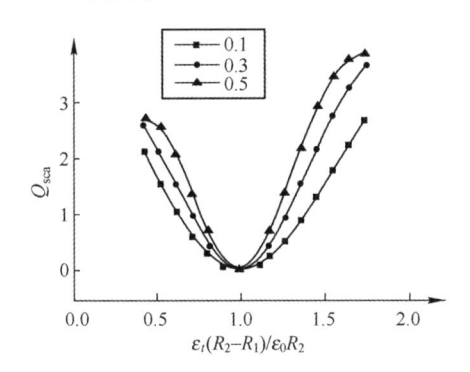

图 7-16 当 $\mu_t=\mu_0 R_2/(R_2-R_1)$，$R_1=0.5\lambda_0$ 时，不同厚度 R_2-R_1 的归一化散射截面，纵坐标是 $\varepsilon_t(R_2-R_1)/\varepsilon_0 R_2$ 的函数，$R_2-R_1=0.1\lambda_0$、$0.3\lambda_0$ 或 $0.5\lambda_0$

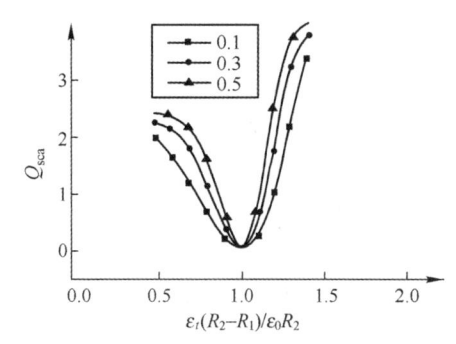

图 7-17 当 $\mu_t=\eta_0^2\varepsilon_t$，$R_1=0.5\lambda_0$ 时，不同厚度 R_2-R_1 的归一化散射截面，纵坐标是 $\varepsilon_t(R_2-R_1)/\varepsilon_0 R_2$ 的函数，$R_2-R_1=0.1\lambda_0$、$0.3\lambda_0$ 或 $0.5\lambda_0$

五、椭球体隐身理论与计算

严格推导任意轴比三维椭球的隐身条件，获得相应隐身罩材料本构参数张量的通解表达式。根据得到的本构参数张量，利用电磁仿真软件分别对不同轴比的 3 个典型算例进行仿真验证。这些结果将为隐身物理机制的进一步理解和三维隐身罩的改进设计奠定理论基础。

1. 椭球体隐身条件求解

在此将基于坐标变换理论，推导任意轴比三维椭球隐身罩介质的本构参数张量。

基于坐标变换理论的隐身罩设计是当前比较有效的方法之一。坐标变换的作用是将一个完整空间变换为一个包绕被隐身物体的壳状空间，同时保持外界空间不变。由于麦克斯韦方程组在坐标变换下具有形式不变性，因此坐标变换仅仅反映在隐身罩本构参数张量的变化上，即变换后隐身罩介质层的介电常数和磁导率均随空间变化且呈现各向异性，而罩层外空间中的介电常数和磁导率由于没有涉及坐标变换，因此没有变化。在隐身罩介质层上应用求得的本构参数张量后，从外面看来，入射电磁波不会受到被隐身物体的干扰，而是在隐身罩的"导引"下，平滑地绕过被隐身物体，不会形成任何散射。这就是基于坐标变换的隐身罩设计基本原理（图 7-18）。

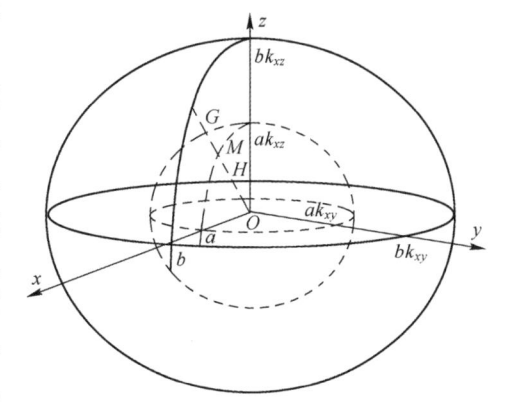

图 7-18 三维椭球隐身罩示意图

目前，已有关于球体、圆柱体等几何体的研究报道。而三维任意轴比椭球比球体、圆柱体等对称度很高的几何体更具复杂性和挑战性,限于篇幅,在此将省略部分中间复杂的数学运算过程,直接给出求解思路和计算结果。

在如下推导中,设定几个必要的假设条件:

(1) 设椭球球心位于原点,且内层椭球和外层椭球在 x 轴上的截距分别为 a 和 b。

(2) 内层椭球和外层椭球轴比相同,且 y 轴、z 轴相对于 x 轴的轴比分别为 k_{xy}、k_{xz},即内层椭球和外层椭球在 y 轴的截距分别为 ak_{xy} 和 bk_{xy},在 z 轴的截距分别为 ak_{xz} 和 bk_{xz}。

设点 $H(x,y)$ 位于原坐标系中,点 $G(x',y')$ 位于变换坐标系中。点 M 为直线 OG 与内层椭球边界的交点,则从原坐标系到新坐标系的坐标变换公式可表示为

$$r' = \frac{b-a}{b}r + R_1 \tag{7-75}$$

式中:R_1 为 OM 的距离;r 为 OH 距离;r' 为 OG 距离。

根据椭球方程,可以给出内层椭球和外层椭球的表达式如下:

$$\frac{x^2}{a^2} + \frac{y^2}{(k_{xy}a)^2} + \frac{z^2}{(k_{xz}a)^2} = 1 \tag{7-76a}$$

$$\frac{x^2}{b^2} + \frac{y^2}{(k_{xy}b)^2} + \frac{z^2}{(k_{xz}b)^2} = 1 \tag{7-76b}$$

由于点 M 为直线 OG 与内层椭球的交点,而在已知椭球方程与直线方程的情况下,可以很简单地求得点 M 的坐标,进而经过一系列的数学运算,可以得到如下的公式:

$$\frac{R_1}{r} = \frac{a}{\sqrt{x^2 + \left(\dfrac{y}{k_{xy}}\right)^2 + \left(\dfrac{z}{k_{xz}}\right)^2}} \tag{7-77}$$

式 (7-77) 是以原空间的坐标为变量,同样可以用变换空间的坐标来表达,即

$$\frac{R_1}{r'} = \frac{a}{\sqrt{x'^2 + \left(\dfrac{y'}{k_{xy}}\right)^2 + \left(\dfrac{z'}{k_{xz}}\right)^2}} \tag{7-78}$$

由于单位向量在原坐标系和变换坐标系下必须相等,可得

$$\frac{x'}{r'} = \frac{x}{r} \tag{7-79a}$$

$$\frac{y'}{r'} = \frac{y}{r} \tag{7-79b}$$

$$\frac{z'}{r'} = \frac{z}{r} \tag{7-79c}$$

综合式 (7-75),可得

$$\frac{x'}{x} = \frac{r'}{r} = \frac{b-a}{b} + \frac{R_1}{r} \tag{7-80a}$$

$$\frac{y'}{y} = \frac{r'}{r} = \frac{b-a}{b} + \frac{R_1}{r} \tag{7-80b}$$

$$\frac{z'}{z} = \frac{r'}{r} = \frac{b-a}{b} + \frac{R_1}{r} \tag{7-80c}$$

将式（7-77）代入式（7-80a）~式（7-80c）中，可得

$$\frac{x'}{x} = \frac{y'}{y} = \frac{z'}{z} = \frac{b-a}{b} + \frac{a}{\sqrt{x^2 + \left(\frac{y}{k_{xy}}\right)^2 + \left(\frac{z}{k_{xz}}\right)^2}} \tag{7-81}$$

由坐标变换理论以及麦克斯韦方程组的形式不变性可知，变换后媒质的本构参数张量可表示为

$$\begin{bmatrix} \bar{\bar{\varepsilon}}' \\ \bar{\bar{\mu}}' \end{bmatrix} = \frac{\boldsymbol{A} \cdot \boldsymbol{A}^{\mathrm{T}}}{\det(\boldsymbol{A})} \begin{bmatrix} \bar{\bar{\varepsilon}} \\ \bar{\bar{\mu}} \end{bmatrix} \tag{7-82}$$

式中：矩阵 $\boldsymbol{A}$ 为坐标变换映射对应的雅可比矩阵，表达式为

$$\boldsymbol{A} = \begin{bmatrix} \frac{\partial x'}{\partial x} & \frac{\partial x'}{\partial y} & \frac{\partial z'}{\partial z} \\ \frac{\partial y'}{\partial x} & \frac{\partial y'}{\partial y} & \frac{\partial y'}{\partial z} \\ \frac{\partial z'}{\partial x} & \frac{\partial z'}{\partial y} & \frac{\partial z'}{\partial z} \end{bmatrix} \tag{7-83}$$

由于原空间为自由空间，因此原空间中的本构参数张量可表示为

$$\begin{bmatrix} \bar{\bar{\varepsilon}} \\ \bar{\bar{\mu}} \end{bmatrix} = \begin{bmatrix} \varepsilon_0 \\ \mu_0 \end{bmatrix} \cdot \boldsymbol{I} \tag{7-84}$$

式中：ε_0、μ_0 为自由空间中的介电常数和磁导率；$\boldsymbol{I}$ 为单位矩阵。

综合式（7-80）~式（7-83），可以得到坐标变换后相对介电常数、磁导率的表达式。限于篇幅，这里省略中间的推导过程，直接给出化简后的相对介电常数、磁导率表达式如下：

$$\varepsilon_{xx} = \mu_{xx} = \frac{b\{(abxy)^2 + (abxz)^2 + k_{xy}^4 k_{xz}^4 [(b-a)r + ab(r^{\frac{2}{3}} - x^2)]^2\}}{(b-a)\{bk_{xy}^2 k_{xz}^2 r + a[bk_{xz}^2 y^2 + k_{xy}^2(k_{xz}^2(bx^2-r) + bz^2)]\}^2} \tag{7.85a}$$

$$\varepsilon_{xy} = \varepsilon_{yx} = \mu_{xy} = \mu_{yx} =$$
$$-\frac{ab^2 k_{xy}^2 xy\{b(a+k_{xy}^2)k_{xz}^4 r + a[k_{xz}^4 - (1+k_{xy}^2)r + b(x^2+y^2) - bk_{xy}^2 z^2 + b(1+k_{xy}^2)k_{xz}^2 z^2]\}}{(b-a)\{bk_{xy}^2 k_{xz}^2 r + a[bk_{xz}^2 y^2 + k_{xy}^2(k_{xz}^2(bx^2-r) + bz^2)]\}^2}$$

$$\tag{7.85b}$$

$$\varepsilon_{xz} = \varepsilon_{zx} = \mu_{xz} = \mu_{zx} =$$
$$-\frac{ab^2 k_{xz}^2 xz\{b(1+k_{xz}^2)k_{xy}^4 r + k_{xy}^4 + a[-(1+k_{xz}^2)r + b(x^2+z^2) - bk_{xy}^2 y^2 + b(1+k_{xz}^2)k_{xy}^2 y^2]\}}{(b-a)\{bk_{xy}^2 k_{xz}^2 r_0 + a[bk_{xz}^2 y^2 + k_{xz}^2(bx^2-r) + k_{xy}^2 bz^2]\}^2}$$

$$\tag{7.85c}$$

$$\varepsilon_{yy} = \mu_{yy} = \frac{bk_{xy}^4 \{(abxy)^2 k_{xz}^4 + (abyz)^2 + k_{xz}^4 [(b-a)r + ab(r^{\frac{2}{3}} - \frac{y^2}{k_{xy}^2})]^2\}}{(b-a)\{bk_{xy}^2 k_{xz}^2 r + a[bk_{xz}^2 y^2 + k_{xy}^2(bx^2-r) + k_{xy}^2 bz^2]\}} \tag{7.85d}$$

$$\varepsilon_{yz}=\varepsilon_{zy}=\mu_{yz}=\mu_{zy}=$$
$$-\frac{ab^2k_{xy}^2k_{xz}^2yz\{b(k_{xy}^2+k_{xz}^2)r+a[k_{xz}^2(-r+bx^2)-k_{xy}^2r+k_{xy}^2b(-1+k_{xz}^2)x^2+b(y^2+z^2)]\}}{(b-z)\{bk_{xy}^2k_{xz}^2r+a[bk_{xz}^2y^2+k_{xy}^2k_{xz}^2(bx^2-r)+k_{xy}^2bz^2]\}^2}$$

(7.85e)

式中：$r=\left(x^2+\dfrac{y^2}{k_{xy}^2}+\dfrac{z^2}{k_{xz}^2}\right)^{3/2}$。

至此，便得到了任意轴比三维椭球隐身罩的本构参数矩阵。注意到其中 y 轴、z 轴相对于 x 轴的轴比 k_{xy} 和 k_{xz} 均为任意值的变量。当 $k_{xy}=k_{xz}=1$ 时，则三维椭球简化为球体。将 $k_{xy}=k_{xz}=1$ 代入式（7-85a）~式（7-85e），进行相应的化简，所得结果与球体在直角坐标系下的隐身条件完全一致，这也间接验证了上述理论所得到结果的正确性。

接下来将基于推导得到的三维任意轴比椭球隐身罩的本构参数张量，即式（7-85a）~式（7-85e），利用仿真软件进行仿真计算，对所得到的结果进行进一步的验证。

2. 椭球体隐身特性研究

现已经推导得到了三维任意轴比椭球隐身罩的本构参数张量，利用基于有限元算法的商业仿真软件 COMSOL，对 3 个典型算例进行仿真，来进一步验证所得表达式的正确性。

由于所得的本构参数张量矩阵元素均以 x、y、z 坐标为变量连续变化，导致能够对此复杂结构进行仿真计算的商业软件选择性十分有限，本研究中采用 COMSOL 对其进行仿真计算。为提高仿真效率，将截取模型的二维截面，并对其进行验证。

仿真计算区域示意如图 7-19 所示。将被仿真模型置于中间的计算区域，四周为完美匹配层，来模拟吸收边界条件，在内边界上设置单位密度的面电流，则激励源为平面波。这里需要指出的是，式（7-85a）~式（7-85e）所给出的本构参数，其中的变量均为 x、y、z，但所进行的仿真计算是在坐标变换之后的空间中进行的，因此需要利用式（7-78）、式（7-80a）~式（7-80c）进行坐标变换。

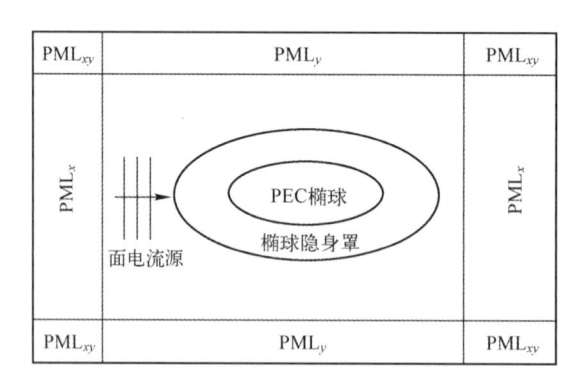

图 7-19 计算区域示意图

在这里，选取 xOy 截面，对轴比为 0.5、1.1 和 2 的 3 个模型分别进行仿真计算，仿真得到的电场分布示意图如图 7-20 所示。由图 7-20 可以看出，椭球隐身罩的隐身特性十分明显。在隐身罩之外，平面波的电场分布几乎没有受到内部金属散射体的影

(a）轴比为2的椭球隐身罩电场分布

(b）轴比为1.1的椭球隐身罩电场分布

(c）轴比为0.5的椭球隐身罩电场分布

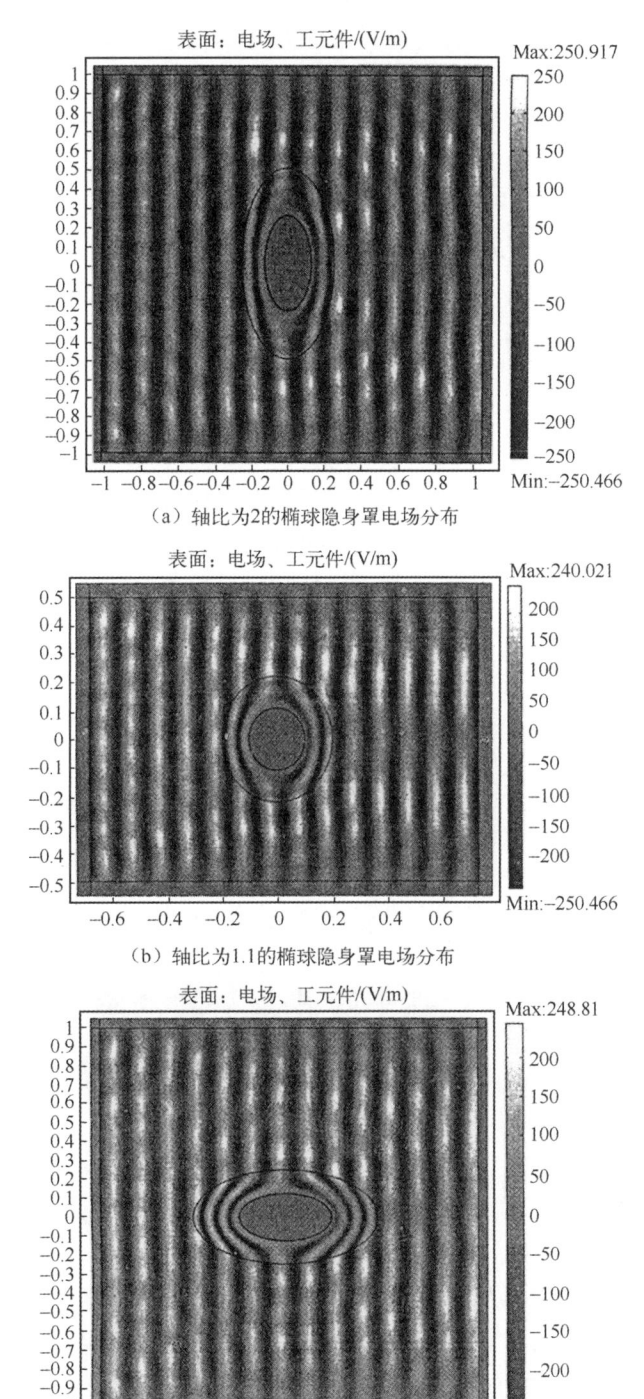

图 7-20 不同轴比的椭球隐身罩电场分布

响，电场分布情况与不存在散射体时基本相同，其中的微小扰动则是由仿真过程的算法计算误差所导致的。而在隐身罩内部，在内部金属散射体周围的电场被平滑地"弯曲"，电场经过隐身罩的"导引"，"完美"地绕过了内部金属导体，没有形成任何散射，而且不同的轴比值对隐身罩的性能没有影响，从而验证了任意轴比三维椭球隐身罩本构参数的正确性。

首先分析了无耗非均匀各向异性介质覆盖的无限长导体圆柱模型以及导体球模型的电磁场解析解。基于 Pendry 等人针对柱体给出的本构参数张量，得到了无耗非均匀各向异性介质中的波动方程，进而求得了介质层中电磁场的通解，进一步分别在平面波、柱面波、球面波激励的情况下，根据边界条件，求得了通解中的未知系数，得到完整的电磁场解析表达式。

基于 Mathematica 5.2 进行了数值计算并依据解析结果绘制了在不同激励源和参数条件下的电场分布图，观察到介质层成功地使内部导体柱实现隐身效果。电磁波在介质层的引导下，能完全避开内部导体，未触发任何散射现象。这些解析结果对理解隐身技术的机理及设计相关隐身介质覆盖物提供了重要指导。

此外，基于坐标变换推导出了无限长棱柱和任意轴比三维椭球的隐身条件，并获得了非均匀各向异性介质隐身覆盖物的本构参数张量的一般解。接着，通过有限元法对三个代表性的案例进行了全波仿真，从而验证了本构参数张量解的有效性。仿真表明在非均匀各向异性介质的"引导"下，电磁波能平滑绕过被覆盖的金属散射体而不产生散射，而椭球的轴比对隐身性能没有影响。

与球形或各类柱状隐身装置相比，我们研究的任意轴比三维椭球形隐身装置显示了更低的对称性和更高的设计自由度，更符合实际应用需求。非均匀各向异性隐身装置有效地隐藏了内部金属散射体，我们的研究不仅验证了坐标变换方法在设计简单几何体隐身装置中的应用性，还为设计低对称性三维隐身装置提供了理论基础。

第三节　基于吸波超材料的隐身

一、超材料吸波结构的机理

在近几十年的时间里，超材料由于其出众的电磁特性，在微波与毫米波电路的设计领域实现了突破性的发展。这些特性催生了对超材料结构广泛应用的深入研究，同时也激发了对其未来应用潜力的强烈关注。通过深化理论研究，对超材料的结构参数以及基底材料的电磁参数进行科学设计，可以精准操控电磁波在各种频段的行为，进而大幅拓宽其在电磁波吸收材料领域的应用范围。

超材料吸波器通过对基于超材料理念创新设计的单元结构参数和介质材料进行优化设计，实现与自由空间的最佳阻抗匹配，从而极大降低反射率。在其工作频带范围内，该吸波器能够几乎完全吸收电磁波，达到接近 100% 的吸收效率，因此也被誉为完美吸波器。最初由 Landy 等研究者在 2008 年提出超材料吸波器的概念，此后众多具有优越性能的超材料吸波器相继问世，成为电磁防护及隐身技术研究的关键。

1. 超材料吸波机理

超材料设计吸波结构的理念是最小化透射,同时,通过与自由空间阻抗匹配最小化反射,从而使得吸收最大。设计电磁吸收结构的基本要求是:①入射波最大限度地进入吸收结构内部而不是在其前表面上反射,即材料的匹配特性;②进入吸收结构内部的电磁波能迅速地被吸收结构吸收衰减掉,即材料的衰减特性。实现第一个要求的方法是通过采用特殊的边界条件来达到与空气阻抗相匹配;实现第二个要求的方法则是使电磁波吸收结构具有很高的电磁损耗,即电磁波吸收结构应具有足够大的介电常数虚部(有限电导率)或足够大的磁导率虚部。超介质完美吸收材料一般为3层结构:第1层为一般电谐振结构,是金属单元,中间是电介质层,第3层为与第1层金属结构对应的磁谐振结构。电响应来自电场激发开口谐振环,磁响应来自电介质层两侧金属结构的反平行电流。材料的阻抗可以表示为

$$Z(\omega) = \sqrt{\frac{\mu(\omega)}{\varepsilon(\omega)}} \tag{7-86}$$

当有效介电常数 $\varepsilon(\omega)$ 和有效磁导率 $\mu(\omega)$ 在数值上相等时,材料的阻抗和自由空间阻抗实现匹配,此时反射最小。阻抗匹配层的匹配作用,使空间入射来的电磁波尽可能多地进入吸收层而被损耗吸收。Liu 等人已通过模拟和实验证明,吸收峰峰值位于介电常数和磁导率实部相等的地方,验证了在这个地方反射最大。刚开始设计的第3层结构为金属基元谐振环,通过研究发现,若其为金属膜可大大降低透射率。

2. 材料的吸收率

记 $R(\omega)$ 是反射率、$T(\omega)$ 是传输率,材料的吸收率可以表示为

$$A(\omega) = 1 - R(\omega) - T(\omega) \tag{7-87}$$

设电磁波从端口1入射、从端口2出射,则 $R(\omega)$、$T(\omega)$ 可表示为

$$R(\omega) = |S_{11}|^2 \tag{7-88}$$

$$T(\omega) = |S_{21}|^2 \tag{7-89}$$

对于厚度为 d 的材料,S_{21} 主要取决于材料的复折射率 $n = n_1 + \mathrm{i}n_2$ 和复阻抗 $Z = Z_1 + \mathrm{i}Z_2$,可以表示为

$$S_{21}^{-1} = \left[\sin(nkd) - \frac{\mathrm{i}}{2}\left(Z + \frac{1}{Z}\right)\cos(nkd)\right]\mathrm{e}^{\mathrm{i}kd} \tag{7-90}$$

式中:$k = \omega/c$,c 为真空中的光速。

当复合材料与自由空间阻抗匹配($Z = 1$)时,则有

$$S_{21}^{-1} = [\sin(nkd) - \mathrm{i}\cos(nkd)]\mathrm{e}^{\mathrm{i}kd} = \mathrm{e}^{-\mathrm{i}(n_1-1)kd}\mathrm{e}^{n_2 kd} \tag{7-91}$$

$$T(\omega) = |S_{21}|^2 = \mathrm{e}^{-2n_2 kd} \tag{7-92}$$

$$\lim_{\substack{Z(\omega)=1 \\ n_2 \to \infty}} T(\omega) = 0 \tag{7-93}$$

$$R(\omega)\Big|_{Z(\omega)=1} = |S_{11}|^2 = \left[\frac{Z(\omega) - 1}{Z(\omega) + 1}\right]^2 = 0 \tag{7-94}$$

根据以上推导,当复合材料实现了理想的阻抗匹配和无穷大的折射率虚部时,材料的吸收率 $A(\omega) = 1$。

3. 材料的阻抗匹配特性

要使电磁波无反射地被吸波材料吸收，吸波材料与自由空间必须阻抗匹配。当电磁波由自由空间（阻抗 Z_0）入射到吸波材料（输入阻抗为 Z_i）的界面上时，一部分电磁波被反射、一部分电磁波进入吸波材料内部。吸波材料的反射系数可表示为

$$R = \frac{Z_0 - Z_i}{Z_0 + Z_i}, \quad \left(Z_0 = \sqrt{\frac{\mu_0}{\varepsilon_0}}, Z_i = \sqrt{\frac{\mu_i}{\varepsilon_i}}\right) \tag{7-95}$$

式中：ε_0 和 μ_0 为自由空间中的介电常数和磁导率；ε_i 和 μ_i 为材料的介电常数和磁导率。

若要反射系数为零，要求材料的 Z_i 和自由空间 Z_0 匹配，即要求在整个频率范围内保持材料的相对介电常数 ε_r 和相对磁导率 μ_r 相等，这一点是难以做到的。实际进行匹配设计时，尽量使相对介电常数 ε_r 和相对磁导率 μ_r 大小接近，从而使材料前表面的反射尽量小。

4. 吸波机理研究

为了进一步研究吸收机理，了解电磁波主要消耗在哪一层，改变各层材料属性，得到其吸收率的变化，如图 7-21 所示。图 7-22 为电磁波在各层的能量损耗密度，图 7-22（a）为金属十字架层，图 7-22（b）为电介质层，图 7-22（c）为金属膜，图 7-22（d）为单元结构侧面图（图中所示横向比例放大）。可以看出，在第 1 层十字架金属层损耗最大，吸收了大部分的电磁波。图 7-22 中，如果将中间电介质换成无损耗的 Al_2O_3（$\varepsilon = 2.28$，$\tan\delta = 0$），材料的吸收率从 0.999 下降到 0.961，影响不大，反之将金属 Ag（Drudemodel）层设置成完美电边界，即无耗，吸收率下降到 0.721，说明入射电磁波能量损耗主要在金属层。

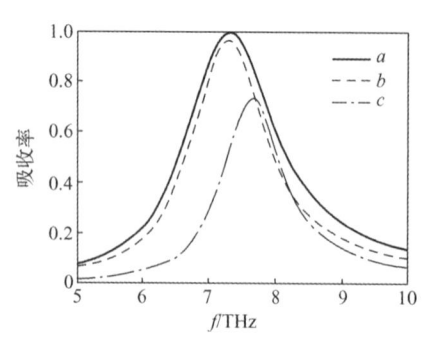

图 7-21　各种基质的超材料吸波结构吸收曲线图

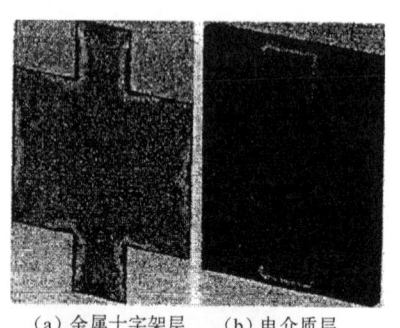

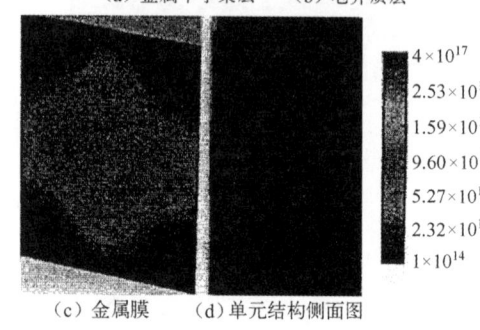

图 7-22　入射电磁波能量在超材料各层中损耗示意图

关于完美吸收材料的吸收机理无明确的理论，Padilla 等人认为吸收主要发生在电介质层，电介质损耗比欧姆损耗高一个数量级。与 Padilla 设计超材料吸波结构的不同之处在于，改变了第 1 层十字架的结构，增大其占据整个结构单元的面积，并且降低了金属膜的厚度，中间电介质基本不吸收电磁波。结合 Padilla 设计的金属十字架吸波结构，发现第 1 层金属结构单元比较简单时，主要吸收在第 2 层的电介质；如果第 1 层金属占据面积比较大时，电介质吸收并不明显。针对不同的用途，可以选择不同的吸波结构。选择主要吸收在电介质层的平板型超材料制作太阳能电池，提高能量转换效率。理想的 Bolometer 探测器是能将落在其表面的光子都吸收，并转换成热量。选择电磁波吸收主要在金属层的吸波结构制作 Bolometer 探测器件，因为能量主要集中在外层的金属层上，方便收集与检测入射的电磁波，提高器件灵敏度。

二、超材料吸波的特点与分类

1. 超材料吸波结构的基本特点

1）"完美"吸波

2008 年研究人员在吉赫兹频段设计出一种吸收率接近 100% 的"完美"超材料吸波结构。其结构单元包含电谐振器和磁谐振器两部分，能够分别与电场和磁场进行耦合。随后，研究人员基于电磁谐振在太赫兹频段设计出一种超材料吸波结构，实验测得其在 1.30 THz 的吸收率为 70%。

2）极化不敏感吸波和宽入射角吸波

研究人员在太赫兹频段设计出一种极化不敏感的超材料吸波结构，仿真吸收率为 95%，实验测得其在 1.145 THz 的吸收率为 77%。基于电磁谐振在太赫兹频段设计出一种宽入射角的超材料吸波结构，该吸波结构厚度仅为 16 μm，实验测得其在 1.60 THz 的吸收率为 97%。研究人员设计出一种极化不敏感和宽入射角的超材料吸波结构，其结构单元由十字形 SRR、介质基板和金属背板组成。实验测得厚度仅为 0.40 mm 的吸波结构样品在 10.91 GHz 的吸收率为 99%。研究人员在光频段设计出一种吸波性能优良、极化不敏感和宽入射角的超薄超材料吸波结构，实验测得其在 1.58 μm 波长处吸收率为 88%。

3）多频带吸波

研究人员在太赫兹频段设计出一种双频带的超材料吸波结构。其结构单元由双频带的电谐振子、介质基板和金属背板组成。实验测得其在 1.40 THz 的吸收率为 85%，在 3.00 THz 的吸收率为 94%。研究人员设计出一种极化不敏感、宽入射角的多频带超材料吸波结构，其结构由四箭头谐振子、介质基板和金属背板组成。通过调节结构的几何参数使吸波结构工作在 3 个不同的谐振模式下，实现了一种极化不敏感、宽入射角的双频带超材料吸波结构和一种小型化的单频带超材料吸波结构。

4）宽频带吸波

研究人员基于树枝型结构设计出一种宽频带的超材料吸波结构。该吸波结构由双层六边形密排的树枝型结构、两块介质基板和金属背板组成。调节树枝结构的排布方式和几何参数可实现 3 个吸收峰，进一步优化使 3 个吸收峰叠加可实现宽频带吸波，实验测得其在 9.79~11.72 GHz 的吸收率大于 90%。Grant 等人在太赫兹频段设计出一种宽频带超材料吸波结构。通过不同尺寸谐振结构的叠加，使得 3 个谐振峰融合成一个宽频的吸收带，实验测得该吸波结构吸收率大于60%的带宽为1.86 THz。

2. 超材料吸波结构的分类

超材料，关键在于电磁波吸收，涵盖多样化分类。可按照超材料的类型、材料加工工艺、承载能力、吸波机制及研究阶段等细分。这些研究领域主要围绕材料与结构的吸波性能展开。基于设计和制造技术，超材料分为材料型和结构型两大主要类别，详情参见图7-23。

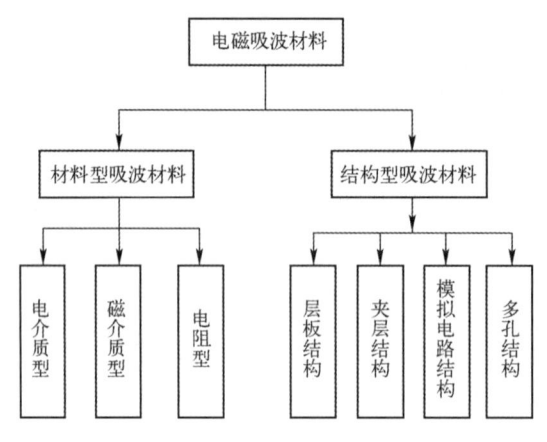

图7-23 电磁吸波材料的分类

1）材料型吸波材料

材料型吸波超材料不依赖金属基底，而是通过涂覆或粘贴在对象表面，形成具有吸波功能的涂层。为实现最佳吸波效果，需精确调控其电磁特性，以确保与周围空间的阻抗匹配。材料进一步分为电介质型、磁介质型及电阻型三种。电介质型超材料主要通过介质的电子极化与界面极化实现高介电损耗，典型材料有钛酸钡、铁电陶瓷和氮化铁等。磁介质型超材料则通过磁滞损耗、磁畴壁共振、涡流损耗及磁化向量转动等机制吸收电磁波，常用材料包括铁氧体、超微粒金属及羰基铁等。电阻型超材料通过高电阻率转化电磁能为热能，如导电高分子、炭黑和石墨等。

2）结构型吸波材料

吸波超材料呈复合结构，结合人工构造以实现支撑与吸波双重功能，能够有效调控电磁波的传播路径，从而提升其吸波性能。该类材料包括层板、夹层、模拟电路及多孔结构等。层板结构由多层基板构成，吸波性能依赖于各层的电磁参数、厚度及损耗层的阻抗，典型应用有Salisbury屏、Dallenbach屏及Jaumann屏等。夹层结构则是层板结构的变形，通过夹层设计增强吸收性能，如玻璃钢与纤维复合材料等，利用具有耗散特性的频率选择表面（FSS）替代传统损耗层，实现宽带吸收，如结合阻抗性Salisbury屏或Jaumann屏与电抗性FSS结构。多孔结构通过调整材料内部气孔尺寸和填充率以达到与自由空间的阻抗匹配，例如多孔碳化硅、基于聚苯乙烯的材料和泡沫陶瓷等。

三、基于电阻层的吸波超材料设计

1. 单电阻层吸波结构理论

在单电阻层吸波结构中，最典型的就是Salisbury屏，如图7-24所示。这构成了一种简单的分层谐振吸波结构，其吸收机制实际上是一种共振现象。通常使用低介电材料来代替空气间隙。通过调整电阻层厚度使其阻抗与自由空间波阻抗 Z_0 相匹配，那么 Salisbury 屏将实现良好的阻抗匹配，并在间隔介质厚度对应的频率处达到反射的最小值。

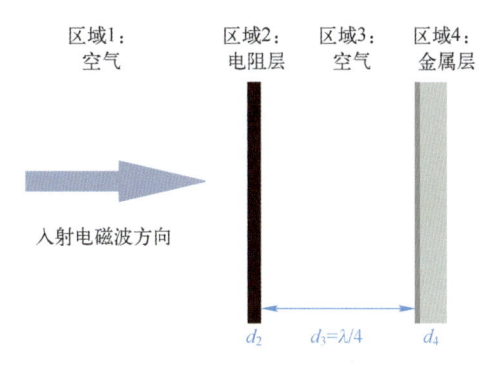

图 7-24　Salisbury 屏

反射机理从区域 4 的表面开始。由于区域 4 是金属，我们可以假设金属的电导率为无限 $\sigma=\infty$，因此区域 4 的阻抗为 0Ω。在金属表面 $z_3(d_3)=\eta_4=0(\Omega)$。

这里所指的区域 3 表示空气，可得自由空间中的波动方程为

$$\nabla^2 E = \varepsilon_0 \mu_0 \frac{\partial^2 E}{\partial t^2} \tag{7-96}$$

$$\nabla^2 H = \varepsilon_0 \mu_0 \frac{\partial^2 H}{\partial t^2} \tag{7-97}$$

由上述两个方程组可得，该自由空间的特性阻抗为

$$z_0 = \sqrt{\frac{u_0}{\varepsilon_0}} \tag{7-98}$$

求得大约阻抗为 $377(\Omega)$。反射率

$$\Gamma_3(d_3) = \frac{z_3(d_3)-\eta_3}{z_3(d_3)+\eta_3} = \frac{0-377}{0+377} = -1 \tag{7-99}$$

因为区域 3 是空气，是无损的，它的 $\gamma_3 = j\beta_3 = j\beta_0 = j2\pi/\lambda_3$，所以 $\Gamma_3(0) = \Gamma_3(d_3)$ $\exp 2\gamma_3(0-d_3) = -1 \cdot \exp j(4\pi/\lambda_3)(-\lambda_3/4) = -1 \cdot \exp{-j\pi} = 1$，区域 3 的起始点处的全场阻抗为

$$Z_3(0) = \eta_3 \frac{1+\Gamma_3(0)}{1-\Gamma_3(0)} = \eta_3 \frac{1+1}{1-1} = \infty \tag{7-100}$$

通过界面的连续性关系：

$$Z_2(d_2) = Z_3(0) = \infty \tag{7-101}$$

它使 $z=d_2$ 处的反射系数：

$$\Gamma_2(d_2) = \frac{z_2(d_2)-\eta_2}{z_2(d_2)+\eta_2} \approx 1 \tag{7-102}$$

由 $\Gamma_2(0) = \Gamma_2(d_2)\exp 2\gamma_2(0-d_2)$ 和 $Z_2(0) = \eta_2 \frac{1+\Gamma_2(0)}{1-\Gamma_2(0)} = Z_1(0)$，同时

$$Z_1(0) = \eta_2 \frac{1-\exp-2\gamma_2 d_2}{1+\exp-2\gamma_2 d_2} \tag{7-103}$$

$$\Gamma_1(0) = \frac{z_1(0) - \eta_1}{z_1(0) + \eta_1} \tag{7-104}$$

我们可得到

$$\Gamma_1(0) = \frac{\eta_2 \tanh(\gamma_2 d_2) - \eta_1}{\eta_2 \tanh(\gamma_2 d_2) + \eta_1} \tag{7-105}$$

根据上述方程式，当 $\eta_1 \rightarrow \eta_2$ 条件满足时，尤其是在阻抗板厚度较小时，我们观察到反射系数呈最小值。回波损耗（Re）定义为

$$\mathrm{Re}(\mathrm{dB}) = 10\log \Gamma^2 \tag{7-106}$$

基本上，Salisbury 屏可以理解为由于入射行波和反射行波的相互作用而在金属板（完美导体）前面的空间中设置的驻波图。从电磁的观点来看，最大电场的驻波发生在一个平面的 1/4 波长的金属前方，最大磁场驻波发生在金属边界，可以预期，通过在金属上定位薄的有损磁元件，可以构造出类似于 Salisbury 屏的磁性材料。

虽然 Salisbury 屏效应提供了单频率吸收，但基于这种效应开发了多层吸波结构。宽带吸波结构由多个共振层组成。具有两个损耗峰的两层吸波结构可以被布置成重叠，从而产生一个更宽的吸收带，或者覆盖两个完全分离的窄频带。进一步的改进可以通过三层或更多层来实现。

2. 多电阻层吸波结构理论

一般而言，当平面波进入无限平面的多层结构并发生反射时，我们会涉及从麦克斯韦方程导出的边界条件，并将其应用于每一层中的电场和磁场的通解。如图 7-25 所示，基本几何结构是有限数量的介质层堆叠在金属板上。每一层必须具有相同的 EM 属性。

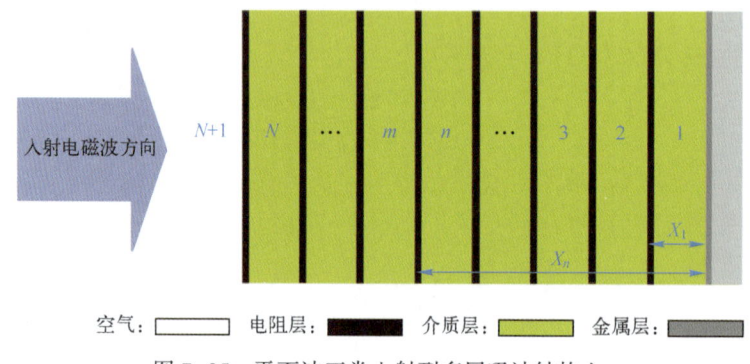

图 7-25 平面波正常入射到多层吸波结构上

为了解释两介质层之间的散射机制，我们假设在两介质层之间夹有一个零厚度的电阻片，如图 7-26 所示。薄片可以用电阻 R 表示，其中 $G = 1/R = R^{-1}$。它提供了一个复杂的阻抗，电阻 R 可能取而代之的是阻抗 Z 或导纳 Y，因为层的厚度我们假设被认为是非常薄，无限接近零层，总阻抗 Y 等于固有阻抗 η。

在图 7-26 中，用来分析散射的方法是假设电阻片两侧介质层中的磁场和电场的形

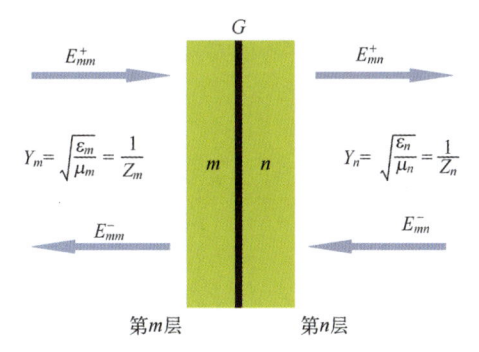

图 7-26 夹在两介质层之间的电阻片的传播机理

式，并指定磁场必须满足的边界条件。给定层中平面波的电场和磁场为

$$E = E_m^+ e^{-jkx} + E_m^- e^{-jkx} \tag{7-107}$$

$$H = Y(E_m^+ e^{-jkx} - E_m^- e^{jkx}) \tag{7-108}$$

其中，k 为波数，$k = \omega\sqrt{\mu\varepsilon}$。$E_m^+$ 和 E_m^- 分别表示正向和反向传播的波幅值，E_{mm}^+ 为第 m 层正向传播的波幅值，E_{mm}^- 为第 n 层反向传播的波幅值，E_{mn}^+ 为第 n 层正向传播的波幅值，E_{mn}^- 为第 n 层反向传播的波幅值。

根据 Y、G、R 的定义，界面需要满足的边界条件为

$$GE^+ = GE^- = J \tag{7-109}$$

$$H^+ - H^- = J \tag{7-110}$$

式中：J 为电流面密度。如果 X_n 是电阻板在 n 和 m 层之间的位置，如图 7-25 所示，我们可以从式（7-107）~式（7-108）得到

$$E_{mm}^+ e^{-jk_m x_n} + E_{mm}^- e^{jk_m x_n} = E_{mn}^+ e^{-jk_n x_n} \tag{7-111}$$

$$Y_m(E_{mm}^+ e^{-jk_m x_n} - E_{mm}^- e^{-jk_m x_n}) = (G+Y_n)E_{mn}^+ e^{-jk_n x_m} + (G-Y_n)E_{mn}^- e^{jk_n x_m} \tag{7-112}$$

由以上两个方程我们可以得到

$$E_{mm}^+ = \frac{e^{jk_m x_n}}{2Y_m}[E_{mn}^+(Y_m + Y_n + G)e^{-jk_n x_n} + E_{mn}^-(Y_m - Y_n + G)e^{jk_n x_n}] \tag{7-113}$$

$$E_{mm}^- = \frac{e^{-jk_m x_n}}{2Y_m}[E_{mn}^+(Y_m - Y_n - G)e^{-jk_n x_n} + E_{mn}^-(Y_m + Y_n + G)e^{jk_n x_n}] \tag{7-114}$$

对于金属板衬底，应消除总电场，因此在 $x = 0$ 处 $\Gamma_1(0) = -1$，$E_{m_1}^- = -E_{m_1}^+$。如果没有金属衬底，第一层的反射应为零，$E_{m_1}^- = 0$。同理，迭代该序列直到到达 $N+1$ 层，这在实际应用中是空气。多层吸波结构表面的反射是

$$\Gamma_{N+1}(0) = \frac{E_{mN+1}^-}{E_{mN+1}^+} \tag{7-115}$$

在条件 E_{mN+1}^- 时的最小反射。对于 Salisbury 屏的简单情况，代入式（7-114）得到

$$E_{mN+1}^- = E_{m2}^- = \frac{e^{-jkd}}{2}[-Ge^{-jkd} - (2-G)e^{jkd}] \tag{7-116}$$

对于自由空间 $Y_1 = Y_2 = 1$，空气的阻值是 $377\ \Omega/m^2$，$k_2 = k_0 = \frac{2\pi}{\lambda}$。如果我们想让 E_{m2}^- 只有在括号为 0 的情况下，使力 $G = 1$ 的振幅相等，这种情况就变成

$$e^{-jkd}\cos\frac{2\pi d}{\lambda}=0 \text{ 或 } \cos\frac{2\pi d}{\lambda}=0 \qquad (7-117)$$

这里：

$$\frac{2\pi d}{\lambda}=\left(\frac{1}{2}+n\right)\pi, \quad n=0,1,2,3,\cdots$$

或

$$d=\frac{\lambda}{4}+\frac{n\lambda}{2}$$

因此，Salisbury 屏面电阻为 $377\Omega/m^2$。在金属板的前面设置一个奇数倍的 1/4 波长的电阻片，可以在吸波结构表面获得零反射。在实际应用中，可以使用高介电常数的填充材料作为间隔材料，但带宽略有减少，因为其 k 大于 k_0。由式（7-116）可知，源频率的变化导致 E_{m2}^- 的变化大于间隔材料 $\varepsilon_r=1$ 时的变化。

3. 基于多层电阻膜-介质复合结构的超宽带吸波超材料

如图 7-27（a）所示，多层结构的吸波超材料单元周期 $p=14\text{mm}$，由电阻膜、聚对苯二甲酸乙二醇酯（$\varepsilon=3.0$，$\tan\delta=0.061$）、聚甲基丙烯酰亚胺泡沫（$\varepsilon=1.05$，$\tan\delta=0.001$）和金属接地板构成。其中，PMI 自上而下的厚度分别为 $t_1=2\text{mm}$、$t_2=2\text{mm}$、$t_3=3\text{mm}$、$t_4=2\text{mm}$；方形电阻膜的宽度由上而下分别为 $w_1=12.5\text{mm}$、$w_2=11.9\text{mm}$、$w_3=13\text{mm}$、$w_4=14\text{mm}$。图 7-27（b）展示了超材料吸波体的侧视图，其中，多层方形电阻膜的方阻值自顶向下逐层减小，分别为 $R_1=450\Omega$、$R_2=345\Omega$、$R_3=337\Omega$、$R_4=250\Omega$。电阻膜放置于衬底 PET 上，PET 厚度 $t_p=0.175\text{mm}$，金属接地板采用厚度为 0.018 mm 的铜，电阻膜厚度可以忽略不计。电磁波以负方向沿着 z 轴入射，采用 unit cell 边界条件限定 x、y 方向。吸收谱线和归一化阻抗如图 7-28 所示。在频段 3.16~51.6 GHz，该吸波体对于垂直入射的电磁波呈现出高于 88% 的吸收效率并且中心频率为 27.38 GHz，相对带宽为 176.9%，覆盖了 C、X、Ku、K 以及 Ka 波段，并在一定程度上涵盖了 S 波段和 U 波段。通过对吸波体的标准化阻抗进行计算分析，我们能更深入地了解其宽频带的吸收特性。如图 7-28 所示，标准化阻抗的实部与虚部分别接近于 1 和 0，这说明在指定的频率范围内，超材料吸波体与自由空间阻抗之间的匹配十分理想，有效减少了界面处的反射。

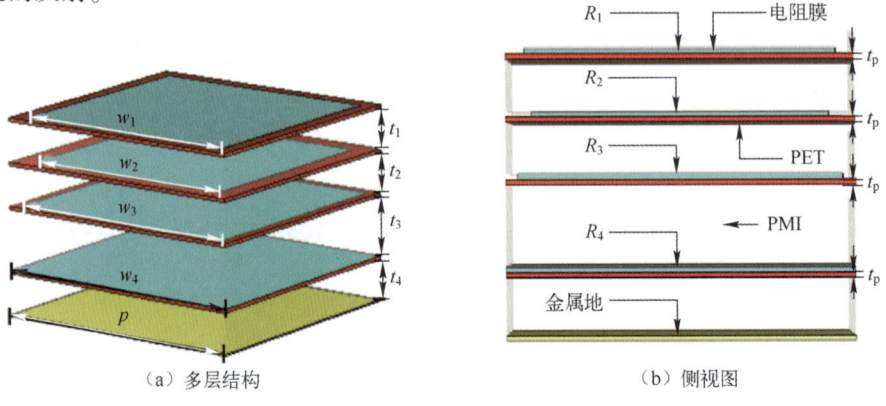

（a）多层结构　　　　　　（b）侧视图

图 7-27　吸波体单元

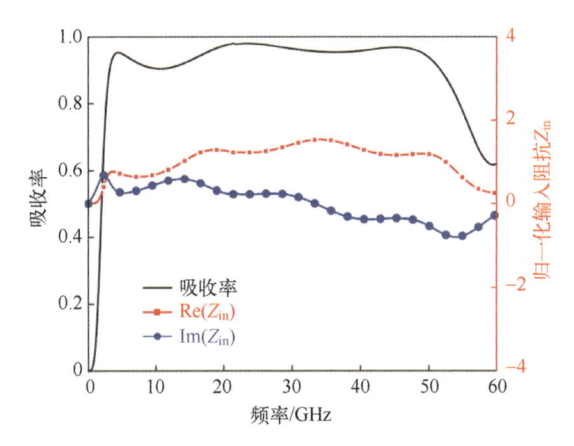

图 7-28 垂直入射条件下吸收率和归一化阻抗曲线

验证吸波性能的重要指标之一是电磁波的入射角和极化角是否具有稳定性。图 7-29 为 TE 和 TM 极化电磁波在不同斜入射角下的吸收率曲线。对于 TE 极化波（图 7-29（a）），随着入射角度从 0°增加至 45°，吸收带宽变化较小且吸收率始终大于 80%。而对于 TM 极化波（图 7-29（b）），在入射角度从 0°增加至 30°时，吸收带宽变化较小，且在 3.98～51.3GHz 范围内吸收率均高于 88%；虽然当入射角为 45°时，吸收带的位置显著向右移动，吸收率依然维持在 88%以上。这些结果表明，超材料吸波体的结构具有对称性与良好的极化状态不敏感性。

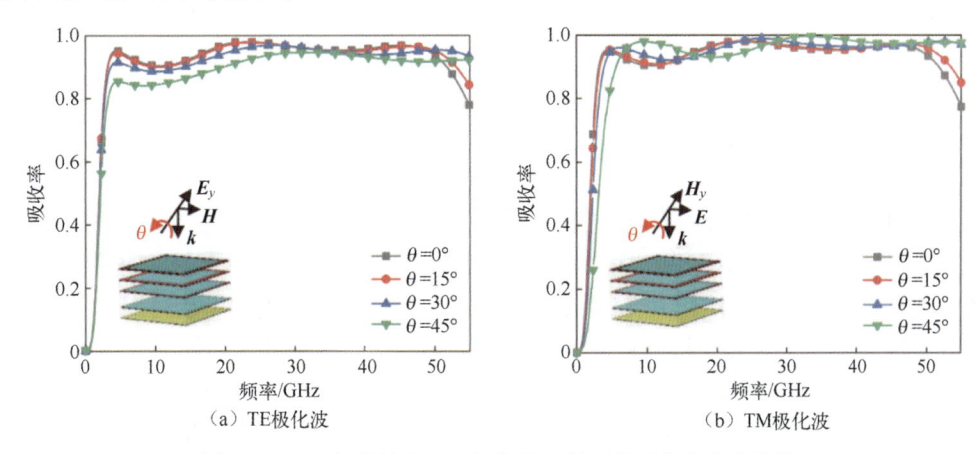

图 7-29 TE 极化波和 TM 极化波入射下的吸收率仿真曲线

根据等效电路模型，对该吸波超材料的性能进行了详细分析。图 7-30 为等效电路，其中：Z_0 为自由空间的阻抗；第一、二和三层电阻膜为容性表面，可以等效为 RC 串联电路，其等效阻抗分别为 Z_1、Z_2 和 Z_3；第四层电阻膜尺寸与单元结构周期相等，可以等效为电阻，其等效阻抗为 Z_4；介质层和金属地层可等效为传输线和小电阻 R_5；$Z_5 \sim Z_8$ 是四层介质的波阻抗；Z_{in} 是从左位置向右看去的等效阻抗。利用 ADS 软件建立等效的电路模型，数值拟合 CST 仿真结果，等效模型中的集总元件参数如下：R_1 = 58.13 kΩ，C_1 = 2.43 nF，R_2 = 66.67 kΩ，C_2 = 789.89 pF，R_3 = 555.5 Ω，C_3 = 1.35 nF，R_4 = 4.9 kΩ，R_5 = 5 Ω，C_4 = 1.68 nF，L_1 = 0.03 nH，C_5 = 0.76 pF，L_2 = 0.655 nH，C_6 =

79.42 pF，L_3 = 27.55 nH，C_7 = 69.01 pF，L_4 = 3.39 nH。图 7-31 为电路模型与 CST 仿真吸收率对比结果。

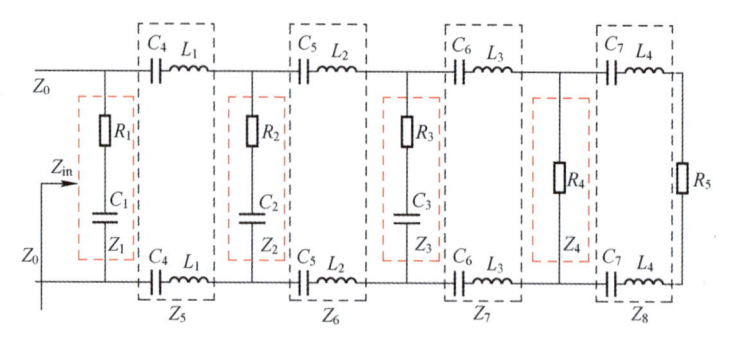

图 7-30　吸波超材料等效电路模型

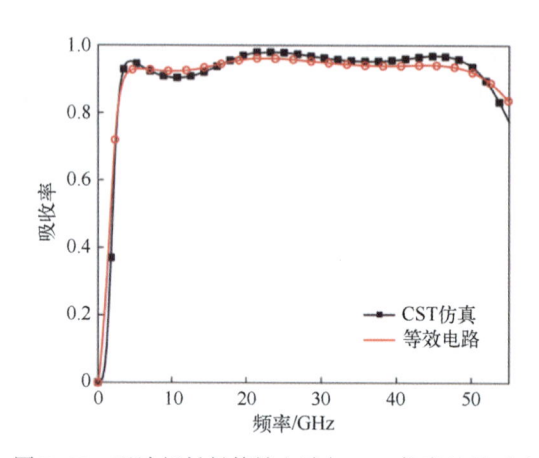

图 7-31　吸波超材料等效电路与 CST 仿真结果对比

我们通过制备、加工以及测试吸波超材料来充分验证其吸波性能。通过采用丝网印刷工艺，能够调节印刷厚度，从而获得不同方阻值的电阻膜，我们制备了四种不同尺寸的方形电阻膜。接着，利用光学胶黏合介质将电阻膜与金属接地层（金属铜）结合在一起。胶层极薄，几乎对吸波超材料性能无任何影响。我们制备的样品由 22×22 个单元组成，整体尺寸为 308 mm×308 mm，相关示意图已附于图 7-32（a）。采用图 7-32（b）的自由空间法对制备的吸波超材料样品进行了测试。一对 1~18 GHz 宽带喇叭天线，分别作为发射源和接收源，用两根低损耗线缆与矢量网络分析仪连接，以记录测试数据。

图 7-33 展示了 2~18 GHz 范围内吸波超材料的吸收率测试曲线。在图 7-32（a）中，对于 TE 极化波在 3.15~18 GHz 的不同入射角度下，吸收效果呈现出显著变化。在入射角介于 5°~30°时，吸收率始终维持在 85% 以上。但是，随着入射角增加到 45°，吸收率会降至大约 78%。而在图 7-32（b）中，对于 TM 极化波的入射情况，当角度从 5°增加至 15°时，在 3.5~18 GHz 范围内吸收率均超过 80%；随着角度增大，吸收带宽明显向右移动，但在 4.25~18 GHz 范围内吸收率依然保持在 80% 以上。测试结果与仿真结果存在一些差异，源于样品电阻膜的方阻值分布不均，以及实验环境的影响可能也起到了一定作用。

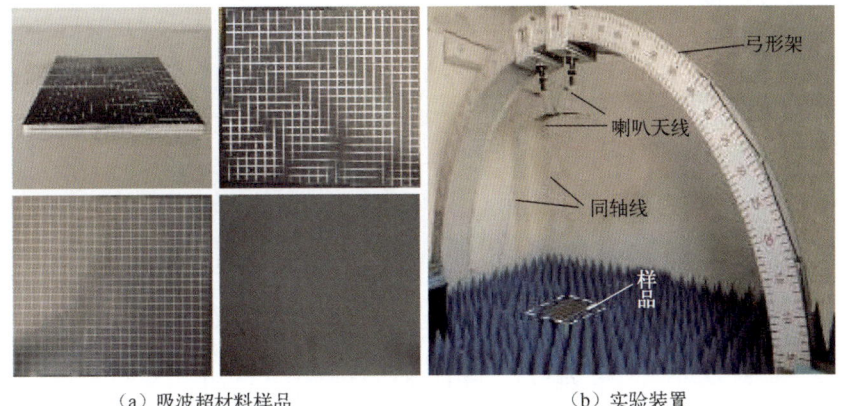

（a）吸波超材料样品　　　　　　　（b）实验装置

图 7-32　测试样品及实验装置图

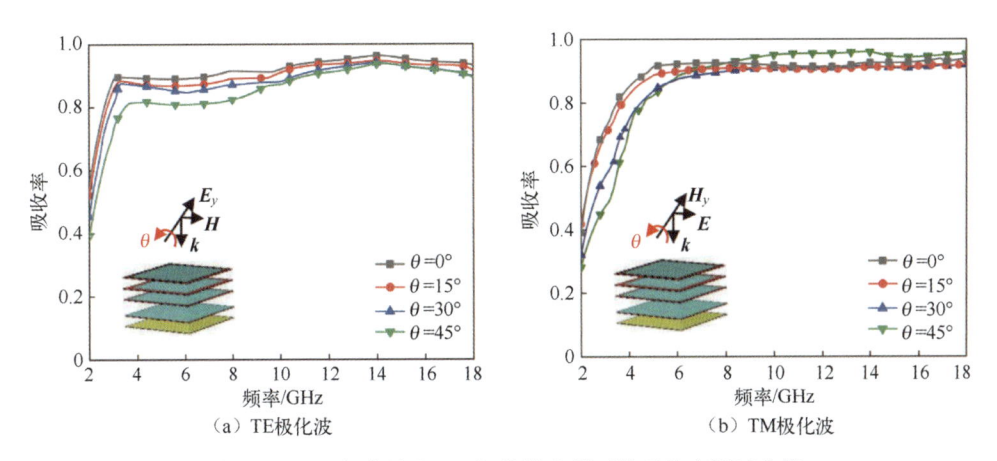

（a）TE极化波　　　　　　　　　（b）TM极化波

图 7-33　TE 极化波和 TM 极化波入射下的吸收率测试曲线

四、基于铁磁材料的吸波超材料设计

1. 基于铁磁材料的吸波超材料机理

吸波材料中，磁损耗型一直备受瞩目，其被视为研究相对成熟、报道丰富的一种类型。此类材料目前在民用和军工产品中被广泛采用。

磁性材料可分为铁磁性、亚铁磁性、反铁磁性和顺磁性四种类型。其中，铁磁性和亚铁磁性材料经常被用作吸波材料。磁畴的平均体积大约是单个原子体积的 10^{15} 倍，因此一个磁畴中大约包含 10^{15} 个原子。磁畴的形态多样，如片状畴、封闭畴和螺旋畴等，详见图 7-34。这些磁畴结构的变动显著影响了磁材料的技术性能。对于磁损耗型吸波材料，其能量损耗机制涉及以下几个方面：

（1）磁滞损耗包含由于磁畴边界的不可逆移动或磁畴内部磁矩的不可逆转动引起的磁感应强度延迟现象。在外部磁场增强的情况下，畴壁的移动和磁矩的旋转变得不可逆，进而引发能量的损失。此种损耗与外部磁场的频率正相关，并可通过分析磁滞回线的形态、矫顽力和饱和磁化强度等特征进行评估。

（2）涡流损耗则源于交变磁场对铁磁性材料的电磁作用产生。在此环境中，铁磁性导体会产生环状的感应电流，这些电流在导致材料内部能量耗散的同时，也形成了焦耳热。涡流损失的程度与外部磁场强度及材料体积有直接关联，与电阻率成反比。过大的涡流效应会导致铁磁导体内部几乎没有磁场，降低电磁波进入材料内部的能力，因此适度降低涡流效应是必要的。

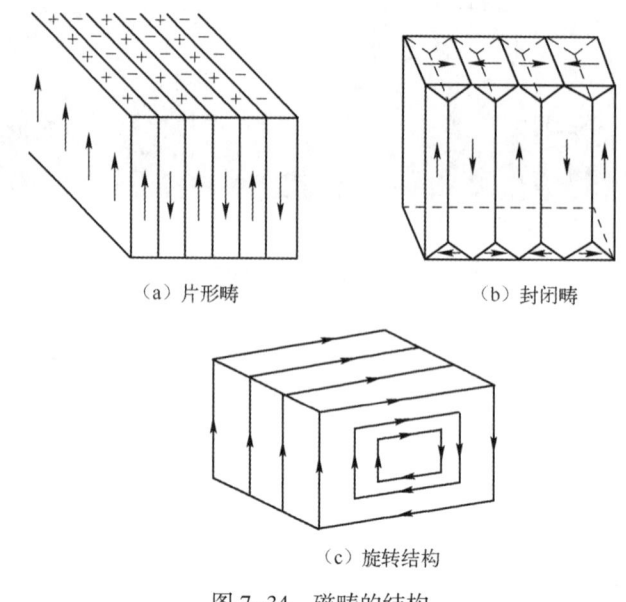

（a）片形畴　　　　　（b）封闭畴

（c）旋转结构

图 7-34　磁畴的结构

（3）磁性材料的后效损耗主要包括扩散磁后效和热涨落磁后效。在磁化过程中，由于部分电子或离子的运动滞后于外磁场的变动，逐步引致磁感应强度稳定，从而产生扩散磁后效。热涨落磁后效是一种不可逆现象，它使磁化强度先达到一个亚稳态，受热涨落影响后，再滞后地稳定在新的状态。

（4）尺寸共振现象是指电磁波在铁磁材料中传播时的一种特殊情况。当电磁波的半波长是介质尺寸（或内部颗粒大小）的整数倍时，材料中将产生驻波现象从而显著增强电磁波的吸收效果。电磁波在介质内的传播波长为

$$\lambda = \frac{c}{(f\sqrt{\varepsilon\mu})} \tag{7-118}$$

式中：c 为光速；f 为电磁波的频率；ε 为介质的介电常数；μ 为介质的磁导率。通过观察式（7-118）可以得出考虑电磁波频率及材料电磁参数，并选用适当尺寸的铁磁吸收体或内部颗粒，可增强电磁波能量的消耗效果。

（5）自然共振。圆频率为固定值 ω 的外加交变磁场和一个外加稳恒磁场 H_e 同时作用于铁磁介质，如果调整 H_e 使得

$$\omega_0 = \gamma H_e = \omega \tag{7-119}$$

式中：ω_0 为磁化强度的自由振动圆频率；γ 为旋磁比，则正、负圆偏振磁化率虚部 χ'' 或者磁导率虚部 μ'' 达到极大值时的这种现象称为铁磁共振现象。然而，在实际应用中，吸波材料很少受到外部恒定磁场的影响，因此铁磁共振对电磁波的损耗贡献有限。自然共振是铁磁共振的一种特殊情况，其起源在于铁磁体内部存在的等效磁晶各向异性场。

即使没有外界持续磁场的影响，铁磁体也会表现出自然共振的现象。自然共振频率是指当磁化率虚部 χ'' 或磁导率虚部 μ'' 达到最大值时的频率，其数值为

$$f_r = \frac{\gamma H_a}{2\pi} \tag{7-120}$$

其中，γ 和 H_a 分别代表旋磁比和磁晶各向异性的等效场。在多晶体材料中其自然共振频率主要受到各向异性场的影响。

(6) 磁畴壁共振是一种现象，当外部磁场的变化频率与磁畴壁振动的固有频率相匹配时，就会出现磁畴壁共振，可分为共振型和弛豫型。在共振型中，材料在磁性能上表现出一种情况 $\chi' \approx 0$，χ'' 达到其最大值；而在弛豫型共振中，表现为 χ' 直流磁化率减半，并 χ'' 达到最大值。

2. 常用的磁损耗型吸波材料

1) 铁氧体吸波材料

铁氧体是一种由铁类元素与其他金属元素组成的复合化合物，能够吸收电磁波，其吸收原理涉及介电极化和磁损耗效应，因此备受关注。铁氧体吸波材料具有吸收能力强、频段宽、成本低等优势，因此在隐身技术中得到广泛应用。根据晶体结构，可以将铁氧体分为尖晶石型、石榴石型和磁铅石型，其中以尖晶石型和磁铅石型为主要的吸波材料类型。尖晶石型铁氧体属于立方晶系，其晶体结构与天然矿物镁铝尖晶石（$MgAl_2O_4$）相似，化学分子式可以用 $MeFe_2O_4$（或 AB_2O_4）表示。其中 Me 为金属离子 Mg^{2+}、Mn^{2+}、Ni^{2+}、Zn^{2+}、Fe^{2+} 等；而 Fe 为三价离子，也可被其他三价金属离子如 Al^{3+}、Cr^{3+} 等所代替，这类铁氧体的研究和应用历史悠久。在低于 GHz 的频段中，该材料显示出相对较高的磁导率，与其他吸波材料相比，其特点包括较薄的厚度和宽广的吸收频带。然而，随着频率的进一步增加，其磁导率迅速减少，导致无法有效吸收 GHz 频段的电磁波。

磁铅石型铁氧体属于六角晶系，其晶体结构与矿物磁铅石 $Pb(Fe_{7.5}Mn_{3.5}Al_{0.5}Ti_{0.5})O_{19}$ 相似，化学分子式可以用 $MeFe_{12}O_{19}$（或 $MeFe_{12}O_{19}$）表示，其中 Me 为二价金属离子 Ba^{2+}、Sr^{2+}、Pb^{2+} 等。相对来说，磁铅石型铁氧体显示出较高的磁晶各向异性，因而其自然共振频率通常比尖晶石型铁氧体高出一个数量级，大约在 1~10 GHz 的范围内。在这个频段内，由于自然共振效应的作用，磁铅石型铁氧体能够获得更高的磁导率，使其更适用于吸波材料的应用。此外，通常尖晶石型铁氧体吸波材料需要较厚的匹配厚度（大于 4mm），而磁铅石型铁氧体可以大大降低材料的厚度。钡铁氧体（$BaFe_{12}O_{19}$）是铁氧体家族中备受瞩目的代表之一，也是被广泛研究的对象。根据其多种结构特征，可将钡铁氧体划分为六类，分别是 M 型、W 型、X 型、Y 型、Z 型和 U 型。在这六类中，M 型和 W 型的钡铁氧体被广泛研究和应用，其分子式分别为 $BaFe_{12}O_{19}$ 和 $BaMe_2Fe_{16}O_{27}$。

尽管铁氧体吸波材料的吸波性能出色，但仍然存在一些不足之处。这些问题包括较高的密度、较低的居里温度以及在高温下的不稳定性，这些限制了它在特定环境中的应用。为了克服这些缺点，铁氧体吸波材料的发展方向可以在以下几个方面展开：①可以通过纳米化技术来降低材料的密度。②可以进行掺杂处理以提高材料在高温环境下的稳定性。③对表面进行改性，以降低材料的密度。

2) 磁性金属吸波材料

磁性金属吸波材料，由铁、镍、钴及其合金构成，呈微细粉末或纤维状。它的吸波机制基于磁滞损耗和涡流损耗，用以吸收和削弱电磁波。此外，经过解决抗氧化问题后，磁性吸波材料的温度稳定性良好，其居里温度可达 770 K。磁性金属材料主要分为磁性超细微粉和磁性纤维两类。磁性超细微粉是指粒度在 10 μm 甚至 1 μm 以下的粉体材料，可以分为两类：一类是由金属羰基化合物（$M_n(CO)_m$，M = Fe、CO、Ni）在一定温度和压力下加热分解而获得的羰基金属粉，反应方程式为：

$$M_n(CO)_m \rightarrow nM + mCO \uparrow \qquad (7-121)$$

目前，羰基铁粉是广泛采用的一种材料。当将羰基铁粉与硅橡胶混合时，其吸波性能在 2~10 GHz 频段超过 -12 dB，质量分数达到 90% 时，其使用温度可达 500℃。另一类常见的是利用化学还原、有机醇盐热分解、机械球磨等方法制备的金属微粉。

磁性纤维在一维材料中展现出独特的形态多样性。相对于金属微粉，磁性纤维不仅能够利用磁滞损耗和涡流损耗来吸收衰减电磁波，而且具备强大的介电损耗能力。此外，应用磁性纤维作为吸波材料能够有效降低其密度，因而备受青睐。

然而，磁性超微粉和磁性纤维，目前均有一些问题存在。例如，容易受氧化影响、抗腐蚀性差、电导率较高、易引起趋肤效应等。此外，磁性微粉的密度较大，而磁性纤维材料在基体中容易聚集，难以有效分散。为了解决这些问题，人们开始探索降低粒度、表面改性、掺杂或包覆等方法，以提高其在基体中的分散性。

3. 钡铁氧体吸波涂层的制备

通过固相反应法合成铁氧体微粉，所用原料为氧化铁、氧化锌、氧化钴及碳酸钡。通过正交试验法研究这些因素对微波吸收效率（反射损失）及频宽的影响。相关的正交实验设计详情见表 7-3。

表 7-3 实验因素与水平

水　平	A：厚度/mm	B：搅拌时间/h	C：w（铁氧体）
水平 1	1.30	0.5	60%
水平 2	1.80	1.0	65%
水平 3	2.00	2.0	75%

根据表 7-3 中的正交实验结果，整理得到表 7-4。根据 R 值可以确定各因素对吸收峰值的影响次序为 A、C、B，对吸波频宽的影响次序则为 C、A、B。在直观分析中，得出最佳组合为 $A_2B_1C_3$，适用于吸收峰值，以及对于吸波频宽的最佳组合也是 $A_2B_1C_3$。鉴于吸波材料的性能标准，因此将铁氧体含量设定为 75%、厚度为 1.81 mm、搅拌时间为 0.5 h，从而制备的 W 型钡铁氧体涂层。

表 7-4 正交实验的结果

试验号	A	B	C	吸收峰值 y_i /dB	吸波频宽 z_i ($R_L > 10$ dB)
1	1	1	1	$y_1 = 5.54$	$z_1 = 0$

续表

试验号		A	B	C	吸收峰值 y_i /dB	吸波频宽 z_i ($R_L > 10$ dB)
2		1	2	3	$y_2 = 7.44$	$z_2 = 0$
3		1	3	2	$y_3 = 4.76$	$z_3 = 0$
4		2	1	3	$y_4 = 33.42$	$z_4 = 10.57$
5		2	2	2	$y_5 = 14.52$	$z_5 = 6.61$
6		2	3	1	$y_6 = 11.06$	$z_6 = 1.29$
7		3	1	2	$y_7 = 15.38$	$z_7 = 7.69$
8		3	2	1	$y_8 = 7.46$	$z_8 = 0$
9		3	3	3	$y_9 = 20.74$	$z_9 = 9.63$
K_{1j}	y_i	17.74	54.34	24.06		
	z_i	0	18.26	1.29		
K_{2j}	y_i	58.73	29.15	34.39		
	z_i	18.47	6.61	14.30		
K_{3j}	y_i	43.58	36.56	61.60		
	z_i	17.32	10.92	20.20		
K_{4j}	y_i	40.99	25.19	37.54		
	z_i	18.47	11.65	18.91		

设定搅拌时间为 0.5 h，铁氧体含量与涂层厚度对吸收峰值的影响如图 7-35 所示。图 7-35 显示，在固定搅拌时间条件下，涂层厚度及铁氧体含量对吸收峰的影响显著。固定涂层厚度，铁氧体含量增多时，吸收峰值随之升高；而在铁氧体含量固定的情况下，涂层厚度的增加会使吸收峰值先上升再下降。材料中电磁波的波长为

$$\lambda_m = \frac{\lambda_0}{(\mu_r \varepsilon_r)^{1/2}} \quad (7-122)$$

式中：λ_m 为介质波长；λ_0 为真空中的波长；ε_r 和 μ_r 分别为相对介电常数与相对磁导率。随着铁氧体含量的变动，材料的 ε_r 和 μ_r 也将随之改变，从而导致电磁波在材料中传播的波长发生相应调整。当涂层精确等于电磁波波长 1/4 倍，且倍数为奇数时，会发生干涉共振。此时，涂层的上下表面反射的电磁波相互重叠，引起干涉作用。这种现象会使反射的电磁波能量降低，只有在铁氧体成分与涂层精确匹配时，吸收峰才会提高。

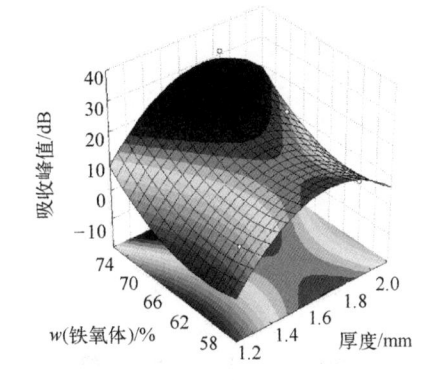

图 7-35 搅拌时间为 0.5 h 时铁氧体含量和涂层厚度对吸收峰值的影响

在搅拌时间设定为 0.5 h 的实验中，图 7-36 展示了铁氧体比例及涂层粗细对吸波带宽（RL>10 dB）的效果。从图中可见，铁氧体比例升高，吸波带宽增大；而涂层粗细在一定范围内增加，吸波带宽先升高后下降。

对于单层吸波材料，当电磁波在传输过程中遇到由介质 1 空气（ε_{r1}、μ_{r1}、γ_1、η_1 和 σ_1）和单层微波隐身材料介质 2（ε_{r2}、μ_{r2}、γ_2、η_2 和 σ_2）形成的均匀无限大平面的边界时（其中 ε_r、μ_r、γ、η 和 σ 分别为相对介电常数、相对磁导率、电导率、归一化特性阻抗和波数），一部分能穿过边界，另一部分被边界反射，其反射系数为

$$\Gamma = \left|\frac{\eta_2-\eta_1}{\eta_2+\eta_1}\right| \tag{7-123}$$

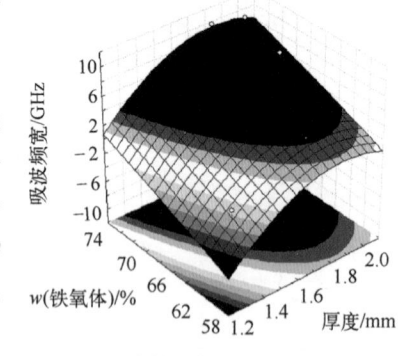

图 7-36　搅拌时间为 0.5 h 时铁氧体含量和涂层厚度对吸波频宽的影响

输入波阻抗 Z_{in} 是介质中任一点的合成电场与合成磁场之比：

$$Z_{\text{in}} = \eta_2 \left|\frac{\eta_3+\eta_2\tan(k_2 d_2)}{\eta_2+\eta_3\tan(k_2 d_2)}\right| \tag{7-124}$$

其中，k_2、d_2 为单层微波隐身材料的传播系数和涂层厚度。

对于第一种介质空气来说，第二种和第三种介质可以视为输入波阻抗为 Z_{in} 的一种介质。在第一条边界上的反射系数为

$$\Gamma = \left|\frac{Z_{\text{in}}-\eta_1}{Z_{\text{in}}+\eta_1}\right| \tag{7-125}$$

设空气的 $\eta_1 = 1$，金属的 $\eta_3 = 0$，则单层微波隐身材料介质 2 的输入波阻抗式（7-124）可简化为

$$Z_{\text{in}} = \eta_2\tan(k_2 d_2) = \eta\tan(kd) \tag{7-126}$$

其总反射系数则可写为

$$\Gamma = \left|\frac{Z_{\text{in}}-1}{Z_{\text{in}}+1}\right| \tag{7-127}$$

若用 dB 表示，则微波吸收值 R_a 可写为

$$R_a = 20\lg|\Gamma| \tag{7-128}$$

单层材料的归一化特性阻抗为

$$\eta = \sqrt{\frac{\mu}{\varepsilon-\text{j}\dfrac{\gamma}{\omega\varepsilon_0}}} = \sqrt{\frac{\mu'-\text{j}\mu''}{\varepsilon'-\text{j}\varepsilon''-\text{j}\dfrac{\gamma}{\omega\varepsilon_0}}} = \sqrt{\frac{\mu'-\text{j}\mu''}{\varepsilon'-\text{j}\varepsilon''_a}} = \sqrt{\frac{\mu'(1-\text{j}\tan\delta_\mu)}{\varepsilon'(1-\text{j}\tan\delta_\varepsilon)}} \tag{7-129}$$

式中：$\varepsilon''_a = \varepsilon'' + \dfrac{\sigma}{\omega\varepsilon_0}$；$\omega$ 为角频率；ε_0 为真空介电常数；$\tan\delta_\varepsilon$ 和 $\tan\delta_\mu$ 分别为介电损耗角正切值和磁损耗角正切值。

当磁导率与介电常数均处于理想状态时，吸波材料将以最高效率吸收电磁波。通过调节铁氧体比例，可调整磁导率及介电常数，涂层厚度变化则影响吸波剂的密集程度，进而作用于电磁波的吸收效果。综合以上观点，结合图 7-35 和图 7-36 所示的趋势，

我们可以预测各因素最佳点的范围,并将其列于表 7-5 中。

表 7-5 预测各因素最佳点的范围

预测最佳范围		
厚度/mm	搅拌时间/h	w(铁氧体)/%
1.78~1.82	0.5~2.0	70~75

根据表 7-5 的结果,正交实验得出的最优数值符合预期的最佳范围。当入射电磁波的能量固定时,若材料表面反射的电磁波很少,则表示该材料有效地吸收了电磁波能量,因而具有良好的吸波性能。可以通过评估吸波材料的微波吸收值 R_a 来判断其吸收性能。微波吸收值 R_a 越高,说明材料对电磁波的吸收越强,反射越少。

通过对最佳 W 型钡铁氧体涂层的研究,我们成功制备了铁氧体-环氧树脂复合涂层。图 7-37 显示了此种涂层在不同频率下的吸收效果,14 GHz 处吸收峰值达到 33 dB,并且在 8.2~18.0 GHz 范围内,吸收效果持续超过 10 dB,显示出良好的吸波性能,适合用于 X 波段电磁防护。

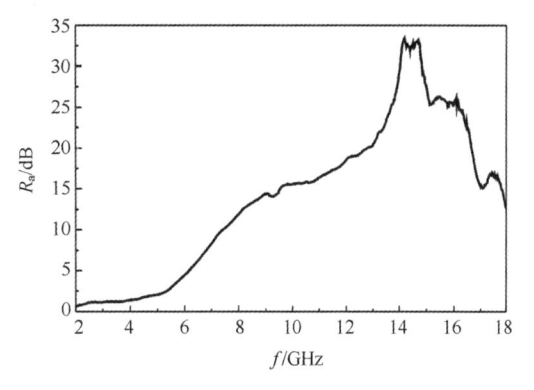

图 7-37 W 型钡铁氧体吸波曲线

五、极化不敏感和宽入射角吸波超材料设计

最早的超材料吸波器存在对极化敏感或入射角过窄的缺点,然而实际中极化不敏感和宽入射角的超材料吸波器有更为广阔的应用前景。采用对称性更高、尺度更小的结构单元可以改善超材料吸波器的极化和入射特性,据此,研究人员提出了极化不敏感和宽入射角的平行金属双环吸波结构。

该结构由正面金属方环、介质基板和反面金属方环板组成,如图 7-38 所示。电谐振由同平面上金属方环之间的耦合提供,磁谐振由介质基板两侧平行金属方环之间的耦合提供。调节基板两侧金属方环的尺寸以及基板的厚度可以调制整个结构的等效介电常数和等效磁导率,当等效介电常数和等效磁导率相等时,超材料吸波器与自由空间阻抗匹配、反射最小。优化后的超材料吸波器单元的结构参数为:$b_1 = 5.3$ mm,$w_1 = 0.4$ mm,$b_2 = 5.5$ mm,$w_2 = 0.4$ mm,$a = 5.7$ mm,如图 7-37(a)和(b)所示。介质基板($\varepsilon_r = 4.9$,$d_t = 0.025$)厚度为 0.6 mm,覆铜厚度为 0.017 mm。

对所设计的超材料吸波器进行仿真,仿真模型如图 7-38(c)所示,x-z 平面和 y-z 平面边界设为周期性边界,x-y 平面边界设为两端口($-z$ 边界记为端口 1,$+z$ 边界记为端口 2)。通过仿真可以得到与频率相关的 S 参数(S_{11}、S_{21}、S_{22}、S_{12}),由 $A_1(\omega) = 1 - |S_{11}|^2 - |S_{21}|^2$ 和 $A_2(\omega) = 1 - |S_{22}|^2 - |S_{12}|^2$ 可以分别计算出波沿正面和反面入射时超材料吸波器的吸收率,所得结果如图 7-39 所示。由图 7-39 可见:波沿正面入射时,在 7.48 GHz 有一个吸收率为 99.1% 的吸收峰,吸收率大于 50% 的绝对带宽为 330 MHz;波

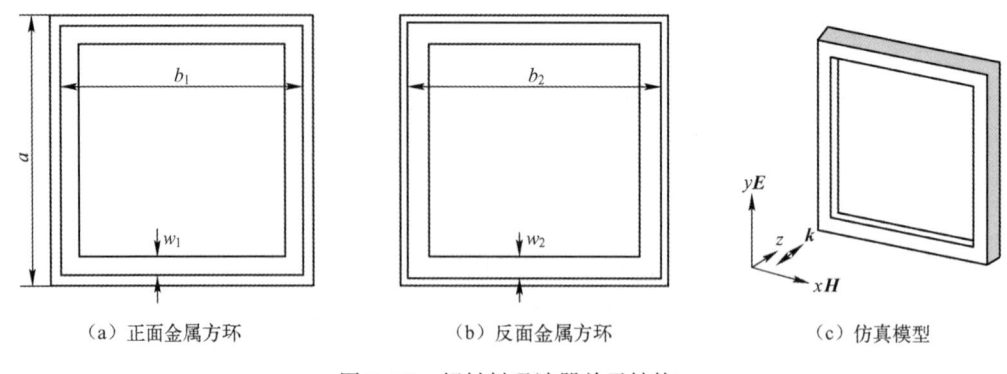

(a) 正面金属方环　　　　(b) 反面金属方环　　　　(c) 仿真模型

图 7-38　超材料吸波器单元结构

沿反面入射时，在 7.48 GHz 吸收率仅为 1.6%，没有明显的吸收峰。以上结果说明，该超材料吸波器正反两面性能不同，仅仅具有单面吸波特性。

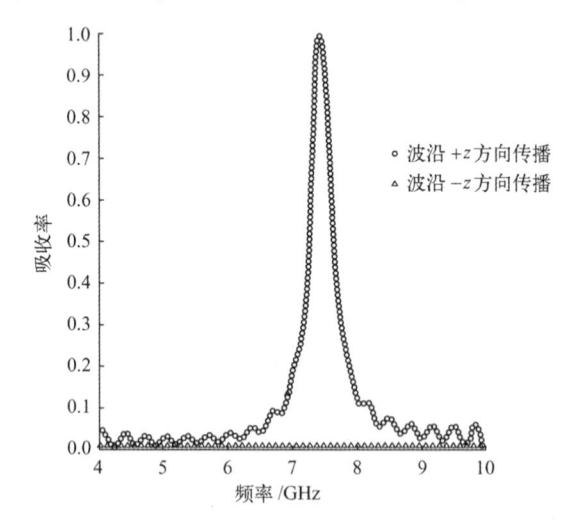

图 7-39　仿真得到的波分别沿正面和反面入射时超材料吸波器的吸收率

进一步，仿真不同极化角下该超材料吸波器的吸收率，所得结果如图 7-40 所示。由图 7-40 可以看出，波沿正面或反面入射，极化角从 0°变化到 90°时，超材料吸波器的吸收率基本无变化。以上仿真结果说明，该超材料吸波器是极化不敏感的。

由仿真得到的波分别沿正面和反面入射的 S 参数可以提取两种情况下超材料吸波器的等效阻抗，所得结果如图 7-41 所示。由图 7-41 可以看出：波沿正面入射时，7.48 GHz 超材料吸波器的等效阻抗实部为 1.16，此时超材料吸波器与自由空间近似阻抗匹配；波沿反面入射时，7.48 GHz 超材料吸波器的等效阻抗实部为 0.03，此时超材料吸波器与自由空间阻抗不匹配。以上仿真结果说明，可以通过调节超材料吸波器的阻抗使其一侧与自由空间阻抗匹配，另一侧与自由空间阻抗不匹配，从而使吸收点处的反射和传输同时最小、吸收最高。

仿真的波分别沿正面和反面入射时超材料吸波器在 7.48 GHz 的能量损耗分布结果如图 7-42 所示。由图 7-42 可以看出，波沿正面入射时，损耗主要发生在平行金属环

(a) 波沿正面入射时不同极化角下超材料吸波器的吸收率

(b) 波沿反面入射时不同极化角下超材料吸波器的吸收率

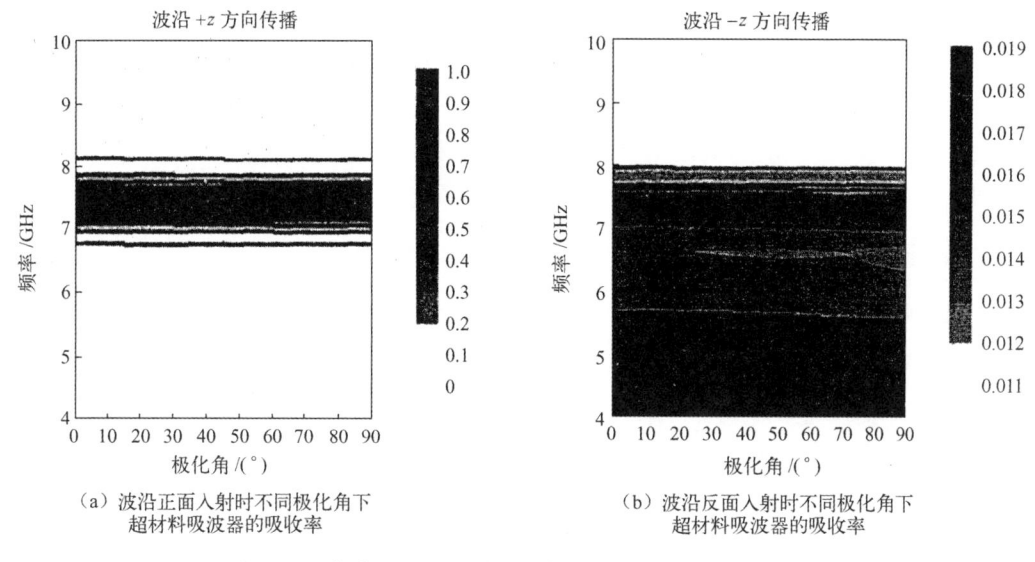

图 7-40 仿真得到的不同极化角下超材料吸波器的吸收率

(a) 波沿正面入射时超材料吸波器的等效阻抗

(b) 波沿反面入射时超材料吸波器的等效阻抗

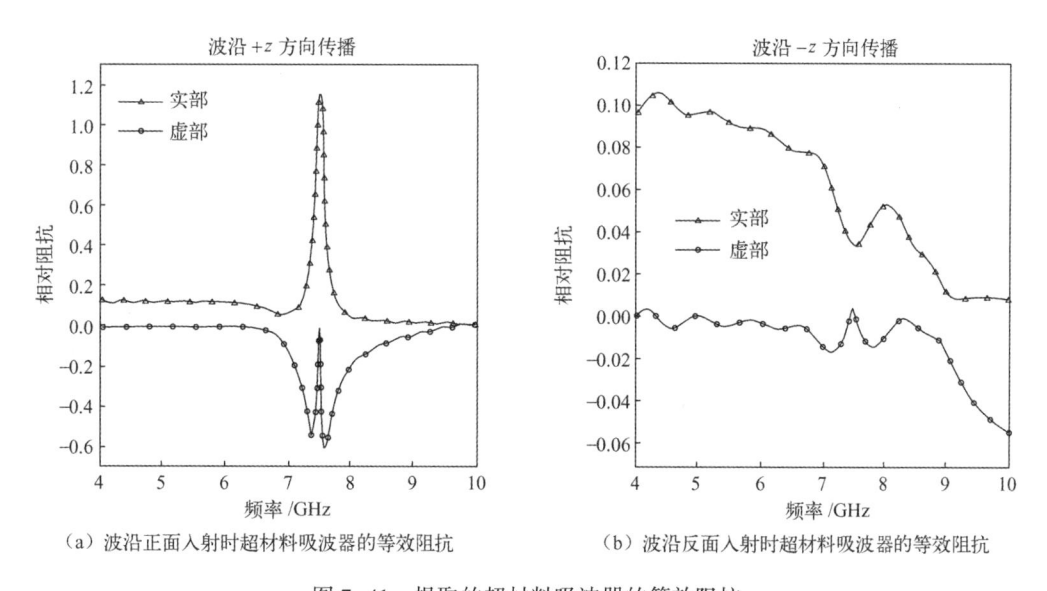

图 7-41 提取的超材料吸波器的等效阻抗

之间的介质基板中；波沿反面入射时，在超材料吸波器中没有明显的能量损耗发生。以上仿真结果说明：①基板的介质损耗在吸波过程中起主导作用；②该超材料吸波器具有单面吸波特性。

仿真的波分别沿正面和反面入射时超材料吸波器在 7.48 GHz 的表面电流分布结果如图 7-43 所示。由图 7-43 可以看出，波沿正面入射时，平行金属环之间出现了反向平行的电流，这是由平行金属环之间的磁谐振产生的；波沿反面入射时，超材料吸波器中的表面电流非常弱，大部分的能量被反射掉。以上结果与前面提取等效阻抗、仿真能量损耗分布得出的结果是一致的。

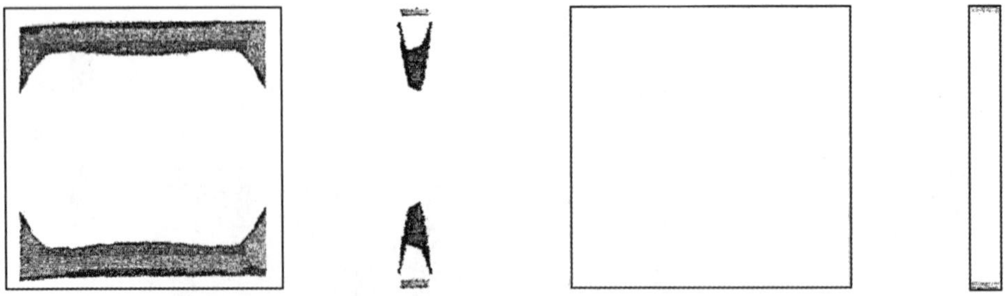

（a）波沿正面入射时能量损耗分布的正视图　（b）波沿正面入射时能量损耗分布的侧视图　（c）波沿反面入射时能量损耗分布的正视图　（d）波沿反面入射时能量损耗分布的侧视图

图 7-42　超材料吸波器在 7.48 GHz 的能量损耗分布

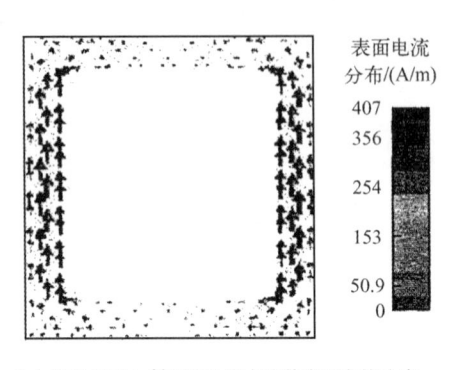

（a）波沿正面入射正面金属方环的表面电流分布

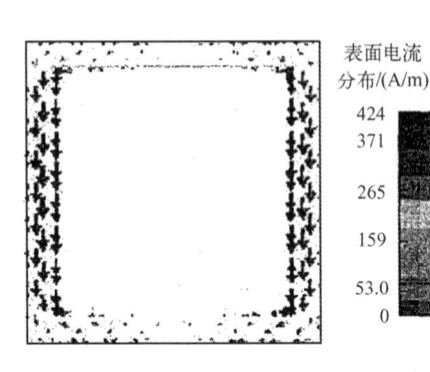

（b）波沿正面入射反面金属方环的表面电流分布

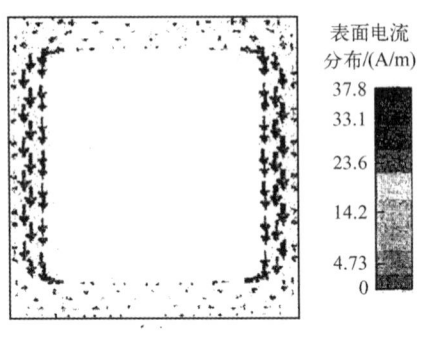

（c）波沿反面入射正面金属方环的表面电流分布

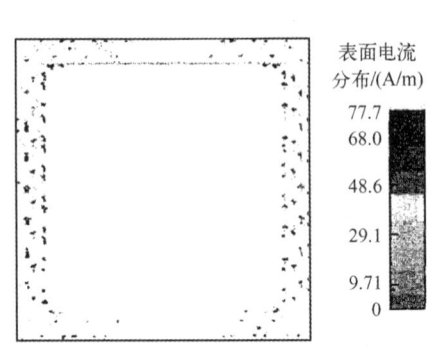

（d）波沿反面入射反面金属方环的表面电流分布

图 7-43　超材料吸波器在 7.48 GHz 的表面电流分布

六、较宽频带吸波超材料设计

前面设计的超材料吸波器仅能在极窄的频带内对电磁波进行高效吸收，因而极大地限制了它们的应用。拓展超材料吸波器的吸波带宽便成为当前亟待解决的问题。以上设计出多频带的超材料吸波器，设想将不同的吸收频带叠加以拓宽超材料吸波器的吸波带宽，据此，研究人员提出了频带较宽的金属环、板加平行金属环吸波结构。

该结构由前向环板结构、介质基板和后向金属环组成，如图 7-44 所示。电谐振由前向环板结构的环、板之间的耦合提供，磁谐振由后向金属环与前向环板结构之间耦合提供。调节前向环板结构和后向金属环的尺寸以及介质基板的厚度可在吸收频率处实现吸波结构一侧与自由空间近似阻抗匹配，另一侧与自由空间阻抗不匹配，使吸收点处的反射和传输同时最小、吸收最高。后向金属环与前向环板结构的环、板之间不同的耦合作用将导致不同频率的谐振，通过结构优化设计使不同频率的谐振相互叠加有可能实现频带较宽的超材料吸波器。优化后的超材料吸波器单元的结构参数为：$b_1 = 9.75\ \mu m$，$w_1 = 0.25\ \mu m$，$b_2 = 12.10\ \mu m$，$w_2 = 1.00\ \mu m$，$b_3 = 9.00\ \mu m$，$p = 18.00\ \mu m$，如图 7-44（a）和（b）所示。基板（$\varepsilon_r = 4.9$，$d_t = 0.025$）厚度为 $5.00\ \mu m$，覆铜厚度为 $0.02\ \mu m$。

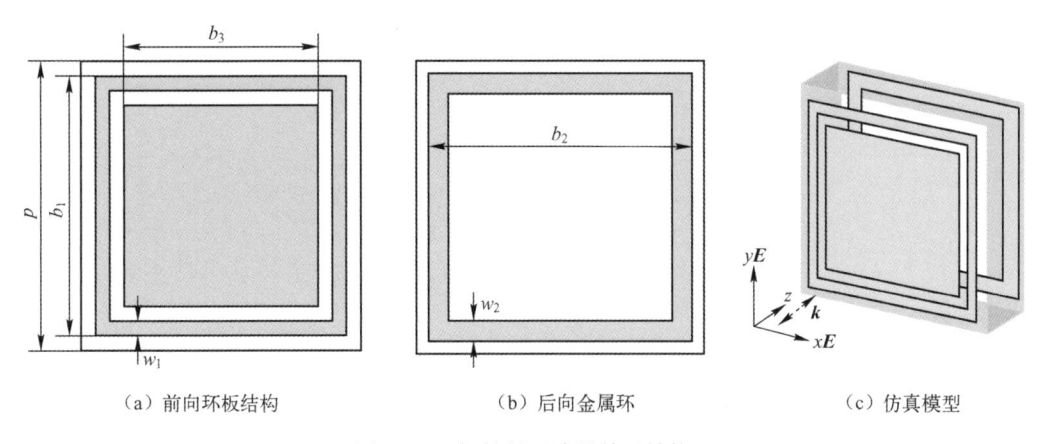

（a）前向环板结构　　（b）后向金属环　　（c）仿真模型

图 7-44　超材料吸波器单元结构

对所设计的超材料吸波器进行仿真。仿真模型如图 7-44（c）所示，x-z 平面边界设为完美电导体，y-z 平面边界设为完美磁导体，x-y 平面边界设为两端口（$-z$ 边界记为端口 1，$+z$ 边界记为端口 2），仿真得到与频率相关的 S 参数（S_{11}，S_{21}）。当波沿 z 轴正向传播时，由 $A_1(\omega) = 1 - |S_{11}|^2 - |S_{21}|^2$ 可以计算出不同前向结构下超材料吸波器的吸收率，所得结果如图 7-45 所示。由图 7-45 可以看出：①当前向结构包含金属环和金属板时，在 4.15~4.85 THz 时超材料吸波器的吸收率大于 90%，且在 4.28 THz 和 4.68 THz 有两个明显的谐振峰；②当前向结构仅包含金属板时，在 4.51 THz 有一个吸收率为 64.4% 的吸收峰；③当前向结构仅包含金属环时，在 4.10 THz 有一个吸收率为 87.3% 的吸收峰。以上结果说明：①当前向结构包含金属环和金属板时，低频谐振源于后向金属环与前向金属环之间的耦合，高频谐振源于后向金属环与前向金属板之间的耦合；②可通过不同频率谐振的叠加实现较宽频带吸波。

提取了波沿 z 轴正、反向传播时超材料吸波器的等效阻抗实部，所得结果如图 7-46 所示。由图 7-46 可以看出：当波沿 z 轴正向传播时，4.15~4.85 THz 时等效阻抗实部的平均值是 0.80；当波沿 z 轴负向传播时，4.15~4.85 THz 时等效阻抗实部的平均值是 0.04。以上仿真结果说明，可以通过结构优化设计使超材料吸波器一侧与自由空间近似阻抗匹配，另一侧与自由空间阻抗不匹配，从而同时实现最小的反射率和最小的传输率。

仿真了波沿 z 轴正向传播时不同极化角和不同入射角下超材料吸波器的吸收率，从所得结果可以看出，对于横电波或横磁波，极化角在 0°~90° 变化时，超材料吸波器的吸收率基本无变化。

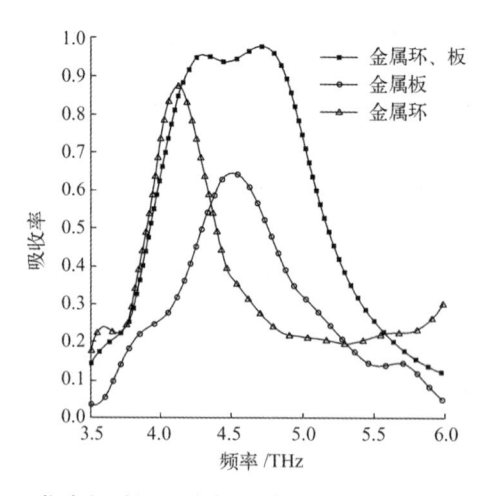

图 7-45　仿真得到的不同前向结构下超材料吸波器的吸收率

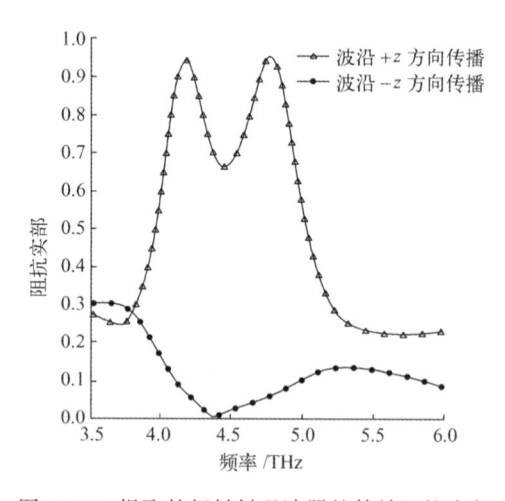

图 7-46　提取的超材料吸波器的等效阻抗实部

对于横电波，入射角小于 45°时，超材料吸波器的吸收率变化不明显；对于横磁波，入射角小于 55°时，超材料吸波器的吸收率变化不明显。以上仿真结果说明，该超材料吸波器具有极化不敏感和宽入射角特性。

进一步，仿真 3 种不同损耗情况下超材料吸波器的吸收率，所得结果如图 7-47 所示。由图 7-47 可以看出：①当介质基板有耗、金属有耗时，4.15~4.85 THz 时吸收率的平均值是 91.4%；②当介质基板无耗、金属有耗时，4.15~4.85 THz 时吸收率的平均值仍是 91.4%；③当介质基板有耗、金属无耗（PEC）时，4.15~4.85 THz 时吸收率的平均值仅为 32.6%。以上仿真结果说明，该吸波器的强吸波特性主要源于金属的电阻热；金属无耗时，基板的介质损耗只能吸收部分能量。

对超材料吸波器在 4.50 THz 的表面电流分布进行仿真，所得结果如图 7-48 所示。由图 7-48 可以看出，前向环板结构中金属环和金属板之间出现了明显的反向平行电流，后向金属环上的表面电流很微弱，说明磁谐振主要源于前向环板结构中金属环和金属板之间的耦合，后向金属环与前向环板结构之间的耦合仅起激发作用。

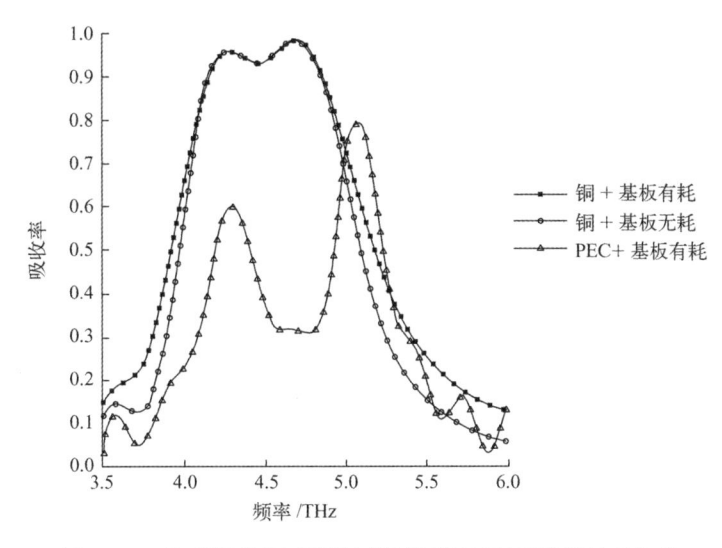

图 7-47 仿真得到的不同损耗情况下超材料吸波器的吸收率

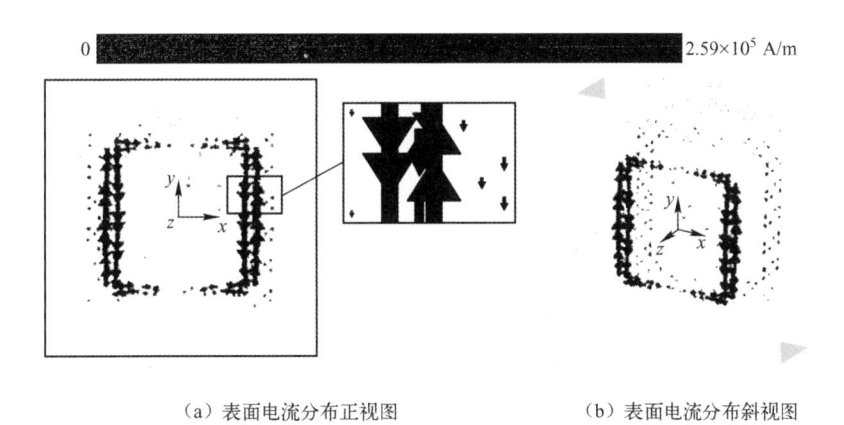

（a）表面电流分布正视图　　　　（b）表面电流分布斜视图

图 7-48 在 4.50 THz 超材料吸波器的表面电流分布

第四节　基于超表面的漫反射隐身

一、超表面漫反射隐身的机理

1. 幅度型电磁超表面的散射控制机理

超材料吸波器是一种典型的幅度型电磁超表面，其工作原理是利用电损耗和磁损耗来吸收入射波的能量，从而降低反射波的幅度。其吸波能力主要由两个方面决定：首先是其特性阻抗与外部空间波阻抗的匹配程度，这决定了超材料吸波器能够吸收的入射能量的比例，从而限制了其吸波能力的上限；其次是超材料吸波器的材料特性，这直接影响其对入射能量的损耗能力，进而决定了其吸收能力的大小。

当超材料吸波器收到垂直入射的电磁波时，会激发多种响应，如反射、透射、吸收以及散射等效应，如图 7-49 所示。

这种吸波器由周期性排列的亚波长结构构成，在宏观上可视为具有特殊电磁属性的各向同性均质材料，其中散射效应可以被忽略。根据能量守恒原理，超材料吸收器的吸收率可通过以下方式表述：

$$A(\omega) = 1 - R(\omega) - T(\omega) \tag{7-130}$$

其中，$R(\omega)$ 和 $T(\omega)$ 分别为反射率和透射率。

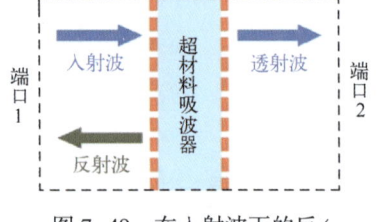

图 7-49 在入射波下的反/透射特性示意图

端口 1 表示入射波的方向，而端口 2 则代表透射波。根据 S 参数定义可得反射率和透射率：

$$R(\omega) = |S_{11}|^2 \tag{7-131}$$

$$T(\omega) = |S_{21}|^2 \tag{7-132}$$

则吸收率为

$$A(\omega) = 1 - |S_{11}|^2 - |S_{21}|^2 \tag{7-133}$$

根据方程式（7-133），要达到较高的吸收率，需要将反射率和透射率降至最低。当入射波照射到超材料吸波器时，为了尽可能使入射能量被超材料吸波器所束缚，就要超材料吸波器具有良好的阻抗匹配特性。超材料吸波器内部，电磁波能量会被困住，其消散过程依赖于特定的能量转换机制，从而能够吸收外来的能量。在这种情况下，探究其工作原理将涉及阻抗配合及能量损耗两个核心方面。

1）阻抗匹配

对于厚度为 d 的超材料吸波器，$|S_{21}|$ 为

$$|S_{21}| = \left[\sin(nkd) - \frac{j}{2}\left(z + \frac{1}{z}\right)\cos(nkd)\right]e^{jkd} \tag{7-134}$$

其中，$n = n_1 + jn_2$ 和 $z = z_1 + jz_2$ 分别为超材料吸波器的复折射率和复阻抗，$k = \omega/c$ 为波数，c 为光在自由空间中的传播速度。

当复阻抗与自由空间的波阻抗完美匹配时，$z = 1$，有

$$S_{21} = \frac{e^{j(n_1-1)kd}}{e^{n_2 kd}} \tag{7-135}$$

反射率和透射率分别为

$$R(\omega) = |S_{11}|^2 = \left[\frac{z(\omega) - 1}{z(\omega) + 1}\right] = 0 \tag{7-136}$$

$$T(\omega) = |S_{21}|^2 = \lim_{n_2 \to \infty} e^{-2n_2 kd} = 0 \tag{7-137}$$

此时其吸收率为

$$A(\omega) = 1 - R(\omega) - T(\omega) = 1 \tag{7-138}$$

2）损耗机制

材料的电磁属性对于将超材料吸波器所束缚的能量转化为热能耗散的过程具有重要影响，其复介电常数和复磁导率可以表示为

$$\varepsilon(\omega) = \varepsilon'(\omega) - j\varepsilon''(\omega) \tag{7-139}$$

$$\mu(\omega) = \mu'(\omega) - j\mu''(\omega) \tag{7-140}$$

将式（7-139）和式（7-140）代入麦克斯韦方程组：

$$\nabla \times \boldsymbol{E} = -\mathrm{j}\omega\mu'\boldsymbol{H} - \omega\mu''\boldsymbol{H} \tag{7-141}$$

$$\nabla \times \boldsymbol{H} = -\mathrm{j}\omega\varepsilon''\boldsymbol{E} + \omega\mu''\boldsymbol{E} + \sigma\boldsymbol{E} + \boldsymbol{J} \tag{7-142}$$

其中，$\omega\mu''\boldsymbol{E}$ 和 $\omega\varepsilon''\boldsymbol{E}$ 分别为磁介质损耗和电介质损耗，$\sigma\boldsymbol{E}$ 为阻抗损耗。对式（7-139）和式（7-140）进行欧拉变换，可得

$$\varepsilon(\omega) = |\varepsilon|\mathrm{e}^{-\mathrm{j}\delta} = |\varepsilon|\cos\delta - \mathrm{j}|\varepsilon|\sin\delta \tag{7-143}$$

$$\mu(\omega) = |\mu|\mathrm{e}^{-\mathrm{j}\theta} = |\mu|\cos\theta - \mathrm{j}|\mu|\sin\theta \tag{7-144}$$

其中，δ 和 θ 分别为电损耗角和磁滞损耗角。将式（7-139）和式（7-140）代入式（7-141）和式（7-142）中，可得

$$\tan\delta = \varepsilon''/\varepsilon' \tag{7-145}$$

$$\tan\theta = \mu''/\mu' \tag{7-146}$$

其中，$\tan\delta$ 和 $\tan\theta$ 分别代表材料的电损耗角正切和磁损耗角正切。

根据式（7-145）和式（7-146）可知，要提高材料的损耗角正切，改善吸波材料的电磁损耗特性，并增强其对电磁波的损耗能力，可以通过增大复介电常数和复磁导率的虚部，或减小它们的实部。对于超材料吸波器，它由二维周期性分布的亚波长单元组成，而在宏观层面表现为具有与这些单元相同电磁特性的各向同性均质材料。因此，通过改变亚波长单元的结构以控制电谐振和磁谐振，可以灵活地调节超材料吸波器的复介电常数和复磁导率，赋予其高效的电磁损耗能力。

要达到超材料吸波器的高效吸收效果，首先，超材料吸波器与自由空间的波阻抗应实现有效匹配，以确保入射能量得以在吸波器结构中被有效限制；其次，保证超材料吸波器具备有效的电磁损耗机制，使束缚能量在吸波器内充分耗散，实现对入射波的高效吸收。

2. 相位型电磁超表面的散射控制机理

相位型电磁超表面由亚波长各向异性结构构成，能够调控电磁波的相位，重塑散射场分布以减小目标的雷达散射截面积。其散射控制机理包括广义 Snell 定律和异常反射理论，前者指明了方向，后者可定量调控电磁波出射方向，实现对目标散射场的精准控制。此外，该技术还能够将外来电磁波与表面波相互耦合，在隐身技术领域具有潜在的应用。

1）广义 Snell 定律

几何光学的基本理论中，Snell 定律扮演着核心角色，涵盖了光的反射与折射法则，并阐述了光在不同介质间传播的行为规律。当光穿过不同材料的介质时，介质的材料属性会影响光的传播速度，进而影响光的反射角和折射角。因此，在不考虑两种介质之间界面的情况下，介质的材料属性决定了光传播的方式。显然，传统的 Snell 定律忽略了介质分界面对光传播的影响，即认为光在通过介质的分界面时不会产生任何状态变化。为了解释相位型电磁超表面的作用机制，我们需要建立一套广义的反射和折射定律，这类超表面通过在交界面处创造人工相位变化，改变了电磁波在介质界面的传输状态，进而控制电磁波的反射与折射，使其传播途径不再仅限于传统的几何光学理论。

图 7-50 所示为电磁波照射在相位型电磁超表面界面上的传播模式示意图，入射面记为 xOz 平面，分界面沿 x 轴方向的相位突变为 $\varphi_\mathrm{a}(x)$。$\boldsymbol{k}_\mathrm{i}$、$\boldsymbol{k}_\mathrm{r}$ 和 $\boldsymbol{k}_\mathrm{t}$ 分别为入射波、反射波和透射波的波矢量，它们与分界面法线的夹角 θ_i、θ_r 和 θ_t 则分别表示入射角、反

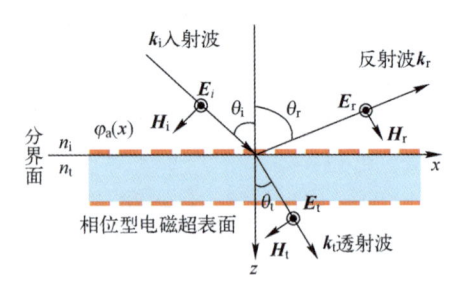

图 7-50　电磁波在相位型电磁超表面界面上的传播模式示意图

射角和透射角。令 $\boldsymbol{k}_i$ 与 x、y、z 轴的夹角分别为 α_i、β_i 和 γ_i；$\boldsymbol{k}_r$ 与 x、y、z 轴的夹角分别为 α_r、β_r 和 γ_r；$\boldsymbol{k}_t$ 与 x、y、z 轴的夹角分别为 α_t、β_t 和 γ_t，则波矢量 $\boldsymbol{k}_i$、$\boldsymbol{k}_r$ 和 $\boldsymbol{k}_t$ 可分别表示为

$$\begin{aligned}\boldsymbol{k}_i &= \boldsymbol{e}_x k_{ix} + \boldsymbol{e}_y k_{iy} + \boldsymbol{e}_z k_{iz} = \boldsymbol{e}_x k_i \cos\alpha_i + \boldsymbol{e}_y k_i \cos\beta_i + \boldsymbol{e}_z k_i \cos\gamma_i \\ &= \boldsymbol{e}_x k_i \sin\theta_i + \boldsymbol{e}_z k_i \cos\theta_i\end{aligned} \tag{7-147}$$

$$\begin{aligned}\boldsymbol{k}_r &= \boldsymbol{e}_x k_{rx} + \boldsymbol{e}_y k_{ry} + \boldsymbol{e}_z k_{rz} = \boldsymbol{e}_x k_r \cos\alpha_r + \boldsymbol{e}_y k_r \cos\beta_r + \boldsymbol{e}_z k_r \cos\gamma_r \\ &= \boldsymbol{e}_x k_r \sin\theta_r - \boldsymbol{e}_z k_r \cos\theta_r\end{aligned} \tag{7-148}$$

$$\begin{aligned}\boldsymbol{k}_t &= \boldsymbol{e}_x k_{tx} + \boldsymbol{e}_y k_{ty} + \boldsymbol{e}_z k_{tz} = \boldsymbol{e}_x k_t \cos\alpha_t + \boldsymbol{e}_y k_t \cos\beta_t + \boldsymbol{e}_z k_t \cos\gamma \\ &= \boldsymbol{e}_x k_t \sin\theta_t + \boldsymbol{e}_z k_t \cos\theta_t\end{aligned} \tag{7-149}$$

同时，对于空间中的任意位置 $\boldsymbol{r}(x,y,z)$，均可表示为

$$\boldsymbol{r} = \boldsymbol{e}_x x + \boldsymbol{e}_y y + \boldsymbol{e}_z z \tag{7-150}$$

因此，入射波电场 $\boldsymbol{E}_i$、反射波电场 $\boldsymbol{E}_r$ 和透射波电场 $\boldsymbol{E}_t$ 可分别表示为

$$\begin{aligned}\boldsymbol{E}_i &= \boldsymbol{e}_y E_{i0} e^{j(\omega t - \boldsymbol{k}_i \cdot \boldsymbol{r})} = \boldsymbol{e}_y E_{i0} e^{j[\omega t - k_i(\cos\alpha_i x + \cos\beta_i y + \cos\gamma_i z)]} \\ &= \boldsymbol{e}_y E_{i0} e^{j(\omega t - k_i(\sin\theta_i x + \cos\theta_i z))}\end{aligned} \tag{7-151}$$

$$\begin{aligned}\boldsymbol{E}_r &= \boldsymbol{e}_y E_{r0} e^{j[\omega t - \boldsymbol{k}_r \cdot \boldsymbol{r} + \varphi_a(x)]} = \boldsymbol{e}_y E_{r0} e^{j[\omega t - k_r(\cos\alpha_r x + \cos\beta_r y + \cos\gamma_r z) + \varphi_a(x)]} \\ &= \boldsymbol{e}_y E_{r0} e^{j[\omega t - k_r(\sin\theta_r x - \cos\theta_r z) + \varphi_a(x)]}\end{aligned} \tag{7-152}$$

$$\begin{aligned}\boldsymbol{E}_t &= \boldsymbol{e}_y E_{t0} e^{j[\omega t - \boldsymbol{k}_t \cdot \boldsymbol{r} + \varphi_a(x)]} = \boldsymbol{e}_y E_{t0} e^{j[\omega t - k_t(\cos\alpha_t x + \cos\beta_t y + \cos\gamma_t z) + \varphi_a(x)]} \\ &= \boldsymbol{e}_y E_{r0} e^{j[\omega t - k_t(\sin\theta_t x + \cos\theta_t z) + \varphi_a(x)]}\end{aligned} \tag{7-153}$$

根据边界条件，电场在 $z=0$ 处具有切向分量连续性，故：

$$E_i + E_r = E_t \tag{7-154}$$

即

$$E_{i0} e^{j(\omega t - k_i \sin\theta_i x)} + E_{r0} e^{j[\omega t - k_r \sin\theta_r x + \varphi_a(x)]} = E_{t0} e^{j[\omega t - k_t \sin\theta_t x + \varphi_a(x)]} \tag{7-155}$$

对分界面上任一点，该边界条件均成立，则

$$k_i \sin\theta_i x = k_r \sin\theta_r x - \varphi_a(x) = k_t \sin\theta_t x - \varphi_a(x) \tag{7-156}$$

由于 $k = \dfrac{2\pi}{\lambda}$、$\lambda = \dfrac{v}{f}$、$\dfrac{v}{c} = \dfrac{1}{n}$，故：

$$k_i = k_r = \frac{\omega n_i}{c}, \quad k_t = \frac{\omega n_t}{c} \tag{7-157}$$

将式（7-157）代入式（7-156），有

$$\frac{\omega}{c}n_i\sin\theta_i x = \frac{\omega}{c}n_i\sin\theta_r x - \varphi_a(x) = \frac{\omega}{c}n_t\sin\theta_t x - \varphi_a(x) \tag{7-158}$$

将式（7-158）对 x 取求导可得

$$\frac{\omega}{c}n_i\sin\theta_i = \frac{\omega}{c}n_i\sin\theta_r - \frac{\mathrm{d}\varphi_a(x)}{\mathrm{d}x} = \frac{\omega}{c}n_t\sin\theta_t - \frac{\mathrm{d}\varphi_a(x)}{\mathrm{d}x} \tag{7-159}$$

根据式（7-159）可得

广义反射定律：

$$\sin\theta_r - \sin\theta_i = \frac{\lambda_0}{2\pi n_i}\frac{\mathrm{d}\varphi}{\mathrm{d}x} \tag{7-160}$$

广义折射定律：

$$n_t\sin\theta_t - n_i\sin\theta_i = \frac{\lambda_0}{2\pi}\frac{\mathrm{d}\varphi}{\mathrm{d}x} \tag{7-161}$$

当分界面为理想界面时，即 $\mathrm{d}\varphi/\mathrm{d}x=0$，广义 Snell 定律退化为传统的 Snell 定律。由式（7-160）和式（7-161）可知，反射波的反射角和透射波的透射角不仅与入射波的入射角相关，还受到介质的折射率、入射波的频率和分界面上附加的相位突变的影响，故通过控制这些参量即可实现对反/透射波的任意波束调控。Snell 的广义定律颠覆了传统光学的折射/反射规则，它通过引入分界面处的相位突变，实现了对电磁波波前的精准控制。

2) 异常反射理论

设电磁波以入射角 θ_i 照射到如图 7-51（a）所示的相位型电磁超表面上，并以 θ_r 反射至自由空间。设自由空间波数为 k_0，则入射波和反射波在分界面上的波数分别为

$$k_i = k_0 \cdot \sin\theta_i \tag{7-162}$$

$$k_r = k_0 \cdot \sin\theta_r \tag{7-163}$$

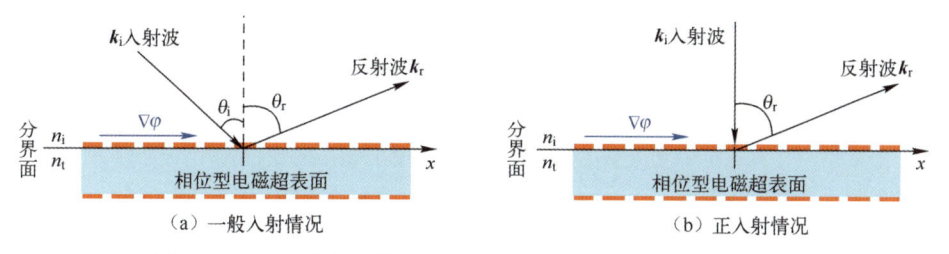

图 7-51 电磁波在相位型电磁超表面作用下的异常反射示意图

依据分界面上的动量守恒原则，可得

$$k_0 \cdot \sin\theta_i + \nabla\varphi = k_0 \cdot \sin\theta_r \tag{7-164}$$

其中，$\nabla\varphi = \Delta\varphi/a$ 为分界面上的相位梯度，$\Delta\varphi$ 为单元间的反射相位差，a 为单元的尺寸。对式（7-164）变形，可得反射角为

$$\theta_r = \arcsin\frac{k_0 \cdot \sin\theta_i + \nabla\varphi}{k_0} \tag{7-165}$$

对于如图 7-51（b）所示的垂直入射情况，异常反射角则为

$$\theta_{\mathrm{r}} = \arcsin \frac{\nabla \varphi}{k_0} \tag{7-166}$$

若该单元周期为 D，单元周期内的相位变化约为 2π，则相位梯度为 $\nabla \varphi = 2\pi/D$。那么，异常反射角可由下式计算：

$$\theta_{\mathrm{r}} = \arcsin \frac{\lambda}{D} \tag{7-167}$$

即波长和周期尺寸的比值 $\nabla \varphi / k_0 = \lambda/D$ 对异常反射角的大小起决定性作用，故利用相位型电磁超表面的周期尺寸与波长的关系便能够实现对散射波束的任意偏转。

综上所述，在设计一组具有稳定相位梯度的单元组的基础上，通过对这组单元进行合理布局，便能够实现对散射波束空间位置的灵活调控。

可以通过两种方式实现目标 RCS 的减小：一是当 $|\nabla \varphi / k_0| \leq 1$ 时，θ_{r} 有解，入射波产生异常反射，通过调控散射能量在空间中的分布，可以达到减小目标 RCS 的效果；二是当 $|\nabla \varphi / k_0| > 1$ 时，θ_{r} 无解，此时电磁波会被耦合成表面波沿着表面传播，如果能够适当处理这些表面波，也可以减少回波能量，从而减小目标 RCS。

3. 极化型电磁超表面的散射控制机理

电磁波的极化方式是其重要特性之一，描述了电磁波在特定空间点的电场矢量末端的方向。根据电场矢量末端方向的差异，电磁波的极化方式可分为线性、圆形和椭圆形。作为极化型电磁超表面的代表，PCM 利用极化转换器和其镜像结构之间 180°反射相位差的特性，通过控制反射波的极化状态来影响散射场。按照预设规则排列二者，利用相位相消机制灵活控制散射场，从而达到减小 RCS 的目的。

以典型的条形极化转换器为例，该转换器构成条形贴片、反射板和介质基板的夹层结构。

在图 7-52 中，我们呈现了这款极化转换器的运作方式。当垂直于 z 轴的 y 极化波照射到极化转换器表面时，入射电场可以分解为两个互相正交的电场分量，分别沿着 u 和 v 方向。我们可以将入射电场 $\boldsymbol{E}_{\mathrm{i}}$ 和反射电场 $\boldsymbol{E}_{\mathrm{r}}$ 表示为

$$\boldsymbol{E}_{\mathrm{i}} = E_{\mathrm{i}u}\boldsymbol{u} + E_{\mathrm{i}v}\boldsymbol{v} \tag{7-168}$$

$$\boldsymbol{E}_{\mathrm{r}} = r_u E_{\mathrm{r}u}\boldsymbol{u} + r_v E_{\mathrm{r}v}\boldsymbol{v} \tag{7-169}$$

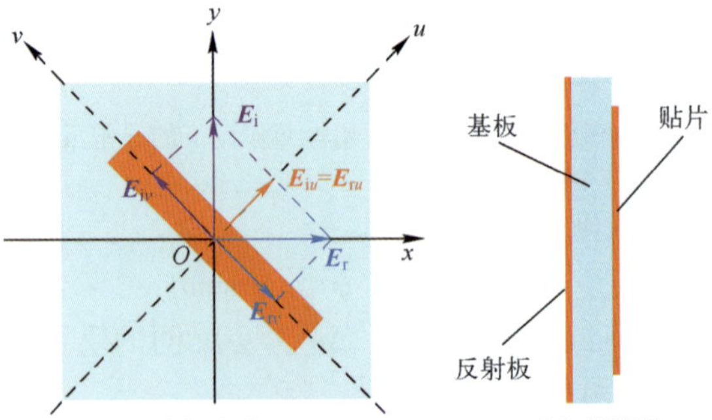

(a) 俯视图　(b) 侧视图

图 7-52　极化转换器的极化转换原理图

其中，$\boldsymbol{u}$ 和 $\boldsymbol{v}$ 分别为 u 和 v 方向上的单位矢量，$E_{\mathrm{i}u}(E_{\mathrm{r}u})$ 和 $E_{\mathrm{i}v}(E_{\mathrm{r}v})$ 则为入射（反射）电

场在 u 和 v 方向上的电场幅度，r_u 和 r_v 则分别为极化转换器在 u 和 v 极化波照射下的反射系数。由于极化转换器是各向异性结构，故 r_u 和 r_v 之间存在反射相位差 $\Delta\varphi$，二者之间的关系可表示为

$$r_v = r_u e^{j\Delta\varphi} \tag{7-170}$$

如果 $r_v \approx r_u$ 且 $\Delta\varphi \approx 180°$，则相互正交的两个反射电场分量 $E_{ru}\boldsymbol{u}$ 和 $E_{rv}\boldsymbol{v}$ 的和矢量 $\boldsymbol{E}_r$ 将沿 x 极化方向，即实现 y 极化波至 x 极化波的线极化转换。

设定入射波的振幅为 1。那么，x 极化波和 y 极化波可以用 u 极化和 v 极化来表示：

$$\boldsymbol{E}_x = \frac{\sqrt{2}(\boldsymbol{E}_u - \boldsymbol{E}_v)}{2} \tag{7-171}$$

$$\boldsymbol{E}_y = \frac{\sqrt{2}(\boldsymbol{E}_u + \boldsymbol{E}_v)}{2} \tag{7-172}$$

因此，共极化和交叉极化反射系数可改写为

$$r_{yy} = \frac{|\boldsymbol{E}_{ry}|}{|\boldsymbol{E}_{iy}|} = \sqrt{\frac{(1+\cos\Delta\varphi)}{2}} \tag{7-173}$$

$$r_{xy} = \frac{|\boldsymbol{E}_{rx}|}{|\boldsymbol{E}_{iy}|} = \sqrt{\frac{(1-\cos\Delta\varphi)}{2}} \tag{7-174}$$

其中，r_{yy} 表示入射电场和反射电场均沿 y 极化方向，其是 y 极化波至 y 极化波的反射，即为共极化反射系数；r_{xy} 表示入射电场和反射电场分别沿 y 极化和 x 极化方向，其是 y 极化波至 x 极化波的反射，即为交叉极化反射系数。故此，经极化转换器作用后的反射电场则为

$$\boldsymbol{E}_r = \boldsymbol{E}_{rx} + \boldsymbol{E}_{ry} = r_{xy}e^{jkz} \cdot \boldsymbol{x} + r_{yy}e^{jkz} \cdot \boldsymbol{y} \tag{7-175}$$

通常，针对极化转换器，用极化转换效率（Polarization Conversion Efficiency，PCE）来评估其对入射波的极化转换性能：

$$\mathrm{PCR} = \frac{|r_{xy}|^2}{|r_{xy}|^2 + |r_{yy}|^2} = \frac{1-\cos\Delta\varphi}{2} \tag{7-176}$$

由式（7-176）可知，极化转换器的 PCR 由反射相位差决定，二者之间的联系如图 7-53 所示，阴影区域为 PCR>0.9 的相位差所在范围，具体为 180°±37°。

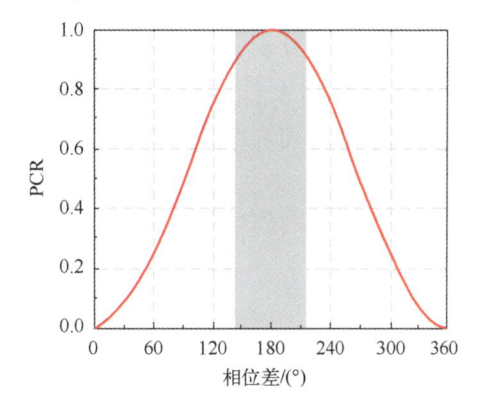

图 7-53 PCR 和反射相位差 $\Delta\varphi$ 的关系

与相同尺寸的金属板相比，极化转换超表面能够实现的雷达散射截面积（RCS）显著减小，减缩为

$$\mathrm{RCS}_{\mathrm{reduction}} = 10\log_{10}\left[\frac{\lim_{R\to\infty} 4\pi R^2 |\boldsymbol{E}_{ry}|^2 / |\boldsymbol{E}_{iy}|^2}{\lim_{R\to\infty} 4\pi R^2 |1|^2}\right] \tag{7-177}$$

$$= 10\log_{10}|r_{yy}|^2 = 10\log_{10}[1-\mathrm{PCR}]$$

根据式（7-177）可知，极化转换超表面的 RCS 减缩能力与 PCR 关系密切，PCR

409

越高意味着 RCS 减缩能力越强。为使极化转换超表面具有超过 10dB 的 RCS 减缩能力，PCR 应该大于 0.9，即极化转换器在 u 和 v 方向上的电场分量应具有 $180°\pm37°$ 反射相位差。

对于由极化转换器周期排布构成的极化转换超表面而言，当入射波经极化转换超表面反射后，反射波被极化转换为入射波极化的正交极化。对于单站雷达探测系统而言，由于极化失配，其接收到的能量将大大减小，使得目标具有低可探测性。但是，雷达网络探测系统中的接收机可能是任意极化的，即使反射波的极化与发射机的极化正交，但也存在被其他接收机捕捉的可能。为规避雷达网络探测系统的威胁，利用极化转换器在 u 和 v 方向具有相反相位的特点，采用不同的单元分布构建极化转换超表面，基于相位相消机制对反射波的波束位置进行控制，通过将散射能量峰值偏移至威胁角域外，便能够使目标具有更佳的低可探测性。选取典型的棋盘型极化转换超表面为例，具体说明其散射抑制机理。

图 7-54 所示为棋盘型极化转换超表面的散射抑制原理图，该极化转换超表面由两个子阵 0 和两个子阵 1 交错排列组成，子阵 0 和子阵 1 分别是极化转换器与其镜像结构的阵列。当电磁波垂直照射极化转换超表面时，其散射场为每个单元散射场相互作用的总场，两种单元的散射场可分别定义为

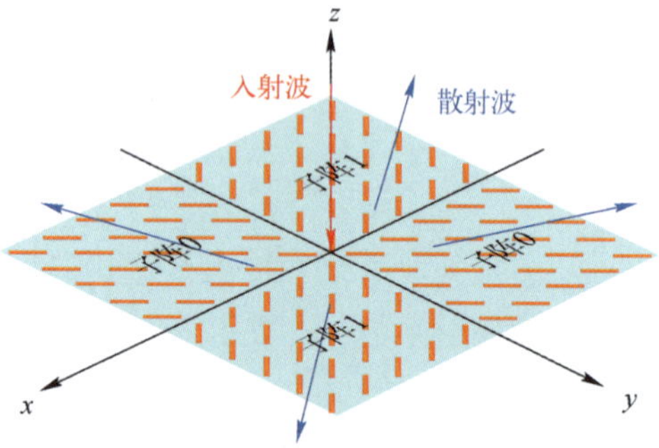

$$\boldsymbol{E}_1 = A_1 e^{j\varphi_1} \cdot \hat{z}, \quad \boldsymbol{E}_2 = A_2 e^{j\varphi_2} \cdot \hat{z} \tag{7-178}$$

图 7-54 棋盘型极化转换超表面的散射抑制原理图

其中，$\boldsymbol{E}_1$ 和 $\boldsymbol{E}_2$ 分别为单元 0 和单元 1 的反射电场，A_1 和 A_2、φ_1 和 φ_2 分别是两种单元的反射幅度和反射相位。根据阵列天线理论，该极化转换超表面的总散射场可定义为

$$\boldsymbol{E}_{sca} = A_1 e^{j\varphi_1} \cdot AF_1 \cdot \hat{z} + A_2 e^{j\varphi_2} \cdot AF_2 \cdot \hat{z} \tag{7-179}$$

子阵 0 和子阵 1 的阵列因子 AF_1 和 AF_2 为

$$\begin{aligned} AF_1 &= \left[e^{j(k_x d_x + k_y d_y)/2} + e^{j(-k_x d_x - k_y d_y)/2} \right] \\ AF_2 &= \left[e^{j(-k_x d_x + k_y d_y)/2} + e^{j(k_x d_x - k_y d_y)/2} \right] \end{aligned} \tag{7-180}$$

其中，d_x 和 d_y 分别表示两个子阵列中心点在 x 和 y 方向上的距离，$k_x = 2\pi\sin\theta\cos\varphi/\lambda$，$k_y = 2\pi\sin\theta\sin\varphi/\lambda$。由式（7-119）可知，目标的散射场可由下式计算：

$$\sigma = \lim_{R\to\infty} 4\pi R^2 \left(\frac{|\boldsymbol{E}_{sca}|^2}{|\boldsymbol{E}_{inc}|^2} \right) \tag{7-181}$$

其中，$\boldsymbol{E}_{sca}$ 和 $\boldsymbol{E}_{inc}$ 分别代表散射场和入射场。因此，该极化转换超表面较同尺寸金属板的 RCS 减缩能力为

$$\mathrm{RCS}_{\text{reduction}} = 10\log_{10}\left[\frac{\lim_{R\to\infty} 4\pi R^2 (|\boldsymbol{E}_{sca}|^2/|\boldsymbol{E}_{inc}|^2)}{\lim_{R\to\infty} 4\pi R^2 (1)^2} \right] = 10\log_{10}\left[\frac{|\boldsymbol{E}_{sca}|^2}{|\boldsymbol{E}_{inc}|^2} \right] \tag{7-182}$$

对于棋盘型极化转换超表面，忽略介质损耗和导体损耗，即有 $A_1 = A_2 = 1$。因此，该极化转换超表面在电磁波垂直照射下的 RCS 减缩能力可表示为

$$\text{RCS}_{\text{reduction}} = 20\log_{10}\left|\frac{e^{j\varphi_1}+e^{j\varphi_2}}{2}\right| \tag{7-183}$$

由式（7-183）可知，该极化转换超表面的散射抑制能力由两种单元的反射相位决定。一般而言，当目标的 RCS 被减缩超过 10 dB 时，其散射能量峰值被削弱 90% 以上，则认为该目标具有良好的低散射特性。同时，考虑到单元的反射相位随频率变化而改变，对维持相位差的高度稳定形成了挑战，故选择 10 dB 的 RCS 减缩量作为衡量超表面散射抑制能力的指标具有合理性。欲使棋盘型超表面具有 10 dB 的 RCS 减缩能力，则需满足以下条件：

$$\begin{aligned}&|e^{j\varphi_1}+e^{j\varphi_2}|^2 = 2+2\cos(\varphi_1-\varphi_2) \leqslant 0.4\\ &\Rightarrow \cos(\varphi_1-\varphi_2) \leqslant -0.8 \Leftrightarrow 143° \leqslant |\varphi_1-\varphi_2| \leqslant 217°\end{aligned} \tag{7-184}$$

依据式（7-184）的推导，当棋盘型超表面中两种单元的反射相位差介于 143°~217° 之间时，相比同尺寸的金属板，该超表面能实现超过 10 dB 的雷达散射截面积减小效果。同时，从前述对图 7-52 的讨论可得，当极化转换器的 PCR 超过 0.9 时，其在 u 和 v 方向上的反射相位差即落在 143°~217° 的区间内。因此，通过设计具有高 PCR 的极化转换器，就能通过构建棋盘型极化转换超表面实现显著的散射抑制。以上分析虽然是以棋盘型极化转换超表面为例，但其本质上是利用单元间的反射相位差实现，故对于任意基于相位相消机制的棋盘型低散射超表面均适用。

4. 编码型电磁超表面的散射控制机理

基于对幅度型、相位型和极化型超表面的散射控制机理的理论分析可知，通过控制亚波长单元对电磁波的响应特性，便可实现对散射场幅度和空间分布的多维调制。然而，这些超表面均是通过控制亚波长单元的单一电磁响应特性实现目标的 RCS 减缩，难以满足现今复杂应用场景对电磁波控制的灵活性需求。2014 年，崔铁军教授提出了编码超表面的概念，旨在实现对目标散射场的任意控制。通过类比阵列天线和电磁超表面的构型，创新性地将阵列天线理论引入超表面，实现了对超表面散射场的灵活调制。

从阵列天线的角度，编码超表面的散射总场即是每个亚波长单元在入射波照射下产生的表面电流的再辐射场在空间中的干涉叠加或消减，也即是具有不同反射特性的单元产生的散射场的矢量和。基于惠更斯原理，将编码超表面中的每个单元等效为具有不同反射幅度、相位和极化特性的惠更斯源，通过调整这些惠更斯源的表面布局，可以重新塑造超表面的散射场景。

为了清晰地理解编码超表面的散射控制机理，以图 7-55 所示的编码超表面为例予以说明，其包含 $M\times N$ 个编码单元，每个编码单元的尺寸均相同（边长为 D），两种编码单元的反射系数为

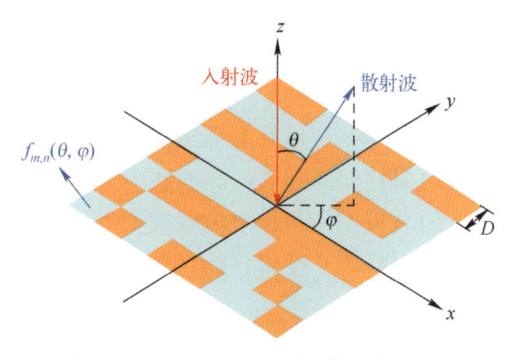

图 7-55 编码超表面的散射抑制原理图

$$R_{m,n} = A_{m,n}e^{j\varphi_{m,n}} \tag{7-185}$$

其中，$A_{m,n}$ 和 $\varphi_{m,n}$ 分别是第 (m,n) 个编码单元的反射幅度和反射相位。根据电磁理论，该编码超表面在电磁波垂直照射时所激发的散射电场遵循电磁理论的基本原理：

$$E_{m,n}^{\text{sca}}(r) = K_{m,n}R_{m,n}f_{m,n}(\theta,\varphi)\frac{e^{jk_{m,n}}}{r_{m,n}} \tag{7-186}$$

其中，$K_{m,n}$ 是比例系数，$f_{m,n}(\theta,\varphi)$ 是第 (m,n) 个编码单元的辐射方向图函数，$r_{m,n}$ 是第 (m,n) 个编码单元至接收机的距离。由于编码单元的结构尺寸通常小于 $\lambda/4$，这导致在远场区域，编码单元的详细结构信息会被削弱。因此，在使用式（7-186）计算编码超表面的散射场时，可以忽略尺寸 $K_{m,n}$ 和 $f_{m,n}(\theta,\varphi)$ 的影响。

当电磁波以垂直的角度照射到编码超表面上时，其远场散射方向图为

$$F(\theta,\varphi) = \sum_{m=1}^{M}\sum_{n=1}^{N}R_{m,n}e^{-j\left[kD\left(m-\frac{1}{2}\right)\sin\theta\cos\varphi + kD\left(n-\frac{1}{2}\right)\sin\theta\sin\varphi\right]} \tag{7-187}$$

编码超表面的方向性系数则为

$$\text{Dir}(\theta,\varphi) = \frac{4\pi[F(\theta,\varphi)]^2}{\int_0^{2\pi}\int_0^{\frac{\pi}{2}}[F(\theta,\varphi)]^2\sin\theta d\theta d\varphi} \tag{7-188}$$

由式（7-187）可知，编码超表面的散射场与编码单元的反射幅度、反射相位和排布方式皆相关。编码超表面可根据其编码单元的类型分组。这些类型包括 1 bit、2 bit、3 bit，甚至更高比特数的编码超表面。针对每种比特数的编码单元，其数量分别为 2^1、2^2、2^3，依此类推。以 1 bit 编码单元为例，其中含有两个编码单元，其反射相位差为 180°，分别对应二进制数字"0"和"1"。对于 2 bit 编码单元组，包括四个编码单元，其反射相位差分别为 0°、90°、180°和 270°，分别对应二进制数字"00""01""10"和"11"。对于任意比特的编码单元组，编码单元之间的相位差可由 $\Delta\varphi_n = 2\pi/2^n$（$n=1,2,3,\cdots$）计算获得。值得说明的是，编码超表面的比特数越高，其对散射场的控制就更加精细和准确。在散射抑制方面，通过调节编码单元的反射特性，不仅可以降低散射场的幅度和异常反射的散射波束，还能实现散射能量的均匀漫反射。通过调整散射方向图的均匀化方式，可以同时减小单站和双站的雷达散射截面积。与同尺寸的金属板相比，编码超表面的散射抑制能力为

$$\text{RCS}_{\text{reduction}} = \frac{\lambda^2}{4\pi MND^2}\max_{\theta,\varphi}[\text{Dir}(\theta,\varphi)] \tag{7-189}$$

综上所述，利用具有固定相位差的编码单元组，通过将编码单元以特定的排列方式分布，可以使编码超表面具有预设的相位分布。当电磁波照射于编码超表面上时，其能够将散射波束偏转至预设位置或使散射能量尽可能均匀化地分布在空间中，降低威胁角域内的散射峰值，使得目标在单站雷达探测系统和雷达网络探测系统的监测下均具有良好低散射特性。

二、随机分布多比特宽带漫反射超材料设计

超材料吸波器依赖于在工作频率附近同时发生的电响应和磁响应，可以有效吸收或取消特定频率范围内的电磁波，从而达到隐身的效果。然而，由于这种技术的共振性

质，它的带宽是有限的。这意味着超材料吸收器能够有效工作的频率范围是受限的，超出这个范围，其隐身效果就会下降。这个特性是超材料吸收器的一个限制，因为在实际应用中可能需要对更宽的频率范围内的电磁波进行吸收或抵消。因此基于编码超材料，研究人员提出了一种太赫兹频段的宽带漫反射超材料。

该超材料基于闵可夫斯基闭环粒子的通用编码单元，利用闵可夫斯基分形结构多共振特性实现多比特的编码单元，并拓宽了编码超材料的带宽。通过设计合适的编码序列，多比特编码超材料具有较强的对太赫兹波的操纵能力。为了验证性能，研究人员设计了一个特殊的 2 位编码超材料来演示太赫兹波的宽带和宽角度散射，并进行数值模拟和实验验证。

如图 7-56 所示，在编码超材料上太赫兹波的照射下，所有单元都被一种特殊的编码序列所驱动，从而反射能量在多个方向上重新分布，产生电磁扩散。为了构建编码超材料，我们提出了一个闵可夫斯基环作为编码单元。如图 7-56（b）所示，闵可夫斯基环具有分形几何形状，具有优异的自相似特性，这有助于最小化单元尺寸和拓宽工作带宽。一般来说，闵可夫斯基环是由一个迭代过程构造的一个正方形，正方形的四边中的每一段都用一个基本模式进行替换。在这里，只使用一阶闵可夫斯基环作为超材料单元。通过全波模拟，我们得到了回路子结构中激发的电场分布，如图 7-57（a）和 7-57（b）所示，其中电场在不同位置达到最大值，在分形表面上表现出强烈的反射。计算出的反射系数如图 7-57（c）所示，在 0.8 THz 和 1.6 THz 处观察到两个共振，具有显著的吸收。近共振有助于扩大编码粒子的带宽，提高我们设计所需的相位线性度。

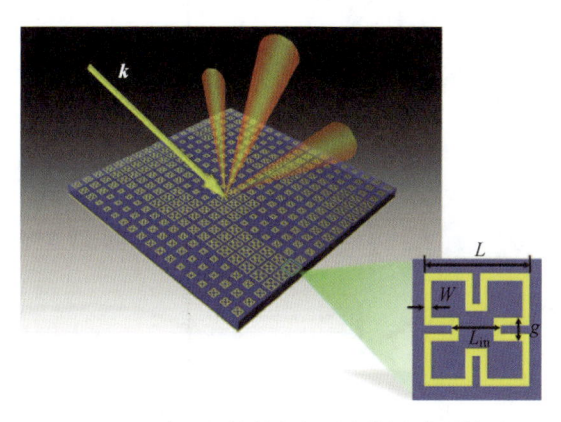

图 7-56　编码超材料与闵可夫斯基编码单元

不同尺寸闵可夫斯基回路的幅值和相位响应分别如图 7-58（a）和 7-58（b）所示，其中 L 为回路宽度。从图 7-58（a）中可以看到相位曲线几乎与 L 的变化平行，这对于保证编码粒子的工作带宽很重要。我们还注意到图 7-58（b）中频率低于 1.7 THz 的高反射振幅变化很小，这表明超表面上的共振吸收很小。为了完全控制散射模式，我们通过改变环路宽度来计算不同频率下的可用相位范围，如图 7-59（a）所示。显然，由于环路的双共振，我们可以在 0.8 THz 和 1.7 THz 之间获得大于 270°的显著相位覆盖（见图 7-57（a）和 7-57（b））。

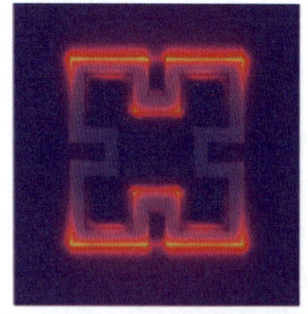

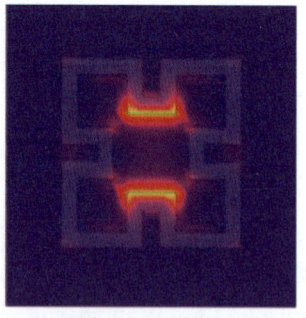

（a）在0.8THz频率下闵可夫斯基环上的电场模拟　（b）在1.6THz频率下闵可夫斯基环上的电场模拟

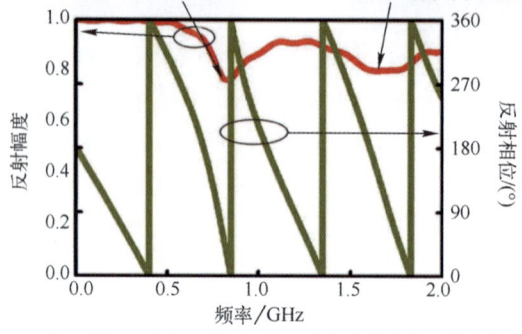

（c）闵可夫斯基粒子在0~2THz范围内的模拟反射光谱

图 7-57　闵可夫斯基编码单元的模拟结果

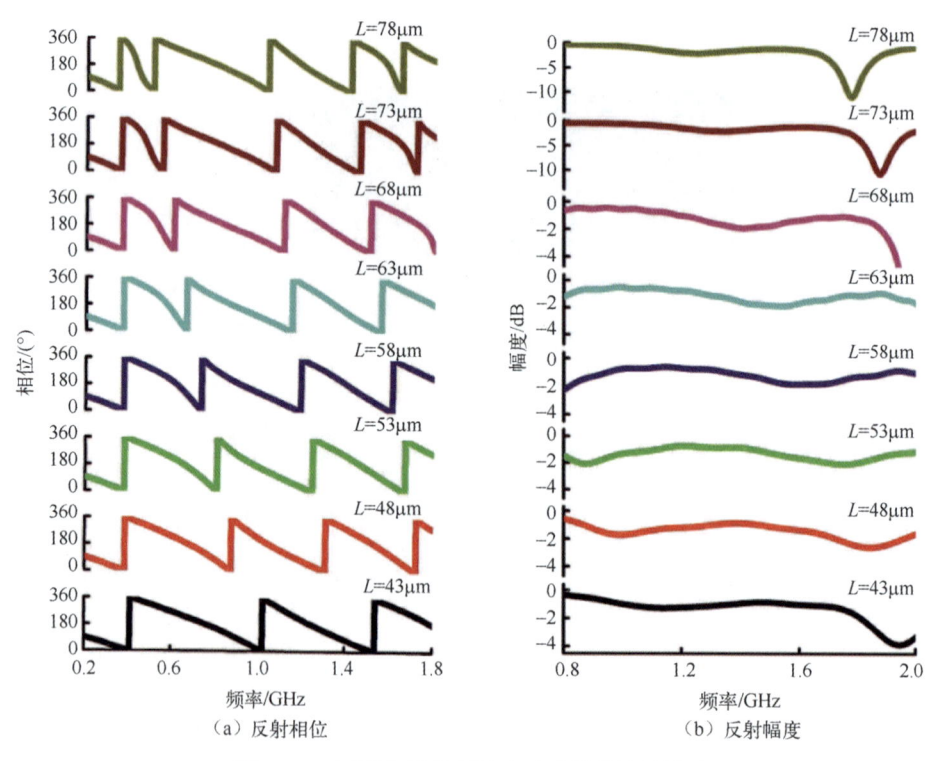

（a）反射相位　　　　　　　　　　　　　（b）反射幅度

图 7-58　闵可夫斯基环尺寸对反射特性的影响

为了利用闵可夫斯基环设计编码单元，我们在 1.4 THz 的中心频率处提取不同环尺度的反射相位，如图 7-59（b）所示。相位与环路宽度 L 几乎呈线性关系，这对于使用相同几何形状设计多比特编码粒子至关重要。其中，闵可夫斯基环的晶格常数 $\Lambda = 90\ \mu m$，在 1.0 THz 频率下等于 0.3λ。

如图 7-59（b）所示，我们分别读取了当 L 为 $43\ \mu m$、$46\ \mu m$、$52\ \mu m$、$57.5\ \mu m$、$63\ \mu m$、$67.5\ \mu m$、$71\ \mu m$、$75.5\ \mu m$ 时，0、$-45°$、$-90°$、$-135°$、$-180°$、$-225°$、$-270°$ 处的反射相位。

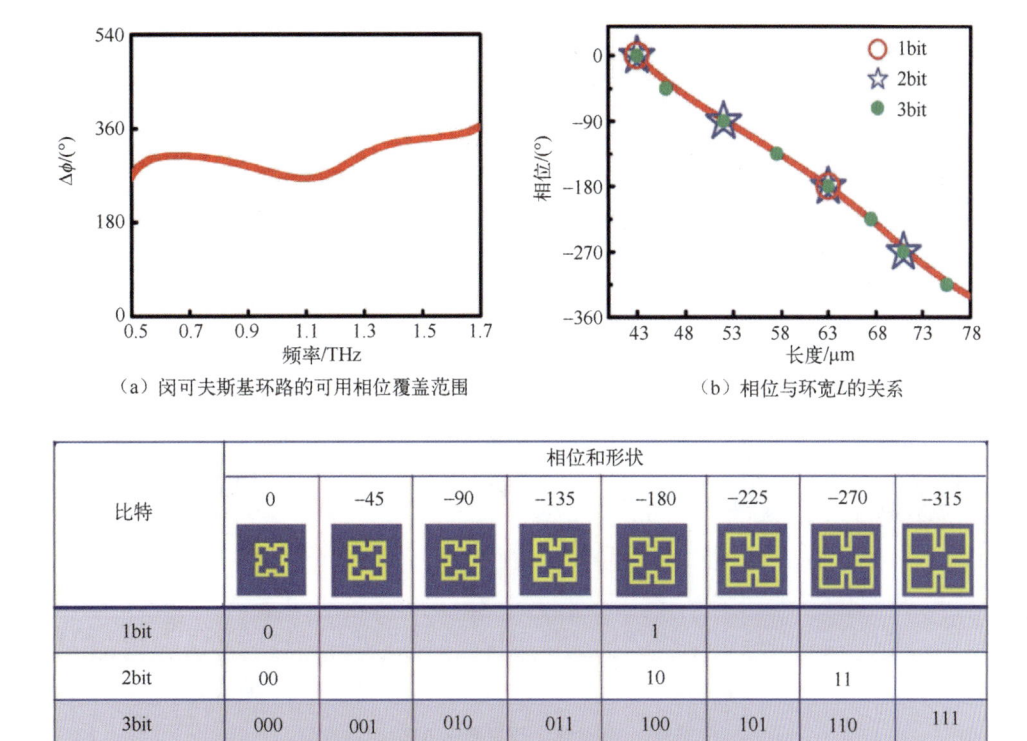

（a）闵可夫斯基环路的可用相位覆盖范围　　（b）相位与环宽L的关系

比特	相位和形状							
	0	−45	−90	−135	−180	−225	−270	−315
	▢	▢	▢	▢	▢	▢	▢	▢
1bit	0				1			
2bit	00				10		11	
3bit	000	001	010	011	100	101	110	111

（c）不同尺度闵可夫斯基环设计的1bit、2bit和3bit编码单元

图 7-59　闵可夫斯基编码单元的设计

因此，尺寸 L 为 $43\ \mu m$、$63\ \mu m$ 的闵可夫斯基环可以作为 1 bit 编码单元"0"和"1"，2 bit 编码单元"00"和"10"，3 bit 编码单元"000"和"100"；尺寸 L 为 $52\ \mu m$ 和 $71\ \mu m$ 的闵可夫斯基环可以作为 2 bit 编码单元"01"和"11"与 3 bit 编码单元"010"和"110"；尺寸 L 为 $46\ \mu m$、$57.5\ \mu m$、$67.5\ \mu m$、$75.5\ \mu m$ 的闵可夫斯基环可以作为 3 bit 编码单元"001""011""101""111"，如图 7-59（b）、（c）所示。类似地，闵可夫斯基环也可以用于更高比特的编码。

利用经典电磁理论，可以通过改变编码序列来控制编码超材料的散射特性。当编码粒子排列整齐时，散射图表示平面太赫兹波正常照射下反射能量的空间分布。例如，在全为"1"单元的1 bit 编码中（图 7-60（a）），编码超材料实际上是一个完美的导电表面；因此，根据 Snell 定律，观察到一个高度定向的反向太赫兹光束，如图 7-60（d）所示。在棋盘"0"和"1"分布的 1 bit 编码情况下（图 7-60（b）），反射太赫兹能量将分裂成 4 个主波束（图 7-60（e）），而在周期"00""01"／"11""10"分布的 2 bit

编码情况下（图 7-60（c）），在正入射下产生 12 个反射太赫兹波束，如图 7-60（f）所示。我们观察到后向散射减少是由于编码超表面上相邻单元之间的突然相移引起的，这导致了反常反射。随着比特数的增加，反射的太赫兹能量向更多的方向散射，从而使编码超表面的散射宽度急剧减小。

（a）"1"元素的1bit编码　　（b）"0"和"1"分布的1bit编码　　（c）周期性00、01、11和10分布的2bit编码

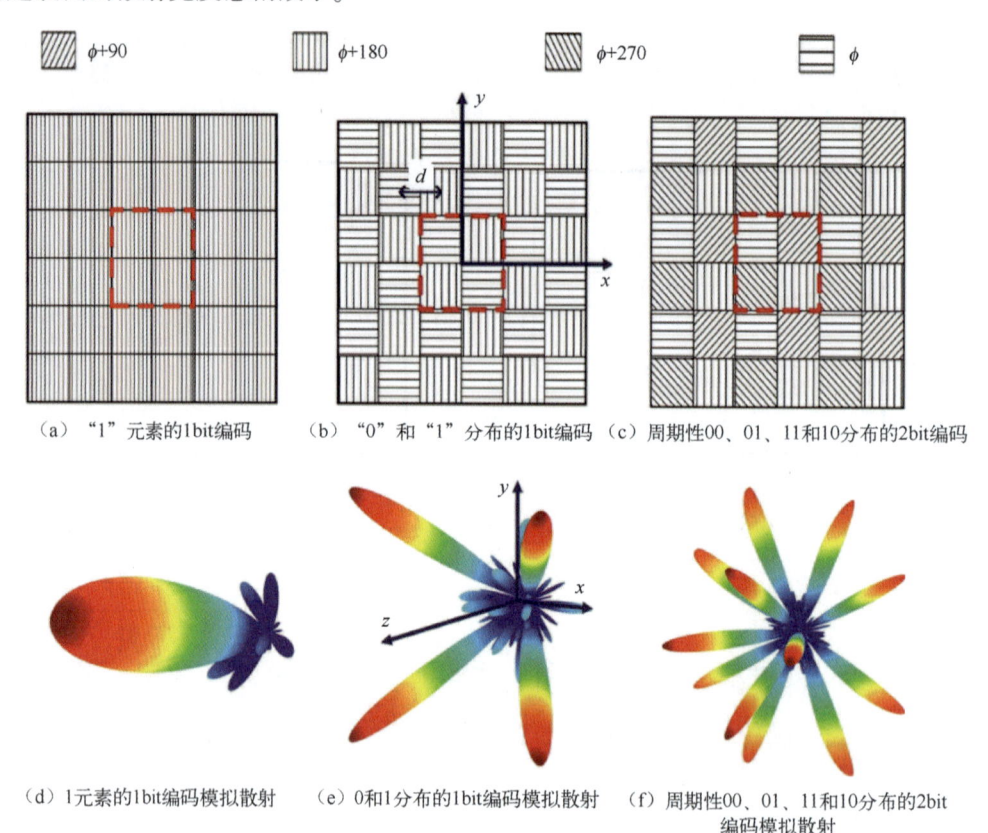

（d）1元素的1bit编码模拟散射　　（e）0和1分布的1bit编码模拟散射　　（f）周期性00、01、11和10分布的2bit编码模拟散射

图 7-60　编码单元周期排列的散射特性

从上面的分析看，编码单元的周期性排列可在产生多束时对散射模式进行控制。然而，最大散射方向通常是固定的。为了在平面编码超表面上实现太赫兹扩散，我们提出了一种将超表面上的所有编码粒子随机排列以达到期望的多样化散射模式的方案。在此方案中，采用粒子群优化算法寻找编码单元的最优排列。在优化过程中，我们使用远场模式预测算法作为辅助模块，以节省大量全波模拟所需的工作量。通过对单元的数值模拟，提取每个编码单元的等效导电电流、磁电流和电流，并利用它们快速预测编码超表面的散射方向。

作为一个例子，我们考虑了一个 2 bit 编码扩散超材料，其面积为 7.56×7.56 mm^2（在 1.0 THz 下为 25.2λ×25.2λ，其中包含 84×84＝7056 个编码单元，这些编码单元是通过传统光刻技术构建在聚酰亚胺层上构建闵可夫斯基环。每个编码单元的面积为 90×90 μm^2（1.0 THz 时为 0.3λ×0.3λ）。经过一些迭代优化，确定了 2 bit 编码单元的排列，如图 7-61（a）所示，其中包括一个小区域的缩放视图，以便清晰地显示单元。图 7-62（a）~（c）分别给出了所设计的 2 bit 编码超材料在 1 THz、1.4 THz 和 1.8 THz

处的模拟三维散射图,在较宽的频段内可以清楚地观察到散射场的扩散行为。为了定量地证明扩散效应,我们在图 7-62(d)~(f)中描述了上述频率下 E 平面上的散射模式。为了比较,我们提供了图 7-62(g)~(i)中对应的金属表面 E 面散射图,显示出明显的反向散射(即全反射)。对比两组散射图,我们注意到在上层空间有许多散射光束,但所有光束的散射水平都被显著抑制,这导致了几乎全向散射。

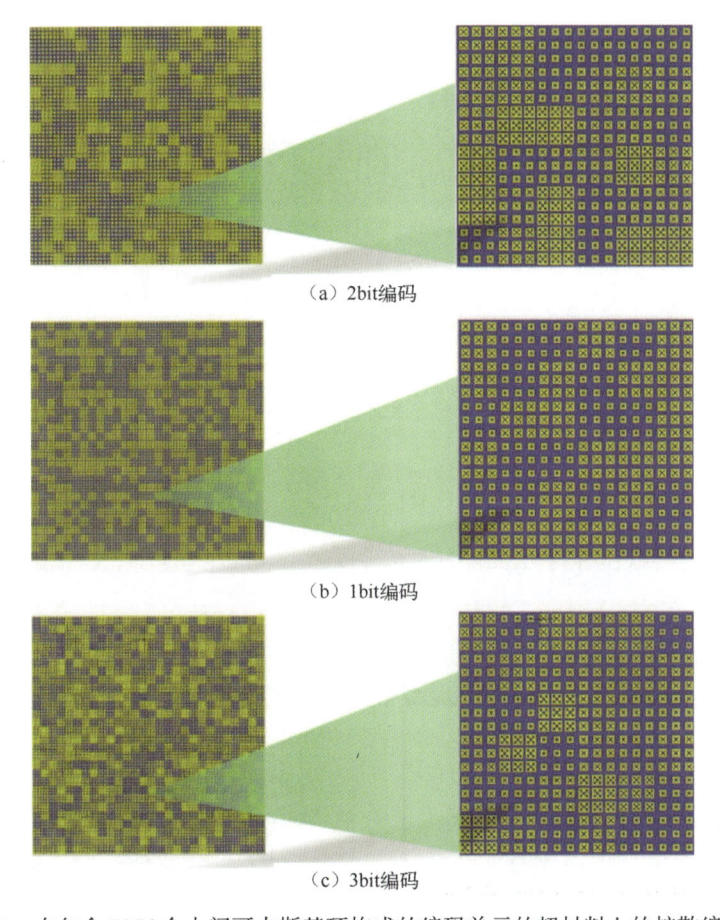

(a) 2bit编码

(b) 1bit编码

(c) 3bit编码

图 7-61 在包含 7056 个由闵可夫斯基环构成的编码单元的超材料上的扩散编码分布

为了研究散射剖面的角度依赖性,在实验中考虑了三个入射角(相对于表面法线的 20°、30°和 40°)。在斜入射下,首先根据 Snell 定律测量镜面反射方向上的散射系数(见图 7-62(a)~(c))。图 7-63(a)~(c)分别显示了太赫兹波在宽频段(0.5~1.6 THz)以 20°、30°和 40°入射时 2 bit 编码超材料的实测反射系数,使太赫兹波在镜面散射方向上具有优异的散射性能。在观察其他观测角度下的散射特性时,我们给出了图 7-63(d)~(f)在 0.5~1.8 THz 宽频率范围内 20°~80°广角上的散射系数测量结果,入射角分别为 20°、30°和 40°。从这些图中我们可以清楚地看到,当观测角度等于入射角(即镜面散射方向)时,散射峰较小,而在其他观测角度散射场相对较小,证实了良好的扩散行为。

417

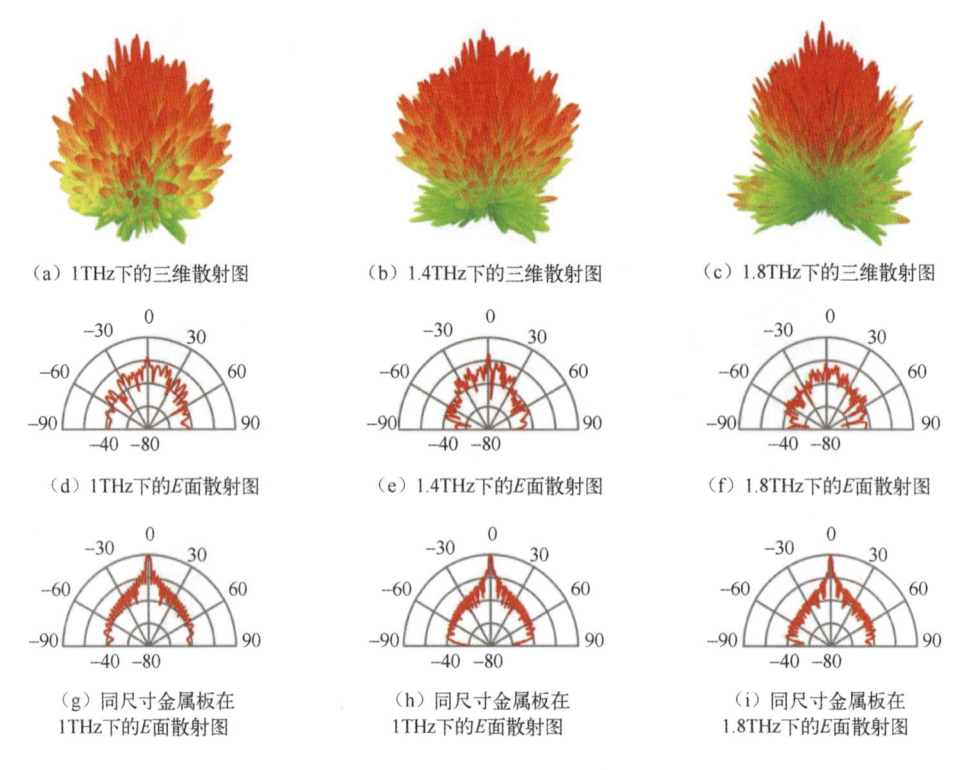

(a) 1THz下的三维散射图 (b) 1.4THz下的三维散射图 (c) 1.8THz下的三维散射图

(d) 1THz下的E面散射图 (e) 1.4THz下的E面散射图 (f) 1.8THz下的E面散射图

(g) 同尺寸金属板在1THz下的E面散射图 (h) 同尺寸金属板在1THz下的E面散射图 (i) 同尺寸金属板在1.8THz下的E面散射图

图 7-62　2 bit 扩散编码超材料的数值模拟结果

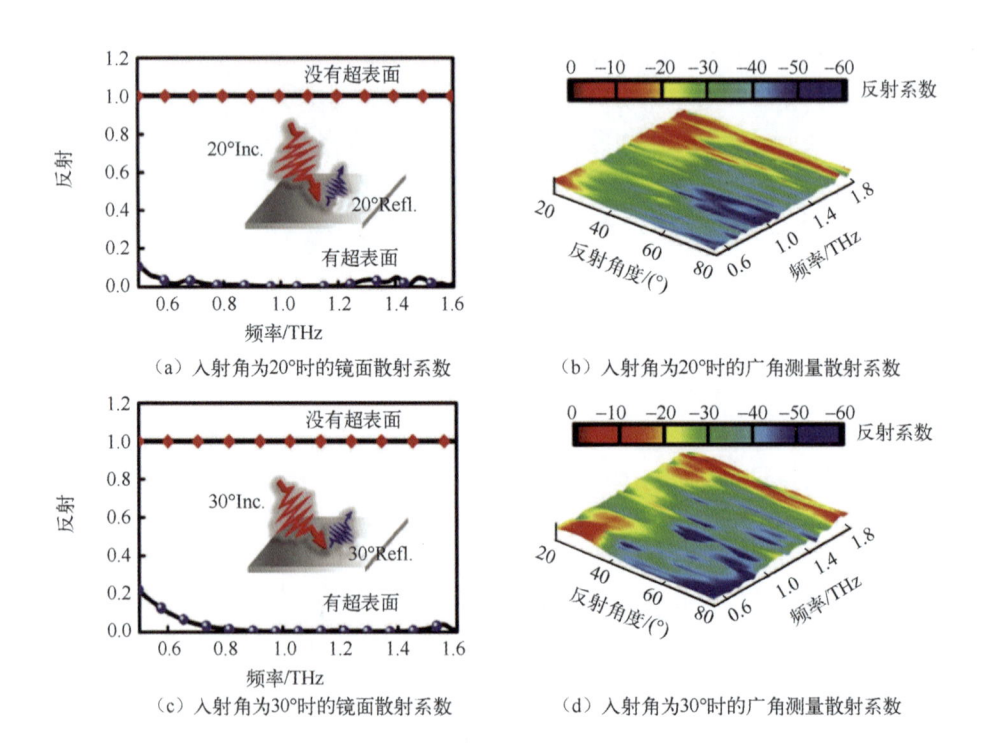

(a) 入射角为20°时的镜面散射系数 (b) 入射角为20°时的广角测量散射系数

(c) 入射角为30°时的镜面散射系数 (d) 入射角为30°时的广角测量散射系数

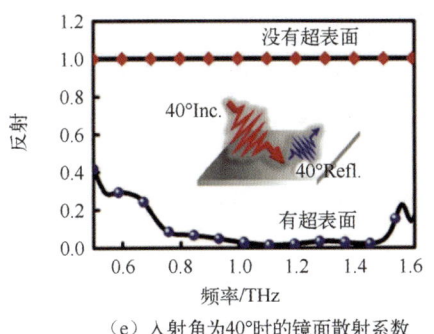

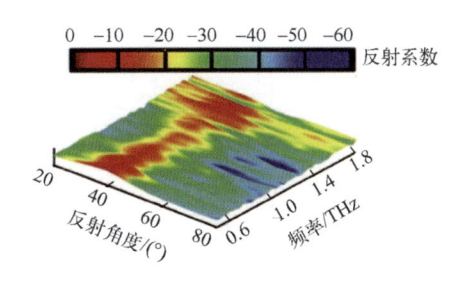

(e) 入射角为40°时的镜面散射系数　　(f) 入射角为40°时的广角测量散射系数

图 7-63　斜入射下 2 bit 扩散编码超材料的测量结果

三、基于水循环算法的宽带漫反射超表面设计

为了更好地减少 RCS，文献［36-39］中通过使用 1 bit 编码超表面引入了优化的超表面排列。遗传算法（GA）或二元粒子群优化（BPSO）用于优化超表面阵列设计。二进制优化算法对于 1 位编码超表面非常有用，因为只有两种可能的状态："0"或"1"。文献［40］介绍了一种 4 位编码超表面，它有 16 种数字状态。二进制优化技术不适用于 4 bit 超表面；因此，本节采用离散水循环算法，可以优化 16 个数字状态。

图 7-64 为超表面单元的示意图单元为三明治结构，顶部为铜，底层为铜，中间层为介电基板。电介质基板 F4B（$\varepsilon_r = 2.65$，$\tan\delta = 0.001$）的厚度为 1.5 mm，晶胞的周期为 5 mm。顶部金属贴片和地面的厚度为 0.035 mm。

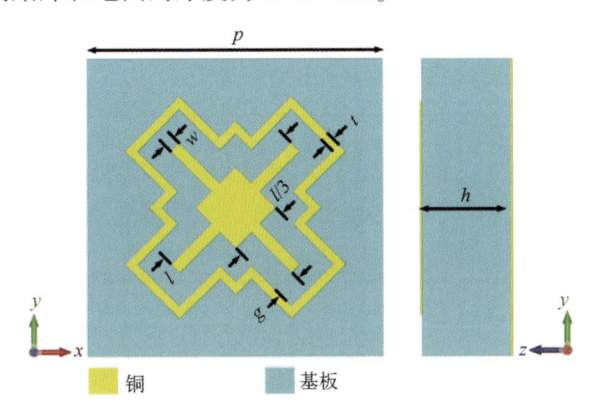

图 7-64　所提出的单元的示意图

由于单元的旋转对称性，对 x 和 y 偏振产生相同的电磁散射，这对于偏振不敏感响应至关重要。CST Microwave Studio 中采用周期边界和 Floquet 端口进行单元模拟，并使用频域求解器。图 7-65 显示了所提出的单元在 15～40 GHz 范围内的相位和幅度响应。具有多重谐振设计的超表面单元对于宽带操作是必要的。4 bit 编码超表面的相位和幅度响应分别如图 7-66 和图 7-67 所示。16 条曲线显示了超表面每个晶胞的相位。编码超表面的每个晶胞表现出宽带（15～40 GHz）的线性响应，以及相位差 22.5°+θ 是在超表面单元的相关状态之间实现的。所提出的单元被设计为双谐振结构以实现宽带操作。

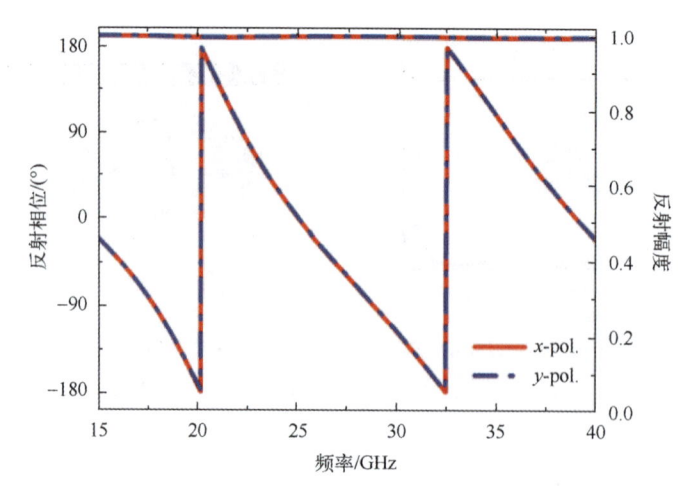

图 7-65 所提出的单元的反射相位和幅度的仿真结果

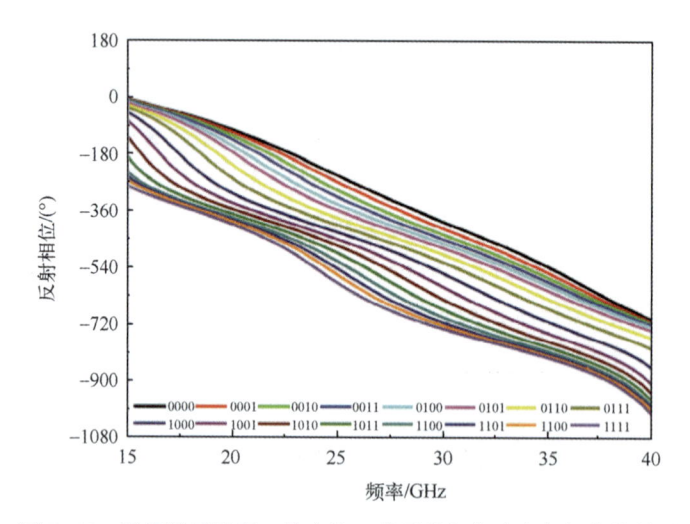

图 7-66 随着单元长度 L 的变化，单元的相位响应与频率的关系

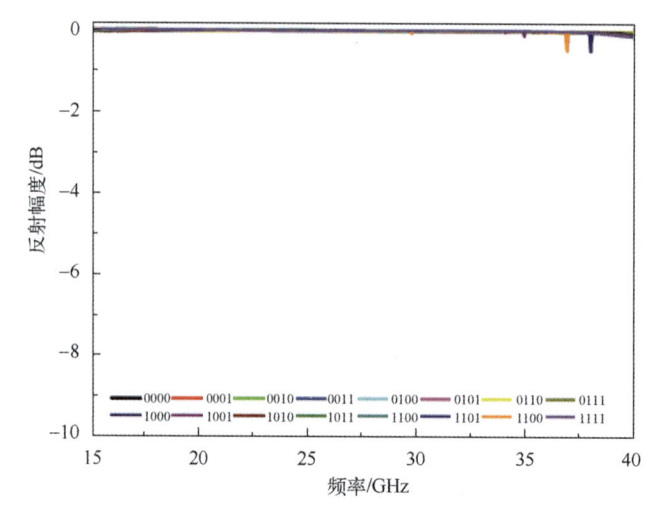

图 7-67 随着单元长度 L 的变化，单元的幅度响应与频率的关系

对单元进行优化，使谐振点位于工作频带之外，从而在工作频带（15~40 GHz）内获得更好的反射幅度。第一谐振点在 15 GHz 之前，第二谐振点在 40 GHz 之后，因此，如图 7-67 所示，超表面单元的所有 16 种状态的反射幅度值都大于 0.95。为了实现 4 bit 编码超表面，反射相位为 0°、22.5°、45°、67.5°、90°、112.5°、135°、157.5°、180°、202.5°、225°、247.5°、270°、292.5°、315° 和 337.5°（L = 1.50 mm、1.60 mm、1.70 mm、1.80 mm、1.94 mm、2.08 mm、2.26 mm、2.48 mm、2.66 mm、2.88 mm、2.96 mm、3.08 mm、3.18 mm、3.32 mm、3.44 mm 和 3.56 mm）。

通过正确选择单位单元的长度 L，所提出的设计可用于 1 bit、2 bit、3 bit 和 4 bit 编码超表面，如图 7-68 所示。为了更好地控制散射波，通过改变不同频率下单元的长度来计算所提出的单元的相位范围，如图 7-69 所示。由于多谐振结构，在 15~40 GHz 范围内观察到超过 280° 的相位覆盖范围。为了设计编码超表面的单元，反射相位相对于单元长度的变化如图 7-70 所示。从图中可以看出，相位与单位单元的长度呈线性关系，这是使用相同几何形状的最关键的设计参数。

多比特	相位和形状															
	0°	22.5°	45°	67.5°	90°	112.5°	135°	157.5°	180°	202.5°	225°	247.5°	270°	292.5°	315°	337.5°
1bit	0								1							
2bit	00				01				10				11			
3bit	000		001		010		011		100		101		110		111	
4bit	0000	0001	0010	0011	0100	0101	0110	0111	1000	1001	1010	1011	1100	1101	1110	1111

图 7-68 使用不同尺寸单元设计的 1 bit、2 bit、3 bit 和 4 bit 编码超表面

图 7-69 所提出的单元的相位范围

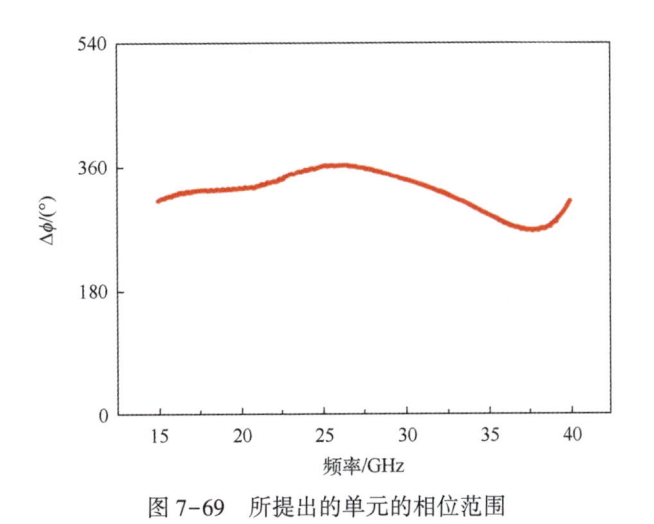

一旦设计并优化了超表面单元，我们将排列这些单元来构建阵列。最简单的阵列由 1 位编码超表面和两个编码单元组成，这两个编码单元以交替排列方式放置以获得两个波束。棋盘结构基于相消干涉原理，将入射波分为四束，并最大限度地减少镜面方向的

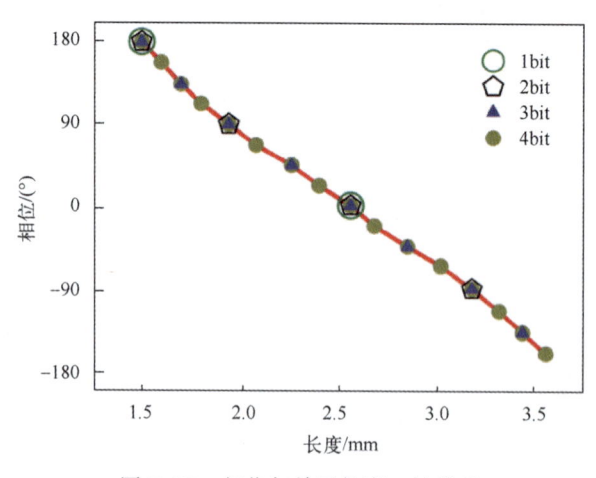

图 7-70 相位与单元长度 L 的关系

后向散射。棋盘结构的缺点是带宽窄，因此不适合宽带 RCS 缩减应用。因此，引入了扩散超表面，其可以随机分散散射波，具有更好的工作带宽，但这种超表面的问题是缺乏优化。

采用优化算法进行单元排列，可以达到较好的 RCS 降低效果。对于 M×N 超表面单元格阵列，远场由下式表示：

$$E_{\text{total}} = \text{EP} \times \text{AF} \tag{7-190}$$

其中，E_{total} 为远场散射，AF 为阵列因子，EP 为单个单元结构的方向图。阵列因子表示为

$$\text{AF} = \sum_{m=1}^{M} \sum_{n=1}^{N} \exp\{jkd[(m-0.5)\sin\theta\cos\varphi + (n-0.5)\sin\theta\sin\varphi] + j\beta(m,n)\} \tag{7-191}$$

其中，d 是单元格的周期性，θ 是仰角，φ 是方位角，$j\beta(m,n)$ 是单元格的相位，单元格的相位可以是 16 个值之一：0°、22.5°、45°、67.5°、90°、112.5°、135°、157.5°、180°、202.5°、225°、247.5°、270°、292.5°、315° 和 337.5°，这是在 4 bit 超表面的情况下。

超表面阵列可以被认为是 M×N 矩阵，其中 M 和 N 是 x 轴和 y 轴上单元格的数量。为了获得低 RCS，离散水循环算法（DWCA）被应用于阵列因子以获得最优编码序列矩阵，如图 7-71 所示。这个优化问题的适应度函数由下式给出：

$$\text{fitness} = \min(\text{AF}_{\max}) \tag{7-192}$$

水循环算法被应用于最小化在 24 GHz 的阵列因子以获得 RCS 降低的最优解。离散水循环算法的收敛特性如图 7-72（a）所示，算法应用了 200 次迭代，并得到了优化的阵列因子值。超表面的二维和三维远场模式的模拟结果分别在图 7-72（b）和图 7-72（c）中展示。在 MATLAB 中应用算法获得阵列矩阵的最佳解决方案，图 7-73 表示，4 bit 优化编码超表面数组分布。基于此设计超表面优化单元格阵列如图 7-74 所示。通过比较 PEC 和优化编码超表面的电场分布，来研究优化的编码矩阵的背散射特性，从图 7-75 可以明显看出，优化编码的超表面比 PEC 有更多扩散的散射。

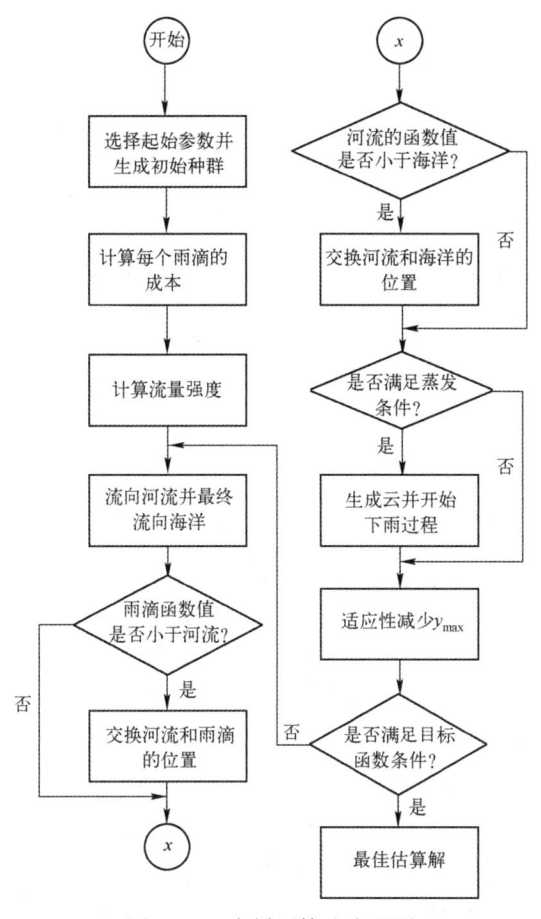

图 7-71 水循环算法流程图

为了验证超表面的 RCS 性能,对 15 GHz、24 GHz 和 40 GHz 的远场方向图进行计算,结果如图 7-76 所示。优化后的 4 bit 编码表面在 15 GHz、24 GHz 和 40 GHz 时的 RCS 分别为 12.2 dBm^2、10.4 dBm^2 和 16.8 dBm^2。超表面的 16 个单元具有明显的相位响应,这有助于改变阵列的均匀相位响应。相邻单元结构的相位分布不均匀,因此,镜面反射在后向散射波中不占主导地位。

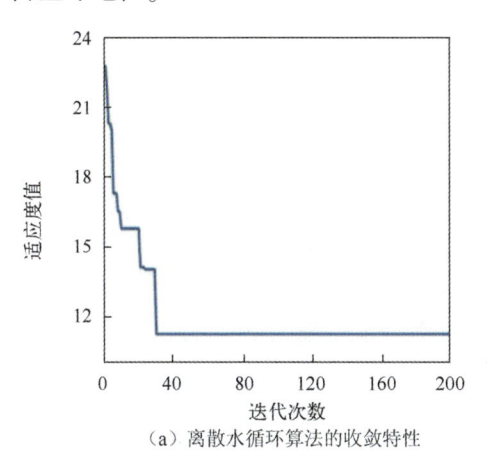

(a) 离散水循环算法的收敛特性

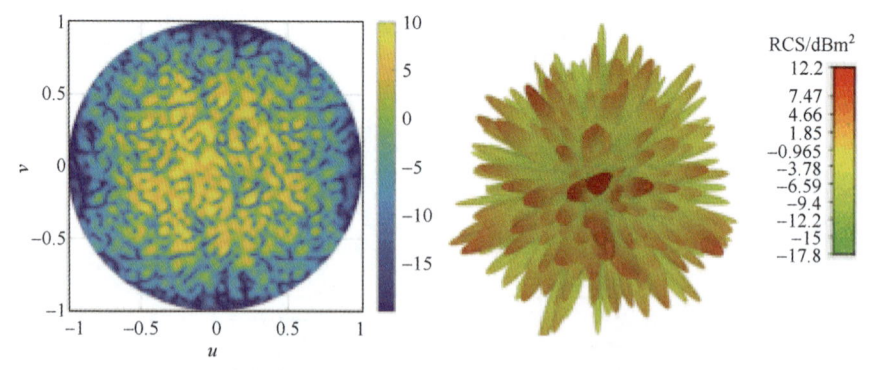

（b）超表面的二维散射图案　　　　　　　（c）优化超表面的三维散射图案

图 7-72　离散水循环算法计算收敛及生成的超表面散射图案

9	3	6	14	1	10	3	2	1	7	6	0	13	1	9	15
5	4	12	15	11	9	15	11	0	2	8	11	1	13	8	7
14	11	12	5	15	4	14	3	8	8	11	10	5	14	2	13
6	15	15	9	11	9	7	1	13	15	2	2	5	2	9	1
12	13	3	13	7	12	3	8	10	7	8	4	11	3	10	15
2	7	11	0	2	8	10	7	5	0	10	7	14	14	4	5
9	14	6	3	11	10	11	6	11	7	15	13	4	14	11	5	11
8	2	15	6	14	9	12	4	13	9	3	13	2	15	4	5
13	12	1	15	5	14	7	2	8	0	11	3	6	14	9	9
3	14	4	9	4	10	9	15	6	6	8	7	5	3	6	2
5	8	12	15	10	11	12	6	11	8	10	14	3	4	7	7
3	13	5	11	7	14	0	13	6	12	13	10	1	6	15	10
9	10	0	9	3	0	14	9	10	12	6	15	11	15	8	5
12	6	2	15	10	10	6	13	2	5	12	9	15	3	11	14
3	6	13	4	14	14	3	6	9	0	13	3	4	0	3	1
11	10	5	7	1	11	2	11	15	1	3	12	15	6	15	0

图 7-73　4bit 优化编码超表面数组分布

图 7-74　形成的优化超表面单元格阵列分布

(a) PEC

(b) 4bit编码超表面

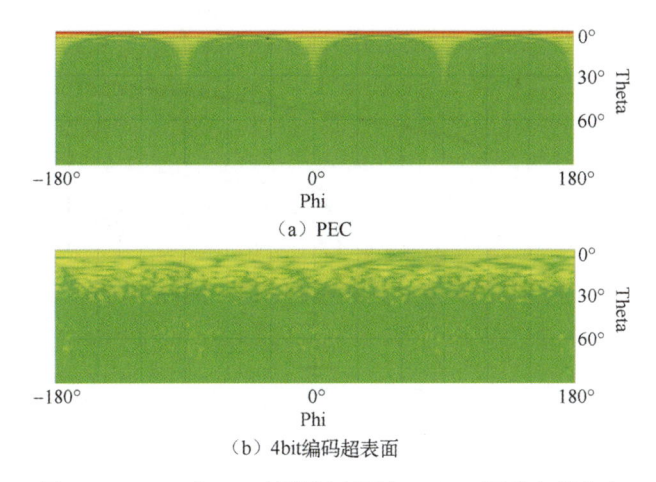

图7-75　PEC和4bit编码超表面在24 GHz下的电场分布

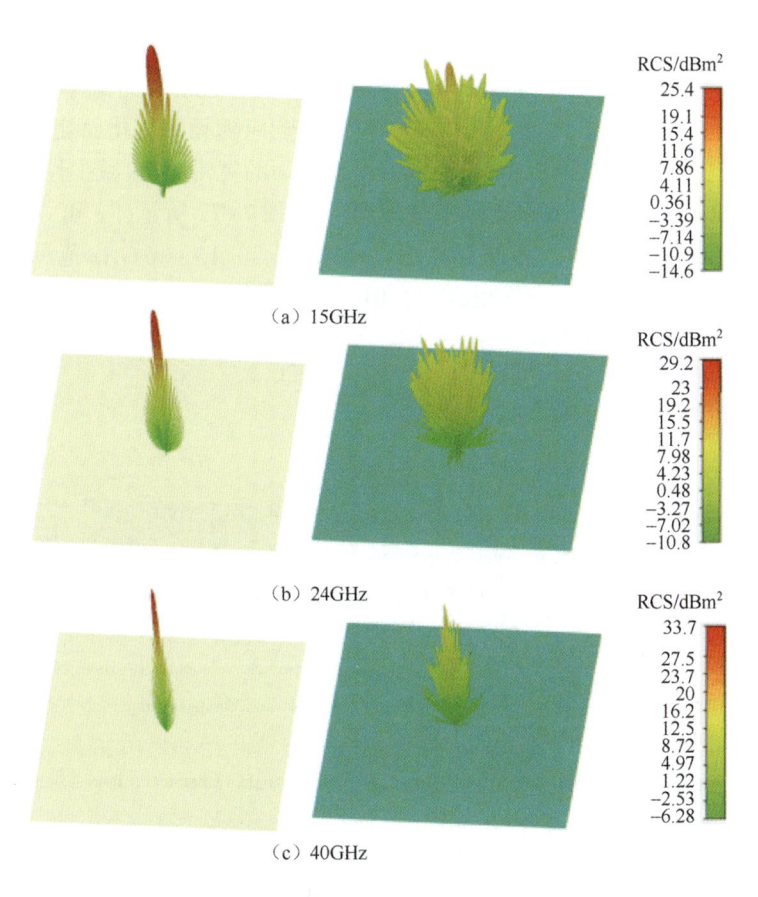

(a) 15GHz

(b) 24GHz

(c) 40GHz

图7-76　金属（左列）和4bit编码超表面（右列）的3DS散射图案

优化后的编码反射超表面使后向散射波向多个方向分布，抑制了主波束的幅值。编码超表面的远场图显示为扩散散射图，而大部分能量存在于单波瓣中。在15 GHz、24 GHz和40 GHz频段，与PEC相比，RCS分别减少了13.3 dBm^2、18.8 dBm^{2}和16.9 dBm^2。

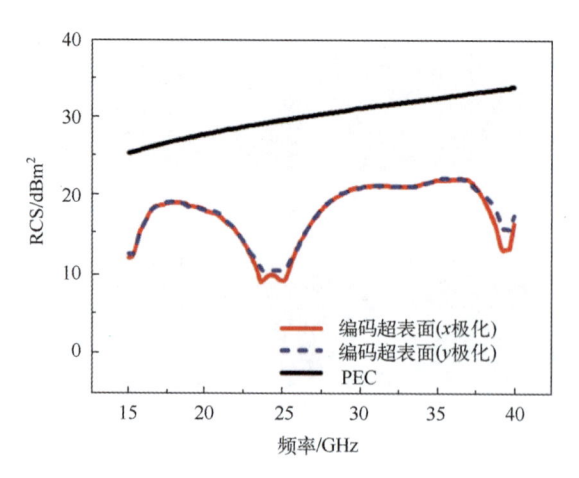

图 7-77　PEC 的 RCS 和编码超表面的 TE 和 TM 极化

因此，编码超表面的雷达散射截面积（RCS）远低于同等大小的理想电导体（PEC）。值得一提的是，由于阵列因子的周期性随频率的增加而减小，在较高频率下散射波束有较近的集中度。由于超表面的相位布局响应随频率变化而变化，不同频率下的超表面散射模式也各不相同。为了分析编码超表面的宽带 RCS 减少性能，图 7-76 展示了 15～40 GHz PEC 与优化编码超表面的比较。如图 7-77 所示，x 和 y 极化的 RCS 减少性能相似。模拟结果显示，使用 4 bit 编码超表面，在 15～40 GHz 范围内，RCS 减少了超过 10 dB，除了在 17～18 GHz 范围内，RCS 减少超过 7.8 dB。在 24 GHz 的频率上观察到最大的 RCS 减少为 18.8 dBm^2。

参 考 文 献

[1] Lynch D. Introduction to RF Stealth [M]. Raleigh, NC: Scitech Publishing, 2004.

[2] Knott E F, Schaeffer J F, Tulley M T. Radar cross section [M]. Raleigh, NC: SciTech Publishing, 2004.

[3] Jenn D C. Radar and laser cross section engineering [J]. 2nd ed. American Institute of Aeronautics and Astronautics, 2005: 340-341.

[4] Knott E F. Radar cross section measurements [M]. Heidelberg: Springer Science & Business Media, 2012.

[5] Ahmad H, Tariq A, Shehzad A, et al. Stealth technology: Methods and composite materials—a review [J]. Polymer Composites, 2019, 40 (12): 4457-4472.

[6] Tian N L. Development of infrared stealth technology and materials [J]. Chemical Engineering Progress, 2002, 21 (4): 283-286.

[7] Rogalski A. Infrared detectors: An overview [J]. Infrared Physicsand Technology, 2002, 43 (3-5): 187-210.

[8] Hughes P K. A high-resolution radar detection strategy [J]. IEEE Transactions on Aerospace and Electronic Systems, 1983 (5): 663-667.

[9] Dereniak E L, Boreman G D. Infrared detectors and systems [J]. Wiley, 1996: 521.

[10] Zantos N G. Combined infrared-radar detection system: U. S. Patent 5, 268, 680 [P]. 1993-12-7.

[11] Rubin W L. Radar - acoustic detection of aircraft wake vortices [J]. Journal of Atmospheric and Oceanic Technology, 2000, 17 (8): 1058-1065.

[12] Uprety K, Bimanand A, Lakdawala K H. Outboard durable transparent conductive coating on aircraft canopy: U. S. Pa-

tent 9, 309, 589 [P]. 2016-4-12.
[13] Pendry J B, Schurig D, Smith D R. Controlling electromagnetic fields [J]. Science, 2006, 312 (5781): 1780-1782.
[14] Leonhardt U. Optical conformal mapping [J]. Science, 2006, 312 (5781): 1777-1780.
[15] Schurig D, Mock J J, Justice B J, et al. Metamaterial electromagnetic cloak at microwave frequencies [J]. Science, 2006, 314 (5801): 977-980.
[16] Liu R, Ji C, Mock J J, et al. Broadband ground-plane cloak [J]. Science, 2009, 323 (5912): 366-369.
[17] Cheng Q, Cui T J, Jiang W X, et al. An omnidirectional electromagnetic absorber made of metamaterials [J]. New Journal of Physics, 2010, 12 (6): 063006.
[18] Jiang W X, Qiu C W, Han T, et al. Creation of ghost illusions using wave dynamics in metamaterials [J]. Advanced Functional Materials, 2013, 23 (32): 4028-4034.
[19] Jiang W X, Qiu C W, Han T C, et al. Broadband all-dielectric magnifying lens for far-field high-resolution imaging [J]. Advanced Materials, 2013, 25 (48): 6963-6968.
[20] Munk B A. Frequency selective surfaces: Theory and design [M]. Hoboken: John Wiley & Sons, 2005.
[21] Luebbers R, Munk B. Mode matching analysis of biplanar slot arrays [J]. IEEE Transactions on Antennas and Propagation, 1979, 27 (3): 441-443.
[22] Yang Y, Jing L, Zheng B, et al. Full - polarization 3D metasurface cloak with preserved amplitude and phase [J]. Advanced Materials, 2016, 28 (32): 6866-6871.
[23] Orazbayev B, Mohammadi Estakhri N, Alù A, et al. Experimental Demonstration of Metasurface-Based Ultrathin Carpet Cloaks for Millimeter Waves [J]. Advanced Optical Materials, 2017, 5 (1) : 1600606.
[24] Jiang Z, Liang Q, Li Z, et al. Experimental demonstration of a 3D - printed arched metasurface carpet cloak [J]. Advanced Optical Materials, 2019, 7 (15): 1900475.
[25] Landy N I, Sajuyigbe S, Mock J J, et al. Perfect metamaterial absorber [J]. Physical Review Letters, 2008, 100 (20): 207402.
[26] Ra'di Y, Simovski C R, Tretyakov S A. Thin perfect absorbers for electromagnetic waves: theory, design, and realizations [J]. Physical Review Applied, 2015, 3 (3): 037001.
[27] Modi A Y, Balanis C A, Birtcher C R, et al. New class of RCS-reduction metasurfaces based on scattering cancellation using array theory [J]. IEEE Transactions on Antennas and Propagation, 2018, 67 (1): 298-308.
[28] Moccia M, Liu S, Wu R Y, et al. Coding metasurfaces for diffuse scattering: Scaling laws, bounds, and suboptimal design [J]. Advanced Optical Materials, 2017, 5 (19): 1700455.
[29] Jiang Z H, Yun S, Toor F, et al. Conformal dual-band near-perfectly absorbing mid-infrared metamaterial coating [J]. ACS Nano, 2011, 5 (6): 4641-4647.
[30] Pu M, Feng Q, Hu C, et al. Perfect absorption of light by coherently induced plasmon hybridization in ultrathin metamaterial film [J]. Plasmonics, 2012, 7: 733-738.
[31] Salisbury W W. Absorbent body for electromagnetic waves: U. S. Patent 2, 599, 944 [P]. 1952-6-10.
[32] Li F, Chen P, Poo Y, et al. Achieving perfect absorption by thecombination of dallenbach layer and salisbury screen [C]//2018 Asia-Pacific Microwave Conference (APMC). IEEE, 2018: 1507-1509.
[33] Skolnik M I. Radar handbook [J]. New York: McGraw-Hill, 1970.
[34] Cui T J, Qi M Q, Wan X, et al. Coding metamaterials, digital metamaterialsand programmable metamaterials [J]. Light: Science & Applications, 2014, 3 (10): e218-e218.
[35] Gao L H, Cheng Q, Yang J, et al. Broadband diffusion of terahertz waves by multi-bit coding metasurfaces [J]. Light: Science & Applications, 2015, 4 (9): e324-e324.
[36] Sui S, Ma H, Wang J, et al. Absorptive coding metasurface for furtherradar cross section reduction [J]. Journal of

Physics D: Applied Physics, 2018, 51 (6): 065603.

[37] Sui S, Ma H, Lv Y, et al. Fast optimization method of designing a wideband metasurface without using the Pancharatnam – Berry phase [J]. Optics Express, 2018, 26 (2): 1443-1451.

[38] Su J, He H, Li Z, et al. Uneven-layered coding metamaterial tile for ultra-wideband RCS reduction and diffuse scattering [J]. Scientific Reports, 2018, 8 (1): 81-82.

[39] Zheng Y, Cao X, Gao J, et al. Shared aperture metasurface with ultra-wideband and wide-angle low-scattering performance [J]. Optical Materials Express, 2017, 7 (8): 2706-2714.

[40] Saifullah Y, Waqas A B, Yang G M, et al. 4-bit optimized coding metasurface for wideband RCS reduction [J]. IEEE Access, 2019, 7: 122378-122386.

第八章 信息超材料

第一节 引 言

近 20 年来，超材料的一种特殊形式——超表面，因其在控制材料参数和电磁特性方面的非凡性能引起了全世界的关注。然而，由于超材料的模拟性质，大多数关于该二维超材料的研究都集中在电磁场和电磁波的操纵上。2014 年提出的数字编码和可编程超材料的概念，为以数字方式表征和设计超材料，使得同时控制电磁场/波和处理数字信息成为可能，催生了超材料的新方向——信息超材料（Information Metasurfaces）。

超表面作为一种人工二维超材料，不仅继承了三维超材料在电磁波动态操控上的强大能力，而且相较于三维超材料，其具备低剖面、易于制造和低损耗等优势。在 2011 年和 2012 年，研究者们提出了适用于超表面的广义 Snell 定律，基于此定律开创了一种精确调控电磁波传输和反射的新技术。这项工作成功地启发了研究人员使用其相位和幅度分布设计基于无源超材料的可调和可重构超材料，并且随之产生了大量设计，如超薄隐身斗篷、全息图、平面透镜、极化转换器、吸收器和涡旋光束发生器。这些设计也显著扩展了超材料的应用范围，包括无线通信、EM 成像、卫星天线、隐身技术等。

传统的超材料研究基于连续尺度来设计它们的电磁（EM）属性，可将其归类于模拟超材料。随着冯·诺依曼计算机系统的建立和广泛应用，现代信息的表示与数字二进制编码密不可分。为了将超材料应用到数字信息领域，两个团队于 2014 年分别提出了有关数字超材料的概念。Giovampaola 和 Engheta 提出了一种用于数字超材料设计的离散结构设计方法，但这个概念仍然局限于等效介质参数的数字化，难以与数字信息的编码流连接。相反，Cui 等人提出使用数字代码 "0" 和 "1"（具有相反的相位响应）而不是介质参数来表征超材料，并使用不同的编码序列来控制电磁场和波，产生了数字编码超材料。例如，1 bit 编码超材料由一系列二进制编码单元 "0" 和 "1" 构成，这两种单元分别对应于 "0" 和 "π" 相位响应。此外，2 bit 编码超材料由 4 个编码粒子 "00""01""10" 和 "11" 的序列构成，分别对应于 "0" "$\pi/2$" "π" 和 "$3\pi/2$" 相位响应，依此类推。数字编码序列与数字信息中的编码流精确连接。更重要的是，Cui 等人设计了一个动态超材料单元来实时切换数字状态 "0" 和 "1"。由现场可编程门阵列（FPGA）预先计算并存储所有可能的编码序列及其电磁功能后对数字编码超材料进行控制，数字编码超材料可转变为可编程超材料。

数字编码表示法的提出使得超材料能实时控制表面的电磁波，并且超材料上的编码序列或编码模式可以实时操控电磁波，对电磁功能进行重新编程。在超材料的数字编码表示法提出前，大多数的编码超材料工作都是基于无源结构的，其功能在制造后就被固定。相比之下，可编程超材料通过集成二极管和变容二极管等有源器件来重新配置电磁结构，通过 FPGA 实时切换从而实现各种功能。编码序列一方面可以执行特定电磁功能的控制命令，另一方面可作为一个数字流调制电磁波。因此，可编程超材料可以实时控制电磁场和波，并同时调制数字信息。这一特性直接演变成了超材料的一个新分支——信息超材料。这一概念首次在 2017 年提出，并在 2021 年得到发展。

数字编码、可编程和信息超材料已经成功地连接了电磁（EM）物理世界和数字信息世界。基于它们的特性，已经实现了各种功能、设备和信息超材料系统，例如轨道角动量（OAM）发生器、空间调制器、非互易设备、智能和自适应的波束扫描器、智能成像器和微波相机。在早期阶段，仅限于反射相位的编码，但很快扩展到幅度编码、极化编码、OAM 编码和频率编码。随着这一发展，相关的理论和实际应用也迅速增长。一个关键的研究领域是将信息超材料与传统的信息理论相结合，比如开发适用于数字编码超材料的卷积定理和信息熵理论。此外，时间控制也成为了另一个研究热点，促进了时域数字编码超材料的发展。时域编码使得以可编程方式自由控制散射波的频谱成为可能。将空间域和时间域编码结合起来，提出了空间-时间编码数字超材料，可以同时实时操纵空间波束和频谱。

图 8-1 为加载 PIN 二极管的空时编码超材料。该超材料编码单元的电磁响应由 FPGA 根据优化的三维空时编码矩阵进行调控，其中每个单元不仅可以进行时间调制，而且可以进行空间调制。因此可以同时操纵电磁波的谐波分布和传播方向。

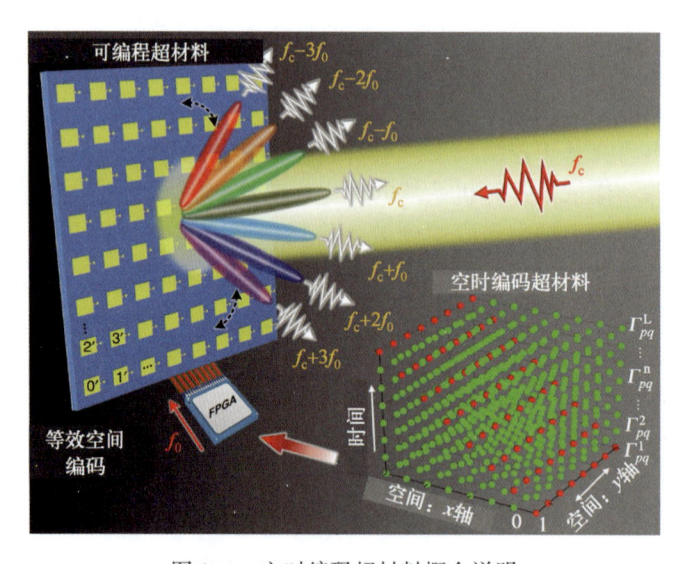

图 8-1　空时编码超材料概念说明

基于数字可编程超材料能够在无线通信中不使用复杂的射频链路（如混频器、天线和滤波器）就能传输数字信息的事实，利用空时编码超材料进行空间和频率的复用，如图 8-2 所示。不同的数字数据流通过空间-时间编码数字超材料产生的不同谐波频率同时传输给位于不同位置的多个指定用户，从而实现空间和频率复用无线通信。更重要的是，即使使用足够灵敏的接收器接收所有传输的信息，未指定的用户也难以恢复正确的信息。基于空时编码超材料的空间和频率分割复用无线通信系统，在未来的 6G 技术应用中展示了极大的发展潜力。

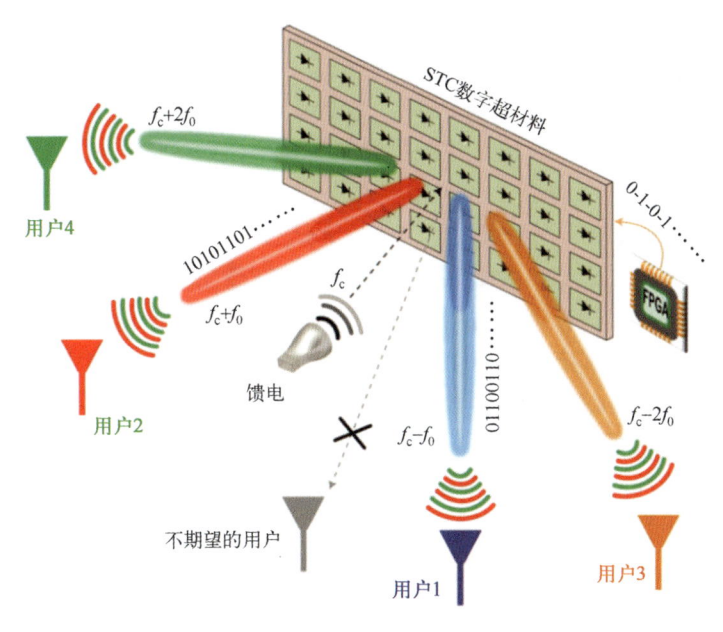

图 8-2　基于空时编码超材料的空间和频率分割复用无线通信的概念图

作为一种前沿的物理设备，信息超材料通过对电磁波的精确操控实现了传统材料无法比拟的性能，在无线通信领域展现出巨大的应用潜力。近年来，随着第五代（5G）和第六代（6G）无线通信的发展，信息超材料的概念，如可重构智能表面（RIS）、智能反射表面（IRS）和大型智能表面（LIS），在通信学术和工业界引发了广泛关注和研究。

信息超材料凭借其在时间、空间、频域上操纵电磁波的优异能力，在构建新型无线通信发射机架构方面具有极大的前景。在无需传统射频组件的情况下，这个架构就可以直接调制载波上的基带信号。多种调制方案，包括频移键控（FSK）、相移键控（PSK）和正交幅度调制（QAM），已经在载波和谐波频率上得到实施。此外，新的架构也成功实现了多输入多输出（MIMO）技术和多通道传输。

除了研究无线通信发射机的新架构之外，通信界还尝试探索信息超材料在控制无线信道特性方面的潜力。在传统无线通信系统中，无线信道或环境通常被认为是一个无法控制的变量，它经常对通信产生不利影响。这主要是因为它可能会干扰其他网络，并在电波传播过程中产生功率损耗。因此，应用于通信链的算法只能在适应无线电环境的情况下优化性能。而将信息超材料用于发射机和接收机的联合优化，实现了可重新配置的无线环境，增强了无线信道的可控能力，提高了通信性能。例如信号覆盖范围扩展、安全通信、干扰抑制、大规模设备对设备（D2D）通信以及同时无线信息和电力传输（SWIPT）用于物联网（IoT）网络等。

尽管目前相关研究还处于起步阶段，但随着技术的不断发展，基于信息超材料的系统将在未来的无线网络中赢得一席之地。

第二节　信息超材料在无线通信中的典型应用与挑战

一、盲点覆盖

在传统无线通信系统中，由于建筑物遮挡、地形因素或信号衰减等原因，某些区域可能无法接收到强而稳定的信号从而影响通信的质量和可靠性，这些区域被称为"盲点"。在由障碍物导致的非视距情况下，信号无法直接到达接收器，导致特定地点的信号强度非常弱或完全丢失，也会形成盲点区域。如在高大建筑物的阴影区域，在密集城区场景下的街道信号覆盖，或者室内外和公共交通工具内外的信号接驳等场景。

解决盲点问题有许多方法，一个简单的方法是添加更多的基站或信号发射器来覆盖盲点区域。然而，这不仅增加了部署的成本，还会对信道产生额外的干扰。也有文献提出可以通过部署金属反射器（如铝板）反射无线信号，以减少反射过程中的信号衰落。然而金属反射器的性能会受到 Snell 定律的限制，信号的入射角度必须等于信号的反射角度。相比之下，超材料对反射波的控制能力更强，可以将信号反射到更广的范围。

在有关盲点覆盖的应用中，超材料一般被设计用于定向地改变无线信号的传播路径，将超材料部署在基站与覆盖盲区之间，在移动用户和没有直接视距信道的基站或信号发射器之间提供间接视距链路。在阻碍通信链路的物体（如建筑物、地形结构等）上部署超材料，通过提供额外的间接视距链路来增强通信信道的覆盖范围，减少盲点区域。

（1）室外宏站覆盖补盲。

在室外宏站覆盖场景中，由于基站与终端之间存在建筑物、植被等障碍物，可能导致收发端之间不存在视距传输路径。这种情况下，信号的接收质量可能较差，从而产生覆盖盲区。轻量化静态智能超材料设备的部署可以作为针对这一场景的一种低成本、低功耗、易部署的解决方案。提高信号质量，减少覆盖盲区，将非视距直射通道替换为视距反射通道，通过按需构造非视距反射路径，实现虚拟视距传输，有效提高信号质量的同时减少了信号覆盖盲区（图 8-3）。

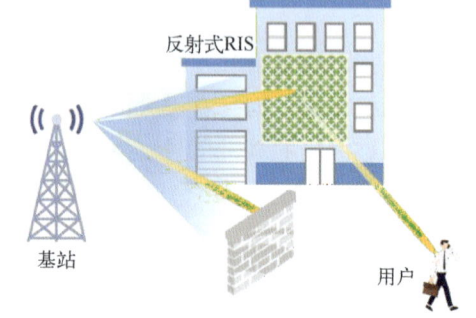

图 8-3　基于智能超材料辅助的室外宏站覆盖补盲

（2）室外宏站覆盖室内增强。

在室外向室内覆盖的场景中，可以在门窗玻璃上安装具有透射增强功能的智能超材料设备。这些设备通过其控制单元可以按需调整透射特性，从而定向形成所需的信号传输路径，以此提升室内的信号接收效果（图 8-4）。

（3）室内覆盖补盲。

在室内环境中，覆盖盲区常因障碍物遮挡和楼道转角等问题而产生。类似于室外的补盲措施，通过部署智能超反射表面和相应的控制元件于室内，可以实现虚拟视距传输,从而有效地增强室内信号覆盖性能(图8-5)。

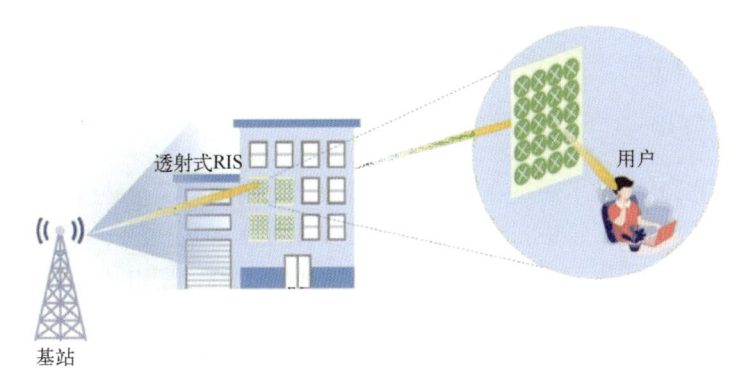

图8-4 基于智能超材料辅助的室外宏站覆盖室内增强

图8-5 基于智能超材料辅助的室内覆盖补盲

二、多流增速

在需要支持高速数据交换、容纳多用户连接的应用场景中,通过在不同位置部署多个超材料,可以反射基站发射的信号,创造多个独立的信号流,增加额外的无线通信路径和信道子空间,从而显著改善了收发天线阵列之间信道的空间相关特性。可用于数据传输的子空间数量增加,从而提升了信号传输的复用增益,显著提高了系统和用户的传输性能(图8-6)。

对于有用信号电平较弱且缺乏多径环境的应用场景,通信终端侧的多天线能力无法充分发挥作用。通过在收发端之间增加智能超材料设备,为用户按需创造复散射环境,可有效利用终端多天线能力,提升用户的传输性能。

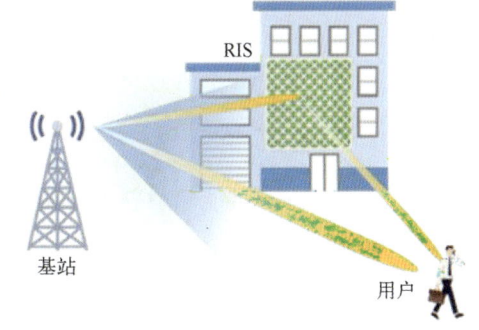

图8-6 基于智能超材料辅助的多流增速

在现有的通信场景中,为了缓解频谱稀缺,不同的用户会重复使用相同的频率资

433

源，这会导致严重的用户间干扰，特别是边缘用户。通过增加智能超材料辅助设备，还可以对相邻基站的干扰信号进行破坏，减轻用户间的干扰情况，为用户对应基站的波束编码提供更多的自由度。

三、多址复用

无线通信中的复用技术通过在发射器和接收器之间创建多个独立信道，增加了通信网络的容量。在过去几十年中，已开发了多种复用技术，包括频分复用（FDM）、码分复用（CDM）、时分复用（TDM）、空分复用（SDM）、极化复用和轨道角动量复用。频分复用依赖于高性能的滤波器和混频器来区分不同的频率带。另外，空分复用技术通常要求部署多个天线，每个天线配备射频链路以构建相控阵列，这样的配置使得通信系统不仅成本高昂，而且具有较高的复杂性。

例如为了满足无线网络不断增长的吞吐量需求，蜂窝基站配备了大量的天线，利用宽带正交频分复用（OFDM）传输为多个远程用户提供更高的数据传输速率。然而该系统需要模数转换器（ADC）对每个天线观测到的模拟信号进行数字处理，当在宽带下运行的天线和 ADC 数量很大时，就对该系统的运行成本和功耗提出了挑战。

数字可编程超材料因其可以在不使用天线或混频器等传统射频组件的情况下编码和传输信息，既可充当信号调制器又可充当能量辐射器，取代了传统笨重的射频链路和相控阵，在无线复用技术中具有很大的前景。其中，时间调制超材料因其对电磁波的传播方向以及谐波功率分布操纵能力，在空分和频分复用应用中具有很大的潜力。利用超材料作为有源发射和接收设备，与基于标准阵列的架构相比，此类天线结构通常消耗更少的功率和成本，有利于在给定物理区域中实现大量可调谐元件的排布。在无线通信的背景下，文献[56-57]中显示，在没有量化限制的情况下使用基于超材料的通信架构时可实现的速率与使用理想天线阵列相当。

当单一频率的未调制时谐载波信号照射超材料时，通过控制 FPGA 施加的偏置电压，切换超材料单元的反射相位以调制信号。通过设计映射到整个超材料阵列的时空编码矩阵，超材料将向不同位置的用户反射两种不同的信号。

超材料可以同时向不同的用户或方向发送多个数据流，相较于传统的多输入多输出系统，不需要额外的射频链路，因此能够以更低的能量和成本实现高效的信号控制，显著提升频谱利用效率和系统容量。

四、三维定位

在三维定位中，智能超材料不仅可以与基站一起充当参考节点，还能提供虚拟视距（Light of Sight, LoS）路径，从而实现精准定位。在自动驾驶中，如图 8-7 所示，即使 LoS 路径被暂时阻断，智能超材料也能保证不间断的定位及通信服务，而大型的智能超材料可以利用导频信号的波前曲率来提供近场定位。此外，智能超材料也可以在变极化、信号吸收和透射式等多种模式下工作，可以为三维定位提供更大的灵活性和适应性，智能超材料的相位值可以根据环境的变化而实时重新配置，从而提升了定位系统的准确性。另外，可以通过预配置基站或者智能超材料位置信息及参考信号来提高三维定位的准确性和鲁棒性。

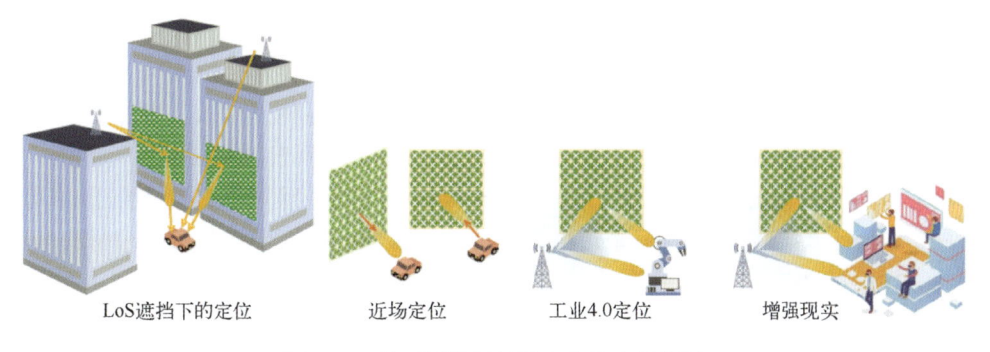

LoS遮挡下的定位　　近场定位　　工业4.0定位　　增强现实

图 8-7　基于智能超材料定位的应用场景

五、物理层安全

无线传输的广播性质使其易受到安全威胁，如恶意攻击和安全信息泄露。传统安全通信技术依赖于应用层的加密协议来确保传输安全，但这种方法需要复杂的安全密钥交换与管理协议，从而增加了通信延迟和系统的复杂性。与此相反，物理层安全技术，避免了繁琐的密钥交换协议，因而受到了广泛的研究关注。通常，为了最大化安全传输速率，会采用人工噪声生成或波束成形技术。然而，当合法用户和潜在的窃听者位于同一传播路径上时，仅依赖这两种技术可能会限制系统的性能。为了解决这个问题，可以在网络中部署智能超材料。通过合理地优化基站预编码和智能超材料的反射系数，经过智能超材料的反射信号可以在合法用户端得到增强，同时在窃听用户处得到衰减（图8-8）。

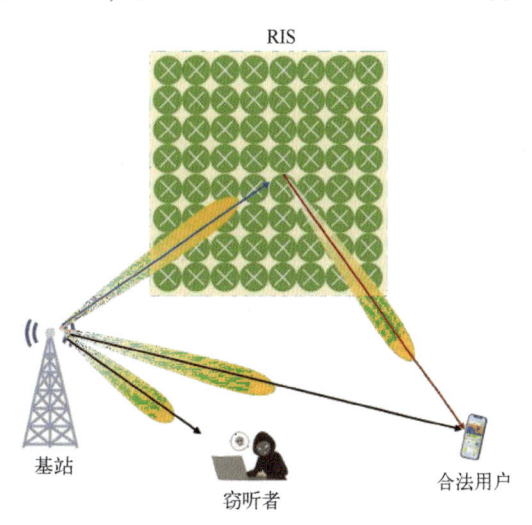

图 8-8　智能超材料赋能的物理层安全

六、频谱感知与共享

频谱感知技术涉及在基于机会接入或感知增强的频谱共享网络中，次级用户检测和采集目标授权频段的数据。此技术通过各种检测方法判断授权频段是否被占用，从而探测频谱空洞并实时共享主用户的频谱。主要的频谱感知方法包括能量检测、特征值检测、匹配滤波检测和循环平稳特征检测等。

在智能超材料辅助的频谱共享网络中，存在三种频谱共享接入机制，允许多个用户共存：基于机会接入的频谱共享、基于功率控制的频谱共享及基于感知增强的频谱共享。其中，基于功率控制的频谱共享由于缺乏频谱感知过程，可能无法保障主网络的服务质量。因此，基于感知增强的频谱共享和基于机会接入的频谱共享，尤其在智能超材

435

料辅助的环境中，成为更受青睐的选择。

在智能超材料辅助的频谱感知中，通过动态调整智能超材料相位，可增强来自主用户的信号，从而提升次级用户的接收信噪比，实现高精度的频谱感知。研究证明智能超材料辅助的频谱感知能有效提升在能量检测算法下单用户频谱感知、多用户频谱感知以及分集接收的平均检测概率。此外，智能超材料辅助的频谱感知可有机结合于频谱共享网络，实现频谱感知精确度与信息传输性能的协同提升，进一步提升智能超材料辅助的频谱共享网络的频谱效率。

频谱共享网络通常指在同一频段下有多种通信网络共存，包括获得（频谱管理委员会、电信运营商等）授权的主用户通信网络和接入权限较低的次级用户网络。智能超材料的可重构信道特性有利于缓解主用户收发机和次级用户收发机之间的干扰问题，从而提升整个系统的频谱效率。一种典型的智能超材料辅助的频谱共享网络如图 8-9 所示，在主次用户的下行通信中，对于主用户接收机，智能超材料引入的反射信道既能增强来自主用户发射机的有用信号，也能抑制来自次级用户发射机的干扰信号；而对于次级用户接收机，智能超材料引入的反射信道既能增强来自次级用户发射机的有用信号，也能抑制来自主用户发射机的干扰信号。

智能超材料辅助的频谱共享网络可应用到多种场景，例如，美国 3.5 GHz 的公民宽带无线电业务（CBRS）频段，以及 3GPP 的 LTE-U、NR-U 等频谱共享技术标准。美国 3.5 GHz 的 CBRS 频段允许多运营商共存，等同于多种主用户网络与次级网络共存，提高了次级用户的接入要求，即需要不干扰多种主用户网络的正常通信。在该场景中，智能超材料反射系数以及部署位置的设计可有效降低次级用户发射机对多种主用户接收机的干扰，同时还能提高次级用户的通信速率。3GPP 提出的 LTE-U 或 NR-U 通常在 5 GHz 和 60 GHz 免认证频段上以相同的优先权与 Wi-Fi 技术竞争接入机会，等价于同一频段下有多种次级网络共存，智能超材料反射系数、部署位置等参数的调整可提升多种次级网络的整体频谱效率。智能超材料和频谱共享技术都具有部署灵活的特性，这有利于在实际系统中低成本和高弹性地应用智能超材料辅助的频谱共享网络，适应未来复杂多变的通信场景。

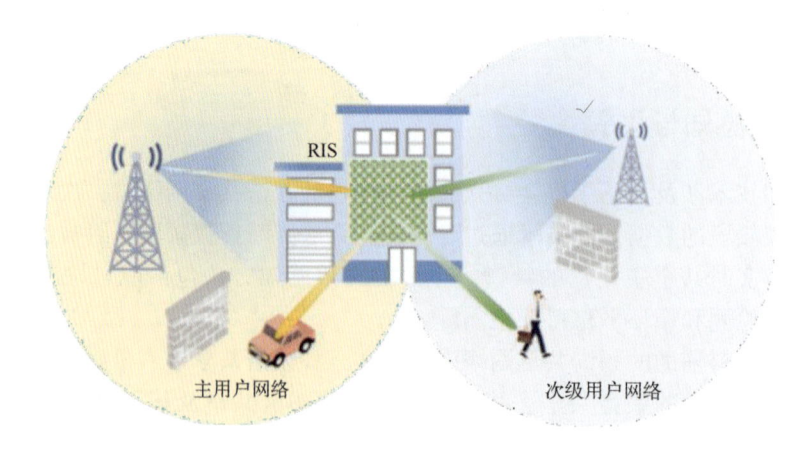

图 8-9 智能超材料辅助的频谱共享网络示意图

七、全双工通信

全双工技术克服了传统双工方式在收发信机频谱资源利用上的限制，能够显著提高频谱效率和系统灵活性。理论上，同频全双工技术能够将频谱效率提高一倍。但是，基于传统基站设计理念的上下行链路同时同频传输信号，会存在严重的自干扰和交叉干扰问题，需要在设备和网络部署时采取一定的干扰抑制和消除手段。与传统的基站或中继设备相比，基于智能超材料的无线设备能够在不引入自干扰的情况下实现全双工模式的传输（图8-10）。

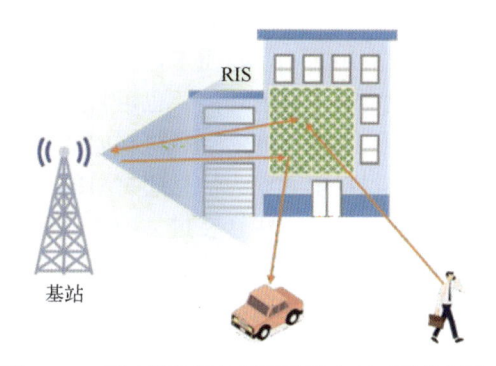

图8-10 基于智能超材料辅助的全双工通信场景

八、信息超材料面临的挑战

随着5G通信系统的快速发展，目前已有多家研究机构和企业启动了关于第六代（6G）移动通信的研究尝试。无论是对新型硬件范式还是底层通信协议方面的探索，对系统需求呈指数级增长。这对系统的不同方面包括数据传输速率、可靠性、延迟和规模等有着更为严格的要求。因此，对稳健且高度可重新配置的无线系统的需求已经远远超出当前技术的限制。

但目前为止，无线通信环境作为通信系统中最具挑战性的部分，在很大程度上还是受到自然环境限制，因此需要终端设备对通信策略进行调整来适应无线通信的需求。可重构智能表面因其可以提供一个可重构的硬件平台，动态控制入射波的响应，在应对这些挑战上将发挥重要的作用。

在这一背景下，超材料因为具有在空间、频率和角谱方面实现入射信号的复杂转换的潜力，目前，有关超材料的研究已经从应用电磁学和物理学领域渗透到了无线通信和电子工程领域，将超材料和无线通信领域进行更紧密的结合以及更深入的理解。

例如，非互易响应将为完全非对称的响应带来新机会，使得全双工操作成为可能，并且在用户移动的情况下可以补偿多普勒频移。高度可编程的超材料可能会根据环境和用户位置的变化最优地重新配置其操作，利用量身定制的导频信号探测环境。此外，时空调制超材料可以为传统的智能超材料带来全新的功能，包括参量现象和波混频。例如，基于参量混频的高效宽带相位共轭可以用来实现高效的信道估计和模拟信号处理，具有低延迟和降低的能量需求。时变调制和非线性超材料将使得输出信号的频率谱相对于输入信号的频率谱发生转换，这可能被利用来最优化地使用有限的频带宽度。超材料的出现为模拟信号处理提供了一个灵活的平台，其非局域响应和灵活操控电磁波的特性可对入射信号进行特定的数学运算，有益于基于环境散射的无线通信系统。

此外，超材料也可以促进通信、传感和计算机系统的集成，成为新一代通信系统中的新兴平台。引入超大孔径天线阵列、超大规模MIMO和大型RIS，以及太赫兹（THz）频段的使用已被视为6G移动系统的物理层的新兴技术中最有前景的方法。然而，尽管这些技术在理论上具有吸引力，但仍面临许多新挑战，这些挑战阻碍了它们实际实施和未来部署的前景。

尽管信息超材料可以以可编程的方式实现多种功能，但仍需对预先计算编写的程序进行人为干预，这使得信息超材料成为了一个开环系统，给复杂环境中对信息超材料协调带来了额外压力。因此，开发具有适应性和自我学习能力的信息超材料成为了当前信息超材料应用的一个新需求。智能信息表面可在没有人为操作的情况下自行做出决策，根据环境实现不同的功能，也可将智能信息超材料与人工智能和大数据等其他先进技术进行结合，促进智能信息超材料向认知信息超材料发展。

而超材料单元作为信息超材料的物理核心，其特性直接决定了信息超材料在功能和性能上的可能性。尽管在过去的 20 年中已经提出了众多设计，但这仍然不足以满足应用需求的增长。如时间调制超材料的应用因为以 GHz 频率调制输入信号的元件的功率处理问题受到了一定限制，在更高频率（例如毫米波和太赫兹频率的波）上的快速可调机制也仍需探索。因此，升级超材料单元无疑仍是未来的一个重要任务。应进一步引入新的主动方法来控制超材料单元的电磁特性，如液晶、二维材料、放大器、光电导器件等。其次，也需要新的编码策略来更全面地驱动信息超材料，如幅度-相位编码、反射-传输编码、偏振编码、频率编码以及各向异性编码。

另外，信息超材料需要与无线通信进行更紧密的结合，构建新型发射机、中继器和新的无线架构以及部署方案，以超材料独特的灵活性实现对无线信号频谱和带宽的改善，来应对新一代无线通信所带来的挑战。

第三节　基于空时编码超材料的新型无线通信架构

一、无线通信架构

在信息技术快速发展的现代社会中，无线通信技术已经变成了基础的支撑结构之一，它对网络的传输速度、数据处理能力、系统响应时间以及通信的可靠性提出了越来越高的要求。无线网络不仅需要处理海量的数据，还要保证低延迟和高稳定性，以满足从智能家居到自动驾驶等多样化的应用需求。因此，无线通信技术的研发正处于一个关键转型期，期望通过技术创新不断提升网络性能，以适应日益复杂的通信环境和不断扩大的应用场景。为了满足这些需求，研究人员不断提出新的协议和标准，虽然这些创新提高了硬件实施的成本和复杂度。例如，在传统的无线通信系统中，射频（RF）模块和天线是核心组件，负责把数字信号转换成高频信号并进行发送。随着第五代（5G）无线通信技术的快速发展，尤其是大规模多输入多输出和毫米波通信技术的广泛应用，对高性能 RF 链路和天线系统的需求显著增加。毫米波技术，尽管在提供更宽带宽和更高数据传输速率方面具有明显优势，但其在天线设计上的复杂性、耦合问题、高功耗以及电磁兼容性挑战等方面，为无线设备的设计和实施带来了一系列技术难题。这些问题迫切需要创新的解决方案来克服，特别是在天线的小型化和集成化以及能效优化方面。因此，探索和开发具有更高效能和更佳性能的新型发射接收设备，已经成为无线通信和微波工程领域研究的重点。这不仅涉及传统的硬件改进，还包括采用新材料和先进技术来实现系统的优化，以满足未来无线通信网络对速度和可靠性的严苛要求。

超材料的发展与兴起在亚波长尺度上为精确操控电磁波提供了创新手段,并为隐身技术、成像以及雷达系统等多种应用提供了革命性的解决方案。特别在通信领域,超材料技术的引入不仅极大地丰富了天线设计的可能性,还极大地推动了电磁波调制技术的发展。在天线技术方面,超材料的特殊电磁属性使得其可以在设计中实现传统材料无法比拟的性能,例如增强的天线增益、更加定向的波束输出、宽广的频带响应,以及更加紧凑的波瓣宽度和降低的旁瓣电平。这些特性使得基于超材料的天线在高效率传输和接收信号方面具有显著优势;另外,在复杂电磁环境下,超材料能够通过对电磁波的二次调控,实现波的偏折、聚焦和吸收等,进而增强通信覆盖、提升通信质量和改善通信信道,可以有效地应对高密度城市环境和复杂地形中的通信挑战。

在传统的无线通信架构中,基带信号通过调整载波的幅度、频率或相位来调制信息,其中解调过程则是对这些变化的逆操作。载波信号携带原始信息,在 RF 模块的帮助下将频率提升至高频后,通过天线完成信息的传播。

时间调制信息超材料以可编程的方式,打破了线性时不变系统的约束,并可以实时调控电磁波的幅度、相位和频率等参数。这种调控与传统调制过程类似,使得时域编码超材料能集成 RF 模块与天线的功能,形成了一种新型的发射机架构。

图 8-11 展示了采用时域编码超材料的创新发射机架构的实际应用。整体系统由三个主要部分构成:基带处理模块、馈源模块和核心的时域编码超材料。这种设计极大地简化了传统发射机的结构复杂度,并显著提升了系统的整体性能。通过这种方式,不仅减少了设备的物理体积和成本,还通过新型材料的独特属性,为无线通信技术的未来发展开辟了新的可能性。

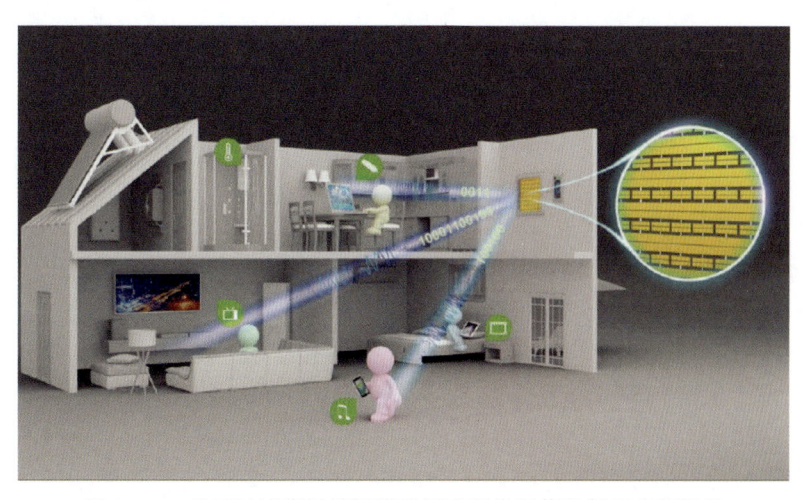

图 8-11 基于时域编码超材料的新型无线通信发射机应用场景

以反射型时域编码超材料为例,其调制信息的原理基于调整其反射系数来控制反射波的幅度、频率或相位。这些反射系数可以表达为幅度、频率和相位的函数。设时域编码超材料所有单元的反射系数为 $\Gamma(t)$,可由下式表达:

$$\Gamma(t) = A(t) \cdot e^{j\left[2\pi \int_0^t f(\tau)d\tau + \varphi(t)\right]} \tag{8-1}$$

其中,$A(t)$、$f(t)$ 与 $\varphi(t)$ 分别代表反射系数 $\Gamma(t)$ 的幅度、频率与相位。当单一频率的电磁波照射到超材料上时,其反射波可由下式表示:

$$E_r(t) = \Gamma(t)E_i(t) = A(t) \cdot e^{j\left[2\pi\int_0^t f(\tau)d\tau + \varphi(t)\right]} \cdot e^{j2\pi f_c t} = A(t) \cdot e^{j\left\{2\pi\left[f_c t + \int_0^t f(\tau)d\tau\right] + \varphi(t)\right\}}$$
(8-2)

其中，入射波幅度为1，频率为 f_c。根据通信原理，可以了解到，在式（8-2）中，可将入射波视为载波，时间调制超材料扮演非线性空间"混频器"的角色，通过调节超材料的反射系数对载波的幅度、频率或相位进行控制，可产生原频率的和差频，其功能相当于超外差接收器中的频混器，将基带信号转换为射频信号。通过时域编码超材料，可以直接在入射电磁波上实现类似于传统模拟调制的效果，包括幅度调制（AM）、相位调制（PM）和频率调制（FM）。这个过程中，信息被编码到反射波中，随后这些携带信息的波直接向空间发射。这些反射波由超材料调制产生，从接收端的视角看，与传统发射机发出的电磁波具有相同的信号特性。因此，这些信号可以被接收设备顺利捕捉并进行解调，以恢复原始信息。

在现代无线通信系统中，数字调制技术因其高速传输能力、大容量数据处理及卓越的抗干扰性而被广泛采用，相较之下，模拟调制技术的使用则较为有限。尽管数字和模拟调制在基本原理上存在相似性，主要差异体现在对载波参数的调节方式上：模拟调制技术通过对载波的幅度、频率或相位进行连续的调整来传输信息，而数字调制采用离散的方式对这些参数进行调节，因此数字信号通常表现为具体的键控形式。数字调制的基本形式包括幅移键控（ASK）、相移键控（PSK）和频移键控（FSK），每种方法都直接调整载波的一个或多个属性。此外，通过对这些基础技术的创新组合，衍生出了如正交幅度调制（QAM）、最小频移键控（MSK）和正交频分复用（OFDM）等更复杂的调制技术。在利用时域编码超材料进行信息调制的场景中，这些数字调制原理被用来指导如何将数字信号准确地映射到反射系数波形上，这不仅要求调制信号与信道特性相匹配，还需要确保信号传输的效率和质量。

一般来说，携带消息符号信息的时域编码超材料反射系数可由下式表示：

$$\Gamma(t) = \Gamma_m(t) \cdot g(t), 0 \leq t \leq T, \Gamma_m(t) \in M \tag{8-3}$$

其中，$\Gamma_m(t)$ 为由消息符号映射成的复反射系数波形，$g(t)$ 为基本脉冲成形函数，T 为消息符号持续时间，M 为一组基为 $|M|$ 的星座点集。每一个消息符号，也就是 $\Gamma_m(t)$，都可以用来表示 $\log_2|M|$ 比特的信息。消息符号与反射系数波形的具体映射关系根据所调控的参数而定，例如，对于幅度调控，可类比 ASK 调制。以二进制幅度键控（BASK）为例，星座点集可写为

$$\Gamma_m(t) \in M = \{1, 0\}, |M| = 2, m = 0, 1 \tag{8-4}$$

其中，反射系数波形幅度可取为 0 和 1。由式（8-4）可知，$\Gamma_0(t)$ 可以用来表示二进制数据"0"，$\Gamma_1(t)$ 则可表示"1"。如果需要传输的二进制信息为"00101101"，则需要 8 个消息符号在时间上连续排列为 $\Gamma_0(t)\Gamma_0(t)\Gamma_1(t)\Gamma_0(t)\Gamma_1(t)\Gamma_1(t)\Gamma_0(t)\Gamma_1(t)$ 并加载到超材料上。

通过建立消息符号与反射系数之间的映射关系，实现信息调制。

时间调制超材料可以将数字信息映射到模拟波形中，匹配信道的特性。数字信号可以直接加载在超材料的载波上，在没有传统射频组件的情况下直接调制载波上的基带信号，从而显著简化传统发射机架构，为新型无线通信架构的设计指出了新方向。

二、时间调制超材料机理

为了更好地阐述基于时间编码信息超材料的通信架构,此处简述时间编发信息超材料的机理。

在智能超材料的设计中,1 bit 编码策略已被广泛探索,且在设计过程、制造复杂性、成本和能耗方面具有优势。我们所说的 1 bit 编码超材料是指每个单元结构都具有二进制物理状态。图 8-12 展示了一种特殊的超材料结构,该超材料由二进制数字单元 "0" 和 "1" 组成,在这个二进制系统中,相位变化可达到 π(或 180°)。具体而言,设计中的 "0" 单元具有 0 相位响应,而 "1" 单元则具有 π 相位响应。这样,"0" 和 "1" 的单元便有了明确的相位定义 $\varphi_n = n\pi, (n=0,1)$。尽管理想情况下可以选择理想的磁导体和电导体作为 "0" 和 "1" 单元,但出于对带宽考虑,常用的做法是选择印刷在介质基板上的亚波长方形金属贴片来设计这些二进制单元,如图 8-12(b)中所示。

(a)1bit 数字超材料仅由两种类型的单元组成:"0" 和 "1"

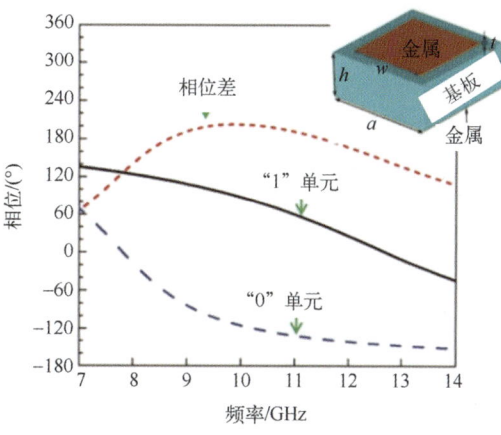

(b)一个方形金属贴片单元结构(插图)用于实现 "0" 和 "1" 单元及其在一系列频率中的相应相位响应

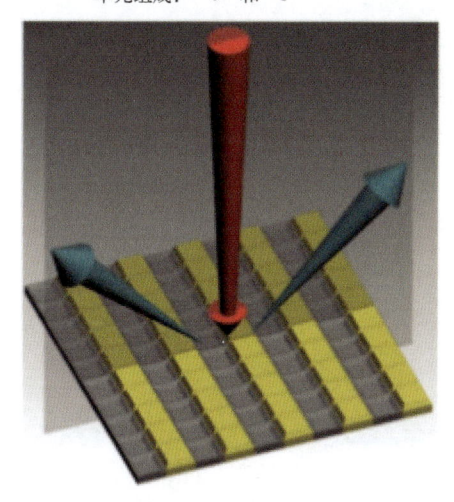

(c)两个1bit周期性编码超材料通过设计 "0" 和 "1" 单元的编码序列来控制波束的散射:010101⋯/010101⋯编码

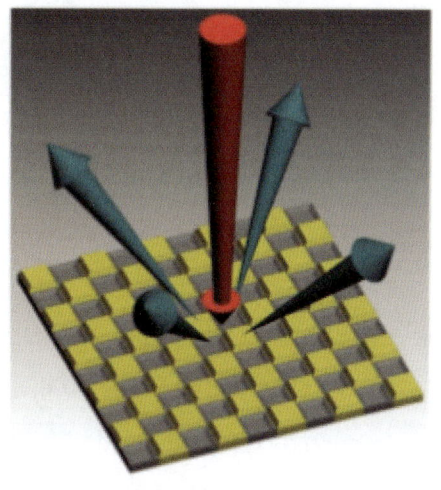

(d)两个1bit周期性编码超材料通过设计 "0" 和 "1" 单元的编码序列来控制波束的散射:010101⋯/101010⋯编码

图 8-12 1 bit 数字超材料和编码超材料

在图 8-12 中展示的二进制超材料单元设计中，介质基板厚度为 $h=1.964\mathrm{mm}$，介电常数为 2.65，损耗角正切为 0.001；金属贴片的厚度为 $t=0.018\mathrm{mm}$，宽度为 w；单元周期为 $a=5\mathrm{mm}$。当贴片宽度分别为 4.8mm 和 3.75mm 时，工作频带内的相位差为 180°。当工作频率从 8.1GHz 移动到 12.7GHz 时，相位差范围从 135°变化到 200°（当 8.7GHz、11.5GHz 时，相位差为是 180°）。因此，将宽度为 4.8mm 的贴片单元作为"0"超材料单元，宽度为 3.75mm 的贴片单元作为"1"超材料单元，整体超材料在单层介质基板上制造。需要注意的是，在特定频率下，"0"单元的绝对相位响应可能不为 0，但因为在设计中我们更关注相位的差值，所以相位可以归一化为 0，这种情况不会影响任何物理特性。

为了实现精确的数字控制，提出并设计了一种 1 bit 数字编码超材料，如图 8-13（a）所示。该设计包含两个对称的金属结构，这些结构印刷于 F4B 基板之上，基板的介电常数为 2.65 且损耗角正切为 0.001。两个金属结构间通过一个可控的偏置二极管连接，这允许通过改变偏置电压来调整"0"和"1"单元的电磁响应。两个金属通孔将超材料结构与两边地板连接起来，用于输入偏置直流（DC）电压。整个结构的尺寸为 6×6×2 mm³，在中心频率处约为 $0.172\times0.172\times0.057\lambda^3$。偏置二极管可以用直流电压控制。当偏置电压为 3.3 V 时，二极管处于"ON"状态；当无偏压时，二极管为"OFF"。在 CST Microwave Studio 中插入电路模型得到的数值结果表明，当二极管处于导通状态时，超材料单元为"1"单元，当二极管关闭时作为"0"单元。如图 8-13（b）所示，8.3~8.9GHz 频段的相位差约为 180°。在 8.6GHz 时，相位差正好是 180°。通过一个 FPGA 调制二极管的偏置电压，在 FPGA 调制模块中导入一串二进制代码，当输入是一个二进制"1"时，FPGA 提供 3.3 V 电压，超材料的反射相位为 0°，反射的载波信号的相位

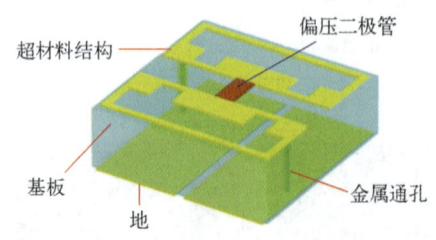

（a）超材料单元的结构，当偏置二极管为"OFF"和"ON"时，其分别表现为"0"和"1"元素

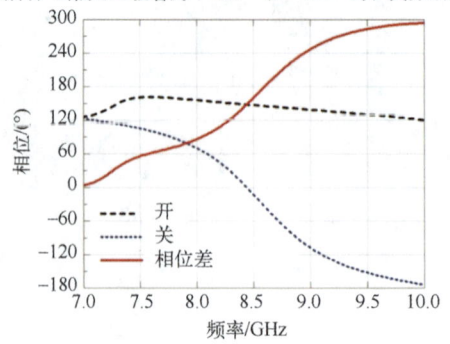

（b）超材料单元一定频率范围内随偏置二极管状态"OFF"和"ON"切换的相应相位响应

图 8-13 用于实现数字超材料和相应相位响应的超材料单元

保持不变；当输入是一个二进制"0"时，FPGA提供0 V电压，超材料的反射相位为180°，载波信号的相位反转180°。数字信息可以直接分配给超材料单元，以便在物理层面上直接编码到超材料中。

相位调制编码是时间编码信息超材料应用中的一个关键技术，它通过在每个时隙内对反射系数的相位进行调制来实现信息超材料的时间编码，同时保持反射系数的幅度恒为1，表示入射波全反射。在1 bit相位调制编码系统中，"0"和"1"编码对应于0°和180°的反射系数相位。对于2 bit编码，"00""01""10""11"编码分别对应于0°、90°、180°、270°的反射系数相位。此编码方法可进一步扩展至更高比特级别，实现更复杂的相位调制。

从结构上看，时域编码超材料在基础单元的设计上与传统的数字编码超材料基本相同，主要的差别在于其控制单元的状态信号是动态变化的。在对时域编码超材料的单元进行设计时，可以通过在传统数字超材料单元的基础上增加控制电路来输入时变控制信号进行调制。

在数字编码超材料中，研究的焦点主要放在超材料单元的空间编码分布上。这些单元的编码状态在时间上保持静态，构成一个线性时不变系统，具有互易性。然而，当超材料单元的电磁特性随时间变化时，系统变为时变系统，并可能引入非线性效应，使得传统理论不再适用，因此有必要开发新的理论方法来建模和分析。以反射型时域编码超材料为例，通过周期性变化的反射系数调控反射波的理论基础，探索研究其在单频电磁波照射下的时域编码机理。需要注意的是，时域编码超材料的应用不限于反射型，透射型时域编码超材料也展示了相似的特性（图8-14）。

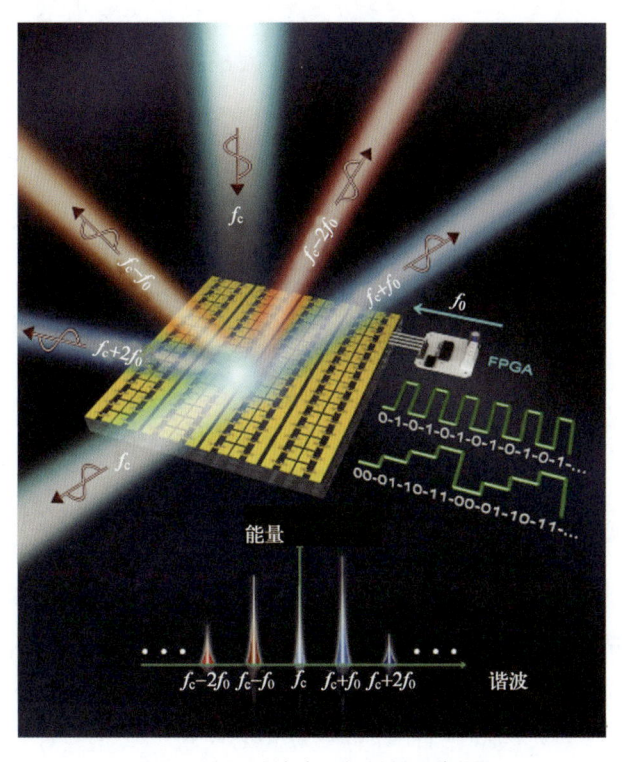

图8-14 时域编码超材料示意图

假设时域编码超材料上所有单元具有相同的时变反射系数 $\Gamma(t)$，当入射波 $E_\mathrm{i}(t)$ 正入射超材料时，反射波 $E_\mathrm{r}(t)$ 具有以下形式：

$$E_\mathrm{r}(t) = E_\mathrm{i}(t)\Gamma(t) \tag{8-5}$$

其频域表达式 $E_\mathrm{r}(f)$ 可经由傅里叶变换表示为

$$E_\mathrm{r}(f) = E_\mathrm{i}(f) * \Gamma(f) \tag{8-6}$$

其中，$E_\mathrm{i}(f)$ 为入射波 $E_\mathrm{i}(t)$ 的频域表达式，$\Gamma(f)$ 为反射系数 $\Gamma(t)$ 的频域表达式，"*"代表进行卷积操作。

假设反射系数周期为 T，在一个周期内，其被均匀划分为 M 个时隙，编号为 0，$1,\cdots,M\text{-}1$，其中第 m 个时隙内反射系数为一恒定值 Γ_m，可由下式表示：

$$\Gamma(t) = \sum_{m=0}^{M-1} \Gamma_m g(t - m\tau), \quad 0 \leq t < T \tag{8-7}$$

其中，$g(t)$ 为宽度为 $\tau = T/M$ 的周期单位脉冲信号，在一个周期内（$0 \leq t < T$）的表达式为

$$g(t) = \begin{cases} 1, & 0 \leq t < \tau \\ 0, & \tau \leq t < T \end{cases} \tag{8-8}$$

这里可以用傅里叶级数来表示周期函数

$$g(t) = \sum_{k=-\infty}^{\infty} c_k \mathrm{e}^{jk\frac{2\pi}{T}t} = \sum_{k=-\infty}^{\infty} c_k \mathrm{e}^{jkf_0 t} \tag{8-9}$$

其中，$f_0 = 1/T$ 称为谐波频率，傅里叶级数系数 c_k 具体为

$$c_k = \frac{1}{M} \frac{\sin\left(\frac{k\pi}{M}\right)}{\frac{k\pi}{M}} \mathrm{e}^{-j\frac{k\pi}{M}} = \frac{1}{M} \mathrm{Sa}\left(\frac{k\pi}{M}\right) \mathrm{e}^{-j\frac{k\pi}{M}} \tag{8-10}$$

其中，$\mathrm{Sa}(\cdot)$ 为取样函数。将式（8-8）与式（8-9）代入式（8-7），便得到反射系数的傅里叶级数形式

$$\begin{aligned}\Gamma(t) &= \sum_{n=-\infty}^{\infty} \sum_{m=0}^{M-1} \Gamma_m g(t - m\tau - nT) = \sum_{k=-\infty}^{\infty} a_k \mathrm{e}^{jk2\pi f_0 t} \\ &= \sum_{k=-\infty}^{\infty} \left[\frac{1}{M} \mathrm{Sa}\left(\frac{k\pi}{M}\right) \mathrm{e}^{-j\frac{k\pi}{M}} \left(\sum_{m=0}^{M-1} \Gamma_m \mathrm{e}^{-j\frac{k2m\pi}{M}} \right) \right] \mathrm{e}^{jk2\pi f_0 t} \\ &= \sum_{k=-\infty}^{\infty} \mathrm{PF} \cdot \mathrm{TF} \cdot \mathrm{e}^{jk2\pi f_0 t}\end{aligned} \tag{8-11}$$

其中，

$$\mathrm{PF} = \frac{1}{M} \mathrm{Sa}\left(\frac{k\pi}{M}\right) \mathrm{e}^{-j\frac{k\pi}{M}}, \quad \mathrm{TF} = \sum_{m=0}^{M-1} \Gamma_m \mathrm{e}^{-jk\frac{2m\pi}{M}} \tag{8-12}$$

由式（8-11）和式（8-12）可知，反射系数的傅里叶级数系数 a_k 由两部分组成：一个是由基本的周期性单位脉冲信号确定的脉冲因子 PF；另一个是时间因子 TF，这与每个时间段内的反射系数密切相关。因此，反射系数的频谱可表示为

$$\begin{aligned}\Gamma(f) &= \sum_{k=-\infty}^{\infty} \left[\frac{1}{M} \mathrm{Sa}\left(\frac{k\pi}{M}\right) \mathrm{e}^{-j\frac{k\pi}{M}} \left(\sum_{m=0}^{M-1} \Gamma_m \mathrm{e}^{-jk\frac{2m\pi}{M}} \right) \right] \delta(f - kf_0) \\ &= \sum_{k=-\infty}^{\infty} \mathrm{PF} \cdot \mathrm{TF} \cdot \delta(f - kf_0)\end{aligned} \tag{8-13}$$

由式（8-13）可知，反射系数的频谱由一组离散的谐波分量构成，每个谐波的频率可定义为 kf_0，其中 k 表示谐波的阶数。将式（8-13）代入式（8-6），可以推导出在反射系数周期性变化的条件下，超材料的反射波频谱表达式：

$$E_r(f) = \sum_{k=-\infty}^{\infty} a_k E_i(f - kf_0)$$
$$= \sum_{k=-\infty}^{\infty} \text{PF} \cdot \text{TF} \cdot E_i(f - kf_0) \tag{8-14}$$

仅考虑单频电磁波入射的情况，设入射波频率为 f_c，此时式（8-14）可表示为

$$E_r(f) = \Gamma(f - f_c) = \sum_{k=-\infty}^{\infty} \text{PF} \cdot \text{TF} \cdot \delta(f - f_c - kf_0) \tag{8-15}$$

在这种情况下，通过对反射波频谱进行调控，从而将反射波频谱搬移至入射波频率。展示了时域编码超材料不同于以往的超材料的对电磁波频谱的调控能力。图 8-15 展示了一个利用时域编码超材料控制反射波频谱的实际示例，周期设为 T，分为 4 个时隙（即 $M=4$）。图 8-15（a）、（c）、（e）分别为反射系数、入射波和反射波的时域波形图，而图 8-15（b）、（d）、（f）展示了相应的频谱幅度图，清楚地揭示了超材料对反射波频谱的调控效果。

（a）时域编码超材料反射系数时域波形图

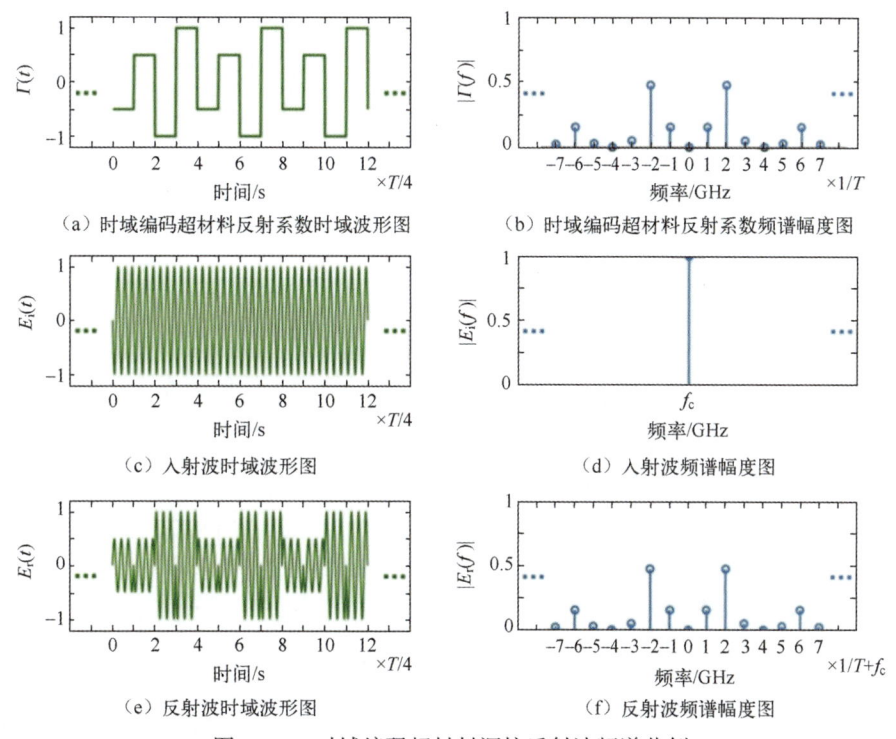

（b）时域编码超材料反射系数频谱幅度图

（c）入射波时域波形图

（d）入射波频谱幅度图

（e）反射波时域波形图

（f）反射波频谱幅度图

图 8-15 时域编码超材料调控反射波频谱范例

接下来，将探讨在不同编码方式下，包括幅度调制编码、相位调制编码及幅相联合调制编码，时间因子如何影响反射波频谱的调控效果。

1. 幅度调制编码

幅度调制编码涉及在时间因子中对每个时隙内的反射系数幅度进行调控。在 1 bit 幅

度调制编码中,"0"表示反射系数幅度为 0,即完全吸收;"1"表示反射系数幅度为 1,即全反射。在 2 bit 幅度调制中,编码"00""01""10""11"分别代表反射系数幅度为 0、1/3、2/3、1。这种编码方法可以扩展到更高的比特级别,实现更精细的幅度调制。

编码序列对反射系数的频谱分布影响显著,尤其是在固定编码位数的条件下。如 1 bit 的固定编码仅有"0"和"1"两种状态,但编码序列可以进行无线组合。为了展示幅度调制编码对反射系数频谱的调控效果,我们列举了 1 bit 和 2 bit 的几种编码序列,图 8-16 为其时域波形和对应的各阶谐波幅度分布。由式(8-13)可知,时域编码超材料的反射系数频谱只出现在特定的谐波频点上,谐波阶数足以描述其频谱分布。从图中可见,1 bit 编码中"01"交替的序列导致反射系数主要出现在奇次谐波分量上(图 8-16(a)、(b));减少编码中"1"的占比将使各阶谐波能量趋于均匀(图 8-16(c)、(d));而 2 bit 编码中采用 00-01-10-11-11-10-01-00 等具有幅度梯度的序列有效抑制了高阶谐波,基本保留了 ±1 阶谐波与基波分量(图 8-16(g)、(h))。

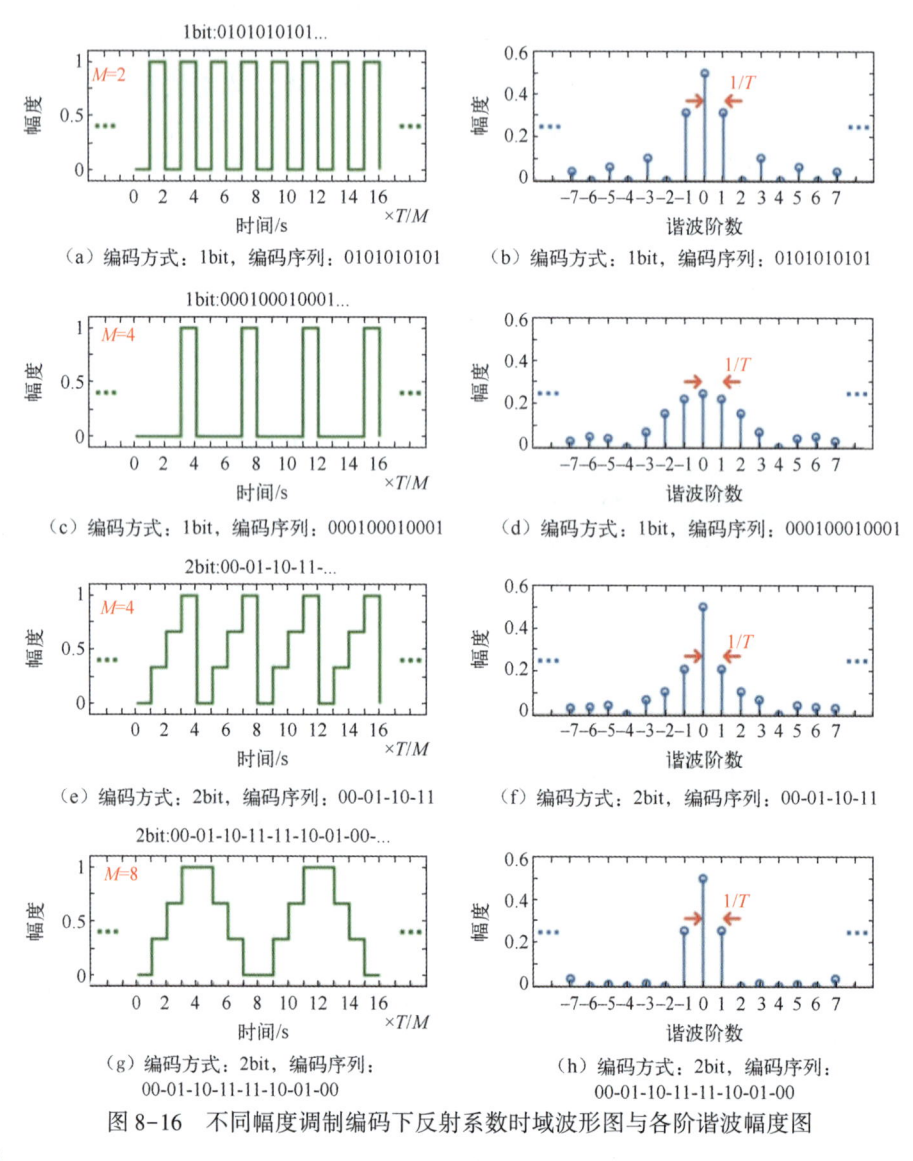

图 8-16 不同幅度调制编码下反射系数时域波形图与各阶谐波幅度图

观察这些编码序列得到的频谱幅度结果可知，尽管幅度调制编码可以有效地调整反射系数的频谱分量，但基波分量仍占主导地位，难以完全抑制。此外，由于傅里叶变换的奇偶性质，幅度调制编码产生的频谱幅度分布呈对称形态。这两个因素是幅度调制编码的固有限制，约束了其在调控反射波频谱方面的效果。相比之下，相位调制编码则提供了一种解决这些限制的方法，后续章节将进一步探讨这种编码方式的优势和实际应用。

2. 相位调制编码

相位调制编码在时间因子中调整每个时隙内的反射系数相位，同时维持幅度为恒定值 1，即全反射状态。在 1 bit 相位调制编码中，"0"和"1"分别对应 0°和 180°的反射系数相位。在 2 bit 相位调制中，"00""01""10""11"分别代表 0°、90°、180°、270°的相位。此编码方式可以扩展至更高的比特级别。

图 8-17 展示了相位调制编码在控制反射系数频谱上的效果。图中左列呈现时域波形，右列显示相应的谐波幅度分布。从图中可见，在 1 bit 编码中，"01"交替的序列不仅产生奇次谐波分量，还完全抑制了基波分量，将能量转移到奇次谐波（图 8-17（a）、（b））。在 2 bit 编码中，使用 00-01-10-11 及其逆序列可以在抑制基波的同时，生成非对称的频谱分布（图 8-17（e）、（h））。

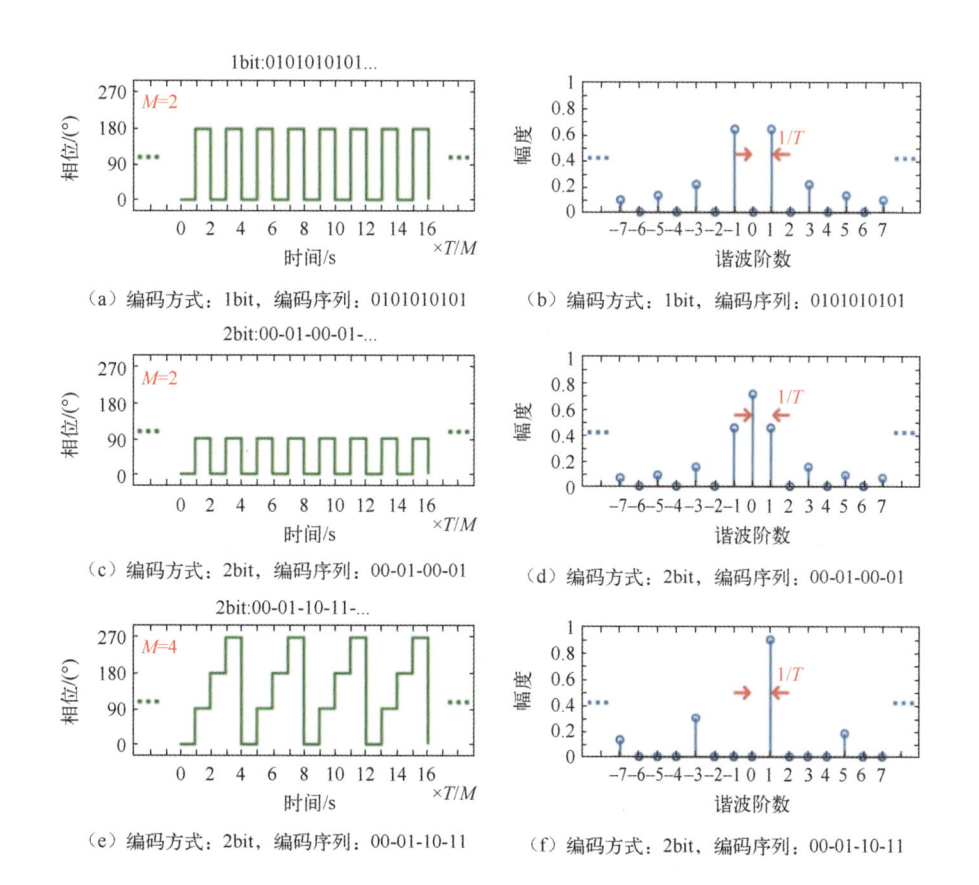

（a）编码方式：1bit，编码序列：0101010101

（b）编码方式：1bit，编码序列：0101010101

（c）编码方式：2bit，编码序列：00-01-00-01

（d）编码方式：2bit，编码序列：00-01-00-01

（e）编码方式：2bit，编码序列：00-01-10-11

（f）编码方式：2bit，编码序列：00-01-10-11

447

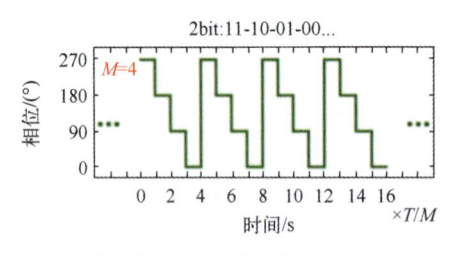

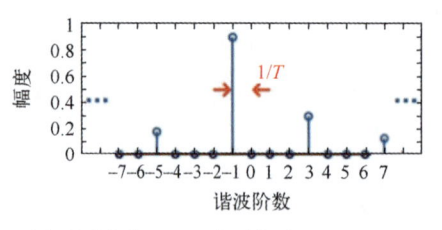

(g) 编码方式：2bit，编码序列：11-10-01-00　　(h) 编码方式：2bit，编码序列：11-10-01-00

图 8-17　不同相位调制编码下反射系数时域波形图与各阶谐波幅度图

与幅度调制编码的效果相比，相位调制编码在抑制基波幅度方面具有显著的优势，并能产生非对称的频谱分布，从而提升时域编码超材料在调控反射波频谱方面的能力。然而，不论是幅度调制还是相位调制编码，都无法单独实现反射系数频谱的任意综合。这需要同时对幅度和相位进行编码，即采用幅相联合调制编码，该技术将在后续章节中详细探讨。

3. 幅相联合调制编码

幅相联合调制编码融合了幅度调制和相位调制编码技术，允许在时间因子中对每个时隙内的反射系数的幅度与相位进行同时控制。这种编码技术的核心优势在于其能够合成任何所需的频谱分布。利用反傅里叶变换确定目标频谱所对应的反射系数的时域波形，接着根据编码序列的长度将这一时域波形分割成不同的时间段，并为每个时间段内的反射系数进行预定幅度和相位的编码，以形成最终的时域波形。

图 8-18 为利用幅相联合调制编码进行任意频谱合成的一个示例。图 8-18（a）呈现了目标频谱的谐波幅度分布，在时隙数为 16 时反射系数的幅相时域波形如图 8-18（b）所示，图 8-18（c）为从图 8-18（b）的时域波形通过傅里叶变换得到的谐波幅度分布。这些图表清楚地说明了幅相联合调制编码如何显著增强时域编码超材料控制反射波频谱的能力，实现了精确的频谱合成目标。

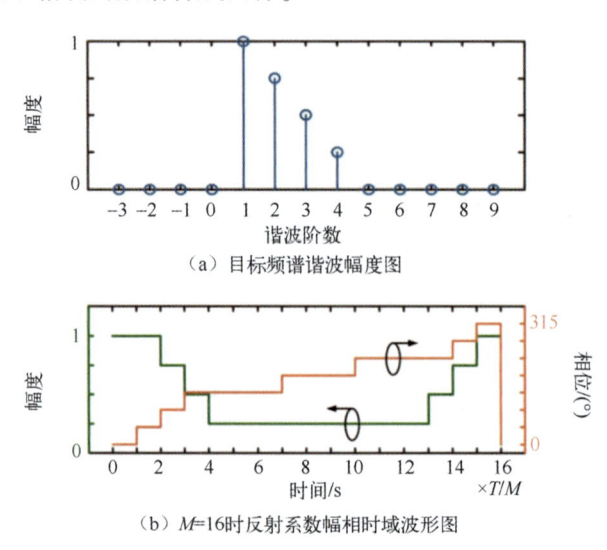

（a）目标频谱谐波幅度图

（b）M=16 时反射系数幅相时域波形图

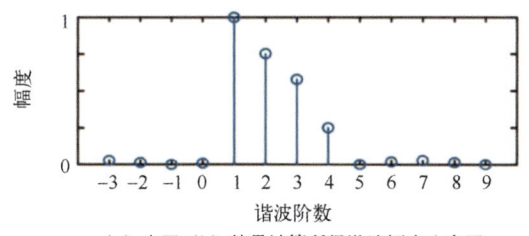

(c) 由图（b）结果计算所得谐波幅度分布图

图 8-18　利用幅相联合调制编码进行任意频谱合成的示例

三、BFSK 调制通信

采用二进制频移键控（BFSK）调制方案时，星座点集可表示为

$$\Gamma_m(t) = e^{j2\pi f_m t}, \quad f_m \in M = \{f_0, f_1\} \tag{8-16}$$

其中，反射系数波形频率分别有 f_0 和 f_1 两个取值。因此可以将二进制数据 "0" 映射为 $\Gamma_0(t)$，"1" 映射为 $\Gamma_1(t)$。

在 BFSK 调制中，需要利用两个不同频率的信号表示基带数据。为了实现这一点，时域编码超材料需要实现较强的+1 阶与-1 阶谐波频率的反射波分量。如图 8-19 所示，所设计的反射型时域编码超材料采用相位调制编码策略。该设计包括两层金属结构与一个中间的介质层（材料 F4B，$\varepsilon_r = 2.65(1-j0.001)$，厚度 4 mm）。顶层结构由两个方形贴片构成，它们之间通过一个变容二极管相连。底层金属通过沿着入射波电场方向的窄槽（宽度为 0.15 mm）划分成多个矩形块，这些块通过金属化通孔与顶层贴片连接。这种结构设计使得底层金属不仅充当反射面增强空间波的反射，还作为馈电网络控制变容二极管两端的偏置电压。超材料单元的具体几何参数如图 8-19 上方所示，其中 φ 表通孔的直径，单位为 mm。

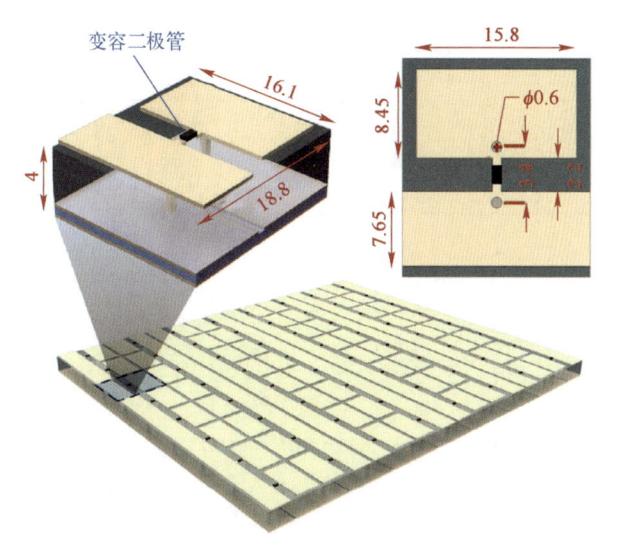

图 8-19　时域编码超材料示意图

仿真结果表明，在 3.6 GHz 的频率附近（参见图 8-20 的蓝色区域），超材料单元

在多种偏置电压作用下的反射相位变化能达到近 300°，同时反射幅度保持在 0.75 以上，符合相位调制编码的要求。

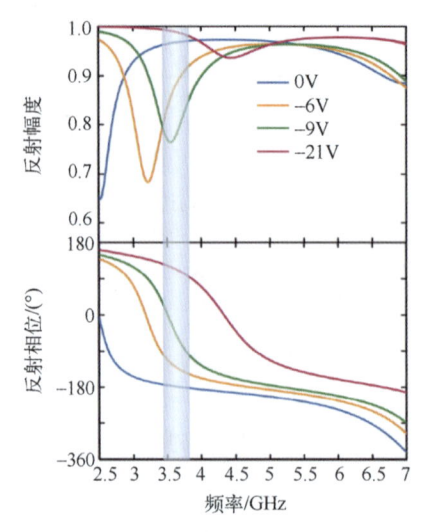

图 8-20　不同偏置电压下时域编码超材料单元反射系数仿真结果

利用 2 bit 的编码序列"00-01-10-11-…"以及"11-10-01-00-…"，可以有效生成 +1 阶和 -1 阶的谐波频率分量。这两个频率可以作为 BFSK 调制所需的频率，其中 -1 阶谐波频率定义为 f_0，+1 阶谐波频率定义为 f_1。在执行 BFSK 调制时，消息符号的持续时间 T 是一个决定信息传输速率的关键因素。为了产生所需的 ±1 阶谐波频率，编码序列需要保持一定的周期 T'，并且为了确保充分的谐波能量及最小化截断效果，消息符号的持续时间应为编码序列周期的整数倍。图 8-21 展示了传输二进制信息"001"所需的反射系数相位的时域波形，并说明了编码序列周期与消息符号周期之间的关系。为确保高质量的传输，采用了消息符号周期是编码序列周期 4 倍的配置，即 $T=4T'$。

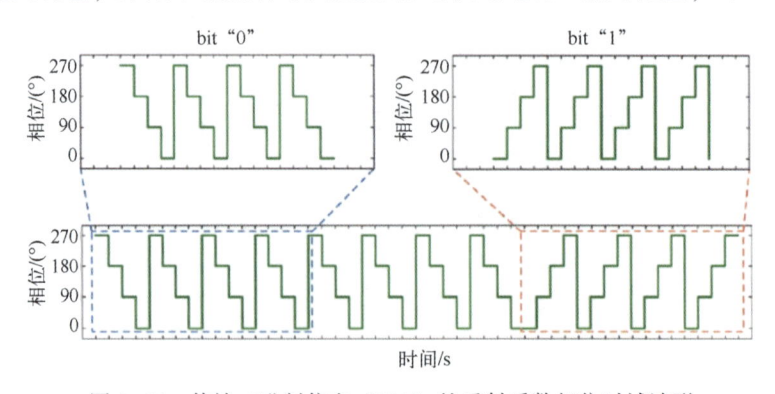

图 8-21　传输二进制信息"001"的反射系数相位时域波形

下面介绍基于时域编码信息超材料的 BFSK 无线通信发射机进行信息调制的详细步骤：

（1）信源编码：将待传输的内容（例如图片、视频等）转换为二进制数据流（例如…01010010…）；

（2）数据映射：把步骤（1）中生成的二进制数据流映射到特定的星座点 $\Gamma_m(t)$ 上，这些星座点用于创建反射系数波形；

（3）控制信号生成：从映射得到的反射系数波形生成对应的控制信号，并将这些信号应用于时域编码超材料。当单音载波入射到这种超材料时，调制后的反射波会带有已经调制的信息。

在接收端，使用软件无线电平台 USRP-2943R 作为接收设备，来接收并解调反射波。图 8-22 展示了解调流程的系统框图。首先，通过接收天线对调制后的反射波进行捕获，并通过 RF 模块对反射波进行下变频处理，将信号转换为时域基带信号。这一信号经过模数转换器（ADC）转换，并通过快速傅里叶变换（FFT）进行频域分析后，送入判决模块。此处，系统根据谐波强度进行分析，从而恢复接收到的二进制数据流。在这一过程中，RF 模块配置为零中频接收机模式。

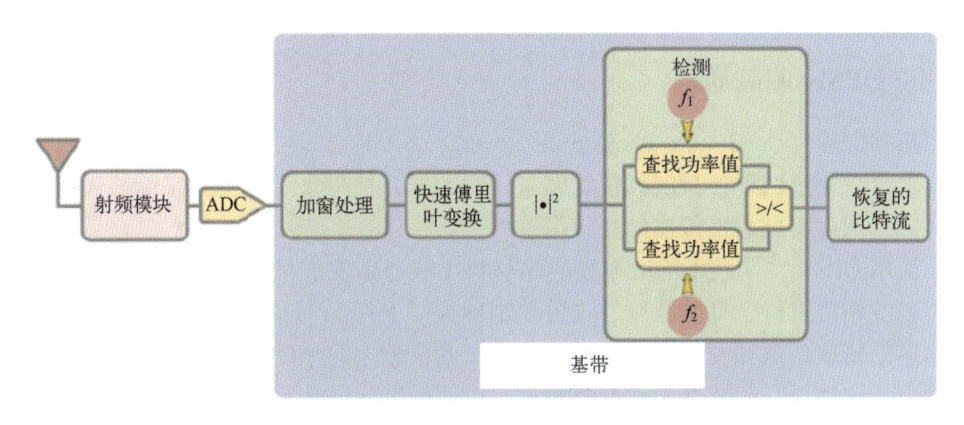

图 8-22　USRP-2943R 接收机 BFSK 解调流程系统框图

在暗室实验条件下，进行了发射机性能的测试。时域编码超材料的载波频率设置为 3.6 GHz，由信号源 Agilent E8257D 提供。使用的发射天线为一款宽带加脊喇叭天线，与超材料中心对齐。接收端使用的是工作频率为 3.6 GHz 的偶极子天线，连接到 USRP-2943R。实验设置中，±1 阶谐波频率定为 (3.6±312.5/106) GHz，编码序列周期设为 3.2 μs，消息符号持续时间定为 12.8 μs。控制电路根据这些参数实时生成并加载控制信号到超材料，完成信息调制。接收设备放置在样品前方 6.25 m 处。

图 8-23 展示了在传输二进制数据"0"时，BFSK 调制的时域编码超材料发射机的性能，接收机接收到的反射波在下变频后的频谱分布。结果显示，接收到的载波频率（下变频后为 0 Hz）异常的高。这种现象主要是由接收机性能与频谱仪的差异、零中频接收机特有的直流偏移及混频器的载波泄漏造成的。尽管存在这些技术问题，它们并不干扰消息符号的解调过程，接收机仍能准确地识别发射机发送的二进制数据。这一实验初步证明了 BFSK 调制时域编码超材料发射机的信息传输能力。

在单个二进制数据成功传输之后，实验扩展到将一张彩色图片编码为二进制数据流进行传输测试。收到这些数据后，接收机对其进行解码并恢复成原始图片。经过一段时间的数据传输，整张图片被完整且无损地接收，质量与原图完全一致。这一结果表明，在多种测试条件下，接收机均能完整无损地实现信息传输，有效验证了时域编码超材料

451

无线通信发射机在实际应用中的高可靠性和稳定性。

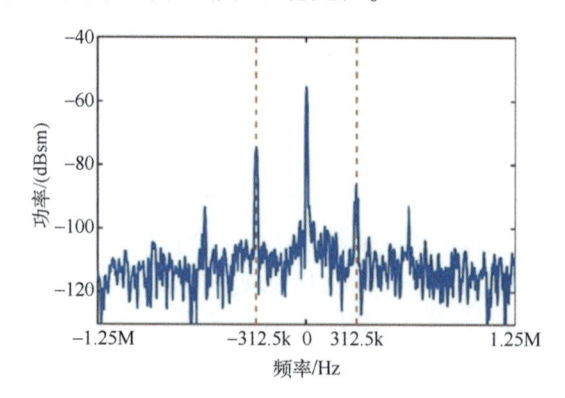

图 8-23 接收机接收二进制数据 "0" 时对应频谱图

四、QPSK 调制通信

四相移键控（Quadrature Phase Shift Keying，QPSK），是一种先进的四元数字频带调制技术，它通过四种独特的相位状态来传输数据，使得每个相位状态能够代表两位二进制信息，从而实现数据传输的高效率。

在采用 QPSK 调制技术的时域编码超材料无线通信发射机中，核心的调制过程主要包括对载波相位进行精确的控制。这种控制确保了基带信号能够有效地调制到载波上，实现信息的传递。这种发射机的关键优势在于其依赖于时域编码超材料对电磁波相位的控制能力，这使得它能够准确地调整相位，以匹配特定的传输需求。

携带消息符号信息的时域编码超材料反射系数由式（8-3）给出，定义式（8-3）中 $\varGamma_m$ 所属的星座点集 M 为

$$\varGamma_m \in M = \{Ae^{j(-225°)}, Ae^{j(-135°)}, Ae^{j(-45°)}, Ae^{j45°}\}, \quad |M|=4, \quad m=0,1,2,3 \quad (8\text{-}17)$$

式中：A 为超材料的恒定反射幅值，对应星座点的幅值。根据通信理论，QPSK 系统中 $\varGamma_m$ 与数字编码之间的映射关系可以建立为

$$\begin{aligned} \varGamma_0 &= Ae^{j(-225°)} &\Leftrightarrow '00' \\ \varGamma_1 &= Ae^{j(-135°)} &\Leftrightarrow '01' \\ \varGamma_2 &= Ae^{j(-45°)} &\Leftrightarrow '11' \\ \varGamma_3 &= Ae^{j45°} &\Leftrightarrow '10' \end{aligned} \quad (8\text{-}18)$$

这种关系表明，每个反射系数 $\varGamma_m$ 都可以被编码为 2bit 二进制数据，用时域 2bit 编码超材料来实现。通过式（8-17）中的映射关系，可以设计一个程序系统来表示具有时变反射系数的源比特流。在单色波的照射下，如果源信号为 "00111001"，反射系数应该按照 "$\varGamma_0\varGamma_2\varGamma_3\varGamma_1$" 的顺序变化，调制过程需要四个周期 T 来完成信息传递。与传统的超外差发射机将数字信息转换为模拟信号并将其混合到射频频率的做法相比，当前的调制策略因为不需要混频器，有效降低了硬件成本并简化系统实施中的架构，具有一定的优势。

图 8-24 为一个典型的 2bit 时域数字编码超材料，图中展示了超材料单元的结构，

超材料单元由介质基板顶部的两块矩形贴片组成，介质基板背面接地板为开槽。每块矩形贴片的中间由变容二极管连接，变容二极管的结电容受外部偏置电压的影响。两个通孔用于连接中心部分的贴片和底部的正交条带，输入的偏置电压通过通孔和地板进行传输。

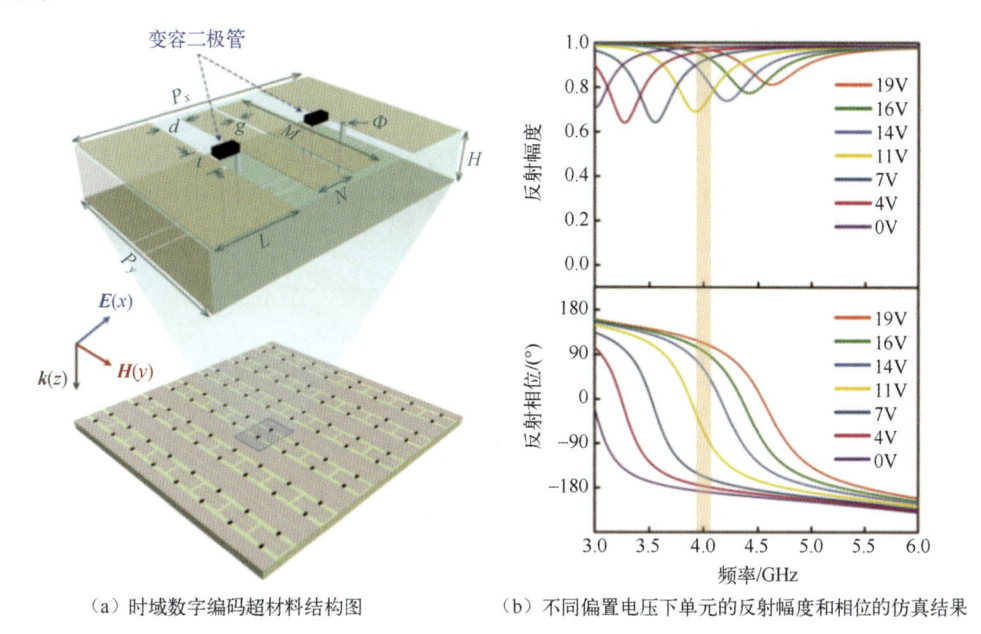

（a）时域数字编码超材料结构图　　（b）不同偏置电压下单元的反射幅度和相位的仿真结果

图 8-24　典型的 2 bit 时域数字编码超材料

超材料采用 F4B 介质基板材料，厚度为 4 mm，介电常数为 2.65(1+i0.001)。单元的尺寸为 22×15.8 mm^2，具体的尺寸参数如图 8-24（a）所示，$P_x = 22$ mm，$P_y = 15.8$ mm，$H = 4$ mm，$M = 14.2$ mm，$N = 2.8$ mm，$L = 5.6$ mm，$g = 0.4$ mm，$d = 2.2$ mm，$t = 3$ mm，通孔直径 $\phi = 0.4$ mm。接地层中的缝隙可使地层在反射电磁波的同时防止直流电源短路。超材料一共包含 8×16 个单元，不包含额外馈电网络的面积为 176×252.8 mm^2。利用商用电磁求解器 CST Microwave Studio 2016 进行全波仿真，变容二极管（SMV-2019，Skyworks，Inc.）建模为 RLC 串联电路。在仿真中，平面波从顶部垂直入射，在单元下方 50 mm 处设计吸收边界。仿真结果如图 8-24（b）所示，当偏置电压从 0 V 变化到 19 V 时，反射相位约有 300°的变化，为 QPSK 调制提供了足够的相位范围。此外，随着电压的增加，该单元的反射幅值保持在 0.71 以上，表明该单元为谐振损耗相对较低的反射单元。在这个设计中，所有单元的变容二极管共享相同的偏置电压，因此同时在整个表面上有均匀的反射响应。

通过标准印制电路板技术对该超材料单元进行加工制造，如图 8-25（a）所示。在实验中利用微波信号发生器（Agilent E8257D）连接一个喇叭天线辐射超材料，以提供所需的载波作为激励。同时，软件定义无线电可重构装置（USRP-2943）和另一个喇叭天线一起作为接收器接收来自超材料反射的信号。采用美国国家仪器公司的 PXIe-1082 控制平台，包括高速 I/O 总线控制器、FPGA 模块和数模转换模块，将基带二进制数实时转换为变容二极管对应的偏置电压。超材料由喇叭天线发射的 4 GHz 载波激发，反射波由接收天线在 2 m 的距离上收集。在测量过程中，所有仪器都通过相位稳定电缆同步。实验结果表明，在不同的偏置电压下，反射幅度波动为 0.44，相位变化范围为 255°。仿真和测量结果较为吻合，细微的差异可以认为是 PCB 制造工艺导致的误差、基板介电常数的偏差以及各种偏置电压下变容二极管的模型不准确导致的。通过图 8-25（b）的星座图轨迹判定，二进制数字 00、01、11、10，对应的偏置电压分别为 0、4.2、7、18 V。表 8-1 为该超材料偏置电压、QPSK 信号和二进制数之间的对应表。尽管 QPSK 信号并不完美，同相分量和正交分量的幅值不相等，但基于频域均衡算法的接收机仍能以较小的误差恢复信号所携带的数字比特流。我们可以利用这个表，在 FPGA 的辅助下将比特信息瞬时转换为偏置电压，QPSK 调制过程可以根据控制电路输出的偏置电压简单地转换为表面状态切换电流。

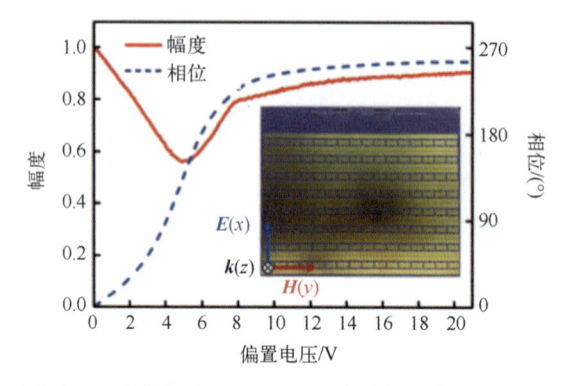

（a）在4GHz偏置电压0~21V下测量到的超材料幅度和相位谱

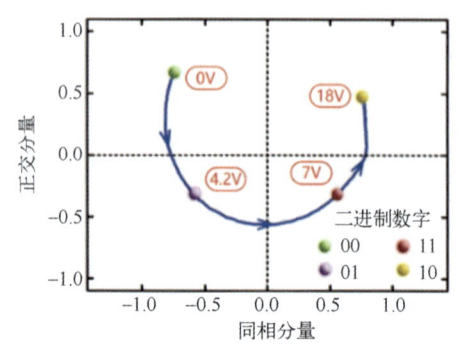

（b）反射系数的同相分量和正交分量随偏置电压的变化，其中四个彩色散射体
分别表示对应电压为0 V、4.2 V、7 V、18 V的二进制00、01、11、10的反射系数

图 8-25　超材料单元实物加工与测试

图 8-26 为基于时间编码信息超材料的 QPSK 调制通信系统的框图。

在实验配置中，首先构建了一个随机的二进制数据流，随后将其转换为相应的反射系数波形。通过控制电路按照这些波形产生对应的偏置电压并加载到时域编码超材料上，完成信息的调制过程。接收端通过天线接收反射波，使用 USRP-2943R 进行下变频处理，并进行 I 和 Q 解调，从而直接提取信号的实部和虚部信息，在 I/Q 平面上生成相应的星座图。为了模拟现实世界无线通信环境的复杂性，我们去除了连接信号源与 USRP-2943R 之间的同步线缆。与 BFSK 解调方式不同，QPSK 解调属于相干解调技术，

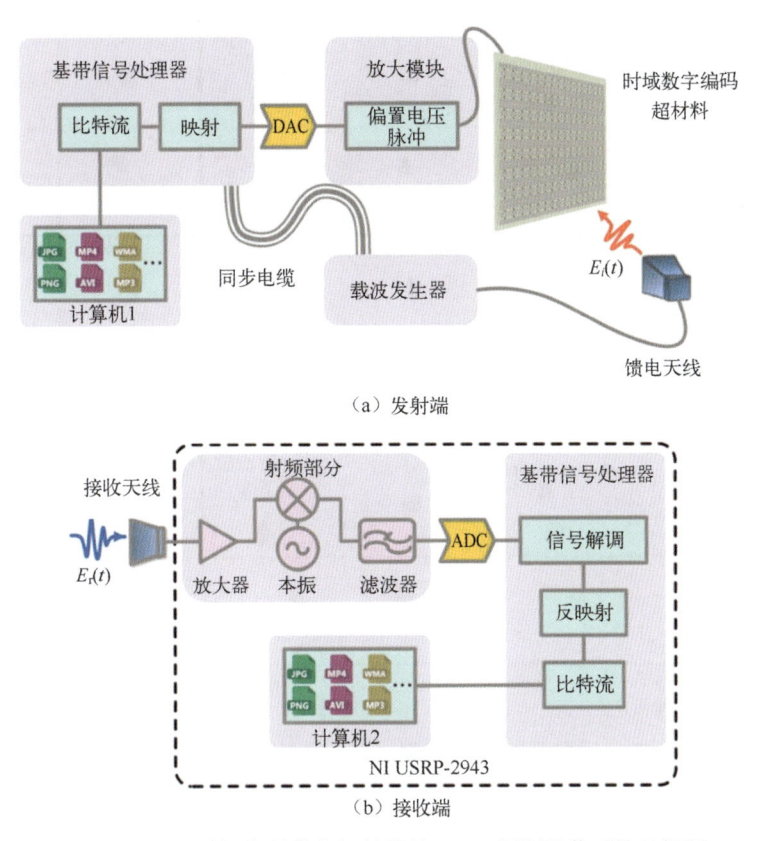

图 8-26　基于时间编码信息超材料的 QPSK 调制通信系统的框图

要求发射端与接收端的载波频率完全对齐；任何时钟不同步都会引起载频偏移，这可能导致接收到的星座点无法被正确解调。此外，空间多径效应也可能干扰通信性能。

为增强无线通信的可靠性并降低数据传输错误率，我们采用了多种传统通信技术中的高级算法，包括应用循环前缀（CP）来修正载波频率偏移（CFO）、利用巴克代码进行符号计时同步、通过导频序列执行最小平方信道估计、单载波频域均衡（SC-FDE）、循环冗余校验（CRC）以及信道编码和解码技术。这些措施确保了 USRP-2943R 能够准确解调并恢复发射端发送的二进制数据流，证明了设计的 QPSK 调制时域编码超材料发射机在实际信息传输中的有效性。

此外，我们还在不同通信距离和数据速率条件下进行了接收端星座图的测试，其结果如图 8-27 所示。这里引入了一个关键的参数——向量误差幅度（EVM），该参数衡量理想无误差基准信号与实际发射信号之间的向量差距，是一个全面的调制信号质量评价参数。EVM 值越低，表明实际发射信号越接近理想状态，通信质量越高，这在星座图上体现为星座点更密集；相反，较高的 EVM 值则表明通信质量较低。

测试结果表明，在显示的星座图中，EVM 主要受到数据传输速率的影响。通信距离增加时，星座点的微小移动主要由多径效应引起。另外，数据速率的提高导致 EVM 性能的降低，主要原因是偏置电压波形的失真。事实上，加载到时域编码超材料上的偏置电压波形受到控制电路带宽、超材料单元响应速度及变容二极管的电容充放电时间等因素的影响。

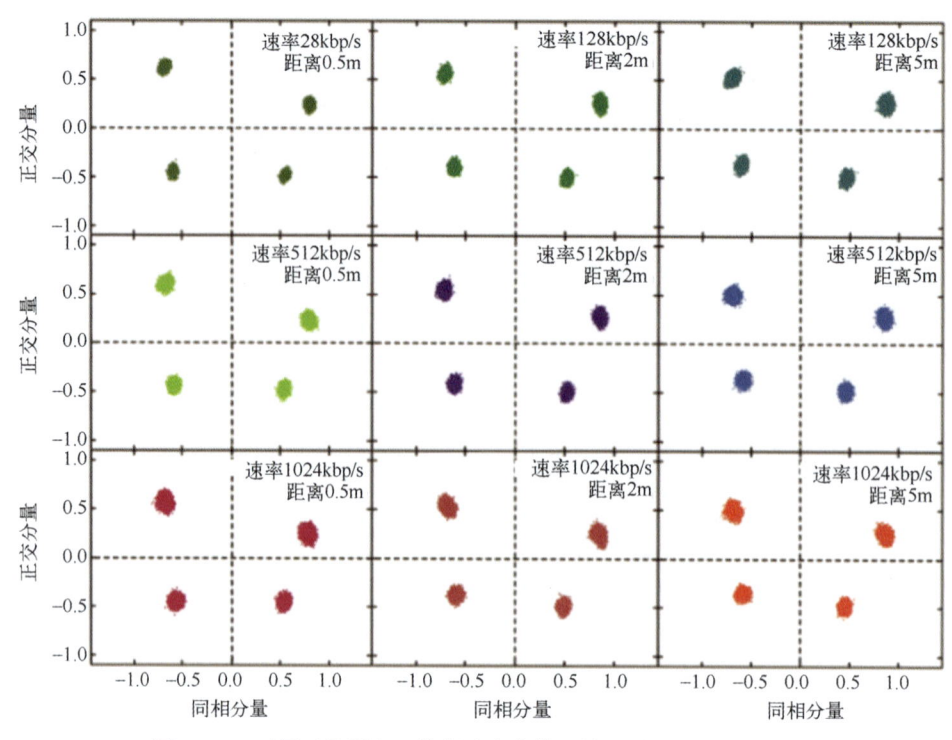

图 8-27 不同通信距离、数据速率条件下接收端解调出的星座图

理论上，偏置电压波形主要由连续的矩形脉冲构成。在消息符号切换期间，偏置电压波形会经历过渡阶段，并可能由于控制电路带宽限制出现振荡现象。这些因素的综合作用导致在数据速率增加时，星座图中 EVM 的性能显著下降。

尽管有一定的缺陷，但所有来自发射器的二进制比特流都在接收端被准确地恢复，显示了利用超材料进行中距离和高数据速率无线通信的潜力。

与传统发射机相比，在基于时间编码信息超材料的 QPSK 调制通信系统中，基带信号的相位调制由超材料直接完成，这使得简化系统架构成为可能，而无须使用混频器和其他微波组件，为下一代无线通信系统开辟了巨大的潜力。

五、高阶 QAM 调制通信

虽然在 Sub-6 GHz 无线通信系统中，传统的硬件架构已经取得了显著的成就，但在毫米波频段，出于更高的工作频率和更广阔的信号带宽需求，这些传统技术面临了极大的挑战。因此，研究并实现一个简化的毫米波通信系统架构具有重要意义。

正交幅度调制（QAM）是一种结合两路正交载波的调制方式，通过不同的幅度变化来传递信息。QAM 能够在星座图上表示出多个信号点，这些信号点可以布局成圆形、矩形或其他形状。利用星座图中的信号点位置（通过不同的振幅和相位组合），QAM 能在二维平面上有效地编码信息，是一种将幅度与相位结合使用的混合调制技术。

高阶 QAM 调制通信系统可为毫米波通信系统提供一种精确的宽带谐波控制模式，目前已实现了基于时间编码超材料 256QAM 的通信方案，其星座点数量是 QPSK 的 64 倍，信道容量增加了 4 倍。

首先需要设计可精确控制谐波振幅和相位时间编码超材料，在超材料单元中嵌入 PIN 二极管，通过控制加载到二极管的偏置电压的状态实现时间调制超材料的反射相位切换。当控制电压序列以时间周期 $T_0 = 1/f_0$ 定期变化时，超材料能够将频率为 f_c 的单色平面波转换为多个离散的谐波。更具体地说，生成的谐波围绕载波频率 f_c 以频率间隔 f_0 规律性地分布。因此，我们可以通过巧妙设计的数字编码策略来定制频谱分布，以满足不同的应用。

首先定义由不同控制电压触发的 TDCM 的两个反射系数为 $\Gamma_1 \cdot e^{j\varphi_1}$ 和 $\Gamma_2 \cdot e^{j\varphi_2}$，其中 Γ_1 和 Γ_2 以及 φ_1 和 φ_2 分别是反射幅度和相位。其次，周期性变化的控制电压生成一个以方波形式时间变化的反射系数 $\Gamma(t)$。在这一情景中，基本的编码序列被设计为周期 $T_0 = \dfrac{1}{f_0}$ 的不对称形式，占空比定义为 $M = \dfrac{\tau}{T_0}$，如图 8-28 所示。通过应用不同的占空比 M 和时间延迟 t_0 到序列中，对谐波的幅度和相位进行独立操纵。第 k 阶谐波的系数最终由此决定：

$$a_k = \begin{cases} M \cdot |\Gamma_1| e^{j\varphi_1} + (1-M) \cdot |\Gamma_2| e^{j\varphi_2}, & k=0 \\ r_0 \cdot M \cdot |\mathrm{Sa}(k\pi M)| \\ e^{-j\left\{k\omega_0 t_0 + \frac{\pi}{2}[1-(-1)^{\lfloor |k| \cdot M \rfloor}]\right\}}, & k=\pm 1, \pm 2, \pm 3 \cdots \end{cases} \quad (8\text{-}19)$$

其中，$r_0 = |\Gamma_1 \cdot e^{j\varphi_1} - \Gamma_2 \cdot e^{j\varphi_2}|$，$\mathrm{Sa}(k\pi M)$ 表示 $\sin(k\pi M)/k\pi M$，$\omega_0 = 2\pi/T_0$，并且 $\lfloor \rfloor$ 表示向下取整。这里，r_0 由 TDCM 的两种编码状态确定，揭示了幅度系数和初始相位的组合，这两种状态同时影响所有谐波的幅度和相位。因此，通过适当选择 M 和 t_0 的值范围，第 k 阶谐波的幅度和相位系数分别表示为

$$A = 2 \cdot |r_0| \cdot M \cdot \mathrm{Sa}(k\pi M), \quad (M \in [0, 1/2|k|] \quad (8\text{-}20)$$
$$\varphi = -k\omega_0 t_0 + \varphi_0, \quad t_0 \in [0, T_0/|k|]$$

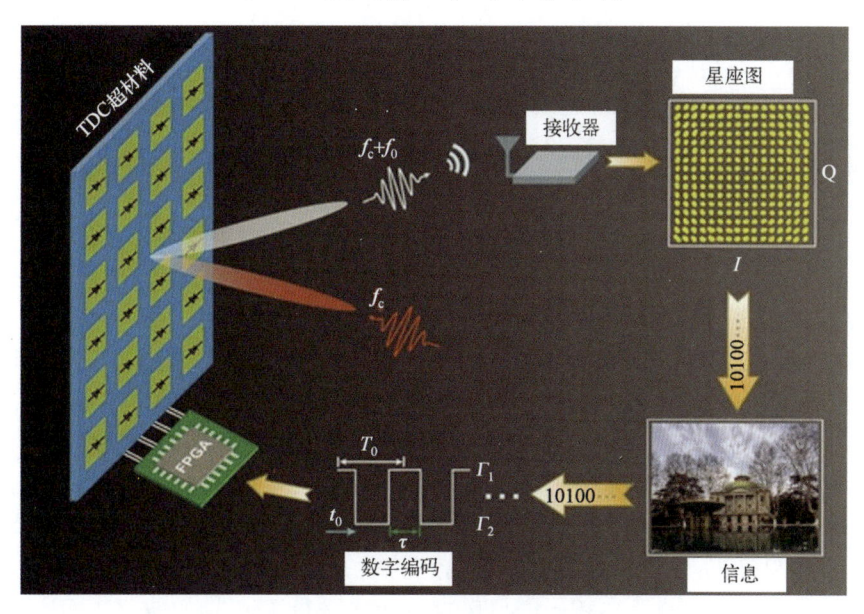

图 8-28 基于 TDCM 的毫米波无线通信系统的概念性示意图

其中，r_0 和 φ_0 分别表示 r_0 的幅度和相位。显然，这两个参数是色散的。我们在这里假设 $|\Gamma_1|=1$，$|\Gamma_2|=1$，$\varphi_1=0°$ 和 $\varphi_2=180°$，以简化问题而不失一般性。然后，谐波的幅度及相位分别由编码序列的占空比及时间延迟决定。

图 8-29 展示了在不同数字编码方案下反射信号的谐波分布，其中考虑了变化的占空比和固定的时间延迟。在列中，编码序列的占空比有所变化，而时间延迟保持不变；行中则相反，时间延迟变化而占空比固定。图表分析显示，当占空比从 0.5 调整为 0.1 时，观察到谐波幅度分布的显著变化，而相位分布则保持稳定或在两个相位间发生 180° 的翻转。类似地，当时间延迟 t_0 从 0 增至 $T_{0/2}$ 时，谐波的相位分布出现变化，但其幅度分布则保持不变。这一结果揭示了通过精细调节数字编码序列中的占空比和时间延迟，我们能够独立控制产生的谐波的幅度和相位，且这两个参数之间无干扰。这种控制方式为精确操纵电磁波提供了可行性。

简单起见，我们假设 $|\Gamma_1|=1$，$|\Gamma_2|=1$，$\varphi_1=0°$，$\varphi_2=180°$。如上所述，集合 $M\in[0,1/2|k|]$ 和 $t_0\in[0,T_0/|k|)$ 可以在精确运算后得到 k 阶谐波振幅 $A^{k^{th}}\in[0,2/|k|\pi]$ 和 k 阶谐波相位 $\Phi^{k^{th}}\in[0,2\pi)$。因此，任何 k 阶谐波都具有实现复杂的信号调制的功能。如图 8-29 所示，一阶谐波的转换效率比其他谐波高得多，因此选择 +1 阶谐波，通过 1bit 时间编码超材料来说明调制过程。

在此，将 $Y_A^{\varphi}=Ae^{j\varphi}$ 定义为等效谐波反射系数。然后，重点关注的问题是建立等效谐波反射系数与信息符号之间的关联。实际上，随时间变化的 $Y(t)$ 可以分解成一系列独立的等效谐波反射系数，因此

$$Y(t)=Y_s \cdot g(t), \quad 0 \leq t \leq T_0, \quad Y_s \in S, \tag{8-21}$$

其中，Y_s 表示所选的属于星座点 S 集合的信息符号，其基数为 $|S|$，而 $g(t)$ 是基本脉冲函数。在无线通信系统中，每个消息符号 Y_s 都代表 $\log_2|S|$ 位数据。

举例来说，用于 BPSK 调制的一组星座点 S 被定义为 $\{Y_1^{0°},Y_1^{180°}\}$，每个 Y_A^{φ} 都可以通过式（8-20）映射到占空比 M 和时延 t_0 的编码序列，该编码序列的谐波幅度和相位被归一化。为方便起见，$\Lambda_M^{t_0}$ 表示应用于编码序列的占空比和时延的组合（例如 $\Lambda_{0.5}^{T_0/2}$ 表示占空比为 $M=0.5$、时延为 $t_0=T_0/2$ 的编码序列）。

图 8-30（b）展示了当 M 的范围从 0 到 0.5，t_0 的范围从 0 到 T_0 时，Γ_s 在正交（I/Q）平面上的位置。可以清楚地观察到，任何所需的星座图都可以通过适当选择 ΔM_r 和 Δt_0 来合成。因此，对于 BPSK 调制，当映射到实际编码序列时，星座点集合 S 可以被重新定义为 $\{\Lambda_{0.5}^{0T_0},\Lambda_{0.5}^{T_0/2}\}$。

图 8-30 建立了一个占空比与时间延迟（M-t_0）的坐标系来说明将星座图映射到实际编码序列的过程。基于在 (M-t_0) 坐标系中的散点图，可以获得 256 QAM 的编码序列。图 8-30（c）说明了 256 QAM 的正方形星座图，显示星座点对称于坐标原点且对 I/Q 轴有轴对称性。这些对称特性在 M/t_0 平面上的散点中也呈现出精致的规律性。例如，当它们的方位角在 I/Q 平面上旋转 90° 时，相邻象限中的点是重复的。因此，当时间延迟 t_0 因 $0.25T_0$ 的变化而在 M/t_0 平面上的点也是重复的，如图 8-30（d）所生动描绘的那样。因此，与原点距离相同的星座点分布在平行于 t_0 轴的线上，而方位角相同的星座点分布在平行于 M 轴的线上。然后无线通信过程最终可以基于上述映射实施。

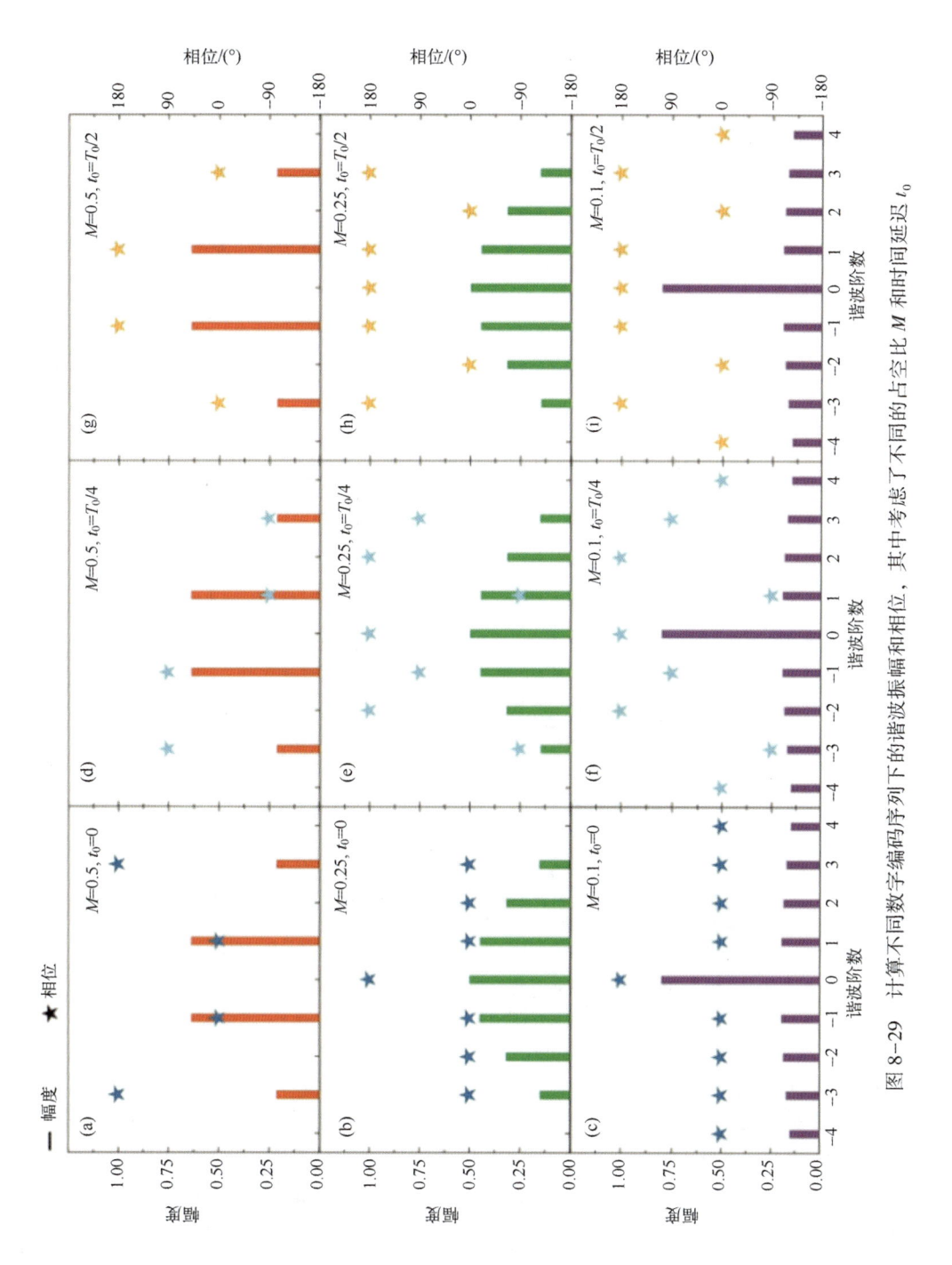

图 8-29 计算不同数字编码序列下的谐波振幅和相位，其中考虑了不同的占空比 M 和时间延迟 t_0

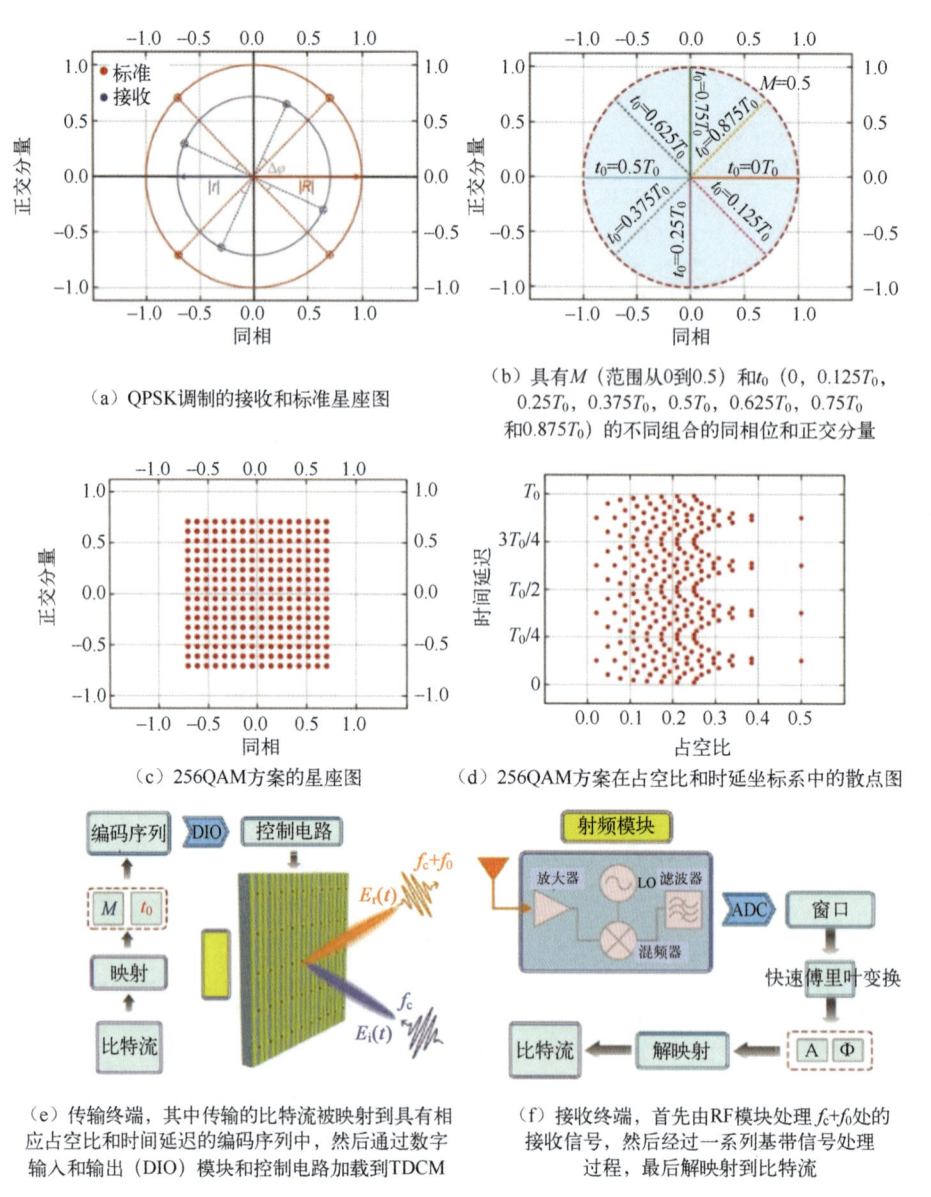

(a) QPSK调制的接收和标准星座图

(b) 具有 M（范围从0到0.5）和 t_0（0, 0.125T_0, 0.25T_0, 0.375T_0, 0.5T_0, 0.625T_0, 0.75T_0 和0.875T_0）的不同组合的同相位和正交分量

(c) 256QAM方案的星座图

(d) 256QAM方案在占空比和时延坐标系中的散点图

(e) 传输终端，其中传输的比特流被映射到具有相应占空比和时间延迟的编码序列中，然后通过数字输入和输出（DIO）模块和控制电路加载到TDCM

(f) 接收终端，首先由RF模块处理 f_c+f_0 处的接收信号，然后经过一系列基带信号处理过程，最后解映射到比特流

图 8-30 所提出的毫米波无线通信系统的星座图和框图

图 8-30（e）和（f）展示了我们提出的毫米波通信系统的框图，该系统已在现实中实现。得益于 Γ_Δ^q 的精确控制以及编码策略的可靠性，我们成功在第一正谐波上实现了 256 QAM 和其他调制模式。为了更直观地演示整个通信过程，我们继续以 BPSK 调制为例。首先在发送端（图 8-30（e）），基带模块产生传输的比特流（例如 10100……），代表了所传输的信息（如视频或图片）。其次，所有的比特流都按照 TDCM 的编码序列进行映射，"0" 映射为 $A_{0T_0}^{0.5}$，"1" 映射为 $A_{T_0/2}^{0.5}$。再次，现场可编程门阵列（FPGA）模块控制数字输入输出（DIO）模块，产生一系列的数字信号，通过控制电路载入 TDCM 中。最后，带有数字信息的电磁波通过第一正谐波传输。

图 8-30（f）呈现了接收端的框图。在这里，收到的电磁波经过射频模块处理，该

模块的下变频频率设定为 f_c+f_0。之后，通过快速傅里叶变换将经过模数转换器（ADC）的基带信号转换到频域。最终，在判决模块，通过检测每个消息符号的幅度 A 和相位 φ，其中 Γ_1^{0} 解映射为"0"，$\Gamma_1^{180°}$ 解映射为"1"，对应的传输信息便得以恢复。同时，尽管上述设计流程是基于 BPSK 调制的，它同样适用于其他类型的调制方式，例如 256 QAM 等，只是在比特流的映射与解映射步骤上稍有区别。

对谐波幅度和相位进行精确控制相较于之前仅相位的超材料，提供了更多的自由度。因此，该方法以低成本和高效率的方式，显著促进了超材料在高阶调制情景中的功能实现，这可能为将来更优秀的毫米波和太赫兹波无线通信铺平了道路。

第四节 基于伪随机序列的空时编码超材料

一、目标识别技术

目标识别作为一种通过雷达探测器获得由待识别目标散射的微波信号来识别目标或其他物体的技术，已在军事和民用领域得到了广泛应用，如敌方预警雷达系统、弹道导弹防御系统和民用空中交通控制系统等。根据是否在雷达探测器与待识别目标之间建立通信链路，目标识别可以划分为两种类型：协同目标识别与非协同目标识别。第二次世界大战时期，随着敌我识别（IFF）系统的发明，协同目标识别被提出。IFF 系统是一种敌我交通控制识别设备和系统，旨在防止军事误伤，探测潜在敌对入侵，支持作战决策和减少空中、陆地和海上伤亡等。典型的 IFF 系统由一个询问器和一个应答器组成，应答器负责监听探测信号，并发出一个响应信号以识别询问方。而非协同识别系统则能够在无须与目标建立通信链路的情况下识别未知目标。非协同识别系统通过将观测到的散射信号数据与潜在目标数据库进行比对，能够确定最佳匹配，从而实现目标识别。

伪随机噪声（PN）序列是一种类似于随机序列的序列，具有与随机序列相似的性质，如强自相关性和弱互相关性。通过用 PN 序列调制的时间调制超材料覆盖待识别的目标，超材料会将探测谐波反射成二进制 PN 相位调制波。因此，在对获取的信号下变频后，具有调制 PN 序列先验信息的雷达探测器可以通过应用 PN 序列的强自相关和弱互相关的特性，对调制 PN 序列和获取的信号进行互相关运算来识别目标，无须实际解码和读取散射信息。所提出的基于时间调制反射超材料的目标识别可以被视为非协同目标识别，因为超材料本身不读取入射波而是散射所需要的调制波，所以探测器和超材料之间没有建立真正的通信链路。然而，该方法同时也具备协同目标识别的关键特征。因为每个超材料都具有唯一的调制信息，散射波携带了该调制信息后，可以用来识别超材料覆盖的物体。

通过将伪随机噪声时间序列的强自相关和弱互相关的特性与时间调制超材料灵活的电磁波特性相结合，文献［95］提出了一种用于目标识别的伪随机噪声时间调制反射超材料，为目标识别提供了一种低成本、低复杂度、简单的解决方案。与通常用于短程应用的传统的基于无源标签的射频识别（RFID）技术相比，该基于时间调制反射超材料的目标识别几乎是无源的。并且，由于超材料上具有大量单元，该技术可以在更远的范围内实现目标识别。此外，它还可以通过应用超材料强大的电磁波调控能力，以更灵活的方式实现目标识别，例如，通过设计具有波束调控功能的超材料，将发射机和接收机放置在不同的位置；通过设计分束超材料将散射信号引导到位于不同位置的多个接收器。

基于伪随机噪声序列时间调制反射超材料的目标识别的基本概念如图 8-31 所示，其中探测器可以从一组目标中识别是否存在特定的目标。用于识别目标的探测器包括发射器和接收器两个部分。发射器向目标发送一束探测谐波 $\psi_t(t) = e^{-j\omega_0 t}$。每一个待识别的目标均被一个超材料覆盖，该超材料由一个现场可编程门阵列（FPGA）驱动，由唯一且相互正交的 PN 序列进行时间调制。调制每个超材料的 PN 序列也是探测器的先验信息。当入射谐波照射到超材料上，并与不同超材料上的不同时间调制相互作用时，探测器的接收器会接收所有超材料散射的波，并在后处理阶段进行分析。经过后处理，探测器可以使用时间调制的 PN 序列先验信息来识别特定目标。

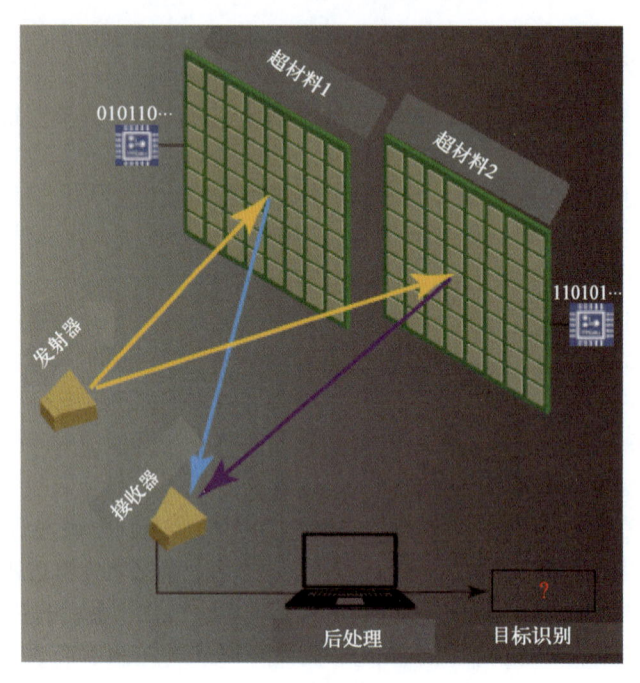

图 8-31　基于伪随机噪声序列时间调制反射超材料的目标识别的基本概念

反射型超材料在角频率 ω_0 下工作，该超材料由时变信号 $m(t)$ 进行时间调制，其随时间变化的反射系数为 $\Gamma(t,\omega_0)$。当一个谐波 $\psi_t(t) = e^{-j\omega_0 t}$ 入射到该超材料上时，由超材料散射的反射波 $\psi_r(t)$ 可由以下公式近似表示：

$$\psi_r(t) = \Gamma(t,\omega_0)\psi_t(t) = \Gamma(t,\omega_0)e^{-j\omega_0 t} \tag{8-22}$$

式（8-22）表明，反射波 $\psi_r(t)$ 可以被视为包络信号 $\Gamma(t,\omega_0)$，信号的频率上移至载波频率 ω_0。需要注意的是，为了有效地将色散效应和时变效应解耦，时间调制必须满足慢调制条件，即时间调制频率 f_m 远小于入射信号频率 $f_0 = \dfrac{\omega_0}{2\pi}$。在这种条件下，用于描述时不变系统的参数（如散射参数）在慢时变系统中仍然近似有效。

选取伪随机序列，作为调制信号 $m(t)$。伪随机序列是一种使用最大线性反馈移位寄存器生成的二进制周期序列，具有平衡的+1和+1个数、强自相关特性（接近 Dirac delta 函数）以及不同序列之间的弱互相关特性。这些 PN 序列可以表示为多项式环中不可约多项式的系数。PN 序列的特性如图 8-32 所示。图 8-32（a）和（b）分别为两个不同 PN 序列 $m_1(t)$ 和 $m_2(t)$ 的周期波形。这两个 PN 序列具有相同的周期长度 $L=63$，但是分别由不可约多项式的不同系数[6,1]和[6,5,2,1]生成。图 8-32（c）和（d）分为图 8-32（a）和（b）所示的两个 PN 序列的自相关结果，其结果可由如下公式表示：

$$R_{m(t),m(t)}(t) = \frac{1}{T_p}\int_0^{T_p} m(\tau)m(\tau+t)\mathrm{d}\tau = \begin{cases} 1, & t=0 \\ -\dfrac{1}{L}, & t \neq 0 \end{cases} \quad (8\text{-}23)$$

当 $L \gg 1$ 时，该函数接近于理想 Dirac delta 函数，即 $\delta(t)$。两个 PN 序列 $m_1(t)$ 和 $m_2(t)$ 之间的互相关结果如图 8-32（e）所示。从图中可以看出，互相关结果的峰值相较于图 8-32（c）和（d）所示的两个 PN 序列自相关结果的峰值要小得多。运用 PN 序列强自相关和弱互相关的特性，可以通过使用由 PN 序列进行时间调制的超材料来实现目标识别。

（a）PN序列$m_1(t)$的周期波形　　（b）PN序列$m_2(t)$的周期波形

（c）PN序列$m_1(t)$的自相关特性　　（d）PN序列$m_2(t)$的自相关特性

（e）PN序列$m_1(t)$和$m_2(t)$之间的互相关特性

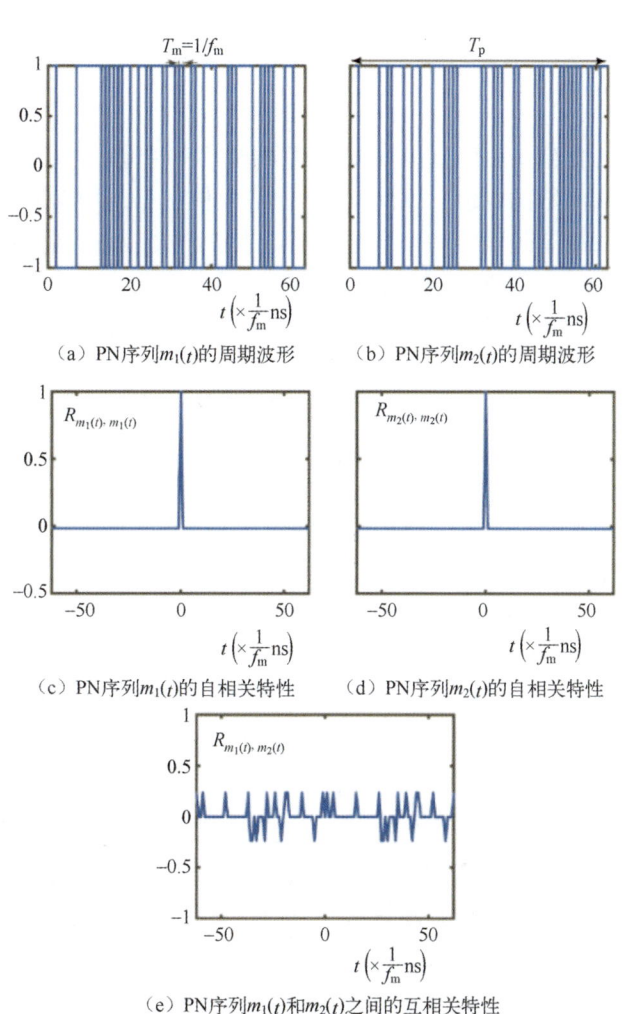

图 8-32　PN 序列的特性示例

当同时存在 N 个不同的超材料时,每个超材料都由一个不同的二进制 PN 序列 $m_n(t)$ 进行时间调制,其中 $n=1,2,\cdots,N$。假设第 n 超材料的时间调制频率为角频率 ω_0,时变反射系数 $\Gamma_n(t,\omega_0)$ 等于调制序列 $m_n(t)$,即当二进制调制序列为+1时,超材料的反射系数为+1;反之,当调制序列为-1时,超材料的反射系数为-1。由所有 N 个时间调制超材料散射的反射波组成的总反射波如下式所示:

$$\psi_{r,\text{total}}(t) = \sum_{n=1}^{N} \Gamma_n(t-\tau_n,\omega_0) e^{-j\omega_0 t} \qquad (8\text{-}24)$$

其中,τ_n 是入射波到达第一个和第 n 个超材料之间的时间延迟。

在后处理阶段,首先将接收到的信号下变频至 0 频,即

$$\psi_{r,\text{ds}}(t) = \sum_{n=1}^{N} \Gamma_n(t-\tau_n,\omega_0) \qquad (8\text{-}25)$$

接着,对第 k 个超材料进行调制的 PN 序列 $m_k(t)$ 与下变频信号 $\psi_{r,\text{ds}}(t)$ 在一个周期内进行互相关运算,如下式所示:

$$\begin{aligned} R_k(t) &= \frac{1}{T_p} \int_0^{T_p} m_k(\tau) \psi_{r,\text{ds}}(\tau+t) \mathrm{d}\tau \\ &\approx \delta(t-\tau_k) + \sum_{n=1}^{n=N,n\neq k} \frac{1}{T_p} \int_0^{T_p} m_k(\tau) m_n(\tau+t-\tau_n,\omega_0) \mathrm{d}\tau \end{aligned} \qquad (8\text{-}26)$$

由于 PN 序列的弱互相关性,式(8-25)的最后一个等式中第二项的峰值远小于第一项中 Dirac delta 函数的峰值,因此 $R_k(t)$ 的最大值主要是由 Dirac delta 函数的最大值贡献的。所以,可以通过设定一个合适的阈值来检测 $R_k(t)$ 的最大值以识别目标物体是否存在。具体来说,如果 $R_k(t)$ 的最大值大于阈值,则认为由 PN 序列 $m_k(t)$ 调制的超材料存在。如果 $R_k(t)$ 的最大值小于阈值,意味着该超材料不存在。此外,由于超材料可能在不同位置,最后一个等式中 Dirac delta 函数 $\delta(t-\tau_k)$ 的峰值会被时移至 τ_k。因此,基于测量 $\psi_{r,\text{ds}}(t)$ 与不同 PN 序列之间的互相关结果的不同峰值的时间点,例如,分别代表 $\psi_{r,\text{ds}}(t)$ 与 $m_p(t)$ 和 $m_q(t)$ 之间的互相关结果的峰值的时间点 τ_p 和 τ_q,第 p 个和第 q 个超材料之间的距离可由下式表示:

$$d_{pq} = c_0(\tau_p - \tau_q) \qquad (8\text{-}27)$$

其中,c_0 是自由空间中的光速。

为了验证 PN 序列时间调制反射超材料实现的目标识别技术的准确性,3×6 单元组成的 1 bit 可调谐超材料(与前文所提到的 1 bit 可调谐超材料类似)被提出。通过控制超材料单元上 PIN 二极管的通断,可以控制超材料的反射系数在-1 和+1 之间切换。时变的 PN 偏置电压序列控制 PIN 二极管,并且超材料上的所有单元的 PIN 二极管可以同时切换 OFF 或 ON 状态。

实验装置如图 8-33 所示。图 8-33(a)为实验装置的示意图。超材料被放置在一块吸波材料前,通过 FPGA 实现时间调制。信号发生器生成频率为 $f_0=2.4$ GHz 的探测谐波信号并由发射喇叭天线辐射到超材料上。由超材料散射的反射波首先被接收喇叭天线获取,其次经过带通滤波器、带有局部振荡器(LO)频率 f_0 的频率下变频混频器和 0~50 MHz 低通滤波器处理,最后由示波器显示和存储。图 8-33(b)为实验装置的照片。

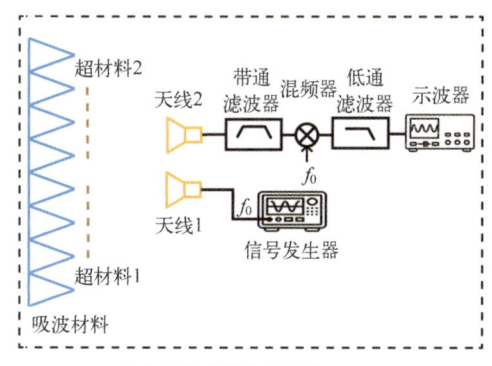

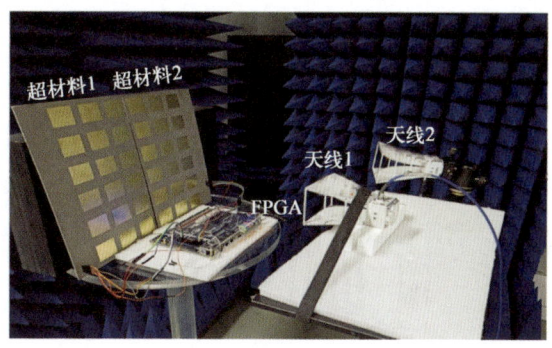

(a)实验装置的示意图　　　　　　　　　　(b)实验装置的照片

图 8-33　实验装置

在此实验中，时间调制频率 f_m 被设置为 10 MHz，并考虑了两种不同的情况。在第一种情况下，只有一块 PN 时间调制反射超材料。该超材料由 $m_1(t)$（图 8-33（a））进行调制，其系数为不可约多项式[6,1]。在后处理阶段，对下变频接收信号 $\psi_{r,ds}(t)$ 与 $m_1(t)$ 进行互相关运算，以识别超材料。在第二种情况下，有两块 PN 时间调制反射超材料。这两个超材料分别通过 $m_1(t)$（图 8-33（a））和 $m_2(t)$（图 8-33（b））进行调制，其系数分别为不可约多项式[6,1]和[6,5,2,1]。还有另一块调制序列为 $m_3(t)$，系数为不可约多项式[6,3,2,1]的 PN 时间调制超材料在这个情况下并未出现。为了区分现有的超材料，理想状况下应该将这两个超材料放置在不同的位置。然而，由于实验空间的限制，在该实验中没有将两个超材料放置在不同的位置，而是在两个调制序列 $m_1(t)$ 和 $m_2(t)$ 之间施加了一个调制时延 $\Delta t = 20$ ns；即，使用 $m_1(t)$ 和 $m_2(t-\Delta t)$ 来调制位于同一位置的两个超材料，以模拟由 $m_1(t)$ 调制的第一个超材料比由 $m_2(t)$ 调制的第二个超材料靠近探测器 $d = c_0 \Delta t = 6$ m 的情况。在后处理阶段，对下变频接收信号 $\psi_{r,ds}(t)$ 与 $m_1(t)$、$m_2(t)$ 和 $m_3(t)$ 进行互相关运算，分别识别超材料。

第一种情况下的结果如图 8-34 所示，图 8-34（a）为示波器获取的一个周期内的归一化波形 $\psi_{r,ds}(t)$。波形较好地保持了调制 PN 序列 $m_1(t)$ 的主要包络。图 8-34（b）为调制 PN 序列 $m_1(t)$ 与图 8-34（a）中示波器获取的测量波形 $\psi_{r,ds}(t)$ 之间的归一化互相关结果。因为互相关结果近似 Dirac delta 函数 $\delta(t)$，这表明可以通过设定适当的阈值，检测互相关结果的峰值是否大于阈值，从而识别出调制序列为 $m_1(t)$ 的时间调制超材料是否存在。

第二种情况下的结果如图 8-35 所示，该情况下存在两个调制序列分别为 $m_1(t)$ 和 $m_2(t)$ 的时间调制反射超材料。图 8-35（a）为示波器获取的一个周期内的归一化波形 $\psi_{r,ds}(t)$。图 8-35（b）为图 8-35（a）中示波器获取的测量波形 $\psi_{r,ds}(t)$ 与调制 PN 序列 $m_1(t)$、$m_2(t)$ 和 $m_3(t)$ 之间的归一化互相关结果。结果显示，通过检测互相关结果中高于阈值的峰值，可以有效地识别到被 $m_1(t)$ 和 $m_2(t)$ 调制的两个超材料；而被 $m_3(t)$ 调制的超材料因为没有检测到高于阈值的峰值，可以被判别为不存在。同时，我们测量了 $R_{m_1(t)}\psi_{r,ds}(t)$ 和 $R_{m_2(t)}\psi_{r,ds}(t)$ 之间的时间延迟，其结果为 $\Delta\tau = \tau_2 - \tau_1 = 20.8$ ns，说明被 $m_1(t)$ 调制的第一个超材料比被 $m_2(t)$ 调制的第二个超材料离探测器更近 6.24 m，即 $\Delta d_{meas} = c_0 \Delta\tau = 6.24$ m。0.24 m 的误差是由示波器获取的信号失真造成的，其原因可能包

(a) 示波器获取的一个周期内的归一化波形 $\psi_{r,ds}(t)$

(b) 调制PN 序列 $m_1(t)$ 与（a）中示波器捕获的测量波形 $\psi_{r,ds}(t)$ 之间的归一化互相关结果

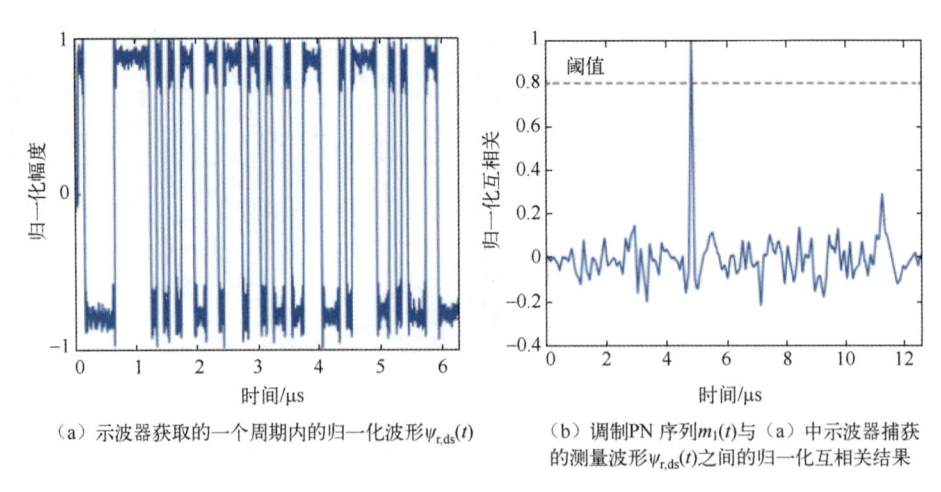

图 8-34 第一种情况下的结果图

括环境和接收设备的噪声、滤波器的频谱损失、混频器中的频率偏移，以及超材料的非理想响应等多种因素。需要注意的是，该基于时变超材料的目标识别方法，仅适用于目标之间的距离远小于目标到探测器的距离的情况。在目标间相对距离较大的情形中，远处目标反射的功率可能过弱，其相关峰值将被靠近探测器的目标的互相关所掩盖。

(a) 示波器获取的一个周期内的归一化波形 $\psi_{r,ds}(t)$

(b) 测量波形 $\psi_{r,ds}$ 与调制伪随机数列 $m_1(t)$、$m_2(t)$、和 $m_3(t)$ 之间的归一化互相关结果

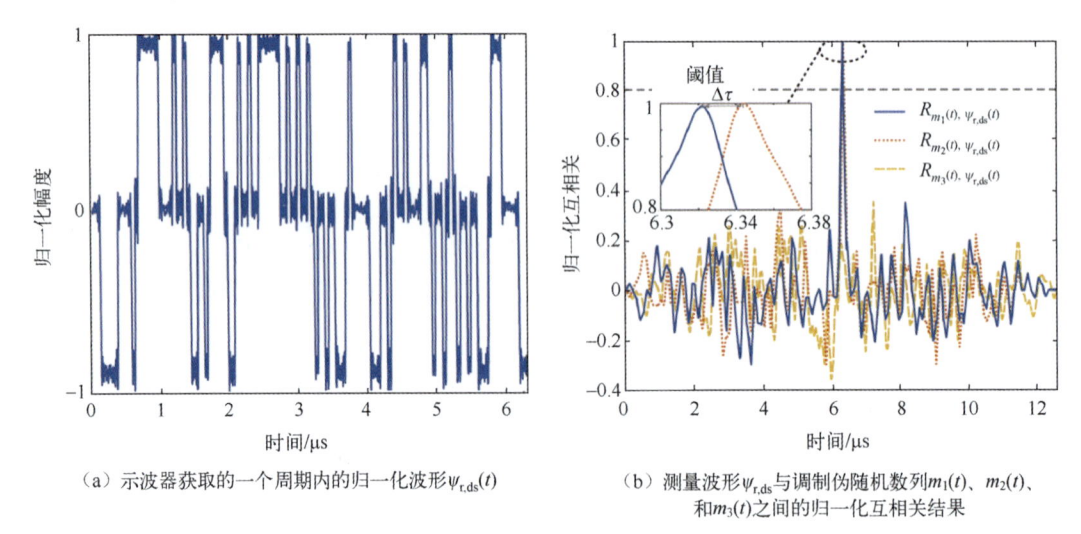

图 8-35 第二种情况下的结果图

基于伪随机噪声序列时间调制反射超材料的目标识别系统，为目标识别提供了一种低成本、低复杂度、简单的解决方案。通过用 PN 时间序列调制的时间调制超材料覆盖待识别的目标，将探测谐波由超材料散射成二进制 PN 调制波。具有调制 PN 序列的先验信息的雷达探测器可以通过应用 PN 序列的强自相关和弱互相关的特性，在将获取的信号下变频到 0 频后，与调制 PN 序列进行互相关运算来识别目标，而无须实际解码和读取散射信息。

二、伪装加密技术

电磁伪装是一种使物体无法被探测到的隐蔽技术。这种技术在自然界中广泛存在,例如,蝴蝶的翅膀会模仿树叶的特征,水母的身体几乎透明,以及变色龙能够根据环境调整其身体的颜色和图案。目前人们也已经开始使用电磁伪装技术,例如在狩猎或军用服装中,以及在雷达隐身飞机和军舰中。

伪装通常通过改变被隐蔽物体散射的波的谱线或功率密度来实现。这种改变可以通过不同的方式完成,包括受生物启发的具有令人眼花缭乱或反光阴影图案的绘画、吸收材料涂层、隐身结构,以及重新分配光谱功率等。

文献[110]提出了一种时间调制扩频超材料有源伪装技术。传统技术是线性时不变(LTI)的,且基于电磁波的能量吸收或角度扩散。由于时间调制超材料打破了线性时不变系统的约束,基于伪随机编码超材料的伪装加密通信技术可以在时间频谱上对入射的电磁波能量进行扩散。此外,该技术用伪随机序列调制超材料,将入射波的频谱扩展成具有最小功率谱密度的类噪声频谱,从而具有最大的伪装性能;相比于将能量分布少数谐波上的完全周期调制方法,该技术还具有选择性伪装和抗干扰的特性。

基于伪随机编码超材料的伪装加密技术的基本概念如图8-36所示,被探测的物体被一个通过时间序列$m(t)$调制的超材料覆盖,其中t表示时间,因此反射系数可表示为$\widetilde{R}(t,\omega)$,其中ω是对应于入射到超材料的电磁散射波的角频率。当一个谐波$\widetilde{\psi}_{\text{inc}}(\omega)$撞击到这个结构上时,其频谱经过超材料的时间调制被扩散成一个具有极低的功率谱密度类噪声信号$\widetilde{\psi}_{\text{scat}}(\omega)$。因此被该结构散射的电磁波难以被没有先验调制信息的雷达探测器识别,而具有相关调制信息的探测器则可以成功地识别目标。这一功能主要是通过在无线通信中使用的扩频调制方案实现的,扩频密实即时变反射系数$\widetilde{R}(t,\omega)$。此外,扩频原理使得友方探测器对干扰具有很强的鲁棒性。

时间调制超材料频谱扩展原理可以借助图8-36来理解。假设时谐入射波角频率为ω_0,如果将超材料简化为静态的理想电导体(PEC),入射波在反射器上经历相位反转后以角频率ω_0散射回去,如图8-37(a)所示。同样,如果超材料是静态的理想磁导体(PMC),入射波以角频率ω_0散射回去但是相位不发生变化。现在,如果对超材料进行调制,使其在PEC反射器和PMC反射器之间重复切换,如图8-37(c)所示,超材料随时间动态变化,其反射系数$\widetilde{R}(t)$在-1和+1之间以最小时间间隔T_b变化,其中b代表比特。散射波形仍然是一个频率为ω_0的时谐波,但是具有与PEC和PMC状态切换之间相对应的相位反转不连续性。

若入射波的波形为

$$\psi_{\text{inc}}(t) = A(t)e^{j\omega_0 t} \tag{8-28}$$

其中,$A(t)$是入射波的包络,假设超材料的反射系数$R(t,\omega_0)$在入射波$\psi_{\text{inc}}(t)$的带宽内恒定。散射波的波形可以写为

$$\begin{aligned}\psi_{\text{scat}}(t) &= \widetilde{R}(t,\omega_0)\psi_{\text{inc}}(t) \\ &= \widetilde{R}(t,\omega_0)[A(t)e^{j\omega_0 t}] \\ &= [\widetilde{R}(t,\omega_0)e^{j\omega_0 t}]A(t)\end{aligned} \tag{8-29}$$

其频谱为

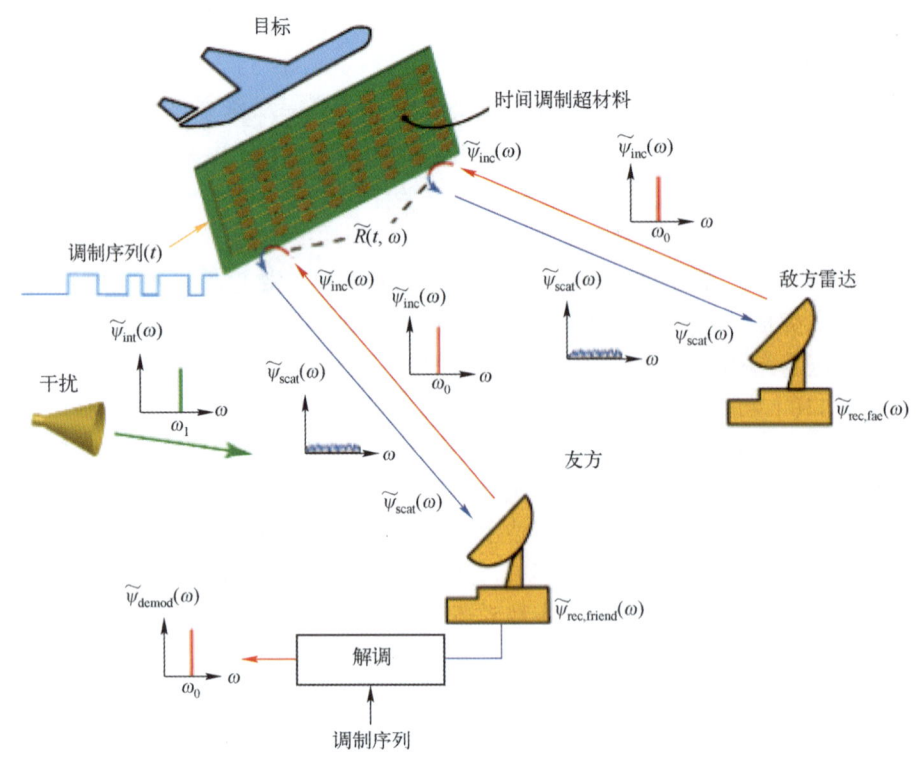

图 8-36 基于伪随机编码超材料的伪装加密技术的基本概念

$$\begin{aligned}\widetilde{\psi}_{\text{scat}}(\omega) &= \widetilde{R}(\omega,\omega_0) \times \widetilde{\psi}_{\text{inc}}(\omega) \\ &= \widetilde{R}(\omega,\omega_0) \times \widetilde{A}(\omega-\omega_0) \\ &= \widetilde{R}(\omega-\omega_0,\omega_0) \times \widetilde{A}(\omega)\end{aligned} \quad (8\text{-}30)$$

其中，$\widetilde{R}(\omega,\omega_0)$ 是 $\widetilde{R}(t,\omega_0)$ 的傅里叶变换，$\widetilde{A}(\omega)$ 是 $A(t)$ 的傅里叶变换，式（8-29）中的第二个式子表明散射波的频谱是反射系数的频谱和入射波频谱的卷积。尽管从理论上来说，$A(t)$ 可以代表任意调制方案，但一些超宽带调制方案对超材料带宽的需求可能超过了当前的技术水平，比如脉冲调制。本方法主要适用于窄带 $A(t)$。在特定情况下，如 $A(t)$ 的带宽减小到 0，即 $A(t)=1$，则式（8-29）简化为 $\widetilde{R}(\omega-\omega_0,\omega_0)$，即超材料反射系数的傅里叶变换，且变换后的频谱相对于入射波的频率发生了搬移。因此，入射波的频谱被扩散到调制的频谱中，以 ω_0 为中心频率，其功率谱密度对应于 $\widetilde{R}(t,\omega_0)$，而这种扩散对应于前文所述的相位不连续性。

为了更好地实现伪装加密，需要根据调制序列 $m(t)$ 的参数对 $\widetilde{R}(t,\omega_0)$ 进行适当的设计。为了保证式（8-29）的适用性，时间间隔 T_b 必须远大于入射谐波的周期。

若友方雷达知道超材料的扩频密钥 $\widetilde{R}(t,\omega_0)$，在密钥和散射信号 $\psi_{\text{scat}}(t)$ 同步的情况下，可以通过简单的后处理对 $\psi_{\text{scat}}(t)$ 进行解调：

$$\psi_{\text{demod}}(t) = \psi_{\text{scat}}(t) \frac{1}{\widetilde{R}(t,\omega_0)} = A(t)\mathrm{e}^{\mathrm{j}\omega_0 t} = \psi_{\text{inc}}(t) \quad (8\text{-}31)$$

这一加密方式在不影响友方雷达解调信号的前提下还能够有效地对敌方雷达接收到的信息进行干扰。如图 8-36 左侧所示，在存在干扰信号 $\psi_{\text{int}}(t)$ 的情况下，敌方雷达检

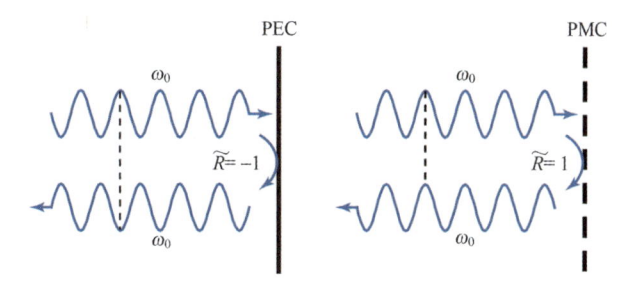

（a）静态PEC反射器，反射系数$\widetilde{R}=-1$　（b）静态PMC反射器，反射系数$\widetilde{R}=1$

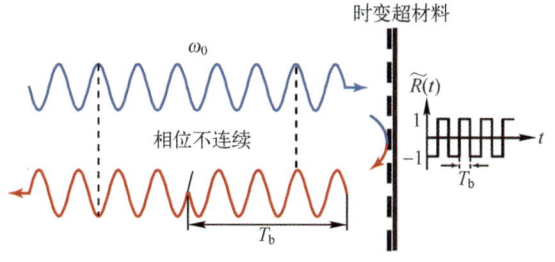

（c）通过重复在状态图（a）和图（b）之间切换反射系数形成的时间变化超材料反射器，使其动态化

图8-37　图8-36中时间调制超材料频谱扩散原理

测到的信号为

$$\begin{aligned}\psi_{\text{foe}}(t) &= \psi_{\text{scat}}(t)+\psi_{\text{int}}(t) \\ &= \widetilde{R}(t,\omega_0)\psi_{\text{inc}}(t)+\psi_{\text{int}}(t)\end{aligned} \quad (8\text{-}32)$$

干扰进一步改变了敌方雷达接收到的信号。

而友方雷达探测到的信号经过解调后为

$$\begin{aligned}\psi_{\text{friend}}(t) &= \psi_{\text{foe}}(t)\frac{1}{\widetilde{R}(t,\omega_0)} \\ &= (\widetilde{R}(t,\omega_0)\psi_{\text{inc}}(t)+\psi_{\text{int}}(t))\frac{1}{\widetilde{R}(t,\omega_0)} \\ &= \psi_{\text{inc}}(t)+\frac{\psi_{\text{int}}(t)}{\widetilde{R}(t,\omega_0)} \\ &= \psi_{\text{inc}}(t)+\psi_{\text{int}}(t)\widetilde{Y}(t,\omega_0)\end{aligned} \quad (8\text{-}33)$$

其中

$$\widetilde{Y}(t,\omega_0)=\frac{1}{\widetilde{R}(t,\omega_0)} \quad (8\text{-}34)$$

假设$\widetilde{R}(t,\omega_0)$在-1和+1之间震荡，那么$\widetilde{Y}(t,\omega_0)=\widetilde{R}(t,\omega_0)$，因此友方雷达检测到的信号频谱为

$$\begin{aligned}\widetilde{\psi}_{\text{friend}}(\omega) &= \widetilde{\psi}_{\text{inc}}(\omega)+\widetilde{Y}(\omega,\omega_0)*\widetilde{\psi}_{\text{int}}(\omega) \\ &= \widetilde{\psi}_{\text{inc}}(\omega)+\widetilde{R}(\omega,\omega_0)*\widetilde{\psi}_{\text{int}}(\omega)\end{aligned} \quad (8\text{-}35)$$

这个结果表明，如果干扰信号的带宽小于调制的带宽，那么干扰信号对友方雷达几乎无害。

对于该伪装加密系统来说，最理想的时间调制序列是无限大带宽的白噪声，因为在假设能量有限的情况下，无限大带宽的白噪声调制下频谱密度均匀趋近于零，从而实现完美的伪装。然而，因为时间调制超材料的开关元件为 pin 二极管，受到开关元件的速度限制，以及对加密伪装和抗干扰性的需求，需要对时间调制序列进行合理的设计。

因此，我们将使用图 8-38 所示的伪随机噪声函数作为调制序列 $m(t)$。图 8-38（a）为该调制序列的图像，它由矩形脉冲组成，这些脉冲在+1 和-1 之间以比特率或开关切换频率 $f_b = 1/T_b$ 伪随机振荡，并且具有 N 比特的比特周期或时间周期 $T_m = NT_b$，函数重复频率为 $f_m = 1/T_m$。图 8-38（b）展示了由此产生的散射波形，对应于脉冲在±1 状态之间震荡，散射波会产生 π 相位的跳变。

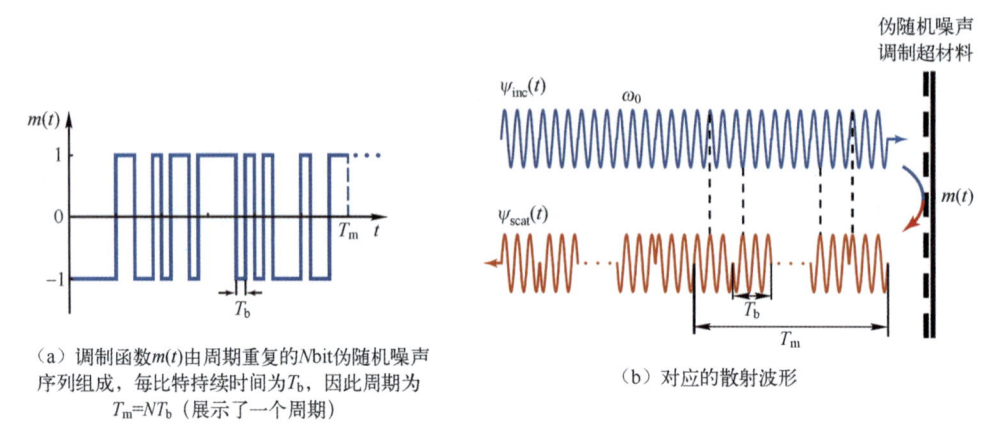

（a）调制函数 $m(t)$ 由周期重复的 N bit 伪随机噪声序列组成，每比特持续时间为 T_b，因此周期为 $T_m=NT_b$（展示了一个周期）

（b）对应的散射波形

图 8-38　提出系统的实际调制方式

伪随机函数作为伪装密钥，应该不时地发生变化，以最大限度地减少敌方雷达发现它的可能。因此，它并没有一个固定的频谱 $\widetilde{M}(\omega)$。不过，可以通过其自相关函数来大致描述这个函数 $m(t)$ 的特性。

$$s_p(t) = \int_{-\infty}^{+\infty} m(\tau) m(t+\tau) d\tau$$
$$= -\frac{1}{N} + \frac{N+1}{N} \sum_{n=-\infty}^{+\infty} \Lambda\left(\frac{t-nNT_b}{T_b}\right) \quad (8-36a)$$

这个自相关函数周期也为 $T_m = NT_b$，其中 $\Lambda(\cdot)$ 是三角函数，

$$\Lambda(t) = \begin{cases} 1-|t|, & t \leq 1 \\ 0, & t > 1 \end{cases} \quad (8-36b)$$

其基本上是由构成 $m(t)$ 的矩形脉冲的相关积分产生的。

式（8-36）的傅里叶变换是 $m(t)$ 的功率谱密度函数，具体表示如下：

$$\widetilde{s}_p(f) = \frac{1}{N^2}\delta(f) + \frac{N+1}{N^2} \sum_{\substack{n=-\infty \\ n \neq 0}}^{+\infty} \mathrm{sinc}^2\left(\frac{n}{N}\right) \delta\left(f - \frac{n}{N}f_b\right) \quad (8-37a)$$

$$\mathrm{sinc}(f) = \begin{cases} 0, & f=1 \\ \dfrac{\sin(\pi f)}{\pi f}, & \text{其他} \end{cases} \quad (8-37b)$$

图 8-39 展示了功率谱密度函数 $\tilde{s}_p(f)$，由于 $\tilde{s}_p(f)$ 的周期性质，这个函数是离散的，周期为 $1/T_m = f_m = f_b/N = 1/(NT_b)$。它的包络为 $(N+1)/(N^2)\,\text{sinc}^2(f/f_b)$，最大值为 $(N+1)/(N^2)$，主瓣带宽为 $2f_b$。

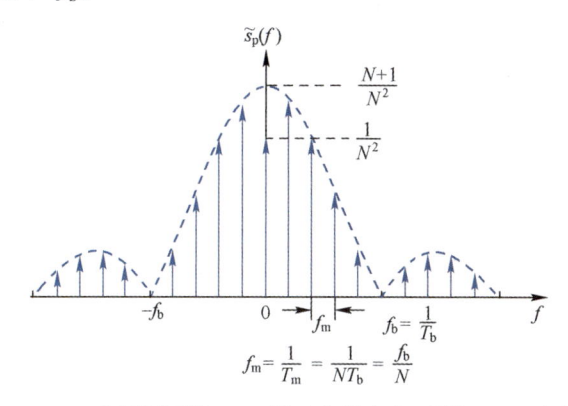

图 8-39　图 8-38（a）中调制函数 $m(t)$ 的功率谱密度函数 $\tilde{s}_p(f)$，由式（8-37）给出

在对该伪装加密技术进行仿真时，为了简便起见，我们假设入射波是非调制谐波，即 $A(t)=1$ 且 $\psi_{\text{inc}}(t)=e^{j\omega_0 t}$。设入射谐波的频率为 $f_0 = 10\,\text{GHz}$（见图 8-38），由调制超材料散射的波的功率谱密度可以从式（8-30）得

$$\tilde{s}_{\text{scat}}(\omega) = |\widetilde{\psi}_{\text{scat}}(\omega)|^2 = |\widetilde{R}(\omega-\omega_0,\omega_0)|^2 = \tilde{s}_p(\omega-\omega_0) \tag{8-38}$$

其中，$\tilde{s}_p(\omega)$ 由式（8-37）给出，且 $f=\omega/(2\pi)$。

图 8-40 为在参数 N 和 f_b 的不同值下散射波的功率谱密度图。图 8-40（a）展示了随着 N 的增加，功率谱密度的水平如何降低，而对于固定的 f_b，带宽不变。图 8-40（b）展示了随着 f_b 的增加，功率谱密度的带宽（主瓣）如何增加，而对于固定的 N，最大值不变。

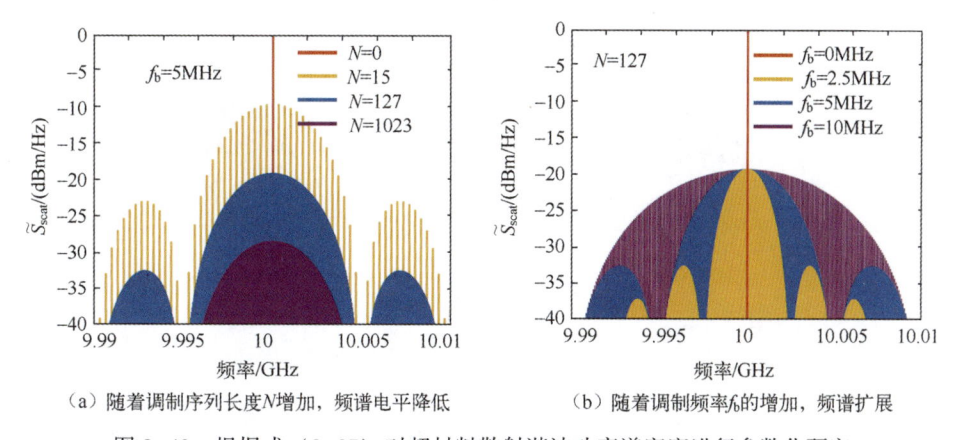

（a）随着调制序列长度 N 增加，频谱电平降低　　（b）随着调制频率 f_b 的增加，频谱扩展

图 8-40　根据式（8-37）对超材料散射谐波功率谱密度进行参数化研究

图 8-41 展示了两种调制状态不平衡的效果。图 8-41（a）展示了幅度不平衡的效果，其中 $\widetilde{R}(t)$ 的负值 $\widetilde{R}_n$ 固定为 -1，而 $\widetilde{R}(t)$ 的正值 $\widetilde{R}_p$ 取值为 1（理想情况）、0.5 和 0。结果显示，随着 $\widetilde{R}_p$ 的减少，询问波的功率谱密度增加，而其余频谱的功率谱密度相应地减少。同样地，图 8-41（b）展示了相位不平衡的效果，其中 $\widetilde{R}_n$ 固定为 -1，而 $\widetilde{R}_p$ 取

值为 1∠0°（理想情况）、1∠45°和 1∠90°。结果表明，随着 $\widetilde{R}_p$ 的相位从 0 增加到 90°，询问波的功率谱密度增加，而其余频谱的功率谱密度相应地减少。当询问波撞击超材料时，振幅和相位不平衡在 $\widetilde{R}(t)$ 频谱中引入直流分量，这个直流分量被搬移到了询问频率。

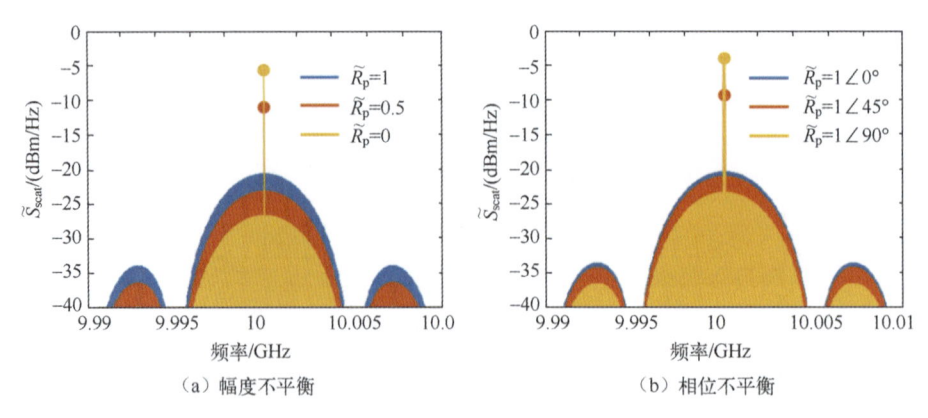

图 8-41 两种调制状态之间不平衡的效果式 (8-38)，针对参数 (N,f_b) = (127,5 MHz)

图 8-42 比较了敌方雷达和友方雷达接收到的功率谱密度，针对参数 (N,f_b) = (127, 5 MHz)（图 8-41 中的蓝色曲线）。图 8-42（a）预示了超材料系统的伪装选择性：敌方雷达接收到一个无法探测的频谱扩散信号，而友方雷达则能够完美地探测到目标。图 8-42（b）预示了超材料系统的抗干扰能力：敌方雷达仅探测到干扰信号，即在 10.001 GHz 的谐波，这种信号传递了关于物体的虚假信息，而友方雷达则不会看到干扰信号，依然能够完美地探测到目标。

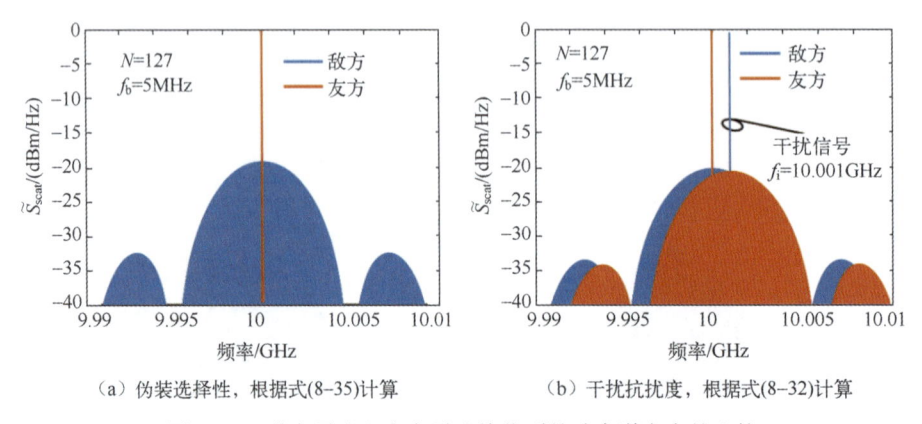

图 8-42 敌方雷达和友方雷达接收到的功率谱密度的比较

在实验测试中，设计制造了一个 1bit 时间调制超材料对所提出的伪装加密系统的效果进行演示。该超材料通过控制 pin 二极管的 OFF 与 ON 状态可以在准 PEC 反射面和准 PMC 反射面状态之间切换。这两种状态的反射系数振幅都接近 1，相位差 π，工作频率为 10 GHz。

图 8-43 展示了用于演示该超材料系统的实验设置。超材料被放置在地面上一块 70 cm×70 cm 的吸收材料上。它通过一个任意信号发生器提供的长度为 N = 127，频率为

f_b=5 MHz 的伪随机噪声序列进行调制。一对增益为 4.3 dB、3 dB，波束宽度为 36.8°，相距 28 cm 的平面 Vivaldi 天线，放置在超材料上方 110 cm 的远场区域，模拟一个任意询问雷达。10 GHz 的谐波由信号发生器产生，并通过发射天线向超材料发送。然后由超材料散射的波被接收天线收集，通过一个带通滤波器以抑制带外噪声，并通过一个带宽分辨率为 5 kHz 的矢量信号分析仪进行测量。

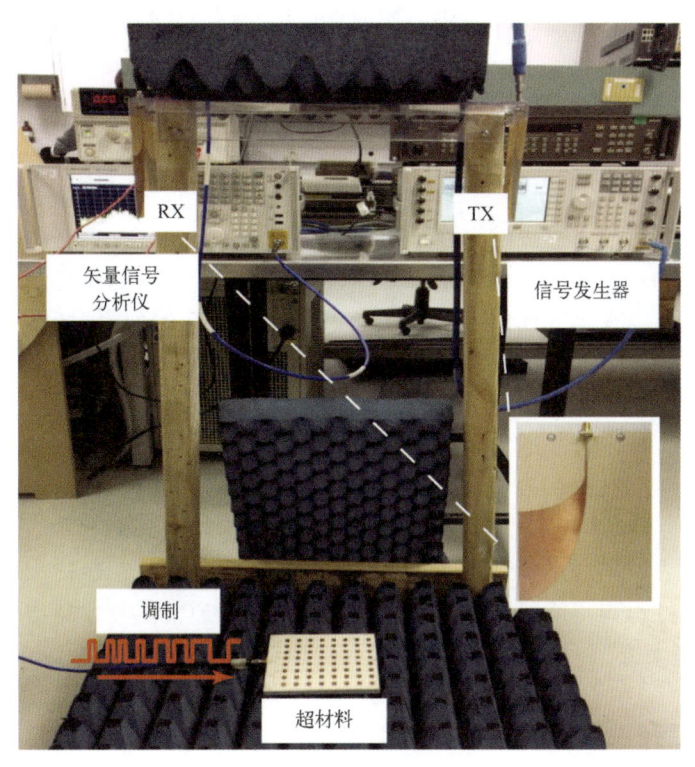

图 8-43 实验设置

图 8-44 展示了敌方和友方雷达探测到的信号的功率谱密度图。图 8-44（a）展示了系统的伪装选择性。当超材料没有被调制时，接收器完美地探测到由发射器发送并由

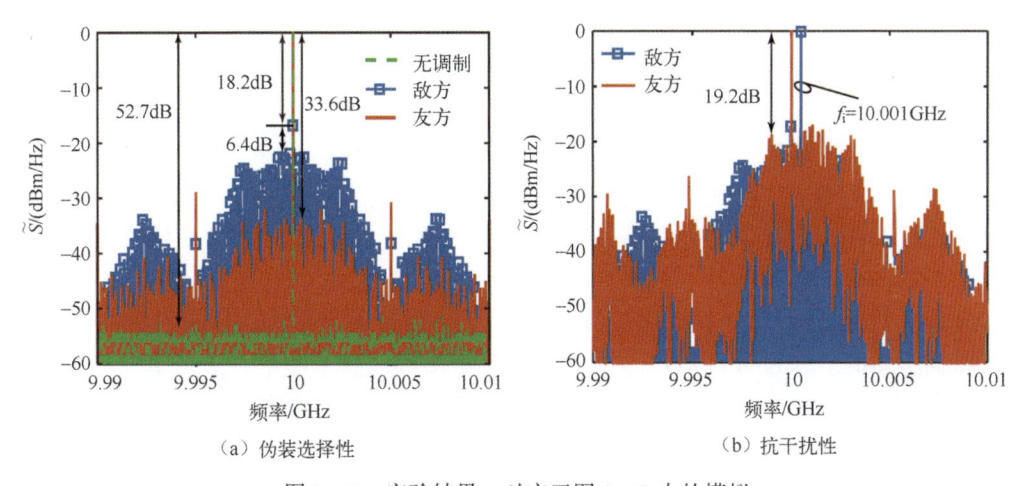

（a）伪装选择性

（b）抗干扰性

图 8-44 实验结果，对应于图 8-42 中的模拟

超材料散射的 10 GHz 谐波（绿色曲线），信噪比（SNR）为 52.7 dB。当超材料被调制后，散射波被扩散成一个相对宽带的信号，带宽为 10 MHz，且由于频谱扩散操作，信号水平降低了 18.2 dB。图 8-44（b）展示了系统对干扰信号 f_i = 10.001 GHz 的响应，经过解调后的结果。干扰信号在后处理中通过计算机数字加入，以模拟实际情况。结果显示，虽然敌方雷达仍然无法探测到目标，并且强烈地探测到干扰信号，但友方雷达根本不会探测到这个干扰信号，同时仍能探测到目标，信噪比约为 19.2 dB。

第五节　无磁非互易器件设计

一、基于空时编码的非互易超材料设计

在电磁学、物理学和信息科学领域，一直存在着一个关键的研究课题，即打破互易性，这一课题的研究在无线通信、能量收集和热辐射等多个应用领域具有显著的实际意义。例如，在无线通信领域，具有非互易性的天线发射机能够发射高定向性的波束，而不接收任何反射回波。

在微波频段，传统方法通常通过使用磁性材料如铁氧体来打破时间反演对称性以实现非互易效应。然而，这些磁性材料通常较重、成本高昂，且难以与微波频段的技术兼容。

因此，研究者试图通过探索无磁的解决方案来实现非互易，包括依赖非线性材料的方法。尽管非线性材料不受洛伦兹互易性约束，但它们通常需要较高功率才能激活。另外一些非磁性解决方案，如利用三极管设备或移动介质的技术，也难以应用于微波频段。

近年来，通过时变参数的调制，时间调制超材料为破解非互易性问题提供了新的可能。这些超材料以其较小的尺寸、较低的成本和易于系统集成的特点，在打破互易性方面展现了优势。例如，2015 年 Alù 和其研究团队发现，通过调制时变表面阻抗的时空梯度超材料可以实现非互易的电磁诱导透明现象。同年，Shaltout 等研究者通过在时变超材料中引入时间梯度相位不连续性，成功地控制了反射波的法向动量分量，进而打破了时间反演对称性与洛伦兹互易性。尽管这些基于时变参数调制的非互易设备大多还停留在理论和初步实验阶段，但如环形器和漏波天线等实验已证实了其理论的实际可行性，预示着这些新兴技术在未来的广泛应用前景。

在实验上基于超材料的连续时空调制以实现非互易效应一直面临挑战。为此，文献 [114] 通过设计一个 2 bit 的时空梯度编码序列，在超材料反射系统中成功打破了时间反演对称性，并实现了高效的频率转换，这为在实验层面验证非互易效应提供了新途径。

文献 [114] 设计了一款反射式的 2 bit 时空编码数字超材料，它是包含一个 $M \times N$ 个可编程单元的二维超材料阵列，每个可编程单元都加载了两个开关二极管，并通过 FPGA 模块提供的驱动电压来控制。在不同的控制电压下，可编程单元的反射系数可以动态地按照离散的四种相位（编码为"0""1""2"和"3"）进行切换。

在研究二维平面内非互易反射时，只需考虑 N 列的可编程超材料单元，每列单元

拥有相同的编码状态。对于第 p 列单元，根据相应的时间编码序列周期性地调制其反射系数，使反射系数随时间变化，这个时变的反射系数可被定义为一个周期性函数 $\Gamma_p(t) = \sum_{n=1,2,\cdots,L} \Gamma_p^n U_p^n(t)$，其中 $U_p^n(t)$ 表示一个周期为 T_0 的周期脉冲函数。因此，可以通过一组长度为 L 的时间编码序列来描述每列单元的状态变化，而整个超材料的属性则可以通过一个时空编码矩阵来表示。设置调制频率为 $f_0 = 1/T_0$，当一束形式为 $\exp(j2\pi f_c t_c)$ 的单音平面正弦波以入射角 θ_i 斜照射到超材料上时，可以得到其时域远场的散射方向图，如下式所示：

$$f(\theta,t) = \sum_{p=1}^{N} E_p(\theta) \Gamma_p(t) \exp\left[j\frac{2\pi}{\lambda_c}(p-1)d(\sin\theta + \sin\theta_i)\right] \quad (8\text{-}39)$$

其中，$E_p(\theta) = \cos\theta$ 是第 p 列单元在中心频率 f_c 处的散射方向图，$\lambda_c = c/f_c$ 是中心频率对应的波长；d 是超材料单元的周期长度。通过将周期函数 $\Gamma_p(t)$ 开成傅里叶级数，超材料在 m 阶谐波频率 $f_c + mf_0$ 处的频域散射方向图可以表示为

$$F_m(\theta) = \sum_{p=1}^{N} E_p(\theta) a_p^m \exp\left[j2\pi(p-1)d\left(\frac{\sin\theta}{\lambda_r} + \frac{\sin\theta_i}{\lambda_c}\right)\right] \quad (8\text{-}40)$$

其中，$\lambda_r = c/(f_c + mf_0)$ 代表 m 阶谐波频率对应的波长，a_p^m 是时变反射系数 $\Gamma_p(t)$ 的傅里叶级数系数，可表示为

$$a_p^m = \sum_{n=1}^{L} \frac{\Gamma_p^n \sin(\pi m/L)}{\pi m} \exp[-j\pi m(2n-1)/L] \quad (8\text{-}41)$$

在图 8-45 中，一束平面波（频率为 f_1 的红色光束表示）以入射角 θ_1 斜射到时空编码超材料上。通过特定的时空编码矩阵调控，该入射波被转换为一个偏折角为 θ_2，频率转变为 f_2 的反射波（用绿色光束表示）；而在时间反演的情况下，以角度 θ_2、频率 f_2 入射的波被转化为反射角 θ_3、频率为 f_3 的反射波（用紫色光束表示）。这里 $\theta_3 \neq \theta_1$、$f_3 \neq f_1$，表明此时反射波的偏折角和频率与原始入射波的参数不同，该设计成功地打破了时间反演对称性与洛伦兹互易性。

为了实现图 8-45 中的非互易反射效应，一种由 16 列单元组成的 2 bit 时空编码超材料被提出，该超材料每列单元分别配置了长度为 4 的时间编码序列。图 8-46（a）中展示了一种由 16×4 单元构成的特定时空编码矩阵。此矩阵中的红色、黄色、绿色和蓝色方块各代表编码状态"0""1""2"和"3"。在此时空编码矩阵的调制作用下，列单元根据 2 bit 时间梯度编码序列"0-1-2-3"进行编码，该序列在每个相位间隔 90°，且每个列单元的序列相对于前一个列单元以固定时间间隔平移。这种配置确保在任意时刻，16 列单元中的相邻单元间都存在 90°的相位差。

图 8-46（a）展示了一个具备空间梯度和时间梯度的 2 bit 时空编码矩阵，该矩阵能够将中心频率为 f_c 的入射波转换为频率为 $f_c + f_0$ 的反射波。图 8-46（b）展示了与此时空编码矩阵相对应的等效幅度分布，显示入射波的能量主要被转换为 +1 阶谐波。图 8-46（c）展示了等效相位分布，其中 +1 阶谐波频率上的相位从第 16 列到第 1 列呈现递增趋势，说明时空编码矩阵能有效地将反射波偏向特定方向，实现异常反射。图 8-46（d）中红色柱状图显示了反射波的频谱分布，表明入射波能量以 0.9 左右的幅度转换为 +1 阶谐波能量。特别地，图 8-46（a）所示的时空编码的鲁棒性表现良好，

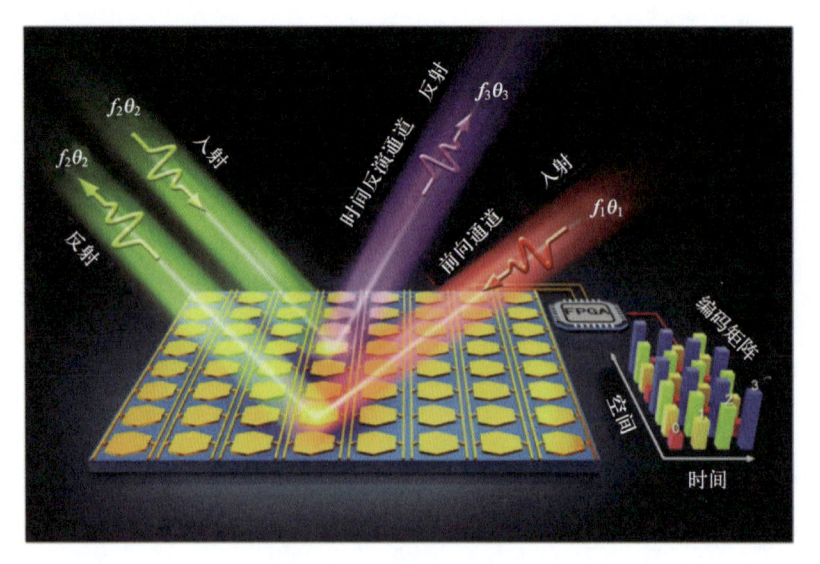

图 8-45 基于时空编码数字超材料实现非互易反射的原理示意图

即便 2 bit 编码状态的相邻相位差异与标准的 90°不同，如图 8-46（d）中绿色柱状图所示相位梯度为"0°-75°-185°-285°"时，仍可有效地实现频率转换，只在其他谐波频率上存在少量杂散谐波。

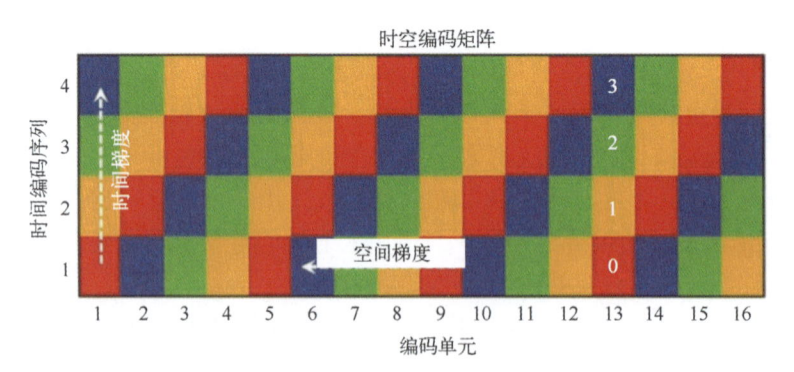

（a）用于实现非互易反射效应的时空梯度编码矩阵

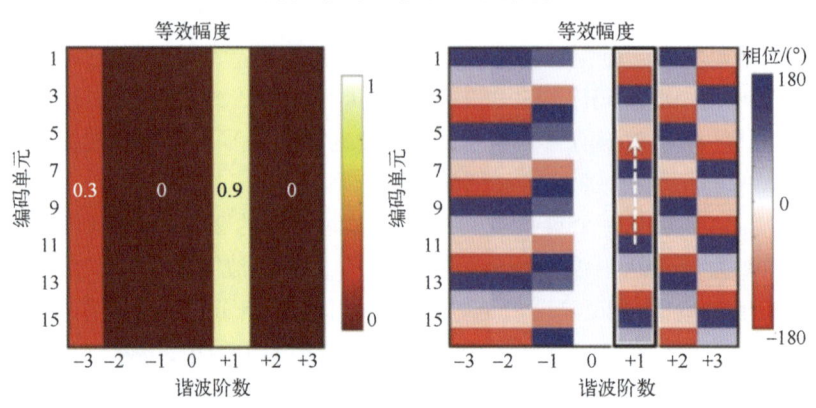

（b）该时空编码矩阵所对应的等效幅度分布　（c）该时空编码矩阵所对应的等效相位分布

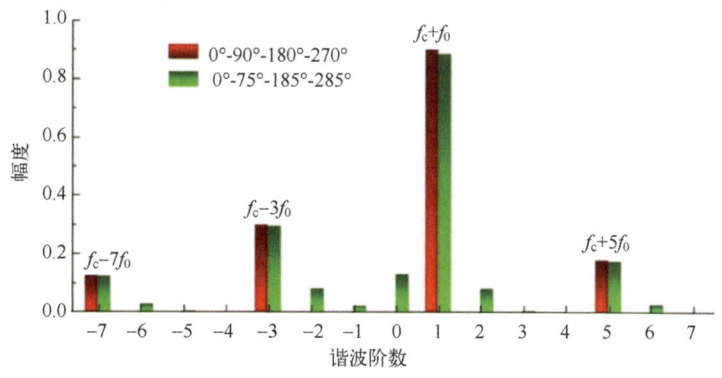

(d)超材料在该时空编码矩阵调制下,反射波的谐波频谱分布

图 8-46 超材料时空编码

对图 8-46（a）中时空编码矩阵进行分析可知,如前文所述,第 p 列单元的时间编码序列可以被视为一个周期函数 $\varGamma_p(t)$,其具有不同时移 $t_p=(p-1)T_0/4$,根据傅里叶变换理论中的时移定理,这种设置使得超材料相邻列单元之间在 m 阶谐波频率 f_c+mf_0 处的相位差可以表示为

$$\Delta\psi_m = -2\pi m f_0(t_{p+1}-t_p) = -\frac{m\pi}{2} \tag{8-42}$$

因此在 +1 阶谐波频率处,等效空间梯度可以表示为

$$\frac{\partial\psi}{\partial x} = \frac{\Delta\psi_1}{d} = -\frac{\pi}{2d} \tag{8-43}$$

对于图 8-45 中的前向反射情形,入射波的频率为 f_c,对应波数为 $k=2\pi f_c/c$;而主要的反射波为 +1 阶谐波,频率为 f_c+f_0,对应波数为 $k+\Delta k=2\pi(f_c+f_0)/c$。这时入射角 θ_1 和反射角 θ_2 的关系表示如下:

$$(k+\Delta k)\sin\theta_2 = k\sin\theta_1 + \frac{\partial\psi}{\partial x} \tag{8-44}$$

对于图 8-45 中的时间反演情形,入射波的频率为 f_c+f_0,对应波数为 $k+\Delta k=2\pi(f_c+f_0)/c$;而此时反射波频率主要为 f_c+2f_0,对应波数为 $k+\Delta k=2\pi(f_c+2f_0)/c$。这时入射角 θ_2 和反射角 θ_3 之间的关系写作:

$$(k+2\Delta k)\sin\theta_3 = (k+\Delta k)\sin\theta_2 - \frac{\partial\psi}{\partial x} \tag{8-45}$$

由式（8-43）和式（8-44）可以得出前向反射情形下的反射角 θ_2、时间反演情形下的反射角 θ_3 与初始入射波角度 θ_1 之间的关系如下:

$$\sin\theta_2 = \frac{k\sin\theta_1 + \frac{\partial\psi}{\partial x}}{k+\Delta k} = \frac{\sin\theta_1 - \frac{\lambda_c}{4d}}{1+\frac{f_0}{f_c}} \tag{8-46}$$

$$\sin\theta_3 = \frac{k}{k+2\Delta k}\sin\theta_1 = \frac{\sin\theta_1}{1+\frac{2f_0}{f_c}} \tag{8-47}$$

定义 δ 为偏离系数，可由下式表示：

$$\delta = |\sin\theta_3 - \sin\theta_1| = \frac{\sin\theta_1}{1+\dfrac{f_c}{2f_0}} \tag{8-48}$$

当初始入射波斜入射，即 $\theta_1 \neq 0$ 时，偏离系数 δ 也不为零。经过时空编码超材料的调制，反射波在时间反演情形下将不沿原来的斜入射方向传播，并伴随着 $2f_0$ 的频移，从而在空间和频率域打破了时间反演对称性和洛伦兹互易性。由式（8-48）中定义的偏离系数可知，在时间反演情形下，反射波 θ_3 与初始入射波 θ_1 之间的角度偏差与相对调制速率 f_0/f_c 及斜入射角度 θ_1 成正比。如果调制频率 f_0 相对于入射波的频率 f_c 较小，在实验中可能难以辨识这种角度偏差。可以通过增加相对调制速率 f_0/f_c 及斜入射角 θ_1 将角度偏差变得更加明显。图 8-47 展示了在不同斜入射角 θ_1 情形下，角度偏差 $|\theta_3-\theta_1|$ 随着相对调制速率 f_0/f_c 的变化曲线。假设入射波频率为 $f_c = 10\text{ GHz}$，调制频率 $f_0 = 0.5\text{ GHz}$，在初始斜入射 $\theta_1 = 60°$ 时的角度偏差 $|\theta_3-\theta_1| = 8.1°$，就可以在实验中观察出这个角度偏差。

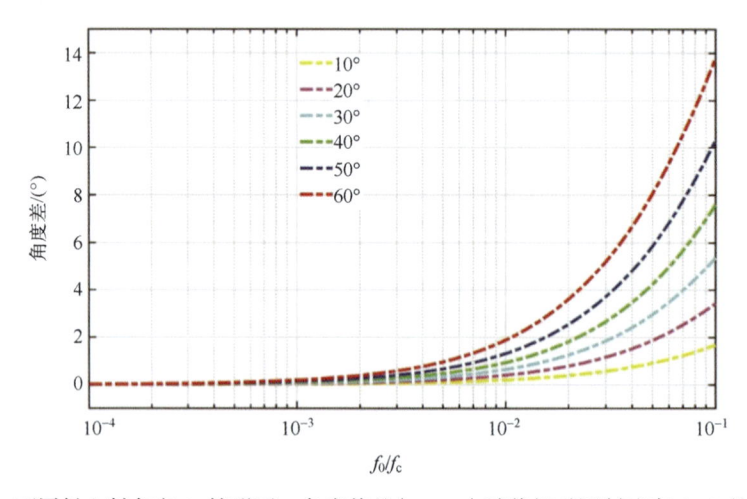

图 8-47　不同斜入射角度 θ_1 情形下，角度偏差 $|\theta_3-\theta_1|$ 随着相对调制速率 f_0/f_c 的变化曲线

这一结果展示了时间反演状态下反射波在传播方向和频率上与原始入射波的区别，从而成功地演示了非互易效应。值得注意的是，在入射波垂直照射到超材料上的情况下（即 $\theta_1 = 0°$），根据式（8-47），时间反演情形下的反射束角度 θ_3 将等于 θ_1（$\theta_3 = \theta_1 = 0°$），这表明时间反演情况下的反射波在空间上与原始入射波没有角度差异，而在频率上会有 $2f_0$ 的变化。因此，在垂直入射的情况下，非互易效应主要通过频率变化来实现。

接下来通过介绍具体的示例验证来展示非互易反射的过程。首先在第一个示例中，假定入射波频率为 $f_c = 5\text{ GHz}$，初始入射角 $\theta_1 = 60°$，调制频率 $f_0 = 250\text{ MHz}$，单元周期长度 $d = \lambda_c/2$。经由图 8-46（a）所示的时空编码矩阵的调制，利用式（8-46）和式（8-47）计算可得，前向反射情形下的反射波频率为 f_c+f_0，偏折角度 $\theta_2 = 20.40°$；而时间反演情形下的反射波频率为 f_c+2f_0，偏折角度 $\theta_3 = 51.93°$。图 8-48 展示了基于式（8-41）的计算结果，即时空编码超材料在各个谐波频率上的散射方向图。参照图 8-45 的示意图，在前向反射情况下，从端口 1 出发的入射波以角度 $\theta_1=60°$ 斜入射至超材料，与此相关的各谐波频率的散射方向图如图 8-48（a）、（b）所示。

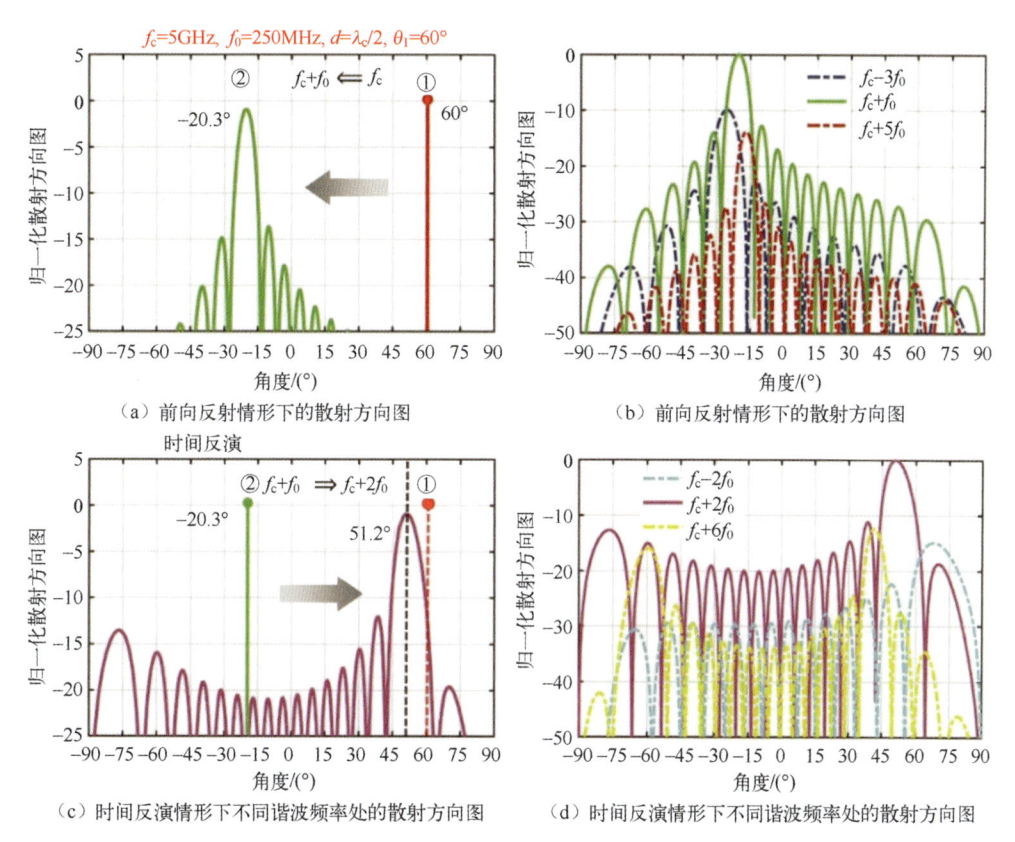

图 8-48 入射波频率 $f_c=5\,\mathrm{GHz}$、调制频率 $f_0=250\,\mathrm{MHz}$、初始入射角 $\theta=60°$、
单元周期长度 $d=\lambda_c/2$ 条件下的非互易反射结果

观察到反射电磁波主要集中在谐波频率 f_c+f_0 处，波束指向 $-20.3°$ 的方向（即端口 2 的方向），在该谐波频率 f_c+f_0 上的反射波束能量超过其他频率处的波束能量 10 dB。由此可见，角度为 $\theta_1=60°$、频率为 f_c 的入射波，被主要转换成角度为 $\theta_2=20.3°$、频率为 f_c+f_0 的反射波。

在反演情形下，入射波频率为 f_c+f_0，角度为 $\theta_2=-20.3°$，从端口 2 出发照射到超材料上，图 8-48（c）、（d）展示了不同谐波频率的散射方向图。可以观察到反射波束主要集中在谐波频率 f_c+2f_0 处，方向指向 $\theta_3=51.2°$。根据式（8-40）计算得到波束偏折角 θ_2、θ_3 与式（8-45）和式（8-46）的计算结果显示高度一致性，均证实了时间反演情况下反射波的传播方向与初始入射波存在明显的角度差异，并伴有 $2f_0$ 频率的转换，实现了非互易反射效应，适用于空间和频率域的电磁波隔离传输。

在实验测试中，为了便于观察结果，设置入射波频率为 $f_c=9.5\,\mathrm{GHz}$。从之前的分析可知，为了在实验中显著观察到角度偏差，调制频率 f_0 需达到 500 MHz 或更高。如图 8-48（a）所示，这要求时空编码序列的开关二极管的切换速率达到 $4f_0=2\,\mathrm{GHz}$，相

479

应的切换时间远超商用二极管的能力。理论上,降低超材料的工作频率 f_c 可以增加相对调制速率 f_0/f_c。

但降低超材料的工作频率 f_c 意味着必须制造更大的超材料样品,并且馈源与超材料之间的距离也需要增加,以满足平面波入射的条件。然而,受微波暗室的工作频率限制,以及商用二极管切换速率的限制,降低工作频率 f_c 在当前设计中并非一种可行的策略,我们选择维持超材料的工作频率 $f_c=9.5\,\text{GHz}$ 并调整调制频率 $f_0=1.25\,\text{MHz}$。从图 8-47 中可见,即使增大入射角度 θ_1,当调制频率 f_0/f_c 极低时,角度偏差 $|\theta_3-\theta_1|$ 也不会增加。尽管在空间上很难区分出角度偏差,我们还是可以通过高精度的频谱分析仪在频率域内观察到非互易效应。

在这个实验测试中,设定入射波的频率为 $f_c=9.5\,\text{GHz}$,调制频率 $f_0=1.25\,\text{MHz}$,单元周期长度 $d=14\,\text{mm}$,初始入射角 $\theta_1=34°$。分析方法与首个实验相似,图 8-49(a)、(b)展现了前向反射和时间反演情况下的散射方向图。在前向反射状态,从端口 1 发出的入射波 f_c 斜射到超材料上,角度为 $\theta_1=34°$,相应的散射方向图展示在图 8-49(a)中,观察到,主要的反射波束集中在谐波频率 $f_c+f_0=9.50125\,\text{GHz}$,波峰朝向 $\theta_2=0.27°$;而在时间反演情形下,不同的入射波频率为 f_c+f_0,角度为 $\theta_2=0.27°$,从端口 2 照射到超材料上,对应的不同谐波频率处的散射方向图如图 8-49(b)所示。可以看出此时对应的反射波束主要集中在谐波频率 $f_c+2f_0=9.5025\,\text{GHz}$ 处,波峰指向 $\theta_3=33.7°$ 的方向,而在 $f_c=9.5\,\text{GHz}$ 频率处没有散射能量。

在本实验示例中,虽然时间反演导致的反射角偏差 $|\theta_3-\theta_1|=0.3°$ 在空间域中很小,难以直观识别,但频率域的变化可以通过频谱分析仪明确区分。这使得实验验证频率域的非互易效应成为可能,从而实现不同端口间的频率隔离。

为了实验验证提出的非互易反射效应,一款基于反射式 2 bit 的可编程超材料被设计并制造。这种超材料的每个单元都装载了两个开关二极管,这些二极管在不同的状态组合下能够实现准确的 2 bit 反射相位。此外,这种超材料展现出优良的角度稳定性,即使在偏离垂直入射的方向时,也能保持稳定的 2 bit 相位分布。

如图 8-50(b)所示,利用 PCB 工艺,制造了一块可编程超材料样件。此样件结构由 16 列单元构成,总体尺寸为 $224\,\text{mm}\times123\,\text{mm}\times1.5\,\text{mm}$。每个单元中设置了两个开关二极管,并在每列单元的直流偏置线末端焊接了一个 2 nH 的电感,用以防止射频信号进入直流偏置电路。实验在标准微波暗室内执行,详细实验布置见图 8-50(a)。实验配置遵循图 8-49 中的设定,入射波频率 $f_c=9.5\,\text{GHz}$,调制频率 $f_0=1.25\,\text{MHz}$,单元周期长度 $d=14\,\text{mm}$,初始入射角 $\theta_1=34°$。

在实验中,测试了一个 2 bit 的可编程超材料,其相位实验值为 53°、154°、279° 和 321°。实验采用了图 8-46(a)所示的时空编码调制策略,通过 FPGA 数字模块控制,在此实验配置中,设置的时间编码序列调制周期为 $0.8\,\mu\text{s}$,对应单个时间间隔 $0.2\,\mu\text{s}$;系统的调制频率设为 $f_0=1.25\,\text{MHz}$,开关二极管切换速率为 5 MHz。

实验主要进行了前向反射和时间反演情形下的散射方向图测试,如图 8-50(a)、(b)中所示。

在前向反射情形下,馈源喇叭天线以 $\theta_1=34°$ 的入射角度(端口 1)发射 9.5 GHz 的激励信号,照射到时空编码超材料上,不同谐波频率处的散射方向图如图 8-50(c)

(a) 前向反射情形下的散射方向图

(b) 前向反射情形下的散射方向图

(c) 时间反演情形下不同谐波频率处的散射方向图

(d) 时间反演情形下不同谐波频率处的散射方向图

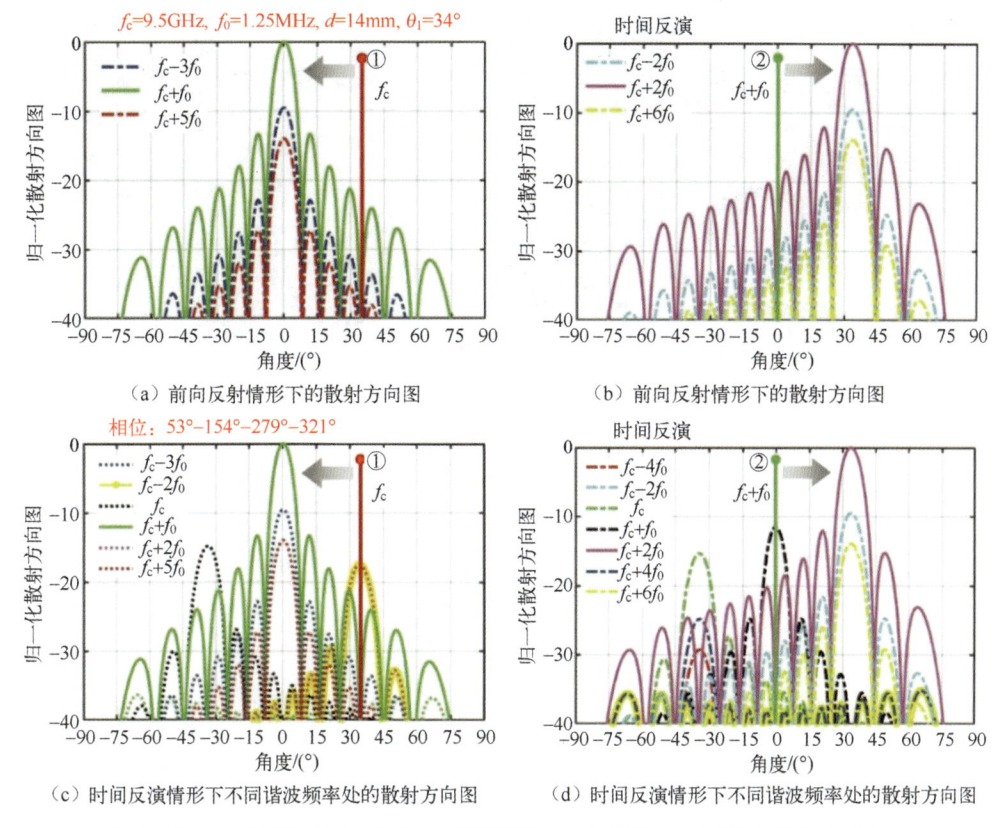

图 8-49 入射波频率 f_c = 5 GHz、调制频率 f_0 = 1.25 MHz、初始入射角 θ = 34°、单元周期长度 d = 14 mm 条件下的非互易反射结果

所示，观察到反射波束主要集中在 9.50125 GHz 频率处，波峰朝向约 0° 的方向（端口 2）。而在时间反演情形下，喇叭天线以 θ_2 = 0° 的角度从端口 2 发射 9.50125 GHz 的激励信号照射超材料，如图 8-50（d）所示，此时反射波束主要集中在 9.50250 GHz 处，角度为 34°，9.5 GHz 频率处的散射能量很小。

通过将图 8-50（c）、(d) 中的实验结果与理论预测进行比较，可以看到波束偏折角度和谐波能量分布非常一致。这些测试结果展示了利用时空编码超材料实现非互易传播的可行性，并证实了其在实验中的应用潜力。

由于调制频率要求远小于入射波频率，时间反演情况下反射波的角度偏离与初始入射波角度相比极小，这使得在空间域内用常规实验设备区分角度偏差变得困难。但是，可通过频谱分析仪在频率域内观察到非互易效应，从而证明在端口 1 和端口 2 之间实现频率的有效隔离。接下来，对前向反射和时间反演情况下各端口接收的频谱能量分布进行了测试，测试的布局如图 8-51（b）所示。

在前向反射场景中，喇叭天线位于端口 1（θ_1 = 34°），发射 9.5 GHz 的信号照射至时空编码超材料，而另一喇叭天线设置在端口 2（θ_2 = 0）接收反射波的频谱能量。如图 8-50（e）的绿色柱状图所示，频谱分析显示端口 1 发射 9.5 GHz 的单音信号在端口 2 主要被转换成 9.50125 GHz 的频率分量（参见图 8-52（a）的频谱仪截图）。相反，在时间反演场景下，从端口 2（θ_2 = 0）位置发射的 9.50125 GHz 信号由位于端口 1（θ_1 =

(a) 微波暗室中的实验测试环境

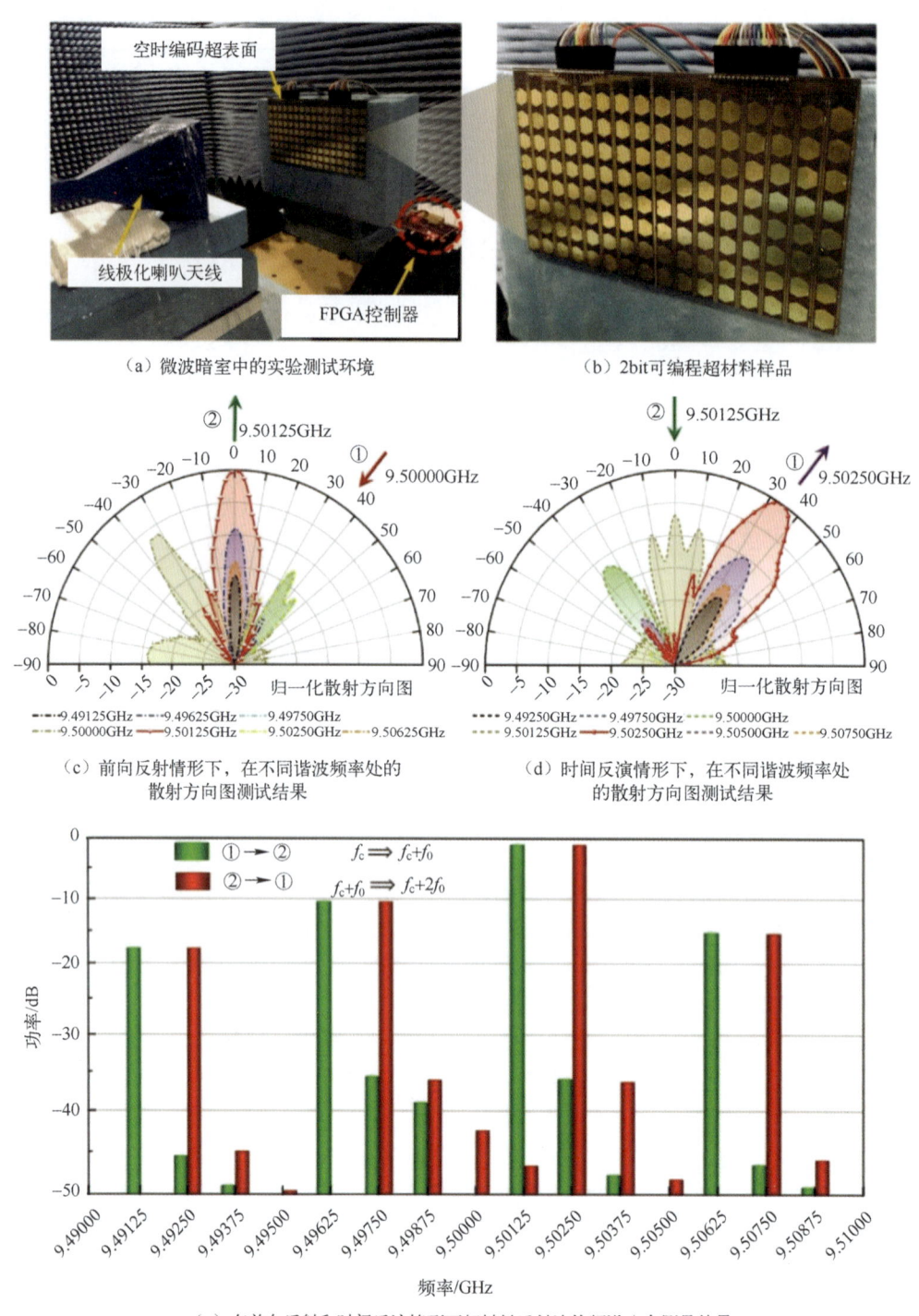

(b) 2bit可编程超材料样品

(c) 前向反射情形下，在不同谐波频率处的散射方向图测试结果

(d) 时间反演情形下，在不同谐波频率处的散射方向图测试结果

(e) 在前向反射和时间反演情形下超材料反射波的频谱分布测量结果

图 8-50　前向反射和时间反演情形下的散射方向图测试

34°) 的天线接收，如图 8-50（e）的红色柱状图所示，其频谱分析揭示 9.50125 GHz 的单音信号被转换成 9.50250 GHz 分量（参见图 8-52（b）的频谱仪截图）。在这种反转传输中，端口 1 接收到的频率是 9.50250 GHz，与其原始发射频率 9.50125 GHz 不同，

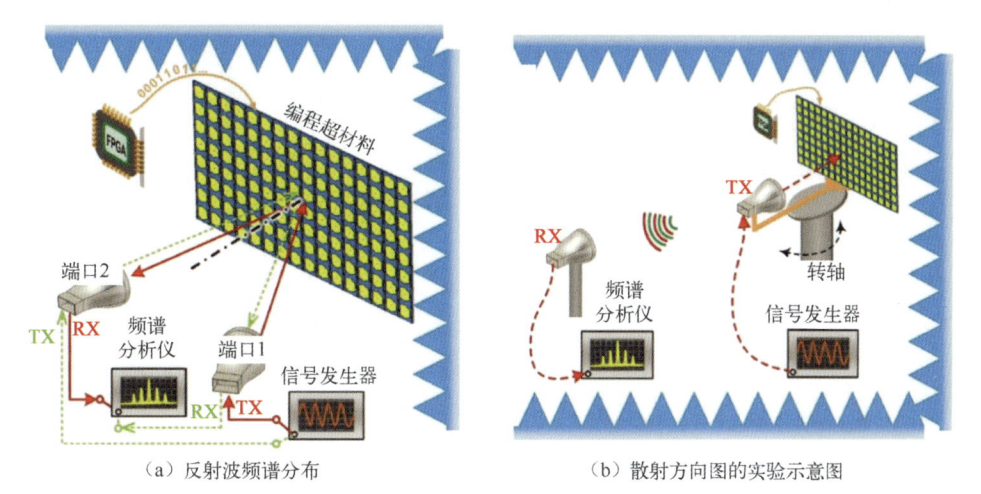

（a）反射波频谱分布　　　　　　　　（b）散射方向图的实验示意图

图 8-51　反射波频以及散射方向图实验示意图

从而在频率域内显示出非互易性。图 8-52（c）、（d）展示了从端口 1 发射不同中心频率（9.3 GHz、9.7 GHz 和 10.0 GHz）的单音信号在端口 2 接收到的频谱分布，这些结果表明时空编码超材料作为宽带系统能够有效地将不同频率的入射波转换至相应的+1 阶谐波频率。

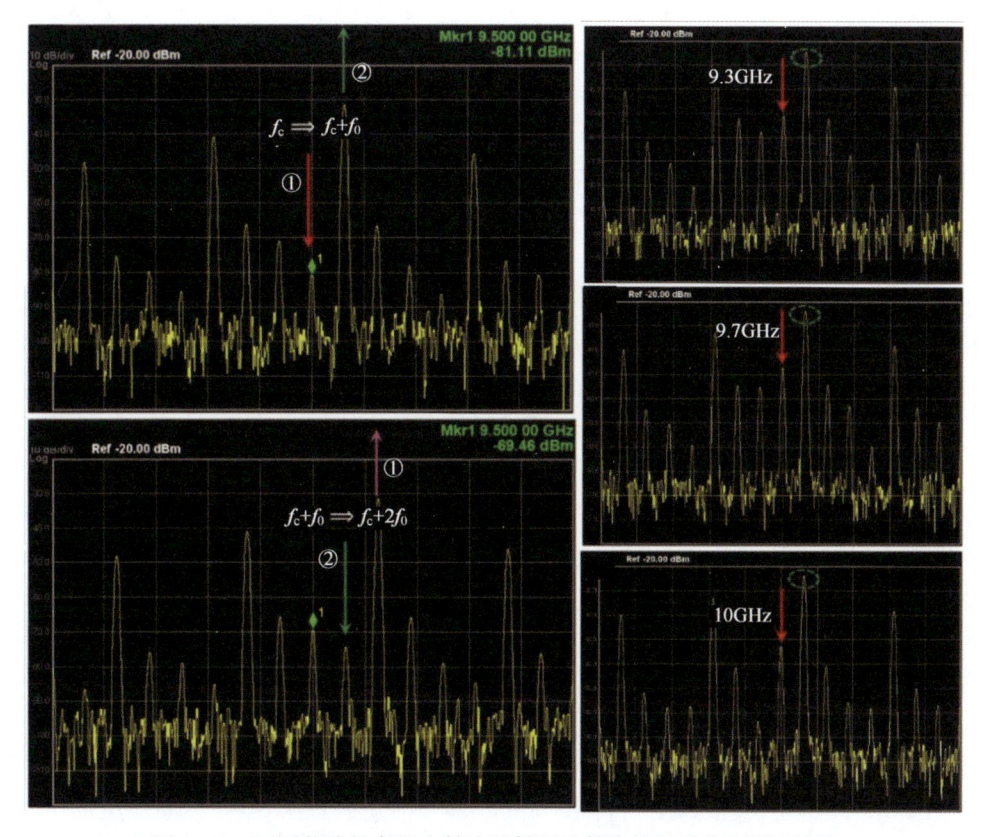

图 8-52　不同载波频率的入射波照射下反射波的频谱分布测试结果

二、基于放大器的无磁非互易超材料设计

无磁非互易超材料为电磁波的波矢和时域频率的任意改变提供了巨大的自由度。对无磁非互易超材料的研究可以分为两个主要类别,即时空超材料和晶体管加载的超材料。在这些非互易方法中,基于晶体管的非互易性由于其在高效非互易电磁波放大的同时打破时间反演对称性。

有源超材料为电磁波的波矢和振幅的任意和单向改变提供了很大的自由度。它们代表了一类用于电磁波传输的紧凑型动态波处理器。反射型有源超材料代表了一类用于简单和高级波形处理的超材料。它们可以安装在墙上或手机或笔记本电脑等设备内部,以提供多样化的波束控制方案。有源超材料的出现引领了波束控制的革命,而考虑到反射状态下波束控制的复杂性,研究者们主要的关注点一直放在透射波束控制超材料上。

文献[140]提出了一种用于非互易波工程和电磁波辐射控制的低剖面反射超材料。所提出的反射超材料能够提供全双工单向波放大和波束控制。同时引入了一种原创的超材料架构,在此架构中,一系列串联级联的辐射贴片与非互易移相器集成,为波接收、单向信号放大、非磁性非互易相移和可控波反射提供了一种有效的机制。这种功能以前没有被报道过,并且有望在现代通信系统中实现各种应用。

文献[140]提供了这些反射超材料的全双工非互易光束控制和波放大的理论、模拟和实验结果。这样的超材料可放置在家庭或工作场所内部,从而非互易地放大、转换并指向源天线或接收波的辐射模式,同时为接收和反射状态提供不同的辐射波束。所提出的超材料由基于晶体管的非互易移相器链与天线元件相互连接构成。这个超材料具有指向性、多样性和不对称的反射和接收辐射波束,以及可调的波束形状的功能。此外,这些波束可以通过改变非互易移相器的直流偏置来进行控制。更重要的是,在此过程中该超材料不产生不期望的谐波,从而实现了高功率效率和显著的波放大,这对于诸如点对点全双工通信等实际应用至关重要。

图 8-53 展示了所提出的基于晶体管的反射型超材料的示意图。该超材料由一组梯度相位串联级联的辐射器-放大器-移相器超材料单元构成,包括一个夹在两个导电层之间的介质层。底部导电层作为贴片天线元件的接地平面,同时包括单向电路的直流(DC)信号路径。顶部导体层包括贴片天线元件、晶体管和移相器。每个超材料单元由一个贴片天线元件、一个移相器和一个单向电路组成。当在超材料的表面处接收到电磁波时,超材料反射出一个频率与接收波相同,但方向为期望方向的波。超材料系统由一个介电层和两个导电层构成,介电层夹在两个导电层之间。每个导电层由多个嵌入其中的超材料单元形成。每个超材料单元都包括与移相器和基于单向晶体管的放大器电连接的微带贴片辐射器。晶体管射频(RF)电路包括两个去耦电容,晶体管的 DC 偏置电路包括一个扼流电感、两个旁路电容和一个偏置电阻。DC 信号偏置晶体管用来创建梯度非互易相移剖面。

图 8-54 为文献[140]所提出的全双工非互易反射型波束控制超材料及其在先进全双工室内无线通信系统中应用的高级架构。超材料厚度为亚波长。在前向问题中,来自右侧的入射波以入射角 θ_i^F 入射到超材料上。超材料接收的波束由每个超材料单元中的梯度移相器控制。因此,波被超材料接收,获得功率增益,并在期望的反射角 θ_r^F 处

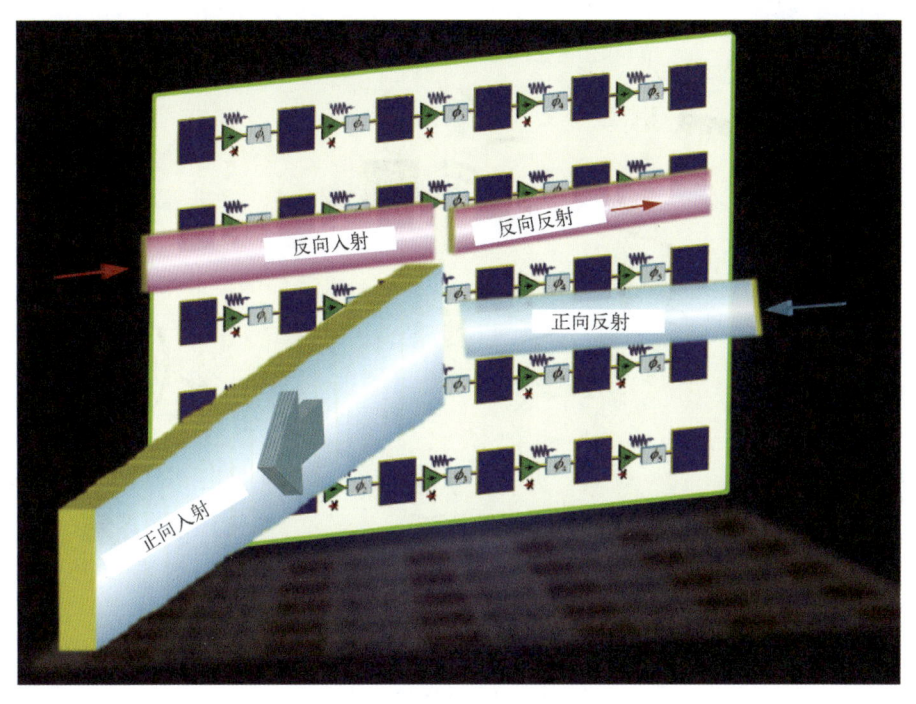

图 8-53 反射型波束控制超材料的示意图

反射，而不是像在传统的互易表面中那样以镜面反射角 θ_i^F 反射。而在反演情况中，从左侧入射的波在一个位于超材料接收波束外的入射角下撞击超材料。因此，该波不被超材料接收，并且在没有显著反射增益或损耗的情况下被反射。如图 8-54 所示，为了演示超材料的全双工（非互易反射）操作，我们考虑时间反转的前向问题的空间反演，即 $\theta_i^B = \theta_r^F$。对于一个互易表面，后向反射波应该在一个与前向入射角相等的反射角下反射。然而，鉴于所提出的超材料的非互易性质，

$$\theta_r^B \neq \theta_i^F, \quad E_r^B \neq E_r^F \tag{8-49}$$

图 8-55 描述了波束控制机制，包括图 8-53 和图 8-54 中超材料级联单元的波入射和反射机制。每个链由 N 个互连的超材料单元组成，每个单元都包括三个主要部分：一个长度为 L 和相位为 ϕ_p 辐射贴片元件；一个具有一个复数的传输函数 T_U 和相位移 ϕ_U 的单向晶体管放大器；以及一个复数传输函数为 T_{ϕ_n} 和相移为 ϕ_n 的梯度移相器，这里的 n 代表超单元在链中的位置，满足 $1<n<N$。从右侧入射的波以入射角 θ_i 撞击超材料，该角度位于由每个超材料单元中的梯度移相器控制的超材料的接收波束内。入射波由辐射贴片元件在对应于入射角 θ_i 的不同相位上接收。然后，每个单元的辐射贴片接收的信号可以按照电场表示为

$$E_{i,n} = E_{0,n} \exp(i\beta(N-n)d\sin(\theta_i)) \tag{8-50}$$

其中，β 是入射波的波数，d 表示两个相邻元素之间的距离。

图 8-56（a）为相连超材料单元链的示意图。每个单元由一个贴片天线元件和一个非互易移相器组成。非互易移相器可以是单向的或双向的。单向非互易移相器由单向器件构成，例如，一个集成了固定移相器的单向晶体管放大器。贴片天线元件是双馈微带贴片天线，以允许反射功率沿着超材料内部期望的方向流动。然而，第一个和最后一个

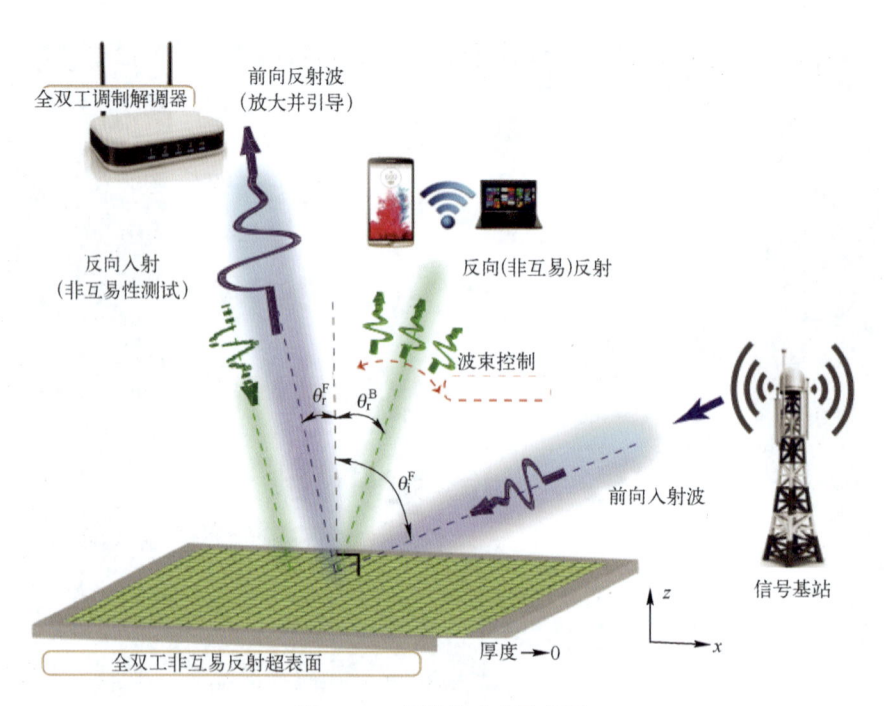

图 8-54 超材料功能示意图

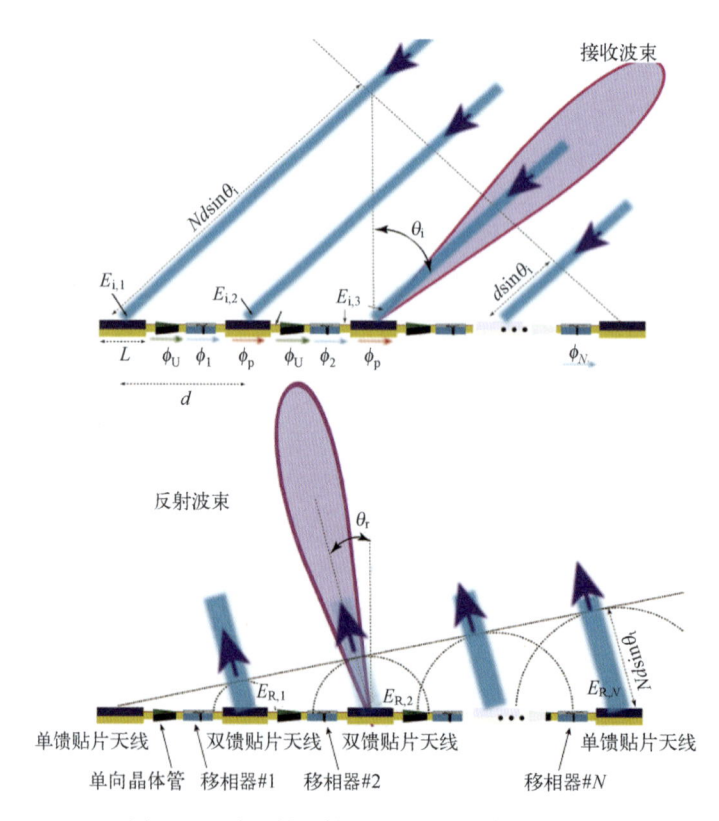

图 8-55 非互易反射型超材料的波束控制机制

486

贴片天线元件是单馈贴片。这一串联的贴片和非互易移相器对来自右侧和左侧的入射波的表现不同。

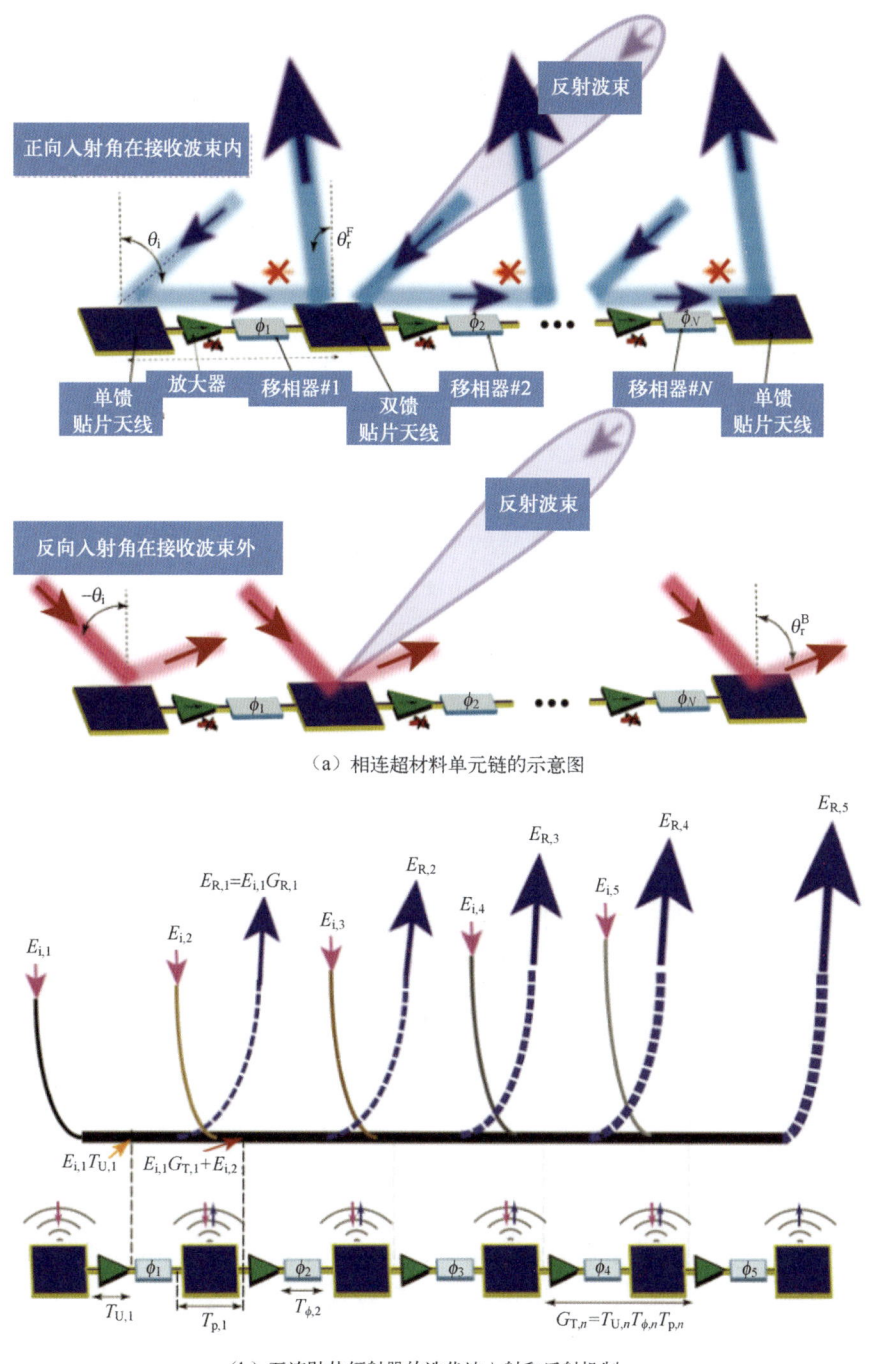

（a）相连超材料单元链的示意图

（b）互连贴片辐射器的迭代波入射和反射机制

图 8-56　超材料操作原理

图 8-56（b）展示了在所提出的有源链中互连贴片辐射器的迭代波入射和反射机制。根据入射角，到达每个单元的入射波（由洋红色箭头表示）可能与链中每个超材

料单元内的行波同相或不同相。最大增益假设入射波与链内的行波同相，因此，如果存在任何相位差异，总增益将减少。如图 8-56（a）所示，每个贴片辐射器引入的辐射损失 $T_{R,n}$ 是非常理想的，并代表了这个超材料的操作原理（用于波束控制和非互易目的）。每条链由 N 个超材料单元组成，这些超材料单元本身包括一个具有复传递函数 $T_{U,n}$ 的单向元件、一个具有复传递函数 $T_{\phi,n}$ 的移相器，以及一个具有复辐射传输函数 $T_{R,n}$ 和两个馈电线之间的复传递函数 $T_{p,n}$ 的贴片辐射器，即 $T_{R,n}=1-T_{p,n}$。因此，每个超材料单元引入了一个链内的总复传递函数 $G_{T,n}=T_{U,n}T_{\phi,n}T_{p,n}$。以及一个复辐射传输函数 $G_{R,n}=T_{U,n}T_{\phi,n}T_{R,n}$。如图 8-56（b）所示，第 n 个超材料单元反射波的电场表示为

$$E_{R,n} = \left(E_{i,n} + \sum_{k=1}^{n-1} E_{i,k} G_{T,k} \right) G_{R,n} \tag{8-51}$$

每个链的总功率增益等于链内 n 个单元的平均功率增益：

$$G_{ch} = \frac{P_{out-ch}}{P_{in-ch}} = \frac{\sum_{n=1}^{N} |E_{R,n}|^2}{\sum_{n=1}^{N} |E_{i,n}|^2} \tag{8-52}$$

阵列系统的总功率增益等于 M 个链的平均增益：

$$G_{tot} = \frac{P_{out}}{P_{in}} = \frac{1}{M} \sum_{m=1}^{M} G_{ch,m} \tag{8-53}$$

其中，M 是阵列的链的数量。

图 8-57（a）为所制造的反射型波束转向超材料的详细架构，图 8-57（b）为反射型超材料的实物照片。图 8-57（c）为对所提出的反射型非互易波束超材料进行非互易和全双工操作测量的测量设置。从右侧入射的蓝色波撞击超材料（在接收角 θ_{RX} 下），被放大并反射到超材料的左侧（在接收角 θ_{FD} 下），在那里被黄色的喇叭天线接收。接下来，为了检验该结构的非互易性（全双工），我们用蓝色路径的时间反演的空间倒置来说明该结构。因此，绿色（后向）波由黄色喇叭天线发射，从左侧入射到超材料（在角度 θ_{FD} 下），并被反射到超材料的右侧（在传输角度 θ_{RX} 下）。我们注意到，传输角度与入射角度不同，即 $\theta_{TX} \neq \theta_{RX}$。测量设置的照片如图 8-57（d）所示，由反射型超材料、吸波材料、矢量网络分析仪（VNA）、直流电源和两个喇叭天线组成。首先，在吸波材料上（而不是超材料）放置了一个理想导电体（PEC）全反射器，并测量了两个喇叭天线之间的自由空间路径损耗（FSPL）。然后，放置超材料，并测量了不同入射角和反射角的结果，其中包括 FSPL。最后，我们从 PEC 全反射器实验获得的 FSPL 中减去了超材料加 FSPL 的结果。

图 8-58（a）~（h）展示了全波仿真结果，阐述了所提出超材料的非互易反射波束转向机制。出于展示的目的，将超材料对正向波入射的反射增益设置为 1，可以同时看到入射波和反射波。正如在这些图中看到的，超材料为每个入射角引入了不同的反射角。

图 8-59（a）~（h）展示了实验结果，证明了超材料对来自不同入射角度（+80° ~ +50°）的入射波具有全双工波束转向功能。对于前向问题，即入射的蓝色波从右侧撞击到超材料时，波立即被超材料放大，并被反射到预期的反射角，由全双工端口（如

(a) 反射型波束转向超材料的详细架构　　(b) 反射型超材料的实物照片

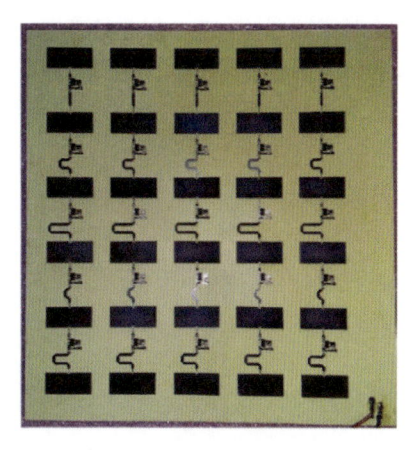

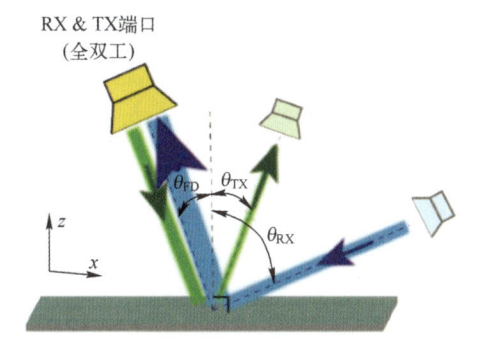

(c) 反射型非互易波束超材料进行非　　(d) 测量设置的照片
　　互易和全双工操作测量的测量设置

图 8-57　实验演示

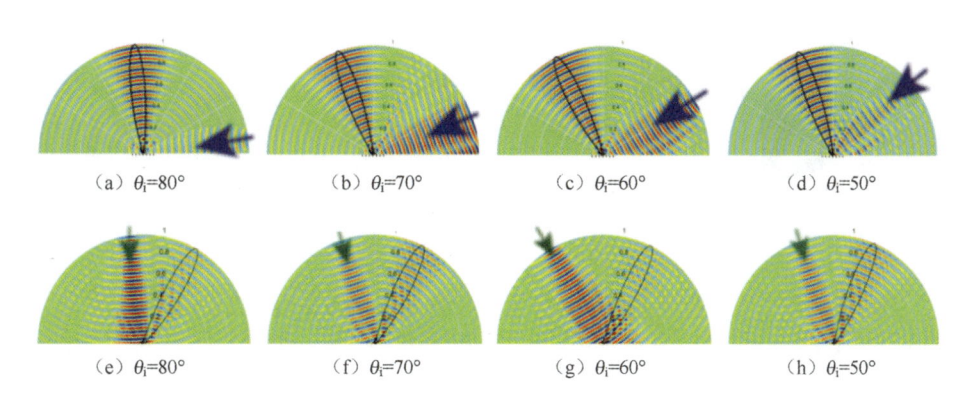

(a) $\theta_i=80°$　(b) $\theta_i=70°$　(c) $\theta_i=60°$　(d) $\theta_i=50°$

(e) $\theta_i=80°$　(f) $\theta_i=70°$　(g) $\theta_i=60°$　(h) $\theta_i=50°$

图 8-58　全波仿真结果，(a)~(d) 正向波入射，(e)~(h) 用于非互易性检查的反向波入射

图 8-57 (c) 所指定) 接收。对于反演问题，我们检验了超材料的非互易性 (全双工操作) 和不对称性。用于非互易性检验的后向波由极坐标图 (即图 8-59 (a)、(c)、(e)、(g)) 左侧的绿色箭头 (后向入射) 和同一极坐标图右侧的绿色 (后向) 反射波束展示。此外，用于不对称性检验的后向波由极坐标图左侧的红色箭头 (后向入射) 和同一极坐标图右侧的红色 (后向) 反射波束展示。图 8-59 (a)、(c)、(e)、(g)

489

中的极坐标图是在 5.81 GHz 下测量的。这些极坐标图证明超材料提供了独特的全双工波操作和单向放大功能，这是其非互易和不对称波反射的结果。为了进一步阐明超材料的操作，我们在图 8-59（b）、(d)、(f)、(h) 中绘制了超材料对不同入射角和反射角的频率响应。

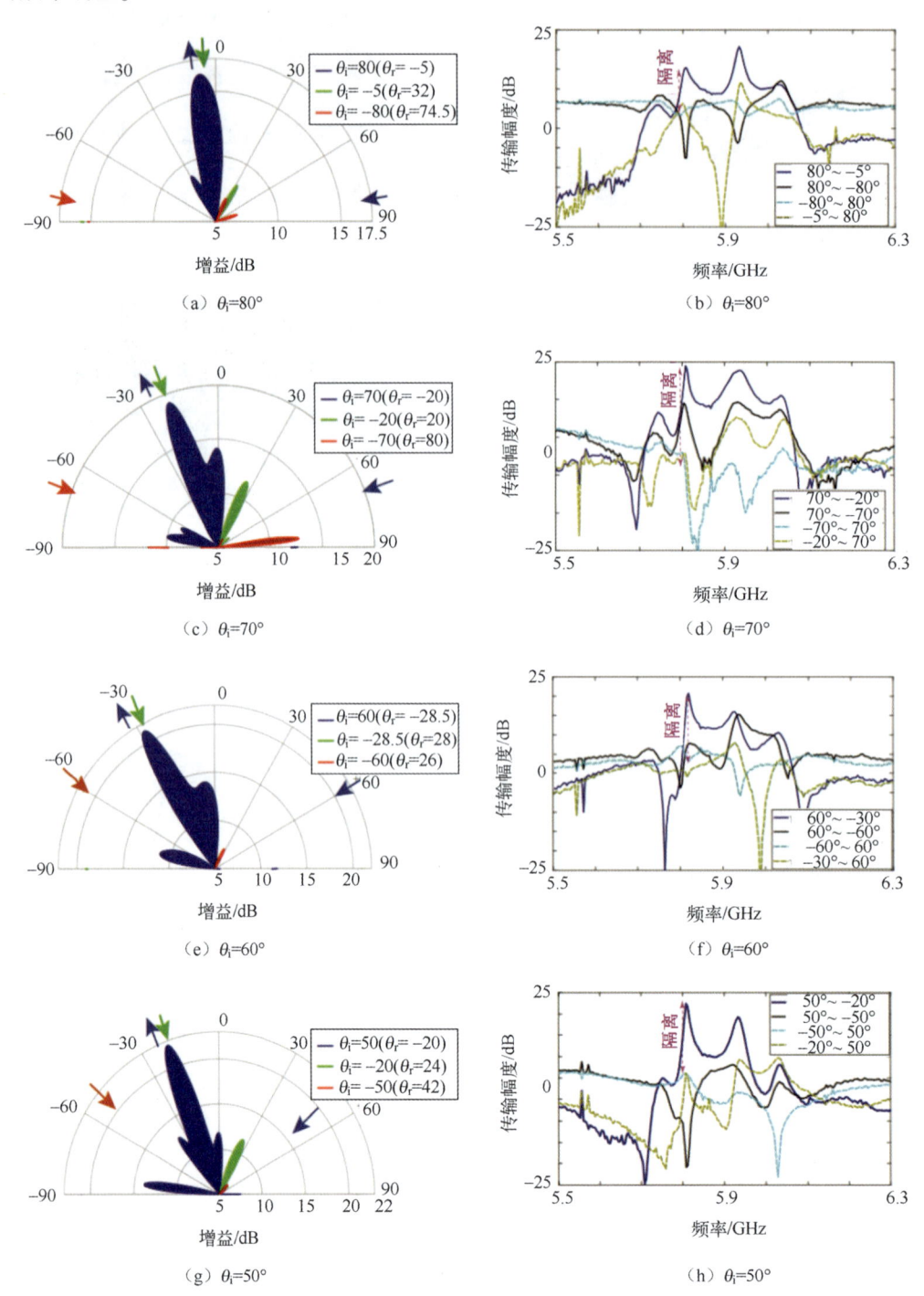

图 8-59 全双工反射型波束控制的实验结果，在 5.81 GHz 时进行了极坐标图的测量

矩形频率响应图（即图 8-59（b）、(d)、(f)、(h)）中的黑色实线和青色虚线检验了超材料在镜面角度的非互易性。超材料被设计为在入射角+50°（图 8-59（g）、(h)）提供最佳性能，正如看到的，它在镜面角度引入了超过 20 dB 的隔离，即从-50°到+50°引入了大约 5 dB 的传输增益，而从+50°到-50°则少于-15 dB。此外，反射波的主波束位于-20°，传输增益为 21.5 dB，这比-50°处镜面角度的反射波强超过 36 dB。对于所有 4 个入射角度，即+80°、+70°、+60°和+50°，镜面角度的反射比超材料的主波束低 10 dB。这显示了超材料的灵活性，使得超材料链可以根据给定的规格设计。

图 8-60（a）为非互易反射超材料的近场实验设置的示意图。在这个实验中，两个喇叭天线放置在超材料的近场区域内，非常靠近超材料。图 8-60（b）绘制了超材料对+40°入射角波入射的近场性能的实验结果。该图显示，对于远场和近场实验，超材料提供了非常接近的结果。这展示了超材料在近场的出色性能。这种独特的近场性能，即近场波放大、非互易性和波束控制，预计将在 6G 室内无线通信中起到重要作用。

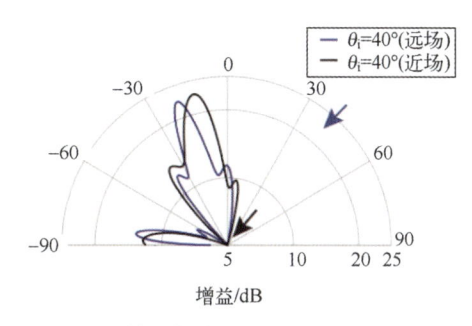

（a）近场实验设置的照片　　（b）超材料的近场波束与远场波束对比，波入射角为$θ_i$=40°

图 8-60　反射型超材料在 5.81 GHz 下近场效率的实验结果

在应用方面，这种超材料可以很好地无缝安装在墙上或智能设备上，且能够实现大规模 MIMO 波束成形，由于不需要额外的射频馈线和匹配电路，可以通过偏置单向设备和移相器超材料的功能进行操作，以及用可调贴片辐射器进行控制和编程。高度指向性和反射性的全双工非互易波束操作是该超材料的一个非常有前景的特性，可用于低成本高能力和可编程的无线波束成形。超材料可以成为 Wi-Fi、蜂窝网络、卫星接收器和 IoT 传感器信号增强的智能连接解决方案的核心，可为用户之间提供快速扫描，同时提供全双工多路访问和信号编码。

参 考 文 献

[1] Ma Q, Liu C, Xiao Q, et al. Information metasurfaces and intelligent metasurfaces [J]. Photonics Insights, 2022, 1 (1)：R01-R01.

[2] Yu N, Genevet P, Kats M A, et al. Light propagation with phase discontinuities：generalized laws of reflection and refraction [J]. Science, 2011, 334 (6054)：333-337.

[3] Alù A. Mantle cloak：Invisibility induced by a surface [J]. Physical ReviewB—Condensed Matter and Materials Physics, 2009, 80 (24)：245115.

[4] Ni X, Wong Z J, Mrejen M, et al. An ultrathin invisibility skin cloak for visible light [J]. Science, 2015, 349

(6254): 1310-1314.

[5] Fang X, Ren H, Gu M. Orbital angularmomentum holography for high-security encryption [J]. Nature Photonics, 2020, 14 (2): 102-108.

[6] Ni X, KildishevA V, Shalaev V M. Metasurface holograms for visible light [J]. Nature Communications, 2013, 4 (1): 2807.

[7] Katare K K, Chandravanshi S, Biswas A, et al. Realization of split beam antenna using transmission-type coding metasurface and planar lens [J]. IEEE Transactions on Antennas and Propagation, 2019, 67 (4): 2074-2084.

[8] Grady N K, Heyes J E, Chowdhury D R, et al. Terahertz metamaterialsfor linear polarization conversion and anomalous refraction [J]. Science, 2013, 340 (6138): 1304-1307.

[9] Hao J, Yuan Y, Ran L, et al. Manipulating electromagnetic wave polarizations by anisotropic metamaterials [J]. Physical Review Letters, 2007, 99 (6): 063908.

[10] Chen L, Ruan Y, Luo S S, et al. Optically transparent metasurfaceabsorber based on reconfigurable and flexible indium tin oxide film [J]. Micromachines, 2020, 11 (12): 1032.

[11] Luo J, Ma Q, Jing H, et al. 2-bit amplitude-modulated coding metasurfaces based on indium tin oxide films [J]. Journal of Applied Physics, 2019, 126 (11): 113102.

[12] Bao L, Ma Q, Bai G D, et al. Design of digital coding metasurfaces with independent controls of phase and amplitude responses [J]. Applied Physics Letters, 2018, 113 (6): 063502.

[13] Devlin R C, Ambrosio A, Rubin N A, et al. Arbitrary spin-to-orbital angular momentum conversion of light [J]. Science, 2017, 358 (6365): 896-901.

[14] Salary M M, Mosallaei H. Time-modulated conducting oxide metasurfaces for adaptive multiple access optical communication [J]. IEEE Transactions on Antennas and Propagation, 2019, 68 (3): 1628-1642.

[15] Chen M Z, Tang W, Dai J Y, et al. Accurate and broadband manipulations of harmonic amplitudes and phases to reach 256 QAM millimeter-wave wireless communications by time-domain digital coding metasurface [J]. National Science Review, 2022, 9 (1): 134.

[16] Chen X, Ke J C, Tang W, et al. Design and implementation of MIMO transmission based on dual-polarized reconfigurable intelligent surface [J]. IEEE Wireless Communications Letters, 2021, 10 (10): 2155-2159.

[17] Dai J Y, Tang W, Yang L X, et al. Realization of multi-modulation schemes for wireless communication by time-domain digital coding metasurface [J]. IEEE Transactions on Antennas and Propagation, 2019, 68 (3): 1618-1627.

[18] Tang W, Dai J Y, Chen M Z, et al. MIMO transmission through reconfigurable intelligent surface: System design, analysis, and implementation [J]. IEEE Journal on Selected Areas in Communications, 2020, 38 (11): 2683-2699.

[19] Dou K, Xie X, Pu M, et al. Off-axis multi-wavelength dispersion controlling metalens for multi-color imaging [J]. Opto-Electronic Advances, 2020, 3 (4): 1-7.

[20] Huo P, Zhang C, Zhu W, et al. Photonic spin-multiplexing metasurface for switchable spiral phase contrast imaging [J]. Nano Letters, 2020, 20 (4): 2791-2798.

[21] Imani M F, Gollub J N, Yurduseven O, et al. Review of metasurface antennas for computationalmicrowave imaging [J]. IEEE Transactions on Antennas and Propagation, 2020, 68 (3): 1860-1875.

[22] Zhou M, Sørensen S B, Brand Y, et al. Doubly curved reflectarray for dual-band multiple spot beam communication satellites [J]. IEEE Transactions on Antennas and Propagation, 2019, 68 (3): 2087-2096.

[23] Zhang M T, Gao S, Jiao Y C, et al. Design of novel reconfigurable reflectarrays with single-bit phase resolution for Ku-band satellite antenna applications [J]. IEEE Transactions on Antennas and Propagation, 2016, 64 (5): 1634-1641.

[24] Kaddour A S, Velez C A, Hamza M, et al. A foldable and reconfigurable monolithic reflectarray for space applications [J]. IEEE Access, 2020, 8: 219355-219366.

[25] Li H, Maria Rosendo-López, Zhu Y, et al. Ultrathin acoustic parity-time symmetric metasurface cloak [J]. Research, 2019, 2019: 8345683.

[26] Qian C, Zheng B, Shen Y, et al. Deep-learning-enabled self-adaptive microwave cloak without human intervention

[J]. Nature Photonics, 2020, 14 (6): 383-390.

[27] Zhang X G, Sun Y L, Yu Q, et al. Smart Doppler cloak operating in broad band and full polarizations [J]. Advanced Materials, 2021, 33 (17): 2007966.

[28] Della Giovampaola C, Engheta N. Digital metamaterials [J]. Nature Materials, 2014, 13 (12): 1115-1121.

[29] Cui T J, Qi M Q, Wan X, et al. Coding metamaterials, digital metamaterials and programmable metamaterials [J]. Light: Science & Applications, 2014, 3 (10): e218-e218.

[30] Ma Q, Shi C B, Bai G D, et al. Beam - editing coding metasurfacesbased on polarization bit and orbital - angular - momentum - mode bit [J]. Advanced Optical Materials, 2017, 5 (23): 1700548.

[31] Bai G D, Ma Q, Li R Q, et al. Spin-symmetry breaking through metasurface geometric phases [J]. Physical Review Applied, 2019, 12 (4): 044042.

[32] Xiao Q, Ma Q, Yan T, et al. Orbital - angular - momentum - encrypted holography based on coding information metasurface [J]. Advanced Optical Materials, 2021, 9 (11): 2002155.

[33] Chen L, Ma Q, Jing H B, et al. Space-energy digital-coding metasurface based on an active amplifier [J]. Physical Review Applied, 2019, 11 (5): 054051.

[34] Chen L, Ma Q, Nie Q F, et al. Dual-polarization programmable metasurface modulator for near-field information encoding and transmission [J]. Photonics Research, 2021, 9 (2): 116-124.

[35] Ma Q, Chen L, Jing H B, et al. Controllable and programmable nonreciprocity based on detachable digital coding metasurface [J]. Advanced Optical Materials, 2019, 7 (24): 1901285.

[36] Zhang L, Chen X Q, Shao R W, et al. Breaking reciprocity with space - time - coding digital metasurfaces [J]. Advanced Materials, 2019, 31 (41): 1904069.

[37] Ma Q, Bai G D, Jing H B, et al. Smart metasurface with self-adaptively reprogrammable functions [J]. Light: Science & Applications, 2019, 8 (1): 98.

[38] Ma Q, Hong Q R, Gao X X, et al. Smart sensing metasurface with self-definedfunctions in dual polarizations [J]. Nanophotonics, 2020, 9 (10): 3271-3278.

[39] Li L, Shuang Y, Ma Q, et al. Intelligent metasurface imager and recognizer [J]. Light: Science & Applications, 2019, 8 (1): 97.

[40] Liu C, Yu W M, Ma Q, et al. Intelligent coding metasurface holograms by physics-assisted unsupervised generative adversarial network [J]. Photonics Research, 2021, 9 (4): B159-B167.

[41] Li L, Ruan H, Liu C, et al. Machine - learningreprogrammable metasurface imager [J]. Nature Communications, 2019, 10 (1): 1082.

[42] Zhao H, Shuang Y, Wei M, et al. Metasurface-assisted massive backscatter wireless communication with commodity Wi-Fi signals [J]. Nature Communications, 2020, 11 (1): 3926.

[43] Hong Q R, Ma Q, Gao X X, et al. Programmable amplitude - coding metasurface with multifrequency modulations [J]. AdvancedIntelligent Systems, 2021, 3 (8): 2000260.

[44] Wu H, Liu S, Wan X, et al. Controlling energy radiations of electromagnetic waves via frequency coding metamaterials [J]. Advanced Science, 2017, 4 (9): 1700098.

[45] Dai J Y, Zhao J, Cheng Q, et al. Independent control of harmonic amplitudes and phases via a time-domain digital coding metasurface [J]. Light: Science & Applications, 2018, 7 (1): 90.

[46] Zhao J, Yang X, Dai J Y, et al. Programmable time-domain digital-coding metasurface for non-linear harmonic manipulation and new wireless communication systems [J]. National Science Review, 2019, 6 (2): 231-238.

[47] Zhang L, Chen X Q, Liu S, et al. Space-time-coding digitalmetasurfaces [J]. Nature Communications, 2018, 9 (1): 4334.

[48] Zhang L, Chen M Z, Tang W, et al. A wireless communication scheme based on space-and frequency-division multiplexing using digital metasurfaces [J]. Nature Electronics, 2021, 4 (3): 218-227.

[49] Cui T J, Liu S, Zhang L. Information metamaterials and metasurfaces [J]. Journal of Materials Chemistry, 2017, 5 (15): 3644-3668.

[50] Zhou M, Chen X, Tang W, et al. Dual-polarized RIS-based STBC transmission with polarization coupling analysis [J]. ZTE Communications, 2022, 20 (1): 63-75.

[51] 程强, 崔铁军. 电磁超材料 [M]. 南京: 东南大学出版社, 2022.

[52] Pan C, Ren H, Wang K, et al. Multicell MIMO communications relying on intelligent reflecting surfaces [J]. IEEE Transactions on Wireless Communications, 2020, 19 (8): 5218-5233.

[53] Wang H, Shlezinger N, Eldar Y C, et al. Dynamic metasurface antennas for MIMO-OFDM receivers with bit-limited ADCs [J]. IEEE Transactions on Communications, 2020, 69 (4): 2643-2659.

[54] Johnson M C, Brunton S L, Kundtz N B, et al. Sidelobe canceling for reconfigurable holographic metamaterial antenna [J]. IEEE Transactions on Antennas and Propagation, 2015, 63 (4): 1881-1886.

[55] Akyildiz I F, Jornet J M. Realizing ultra-massive MIMO (1024×1024) communication in the (0.06 – 10) terahertz band [J]. Nano Communication Networks, 2016, 8: 46-54.

[56] Shlezinger N, Dicker O, Eldar Y C, et al. Dynamic metasurface antennas for uplink massive MIMO systems [J]. IEEE Transactions on Communications, 2019, 67 (10): 6829-6843.

[57] Wang H, Shlezinger N, Jin S, et al. Dynamic metasurface antennas based downlink massive MIMO systems [C]// 2019 IEEE 20th International Workshop on Signal Processing Advances in Wireless Communications (SPAWC). IEEE, 2019: 1-5.

[58] Björnson E, Wymeersch H, Matthiesen B, et al. Reconfigurable intelligent surfaces: A signal processing perspective with wireless applications [J]. IEEE Signal Processing Magazine, 2022, 39 (2): 135-158.

[59] Wymeersch H, He J, Denis B, et al. Radio localization and mapping with reconfigurable intelligent surfaces: challenges, opportunities, and research directions [J]. IEEE Vehicular Technology Magazine, 2020, 15 (4): 52-61.

[60] He J, Wymeersch H, Kong L, et al. Large intelligent surface for positioning in millimeter wave MIMO systems [C]// 2020 IEEE 91st Vehicular Technology Conference (VTC2020-Spring). IEEE, 2020: 1-5.

[61] He J, Wymeersch H, Sanguanpuak T, et al. Adaptive beamforming design for mmWave RIS-aided joint localization and communication [C]//2020 IEEE Wireless Communications and Networking Conference Workshops (WCNCW). IEEE, 2020: 1-6.

[62] Strinati E C, Alexandropoulos G C, Wymeersch H, et al. Reconfigurable, intelligent, and sustainable wireless environments for 6G smart connectivity [J]. IEEE Communications Magazine, 2021, 59 (10): 99-105.

[63] Alexandropoulos G C, Shlezinger N, Del Hougne P. Reconfigurable intelligent surfaces for rich scattering wireless communications: Recent experiments, challenges, and opportunities [J]. IEEE Communications Magazine, 2021, 59 (6): 28-34.

[64] Cui M, Zhang G, Zhang R. Secure wireless communication via intelligent reflecting surface [J]. IEEE Wireless Communications Letters, 2019, 8 (5): 1410-1414.

[65] Hong S, Pan C, Ren H, et al. Artificial-noise-aided secure MIMO wireless communications via intelligent reflecting surface [J]. IEEE Transactions on Communications, 2020, 68 (12): 7851-7866.

[66] Wu W, Wang Z, Yuan L, et al. IRS-enhanced energy detection for spectrum sensing in cognitive radio networks [J]. IEEE Wireless Communications Letters, 2021, 10 (10): 2254-2258.

[67] Wu W, Wang Z, Zhou F, et al. Joint sensing and transmission optimization in IRS-assisted CRNs: Throughput maximization [C]//GLOBECOM 2022-2022 IEEE Global Communications Conference. IEEE, 2022: 2438-2443.

[68] Yan W, Yuan X, He Z Q, et al. Passive beamforming and information transfer design for reconfigurable intelligent surfaces aided multiuser MIMO systems [J]. IEEE Journal on Selected Areas in Communications, 2020, 38 (8): 1793-1808.

[69] Tian Z, Chen Z, Wang M, et al. Reconfigurable intelligent surface empowered optimization for spectrum sharing: Scenarios and methods [J]. IEEE Vehicular Technology Magazine, 2022, 17 (2): 74-82.

[70] Yuan J, Liang Y C, Joung J, et al. Intelligent reflecting surface-assisted cognitive radio system [J]. IEEE Transactions on Communications, 2020, 69 (1): 675-687.

[71] Zhang L, Wang Y, Tao W, et al. Intelligent reflecting surface aided MIMO cognitive radio systems [J]. IEEE Trans-

actions on Vehicular Technology, 2020, 69 (10): 11445-11457.

[72] Guan X, Wu Q, Zhang R. Joint power control and passive beamforming in IRS-assisted spectrum sharing [J]. IEEE Communications Letters, 2020, 24 (7): 1553-1557.

[73] Peng Z, Zhang Z, Pan C, et al. Multiuser full-duplex two-way communications via intelligent reflecting surface [J]. IEEE Transactions on Signal Processing, 2021, 69: 837-851.

[74] Zhang Y, Zhong C, Zhang Z, et al. Sum rate optimization for two way communications with intelligent reflecting surface [J]. IEEE Communications Letters, 2020, 24 (5): 1090-1094.

[75] Dehos C, González J L, De Domenico A, et al. Millimeter-wave access and backhauling: the solution to the exponential data traffic increase in 5G mobile communications systems? [J]. IEEE Communications Magazine, 2014, 52 (9): 88-95.

[76] Roh W, Seol J Y, Park J, et al. Millimeter-wave beamforming as an enabling technology for 5G cellular communications: Theoretical feasibility and prototype results [J]. IEEE Communications Magazine, 2014, 52 (2): 106-113.

[77] Heath R W, Gonzalez-Prelcic N, Rangan S, et al. An overview of signal processing techniques for millimeter wave MIMO systems [J]. IEEE Journal of Selected Topics in Signal Processing, 2016, 10 (3): 436-453.

[78] Liu R, Ji C, Mock J J, et al. Broadband ground-plane cloak [J]. Science, 2009, 323 (5912): 366-369.

[79] Schurig D, Mock J J, Justice B J, et al. Metamaterial electromagnetic cloak at microwave frequencies [J]. Science, 2006, 314 (5801): 977-980.

[80] Ni X, Wong Z J, Mrejen M, et al. An ultrathin invisibility skin cloak for visible light [J]. Science, 2015, 349 (6254): 1310-1314.

[81] Li J, Pendry J B. Hiding under the carpet: A new strategy for cloaking [J]. Physical Review Letters, 2008, 101 (20): 203901.

[82] Chen H, Wu B I, Zhang B, et al. Electromagnetic wave interactions with a metamaterial cloak [J]. Physical Review Letters, 2007, 99 (6): 063903.

[83] Li L, Jun Cui T, Ji W, et al. Electromagnetic reprogrammable coding-metasurface holograms [J]. Nature Communications, 2017, 8 (1): 197.

[84] Li Y B, Li L L, Xu B B, et al. Transmission-type 2-bitprogrammable metasurface for single-sensor and single-frequency microwave imaging [J]. Scientific Reports, 2016, 6 (1): 23731.

[85] Gao L H, Cheng Q, Yang J, et al. Broadband diffusion of terahertz waves by multi-bit coding metasurfaces [J]. Light: Science & Applications, 2015, 4 (9): e324-e324.

[86] Tao Z, Jiang W X, Ma H F, et al. High-gain andhigh-efficiency GRIN metamaterial lens antenna with uniform amplitude and phase distributions on aperture [J]. IEEE Transactions on Antennas and Propagation, 2017, 66 (1): 16-22.

[87] Zhang L, Wan X, Liu S, et al. Realization of low scattering for a high-gain Fabry - Perot antenna using coding metasurface [J]. IEEE Transactions on Antennas and Propagation, 2017, 65 (7): 3374-3383.

[88] Zhu H L, Cheung S W, Liu X H, et al. Design of polarization reconfigurable antenna using metasurface [J]. IEEE Transactions on Antennas and Propagation, 2014, 62 (6): 2891-289.

[89] Liaskos C, Nie S, Tsioliaridou A, et al. A new wireless communication paradigm through software-controlled metasurfaces [J]. IEEE Communications Magazine, 2018, 56 (9): 162-169.

[90] Liaskos C, Nie S, Tsioliaridou A, et al. A novel communication paradigm for high capacity and security via programmable indoor wireless environments in next generation wireless systems [J]. Ad Hoc Networks, 2019, 87: 1-16.

[91] Goldsmith A. Wireless communications [M]. Cambridge: Cambridge University Press, 2005.

[92] Haykin S. Communication Systems [M]. 4th ed. Hoboken, NJ: John Wiley & Sons, 2008.

[93] Oppenheim A V, Baggeroer A B, Chandrakasan A P, et al. Digital signal processing research program [R]. Research Laboratory of Electronics (RLE) at the Massachusetts Institute of Technology (MIT), 1997.

[94] Tait P. Introduction to radar target recognition [M]. London: IET, 2005.

[95] Zepernick H J, Finger A. Pseudo random Signal Processing: Theory and application [M]. New York: John Wiley &

[96] Zepernick H J, Finger A. Pseudo random signal processing: theory and application [M]. Hoboken: John Wiley & Sons, 2013.

[97] Wang X, Tong M S, Zhao L. Pseudorandom noise sequence time-modulated reflective metasurfaces for target recognition [J]. IEEE Transactions on Microwave Theory andTechniques, 2023, 71 (8): 3446-3454.

[98] Zhang L, Chen X Q, Liu S, et al. Space-time-coding digital metasurfaces [J]. Nature Communications, 2018, 9 (1): 4334.

[99] Taravati S, Eleftheriades G V. 4D wave transformations enabled by space-time metasurfaces: Foundations and illustrative examples [J]. IEEE Antennas and Propagation Magazine, 2022, 65 (4): 61-74.

[100] Wang X, Caloz C. Pseudorandom sequence (space-) time-modulated metasurfaces: Principles, operations, and applications [J]. IEEE Antennas and Propagation Magazine, 2022, 64 (4): 135-144.

[101] Merilaita S, Stevens M. Animal camouflage: Mechanisms and function [M]. Cambridge: Cambridge University Press, 2011.

[102] Lynch D. Introduction to RFstealth [M]. NC: Scitech Publishing Inc., 2004.

[103] Pettersson R. Visual camouflage [J]. Journal of Visual Literacy, 2018, 37 (3): 181-194.

[104] Wang C, Han X, Xu P, et al. The electromagnetic property of chemically reduced graphene oxide and its application as microwave absorbing material [J]. Applied Physics Letters, 2011, 98 (7): 072906.

[105] Xia T, Zhang C, Oyler N A, et al. Hydrogenated TiO(2) nanocrystals: a novel microwave absorbing material [J]. Advanced Materials (Deerfield Beach, Fla.), 2013, 25 (47): 6905-6910.

[106] Lima U R, Nasar M C, Nasar R S, et al. Ni-Zn nanoferrite for radar-absorbing material [J]. Journal of Magnetism and Magnetic Materials, 2008, 320 (10): 1666-1670.

[107] Bondeson A, Yang Y, Weinerfelt P. Optimization of radar cross section by a gradient method [J]. IEEE Transactions on Magnetics, 2004, 40 (2): 1260-1263.

[108] Chambers B, Tennant A. Thephase-switched screen [J]. IEEE Antennas and Propagation Magazine, 2004, 46 (6): 23-37.

[109] Tennant A. Reflection propertiesof a phase modulating planar screen [J]. Electronics Letters, 1997, 33 (21): 1768-1769.

[110] Wang X, Caloz C. Spread-spectrumselective camouflaging based on time-modulated metasurface [J]. IEEE Transactions on Antennas and Propagation, 2020, 69 (1): 286-295.

[111] Hadad Y, Sounas D L, Alu A. Space-time gradient metasurfaces [J]. Physical Review B, 2015, 92 (10): 100304.

[112] Shaltout A, Kildishev A, Shalaev V. Time-varying metasurfaces and Lorentz non-reciprocity [J]. Optical Materials Express, 2015, 5 (11): 2459-2467.

[113] Hadad Y, Soric J C, Alu A. Breaking temporal symmetries for emission and absorption [J]. Proceedings of the National Academy of Sciences, 2016, 113 (13): 3471-3475.

[114] Zhang L, Chen X Q, Shao R W, et al. Breaking reciprocitywith space-time-coding digital metasurfaces [J]. Advanced Materials, 2019, 31 (41): 1904069.

[115] Taravati S, Khan B A, Gupta S, et al. Nonreciprocal nongyrotropic magnetless metasurface [J]. IEEE Transactions on Antennas and Propagation, 2017, 65 (7): 3589-3597.

[116] Taravati S, Eleftheriades G V. Full-duplex nonreciprocal beam steering by time-modulated phase-gradientmetasurfaces [J]. Physical Review Applied, 2020, 14 (1): 014027.

[117] Wang Z, Wang Z, Wang J, et al. Gyrotropic response in the absence of a bias field [J]. Proceedings of the National Academy of Sciences, 2012, 109 (33): 13194-13197.

[118] Taravati S, Kishk A A. Space-time modulation: Principles and applications [J]. IEEE Microwave Magazine, 2020, 21 (4): 30-56.

[119] Zang J W, Correas-Serrano D, Do J T S, et al. Nonreciprocal wavefront engineering with time-modulated gradient-

[120] Taravati S, Eleftheriades G V. Space-time medium functions as a perfect antenna-mixer-amplifier transceiver [J]. Physical Review Applied, 2020, 14 (5): 054017.

[121] Taravati S. Giant linear nonreciprocity, zero reflection, and zero band gap in equilibrated space-time-varying media [J]. Physical Review Applied, 2018, 9 (6): 064012.

[122] Taravati S, Kishk A A. Advanced wave engineering via obliquely illuminated space-time-modulated slab [J]. IEEE Transactions on Antennas and Propagation, 2018, 67 (1): 270-281.

[123] Taravati S, Kishk A A. Dynamic modulation yields one-way beam splitting [J]. PhysicalReview B, 2019, 99 (7): 075101.

[124] Taravati S, Eleftheriades G V. Generalized space-time-periodic diffraction gratings: theory and applications [J]. Physical Review Applied, 2019, 12 (2): 024026.

[125] Saikia M, Srivastava K V, Ramakrishna S A. Frequency-shifted reflection of electromagnetic waves using a time-modulated active tunable frequency-selective surface [J]. IEEE Transactions on Antennas and Propagation, 2019, 68 (4): 2937-2944.

[126] Guo X, Ding Y, Duan Y, et al. Nonreciprocal metasurface with space – time phase modulation [J]. Light: Science & Applications, 2019, 8 (1): 123.

[127] Wu Z, Scarborough C, Grbic A. Space-time-modulated metasurfaces with spatial discretization: Free-space N-path systems [J]. Physical Review Applied, 2020, 14 (6): 064060.

[128] Wang X, Ptitcyn G, Asadchy V S, et al. Nonreciprocity in bianisotropic systems with uniform time modulation [J]. Physical Review Letters, 2020, 125 (26): 266102.

[129] Kodera T, Sounas D L, Caloz C. Artificial Faraday rotation using a ring metamaterial structure without static magnetic field [J]. Applied Physics Letters, 2011, 99 (3): 031114.

[130] Li A, Kim S, Luo Y, et al. High-power transistor-based tunable and switchable metasurface absorber [J]. IEEE Transactions on Microwave Theory and Techniques, 2017, 65 (8): 2810-2818.

[131] Kang L, Jenkins R P, Werner D H. Recent progress in active opticalmetasurfaces [J]. Advanced Optical Materials, 2019, 7 (14): 1801813.

[132] Lončar J, Grbic A, Hrabar S. Ultrathin active polarization-selective metasurface at X-band frequencies [J]. Physical Review B, 2019, 100 (7): 075131.

[133] Taravati S, Eleftheriades G V. Programmable nonreciprocal meta-prism [J]. Scientific Reports, 2021, 11 (1): 7377.

[134] Cardin A E, Silva S R, Vardeny S R, et al. Surface-wave-assisted nonreciprocity in spatio-temporally modulated metasurfaces [J]. Nature Communications, 2020, 11 (1): 1469.

[135] Taravati S, Eleftheriades G V. Perfect-frequency-converter metasurface consisting of twintime-modulated radiators [C]//2020 IEEE International Symposium on Antennas and Propagation and North American Radio Science Meeting. IEEE, 2020: 773-774.

[136] Shi Y, Fan S. Dynamic non-reciprocal meta-surfaces with arbitrary phase reconfigurability based on photonic transition in meta-atoms [J]. Applied Physics Letters, 2016, 108 (2): 021110.

[137] Wei Z, Cao Y, Su X, et al. Highly efficient beam steering with a transparent metasurface [J]. Optics Express, 2013, 21 (9): 10739-10745.

[138] Hashemi M R M, Yang S H, Wang T, et al. Electronically-controlled beam-steering through vanadium dioxide metasurfaces [J]. Scientific Reports, 2016, 6 (1): 35439.

[139] Lee H, Lee J K, Seung H M, et al. Mass-stiffness substructuring of an elastic metasurface for full transmission beam steering [J]. Journal of the Mechanics and Physics of Solids, 2018, 112: 577-593.

[140] Taravati S, Eleftheriades G V. Full-duplex reflective beamsteering metasurface featuring magnetless nonreciprocal amplification [J]. Nature Communications, 2021, 12 (1): 4414.